DAS DEUTSCHE PRIVATRECHT IN DER MITTE DES 20. JAHRHUNDERTS

Festschrift für Heinrich Lehmann
zum 80. Geburtstag

Herausgegeben
in Gemeinschaft mit den Mitarbeitern
von
H. C. Nipperdey

I. Band

1956

WALTER DE GRUYTER & CO.
BERLIN

J. C. B. MOHR (PAUL SIEBECK)
TÜBINGEN

J. SCHWEITZER VERLAG
BERLIN

VERLAG FRANZ VAHLEN GmbH.
BERLIN u. FRANKFURT a. M.

Archiv-Nr. 27 13 56
Satz: Walter de Gruyter & Co., Berlin W 35
Druck: Berliner Buchdruckerei Union GmbH. Berlin SW 29
Das Bild von Professor Heinrich Lehmann ist die Wiedergabe eines Gemäldes von Otto Dix.

20. Juli 1956

Herrn Dr. iur. Dr. rer. pol. h. c. HEINRICH LEHMANN
oö. Professor der Rechte a. d. Universität Köln

Köln

Lieber Freund, Lieber Kollege!
Hochverehrter Lehrer! Verehrter Meister!

Heute feiern Sie Ihren achtzigsten Geburtstag. Ihr Lebenswerk, das eines überragenden Gelehrten der Jurisprudenz, liegt in großen Zügen vor uns. Es ist beileibe nicht vollendet. In ungebrochener Schaffensfreude, in staunenswerter Frische des Geistes und des Körpers sind Sie unter uns. Ihre in der Zivilistik führenden Lehrbücher werden immer „klassischer" im besten Sinne des Wortes, Ihre Urteilsbesprechungen und literarischen Kritiken noch weiser, und Ihr akademischer Vortrag bleibt von unübertroffener Lebendigkeit und Klarheit. Ihre Persönlichkeit wirkt in stärkstem Maße auf die deutsche Juristenwelt.

Das rheinische Land hat Sie hervorgebracht und geprägt. Geboren in Prüm in der Eifel, Gymnasium in Saarbrücken und Köln, Studium Freiburg, München, Berlin und vor allem Bonn, Schüler Ernst Zitelmanns, 1898 Referendar, 1902 Assessor und Hilfsrichter, 1904 Bonner Doktor. Dann 1905/06 Rechtsanwalt am Oberlandesgericht Köln im Büro Kausen und Schrömbgens — Sie traten an die Stelle des damaligen Rechtsanwalts Dr. Konrad Adenauer —, Habilitation in Bonn, fruchtbare Privatdozentenjahre 1906/11. Es folgen die schönen Jahre in Jena zuerst als Extraordinarius, dann 1912 Ordinarius, zugleich 1913—17 Oberlandesgerichtsrat. J.W. Hedemann, Fehr, Gerland und Reichel sind die jungen Freunde und Kollegen. Kurze Zeit in Straßburg 1917/18 und dann seit dem 1. Januar 1920 ununterbrochen Ordinarius in Köln, dem Sie trotz verlockender Rufe nach Heidelberg (1924) und Leipzig (1935) treu geblieben sind. Mehrfach bekleideten Sie das Dekanat, 1921/22 waren Sie Rektor der Universität. Münster verlieh Ihnen den Ehrendoktor rer. pol., die Nationale Akademie der Wissenschaften in Rom ernannte Sie zum Mitglied.

Die rheinischen Juristen haben es in sich. Sie gehören zu den besten Deutschlands. Ihre ältere Generation, aufgewachsen in der humanistischen und romanistischen Tradition der Väter, später im 19. Jahrhundert gebildet und angezogen von der nüchternen, klaren und praktischen Ratio des Code civil, zugleich aber hingerissen vom Pathos und den unvergänglichen Grundideen der französischen Revolution, sie hat den Nachfahren Leben und Geist gegeben.

Sie sind ein rheinischer Jurist dieses Schlages, Ihr Vater Oberlandesgerichtsrat in Köln, der Großvater rheinischer Notar in Trier, der Stadt der Thermen, des Amphitheaters, der Porta Nigra und des Moselweins. Sie haben nichts, aber auch gar nichts von dem, was man einen trockenen Juristen nennt. Ihr wissenschaftliches Werk, Ihre Tätigkeit als akademischer Lehrer, Ihr Wirken als einer der in Deutschland am meisten geschätzten Rechtsgutachter kommt aus einer unerhört kraftvollen und — sit venia verbo — vollsaftigen Persönlichkeit, die für alles Lebendige, Gesunde, Humane, Heitere, Geistvolle und Schöne aufgeschlossen ist und die mit Terenz von sich sagen kann: homo sum; humani nihil a me alienum puto.

Ihr wissenschaftliches Opus hängt sehr eng mit Ihrem intimen Verhältnis zur *Kunst* zusammen. Wissenschaft *und* Kunst sind Ziele und Ideale Ihres Lebens. Auch in der Jurisprudenz sehen Sie eine Kunst. Die Kunst, die Lebenstatbestände in ihrer wirtschaftlichen und sozialen Bedeutung klar zu erfassen, sie weise und gerecht nach guten Gesetzen oder übergeordneten natürlichen Rechtsgrundsätzen zu entscheiden und alles Juristische in eine *Form* zu bringen, die fern von allem Schwulst auf den Gesetzen der *Ratio*, der *Phantasie* und der *Ästhetik* beruht. Sie sind nicht zu denken ohne Ihre Liebe zu Mozart, Beethoven, Schubert, Brahms und Bruckner, ohne Ihre Bewunderung und Verehrung für Bach, ohne Ihre Begeisterung für das Lebendige und Lichte und Neue in der Malerei, für Manet, Monet und Renoir, und dann für Nolde, Marc und Kirchner, die Ihr Heim schmücken, für Paestum, Agrigent, Selinunt, Segesta und die Akropolis, für die Plastik der Griechen und der Renaissance, aber auch für die Kolbes in Ihrem Haus, für die große Dichtung von Homer zu Goethe und Rainer Maria Rilke. Für viele von uns, die wir Sie seit Jahrzehnten kennen, ist Ihr distinguierendes, abwägendes, Licht und Schatten verteilendes, immer klares und schönes Denken, Sprechen und Schreiben letzten Endes das Gleiche, mögen Sie — eines Ihrer Lieblingsbilder — Tizians Karl V. auf dem Schlachtfeld von Mühlberg im Prado, die Mediceer Gräber des Michelangelo in Florenz, die Fresken des Piero della Francesca in Arezzo beschreiben, von der Herrlichkeit (und den Unterschieden) der Reiterstandbilder des Colleoni in Venedig und des Gattamelata in Padua schwärmen, mit Tränen vom Funebre der Eroika sprechen oder aber einen komplizierten juristischen Fall nach allen Regeln unserer Kunst entwickeln und entscheiden.

So mußten Sie natürlich reisen, viel reisen, denn reisen war für Sie immer — so sagten Sie oft — das halbe Leben. Italien, sehr oft Italien, Griechenland, Frankreich, Spanien, Orient, Indien und Ceylon, und natürlich die deutschen Lande. Sie mußten die große herrliche Natur lieben und wie Ihr Lehrer Ernst Zitelmann gern auf die Berge steigen und in der dünnen reinen Luft des Wallis, des Berner Oberlandes oder des Engadin am liebsten Ihre Muße verbringen. Sie mußten gesellig sein, ein Freund des lebendigen und funkelnden Gesprächs, des Weines und liebenswerter Frauen, in schönster Gemeinschaft mit Ihrer, alle Ihre Interessen teilenden, anregenden und klugen Frau Maria.

Ihr wissenschaftliches Lebenswerk ist von Ihrer Gesamtpersönlichkeit getragen und kann nur aus ihr richtig verstanden und gewertet werden.

Ihre Arbeitsgebiete sind außerordentlich vielgestaltig. Es gibt kaum ein Gebiet des weitverzweigten Privatrechts einschließlich des Zivilprozesses, mit dem Sie sich nicht beschäftigt haben. Die Liste allein der größeren Publikationen übersteigt hundert erheblich, die mühevollen und wichtigen Urteilsbesprechungen und literarischen Kritiken und die sicherlich weit über fünfhundert meist ungedruckten hervorragenden Rechtsgutachten nicht mitgezählt.

Wir möchten Ihre Opera in sieben Gruppen zusammenfassen und am heutigen Tage würdigen, dabei vieles natürlich nur am Rande erwähnen. Vor allem wollen wir Sie selber sprechen lassen.

1. Die erste Gruppe — die Jugendwerke — umfaßt monographische, dogmatische Arbeiten zum Stoff des bürgerlichen Rechts, das zu der Zeit, als Sie das Katheder betraten, soeben im BGB seine große Kodifikation gefunden hatte. Nach der Dissertation über „Die Unterschrift im Tatbestand der schriftlichen Willenserklärung“ folgte die Habilitationsschrift: „Die Unterlassungspflicht im bürgerlichen Recht“ 1906, dem Lehrer Ernst Zitelmann gewidmet. Die Arbeit machte Sie mit einem Schlag bekannt, ja berühmt und gab Ihnen Rang unter den deutschen Zivilrechtslehrern. Das Unterlassungsproblem, bisher fast nur im Strafrecht untersucht, wurde damit zum erstenmal in umfassender Weise in seiner privatrechtlichen Bedeutung dargestellt. Der Unterschied zwischen den primären Unterlassungspflichten, die als selbständiger Gegenstand einer Leistungspflicht in Betracht kommen und den zahlreichen sekundären Unterlassungspflichten, die nur die Kehrseite einer positiven Verbindlichkeit sind, wurde herausgearbeitet und die Anwendbarkeit der Normen des Schuldrechts auf sie untersucht. Die Grundlage für die spätere für die Rechtsprechung so außerordentlich fruchtbare Unterscheidung zwischen den eigentlichen Leistungspflichten

und den Schutzpflichten wurde gelegt. Bereits in dieser Monographie, der weitere über Unterlassungsansprüche im Konkurs, im Wettbewerbsrecht und über die umstrittene Lehre von den positiven Vertragsverletzungen folgten, erweisen Sie sich als Gelehrter einer neuen Methode. Sie führten die Erkenntnis durch, daß Begriffsjurisprudenz im guten Sinne des Wortes und soziologische Jurisprudenz, später teleologische Jurisprudenz oder Interessenjurisprudenz, in Wahrheit keine Gegensätze sind, daß beide notwendigerweise bestehen müssen, daß wir ohne scharfe juristische Begriffe nicht auskommen, daß wir aber diese Begriffe an den praktischen Forderungen des Lebens nachprüfen und sie gegebenenfalls umbilden müssen. Sie entwickelten bereits in Ihren Jugendjahren, später in immer vollendeterer Meisterschaft eine Methode, die nicht in einer formalen Betrachtungsweise der Dinge stecken bleibt, sondern die Rechtssätze als das auffaßt, was sie sind, nämlich Mittel zur Erreichung sozial wertvoller oder der Verhinderung sozial gemißbilligter Wirkungen. So behandelten Sie im Anschluß an Ihre Unterlassungspflicht in einer höchst interessanten Abhandlung die Frage, ob eine Theaterdirektion einen Schauspieler, der kontraktbrüchig wird und während der Vertragsdauer zu einer anderen Bühne geht, auf Unterlassung des dortigen Auftretens verklagen und die Unterlassung erzwingen kann oder ob nur ein (Unterlassungs)anspruch gegen das zweite Theater besteht, den Künstler nicht zu beschäftigen. Sie verneinten den Unterlassungsanspruch gegen den Künstler, begründeten das mit einzelnen positiven Bestimmungen, die aber allein nicht so überzeugend gewesen wären wie die teleologische Rechtfertigung.

Das Ergebnis entspricht auch durchaus dem fortgeschrittenen Empfinden unserer Zeit für den Wert der persönlichen Freiheit, einem Empfinden, das im Grundsatz der Gewerbe- und Arbeitsvertragsfreiheit seinen gesetzlichen Niederschlag gefunden hat. Die Zulassung einer Klage auf Unterlassung anderweiter Tätigkeit würde diese Prinzipien in ihr Gegenteil verkehren, sie würde nichts anderes bedeuten als die Anerkennung eines ausschließlichen Rechts des Dienstherrn auf die Arbeitskraft des Arbeitnehmers. Das „Du sollst" der Obligation würde in ein „Du kannst nicht anders" umgewandelt. Der Arbeiter hätte sich durch den Abschluß des Arbeitsvertrages im buchstäblichen Sinne des Wortes in die Knechtschaft des Arbeitgebers gegeben. An Stelle des landrechtlichen jus ad rem würde uns die Zulassung einer solchen Klage die eigenartige Rechtsfigur eines jus ad hominem bescheren. Man braucht diese Konsequenz nur zu bedenken, um sofort zu erkennen: Eine derartige Klage steht auch in unlösbarem Widerspruch mit dem Grundgedanken unserer individualistischen Wirtschafts-

und Rechtsordnung, die die Freiheit der Einzelpersönlichkeit zu garantieren sucht.

Dagegen wurde die Unterlassungsklage gegen die konkurrierende Bühne bejaht und mit Recht ausgeführt, daß der neue Arbeitgeber meist die größere Schuld am Vertragsbruch hat und aus ihr den größeren Nutzen ziehe. Da er auch die stärkeren Schultern habe, erscheine er vornehmlich zur Austragung des Streits berufen (natürlich bleiben Vertragsstrafe und etwaige Schadenersatzpflicht des kontraktbrüchigen Künstlers unberührt).

2. Auch die prozeßrechtlichen Arbeiten zeigen Sie als einen Meister Ihres Fachs. Sie verstehen es, die Gedanken des Rechtsstaats, der Parteiautonomie, die entscheidende Verzahnung von materiellem Recht und prozessualen Durchsetzungsmöglichkeiten in vollendeter Klarheit darzustellen und zu entwickeln. Ihre Monographien über den Prozeßvergleich 1911, die Rechtsnatur des Klageanerkenntnisses 1912, das Güteverfahren 1916, über Zivilprozeßreform und Rechtsstaatsgedanke 1925 und Ihr berühmtes Referat auf dem Deutschen Juristentag 1928 in Salzburg über die Reform des Eheprozesses legen davon beredtes Zeugnis ab.

Wichtig und grundlegend gerade auch für die heutige Zeit sind Ihre mahnenden Worte gegen die Prozeßsucht unserer deutschen Landsleute, die uns im Gegensatz zu den angelsächsischen Ländern zwingt, ein zahlenmäßig viel zu großes und daher schlechtbezahltes Richterkorps zu unterhalten, anstatt den hochqualifizierten, aber auch hochvergüteten Richter auf den kurulischen Sessel zu setzen wie in England und den Vereinigten Staaten.

Wenn die Gesetzgebung dem deutschen Volke ein derartiges Güteverfahren zur Verfügung stellen würde, so würde sie alte Sünden gut machen. Sie würde die bisher vernachlässigte Aufgabe vorbeugender Rechtspflege zielbewußt an dem Punkte angreifen, wo es am meisten nottut. Ein solches Güteverfahren würde aus der wirtschaftlichen Aufgabe des Prozesses endlich die Folgerung ziehen, ihre Lösung nicht nur auf einem Wege unbekümmert um seine Wirtschaftlichkeit zu versuchen, sondern neben dem förmlichen Rechtskampf einen zweiten Weg zum Ziel eröffnen und es so ermöglichen, jede rechtliche Meinungsverschiedenheit auf die ihrer Eigenart am meisten entsprechende, kürzeste und einfachste Weise zum Austrag zu bringen. Das würde große Verluste an Volksvermögen und Volkskraft verhüten und diese Mittel und Kräfte für den friedlichen Kampf und die Stärke und die Ausbreitung deutscher Wirtschaft und deutschen Geistes frei machen. Es würde darüber hinaus der höchsten Aufgabe der Rechtsordnung, der er-

zieherischen, gerecht werden, einen kräftigen Antrieb zu lebendiger Staatsgesinnung setzen, die ein Mit- und Füreinanderleben erfordern und die Prozeßsucht bekämpfen.

3. Das dritte Ihrer Arbeitsgebiete ist das Handelsrecht, insbesondere das Gesellschaftsrecht. Neben einem meisterhaften Grundriß der Handelsrechts, sehr wichtigen, juristisch und wirtschaftlich in gleicher Weise bedeutsamen Aufsätzen über die Generalklausel des Aktiengesetzes, über die Haftung des ausgeschiedenen Gesellschafters einer offenen Handelsgesellschaft, über den jugoslawischen Entwurf eines neuen Handelsgesetzbuchs und seine Bedeutung für eine deutsche Reform ist besonders die hervorragende zusammenfassende Darstellung des gesamten Gesellschaftsrechts zu erwähnen, die die Mitte zwischen einem wissenschaftlichen Grundriß und einem Lehrbuch hält. Sie haben hier zum erstenmal das Gesellschaftsrecht nicht nur der Handelsgesellschaften, sondern auch der Gesellschaft des bürgerlichen Rechts und des Vereins wissenschaftlich zusammenfassend dargestellt. Nur dadurch war es möglich, die Grundtypen und Grundgedanken jeder organisierten Zweckgemeinschaft in Erscheinung treten zu lassen und zum erstenmal in der deutschen Rechtswissenschaft einen allgemeinen Teil des Gesellschaftsrechts herauszuarbeiten. Die Methode hat manchen Nachfolger gefunden, keiner hat die Meisterschaft Ihres Vorbilds erreicht.

4. Seit dem ersten Weltkrieg wandten Sie sich einem neuen Rechtsgebiet zu, für das bisher alle wissenschaftlichen Vorarbeiten fehlten. Es handelt sich um das Gebiet des Wirtschaftsrechts, jener eigenartigen Verbindung privatrechtlicher und öffentlichrechtlicher Rechtsgestaltung, die sich aus dem gewandelten Verhältnis von Staat und Wirtschaft im zwanzigsten Jahrhundert ergeben haben. Sie sind der *Begründer* des modernen Wirtschaftsrechts als einer Disziplin der Rechtswissenschaft. In Ihren *1913* erschienenen Grundlinien des deutschen Industrierechts, in den Monographien über die Beschlagnahme als Mittel der Organisation der Rohstoff- und Lebensmittelversorgung 1916, über Wucher und Wucherbekämpfung 1917 und dann später über Gläubigerschutz 1926, über Probleme der Kreditsicherung und des Eigentumsvorbehalts 1931 und 32 haben Sie die entscheidenden Grundlagen für das neue Rechtsgebiet gelegt, auf denen alle Ihre Nachfolger methodisch fußen. Das Programm wurde in der erwähnten Schrift von 1913 gelegt. Es zeugt für Ihre divinatorische Begabung, mit welcher Treffsicherheit Sie bereits vor über vierzig Jahren die Notwendigkeit der wissenschaftlichen Beschäftigung mit dem Wirtschaftsrecht entwickelt und begründet haben, so daß dies unterdessen Gemeingut der Jurisprudenz geworden ist:

Der große wirtschaftliche Aufschwung, den unser deutsches Vaterland seit seiner Einigung genommen hat, muß in erster Linie der überraschenden Entwicklung unserer Industrie zugeschrieben werden. Gewaltig sind nicht bloß die Werte, die diese täglich in neuen Produkten auf den Weltmarkt bringt, sondern auch die Werte, die in den einzelnen Unternehmungen selbst aufgespeichert sind. Und die Ergebnisse der letzten Berufszählung beweisen, daß die Industrie in immer steigendem Maße eine Ernährungsquelle für Millionen unseres Volkes geworden ist. Das Wort vom Industriestaat ist keine bloße Phrase mehr. Dieser Prozeß der Industrialisierung hat sein Ende noch nicht erreicht, er geht unaufhaltsam weiter, und zwar in der Richtung zur größeren Betriebsform. Die Entwicklungstendenzen, die unserem wirtschaftlichen Leben heute die Signatur aufdrücken, sind die fortschreitende Ausbreitung der Herrschaft des Kapitalismus und der Großindustrie.

Man sollte meinen, in einer so gesetzesfreudigen und an Juristen reichen Zeit wie der unseren müsse deshalb die deutsche Gesetzgebung und Rechtswissenschaft ein treues Spiegelbild dieser Entwicklung bieten. Das ist nicht der Fall.

Unser bürgerliches Gesetzbuch nimmt auf die besonderen Bedürfnisse der Industrie wenig Rücksicht: das Bienenrecht und das Überfalls- und Überhangsrecht sind z. B. minutiös geordnet, während der Arbeitsvertrag der industriellen Arbeiter den unzulänglichen Regeln des Dienst- und Werkvertrags unterstellt ist; die Spezialgesetze über das gewerbliche Leben lassen wichtige Gebiete ganz unberücksichtigt und sind im übrigen zersplittert, prinzipienlos und in besonderem Maße lückenhaft, und in der zivilistischen — besonders der zünftigen — Literatur finden sich zwar ausgezeichnete Arbeiten zum bürgerlichen und römischen Recht in Hülle und Fülle, aber nur wenige Versuche einer Behandlung modernwirtschaftlicher, industrierechtlicher Fragen. Trügen die Zeichen der Zeit nicht, so bahnt sich hier ein Wandel an. Die modernistischen Strömungen in unserem Rechtsleben müssen auf die Dauer — wenn sie nicht völlig in unfruchtbarem Methodenstreit versanden sollen — zu einer intensiveren Beschäftigung mit den Problemen des gegenwärtigen sozialen Lebens, also insbesondere denen des Industrierechts führen.

Bisher hat man diese Probleme — wenn überhaupt — so doch nur als einzelne aufgeworfen und in tunlichster Isolierung behandelt. Mit Fug und Recht; Denn bei der Sprunghaftigkeit der wirtschaftlichen Entwicklung und der Neuheit der Aufgaben ließ nur die Beschränkung auf einen einzelnen Punkt etwas Gedeihliches erhoffen und erreichen. Allmählich ist aber infolge dieser Arbeitsmethode die Zahl der einzelnen industrierechtlichen Fragen ziemlich groß, ja fast unübersehbar geworden. Da wird es Zeit, die großen Zusammenhänge zwischen den einzelnen Fragen zu betonen, Richtlinien aufzustellen, um ihre rudis indigestaque moles zu einem einheitlichen Ganzen, zu einem Industrierecht zu ordnen. Einen Versuch in dieser Richtung wollen die folgenden Zeilen machen; sie sind als ein flüchtiger Grundriß für das Gebäude des Industrierechts gedacht, ohne den Anspruch zu erheben, dem Bau selbst als ausgearbeiteter, jedes Detail berücksichtigender Plan zugrunde gelegt zu werden.

Es ist klar, daß das Industrierecht in diesem Sinne nicht in allen Punkten eine Gruppe von Sonderrechtssätzen für die Verhältnisse der Industrie bilden kann, etwa in der Art, wie das Handelsrecht sich als ein Sonderrecht des Kaufmannsstandes darstellt. Zum erheblichen Teil handelt es sich lediglich um die Anwendung der allgemeinen Normen auf die besonderen Bedürfnisse der Industrie. Insofern diese allgemeinen Vorschriften dabei aber ein besonderes, sonst nicht vorhandenes Gepräge erhalten, sich zu einer bis dahin nicht geahnten, neuen Bedeutung entfalten, dürfte ihre Zusammenfassung mit den industrierechtlichen Sondernormen zu einem einheitlichen Ganzen nicht zu beanstanden sein.

Niemand wird nun angesichst der Bedeutung der Industrie zu leugnen wagen, daß sie in besonderem Maße der regelnden und schützenden Hand des Rechtes bedarf. Ist es ganz allgemein die Aufgabe der Rechtsordnung, allen vorhandenen schutzwürdigen Interessen ihren Schutz nach Möglichkeit auch wirklich angedeihen zu lassen, so wird diese Aufgabe gegenüber Erscheinungen, von denen die Lebenskraft unseres Staates abhängt, geradezu zu einer unabweisbaren Pflicht.

Auch über die grundsätzliche Stellungnahme der Rechtsordnung zur Industrie wird kaum Streit entstehen: es gilt zunächst der industriellen Entwicklung die nötigen Lebens- und Entfaltungsbedingungen zu sichern, sodann aber ihren dem Gemeinwohl abträglichen Folgen nach Kräften entgegenzuarbeiten, also den ewigen, hier besonders verschärften Gegensatz zwischen Individual- und Gesamtinteressen zum bestmöglichen Ausgleich zu bringen. Der Streit beginnt erst, wenn die Frage nach dem Wie des Schutzes und nach der Grenzziehung aufgeworfen wird, ist aber hier um so erbitterter, weil der Partei- und Klassenstandpunkt das vernünftige Urteil trüben. Nur wenn es uns gelingt, derartige Nebenabsichten und Interessen auszuschalten, haben wir Aussicht, uns auf den Wegen zu treffen, die zum Endziel aller gesunden Rechtspflege und Verwaltungstätigkeit führen: dem sozialen Ideal.

Auch im Industrierecht — wo man bei dem raschen Tempo der sozialen Entwicklung die größten sozialen Konflikte findet — wird trotzdem also die bequeme Ansicht gründlich widerlegt, die bei einem solchen Konflikt gleich nach dem Gesetzgeber ruft. Das Recht ist gar nicht der starre, eiserne Reifen um das soziale Leben, den diese Ansicht sich vortäuscht. Auch im Recht walten immanente Kräfte, die von innen heraus ohne äußeres Eingreifen des Gesetzgebers zu seiner fortwährenden Umbildung und Anpassung führen.

Eine der wichtigsten dieser Kräfte ist unsere eigene zielbewußte Mitwirkung. Sie hat nie ganz gefehlt. Aber sie hat sich lange, befangen in dem Wahne, die Paragraphen des Gesetzes wüßten auf alles Antwort, vorwiegend im Gewande einer logischen, die gesetzlichen Begriffe entfaltenden Auslegung, betätigt. In den letzten Jahren sind uns die Augen dafür geöffnet worden, wie oft das Gesetz will, daß wir selber seine Lücken aus Eigenem heraus ausfüllen, daß wir schöpferische Auslegung und Lückenausfüllung treiben.

5. Mit dem Wirtschaftsrecht hängt das moderne Arbeitsrecht eng zusammen. Sie haben es zwar nicht zu einem Ihrer Hauptarbeitsgebiete gemacht, doch ist auch diese Materie durch nicht wenige Ihrer Arbeiten stark befruchtet worden. Monographien über Tarifvertrag und Nachwirkung 1927, die Betriebsvereinbarung 1931, Wirtschaftskrise und Betriebsrisiko 1932 haben für die wissenschaftliche und praktische Weiterentwicklung dieser Probleme erhebliche Bedeutung. Von allgemeinem Interesse aber ist die Festrede, die Sie als Rektor der Universität Köln im Rektoratsjahr 1921/22 über die Grundgedanken des neuen Arbeitsrechts gehalten haben. Auch hier ist bewundernswert, wie Sie bereits vor fünfunddreißig Jahren den Gedankengängen eine klassische Formulierung gegeben haben, die heute in aller Munde sind. Sie bekennen sich zu einem christlichen Solidarismus.

Das höhere Organisationsprinzip, das so aus dem Gedanken der Arbeitsgemeinschaft gewonnen wird, hat ebensowenig einen Platz in einem individualistischen Wirtschaftssystem, wie es mit der sozialistischen Idee des Klassenkampfes vereinbar ist — denn es sucht sowohl die Einzelnen wie die Berufsklassen als dienende Glieder am Gesamtwohl in die Gesellschaft einzuordnen, zu einer großen Solidarität zu vereinen. Deshalb spricht man auch jetzt von Solidarismus, noch genauer von christlichem Solidarismus, weil diese Gesellschaftsgestaltung den sozial-ethischen Anschauungen des Christentums durchaus entspricht. Aber man kann mit demselben Rechte sagen, daß der Gemeinschaftsgedanke ein echt sozialistischer sei, weil er aus dem richtig verstandenen Sozialprinzip als oberste Forderung entwickelt werden kann.

Der so verstandene Gemeinschaftsgedanke ist der fruchtbarste des ganzen Arbeitsrechts — er allein scheint geeignet, die für unsere Produktion unheilvolle Forderung der Verstaatlichung aller Produktionsmittel auf die Dauer innerlich zu überwinden. Indem man den Arbeiter aus einem verantwortungslosen und abhängigen Untergebenen des Arbeitgebers zu einem freien, verantwortungsvollen Mitarbeiter des Unternehmers macht, sucht man die Forderung der Sozialisierung da zu lösen, wo ihr Schwerpunkt liegt — nicht beim Eigentum an den Produktionsmitteln, sondern bei der Herrschaft über die Produktionsmittel und den Produktionsprozeß. Es ist selbstverständlich daß als Folge einer solchen Beteiligung der Arbeiter am Produktionsprozeß, auch ihre Beteiligung am Gewinn gesucht werden muß, ob in der Form der Kleinaktie oder sonstwie, kann hier nicht erörtert werden. In der letzten Zeit mehrten sich die Anzeichen dafür, daß der Zusammenprall der Kräfte des Individualismus und des Sozialismus auf dieser Diagonale seinen Ausgleich finden wird.

6. Dem reifen Mann verdanken wir die großen zusammenfassenden Lehrbücher auf dem Gebiete des bürgerlichen Rechts, die seit Jahren für Wissenschaft und Praxis und für alle tiefer schürfenden Studenten unentbehrlich sind, die die Rechtsprechung früher des Reichsgerichts und jetzt des Bundesgerichtshofs in zahlreichen Fällen maßgebend beeinflußt haben. Seit 1930 geben Sie den zweiten Band des von Ludwig Enneccerus begründeten Lehrbuchs des Bürgerlichen Rechts heraus. Sie haben das Recht der Schuldverhältnisse vollständig neu bearbeitet und das jetzt im 48. Tausend vorliegende Buch zum klassischen Lehrbuch des Schuldrechts gemacht. Das Buch zeichnet sich nicht nur durch umfassende Beherrschung des Stoffes, die rechtsvergleichende Heranziehung des ausländischen Rechts, sondern vor allem auch durch zahlreiche teleologisch geistvoll begründete neue Lösungen alter Fragen aus. Der Klarheit und Schärfe der Begriffsbildung und Darstellung ist besondere Sorgfalt gewidmet. Das Streben ist überall darauf gerichtet, das massenhafte durch Rechtsprechung und Literatur gebotene Material zu einheitlich geschlossener, das tiefere Eindringen fördernder Form zu gestalten.

Diesem Lehrbuch gesellen sich die als Grundrisse bezeichneten, aber in Wahrheit den Charakter des Lehrbuchs tragenden Darstellungen des Allgemeinen Teils und des Familienrechts würdig zur Seite. Auch diese Bücher sind heute in der Hand der ihr Studium ernst nehmenden Jünger des Rechts und der Praktiker, die auf die unentbehrliche wissenschaftliche Durchdringung Gewicht legen.

In diesen Lehrbüchern hat sich Ihre Methode glanzvoll bewährt.

Ihr Streben geht dahin, neben der dogmatisch-systematischen Verarbeitung des Rechtsstoffes auch die treibenden Kräfte und Leitgedanken eines Rechtsgebiets herauszuarbeiten und seine Vorschriften und Einrichtungen zweckbegrifflich zu würdigen.

Wir müssen gegenüber einem Gesetz, das die Abstraktion so weit getrieben hat, wie das BGB, die inhaltliche Bedeutung seiner Rechtssätze mehr her-

vorheben, wir müssen die wirtschaftliche und soziale Funktion seiner Einrichtungen stärker betonen. Die Rechtswissenschaft darf nicht zu einer reinen Formenwissenschaft erstarren, wenn die Jünger des Rechts ihre Aufgabe als Mitschöpfer und Bildner passender Lebensformen richtig erfüllen sollen. Das können sie nur, wenn sie zum Sach- und Zweckdenken erzogen werden und sich stets vergegenwärtigen, daß die Rechtsordnung eine praktische und gerechte Lebensordnung sein will und soll. Schopenhauer hat einmal gesagt, daß der innerste Kern jeder echten und wirklichen Erkenntnis eine Anschauung sei, daß alle großen Köpfe stets in Gegenwart der Anschauung gedacht haben. Auf den Juristen angewandt: Es gilt mehr aus den Dingen heraus, statt an die Dinge heran zu denken. Das ist es ja auch, wodurch sich die klassische Jurisprudenz der Römer von der nachklassischen und der Scholastik unterscheidet.

So betonen Sie etwa in Ihrem Familienrecht die Gedankengänge, die Sie dort mit bewunderungswürdiger Konsequenz durchgeführt haben.

Auf keinem Gebiet des Privatrechts sieht sich der Gesetzgeber vor schwierigere Aufgaben gestellt als auf dem des Familienrechts. Nirgendwo sonst sind die Gegensätze größer, nirgendwo sonst außerrechtliche Mächte stärker als hier. Stehen doch in Widerstreit: Persönliches zu Unpersönlichem, sittliche Mächte, Weltanschauungen zur starren Rechtsordnung, nationale Eigenart zum Zweckgedanken, Kirche zum Staat, Geschlecht zu Geschlecht, Generation zu Generation, Einzelwirtschaft zur Gesamtwirtschaft, Sonderinteressen der Einzelnen zu gesellschaftlichen Forderungen des Staatswohles, der Volksgesundheit und Volkserziehung.

Nirgendwo sonst muß deshalb das positive Recht dem kritischen Blick mehr als die Verkörperung des ewig Gestrigen erscheinen. Für das BGB, das ein richtiges Kompromißwerk einer Übergangsepoche ist, gilt das in verstärktem Maß. Seine Hinneigung zur abstrakten, formaljuristischen Regelung, die den sachlichen Leitgedanken oft genug zurücktreten läßt, wirkt hier am unerfreulichsten. Wo das Gesetz Zurückhaltung übt, erscheint es kleinlich. Und wo es die Gegensätze auszugleichen versucht, vermißt man oft die Großzügigkeit. Namentlich zeigt sich das bei seiner Stellungnahme zur Frauenfrage.

Viel volkstümlicher ist demgegenüber die Regelung des Familienrechts im Schweizer Zivilgesetzbuch ausgefallen! Man vergleiche etwa die Formelung der allgemeinen Rechte und Pflichten der Ehegatten in Art. 159 des Schweizer ZGB: Durch die Trauung werden die Ehegatten zur ehelichen Gemeinschaft verbunden. Sie verpflichten sich gegenseitig, das Wohl der Gemeinschaft in einträchtigem Zusammenwirken zu wahren und für die Kinder gemeinsam zu sorgen. Sie schulden einander Treue und Beistand.

Menschheitswert und Würde der Ehe kommen hier — ohne übertriebenes Moralisieren — weit schöner zur Geltung als in dem nüchternen Satz des § 1353 BGB, „Die Ehegatten sind einander zur ehelichen Lebensgemeinschaft verpflichtet".

Die wissenschaftliche Darstellung des Familienrechts des BGB hat deshalb die Aufgabe, die treibenden Kräfte und Leitgedanken der Regelung möglichst sichtbar zu machen.

7. Es ist natürlich, daß ein Mann Ihres Ranges und Ihrer Qualitäten sich namentlich in reiferen Jahren auch mit den rechtsphilosophischen Problemen beschäftigen mußte, die um Recht und Gerechtigkeit, um natürliches und positives Recht kreisen. Schon die Gedanken zur Gesetzgebungskunst 1918, die Arbeit über die Ordnung des Wirtschaftslebens nach den Grundsätzen der Gerechtigkeit und der Sicherstellung eines menschenwürdigen Daseins für alle in den Grundrechten der Weimarer Reichsverfassung 1929, dann aber vor allem die Rede über Recht und Gerechtigkeit 1930 und die Arbeit über die Wirkungsstärke des Naturrechts in der Festschrift für Raape 1948 sind diesen Fragen gewidmet:

Recht muß sein, weil die Menschen sich über die letzten und höchsten Ziele der Rechtsordnung und über letzte allgemeine Wertmaßstäbe nicht verständigen können. Aber dieses positive Recht gefährdet die Verwirklichung der Gerechtigkeit aus doppeltem Grunde:

einmal, weil seine Regeln immer nur der Ausdruck der Gerechtigkeitsanschauungen der jeweiligen Machthaber sein können;

weil die positive Rechtsordnung in der Hauptsache auf die Ordnung des Lebens durch abstrakte Regeln angewiesen ist, die von den besonderen Umständen des Einzelfalles weitgehend absehen müssen.

Wie kann man nun diesen Konflikt zwischen Recht und Gerechtigkeit durch bewußte Maßnahmen, wenn nicht lösen, so doch mildern?

Vom Boden einen positiven Rechts aus läßt sich die Lösung nur gewinnen, indem man versucht, das Erfordernis der Rechtssicherheit und der Richtigkeit des Rechts einem höheren Gerechtigkeitsideal einzuordnen.

Nun sind aber die Zwecke, denen die Rechtsordnung dient, nämlich die Verwirklichung des sittlichen und sozialen Ideals, der Rechtssicherheit nicht gleichgeordnet, sondern übergeordnet. Daraus ergibt sich als Folgerung:

Die positive Rechtsordnung muß selbst die Berücksichtigung der materiellen Gerechtigkeitsforderungen soweit ermöglichen, als das ohne Preisgabe der Rechtssicherheit tunlich ist. Sie muß ihre eigene Korrektur und Fortbildung aus den Grundforderungen der Gerechtigkeit legalisieren, sie muß selbst das Gesetz unter das Recht, d. i. die Gerechtigkeit, stellen.

Zusammenfassend kann man das wirtschaftliche Gerechtigkeitsideal der Reichsverfassung dahin charakterisieren:

Es liegt ihm die Vorstellung einer sozialen Ordnung zugrunde, die das Wohl der Gemeinschaft unter möglichster Achtung des Daseins, der Gleichheit und Freiheit der einzelnen Rechtsgenossen zu sichern sucht, mit der Maßgabe, daß keiner in den Mindestbedürfnissen, die zur Führung eines menschenwürdigen Daseins erfüllt werden müssen, verkürzt werden darf.

Den Zwiespalt zwischen dem positiven Recht als bloßem Machtgebot des Gesetzgebers und einer höheren unwandelbaren göttlichen Ordnung des Gemeinschaftslebens hat Sophokles unübertroffen gekennzeichnet, wenn er Antigone zu Kreon sagen läßt:

„Nicht so gewaltig deuchte mir dein Machtgebot,
daß weichen müßte seinem flücht'gen Menschenlaut
der Götter ungeschrieben ewig Recht."

In allen Zeiten starker wirtschaftlicher und sozialer Umwälzungen und Spannungen erleben wir diese Berufung auf ein über den positiven Gesetzen stehendes ungeschriebenes ewiges Recht, das Naturrecht, weil dann der Widerspruch zwischen den Gerechtigkeitsforderungen des Tages und der im positiven Recht eingefrorenen Rechtsmoral der staatlichen Machthaber am stärksten empfunden wird. An allen Wendepunkten der Menschheitsgeschichte hat sich die naturalis ratio als die eigentlich bewegende Kraft erwiesen.

Und so hat auch der Zusammenbruch der Terrorherrschaft der nazistischen Gewalthaber, die die Menschenwürde der Einzelpersönlichkeit völlig mißachtete, eine Renaissance des Naturrechts zur Folge gehabt.

Man wird sich mit Schrecken der Folgen der lange herrschend gewesenen rein positivistischen Rechtsbetrachtung und -handhabung bewußt. Man besinnt sich darauf, daß das positive Recht nur ein Ausdruck für die Tatsache ist, daß Menschen, die die Macht haben, ihren Willen durchzusetzen, innerhalb einer organisierten Gemeinschaft unter gewissen Voraussetzungen etwas allgemein getan oder gelassen haben wollen, daß damit aber über die Güte ihres machthabenden Willens noch gar nichts ausgesagt ist, daß er an sich jenseits von Gut und Böse ist. Und man fühlt sich genötigt, die Frage aufzuwerfen, ob die Vorschriften des positiven Rechts auch so sein sollten, wie sie tatsächlich sind, worauf ihre Geltungskraft beruht, ob und inwieweit sie auch im Gewissen verpflichten.

Man muß also zwei Gruppen naturrechtlicher Anforderungen unterscheiden: einmal die aus der Rechtsidee entwickelten allgemeinen Richtlinien und dadurch gezogenen Schranken der Rechtssetzungsbefugnis des positiven Gesetzgebers; sie sind schlechthin unwandelbar, absolut. Sodann die aus der Rechtsidee abgeleiteten Forderungen an eine bestimmte inhaltliche Gestaltung des positiven Rechts innerhalb dieser Schranken. Sie tragen relativen Charakter, weil sie aus dem sozialen Ideal einer bestimmten Gemeinschaft auf einer bestimmten Entwicklungsstufe entwickelt werden müssen. Sie enthalten sein-sollendes Recht, können also das ihnen nicht entsprechende positive Recht nicht außer Kraft setzen. Insoweit ist das Naturrecht das der förmlichen Rechtsidee entsprechende Idealrecht einer bestimmten Gemeinschaft, das als solches wechselnden Inhalt haben kann.

Der Streit über die funktionelle Stärke der Naturrechtssätze scheint mir in der Verkennung dieses doppelten Charakters der aus der Rechtsidee abzuleitenden Folgerungen seine Wurzel zu haben. Als Richtlinien und Schrankenrecht hat das Naturrecht absoluten Charakter. Als der förmlichen Rechtsidee sachlich entsprechendes Idealrecht einer bestimmten Gemeinschaft hat es wechselnden Inhalt.

Auch der Christ darf sich mit der hier vertretenen Beschränkung der absoluten Wirkungsstärke des Naturrechts beruhigen. Dem göttlichen Weltplan entspricht eben kein starres System, sondern die stete Bewegung unter Fortentwicklung und Verfeinerung der aus der Grundforderung des suum cuique abzuleitenden Folgerungen.

Das ist das Bild des Menschen und Rechtsgelehrten Heinrich Lehmann zu Köln am Rhein.

Lieber Freund, Kollege und Lehrer! Verehrter Meister!

Wenn es ein Lebensprinzip gibt, das Ihr juristisch-wissenschaftliches Leben, ja Ihr ganzes Leben überhaupt immer beherrscht hat, so ist es das herrliche Wort aus Zweitem Korinther 3, 6:

> denn der Buchstabe tötet, aber der Geist
> macht lebendig.

Mit den herzlichsten Glück- und Segenswünschen zum heutigen Tage widmen wir Ihnen diese Festschrift. Sie soll vor allem einen Querschnitt durch die deutsche Zivilrechtswissenschaft in der Mitte des 20. Jahrhunderts geben, die Ihnen so unendlich viel verdankt.

Im Namen der Mitarbeiter und der Verleger

H. C. Nipperdey

INHALTSVERZEICHNIS

I. Band:

II. Band:

III. Ausländisches Recht und Internationales Recht

IV. Handels-, Wirtschafts- und Urheberrecht

V. Arbeitsrecht

VI. Prozeß-, Vollstreckungs- und Konkursrecht

VII. Öffentliches Recht

I.

ALLGEMEINE RECHTSPROBLEME UND RECHTSGESCHICHTE

NATURRECHT UND GERECHTIGKEIT

Von Dr. Gotthold Bohne
oö. Professor an der Universität Köln

Daß die Frage nach Wesen, Bedeutung, Wirkungsstärke und verbindlicher Kraft des Naturrechts die Menschheit seit den Anfängen ihrer kulturellen Selbstbesinnung nicht zur Ruhe kommen läßt, ist ein Symptom ihrer Kraft, der sich auch heute weder Wissenschaft noch Praxis entziehen können. Es ist letzten Endes die Frage nach dem Wesen des Rechts überhaupt, seinen Quellen, nach Ideal, Idee und Begriff des Rechts. Und wie die Praxis bei jeder Lücke, die sie im Bereich des positiven Rechts feststellt, nach einer Möglichkeit sucht, diese Lücke auszufüllen, sei es durch erweiternde Interpretation, Analogie oder translegale Richtlinien, so wird die Beantwortung dieser Frage auch für jeden Rechtstheoretiker zu einer confessio, die mit der dogmatischen Interpretation Ideal und Idee des Rechts zu verbinden sucht oder sich von einer solchen bewußt distanziert.

Auch *Heinrich Lehmann*, dem diese Zeilen als Zeichen der Dankbarkeit und Verehrung gewidmet sind, hat vor allem bei drei Anlässen den Zusammenhang zwischen Naturrecht und Gerechtigkeit zum Gegenstand einer Analyse des rechtlichen Denkens und eines Bekenntnisses gemacht: in seiner Festrede bei der Gründungsfeier der Universität Köln im Mai 1930, in seinem Beitrag zur Festschrift für *Leo Raape* (1948) und in seinem „Allgemeinen Teil des Bürgerlichen Gesetzbuchs". Mit Recht weist *Lehmann* darauf hin[1], daß die Auffassung, Naturrecht sei Glaubens-, nicht Erkenntnissache, entsprechend den wissenschaftlichen Auffassungen der Neuzeit durch den Versuch abgelöst worden ist, „die Maßstäbe für das richtige Recht aus der Natur und dem Zweck des Rechts selbst zu gewinnen", insbesondere aus den förmlichen Ordnungsgedanken, die sich aus der Idee des Rechts als einer Ordnung des Gemeinschaftslebens frei wollender Menschen ergeben. Daraus aber erwächst für den Initiator des positiven Rechts die Verpflichtung, „seine Machtgebote so zu gestalten, daß sie dem sozialen Ideal einer bestimmten organisierten Gemeinschaft frei wollender, grundsätzlich gleichgestellter Menschen auf ihrer jeweiligen wirtschaftlichen, sozialen und kulturellen Entwicklungsstufe möglichst entsprechen", und *Lehmann* betont weiter

[1] Festschr. f. *Raape*, 1948, 373ff.; Allg. Tl., 8. A. 1954, 21.

mit Recht, daß besonders die Idee der Gerechtigkeit dem Gesetzgeber Schranken setzt, die er mit verbindlicher Wirkung nicht überschreiten kann. Daraus folgt aber, daß positives Recht nur dann potentiell verpflichtende Wirkung hat, wenn es als eine — wenn auch unvollkommene — Verwirklichung der Gerechtigkeit gelten kann. Wann und unter welchen Voraussetzungen dies der Fall ist, das ist die Frage.

Alles naturrechtliche Denken, schon bei Hesiod und den Vorsokratikern, dann vor allem bei Plato und Aristoteles, sucht den Gedanken der Gerechtigkeit zu formulieren, d. h. es postuliert ein Recht, das gegenüber dem positiven Gesetz einen mindestens höheren Grad gerechter Ordnung und eine idealere Gleichheit staatlicher Rechte und Pflichten garantiert. So sicher es nun ist, daß man unter Naturrecht im Gegensatz zu einem jus divinum nicht eine mystische oder mythische Rechtsquelle zu verstehen hat, aus der der Gesetzgeber einzelne Rechtssätze herauszuhören vermag, so sicher ist es, daß wahres Recht der Gerechtigkeit gemäß sein muß, wenn es seinen Namen zu Recht tragen soll, und daß daher die wahre Quelle und Leitlinie allen Rechts die Gerechtigkeit ist. Ein gesetztes Recht, das sich nicht nach der Idee der Gerechtigkeit zu bilden sucht, ist bloße Ordnung, Machtbefehl, Instruktion, aber kein Recht.

Damit scheint der an sich schon problematische Begriff des Naturrechts durch Einführung einer weiteren Unbekannten noch problematischer oder wenigstens verlagert zu werden. Denn nun fragt sich, was Gerechtigkeit sei, inwieweit sie durch den Gesetzgeber realisiert werden kann, inwieweit durch den dem Gesetz unterworfenen Richter, besonders dann, wenn ihm der Gesetzgeber einen Raum freier Entscheidung gibt, oder vor allem, wenn er selbst die „Gebote der Gerechtigkeit" nicht erfüllt.

Wir sind unter dem Einfluß positivistischen Denkens mehr und mehr gewohnt, die Forderung nach größerer „Gerechtigkeit", nach einem Recht, wie es sein soll, überhaupt nicht mehr mit naturrechtlichem Denken in Verbindung zu bringen, die Kritik an einem bestehenden Gesetz oder einer bestimmten Gesetzesauslegung an naturrechtlichen Erwägungen zu messen, sind vielmehr geneigt, solche Kritik nur an Zweckmäßigkeitserwägungen, bloßem Ordnungsdenken oder an der Forderung nach reibungslosem Nebeneinanderbestehen individueller Rechtskreise auszurichten. Wir sprechen wohl auch von „Lücken im Recht", obwohl es solche offensichtlich nur im Gesetz geben kann; denn Recht ist seinem Wesen nach lückenlos. Finden sich daher „Lücken im Gesetz", so sind sie auszufüllen nach dem „Geist des Rechts", des Gesetzesganzen, d. h. aus den Rechtsideen, die in der Gesamtkonzeption zum Ausdruck kommen, sofern die Gesetze eines Staates überhaupt auf rechtlichem Grund ruhen. Und wenn diese Gesamtkonzeption nicht einheitlich ist, auf dem in Frage kommenden Gebiet keine eindeutigen oder überhaupt keine Rechtsgedanken entwickelt hat oder erkennen läßt? Aus welchem

Bereich sollte dann die Lücke geschlossen werden? Daß sich in einem Rechtssystem, das allerdings keineswegs mit einer bestimmten Anzahl einzelner Gesetze gegeben sein muß, eine unausfüllbare Lücke findet, wäre ein Widerspruch in sich selbst: Was rechtlicher Regelung überhaupt zugänglich ist, ist vom Begriff einer *gerechten* rechtlichen Regelung auch erfaßbar und wird notwendigerweise von ihr erfaßt.

Man wende nicht ein, daß die Fragen grundsätzlicher rechtlicher Regelung, der Lückenausfüllung, der verbindlichen Interpretation, der Beseitigung oder Auflösung legaler Widersprüche, nur Komplexe subjektiver Rechte zum Gegenstand haben könnten. Auch scheinbar rein rechtstechnische Begriffe, einfache Bauteile und Funktionsmittel, wie etwa der Begriff der Willenserklärung, beziehen lediglich und letztlich von der Gerechtigkeitsfrage her ihren Sinn und ihre Berechtigung[2], wenn sie der Durchsetzung der Idee des seinsollenden Rechts nicht Schranken und Fallgruben bereiten sollen.

Das ist in keiner Weise gleichzusetzen den „ewigen Wahrheiten der sachlogischen Sphäre“, wie sie *Welzel* als auch den Gesetzgeber bindend annimmt[3]; denn hierbei handelt es sich um ontologische und sachlogische Gegebenheiten, die in der Tat kein Gesetzgeber abändern kann, weil er damit etwa aus einer unfreiwilligen eine freiwillige Handlung machen würde, während *Welzel* im übrigen die Verbindlichkeit von Naturrechtssätzen für den Gesetzgeber aufs entschiedenste bestreitet. Weder die *Scheler-Hartmann*sche Wertethik, noch auch die Versuche des Züricher Theologen *Emil Brunner*, noch die Versuche *Erik Wolfs* und *Jaques Elluls* (1948), noch schließlich die nüchternen Argumente von *Walz* will *Welzel* als Maßstab für eine übergesetzliche Ordnung gelten lassen[4], die für den Gesetzgeber verbindlich sein oder den Positivismus überwinden könnte, der allein durch die Herausarbeitung sachlogischer Strukturen, die in jeder positiven Regelung bereits liegen, seine innere Vertiefung erfahre. Aber das Recht besteht für Menschen, und Menschen sind nicht Wesen, deren Beziehungen zueinander *nur* sachlogisch erfaßt werden können. Uns will scheinen, daß daraus nicht ein Argument gegen die Existenz evidenter und inhaltserfüllter Naturrechtssätze gewonnen werden kann, weil sie dem menschlichen Irrtum unterliegen könnten[5]. Auch die Gerechtigkeit braucht nicht, wie *Radbruch* es getan hat, als bloße „formale Kategorie“ aufgefaßt zu werden; sie ist ein umfassendes mate-

---

[2] So mit Recht *Esser*, Elementi di diritto naturale nel pensiero giuridico dogmatico. Nuova Rivista di Diritto commerciale, Dir. dell' economia, Dir. sociale. An V, 1952, p. 1 sqq., zit. auch bei *Viehweg*, Topik und Jurisprudenz, 1953, 69.

[3] „Naturrecht und materiale Gerechtigkeit“, 2. A. 1955, 198.

[4] *Welzel*, ebd. 180ff., vgl. zu den Welzelschen Ausführungen im einzelnen *Tesar*, ZStW 64, 315ff.

[5] Vgl. dazu *Eb. Schmidt*, Gesetz und Richter, Wert und Unwert des Positivismus, 1952, S. 15. Vgl. dazu Besprechung von *Kern*, ZStW 67, 621f.

riales Regulativ des Rechts, vor allem, wenn ihr Begriff durch sittliche Werte ergänzt wird, „die den Maßstab für die gerechte Zuteilung ergeben“[6].

Die rationale Naturrechtslehre der modernen Zeit, wie sie bei fast allen Völkern als Meisterin des positiven Rechts anerkannt und von *Salleiles*, *d'Hauriou*, *Geny*, *Le Fur*, von *del Vecchio*, *Ferri*, *Bonucci*, von *Laski*, *Stammler*, *Schönfeld*, *Wolgast*, *Larenz*, *Dietze*, *Rommen*, *Coing* u. v. a. im einzelnen begründet worden ist, geht aus und muß ausgehen von einer Betrachtung der Eigenart und der Ziele des Wesens, dem letzten Endes jedes Recht zu dienen bestimmt ist, der Person als eines Gliedes menschlichen Gemeinschaftslebens. Diese Ziele ergeben sich zunächst aus der Überlegung, daß jede Rechtsordnung als Friedensordnung ein möglichst reibungsloses Zusammenleben der in einer staatlichen Gemeinschaft zusammengeschlossenen Menschen zu gewährleisten hat, und da „Reibungen“ im Gemeinschaftsleben durch Überschneidung der Interessensphären der einzelnen entstehen, d. h. durch Auswirkungen des Selbsterhaltungs- und Selbstförderungstriebes, muß das Recht unter Anerkennung der lebenswichtigen und kulturwichtigen Entfaltungsbedürfnisse der Menschen sich richten auf eine interessenabwägende und gleichzeitig kulturfördernde Gemeinschaftsordnung bei gleichzeitiger Zuteilung von Gütern und Lasten in einem solchen Maße, daß die individuelle Leistungsfähigkeit nach Möglichkeit erhalten bleibt.

Daß damit nur ein zunächst recht allgemein umrissenes Ziel gegeben ist, bedarf kaum eines Hinweises, ebensowenig wie die Tatsache, daß eine konkrete, positivierte Rechtsordnung eines solchen Zieles bedarf, soll sie nicht bloße Machtordnung oder diktatorische Satzung sein. Die Idee eines transpositiven, translegalen Rechts, ihr — allerdings niemals

---

[6] Dazu *Coing*, Die obersten Grundsätze des Rechts, 1947, 35, und *Sax*, Das strafrechtliche Analogieverbot, 1953, 144. *Radbruch* hat seine Stellung zu Positivismus, Naturrecht und Gerechtigkeit mehrfach gewechselt. Während er noch in der 3. A. seiner „Rechtsphilosophie“ (1932), S. 83, schrieb, daß der Richter keine andere als die juristische Geltungslehre zu kennen habe, daß es für ihn Berufspflicht sei, den Geltungswillen des Gesetzes zur Geltung zu bringen, das eigene Rechtsgefühl dem autoritativen Rechtsbefehl zu opfern, nur zu fragen, was rechtens ist, und niemals, ob es auch gerecht sei, hat sich *Radbruch* 1947 („Die Wandlung“ II, 9f.; zit. bei *E. v. Hippel*, Der Rechtsgedanke in der Geschichte, 1955, 69) dahin ausgesprochen, die Rechtswissenschaft müsse sich wieder auf Jahrtausende alte gemeinsame Weisheit der Antike, des christlichen Mittelalters und des Zeitalters der Aufklärung besinnen, daß es ein höheres Recht gäbe als das Gesetz, ein Naturrecht, ein übergesetzliches Recht, an dem gemessen das Unrecht Unrecht bleibt, auch wenn es in die Form des Gesetzes gegossen ist. Einen Mittelweg hat *Zweigert* in der 9. A. von *Radbruchs* „Einführung in die Rechtswissenschaft“, 1952, 42f., herzustellen versucht. Vgl. dazu auch *Eb. Schmidt*, Gesetz und Richter, 1952, 14. Zur Neubegründung der idealistischen Naturrechtslehre in Deutschland vgl. auch *Erik Wolf*, Das Problem der Naturrechtslehre, 1955, 31 sowie ebd. S. 40 über neuere Arbeiten zum katholischen und protestantischen Naturrecht (Anm. 87, 88).

ganz erreichbares — Ideal liegt in der Gerechtigkeit. Und was ist ihr Inhalt? Daß er sich nicht nur in Unparteilichkeit erschöpft, ist nicht verkannt worden, ebensowenig wie die Tatsache, daß bei der Zuteilung von staatlich geschützten Gütern und Ansprüchen ein *Recht* auf solche Zuteilung bestehen muß. Allein schon daraus folgt aber, daß in einem autoritären Staat, der die Quelle allen Rechts nur in seinem Machtbefehl sieht, keine subjektiven Rechte seiner Untertanen anerkennt und ihnen nur so viel an Rechten zubilligt, wie ihm gutdünkt, ohne daß der einzelne einen Anspruch auf solche Rechtszuteilung hat, auch keine Rede sein kann von „Gerechtigkeit" der Zuteilung. Denn nur dann kann eine Zuteilung als gerecht oder ungerecht empfunden werden, wenn die ihr zugrunde liegende Norm als beiderseitig verpflichtend gilt. Eine freie Zuteilung wird niemals als „gerecht" empfunden. Schon Anaximander spricht von δίκη διδόναι κατὰ το χρεών, von der verpflichtenden Kraft, die der Gewährung des Rechts zugrunde liegt. Ist aber die Voraussetzung gegeben, daß der Gesetzgeber in einem auf demokratischem Ideal fundierten Staat Recht setzt, in einem Staat, in dem dem Individuum ein Eigenwert zukommt und damit auch die Fülle des Rechts, in dem Rechte und Befugnisse der Staatsglieder als etwas Ursprüngliches aufgefaßt werden und ihre Einengung besonderer Gründe bedarf, dann darf diese Einengung, diese Rechtsbegrenzung subjektiver Rechte nur nach einem Maßstab erfolgen, der diese Begrenzung zu den Rechten des einzelnen in eine solche Beziehung setzt, die als „gerecht" bezeichnet werden kann. Und wann ist dies der Fall? Sicher dann, wenn dem einzelnen so viel an Rechten und Pflichten zugeteilt wird, als es dem Maße dessen entspricht, was aus ihm hervorgegangen ist, und er so viel an Lasten und Verpflichtungen zu tragen hat, als es dem entspricht, was er zur Erfüllung oder Wiedergutmachung dessen zu leisten verpflichtet ist, womit er in die Rechte anderer eingegriffen hat. Dieses suum cuique tribuere der Römer, das aber zunächst nur eine formale, dem Zweck des Rechts entsprechende Rechte- und Pflichtenverteilung zum Inhalt hat, muß — und das ist das Wesentliche — ergänzt und beschränkt werden durch Rücksichten auf die Natur des Menschen, seinen Wert, seine Würde, die das Recht in seiner wesentlichen Richtungsbestimmung auf den Menschen zu wahren hat. Nur so kann der rein formale Gedanke der „Gleichheit vor dem Gesetz", wie ihn noch *Bernheimer* aufgefaßt hat[7], seine Vertiefung erfahren, nur so kann in einem demokratischen Rechtsstaat Recht als gerechtes Recht verwirklicht werden[8].

Man hat bestritten, „daß es eine aus der menschlichen Natur ableitbare, inhaltsbestimmte Werteordnung gäbe", daß „die Existenz eviden-

[7] *Bernheimer*, Probleme der Rechtsphilosophie, 1927, 72 u. ö.

[8] Diese „Achtung vor dem Menschen" hat insbesondere auch *Jahreiß* als „Vor-Ordnung" in Weiterführung *Thoma*scher Gedanken betont in „Demokratie", in der Festschr. f. Rich. Thoma, 1949, 75f.

ter Naturrechtssätze, die jedermann so ohne weiteres zugänglich seien, daß sie menschlichen Irrtum nicht unterliegen könnten“, eine Unmöglichkeit sei[9]. Schon *Pascal* hat versucht, die Idee eines Naturrechts zu widerlegen aus der Erkenntnis der Abhängigkeit des Rechts von Raum und Zeit, d. h. aus der Unstabilität notwendiger Wertprinzipien. Recht und Unrecht ändern sich, so meinte er, mit der geographischen Lage ebenso wie mit der Mode oder Gewohnheit[10]. Aber die Tatsache, daß eine Wertvorstellung nicht zu allen Zeiten und nicht bei allen Völkern wirksam gewesen ist, entscheidet nicht *gegen* ihre Richtigkeit, da der consensus omnium kein Kriterium der Wahrheit ist und auch niemals gewesen ist. Damit hängt auch zusammen, daß der Begriff der Gerechtigkeit selbst im Laufe der Jahrtausende seinen Inhalt nicht unwesentlich geändert hat. Während die δικαιοσύνη bei *Aristoteles* wie im Neuen Testament[11] den Inbegriff aller Tugenden überhaupt bedeutet, auch noch bei *Schopenhauer* und *Friedrich Paulsen* einen kaum weniger umfassenden Inhalt hat als bei *Leibniz*[12], wird er heute in dem sozial Zweckmäßigen gesehen, das als Aufgabe jeder staatlichen Ordnung zu gewährleisten ist.

Auch *Riezler*[13] steht einem Einfluß naturrechtlichen Denkens auf das geltende Recht skeptisch gegenüber. Wer — so argumentiert er — an ein Naturrecht glaube im Sinne eines von menschlichen Satzungen und von historischen Bedingungen unabhängigen Rechts, sei sich regelmäßig der wahren Grundlagen dieses angeblichen „Rechts“ nicht bewußt und sähe nicht, daß ein solches „Naturrecht“ nur sein *eigenes*, fast immer durch Zeitströmungen beeinflußtes Rechtsideal sei oder das Produkt eigener Reflexionen und Konstruktionen, das er zu „ewigen“ und absoluten Normen zu erheben strebe, indem er in dem Suchen nach einer allgemeinen Quelle für die Rechtsordnung sie je nach seiner Weltanschauung in göttlichen Vorschriften sehe, in der allgemeinen Ethik, in der vermeintlichen Natur des Menschen, in seiner angeborenen Vernunft oder schließlich in einem allen Menschen angeborenen Rechtsbewußtsein oder

[9] Unter Berufung auf Welzel *Eb. Schmidt*, a. a. O., 15.

[10] Pens. 249, 250, 253. Vgl. dazu bes. *Wicher*, Gerechtigkeit und Gewalt in Pascals Gedanken. In „Beiträge zur Kultur und Rechtsphilosophie“, Hdlbg. 1948.

[11] Matth. 6, 33.

[12] Hauptschriften zur Grundlegung der Philosophie, hrsg. v. Cassirer II, 511ff. (Méditations sur la notion commune de la justice“, Mollat, 41ff.), und *Zimmermann*, Das Rechtsprinzip bei Leibniz, 1852, 67.

[13] „Das Rechtsgefühl“, 1946. Besonders leidenschaftliche Angriffe hat auch *Wilhelm R. Beyer* („Rechtsphilosophische Besinnung. Eine Warnung vor der ewigen Wiederkehr des Naturrechts“, 1947) gegen die Anerkennung eines Naturrechts gerichtet, vor allem gegen *Heinr. Rommen*, dessen bekanntes Buch im gleichen Jahr in 2. A. erschienen war. Vgl. im übrigen die eingehenden Lit. Berichte von *Th. Würtenberger* im Arch. f. Rechts- u. Sozialphilos. 36, 1949, 98ff. über die Jahre 1946 bis 1948, und 40, 1953, 576ff. und 41, 1954, 58ff., über die Jahre 1948—1951, sowie JZ 1955, 1ff. Dazu auch *Erik Wolf*, Das Problem der Naturrechtslehre, 1955, 6, mit weit. Lit.

Rechtsgefühl, ja mitunter sogar in einer a priori gegebenen „Rechtsidee“. Eine solche Rechtsidee hält *Riezler* aber nur dann für ein geeignetes Korrektiv des geltenden Rechts, wenn man aus ihr ableite, daß die wichtigsten Lebensgüter überhaupt unter dem Schutz einer Rechtsordnung stehen müssen, d. h. nicht dem willkürlichen Zugriff einzelner oder der Staatsgewalt preisgegeben sind, und daß sich das Recht behaupten müsse auf den Lebensgebieten, die überhaupt von der Rechtsordnung erfaßt sind. Auf diesen Gebieten müsse das Recht sich gegen andere Mächte durchsetzen. Dabei zeige sich aber, daß das Rechtsgefühl oder die Rechtsidee etwas rein Formales sei, weil sie weder die Rechtsgüter bestimmen können, die rechtlichen Schutz genießen sollen, noch wieviel Schutz ihnen zuzubilligen sei, noch schließlich gegen wen der rechtsstaatliche Schutz gewährt werden müsse.

Uns will scheinen, daß dieser Skeptizismus den Zugang zu der Rechtsquelle versperrt, die jenseits einer bloßen Regulation durch Nützlichkeitserwägungen liegt, zu einer Rechtsquelle, die ein dem Menschen gegebenes Regulativ des Seinsollenden darstellt, wie es dem menschlichen *Verstand*, seinem Erkennen, in dem kausalen Denken gegeben ist. Wie dieses — und diese Erkenntnis ist das bleibende Verdienst Kants — den Menschen in den Stand setzt, in der Vielheit der ihn umgebenden Ereignisse und Zustände eine planvolle und systematisches Denken ermöglichende Ordnung zu bringen, so gibt es absolute Maßstäbe auch für das Seinsollende, d. h. das *Wertdenken*, mit dem es das Recht in erster Linie zu tun hat, Maßstäbe, die über Zeit und Ort hinaus Ideale auch der rechtlichen Ordnung mit Inhalt erfüllen, ja ihr wesensmäßig eigentümlich sind. Denn mit der Forderung des suum cuique tribuere ist allerdings nur ein formales Gerechtigkeitsprinzip gegeben, das erst seiner Inhaltserfüllung bedarf. Die entscheidende Frage ist eben, was das suum sei, das dem einzelnen zuzuteilen ist.

Dasselbe ist zu sagen zur Kritik der Reinen Rechtslehre gegenüber dem Naturrecht, zu dem diese in schärfster Opposition steht. Für *Kelsen* und seine Schule[14] ist die Reine Rechtslehre gerade wegen ihrer antiideologischen Tendenz erst wahre Rechtswissenschaft; denn Ideologie verhülle die Wirklichkeit, entstelle sie, weil sie ihre Wurzel im Wollen hat, nicht im Erkennen, und anderen Interessen entspringe als dem Interesse an der Wahrheit. Die Reine Rechtslehre bewähre ihre antiideologische Tendenz gerade darin, „daß sie die Darstellung des positiven Rechts von jeder Art naturrechtlicher Gerechtigkeitsideologie zu isolieren sucht“[15]. So ist die Reine Rechtslehre „die Theorie des Rechtspositivismus“, weil es „vom Standpunkt rationaler Erkenntnisse gesehen“ „nur Interessen und

---

[14] Besonders in „Die philosophischen Grundlagen der Naturrechtslehre und des Rechtspositivismus“, 1928.

[15] So *Kelsen*, Reine Rechtslehre, 1934, 17, 38.

damit Interessenkonflikte gibt, deren Lösung durch eine Interessenordnung erfolgt, die entweder das eine Interesse gegen das andere auf Kosten des anderen befriedigt oder aber einen Ausgleich, einen Kompromiß zwischen den gegensätzlichen Interessen stiftet"[16]. Dabei könnte es erstaunlich erscheinen, daß *Kelsen* den Gegensatz zwischen Naturrecht und positivem Recht gerade darin sieht, daß das erstere ein statisches, das letztere aber ein dynamisches Normensystem darstelle[17], während dem Naturrecht neustens umgekehrt zum Vorwurf gemacht wird, daß es gerade infolge der Instabilität, ja Subjektivität seiner Normen als Grundlage für ein seinsollendes Recht untauglich sei. Diese Diskrepanz löst sich jedoch durch die Annahme *Kelsens*, daß die Naturrechtstheorie, sofern sie ihre „natürliche" Ordnung sich nach einem dynamischen Prinzip entwickeln lasse, d. h. auf Realisierung und Anwendung auf die tatsächlichen menschlichen Verhältnisse bedacht sei, sich unversehens, „unter ihren Händen gleichsam", zu einem positiven Recht wandele. Mit anderen Worten: soweit das Naturrecht die Kraft hat, sich durchzusetzen, wird es dynamisch, aber gleichzeitig auch positive Satzung, d. h. das Naturrecht hat sein Ziel erreicht, positive Satzung zu werden; es ist aus der Ideologie herausgetreten und hat durch seine Kritik das positive Recht gewandelt und sich damit selbst in solches verwandelt. Damit erkennt auch *Kelsen* einen absoluten Geltungsanspruch des Naturrechts an, weist es aber in die Rolle der Kritik und läßt es, soweit eine solche Erfolg hat, im positiven Recht aufgehen[18]. Sind auf solche Weise aber die Sollensnormen des Naturrechts zu Bestandteilen des positiven Rechts geworden, dann mußten sie schon vorher als ein Ganzes betrachtet werden, und es ist nicht einzusehen, warum die Sollensnormen des translegalen Rechts dieser bevorzugten Aufnahme in wissenschaftliche Behandlung nur insoweit teilhaftig werden sollen, als die mehr oder weniger tiefe Einsicht des Gesetzgebers ihnen Eingang in das Gesetz gewährt hat. Die Geltung der akzeptierten translegalen Normen wird dann abhängig gemacht vom „Positivwerden", d. h. von der durch Zwang gestützten Legalität, deren Wesen in der Rechtssicherheit gesehen wird, der Hauptforderung, die der Staat bei der Schaffung positiven Rechts zu erfüllen habe, einer Forderung, die von *Hobbes* bis *Radbruch* immer wieder als Hauptaufgabe des Staates gepriesen und gestellt wird, und wonach der Friede höher zu schätzen sei als die Realisierung der Gerechtigkeit[19].

Daß der Kampf gegen das Naturrecht übrigens nicht nur in einer besonderen juristischen Denkweise und Methodik begründet ist, wird deut-

---

[16] Ebd. S. 38, 15.

[17] *Kelsen*, Naturrechtslehre und Rechtspositivismus, 1928, 19.

[18] Dazu *Friedrich*, Die Philosophie des Rechts in ihrer historischen Perspektive, 1955, 107.

[19] Vgl. *W. Ebenstein*, Die rechtsphilosophische Schule der Reinen Rechtslehre, 1938, 90ff. Dazu auch *Mezger*. GS 98, 433ff.

lich aus der Stellung des Historismus zum Naturrecht, wenn man darunter mit *K. Mannheim*[20] versteht „die Weltanschauung, die sich herausbildet, nachdem das religiös gebundene Weltbild des Mittelalters sich zersetzte und das aus ihm säkularisierte Weltbild der Aufklärung mit dem Grundgedanken einer überzeitlichen Vernunft sich selbst aufgehoben hatte", Auch *Fr. Meinecke* sieht das historische Denken an als Gegner der seit der Antike herrschenden naturrechtlichen Denkweise mit ihrem Glauben an die Existenz zeitloser und absolut gültiger sittlicher Wahrheiten, die einem im Kosmos waltenden Logos entsprächen.

Demgegenüber hat aber vor allem auch *del Vecchio* darauf hingewiesen[21], daß, wenn man dem Naturrecht einen überempirischen Charakter zuspricht, man damit in keiner Weise die Forschung über die geschichtliche oder positive Relativität des Rechts beeinträchtigt, soweit dieses der Welt der Erfahrung angehört. Es geht hier vielmehr um die saubere Trennung zweier Kompetenzbereiche, die sehr nahe aneinanderliegen, und von denen jeder *eigne* Legitimität besitzt.

Eine Mittelstellung zwischen der Reinen Rechtslehre und der Anerkennung translegaler Rechtsnormen nimmt die Rechtsontologie der Existenzphilosophie ein, insofern diese zwar grundsätzlich keine Begriffe wie „richtig", „gut", „schlecht", „falsch" zulassen kann, nichts Rechtfertigendes und Begründendes, d. h. auch keine überindividuellen Maßstäbe, aber doch anerkennt, daß sich der Mensch in eine durch die „entia moralis" vorgezeichnete Ordnung gestellt sieht. In diesem Ordnungsgefüge der Eigentlichkeit seines Seins „als Mensch" setzt sich der Mensch die „von Natur" fehlende Ordnung und wird damit zum Baumeister einer zweiten Welt, nicht nur über die Erde, sondern auch über sich selbst und seine Art[22].

Einer Verwerfung des Naturrechts als Bestandteil rechts*wissenschaftlichen* Denkens steht gegenüber seine Anerkennung als Grundlage für die Anerkennung legalen Wertschutzes überhaupt, mit der daraus folgenden

---

[20] Im Arch. f. Sozialwiss. u. Sozialpolitik, 52, 1924, 2. Vgl. weiter zum folgenden *Meinecke*, Historismus, 2. A. 1946, 2ff. und *Topitsch* im „Stud. Generale", 1954, 430ff.

[21] „Universitas", VII, 1952, 1065f.

[22] So *Mayhofer*, Recht und Sein, Prolegomena zu einer Rechtsontologie, 1954, 109f., 120ff., der hierzu mit Recht auf Leibniz' Thesen über die Metaphysik (Th. 20) verweist: „Justitia nihil aliud est quam ordo seu perfectio circa mentes." Vgl. dazu auch *Welzel*, Naturrecht, 147ff., und *Heidegger*, Holzwege, 226. *Georg Cohn*, Existentialismus und Rechtswissenschaft, Basel 1955, sieht S. 148f. das Ideal der Gerechtigkeit in der Berücksichtigung der individuellen Unterschiede bei der Beurteilung konkreter Besonderheiten, wobei allerdings auch Schranken gesetzt sind für die Freiheit der richterlichen Entscheidung. Zu Mayhofers Versuch vgl. einerseits *Fechners* Besprechung in JZ 1956, 70, andererseits den Hinweis von *R. Lange* in der Schweiz. Zeitschr. f. Strafr., 1955, 384, Anm. 2, und die grundlegenden Ausführungen von *Würtenberger* in JZ 1955, 1ff. über „Das Naturrecht und die Philosophie der Gegenwart".

Konsequenz, daß Naturrecht positives Recht bricht[23], wie es am eindrucksvollsten von *Walter Schönfeld* und *Helmut Coing* entwickelt worden ist[24]. Das Wesentliche dieser positiven Einstellung zum Naturrecht ist einmal die Feststellung, daß die Naturrechtslehre eine bestimmte Art und Weise darstellt, rechtlich zu denken, daß Naturrecht Rechtsontologie, und daß sein uns im Rechtsgefühl gegebener Grundwert die Gerechtigkeit ist. Während nun aber die Forderung des suum cuique tribuere zunächst nur ein formales Gerechtigkeitsprinzip sein kann, kann seine materielle Erfüllung — wie schon gesagt — nur aus der Überlegung gewonnen werden, daß alles Recht um des Menschen willen besteht, darum auch das gesetzte Recht die Werte zu schützen hat, die einem menschlichen Zusammenleben Wert, Inhalt und Sicherheit geben. Diese Werte lassen sich im einzelnen wiederum nur gewinnen durch eine Ableitung aus dem höchsten Wert, der mit der menschlichen Persönlichkeit verbunden ist, seiner Personenwürde. Aus der vom Staat geforderten Schutzpflicht folgt, daß diese Personen- oder Menschenwürde nicht verletzt werden darf („neminem laedere"), und daraus ergeben sich weiter die Ergänzungswerte, die bestimmen, was das suum jedes einzelnen sei, dessen Würde zu schützen ist. Diese einzelnen Werte können entweder solche sein, aus denen sich die privatrechtlichen Pflichten ergeben (Zuverlässigkeit, Treue, Wahrhaftigkeit und Vertrauen)[25], oder solche, die der Staat um seiner und seiner Glieder Existenz willen zu schützen hat (Schutzobjekte des Strafrechts), oder schließlich solche, die der Gesetzgeber zu berücksichtigen hat bei Eingriffen, die jedes staatliche Verfahren, insbesondere jedes Strafverfahren für den Betroffenen mit sich bringt, sei es im Verfahren selbst, sei es bei der Wahl und dem Vollzug der Strafsanktionen[26]. Immer sind es Werte, die der Wesensnatur des Menschen entsprechen oder entsprechen *sollen*; denn naturrechtliche Normen als Ideale menschlicher sozialer Verhaltensweisen können — das liegt im Wesen jeden Ideals — niemals ganz erreicht werden und sind auch niemals in ihrer Fülle, Tiefe und Vollkommenheit im einzelnen Menschen vorhanden. Aber je mehr der Gesetzgeber Ideale zur Grundlage seiner Normen macht, um so mehr sind sie auch Ansporn und übernehmen zum Teil die Aufgabe ethischer Normen. Das soll weder bedeuten, daß

---

[23] *H. Mitteis,* Über das Naturrecht, Vorträge u. Schriften d. dtsch. Akad. d. Wiss. zu Berlin, H. 26, 1948, 38.

[24] *Coing,* Die obersten Grundsätze des Rechts, 1947; *W. Schönfeld,* Die Geschichte der Rechtswissenschaft im Spiegel der Metaphysik. In: „Reich und Recht in der deutschen Philosophie", 2. Bd. 1943.

[25] So bes. *Coing,* a. a. O., 36ff.

[26] Vgl. dazu *Bohne,* Menschenwürde und Strafrecht, 1950. Über die Menschenwürde als Persönlichkeitsrecht, das Art. 1 Abs. 1 GG aus einem naturrechtlichen Recht positiviert hat, vgl. vor allem die ausgezeichnete und umfassende Darstellung von *Nipperdey* in *Neumann-Nipperdey-Scheuner,* Die Grundrechte, Bd. II, 1954, S. 1ff., bes. S. 7ff., 11ff.

das Recht, wie man gesagt hat, ein ethisches Minimum sei, noch darf es deshalb abgelehnt werden, soweit es als ethisches Ideal niemals ganz erfüllt werden kann. Wohl aber soll das legalisierte Recht, will es gerechtes Recht sein, den ethischen Standpunkt des Gesetzgebers widerspiegeln, soll von ihm seine Richtung gewiesen erhalten. Nur dann kann das Gesetz einen Teil des Vertrauens zurückgewinnen, den es in großem Umfang bis zum Ende des ersten Weltkrieges in Deutschland genossen hat. Denn die Krise des Positivismus, die zu seiner Überwindung geführt hat und weiter führen wird, ist nicht etwa durch eine innere Entwicklung der Rechtswissenschaft ausgelöst worden, sondern durch die Staatskrise von 1918[27], mit der das Vertrauen endgültig schwand, daß die Grundlagen des staatlichen Rechts mit den wesentlichen Rechtsüberzeugungen im Einklang stehen und in der einzelnen gesetzlichen Regelung die gerechteste Regelung angestrebt werde. Man war überzeugt, daß sich der Staat als Hüter des Rechts verantwortlich fühlte, und als dieses Gefühl zu schwinden begann, trennte sich auch die Frage nach dem Inhalt des Rechts scharf von seiner Gesetzesform. Gesetz war nicht mehr gleich Recht; die Frage des Naturrechts wurde wiederum akut, trotz seiner Ablehnung durch die meisten Rechtstheoretiker[28]. Daß diese antipositivistische Bewegung bereits die Gerichte ergriffen hat, ist nicht nur bezeichnend für die Situation im ganzen, sondern vor allem auch dafür, daß die Gerichte mit Normen arbeiten müssen, denen der Gesetzgeber noch nicht die Weite und Anpassung an menschliche Verhaltensweisen gegeben hat, die sie nach dem Rechtsgefühl haben müssen.

So hatte schon das ehemalige Reichsgericht, und zwar der 5. Strafsenat, in einer Entscheidung vom 14. 3. 1928[29] das Naturrecht im objektiven Sinn, auf das sich die Verteidigung bezogen hatte, grundsätzlich als Rechtsquelle anerkannt und dahin interpretiert, daß man darunter die Summe von Rechtsnormen verstehe, „die durch die Natur selbst, nicht erst durch positive Satzung, für die ganze Menschheit verpflichtend sind. Zu diesen Rechtsnormen aber gehört die Treuepflicht, welche jeder Staatsbürger seinem Vaterlande und Volk schuldet". Ähnlich hat später der Oberste Gerichtshof für die Britische Zone in einem Urteil vom 15. 11. 1949[30] hervorgehoben, daß die richterliche Unabhängigkeit gerade dadurch gefährdet oder gar beseitigt werde, wenn der Richter gezwungen wird, unter Mißbrauch von Formen des Rechts zu entscheiden; vielmehr müsse vor Augen geführt werden, „daß auch die Anwendung einzelner Gesetzesbestimmungen stets eine Besinnung auf die Grundsätze der Gerechtigkeit erfordert"[31]. Vor allem aber hat das Bundesverfassungs-

---

[27] Dazu *Forsthoff* in „Zeitwende" 19, 1948, 679f., und *Bohne*, a. a. O., 11ff.
[28] *Bohne*, a. a. O., 12ff.
[29] RGSt. 62, 65ff. (67).
[30] Entsch. d. Oberst. Ger. f. d. Brit. Z. i. Str. 2, 273.
[31] Weitere Fälle aus der strafrechtlichen Praxis w. u.

gericht in einem Urteil vom 23. 10. 1951 (Leitsatz 27) die Existenz überpositiven, auch den Verfassungsgesetzgeber bindenden Rechts anerkannt und sich für zuständig erklärt, das gesetzte Recht daran zu messen[32]. Das aber kann nur heißen: zu prüfen, ob es Recht ist.

Dieser Begriff der Gerechtigkeit ist kein Gesetzesbegriff, kein Tatbestandsmerkmal positiv-rechtlicher Regelung, selbst dann nicht, wenn sich der Gesetzgeber dieses Begriffes bedienen sollte. Das Ideal der Gerechtigkeit ist älter als jede Rechtssatzung, älter auch als jede Rechts*wissenschaft*, aber ihre Voraussetzung. Eine Wissenschaft vom Recht kann es ohne ein System, dem eine Idee der Ordnung zugrunde liegt, nicht geben, und erkennt man an, daß es das Recht mit Werten zu tun hat, nicht nur mit Ordnungsvorschriften und technischen Anweisungen, dann kann diese Idee, die die systematische Ordnung des Rechtsdenkens zur Wissenschaft macht, nur die Gerechtigkeit sein. Der Vorwurf, der in dem Schlagwort von der „Unwissenschaftlichkeit der Rechtswissenschaft" liegt[33], ist nur dann berechtigt, wenn und soweit die „Rechtswissenschaft" es ablehnt, ihren Stoff an der Idee zu messen, die dem Wesensgehalt der Vorschriften entsprechen soll, mit dem sie es zu tun hat. Die Wissenschaftlichkeit des Rechts ist eine Tatsache, wenn die Objekte dieser Wissenschaft richtig erkannt werden. Da Recht nicht eine bloß ordnende Technik des Zusammenlebens ist, sondern jede Ordnung, soll sie sinnvoll und zweckvoll sein, auf ein Ziel bezogen sein muß, wird auch der nicht geringe Bereich rein ordnender und technischer Vorschriften in die Rechtswissenschaft einbezogen[34]. Würden sie das nicht, dann wären Ordnungsvorschriften ebenso Willkür wie jede Pedanterie.

---

[32] Zit. bei *E. v. Hippel*, a. a. O., zus. mit zwei Entsch. d. Bay. Verf. Ger.hofs v. 10. 6. 1949 und 24. 4. 1950. Vgl. dazu auch BGHStr. 2, 237; 3, 362ff. mit den Bem. v. *Lang-Hinrichsen*, „Die ewige Wiederkehr des Rechtspositivismus" in Festschr. f. Mezger, 1954, 60f. *Weinkauff*, Das Naturrecht in evangelischer Sicht. In „Zeitwende", 1951, 95ff. und *Erik Wolf*, Problem der Naturrechtslehre, 1955, 6f. Wenn der BGH in den beiden angeführten Entscheidungen die Feststellung trifft, daß „bei allen Unterschieden, die die nationalen Rechtsordnungen im einzelnen aufweisen, im Bewußtsein aller zivilisierten Völker ein gewisser Kernbereich des Rechts" besteht, „der nach allgemeiner Rechtsüberzeugung von keinem Gesetz und keiner sonstigen obrigkeitlichen Maßnahme verletzt werden darf", daß er „bestimmte als unantastbar angesehene Grundsätze des menschlichen Verhaltens" umfaßt, „die sich bei allen Kulturvölkern auf dem Boden übereinstimmender sittlicher Anschauungen im Laufe der Zeit herausgebildet haben und die als rechtlich verbindlich gelten, auch wenn die Rechtsordnung eines einzelnen Staates sie nicht ausdrücklich als der staatlichen Willkür entzogen bezeichnet", so ist das ein Bekenntnis zu translegalen Normen, wie es klarer kaum gefaßt werden kann, mag man es nun „Naturrecht" nennen oder nicht.

[33] Vgl. z. B. von *Kirchmann, Jul. Herm.*, Die Wertlosigkeit der Jurisprudenz als Wissenschaft. Hrsg. u. eingeleitet v. Neesze, 1938; *Lundstedt*, Die Unwissenschaftlichkeit der Rechtswissenschaft, 1936.

[34] So mit Recht *Jos. Esser*, a. a. O. (o. A. 2), der mit Nachdruck hervorhebt, daß auch scheinbar rein rechtstechnische Begriffe, einfache Bauteile der Jurisprudenz

Die gegen die Wissenschaftlichkeit der Rechtswissenschaft erhobenen Bedenken sind zum anderen aber auch daraus zu erklären, daß die Rechtslehre sich einer ganzen Reihe von Sonderwissenschaften bedienen muß, die eigenen Wissenschaftscharakter tragen, aber zur Klärung des suum jus herangezogen werden müssen (Soziologie, Medizin, überhaupt naturwissenschaftliche Disziplinen, wie Psychologie, Biologie, naturwissenschaftliche Kriminalistik u. v. a.). Auch diese Sonderwissenschaften gehen aber als Teile in die Hauptwissenschaft des Rechts ein, wenn und soweit ihre Ziele der Durchsetzung der Gerechtigkeit dienstbar gemacht werden.

Versucht man die Rechtsprinzipien, insbesondere den Wesensgehalt der Gerechtigkeit, abzuleiten nicht aus der Vernunft des Menschen, wie es der Rationalismus getan hat, sondern aus der Ordnung der sittlichen Werte, die der Mensch zu wahren und zu verwirklichen berufen ist, dann ist auch das Recht nicht nur eine Friedens*ordnung*, sondern wird bestimmt und getragen durch Werte, deren Anerkennung subjektiven und zeitgebundenen Zweckmäßigkeitserwägungen entzogen ist[35]. Welches sind nun die Werte, in denen die Würde des Menschen zum Ausdruck kommt, und die daher zum Maßstab eines gerechten, des seinsollenden Rechts werden müssen? Oder anders ausgedrückt: welche Rechtsgüter stellen die Schutzwerte dar, die der Gesetzgeber wie der Richter als Eigenschaften der sittlichen Person zu achten hat, weil sie dem Menschen Eigenwert und Würde verleihen? Es sind die Werte, in denen die Würde des Menschen, d. h. seine Persönlichkeit ruht, seine Fähigkeit zur *Freiheit* sittlicher Entscheidung, die ihm gegeben ist durch seine Verbundenheit mit dem Reich der Werte, seine Aktivität, Providenz, Entschlußfähigkeit und Zwecktätigkeit[36]. Diese Freiheit der Entscheidung gibt dem Menschen das nur ihm eigentümliche Selbstbewußtsein als homo cogitans und homo sapiens, nicht nur befähigt zum denkenden und ordnenden Durchdringen seiner Welt, sondern auch empfangsbereit für die Wertfülle des Lebens[37]. Aus dieser Freiheit, die den Menschen von allen anderen animalischen Wesen unterscheidet und ihm damit eine exzeptionelel Stellung im Kosmos gibt, folgt seine *Ehre*, seine sittliche Erhabenheit, die zusammen mit der Fähigkeit zur Freiheit der Entschließung seine Würde ausmacht. Sollten diese Grundwerte, die von jeder positiven Legalordnung unabhängig bestehen, dem Gesetzgeber nicht normverpflichtend, dem Richter nicht interpretationsweisend sein?

---

ausschließlich von der Frage der Gerechtigkeit her ihren Sinn beziehen. Vgl. dazu auch *Th. Viehweg*, Topik und Jurisprudenz, 1953, 69, sowie — wenn auch im einzelnen abweichend — *Jos. Esser*, Einführung in die Grundbegriffe des Rechts und Staates, 1949, 17.

[35] Vgl. *Coing*, a. a. O., 63; *Bohne*, a. a. O., 18.

[36] So *Nic. Hartmann*, Ethik, 1926, 567.

[37] *Nic. Hartmann*, ebd. 15.

Enger als alle anderen Rechtsgebiete steht das Strafrecht in Beziehung zum Naturrecht, trotz aller Bestrebungen, auch dieses Gebiet der Reinen Rechtslehre oder der Existentialphilosophie anzugleichen und ihm damit ein sein individuelles Gepräge mehr und mehr ausschließendes Ziel zu geben[38]. Denn dem Strafrecht ist es wie keinem anderen Rechtsgebiet eigentümlich, daß die einander gegenüberstehenden Subjekte nicht auswechselbar sind, die Ordnung nicht von der Person getrennt werden kann. Im strafrechtlichen Bereich steht das Individuum mit allen seinen echt menschlichen Eigenschaften im Vordergrund als verpflichtet und verpflichtend im tiefsten Sinn, verpflichtend vor allem auch gegenüber dem Staat, soweit er Pflicht, Strafen und Zwangsmaßnahmen postuliert. Vor allem kann das Strafrecht als staatliches Schutzrecht seine tiefste Funktion nicht erfüllen ohne eine sinnvolle, aus dem Wesen des Menschen abgeleitete Abstufung der Rechtsgüter nach ihrer Wertigkeit, Schutzwürdigkeit und Schutzbedürftigkeit[39]. Immer ist die Tat als Angriff auf die Rechtsgüterwelt das Primäre im Hinblick auf Sinn und Wesen des staatlichen Schutzrechts. So geht auch der wesentliche Einfluß des Naturrechts auf das Strafrecht, die von jenem geforderte Korrektur, auf die Bewertung der Tat. Hier liegt der wahre sittliche Gehalt des Strafrechts: eine Friedensordnung zu sichern, den Schutz *der* Rechtsgüter, die für ein Gemeinschaftsleben Voraussetzung sind, das nicht nur ökonomisch-praktischen Zwecken dient, sondern eine an sittlichen Werten orientierte Ordnung aufrechterhält, wesentlich bestimmt durch die Werte der Menschenwürde.

Diese Werte der Menschenwürde sind generell zu bestimmen, d. h. auch dann hat das Gesetz sie zu schützen, wenn sie in einer Zeit allgemein oder in einer Person im besonderen nicht vorhanden zu sein scheinen. Denn die Menschenwürde ist nicht eine Eigenschaft, die faktisch jedem Menschen zukommt, sondern eine solche, die der Tatsache des Menschseins eigentümlich ist, dem Menschen eine Stellung innerhalb der Natur zuweist, die gleichzeitig Vorzug und Pflichtgebot in sich schließt, Realität und Ideal, Faktum und Forderung[40]. Anerkennt man, daß alle natur-

---

[38] Vgl. vor allem *O. Tesar*, Die Überwindung des Naturrechts in der Dogmatik des Strafrechts, 1928. Hier verfolgt der Verf. das Ziel, die theoretische Strafrechtswissenschaft von ethischen und kriminalpolitischen „Fremdkörpern" zu befreien, und versucht eine Theorie der reinen Rechtswissenschaft zu geben, die systematische Einheit strafrechtlichen Denkens aufzuzeigen, aufbauend auf den Forderungen Kelsens und seiner Schule. Alle Probleme, die nicht aus der Methodik der reinen Strafrechtswissenschaft erwachsen, sollen als „Naturrecht" ausscheiden. Vgl. dazu *Bohne*, DJZ, 1929, 1142; ferner *Schwinge*, ZStW 52, 137ff. *Mezger* in GerS 98, 1929, 436ff. *Lunz* im Arch. f. R. u. W.philos. 24, 1930/31, 264ff. Vgl. ferner *Felix Kaufmann*, Die philosophischen Grundprobleme der Lehre von der Strafrechtsschuld. Wiener Staats- und Rechtswiss. Stud., hrsg. v. Hans Kelsen, Bd. XI, 1929.

[39] Vgl. hierzu und zum folgenden *Bohne*, a. a. O., 21ff.

[40] *Bohne*, a. a. O., 24.

rechtlichen Normen ideal, d. h. Wegweiser und überindividuelle Normen sind, dann wird man auch zugeben müssen, daß das Gesetz, das solche translegalen Normen zu verwirklichen sucht, nicht nur Ordnungsvorschriften enthält, sondern führenden und erzieherischen, anspornenden und einen den Staat verpflichtenden Inhalt hat, hergeleitet aus der Wesenheit des Ideals, zu dessen Verwirklichung der Staat ganz wesentlich berufen ist, will er nicht nur eine Exekutivinstanz verkörpern. Die Aufstellung einer solchen legalisierten Wertetafel oder Güterordnung ist oberste Aufgabe jeden Staates und wird vornehmlich aus der Pönalisierung rechtswidriger Eingriffe erkannt. „Eine Tafel der Güter hängt über jedem Volk. Siehe, es ist seiner Überwindungen Tafel. — Werte legte erst der Mensch in die Dinge, *sich* zu erhalten —, er schuf erst den Dingen Sinn, einen Menschensinn!" (Nietzsche). In dieser Rangordnung liegt die Stellung des Staates zu seiner jeweiligen Kultur offen vor den Augen der Menschheit, die Überwindung seines reinen Nützlichkeitsstrebens und seiner vorzugsweise der materiellen Werterhaltung dienenden Zielsetzung, und es ist durchaus richtig, daß erst die Aufklärung und das Naturrecht eine neue Wertsystematik gebracht haben[41].

Der Kampf gegen das Naturrecht hat seinen Grund allein in der unrichtigen Auffassung seines Wesens als einer Instanz translegaler Maßstäbe, an denen das gesetzte Recht gemessen und kritisiert wird. Keineswegs ist zu befürchten, daß die Anerkennung einer solchen Kontrollinstanz, die Gesetzgeber wie Richter in gleicher Weise zu respektieren haben, eine Unsicherheit in die Legalordnung bringt, wenn man nur zugibt, daß gesetzliche Ordnung nicht bestimmt ist, die Machtposition nur einzelner zu schaffen und zu stützen, sondern ein Gemeinschaftsleben zu regeln, das die Idee der Menschenwürde respektiert. Wesentlich ist nur, daß die Kritik an der legalen Ordnung nicht erfolgt aus Zweckmäßigkeitserwägungen, die regel- und ziellos bald dem einen, bald dem anderen ephemeren Bedürfnis einzelner oder einzelner Gruppen dienen, sondern aus der Einsicht, daß das Gesetz in seiner positiven Form einem Gemeinschaftsleben dienen soll, das dem Ideal zustrebt, Freiheit und Gleichheit in harmonischer Weise zu verbinden. Damit wird nicht ausgeschlossen, daß auch bloße Ordnungsvorschriften innerhalb des großen Zieles Reibungen beseitigen, die einer unteren Ebene angehören und

[41] Vgl. dazu *Oehler*, Wurzel, Wandel und Wert der strafrechtlichen Legalordnung, 1950, bes. S. 86ff. Beachtenswert außerdem, daß schon der Codex Chammurabis (Neue Ausgabe in „Der Alte Orient", Bd. 31 H. 3/4, 1932), in seiner ersten Bestimmung den Schutz der Ehre gegenüber falscher Anschuldigung an die Spitze der ganzen Kodifikation gestellt hat, ähnlich wie die Große Yasa Chingis-Khans (Leipziger Rechtswiss. Stud., H. 87, 1934) die Bestrafung des Ehebruchs, beidemal mithin den Schutz ideeller Rechtsgüter. Daß in der Lex XII tab. der strafrechtliche Schutz erst auf der 8. Tafel behandelt wird, wird dadurch wieder ausgeglichen, daß auch hier an erster Stelle der todeswürdigen Delikte die öffentliche Schmähung stand.

deren Regelung mit menschlicher Würde nichts mehr zu tun hat. Ob der Fahrverkehr rechts- oder linksseitig geregelt, die Polizeistunde auf 24 oder 2 Uhr festgesetzt wird, ob baupolizeiliche Vorschriften so oder anders beinhaltet sind, tangiert die Menschenwürde in keiner Weise. Wohl aber, ob eine strafrechtliche Schutzvorschrift oder eine prozessuale Maßnahme den Menschen in seiner ihm wesensmäßig gegebenen Würde mißachtet, sei es auch nur darin, daß ein materielles Gut höher bewertet wird als die körperliche Integrität des Menschen oder seine Ehre oder sein Pietätsempfinden[42]. Woher sollte sonst das deutsche Grundgesetz die Legitimation nehmen, die Achtung der Menschenwürde an die Spitze seiner Grundrechte zu stellen (Art. 1 Abs. 1) und die Rechtsprechung nicht nur an die Befolgung des Gesetzes, sondern auch des *Rechts* zu binden (Art. 20 Abs. 3), wenn dieses Recht nicht ein Maßstab wäre, an dem das Gesetz bei seiner Entstehung wie Anwendung auszurichten ist[43]? Daß die Gesetze, wenn Ziel allen Rechts ein harmonisches Zusammenleben der Menschen ist, die menschliche Würde zu respektieren und den lebenden Menschen als höchsten Wert zu betrachten haben, hat neuerdings auch *Achermann* wieder anerkannt[44], sehr zu Recht gegenüber der skeptischen Haltung von *Evers*, der bezweifelt, ob „dem Naturrecht noch eine konstitutive Bedeutung beigelegt werden kann“[45]. Gewiß läßt sich aus einem regulativen Prinzip, wie es die Menschenwürde ist, nicht ein vollständiges Rechtssystem aufbauen. Dies annehmen zu wollen wäre ebenso utopisch wie lebensfremd, ebenso wie es die Ansicht wäre, die Anerkennung eines translegalen Prinzips als wirksames Korrektiv für *jede* ungerechte Normsetzung oder Entscheidung ansehen zu wollen. Das rechtliche Wollen wird in seiner Richtigkeit nicht in Frage gestellt durch ein bestimmtes Einzelergebnis; wesentlich ist allein „die *Idee* des Rechts als das Streben nach der grundsätzlichen Richtigkeit allen Rechts, auch des einzelnen Rechtserfolgs“, selbst wenn im Einzelfall die Idee nicht verwirklicht wäre[46]. Alles gesetzte Recht wie jede konkrete Entscheidung

---

[42] Vgl. dazu des näheren *Bohne*, a. a. O., 26.

[43] Vgl. dazu *Jahrreiß*, Gesetz und Recht — Recht und Gesetz, NJW 1950, 3ff. Ders. „Herrschaft nach dem Maß des Menschen“, Kölner Univ.rede 1951. Ders. „Größe und Not der Gesetzgebung“, Schriften der Wittheit zu Bremen, Reihe D: Abhandlungen und Vorträge Bd. 20, H. 2 u. 3, o. J. (1953), S. 24f.; *Walter Richter*, „Mensch und Recht“, ebd. S. 111ff.

[44] In seiner sehr lesenswerten Studie „Das Verhältnis von Sein und Sollen als ein Grundproblem des Rechts“, Winterthur 1955, 113. Auch *v. Gamm* — NJW 1955, 1826 — hat mit Recht darauf hingewiesen, und zwar im Anschluß an Coing, daß ein allgemeines Persönlichkeitsrecht als das Recht des einzelnen auf Achtung seiner Menschenwürde und Entfaltung seiner Persönlichkeit, Grundlage vor allem des geistigen und ideellen Schutzes des einzelnen sein müsse, und gibt einen Überblick über die praktischen Auswirkungen solcher Erkenntnis.

[45] *Hans Ulrich Evers*, Der Richter und das unsittliche Gesetz, 1956, 67f.

[46] Dazu *W. R. Beyer*, Rechtsphilosophische Besinnung, 1947, 73.

kann immer nur ein Versuch sein, richtiges, d. h. auf Gerechtigkeit gerichtetes, gerechtes Recht zu sein[47].

Machen wir den Versuch, an einigen Problemen des geltenden deutschen Strafrechts und des prozessualen Verfahrens diese Gedanken zu bewähren. Abgesehen von der strafrechtlichen Legalordnung, in der die Bewertung der durch den Staat geschützten Rechtsgüter am augenfälligsten in Erscheinung tritt, liegt es nahe, an die Norm zu denken, bei der die Lösung des Konflikts zwischen Recht und Unrecht unmittelbar dem in seinem Recht Betroffenen anheim gegeben wird, bei der *Notwehr*. Ist die Lösung der Notwehrsituation im geltenden Recht so erfolgt, daß die Würde des Menschen als Träger des Rechts gewahrt ist, oder formal so, daß das Recht dem Unrecht nicht und unter keinen Umständen zu weichen braucht?

Da bei der Notwehr Unrecht gegen Recht steht, nehmen Lehre und Praxis gegenwärtig noch überwiegend an, daß ein „rechtswidriger Angriff" nicht von einem Tier ausgehen könne, ein solcher daher nicht unter den Begriff der Notwehr, sondern nur des Verteidigungsnotstands falle und damit die Abwehr nach den Regeln über die Proportionalität zwischen den von beiden Seiten drohenden Schädigungen erfolgen müsse (BGB § 228), während StGB § 53 eine solche Proportionalität bei der Abwehr menschlicher Angriffe nicht kennt[48]. Schon um dieser offensichtlich in der Natur der Sache nicht begründeten verschiedenen Behandlung zu entgehen, nehmen im Gegensatz zur herrschenden Lehre[49] *Frank*, *Gerland*, *Mezger*, *Nagler* u. a. an, daß auch gegen einen Tierangriff Notwehr geübt werden könne[50]. Damit wird zwar die im Ergebnis „bevorzugte" Stellung des Tieres aufgegeben, nicht aber dem Menschen die Stellung eingeräumt, die nach wohl immer noch herrschender Meinung das „angreifende" Tier hat, das, wenn es von einem Menschen auf einen anderen Menschen gehetzt wird, nur in den Grenzen des Notstands abgewehrt werden kann, während dem hetzenden Menschen gegenüber Notwehr zulässig ist[51].

---

[47] *Stammler*, Die Lehre vom richtigen Recht, 1926, 57. Dazu *Wertenbruch*, Versuch einer kritischen Analyse der Rechtslehre Rudolph v. Iherings, 1955, 110.

[48] Der Ssp. hat in II 62 § 2 (Landrecht) Notwehr gegen Tiere noch zugelassen.

[49] Vgl. z. B. RG 34, 296; 36, 236; OGHSt. 1, 274. *Olshsn.* 7; *Schwarz* 18. A., 1b; *Welzel*, Deutsches Strafrecht, 5. A. 1956, 70; *Wegner*, Strafrecht, Allg. Tl., 121; *H. Mayer*, Strafrecht, 1953, 204; *Sauer*, Allg. Strafrechtslehre, 3. A. 1955, 119; *Dreher-Maassen*, 2. A. 1956, § 53, Anm. 2a.

[50] *Frank*, Komm. 18. A. 1931, 161, unter Berufung auf *Binding*, *Oetker*, *v. Bar* u. a.; *Gerland*, Reichsstrafrecht, 1. A. 1922, 113 (in der zweiten Aufl. 1932, 147 ist diese Ansicht aufgegeben); *Mezger*, Strafrecht, 2. A. 1933, 233, und Strafrecht, Allg. Tl., 6. A. 1955, 111; *Nagler-Jagusch*, LK, 7. A. 1953, II 2 zu § 53 mit weiteren Lit.angaben.

[51] So insbes. *Sauer*, a. a. O., 119, der allerdings (S. 120) in der Ausübung eines „formalen Rechts nur um des Rechts willen" möglicherweise einen Rechtsmißbrauch sieht.

Weit schwerer wiegt aber die noch bis vor kurzem in der Rechtsprechung allgemein, in der Lehre überwiegend vertretene Auffassung, daß bei echter Notwehrlage der Gedanke der Proportionalität, wie er dem Notstand wesentlich ist, abzulehnen sei. Diesen Standpunkt hatte das RG 1920 in seine extremste Form gebracht[52]. Es sei, so führte das RG aus, die Meinung vertreten worden, das Maß für den Umfang der Abwehrbefugnisse sei nicht ausschließlich aus der Stärke des Angriffs einerseits und den dem Verteidiger zu Gebote stehenden Abwehrmitteln andererseits zu bestimmen, vielmehr ergebe sich eine Beschränkung in der Ausübung der Notwehr auch daraus, daß zur Erhaltung eines geringfügigen Rechtsgutes für den Berechtigten nicht ein wertvolleres Gut des Angreifers geopfert werden dürfe. Diesen Standpunkt lehnte das RG mit der Begründung ab, daß damit die Notwehr, sobald sie durch Eingriffe in Leib und Leben geübt werden müßte, dem Dieb gegenüber regelmäßig überhaupt ausgeschlossen sei. Eine derartige Rücksichtnahme auf die Verhältnismäßigkeit der Güter könne unmöglich da gerechtfertigt werden, wo das Recht gegen das Unrecht geschützt werden soll. In einem solchen Fall dem Verteidiger zuzumuten, bei der Wahrung seiner Rechte darauf zu achten, daß er dem widerrechtlich angreifenden Gegner keinen Schaden zufüge, der höher bewertet werde, als der ihm selbst drohende, sei nicht angängig. Die Abwägung des Wertes möge da berechtigt sein, wo es sich um den Widerstreit von Rechten handele (RG 23, 116), nicht aber, wo sie dem Unrecht zum Schutz gereiche und eine Einschränkung der Notwehrbefugnisse gegenüber Angriffen auf Güter einer bestimmten Art oder gar innerhalb der Art auf bestimmte Werte bedeuten würde und sonach Zulässigkeit und selbst das Maß der Abwehr davon abhängig wäre, welcher Schaden dem widerrechtlich Angreifenden aus der Abwehr erwachsen könnte. In diesem Falle handelte es sich um eine „nicht unerhebliche" Verletzung eines Obstdiebes durch einen Schrotschuß.

Von diesem extremen Standpunkt ist das RG in den Jahren 1937/38 etwas abgewichen[53], und nach dem Kriege haben sich die Bedenken auch einiger Oberlandesgerichte noch erheblich gesteigert[54]. Eine entscheidende Wendung hat sodann eine Entscheidung des OLG Stuttgart gebracht[55], in der der von einem Wachmann einer Zuckerfabrik abgegebene Schuß auf einen Dieb, der mit einer Flasche Sirup in der Dunkelheit verschwand, als „grober Verstoß gegen die primitiven Grundbegriffe des Naturrechts" bezeichnet wird[56].

---

[52] RG 55, 85f. Ebenso schon früher, wenn auch mit gewissen Einschränkungen, RG 23, 117. [53] RG 71, 133; 72, 57.

[54] Vgl. z. B. OLG Braunschweig, MDR 1947, 205; OLG Stuttgart, NJW 1950, 119 mit Anm. *Cüppers*.

[55] DRZ 1949, 42 mit Anm. *Gallas*.

[56] „Der wertvolle Hund, der mit einem wertlosen Stück Fleisch davonläuft, darf nicht niedergeschossen werden, wohl aber ein Mensch, der eine wertlose Sache wegnimmt, aber nicht anders abgewehrt werden kann."

Diese Berufung auf „Grundbegriffe des Naturrechts“ haben spätere Entscheidungen zwar vermieden[57], sich im Ergebnis aber auf denselben Standpunkt gestellt. So hat das BayObLG in einem Urt. v. 22. 6. 1954[58] in einem Fall, in dem die Angeklagte das Pfandrecht an einem in ihren Garten eingedrungenen Huhn einem Polizeibeamten gegenüber mit einer Axt verteidigt und diesem eine ausgedehnte Wunde am Hinterkopf und eine Gehirnerschütterung beigebracht hatte — die Amtsausübung war unberechtigt! —, zwar bestätigt, daß der Abwehr des Angriffs die Erforderlichkeit nicht deshalb abgesprochen werden könne, „weil es bei verständiger Auslegung des Gesetzes nach § 53 Abs. 1 StGB niemals geboten sein könne, um des Schutzes eines geringwertigen Gegenstandes (oder ganz geringer Vermögenswerte) willen einen Menschen ernstlich zu verletzen oder gar zu töten“. Aber dem das geltende Notwehrrecht beherrschenden Grundsatz, das Recht brauche niemals und unter keinen Umständen dem Unrecht zu weichen, sei die allgemeine Grenze gesteckt, „daß die Ausübung von Rechten und rechtlichen Befugnissen nicht mißbräuchlich werden darf. Die Anwendbarkeit der aus den §§ 826, 242 BGB entwickelten Rechtsmißbrauchslehre[59], die jeglichem Recht seine Schranken an den Geboten der guten Sitten und von Treu und Glauben setzt, beschränkt sich nicht auf das Bürgerliche Recht“. Die verteidigungsweise Abwehr eines gegenwärtigen rechtswidrigen Angriffs sie ebenso wie auf dem Gebiet des Bürgerlichen Rechts[60] „auch auf dem des Strafrechts mißbräuchlich, wenn und insoweit nach dem an den Geboten der guten Sitten und von Treu und Glauben auszurichtenden Rechtsempfinden ein unerträgliches Mißverhältnis zwischen dem Wert und der Gefährdung des zu schützenden und dem Wert und der Schädigung des durch die Abwehr zu verletzenden Rechtsguts besteht“[61,62].

Es bedarf kaum eines Hinweises darauf, daß die Übertragung der Lehre vom Rechtsmißbrauch oder der unzulässigen Rechtsausübung auf das Strafrecht — ausgebildet von der modernen Zivilrechtslehre[63] — auch hier zum konstruktiven Behelf wird, subjektive Rechte sozialethisch zu

---

[57] *Gallas* bemerkt hierzu — DRZ 1949, 43 —, daß „die Karte des Naturrechts zu früh ausgespielt wurde“.

[58] Abgedruckt MDR 54, 564f. und NJW 54, 1377.

[59] An dieser Stelle wird verwiesen auf *Schaffstein*, Notwehr und Güterabwägungsprinzip, MDR 1952, 132 mit Nachweisen.

[60] Hierzu beruft sich das Gericht auf *Enneccerus-Nipperdey*, Lehrb. d. Bürgerl. Rechts, 13. A., 1. Bd., Allg. Tl., § 221 II 4 und Anm. 9 und 10, S. 731.

[61] Verweis des Gerichts auf *Schaffstein*, a. a. O. *Gallas* zu OLG Stuttgart DRZ 1949, 42. *Schönke-Schröder*, Anm. IV 2b zu § 53; LK Anm. VIII. *Olshsn.*, Anm. 12.

[62] Vgl. hierzu auch OLG Braunschweig in NJW 53, 997 und Nds. Rpfl. 53, 166.

[63] Vgl. dazu *Siebert*, Vom Wesen des Rechtsmißbrauchs; Verwirklichung und Unzulässigkeit der Rechtsausübung, 60ff.; *Esser*, Lehrb. d. Schuldrechts, 46f.; RGZ 146, 396.

begrenzen[64]. Andererseits bedarf es aber auch keiner näheren Begründung, daß durch § 826 BGB das Gesetz sich „gewisse Vorschriften der Moral *mittelbar* zu eigen macht, indem es Rechtshandlungen auch dann mißbilligt, wenn sie zwar vor dem Forum der positiven Rechtsverbote bestehen können, aber einen Verstoß gegen das Rechts- und Sittlichkeitsbewußtsein des ganzen Volkes enthalten". Da nun insoweit § 826 wie „§§ 242, 226 BGB der Verwirklichung des Rechts höherer Ordnung" dienen und „die Beachtung der Forderungen wahrer innerer Gerechtigkeit" gestatten[65], so kann auch kein Zweifel bestehen, daß mit dem Erfordernis der Proportionalität zwischen drohendem Schaden und Abwehrschaden bei der Notwehr ein Gedanke des Naturrechts in die Rechtsprechung Eingang gefunden hat, wie ihn der Gesetzgeber schon vorher durch die Einfügung des § 226a StGB (1933) anerkannt hatte[66], und zwar zu einer Zeit, da mit der leidenschaftlichen Ablehnung naturrechtlichen Denkens auch nicht weniger leidenschaftlich gefordert wurde, die Strafrechtspflege „aus den Ketten der überkommenen zivilistisch ausgerichteten Denkweise" zu befreien[67,68].

Daß sich nicht nur die Rechtsprechung bemüht, die Idee der Menschenwürde in der Forderung nach der Proportionalität bei der Abwehrhandlung zur Geltung zu bringen, sondern auch die Theorie, ist selbstverständlich, ebenso wie die Bemühungen, diese Forderungen auch mindestens sozialethisch zu begründen. Die damit verbundene „Auflockerungstendenz" beschränkt, wie *Maurach* feststellt[69], obwohl noch nicht als Bestandteil der heutigen Rechtsanforderungen anzusehen, tatsächlich bereits das Notwehrrecht, indem einerseits verlangt wird, daß schuldlosen Angriffen primär ausgewichen und ganz allgemein eine Güterabwägung als Notwehr-Regulativ anerkannt werden soll. Dieselbe Auflockerungstendenz zeigt sich auch in der dasselbe Ergebnis erstrebenden Ausklammerung sog. „Unfugabwehr" aus der echten Notwehrlage, wie sie für Bagatelleingriffe in fremde Rechtssphäre zu sehen ist, sei es bei unbedeutenden Störungen, sei es wegen der Person des Täters (Kind,

---

[64] Dazu vor allem *Schaffstein*, a. a. O., 135, der sich für die Anwendung des zivilistischen Rechtsmißbrauchgedankens auf das strafrechtliche Notwehrrecht auch beruft auf *Olshausen-Niethammer*, § 53, Bem. 2; *Gallas*, DRZ 1949, 43; *Dahm*, Deutsches Recht, 1951, 514. Vgl. auch *H.-J. Bruns*, NJW 56, 147.

[65] So *Enneccerus-Lehmann*, 14. Bearb. 1954, 924. Dazu auch RGZ 166, 177.

[66] So mit Recht auch *Schaffstein*, a. a. O.

[67] Vgl. z. B. *H.-J. Bruns*, Die Befreiung des Strafrechts vom zivilistischen Denken, 1938. Dazu die inhaltreiche Besprechung von *Tesar* in MonSchrKrimbiol. 30, 1939, 501ff. Neuerdings *Bruns* in NJW 56, 147ff. („Venire contra factum proprium"), zu dem Urt. des LG Kaiserslautern v. 14. 7. 1955, NJW 56, 182.

[68] Über die ersten Anfänge des „Einbruchs zivilistischen Denkens" zur Durchsetzung naturrechtlicher Gedanken in der Rechtsprechung vgl. die Urteilsbesprechungen von *Bohne* in JW 1928, 2229ff. und 1932, 2720ff.

[69] Strafrecht, Allg. Tl. 1954, 281f.

Geistesschwacher)[70]. Die starre Natur des Notwehrrechts durch sozialethische Erwägungen zu lockern, wird nur noch von wenigen abgelehnt[71].

Abgesehen von diesem ganz konkreten Einbruch naturrechtlichen Denkens im Sinne einer Berücksichtigung der Personenwürde (gegenüber der noch weitgehend materialistischen Tendenz der Strafrechtsordnung)[72] zeigen sich naturrechtliche Einflüsse in der Auslegung der Einwilligung, in der Lehre vom übergesetzlichen Notstand wie auch ganz allgemein im Grundsatz der Güter- und Pflichtenabwägung, Grundsätze, die schon durchaus zu Auslegungsregeln strafrechtlicher Normen geworden sind, so sehr die Meinungen über die Anwendung besonders des letztgenannten Grundsatzes auf das Notwehrrecht noch auseinandergehen.

Daß die *Einwilligung* des Verletzten in weitem Umfang eine strafrechtliche Norm infolge Verzichts auf den Rechtsschutz des an sich geschützten Rechtsguts in ihrer Wirkung aufhebt, ist ebenso anerkannt wie im Umfang ihrer Relevanz bestritten[73]. Anerkannt ist uneinge-

---

[70] So besonders *Nagler-Jagusch*, LK, § 53, VIII. Vgl. *Schönke-Schröder* zu § 53, IV 2 b, unter dem Begriff des „Erforderlichen". *Sauer*, a. a. O., 120; „Die einseitige Ausübung eines formalen Rechts nur um des Rechts willen kann ein Rechtsmißbrauch sein, wenn nicht die *Gesamtlage* berücksichtigt und möglichst alle in Betracht kommenden *Kräfte und Werte in einer gerechten Weise* abgewogen werden." Auch die starre Legaldefinition erfordere funktionell eine konkrete Gestaltungsnorm gemäß der *Rechtsidee*, dem Juristischen Grundgesetz der Gerechtigkeit und des Gemeinwohls. Vgl. auch *Oetker* in der Frank-Festgabe, I, 360f., und *Welzel*, Strafrecht, 5. A., 1956, 72.

[71] So von *Hellm. Mayer*, Strafrecht, Allg. Tl. 1953, 202. Auch *Eb. Schmidt* hat sich auf der 5. Arbeitstagung der Großen Strafrechtskommission gegen Einschränkungen des Notwehrrechts, etwa unter sozialethischen Gesichtspunkten, ausgesprochen, da dies zur Aufweichung des Notwehrrechts führe und die Rechtssicherheit verlorengehe. Vgl. ZStW 67, 1955, 578. *Eb. Schmidt* hat sich dafür ausgesprochen, Extremfälle mit Hilfe des Gedankens des Rechtsmißbrauchs zu lösen: ebd. 580.

[72] Das Bedenken *Maurachs* (a. a. O. 282), die Einführung der Güterabwägung als allgemeiner Grundsatz auch in die Notwehr reiße die Grenze zwischen Recht und Unrecht zugunsten einer nur materialistischen Betrachtungsweise nieder, kann ich nicht anerkennen. Gestattet man bei Abwehr eines rechtswidrigen Angriffs nicht, einen Menschen zu verletzen oder zu töten, wenn das Angriffsobjekt geringwertig ist oder der Täter nicht schuldhaft handelt, so schützt man den Angreifer, den Menschen, zum Nachteil des geringwertigen Rechtsguts. Daß das Notwehrrecht im übrigen auch bei Angriffen auf materielle Werte gegeben sein muß, ist selbstverständlich, ebenso wie eine Abwehr bis zur Angriffsunfähigkeit des Angreifers, wenn der Angriff des schuldhaft Handelnden eine solche Intensität annimmt, daß er anders nicht abgewehrt werden kann. Art. 2 II a der Europäischen Konvention zum Schutze der Menschenrechte und Grundfreiheiten vom 4. 11. 1950 (BGBl. 1952, II, S. 685ff.) läßt eine Tötung in Notwehr nur zum Schutze einer Person, nicht aber zum Schutze von Sachen zu. Über die Begrenzung des § 53 StGB durch Art. 2 II a der Konvention siehe: *Rudolf Echterhölter*, Die Europäische Menschenrechtskonvention in der juristischen Praxis, JZ 1956, S. 143f.

[73] Vgl. u. a. *Mezger* in LK, 7. A. 1953, 299ff., und *Maurach*, Strafrecht, Allg. Tl., 1954, 295ff.

schränkt, daß die Einwilligung, wenn überhaupt, nur dann unrechtsausschließende Wirkung hat, wenn das bedrohte Rechtsgut privater Disposition unterliegt. Aber auch auf diesem Feld verliert die Einwilligung dann ihre Relevanz, ihre rechtfertigende Wirkung, „wenn die Tat trotz der Einwilligung gegen die guten Sitten verstößt". Dieser Satz ist Gewohnheitsrecht und hat zunächst nur für den Bereich der Körperverletzungen in § 226a StGB gesetzliche Anerkennung gefunden. Der unmittelbare Anlaß, die „guten Sitten" zu einer Voraussetzung für die Relevanz der unrechtsausschließenden Einwilligung bei disponiblen Rechtsgütern zu machen, sind neben kosmetischen und sterilisierenden Eingriffen sicher in erster Linie Körperverletzungen auf sadistischer und masochistischer Grundlage gewesen, deren Abgeltung mit Geld bei käuflich erlangter Einwilligung der Menschenwürde offensichtlich entgegensteht. Hier hat das RG der Einwilligung wegen Verstoßes gegen die guten Sitten die unrechtsausschließende Wirkung versagt[74]. Nach der gesetzlichen Formulierung des § 226a kommt es nicht mehr auf die Sittenwidrigkeit der Einwilligung an, sondern auf die der Tat[75], d. h. darauf, ob sich die verletzende Tat „für das gesunde Rechtsempfinden als sittenwidrig darstelle"[76]. Das aber besagt, daß auch der unter äußerem Druck zur Einwilligung Bereite sich dadurch nicht des strafrechtlichen Schutzes des an sich geschützten Rechtsguts begeben kann. Die Menschenwürde ist, wie die Ehre des Menschen, subjektiv unverzichtbar! Und wenn ein Mensch sie auch vor sich selbst preisgibt, so erkennt eine translegale Rechtsordnung, die letzten Endes auf nichts anderem als auf der Anerkennung der Menschenwürde gegründet sein kann, einen solchen Verzicht nicht als relevant an: die Idee siegt über das depravierende Faktum. Ob man diese Tatsache als Anerkennung einer materiellen Rechtswidrigkeit gegenüber der formellen bezeichnet, als metajuristisch oder als ratio auch der formellen Rechtswidrigkeit, d. h. „der Gesamtheit der verbietenden Rechtssätze", ist unerheblich, ist eine „tautologische Feststellung". Jedenfalls hieße es die Augen verschließen vor der Tatsache, daß auf diese Weise aus einer translegalen Idee Lücken des Gesetzes ausgefüllt werden, wenn diese Lücken zu einer Schutzlosigkeit der Menschenwürde Möglichkeit und Anlaß geben[77].

Nicht anders liegt es bei der Anerkennung übergesetzlicher Notstandsfälle, beruhend auf dem Grundsatz der Güter- und Pflichtenabwä-

---

[74] Dazu eingehend *Bohne*, JW 1928, 2229ff. Vgl. auch *Maurach*, a. a. O., 301.

[75] So auch BGH 4, 91 mit Berufung auf RG JW 1938, 30.

[76] RGSt. 74, 91, 95; RG DR 1943, 579.

[77] Vgl. dazu neuerdings die Ausführungen von *Peter Noll*, Übergesetzliche Rechtfertigungsgründe, im besonderen die Einwilligung des Verletzten. Schweiz. Criminalist. Studien, Bd. 10, 1955, 17ff., 72ff., 81ff., der mit Recht hervorhebt, daß die Sittenwidrigkeit der gesetzliche Ausdruck für die materielle Rechtswidrigkeit ist.

gung[78]. Auch hierbei wird eine Lückenausfüllung vorgenommen im Wege der Auslegung, und da es sich um eine extensive Interpretation des Notstandsbegriffs handelt, um die Sinnerfüllung der „Not", in der sich der „Täter" oder die Rechtsgüter befinden, kann die für die erweiternde Auslegung der „Not" wesentliche Idee nur entnommen werden aus der Bedeutung des Rechtsguts, das zu erhalten ist. Das RG hat in seinen beiden grundlegenden Entscheidungen[79] eine solche objektive Güter- und Wertabwägung zur Grundlage aller weiteren Rechtsprechung gemacht. Dabei sind nicht materielle Werte ausschlaggebend, sondern Werte der menschlichen Persönlichkeit, die ausschließlich nach sozialethischen Gesichtspunkten gegeneinander abzuwägen sind[80]. Daß es sich bei den persönlichkeitsgebundenen Werten nicht um eine rechnerische Einstufung handeln kann, hat sich vor allem in den Fällen gezeigt, in denen eine Rettungshandlung, die zahlreiche Menschen vor einem als sicher vorauszusehenden Tod bewahren soll, nur unter Zulassung des Todes einiger weniger durchgeführt werden kann[81,82]. Handelt es sich hierbei um einen Unrechtsausschließungsgrund, als welcher die Fälle des übergesetzlichen Notstands oder besser der Güter- und Pflichtenabwägung überwiegend angesehen werden, dann auch sicher um die Anerkennung des materiellen Unrechtsausschließungsgrundes, der, da das Gesetz selbst schweigt, aus einem übergesetzlichen Recht zu entnehmen ist.

Auch bei der Frage der *Zulässigkeit klinischer Leichensektionen*, d. h. bei der Entscheidung der Frage, ob eine ohne Wissen und Willen der

---

[78] Vgl. dazu die allgemeinen Übersichten bei *Mezger* im LK, 7. A. 1953, 314ff., und *Maurach*, a. a. O., 290ff.

[79] RG 61, 242ff. und 62, 137.

[80] Vgl. dazu die eingehenden Ausführungen bei *Mezger*, a. a. O., 315ff.

[81] Vgl. dazu die Nachweise bei *Maurach*, a. a. O., 292f., ferner vor allem auch das Urt. Schw.Ger. Köln v. 24. 10. 1951 (NJW 52, 358ff.); BGH in NJW 51, 769, 930 und 52, 312. Das Schw.Ger. Köln hat in dem genannten Urteil besonders hervorgehoben, daß über allem gesetzten Recht ein höheres ungeschriebenes Recht steht. „Vom Menschen geschaffenes Recht kann keinen Anspruch auf Gültigkeit erheben, wenn es dem Naturrecht zuwiderläuft." — „Der Angeklagte kann aus Gründen höherer, im Naturrecht wurzelnder Gerechtigkeit nicht mit Strafe belegt werden." Dabei beruft sich das Gericht ausdrücklich auf die Äußerungen von *Welzel*, ZStW 50, 47ff.; Das neue Bild des Strafrechtssystems, 1951, 57; MDR 59, 370; *Eb. Schmidt*, SJZ 49, 559, und *Bockelmann*, ZStW 50, 45. Im vorliegenden Fall hat das Gericht zwar festgestellt, daß die Tat des Angeklagten vom Standpunkt der reinen Ethik mit einem Makel behaftet sei, andererseits aber Bedenken gehabt, „den der reinen Ethik entnommenen Begriff des Verschuldens unbedingt und mit allen Folgerungen dem im Strafrecht anzuwendenden — ebenfalls sittlichen — Begriff des Verschuldens gleichzustellen". Auf die Prüfung, ob hier der Gesichtspunkt der Güter- und Pflichtenabwägung oder des richtig verstandenen strafrechtlichen Verschuldens anzuwenden sei, kann nicht eingegangen werden; es kommt hier lediglich an auf die Tatsache der Heranziehung translegaler Ideen zur Begründung einer als gerecht empfundenen Entscheidung unter Berufung auf naturrechtliche Grundsätze.

[82] Zu den rechtlichen Bedenken des OGH Br. Z. 1, 331 vgl. *Mezger*, a. a. O., 316.

Angehörigen des Verstorbenen in einer Klinik oder einem pathologischen Institut vorgenommene Obduktion einen strafrechtlichen Tatbestand erfüllt[83], kann die Lösung nur von einer Rechtsgüter- oder Interessenabwägung erwartet werden. Ihr Ergebnis hängt von einer Reihe von Vorfragen ab, insbesondere davon, ob die Leiche des in einer Klinik Verstorbenen eine Sache ist, und ob sie, falls dies bejaht werden kann, im Eigentum eines anderen steht, bzw. ob die Angehörigen oder Erben, abgesehen von einem Eigentumsanspruch, einen Herausgabeanspruch anderer Art haben. Nimmt man mit der überwiegenden Meinung an, daß die Leiche, selbst wenn sie als Sache angesehen wird, jedenfalls nicht eigentumsfähig ist, insbesondere im Augenblick des Todes nicht in das Eigentum der Erben fällt[84], mithin eine herrenlose Sache darstellt, so ist doch eine an sich mögliche Aneignung durch ungeschriebenes öffentliches Recht im Sinne von § 958 Abs. 2 BGB gesetzlich verboten[85]. Dagegen ist ein absolutes Familienrecht, das Recht der „Totenfürsorge"[86] zu bejahen, das in erster Linie den nächsten Familienangehörigen zusteht, erst in zweiter Linie den Erben. Dieses Recht der „Totenfürsorge" ist ein selbständiger Ausfluß familienrechtlicher Pflichten, geboten durch die Pietät gegenüber dem toten Familienmitglied, letzten Endes auch wieder eine Folge der Würde der Person, die ihr auch über den Tod hinaus verbleibt[87]. Die Folge dieses Rechts ist, daß der Bestattungsberechtigte die Herausgabe der Leiche oder einzelner Leichenteile von jedem verlangen kann, der sie ihm *widerrechtlich* vorenthält[88]. Inwieweit pathologische Institute Leichenteile berechtigterweise zurückbehalten können, ist wiederum einerseits zu entscheiden im Rahmen der seuchenrechtlichen oder strafprozessualen Bestimmungen, die eine Leichenuntersuchung vorsehen, andererseits aus dem überwiegenden Interesse an der Förderung der medizinischen Wissenschaft im Interesse der Allgemeinheit[89].

Noch wesentlich eindrucksvoller ist die Bedeutung der Menschenwürde für die Aufstellung strafprozessualer Pflichten und ihre Inhalts-

---

[83] Vgl. dazu *Bohne*, Das Recht zur klinischen Leichensektion. Festgabe für Rich. Schmidt, Straf- und Prozeßrecht, hrsg. v. H. Lehmann und G. Bohne, 1932, 105ff.

[84] Vgl. *Bohne*, a. a. O., 142—146.

[85] Ebd. 144f.

[86] Ebd. 150.

[87] Vgl. *Staudinger*, Bd. V, 11. A. 1954, § 1922, 150.

[88] Dagegen kein Schadensersatzanspruch, wenn die Obduktion abgeschlossen ist. Vgl. *Bohne*, a. a. O., 151.

[89] Vgl. dazu weiter *Eb. Schmidt* in „Der Krankenhausarzt", 1952, H. 7, sowie Verh. dtsch. Ges. Path. 36, 1953, 431—446, und *Krefft* in Dtsch. Gesundheitswesen, 1953, 748ff.; *Brunner* in NJW 1953, 1173; *Strassmann*, Dtsch. Z. ger. Med. 43, 1954, 217ff.; *Walter Becker*, Der Umfang des Rechts öffentlicher Krankenanstalten zur Obduktion von Leichen, JR 1951, 328ff.; *S. Gräff*, Zur Frage des Rechts der Leichenöffnung, Zentralblatt für Allgemeine Pathologie und Pathologische Anatomie, 1952, Bd. 88, S. 183—184.

erfüllung durch die Praxis, wie schon der Übergang des Strafverfahrens vom Inquisitionsprozeß zum Akkusationsverfahren in der Wandlung des Beschuldigten vom Prozeß*objekt* zum Prozeß*subjekt* eine ganz offensichtliche Anerkennung seiner Personenwürde gebracht hat. Da das Strafverfahren, besonders auch die Ermittlungstätigkeit von Polizei und Staatsanwaltschaft, auf das intensivste in die Freiheit des Menschen eingreift zu einer Zeit, da Tat und Schuld noch keineswegs feststehen, liegt die Möglichkeit, ja die Verlockung nahe, diese Eingriffe auf eine möglichst erfolgversprechende Wahrheitsfeststellung auszurichten, auch unter Hintansetzung subjektiver Freiheitsrechte des zunächst Verdächtigen, und zwar durch Anwendung von Methoden, die den auf Unterdrückung bestimmter Angaben gerichteten Willen des Beschuldigten auszuschalten suchen, sei es durch chemische oder psychische Aussagenbeeinflussung, sei es durch die Auswertung unwillkürlicher Ausdrucksbewegungen mit Hilfe des sog. lie-detector[90].

Grundlegend hat zu dieser Frage der Gesetzgeber Stellung genommen in dem bereits 1950 eingefügten § 136a StPO und sinnerfüllend der BGH in seiner Entscheidung vom 16. 2. 1954[91]. Während nach § 136a bei der Vernehmung die Freiheit der Willensentschließung und der Willensbetätigung des Beschuldigten nicht beeinträchtigt werden darf durch Mißhandlung, durch Ermüdung, durch körperliche Eingriffe, durch Verabreichung von Mitteln, durch Quälerei, durch Täuschung oder durch Hypnose und auch Maßnahmen, die das Erinnerungsvermögen oder die Einsichtsfähigkeit des Beschuldigten beeinträchtigen, nicht gestattet sind, und zwar in beiden Fällen ohne Rücksicht auf die Einwilligung des Beschuldigten, stellt das genannte Urteil des BGH fest, daß insbesondere auch die Untersuchung mit dem Polygraphen (Lügendetektor) die Freiheit der Willensentschließung und -betätigung des Beschuldigten verletzt und daher im Strafverfahren wie in den Vorermittlungen ohne Rücksicht auf das Einverständnis des Beschuldigten unzulässig ist.

Es läge nahe anzunehmen, daß das öffentliche Interesse in der Verbrechensaufklärung dem subjektiven Recht auf Verteidigung und Versagung der Mitwirkung des Beschuldigten bei seiner Überführung vorgehen müsse[92]. Trotzdem stellt der BGH in der Begründung des genann-

---

[90] Vgl. dazu die bei *Bohne*, ZStW 1953, 279ff. zusammengestellte und besprochene Lit., außerdem bes. *Löwe-Rosenberg*, StPO, 20. A. 1953, 349ff. (Tillmann); *Eb. Schmidt*, Lehrkomm. z. StPO, Tl. II 1954, 353ff. *Ehrhardt*, Chemische und psychische Aussagebeeinflussung 1954; *Rich. Lange* in Dtsch. Z. ger. Med. 43, 1955, 552ff.; *Henkel*, Strafverfahrensrecht, 1953, 228ff.; *Siegert* in DRiZ 53, 98; *Kohlhaas*, JR 53, 450; *Stock* in Festschr. f. Mezger, 1954, 437; *Nipperdey* in „Die Grundrechte", hrsg. v. *Neumann-Nipperdey-Scheuner*, Bd. II, 1954, 30f.

[91] BGHSt. 5, 333 = NJW 54, 449ff. = JR 54, 191 = JZ 54, 364 = *Lindenmaier-Möhring*, Nachschlagewerk, Nr. 5 zu § 136a StPO = Rpfleger 54, 242.

[92] So insbes. *Sauer*, Grenzen des richterlichen Beweises, JR 1949, 500, der die Relation zwischen Wahrung der Persönlichkeitsrechte auf der einen und den Er-

ten Urteils den Art. 1 des GG an die Spitze und läßt keinen Zweifel darüber, daß auch der Beschuldigte und Angeklagte ein Recht habe auf Achtung und Schutz seiner unantastbaren Menschenwürde. Wie Eingriffe in die körperliche Freiheit des Beschuldigten nur in den gesetzlichen, für die Durchführung des Strafverfahrens unbedingt notwendigen Grenzen erfolgen dürften, müsse auch die Entschließungsfreiheit im Rahmen des § 136a unbedingt gewahrt werden, die dem Beschuldigten durch die Bestimmung garantiert sei, daß er sich zur Anklage weder zu äußern noch an der Aufklärung des Sachverhalts mitzuwirken brauche. Ob die Begründung des BGH in jeder Hinsicht stichhaltig ist, ob wirklich der „Einblick in die Seele des Beschuldigten und ihre unbewußten Regungen" durch den Polygraphen die Freiheit der Willensentschließung und -betätigung mehr verletzt als etwa eine psychiatrische Beobachtung im Rahmen des § 81 StPO, ob es sich bei unwillkürlichen Ausdrucksbewegungen und Innervationen um Feststellungen handelt, die der Richter als Indizien für innere Vorgänge nur dann nicht verwenden darf, wenn sie apparativ registriert werden, wohl aber dann, wenn sie in der Hauptverhandlung in sichtbarer Weise hervortreten (auch gegen den Willen des Angeklagten), das mag dahingestellt bleiben, ebenso wie die Beantwortung der Frage, ob die Aufdeckung einer Lüge tatsächlich unter „die Erforschung des Unbewußten des Beschuldigten" gebracht werden kann. Wesentlich ist allein das Bestreben, die Schutzbestimmung des § 136a so auszulegen, daß die Erforschungsmittel und -behelfe auch im Strafverfahren eine psychisch beherrschbare Geheimsphäre des Menschen respektieren, die naturnotwendig mit seiner Würde verbunden ist. Selbst wenn der Beschuldigte ein Verbrecher ist, ist er doch „Mensch". Wie diese Grenze gezogen wird, wird in Zukunft abhängen von der Möglichkeit, auch ohne Beeinflussung der willentlich beherrschbaren psychischen Geheimsphäre Feststellungen zu treffen, wie sie die naturwissenschaftliche Kriminalistik aus physischen Spuren zu treffen vermag in einem Umfang, der noch vor wenigen Jahren nicht vermutet werden konnte. Zu bedenken bleibt immer, daß gewisse körperliche Untersuchungen nicht ausgeschlossen werden können, aus denen auch Vorgänge und Zustände zu erschließen sind, die der Untersuchte an sich berechtigterweise geheim halten möchte, deren experimentelle Ermittlung nach § 81a StPO aber nicht ausgeschlossen werden darf. Auch in diesen Fällen handelt es sich nicht um die Erzwingung einer „Aussage", sondern um die Ermittlung eines organischen, physiologischen Zustandes, der z. B. eine Bewußtseinstrübung, die Aufhebung psychischer Hem-

---

fordernissen der Verbrechensbekämpfung auf der anderen Seite dahin bestimmt, daß der Zweck der Wahrheitsermittlung wertvoller sei als der Schutz der individuellen Freiheit und der körperlichen Unversehrtheit. Für die Zulässigkeit der Narkoanalyse hat sich auch ausgesprochen *Mergen* (La narco-analyse et son emploi en instruction criminelle, 1949), für die des Polygraphen *Knögel*, DRiZ 54, 234.

mungen usw. zur Folge hat (Blutalkoholprobe). Der Beschuldigte kann die rein körperlichen Vorgänge, die mit einer Lüge verbunden sind, gar nicht unterdrücken, mithin auch nicht gezwungen werden, sie zu offenbaren[93]. Was aber die willkürlich beherrschbare Geheimsphäre des Menschen nicht betrifft, was die Natur selbst durch körperliche Symptome der Außenwelt offenbart, liegt nicht mehr im Bereich der unantastbaren Menschenwürde.

Zu den Methoden unberechtigten Eindringens in die vom einzelnen willkürlich beherrschbare psychische Geheimsphäre kann auch die Verwendung von Tonbandaufnahmen im Laufe eines prozessualen Verfahrens gehören, sei es, daß solche Aufnahmen als Beweismittel dem Gericht vorgelegt oder von den Ermittlungsstellen während des Verfahrens zu Überführungszwecken hergestellt werden[94]. Eine klare Abgrenzung für die Verwertbarkeit dieses an sich besten protokollarischen Hilfsmittels gegenüber einer unzulässigen Anwendung als Einbruchsmittel in die Geheimsphäre eines Menschen, durch das dessen Würde in besonders empörender Weise berührt wird, hat *Kohlhaas* gegeben[95], indem er feststellt, daß Tonbänder, die mit Wissen der Auskunftsperson aufgenommen worden sind, stets verwendbar sind, solche dagegen, deren Aufnahme ohne Wissen der aussagenden Person hergestellt sind, nur dann, wenn sie während einer regulären Vernehmung aufgenommen wurden. Unzulässig ist dagegen jede bewußte Täuschung über angeblich völlige Vertraulichkeit einer Aussprache, ebenso wie jede heimliche Aufnahme außerhalb der Vernehmung, etwa in einer Gefängniszelle. Geständnisse, die durch Vorhalt solcher Aufnahmen gewonnen werden, müssen als unverwertbar bezeichnet werden[96].

---

[93] *Radbruch*, der in seinem von hohem Ethos getragenen Aufsatz über die „Grenzen der Kriminalpolizei" in der Festschrift für W. Sauer, 1949, S. 123, in diesem Zusammenhang von Geständniszwang spricht, übersieht wohl, daß bei einer rein körperlichen Untersuchung Vorgänge, die vom Willen völlig unabhängig zutage treten, durch besondere Apparaturen nur verdeutlicht und registriert werden; ganz anders natürlich, wenn chemische Mittel zur Anwendung kommen, die die Freiheit der Willensbetätigung mindestens zum großen Teil ausschließen.

[94] Vgl. hierzu u. a. *Siegert*, Der Mißbrauch von Schallaufnahmegeräten im geltenden Recht, 1953, 63ff.; *Eb. Schmidt*, Lehrkomm. 687, 713, 748, u. ö.; *Kleinknecht-Müller-Reitberger*, Komm. z. StPO, 3. A. 1954, § 69, 3f.; *Kohlhaas* in DRiZ 1955, 80ff., 1956, 2ff.; *F. Meinert*, Vernehmungstechnik, 4. A. 1956, 246ff., Urt. Sch.Ger. Bremen v. 23. 11. 1954, DRiZ 1955, 20 und „Zeit" v. 2. 12. 1954. „Der Betriebsberater", 10. Jg. 1955, 31; Urt. BGH v. 12. 3. 1954 (1 StR 11/54).

[95] DRiZ 1955, 82. Dazu allerdings die beachtlichen Ausführungen von *Eb. Schmidt* in JZ 56, 206ff. Vgl. neuestens BGH Urt. v. 1. 12. 55 (4 StR 405/55), Goltd.A. 56, 88 = NJW 56, 558f., und v. 12. 3. 1954 (1 StR 11/54), JZ 56, 227.

[96] Bereits im März 1953 war dem Bundestag ein Antrag auf Einführung eines neuen § 299a StGB vorgelegt worden (Drucks. Nr. 4152), wonach mit Gefängnis bestraft wird, „wer das gesprochene Wort eines anderen ohne dessen Zustimmung durch ein Sprachwiedergabegerät aufnimmt oder eine ohne solche Zustimmung hergestellte Aufnahme gebraucht".

Genug dieser Beispiele, die sich um ein Beträchtliches vermehren ließen[97]. Es sind Ansatzpunkte, an denen sich der Einfluß modernen naturrechtlichen Denkens auf dem Gebiet des Straf- und Prozeßrechts wieder mit besonderer Deutlichkeit zeigt. Hatte das Naturrecht schon seit dem 17. Jh. auf dem Gebiet der Strafrechtswissenschaft eine nicht unbedeutende systembildende Kraft gezeigt[98], so zeigt die neuere Zeit den Einfluß naturrechtlichen Denkens auf die Auswahl und Erfassung der Rechtsschutzobjekte und die Einbeziehung der Werte in die Legalordnung, die aus dem Begriff der Personenwürde ihre Bedeutung herleiten. Darin kommt immer mehr die Erkenntnis zum Ausdruck, die *Heinrich Lehmann* 1930 so formuliert hat: „Die positive Rechtsordnung muß selbst die Berücksichtigung der materiellen Gerechtigkeitsforderungen so weit ermöglichen, als das ohne Preisgabe der Rechtssicherheit tunlich ist. Sie muß ihre eigene Korrektur und Fortbildung aus den Grundforderungen der Gerechtigkeit legalisieren, sie muß selbst das Gesetz unter das Recht, d. i. die Gerechtigkeit stellen."[99] Diese Mahnung wendet sich nicht nur an die Legalordnung selbst und damit an den Gesetzgeber, sondern auch an Wissenschaft und Praxis.

Es ist selbstverständlich, daß innerhalb der kontinentalen Rechtsentwicklung, in der sich seit dem 16. Jh. das gesetzte positive Recht mehr und mehr durchgesetzt hat — und zwar infolge der hier besonders differenzierten Entwicklung politischer und philosophischer Strömungen, ihren Höhepunkt erreichend im 19. Jh. —, die Abwehr des Naturrechts als eines irgendwie gearteten und begründeten überpositiven Rechts, auch am stärksten hervortreten mußte. Allein die Besorgnis auch derer, die die Herkunft des positiven Rechts aus translegalen Normen grundsätzlich anerkennen und damit auch ein Naturrecht mit der Eigenschaft korrigierenden Anspruchs, ebenso wie die Besorgnis, daß durch eine Anerkennung eines korrektiven Einflusses auf das positive Recht eine Erweichung, Skelettierung, ja Auflösung „der grenzsetzenden Funktion des wirklichen Rechts"[100] Vorschub geleistet wird, liegt wohl wesentlich

---

[97] Hierher würde z. B. auch die gegenwärtig nicht selten diskutierte Frage nach der Zulässigkeit einer Radio- oder Fernsehübertragung von Gerichtsverhandlungen gehören. Gewiß wäre darin der weiteste Umfang einer Öffentlichkeit der mündlichen Verhandlung erreicht, aber es bleibt zu bedenken, daß diese Öffentlichkeit nicht nur der Kontrolle des Gerichts entzogen, sondern auch die Menschenwürde des Angeklagten wie der Auskunftspersonen wesentlich beeinträchtigt würde. Hier gilt dasselbe, was in NJW 1956, 93 von der „problematischen Öffentlichkeit" von Parlamentsverhandlungen gesagt worden ist, in noch weit höherem Maße. Vgl. dazu auch den Beschluß des BayObLG v. 18. 1. 1956, NJW 56, 390f. = JZ 56, 228. — Vgl. ferner *Henrichs*, Freispruch und Menschenwürde, MDR 56, 196ff. Über die obersten Rechtsgrundsätze, vornehmlich auf dem Gebiet des privaten Rechts, vgl. bes. *Coing*, a. a. O., 36—47, 54ff., im übrigen *Nipperdey*, a. a. O., 28ff.

[98] Vgl. dazu *Oehler*, Wurzel, Wandel und Wert der strafrechtlichen Legalordnung, 1950, 81ff.

[99] Kölner Universitätsreden Nr. 25, 1930, 9.

[100] *Welzel*, Naturrecht und materiale Gerechtigkeit, 2. A. 1955. 198.

darin, daß das Naturrecht in seinen mannigfaltigen Wandlungen und Ansprüchen als Ganzes gefaßt und in seiner dem Gesetzgeber überlegenen Macht perhorresziert wird. Eine solche Befürchtung ist aber dann nicht gerechtfertigt, wenn man „Naturrecht" nicht als eine über dem positiven Recht stehende, ihm wesensfremde, in sich geschlossene „höhere Gesetzgebung" sieht, die in dauernder Konkurrenz zur positiven Legalität des Staates und damit zur Rechtssicherheit staatlichen Lebens steht. Naturrecht in der heute von allen Richtungen notwendigerweise anzuerkennenden Bedeutung ist nur ein solches Rechtsdenken, das den Anspruch erhebt, *den* Begriff zur Grundlage der Gesetzgebung wie der Gesetzesanwendung zu machen, der begrifflich und wesensmäßig Grundlage jeder rechtsstaatlichen Ordnung sein muß, die Würde der Person. So verstanden wird das Naturrecht ebenso seines mystischen und einseitig religiösen, wie auch seines bedrohlichen Charakters entkleidet und zum Regulativ gemacht, wie es im Grunde von je her für jede Legalordnung und Rechtsanwendung gegolten hat, die nicht von rein machtpolitischen Ansprüchen, einem kollektivistischen oder diktatorischen Regime oder von den Nützlichkeitszwecken einer rein materialistischen Weltanschauung beherrscht war.

Dazu kommt schließlich, daß, solange Gesetzgebung und Rechtsprechung unter dem Grundgesetz für die Bundesrepublik Deutschland steht, ein weiterer Einbruch naturrechtlicher Normen um so weniger zu befürchten ist, als sich dieser „Einbruch" durch Art. 1 Abs. 1 GG bereits vollzogen hat[101].

Durch diese an die Spitze des Grundgesetzes gestellte Bestimmung ist die durch Gesetzgebung wie Rechtsprechung unantastbare „Würde des Menschen" anerkannt, ihre Achtung und ihr Schutz durch jede staatliche Gewalt verbürgt. Damit ist die Hauptforderung, die ein modernes Naturrecht überhaupt erheben kann, legalisiert und hat einen noch größeren Sieg errungen, als die Einführung der „guten Sitten", der „Verwerflichkeit" und der „Zumutbarkeit" bedeutet hat. Aus der Anerkennung der Personenwürde als Grundprinzip aller Gesetzgebung und Gesetzesanwendung lassen sich alle anderen Forderungen ableiten, die aus dem Grundwert der Person selbst und aus den „institutionsbegründenden Werten" der menschlichen Verbände als sozialethische Forderungen resultieren. Uns will scheinen, als habe sich damit ein Vorgang vollzogen, wie er äußerlich dem Abschluß der Rezeption nicht unähnlich ist. Gewinnt die Bestimmung des Art. 1 Abs. 1 GG in ihrer tiefsten Bedeutung Einfluß auf Gesetzgebung und Rechtsprechung, dann kann wohl mit einer gewissen Berechtigung gesagt werden, daß das Naturrecht neuzeitlicher Prägung in complexu rezipiert worden sei und eine positivistische Einstellung ebensowenig Gefahren mit sich bringen kann wie die grund-

---

[101] So mit Recht auch *Nipperdey*, a. a. O., 12.

sätzliche Anerkennung translegaler Normen. Daß eine solche „Rezeption“ nicht alle Probleme gerechter Rechtsetzung und Rechtsanwendung löst, ist selbstverständlich, da die Sinnerfüllung des Begriffs „Menschenwürde“ dauernd Aufgabe des Gesetzgebers wie des Richters bleibt, eine Aufgabe, die zu lösen aber auch dem strengen Positivismus möglich ist. Diese vor allem auch von der Rechtsprechung zu erwartende Sinnerfüllung wird auch zu mancher berechtigten Kritik an der bestehenden Legalordnung führen.

> „Iam vero illud stultissimum existimare omnia justa esse, quae sita sint in populorum institutis aut legibus“ (Cic. de leg. I 15)[102].

---

[102] Die erst während der zweiten Korrektur erschienene „Rechtsphilosophie“ von *Erich Fechner* (Tüb. 1956) konnte leider nicht mehr berücksichtigt werden.

VON DEN ANFÄNGEN DES MODERNEN NATURRECHTS IM GEBIET DER ZIVILISTIK

Von Dr. FRIEDRICH DARMSTAEDTER
Honorarprofessor an der Universität Heidelberg

Eines der Kennzeichen des deutschen Rechtslebens unserer Tage ist die Erschütterung der Geltung des Rechtspositivismus, der Gleichsetzung von Recht mit dem durch den staatlichen Gesetzgeber gesetzten oder bestätigten Recht, seine Konfrontierung mit einem ohne solche Setzung geltenden Rechte, dem bald der Name Naturrecht beigelegt wurde, und dessen allmähliche und teilweise Durchsetzung neben und sogar gegenüber dem positiven Rechte fortschreitet. Man hat diese Leistung für die Rechtstheorie in Anspruch genommen und als ihren Heroen *Rudolf Stammler* namhaft gemacht. Das für die Beurteilung dieser Zeit maßgebende Werk über die „Rechtsphilosophie" von *Gustav Radbruch* (4. A., 1950, S. 116) erklärt: „Die Wiederherstellung der Selbständigkeit einer Betrachtung des Rechtswerts neben der Erforschung der Rechtswirklichkeit . . . war das große Werk *Rudolf Stammlers.*" Und *Heinrich Rommen* fügt in seiner Schrift „Die ewige Wiederkehr des Naturrechts" (1936, S. 151) ergänzend als „Wiederkehr des Naturrechts" die „Abkehr vom Positivismus" durch die „neukantische Rechtsphilosophie z. B. . . . die Lehre *Rudolf Stammlers*" hinzu.

Es soll hier keineswegs das Verdienst der Rechtstheorie um die genannte Wendung in der Rechtsauffassung geschmälert werden. Aber es soll darauf hingewiesen werden, daß an ihr auch der Rechtspraxis ein nicht unwesentlicher Anteil zukommt, und zwar derjenigen Sparte, der die Pflege, Klärung und Vertiefung gerade des positiven Rechtes ganz besonders anvertraut war, nämlich dem ehemaligen Reichsgericht. Dieses hat seit etwa 1900 in seiner Zivilrechtssprechung den Begriff des „Rechtsgefühls" und „Rechtsempfindens" eingeführt, und zwar nicht etwa zur Auslegung des positiven Gesetzesrechtes, sondern zu dessen Ergänzung und sogar Richtigstellung. Es ist dies eine Art der Verwendung des Rechtsgefühls, die der kampflustige Gegner des Naturrechts, *Karl Bergbohm* (Jurisprudenz und Rechtsphilosophie, 1892, S. 447), radikal ablehnt, weil sich in ihr nicht die von ihm zugelassenen „fontes remotae der positiven Rechte" äußern, sondern die verworfenen „unmöglichen fontes proximae eines nicht-positiven Rechtes" zum Ausdruck kommen. Jene fontes remotae, von denen *Bergbohm* spricht, haben gerade in der Zeit dieser Äußerung den Ansatz gemacht, aus ihrer Zurückgezogenheit in die Unmittelbarkeit des Bestandteiles des Gesetzestextes überzugehen, insofern der Entwurf I des BGB in § 359 als Verpflichtung der Vertragsschließenden das stipulierte, „was sich aus den Bestimmungen und der Natur des Vertrages nach Gesetz und Verkehrssitte sowie mit Rücksicht auf Treue und Glauben als Inhalt seiner Verbindlichkeit ergibt". Es ist dies ein Gedanke, der sodann in § 206 des Entwurfes II verkürzt, aber ohne grundlegende Sinnesänderung wieder erscheint und schließlich in § 242 BGB seinen endgültigen Platz gefunden hat.

Das Tun der richterlichen Rechtspraxis, soweit es sich um das positive Recht handelt, ist „die verbindliche Erklärung, was nach Maßgabe der abstrakten Verhaltungsnorm für den Privaten im konkreten Falle rechtens" ist (*W. Burckhardt*, „Methode und System des Rechts", 1936, S. 137). Dies ist der Weg der Analyse und vor allem der der „logischen Schlußfolgerung" (ebenda S. 92) oder des Syllogismus nach dem „allgemeinsten logischen Schema: die Prämisse A (= die abstrakte Verhaltungsnorm) gilt; wenn A gilt, so gilt die Conclusion X (= was rechtens ist im konkreten Fall); also gilt X" (*Ch. Sigwart*, „Logik" 4. A., 1921, Bd. I S. 441). Es ist dies die ganz einfache Formel für die Anwendung des positiven Rechtes und damit das Gerippe dieser Anwendung überhaupt. Ihre Namhaftmachung an dieser Stelle ist schon berechtigt und geboten, wenn ihr diese formallogische Bedeutung zukommt, mag auch ihr praktischer Wert im Sinne eines reinen Gebrauchs auf ein Minimum zusammenschrumpfen.

Den regelmäßigen Weg der richterlichen Rechtspraxis von den abstrakten Verhaltungsnormen des positiven Rechts zu dem, was im konkreten Falle rechtens ist, hat *Eugen Huber* („Recht und Rechtswirklichkeit", 2. A., 1925, S. 377) dahin formuliert: „Juristisches Denken heißt nicht einfach ein Rechnen mit Begriffen, sondern eine Operation, die durch das Rechtsbewußtsein beherrscht wird . . ." Auch er ist der Überzeugung, daß „die Findung des Urteils stets eine formal-logische Funktion ist" (S. 392). „In der formalen Logik und in der mathematischen Folgerung geschieht diese Einstellung rein logisch . . . Sie kann aber auch mit einer Wertung verbunden auftreten, die in Rechtsfragen nach dem Rechtsbewußtsein erfolgt." (S. 381). Er bezeichnet es als „Wahn", „die Rechtsbegriffe rein formal herstellen und zur Anwendung bringen zu können" (S. 392). Damit etwas im konkreten Falle rechtens ist, müssen also zwei Elemente zusammentreffen, einmal die formal-logische Herleitung aus der abstrakten Verhaltungsnorm und sodann die Wertung nach dem Rechtsbewußtsein. Der „Wahn" der Beantwortung der Rechtsfrage ohne Zuziehung des Rechtsbewußtseins erhält nun aber eine unleugbare Stützung dadurch, daß durch *Huber* selbst eine formal-logisch gegebene Schlußfolgerung sogar bei „Ablehnung durch das Rechtsbewußtsein" (S. 388) als vollkommen ausreichend angesehen wird, falls

„das Rechtsbewußtsein ... die Rechtsordnung im allgemeinen, zu der der Rechtssatz gehört, anerkennt ...“.

Hiermit stehen wir vor einer wichtigen Frage, die durch die Verwendung der Begriffe „Rechtsgefühl“ und „Rechtsempfinden“ in der Praxis des Reichsgerichts aufgeworfen wird. *Huber* gebraucht den Ausdruck „Rechtsbewußtsein“. Er lehnt das Rechtsgefühl als Träger des Wertungsmomentes ab, es fehle ihm „die Verbindung mit dem vernünftigen Bewußtsein ... Nach dem Rechtsgefühl erfolgt die Beantwortung der Rechtsfragen, wenn der Antwortende für die Begründung seiner Antwort nichts anderes anzugeben vermag als eben das Rechtsgefühl“. Dem stellt *Riezler* („Das Rechtsgefühl“, 2. A., 1946, S. 23) die Überzeugung gegenüber, daß der Unterschied zwischen beiden nur einer von Graden sei, das erstere „deutlicher und heller“ hervortrete, das letztere sich „dunkler“ darstelle; das Rechtsbewußtsein sei von gefühlsmäßigen Vorstellungen nicht frei, das Rechtsgefühl von kognitiven Vorstellungen nicht unabhängig. Das Reichsgericht verwendet in dem von uns untersuchten Zusammenhang den terminus: Rechtsbewußtsein nicht, es sagt auch nicht warum es den Ausdruck: Rechtsgefühl bevorzugt und wie es ihn von jenem unterscheidet. Betrachten wir nun die Verwendung des Ausdrucks durch das Reichsgericht in den drei Fällen, auf die wir auf Grund des logischen Zusammenhanges zwischen ihnen unsere Aufmerksamkeit besonders richten: RGZ 45, 170 (Bismarck-Fall), RGZ 78, 239 (Linoleum-Fall), RGZ 85, 108 (dolus-generalis-Fall). In welchem logischen Gefüge tritt dort der Ausdruck Rechtsgefühl bzw. Rechtsempfinden auf? Auf S. 173, Bd. 45 heißt es: „Es ist mit dem natürlichen Rechtsgefühle unvereinbar ...“, S. 240/41 Bd. 78: „Es würde dem allgemeinen Rechtsempfinden widerstreiten ...“, S. 117, Bd. 85: „Dies verstieße gröblich gegen das allgemeine Rechtsgefühl ...“ Es erscheint also in all diesen drei Fällen das Rechtsgefühl als der Antrieb zu einer Negation, einer abzulehnenden, zurückzuweisenden Folgerung, nicht aber als solcher zur Formulierung einer vom Recht geforderten, dem Recht entsprechenden These. Um aber eine dem Recht entgegengesetzte und tatsächlich bereits vorliegende Gegebenheit abzulehnen, bedarf es des Aufwandes kognitiver Vorstellungen in voller Deutlichkeit und Klarheit häufig nicht, vor allem dann nicht, wenn der Gegensatz der vorliegenden Gegebenheit zur Forderung des Rechtes sich ganz klar und bestimmt zeigt, wenn, wie der sehr präzise bildhafte Ausdruck sagt, er dem Aufnehmenden geradezu ins Auge springt. Daß dies aber vorliegend der Fall ist, ergibt nicht nur die scharf pointierte Ausdrucksweise des Reichsgerichts, sondern auch die Tatsache, daß dieses sich zu dem damals ganz ungewöhnlichen Schritt entschloß, Sätze des positiven Rechtes rechtsschöpferisch zu ergänzen oder durch gegenteilige Rechtsnormen beiseite zu schieben. Wenn das Reichsgericht die Regung des Rechtsgefühles in der Zurückweisung von etwas rechtlich Unerträglichem für angemessen und ausreichend erklärt, so folgt es damit den Bahnen einer Psychologie, in der ihm der common sense beitritt. Es sagt aber auch damit keineswegs, daß es von emotionalen (*H. Maier*, Psychol. d. emotionalen Denkens, 1908, S. 129) Rechtsregungen ausschließlich das Rechtsgefühl kennt und dieses in seiner Dunkelheit und Gefühlsbeladenheit als alleinigen Träger des Wertungsmomentes im Recht ansieht. Der Heranziehung der durch das Rechtsgefühl geweckten Negation des Rechtes entspricht logisch und — bei einer so bewußt arbeitenden Stelle wie das frühere deutsche Reichsgericht — auch psychologisch die Setzung einer entsprechenden Position, nämlich dessen, was mit der emotionalen Rechtsregung nicht unvereinbar, sondern umgekehrt als etwas zu konstruierendes positiv von ihr gefordert wird, also als Produkt kognitiver Vorstellungen allererst erzeugt werden muß. Derart wird das Rechtsbewußtsein als notwendige Ergänzung dem Rechtsgefühl zur Seite gestellt, und es tritt der dem Rechtsgefühl entsprechenden Ablehnung eines rechtsgegensätzlichen Sachverhaltes, die dem Rechtsbewußtsein obliegende Konstruktion eines dem Recht entsprechenden Sachverhaltes gegenüber. Es ist also wohl keineswegs gewagt zu behaupten, daß das Reichsgericht durch seinen Gebrauch des terminus: Rechtsgefühl den Begriff: Rechtsbewußtsein für die Rechtspraxis keineswegs ausschließt, sondern, daß es durch die Art, wie es jenem Begriff durch seine tatsächliche Anwendung ein bestimmtes Geltungsgebiet zuweist, die Notwendigkeit des letzteren auf einem angrenzenden Gebiet nicht nur anerkennt, sondern sogar voraussetzt. In besonders klarer und eindringlicher Weise hat parallel hierzu *A. Schopenhauer* in seiner „Welt als Wille und Vorstellung", Buch I, §§ 11 und 12 dem Wissen das Gefühl mit seinem „durchaus negativen Inhalt" gegenübergestellt, wenn auch dessen Bezeichnung als „kontradiktorisches Gegenteil" angesichts der zweifellos vorhandenen Übergänge und Zwischengebilde bedenklich erscheint, weshalb auch die Polemik von *E. v. Hartmann* („Philosophie des Unbewußten", 11. A., 1904, Bd. II, S. 30/31) gegen ihn auf der Grundlage, daß „zwar der unbewußte Geist ein von der Materie unabhängiges selbständiges Dasein habe, der bewußte Geist aber ein ausschließliches Produkt materieller Vorgänge . . . sei", abgesehen von seinem einseitigen Ausgangspunkt, mit unserer Auffassung vom Rechtsbewußtsein durchaus vereinbar ist.

Die These von *Huber*, daß die Rechtsfindung auf Grund des positiven Rechtes eine Synthesis von formal-logischer Funktion und Wertung durch das Rechtsbewußtsein sei, wird durch die vorstehenden Darlegungen über das Rechtsbewußtsein nicht etwa angezweifelt, sondern durchaus bestätigt. Denn es sind die kognitiven Vorstellungen, die rationale Grundlage, die beide verbindet. Wie aber steht es mit dem vom Reichsgericht angezogenen Rechtsgefühl? *H. Jsay* („Rechtsnorm und Entscheidung", 1929, S. 62, 177) hat für dessen Verknüpfung mit den kognitiven Vorstellungen, also dem formal-logischen Element eine sehr ansprechende Hypothese vertreten. Zunächst zitiert er eine Reihe von Äußerungen hervorragender praktischer Juristen, die sämtliche im wesentlichen darauf hinauslaufen, sie hätten „jederzeit zuerst sich ein Urteil auf Grund des Rechtsgefühls gebildet und dann nach den Entscheidungsgründen gesucht“. Hieraus folgert *Jsay* den allgemeinen Satz: „Die Ableitung der Entscheidung von einer Norm bedeutet ihre nachträgliche Ableitung. Die Entscheidung ist nicht in dieser Weise entstanden, sondern es wird nur kontrolliert, ob sie in dieser Weise hätte entstehen können. Damit ist der Zweck der Kontrolle erreicht.“ Diese Kontrolle ist auch für das vom Reichsgericht zugrunde gelegte Rechtsgefühl von großer Bedeutung, denn diesem wird der Charakter als „allgemein“ oder — was das nämliche bedeutet — „natürlich“ — zugeschrieben, während doch das Rechtsgefühl als Bestandteil des subjektiven Seelenlebens subjektiv ist, also seinen Bestand nur für das Subjekt, mithin für jedes Subjekt besonders hat und um deswillen für die Allgemeinheit nicht anders als entweder zufällig oder auf Grund einer sehr genauen, gewissenhaften und gründlichen Kontrolle haben kann. Es ist also dieser Begriff der „Kontrolle“ — der Selbstkontrolle noch grundlegender als der Instanzenkontrolle —, der in der Allgemeinheit oder Natürlichkeit der reichsgerichtlichen Formel nicht nur als Grundlage gefordert, sondern auch in seiner Richtung bestimmt wird.

Für die Kontrolle des Rechtsgefühls bei *Jsay* oder des Rechtsbewußtseins bei *Huber* steht ein durchaus geeignetes Instrument ohne weiteres zu Gebote. Es sind dies die „abstrakten Verhaltungsnormen“ des positiven Rechtes, die bei der Findung des Urteils in der formal-logischen Funktion des Syllogismus zur Anwendung gelangen. Um dieser Kontrollwirkung willen scheint auch das „allgemeine Rechtsgefühl“ der behandelten Reichsgerichtentscheidungen auf jene Normen des positiven Rechtes geradezu angelegt zu sein. Aber es zeigt sich alsbald, daß hierfür eine Möglichkeit nicht besteht, denn dieses Rechtsgefühl betätigt sich nicht innerhalb des Rahmens des positiven Rechtes, sondern außerhalb seiner und sogar im Gegensatz zu ihm. Es fehlt also innerhalb des Bestandes der positiven Verhaltungsnormen notwendig an einer solchen, welche den von dem Rechtsgefühl ergriffenen Sachverhalt erreicht und mit umschließt. Dies ist ja gerade der Unterschied zwischen dieser Betätigung des Rechtsgefühls und dem in § 242 BGB vorgesehenen Betätigung einer emotionalen Rechtsfindung, daß diese sich innerhalb, jene dagegen sich außerhalb des Rahmens des positiven Rechtes abspielt. So der Begriff der „guten Sitten“ RGZ 48, 115; 53, 171; 55, 367.

Trotzdem zeigt ein Blick auf die behandelten Entscheidungen, daß es auch bei ihnen ohne Heranziehung abstrakter Verhaltungsnormen nicht abgeht und daß zwischen diesen und der Wertung durch das Rechtsgefühl ein sehr fester und inniger Zusammenhang geltend gemacht wird. In dem Falle des RGZ 45, 170, in dem die Beklagten eigenmächtig ohne

Genehmigung der Berechtigten in den Aufbahrungsraum des Fürsten Bismarck eingedrungen sind und Photographien von der Leiche genommen haben, wird die Feststellung der „Unvereinbarkeit mit dem natürlichen Rechtsgefühl" nicht einfach mit diesem konkreten Sachverhalt konfrontiert und mit ihm unmittelbar in Zusammenhang gebracht, sondern es wird eine „abstrakte Verhaltungsnorm" dazwischen geschaltet und unmittelbar an jene Feststellung über die Unvereinbarkeit angehängt. Die Norm lautet: Niemand darf unangefochten das behalten, was er durch eine widerrechtliche Handlung erlangt und dem durch dieselbe in seinen Rechten Verletzten entzogen hat. Die nächste Frage ist: Wo hat diese abstrakte Verhaltungsnorm ihre Ursprungsquelle? Daß sie nicht dem damals geltenden positiven Recht entnommen sein kann, dürften bereits die bisherigen Überlegungen ergeben. Damit soll nicht ausgeschlossen werden, daß die Formulierung dem Kontext eines positiven Rechtes entnommen ist, aber der Normierungsgehalt geht nicht auf diesen zurück. Der Normierungsgehalt ist vielmehr genau der, den das Rechtsgefühl dem soeben erwähnten konkreten Sachverhalt entgegen zu stellen, sich veranlaßt sieht. Es ist der, welcher gegenwärtig wird oder wenigstens gegenwärtig werden kann, wenn das Rechtsgefühl sich ablehnend eben diesem konkreten Sachverhalt gegenüberstellt, wenn es sich von diesem zur rechtlichen Ablehnung bestimmen läßt. Ja, die abstrakte Verhaltungsnorm ist ganz offenbar selbst nichts anderes als eben jener konkrete Sachverhalt in seinem rechtgemäßen Gegengebilde in die Form einer möglichst hohen Abstraktheit gebracht. Das, was das Reichsgericht hier im Hinblick auf den Zusammenhang zwischen abstrakter Verhaltungsnorm und konkretem Sachverhalt vornimmt, ist offenbar nichts anderes als das Gegenteil, und zwar das entsprechende Gegenteil zu der Art, wie *Huber* und auch *Jsay* die beiden in Beziehung setzen. Für diese beiden ist die abstrakte Verhaltungsnorm gegenüber dem Sachverhalt das logisch und zeitlich primäre und deshalb dazu qualifiziert entweder als Hilfsmittel der Ableitung oder als Mittel der Kontrolle den Weg zum rechtgemäßen Gegengebilde des rechtlich beanstandeten konkreten Sachverhaltes zu führen oder zu erleichtern.

Hier dagegen sind die wesentlichen Tatbestandselemente des Sachverhalts, nämlich das Eindringen in den fremden Raum und das Photographieren der fremden Leiche als „unvereinbar" mit dem Rechtsgefühl und damit deren Gegengebilde: das Fernbleiben von dem Raum und das Unterlassen des Photographierens, im Ansatz ohne Bedürfnis, ja Möglichkeit einer Vermittlung oder eines Zwischengliedes dem Rechtsgefühl gegeben. Das Reichsgericht nimmt auch diese Kontrastierung von konkretem Sachverhalt und ebenso konkretem rechtgemäßen Gegengebilde, und zwar nach Aufrufung des „natürlichen Rechtsgefühles", vor. Aber es geschieht dies nicht unmittelbar nach dieser Aufrufung, sondern nur nachdem zwischen diese beiden Glieder der Darlegung das Gegengebilde des

Sachverhalts in der hohen Abstraktion einer abstrakten Verhaltungsnorm dazwischen geschaltet ist. Es ist also genau genommen so, daß der nämliche Tatbestand sich hier unmittelbar nacheinander zweimal findet, das eine Mal in Negation und höchster Abstraktion als abstrakte Verhaltungsnorm, das andere Mal in voller Konkretheit als konkreter Sachverhalt. Des weiteren aber ist die Aufeinanderfolge dieser beiden Glieder im Kontext keineswegs eine angemessene Wiedergabe ihres wirklichen zeitlichen und logischen Zusammenhanges. Es ist offenbar, daß im Ablaufe der ganzen Reihe zuerst die Klarlegung des konkreten Sachverhaltes mit seinem eigenmächtigen Eindringen in einen fremden Raum und dem eigenmächtigen Photographieren der dort aufgebahrten, unter fremdem Gewahrsam stehenden Leiche auftauchte. Es ist naheliegend, daß alsdann das „natürliche Rechtsgefühl" in Erregung versetzt wurde, und es ist kaum anders zu verstehen, als daß sodann erst in dem Richterkörper die Überzeugung entstand, diese beiden Glieder könnten nicht selbständig und unabhängig nebeneinander stehen, sie müßten durch ein Zwischenglied miteinander verbunden werden. Als ein solches Zwischenglied hat man nunmehr zu der Wiederholung des konkreten Sachverhaltes in der Form einer abstrakten Verhaltungsnorm greifen zu müssen geglaubt. Das Reichsgericht hat also in seiner schriftlich niedergelegten Argumentierung die vorgefundenen Glieder durch ein weiteres seiner eigenen Schöpfung ergänzt und den logischen und zeitlichen Zusammenhang zwischen ihnen geradezu auf den Kopf gestellt.

Was hat nun das Reichsgericht veranlaßt, diesen bemerkenswerten Umbau und Ausbau in seiner Deduktion vorzunehmen? Ich glaube nicht, daß diese an Überzeugungskraft verloren hätte, wenn sie unter Weglassung des abstrakten Mittelsatzes gelautet hätte: Es ist mit dem natürlichen Rechtsgefühl unvereinbar, daß der, welcher eigenmächtig in einen fremden Wohnraum eindringt und eine dort aufgebahrte unter fremdem Gewahrsam stehende Leiche photographiert, den derart erlangten Gewinn unangefochten behält. Man kann wohl gerade im Gegenteil sagen: je erfüllter mit Konkretheit der Sachverhalt in uneingeschränkter Unmittelbarkeit dem natürlichen und natürlich gesunden Rechtsgefühl gegenüber gestellt wird, um so überzeugender und zwingender wirkt dessen Ausruf: „Unvereinbar!" Tut es dies aber nicht, dann wird dadurch nichts gewonnen, daß eine abstrakte und entleerte Darstellung als Zwischenglied eingeschoben wird, im Gegenteil kann das etwas, was an überzeugender Emotion geweckt worden ist, sogar noch verloren werden.

Keineswegs anders kann das Ergebnis aussehen, wenn wir den Standpunkt einer natürlichen Psychologie zugrunde legen. Das Gewahrwerden des Sachverhaltes: eigenmächtiges Eindringen in einen fremden Raum und eigenmächtiges Photographieren einer dort verwahrten Leiche mag bei vielen Menschen ein empörtes Rechtsgefühl in Bewegung setzen, bei anderen mag dieses unterbleiben, trotz allen Hinweises auf die „Allgemeinheit" dieses Rechtsgefühles. Es mag auch bei anderen Menschen den Anstoß zu kognitiven Vorstellungen bilden, weil ihr Rechtsgefühl angesichts des vorliegenden Sachverhaltes nicht klar und eindeutig genug spricht. Was übrigens ohne weiteres darauf hinweist, daß diese nicht als die vorbildlichen und repräsentativen Träger des Rechtsgefühls ins Auge gefaßt werden sollten. Daß aber einer dieser Zweifler zur Behebung seiner Zweifel auf den Gedanken verfallen sollte, sich den Sachverhalt in einer möglichst abstrakten, aller Momente der konkreten Wirklichkeit entleerten Form zu Bewußtsein zu bringen, widerspricht jeder menschlichen Erfahrung; auch wenn man anerkennt, daß es Fälle geben mag, in denen man die Fülle der Einzelheiten nicht bewältigen kann, so wäre es doch ein grober Fehlschluß, deren völliges Fehlen zum Prinzip zu erheben.

Es hat sich nun eingangs bei Betrachtung des bei der Rechtsanwendung üblichen Vorgehens ein Verfahren gezeigt, zu dem eine unverkennbare Beziehung von dem hier betrachteten Darstellungsaufbau aus hinüberführt. Es ist dies der Syllogismus: „A gilt; wenn A gilt, so gilt X; also gilt X", der sich als mehr oder weniger wesentlicher Bestandteil in dem Verfahren zur Anwendung des positiven Rechtes findet, und zwar gerade auch dort, wo diese Anwendung das Wirken eines emotionalen Faktors, des Rechtsbewußtseins oder des Rechtsgefühls, fordert. Legen wir an unsere dreigegliederte Darlegung den aus den Ausführungen von *Huber* oder von *Jsay* zu entnehmenden Maßstab an, so stellt sich diese dar als Auftreten des zur Wertung berufenen Rechtsgefühls oder Rechtsbewußtseins + Feststellung der abstrakten Verhaltungsnorm als Prämisse A + Feststellung des Rechts oder Unrechts im konkreten Falle als Conclusion X, die beiden letzteren verbunden durch eine logische Schlußfolgerung. Und, auf den ersten Blick betrachtet, erschiene diese Vergleichung auch nicht einmal unzutreffend. Denn in der Tat bestätigen sich wertendes Rechtsgefühl und abstrakte Verhaltungsregel gegenseitig in einer Weise, wie dies *Huber* oder *Jsay* nur irgendwie fordern mögen. Des weiteren aber nimmt die abstrakte Verhaltungsnorm zweifellos den logischen Platz der Prämisse ein und füllt diesen auch aus, da sie gegenüber dem, was im konkreten Falle rechtens ist, also gegenüber der Conclusion, jenen Platz nicht nur geltend zu machen scheint, sondern ihn auch unbestritten innehat.

Was damit erreicht wird, ist für den Juristen der Rechtspraxis von außerordentlich großer Bedeutung. Es ist ihm derart ermöglicht, auf dem Gebiet der Rechtsanwendung außerhalb des positiven Rechtes und sogar im Gegensatz zu diesem mit der nämlichen Methode vorzugehen, die er innerhalb des positiven Rechtes handhabt. Diese Methode ist ihm — in verschiedenen Abwandlungen — durch vielfältige Anwendung vertraut und überdies seit Generationen überkommen. Die Rechtsanwendung außerhalb des positiven Rechtes und sogar im Gegensatz zu diesem ist ihm dagegen fremd und unbekannt. Diese Fremdheit kann wesentlich leichter überwunden werden, wenn er auf dem neuen Gebiet eben die nämliche Methode in Anwendung findet, die er bisher anzuwenden gewohnt war. Er ist vielleicht sogar der Überzeugung, daß er die Ergebnisse des neu zu erschließenden Gebietes den vom Rechte Betroffenen viel leichter zugänglich machen kann, wenn er sie ihnen mit einer Begründung bietet, die ihnen wohlbekannt und gewohnt ist. Daß dieser formal-logische Zusammenhang außerhalb des positiven Rechts keineswegs dem tatsächlichen Verhältnis von Sachverhalt und angeblicher Norm entsprach, sondern dieses geradezu auf den Kopf stellte, konnte bei der offenkundigen Brauchbarkeit und praktischen Unschädlichkeit dieses Vorgehens sehr wohl übersehen werden. Auf jeden Fall muß von der vorliegenden Darlegung der Verdacht ferngehalten werden, als halte sie irgendwelche bewußte Irreführung seitens des argumentierenden Reichsgerichtes auch nur im entferntesten für möglich. Vielmehr handelt es sich hierbei offenbar um eine jener Erscheinungen von Kinderkrankheiten, wie sie neu einsetzenden geistigen Entwicklungen häufig anhaften und wie sie häufig unvermeidlich sind, um diesen den Eintritt in das geistige Leben überhaupt auch nur zu ermöglichen. Daß dies in der Tat zutrifft, zeigt das weitere Auftreten des Rechtsgefühls in der Rechtsprechung des Reichsgerichts, auf das jetzt noch einzugehen ist. Daß im übrigen dieses Urteil des Reichsgerichts trotz dieser logischen Bedenklichkeit in der Tat dem natürlichen Rechtsgefühl entsprach, beweist die Tatsache, daß die von ihm verfochtene These sieben Jahre später als §§ 22 und 37 in das Gesetz betreffend das Urheberrecht an Werken der bildenden Künste und der Photographie vom 9. Januar 1907 aufgenommen wurde und sich dort bewährt hat (*E. Ulmer*, „Urheberrecht", 1950, S. 324).

Wie rasch aber die Rechtsprechung des Reichsgerichts, die das Rechtsgefühl zur Begründung verwertete, die erwähnte Kinderkrankheit abstreifte, zeigt eine um wenige Jahre später liegende Entscheidung aus dem nämlichen Bereich. Es ist die in dem sogenannten Linoleum-Fall (78, 239). Die Kaufliebhaberin für einen Linoleumteppich hatte bei den Kaufverhandlungen durch die Unvorsichtigkeit des Gehilfen des Verkäufers einen Schaden erlitten und deshalb vom Kauf Abstand genommen. Sie klagte den Schaden gegen den Verkäufer ein. Dieser machte geltend, er hafte nicht nach § 278 BGB, da ein Vertrag nicht zustande gekommen sei und bot den Entlastungsbeweis nach § 831 BGB an. Das Reichsgericht ging hierauf nicht ein, sondern erklärte: „Es würde dem allgemeinen Rechtsempfinden widerstreiten, wenn in Fällen, wo der Geschäftsangestellte beim Vorzeigen oder beim Vorlegen von Waren zur Besichtigung, zum Vorkosten, um einen Versuch zu machen u. dgl. den Kauflustigen durch Unvorsichtigkeit schädigt, der Geschäftsinhaber ... nur nach Maßgabe des § 831 BGB und nicht unbedingt haftete, der Verletzte also beim Gelingen des Entlastungsbeweises an den zumeist mittellosen Angestellten verwiesen würde ..." Also auch hier wertendes Rechtsempfinden auf der einen Seite, konkreter Sachverhalt auf der anderen, aber es fehlt völlig zwischen ihnen das Zwischenglied einer als abstrakte Verhaltungsnorm anzusprechenden Formulierung. Im Gegenteil: wertendes Rechtsempfinden und konkreter Sachverhalt sind einander unmittelbar und ohne Übergang konfrontiert, und zwar ist die Konfrontierung noch dadurch intensiviert, daß der Sachverhalt in seiner Konkretheit sogar verstärkt ist, insofern die Vorverhandlungen eine vielfältige, praktische Illustrierung erfahren haben und der Gegensatz der beiden praktischen Alternativen durch den Hinweis auf die Rechtskonsequenzen verdeutlicht wurde. Dabei war im vorliegenden Falle eine überzeugende Begründung ganz besonders geboten, da es sich um eine ganz klare Entscheidung im Gegensatz zu dem gesetzten Rechte (contra legem) handelte. Man kann sogar die Vermutung aussprechen, daß die vorliegende Entscheidung das allgemeine Rechtsempfinden vielleicht noch mehr angesprochen hat, als die vorangehende. Denn um den von ihr verfochtenen Rechtsgedanken dem Rechtsleben als bleibenden Bestandteil einzufügen, bedurfte es nicht einmal eines besonderen positiven Gesetzes, sondern er hat als „culpa in contrahendo" auf Grund der von ihm unmittelbar ausgehenden Überzeugungskraft sich durchgesetzt und hat sich nicht nur über die Jahrzehnte erhalten, sondern auch ganz erheblich ausgebreitet. Wie es aber dazu kam, daß das Reichsgericht die in dem Bismarck-Fall gehandhabte Drei-Gliederung der Beweisführung zugunsten der logisch allein gerechtfertigten Zwei-Gliederung aufgab, dies zu entscheiden, liegt außerhalb des vorliegend verfügbaren Forschungsmaterials. Sicher aber ist: der in der vorliegenden Entscheidung gewählte Weg der Begründung zeigt, daß man in der Erfassung der Eigenart der auf das Rechtsgefühl gegründeten, außerhalb des positiven Rechtes erwachsenden, ja zu diesem in Gegensatz stehenden Entscheidung einen wesentlichen Schritt vorwärts gegangen ist. Man ist zu der Überzeugung gekommen, daß es sich nicht darum handelt, die neue Entscheidungsgrundlage einfach unter Anwendung der bisherigen, für das positive Recht erprobten gnoseologischen Methode zu bearbeiten, daß vielmehr durch die neue Grundlage auch eine eigene, besondere Methode gefordert wird, und man hat angefangen, sich dieser Methode in ihrer Eigenart bewußt zu werden. Es ist wohl mehr als ein Zufall, daß dies gerade in den Jahren geschah, in denen auf dem Gebiete der philosophischen Erkenntnislehre durch die Forschung von *Edmund Husserl* („Ideen zu einer reinen Phänomenologie und phänomenologischen Philosophie" in „Jahrbuch für Philosophie und phänomenologische Forschung", Bd. I, 1913, S. 10ff.) über Wesensschauung oder Ideation allem, was in den Bereich der Intuition gehört, eine vertiefte Bedeutung und ein verstärktes Interesse für seine Eigenart zugeführt wurde.

Noch einen weiteren und zugleich abschließenden Schritt in dieser methodologischen Erwägung führt uns die Betrachtung der dritten, zuvor erwähnten Reichsgerichtsentscheidung, des dolus-generalis-Falls in RGZ 85, 108. Der bekl. Staat, in dessen Dienst der Kl. stand und zu dessen Schaden er ein schweres Verbrechen begangen hat, hat zur Deckung seines Schadens des letzteren gesamtes Gehalt nicht ausbezahlt. Der Kl. verlangt Auszahlung des pfändungsfreien Teiles. Das entscheidende Gericht erwägt, ob die Nicht-Auszahlung Zurückbehaltung oder Aufrechnung sei, kommt aber zu dem Ergebnis, die Klage sei auf keinen Fall begründet, sie „verstieße gröblich wie gegen das allgemeine Rechtsgefühl, so gegen den obersten Leitsatz des BGB", nämlich die exceptio doli generalis, die im BGB „sogar zu ausdrücklicher Ausprägung gekommen" sei. Die Begründung ist im vorliegenden Falle dadurch von den beiden vorangehenden unterschieden, daß hier nicht die Heranziehung des außerpositiven Rechtsgefühls die Anwendung des positiven Gesetzes verdrängt und ersetzt, sondern daß beide nebeneinander und sich gegenseitig ergänzend zur Begründung herangezogen werden. Für unseren vorliegenden Zusammenhang ist nun diese Tatsache als solche nicht von Interesse, um so mehr aber die Art und Weise, auf welche sie vorgenommen wird. Das Ergebnis, zu dem man von den beiden Ausgangspunkten gelangt, ist das nämliche, nämlich die Abweisung der Klage. Verschieden aber und geradezu gegensätzlich ist die Methode, welche von beiden Ausgangspunkten zu diesem Ergebnis beigesteuert wird. Der außerpositive Ausgangspunkt bietet als methodologisches Mittel das allgemeine Rechtsgefühl und nur dieses, auf seiner Seite ist und bleibt die Heranziehung einer abstrakten Verhaltungsnorm verschwunden. Der positive Ausgangspunkt des positiven Gesetzes bietet als methodologisches Mittel die exceptio doli generalis, die sich ganz zweifellos als eine abstrakte Verhaltungsnorm erweist, und zwar auch auf seiner Seite diese allein. Dabei ist das Entscheidende, daß diese beiden methodologischen Mittel als auf gleicher Ebene selbständig nebeneinanderliegend und sich gegenseitig ausschließend angesehen werden und daß in dem Methodenablauf, in dem das eine zur Geltung kommt, das andere um deswillen nicht zur Geltung kommen kann. Dies gilt allerdings mit dem Vorbehalt, daß man dem Einwand von *Huber* nicht beipflichtet, es gebe im Recht überhaupt keinen rein formal-logischen Syllogismus, den aber, wie gezeigt, *Huber* selbst schon ad absurdum führt.

Die vom Reichsgericht nicht nur ausgesprochene, sondern gegen erhebliche innere Widerstände erkämpfte Überzeugung, das moderne außerpositive Recht unterscheide sich in seiner Anwendung von dem positiven Rechte nicht nur in seinem Ausgangspunkt, sondern auch in seiner Methode, in deren Mittelpunkt stehe nämlich nicht der Syllogismus, sondern die Intuition, darf wohl den Anspruch auf Beachtung seitens der Lehre erheben. Denn sie erfreut sich heute noch keineswegs allgemeiner Anerkennung, ja kaum allgemeiner Kenntnis. Noch immer versucht man auch heute noch dem „Naturrechtsproblem" durch Aufstellung von

Katalogen abstrakter Verhaltungsnormen beizukommen, aus denen man die Naturrechtsentscheidung für den konkreten Sachverhalt im Wege des Syllogismus herauslesen kann. Daß die geistige Autorität des ehemaligen Reichsgerichts sich diesem Verfahren entgegengestellt hat, und zwar nicht in einer gelegentlichen Äußerung, sondern im Wege einer innerlich erkämpften Überzeugung, soll gewiß nicht die Forderung begründen, die syllogistische Methode einfach über Bord zu werfen. Wohl aber soll es dazu veranlassen, sie nicht ohne Vorbehalt und ohne Überprüfung hinzunehmen, lediglich deshalb, weil sie einer überkommenen und liebgewordenen Denkgewohnheit entspricht.

RECHT UND RITUS*

Von Dr. Bernhard Rehfeldt

oö. Professor an der Universität Köln

I.

Fragt man, was altertümliche Rechtsordnungen am stärksten von modernen Rechten unterscheide, so ist es gewiß etwas, was man als ihren „Ritualismus" bezeichnen könnte, das uns alsbald ins Auge fällt[1]. Hinsichtlich des römischen wie des germanischen Rechts ist der Ritualismus eine Erscheinung, die seit Jahrhunderten die Aufmerksamkeit der Wissenschaft erregt hat.

Freilich ist sie bisher kaum schon unter der Bezeichnung „Ritualismus" behandelt worden. Man pflegte das Phänomen vielmehr aufzuspalten und zwischen „Rechtssymbolik" und „Rechtsformalismus" zu unterscheiden. So waren es die Wortformeln auf der einen, Gebärden und Gegenstände auf der anderen Seite, an die man sich zu halten pflegte. Dabei wurde dann der Formalismus und die Ausdeutung der Worte zur Domäne der Juristen, während die Symbolik auch andere verlocken konnte, sich an ihr zu versuchen.

Diese Arbeitsteilung hat indessen nicht zu verschleiern vermocht, daß es ein einheitliches Phänomen war, um das es sich hier handelte. So ist es denn der Begründer der germanischen Philologie, *Jacob Grimm*, selbst gewesen, der vor 130 Jahren, als Jurist, Philologe und Brauchtumsforscher in einem, die ganze Erscheinung als „das sinnliche element im

---

* Dieser Aufsatz ist die freie Übersetzung eines Vortrages, den ich am 30. März und am 1. und 4. April 1955 in Lund, Uppsala und Stockholm als Gastvorlesung in schwedischer Sprache gehalten habe. Zu dem Thema war ich von Professor *Karl Olivecrona* angeregt worden, dem ich dafür auch an dieser Stelle herzlich danken möchte.

Obwohl meine Darlegungen demgemäß in erster Linie auf ein schwedisches Publikum abgestellt waren und insbesondere auf die Lehre des zwar für das schwedische Rechtsdenken der letzten Jahrzehnte sehr bedeutsam gewordenen, in Deutschland jedoch (trotz der Deutschsprachigkeit seiner Hauptwerke) weniger beachteten Philosophen und Romanisten *Axel Hägerström* (1868—1939) Bezug haben, ermutigen mich die weitgespannten Interessen unseres Jubilars, sie dem *Romanisten Heinrich Lehmann* als Beitrag zu seiner Festschrift darzubringen!

[1] Wie sehr Recht und Ritus in der Tat von Haus aus zusammengehören, zeigt schon das sanskr. Stammwort *ṛtá*, indem es die Ordnung schlechthin bezeichnet (zunächst die der Menschen, die soziomorphes Denken dann sekundär zur *Welt*ordnung erhob).

recht“ zusammenfaßte und es unternahm, das gewaltige Material in seinen „Deutschen Rechtsaltertümern“ zu sammeln. Dies Buch[2] fand später eine gewisse Fortsetzung in *Karl v. Amiras* und *Cl. v. Schwerins* „Rechtsarchäologie“, die während des letzten Krieges erschien[3]. In ihr standen nun zwar die Gegenstände als „Rechtssymbole“ im Vordergrund, aber es wurde doch auch klargestellt, daß diese Gegenstände nie an sich selbst etwas bedeuteten, daß sie vielmehr immer erst durch ihren Gebrauch bei einer Handlung zu Symbolen wurden[4]. Selbst Krone und Szepter waren also nicht eigentlich Symbole, ehe sie nicht in einer Zeremonie verwendet worden waren; während ein einfacher Stab, irgend ein Holzstückchen, ein beliebiger Stein, ja ein Strohhalm, den man vom Boden aufhob, eben dadurch zu Symbolen schicksalsschwerster Bedeutung werden konnten. Und diese das Symbol kreierende Handlung war nur selten eine stumme Pantomime: Meist wurde sie mit Hand und Mund vollzogen, so daß es die Worte, die Gebärden und die gebrauchten Gegenstände zusammen waren, die den Rechtsakt ausmachten. Die Zeugen sollten zu sehen wie zu hören bekommen, was da vor sich gegangen war.

Da ist ein Longobarde des 10. Jahrhunderts, der sein Landgut an ein Kloster auflassen will. Er nimmt eine Rasenscholle von seinem Boden auf, dann einen Strohhalm, schneidet einen Zweig von jeder Art fruchttragenden Baumes, nimmt sein Messer und seinen Handschuh und wirft all das dem Klostervogte in den Schoß, sagend, daß er sein Gut hiermit von sich werfe und sich davon scheide. Eine Anzahl Zeugen und ein Notar sind zugegen. Ein leeres Pergamentblatt ist auf den Boden gelegt. Der Veräußerer hebt es auf und überreicht es dem Notar samt Tinte und Feder. Der Notar zeichnet die Handlung in einem Texte auf, in dem er den Veräußerer sprechen läßt. Parteien und Zeugen setzen ihre Hausmarken darunter, der Notar unterschreibt. Scholle, Strohhalm, Zweige, Messer und Handschuh aber werden in einem Beutel beigefügt und samt der Urkunde zu ewigem Gedächtnis verwahrt[5].

Und dann der gleiche Rechtsakt im gleichen Lande tausend Jahre vorher: Da steht der Veräußerer mit seiner Scholle, der Erwerber mit einem Kupferstück in seiner einen Hand. Fünf Zeugen und ein Mann mit einer Waagschale sind zugegen. Der Erwerber ergreift nun mit der anderen die Scholle des Veräußerers und spricht: Hoc ego praedium ex jure quiritium meum esse ajo; idque mihi emptum esto hoc aere aeneaque libra. Dann schlägt er mit seinem Kupferstück an die Waagschale — es ist gutes klingendes Kupfer, das er zu bieten hat![6] — und reicht es dem Veräußerer hin. Damit ist er Eigentümer des Gutes geworden; und vielleicht war auch hier ein Schreiber zugegen, der eine Urkunde über die Handlung aufnahm.

---

[2] Zitiert DRA; 1. Aufl. 1828, 4. Aufl. 1899. [3] Berlin 1943.
[4] a. a. O. S. 31f. [5] Vgl. z. B. DRA I[4] S. 170—173.
[6] Vgl. *Rudolph v. Jhering*, Geist des römischen Rechts, 5. Aufl. II S. 539, Anm. 707.

II.

Das waren zwei Rechtsriten, und von dieser Art waren die meisten Akte des alten Rechtes: Verlobung und Hochzeit, Adoption und Freilassung, Erbgang, Tausch, Kauf und Bürgschaft. Aber nicht nur Rechtsgeschäfte im heutigen Wortsinn waren solche Rituale: auch der Prozeß und die Vollstreckung waren es, die Hinrichtung nicht zum wenigsten. Dies ganze Recht war ritualisiert, von Formen beherrscht.

Freilich ist es nicht so sehr das älteste Recht, das dies Gepräge trägt, als vielmehr das Mittelalter der Rechtsordnungen: Die primitiven Jäger- und Sammlervölker haben wohl noch nicht die Voraussetzungen, solche Rechtszeremonien zu entwickeln. Die Menschengruppen sind klein, und es ist wenig Austausch unter ihnen. Mehr auf die feindliche Natur als auf die Mitmenschen hat sich ihre Aufmerksamkeit zu richten. Erst mit den geborgeneren Verhältnissen der Hirtenvölker kann wohl der eigentliche Rechtsritualismus beginnen, und mit dem Wohlstand der Bauernkulturen erreicht er seine Höhe. Er verlangt ja nicht nur einen lebhaften Verkehr innerhalb größerer Menschengruppen samt der Zeit, sich miteinander zu beschäftigen; auch dann kann er nicht gedeihen, wenn die Verhältnisse nicht Generationen hindurch stabil bleiben, so daß feste Traditionen Zeit finden, sich auszubilden. Ein geborgener, froher, sorglicher Traditionalismus mit Sinn für Würde und der Lust am Schauspiel ist sein bester Nährboden.

Es geht mit ihm zu Ende, wenn das Leben kommerzialisiert und Zeit zu Geld wird. Der Handel verlangt Klarheit, doch vereint mit Schnelligkeit. Umständliche Zeremonien sind ihm lästig. Erst werden sie abgekürzt, dann verschwinden sie. Zeugen erübrigen sich, sobald die Schrift Gemeingut wird. Zugleich entwickelt sich die zentrale Staatsmacht, übernimmt die Vollstreckung und rationalisiert den Rechtsgang, und die alten Formen — nimia veterum subtilitas — beginnen dem neuen Gedanken zu weichen, daß es die Billigkeit — aequitas —, Wahrheit und Gerechtigkeit seien, die zu siegen hätten.

Und so verschwand der Rechtsritualismus sowohl in der Antike, als sie in einem Weltreiche aufging, wie im neuzeitlichen Europa, als der moderne Staat sich hier entwickelte. Ungleich schnell freilich haben sich die verschiedenen Völker von ihm zu trennen vermocht: Die beiden großen Eroberervölker sind die letzten gewesen, die den neuen Weg beschritten: Römer und Engländer. Vielleicht hat überlegene Klugheit in ihrem Konservativismus gelegen: „Die Form ist die geschworene Feindin der Willkür, die Zwillingsschwester der Freiheit", wie *Rudolph v. Jhering* sagt[7]. Doch was ist Wahrheit? Und was ist Gerechtigkeit?

---

[7] a. a. O. II S. 471.

III.

Trotz jenem Konservativismus der Römer sind uns nur Fragmente von ihren Rechtsritualen erhalten geblieben. Die Blütezeit des Ritualismus hat vermutlich vor der Zeit der XII Tafeln gelegen, und auch aus den späteren Perioden haben wir kaum zeitgenössische Belege; es sind Notizen meist noch späterer Schriftsteller, die, schon unter dem Einfluß der griechischen Bildung stehend, so wenig Verständnis für solche Rechtsantiquitäten übrig hatten wie Cicero. Gajus' Institutionen, ein Text so spät wie Marc Aurel, ist hier noch unsere zuverlässigste Quelle. Das römische Recht hatte sein Mittelalter eben schon hinter sich, als es ins volle Licht der Geschichte trat. So sind es nur noch die Nachwirkungen seines Ritualismus, die wir in seinen Quellen kennenlernen. Es ist damit ungefähr so, wie wenn hinsichtlich des mittelalterlichen germanischen Rechtes die gelehrten Autoren der Barockzeit, in Fragmenten erhalten, das einzige wären, woraus wir unsere Kenntnis schöpfen könnten.

Tatsächlich ist es aber eine Fülle wohl erhaltenen Originalmaterials, das die germanische Rechtsgeschichte in dieser Hinsicht zu bieten hat. Es sind zeitgenössische Texte und Urkunden aus ganz Europa, von der Lex Salica um 500 bis hin zu den deutschen Bauernweistümern des 17. Jahrhunderts, die uns den Ritualismus des damaligen Rechtslebens in unendlichen Variationen zeigen. *Jacob Grimms* Rechtsaltertümer sind in vier Auflagen und ein Jahrhundert über nicht vollständig geworden. *Amira-Schwerins* Rechtsarchäologie wirkt wie ein Fragment. Vollständigkeit würde auf diesem Gebiete unmöglich zu erreichen sein.

IV.

Vollständigkeit ist hier aber auch kaum wichtig und nicht notwendig, wenn es die Frage gilt, wie die Erscheinung als solche am besten zu erklären sei. Wohl aber ist dazu notwendig, eine scharfe Definition dessen zu geben, was erklärt werden soll. Dabei gilt es — jedenfalls fürs erste — alle nur dekorativen Elemente zu entfernen und den Kern der Sache bloßzulegen.

Das aber hat schon *Jacob Grimms* scharfes Auge getan, als er in seinen Rechtsaltertümern den Begriff „Rechtssymbol" definierte und schrieb: „Symbol . . . ist im sinne unseres alten rechts die bildliche vollbringung eines geschäfts"[8]. Damit hatte er den Symbolbegriff von den Symbolgegenständen gelöst, auf die er ja meist beschränkt zu werden pflegt, und ihn auf die Handlung als den wahren Kern der Sache übertragen. Dieser Sprachgebrauch hat sich nun freilich nicht durchgesetzt; es ist uns nicht geläufig, eine Handlung ein „Symbol" zu nennen. Eine solche Handlung aber ist gerade das, was hier ein „Ritus" genannt werden soll. Ein Rechtsritus ist also die bildliche Vollbringung eines Rechtsaktes;

---

[8] DRA I S. 153.

und es versteht sich, daß auch Wortformeln, die zur Vollbringung eines Rechtsaktes gehören, in den Begriff des Ritus eingehen.

Es ist also die rituelle Handlung in ihrer Gesamtheit, soweit sie konstitutiv für die erstrebte Rechtswirkung ist, wovon hier gesprochen wird. Insbesondere muß die Handlung konstitutiv und die einzige Möglichkeit sein, in der gegebenen Rechtsordnung unter den gegebenen Umständen eben diese Wirkung zu erzeugen. Handlungen, die durch eine genau bestimmte Form, als Gebärden oder mit Hand und Mund vollzogen, eine bestimmte Rechtswirkung hervorbringen, sind es also, was zu erklären wir versuchen wollen.

Da wir somit die in Frage stehende Erscheinung als eine Handlung definiert haben, die durch ihre Form als solche eine bestimmte Wirkung erzeugt, scheint die Erklärung nahe bei der Hand, daß dies Magie sei.

Diese Erklärung scheint uns so nahe zu liegen, seit die sogenannte präanimistische Zaubertheorie um die letzte Jahrhundertwende modern geworden war, die Lehre, daß es die Magie sei, die auf dem Wege über den Animismus zur Stammutter der Religion geworden sei. Da die Magie demnach zur allerältesten psychischen Ausrüstung der Menschheit gerechnet wurde und man sie folglich — gleichsam als die älteste Kulturschicht — auf dem Grunde auch aller übrigen Kulturerscheinungen finden zu können glaubte, sofern man eben nur tief genug grub, wurde sie immer mehr zu einer Allerweltserklärung. „Magie" wurde so der Passe partout, das große „Sesam-öffne-dich" zu all den vielen Rätseln, die Ethnologie, Brauchtumsforschung und Vorgeschichte aufgaben. In der Rechtsgeschichte kulminierte diese Denkweise in den 20er Jahren, als sie in Deutschland *Herbert Meyer* hinsichtlich des germanischen, in Schweden *Axel Hägerström* hinsichtlich des römischen Rechtes übernahm[9].

Heute ist man der präanimistischen Zaubertheorie weniger sicher. Der Ursprung der Religion ist umstritten geblieben. Deutlich geworden ist in dieser Hinsicht wohl nur, daß Religion und Magie in einem dialektischen Verhältnis zueinander stehen: Sie tendieren zueinander und schließen einander zugleich gegenseitig aus — sobald sie wenigstens in letzter Konsequenz und Reinheit in Erscheinung treten. Immer wieder erhoben sich Propheten, die Magie zu zerstören, in die sie ihre Mitmenschen verstrickt fanden. Hatten sie aber Erfolg, so war es am Ende manchmal nur der, daß sie nach einigen Generationen selbst zur Autoritätsquelle einer neuen Magie wurden — ausgeübt in ihrem Namen, sonst

[9] Mehr als diesen einen Punkt haben die beiden Gelehrten freilich kaum miteinander gemeinsam. Im übrigen ist der nur dem engen Kreise seiner Fachkollegen bekannt gebliebene germanistische Jurist, der an seiner spekulativen Neigung mehr gescheitert als gewachsen ist, nicht zu vergleichen mit dem universalen, scharfsinnigen Neukantianer und rücksichtslosen Denker, der zwar außerhalb Skandinaviens wenig Beachtung gefunden, in seiner Heimat aber bedeutende Spuren seines Einflusses hinterlassen hat.

jedoch der alten ähnlich, die zu stürzen sie einst ausgezogen waren. Selbst der Rationalist Konfuzius ist diesem Schicksal nicht entgangen. Ihre Lehren aber sind uns auf gerade diese Art erhalten geblieben. Sie wären vergessen worden, hätten sie nicht eben diesen Weg genommen. — Magie hat es vor wie nach Religion gegeben. Beide können in mehreren Schichten wechselweise übereinander liegen, und wenn wir irgendwo Magie erspüren, sind wir doch nicht sicher, auf den Grund gestoßen zu sein.

Abgesehen von dieser Enttäuschung war das Wort „Magie" durch seine universelle Verwendung, zumal in den 20er Jahren, wie gesagt, zu einer Mode geworden, nicht zuletzt in Deutschland. Damit verlor es aber seinen wissenschaftlichenWert. Es konnte nicht länger als Erklärung gelten. Und bei den Ethnologen, die es einst als erste in das allgemeine Vokabular der Wissenschaft eingeführt hatten, fiel es auch zuerst in Mißkredit. Fast ist es jetzt bei ihnen tabuiert. Sie suchen es zu vermeiden, so gut es geht und sich damit zu begnügen, die entsprechenden Erscheinungen zu beschreiben, ohne sie als „Magie" abzustempeln. Sie haben diesen Stempel im Verdacht, nichts mehr zu bedeuten[10].

VI.

Eine solche Reaktion dürfte freilich zu weit gehen. Es ist nicht nötig, das Wort gänzlich aus dem Wortschatze der Wissenschaft zu streichen, wohl aber, eine scharfe Definition seines Begriffes zu geben, ehe es sich lohnen kann zu diskutieren, inwieweit es möglich sei, ihn auf eine bestimmte Erscheinung anzuwenden. Dabei ist er vor allem auf seinen ursprünglichen Kern zurückzuführen, wenn er wieder praktikabel werden soll.

Dieser Kern aber ist m. E. die Vorstellung, daß ein Ritus als Kausalität wirken könne. Magie ist somit die als unmittelbar zwingende Kausalität vorgestellte eingebildete Einwirkung auf etwas durch Vollziehung eines Ritus[11].

Was aber ist nun dieses „etwas", dem der Ritus gelten muß, um „magisch" sein zu können? Damit die Einwirkung „eingebildet" in der hier geforderten Bedeutung sei, muß der Ritus auf etwas gerichtet sein, auf das *kein* Ritus — nach unserem Urteil wenigstens — unmittelbar einzuwirken geeignet ist. Nun ist aber ein Ritus an sich selbst nichts anderes als eine Pantomime oder eine dramatische Handlung, und es gibt nur ein einziges Etwas, auf das eine solche Handlung wirklich unmittelbar einzu-

---

[10] Vgl. z. B. *Wilhelm Mühlmann*, Methodik der Völkerkunde, Stuttgart 1938, S. 142ff., und *Adolf Ellegard Jensen*, Mythos und Kult bei Naturvölkern. Studien zur Kulturkunde, begründet von Leo Frobenius. Wiesbaden 1951, passim.

[11] Diese Definition habe ich bereits vorgelegt in „Begriff und Wesen der Rechtssymbolik"; Studium Generale 1953, S. 292 und „Recht, Religion und Moral bei den frühen Germanen"; ZRG 71 (1954) S. 17.

wirken vermag: menschliche Vorstellungen. Das magische Moment muß also darin liegen, daß die Handlung darauf abzielt, unmittelbar auf etwas anderes einzuwirken als auf sie: auf tote Dinge, die Natur selbst, das Wetter, Tiere und Pflanzenwuchs, auf Mächte, Kräfte, Geister, Götter — soweit sie gezwungen werden sollen; sie ist Religion, solange man nur glaubt, sie bitten zu können. Auch Menschen können Objekte echter magischer Handlungen sein, sofern der Ritus unmittelbar auf einem anderen Wege auf sie einwirken soll, als über ihre Gedanken: sie krank oder verliebt machen, stark oder schwach, glücklich oder unglücklich — oder den Abwesenden durch seine bloße Kraft zu töten bestimmt ist. Etwas anderes ist es, daß der Ritus die Sinne der Anwesenden zu fesseln vermag, suggestiv auf sie einwirken und zum Motiv für ihr, ja der ganzen Gemeinschaft zukünftiges Verhalten werden kann. Solches ist seine natürliche Wirkung als Ausdruckshandlung. Als Magie ist er notwendig untauglicher Versuch.

VII.

Mit dieser Bestimmung der Begriffe „Rechtsritus“ und „Magie“ haben wir uns die notwendigen Voraussetzungen geschaffen, um untersuchen zu können, inwieweit es möglich sei, die Rechtsriten als magisch anzusehen, die das historische Material darbietet.

Vor allem ist dabei zunächst wohl klar geworden, daß die Frage nach der magischen Natur der Rechtsriten auf ein ausschließlich subjektives Moment gerichtet ist: die mit dem jeweiligen Ritus verfolgte Absicht. Nie kann die Frage die sein, was ein konkreter Rechtsritus objektiv, oder „eigentlich“ oder „in Wirklichkeit“ gewesen sei: Objektiv und in Wirklichkeit kann ein Ritus niemals mehr sein als eben eine — Handlung. Was diese Handlung im übrigen sei, wird allein durch das bestimmt, worauf sie abzielt: ob sie etwas bewirken soll, was das sein soll und wie man sich vorstellt, daß es geschehen werde. Es sind rein subjektive Momente, die den Charakter des Ritus bestimmen.

Vorstellungen und Absichten von Menschen längst vergangener Zeiten zu ermitteln, ist indessen regelmäßig schwierig. Zwar ist die Aufgabe nicht grundsätzlich unlösbar: Ist es doch gelungen, manche tote Sprache zu entziffern, und Riten sind Symbole ähnlich Worten. Doch wie die Worte wechseln auch sie mit der Zeit ihre Bedeutung: Wenn z. B. in Köln am Rosenmontag zu Wintersende Prinz Karneval auf seinem carrus navalis seinen Einzug in die Stadt hält, könnte man ihn sich recht gut als den legitimen Nachfolger irgendeines Frühlingsgottes, eines Baal oder Báldr, denken, der mit seinem Schiff aus dem Fluß heraufgezogen und eingeholt wurde, um das Land fruchtbar zu machen. Wohl möglich, daß man ihn schon auf manchen schwedischen Felszeichnungen abgebildet findet, denn ihre Deutung als Darstellungen von Kultprozessionen und Fruchtbarkeitsriten, wie *Oscar Almgren* sie gegeben hat, ist ja durchaus überzeugend[12]. Und es ist auch nicht unwahrscheinlich, daß die bunten Pappschwerter (Pritschen), die man sich unter der Herrschaft des Frühlingsprinzen kauft, um einander damit klatschend auf die Schulter zu schlagen und einen Flirt einzuleiten, in ununterbrochener historischer Kontinuität von den grünen Rutenreisern abstammen, die man bei Frühlingsfesten früherer Zeiten verwendete, um Fruchtbarkeit zu wecken[13]. Aber trotz solcher historischen Kontinuitäten wäre es gleichwohl sinnlos zu sagen, unser heutiger Karnevalszug sei „in Wirklichkeit“ und „eigentlich“ ein Fruchtbarkeitsritus (wie die Brauchtumsforscher sich gern ausdrücken). Ich stehe dafür ein, daß es im heutigen Köln keinen Menschen gibt (die Brauchtumsforscher nicht ausgenommen), der beim Fastnachtszug an Fruchtbarkeit denkt. Jetzt ist er ein Schauspiel und eine Volksbelustigung, das große Fest des Humors, der öffentlichen Kritik, der Ausgelassenheit und ganz gewiß der Liebe, des spielenden Eros. Niemand aber denkt dabei an Fruchtbarkeit. — Das einzige, was sich in dieser Hinsicht möglicherweise sagen läßt, ist also, daß der Karnevalszug „ursprünglich“ ein Fruchtbarkeitsritus gewesen sei[14]. Aber wer sagt uns, daß der Fruchtbarkeitszug nicht seinerseits einen Vorgänger gehabt haben könnte, mit dem wiederum andere Absichten verbunden waren? — Selten darf man der Grundbedeutung eines Brauches wirklich sicher sein, und keine grundsätzliche Vermutung spricht dafür, daß die Magie das Leitfossil der ältesten Schicht sei.

VIII.

Soweit lägen die Schwierigkeiten der Ritendeutung immerhin noch parallel zu denen der etymologischen Semasiologie. Leider aber gibt es da zugleich auch einen Unterschied, der die Lage für die Semasiologie der Riten wesentlich erschwert. Ein *Wort* mag seine Bedeutung noch so oft gewechselt haben: nie hat es doch im Laufe seiner Geschichte aufgehört, *etwas* zu bedeuten. Riten aber kann das leicht genug geschehen.

Wenn ich z. B. im Karnevalstreiben auf der Straße einen Kölner fragte, *warum* er mit seiner Pritsche auf Vorübergehende schlage, so würde er mich vermutlich für den originellsten Narren halten, der ihm je begegnet wäre. Er würde kaum zu fassen vermögen, wie es auf eine so dumme Frage eine Antwort geben könnte. *Er* tut so, weil *man* so tut. „Es ist

---

[12] *Oscar Almgren*, Hällristingar och kultbruk; kungl. Vitterhets etc. Akadem. handl. 35 (1926/27), S. 23ff. Vgl. auch S. 340ff. in der deutschen Ausgabe (Nordische Felsbilder als religiöse Urkunden; Frankfurt a. M. 1934).

[13] Vgl. z. B. *Bächtold-Stäubli*, Handwörterbuch d. deutschen Aberglaubens, Lpz., Bln. 1927ff. II S. 1255 (s. v. Fastnacht) und V S. 970ff. (s. v. Lebensrute).

[14] Obgleich der Großstadtzug in seiner jetzigen Gestalt sich erst im 19. Jh. entwickelt hat. Vgl. *Bächtold-Stäubli*, a. a. O. II S. 1247. Die uralten Wurzeln des ganzen Bräuchekomplexes ergeben sich aber gleichwohl deutlich aus *O. Almgrens* Material betr. Karnevalsschiffe und Götterboote (a. a. O.)

doch Karneval!“ wäre wohl die einzige „vernünftige“ Antwort, die man allenfalls von ihm erwarten dürfte.

Das ist aber keine ungewöhnliche Situation, wenn Ethnologen oder Brauchtumsforscher Eingeborene nach der Bedeutung ihrer Sitten oder Riten fragen. Zu tun, was ihre Väter taten, ist die eigentliche Regel, der sie zu folgen pflegen. Geben sie andere Erklärungen, so sind sie oftmals augenscheinlich falsch und sekundär. Es ist kein Wunder, wenn die Forscher glauben, selbst besser wissen zu können, was jene Gebräuche „in Wirklichkeit“ bedeuten. Und unsere Bauern haben es inzwischen manchmal schon von den Brauchtumsforschern gelernt.

IX.

Diese Schwierigkeit betrifft nun nicht zuletzt die Frage nach der Bedeutung der Rechtsriten, der wir uns nach diesem Exkurs wieder zuwenden wollen. Sind doch die Rechtsriten das legitime Kind des Gewohnheitsrechts, und die Maxime des Gewohnheitsrechtes ist, daß alle tun sollen, was man zu tun pflegt. Es gilt, weil es geübt wird und legitimiert sich dadurch selbst — so unlogisch das auch sein mag.

Die Zeitgenossen des Gewohnheitsrechtes brauchen deshalb nicht zu wissen, was ihre Riten im einzelnen bedeuten. Sie brauchen nur zu wissen, was sie mit ihnen ausrichten wollen: jemanden in die Sippe aufnehmen, eine Tochter verheiraten, einen Bürgen stellen, ein Grundstück veräußern oder einen Dieb hinrichten. Wissen sie das, so wissen sie auch, wie man das macht, welcher Ritus im gegebenen Falle Brauch ist. Sie brauchen nicht zu wissen oder zu verstehen, was die Einzelheiten dieses Ritus dann zu bedeuten haben; warum sie sind, wie sie sind.

So versteht es sich leicht, warum Riten so gern Überlebsel älterer Kulturperioden konservieren — Residuärformen, wie *Jhering* sagt[15] — und schließlich selbst zu Überlebseln werden: Warum z. B. das junge Paar bei der confarreatio mit Hilfe der ältesten römischen Getreideart, far, zusammengeweiht wurde; warum der Priester dabei ausschließlich Wolle tragen durfte, warum nur ein Schurzfell (licium), wer eine Haussuchung vornahm, und warum es ein Feuerstein (silex) sein mußte, mit dem das Opfertier beim Vertragsschluß inter gentes zu töten war.

Nun könnte man in diesen Fällen zwar darauf verweisen, daß es sich dabei zugleich um Kultgebräuche gehandelt habe und daß der Kult als solcher schon ein Konservierungsmittel sei. Aber es gibt unter den römischen Rechtsriten auch das deutliche Beispiel einer Residuärform, die ein ganz profanes Geschäft betrifft: die mancipatio, die wir ja schon eingangs kennenlernten.

Es ist ganz klar, und *Gajus* bezeugt ausdrücklich, daß es sich dabei um einen Kauf handelte, wie er sich abspielte, ehe geprägte Münzen einge-

---

[15] a. a. O. II S. 510ff.

führt worden waren und bei dem deshalb der Käufer dem Verkäufer das Kupfer mit der Waagschale zuwiegen mußte. Die Waagschale war überflüssig geworden, seit man asses, dipundii, semisses und quadrantes geprägt hatte. Aber wenn nun vor Zeugen augenscheinlich gemacht werden sollte, daß ein Quirite zum Eigentümer eines Gegenstandes gemacht worden war, der zum klassischen Bestande der alten Wirtschaft gehörte, dem alten italienischen Landgut mit Sklaven und Vierfüßlern: Dann *spielte* man vor diesen Zeugen einen Kauf, wie er in alten Zeiten gewesen war — imaginaria quaedam venditio, wie *Gajus* sagt[16].

Und es liegt nichts Geheimnisvolles darin, daß der Erwerber durch diese Zeremonie zum Eigentümer *wurde*. Das war der Käufer ja auch durch den alten Realkauf geworden. Ist der Kauf doch eine „Art, das Eigentum zu erwerben"[17]. Er ist es in allen ursprünglichen Rechtsordnungen. Erst später, wenn Kreditkäufe und andere Transaktionen aufkommen, wird es notwendig, den obligatorischen vom dinglichen Vertrage zu unterscheiden und den letzteren schließlich sogar als ein „abstraktes Rechtsgeschäft" aufzufassen, wie wir es im deutsch-römischen Rechte tun. Und es war eben die mancipatio, mit der diese Unterscheidung begann: Indem der alte Kauf mit der Waagschale vor den Zeugen zum Beweise des Eigentumsüberganges *gespielt* wurde, war nur noch seine dingliche Wirkung übrig geblieben, und der obligatorische Vertrag war jetzt außerhalb des Rituals zu stehen gekommen; während der alte Realkauf noch die natürliche Einheit beider Verträge gewesen war.

Damit wurde also der Akzent auf die dingliche Seite gelegt: daß der Erwerber Hand an die Scholle — oder den Sklaven oder den Ochsen — legte, gleich wie der Germane Hand an sein gestohlenes Pferd legte, das er bei einem anderen antraf. Die manui captio war ein Handgriff entsprechend unserem anefanc. — Und der Veräußerer hat sich ja sogar mit dem Gegenstande eingefunden und läßt den Handgriff vor seinen und der Zeugen Augen geschehen. Kann man da sagen, daß der Erwerber lüge, wenn er daraufhin feierlich verkündet, der Gegenstand *sei* sein? Ich kann keine Notwendigkeit für ihn erkennen, mit diesen Worten — meum esse aio — das Eigentum an sich zu zaubern, um sie erst damit wahr *machen* zu können[18]. Der Veräußerer selbst ist es gewesen, der ihn durch sein Ver-

[16] Institut. 119 sequ. — Daß bei der mancipatio fundi eine *Erdscholle* verwendet wurde, folgt mit hinreichender Sicherheit aus dem Erfordernis für den Erwerber, rem tenens zu sprechen und der von *Gellius* (Noctes Atticae XX, 10 a. E.) bezeugten entsprechenden Verwendung einer gleba bei der vindicatio. Vgl. auch *Festus*, De verb. signif. s. v. vindiciae und DRA I, S. 166f.

[17] Vgl. Code civil L. III incl. Titre VI (De la vente).

[18] Das ist aber *Hägerströms* Argumentation in Der römische Obligationsbegriff I (Skrifter utg. av kungl. humanist. vetenskapssamfundet i Uppsala 23 — 1927 —) S. 35ff. — Bd. II dieses seines romanistischen Hauptwerkes erschien posthum ebendort Bd. 35 (1941) herausgg. von *Karl Olivecrona*.

halten dazu gemacht hat, indem er auf diese Weise an dem Ritus als Ganzem mitwirkte.

X.

Und damit sind wir wieder bei der Frage nach der magischen Natur der Rechtsriten angelangt.

Man kann, glaube ich, nicht sagen, daß alle Rechtsriten notwendig magisch sein müssen. In Sonderheit kann man es nicht mit der Begründung, daß alle Riten ex definitione konstitutiv und durch ihre Form als solche wirksam seien. Freilich sind sie das, und eben das sind auch die Zauberriten. In beiden Fällen waltet die Vorstellung ob, daß es die Form an sich, das äußere Verfahren und die Wortformeln selber seien, die da etwas vollbringen. In diesem Punkte stimmt die Magie mit jedem konstitutiven Ritus überein.

Unterschiede zeigen sich aber, sobald man danach fragt, was denn der Ritus zustande bringen soll: Soll er auf die Vorstellungen der Teilnehmer einwirken, oder unmittelbar auf etwas anderes?

Nun haben wir ja gesehen, wie schwer es schon im allgemeinen ist, die Intention von Riten überhaupt zu erkennen, und für die Rechtsriten gilt das im besonderen: Die Rechtsriten waren schon zu Antiquitäten geworden, als die klassischen römischen Juristen anfingen, ihr Recht zu durchdenken, und das germanische Recht war noch nie durchdacht worden, ehe es die Germanisten des 19. Jhs. schließlich unternahmen — 500 Jahre post festum.

Dazu kommt, daß in keiner zeitgenössischen Quelle — abgesehen von einer gleich zu besprechenden Ausnahme — ein Rechtsritus mit einem Ausdrucke bezeichnet wird, der etwas wie „Magie“ bedeutet, obwohl doch carmina und incantationes, gáldr, fjǫlkyngi, seiðr und Zauberei aller Art damals gewiß nicht unbekannt waren. Die Zeitgenossen meinten also nicht dergleichen auszuüben, wenn sie einen Rechtsritus vollzogen. Sogar für die Hinrichtungsriten gilt das, obwohl doch gerade sie offensichtlich magisch in unserem Sinne waren. Der Grund dafür ist wohl der, daß, was in alten Zeiten „Zauberei“ genannt wurde, immer etwas Geheimnisvolles und Mystisches an sich hatte; es war „ungeheuer“ und wurde deshalb in mehr oder weniger großer Heimlichkeit geübt. Die Rechtsriten aber waren grundsätzlich öffentliche Handlungen. Die Publizität war ihr Element und entscheidend für ihre Gültigkeit. Sie fielen also nicht unter den Magiebegriff ihrer Zeit, obschon sie doch ganz wohl unter den unseren fallen können.

Der m. W. einzige Fall, in dem ein Rechtsritus in einer zeitgenössischen Quelle als etwas wie „Magie“ bezeichnet wird, betrifft Klage und Antwort im alten fränkischen Rechtsgang, wenn es nämlich in einem Text der Lex Salica heißt, daß man nicht „verbis mysticis“ prozessieren dürfe[19], und wenn ein Dekiet des 8. Jhs. in diesem Zusammenhange von heidnischen und abgöttischen Worten (quibus ex vetusta consuetudine paganorum idolatriam reperimus) spricht[20]. Es läßt sich in der Tat verstehen, daß das alte germanische Prozeßritual mit seinem strengen, fast mechanischen Formalismus, der so gefährlich für den Unkundigen war, auf Fremde leicht wie Magie wirken konnte. Und solche außenstehenden Fremden waren die römische Bevölkerung und die römische Priesterschaft. Für sie lag der Verdacht nahe, daß dies Prozeßrecht auf Aberglauben beruhe.

XI.

Indessen bezweifle ich, daß es den römischen Priestern wirklich gelungen sei, der Sache auf den Grund zu kommen — jedenfalls, sofern sie (wie es freilich scheint) das sog. tanganare im Auge hatten, den hochformellen Hergang des Wortstreites, Klage und Antwort selbst. Denn Eid und Ordale waren allerdings Magie in des Wortes voller heutiger Bedeutung, und an deren Ritualen nahm schon nach wenigen Generationen die Priesterschaft selber teil, um mit ihren Riten Feuer und Wasser die rechte Kraft zu geben, Schuld und Unschuld zu offenbaren.

Daß aber auch das übrige Verfahren, der Rechtsgang als solcher, eine Art Wettzaubern gewesen sei, sehe ich keinen Grund zu glauben. Gerade im Prozeß hat ja der Formalismus bis zum heutigen Tage in gewissem Maße seine Stätte und muß er sie um der Rechtssicherheit willen haben. Er war dort noch notwendiger, als nicht ein Richter in freiem Ermessen den Ausschlag gab, sondern die ganze Thinggemeinde, die dabei nur zwischen Zustimmung und Ablehnung zu wählen hatte. Hier galt es absolute Klarheit, und die Wortformeln nebst der streng korrekten äußeren Handlung mußten alles sein, der Wille nichts. Der Rechtsfriede in der Gemeinschaft hing davon ab, daß beim Thing die Formen unerbittlich gewahrt wurden. Der Ritualismus beruhte hier auf der Struktur des Prozesses und der Gerichtsverfassung, diese aber auf der der damaligen autoritätsarmen Gemeinschaft: die Fehde war ihre große Gefahr, und der Rechtsgang, der Wortstreit, der sie unschädlich machen sollte, mußte deshalb zu einem Kampf nach strengen Regeln, zu einer ritualisierten Fehde werden. Zwar hatte der Beklagte zum Schluß Magie zu gebrauchen, um seine Reinheit zu beweisen. Der Wortstreit selbst aber bezweckte schwerlich etwas anderes, als die Sache vor der Thinggemeinde so deutlich wie möglich klar zu stellen. Es war das Bedürfnis nach absoluter Eindeutigkeit dieser öffentlichen Erklärungen, das hier den Formalismus notwendig machte.

---

[19] L. Salica 102. Vgl. *Franz Beyerle*, Sinnbild und Bildgewalt (ZRG 58 — 1938 —) S. 801 Anm. 1.

[20] Vgl. *Franz Beyerle*, a. a. O. S. 801, Anm. 3.

XII.

Gewiß waren auch Eid und Ordal nicht die einzigen magischen Rechtshandlungen: bedingte Selbstverfluchung der eine, Befragung der Elemente das andere. Ich nannte bereits die Hinrichtungsriten, bei denen es sich deutlich darum handelte, die bösen Kräfte unschädlich zu machen, die von dem Verbrecher und seiner Tat ausgehen konnten oder Mächte, die ihn hätten vor dem Tode schützen können.

Und es war wohl auch Magie mit im Spiele, wenn die alten Schweden jemanden zum König machten, wie *Karl Olivecrona* gezeigt hat[21]. Der Königsname, der dem Neugewählten dabei gegeben wurde, war ja nicht lediglich ein subjektives Recht: Eine besondere glückbringende Kraft, ein Heil, sollte damit in ihn eingehen, um dann wieder von ihm auszustrahlen. Sein Königsheil sollte so stark sein, daß es ihm Macht gab über das Wetter und die Fruchtbarkeit des Landes — für die man bis zu Gustav Vasas Tagen den König verantwortlich zu machen geneigt war. Dennoch aber ist zu vermuten, daß der eigentliche Wahlakt in Uppland wie das Geiselnehmen auf der Erichsstraße[22] einst als machtpolitische Realitäten begonnen hatten, ehe das Ganze zu einer ritualisierten Gewohnheit wurde, deren Befolgung notwendig war, um das Königsheil zu begründen — bis es schließlich zur leeren Zeremonie herabsank.

Ein bestimmtes Heil, das Sippenheil, auf einen Menschen zu übertragen, war vermutlich auch der Zweck der altnorwegischen Einsippungsriten[23], und der gleiche Gedanke war wohl ursprünglich auch mit den vielen lokalen Brautsteinriten verknüpft, die vielerorts in Europa bis heute unverstanden fortleben[24]. Und ebenso kann das mittelalterliche Beilager magisch gewesen sein, sofern wenigstens die Absicht der Beteiligten dabei die war, die Fruchtbarkeit der Ehe durch den Ritus als solchen zu stärken. Das ist sogar unabhängig davon, ob das öffentliche Beilager an sich schon auf einen alten Fruchtbarkeitsritus zurückgeht, wie *Lizzie Carlsson* annimmt[25], oder ob es unter dem Einfluß des Kanonischen Rechtes eingeührt worden ist, wie *Ragnar Hemmer* meint[26]. Es konnte ebensowohl primär magisch sein, wie sekundär magisch werden, indem der Volksglaube ihm eine solche Bedeutung beilegte. Und dieser Volksglaube

---

[21] Das Werden eines altschwedischen Königs (Döma till kung) Lunds universitets årsskrift N. F. Avd. I Bd. 44 Nr. 1 (Lund 1947).

[22] Dem Umzug, den der Neugewählte durch alle Landschaften des Reiches zu halten hatte.

[23] Vgl. Gulathingsbok 58 und Frostuthingsbok IX, 1.

[24] Vgl. *John Meier*, Ahnengrab und Brautstein. Unters. z. deutschen Volkskunde und Religionsgeschichte I, Halle 1944.

[25] Sängledningen; Vetenskaps-societetens i Lund årsbok 1951 und Sängledningen och kanonisk rätt; ibidem 1953.

[26] Om bilägret som akt i äldre svensk äktenskapsrätt; Tidskrift utg. av Juridiska Föreningen i Finland 1952, Heft 6, S. 23ff., und Äktenskapets fullbordan; ibidem 1955 Heft 6, S. 416ff.

könnte auch wieder verschwunden sein, ehe das Beilager selbst verschwand.

XIII.

Es würde wenig Sinn haben, hier alle Riten des germanischen wie des römischen Rechtes aufführen zu wollen, die je magisch gewesen sein könnten. Im germanischen Rechte würden ihrer viele sein. Was ich habe dartun wollen, ist vielmehr

a) daß die magische Bedeutung aller solcher Riten ihre Zeit gehabt haben dürfte, indem der gleiche Ritus verschiedene Bedeutungen nacheinander gehabt haben kann und deshalb schwer zu sagen ist, welche von ihnen die ursprüngliche oder auch nur die dominierende gewesen sei. Der Akzent kann sich langsam und mit verschiedener Geschwindigkeit bei verschiedenen Volksschichten, ja sogar verschiedenen Individuen, verschoben haben, da es eben rein subjektive Momente sind, die hier in Frage stehen.

b) Daß es aber auch Rechtsriten gibt, von denen wir keinen Anlaß haben zu glauben, daß sie je eine magische Bedeutung gehabt hätten.

Damit kehren wir zum Ausgangspunkt unserer Untersuchung zurück, zum Beispiel der longobardischen Auflassung: Offensichtlich handelt es sich hier um ein kleines Schauspiel, bestimmt, den Zeugen so deutlich wie möglich zu zeigen, daß der Erwerber jetzt Eigentümer dieses Landgutes wird: Boden und Gras bekommt er, die Halmfrucht und alle fruchttragenden Bäume; der Veräußerer fügt das Messer hinzu, mit dem er die Zweige abgeschnitten hat und zum Schluß seinen Handschuh, der Hand und der Herrschaft Zeichen. Seine Worte entsprechen ganz dem, was gespielt wird: daß er sich all dessen entäußere, was er dem Erwerber jetzt in den Schoß werfe. Die Zeugen werden nie vergessen, was sie gehört und gesehen haben. — Eben das aber war der Zweck der Sache. —

Dieser Ritus war vermutlich gar nicht so uralt, als er in den Urkunden erschien. Er blühte wohl erst damals auf, als die neubekehrten Germanen um ihrer Seelen Seligkeit willen ihre Liegenschaften an Kirchen und Klöster zu verschenken begannen. Und für Magie gab es dabei allerdings Verwendung, denn das Gut, das der Stifter so freigebig fortschenkte, um seine eigene Seligkeit zu gewinnen, gehörte ja nach germanischer Rechtsauffassung weniger ihm als seiner Sippe, und die Erben konnten nein dazu sagen. Es bestand also Veranlassung genug, das Geschäft gegen Einwendungen solcher Verwandten zu sichern. Aber nicht Scholle und Zweige, Messer und Handschuh waren es, die Unrecht zu Recht machen konnten: Es war die eigene Magie der Kirche, die hier nachhelfen mußte. Der Stifter hatte am Schluß des Aktes sich und sein ganzes Geschlecht zu verfluchen, wenn er oder wer sonst immer gegen diesen Schenkungsbrief zu handeln gedächte. Gottes Zorn und der Bannstrahl der Kirche sollten sie treffen und die Ägyptische Plage. Wie Dathas und Abyros von der Erde verschlungen wurden, so sollten sie mit Schwefel und unauslöschbarem Feuer vertilgt werden. Und wie Ananias und Saphira wegen ihrer Geldgier an ihrem Leibe gestraft wurden, so sollten sie leiden an Leib und Seele und am Ende lebend zur Hölle fahren. „Verflucht sollen sie sein in Stadt und Land, verflucht ihre Nachkommenschaft und ihre Gebeine. Ihre Frauen aber sollen ohne Kinder bleiben und zu Witwen werden und ihre Männer durch das Schwert umkommen. Gott soll sie schlagen mit Wahnsinn und Blindheit, Armut und Fieber, Kälte und Hitze, Fäulnis und Aussatz“[27]. *Das* war Magie! Die konnte ausrichten, was der bloße Rechtsritus mit Scholle und Zweigen nicht gekonnt hätte.

XIV.

Noch weniger kann ich Magie in der römischen mancipatio finden, diesem Überlebsel eines altertümlichen Kaufes. Ich vermag nicht zu sehen, auf welche Art sie dazu hätte gedient haben können, unmittelbar auf etwas anderes einzuwirken als auf die Sinne der Teilnehmer, als die feierliche Mitteilung an sie und alle, daß das Gut jetzt dem Erwerber gehöre.

Hägerström meint, sie sei dazu bestimmt gewesen, unmittelbar auf das subjektive Recht selbst einzuwirken, das man sich als eine Entität, eine mystische Macht oder Kraft vorgestellt habe. Es muß hier dahingestellt bleiben, inwieweit die Struktur des römischen Rechtes im übrigen Veranlassung zu der Annahme geben könnte, daß die subjektiven Rechte, insbesondere das Eigentum, für die alten Römer Mächte oder Kräfte gewesen seien, ähnlich wie es etwa die Krankheiten für die alten Ärzte gewesen sind[28]. In dem Manzipationsritus an sich, den *Hägerström* ja zum Ausgangspunkte seiner Argumentation genommen hat, kann ich jedenfalls keinen Grund für eine solche Deutung finden.

Auch zu dem älteren germanischen Rechte, das dem frühen latinischen Bauernrecht wohl nicht ganz unähnlich war, würde sie wenig stimmen. So sehe ich keinen Anlaß zu der Annahme, daß z. B. die alte Auflassung mit ihrem Schoßwurfritual darauf abgezielt habe, unmittelbar auf das Eigentum als auf eine Entität, etwa das Heil dieses Bodens, einzuwirken. Das Eigentum, verstanden als ein selbständiges subjektives Recht, ist ja ein Gedanke, der erst spät konzipiert worden ist. Das deutsche Wort „Eigentum“ ist offenbar eine wörtliche Übersetzung von „proprietas“ und tritt nicht vor dem 13. Jh. auf. Daß eine Sache mein oder eines anderen „Eigen“ sei, daß ich etwas „eignen“ (schwed. äga)

---

[27] Histoire générale de Languedoc avec des notes et les pièces justificatives par *Devic et Vaissete*; nouvelle édition Toulouse 1875 ss. V., 387. Vgl. *Viktor Achter*, Geburt der Strafe; Frankf. a. M. 1951, S. 39: eine sog. Poenformel, diese von 1030.

[28] In dieser Hinsicht kann verwiesen werden auf die ausführlichen Besprechungen von *Kunkel*, ZRG Rom. Abt. 49 (1929) S. 479ff. und *Binder*, Krit. Vjschr. 24 (1930/31) S. 269ff.

kann, ist ein alter Gedanke; aber der Gedanke eines Eigentumsrechtes als solchen ist eine jüngere Abstraktion[29]. — Am bezeichnendsten ist in dieser Hinsicht wohl, daß im älteren germanischen Rechtsgang weder das Eigentum noch sonst ein subjektives Recht[30] Grundlage einer Klage sein konnte. Nur Delikt oder Vertragsbruch konnten eine solche geben. Diese Erscheinung widerspricht aber der Hypothese, daß man in dieser Gemeinschaft, in der die Rechtsriten so üppig blühten, sich die Existenz subjektiver Rechte als machtgeladener Entitäten vorgestellt hätte. Andernfalls hätte man wohl mittels ihrer in einem Rechtsgang müssen kämpfen können, in dem es sich dann eben darum gehandelt haben würde, welche Partei die stärksten magischen Kräfte zu ihrer Verfügung hatte[31].

XV.

Vielleicht war es eine etwas wunderliche Untersuchung, die wir hiermit zu Ende geführt haben: Nie haben Menschen vergangener Zeiten ihre eigenen Rechtsriten für Magie gehalten; aber ein oder zwei Jahrtausende später versteifen nun wir uns darauf zu ermitteln, ob sie das nicht doch gewesen seien. Um das zu ergründen, haben wir Gedanken zu erraten versucht, die jene — oder ein Teil von ihnen, möglicherweise einige Generationen lang — gehegt haben, wenn sie gewisse Handlungen vollzogen, bei denen sie sich in vielleicht den meisten Fällen gar nichts dachten. War es Magie, die sie da unbewußt übten, obwohl sie doch sonst recht wohl zu wissen glaubten, was Magie für ein Ding sei?

Nun ist es freilich das Eigenartige mit der Magie, daß es immer die anderen sind, die sie betreiben; nie ist man es selbst — sofern man es

---

[29] Übrigens dürfte auch das römische Eigentum inhaltlich zunächst ein nur relatives gewesen sein. Vgl. den Hinweis bei *Kunkel* a. a. O. S. 485.

[30] Sofern man nicht die *gewere* als ein solches ansehen will; aber auch sie ist, jedenfalls als geprägter Begriff, jünger und überdies nur westgermanisch.

[31] Das schließt, wie gesagt, nicht aus, daß mit den germanischen Rechtsritualen magische Vorstellungen in *anderer* Art verbunden gewesen sein können. *Hägerström* ist es aber darum zu tun, daß die Magie schon in der Vorstellung vom subjektiven Recht und seiner Veränderung durch den Rechtsakt als solcher gelegen habe und liege. Darum eben beruhe das römische Recht — auch das klassische — mitsamt unserer auf ihm basierenden traditionellen Jurisprudenz auf Aberglauben. Vgl. z. B. das Vorwort zu Der römische Obligationsbegriff Bd. I sowie den Schlußsatz seines Aufsatzes Vergleich zwischen den Kraftvorstellungen der primitiven und der modernen Kulturvölker (Festschrift für Arvi Grotenfelt — Ajatus VI — Helsingfors 1933, S. 63ff.): „Daß ein solcher Zusammenhang (sc. die das subjektive Recht konstituierende Ausstattung der Rechtsfakta mit mystischer Kraft) magischer Natur ist, und daß wir also, soweit uns die populäre Auffassung vom Eigentumsrecht beherrscht, Magie üben, wenn wir z. B. Fische auf dem Markt kaufen, kann nicht bezweifelt werden.“ — Diese These wird durch das germanische Material jedenfalls nicht gestützt. Das spricht aber auch dagegen, daß das prähistorische latinische Bauernrecht, das doch die Grundlage der römischen Rechtsmagie hätte geliefert haben müssen, der Theorie *Hägerströms* entsprochen hätte.

nicht heimlich und mit bösem Gewissen tut. Schon seit den Tagen der Propheten ist es ja ein Vorwurf und eine Schande, sie zu üben. Ein Vorwurf ist es im Munde der Kirche und der modernen Wissenschaft — wohl der schlimmste, den sie beide kennen — auch gegeneinander. Hier ist es nun die Philosophie, die diesen Vorwurf durch *Hägerström* gegen die traditionelle Jurisprudenz erhebt und sie anklagt, diesen Aberglauben der Vorzeit in ihrem Begriff vom subjektiven Recht konserviert zu haben.

In diesem Prozeß habe ich die Verteidigung der Jurisprudenz zu führen versucht. Ich habe dartun wollen, daß die Existenz des Erbes, das übernommen zu haben sie beschuldigt wird, nicht bewiesen werden kann. Die Rechtsriten mögen mit noch so viel Magie verknüpft worden sein: Es kann nicht bewiesen werden, daß sie notwendig und als solche Magie gewesen wären, indem es sich bei ihnen darum gehandelt hätte, unmittelbar auf Rechte einzuwirken, die man sich als mystische Kräfte vorgestellt hätte.

Und *wenn* es schon so gewesen wäre: Sollten die Begriffe nicht auch in dieser Hinsicht ihren Inhalt haben ändern können, wie sie ihn ja sonst so oft geändert haben? Können solche Begriffe nicht, selbst wenn sie einst zur Bezeichnung machtgeladener Entitäten geprägt worden waren, mit der Zeit zu unverdächtigen Hilfsvorstellungen geworden sein? Fahren nicht auch unsere Ärzte fort, von „Krankheiten" zu sprechen, obwohl sie inzwischen wissen, daß es typisierte Symptomkomplexe, keine Mächte sind, die sie dabei mit Namen nennen?

Doch damit stehen wir an der Schwelle zur Kritik der modernen Rechtsbegriffe. Wir wollen sie nicht mehr überschreiten.

DAS „WESEN" DES RECHTSPRECHENS ALS ARGUMENT DES BUNDESVERFASSUNGSGERICHTS IN EINER SEHR UMSTRITTENEN ENTSCHEIDUNG

Von Dr. Hermann Jahrreiss

oö. Professor an der Universität Köln

Gegen Ende des Jahres 1955 hat das Bundesverfassungsgericht einen Satz ausgesprochen[1], gegen den sich höchste Richter „mit großem Ernst" gewandt haben, weil er „im Ergebnis . . . alle oberen Gerichte der Bundesrepublik in die unwürdige Lage bringt, daß ihnen in allen mit der Verfassung zusammenhängenden Fragen der Mund verboten wird"[2].

Der Satz besagt:

Es ist nicht zulässig, daß im sogenannten Normenkontrollverfahren nach Art. 100 Abs. I des Grundgesetzes (GG) das *weiterleitende* Gericht eine gutachtliche Äußerung zu der vom *vorlegenden* Gericht aufgestellten und begründeten Behauptung abgibt, ein bestimmtes („nachkonstitutionelles") Gesetz sei nicht Bestandteil unserer geltenden Rechtsordnung.

Diesem Satz schickt das Bundesverfassungsgericht eine Kritik der eigenen Haltung vorauf: es habe bisher — so muß man das doch wohl verstehen — unzulässigerweise zugelassen, daß die weiterleitenden Gerichte gutachtliche Äußerungen gaben. In der Tat bestand durch Jahre hindurch beim Bundesverfassungsgericht kein Zweifel an der Zulässigkeit, ja es wünschte die jetzt für unzulässig erklärte Praxis der weiterleitenden Gerichte und regte sie ausdrücklich an. *Es hätte dann jetzt allerdings — gerade von seiner These her! — prüfen müssen, ob nicht Gewohnheitsrecht entstanden sei.*

Die Begründung, die der angegriffene Beschluß für diese Unzulässigkeits-These gibt, besteht aus vier Thesen.

Die erste These:

„Nach dem Grundgesetz ist es Aufgabe der Gerichte, Recht zu sprechen (Art. 92)."

Unter „Recht sprechen" versteht dabei das Bundesverfassungsgericht: „im einzelnen Rechtssachen mit verbindlicher Wirkung entscheiden, und zwar in Verfahren, in denen durch Gesetz die erforderlichen prozessualen Sicherungen gewährleistet sind und der verfassungsrechtlich geschützte Anspruch auf rechtliches Gehör besteht".

---

[1] Der Text des Beschlusses vom 30. 11. 1955 oder wenigstens seines uns hier angehenden Teiles ist abgedruckt z. B. in: JZ 1956 S. 88, NJW 1956 S. 97, DVBl. 1956 S. 126, DÖV 1956 S. 51.

[2] Der Text der „Stellungnahme" der Präsidenten der fünf Oberen Bundesgerichte ist abgedruckt z. B. in: JZ 1956 S. 90, DVBl. 1956 S. 129, DÖV 1956 S. 52.

Die zweite These (in zwei Fassungen):

Einem Gericht kann *nur ausdrücklich durch Gesetz* übertragen werden

a) eine „dem Wesen des Rechtsprechens fremde“ Aufgabe,

b) eine „dem Wesen des Gerichts fremde“ Aufgabe.

Der Beschluß spricht bald von Fremdheit zum Wesen des Rechtsprechens, bald von Fremdheit zum Wesen des Gerichts (unter B, II, 4a und b). Wenn ich recht sehe, ist das nur eine Abwechslung im Ausdruck. Bei einer anderen Gelegenheit hat das Bundesverfassungsgericht von Fremdheit zum Wesen des Verfassungsgerichts gesprochen, als es nämlich in seinem Vorschlag zur Änderung des Gesetzes über das Bundesverfassungsgericht den Wunsch aussprach, § 97 möge gestrichen werden, da es sich bei der Gutachtenerstattung nach § 97 um „eine dem Verfassungsgericht wesensfremde Aufgabe“ handle[3].

Sonach handelt es sich um zwei Fassungen der einen These.

Die dritte These:

Eine „dem Wesen des Rechtsprechens fremde Aufgabe“ ist gestellt, wenn „sich ein Rechtsprechungsorgan in einer einzelnen Rechtssache zu Rechtsfragen gutachtlich äußert“.

Die vierte These:

Eine Gesetzesnorm, die den weiterleitenden Gerichten in dem Normenkontrollverfahren nach Art. 100 Abs. I GG die Erstattung von Gutachten zur Normenbestandsfrage erlaubte oder gar aufgäbe, besteht nicht.

Vielleicht wird die Konfliktslage, die der Beschluß v. 30. 11. 1955 geschaffen hat, nicht mehr bestehen, wenn diese Bemerkungen zu seinem Gedankengang im Druck erscheinen. Der Beschluß wirft aber mit seinem Beweis *aus dem Wesen des Rechtsprechens* (in den Beweis-Thesen 1 bis 3) Fragen auf, die den Rahmen der Einzelfrage, um die der Konflikt entstanden ist, überschreiten. Juristen argumentieren gern aus einem „Wesen“ heraus. Ist doch das, was aus dem „Wesen“ folgt, oder besser: in dem „Wesen“ liegt, das sicherste Fundament eines Gedankenganges; wer es für sich hat, der behält recht. Die Argumentation des Bundesverfassungsgerichts macht wieder einmal warnend klar, daß gar nicht genug Vorsicht walten kann, wenn das Risiko des Beweises aus dem „Wesen“ einer Staatstätigkeit, eines Amts, einer Freiheit, oder was es auch sei, vermieden werden soll.

Meine Betrachtung hat also mehr im Auge, als nur die Beweisführung des Bundesverfassungsgerichts in ihren Fundamentalsätzen zu kritisieren. Das mag es rechtfertigen, daß sich diese Darlegung in die große Zahl von Abhandlungen einreiht, mit denen Zeugnis abgelegt werden soll für die verehrungsvolle Bewunderung und herzliche Dankbarkeit, die einem der überragenden Meister der Wissenschaft vom Recht, *Heinrich Lehmann*, entgegengebracht werden.

---

[3] Vgl. *W. Geiger*, Zur Reform des Bundesverfassungsgerichts (Festschrift für H. Nawiasky, 1956, S. 216).

I.

Zur ersten These

Eine kritische Betrachtung des Gedankenganges des Bundesverfassungsgerichts muß sich zunächst gegen die Formulierung wenden, mit der die Bestimmung des Artikels 92, erster Satz, des Grundgesetzes wiedergegeben wird.

Das Grundgesetz sagt: „Die rechtsprechende Gewalt ist den Richtern anvertraut."

Das bedeutet: Das Grundgesetz übergibt eine der drei Staatstätigkeiten-Bereiche, die man herkömmlich als „Gewalten" bezeichnet, eben die Rechtsprechung, den Richtern. Das Grundgesetz präzisiert also mit Art. 92 (erster Satz) nur den Grundsatz der „besonderen Organe" des Art. 20 Abs. II GG für die eine der drei Gewalten. Die im Art. 92 enthaltene Negation richtet sich gegen die Legislative und die Exekutive, *nicht* gegen *nicht*-rechtsprechende Tätigkeit der Gerichte. Der Artikel *gibt* den Richtern eine Staatstätigkeit, *enthält* ihnen *aber nicht* Staatstätigkeiten anderer Art *vor*, weder unbedingt noch bedingt durch ein — vorbehaltenes — Gesetz.

Diesem Sinn des Art. 92 (erster Satz) würde die anderslautende Wiedergabe des Bundesverfassungsgerichts nur gerecht, wenn man so betont: „Nach dem GG ist es die Aufgabe der *Gerichte* (!), Recht zu sprechen." Das Bundesverfassungsgericht muß aber, wenn die Argumentation gelingen soll, betonen: „Nach dem GG ist es die Aufgabe der Gerichte, *Recht zu sprechen* (!)", und zwar in dem Sinn von: *und nur dies!*

Das ist nicht der Sinn des ersten Satzes des Art. 92. Er kann die nun folgende zweite These des Bundesverfassungsgerichts nicht stützen, wobei ganz offen bleiben kann, ob das, was der Beschluß als Rechtsprechen definiert, das ist, was das Grundgesetz in den Artikeln 1, 20, 92 unter Rechtsprechung meint.

Wenn man etwas darüber wissen will, ob den Gerichten vom Grundgesetz *nicht*-rechtsprechende Tätigkeiten vorenthalten sind, dann kann man allenfalls bei Art. 20 Abs. II GG einsetzen, der den „besonderen Organen" des Rechtsprechens vorenthält, was den „besonderen Organen" des Gesetzgebens und des Vollziehens zugeteilt ist.

II.

Zur zweiten These

Nehmen wir es einmal so: das Bundesverfassungsgericht habe in Wahrheit den Oberartikel zu Art. 92, eben den Art. 20 Abs. II GG im Auge gehabt.

Der Grundsatz der Gewaltentrennung will die drei Bereiche, in welche die Ausübung der Staatsgewalt „materiell" zerfällt, nämlich „Gesetzgebung", „vollziehende Gewalt" und „Rechtsprechung", an drei „besondere" (besser hieße es: voneinander gesonderte) Träger der Staatsgewalt geben. Niemand zweifelt dabei, daß der Grundsatz, so wie er in der europäischen Verfassungsentwicklung entstanden und so auch in Deutschland heimisch geworden ist, unter diesen „Gewalten" drei materiell-formelle Mischgebilde versteht, die nur als *Kerne* das Ganze oder einen Teil der zwei „reinen" Gewalten (des Normsetzens und des Einzelfallentscheidens) und der wichtigsten Hilfsgewalt im Bereich des Herrschens (des Rechtsprechens) haben, Mischgebilde, die ich jüngst in ihrer geschichtlichen Bedingtheit und Weiterwandelbarkeit dargestellt habe[4]. Und nun gilt für jeden der drei Träger der Staatsgewalt — das eben ist die Trennung — die Norm: Er ist für den ihm zugeordneten geschichtlich gewordenen „unreinen" Bereich der Staatsgewalt zuständig, soweit nicht Entscheidungen aus diesem Bereich („wesens"-zugehörige Entscheidungen also) von der Verfassung oder mit ihrem Willen durch Staatsakt, etwa durch ein Gesetz einem der beiden anderen Träger der Staatsgewalt (als „wesens"-fremde also) übertragen sind. Von der anderen Seite gesehen: Jeder der drei Träger der Staatsgewalt kann „wesens"-fremde Entscheidungen nur auf Grund einer Ermächtigung fällen, die von der Verfassung selbst oder mit ihrem Willen durch Staatsakt, etwa durch ein Gesetz gegeben worden ist[5].

Das klingt nun in der Tat sehr ähnlich wie die vom Bundesverfassungsgericht aufgestellte Norm (These 2).

Jedoch: auch Art. 20 Abs. II GG kann nicht helfen.

Der Grundsatz der Gewalten-„Besonderung" (nennen wir es so, um der Sprechweise des Grundgesetzes gerecht zu werden) „verteilt" oder „trennt" die Ausübung der Staats*gewalt*, d. h. des *befehlenden* Verhaltens des Staates. Die Staatstätigkeit, die nicht befiehlt — unmittelbar oder wenigstens mittelbar befiehlt wie das als eigenartige Tätigkeit des Staates im Bereich des Herrschens verstandene Rechtsprechen, nämlich das *verbindliche* Messen menschlichen Verhaltens am Recht[6] —, gehört nicht in den Bereich der Staats*gewalt*. Ein Rechtsgutachten geben, das ist, wenn eine Staatsstelle es gibt, ganz sicher kein Akt der Staats*gewalt*, ganz

[4] *H. Jahrreiss*, Die Wesensverschiedenheit der Akte des Herrschens und das Problem der Gewaltenteilung (Festschrift für H. Nawiasky, 1956, S. 119).

[5] Solche Verschiebungen zwischen den „Wesens"-Bereichen mögen sich dann so einbürgern, daß eines Tages die „Wesen" andere geworden sind; andere Mischgebilde sind *nun* die „Gewalten". Und das Spiel geht weiter.

[6] *H. Jahrreiss*, Verfassungsrechtsprechung und Verfassungsgericht (Recht — Staat — Wirtschaft, Band IV, 1953, S. 203) und die in Anm. 4 genannte Abhandlung.

gleich, welche Staatsstelle das Gutachten erstattet. Dabei bleiben selbstverständlich außerhalb unserer Erwägung *verbindliche* Gutachten; sie sind in Wahrheit Befehle.

Das Bundesverfassungsgericht knüpft nun aber eben, indem es mit dem „Wesen" des Rechtsprechens, also mit dem „Wesen" einer der drei „Gewalten" argumentiert, an die Existenz dieser drei gesonderten Gewalten an. Und es ist ja auch, wenn man an die ungeheure Fülle von *nicht*-herrschaftlichen Akten des modernen Staates und so auch unseres Staates denkt, die Frage zu beantworten: Wie werden, da man doch nicht einen besonderen *un*-gewalt-igen Apparat hierfür hat, *diese* Akte auf die Träger der Staatsgewalt verteilt?

Die vom Bundesverfassungsgericht aufgestellte Norm (These 2) ließe sich in *diesem* Zusammenhang sehr gut verstehen, als Unternorm nämlich einer für alle drei Träger der Staatsgewalt *vielleicht* bestehenden Norm dieses Inhalts: Einem der drei Träger der Staatsgewalt kann eine *nicht*-herrschaftliche Tätigkeit, die der ihm zugewiesenen „Gewalt" wesensfremd ist, nur durch die Verfassung selbst oder mit ihrem Willen durch Staatsakt, etwa durch ein Gesetz übertragen werden.

Das wäre dann nicht der Grundsatz der Gewaltentrennung, aber seine Erstreckung auf die Verteilung der nicht-herrschaftlichen Staatstätigkeiten.

Bei der Klärung der Frage, ob eine bestimmte nicht-herrschaftliche Staatstätigkeit „wesentlich" zu dieser oder jener der drei „Gewalten" gehört, käme es dann allerdings nur auf den *Inhalt* der zu vergleichenden Größen an: der „Gewalt" — in unserem Fall: des Rechtsprechens — und der *nicht*-herrschaftlichen Staatstätigkeit — in unserem Fall: des Gutachtenerstattens —. Denn derjenige „Wesens"-Unterschied, der darin liegt, daß die eine Größe Herrschaftsakte setzt (unmittelbar oder mittelbar), die andere aber gerade kein Herrschen ist, ist ja vorausgesetzt: es soll gerade trotz diesem Wesensunterschiede wesens*zugehörige nicht*-herrschaftliche Staatstätigkeiten neben wesens*fremden* und wesens*neutralen* geben können.

Ob diese sicher sinnvoll anmutende Norm für die Verteilung der *nicht*-herrschaftlichen Staatstätigkeiten auf die drei „Gewalten" bei uns heute gilt, müßte geprüft werden[7]. Man könnte versucht sein, sie als in das Gewaltentrennungsprinzip „eingewickelt" anzusehen. Dann käme man im *Ergebnis* zu der zweiten These des Bundesverfassungsgerichts.

Aber: käme denn die Norm der zweiten These in unserer Frage zum Zug, falls sie geltenden Rechts wäre? Offensichtlich nur dann, wenn die dritte These des Bundesverfassungsgerichts angenommen werden müßte. Das ist jetzt zu prüfen. Solange das nicht geschehen ist, und zwar mit

---

[7] Sie müßte dann freilich dahin präzisiert werden, daß die Übertragung einer „wesensfremden" Aufgabe auch durch die Verfassung selbst und nicht nur durch einen verfassungsmäßigen Staatsakt, etwa ein Gesetz, geschehen kann.

dem Ergebnis der Annahme der dritten These, braucht die Frage der Geltung der Norm nicht geklärt zu werden.

III.

Zur dritten These

Das Bundesverfassungsgericht sagt: Eine „dem Wesen des Rechtsprechens fremde Aufgabe“ wird erfüllt, wenn „sich ein Rechtsprechungsorgan in einer einzelnen Rechtssache zu Rechtsfragen gutachtlich äußert“.

Die Kritik an dieser These muß bei ihrer Formulierung einsetzen; denn dabei werden die sachlichen Bedenken gleich sichtbar. Die These soll sich doch gerade auf das beziehen, was die weiterleitenden Gerichte bisher getan haben und was nun unzulässig genannt wird. Dieses Tun der Gerichte wird aber vom Bundesverfassungsgericht nicht richtig charakterisiert, wenn es als ein gutachtliches Äußern „in einer einzelnen Rechtssache zu Rechtsfragen“ definiert wird. Jene Gerichte haben sich doch nicht „zu Rechtsfragen“ (irgendwelchen ?) geäußert, sondern zu dieser einen einzelnen bestimmten Rechtsfrage: Gehört eine in einem Gesetz gegebene Vorschrift zur geltenden Ordnung oder ist sie nur Schein einer Norm ? Das allein ist die Frage. Die im Normenkontrollverfahren nach Art. 100 Abs. I GG befangene Gesetzesbestandsfrage ist ja keine andere als die im Normenkontrollverfahren nach Art. 93 Abs. I Ziffer 2 befangene, nämlich die im Rechtsstaat erstrangige Frage: *Ist der Satz a, der als Gesetz auftritt, eine Norm der derzeitigen Rechtsordnung?* Es geht um die Staatsordnung! Damit sind wir schon bei dem zweiten Bedenken gegen die Formulierung des Bundesverfassungsgerichts. Die gestellte Frage ist nicht eine Frage *in* einer „einzelnen Rechtssache“. Die „einzelne Rechtssache“ ist der Anlaß, nichts weiter. Die Rechtssache, um die es im Normenkontrollverfahren geht, ist keine „einzelne“ Rechtssache, sondern eine *Staatsordnungs*sache, und zu ihrer nach Menschenmöglichkeit einwandfreien Klärung kann angesichts unseres Systems von schlechterdings nicht mehr übersehbaren gesetzten Normen die Erkenntnisbasis des Bundesverfassungsgerichts gar nicht breit genug sein.

Im *Inhalt* der Aufgabe des Normenkontrollgerichts allerdings besteht ein Unterschied der beiden Verfahren. Denn im Verfahren nach Art. 100 Abs. I GG wird nur für *gesetzte* Normen die Geltungsfrage gestellt. Diese Eigenart aber ist es, die das Wesen des Begutachtens bestimmt, das die weiterleitenden Gerichte geübt haben.

Denn die zur Entscheidung im Normenkontrollverfahren nach Art. 100 Abs. I GG gestellte Frage lautet in Wahrheit, weil es sich um die Geltung einer *gesetzten* Norm und nicht einer Gewohnheitsnorm handelt: *Haben die gesetzgebenden Menschen dem Recht gemäß gehandelt, als sie eine Bestimmung dieses Inhalts in dieser Weise setzten?* Zwei Konstellationen sind dabei zu unterscheiden: Das Gelten der Norm kann verneint werden müssen, weil sie nie rechtsgemäß gesetzt wurde oder zwar rechtsgemäß gesetzt, aber später durch gültiges Gesetz beseitigt worden ist.

Entweder also: Ist die gesetzte Norm, um die es geht, überhaupt entstanden? dann wird das Verhalten des Setzers *dieser* Norm am Recht gemessen. Oder: Ist die gesetzte Norm, um die es geht und von der feststeht, daß sie in Geltung gekommen war, durch eine spätere gesetzte Norm aus der Gesetzesordnung entfernt worden? dann wird das Verhalten des die *spätere* Norm Setzenden am Recht gemessen.

Die weiterleitenden Gerichte haben in ihren gutachtlichen Äußerungen letztlich — *mögen sie es formuliert haben, wie sie wollen* — eine dieser beiden Messungen vorgenommen, mitunter wohl auch beide. Das entscheidet[8].

Denn: Das Verhalten von Menschen am Recht zu messen, ist gerade und allein der *Inhalt* des Rechtsprechens, wenn man es in seiner Eigenart im Bereich des Herrschens begreift. Der Unterschied zwischen solchem Begutachten, wie es die weiterleitenden Gerichte geübt haben, und dem Rechtsprechen liegt *nur* darin, daß das Ergebnis im Falle des Rechtsprechens verbindlich ist, d. h. Befehlswirkung auslöst. Dieser Unterschied, so „wesentlich" er sonst ist, hat, wie ich schon zeigte (II gegen Ende), hier aus dem Spiel zu bleiben. Gegen ein Rechtsbegutachten der hier auf seine Zulässigkeit geprüften Art könnte man nicht aus dem Wesen des *Rechtsprechens* argumentieren, wenn man in Wahrheit auf die *Nicht*-Herrschaftlichkeit abstellen wollte; dann wäre das Begutachten nicht als *rechtsprechens*fremd, sondern als *überhaupt staatsgewalts*fremd zu qualifizieren.

Und darum scheidet für die Feststellung, ob solches Begutachten dem Rechtsprechen wesensfremd ist, aus den Kriterien der Definition, die das Bundesverfassungsgericht für das Rechtsprechen aufstellt und die ich bei der ersten These wiedergegeben habe, alles das aus, was unmittelbar oder mittelbar mit dem Herrschaftscharakter des Rechtsprechens zusammenhängt.

Dieses Ergebnis ist — ich wiederhole es — gewonnen worden, indem ich auf das „Wesen" des Rechtsprechens als eines jeder geschichtlich auftretenden Rechtsordnung *Vor*gegebenen abstellte, wie ich es früher mehrfach dargelegt habe[9].

---

[8] Darüber, daß die Ausübung des sogenannten richterlichen Prüfungsrechts nicht *generell* ein Rechtsprechen im Sinn des Wesens des Herrschens ist, wenn das Ergebnis der Prüfung mit Verbindlichkeit ausgestattet ist, wohl aber *in dem besonderen Fall*, daß der Gegenstand der Prüfung die Geltung einer *gesetzten* Norm ist, habe ich näher gehandelt in der in Anm. 6 genannten Abhandlung S. 216—218.

[9] Vgl. meine in Anm. 4 und 6 genannten Darlegungen. Zu derjenigen von 1953 (Anm. 6) hat *Wintrich*, Aufgaben, Wesen, Grenzen der Verfassungsgerichtsbarkeit (in der Festschrift für H. Nawiasky, 1956, S. 200 und 204) andeutungsweise Stellung genommen. Dazu habe ich zu sagen: Ich habe selbst dargetan, daß die Geschichte in

Nun kann man aber das Rechtsprechen auch als ein in einer bestimmten Herrschaftsordnung Gewordenes begreifen, das zwar im *Kern* stets von der Art jenes *Vor*gegebenen ist — sonst wäre es einfach sinnlos, von Rechtsprechen zu reden —, aber es vielleicht nicht in vollem Umfang in sich birgt und andererseits vielleicht *sonstiges* Herrschaftliche und manches *Nicht*-Herrschaftliche umfaßt. Dennoch kommt man zu demselben Ergebnis. Ist doch eben der *Kern* dieses geschichtlichen Mischgebildes jenes Rechtsprechen, das eine aus dem Wesen des Herrschens heraus in klarer Eigenart gegebene menschliche Tätigkeit ist. Auch dem Mischgebilde „Rechtsprechung“ ist also das, was die weiterleitenden Gerichte mit ihrem Begutachten taten, nicht wesensfremd, sondern gerade dem Wesenskern zugehörig.

Der Satz des Bundesverfassungsgerichts, der jene Gutachten der weiterleitenden Gerichte über den Bestand gesetzter Normen aus dem Wesen der Rechtsprechung heraus, nämlich als dem Rechtsprechen fremd, für unzulässig erklärt, sofern nicht ein Gesetz die Ermächtigung dazu gibt, ist somit falsch.

Nun wäre es denkbar, daß die Erstattung solcher Gutachten auf andere, mit dem *inhaltlichen* Wesen des Rechtsprechens *nicht* zusammenhängende rechtliche Hindernisse stößt, Hindernisse etwa aus der Stellung des weiterleitenden Gerichts zwischen vorlegendem Gericht und Bundesverfassungsgericht. Dabei geht es dann aber nicht mehr um den Gegenstand dieser Darlegung zu den Fundamental-Sätzen der Beweisführung des Bundesverfassungsgerichts, nämlich um das Argumentieren aus dem Wesen des Rechtsprechens. Es ist sicher nicht richtig, wenn das Bundesverfassungsgericht in einem Gedankengang an die Thesen 1 bis 3 mit dem Wort „insbesondere“ folgende Behauptung anhängt: „Insbesondere ist es mangels ausdrücklicher Regelung mit der Stellung eines Gerichts unvereinbar, daß es sich als Rechtsprechungsorgan in einem anhängigen Verfahren nach seinem eigenen Ermessen zu solchen Rechtsfragen gutachtlich äußert, deren richterliche Entscheidung in dem betreffenden Verfahren ihm kraft Gesetzes entzogen ist.“ Diese Behauptung, sie sei richtig oder nicht, kann jedenfalls nicht als Sonderfall der aus dem Wesen des Rechtsprechens hergeleiteten Thesen 2 und 3 gerechtfertigt werden. Sie steht also im Beschluß in Wahrheit ohne Begründung.

---

unserer Staatenwelt „Gewalten“ konstituiert hat, die zwar im Sinn einer Erkenntnis des Wesens der Staatsgewalt, ja des Herrschens überhaupt, sozusagen „unrein“ sind, aber eben gewordene Ganze (ob sinnvolle Ganze?). Aber es ist immer wieder notwendig — und der uns hier beschäftigende Beschluß des Bundesverfassungsgerichts zeigt das nur zu gut —, zum Wesen des Herrschens durchzustoßen, um an jenen historischen Ganzen, diesen Mischgebilden, das Wesen von wesensfremden oder wesensneutralen Zutaten zu sondern.

RECHTSVERGLEICHENDE NOTIZEN ZUR AUSLEGUNG

Von Dr. Walter G. Becker

oö. Professor an der Freien Universität Berlin

I.

Eine der schwierigsten Positionen des Allgemeinen Teils, dem *Heinrich Lehmann* einen großen Teil seiner Lebensarbeit gewidmet hat, besetzt die juristische Auslegung. Sie ist unter allen erdenklichen Gesichtspunkten abgehandelt worden[1]. Was hier unternommen wird, ist lediglich ein Ansatz zur Zusammenordnung der deutschen Auslegungsnorm (und damit des Begriffs der Auslegung) mit der amerikanischen, die ihrerseits nur elementar vorgeführt zu werden braucht.

Es gilt zunächst, die Auslegung als intellektuelles Verfahren zu bestimmen. Sie begegnet uns dabei zuerst auf metajuristischem Vorfelde, nämlich bei der Beurteilung eines Sachverhalts im Wege der Beurteilung eines vorhergehenden Urteils, wobei dieser Regreß auf ein vorhergehendes Urteil eine primär mögliche Sachverhaltsbeurteilung im Wege der *Beweisung* ersetzen oder vervollständigen kann. Die bei der Beurteilung eines Urteils durch ein Urteil zum Zuge gelangende Denktechnik wird hierbei nach der *klassischen* Logik[2] durch den *Syllogismus*, eine Hauptart des mittelbaren denkgerechten Schlusses, bestimmt, dergestalt, daß das beurteilende Urteil den zu beurteilenden Sachverhalt in einem urteilsmäßigen „Untersatz" (propositio minor) feststellt, diesen Untersatz dann dem

---

[1] Zur älteren Literatur vgl. *Scheuerle*, Rechtsanwendung, Nürnberg, 1952, 28ff., die deutsche Standardliteratur findet sich nebst Judikatur bei *Enneccerus-Nipperdey*, Allgemeiner Teil des bürgerlichen Rechts, 14. Aufl., 1. Halbbd., Tübingen 1952, 197ff., und bei *Heinrich Lehmann*, Allgemeiner Teil des Bürgerlichen Gesetzbuches, 9. Aufl., Berlin 1955, 49. Anglo-amerikanische Literatur bei *Shartel*, Our Legal System and how it operates, Ann Arbor 1951, 318ff. Als neuere internationale Literatur von besonderer dogmatischer Bedeutung seien genannt: Gény, Méthode d'interprétation et sources en droit privé positif (1899; 2. Aufl. 1919), *Alvarez*, Une nouvelle conception des études juridiques et de la codification du droit civil, 1904, in Science of Legal Method, 1921, *Wurzel*, das juristische Denken, 1904, 2. Aufl., Wien 1924, *Maximiliano*, Hermeneutica e aplicaçao de direito, 1924, 3. Aufl. 1941, *de Page*, De l'interprétation des lois, 1925, *Rotondi*, Interpretazione della Legge, Nuovo Digesto Italiano, Bd. VII, 1938, 736ff., *Gorla*, L'interpretazione del diritto, 1941 (mit ausführlicher Bibliographie auf den Seiten IXff.), *Gutteridge*, Comparative Law, 1946, 101–116, *Betti*, Interpretazione della legge e degli atti giuridici, 1949.

[2] Ein anderes Denkinstrument stellt die *kalkülisierte Logik*, bei der die Regeln des logischen Schließens so formuliert werden, daß man bei ihrer Benutzung nicht mehr an die inhaltliche Bedeutung der Ausdrücke zu denken

Tatbestande (Hypokeimenon)[3] des vorangehenden beurteilten Urteils (welches dann „Obersatz“ oder propositio major genannt wird) „subsumiert“[4] und nach geglückter Subsumtion die Folge oder Konklusion (Kategoroumenon) des Obersatzes zur Folge oder Konklusion des beurteilenden Urteils, nämlich des Schlußsatzes, setzt (zu dessen Hypokeimenon oder Tatbestand der Untersatz gehört).

Nach dem logischen Vokabular führen auf diese Weise die „Prämissen“ des Obersatzes und des Untersatzes zum Denkergebnis des Schlußsatzes[5].

Erkenntniskritisch ist in bezug auf diese Denkoperation zu vermerken, daß, wenn nach gesicherter Lehre von der „Intentionalität des Erkenntnisses“ jede Erkenntnis, also jedes Wissensurteil, auf Gegenstände (Sachverhalte) der Seinswelt bezogen, also grundsätzlich *ontologisches* Urteil ist, die Urteilslogik nur eine Technik der Urteilsontologie darstellt[6], womit sich eine (juristisch höchst brauchbare) lediglich *dienende* Rolle des Syllogismus ergibt[7] — daß weiterhin mit der syllogistischen Technik sich die Sonderart eines ontologischen Denkens andeutet, welche (unter pluralistischer Intaktlassung des auch möglichen *substantiellen* Denkens) nicht substantiell, sondern *funktionell* (erkenntnistheoretisch) verfährt, indem beim funktionellen Denken das substantielle „Ding“ als Objekt und Gegenstand der Beurteilung über seine Verarbeitung im Untersatz und die darauf folgende Subsumtion des Untersatzes unter das Hypokeimenon des Obersatzes zur Bedingung[8], d. h. zum determinativen Tat-

---

braucht, auf die sie angewendet werden. Vgl. *Klug*, Juristische Logik, Berlin 1951, 13, 16f. — über den Zusammenhang von kalkülisierter Logik und *topischer* Determinations- und Problemdenkmethodik vgl. *Viehweg*, Topik und Jurisprudenz, München 1953, 57.

[3] *Edmund Husserl*, Erfahrung und Urteil, Hamburg 1948, 4.

[4] *Engisch*, Logische Studien zur Gesetzesanwendung, Heidelberg 1943, 26, nennt diese Operation der Untersatzgewinnung und seiner Unterstellung unter das Hypokeimenon des Obersatzes „die Bereitstellung der Fälle als logisches Prius der danach zu vollziehenden Subsumtion“.

[5] Vgl. *Engisch*, a. a. O. 7 und dortige Literatur, für das anglo-amerikanische Recht (AR) z. B. *Michael*, The Elements of Legal Controversy, Brooklyn, 1948, 170, und *Lamphear v. Buckingham*, 33 Conn. 237, 1866.

[6] S. hierzu (im Anschluß an *Franz Brentano*) *Tammelo*, Untersuchungen zum Wesen der Rechtsnorm, Heidelberg 1947, 13; *E. Husserl*, a. a. O. 4, 11ff., 14f. und (besonders klar) *v. Aster*, Geschichte der Philosophie, 2. Aufl. Leipzig 1932 (Kröners Taschenausgabe, Bd. 108) 80f. Ausgangspunkt: Parmenides, nach dem nur Seiendes gedacht werden könne, vgl. N. Hartmann, Einführung in die Philosophie, autorisierte Vorlesungsnachschrift, Osnabrück, 3. Aufl., 1954, 9. Juristisch deutet z. B. die römische Formel der benigna interpretatio „ut *res* magis valeat quam pereat“ auf diesen Sachverhaltsbezug, s. ferner *Welzels* Formulierung von der „sachlogischen Struktur“ des Gegenstands, Naturrecht und materielle Gerechtigkeit, 1951, 197.

[7] Zur syllogistischen Skepsis z. B. *Rumpf*, Der Strafrichter, 1912, 215ff., s. a. *E. Huber*, Recht und Rechtsverwirklichung, 1925, 356, 377, anglistisch *Stone*, The Province and Function of Law — Law as Logic, Justice and social Control, Sidney 1946, 49f., 137ff., 144ff.

[8] Vgl. *Kant*, Prolegomena, §§ 28ff., Kritik 242 — das funktionelle Denken ist das Denken der kalkülisierten Logik!

bestandsmerkmal des Schlußsatzes ernannt (und damit die Ontologie vom Untersatz in den Schlußsatz verlegt) wird: der Wille ist z. B. Objekt einer Wertung in der klassischen, substantiell gedachten strafrechtlichen Handlungslehre, während er in der finalen Handlungslehre nur Merkmal der Wertung eines Objekts ist[9]. Voraussetzung sowohl der Intentionalität des Erkenntnisses wie der Möglichkeit funktionellen Denkens ist dabei natürlich die erkenntniskritische (gnoseologische)[10], vielleicht auch nominalistische, jedenfalls antidogmatistische (und speziell antisensualistische) These von der pluralistischen *auch* subjektiven Beschaffenheit des nunmehr subjektiv als Bedingung eingesetzten Gegenstandes, die These des transzendentalen Idealismus, die im subjektiven ontologischen Idealismus und im „Solipsismus" (Driesch) freilich zur Fiktion der *nur* subjektiven Beschaffenheit des Gegenstandes übersteigert wird und schließlich zur ontologischen Ideologie führt[11].

Stößt die syllogistische Subsumtion des Untersatzes unter den Tatbestand des Obersatzes auf Schwierigkeiten, so erscheint als Abhilfe die Dazwischenschaltung der *Auslegung* dieses obersätzlichen Tatbestandes. *Auslegung ist also spezielle oder qualifizierte Subsumtion.* Vor dieser Definition braucht man nicht zurückzuschrecken, auch wenn man überlegt, daß die Auslegung ganz ursprünglich im Wortsinne manuelle Auseinanderlegung von Schrift- oder sonstigen Symbolzeichen war, dann die simpelste Form freilich nicht des Wissens, aber des Wissens vom Wissen darstellte und erst in der weiteren Entwicklung und im Zuge der üblichen Idealisierung von zunächst materiellen oder *auch* materiellen Vorgängen zur reinen intellektuellen Operation wurde[11a]. Logisch bestimmt sich Subsumtion mit Hilfe von Auslegung zunächst durch einen erneuten und schärferen Hinblick auf den (bei der Konstitution des Untersatzes bereits einmal ins Auge gefaßten) Sachverhalt, die so zu nennende *Sachverhalts projektion*, dann nach dem aristotelischen Syllogismus per Mittelbegriff (middle term): „man muß zuerst die zwei Prämissen ermitteln, sie sodann in die Begriffe zergliedern und als Mittelbegriff denjenigen Begriff ansetzen, der in beiden Prämissen genannt wird"[12].

[9] Vgl. *Welzel*, Um die finale Handlungslehre, 1949, 22 — in Abrams v. United States (250 U.S. 616, 1919) gab die Mehrheit der Richter bei der Auslegung des Begriffs der Absicht (intent), wobei die Definition des reinen Begehrens (desire) und die des erwarteten Erfolgs (he intents what he foresees as a consequence of his action) zur Frage stand, offenbar der zweiten Bedeutung, also der finalen Absicht gegenüber der naturalen den Vorzug.

[10] My Philosophy of Law, Sixteen Credos, Boston 1941, VII.

[11] Diese erkenntniskritische antidogmatistische These, die im wesentlichen die kantische ist, wird im AR von *Cowan*, Festschrift für Pound, Essays in Honour of Roscoe Pound, New York 1947, 132, 136, angedeutet — „each datum of sensation involving a whole process of thought" — fernerhin z. B. bei *Stone*, Legal Controls of International Conflict, London 1954, 51, A. 9., s. im übrigen *W. G. Becker*, die Realität des Rechts, Arch. f. Rechts- u. Sozialphilos., Bd. 40, 1952, 225f., 376ff. und N. Hartmann, a. a. O. 44, 80, 38.

[11a] Vgl. dazu *S. Langer*, Philosophy in a New Key, Cambridge Mass., 1942, zitiert nach der Mentor-Ausgabe, New York 1952, 48f.

[12] *Aristoteles*, Lehre vom Schluß oder Erste Analytik, 47a a. E.

Auf diesem Punkte vollzieht sich die auslegungsweise erfolgende Subsumtion durch *Subordination*, d. h. durch die über den Mittelbegriff geleitete Herausstellung eines allgemeinen logischen Verhältnisses zwischen Untersatz- und Obersatzbegriffen, wobei der Untersatzbegriff mit Hilfe des Mittelbegriffes zum niederen Begriff gegenüber dem höheren Obersatzbegriff wird[13]. *Subordination ist demnach die zweite Form der Auslegung.* Gelingt die auslegungsweise erfolgende Subsumtion, m. a. W. die im Zuge der Subsumtion angesetzte Auslegung, mit Hilfe der Sachverhaltsprojektion und der Subordination noch nicht, so gibt es die weitere Möglichkeit, die Begriffe des Untersatzes nunmehr dadurch über den Mittelbegriff denen des Obersatzes nahezubringen (und damit zur *auslegenden* Subsumtion zu gelangen), daß man sich des „Beispiels" bedient: „ein Beispiel, Paradigma, ist es, wenn gezeigt wird, daß dem mittleren Begriff der obere zukommt, und zwar durch ein dem unteren Ähnliches" — so der aristotelische Syllogismus per Paradigma (reasoning by example)[14].

Die Auslegung zeigt sich demnach als ein in den drei Formen der Sachverhaltsprojektion, der Subordination und der Exemplifikation vorliegendes Instrument der Subsumtion, die ihrerseits logisches Instrument einer speziellen ontologischen Beurteilung ist, welche über die Beurteilung eines vorhergehenden anderen Urteils läuft. Mitzudenken ist, wenn man „Auslegung" denkt, daher: 1. ein in der syllogistischen Untersatz-Konstitution beurteilter Sachverhalt, 2. die Beurteilung dieses Sachverhalts im Wege der syllogistischen Subsumtion des Untersatzes unter den Obersatz, 3. ein qualifizierter, nämlich speziell auslegender, erneuter Subsumtionsprozeß der Sachverhaltsprojektion, 4. ein im Wege der Subordination erfolgender Subsumtionsprozeß und 5. ein möglicherweise im Wege der Exemplifikation erfolgender Subsumtionsprozeß.

Diese im juristischen Vorfelde erarbeiteten Richtlinien lassen sich mühelos in das juristische Gebiet überführen. Zunächst einmal handelt es sich bei der juristischen Beurteilung juristischer Urteile (Rechtsnormen) — und dieser Prozeß ist es, der von dem juristischen Begriff der Auslegung ausschließlich angesprochen wird — immer in erster Linie um die Beurteilung von Sachverhalten (Gegenständen, Gegebenheiten, Realitäten): die Jurisprudenz ist zeitlich die erste Realitätswissenschaft[15], jede juristische Auslegung ist also in allererster Linie, d. h. vor den Subordinations- und Exemplifikationsprozessen, „*Projektion* eines Begriffs

[13] *Engisch*, a. a. O. A. 1.

[14] *Aristoteles*, a. a. O. 68b a. E., 69a, dazu *Rolfes*, Aristoteles, Lehre vom Schluß, 2. Aufl., Leipzig (Meiner) 1944, 203, *Levi*, An Introduction to Legal Reasoning, Chicago 1949, 1 A. 2, s. dazu „Observations on Legal Reasoning" von *W. G. Becker*, *Ch. Perry* und *M. Rheinstein* in der University of Chicago L. R., Bd. 18, 1951, 394—409.

[15] Vgl. *Mauthner*, Wörterbuch der Philosophie, 2. Aufl., 1924, Bd. 2, 303, 394 und *Silving*, Pound-Festschrift, a. a. O. 642 — übrigens auch die erste Sozialwissenschaft, vgl. *Wurzel*, a. a. O. 1.

in die Wirklichkeit"[16] — hier liegt das Sammelbecken, in dem die im Zusammenhang der juristischen Auslegung so vielfach erörterten Direktiven der Beachtung der Fakten, der Kausalitäten oder der „Natur der Sache" einmünden[17], hier die Begründung der reihenmäßigen Zusammenstellung der Auslegung mit der Beweisung, der Auslegungsnorm mit der Beweisnorm, der Interpretation mit der Evidenz („the first step *in judical process is evidence, the second is interpretation*")[18] und hier der Kern *der fundamentalen Auslegungs-Maxime, daß Auslegung Beurteilung von Tatbeständen, nicht von Rechtsfolgen, also Diagnose, nicht Therapie* ist (und daß Rechtsfolgen nur ausgelegt werden können, indem man sie zu Tatbeständen neu auszulegender Urteile umschmilzt).

Wurzel[19] versucht, diese Sachverhaltungsprojektion durch folgende Beispiele zu veranschaulichen: „Ein Gesetz aus dem Jahre 1700 trifft irgendeine (sagen wir steuerrechtliche) Verfügung über die „mit mechanischer Kraft betriebenen Mühlen". Das Gesetz würde im Laufe seiner Geltungszeit ohne weiteres auf Dampfmühlen oder elektrische Mühlen angewendet werden können, obwohl man im Jahre 1700 unter mechanischer Kraft wohl nur die Kraft des Windes und Wassers sich vorstellte. Es ist das also keine Subsumtion (per se), aber auch keine Analogie, denn wir brauchen am Begriffe der mechanischen Kraft nichts zu ändern, um ihn auf Dampfmühlen anzuwenden, wir haben keine Lücke, wir wenden ihn direkt und unmittelbar an, wir gliedern die neue Erscheinung dem alten Begriffe als integrierenden Bestandteil an, wenn sie auch ursprünglich nicht darin enthalten war, kurz, wir projizieren den alten Begriff auf die neue Erscheinung. Ich bemerke: das Bindeglied wären hier volkswirtschaftliche und physikalische Erwägungen, die schon in den Sprachgebrauch des Wortes „mechanisch" Eingang gefunden haben.

Oder: Ein Gesetz bestimmt „Fälschung des Geldes ist strafbar" zu einer Zeit, wo in dem Lande nur das Münzgeld zirkuliert. Nachträglich tritt das Papiergeld auf. Man würde ohne weiteres auch die Fälschung des Papiergeldes für strafbar erklären. *Jhering*, der diesen Fall bespricht (Geist des röm. Rechts § 3 Anm. 6), rechnet ihn (mangels anderer Kategorie) zur Analogie. Es ist aber keine Analogie, sonst müßte man, auch wenn das Goldgeld zum Silbergelde oder eine Papiergeldemission zu einer anderen in der Zirkulation hinzutritt, immer von Analogie sprechen, und wenn gar eine neue Geldsorte an Stelle der anderen tritt (z. B. beim Übergange zur Kronenwährung), müßte man sagen, daß das alte Gesetz infolge des Untergangs des Objekts, auf das es sich bezog, inpraktikabel (obsolet) geworden, was doch niemandem einfällt. Auch hier wird der Geldesbegriff auf die neuen Geldsorten projiziert, ohne daß wir dabei die Empfindung hätten, eine Lücke im Gesetze auszufüllen.

---

[16] *Wurzel*, a. a. O. 43.

[17] Vgl. *Esser*, Interpretation und Rechtsneubildung im Familienrecht, Juristenzeitung 1953, 523 und A. 22, s. a. Studium Generale, Berlin 1954, 372ff., ferner *Less*, Von Wesen und Wert des Richterrechts, Erlangen 1954, 34. Zur positiven oder objektiven Rechtsordnung gehören, mittels der anerkannten Auslegungsmethodik und Analogie-Methodik verwertbar, die natürliche Auffassung, die Natur der Sache, die herrschenden Wertvorstellungen, das allgemeine Rechtsempfinden, die Bedürfnisse des Lebens — RGSt. 70, 244—69, 257.

[18] *Corbin*, Selected Readings in the Law of Contract, New York 1931, 873.

[19] *Wurzel*, a. a. O. 43f.

In beiden obigen Beispielen sondert sich die Projektion von der (sonstigen) Subsumtion mit ziemlicher Schärfe ab."

Unter Außerachtlassung dieser Sachverhaltsprojektion verneint *McBoyle* v. United States (283 U.S. 25) aus dem Jahre 1931 die Anwendung eines U.S.-Gesetzes von 1919 über den Diebstahl von Motorfahrzeugen auf Luftfahrzeuge.

Weiterhin wird die juristische Betrachtung der juristischen Auslegung überall mit dem Hinweis darauf eröffnet, daß es sich hier um „Rechtsanwendung" mit den logischen Instrumenten des Syllogismus und der Subsumtion handelt, schließlich läßt sich die Figur der Subsumtion per *Subordination* mühelos auf juristischem Felde vorführen: der Begriff der (in einem Untersatz festgestellten) Körperverletzung wird über den Mittelbegriff des Eingriffs in die körperliche Unversehrtheit dem Begriff der körperlichen Mißhandlung im Tatbestand des Obersatzes subordiniert[20]. Das anglo-amerikanische Recht (AR) beschäftigt sich mit der juristischen Auslegung per Subordination unter den Stichworten „reading details into general provision"[21], Beispiele gibt vor allem die Auslegung der Oberbegriffe „law" und „contract". Nach der Rechtsprechung des obersten amerikanischen Gerichtshofes schließt „law" Normen von Länderverfassungen, Ländergesetzen (State statutes) und gesetzesgleiche Normen kommunaler öffentlicher Körperschaften (City ordinances) ein, nicht aber richterliche Normen[22]. „Contract" in der die Vertragsfreiheit statuierenden Kontraktsklausel der amerikanischen Verfassung (Artikel I, sect. 10) beschränkt sich keineswegs auf das zivilistische Legalversprechen, sondern bedeutet schlechthin Rechtshandlung[23]. „Where constitutional grants and limitations of power are set forth in general clauses, which afford a broad outline, the process of construction is essential to fill in details"[24]. Man sieht im übrigen, daß schon bei diesem Auslegungsverfahren per Subordination gewisse Spezialprinzipien der juristischen Auslegung von Bedeutung werden: das Restriktionsprinzip (in bezug auf den Begriff „law"), das Extensionsprinzip und zugleich das Prinzip der „subjektiven" rechtshistorischen Beurteilung ex tunc in Bezug auf den Begriff „contract".

Restriktion bei der Subordination z. B. in State v. *McGowan*[25]: das Wort „Haus" schließe ursprünglich nicht nur Wohnhäuser, sondern auch Nebengebäude ein, welche Teile von Wohnhäusern darstellten — ein unter dem Vorwurf der Brandstiftung (arson) vernichtetes Haus war noch nicht beendet, z. B. noch nicht gemalt, mit Fensterglas versehen und bewohnt — in restriktiver Auslegung wurde es abgelehnt, dieses „Haus" unter den Begriff des Hauses im Sinne der Brandstiftungsnorm zu stellen.

Dagegen extensive Auslegung des Allgemeinbegriffes in International Stevedoring Co. v. *Haverty*[26]: ein Schauermann machte gesetzliche Ansprüche

---

[20] *Engisch*, a. a. O. 27. [21] *Shartel*, a. a. O. 370—374. [22] *Shartel* 372.

[23] *Shartel* 372, *Patterson*, Jurisprudence, Brooklyn 1953, 29.

[24] Chief Justice Hughes in Home Building and Loan Association v. *Blaisdell*, 290 U.S. 398, 426 (1934).

[25] 20 Conn. 244, 1850. [26] 272 U.S. 50, 1926.

geltend, welche zum Schutze von Matrosen, „seamen", gegeben waren. Das Gericht entschied, daß Schauerleute in diesem Falle Matrosen gleichzustellen seien.

Was die juristische Auslegung als Subsumtion per Exemplifikation angeht, so diene als Beispiel der amerikanische Paradefall der sogenannten „inherently-dangerous-rule"[27]. Sie präsentiert sich in der juristischen Subsumtion per Paradigma in folgenden vier Etappen: 1. wer innerhalb spezieller Verkehrsbeziehungen schuldhaft handelt, ist zivilistisch (sei es aus Delikt — negligence[28], sei es wegen Forderungsverletzung — implied warranty[29]) zum Schadensersatz verpflichtet, 2. schuldhaft handelt, wer ihrem Wesen nach gefährliche Gegenstände in den Verkehr bringt, 3. die Australian Knitting Mills haben (in Grant v. Australian Knitting Mills)[30], indem sie Unterwäsche, die auf Grund einer bei der Herstellung verwandten Chemikalie beim Tragen Entzündungen verursachte, herstellten und verkauften, ihrem Wesen nach gefährliche Gegenstände in den Verkehr gebracht, 4. die Australian Knitting Mills sind daher zum Schadensersatz verpflichtet. Die Interpretation der im Obersatze zu 1. festgestellten Norm durch den im Mittelsatze zu 2. zwecks Erfassung des zu 3. urteilsmäßig stabilierten Sachverhalts aufgestellten Begriffs der „ihrem Wesen nach gefährlichen Gegenstände" erfolgte im Zuge einer Kette von gerichtlichen Entscheidungen, die mit Dixon v. Bell im Jahre 1816 beginnen und vorläufig mit dem Fall der Australischen Mühlen enden[31].

Da die juristische Auslegung sich großenteils in der Subsumtion per Exemplifikation vollzieht, stellt es in der Tat einen glücklichen Einfall dar, wenn *K. Zweigert* die Rechtsvergleichung zur universalen Interpretationsmethode berief[32] — das kollisionsrechtliche Qualifikationsproblem wird damit zum allgemeinen Auslegungsproblem, Qualifikationsschwierigkeiten sind in erster Linie Auslegungsschwierigkeiten —

die berühmtesten Beispiele liefert das viersprachige Schweizer Zivilgesetzbuch, das zur Lückenfüllung nach Artikel 1 deutschsprachig die Rechtswissenschaft, französischsprachig die Jurisprudenz, d. h. aber die Richternorm, auffordert[33],

---

[27] *Levi*, a. a. O. 7.

[28] So z. B. *Cadillac v. Johnson*, 221 Fed. 801, 803, 1915.

[29] So z. B. in *Grant* v. Australian Knitting Mills, 1936, A. C. 85.

[30] a. a. O.

[31] *Levi* 7—19, vgl. dazu Rabels Z. Berlin Bd. 15, 1931, 567ff., 615, Bd. 7, 1933, 337f., Bd. 10, 1936, 805f., wo auch darauf hingewiesen wird, daß einige Fälle der in diesem Zusammenhange vorzuführenden Entscheidungskette zugleich Beispiele für Durchgriffsansprüche des Ladenkäufers gegen den Fabrikanten darstellen, mit dem der Ladenkäufer nicht unmittelbar kontrahiert hat, außerdem spielt in diese Entscheidungen auch noch die Entwicklung der anglo-amerikanisch-rechtlichen Erfolgs- und Gefährdungshaftung hinein.

[32] Rabels Z. Bd. 15, 1949, 5ff., s. a. *K. Zweigert*, Die Rechtsvergleichung im Dienste der Rechtsvereinheitlichung, Deutsche Landesreferate zum 3. Internationalen Kongreß für Rechtsvergleichung in London, Tübingen 1951, 251ff. und Studium Generale, Berlin 1954, 380ff.

[33] *Schlesinger*, Comparative Law. Cases and Materials, Brooklyn 1950, 264.

und dessen Artikel 20 in der deutschen Sprache von „unbefugt", in der französischen von „unerlaubt" (illicite) spricht. Die amerikanische Übersetzung des Schweizer Zivilgesetzbuches von *Shick* bringt in den Artikel 12, der von der Handlungsfähigkeit spricht, die Geschäftsfähigkeit (commercial capacity) hinein[34]. Innerhalb der englischen Rechtssprache wird zwischen Recht im objektiven und Recht im subjektiven Sinne (law and right) klar geschieden, ebenso in den romanischen Sprachen (loi und droit, legge und diritto), nicht dagegen in der deutschen Rechtssprache, während andererseits gewisse orientalische Sprachen überhaupt kein Wort zur Verfügung haben, um den Begriff des subjektiven Rechts zum Ausdruck zu bringen[35]. Der Treuhandberechtigte ist nach amerikanischer Auffassung römischer Berechtigter mit bloß obligatorischen Rechten gegen den Treuhänder, nach englischer Auffassung dinglich Berechtigter im Wege einer Aufteilung des dinglichen Rechtes zwischen Treuberechtigtem und Treuhänder[36]. Fernerhin sei hier an die Schwierigkeiten gedacht, die Rechte aus einer anglo-amerikanischen Erbtreuhand in die Begriffe des deutschen Erbrechts einzuordnen[37], weiter daran, daß „default" objektiven Verzug bedeutet, sich also nicht mit dem deutschen Verzugsbegriff deckt[38], schließlich an die Einordnung des Considerationsbegriffes[39].

II.

Um die soeben konstituierte juristische Auslegung schärfer in den Blick zu bekommen, bedarf es freilich noch einiger weiterer „Positionslaternen". Es steht nämlich keinesfalls so, daß die juristische Auslegung immer als Rechtsanwendung auftritt. Vielmehr hat die juristische Auslegung mit der metajuristischen Auslegung (bei der die Frage der „Anwendung von etwas" gar nicht auftaucht) gemein, daß auch die juristische Auslegung vielfach bloßes *Denkgebilde* bleibt, das entweder überhaupt noch nicht zur Äußerung gelangt oder aber, auch wenn es zur Äußerung gelangt, damit noch keineswegs Rechtsanwendung wird — so liegt es bei der Auslegungsarbeit des noch nicht geäußerten wissenschaftlichen juristischen Denkens oder beim richterlichen Denken als Durchgangsstation auf dem Wege zur richterlichen Normsetzung (in diesen Fällen liegt noch nicht geäußerte juristische Auslegung vor) oder in der Auslegungsarbeit der wissenschaftlichen Jurisprudenz, bei der juristische Auslegung zwar geäußert, aber durchaus noch nicht Rechtsanwendung wird. Die *spezifische* juristische Auslegung (von der im folgenden allein die Rede sein soll) gibt es daher erst dann, wenn die unter Auslegung erfolgte Beurteilung von juristischen Sachverhalten (Fällen) im Wege der Beurteilung von vorhergehenden juristischen (d. h. rechts-

---

[34] *Schlesinger,* a. a. O. 352. [35] *Schlesinger,* a. a. O. 351.

[36] *Archer-Shee v. Garland,* House of Lords, 1930, abgedruckt in Coolidge v. Long, 282 U.S. 582, 1931.

[37] Z. B. *W. G. Becker,* Materialsammlung zum rechtsvergleichenden Seminar, Mainz 1946, 68.

[38] a. a. O. 21ff.

[39] Dazu letztlich *W. G. Becker,* Die Technik der Consideration, Festschrift der Juristischen Fakultät der Freien Universität Berlin, Berlin 1955, 1ff.

relevanten) Urteilen oder von *rechtlichen* Urteilen (Normen)[40] sich auf die Beurteilung von Normen konzentriert und diese Normen nicht nur denkend „realisiert" — d. h. in verschärfter Weise wahrnimmt (to realize!) — sondern äußernd und *handelnd* (wenn auch nur verbal handelnd) *reproduziert*, mit anderen Worten, wenn die juristische Auslegung als *Rechtsanwendung*[41] (application of law) auftritt — wobei wiederum daran zu erinnern ist, daß zwar nicht jede Rechtsanwendung auslegend verfährt, daß aber die spezifische juristische Auslegung sich nur im Zuge von Rechtsanwendung manifestiert, dann also den Platz des konzentrischen Kreisringes im Kreise der Rechtsanwendung besetzt (so daß also andererseits die Rechtsanwendung genau so primär sachverhaltsbezogen ist, wie dies von der Auslegung festgestellt wurde). Der Platz der Auslegung befindet sich also dort, wo wir das objektive Recht nicht vom Standpunkt eines Autors aus sehen, der es setzt oder macht oder der — in der amerikanischen Terminologie — „die rechtliche Botschaft entsendet"[42], sondern vom Standpunkt des juristischen Adressaten aus, der diese rechtliche Botschaft empfängt, sie von dem Augenblick an, in dem sie in sein Bewußtsein tritt, möglicherweise denkend verarbeitet, um sie schließlich dann äußernd und handelnd anzuwenden. Darin, daß Rechtsanwendung und Auslegung also nicht tautologische Begriffe sind[43], daß bei der Rechtsanwendung Bewertungen von Wertungen (evaluations of valuations), soziologisch damit Betätigungen von Kultur, und logisch voluntaristische[44], kognitiv-emotional[45] gemischte, grundsätzlich determinative[46] (d. h. determinierte und Determinanten darstellende) Denkgebilde und entsprechend zu qualifizierende Rechtshandlungen vorliegen, fernerhin, daß diese rechtsanwendenden Rechtshandlungen nicht Rechtsfindungen[47], sondern Rechtsstatuierungen

---

[40] Daß das „Recht" nur in *Urteilen* erfaßbar ist, wird anerkannt — vgl. *Sauer*, Juristische Elementarlehre, 1944, 9, *Scheuerle*, a. a. O. 27.

[41] Der Ausdruck ist in der Rechtswissenschaft voll eingeführt, normativ erscheint er z. B. in § 550 ZPO.

[42] *Shartel*, a. a. O. 318.

[43] Dies wurde, wenigstens in bezug auf die Gesetzesauslegung, von der älteren Auslegungstheorie durchaus angenommen — vgl. *Forsthoff*, Recht und Sprache, Königsberg 1940, 18.

[44] *Scheuerle*, a. a. O. 39.

[45] a. a. O. 44ff.

[46] a. a. O. 182ff.

[47] Vgl. die berühmte „childish fiction" Benthams und Austins (On Jurisprudence, Student's Edition, 1880, 321), die schließlich das Ende der anglo-amerikanischen „transzendentalen Schulen" herbeiführt und in dem ebenso berühmten Dictum in Erie Railroad Co. v. Tomkins (1938, 304 U. S. 64ff.) gipfelt: „there is no transcendental body of law existing as a brooding omnipresence in the sky" — vgl. dazu *A. B. Schwarz*, Das englische Recht und seine Quellen (Die Zivilgesetze der Gegenwart) Bd. 2, Mannheim 1913, 27, *Friedmann*, Legal Theory, London 1944, 121.

sind[48] und daß schließlich der Dualismus von Recht und Rechtsanwendung[49] nur aspekthafter Art ist — indem nämlich das Recht primär lediglich als Subjektskorrelat betrachtet wird, dann aber unter dem Aspekt der Rechtsanwendung zum Objekt dieser Rechtsanwendung und damit zum Objektskorrelat hinüberwechselt[50] (wobei durchaus pluralistisch, also im Sinne eines „et-et" vorzugehen ist!) — ist man sich im wesentlichen einig.

Nach der Standortbestimmung der Begriffe Auslegung und Rechtsanwendung — die uns also, um es noch einmal zu wiederholen, zu einem Begriff der spezifischen juristischen Auslegung im Zuge dei Rechtsanwendung führte, bei dem es in Zukunft bleiben soll — ist noch übrig, diesen immer noch sehr umfangreichen Auslegungsbegriff dahin zu verengern, daß er sich zu einem „Modell der Auslegung" reduziert, das nunmehr repräsentativ für sämtliche Moden stehen kann, in denen juristische Auslegung auftritt. Zu diesem Zwecke wird am besten zunächst auf das Passivum „Recht" abgestellt, das auslegend anzuwenden ist. Hierbei darf einerseits von der grundsätzlichen Normativität des Rechts (d. h. der Tatsache, daß Recht nur in Rechtsnormen gegeben ist) und andererseits von einer nach ihrem logischen Autor bestimmten[51] Trinität der Rechtsnormen ausgegangen werden, wie in dem „wenig beachteten Beschluß (JW 22, 910), in dem das Reichsgericht die Auffassung vertritt, daß es drei Rechtsquellen gebe: Gesetzesrecht, Parteirecht und Richterrecht, und daß diese alle einander ebenbürtig seien"[52]. Daß besonders der Richter, sofern er spezifisch richterlich arbeitet (also nicht im Verfügungsdezernat!) nicht nur „Gerichtsgebrauch", sondern Normen setzt, und daß es dabei logisch keinerlei „Bindung an das Gesetz" gibt, kann in einer Rechtstheorie, welche nicht nur das deutsche, vorwiegend gesetz-

---

[48] Dazu *Kelsen*, General Theory of Law and State, Cambridge/Mass. 1945, 132.

[49] *Fritz v. Hippel*, Das Problem der Rechtsfindung (Einführung in die Rechtswissenschaft, Herausg. Reinhardt), Marburg 1949, 20ff., 23, spricht von „Rechtsstand" und Rechtsanwendung. In der neueren amerikanischen Theorie wird von „grammar of law" und von „application of law" gesprochen (vgl. *Wigmore*, Sixteen Credos, a. a. O., 316), auch von „nomostatics" und von „nomodynamics" — vgl. *Kelsen*, a. a. O. 3, 110, schließlich von „osseous framework" und „methods of solution of problems" (*Kocourek* nach *Stone*, a. a. O. 50f.).

[50] Kantisch gesehen liegt dann das objektive Recht in der Rechtsanwendung als Gegenstand „des richtenden Geistes" oder der „Urteilskraft", der „richtenden subsumierenden Vernunft" und des „regulativen Prinzips" vor, so daß nunmehr „das objektive Recht" von der Rechtsanwendung so betrachtet wird, „als ob" in ihm Zweck und Verstand und überhaupt genügende Determination einer Reproduktion läge. Vgl. dazu *Spann*, Philosophenspiegel, Wien 1950, 72, 81, 86.

[51] Also nach dem „typischen" Autor, dem die Kreation einer Norm zuzurechnen ist, so daß substantielle psychologische Fragestellungen, wie sie vielfach von den amerikanischen „Realisten" gestellt werden, ausscheiden — vgl. dazu *Wurzel*, a. a. O. 47ff.

[52] *Less*, Von Wesen und Wert des Richterrechts, Erlangen 1954, 42 A. 87.

lich fixierte Recht, sondern auch das anglo-amerikanische, primär in präjudiziellen Richtersprüchen niederliegende Recht betrachtet, nicht gut bestritten werden — § 839 Abs. 2 BGB bringt, indem er sich durch Artikel 34 GG nicht derogieren ließ, auch zum Ausdruck, daß das richterliche Urteil zwischen dem (immer „offiziellen") Gesetz und dem (soweit privater Natur, immer „inoffizellen") Rechtsgeschäft steht[53]. Von der eben herausgestellten streng normativistischen Auffassung aus gesehen, treten also als Objekt der Rechtsanwendung entweder gesetzliche Normen (statutory rules) oder richterliche Normen[54] (decisions) oder öffentliche oder private rechtsgeschäftliche Normen[55] (legal transactions)[56] auf — der Modellfall scheint dann in der Auslegung des Gesetzes gegeben zu sein.

Die weitere Herausarbeitung dieses Modells muß von der aktiven Seite der Auslegung her kommen, die — immer vorausgesetzt, daß geäußert, gehandelt und Recht reproduziert wird — entweder schlechthin rechtsgenössisch und noch nicht normsetzend oder aber selbst normsetzend vorgeht. Auslegung schlechthin betreibt jeder Rechtsgenosse. Wer sich gemäß der Norm des Straßenverkehrs verhält, vollzieht hierbei mit jedem Schritt Rechtsanwendung und oftmals dabei auch Auslegung, indem z. B. das rechtliche Verkehrsgebot „langsam fahren" bereits beim bescheidensten Radfahrer in eine (danach angewandte) Überlegung darüber umschlägt, was an Ort und Stelle und angesichts der Situation „langsam" bedeute[57]: „almost anyone may be confronted by the necessity

[53] Vgl. *Bingham*, My Philosophy of Law, Boston 1941, 13. — Gegen das staatliche Normierungsmonopol des normativistischen Etatismus, also zugunsten der richterlichen Norm, außer der Wiener Schule z. B. *Merkl*, Allgemeines Verwaltungsrecht, 1927, 8, *Engisch*, Die Einheit der Rechtsordnung, 1935, 7f., *Tammelo*, a. a. O. 55; zur französischen Theorie der richterlichen Norm vgl. *Esser*, Interpretation und Rechtsneubildung im Familienrecht, a. a. O., A. 4, der im übrigen die Anerkennung der Richternorm im Anschluß an *Kaser*, *Wieacker* und *Eberhard Schmidt* auch aus neueren Untersuchungen über das Verhältnis von lex und ius ableitet (zu Ziff. I der eben zitierten Arbeit). — Im AR ist vor allem *J. C. Gray*, The Nature and Sources of Law, 2. Aufl., New York 1927, 84ff., ein prägnanter Vorkämpfer der Meinung, daß alles Recht „judge-made-law" darstelle (dagegen z. B. *Kelsen* a. a. O. 150ff.). — Zur Begründung der Normativität der privaten Rechtsgeschäfte genüge hier der Hinweis darauf, daß es sich in § 157 BGB nicht um die Deutung des Sinnes der Vertragserklärungen der einzelnen Parteien handelt, sondern um die Auslegung des als selbständige Rechtsquelle zu denkenden Vertrages (RG 92, 320), und daß die Verletzung auch eines bloß vertraglich konstituierten objektiven Rechts Widerrechtlichkeit im Sinne des § 823 BGB darstellt (RGZ 127, 14).

[54] Auslegung eines unklaren Urteilstenors z. B. in BGH 5, 240, 246.

[55] S. Anm. 53 a. E., das öffentliche Rechtsgeschäft der Grundbucheintragung im Sinne von § 873 BGB ist Auslegungsobjekt z. B. in RGZ 139, 130.

[56] Öffentliche Rechtsgeschäfte und ihre Autoren werden im AR angedeutet, wenn etwa die Rede von einem „official under obligation to enforce a legislative provision" ist, vgl. *Shartel*, a. a. O. 320.

[57] Vgl. *Scheuerle*, a. a. O. 21.

of interpreting a legislative provision, just as he may have to apply one"[58]. — Weiterhin und auf höherer Stufe tritt eine Rechtsanwendungs- und Auslegungsfunktion des schlechthin juristisch (also noch nicht normativ) Handelnden deswegen auf, weil jede Norm ihre Zeit braucht, bis die in ihr liegenden Fragen autoritativ beantwortet sind, so daß bis dahin der Rechtsgenosse selbst in die Lücke treten muß[59]. In diesem Sinne wird noch nicht normative Auslegung, wenngleich schon auslegende Rechtsanwendung, z. B. vom beratenden Rechtsanwalt, vom anklagenden Staatsanwalt, von der streitenden Partei, vom beurkundenden Notar betrieben[60] — die Einordnung dieser rechtsgenössischen, auslegenden (wenngleich noch nicht normativen) Rechtsanwendung in die syllogistische Auslegungslogik zeigt sich im amerikanischen Recht z. B. darin, daß die streitende Partei, welche einen juristisch-syllogistischen Obersatz — d. h. also nach der eben unterstellten Normativität des Rechts: eine Rechtsnorm als Obersatz — bestreitet, damit die Schlüssigkeit des Anspruchs negiert (demurrer), dagegen diejenige streitige Partei, welche Untersatz oder Subsumtion bestreitet, die tatsächliche oder die rechtliche Fundation (answer)[61].

Demgegenüber liegt *normative* auslegende Rechtsanwendung (bei der auch jetzt modellmäßig dem passiven Objekt nach lediglich an *Gesetzes*auslegung zu denken ist)[62] vor, wo der Gesetzgeber ein verfassungsmäßiges Gesetz verkündet[63], der Richter auf Grund der Vorschriften des BGB ein Urteil erläßt[64] oder der Mieter nach der Lektüre der Mietgesetzgebung rechtsgeschäftlich kündigt.

Als Prototyp des auslegend rechtsanwendenden, aktiven Subjekts wird, zumindest seit *Bülow*[65], der *Richter* angesehen, womit der Richter als aktives Modell der auslegenden Rechtsanwendung, also der spezifischen juristischen Auslegung gewonnen, und nach passiver und aktiver Richtung hin als Modell der juristischen Auslegung nunmehr die richterliche Gesetzesauslegung stabilisiert ist.

Daß es gerade der Richter war, der oft unter Auslegungsverbot stand[66], hängt sicherlich mit der Auffassung von der „transzendentalen" Offenbarungs-

[58] *Shartel*, a. a. O. 319.

[59] *Shartel*, a. a. O. 319.

[60] Vgl. *Scheuerle*, a. a. O. 22.

[61] *Michael*, a. a. O. 170.

[62] Selbstverständlich sind (außerhalb unserer „Modellierung") Objekte normativer Auslegung der Rechtsanwendung auch richterliche und rechtsgeschäftliche Normen.

[63] Vgl. *Scheuerle*, a. a. O. 22.

[64] Daß alle Rechtsprechungshandlungen Rechtsanwendungshandlungen sind, wird in der Prozeßrechtslehre stillschweigend vorausgesetzt, vgl. *Scheuerle*, a. a. O. 22, A. 37 und dortige Literatur.

[65] Gesetz und Richteramt, 1885, vgl. *Scheuerle*, a. a. O. 29.

[66] So schon in den römischen Formeln der authentischen Interpretation (Cod. 1, 14, 1 — 1, 14, 9 — 1, 14, 12, 2—5 — Const. Tanta 21, Const. Dedoken 21), weiter

gegebenheit des Rechts zusammen (die dafür dann die Richter zwecks Dekorierung von Gesetzesanwendungsautomaten schon zu Römerzeiten zur „viva vox iuris civilis“[67], zum „oraculum totius civitatis“[68] oder zu „living oracles and depositaries of the laws“[69] beförderte), weiterhin steckt in diesem „Gesetzesfetischismus“[70] sicherlich ein vor der Justiziabilität seiner Maßnahmen zurückschreckender, geängstigter Etatismus, der sich durch alle Staatsformen hindurch verfolgen läßt. Das Gegenstück zu solcher ebenso behaglichen wie logisch und soziologisch unmöglichen Abschiebung des Richters in eine Automatenfunktion enthält die amerikanische Lehre von der Prädominanz der richterlichen Norm, die damit zugleich die Prädominanz der richterlichen Auslegung feststellt: „we are under a constitution, but the constitution is what the judges say it is“[71]. Auf jeden Fall tritt der interpretierende Richter gleichberechtigt neben den Gesetzgeber, und was ein Gericht in Hinsicht auf die Auslegung einer gesetzlichen Norm sagt, gehört insoweit zum Gesetzestext („it adheres to the legislative text“)[72] wie die Kadenz zum Violinkonzert.

Daß der auslegende Richter ständig zu Präjudizien greift, weist die richterliche Auslegung überwiegend in die logische Struktur der syllogistischen Subsumtion per Paradigma ein — *E. Levi* hat in einer Kombination des Primats des anglo-amerikanischen Case-Law, der Prädominanz der richterlichen Interpretation und der primären paradigmatisch-syllogistischen Logik der richterlichen Interpretation den paradigmatischen Syllogismus zum typischen Merkmal der anglo-amerikanischen Rechtsanwendung und des anglo-amerikanischen Rechtes zu erheben und damit eine exakte Abgrenzung des anglo-amerikanischen Rechtes von den kontinentalen Rechten durchzuführen versucht[73].

III.

Alle richterliche Gesetzesauslegung ist Rechtskorrektur oder Rechtsbesserung[74], insbesondere also Gesetzesbesserung[75]. Zunächst einmal

z. B. in den Siete Partidas von 1265 (1, 1, 14), dann in oberitalienischen Auslegungsverboten aus dem 13., 14. und 15. Jahrhundert (vgl. *Schiller*, Civil Law Institutions, Materials der Columbia Law School, 1947, mimeographierte Ausg., 106), auch im alten Preußen (vgl. *Jerusalem*, Die Staatsgerichtsbarkeit, Tübingen 1930, 12, *Less*, a. a. O. 9).

[67] D. 1, 1, 8, dazu *U. v. Lübtow*, Miscellanea, Festschrift für Arangio Ruiz, Bd. 2, Neapel 1952, 353ff., bes. auch 359ff.

[68] *Cicero*, de orat 1, 45, 200. [69] *Blackstone*, Comm. 1, 69.

[70] *Sternberg*, Allgemeine Rechtslehre, Bd. 1, 1904, 12, zitiert nach *Less*, a. a. O. 14.

[71] Chief Justice Hughes vom Obersten Gerichtshof der Vereinigten Staaten bei *Shartel*, a. a. O. 328, 327. Vgl. hier auch die berühmten Artikel 1 des Schweizer Zivilgesetzbuches und 4 des CC.

[72] *Shartel* 320, 327, 328. [73] S. oben A. 14.

[74] So schon im aristotelischen „Epanorthoma nomimou dikaiou“, Eth. Nikom. 5, 14, 1137b, 13.

[75] Daraus folgt, daß die unermüdliche Prozession der Untersuchungen über „Gesetz und Richter“ ständig bei der richterlichen Auslegung beginnt und, je nachdem, mit der Bejahung oder Verneinung der richterlichen Normenkontrolle endet — nach *Bülow*, Gesetz und Richteramt, Leipzig 1885, in Deutschland vor allem *Düringer*, Richter und Rechtsprechung, Leipzig 1909, Carl *Schmitt*, Gesetz und Urteil, Berlin 1912, *Reichel*, Gesetz und Richterspruch, Zürich 1915, *Franzen*, Gesetz und Richter, Hamburg 1935, *Eberhard Schmidt*, Gesetz und Richter, 1952, *Less* (s. o. A. 17), zuletzt die Mainzer Dissertation von *Bastian* „Der Richter als Gesetzgeber“, 1955.

defektive Rechtsbesserung[76]. Hier ist der Ort, wo die auslegende Rechtsanwendung, also die Auslegung, in unlösliche Verflechtung mit der Rechtsanwendung im Wege der Anwendung von Gewohnheitsrecht oder Billigkeitsrecht eintritt. In dem Umfange, in dem die defektive Rechtsbesserung, die sich im Rahmen der positiven Rechtsordnung hält, in *effektive Rechtsbesserung* umschlägt, welche Recht entgegen der positiven Rechtsordnung zur Durchsetzung zu bringen versucht, tritt die Auslegung dann in das *Naturrecht* (law of nature) über, freilich nur das „konservative Naturrecht", das tatbestandsmäßig „praeter legem" entscheidet[77] (während die radikalere Form des revolutionären Naturrechts „contra legem", das gegen *Rechtsfolgen* entscheidet, also nicht als Diagnose, sondern als Therapie operiert, zwar Rechtsanwendung, nicht aber Auslegung ist). Der Begriff Auslegung taucht damit also häufig in den Begriffen des Gewohnheitsrechts, des Billigkeitsrechts und des Naturrechts unter („wer korrigiert, interpretiert")[78], wird von ihnen konsumiert und ist aus ihnen, wenn es speziell um die Auslegung geht, herauszugraben.

In diesem Zusammenhange ersteht vor allem auch das Lückenproblem. Das Gesetz — heißt es schon bei Platon[79] — „ist nicht imstande, das Zuträglichste und Gerechteste für alle zugleich zu umfassen und so das wirklich Beste zu befehlen. Denn die Unähnlichkeit der Menschen ... gestatte es nicht", eine Einsicht, die Platon zum ersten Male zu der Erkenntnis vom normierenden Richter veranlaßt, danach Aristoteles zu ebenfalls erstmaligen Betrachtungen über das Lückenproblem, das Problem der Fälle, die der Gesetzgeber nicht vorgesehen hat oder auf die seine allgemeine Norm nicht paßt, und über die Richterbeauftragung etwa im Sinne des Art. 1 des Schweizer Zivilgesetzbuches[80].

Was zunächst das Verhältnis von Auslegung und Ausfüllung von Lücken (lacunae legis, gaps of law) anlangt, so ist es praktisch, Gesetzes-

---

[76] Vgl. das „adjuvare et supplere" in D. 1, 1, 7, 1, die Formel: „si lex iusta ac necessaria sit, supplet praetor in eo quod legi deest" in D. 19, 5, 11 und die Umschreibung der Equity-Rolle im englischen Recht „to mend defects of rules" in Earl of Oxford's Case, 1615 (1 Ch. Rep. 1), dazu *Hatschek*, Englisches Staatsrecht, Tübingen 1905 Bd. 1, 143, s. a. *Schwarz*, Die Zivilgesetze der Gegenwart, Mannheim 1931, Bd. 2, 114, 116 und *W. G. Becker*, Die symptomatische Bedeutung des Naturrechts, Arch. f. d. Ziv. Prax., Bd. 150, 1948, 117ff., auch *Less*, a. a. O. 12, über die gemeinrechtliche Doktrin von kompletten und defektiven Gesetzen.

[77] Vgl. *Esser*, Interpretation im Familienrecht, a. a. O. 521 A. 5.

[78] *Azo*, Summa aurea recens, 1209, in Anlehnung an D. 38, 17, 1, 6, vgl. *Schiller*, a. a. O. 101 — s. a. *Plowdens* Auslegungsprinzip von der „Equity of a statute" von 1574.

[79] *Politikos*, 294 a, b.

[80] *U. v. Lübtow*, Miscellanea, a. a. O. 361 und *Aristoteles*, Rhetorik 1, 13, Eth. Nikom. 5, 14. Aus der modernen Literatur (nach *Zitelmann*, Lücken im Recht, Leipzig 1903) *Engisch*, Der Begriff der Rechtslücke, Festschrift für Wilhelm Sauer, 85ff., *Kelsen*, a. a. O. 146ff.

lücken und Rechtslücken nach wie vor zu unterscheiden. Die Gesetzeslücke wird der herrschenden Lehre nach im Wege der Auslegung durch *Gesetzesanalogie* geschlossen, das Wort „homo" in der lex Julia et Papia dann dahin ausgelegt, daß es nicht nur das männliche, sondern auch das weibliche Geschlecht umfasse (Gaius in D 50, 16, 152, so auch schon in Bezug auf die injuria der Zwölf Tafeln, 8, 2), ähnlich Julian (D 32, 62) in Bezug auf männliche und weibliche Maulesel und schließlich das englische Auslegungsgesetz von 1889, „words imparting the masculine gerder shall include females"[81]. Die Durchführung der verfassungsmäßigen Gleichberechtigung der Geschlechter innerhalb des geltenden deutschen Rechtes wird demnach richterlich auslegende Gesetzeslückenschließung durch Gesetzesanalogie sein.

Liegt der Lückenfall so, daß es sich um eine Lücke nicht innerhalb einer isolierten Norm, sondern innerhalb der *totalen Norm* handelt, die zur Entscheidung eines Falles berufen ist[82], handelt es sich also um eine Rechtslücke, so erfolgt die auslegende Entscheidung durch *Rechtsanalogie*: die Ausdehnung der Schadensersatzverpflichtung von der Nichterfüllung auf die Schlechterfüllung[83] ist das umgekehrte Gegenstück der Ausdehnung der deliktischen Haftung des alten englischen Rechtes für Schlechterfüllung auf die rechtsgeschäftliche Haftung für Nichterfüllung in der berühmten Assumpsit-Geschichte — bei uns ist weiterhin z. B. das Recht der Forderungsverletzung, im AR das der Gefährdungshaftung im Wege der Schließung von Rechtslücken durch Rechtsanalogie geschaffen worden[84] (während die Ausdehnung der alten Klageformeln — writs — auf neueintretende Sachverhalte durch sogenannte „writs upon the case" — wie die römischen actiones utiles — im Anfang der Assumpsit-Geschichte eher als Gesetzesanalogie zu deuten wäre)[85].

---

[81] *U. v. Lübtow*, a. a. O. 360, *F. Schulz*, History of Roman Legal Science, 1946, 29ff., 75, 123ff., 295.

[82] Isolierte Normen stellen die in Rechtssätzen greifbaren Belege der Norm dar, die kleine Münze, deren Deckung die „Totalnorm" ist, die Umlaufsform der Norm, während demgegenüber die Totalnorm „jede selbständige Bestimmung ist, die hinreicht, ein Ereignis mit einer Rechtsfolge zu verknüpfen" oder „das Ganze jener Bestimmungen, das hinreicht, einen konkreten Fall zu regeln", die kleinste normative Ganzheit, die allerdings stark genug ist, die ideologische „ordo ordinans" etwa der *Kelsen*schen Rechtslehre und ihrer Nachfolger aus den Angeln zu heben (die den einen Fall nach § 823 einschließlich einiger Zivilprozeßrechtsnormen regelnden Richter partout dazu zwingen will, ständig den gesamten Sternenhimmel der im wahrsten Sinne unzähligen Rechtsnormen einer solchen Rechtsordnung vor Augen zu haben!) — vgl. *Ernst v. Hippel*, Einführung in die Rechtstheorie, 2. Aufl., Bonn 1947, 25, 27, 28, im übrigen den revidierten *Kelsen*, a. a. O. 37f., 38, 134f.,149.

[83] *Lehmann*, Allgemeiner Teil, a. a. O. 58.

[84] *Rylands v. Fletcher*, L. R. 3, H. L. 330, 1868, dazu und zu den daraus im Zusammenhange der in A. 53 erwähnten *Gray*schen Lehre gezogenen theoretischen Folgerungen *Kelsen*, a. a. O. 150ff., im übrigen z. B. *Keßler*, Die Fahrlässigkeit im nordamerikanischen Deliktsrecht, Berlin 1932, 54ff.

[85] Noch in neuerer Zeit in *Harnett v. Fisher*, dazu Rabels Z. Bd. 2, 1928, 234f.

Je nach der Antwort auf die Frage der Absichtlichkeit der betreffenden Lücke (deliberate or inadvertent gap) kann sich die bei der Schließung von *Gesetzes*lücken stattfindende Auslegung wandeln[86], auch die primären, d. h. die schon bei der Entstehung des Gesetzes vorhandenen, und die sekundären, d. h. die erst durch eine Änderung der Verhältnisse nachträglich aufkommenden Lücken sind zu unterscheiden, wobei die sekundäre Lücke wiederum möglicherweise schon Rechtslücke darstellt[87]. Wann bei der auslegenden Füllung von Gesetzes- oder Rechtslücken defektive Rechtsbesserung vorliegt (wobei wieder die Frage auftaucht, ob speziell Gewohnheitsrecht oder Billigkeitsrecht herangezogen wird), wann Naturrecht praeter oder contra legem, kann nur von Fall zu Fall entschieden werden.

Jedenfalls zeigt sich bei der Lückenschließung die Analogie als Auslegungsinstrument[88]. Auch im AR wird die Analogie angewandt[89], freilich restriktiv[90].

Als spezielle Auslegungsinstrumente bei der Lückenfüllung treten neben die Analogie die Argumente, der Umkehrschluß (argumentum e contrario)[91], ferner die Argumente a majore ad minus, a minore ad majus, a fortiori und ad absurdum[92].

Überaus kompliziert ist auch die Verflechtung der richterlichen Gesetzesauslegung mit der Normenkontrolle[93]. Vom Standpunkt der damit angedeuteten Richtersuprematie aus steht hierbei heute fest, insbesondere nach Leitsatz 11 des ersten Urteils des Bundesverfassungsgerichts vom 23. 10. 1951[94], daß das Bundesverfassungsgericht die Existenz überpositiven, auch den Verfassungsgesetzgeber bindenden Rechts anerkennt und zuständig ist, das gesetzte Recht daran zu messen, und daß grundsätzlich der Richter da, wo das Gesetz mit der Gerechtigkeit in unerträglichem Widerspruch steht und Unrecht befiehlt, unter Wahrung des verfassungsgerichtlichen Entscheidungsmonopols *gegen* das Gesetz zu entscheiden hat, so daß das Gesetz also lediglich eine widerlegbare Vermutung seiner Richtigkeit und absoluten Anwendbarkeit bedeutet[95].

---

[86] S. hierzu *Engisch*, Der Begriff der Rechtslücke, 89 u. A. 14.

[87] So *Heck*, Gesetzesauslegung und Interessenjurisprudenz, 1914, 168ff., 173ff., 176ff. und neuerdings *Reinicke*, Die Ausfüllung primärer und sekundärer Gesetzeslücken nach der Rechtsprechung des BGH, NJW 1952, 1153.

[88] *Enneccerus-Nipperdey*, a. a. O. 210, unterscheiden die Analogie als „Rechtsfortbildung“ von der Auslegung als „Rechtsanwendung“.

[89] Vgl. z. B. *Holmes*, The Common Law, 40. Neudruck, Boston 1946, 230.

[90] Vgl. hierzu *Shartel* 383–385.

[91] Z. B. der Fall des Zeppelins bei Echterdingen in RG 78, 172.

[92] Vgl. dazu *Klug*, a. a. O. 98ff.

[93] Zu dem gesamten Fragenkomplex der Normenkontrolle s. neuerdings das Urteil des Bundesverfassungsgerichtshofes vom 23. 3. 1952, JZ 52, 269, dazu *Less*, a. a. O. 54ff.

[94] Beilage zum Bundesanzeiger Nr. 215, JZ 1951, 731.

[95] *Less*, a. a. O. 66.

Damit steht sicherlich fest, daß die richterliche Gesetzesauslegung auch zur Nichtanwendung des Gesetzes führen kann (Rechtsanwendung schließt logisch Nicht-Rechtsanwendung ein, wie die Handlung die Unterlassung!), keineswegs aber, daß jede solche richterliche Gesetzesauslegung Naturrecht ist, daß hier vielmehr die allgemeine Rangordnung der Normenkontrolle gilt[96], die mit der Formalüberprüfung beginnt und danach den anstößigen Inhalten entsprechend „rangiert", wobei zunächst einmal die allgemeinen Rechtsanwendbarkeitsnormen führen[97]. Unter ihnen steht wiederum an erster Stelle die Norm der Kontrarietät[98]: lex posterior derogat legi priori, Auslegungsfrage ist es dabei, ob bei teilweisem Widerspruch das frühere Gesetz nur abgeändert oder ob es ganz beseitigt wird, ebenso, ob bei Ersatz einer allgemeinen Vorschrift durch einen neuen Rechtssatz auch die Ausnahmen von der früheren Vorschrift beseitigt werden, was nicht ohne weiteres anzunehmen ist — lex posterior non derogat legi priori speciali (demgegenüber bewirkt der Grundsatz lex specialis derogat legi generali — z. B. in dem bekannten Verhältnis der §§ 459 und 119 BGB — nur ein Zurücktreten der generellen lex in der theoretischen Beurteilung oder in der konkreten Fall-Entscheidung).

Auch ohne Aufhebung durch eine widersprechende neue Regel tritt eine gesetzliche Norm außer Kraft, wenn sie nur als transitorisches oder temporäres Gesetz, d. h. nur für eine beschränkte Zeit oder die Dauer eines bestimmten Zustandes, etwa eines Kriegszustandes, erlassen war: der Ablauf dieser Zeit oder der Wegfall des Zustandes führt dann zur Nichtanwendung (z. B. im Falle des deutschen Fristengesetzes vom 28. 12. 1950). Temporäre Gesetze (temporary acts) sind vor allem in England häufig, der kollektive „Expiring Laws Continuing Act" gehört daher zum ständigen Bestandteil der jährlichen englischen Gesetzgebung.

Der Satz „cessante ratione legis cessat lex ipsa" gilt dagegen nicht unbeschränkt, jedenfalls nur, wenn die Verhältnisse, für welche die zessierende gesetzliche Norm gelten will, als für immer weggefallen angesehen werden, nicht aber schon dann, wenn diese Verhältnisse sich lediglich geändert haben. Das Beispiel einer gesetzlichen Feststellung des Grundsatzes „cessante ratione" enthält für Deutschland der Artikel 3 des Gesetzes Nr. 1 der damaligen Militärregierung vom Jahre 1945, wonach die Auslegung oder die Anwendung des deutschen Rechts nach nationalsozialistischen Lehren oder die Heranziehung nationalsozialistisch gerichteter Entscheidungen oder Schriften als Quellen verboten wurde: das „penetrant" nazistische Recht zessierte.

---

[96] Naturrecht nicht als höheres Recht, sondern als *Stufe* des jus auch bei *Esser*, a. a. O. 522 A. 10, 524.

[97] Grundlegend *Giesker-Zeller*, Die Rechtsanwendbarkeitsnormen, Rhein. Z. Beiheft, Bd. 6, 3ff., 1941.

[98] Vgl. schon *Coke*, 2 Inst. 682.

Einen Spezialfall des Grundsatzes „cessante ratione" stellt die im Wege der Anpassung des Rechts an neuartige soziale und staatliche Entwicklungen erfolgende Derogierung des vor dem neuen Zustande bestehenden Rechts dar — Beispiele gibt die Anpassung des englischen Rechts in den Vereinigten Staaten nach der Unabhängigkeitserklärung, wobei die Formel galt, daß gesetzliche Normen stillschweigend als widerrufen angesehen werden müßten, wenn sie mit den zur Zeit der Beurteilung bestehenden Zuständen nicht mehr übereinstimmten (repeal by implication when inconsistent with present conditions)[99]. Es handelt sich dann also wiederum um einen Fall der Widersprüchlichkeit, Kontrarietät oder Inkompatibilität, um einen „deadlock of autonomy". Das erste Urteil des Bundesverfassungsgerichts in Karlsruhe vom 23. 10. 1951 hat bekanntlich Gesetzesnormen wegen Widersprüchlichkeit für nichtig erklärt. Auch die anglo-amerikanische Auslegung muß in solchen Fällen zu den gleichen Ergebnissen führen[100]. Wie in der Rechtsgeschäftslehre geht der Vernichtung des Gesetzes dabei selbstverständlich das Bemühen um Heilung von bestehenden Inkompatibilitäten voraus: man verfährt nach dem Spezialitätsgrundsatz[101] oder nach dem Stufenbau des Rechts (Reichsrecht bricht Landesrecht, Equity bricht Law)[102], vor allem auch — wie etwa bei widerspruchsvollen Testamenten — nach dem Prinzip der bloßen Teilvernichtung wie in § 139 BGB: die eben erwähnte Karlsruher Entscheidung begnügte sich mit der Außerkraftsetzung von nur zwei Paragraphen des Zweiten Südweststaatgesetzes[103].

Ähnlich wie die Widersprüchlichkeit wird die Unbestimmtheit des Gesetzes behandelt[104]. Um Vernichtung kraft Unbestimmtheit zu vermeiden, arbeitet die Auslegung hier häufig mit Subordinationen[105].

Bei der *Vernunftwidrigkeit* der alten, noch in naturistischen Systemen verhafteten Rechtsordnungen ist es dann freilich soweit, daß die Auslegung bei der Normenkontrolle in Naturrecht contra legem umschlägt, die naturale Ratio — oder wie die führenden naturrechtlichen Prinzipien in diesem Zusammenhange sonst genannt werden[106] — wird dann zum tarpejischen Fels des Gesetzes.

---

[99] *Wengler*, Die Anpassung des englischen Rechts durch die Judikatur in den Vereinigten Staaten, Festschrift für Rabel, Bd. 1, Tübingen 1954, 39ff.

[100] *Shartel* 359ff., ähnlich für Rechtsgeschäfte, vor allem Testamente, s. *Schiller*, a. a. O. 95, 97.

[101] *Shartel* 367f.

[102] Dazu *Schiller*, a. a. O. 99, 108.

[103] Auch die rechtsgeschäftliche Auslegung führt bei unerlaubten oder unsittlichen Bedingungen zur bloßen Streichung dieser Bedingungen, also nicht zur Nichtigkeit des Rechtsgeschäfts, vgl. RGZ 139, 140 und *Lehmann*, a. a. O. 263.

[104] Vgl. United States v. Cohen Grocery & Co., 257 U.S. 81, 1921, dazu *Shartel* 370 Anm. 1.

[105] *Shartel*, a. a. O. 371 u. oben S. 73, 75.

[106] Dazu *Schiller* 105 und *Mc. Culloch* v. Maryland, 4 Wheat. 316, 407, 415—1819.

Gesetzes-Vernichtung kraft Absurdität ist nach der 10. Interpretationsregel bei Blackstone (Comm. 1, 91) noch Auslegung.

IV.

Soweit die Positionsbestimmung der Auslegung als eines intellektuellen Verfahrens und einer speziellen Methode der Rechtsanwendung. Das weitere Recht der Auslegung betrifft das objektive Recht, welches die Auslegungsprozesse zu dirigieren sucht (und insoweit selbstverständlich selbst wieder Objekt der Auslegung werden kann), wobei also der bisher führend verwandte Gesichtspunkt der Rechts*anwendung* völlig außer acht zu bleiben hat. Soweit dieses die Auslegung dirigierende objektive Recht in *Gesetzen* niederliegt — was im AR in weit umfangreicherer Weise der Fall ist als bei uns — spricht man in bezug auf dieses objektive Auslegungsrecht von authentischer Interpretation[107].

Zum objektiven Auslegungsrecht sind zwei grundsätzliche Bemerkungen zu machen. Zunächst einmal eine soziologische zur authentischen Interpretation: die authentische Interpretation ist das Mittel, durch das dem Richter vom Gesetzgeber das Auslegungshandwerk gelegt wird, damit das Werkzeug der oben erwähnten (logisch freilich nicht durchführbaren) Degradierung des Richters zum Rechtspfadfinder und Gesetzanwendungsautomaten, dementsprechend zugleich das Mittel der Monopolisierung der Auslegung durch den Gesetzgeber[108].

Die zweite Bemerkung ist rechtslogischer (analytischer) Natur. Sie geht auf die Tatsache, daß wir jetzt objektives Auslegungsrecht vor Augen haben, während das Recht der Auslegung als eines Verfahrens bislang nur unter dem Aspekt der Rechtsanwendung anzutreffen war. Es handelt sich hier um das radikale juristische Phänomen des Umzuges von Begriffen oder Institutionen aus dem Felde der Rechtsanwendung in das Feld des objektiven Rechts oder — schärfer — um den Umschlag von juristischen Determinativen zu juristischen Konstitutiven, gegebenenfalls zu Konstituenten. Wir exemplifizieren zunächst an den Begriffen des Gewohnheitsrechts, des Billigkeitsrechts und des Naturrechts. In den determinativen Rechtsanwendungsprozessen figurieren diese Begriffe als Zeichen für Merkmale der Konklusion im Schlußsatz einer determinativen syllogistischen Subsumtions-Operation, während Gewohnheitsrecht, Billigkeitsrecht oder Naturrecht (und entsprechend das objektive Recht der authentischen Interpretation!) als Zeichen des objektiven Rechts, gelöst von Rechtsanwendungsprozessen, derart in das Begriffspotential des objektiven Rechts eintreten, daß Zeichen für Endstufen von determinativen Normierungsprozessen *konstitutiv* und damit Zeichen für *Obersätze* späterer auslegender syllogistischer Subsumtions-Operationen geworden sind[109]. Dieser Umschlag erklärt

---

[107] Deutsche Beispiele: Art. 2 EGBGB, §§ 157, 186ff. BGB, für die Vereinigten Staaten z. B. der Pennsylvanische Statutory Construction Act, Purdon's Pa. Stat. Ann., Titel 46, §§ 501ff.

[108] S. oben S. 81 f. und A. 66.

[109] Zur Abwandlung der Kategorie der Determination in den verschiedenen Schichten des Realen vgl. *N. Hartmann*, Der Aufbau der realen Welt, 1940, 313ff., 556ff.

insbesondere den oft befragten Gegensatz von Naturrecht (Law of Nature) und natürlichem Recht (Natural Law): natürliches Recht ist positiviertes Naturrecht, also positives Recht, und dient dann nicht als Zeichen für die Auslegungs- und Rechtsanwendungsprozesse, welche die Heimat des *Naturrechts* darstellen, sondern höchstens als Zeichen für Auslegungsdirektiven — man vergleiche z. B. die Anweisung des § 16 des Portugiesischen Zivilgesetzbuches von 1867, in Zweifelsfällen nach natürlichem Recht zu entscheiden.

Prägnanter Spezialfall dieses Umschlages vom Determinativ zum Konstitutiv ist dann der der Umwandlung von enumerierten Determinativen von Rechtsanwendungsprozessen zu Konstituenten des objektiven Rechts (der juristischen „Topoi" zu juristischen Thesen oder „Axiomen", der „principles" zu „rules")[110], wodurch normlogisch eine Umwandlung von Konklusionsmerkmalen zu Tatbestandsmerkmalen eintritt: die determinative Kausalität wird zur konstitutiven Causa, wobei gewissen Erscheinungsformen der neuen Konstituente freilich die Eierschalen der alten determinativen Situation anhaften: indem nämlich z. B. die konstitutive causa formalis sich nur mit dem spezifischen Denkbehelf der determinativen Rechtsanwendungsprozesse, also nur aus einem funktionellen Urteil, nicht aus einem substantiellen Urteil heraus erklären läßt.

Vom Standpunkt der Auslegungsprozesse aus lassen sich die Inhalte dieses die Auslegung dirigierenden objektiven Rechts (wie überall, wo eine Determination dirigiert werden soll, z. B. bei der Kausalität) in *Auslegungsprinzipien* (canons and rules of interpretation)[111] und *Auslegungsbegriffe* (sources and standards of interpretation)[112] aufgliedern. Rechtsgeschichtlich herrscht völlige Konfusion und Scholastik[113]. In der Tat hat schon *Savigny* gefunden, daß die Auslegung sich nicht durch Regeln bestimmen oder erlernen lasse, sondern Kunst und — so läßt sich fortfahren — nicht lehrbares, sondern nur exerzierbares Ergebnis von „Urteilskraft" sei[114]. Heute lassen sich als allgemeine Auslegungs*prinzipien* mit Sicherheit die beiden Gegensatzpaare der *gebundenen* und der *freien* Auslegung, weiter die der *restriktiven* und der *extensiven* Auslegung herausstellen, wobei die (z. B. an authentische Interpretation, vor allem aber an Präjudiz und Lehre) *gebundene* Auslegung durchweg führt[115], freilich durch den (überwiegenden) Vorrang des Extensitäts-

[110] Vgl. *Esser*, a. a. O. 525 u. A. 50 und *Viehweg*, oben A. 2.

[111] *Shartel* 352, römisch bei *Schiller* 93ff.

[112] *Shartel* 328, Restatement of Contracts, sect. 226ff., 235, 236.

[113] Vgl. den Überblick bei *Schiller* 88ff.,99ff.,103 (speziell zu *Rogerius*, 1160, *Azo*, 1209 und *Penna*, 1360).

[114] Vgl. *Scheuerle*, a. a. O. 28 und ds., Kants Auffassung von der Urteilskraft des Richters, Zeitschr. f. d. gesamte Staatswissenschaft, Bd. 109, 1953, 691ff., besonders 691f. (s. a. oben A. 50). Technische Exemplifikationen z. B. bei *Bartholomeyczik*, Die Kunst der Gesetzesauslegung, Frankfurt/M. 1951.

[115] Relativ freie Auslegung bei der *Rechts*lückenfüllung, absolut freie Auslegung nur nach der Freirechtsschule! — *gegen* die freie Auslegung z. B. auch *Shartel* 327f., und vor allem 350. Aus der Literatur: *Ehrlich*, Freie Rechtsfindung und freie Rechtswissenschaft, 1903, *Kantorowicz* (Gnaeus Flavius), Der Kampf um die Rechtswissenschaft, 1906, *Gény*, a. a. O. Bd. 2, 330ff., *Manigk*, Formalismus und Freiheitslehre, *Stier-Somlo*, Handwörterbuch der Rechtswissenschaft, Bd. 2,

prinzips (D 1, 3, 25 — 48, 5, 12, 12 — 50, 17, 90) im zweiten Gegensatzpaar kompensiert wird: die alte Faustregel, daß der Gesetzgeber restriktiv, der Richter extensiv interpretiere[116]. Das Prinzip der extensiven Auslegung umfaßt das der benigna interpretatio (z. B. D 50, 17, 56), das der Analogie und einige Interpretationsargumente bei der Lückenschließung. Die extensive Auslegung arbeitet mit dem Instrument der faktischen Implikation, zu deutsch der Annahme stillschweigender Gesetzesaussage: so genügt nach solcher faktischen Implikation die stillschweigende Annahme nicht nur für den Fall des § 151, sondern auch für den des § 147 BGB.

Das AR geht lieber restriktiv voi[117] — das Gesetz, das bei uns die Regel darstellt, ist hier immer noch die Irregularität, mit Regularitäten geht man vertrauter und großzügiger um als mit Irregularitäten.

Zu diesen beiden allgemeinen prinzipiellen Dualismen tritt als spezieller Dualismus im Rahmen der Auslegungsfrage nach dem „Willen des Gesetzgebers"[118] der Dualismus der sogenannten subjektiven und der sogenannten objektiven Theorie, wobei die subjektive Theorie nach dem „Zweck der Gesetzgebung und nach dem Werturteil der Kulturgemeinschaft zum Zeitpunkt der Erlassung des Gesetzes fragt", die objektive Theorie dagegen das Gesetz völlig von den Vorstellungen der am Gesetzeserlaß beteiligten Personen loslöst und lediglich die Frage stellt, „was ein Gesetz, das angesichts der gegenwärtigen Interessenlage gegenwärtig eine solche Regelung trifft, damit vernünftigerweise in Ausführung der Werturteile der gegenwärtigen Kulturgemeinschaft bezwecken könne"[119]. Da „der Gesetzgeber" — wie oben erwähnt — als logisches Zurechnungsobjekt, nicht als psychologische Substanz aufzufassen ist, liegt die objektive Theorie in Führung: von ihr wird insbesondere die *Gény*sche Direktive vom sozialen Zweck (but social) bestimmt, die den alten „favor publicus" des ***Baldus*** wieder aufnimmt[120] und im modernen AR häufig auch als „funktioneller Angriff" (functional approach) auftritt[121]. Auf der anderen Seite steht die berechtigte Auslegungsneugier nach der Genesis des Ge-

---

474, *Ernst Fuchs*, Was will die Freirechtsschule? Rudolstadt 1929, *Stoll*, Begriff und Konstruktion in der Lehre der Interessenjurisprudenz, Festgabe für Heck, Tübingen 1932, *Müller-Erzbach*, Wohin führt die Interessenjurisprudenz? Tübingen 1932.

[116] *Rogerius* (um 1160), s. *Schiller* 100.

[117] S. besonders *Shartel* 383 A. 1, im übrigen s. oben S. 75.

[118] Vgl. hierzu letztens die Mainzer Dissertation von *E. Pickel*, Der Wille des Gesetzgebers als Mittel und Bindung der Rechtsfindung in der höchstrichterlichen Ziviljustiz, 1956.

[119] *Lehmann*, a. a. O. 54.

[120] Bei *Schiller*, 105.

[121] Dazu -- vom anglo-amerikanischen Standpunkt aus — *Stone*, The Province and Function of Law, 1946, 152—154, *Friedmann*, Legal Theory, 1944, 211—216. Das Adjektivum „funktionell" wird hier allerdings nicht im logischen Sinne des funktionellen Urteils gebraucht (s. oben A. 2), sondern im ideologischen Sinne der Bezeichnung eines sozialen Postulats.

setzes, damit auch die Berechtigung, die *Motive* des Gesetzgebers zu erforschen, wobei dann durchaus auch psychologisch und personal gefragt werden kann.

Was die *Auslegungsbegriffe* anlangt, so hat die Vierteilung der grammatischen, logischen, historischen und systematischen Auslegungsbegriffe bei *Savigny* „klassische Reputation" erworben[122], leidet jedoch unter der Verkennung der voluntaristischen, emotionalen und werturteilsmäßigen Elemente, die jeder Auslegung, ganz besonders aber der normativen rechtsanwendenden Auslegung durch den Richter zugrunde liegen[123].

Das AR bringt den gesamten Komplex dieser Auslegungsprinzipien und -begriffe in den drei „Theorien" der „free interpretation", des „legislative intent" und des „verbal meaning" unter[124], wobei die Theorie der freien Interpretation auch hier stark zurücktritt (und im wesentlichen nur noch der Untermauerung des Primats der richterlichen Auslegung dient)[125] und die Theorie vom „Willen des Gesetzgebers" (immer in der logischen Gestalt der mens oder ratio legis, also eines Zurechnungspunktes) die Prinzipien des legislativen Intents und der verbalen Bedeutung überkrönt.

Hinter all diesen Auslegungsprinzipien und -begriffen (methodisch also nicht etwa am Eingang der Auslegungslehre, wo vielmehr der Sachverhaltsbezug hingehört!) steht nichts anderes als die Überlegung, daß Normen Rechtssätze, d. h. geäußerte Urteile, sind, in denen Gedanken symbolisch-sprachlich niedergelegt wurden und die demnach hermeneutisch-semantisch auf ihren Sinn zu prüfen sind[126], was einmal dadurch erreicht werden kann, daß man den *patenten* Sinn berücksichtigt — dann käme es zur Verbalauslegung[127] — und zum andern Male, indem man sich um den *latenten* Sinn bemüht und diese latente Bedeutung der normativen Erklärung (the sense of the implication of this expression) zu erfassen sucht[128].

Verbalinterpretation ist zunächst strenge Literal-Interpretation: im klassischen Rom wurden Worte wie occidere und frangere bekanntlich so literal und auf den Buchstaben hin interpretiert, daß es, um überhaupt ein Auskommen mit der lex zu finden, der schon erwähnten leges utiles bedurfte[129] (entsprechend führt in der englischen Assumpsit-Geschichte das literale Kleben an der Trespass-Norm zu den Aktionen „on the case" im

---

[122] *Scheuerle* 28.

[123] Vgl. *Scheuerle* 28.

[124] *Shartel* 321.

[125] *Shartel* 327f.

[126] Vgl. *Wurzel*, a. a. O. 13, *Shartel* 318f., logistisch dazu *S. Langer*, a. a. O. 48: Auslegung unter dem Gesichtspunkt der meaning-Theorie.

[127] *Shartel* 329 — vgl. die „goldene Auslegungsregel" des „index animi sermo", Erdrick's Case, 1603, 5 Co. Rep. 118a, b.

[128] *Shartel* 329.

[129] Vgl. z. B. D. 50, 16, 120, Einzelheiten bei *Schiller* 91f.

zweiten Statut von Westminster). Artikel 20 des bürgerlichen Gesetzbuches von Chile verlangt die verbal-*naturale* Interpretation im Gegensatz zur verbal-rechtstechnischen Auslegung: Logan v. Logan (11 Colo. 44, 1888) interpretiert dementsprechend z. B. den Begriff des Vermächtnisses (legacy) nicht im verbal-rechtstechnischen, sondern im verbal-naturalen Sinne, und ähnlich scheint es bei den oben beobachteten Subordinationsfällen in Bezug auf die Begriffe law und contract zu stehen[130]. Verbal-technisch werden vor allem die Redaktionsversehen verbessert: wenn § 1120 BGB die Zubehörstücke, welche nicht in das Eigentum des Grundstückseigentümers „gelangt" sind, vom Hypothekenzugriff ausnimmt, so steht fest, daß nicht schon eine vorübergehende Eigentumserlangung (die danach *vor* dem Eintritt der hypothekarischen Belastung rückgängig gemacht worden ist) die Zubehörstücke der Hypothek unterwirft, sondern nur diejenige Eigentumserlangung, die zum Zeitpunkt des Eintritts der hypothekarischen Belastung noch vorliegt, so daß also die Worte des § 1120 BGB „in das Eigentum gelangt sind" im Wege richtiger technischer Verbalinterpretation als „im Eigentum standen" zu lesen sind[131].

Die Auslegung nach dem *latenten* Inhalt der Norm steht im AR zunächst einmal unter den beiden Postulaten der „*extrinsischen Konstruktion*" (Erklärung durch Ergänzung, z. B. bei der Auslegung von rechtsgeschäftlichen Urkunden)[132] und der *historischen Rückblendung* (im Sinne der deutschen subjektiven ex-tunc-Theorie)[133]. Unter letztgenanntem Gesichtspunkt wird die Auslegung nach den drei *Kontexten* der Gesetzesgeschichte (history of enactment), des generellen Wissens der Entstehungszeit (general context) und des sonstigen Rechtes der Entstehungszeit (legal context) betrieben[134], wobei innerhalb des Gesetzesgeschichtskontextes das Sonderproblem der Berücksichtigung der Motive des Gesetzgebers auftaucht. Die kontinentalen Rechte lassen die Berücksichtigung der Motive des Gesetzgebers bekanntlich ohne Bedenken zu. Vor allem bei widerspruchsvoller oder sonst mangelhafter Gesetzessprache ist auf die „travaux préparatoires" zurückzugehen — man denke bei uns an den üblichen Gebrauch der Materialien und der Motive zum BGB oder an die französische Berücksichtigung aller präliminären Vorgänge, z. B. ministerieller Feststellungen, Kommissionsreporte, Parlamentsdebattenreporte. Das Urteil des Bundesverfassungsgerichtshofes vom 24. 2. 1953 (NJW 1953, 499) beruft sich ausdrücklich

---

[130] S. o. S. 75.

[131] *Palandt,* Kommentar zum Bürgerlichen Gesetzbuch A. 6 zu § 929, dazu RG JW 15, 445 und die Vorschläge zur Umdeutung des § 1120 im Sinne einer Ausdehnung des Begriffs „Eigentum" auf den des Eigentumsanwartschaftsrechts (*Letzgus, Reinecke, Westermann*).

[132] Vertragsergänzung durch Konstruktion z. B. in RGZ 92, 420.

[133] *Shartel* 345, s. o. S. 75.

[134] *Shartel* 344, 330.

zwecks Gesetzesauslegung auf die Stellungnahme bestimmter Abgeordneter während des Gesetzgebungsverfahrens. Demgegenüber lehnen die Vereinigten Staaten und England (freilich mit zunehmender Großzügigkeit) die Berücksichtigung der präparatorischen Gesetzesarbeiten ab[135]. Aufschlußreich ist State v. Partlow (91 N.C. 497, 1884): der Angeklagte war des rechtswidrigen Verkaufs von alkoholischen Getränken innerhalb einer Bannmeile um die Zionsbergkirche entgegen einem Nordcarolinischen Gesetz von 1881 angeklagt. Unglücklicherweise gab es im selben Kreise zwei Zionsbergkirchen, ohne daß das Gesetz zum Ausdruck gebracht hatte, welche von den beiden Kirchen gemeint war. Der Staatsanwalt bestellte einen Senator des Nord-Carolinischen Abgeordnetenhauses zum Zeugnis dafür, daß die vom Gesetz gemeinte Zionsbergkirche in der Tat diejenige war, deren Bannmeile vom Angeklagten alkoholisiert worden war. Das Appellationsgericht lehnte es jedoch ab, diese Zeugenaussage und damit die präparatorischen Gesetzesarbeiten zu berücksichtigen, und erklärte das betreffende Gesetz für widersprüchlich, unwirksam und nichtig (inoperative and void).

Der generelle Kontext betrifft den kulturellen Hintergrund der gesetzlichen Norm zur Entstehungszeit. Die Auslegung nach dem generellen Kontext verbot insbesondere die Übernahme englischer Gesetze in der Entstehungszeit der Vereinigten Staaten. Hierbei ist der Erlebnisbereich der zeitgenössischen Rechtsgenossen (bei lokal begrenzten Gesetzen auch der entsprechenden Ortsgenossen) zu berücksichtigen, fernerhin der derzeitige Stand der Wissenschaft, der allgemeine geschichtliche Standort der Rechtsgenossen, auch der derzeitige Sprachgebrauch (Stichworte: common experience, science as a tested knowledge, general history, usages of language)[136]. Auch hierher gehört die oben (S. 75) schon erwähnte Entscheidung McBoyle v. United States (283 U. S. 25, 1931), wo ein Gesetz über den Diebstahl von Motorfahrzeugen aus dem Jahre 1919 dahin ausgelegt wurde, daß es keine Anwendung auf den Diebstahl eines Flugzeuges finden könne: der übliche Sprachgebrauch verstehe unter einem „vehicle" im Sinne des Gesetzes ein landbewegliches, jedenfalls nicht ein fliegendes Gefährt, zum Zeitpunkt des Gesetzeserlasses im Jahre 1919 hätte es durchaus schon Flugzeuge gegeben, der Gesetzgeber habe also seine Gründe gehabt, den Anwendungsbereich des Gesetzes nicht auf Flugzeuge auszudehnen.

Die Auslegung nach dem Legalkontext betrachtet die einzelne Norm im Lichte der Totalnorm, derjenigen, die für die Lösung eines konkreten Falles herangezogen werden muß und in der die einzelne Norm wie in

---

[135] Literatur bei *Shartel* 345, Anmerkungen, s. a. *Tetzlaff*, Die Bedeutung der Gesetzesmaterialien in der anglo-amerikanischen Rechtsprechung, Diss. Kiel 1955, 1956.

[136] *Shartel* 330—332.

einer Schlachtreihe steht[137]: wenn eine Polizeiverordnung das Mitbringen von Hunden in Lebensmittelgeschäfte untersagt, so wird wohl auch ein gezähmter Wolf darunter fallen (ebenso gut ein Subordinationsfall, ja ein Projektionsfall!). Im AR hat hier das Verhältnis zwischen Gesetz und Common Law (dem aus richterlichen Normen bestehenden Landrecht) eine besondere Bedeutung: die „Rule in Heydon's Case" (1584) befiehlt z. B., ein Gesetz grundsätzlich aus der Norm des Common Law heraus zu interpretieren[138]. Auch die Aufrechterhaltung der Harmonie zwischen einer neuen und der schon existierenden Norm wird erstrebt, die „pari-materia-Doctrine": „laws in *pari materia*, or upon the same subject matter, must be construed with a reference to each other; what is clear in one statute may be called in aid to explain what is doubtful in another" (Art. 17 des Louisiana Civil Code). Die Harmonie *innerhalb bestimmter Gesetze* soll nach der „ejusdem-generis-doctrine" ausgerichtet werden: einzelne Normen eines Gesetzes sind danach mit dem Blick auf die übrigen auszulegen, schlechthin gesetzliche Normen vor allem im Hinblick auf die Verfassungen, im Zweifel sei auch anzunehmen, daß verschiedene Gesetze in bezug auf die gleiche Materie grundsätzlich die gleichen Begriffe verwenden wollten[139].

Allen diesen Auslegungsmaximen gegenüber drängt sich jedoch zwar nicht die freie Auslegung, wohl aber die dynamische und funktionelle Auslegung nach dem *Gény*schen „but social" in den Vordergrund, damit (wie bei uns) die objektive Auslegung ex nunc, mit dem Ziele der unbedingten Vermeidung einer Blockierung der gesellschaftlichen Entwicklung. Amerikanischer Ausgangspunkt ist hier die Entscheidung des Obersten Gerichtshofes in Gibbons v. Ogden (9 Wheat. 1, 1824) in bezug auf sect. 8, 5 des ersten Artikels der amerikanischen Konstitution „Congress shall have power to regulate commerce among the several states". Der höchste Gerichtshof des Staates New York hatte diese Klausel restriktiv nur auf den Warenhandel (traffic in goods) bezogen, wohingegen der höchste Gerichtshof in Washington sich für eine weite und umfassende Einbeziehung aller Sparten des wirtschaftlichen Verkehrs zwischen den Einzelstaaten aussprach. Damit rückt die aktuelle Rechtspolitik (legal policy) an die führende Stelle der Auslegungsmaximen[140],

---

[137] S. oben A. 82 — ar Stichwort: „the law is a seamless web" (Maitland), *Shartel* 335.

[138] Neuerdings angewandt z. B. in British Coal Corp. v. The King, A. C. 500, 1935, s. a. *Shartel* 336.

[139] Hierzu *Shartel* 340, 363, s. übrigens schon *Celsus*, D. 1, 3, 24.

[140] Vgl. *Shartel* 338, vgl. dazu *Less*, a. a. O. 84ff., nicht zu verwechseln mit der „public policy", die zunächst dem kontinentalen ordre public entspricht und dann zu einem zivilistischen Unwirksamkeitsmerkmal erweitert wird, ähnlich den deutschen Tatbeständen der §§ 134, 138 BGB, vgl. hierzu *W. G. Becker*, Die amerikanischen Goldklauselurteile, Rabels Z., 1935, 282 A. 3, neuestens *Abraham*, Die Doktrin der Public Policy, Arch. f. d. ziv. Prax., Bd. 150, Tübingen 1949, 385ff.

methodisch eine Verbindung des „context of enactment" mit dem „present context", so daß zwar der Gesetzestext primär ex tunc ausgelegt wird, als Ziel der Auslegung aber der ex nunc objektive Gebrauch des Gesetzes proklamiert wird[141]. Zur Illustration zunächst Nye v. United States (313 U.S. 33, 1914): der Vater eines auf rechtswidrige Weise getöteten Sohnes, selbst „feeble in mind and body", war von zwei anderen interessierten Personen, A und B, dazu gebracht worden, die Betreibung eines Gerichtsverfahrens zu unterlassen, und zwar durch Verhandlungen, die sich räumlich innerhalb einer 100-Meilen-Zone um das Gebäude des zuständigen Gerichts herum abspielten. A und B standen danach unter Anklage wegen „Contempt of Court" im Sinne des § 268 des Judicial Code der Vereinigten Staaten. Die Vorschrift ging auf ein Gesetz vom Jahre 1831 zurück, welches den Strafnormtatbestand authentisch dahin definierte, daß er nur Handlungen „in the presence" des Gerichts betraf. Das Gericht lehnte es ab, sich auf geographische Untersuchungen und darauf einzulassen, daß das Gesetz von 1831 offensichtlich auf Vorstellungen aufgebaut war, welche von den derzeitigen amerikanischen Verhältnissen lose organisierter, großräumiger Nachbarschaft ausgingen, beschränkte daher den Tatbestand des Contempt of Court auf aktuelle Gerichtsungebühr und sprach die Angeklagten vom *Contempt of Court* frei. Weiterhin Caminetti v. United States (242 U.S. 470, 1916): A war angeklagt, Frau B zu unmoralischen Zwecken von Sacramento/California nach Reno/Nevada transportiert und damit das sogenannte Weiße-Sklaven-Gesetz (Mann Act) von 1913 verletzt zu haben. Der Oberste Gerichtshof der Vereinigten Staaten unterschied in seiner Gesetzesauslegung feinsinnig ein gelegentlich bei jedermann zu beobachtendes immoralisches Verhalten und die konstante Immoralität und Rechtswidrigkeit, welche das Gesetz in bezug auf den sogenannten Mädchenhandel im Sinne gehabt hatte, und weigerte sich daher, im vorliegenden Fall eine Verletzung dieses Gesetzes anzunehmen. Ferner wäre hier die Habeas-Corpus-Entscheidung Hoff v. State of New York (279 N.Y. 490, 1939) zu erwähnen, ein Fall der irrtümlichen Internierung in einer Anstalt für Geisteskranke[142]. Schließlich State v. Gorham (110 Wash. 330, 1920): eine Höchstgeschwindigkeitsnorm sei nicht verletzt worden, wenn sie von einem Polizeibeamten verletzt worden wäre, der sich selbst auf der Verfolgung eines Verkehrssünders befunden habe — wir würden in diesem Falle allerdings kaum mit Auslegung, vielmehr mit den Begriffen des Ausschlusses von Rechtswidrigkeit und Verschulden

---

[141] *Shartel* 358, A. unter Hinweis auf die mit *McCulloch* v. Maryland (4 Wheat. 316, 407, 415, 1819) beginnende und einstweilen bis zu United States v. South-Eastern-Underwriters' Ass. (322 U.S. 553, 1944) führende Entscheidungskette.

[142] Vgl. die bekannten Badischen Entscheidungen zu Artikel 104 GG, Deutsches Verwaltungsblatt 51, 602, dazu *Less*, a. a. O. 52f.

arbeiten, ähnlich mit der Annahme der Schuldausschließung die englische Entscheidung Queen v. Tolson[143].

Mindestens gleichberechtigt zur Rechtspolitik als Auslegungsmaxime erscheint jedoch die *Gesellschaftspolitik*: ein Gesetz kann für die Generation, in der es entstand, nicht dasselbe bedeuten wie für nachfolgende Generationen, die es anwenden[144]. Der gesellschaftspolitische „funktionelle Angriff" führt dabei mit Rücksicht auf die gerade in den Vereinigten Staaten stark herausgestellte Idee der Gesamtwirtschaftsordnung, ohne die es keine Beurteilung eines Rechtssatzes geben könne, zu überaus konkreten und distinktiven Entscheidungen, wie an zwei neuesten Auslegungsfällen dargetan sei. Im hochmotorisierten Staate Rhode Island, einem nördlichen Zwergstaat, dessen wirtschaftliches Heil von seinem geographischen Charakter als Durchgangsland abhängt, sollte einem Tankstellenbesitzer der Betrieb untersagt werden, weil der dabei unumgängliche Ölablauf angrenzende bäuerliche Ländereien benachteiligte. Die Beschränkung des Tankstellenbesitzers wurde vom Gericht abgelehnt, die angrenzenden Bauern hätten sich damit abzufinden, daß das Land vom Verkehr lebte. Dazu der höchste Gerichtshof des Staates Utah, eines bisher vorwiegend agrarischen, in den letzten Jahren aber in fortschreitender, von der Bevölkerung auch begrüßter Industrialisierung befindlichen Staates: im Zentrum des fruchtbaren agrarischen Anbaugebietes rund um die Stadt Salt Lake City wurde während des Krieges die größte Leichtmetallfabrik der Vereinigten Staaten errichtet, deren Abwässer die angrenzenden Ländereien bis zum Erliegen beschädigten. Die Unterlassungsklage agrarischer Anlieger wurde mit der Begründung abgewiesen, daß auch die agrarische Bevölkerung des Staates aus gesellschafts- und wirtschaftspolitischen Gründen die Industrialisierung einschließlich ihrer unabwendbaren Nebenerscheinungen tragen müsse[145].

---

[143] 1889, 23 Qu. B.D. 168, s. hierzu *Shartel*, a. a. O. 374ff., 376, 382.

[144] *Brown*, Law and Evolution, 29 Yale L. J., 394, 396, 1920.

[145] *Kronstein*, Neue deutsche wirtschaftsrechtliche Entscheidungen im Lichte des amerikanischen Antitrustrechts, Karlsruhe 1953. 15.

MODERNE ZIVILRECHTLICHE LEHREN ALS ERKENNTNISMITTEL DER RECHTSGESCHICHTE

Von Dr. Erwin Seidl

oö. Professor an der Universität Erlangen

Der „Allgemeine Teil des bürgerlichen Gesetzbuches" des verehrten Jubilars war für manchen von uns das erste juristische Buch, das wir studierten, und er ist uns dann sicherlich für das ganze Leben ein vertrauter Mentor geblieben, bei dem wir uns immer wieder Rat holten. Wenn nun gerade der Anfänger zu dem rein begrifflichen Denken neigt nach dem man glaubt, die Jurisprudenz auswendig lernen zu können, so rüttelte doch schon damals seine Bemerkung die jungen Gewissen wach[1]: „In den letzten Jahren ist die Erkenntnis gewachsen, daß eine . . . Interessen- und Zweckforschung der Anwendung des Rechts vorausgehen muß." Gewiß ist man sich auch heute noch nicht einig, wie man eine solche Methode zweckmäßig bezeichnen soll, auch sind die neuen Methoden unter sich nicht einheitlich. Der Name „Interessenjurisprudenz"[2] bringt doch nur pars pro toto zum Ausdruck, wie man es machen soll; denn außer den Interessen sind auch Beherrschungsvermögen und Risiko als äußerlich feststellbare, Vertrauen, Gemütsbewegungen als in der Seele des handelnden Subjekts festzustellende Tatsachen heranzuziehen[3]. Der Ausdruck „Kausales Rechtsdenken"[4] ist, zugegebenermaßen, etwas farblos, weil man auch in der Vorstellung der Begriffsjurisprudenz manches mit „Ursache" oder „Causa" benannte, was von den Vertretern der neuen Richtung nicht als solche angesehen werden kann. „Notatives Rechtsdenken"[5], an sich auch eine taugliche Bezeichnung, bringt eine Variante der neuen Richtung zum Ausdruck, bei der das Hauptgewicht auf die Fallentscheidung gelegt wird und namentlich das Denken in Institutionen abgelehnt wird. So mag vielleicht

---

[1] Jetzt 7. Aufl. (1952) S. 51. Vgl. auch *Enneccerus-Nipperdey*, Allgemeiner Teil 14. Aufl. § 23 S. 70ff.

[2] *Heck*, Begriffsbildung und Interessenjurisprudenz, 1932. *Müller-Erzbach*, Wohin führt die Interessenjurisprudenz? 1932.

[3] *Müller-Erzbach*, Die Rechtswissenschaft im Umbau. 1950.

[4] *Müller-Erzbach*, a. a. O. *Löhlein-Seidl*, Studien zum kausalen Rechtsdenken. Festgabe für Müller-Erzbach. 1954.

[5] *Becker*, Rerum notitia. Die Entscheidung aus dem Sachverhalt. Juristische Rundschau 1948.

„soziologische“ Methode der einleuchtendste Name sein[6], wenn wir dabei nicht vergessen, daß es nur die Zielsetzung ist, die von der Soziologie übernommen wird, während sich die offiziellen Vertreter dieser Wissenschaft heute fast nur mit großen, das Staatsleben beeinflussenden Tatbeständen beschäftigen, und zu den kleinen, die für die Wissenschaft vom Privatrecht wichtig wären, noch nicht gekommen sind. Aber die meisten der neueren Richtungen setzen in irgendeiner Weise eine soziologische Betrachtung des Sachverhalts voraus und wollen sie bei der Entscheidung berücksichtigt haben.

Doch mag der Streit um einen Namen ein Streit um Worte sein, der uns hier nicht berührt. Die Tatsache, daß an eine juristische Entscheidung heute andere Ansprüche gestellt werden, als vor einem halben Jahrhundert, ist da. Die rein deduktive Ableitung der Entscheidung aus einem Begriff steht nicht mehr hoch im Kurse; niemand will mehr das Odium der „Begriffsjurisprudenz“ auf sich nehmen, sondern die meisten bemühen sich heute, die genannten Sachverhalte des Lebens festzustellen und sie bei ihren Entscheidungen zu berücksichtigen.

Am wenigsten beliebt ist aber die neue Methode bei den Rechtshistorikern, namentlich denen des römischen Rechts. *Kaser* wandte sich gegen meinen Versuch, „den Gegensatz zwischen der Begriffs- und der Interessenjurisprudenz schon in das römische Recht hereinzutragen“[7], doch steht seinen theoretischen Bedenken gegenüber, daß er es in seiner neuen Darstellung des römischen Privatrechts durchaus nicht verschmäht, neben vielen deduktiven Schlüssen auch die moderne zivilrechtliche Lehre anzuwenden. So z. B., wenn er das Rätsel erörtert, weshalb der Pfandgläubiger im Gegensatz zum Mieter den „Interdiktenbesitz“ hat, S. 329: „Der Interdiktenbesitz des Pfandgläubigers hat vielleicht geschichtliche, jedenfalls aber praktische Gründe, weil der Pfandgläubiger zuweilen stärker an der Bewahrung des Besitzes interessiert ist als der Verpfänder.“ . . . „Praktisch gesehen, erscheint der Pfandgläubiger besonders dann schutzbedürftig, wenn der Schuldner nicht zahlungskräftig ist, darum nur geringe Aussicht hat, das Pfand einzulösen.“ Ich selbst schrieb[8]: „Denn es mochte oft so gewesen sein, daß der überschuldete Verpfänder gar keine Aussicht mehr hatte, das Pfand wieder einzulösen und daher kein Interesse, den Pfandgläubiger im Prozeß gegen einen Dritten zu verteidigen.“ Ich glaube nicht, daß der Gegensatz zwischen *Kasers* Meinung und der meinigen so groß ist, daß es notwendig wäre, auf seine Bedenken einzugehen. Er verschmäht die „Interessenjurisprudenz“ jedenfalls dann nicht, wenn er mit einem bloß begrifflichen Denken zu einer Erklärung nicht kommen könnte.

[6] *Seidl*, Studia et Documenta 15 (1949) 320f.

[7] Studi Koschaker I (Milano 1954) 566, 2. Vgl. auch: Das römische Privatrecht. 1955, 189, 210.

[8] Römisches Privatrecht. 1948, 48.

Einen anderen Einwand brachte *San Nicolò*[9]: eine Anwendung der „Interessenjurisprudenz" in der Rechtsgeschichte sei ohne genaue Kenntnis der wirtschaftlichen und sozialen Verhältnisse der vergangenen Zeit nicht möglich. Dieser Einwand, der ja an sich davon ausgeht, daß die Anwendung möglich ist, wenn diese genaue Kenntnis gegeben ist, greift tiefer. Wir können ihm zweierlei entgegenhalten: 1. dann müßte auch die Anwendung der Begriffsjurisprudenz in der Rechtsgeschichte, die nun allgemein üblich ist, unmöglich sein, ohne genaue Kenntnis darüber, daß auch die Menschen der Vergangenheit einen bestimmten Begriff schon hatten und bereit waren, deduktiv Schlüsse aus ihm zu ziehen, 2. es ist in vielen Fällen gar nicht so schwierig, ein Bedürfnis, ein Interesse, ein Beherrschungsvermögen, ein Risiko oder auch einen subjektiven Sachverhalt festzustellen. Daß der Käufer die Kaufsache haben, der Darleiher das hingegebene Kapital wieder zurückbekommen, der Ehemann die Frau für sich allein haben möchte, braucht mir nicht erst durch einen zeitgenössischen Schriftsteller belegt zu sein, sondern das sehe ich aus einer actio auctoritatis, einer actio certae creditae pecuniae oder aus den Ehebruchs-Paragraphen des Codex Chammurabi auch so. Und so halte ich auch den Schluß auf die Möglichkeit eines schwachen Interesses des Verpfänders, den *Kaser* und ich, wie oben erwähnt, gezogen haben, historisch durchaus für zulässig; es mag aber immerhin ein Grenzfall sein, wie weit man durch Studium der Interessenlage ein historisches Faktum erklären darf. Daß es aber Rätsel in der Geschichte gibt, die man mit keiner Methode beantworten kann, weil eben die Quellen dazu nicht ausreichen, ist jedem Historiker wohl vertraut; das spricht nicht gegen die Richtigkeit irgendeiner Methode. Ein Beispiel für eine nicht mehr zulässige „Ergänzung" einer nur unbekannten Interessenlage mag der Versuch sein, mit dem *Kaser* a. a. O. auch den Interdiktenbesitz des Precaristen erklären möchte, wenn er davon spricht, daß „der Precarist zuweilen ein größeres Interesse an der Besitzerhaltung hat als der precario dans". In diesem Falle glaube ich wirklich, daß uns die genauen Kenntnisse fehlen, um das Rätsel zu lösen. Der Eigentümer einer Sache, der sie nicht vermietet oder verleiht, sondern sie nur „auf Widerruf" übergibt, verteidigt sein Interesse an ihr sehr stark; er gibt auch zu erkennen, daß er ein sehr starkes Interesse an der Sache hat. Das gilt auch in den beiden von *Kaser* zitierten Fällen. Gai Inst. 2, 60 hat der Sicherungseigentümer dem Sicherungsgeber zwar die Sache auf Widerruf überlassen, aber das precarium wählte er offensichtlich deshalb, weil er Sicherungseigentümer bleiben wollte und weiterhin ein starkes Interesse an der Sache hatte, sonst hätte er sie ja unbedingt zurückgeben können. Dig. 43, 26, 20 (Ulpian) hat der Verkäufer dem Käufer trotz Nichtbezahlung des Preises die Sache auf Widerruf überlassen: auch

[9] Studia et Documenta 20 (1954) 488.

hier ist das precarium gewählt, weil er sein Eigentum bis zur Preiszahlung wahren wollte. In beiden Fällen sehen wir also deutlich, daß der precario dans ein sehr starkes Interesse an dem Schutz der Sache gegen Dritte hatte und wir müssen sagen: hier fehlen uns die genauen Kenntnisse, um sagen zu können, welches Bedürfnis die Prätoren befriedigen wollten, als sie dem Prekaristen den Interdiktenbesitz zubilligten. Man könnte sich wohl einen solchen Fall denken: wenn etwa der Sicherungsgeber bereits den größten Teil seiner Schuld abgezahlt hätte, — aber davon sagen uns die beiden Quellenstellen eben nichts, und sagt auch *Kaser* a. a. O. nichts — könnte man sagen: nun habe der precario dans ein allzu geringes Interesse am Interdiktenschutz, wogegen der Prekarist ein sehr starkes.

Doch sind es immer noch vereinzelte Fälle, in denen man in der römischen Rechtsgeschichte die modernen zivilrechtlichen Methoden zur Anwendung brachte[10]. Lehrbücher und Monographien gehen fast ausschließlich von den herkömmlichen Instituten aus. Nun läßt sich nicht bestreiten, daß deduktive Schlüsse aus Begriffen bei den Römern vom liber singularis ὅρων des Q. Mucius Scaevola (140—82 v. Chr.) bis zu Tribonian massenhaft vorkommen; und in diesem Gegensatz zu den modernen zivilrechtlichen Methoden liegt auch der innere Grund für die „Krise des römischen Rechts“ gerade bei solchen Studenten, die, angeregt durch *Heinrich Lehmanns* Bemerkung in seinem „Allgemeinen Teil“, für moderne zivilrechtliche Lehren aufgeschlossen sind. Noch häufiger aber geben die Digesten, wie in den oben erwähnten Fällen, für eine Entscheidung überhaupt keine Begründung an. Oder sie führen nur einen für uns nichtssagenden Autoritätsbeweis ins Feld[11]. Bei solchen Stellen können wir immerhin den im Unterricht wertvollen Versuch machen, sie mit modernen zivilrechtlichen Methoden zu erklären. Solche Versuche wären aber historisch falsch, wenn wir nicht auch beweisen könnten, daß in den Digesten tatsächlich soziologische Sachverhalte, wie Bedürfnisse, Interessen, Beherrschungsvermögen, Vertrauen u. ä. bei Entscheidungen herangezogen wurden.

Im folgenden soll daher eine Reihe von Digestenstellen durchgenommen werden, die ausnahmsweise eine Begründung geben, und es soll dabei gezeigt werden, daß ihre Verfasser objektiv feststellbare Elemente des Lebens zugrunde gelegt haben. Es soll damit gleichzeitig be-

---

[10] Für Anwendung traten schon ein: *Schnorr v. Carolsfeld*, Arch. f. Rechts- u. Sozialphil. 27, 404. Mein erwähnter Grundriß über römisches Privatrecht. Ferner die Werke von *E. Betti*, insbes. seine Istituzioni di diritto romano. I. 2. Aufl. Padova 1947. *F. Haymann*, der in seinen jüngeren Jahren ein Anhänger der Begriffsjurisprudenz war und viele Interpolationsbehauptungen mit dieser Methode begründete, hinterließ uns einen posthum erschienenen Aufsatz „Schutz des guten Glaubens des leistenden Schuldners im römischen Recht“ BIDR, NS 10/11 (1948) 393, in dem er in weitem Umfang von den neuen Methoden Gebrauch macht.

[11] *Schulz*, History of Roman Legal Science. 1946, 124ff.

wiesen werden, daß das „römische Recht" auch noch dem etwas zu geben vermag, der sich als Zivilrechtler den modernen Methoden anschließt[12].

Wir sehen dabei, daß reichlicher Gebrauch von der Feststellung eines Interesses gemacht wird, daß die Proportionalität zwischen geschütztem und beeinträchtigtem Interesse berücksichtigt und daß das Beherrschungsvermögen gewürdigt wird.

Das *Interesse* wird einmal herangezogen, um Rechtssätze zu erläutern[13]. Africanus, Dig. 47, 2, 62, 5 behandelt folgenden Fall: A gibt dem B den Auftrag, einen bestimmten Sklaven zu kaufen. Dieser ist ein Dieb und bestiehlt den Mandatar. Diesen Schaden soll der Mandant tragen, auch wenn er kein Verschulden hatte, also weder wußte, daß der Sklave ein Dieb war, noch aus Fahrlässigkeit es nicht wußte. „Denn keinem dürfe eine Pflicht[14] schädlich werden, die er nur im Interesse des Vertragspartners, nicht auch in eigenem Interesse auf sich genommen habe" (nemini officium suum, quod eius, cum quo contraxerit, non etiam sui commodi causa susceperit, damnosum esse)[15]: Dazu kann man zunächst sagen: hier wird eine Regel formuliert. Zwar handelt es sich um die Entscheidung eines einzelnen Falles; es wird auch gar nicht gesagt, daß man immer bei einem Mandat so entscheiden müsse, sondern es wird nur gesagt, daß man in solchen Fällen nach dieser die Interessen berücksichtigenden Regel vorgehen solle. Die Regel kann man aber für die „Interessenjurisprudenz" in Anspruch nehmen. Sie hat eine auffällige Ähnlichkeit mit einer Regel, die im modernen Schrifttum *Müller-Erzbach* vertritt: Grundsätzlich müsse der, der sowohl im eigenen, als auch im Interesse des Gegners mit einem anderen in Beziehungen trete, nach dem Prinzip der Gefahrentragung nach Gefahrenbeherrschung einstehen, dagegen müsse er nur für Verschulden haften, wenn er lediglich im fremden Interesse mit einem anderen in Beziehungen trete[16]. Ohne hierzu Stellung zu nehmen, soll doch auf die Ähnlichkeit des Gedankenganges hingewiesen werden, die eben darauf beruht, daß beide die Haftung aus den Interessen heraus erklären wollen.

---

[12] Wir haben die Meister der Begriffsjurisprudenz, die fünf Zitierjuristen, hier nicht berücksichtigt, obwohl auch bei ihnen soziologische Gedankengänge vorkommen, ferner öffentlich-rechtliche und erbrechtliche Sachverhalte ausgeschlossen; uns also auf das Verkehrsrecht beschränkt.

[13] Es gibt eine Monographie „Zur Lehre von dem Interesse" von *Friedrich Mommsen*, Beiträge zum Obligationsrecht II. 1855; sie behandelt aber nur das Interesse vom Standpunkt eines zu ersetzenden Schadens und berührt sich deshalb mit unseren Untersuchungen nur sehr wenig.

[14] „Gefälligkeit?", so: *Heumann-Seckel*, Handwörterbuch.

[15] Richtige Interpretation der Stelle bei *Eisele*, Arch. Ziv. Pr. 84 (1895) 329 mit Zustimmung von *Müller-Erzbach*, ArchZivPr. 109 (1912) 49. Interpolationsbehauptungen bei *Beseler*, Beiträge 3, 66 und *Lenel*, ZSS 51 (1931) 47.

[16] (Mit Ausnahmen): Die Rechtswissenschaft im Umbau. 98. ArchZivPr. 106 (1911) 383ff. Dagegen *Nipperdey*-(*Enneccerus*) Allg. Teil 14. Aufl. 949. 14.

Sodann läßt sich die hier ausgesprochene Regel nicht trennen von dem sog. *Utilitätsprinzip*[17]. In einer anderen Africanus-Stelle, Dig. 30, 108, 12, wird nämlich ausgesprochen: bei den contractus bonae fidei werde beobachtet, daß dann, wenn das beiderseitige Interesse der Parteien (utriusque contrahentis commodum) im Spiele sei, auch für culpa, wenn nur das einer Partei, nur für Vorsatz gehaftet werde[18]. Derselbe Gedanke findet sich ferner in einer Stelle von Alfenus, Dig. 19, 2, 31 a. E.: in einem Geschäft, das in beiderseitigem Interesse (utriusque causa) abgeschlossen wurde, werde für culpa gehaftet[19]. Wir wollen hier nicht auf das Utilitätsprinzip und sein Alter eingehen, auch nicht auf die Richtigkeit dieses Prinzips, sondern wir wollen für unsere Untersuchung aus den zitierten Stellen nur das eine festhalten: hier liegen Stellen vor, die das Interesse als soziologischen Sachverhalt erkannt haben und es zur Begründung einer Entscheidung heranziehen. Insoweit können wir diese Stellen für die „Interessenjurisprudenz" in Anspruch nehmen.

Eine solche Bezugnahme auf das Interesse lesen wir auch bei Callistratus, Dig. 22, 5, 3 pr. Erörtert wird hier, ob ein Affidavit[20] als vertrauenswürdig anzusehen sei. Wenn kein Verdacht auf das Affidavit falle, weder wegen der Person des Zeugen, weil dieser anständig sei, noch wegen des Grundes, „weil es weder wegen eines materiellen Interesses, noch aus einem Dankesinteresse heraus, noch aus einem Feindschaftsinteresse heraus erbracht wird" (quod neque lucri neque gratiae neque inimicitiae causa fit), so müsse man es zulassen. Zu beachten ist hier, daß der Jurist zwischen einem materiellen Interesse und Beispielen für immaterielle Interessen eine Unterscheidung macht; es ist also keineswegs so, daß unsere Quellen an den immateriellen Interessen vorübergehen würden.

Nicht anders ist es bei einer Entscheidung von Julian, Dig. 47, 12, 6: ein Grabmal wurde verletzt. Der Eigentümer war im Interesse des Staates abwesend (rei publicae causa afuit), infolgedessen brachte ein anderer die Klage ein (subsidiäre Popularklage). Als der Eigentümer zurückkehrte, begehrte er Wiedereinsetzung in den vorigen Stand, um nun den Übeltäter selber verklagen zu können, ohne daß ihm dieser die Klagenkonsumption aus der litiscontestatio entgegenhalten könne. Dies wird

---

[17] *Kübler*, Festgabe Otto Gierke II (1910) 237ff. ZSS 38 (1917) 73ff. Für interpoliert halten dieses Prinzip *Kunkel*, ZSS 45 (1925) 312. *Wieacker*, ZSS 54 (1934) 64; doch hält er in der oben zitierten Africanusstelle die Worte sui commodi causa für genuin.

[18] Fast durchwegs für interpoliert gehalten, s. Index Interpolationum.

[19] Interpoliert nach *Haymann*, ZSS 40 (1919) 223, 1.

[20] Den englischen Ausdruck gebrauche ich hier, weil es sich, wie wir jetzt erst aus dem Prozeß der Justa wissen (*Arangio-Ruiz*, La parola del passato 3 [1948] 165ff.), um ein vorher schriftlich abgefaßtes Zeugnis handelt. Die gleiche Prozeßsituation kann im deutschen geltenden Recht nicht vorkommen, wohl aber im anglo-amerikanischen Recht.

abgelehnt. Denn diese Klage gehöre nicht zu seinem Vermögen, sondern nur zu seinem Interesse an Bestrafung (non ad rem familiarem eiusdem, magis ad ultionem pertineat[21]), und so sei nicht einzusehen, inwiefern die Lage dessen, der im Interesse des Staates abwesend war, dadurch schlechter geworden sei, daß ein anderer die Klage eingebracht habe[22]. Wiederum mutet die Entscheidung modern an: zwar im allgemeinen soll der, der im Interesse des Staates abwesend war, daraus keinen Nachteil haben und auch restitutio in integrum erhalten, wenn ein anderer eine Klage eingebracht hat, die ihm zustand. Aber das setzt eben voraus, daß er ein schutzwürdiges Interesse daran hat, die Klage selber einbringen zu können. Ist das nicht der Fall, weil die von einem anderen eingebrachte Klage sein Interesse vollauf befriedigt, so ist ihm auch die Wiedereinsetzung zu versagen.

Daß die Römer auch immaterielle Interessen gesehen haben, zeigt ferner die folgende, viel erörterte Stelle: Celsus, Dig. 6, 1, 38. Sie handelt davon, daß ein Nichteigentümer in gutem Glauben, das Grundstück sei sein Eigentum, auf diesem ein Bauwerk errichtet hat, nun aber der Eigentümer die Vindikation durchführen will. Da muß der Eigentümer die Aufwendungen, soweit sie wertsteigernd sind, ersetzen. Aber er muß das nur, soweit damit nicht mehr als seine Vermögensinteressen beeinträchtigt werden. Finge pauperem, qui, si reddere id cogatur, laribus sepulchris avitis carendum habeat: sufficit tibi permitti tollere ex his rebus, quae possis, dum ita ne deterior sit fundus, quam si initio non foret aedificatum. Das immaterielle Interesse, das den Eigentümer mit seinem angestammten Hause verbindet, muß höher gewertet werden als das Interesse des gutgläubigen Besitzers, Ersatz für seine Aufwendungen zu bekommen. Der Eigentümer darf nicht wegen dieses Vermögensinteresses des Besitzers gezwungen werden, Haus und Gräber zu veräußern, um die Aufwendungen bezahlen zu können[23]. Noch in anderer Beziehung ist diese Stelle „modern". Sie setzt nämlich voraus, daß der iudex eine solche Abwägung der materiellen Interessen des Beklagten und der immateriellen des Klägers ganz nach der Individualität des vorliegenden Falles vornehmen könne: dies ist die von *Becker*, a. a. O. geforderte „notative Jurisprudenz", die uns heute noch recht ungewohnt ist, — was aber nicht gegen ihre Richtigkeit spricht.

Für „Interesse" haben die Juristen auch ein Wort, „utilitas"[24], das freilich in anderem Zusammenhange auch einen anderen Sinn haben kann. Wo es aber nur „Interesse" bedeutet, wollen wir es objektiv, ohne uns

[21] Die Buße muß in diesem Falle nicht dem Kläger, sondern einer Körperschaft zugeflossen sein, was vorkommt, s. *Pfaff*, RE Sepulcri violatio.

[22] *Rechnitz*, Studien zu Salvius Julianus. Weimar 1925, 82 hält den hier wichtigen Teil der Stelle für interpoliert.

[23] Für interpoliert hält diesen Passus *Beseler*, Beiträge 4, 123.

[24] So auch *Friedrich Mommsen*, a. a. O.

von einem Vorurteil gegen „Utilitätserwägungen“ beeindrucken zu lassen, betrachten. Tryphoninus, Dig. 26, 3, 10 erörtert die Frage, von welchen Interessen sich der Prätor oder Statthalter bei der Einsetzung eines Vormunds leiten lassen solle: er solle nicht vom Wortlaut des Testaments, sondern nur von dem Interesse des Mündels ausgehen: utilitatem pupillorum praetor sequitur, non scripturam testamenti vel codicillorum. „Utilitas“ als „Interesse“ verwendet auch Neratius, Dig. 2, 11, 14: ein Procurator hat sich von einem Gestellungsbürgen keine Vertragsstrafe versprechen lassen, falls der Prozeßgegner zum ausgemachten Termine nicht erscheine; weil er dann kein eigenes Interesse am Erscheinen des Prozeßgegners habe (quia procuratoris, quod ad ipsius utilitatem pertinet, nihil interest sisti), so sei die Stipulation unwirksam. Das ist aber nicht immer richtig; es gibt auch einen procurator in rem suam[25]. Der Fehler, den wir dieser Fassung des Gedankens vorwerfen müssen, liegt darin, daß sie zu wenig „notative“ Jurisprudenz gestattet und zu sehr vom Normaltypus der Institution ausgeht. Tryphoninus ist immerhin 100 Jahre jünger als Neratius; doch kann es auch sein, daß die Kompilatoren einen einschränkenden Satz zwischen diesem und dem nächsten gestrichen haben. Denn die Stelle fährt fort: Wenn er dabei aber ein fremdes Interesse wahrnimmt (cum alienum negotium in stipulando egerit), so könne man schon die Meinung verteidigen, daß man hier auf das Interesse des Geschäftsherrn, nicht des Procurators sehen müsse (non procuratoris, sed eius cuius negotium gesserit utilitatem in ea re spectandam esse)[26]. „Utilitas“ als „Interesse“ begegnet auch bei Aquila, Dig. 26, 7, 34. Im Prozeß gegen den ungetreuen Vormund dürfen auch die Sklaven des Mündels gefoltert werden, soweit es im Interesse des Mündels liege (ad . . . pupillorum utilitatem admittendam [ev. besser adiuvandam, *Mommsen*]). Wiederum Tryphoninus, Dig. 27, 1, 45, 4 bespricht die Entschuldigungsgründe gegenüber einer Pflicht, Vormund zu werden. Wenn ein Freigelassener körperlich oder geistig so krank ist, daß er nicht einmal seine eigenen Angelegenheiten genügend wahrnehmen kann, so müsse man das mit Notwendigkeit berücksichtigen, daß nicht ein unmögliches Vormundsamt auferlegt werde, das der Freigelassene doch nicht ausfüllen könne, zum Schaden des Mündels und gegen sein Interesse (cum incommodo pupilli et adversus utilitatem eius). Wir notieren bei dieser Stelle voraus, daß sie nicht nur das Interesse, sondern auch das Beherrschungsvermögen berücksichtigt. Pomponius, Dig. 23, 4, 6 sagt, der Ehemann könne nicht gültig ausmachen, daß er wegen der Mitgift nur für dolus haften solle, natürlich wegen des Interesses der Bräute (videlicet propter utilitatem nubentium). Sextus Pedius, Dig. 9, 2, 33 pr. erklärt uns, der bei der Klage aus der lex Aqui-

---

[25] Vgl. *Maier*, Festschrift Rabel II, 205ff.

[26] Interpoliert nach *Beseler*, ZSS 47 (1927) 368.

lia zugrunde liegende Wert einer Sache müsse allgemein, nicht unter Berücksichtigung der immateriellen und materiellen Interessen der einzelnen festgelegt werden (non ex affectione nec utilitate singulorum, sed communiter). Es folgt ein Beispiel von einem Sklaven, der natürlicher Sohn seines Herrn ist, und deshalb von diesem um einen höheren Preis zurückgekauft würde, wenn er sich in fremden Händen befände. Tryphoninus, Dig. 49, 15, 12, 3 stellt die Behauptung auf, an Eheschließungen bestehe ein öffentliches Interesse (publica nuptiarum utilitas)[27], deshalb könne der filius familias eines in Gefangenschaft geratenen Vaters ausnahmsweise ohne dessen Konsens heiraten.

Gleichartige Interessenlage erlaubt die *Lückenausfüllung* durch Analogie. Auch das wußten die Römer schon, auch wenn *Kaser*, der die moderne zivilrechtliche Lehre überhaupt nur unter dem Gesichtspunkt der Lückenausfüllung sehen will, auch die Grundlage bestreitet, nämlich ein System von Rechtssätzen, das, wie er meint, umfassend sein müsse[28]. Venuleius, Dig. 43, 23, 2 gibt dafür ein Beispiel. Er erinnert daran, daß es ein interdictum de reficienda cloaca gibt, das gebietet: ne facienti vis fiat. Dieses darf aber auch dann gegeben werden, wenn eine neue Kloake angelegt wird, weil die gleiche Interessenlage vorliegt (quia eadem utilitas sit), wie sie dem Prätor bei der Fixierung des Interdikts de reficienda cloaca vorgeschwebt sei. Noch deutlicher spricht von der Lückenausfüllung bei gleicher Interessenlage Pomponius, Dig. 19, 5, 11: auch die Klagen, die durch Gesetz gegeben sind, ergänzt der Prätor, wenn das Gesetz gerecht und notwendig ist, in dem Punkt, der dem Gesetze fehlt. Das macht er (etwa) bei der lex Aquilia, indem er actiones in factum accomodatas legi Aquiliae gibt, und das fordert die Interessenlage bei diesem Gesetz (idque utilitas eius legis exigit)[29].

Zur „Interessenjurisprudenz" werden wir es auch rechnen dürfen, wenn ein Jurist das Interesse zur *Begriffsdefinition* verwendet. Das tut Neratius, Dig. 43, 20, 6. Er will den Begriff „aqua aestiva" beim interdictum de aqua aestiva erläutern, und tut das, indem er sagt: wenn das Interesse der Personen (utilitas personis), zu denen das Wasser geführt wird, nur im Sommer seinen Gebrauch fordert, so wird das Wasser mit Recht „aqua aestiva" genannt.

Sodann ist auch der Gegensatz zwischen der Methode der Begriffs- und der Interessenjurisprudenz in den Digesten schon ausgesprochen. *Kaser* tut mir also zuviel Ehre an, wenn er *mir* zuschreibt, als erster den Gegensatz „in das römische Recht hereinzutragen"[30]. Das hat, selbst wenn die Stelle interpoliert sein sollte, schon jemand getan, der mehr als

[27] Interpoliert nach *Beseler*, ZSS 45 (1925) 208.

[28] Privatrecht 189, 10.

[29] Vgl. auch Scaevola, Dig. 28, 2, 29, 6 — interpoliert nach *Faber*, s. Index Interpolationum.

[30] Studi Koschaker I 566, 2.

tausend Jahre älter ist als ich: Julian, Dig. 9, 2, 51, 2: Es kann mit zahllosen Beispielen belegt werden, daß im Zivilrecht vieles gegen die Begriffsjurisprudenz wegen der allgemeinen Nützlichkeit aufgenommen wurde (multa . . . in iure civili contra rationem disputandi pro utilitate communi recepta esse innumerabilibus rebus probari potest)[31].

Ferner wird das Interesse herangezogen, *um Verträge auszulegen*. So Africanus, Dig. 4, 6, 43: Jemand hat sich für die einzelnen Jahre, in denen er selbst oder der Gegner in Italien anwesend sein würde, etwas versprechen lassen. Nun aber ist auf einmal der eine von ihnen im Interesse des Staates (rei publicae causa) abwesend. Dann ist es Pflicht des Prätors, eine utilis actio einzuführen. — Beim Vertragsabschluß dachten eben beide Parteien nicht daran, daß einer unfreiwillig von Italien abwesend sein würde. Nun muß einer im Interesse des Staates von Italien fort; die Regel, daß ihm das nicht zum Nachteil gereichen dürfe, fanden wir oben schon erwähnt. Die Stelle geht nun *nicht* so vor, daß sie den Vertragsschließenden einen „stillschweigend" geäußerten Willen unterschieben würde, sondern der Prätor muß mit Vertragskorrektur eingreifen, wie wir sagen würden, weil das Interesse des im Dienst des Staates Abwesenden höher gewertet werden muß als das im Vertrag verteidigte Interesse des Gegners.

Ein anderes Beispiel für Vertragsauslegung unter Heranziehung des Interesses gibt Pomponius Dig. 17, 2, 15. Er erörtert die Gründe, weshalb ein Gesellschafter die Gesellschaft aufkündigen könne. Beispiel dafür ist, wenn ihm nicht erlaubt wird den Gegenstand zu genießen, um dessenwillen er das Geschäft eingegangen ist, (wir würden sagen: wenn das dem anderen Gesellschafter erkennbare Interesse nicht erreicht wird). Ebenso Pomponius, Dig. 18, 3, 2. Der Verkäufer eines Grundstückes hat sich im Vertrage vorbehalten, daß dann, wenn der Preis nicht bis zum Fälligkeitstage bezahlt sei, der Kauf als nicht abgeschlossen zu gelten habe. Aber das dürfe man dann zulassen, wenn dies der Verkäufer auch so will, „weil das im Interesse des Verkäufers (venditoris causa) ausgemacht worden ist". Denn wenn man das anders annehmen würde, so läge es dann, wenn das Landhaus ausgebrannt wäre, in der Macht des Käufers, durch Nichtzahlung des Preises es dahin kommen zu lassen, daß der Kauf als nicht abgeschlossen zu gelten habe, während doch das Abbrennen des Landhauses auf seine Gefahr ging. Ganz parallel entscheidet Pomponius Dig. 13, 7, 6 pr. den Fall, daß es dem Pfandgläubiger erlaubt wurde, das verpfändete Grundstück zu verkaufen: man kann deshalb den Pfandgläubiger keineswegs zwingen, das Grundstück zu verkaufen, auch dann nicht, wenn sich der Verpfänder als zahlungsunfähig erweist, weil das im Interesse des Pfandgläubigers (tua causa) ausgemacht wurde.

---

[31] Ohne Begründung für interpoliert erklärt von *Haymann*, ZSS 40, 219. 41, 79, 2. *Pringsheim* ZSS 42, 663, 11.

Auch schon Proculus scheint so argumentiert zu haben: Dig. 2, 14, 36: „Wenn du mein Grundstück besitzest und wir ausgemacht haben, daß du seinen Besitz dem Attius übergeben sollst, ich aber dann dies Grundstück von dir mit der Eigentumsklage herausverlange, so kannst du mich nur dann mit der Einrede aus der Übereinkunft ausschließen, wenn du es schon übergeben hast oder wenn dies in deinem Interesse (tua causa) von uns verabredet wurde, und es nicht in deiner Macht lag, es zu übergeben[32].

Also sagt Proculus, muß die Übereinkunft daraufhin untersucht werden, in wessen Interesse sie erfolgte: war es das Interesse des Ego, oder das des Attius, so kann der Ego vindizieren, wenn der Tu das Grundstück noch in Besitz hat. War es dagegen das Interesse des Tu, das mit der Übereinkunft gewahrt werden sollte, so muß weiterhin geprüft werden, ob die Übergabe an Attius im Beherrschungsvermögen des Tu lag. Lag sie in seinem Beherrschungsvermögen, übergab er aber nicht, so bleibt immer noch das Eigentum des Ego stärker: er kann vindizieren. Denn die Wahrung seines Interesses lag im Beherrschungsvermögen des Tu: mehr zu gewähren war der Ego aus der Übereinkunft nicht verpflichtet. Lag aber die Übergabe noch nicht im Beherrschungsvermögen des Tu, so kann er die Einrede aus der Übereinkunft bringen, damit ihm die Wahrung seines Interesses aus der Übereinkunft nicht verhindert wird.

Auch in einer Julian-Stelle finden wir eine Bezugnahme auf das Interesse zum Zwecke der Vertragsauslegung: Dig. 41, 2, 39. Eine Sache wurde beim Sequester deponiert. Nun fragt es sich ob, die Zeit, während sich die Sache bei ihm befindet, auf die Ersitzungszeit des Hinterlegers oder dessen, zu dessen Gunsten die Sache hinterlegt wurde, anzurechnen ist. Der Jurist entscheidet: hier muß man nach dem Interesse unterscheiden, aus dem heraus die Sache hinterlegt wurde. Geschah es, weil die Sache dem Besitzer lästig war und es ihm darauf ankam, den Besitz loszuwerden, so wird die Zeit beim Sequester nicht angerechnet. Wurde die Sache aber hinterlegt, damit sie (während eines Rechtsstreites) bewacht werde (custodiae causa), so wird dem Sieger im Prozeß die Zeit beim Sequester auf die Ersitzungzeit angerechnet.

Erkennt man aber das Interesse als einen soziologischen Tatbestand an, den man bei der Auslegung von Rechtssätzen und Verträgen heranziehen könne, so ist der Schritt nicht weit zu dem Schluß: wenn man das Interesse des A gegen das des B abwägen muß, so wird man sich der vom Gesetzgeber getroffenen Wertung doch nur dann anschließen dürfen, wenn auch die *Proportion* der Interessen dieselbe ist, die der Gesetzgeber voraussetzte. Ist dagegen das vom Gesetzgeber geschützte Interesse im gegebenen Falle unverhältnismäßig klein gegenüber dem Interesse des Gegners, so ist der Rechtsschutz zu versagen. So verstehe ich Alfenus,

---

[32] Letzterer Satz, auf den es hier nicht so sehr ankommt, soll interpoliert sein nach *Siber*, Die Passivlegitimation, Leipzig 1907, 12.

Dig. 8, 5, 17 pr., ein Stelle, die bisher, soviel ich sehe, fast nur wie eine gesetzliche Vorschrift, nicht wie ein Erzeugnis der Jurisprudenz ausgelegt wurde. Der Fall ist folgender: Wenn einmal zwischen zwei Häusern eine Mauer ist, die eine Ausbuchtung macht, so, daß sie in das Haus des Nachbarn einen halben Fuß oder mehr hinüberragt, so kann geklagt werden, daß ein Recht nicht bestehe, daß jene Mauer ohne Willen des Nachbars in dieser Weise in dessen Grundstück hereinrage[33]. Wenn der Jurist von einem halben Fuß spricht, so bringt er damit deutlich zum Ausdruck, daß eine noch kleinere Ausbuchtung nicht mit dieser Klage angegriffen werden könne. Warum, sagt er nicht, aber ich kann mir gar keinen anderen Grund denken, als den: wenn die Ausbuchtung kleiner als ein halber Fuß ist, dann ist eben das Interesse des Nachbarn an der Beseitigung so klein, daß es im Vergleich zu dem Opfer, das die Beseitigung der Mauer von dem Beklagten erfordern würde, disproportional wäre, daher keinen Rechtsschutz verdient.

Damit sind wir schon bei der Lehre vom *Rechtsmißbrauch*; denn die moderne zivilrechtliche Lehre könnte auch sagen: wer wegen einer noch kleineren Ausbuchtung Klage erhebt, macht sich damit des Rechtsmißbrauchs schuldig. Disproportionalität zwischen geschütztem und vom Schutz bedrohtem Interesse ist aber nicht der einzige Fall des Rechtsmißbrauchs. Ein solcher liegt auch dann vor, wenn ein Recht, das zum Schutze eines bestimmten Interesses gegeben ist, in einem ganz anderen, vom Gesetzgeber nicht geschützten Interesse geltend gemacht wird. Diesen Fall hat Callistratus, Dig. 48, 19, 28, 7: Zu den Statuen oder zu den Bildern der Kaiser fliehen, ist verboten, wenn es aus dem Interesse, einen anderen zu beleidigen, heraus geschieht (in iniuriam alterius). Da die Gesetze nämlich allen Menschen in gleicher Weise Sicherheit zuteilen, so hat man mit Recht die Ansicht vertreten, daß einer mehr um einen anderen zu beleidigen, als zu seiner Verteidigung (in iniuriam alterius quam sui defensionis gratia) zu den Statuen oder Bildern der Kaiser fliehe, es sei denn, daß einer aus Fesseln oder Haft, ergriffen von Mächtigeren, zu seinem Schutz dieser Art flieht: denen muß man Verzeihung angedeihen lassen usw. Wir sehen folgende historische Schichten: zuerst wurde das Wegreißen jemands, der bei den Statuen des Kaisers Schutz suchte, als crimen laesae maiestatis behandelt: die Statue sollte also jedem Asyl gewähren[34]. Von diesem Recht wurde aber so allgemein Mißbrauch getrieben, daß man nun umgekehrt von vornherein annahm, so etwas würde immer nur gemacht, um einem anderen eine Beleidigung zuzufügen. Nur wenn ausnahmsweise wirklich ein Schutzbedürfnis bestehe, also das Interesse, das nach dem Willen der Kaiser durch das Asyl geschützt werden sollte, so ist die Flucht zu der kaiserlichen Statue straflos.

---

[33] Für interpoliert gehalten von *Bonfante*, Istituzioni, 7. Aufl. Milano 1921, 309, 1.

[34] *Kübler*, Pauly-Wissowa's Realenzyklopädie, s. v. Maiestas. 552.

Es war so verhältnismäßig leicht, zu zeigen, daß Digestenstellen nicht nur in moderner Erklärung, sondern nach dem Wortlaut selbst auf das Interesse Bezug nehmen. Insofern kann man ohne weiteres sagen: eine „Interessenjurisprudenz" ist tatsächlich gelegentlich getrieben worden. Es ist darüber hinaus aber auch möglich, zu zeigen, daß auch andere soziologisch erfaßbare Sachverhalte ins Auge gefaßt wurden. Häufig wurde das *Beherrschungsvermögen* zur Entscheidung herangezogen[35]. Auch dieses wird einmal zur Auslegung von Rechtsvorschriften herangezogen, die selbst nichts davon sagen. Die schon oben erwähnte Entscheidung des Tryphoninus, Dig. 27, 1, 45, 4 macht die Pflicht des Freigelassenen, Vormund zu werden, davon abhängig, daß es ihm gesundheitlich möglich ist, das Amt zu verwalten und befreit ihn, wenn es obiri a liberto non *potest*. Als prima-facie Beweis, daß das Beherrschungsvermögen fehle, ist dabei angegeben: ut ne suis quidem negotiis sufficiat, wie das auch in den Papyri der Kaiserzeit bei Liturgien geschieht[36]. Derselbe Tryphoninus behandelt in Dig. 23, 3, 75 das Dotalrecht. Zwar hat der Ehemann das Eigentum an der Mitgift: er muß auch die Lasten dieser Ehe tragen, aber man nimmt eben auch an, daß die Gewinnerzielung in seinem Beherrschungsvermögen liege (emolumenti potestatem esse creditur)[37]. Und eine dritte Tryphoninus-Stelle, Dig. 49, 15, 12, 9 bringt wenigstens in Frageform einen kurzen Hinweis darauf, daß man das Beherrschungsvermögen bei einer Entscheidung nicht übersehen dürfe: er spricht von dem vom Feind losgekauften Sklaven eines anderen Römers, der von dem Loskaufenden gutgläubig freigelassen wurde. Im allgemeinen soll der frühere Herr ein Lösungsrecht haben. Aber quid enim, si numquam ille pretium eius offerat? si nec conveniendi eius sit *facultas*? Aber Tryphoninus ist nicht der einzige, in dessen Stellen man das Beherrschungsvermögen zur Auslegung von Rechtssätzen herangezogen findet. Scaevola, Dig. 4, 6, 45 sagt: „Alle Soldaten, die sich ohne Gefahr nicht von ihren Feldzeichen entfernen *können*, werden als im Interesse des Staates abwesend (rei publicae causa) angesehen." Der Schutz des höheren staatlichen Interesses wird dem gegeben, in dessen Beherrschungsvermögen es nicht liegt, sein Recht wahrzunehmen. Venuleius, Dig. 43, 30, 5 erklärt, daß die actio de liberis exhibendis nicht gegeben werde, wenn der Sohn bei einem anderen freiwillig weile, da ja dann das Gehen und Bleiben in seinem freien Beherrschungsvermögen liege (cum liberam facultatem abeundi vel remanendi haberet)[38].

---

[35] Beispiele, die ich hier nicht wiederhole, habe ich bei *Löhlein-Seidl*, Studien zum Kausalen Rechtsdenken, Festgabe für Müller-Erzbach. München-Pasing 1954, 104ff. gebracht.

[36] s. meinen 12. Bericht über „Juristische Papyruskunde". Studia et Documenta 21 (1955) 460 mit Hinweis auf die Entstehung der sog. diligentia quam in suis.

[37] Interpoliert nach der Meinung von *Albertario*, Studi I, 305, von *Koschaker*, ZSS 49 (1929) 464, 3 und von *Beseler*, Beiträge 4, 201.

[38] Interpoliert nach *Beseler*, ZSS 43 (1922) 424, 1.

Denselben Schluß wie eben Scaevola zieht auch Neratius, Dig. 50, 5, 4: Die Zeit, in der jemand den Schutz des „rei publicae causa abesse" genieße, dürfe man nicht zu knapp bemessen. Die Zeit, die einer für den Weg brauche, müsse man ihm auch zugute rechnen. Aber dieser Schutz werde ihm von der Zeit an nicht mehr gegeben, von der an er den Weg bequem zurücklegen *konnte.*

Das Beherrschungsvermögen wird ebenso zur *Vertragsauslegung* herangezogen. Schon Proculus, nach Celsus, Dig. 4, 8, 23, 1 nimmt als selbstverständlich an, daß eine Vertragsstrafe nicht verfallen sei, die ausgemacht wurde bei der Weisung, einem anderen etwas zu geben, wenn dieser andere durch Krankheit behindert sei, die Leistung anzunehmen. Denn dann lag der Vollzug der Weisung nicht im Beherrschungsvermögen des Versprechenden (quoniam per te non steterit). Nach Neratius, Dig. 16, 3, 1, 21 kann der Verwahrer nicht aus Depositum verurteilt werden, wenn er die Möglichkeit der Rückgabe (restituendi facultatem) nicht hat, z. B., wenn die Speicher gerade geschlossen sind. Julian, Dig. 40, 4, 17 pr. behandelt die Freilassung durch Testament unter einer Bedingung: „Stichus, si Capitolium non ascenderit, liber esto", das ist aber so auszulegen, als ob geschrieben wäre: Stichus soll frei sein, wenn es zum ersten Male in seinem Beherrschungsvermögen lag (si cum primum potuerit), das Kapitol zu besteigen, er aber bei gegebenem Beherrschungsvermögen sich der Besteigung des Kapitols enthielt (si facultate data ascendendi Capitolium abstinuerit)[39].

Doch nun möchte ich noch zum Schlusse[40] erklären, weshalb ich in solchen Feststellungen, die wir gewinnen, wenn wir mit den an modernen zivilrechtlichen Forschungen geschulten Augen an die Texte herangehen, ein Hilfsmittel für die rechtsgeschichtliche Forschung sehe. Fast alle hier angeführten Stellen wurden schon für interpoliert erklärt: wenn bei einigen das nach Ausweis des Index Interpolationum nicht der Fall ist, so muß man sagen: das ist dann nur ein Zufall, daß keiner der auf Interpolationenforschung bedachten Gelehrten gerade diese Stelle hergenommen hat. Wir wollen hier nicht darauf eingehen, welche Gründe für die Interpolationsbehauptungen angeführt wurden. Wenn diese Forscher Recht haben, dann ist eben alles, was mit „Interesse" und „Beherrschungsvermögen" arbeitete, unklassisch, und Tribonian oder einem der „Frühnachklassiker" zuzuschreiben. Für die Klassiker bleibt dann nur die reine Begriffsjurisprudenz. Wenn sie Recht haben, dann aber müssen

---

[39] Nach *Beseler*, ZSS 43 (1922) 420 interpoliert, nach *Rechnitz*, a. a. O. 63 und 92 genuin.

[40] Außer Interesse und Beherrschungsvermögen könnte hier namentlich noch auf das Gegenteil des Beherrschungsvermögens, die Zwangslage eingegangen werden, ferner auf das Vertrauen und auf die Gemütsbewegungen, wie die Furcht. Darüber aber in anderem Zusammenhange. Für das „Vertrauen" hat *Haymann* in dem oben Anm. 10 genannten Aufsatz bereits eine wichtige Vorarbeit geleistet.

wir heute, vom Standpunkt moderner zivilrechtlicher Lehre aus sagen: dann müssen wir eben das Werturteil, das mit dem Worte „Klassisch“ verbunden wird, in eine andere Zeit verlegen. Die Juristen, die gerade uns Modernen etwas zu sagen haben, sind dann eben nicht die der Prinzipatszeit, sondern die des 4. bis 6. Jh. n. Ch. Das würde eine Umwälzung unserer Auffassung von der Entwicklung des römischen Rechts und seiner Jurisprudenz bedeuten[41].

Schon das spricht aber m. E. *gegen* die Interpolationsvermutungen, die übrigens bei näherer Betrachtung fast durchweg mit der Methode der Begriffsjurisprudenz an den Texten gewonnen wurden. Es kommt aber noch ein zweites hinzu. Wir fanden Gedankengänge, die der modernen Lehre gleichen, nicht bei allen „Klassikern“. Die schon einmal von philologischem Standpunkt von *Kübler* (a. a. O.) aufgeworfene Frage erhebt sich auch hier: warum haben die „Frühnachklassiker“ oder warum hat Tribonian solche Gedankengänge immer bei Tryphoninus, Neratius, Venuleius, Celsus, Pomponius, Callistratus, Julian hineininterpoliert, aber nicht bei den anderen? Die einzig mögliche Erklärung bleibt m. E. die, daß eben diese Gedankengänge doch klassisch sind, daß sie aber nur vereinzelt von klassischen Juristen vertreten wurden, während die Masse — auch der Klassiker — nach und nach die „Begriffsjurisprudenz“ entwickelte, die wir heute so gerne überwinden möchten.

Wir erinnern noch einmal daran, daß uns gerade die Entscheidungen der frühen Klassiker in den Digesten meistens ohne Begründung gegeben werden. Wenn wir aber bei Tryphoninus, Callistratus, Celsus, Pomponius sehen, daß sie in einzelnen Fällen Interesse und Beherrschungsvermögen ausdrücklich herangezogen haben, so sind wir auch berechtigt, andere Digestenstellen bei ihnen unter Berücksichtigung von Interesse und Beherrschungsvermögen zu erklären, m. a. W. wenn wir sie mit modernen zivilrechtlichen Methoden interpretieren, so sind wir auch historisch dazu berechtigt.

Dann aber ergibt sich uns Aussicht, noch ein anderes Rätsel allmählich lösen zu können, das bisher immer noch ungeklärt ist, das der „vertretbaren“ römischen Klassiker. Der Rechtshistoriker wird ein gewisses Unbehagen nicht unterdrücken können, wenn er in dem gelehrten Buche von *Kunkel* über „Herkunft und soziale Stellung der römischen Juristen“[42] jede sprachliche Eigenart des einzelnen behandelt findet, aber dort nicht mit einer Silbe der Versuch gemacht ist, ihre juristische Eigenart anzugeben. Die Schuld an diesem heute herrschende Meinung gewordenen Verzicht trägt allein die Begriffsjurisprudenz. Wer von ihr ausgeht, wird das niemals vermögen. Denn gemessen an der Majorität und

---

[41] Auf dieses den Interpolationsforschern unerwünschte Ergebnis hat — von einem ganz anderen Standpunkte her — schon *Kübler*, Conference per il XIV Centenario delle Pandette. Milano 1931, 109ff. hingewiesen.

[42] Weimar 1952.

mit ihrer Methode interpretiert, muß alles immer gleichartiger werden. Nur dann, wenn wir die in den Digesten nur in der Minorität durchgeführten soziologischen Methoden anwenden, sehen wir Individualitäten unter den „Klassikern", nur dann sehen wir Unterschiede in der Methode und kommen endlich über die „vertretbaren" Größen hinaus. Deshalb braucht der Rechtshistoriker engen Anschluß an den Zivilrechtler der Gegenwart, vita magistra historiae, wie *Wenger* am Schlusse seines Quellenbuches schreibt.

ZUR EINFÜHRUNG DER ZWANGSZIVILEHE IN PREUSSEN UND IM REICH (1874/75)

Von Dr. Hermann Conrad
oö. Professor an der Universität Bonn

1. Vorgeschichte

Die Einführung der Zwangszivilehe (obligatorische Zivilehe) ist ein wesentlicher Teil jenes Vorganges, den man als die Säkularisation des abendländischen Rechtsdenkens bezeichnen kann. Diese Entwicklung setzte mit der Wiederbelebung des römischen Rechtes an den oberitalienischen Rechtsschulen des 12./13. Jahrhunderts ein, fand ihre philosophische Grundlegung in der Rechtslehre der Aufklärung und wurde durch das von überlieferten Bindungen weitgehend freie Rechtsdenken des bürgerlichen Liberalismus des 19. Jahrhunderts gekrönt. Die Zwangszivilehe bedeutete die Lösung des Rechtsinstitutes der Ehe aus der seit dem Mittelalter verwirklichten Einordnung in den religiös-kirchlichen Bereich, die Unterwerfung der Ehe durch den religiös indifferenten Staat und damit die Säkularisation der Ehe in ihrem gesamten Umfang. Von nun an gab es für den Staat nur noch eine staatlich geregelte und deswegen von ihm anerkannte Ehe, während die kirchliche Ehe für den staatlichen Bereich grundsätzlich jede Bedeutung verloren hatte.

Die Entwicklung, die letztlich zu diesem Rechtszustand geführt hat, setzte keineswegs mit der Reformation ein, obwohl die Reformatoren den Sakramentscharakter der Ehe leugneten. Gab es doch in den reformatorischen Kirchen ein Eherecht wie in der katholischen Kirche, wenn es dem evangelischen Eherecht auch an der Einheit und Geschlossenheit des Systems, wie es die katholische Kirche vor allem seit dem Konzil von Trient entwickelt hatte, mangelte[1]. Auch die im Anschluß an die Reformation auftretenden Versuche, die Eheschließung zu verstaatlichen (16./17. Jhdt.), sind keineswegs als Grundlegung des modernen Eherechtes mit dem Institut der Zwangszivilehe anzusehen. *Diese ist vielmehr das geistige Kind der gallikanischen Theorie, der französischen Aufklärung und der großen französischen Revolution.* Der Gallikanismus hatte zwischen Eheschließungsvertrag und Sakrament unterschieden, doch beide noch

[1] Vgl. jetzt *Hermann Conrad*, Das Tridentinische Konzil und die Entwicklung des kirchlichen und weltlichen Eherechts, in Das Weltkonzil von Trient. Sein Werden und Wirken, hsg. von *Georg Schreiber*, Freiburg i. Br. 1951 1. Bd. S. 297 ff.

als zusammengehörig angesehen, die Aufklärung sah in dem Sakrament nur noch etwas Zusätzliches, während die Gesetzgebung der Revolution aus dieser Entwicklung nur die Folgerungen zu ziehen brauchte. Mit der Verfassung vom 3. 9. 1791 (tit. II art. 7) und dem Décret qui termine le mode de constater l'état civil des citoyens vom 20. 9. 1792 wurde die Zwangszivilehe für das neue Frankreich geschaffen, die später in das Zivilgesetzbuch Napoleons, den code civil von 1804, übergegangen ist und mit diesem eine weite Verbreitung gefunden hat (cc. artt. 165ss)[2]. In *Österreich* wurde noch im 18. Jahrhundert unter Joseph II. eine ähnliche Entwicklung eingeleitet. Sie stand ebenfalls unter dem Einfluß der Aufklärung, führte aber nicht zu solch radikalen Ergebnissen wie die Entwicklung des Eherechtes in Frankreich[3].

In *Deutschland* hat der Gedanke der obligatorischen Zivilehe erst seit der Mitte des 19. Jahrhunderts den Sieg davongetragen. Hier gab es zunächst Gebiete, in denen der code civil mit der Zwangszivilehe eingeführt worden war, und Gebiete, die von diesem Rechte unbeeinflußt blieben[4]. Die entscheidende Wendung zur obligatorischen Zivilehe in der gesamtdeutschen Eherechtsentwicklung brachte die bürgerliche Revolution um die Mitte des Jahrhunderts. Die Frankfurter Nationalversammlung nahm den Grundsatz der Zwangszivilehe und der bürgerlichen Standesbuchführung in die Grundrechte und die Verfassung auf (Abschnitt VI. Die Grundrechte des deutschen Volkes, Art. V.):

> § 150. Die bürgerliche Gültigkeit der Ehe ist nur von der Vollziehung des Civilaktes abhängig; die kirchliche Trauung kann nur nach Vollziehung des Civilaktes stattfinden.
>
> Die Religionsverschiedenheit ist kein bürgerliches Ehehindernis.
>
> § 151. Die Standesbücher werden von den bürgerlichen Behörden geführt[5].

Unter dem Einfluß dieser Erklärung in den Grundrechten setzte sich die obligatorische Zivilehe in zahlreichen deutschen Staaten durch. Preußen schloß sich in der oktroyierten Verfassung v. 5. 12. 1848 und in der revidierten Verfassung v. 31. 1. 1850 der neuen Entwicklung an und proklamierte in den „Rechten der Preußen" die Forderung nach Einführung der Zivilehe[6]. Erst der Kulturkampf hat in Preußen zur Ver-

[2] *Hermann Conrad*, Die Grundlegung der modernen Zivilehe durch die französische Revolution, Zeitschrift der Savigny-Stiftung für Rechtsgeschichte 67, 1950, Germ. Abt. S. 336ff. [3] A. a. O. S. 348/9, 365.

[4] *Paul Hinschius*, Das Reichsgesetz über die Beurkundung des Personenstandes und die Eheschließung vom 6. 2. 1875, Berlin 1890[3] S. 4 (Die 4. Aufl. erschien 1909 nach dem Tode des Verfassers und dem Inkrafttreten des BGB).

[5] Quellen zum Staatsrecht der Neuzeit. 1. Bd. Deutsches Verfassungsrecht im Zeitalter des Konstitutionalismus (1806—1918), Tübingen 1949 S. 259/260. Vgl. auch *Hinschius*, a. a. O. S. 4.

[6] Verfassungsurkunde für den Preußischen Staat vom 31. 1. 1850 (sog. revidierte Verfassung) Art. 19. Die Einführung der Civil-Ehe erfolgt nach Maßgabe eines besonderen Gesetzes, was auch die Führung der Civilstandsregister regelt. — Nicht sicher war, ob damit die Einführung der obligatorischen Zivilehe vorge-

wirklichung dieser Forderung geführt. Sie erfolgte durch Einführung der Zwangszivilehe im *Gesetz über die Beurkundung des Personenstandes und die Form der Eheschließung vom 9. 3. 1874* (GS. 95). Wenig später nur folgte das Reich mit dem *Gesetz über die Beurkundung des Personenstandes und die Eheschließung vom 6. 2. 1875* (RGBl. 1875 S. 23), das die obligatorische Zivilehe für das ganze Reichsgebiet einführte. Damit hatte in Deutschland eine Entwicklung ihren Abschluß gefunden, die im Gallikanismus und in der französischen Aufklärung grundgelegt worden war, ihre gesetzgeberische Ausprägung schließlich in der französischen Revolutionsgesetzgebung erfahren hatte. Wenn auch das französische Vorbild seinen Einfluß in der deutschen Eherechtsentwicklung geltend gemacht hat, so waren doch in Preußen und im Reiche noch andere Kräfte wirksam geworden: die antikirchlichen und laizistischen Bestrebungen des bürgerlichen Liberalismus, die in der Zeit des Kulturkampfes noch besondere Antriebe erhielten. So hat die bürgerlich-demokratische Bewegung des 19. Jahrhunderts in Deutschland in ihren Anfängen den Grundsatz der obligatorischen Zivilehe auf ihre Fahnen geschrieben und damit sogar den von ihr in gleicher Weise proklamierten Grundsatz der Trennung der beiden Gewalten, der staatlichen und der kirchlichen, verletzt, indem sie der Zivilehe den zeitlichen Vorrang vor der kirchlichen Eheschließung sicherte.

Schon bei den Beratungen in der Frankfurter Nationalversammlung ist dieser Widerspruch in den Prinzipien hervorgehoben worden. Der Abg. *Deiters* (Bonn) erklärte, daß in dem Satze „die kirchliche Trauung kann erst nach Vollziehung des Civilaktes stattfinden“ ein Verstoß gegen das liege, was in Beziehung auf die selbständigen Religionsgesellschaften angenommen worden sei: „Die kirchliche Trauung ist eben, wie schon der Name zeigt, ein rein kirchlicher Akt; er hat als solcher gar keine bürgerlichen Folgen; es kann ihm von Staats wegen auch keine bestimmte Form vorgeschrieben werden, dies würde ein Eingriff in die inneren Verhältnisse der Kirche sein.“ Der Abg. *Dieringer* (Bonn) fügte noch hinzu, daß in der französischen Regelung, die der Zivilehe einen strafrechtlich gesicherten Vorrang zubilligte, ein Mißbrauch zu sehen sei, weil „der Gesetzgeber sich darum bekümmert, wann kirchliche Handlungen vorgenommen werden können oder nicht. Wenn einmal das Verhältnis zwischen Kirche und Staat sich so gestaltet hat, daß der Staat erklärt: meine Auffassung von der Ehe geht nicht mehr parallel mit jener der Kirche, so muß er es auch der Kirche überlassen, über ihre Behandlung des Gegenstandes selbständig zu verfügen“[7].

schrieben wurde. Daher die Versuche der preußischen Regierung 1859—1861, die *fakultative Zivilehe* in Vollzug des Art. 19 Verfassungsurkunde einzuführen, vgl. *Emil Friedberg*, Das Recht der Eheschließung in seiner geschichtlichen Entwicklung, Leipzig 1865 S. 730ff.; *Hinschius*, a. a. O. S. 8.

[7] Stenographischer Bericht über die Verhandlungen der deutschen consti-

Demgegenüber erklärte der Abg. *Mittermaier* (Heidelberg), daß die Zivilehe sich als notwendige Folge der Proklamation des Grundsatzes von der Trennung der beiden Gewalten darstelle. Da es keine Staatsreligion mehr gebe, und alle Konfessionen gleich seien, müsse der Staat es dem Bürger möglich machen, „die Ehe einzugehen unabhängig von dem Willen einer anderen Gewalt. In dem Augenblick, wo Sie keine Civilehe anerkennen, spricht der Staat aus, daß er seine weltliche Gewalt abhängig macht von einer fremden weltlichen oder geistlichen Gewalt, daß er die Ehe nur dann anerkennt, wenn die Kirche sie anerkannt hat“[8]. *Mittermaier* sieht also in der staatlichen Ordnung der Ehe ein Wesensmerkmal selbständiger staatlicher Gewalt. Doch darf es nach seiner Ansicht nicht bei der bloßen Einführung der obligatorischen Zivilehe bleiben. Er fordert, daß der von den Abg. *Deiters* und *Dieringer* beanstandete Zusatz betr. den Vorrang der Zivilehe bestehen bleibe, und führte hierzu aus:

> „Sobald, meine Herren, Sie diesen Zusatz nicht annehmen, führen Sie auch unangenehme Folgen herbei; die Bürger sind getäuscht. ... Weil sie an die kirchliche Trauung gewöhnt sind, wenden sie sich zuerst an den Geistlichen, und indem sie sich kirchlich getraut wissen, glauben sie, daß ihre Ehe auch volle bürgerliche Gültigkeit habe; bald erfahren sie aber, daß sie bürgerlich nicht für getraut angesehen werden, daß sie keine wahren Ehegatten sind. ... Ich weiß wohl und es tut mir leid, wenn ich inkonsequent sein soll, man muß hier gegen die Kirche und den Geistlichen einen Zwang ausüben; es geschieht dies aber in dem höheren Interesse, damit die Menschen nicht getäuscht werden.“[9]

Die Ansicht *Mittermaiers* setzte sich durch, und auf dessen Antrag wurde als weiterer Zusatz angenommen: „Die Religionsverschiedenheit ist kein bürgerliches Ehehindernis“[10]. In dieser Ergänzung spiegelt sich der Verdruß über die Schwierigkeiten in der Mischehenfrage wider, wie sie in der zweiten Hälfte des 19. Jahrhunderts aufgetreten waren[11].

Die Arbeit der Frankfurter Nationalversammlung blieb Entwurf. Ein Antrag, ein Gesetz über die Zivilehe auszuarbeiten, hatte keinen Erfolg[12]. In der preußischen Gesetzgebung und der Reichsgesetzgebung der Jahre 1874/75 wurde erst voll verwirklicht, was die bürgerliche Revolution von 1848/49 angestrebt hatte: *die allgemeine Einführung der Zwangszivilehe.*

---

tuirenden Nationalversammlung zu Frankfurt a. M., hsg. auf Beschluß der Nationalversammlung durch die Redaktions-Commission und in deren Auftrag von Professor *Franz Wigard*, 3. Bd. Frankfurt a. M. 1848 S. 2015.

[8] A. a. O. S. 2016. [9] A. a. O. S. 2016.

[10] A. a. O. S. 2017/18. Zum Vorstehenden siehe auch *Friedberg*, Recht der Eheschließung S. 655ff.

[11] Typisch für die Problematik der konfessionellen Mischehe in Preußen waren die sog. Kölner Wirren. Hierzu jetzt *Franz Schnabel*, Deutsche Geschichte im 19. Jahrhundert, Bd. 4. Die religiösen Kräfte. Freiburg 1950² S. 121ff. mit Schrifttum S. 584.

[12] *Friedberg*, Recht der Eheschließung S. 658/9.

2. *Die preußische Gesetzgebung zur Zivilehe*

Als der preußische Gesetzgeber daran ging, im gesamten preußischen Staatsgebiet die obligatorische Zivilehe einzuführen, galt nach Maßgabe des Allgemeinen Landrechtes für die Preußischen Staaten von 1794 in Preußen der dem evangelischen Kirchenrecht entnommene Grundsatz: „*Eine vollgültige Ehe wird durch die priesterliche Trauung vollzogen*" (ALR II. 1 § 136). Der konstitutive Akt der Eheschließung war mithin die Trauungshandlung des Geistlichen. Gleichwohl übersah der Gesetzgeber nicht den der Ehe zugrunde liegenden Konsens der Gatten (ALR II. 1 § 38. Ohne die freie Einwilligung beider Teile ist keine Ehe verbindlich)[13]. Mithin gab es in Preußen auf der Grundlage des Preußischen Allgemeinen Landrechtes von 1794 eine kirchliche Eheschließung. Der Staat erklärte sich jedoch für befugt einzugreifen, wenn ein katholischer Pfarrer aus kirchlichen Gründen die Trauung verweigerte, ohne daß die beabsichtigte Ehe nach den Landesgesetzen verboten war. Hier konnte von staatlicher Seite die Trauungsbefugnis einem anderen Pfarrer, selbst dem einer anderen Religionspartei, übertragen werden (ALR. II. 11 §§ 442/3). Den wachsenden Schwierigkeiten infolge Unmöglichkeit der Trauung vor einem Diener der anerkannten Religionsgemeinschaften begegnete Preußen mit der Notzivilehe[14]. In den von Preußen erworbenen Rheinlanden bestand die Zwangszivilehe aus der französischen Zeit fort. Auch das 1866 von Preußen annektierte Frankfurt am Main kannte seit 1850 (Ges. v. 19. 11. 1850) die obligatorische Zivilehe. In Kurhessen war durch Gesetz v. 29. 10. 1848 die obligatorische bürgerliche Ehe eingeführt worden, die vor dem Richter abgeschlossen wurde. (Sammlung von Gesetzen usw. für Kurhessen, 11. Bd. S. 134 §§ 10ff.)[15].

Wenn nun auch die obligatorische Zivilehe in Deutschland, vor allem in Preußen und im Reich, als eine Folge der französischen Revolution bezeichnet werden kann, so darf doch nicht übersehen werden, daß sie in gleichem Maße eine Schöpfung des Geistes des Kulturkampfes ist. Dieser richtete sich zwar in erster Linie gegen die katholische Kirche, traf aber in seinen Auswirkungen auch die evangelische Kirche. Gerade die Einführung der Zwangszivilehe wirkte sich gegen beide Kirchen aus, wie auch in der parlamentarischen Debatte im preußischen Abgeordnetenhause hervorgehoben wurde[16]. Doch wurde der Kampf gegen die

---

[13] Zur Eheschließung nach Preuß. ALR siehe *C. F. Koch*, Lehrbuch des Preußischen gemeinen Privatrechts, 2. Bd. Berlin 1858[3] S. 563ff.

[14] *Friedberg*, Recht der Eheschließung S. 690ff.

[15] Vgl. *Hinschius*, a. a. O. S. 4. Für Frankfurt a. M. siehe auch *Friedberg*, Recht der Eheschließung S. 658/9.

[16] Ausführungen der Abg. Dr. *Brüel* und *v. Limburg-Stirum*, Stenograph. Berichte über die Verhandlungen der durch die Allerhöchste Verordnung v. 4. 11. 1873 einberufenen Häuser des Landtages. Haus der Abgeordneten. 1. Bd. (1873—1874), Berlin 1874 S. 395ff.

Neuerung weder im Reiche noch in Preußen von evangelischer Seite in so eindeutiger und geschlossener Form geführt wie von der katholischen Seite. Einige evangelische Abgeordnete sprachen sich sogar für die Einführung der obligatorischen Zivilehe aus[17]. Dagegen wandten sich vor allem die evangelischen Abgeordneten Dr. *Brüel* und Dr. *von Gerlach*[18].

Die zwiespältige Haltung der evangelischen Abgeordneten gegenüber der Zivilehe erklärt sich einmal aus der nicht eindeutigen Lehre der evangelischen Kirche von der Ehe und Zuständigkeit des Staates in Ehesachen. Daraus erklärt sich auch der Versuch, die neue gesetzliche Regelung mit der evangelischen Auffassung von Ehe und Eheschließung in Einklang zu bringen, wie er vor allem von dem Abg. *Richter* (Sangershausen) gemacht wurde[19]. Dabei wurde übersehen, daß, wie der Abg. Dr. *von Gerlach* zutreffend ausführte, „*das ganze Gesetz die Tendenz hat, das Christentum und die Sakramente möglichst aus der Ehe und aus der Familie hinauszuweisen*"[20]. Weit verbreitet war auch in evangelischen Kreisen die Meinung, man müsse die Regierung in ihrem Kampfe gegen die katholische Kirche unterstützen, selbst wenn dies die evangelische Kirche Opfer kosten sollte[21].

Die Motive des Gesetzentwurfes lassen die Kulturkampfstimmung deutlich erkennen. Sie begründen die Notwendigkeit der Einführung der Zwangszivilehe mit den Schwierigkeiten der Eheschließung von Personen, die einer Religionsgemeinschaft angehören, deren Geistlichen die

---

[17] Vgl. die Ausführungen der Abg. *Richter* (Sangershausen) und *v. Limburg-Stirum* unten FN. 19 und 21.

[18] Stenograph. Ber. 1. Bd. S. 395ff.; 409ff.

[19] A. a. O. S. 391ff.

[20] A. a. O. S. 689.

[21] Ausführungen des Abg. *von Limburg-Stirum* am 17. 12. 1873, a. a. O. S. 400: „Wir dürfen nicht mehr gestatten, daß die vom Staate der katholischen Geistlichkeit delegierte Gewalt, Ehen zu schließen und an diese Eheschließungen die bürgerlichen Folgen zu knüpfen, gemißbraucht werde, um die Mitglieder der katholischen Kirche weiter fortzureißen in den Kampf gegen den Staat. Wir dürfen auch ferner nicht dulden, daß durch das rücksichtslose Verfahren der Bischöfe, welche nicht autorisierte Geistliche angestellt haben, Ehen geschlossen werden, die bürgerlich ungültig sind und dadurch unabsehbares Unglück und Zerwürfnis in die Familien bringen. Es ist uns gesagt worden, die Wirkungen dieses Gesetzes würden mehr die protestantische Kirche treffen als die katholische. In gewissem Maße kann ich das zugeben, aber die Wirkung in der katholischen Kirche wird auch nicht zu unterschätzen sein...... Das Hauptmoment aber, welches ich in der Emanation dieses Gesetzes sehe, ist, daß es bezeugt, wie fest entschlossen man ist, nicht allein bei einzelnen hochstehenden Personen, sondern im ganzen Lande, insofern es die protestantisch-konservative Bevölkerung trifft, in diesem Kampfe fest zur Regierung zu stehen und sie zu unterstützen. Denn ein größeres Opfer als das, was hier gebracht wird, kann die protestantische Bevölkerung nicht bringen, und wenn dies Opfer gebracht ist, so können Sie darin sehen, daß man entschlossen ist, all dem zuzustimmen, was die Regierung noch fordern kann, um diesen Kampf zu Ende zu führen."

Berechtigung, Trauungen mit bürgerlich-rechtlicher Wirkung vorzunehmen, fehlte, ferner mit Schwierigkeiten bei der Eingehung religiös gemischter Ehen und im Falle der Wiederverheiratung geschiedener Personen. Als wichtiger Grund wird aber auch hervorgehoben, daß die neueren Bewegungen innerhalb der katholischen Kirche (Unfehlbarkeitsdogma und Altkatholizismus) und die ablehnende Stellung der katholischen Bischöfe zu den jüngst erlassenen Kirchengesetzen die staatliche Ehegesetzgebung erforderlich mache. Die Vornahme von Eheschließungen durch gesetzeswidrig angestellte katholische Geistliche führe zu ungültigen Ehen und zur Verwirrung im Volke. Mit der Notzivilehe und der fakultativen Zivilehe glaubte die Regierung den Schwierigkeiten nicht ausreichend begegnen zu können. Die Motive führen hierzu aus: „Diese wie jene verbietet sich aber deshalb, weil in beiden Formen der wesentliche Gesichtspunkt, daß die Eheschließung auf der Autorität des Staates ruht, nicht voll hervortritt, das Recht des Staates und die staatliche Einrichtung vielmehr insofern geschädigt wird, als nach der in weiten Kreisen herrschenden Auffassung eine bürgerliche Eheschließung, welche nur neben der kirchlichen Trauung nach dem Gesetze rechtliche Wirkungen in sich schließt, dem Vorwurfe der Inferiorität nicht entgeht." Gegenüber dieser hier offenbar zur Schau getragenen kirchenfeindlichen Tendenz klingen die zur Beschwichtigung evangelisch-kirchlicher Kreise bestimmten Sätze der Motive wenig überzeugend:

> „Der Staat muß dringend wünschen, daß, womöglich, jeder, der in die rechtliche Gemeinschaft der Ehe eintritt, diese Gemeinschaft auch mit dem sittlichen Geiste und der ernsten Weihe erfülle, für welche die religiöse Handlung und die mit derselben verbundenen Segnungen Ausdruck und Quelle bilden sollen. Allein es ist auch die Besorgnis, daß die obligatorische Zivilehe in dieser Beziehung den Übergang zu einem wenig erwünschten Zustande bilden werde, nicht zu überschätzen. Denn die geistigen Güter, welche mit der kirchlichen Trauung verbunden sind, können doch in der Tat nur dann wahrhaft wirksam sein, wenn sie aus dem Bedürfnis des Herzens heraus gesucht und ersehnt werden. Außerdem darf hervorgehoben werden, wie aus den Ländern, wo die obligatorische Civilehe bereits besteht, vielfach als unzweifelhaft bezeugt wird, daß dieselbe nirgends eine Entfremdung gegen die Kirche befördert, sondern eben nur, daß sie da, wo eine solche schon vorhanden war, im Fall der Unterlassung der nachträglichen religiösen Handlung diese Entfremdung zum Ausdruck gebracht habe."[22]

In der Grundhaltung des Gesetzentwurfes aber kommt der Gedanke der Staatsomnipotenz zum Ausdruck, der in der vor der Kirche vorgenommenen Eheschließung nichts anderes sehen wollte als einen vom

---

[22] Motive zu dem Entwurf eines Gesetzes über die Beurkundung des Personenstandes und die Form der Eheschließung. Anlagen zu den Stenographischen Berichten über die Verhandlungen des Hauses der Abgeordneten während der 1. Session der 12. Legislatur-Periode 1873—1874, 1. Bd. Berlin 1874 S. 353ff., bes. S. 354/5.

Staat legitimierten Rechtsakt, der seine Kraft lediglich von der staatlichen Autorität herleitete. Der Staat wird mithin für berechtigt erklärt, im Vollzuge der verfassungsrechtlich gewährleisteten Gewissensfreiheit die „der Kirche übertragene Macht zur Vermittlung der Eheschließung mit rechtlicher Wirkung und zur Beurkundung des Personenstandes wieder an sich zu nehmen“[23]. Gegenüber der Argumentation des Gesetzgebers hat der Abg. *Reichensperger* geltend gemacht, daß die kirchliche Trauung überliefertes Rechtsgut des christlichen deutschen Volkes sei. Für den Staat bestehe nur dann die Notwendigkeit einer staatlichen Zivilstandsgesetzgebung, „wenn der Staat die christliche Staatsanschauung nicht mehr behaupten kann oder will, freiwillig oder gezwungen. Dieser Fall tritt namentlich ein, wenn die staatliche und soziale Entchristlichung der Mehrheit des Volkes einen solchen Umfang gewonnen hat, daß die Gesetzgebung nicht mehr fußen kann auf dem christlichen Bewußtsein des Volkes. Dann liegt allerdings die Notwendigkeit vor, daß man nicht mehr im Gesetze von Taufbüchern spricht, denen man die staatliche Anerkennung gibt, sondern daß man Geburtsregister führt; daß man nicht mehr die kirchliche Trauung, sondern nur noch die bürgerliche Eheschließung anerkennt und ohne Rücksicht auf die christlichen Konfessionen bestimmt, daß der Zivilakt vor dem Zivilbeamten erfolgen muß.“ Eine solche Notwendigkeit sei im deutschen Volke nicht gegeben. Demgemäß konnte der Abg. *Reichensperger* die Gefahr heraufgeführt sehen, daß durch das Gesetz, das die Zivilehe einführe, die Kluft, welche das Volk von dem Staat und dem herrschenden Staatsgeist trenne, nur noch vertieft und erweitert werde: „Ich glaube auch nicht, daß das Preußische Volk es zu würdigen wissen wird, daß die gegenwärtige Staatsregierung es für indiziert gehalten hat, dem französischen Muster . . . zu folgen und nicht vielmehr derjenigen Richtung, die unserem Nationalgeiste näherliegt und der freiheitlichen Anschauung der germanischen Völker entspricht.[24]“

Die kulturkämpferische Tendenz des Gesetzes erhellt auch aus den die Vorlage des Gesetzesentwurfes vor dem preußischen Abgeordnetenhause begleitenden Worten des Kultusministers Dr. *Falk*, der betonte, daß das Bedürfnis zur Einführung der obligatorischen Zivilehe hervorgegangen sei „aus der Entwicklung, die die Verhältnisse des Staates zur katholischen Kirche genommen haben“[25]. Allerdings trug das die obligatorische Zivilehe einführende Gesetz einen von den übrigen Kulturkampfgesetzen abweichenden Charakter. Man hat neuerdings auf die Krise des Staatsgedankens hingewiesen, der beim Kulturkampf Pate gestanden habe. Der Staat suchte mit seiner Hoheit in die Verhältnisse

[23] A. a. O. S. 355.
[24] Stenograph. Ber. 1. Bd. S. 402/3.
[25] Stenograph. Ber. 1. Bd. S. 294.

der Kirche einzudringen, die Kirche seiner Macht zu unterwerfen, obwohl doch die liberale Theorie, die dem neuen Staate weitgehend Leben gab, das Gegenteil erstreben mußte[26]. So zeigen die Kulturkampfgesetze, in Preußen wie im Reiche, allenthalben das Bestreben, die Kirche dem Staate unterzuordnen. Dies gilt vor allem von den Maigesetzen[27]. Die Gesetzgebung über die Einführung der Zivilehe aber zielte darauf ab, kirchliche und staatliche Funktionen scharf voneinander zu trennen. Dabei wurde zuweilen auch zum Ausdruck gebracht, die Kirche solle durch Entziehung der ihr bisher zustehenden Aufgabe der Eheschließung entmachtet werden. Die Zwiespältigkeit der Haltung des Gesetzgebers gegenüber der Kirche hat der Abg. Dr. *Brüel* klar hervorgehoben und getadelt:

> „Man hat uns auch heute wieder davon gesprochen und spricht sehr oft davon, daß eine Durchführung der Trennung von Staat und Kirche ... zur obligatorischen Zivilehe hindränge. Nun, meine Herren, wenn es sich wirklich um eine Trennung von Staat und Kirche handelte, um eine Trennung, die die Kirche selbständig stellt und sie frei macht von der eisernen Umklammerung des Staates, die jedes kirchliche Leben und jede freie Bewegung hemmt, dann möchte es allerdings wohl wert sein zu fragen, ob man nicht auch die obligatorische Zivilehe als Kaufpreis hingeben könnte, um zu dieser Selbständigkeit und Freiheit der Kirche zu gelangen. In Wahrheit stehen wir jetzt ja gar nicht so. Meine Herren, ich erinnere Sie an die Maigesetze, ich erinnere Sie daran, daß bei deren Vorlegung, indem man da besondere Schranken der Kirchen setzte, besondere Pflichten ihren Dienern auferlegte, zur Motivierung von der Staatsregierung ausdrücklich hingewiesen worden ist auf die besonderen Privilegien und die ausgezeichnete rechtliche Stellung, die die Diener der Kirche als Kirchenbuchführer, als Ehestandsbeamte usw. haben. Die Pflichten hat man also der Kirche auferlegt (und man ist durchaus nicht gemeint, sie wieder aufzuheben) um dieser besonderen Rechte willen. Ist es nun, nachdem man das eben getan hat, loyal gehandelt, und ehrlich gehandelt, jetzt sofort die Rechte, um derentwillen diese Pflichten auferlegt sind, wesentlich zu verkürzen?“[28]

Das Zentrum hat, nachdem es einsehen mußte, daß sein Kampf gegen die Neuerung ohne Erfolg bleiben mußte, die Folgerung aus dem Trennungsgedanken gezogen. Daher traten die Abg. *von Mallinckrodt* und *Windthorst* nachdrücklichst dafür ein, daß eine klare Scheidung zwischen staatlicher (ziviler) und kirchlicher Eheschließung herbeigeführt werde.

---

[26] Vgl. *Heinrich Bornkamm*, Die Staatsidee im Kulturkampf, Historische Zeitschrift 170, 1950, S. 41ff.; 273ff.

[27] Vgl. hierzu neuestens *Hans Erich Feine*, Kirchliche Rechtsgeschichte. 1. Bd. Die katholische Kirche, Weimar 1955³ S. 610ff.; *Georg Franz*, Kulturkampf, Staat und katholische Kirche in Mitteleuropa von der Säkularisation bis zum Abschluß des preußischen Kulturkampfes, München 1955 S. 185ff.

[28] Stenograph. Ber. 1. Bd. S. 396/7. Zur Zivilehegesetzgebung der Kulturkampfzeit vgl. auch *Johannes Heckel*, Zeitschrift der Savigny-Stiftung für Rechtsgeschichte, kan. Abt. 72, 1955 S. 519 (Besprechung des vorerwähnten Werkes von *G. Franz*).

In der 23. Sitzung des Abgeordnetenhauses vom 19. 12. 1873 führte *Windthorst* aus:

„Ich begreife völlig, daß man eine Zivilehe einführen will. Die Gründe, die jetzt dafür angeführt werden, sind für mich freilich gar nicht vorhanden, — die hat man selbst geschaffen und könnte sie jeden Tag beseitigen, wenn man wollte; aber die allgemeine Entwicklung der Dinge in der ganzen Welt und ganz allgemeine Rücksichten können dazu führen, die Zivilehe zu machen. Wenn man sie aber machen will, dann mache man sie voll und ganz, dann mache man sie so, daß jeder weiß; hier handelt es sich um einen Staatsakt, und das, was vom Staate geschehen, ist dem Staate gegenüber vollgenügend, und daß man es dem Gewissen jedes einzelnen überläßt, das Fernere zu tun, was die Kirche verlangt."[29]

Infolgedessen befürwortete *Windthorst* die Vorschrift, daß das Amt des Standesbeamten Geistlichen nicht übertragen werden dürfe[30]. Die liberale Seite trat für die gleiche Vorschrift ein, allerdings mit einer anderen Begründung. Man hielt die Geistlichen nicht für geeignet, die Aufgaben des Standesbeamten objektiv wahrzunehmen[31]. So trafen sich in dieser die Trennung von kirchlichem und staatlichem Bereich verwirklichenden Gesetzesvorschrift die Interessen der Liberalen und des Zentrums, wenn auch die Begründung bei beiden verschieden war. In der Ablehnung des ganzen Entwurfes aber zeigte das Zentrum eine unveränderte Haltung, die sich am besten in den Worten *Windthorsts* vom 25. 2. 1874 ausdrückt: „Es ist meine Absicht nicht, die Frage, ob man die Civilehe einführen soll, heute nochmals zu erörtern. *Ich werde bis zum letzten Moment dagegen stimmen, weil ich überzeugt bin, daß die Einführung der obligatorischen Civilehe, sowie das Gesetz sie enthält, ein verderblicher Schritt ist für alle Verhältnisse des Staates wie des kirchlichen Lebens.*"[32]

---

[29] Stenograph. Ber. 1. Bd. S. 468. Der Abg. *Mallinckrodt* befürwortete eine Gesetzesvorschrift, daß der bürgerliche Akt nicht in einer Kirche oder in Verbindung mit irgendeiner kirchlichen Handlung stattfinden dürfe. Stenograph. Bericht 1. Bd. S. 651. Bemerkenswert sind auch die Ausführungen von *Mallinckrodts*: „Hat man einmal die obligatorische und bürgerliche Ehe, dann soll man sie auch so, wie sie ist, realisieren, und es soll keinem Menschen Sand in die Augen gestreut werden darüber, welche Art von Ehe er eingeht." A. a. O. S. 436.

[30] Stenograph. Ber. 1. Bd. 434/5, 468/9, 472/3; Stenograph. Ber. 2. Bd. Berlin 1874 S. 1236/7.

[31] Hierzu die scharfen Ausführungen des Abg. *Mommsen*: „Was die Sache selbst angeht, so geht mein Antrag dahin, die Geistlichkeit nicht bloß für die Zukunft, sondern sogleich völlig aus diesen Geschäften zu entfernen .... Es ist unzweifelhaft die Absicht der Regierung, das Geschäft künftig als ein bürgerliches zu führen, und darum ist es in so hohem Grade wünschenswert, daß der Geistlichkeit dasselbe ganz aus den Händen genommen werde, mit denjenigen Ausnahmen natürlich, welche die Notwendigkeit der Dinge einmal mit sich bringt. Es ist gar keine Frage, daß die renitente Geistlichkeit, die dieses Gesetz veranlaßt hat, wenn sie aus ihren anderen Stellungen hinausgeworfen ist, sich in diese letzte zurückziehen wird, und daß wir dann im Kleinen noch ferner die Schlachten zu schlagen haben werden, die wir sonst im Großen geschlagen haben." Stenograph. Ber. 1. Bd. S. 488.

[32] Stenograph. Ber. 2. Bd. S. 1236.

Das Gesetz wurde am 23. 1. 1874 in namentlicher Abstimmung in dritter Lesung angenommen. Nach Abänderung durch das Herrenhaus stimmte das Abgeordnetenhaus erneut dem Gesetzes zu[33], das als „*Gesetz über die Beurkundung des Personenstandes und die Form der Eheschließung*" am 9. 3. 1874 verkündet wurde (GS. S. 95ff.). Mit diesem Gesetz wurde in ganz Preußen die obligatorische Zivilehe eingeführt. In dem von dem Gesetz ausgenommenen Bezirke des Appellationsgerichtshofes zu Köln und dem Gebiete der ehemaligen freien Stadt Frankfurt a. M. galt die Zwangszivilehe bereits vorher[34]. Das Gesetz regelte die Führung der Zivilstandsregister und die bürgerliche Eheschließung, die mit zeitlichem Vorrang vor der kirchlichen Eheschließung ausgestattet wurde (§ 24 Abs. 2: Die religiösen Feierlichkeiten einer Eheschließung dürfen erst nach Schließung der Ehe vor dem Standesbeamten stattfinden)[35]. Den Zeitströmungen entsprechend wurden alle gesetzlichen Vorschriften aufgehoben, die eine Eheschließung wegen Verschiedenheit des Religionsbekenntnisses hinderten[36] und eine staatliche Einwirkung auf die Vollziehung der Taufe anordneten[37].

3. *Die Reichsgesetzgebung zur Zivilehe*

Mit der Einführung der Zwangszivilehe in Preußen stand der größte Teil Deutschlands unter der Herrschaft der neuen Institution. Doch die antikirchlichen Kreise begnügten sich nicht mit diesem Erfolge. Sie wollten die obligatorische Zivilehe auf das ganze Reichsgebiet ausdehnen, vor allem auf Bayern[38]. Schon im Jahre 1872 war im Reichstag auf die Initiative des Abg. Dr. *Völk* eine Resolution angenommen worden, die die Erwartung des Hauses aussprach, daß bei seinem nächsten Zusammentritt Gesetzesentwürfe über die Einführung der obligatorischen Zivilehe und die Ordnung der Standesregister vorgelegt würden. Doch nahm die Sache keinen rechten Fortgang. Die von den Abg. Dr. *Hinschius* und Dr. *Völk* vorgelegten Entwürfe hatten keinen Erfolg. Überdies fehlte dem Reiche die Zuständigkeit zur Gesetzgebung auf dem Gebiete des Familienrechtes. Erst das Gesetz v. 20. 12. 1873 erweiterte die Gesetzgebungszuständigkeit des Reiches auf das gesamte bürgerliche Recht[39]. Dadurch wurde ein wesentliches Hemmnis für die Ein-

[33] Stenograph. Ber. 1. Bd. S. 750ff.; 2. Bd. S. 1236ff.

[34] Vgl. oben S. 117.

[35] Die strafrechtliche Sicherung dieses Vorranges enthielt § 337 RStGB, auf den § 24 Abs. 2 Personenstandsgesetz ausdrücklich verwies.

[36] Vgl. oben S. 116.

[37] Zum Vorstehenden siehe auch *Johannes B. Kißling*, Geschichte des Kulturkampfes im Deutschen Reiche, 2. Bd. Freiburg i. Br. 1913 S. 118ff., 351ff., 366f., 374/5.

[38] *Johannes B. Kißling*, Geschichte des Kulturkampfes im Deutschen Reiche, 3 Bd. Freiburg i. Br. 1916, S. 16.

[39] Hierzu *Hinschius*, Reichsgesetz über die Beurkundung des Personenstandes usw. S. 7ff.; *Kißling*, Geschichte des Kulturkampfes 3. Bd. S. 14ff.

führung der obligatorischen Zivilehe beseitigt, auf das schon *Windthorst* bei der Debatte über die Initiative des Abg. Dr. *Völk* am 19. 6. 1872 hingewiesen hatte[40].

Wenig später zeigte sich schon, daß die in die Erweiterung der Gesetzgebungskompetenz des Reiches gesetzten liberalen Erwartungen nicht enttäuscht wurden. Die Abg. Dr. *Völk* und Dr. *Hinschius*, unterstützt durch eine größere Zahl weiterer Abg. liberaler Richtung, legten am 2. 3. 1874 einen nach dem Vorbild Preußens hergestellten Gesetzesentwurf über die Beurkundung des Personenstandes und die Form der Eheschließung vor. Außer den bekannten Gründen (Unfehlbarkeitsdogma, altkatholische Bewegung) führen die vorgelegten Motive zu dem Gesetzesentwurf an, daß die Selbständigkeit des Staates und seiner Gesetzgebung vor Übergriffen der einzelnen Kirchen geschützt werden müsse. Die entscheidende Vorschrift des Entwurfs lautete:

> § 18. Innerhalb des Gebietes des Deutschen Reiches kann eine rechtsgültige Ehe nur vor dem Standesbeamten geschlossen werden. Die religiösen Feierlichkeiten einer Eheschließung dürfen erst nach Schließung der Ehe vor dem Standesbeamten stattfinden (§ 337 StGB).

Nach dem Vorgang des preußischen Rechts sollte die Ehe in der Weise geschlossen werden, daß die Verlobten in Gegenwart von zwei Zeugen vor dem Standesbeamten persönlich erklären, die Ehe miteinander eingehen zu wollen, daß diese Erklärung vom Standesbeamten in das Heiratsregister eingetragen, und daß die Eintragung von den Verlobten und von dem Standesbeamten vollzogen wird (§ 29 Entw.). Im wesentlichen sollte das Gesetz nur subsidiäre Bedeutung haben, indem es die Zivilehe und die bürgerliche Standesregisterführung dort einführte, wo diese nicht schon auf Grund landesgesetzlicher Regelung bestanden (vgl. § 49 Entw.)[41]. Der Gesetzentwurf wurde in drei Beratungen im Plenum des Reichstages verhandelt und am 28.3.1874 mit der Mehrheit des Hauses angenommen[42]. Doch der Bundesrat lehnte das Gesetz ab. Hierbei waren keine prinzipiellen Gründe maßgebend. Vor allem nahm der Bundesrat an dem nur subsidiären Charakter des Gesetzes Anstoß.

---

[40] Stenograph. Berichte über die Verhandlungen des Deutschen Reichstages. I. Legislatur-Periode. — III. Session 1872, 2. Bd. Berlin 1872 S. 1153: „Dann mache ich darauf aufmerksam, daß der Antrag, die Frage der Civilehe und das Civilstandsregister gesetzlich zu ordnen, mit der Kompetenz des Bundes gar nicht zusammenhängt. Es würde, wenn man namentlich die Frage der Civilehe hierher bringen wollte, offenbar die Kompetenz des Reichstages in einer ganz außerordentlichen Weise ausgedehnt werden."

[41] Stenograph. Berichte über die Verhandlungen des Deutschen Reichstages. 2. Legislatur-Periode. — I. Session 1874. 3. Bd. Anlagen zu den Verhandlungen des Reichstages, Berlin 1874 S. 204ff.

[42] Stenograph. Berichte über die Verhandlungen des Deutschen Reichstages. 2. Legislatur-Periode. — I. Session 1874. 1. Bd. Berlin 1874 S. 537ff., 578ff., 597ff., 641ff.

Ein neuer vom Bundesrat beschlossener Gesetzesentwurf wurde am 6. 1. 1875 dem Reichstag zugeleitet, den dieser nach drei Beratungen am 25. 1. 1875 annahm[43]. Der vom Reichstag beschlossene Entwurf, der gegenüber dem Bundesratsentwurfe einige Abänderungen aufwies, wurde als *Gesetz über die Beurkundung des Personenstandes und die Eheschließung v. 6. 2. 1875* (RGBl. 1875 S. 23ff.) veröffentlicht.

In der parlamentarischen Auseinandersetzung über die beiden Entwürfe traten im Reichstag gegenüber der Diskussion im preußischen Abgeordnetenhause wesentlich neue Gesichtspunkte nicht hervor. Auch dieses Gesetz war ein Kulturkampfgesetz, wie es *Windthorst* schon in der Debatte über die von Dr. *Völk* eingebrachte Resolution im Jahre 1872 betonte[44]. Bemerkenswert ist, daß der Abg. Dr. *Völk* die Einführung der obligatorischen Zivilehe im Reich als einen Akt der Notwehr zugunsten derjenigen bezeichnete, die sich nicht dem Dogma der Unfehlbarkeit unterwerfen wollten. Er stützte sich besonders auf die Verhältnisse in Bayern, wo Katholiken, die sich dem neuen Dogma nicht unterwürfen, von ihrem Pfarrer nicht getraut würden[45]. Die Hauptredner der Zentrumspartei, die Abg. Dr. *Moufang* und Dr. *Westermayer*, bestritten das Recht des Staates, in dieser Form in die Eheangelegenheiten einzugreifen. *Westermayer* empfahl den Altkatholiken, eigene Gemeinden mit einem Pfarrer zu bilden, wodurch die Schwierigkeiten der Eheschließung ausgeräumt seien[46]. Auf evangelischer Seite zeigte sich auch im Reichstag keine einheitliche Front gegen die neue Einrichtung. Der Abg. Dr. *Baumgarten* forderte als evangelischer Theologe die Einführung der Zivilehe als ein Werk der Befreiung der Kirche. Die Zivilehe bilde den Zugang zu der neuen Kirche der Freiheit, der vom Redner sogenannten Volkskirche[47]. Der Abg. *von Maltzahn-Gültz* erklärte sich ein-

---

[43] Entwurf eines Gesetzes über die Beurkundung des Personenstandes und die Eheschließung. Sammlung sämtlicher Drucksachen des Deutschen Reichstages. 2. Legislatur-Periode. II. Session 1874/1875, 3. Bd. Berlin 1875 Nr. 153. Die Begründung des Entwurfes siehe S. 19ff. Die Verhandlungen des Reichstages über den Entwurf in Stenograph. Berichte über die Verhandlungen des Deutschen Reichstages. 2. Legislatur-Periode. — II. Session 1874/1875. 3. Bd. Berlin 1875 S. 960ff., 987ff., 1011ff., 1047ff., 1067ff., 1091ff., 1216ff., 1361 ff.

[44] Stenograph. Ber. I. Legislatur-Periode. III. Sess. 2. Bd. S. 1152.

[45] Stenograph. Ber. 2. Legislatur-Periode. I. Sess. 1. Bd. S. 538.

[46] Stenograph. Ber. 2. Legislatur-Periode. I. Sess. a. Bd. S. 539ff.

[47] A. a. O. S. 550ff., bes. S. 553: „Aber das Unreine, das Fremde müssen wir ausscheiden, und so muß der deutsche Katholizismus sich frei machen von Rom und von dem, was daran hängt, und der deutsche Protestantismus muß sich frei machen von dem Weltelement des Staatskirchentums. Dann werden wir die Volkskirche erringen, dann wird die Volkskirche kommen, denn Christus der Herr wird den neuen Bund schließen mit dem deutschen Volke, und der Geist Christi wird sich vermählen mit unserer deutschen Volksseele; das wird eben die Volkskirche sein, und die ist es, die wir gebrauchen." Hierzu *Kißling*, Geschichte des Kulturkampfes 3. Bd. S. 16/7.

deutig gegen die Zivilehe, weil die kirchliche Ehe ein Teil der christlichen Grundlagen unseres Volkslebens sei, „aus dem dasselbe, wie ich fest glaube, zum größten Teil seine Kraft zieht, wo die tiefsten Wurzeln seiner Kraft liegen, und diese Grundlagen unserer Kraft wünsche ich eher zu stärken als abzuschwächen, ich mag sie nicht abschwächen durch Einführung eines Institutes, von dem mir die Verteidiger doch zugeben würden, daß es nicht sowohl in der tiefen Rechtsanschauung des germanischen Volkes, sondern der oberflächlichen und formalistischen romanischer Nationen seinen Ursprung hat". Außerdem, so meinte der Abgeordnete, könne die neue Institution eher dazu führen, daß das religiöse Bewußtsein in evangelischen Kreisen als in katholischen Kreisen betroffen werde, weil man sich dort leichter mit der bürgerlichen Eheschließung zufrieden geben werde[48]. Der Zentrumsabgeordnete Dr. *Moufang* trat dafür ein, die kirchliche Eheschließung beizubehalten. Die bürgerliche Wirkung dieser Eheschließung sollte dadurch erreicht werden, daß die Ehegatten die erfolgte Eheschließung dem Standesbeamten anzeigten, und dieser eine entsprechende Eintragung im Heiratsregister vornehme. Doch wurde der Antrag abgelehnt[49].

Heftiger umstritten wurde die Frage der Eheschließungsform. Sollte die Konsenserklärung der Brautleute, die darauffolgende Eintragung im Heiratsregister (wie im Entwurf *Völk-Hinschius* und im preußischen Gesetz)[50], oder der Ausspruch des Standesbeamten, der die Brautleute für rechtmäßig verbundene Ehegatten erklärte, rechtsbegründend sein? Für die rechtsbegründende Natur des Ausspruches des Standesbeamten konnte man sich auf die evangelische Eherechtslehre seit dem 17. Jahrhundert berufen, ferner auf die Regelung des Allgemeinen Landrechts für die Preußischen Staaten von 1794 (II. 1 § 136)[51]. Sie wurde auch

---

[48] Stenograph. Ber. 2. Legislatur-Periode. I. Sess. 1. Bd. S. 549ff.

[49] A.a.O. S. 585f. Der Antrag lautete: „Innerhalb des Gebietes des deutschen Reiches muß jede Ehe, damit sie in ihren bürgerlichen Wirkungen anerkannt werde, durch die Ehegatten in Person dem Standesbeamten angezeigt werden. Auf Grund dieser Anzeige erfolgt die Eintragung in das Heiratsregister." A. a. O. S. 590.

[50] Entw. *Völk-Hinschius* § 29. Die Ehe wird dadurch geschlossen, daß die Verlobten in Gegenwart von zwei Zeugen vor dem Standesbeamten persönlich ihren Willen erklären, die Ehe miteinander eingehen zu wollen, daß diese Erklärung vom Standesbeamten in das Heiratsregister eingetragen, und daß die Eintragung von den Verlobten und von dem Standesbeamten vollzogen wird. Stenograph. Ber. 2. Legislatur-Periode — I. Sess. 1874, 3. Bd. Anlagen S. 207. Preuß. Gesetz über die Beurkundung des Personenstandes und die Form der Eheschließung v. 9. 3. 1874 § 35. Die Ehe wird dadurch geschlossen, daß die Verlobten in Gegenwart von zwei Zeugen vor dem Standesbeamten persönlich ihren Willen erklären, die Ehe miteinander eingehen zu wollen, daß diese Erklärung vom Standesbeamten in das Heiratsregister eingetragen und daß die Eintragung von den Verlobten und von dem Standesbeamten vollzogen wird.

[51] Siehe oben S. 117.

vom Bundesrat aus rechtlichen Gründen empfohlen[52]. Gegen diese Form der Eheschließung wandte sich der Zentrumsabgeordnete Dr. *Lieber*, der in Übereinstimmung mit der katholischen Lehre in der Willensübereinstimmung der Partner das Wesenselement der Eheschließung sah. Er wies darauf hin, daß die in Vorschlag gebrachte Regelung, nach der durch den Ausspruch des Standesbeamten die Ehe zustandekomme, Brautleute und Standesbeamte in Gewissenskonflikte bringen könne, weil es sehr wohl möglich sei, daß diese vom Staat vorgeschriebene Regelung nicht als verbindlich angenommen werde. Vor allem könnten die Frauen es für eine Farce der allergefährlichsten Art halten, „wenn sie dem Worte Glauben schenken sollten, daß sie durch das Wort des Standesbeamten allein in jeder, ihr Gewissen namentlich beruhigenden und ihre gesellschaftliche Ehre sichernden Weise, rechtmäßig verbundene Eheleute seien"[53]. Gleichwohl wurde die Vorschrift in folgende Form gebracht:

> § 52 (51). Die Eheschließung erfolgt in Gegenwart von zwei Zeugen durch die an die Verlobten einzeln und nacheinander gerichtete Frage des Standesbeamten:
>
> ob sie erklären, daß sie die Ehe miteinander eingehen wollen,
>
> durch die bejahende Antwort der Verlobten und den hierauf erfolgten Ausspruch des Standesbeamten, daß er sie nunmehr kraft des Gesetzes für rechtmäßig verbundene Eheleute erkläre.

Unzweifelhaft siegte mit dieser Fassung des Gesetzes der Gedanke der Staatsallmacht, die für sich in Anspruch nahm, auch in diese privaten Bereiche der Staatsbürger eingreifen zu können. Bewußt oder unbewußt wird auch das evangelische Eheschließungsrecht, das seit dem 17. Jahrhundert den Schwerpunkt der Eheschließung in die Trauungshandlung des Geistlichen verlegte, eingewirkt haben[54]. Das Zentrum aber hat sich wohl auch deswegen gegen diese Fassung zur Wehr gesetzt,

---

[52] Entw. des Bundesrates, Begründung, a. a. O. S. 35, die besagt: „§ 51 (enthält die Eheschließungsform) erklärt die durch das Bundesgesetz vom 4. 5. 1870 § 7 (BGBl. S. 599) für die Deutschen im Auslande vorgeschriebene Form der Eheschließung auch für das Inland maßgebend, weil es unzuträglich wäre, hier zwei verschiedene Formen zuzulassen, und weil die Rücksicht auf die Fassung des § 337 des Strafgesetzbuches, welche zu der im Preußischen Gesetze vom 9. 3. 1874 § 35 beliebten Form führte, für die Reichsgesetzgebung, welche in der Lage ist, den § 337 sachentsprechend zu erläutern, nicht entscheiden kann."

[53] Stenograph. Ber. 2. Legislatur-Periode 2. Sess. 3. Bd. S. 1061, 1245.

[54] Vgl. *Rudolf Sohm*, Das Recht der Eheschließung aus dem deutschen und kanonischen Recht geschichtlich entwickelt, Weimar 1875 S. 197ff., S. 250ff.; *Adolf von Scheurl*, Das gemeine deutsche Eherecht und seine Umbildung durch das Reichsgesetz vom 6. 2. 1875 über die Beurkundung des Personenstandes und die Eheschließung mit bes. Rücksicht auf die Kirchen-Eheordnung dargestellt, Erlangen 1882 S. 80/81; nach der rechtlichen Seite nicht klar und scharf *Bruno Jordahn*, Weltliche und kirchliche Eheschließung. Beiträge zur Frage des Eheschließungsrechtes, hsg. von *Hans Adolf Dombois* und *Friedrich Karl Schumann*, Gladbeck 1953 S. 72ff.; *Hans Planitz*, Grundzüge des deutschen Privatrechts,

weil es Schwierigkeiten wegen der kanonisch-rechtlichen Gültigkeit der nicht der tridentinischen Form unterliegenden Ehen fürchtete. Erst bei der Beratung des BGB gelang es dem Zentrum, die Willensübereinstimmung zum konstitutiven Element der Eheschließung zu machen[55].

Das *Reichsgesetz über die Beurkundung des Personenstandes und die Eheschließung v. 6. 2. 1875* trat am 1. 1. 1876 in Kraft (§ 79). Es brachte nicht nur die Einführung der obligatorischen Zivilehe im ganzen Reichsgebiet, begleitet von der reichsrechtlichen Regelung der bürgerlichen Standesregister. Vielmehr enthielt es auch eine reichsrechtliche Regelung der Erfordernisse der Eheschließung (3. Abschnitt, §§ 28ff.). Hier wurden weitere Ehehindernisse, als das Gesetz selbst vorsah, verboten, mithin auch das für die damalige Zeit besonders anstößige Ehehindernis der Religionsverschiedenheit beseitigt (§ 39)[56]. Das Recht der Ehescheidung blieb mit einer Ausnahme der Landesgesetzgebung vorbehalten[57]. Die Schärfe der Trennung zwischen staatlichem und kirchlichem Bereiche im Gebiete der Eheschließung und der bürgerlichen Standesregisterführung drückt sich in der Vorschrift aus: „Geistlichen oder anderen Religionsdienern darf das Amt eines Standesbeamten oder die Stellvertretung eines solchen nicht übertragen werden“ (§ 3 Abs. 3). Der Zivilehe wurde der zeitliche Vorrang vor der kirchlichen Eheschließung eingeräumt, und dieser Vorrang durch eine Strafbestimmung des Gesetzes selbst gesichert (§ 67). Die durch das Gesetz hervorgerufene Beunruhigung weiter kirchlicher Kreise sollte der sog. *Kaiserparagraph* — weil auf Veranlassung Kaiser Wilhelms I. eingefügt — beschwichtigen (§ 82)[58]. Insgesamt brachte die Einführung der Zwangszivilehe die Säkularisierung des Institutes der Ehe im ganzen Reiche. Die kirchliche Eheschließung war nunmehr zu einer Privatsache gemacht und ihre Vornahme stand im Belieben des Einzelnen. Trotz aller beruhigenden Erklärungen der die Zivilehe befürwortenden Partei- und

---

Berlin-Göttingen-Heidelberg 1949[3] S. 187/88; *Karl Haff*, Institutionen des deutschen Privatrechts, 2. Bd. Familienrecht, Stuttgart 1947[2] S. 23ff.

[55] *Hermann Conrad*, Der parlamentarische Kampf um die Zivilehe bei Einführung des Bürgerlichen Gesetzbuches für das Deutsche Reich, Hist. Jahrbuch der Görres-Gesellschaft 72, 1952 (Festschrift *Georg Schreiber*) S. 488.

[56] Siehe oben S. 116, 123.

[57] § 77 betrifft die Trennung dem Bande nach an Stelle der Trennung von Tisch und Bett.

[58] Vgl. hierzu *Adalbert Wahl*, Deutsche Geschichte von der Reichsgründung bis zum Ausbruch des Weltkrieges (1871—1914), 1. Bd. Stuttgart 1926 S. 204; *Kißling*, Geschichte des Kulturkampfes 3. Bd. S. 18. Zur Geschichte des irrig als „Kaiserparagraph“ bezeichneten § 1588 BGB vgl. *Günther Beitzke*, Familienrecht, München und Berlin 1955[4] S. 1, siehe auch *Conrad*, Der parlamentarische Kampf um die Zivilehe S. 487 und Anm. 32. § 82 PStG geht inhaltlich weiter als § 1588 BGB, weil hier nicht mehr auf die Vorschriften über die Taufe Bezug genommen wird, die 1874/75 noch von Bedeutung waren.

Regierungsvertreter ließ sich auf die Dauer eine ungünstige Beeinflussung der religiösen Eheschließung nicht vermeiden.

4. Zusammenfassung

Nach dem Vorbild der französischen Revolution hat die Bewegung des bürgerlichen Liberalismus um die Mitte des 19. Jahrhunderts die Einführung der Zivilehe mit zeitlichem Vorrang vor der kirchlichen Eheschließung zum verfassungsrechtlichen Prinzip erhoben. Zur Begründung dieser Maßnahme diente die liberale Forderung nach einer Trennung von Staat und Kirche, obwohl dieses Prinzip durch den strafrechtlich gesicherten Vorrang der Zivilehe verletzt wurde. Bestimmend war ferner auch das Ziel, kirchenrechtlich begründete Ehehindernisse (vor allem auf Grund der Religionsverschiedenheit) zu beseitigen. Erst der Kulturkampf brachte die Erfüllung der liberalen Forderung durch Einführung der Zwangszivilehe in Preußen (1874) und im Reiche (1875). In der Hitze dieses Kampfes kamen die auf seiten des Staates bestehenden, durchaus begründeten Interessen an einer umfassenden bürgerlichen Standesregisterführung, die auch die Eheschließung betraf, nicht zu sachlicher Würdigung. Sie waren zu sehr von den antikirchlichen Tendenzen des Kulturkampfes überlagert. Dadurch wurden sachliche Versuche, einen Ausgleich zwischen staatlichen und kirchlichen Interessen zu finden (vgl. Vorschlag Dr. *Moufang* oben S. 126), zum Scheitern verurteilt. Zugleich erhielt die neue Institution den Stempel einer Kulturkampfmaßnahme, der ihr weder bei den Verhandlungen über das Eherecht des Bürgerlichen Gesetzbuches noch später genommen werden konnte. Vielmehr empfing der kulturkämpferische Charakter durch die nationalsozialistische Gesetzgebung eine neue Note[59]. Endlich haftete der ganzen Bewegung der Makel des Epigonenhaften an. Was die französische Revolution im Geiste der Aufklärung des 18. Jahrhunderts geschaffen hatte, sollte in Preußen und im Reiche zum Instrument der Schwächung oder gar Ausschaltung der Kirche, vor allem der katholischen Kirche, im Dienste einer verspäteten Nationalstaatsidee dienen. Mit dem Geiste der von der Aufklärungsphilosophie Frankreichs getragenen Zivilehegesetzgebung hatte die gesetzgeberische Bewegung des bürgerlichen Liberalismus auf dem Gebiete der Zivilehe nicht mehr gemein als die äußere Form. Der bürgerliche Liberalismus rief nach Sicherung der Freiheit von kirchlichem Dogma und Zwang, konnte diese Freiheit aber ebenso durch die Einführung der fakultativen Zivilehe oder erweiterte

---

[59] Vgl. *Conrad*, Der parlamentarische Kampf um die Zivilehe usw. Hist. Jahrbuch 72, 1952 S. 474ff.; *ders.* Grundprobleme einer Reform des Familienrechtes, Arbeitsgemeinschaft für Forschung des Landes Nordrhein-Westfalen, Geisteswissenschaften H. 12 Köln und Opladen 1954 S. 61ff.

Anwendung der Notzivilehe erreichen, die aber aus antikirchlichen Tendenzen abgelehnt wurden.

Die geistigen und politischen Mängel der Zivilehegesetzgebung der Kulturkampfzeit haften in Deutschland dem Institut heute noch an und führen immer wieder zu Reibungen und Schwierigkeiten zwischen Staat und Kirche, ohne daß beachtet wird, daß eine Entgiftung der Institutionen vom Geiste des Kulturkampfes dem Frieden dienen könnte[60, 61].

---

60 Bemerkenswerte Versuche, der Problematik staatliche und kirchliche Eheschließung in Italien Herr zu werden, zeigt die Arbeit von *Albert Woopen*, Die Zivilehe und der Grundsatz der Unauflöslichkeit der Ehe in der Entwicklung des italienischen Zivilrechts. Arbeitsgemeinschaft für Forschung des Landes Nordrhein-Westfalen, Geisteswissenschaften H. 57, Köln und Opladen 1956.

61 Im Rahmen dieser Festschrift war es nur möglich, die parlamentarische Auseinandersetzung bei Einführung der Zivilehe in Preußen und im Reiche zu verwerten. Die theoretische Auseinandersetzung über die Zivilehe und ihrer Bedeutung im Rahmen des evangelischen Kirchenrechtes mußte außer Betracht bleiben.

AUS DER WELT DER RECHTSSPRICHWÖRTER

Von Dr. Justus Wilhelm Hedemann

Professor in Berlin

Diese Welt ist heute fast versunken. Im 18. Jahrhundert, abklingend im 19., begegnete sie warmherzigem Verständnis. Sammlungen wurden von anerkannten Gelehrten unternommen und der Öffentlichkeit mit gelehrsamen, zugleich volkstümlichen Erläuterungen in gediegenen Büchern übergeben. Heute sind sie vergessen, nur ganz vereinzelt zieht sie der Historiker heran. Heute wird dem Juristen angesonnen, sich fernzuhalten von Sprüchlein und poetischen Reimen. Präzise, absolut nüchtern soll er denken. Und wenn eine knappe Prägnanz der Worte geboten erscheint, dann dominiert nicht mehr das gemüterfüllte Sprichwort, sondern der „Schlager"; aus dem vulgären Bereich als Schlagwort hinübergreifend auch in die ernste wissenschaftliche dogmatische Welt, von der „Sozialisierung auf kaltem Wege" und ähnlichen Wortgebilden bis zum „deutschen Wunder" aufsteigend. Trotzdem wage ich es, in der Festschrift für *Heinrich Lehmann* mich erinnernd der Welt der Rechtssprichwörter zuzuwenden. Ich weiß mich eins mit ihm in der Erkenntnis, daß wahre Weisheit vom Einfachen, Schlichten, Volkstümlichen aufsteigt, sich reifend verdichtet und zu letzter Erkenntnis emporsteigt.

Der Reichtum, der in dem jahrhundertealten Schatz der Rechtssprichwörter ruht, ist groß[1]. Nur eine geringe Auswahl kann im folgenden

---

[1] Das eindruckvollste Werk: *Joh. Friederich Eisenhart*, Grundsätze der deutschen Rechte in Sprüchwörtern mit Anmerkungen erläutert, 1759. Eisenhart war „öffentlicher Lehrer der Rechte und der Juristen-Facultät Beysizer" an der Universität Helmstätt. Er hat sich bei seiner Sammlung, wie er in der Vorrede mitteilt, auf Vorarbeiten seines „ehemaligen verehrungswürdigen Lehrers, des seel. Herrn Hofrath *Conradi*" gestützt, der bereits 1745 ein schmales Heft mit gleichem Titel veröffentlicht hatte. Doch war bereits vorher *Johann Nicolaus Hertius* mit einer Sammlung Paroemiae juris Germanici 1701 und 1710 vorangegangen (vgl. Stintzing-Landsberg, Geschichte der deutschen Rechtswissenschaft III 1 Text S. 62). Hertius war Landgräflicher Rath und Kanzler, Professor in Gießen. Nach seinem Tode wurde eine Sammlung seiner Schriften von seinem Sohn und später von J. J. Hombergk herausgegeben. Dabei brachte der II. Band auch wieder die ergänzte Sprichwortsammlung mit 196 juristischen Sprichwörtern, die von Erläuterungen begleitet und auch frei ins Lateinische übersetzt sind. — Während der Drucklegung habe ich in einem alten Bücherkatalog noch gefunden: *Pistoir* G. T., Thesaurus paroemiarum germanico-judic. Teutsch: Jurist.Sprichwörter-Schatz, Lpz. 1714 (366 S.).

Eisenhart hat in seiner Vorrede auch die Vermischten Anmerkungen und Gutachten von Johann Gottlieb Heineccius (1735) und passim in seinen eigenen Erläuterungen die Dissertatio de paroem. von *Kressius* erwähnt. Joh. Paul Kress war

herangezogen werden. Aber der schmale Pfad, *ein munterer Pfad*, ein verschlungener, manchmal ernster, manchmal heiterer Weg, soll uns auch zu den Gesetzen, den Richtersprüchen unserer Tage heranführen. Es sei mir in dieser „Festschrift" erlaubt, zurückblickend auf weite Strecken gemeinsamen Lebensweges, der großen Lebensfreude und wissenschaftlichen Lebendigkeit *Heinrich Lehmanns* zu gedenken, die es rechtfertigt, diesem Aufsatz eher den Charakter eines zur Höhe strebenden Gesprächs als einer strengen wissenschaftlichen Studie zu geben und die gewählten Beispiele in freier Wahl vorüberziehen zu lassen.

1. Mit dem *Menschentum* möge begonnen werden. Da wird das Menschenkind geboren, reift heran und geht seinen Weg bis zur letzten Stunde. „*Kinder und Narren reden die Wahrheit*" ist vom Volksmund her auch in die Sammlungen der Rechtssprichworte gewandert. Gewiß, der Ausgangspunkt war rein volkstümlich. Wir lesen in den Eisenhartschen Erläuterungen am Anfang die Worte: „Die große Offenherzigkeit und wenige Überlegung, so man bey den Kindern und albernen Leuten wahrnimmt, welche gemeiniglich, was sie gehöret oder gesehen, sofort wiederum andern bekannt machen, hat vermutlich zu diesem Sprüchwort Gelegenheit gegeben". Aber dann schließen sich die juristischen Erwägungen über die Altersgrenzen bei der Zeugenschaft an, unter Zitation des Schwaben- und Sachsenspiegels und mit der Erwägung, ob nicht der uneidlichen Aussage eines Jugendlichen, gerade weil bei ihm „die Verstellungskunst noch nicht in dem Grad wie bey Erwachsenen angetroffen wird", gutes Gewicht gegeben werden könne: „Vieles kommt bey dieser Frage auf die Umstände und die *Überlegung eines vernünftigen Richters* an". Der Gesetzgeber unserer Tage muß jedoch immer wieder ringen mit der *Festlegung fester Zahlengrenzen*, bei der Volljährigkeit, der Eheschließung, dem Wahlrecht, der Strafbarkeit. Bis in die Spal-

---

Kollege von Eisenhart, von 1712 bis zu seinem Tode 1741 Professor in Helmstedt. Eisenharts Sammlung ist dann noch durch verschiedene Hände gewandert. Stinzing-Landsberg (III 1 Text S. 235) nennt als letzte Ausgabe, „stark angeschwollen", die des Leipziger Professor Karl Eduard *Otto* (1823).

Die letzten Sammlungen dürften sein: J. H. *Hillebrand*, Deutsche Rechtssprichwörter (1858), und „Deutsche Rechtssprichwörter, unter Mitwirkung von J. C. Bluntschli und K. Maurer gesammelt und erklärt" von E. *Graf* und M. *Diethen* (2. Ausg. 1869). — Ein kurzer Aufsatz „Das Recht in Sprüchwörtern" auch in Bd. I S. 49 von *Göschel*, Zerstreute Blätter (1832).

Breiter wissenschaftlicher Hintergrund für damalige Studien über die Beziehungen von Recht und Volkstümlichkeit im Laufe der Jahrhunderte: Roderich *Stintzing*, Prof. in Erlangen, Geschichte der populären Literatur des *römisch-kanonischen* Rechts in Deutschland (1867). Für den Bereich des römischen Rechts wäre auch zu vergleichen die schmale Schrift von *Bovensiepen*, Lateinische Rechtssprichwörter, 2. Aufl. 1932.

tung Deutschlands schlägt das hinein[2]; bis zur Kinobesuchsgrenze sinkt das im Zeichen polizeilich-juristischer Kontrolle herab, wobei uns wiederum ein jahrhundertealter, von Munde zu Munde laufender, aber auch in den alten Sammlungen der *Rechts*sprichwörter anzutreffender Spruch in den Ohren klingt, „Jugend hat keine Tugend"[3].

Neben die Differenzen des Alters tritt der *Unterschied der Geschlechter*. „*Gleichberechtigung*" heute die große Parole, noch keineswegs abgeschlossen, in immer neuen Gerichtsurteilen ausgewogen, zugespitzt bis zu der Anrede „Frau" oder „Fräulein"[4]. Gleichberechtigung, das gab es nicht in der Welt der alten Rechtssprichwörter. Aber Gleich*belastung* tritt uns *in einem drastischen Sprichwort* vergangener Zeiten entgegen. Dabei ging es um die Leibeigenschaft: Ein freier Mann heiratet ein Weib in Leibeigenschaft, und nun trifft ihn das Sprichwort „Trittst du mein Huhn, wirst du mein Hahn", der Mann verfällt auch seinerseits der Leibeigenschaft[5]. Doch verlor der Grundsatz „Ebenbürtigkeit" an Kraft. *Rudolf Hübner* stellt an Hand eines alten Sprichwortes fest: „Im niederen *Adel* scheinen schon in der zweiten Hälfte des Mittelalters Ehen mit freien Bürgern oder Bauern als gleiche behandelt worden zu sein: *Ritterweib hat Ritterrecht*" (Grundzüge des Deutschen Privatrechts, 5. Aufl. S. 105).

Eine besondere Belastung des weiblichen Teiles in einem harten Sonderfall ist auch bei der *Eheschließung* hervorgetreten. Über dem Wesen der Ehe steht zwar seit Alterszeiten der schöne schlichte Spruch „*hast du mich genommen, so mußt du mich behalten*". Aber die Enttäuschungen, die Überraschungen können kommen, das Verlangen nach

---

[2] Ein Beispiel: Runderlaß des Innenministers von Nordrhein-Westfalen vom 5. 7. 1954 betr. Anerkennung des *ostzonalen* Gesetzes über die *Herabsetzung des Volljährigkeitsalters* (MBl. NW 1954 Sp. 1135; SBl. S. 862).

[3] Harte historische Erinnerung aus der *Peinlichen Hals- und Gerichtsordnung Karls V.* von 1532 Art. 164: Junge Diebe, so noch unter der Altersgrenze von 14 Jahren stehen, sollen nicht zu Tode verurteilt werden, nur dann könne anders verfahren werden, wenn bei dem jungen Täter die Bosheit das Alter erfüllet.

[4] Zeitgenössisches Beispiel: Runderlaß des *Bundesministers des Innern* vom 9. 2. 1955: „Die Bezeichnung ‚Frau' ist weder eine Personenstandsbezeichnung noch ein Teil des Namens, noch ein Titel, der verliehen werden müßte oder könnte. Sie ist auch nicht gleichbedeutend mit ‚Ehefrau'. Vielmehr steht es jeder unverheirateten weiblichen Person frei, sich ‚Frau' zu nennen. Von dieser Möglichkeit wird zunehmend Gebrauch gemacht. Es ist daher gerechtfertigt und geboten, unverheiratete weibliche Personen *auch im amtlichen Verkehr* mit ‚Frau' anzureden, wenn sie dies wünschen" (Gemeins. MBl. 1955 S. 47). — *Das „Ges. über die Gleichberechtigung von Mann und Frau* auf dem Gebiete des bürgerlichen Rechts" ist im Augenblick der Niederschrift dieses Aufsatzes nach Meldung im SBl. 1956 Nr. 1 von der Bundesregierung dem Bundestag vorgelegt worden. Aus der Werdezeit: *J. W. Hedemann*, Was wird mit der Gleichberechtigung? JR 1953 S. 197.

[5] Eine harte Erinnerung aus der Zeit des nationalsozialistischen Regimes faßt uns Heutige an. Ein Mann hat eine Nichtarierin geheiratet: Trifft es das Weib, trifft's auch den Mann.

Wiederaufhebung der Ehe tritt hervor. Unser heutiges Ehegesetz von 1946 bedient sich der schmiegsamen allgemeinen Formel: „Ein Ehegatte kann Aufhebung der Ehe begehren, wenn er sich bei der Eheschließung über solche persönlichen Eigenschaften des anderen Ehegatten geirrt hat, die ihn bei Kenntnis der Sachlage und bei verständiger Würdigung des Wesens der Ehe von der Eingehung der Ehe abgehalten haben würden" (§ 32). Die alten Sprichwörter zogen vor, sich auf besonders markante Einzeltatbestände zu beschränken. Und so hören wir denn den derben, auf *die Frage der Jungfräulichkeit* ausgerichteten Satz: „Es ist niemand schuldig, die Kuh mit dem Kalbe zu behalten". Die Erläuterungen von Eisenhart gehen dahin: „Hat jemand die von einem anderen geschwängerte Person wissentlich geheiratet, so ist an keine Trennung zu gedenken. ... Ist er aber betrogen worden, so ist eine solche Ehe als eine nichtige Ehe zu erklären". Das wird erweitert: „Aus diesem Grunde sagt man, daß wenn eine Frauensperson sich für eine Jungfer ausgegeben, die Jungfernschaft allemal von dem Bräutigam als eine Bedingung vorausgesetzt werde, wenn er auch schon nicht ausdrücklich dieserwegen erkläret". Wir in der Mitte des 20. Jahrhunderts sind uns bewußt, wie ernst hier die Dinge heute liegen[6].

Eheliches Güterrecht und *Erbgang* sind von besonders vielen Rechtssprichwörtern früherer Zeiten umwoben. Das ist wenig gegenüber dem Strudel von Diskussionen, Literatur und Entwürfen *unserer* Tage. Lassen wir uns durch die Schlichtheit einiger Sprüche trösten. Das, was wir Allgemeine Gütergemeinschaft zu nennen gewohnt sind, klingt uns aus dem Sprichwort entgegen: „*Wenn die Decke über dem Kopf ist, so sind die Eheleute gleich reich*". Doch vermerken bereits die damaligen Schriftsteller, daß dieser Satz keineswegs allgemeine Geltung gehabt habe. Heute dürfte die Gütertrennung, aber mit Teilung des Zugewinns, an der Spitze liegen; ihr sind im Entwurf des Bundeskabinetts 24 lange Paragraphen gewidmet. Wollte man dafür heute ein Sprichwort prägen, so würde es nicht mit der „Decke über dem Kopf" beginnen, sondern etwa lauten: „Wenn die Ehe läuft, gibt es eine gemeinsame Kasse", oder wenigstens „eine gemeinsame Sparbüchse".

Beim *Erbgang* treten dann die *Verwandten* neben den Ehegatten. Wieviel bei ihrer erbrechtlichen Berücksichtigung an Gruppierungen, „Ordnungen", Systemen vorübergezogen ist, wissen wir. Die (begrenzte) Testierfreiheit tritt als Änderungsmittel hinzu. Vor ihr warnt das alte

[6] *Siebert-Vogel*, Familienrecht (Kommentar zum Familienrecht des BGB und zum Ehegesetz, 1955, Bem. 10 zu § 32). Unter Zitation vieler Gerichtsentscheidungen: „Bei der Frau ist der Verlust der Jungfräulichkeit nicht das Anzeichen für eine Minderwertigkeit ... Art und Umfang ihrer geschlechtlichen Betätigung ist maßgebend: es begründet einen Unterschied, ob ein Mädchen das Opfer einer einmaligen Verführung geworden ist, ob sie ein dauerndes Verhältnis gehabt oder mit mehreren Männern verkehrt hat oder eine Lohndirne war usw."

Sprichwort „*Wer will wohl und seelig sterben, laß sein Gut dem rechten erben*". Wer sind nun aber die rechten Erben? Zunächst der *Kreis der Geschwister.* Wir wissen, daß im landwirtschaftlichen Bereich der Vorzug des Einen, des Erstgeborenen (oder umgekehrt des Jüngsten) auch heute in gewissen Grenzen nicht zu entbehren und fast in allen europäischen Ländern irgendwie verankert ist. Aber wo sind die Grenzen anzusetzen? Ist nicht doch *Gleich*haltung aller Geschwister der *natürlichste* Grundsatz? Das bejaht und fordert ein alter Spruch mit den Worten „Gleiche Brüder gleiche Kappen". Und zu den Brüdern müssen *auch die Schwestern* treten. Wie eine Anklage gegen die Erbordnung seiner Zeit und seines Landes klingen die (in einer alten Sprichwortsammlung zitierten) Worte eines Vaters: „Dulcissima filia mea, illa ergo diuturna, sed impia inter nos consuetudo tenetur, ut de terra paterna sorores cum fratribus portionem *non* habeant". Zum anderen: *Eltern und Geschwister im Gegenüber.* Die Eltern haben den Vorrang. So will es und meint es das Sprichwort: „*Das Kind fället wieder in der Mutter Schooß*". Hübner (a. a. O. S. 765) setzt begründend hinzu: „Dieser Schoßfall, den bereits die meisten Volksrechte bezeugen, entsprach der alten Auffassung, daß die Kinder mit den Eltern durch ein engeres Blutsband verbunden seien, als mit den Geschwistern".

Am Schluß der familienrechtlichen Betrachtung noch ein Wort über das Rechtsschicksal der *Unehelichen.* Der lateinische Schlagsatz „Pater semper incertus" trägt auch das alte deutsche Sprichwort „Die Mutter sagt es, der Vater glaubt es, ein Narr zweifelt daran". Wie eindrucksvoll leiten dabei Sätze aus den Erläuterungen Eisenharts zu dem erstaunlichen Gegensatz der *Forschungsmethoden unserer Zeit* hinüber. Eisenhart sagt: „Man begnüget sich mit Muthmaßungen, so oft die Kindschaft bey einem Menschen in Zweifel gezogen wird ... Die Gesetze haben dahero verordnet, daß der für den wahren Vater eines Kindes gehalten werden soll, der es wegen des Ehestandes zu seyn scheinet. Sie halten sich nur an das äußerliche und überlassen die unsichtbaren Geheimnisse der Natur demjenigen, der allein in das Verborgene siehet und dessen Augen nichts verborgen bleibet." Dem begegnet unsere Gegenwart mit den rational-nüchternen (sicher noch nicht abgeschlossenen) Methoden der Blutgruppenuntersuchung, des „genetischen Wirbelsäulenvergleichs" bis zu der erschütternden These, daß sogar bei Zwillingen durch „Überschwängerung" zwei verschiedene Väter in Frage kommen könnten[7]. Übrigens taucht bei dem Streit, wer der Vater sei,

[7] Vgl. *J. W. Hedemann,* „Die Nichtehelichen, zur Reform des Unehelichenrechts" mit Hinweis auf die Judikatur der letzten Jahre, in Ehe und Familie 1955 H. 8/9 S. 226. — Regulierungsversuch, aber ohne letzte Lösungen, in der *Sowjetzone*: Richtlinien des Plenums des Obersten Gerichts der DDR über Voraussetzungen und Beweiswert des erbbiologischen Gutachtens, vom 29. 6. 1955 (Gbl. II S. 264; abgedr. auch i. SBl. 1955 S. 967).

noch einmal die Frage der *Gleichberechtigung von Frau und Mann* auf. Soll auch die Mutter das „Anfechtungsrecht" haben, um das Kind dem Ehemann zu entreißen? Nein sagen (gestützt auf § 1594 BGB) LG Nürnberg, OLG Hamm, LG Dortmund, Ja sagt dagegen LG Essen, alle ausführlich, mit fein ausgesponnener Begründung[8]. Wie volkstümlich wirken demgegenüber die weiteren erläuternden Worte Eisenharts zu dem oben zitierten Sprichwort: „Doch muß man hierbey zugleich bemerken, daß wenn der Vater das Kind für sein eheleibliches Kind erkennet, die Mutter aber solches von einem anderen empfangen zu haben vorgiebt, die Aussage der Mutter demselben (dem Kinde) zu keinem Nachteil gereichet, weil die Gesetze nicht wollen, daß man solchen Personen Glauben beymessen soll, welche ihre Aussage durch Entdeckung ihrer eigenen Schande und Laster unterstützen, um dadurch einem Dritten ein Nachteil zu erwecken. Genug in solchen Streitigkeiten siehet man zum Besten der Kinder nur auf die Geburt, von welcher es immer einige Zeugen giebt, nicht aber auf die Empfängniß, davon man unmöglich welche haben kann"[9].

2. Wenden wir uns von der Welt der Familien zur *Welt des Geschäftlichen*, so steht zu allen Zeiten der Pakt, *der Vertrag im Vordergrund*. Seine Existenz, Zustandekommen und bindende Kraft, führen immer wieder zu der geheimnisvollen Quelle des Willens zurück. „*Der Wille ist des Werkes Seele*, der Wille gibt dem Werk den Namen", kündet das Rechtssprichwort. Mit dem *Namen*, wir sagen: mit der Erklärung, tritt der Wille nach außen, tritt vor den Partner hin. Wir erinnern uns, wie von der Pandektengelehrsamkeit der historischen Schule durch die fünf ersten Jahrzehnte des Bürgerlichen Gesetzbuchs hindurch bis zur Gegenwart der Meinungsstreit zwischen „Willenstheorie" und „Erklärungstheorie" nicht verloschen ist[10]. Diese Feinheiten waren den Zeitaltern der Rechtssprichworte noch fremd. Seele und Name waren noch Eins. Stattdessen war *die Treue* bei ihnen der entscheidende Tragpfeiler: Zu dem im Vorhergehenden zitierten Rechtssprichwort vom Willen gesellte sich das zweite hinzu „Ein Wort ein Wort; ein Mann ein Mann". Schon bei dem ersten hatte Eisenhart die Treue als Träger freien Willens herausgestellt, bei dem zweiten wiederholte er das: „Dieses Sprüchwort ist noch ein Zeugnis von der großen Treue, welche unsere Vorfahren in ihren Verträgen und Zusagen beobachtet, und wodurch sie *die Be-*

---

[8] Dt. Rechtsspr. 1955, I (167) a, b; d.

[9] Eisenhart zitiert sowohl bei den obigen Sätzen über die Mutmaßungen wie bei denen über die mütterliche Aussage Stellen aus den *Digesten* des C. j. c. II 4, 1. 5 (pater vero is est quem nuptiae demonstrant) und XXII 3, 1. 29. — Auch in anderen Zusammenhängen liebt er es auf römisches oder auf päpstliches Recht zu verweisen.

[10] Reichhaltige Darstellung bei *Enneccerus-Nipperdey*, Allgemeiner Teil, 14. Aufl. (1955) § 164 I und II.

wunderung anderer Völker, ja selbst ihrer größten Feinde sich erworben haben".

Freilich, Treue, Wohlanständigkeit wird auch *von dem anderen Teil* erwartet, dem „Erklärungsempfänger", wie wir braven Dogmatiker heute zu sagen belieben. *Erzwungene* Erklärungen gelten nicht. Denn, lautet ein anderes Sprichwort, „*Wem die Füße gebunden sind, lauft die Zunge am meisten*". Die zeitgenössische Erläuterung, vorbeigehend an einer kuriosen Meinung, es handele sich bei den gebundenen Füßen um Podagra (Gicht, Zipperlein), setzt hinzu: Es lässet derjenige Mensch, welcher in eines anderen Gewalt ist, „gar leicht sich bereitwillig finden, alles einzugehen, was man nur von ihm verlange, um nur seine Freyheit wiederum zu erhalten". — Doch solche Zwangsgewalt ist ja Seltenheit auf seiten des Erklärungsempfängers. Viel wichtiger, eine Alltäglichkeit ist *sein Schweigen*, das Ausbleiben einer Antwort. Rechtssprichwörter treten ihm, anordnend, fast befehlend, gegenüber: „Schweigst du still, so ists dein Will", „Keine Antwort ist auch eine Antwort". So einfach kann natürlich der heutige Jurist nicht operieren. Wir erschrecken fast, wenn wir an die Reihe der Urteile hoher und höchster Gerichtshöfe denken, die sich mit dem „schweigenden Verhalten" bei den verschiedensten Tatbeständen auseinanderzusetzen hatten. Immerhin wirkt es doch auch wie ein Stück Primitivität, wenn der heutige Worte setzende Sprecher, der Gesetzgeber, sich z. B. da, wo es um die Vergütung geht, fortlaufend der Formel bedient: „Eine Vergütung *gilt als stillschweigend vereinbart* („ists dein Will"), wenn . . . den Umständen nach nur gegen eine Vergütung zu erwarten ist", so beim Dienstvertrag, beim Werkvertrag, beim Mäklervertrag, bei der Verwahrung. Und ähnlich auch, wenn die Verlängerung eines Geschäftsverhältnisses in Frage steht: „. . . gilt auf unbestimmte Zeit verlängert, wenn nicht . . . widerspricht" (also: „keine Antwort"), oder: „sofern nicht . . . seinen entgegenstehenden Willen . . . erklärt"; so beim Dienstvertrag, bei der Miete. Überall das „gilt", die *Fiktion*, um den Charakter oder das Ende des Rechtsgeschäfts kurzerhand zu besiegeln — fast der Sprichwortsprache vergleichbar[11].

Aus der reichen Welt der *Einzelverträge* mögen als bunte Beispiele *drei Sprichwörter* herausgegriffen werden. — Das erste ist besonders volkstümlich und auch heute noch manchmal zu hören: „*Einem geschenkten Gaul* soll man nicht sehen ins Maul". Beim Viehkauf geht es

[11] BGB §§ 612, 632, 653, 689; und §§ 625, 568. Überall zu vergleichen (in entsprechender Reihenfolge) die Erläuterungen in *Enneccerus-Lehmann*, Recht der Schuldverhältnisse, 14. Aufl. (1954) S. 587, 625, 648, 687; und S. 618, 521. — Übrigens auch hier historischer Lauf bis hinab zum C. j. c. und zum C. j. canon. *Die römischen Digesten* L 17, 1. 142: Qui tacet, non utique fatetur, sed tamen verum est eum non negare. Dann die fast klassisch sprichwörtliche Prägung *im päpstlichen Liber VI*, in dem Anhang De regulis Juris (1298 von Dinus zusammengestellt) reg. 43: Qui tacet, consentire videtur.

bekanntlich auch heute juristisch sehr sorgfältig zu (besondere Verordnung betr. die Hauptmängel und Gewährfristen beim Viehhandel vom 27. 3. 1899 usw.). Aber beim *Geschenk* eines Pferdes ist die Maulprobe nicht geboten, sie könnte von dem Geschenkgeber als kränkendes Mißtrauen empfunden werden. Darum keine Haftung seinerseits, es sei denn, daß ihn Arglist geleitet hat (BGB § 524). — Großes Thema heute *das zweite Beispiel*, in Sondergesetzen und langen Reihen von Judikaten und Aufsätzen behandelt: *Soll Kauf Miete brechen?* Neue Begriffe, der „Eigenbedarf“ und Ähnliches, sind entstanden. Aus der Vergangenheit klingt das Sprichwort *bejahend* herauf: „Kauf geht vor Miete“. Aber, wenn wir das alte Buch von Eisenhart aufschlagen (S. 352ff.), so finden wir, daß auch damals schon und noch Zeiten zuvor der Standpunkt doch sehr verschieden war, daß „dieses Sprüchwort ehedem unter einigen berühmten Rechtsgelehrten zu einem weitläuftigen gelehrten Streit Gelegenheit gegeben hat“, und daß „es doch aber gewiß ist, daß das andere Sprüchwort, Kauf hebt Miethe *nicht* auf, durch verschiedene Statuten in Deutschland einen Gebrauch hat“ (er nennt dafür „einige Länder Westfalens“ und das Hamburgische Stadtrecht). Immerhin, „sicher ist sicher“, und so gibt der Helmstädter Professor und der Juristischen Fakultät Beysitzer *dem Mieter einige Ratschläge*, wie er sich sichern könne[12]. Auch auf die *nahe* liegende Vergangenheit ist bei diesem Sprichwort und seinem Gegenstück ein Rückblick am Platze, auf die *Werdezeit unseres BGB*. Das Publikum, sit venia verbo, war um die Jahrhundertwende an der heranrückenden Kodifikation wenig interessiert. Als aber dann, schon beim I. Entwurf, das Thema Kauf contra Miete auftauchte und der Entwurf sich für den Grundsatz „Kauf *bricht* Miete“ (juristisch unrichtig, es mußte heißen: Eigentumserwerb bricht Miete) ausgesprochen hatte, kam es zu stürmischer Kritik. Die Tageszeitungen griffen dieses Thema auf. Die Politiker fühlten sich aufgerüttelt. Und der II. Entwurf schwenkte ein. Also auch an der Wende des 19. zum 20. Jahrhundert eine Ungleichheit der Meinungen wie im 18. und 17. oder früheren. — Das *dritte Beispiel* lenkt die Blicke bereits aus der Welt des bürgerlichen Rechts zur richterlichen Tätigkeit und zur strafrechtlichen Ahndung hinüber. Aber das Sprichwort selbst verharrt

[12] „Man kann dahero denenjenigen, so Häuser miethen keinen, bessern Rath geben, als daß sie von dem Vermiether sich ein Pfandrecht an dem Hause verschreiben lassen. Ist dieses geschehen, so hat man alsdann ein dingliches Recht und kann nicht ausgetrieben werden, oder man mache, daß bey Schließung des Kaufcontrackts ausdrücklich ausgemacht werde, daß der Käufer als der neue Eigenthümer dem Miethsmann so lange noch das Hauss lasse, bis die Miethsjahre verflossen sind. Ferner so kann sich auch der Miethsmann dadurch in Sicherheit setzen, wenn er mit dem Eigenthümer einen ausdrücklichen Vertrag errichtet, daß vor Endigung der Miethsjahre das Haus nicht veräußert werden soll. Trägt es sich aber dennoch zu, daß in Ermangelung eines von diesen Umständen derselbe vertrieben wird, so muß jedoch der Vermiether ihm den hierunter erlittenen Schaden wiederum ersetzen.“

noch im Allgemeinmenschlichen, indem es nur ausspricht: „Wer sagt, daß *Wucher* Sünde sei, der hat kein Geld; wer sagt, daß Wucher keine Sünde sei, der hat keinen Gott". Das BGB hat das Wort Wucher vermieden, aber dem Tatbestand bekanntlich im § 138 Abs. II eine Stätte bereitet. Und als der I. Weltkrieg mit seiner Warenverknappung eine steigende Verlockung für ausbeutende Tendenzen brachte, war es *Heinrich Lehmann*, der dem 1917 mit seiner Schrift „Wucher und Wucherbekämpfung in Krieg und Frieden" entgegentrat[13].

Wucher ist Kampf, böser Kampf. Der *Friedlichkeit* dient das Versöhnen, das gegenseitige Nachgeben. Und hier tritt das alte Sprichwort auf den Plan „*Es ist besser ein magerer Vergleich als ein feistes Urteil*", oder noch deutlicher, noch volkstümlicher: „Wer will hadern um ein Schwein, der nehme eine Wurst und laß es sein". Leicht ist es nicht immer, zum Vergleich zu kommen. Jeder Richter weiß das, wenn ihm die Stunde zum Vorschlag eines Vergleichs gekommen scheint. Der *Prozeßvergleich* schiebt sich dann in den Apparat des gerichtlichen Verfahrens ein, von *Heinrich Lehmann* vor 45 Jahren in einer auch heute noch wertvollen, weite Perspektiven erschließenden Monographie bearbeitet[14]. Vom Streit mit einem einzelnen Gläubiger geht die Betrachtung zum *Zusammenprall der mehreren Gläubiger*, zum *Concurrere* über. „Die ältesten Briefe gehen vor", lehrt da ein Sprichwort, das, wie Hertius in seiner Sprichwörtersammlung feststellt, auch in der Nassau-Catzenellenbogischen Landesordnung zu finden war. Es war nicht nur von den Hypothekenbriefen gemeint, die uns heute besonders plastisch in der Würde der Altersstufen erscheinen, sondern von Schuldbriefen schlechthin[15]. Zu dem Zusammentritt der Gläubiger, dem Konkurs, möge noch ein spaßhaft klingendes, aber auch sehr reales (in ferner Perspektive mit dem heutigen legislativen Nachsinnen über den besten ehelichen Güterstand verwobenes) Rechtssprichwort aus der Eisenhartschen Sammlung zitiert werden: „*Böse Schuldner kriechen den Weibern unter den Pelz*".

---

[13] Heutige Dogmatik der Wucherbekämpfung im Rahmen des bürgerlichen Rechts: *Enneccerus-Nipperdey*, Allgemeiner Teil, 14. Aufl. (1955) § 192. Über die Kaufpreisregulierung, die neben der allgemeinen Wirtschaftstendenz auch der Abwehr wucherischer Neigungen dient, *Enneccerus-Lehmann*, Recht der Schuldverhältnisse, 14. Aufl. (1954) § 101 IV. — Im *Strafgesetzbuch* §§ 302a bis e. — Historische Darstellung, die mit den Worten Gott und Sünde in dem oben zitierten Sprichwort in Berührung steht, bei *Rudolf Hübner*, Deutsches Privatrecht, 5. Aufl. (1930): Kirchenkonzile und päpstliche Erlasse des 13. und 14. Jahrhunderts.

[14] Das Buch *Heinrich Lehmanns* war dem 22. Bande der Abhandlungen zum Privatrecht und Zivilprozeß von *Otto Fischer* einverleibt, in deren Bereich, was ich gern in dieser Festschrift notiere, auch meine Erstlingsschrift „Der Vergleichsirrtum" (der Deutung des damals neuen § 779 BGB gewidmet) im 9. Bande erschienen war.

[15] Und das Thema der *Schriftlichkeit* erinnert uns an *Heinrich Lehmanns* Erstlingsschrift: Die Unterschrift im Tatbestand der schriftlichen Willenserklärung (1904).

Eisenhart bemerkt dazu: „Es ist was sehr gewöhnliches, daß, wenn es mit jemand zum Concurs kommt, gemeiniglich des Schuldners Ehefrau sich meldet, und ihr eingebrachtes Gut wiederum zurück fordert. Dahero auch dergleichen Schuldner, wenn sie sehen, daß ihr Vermögen von ihren Gläubigern hingenommen werden soll, vorzugeben pflegen, daß sie eine große Summe Geldes von ihren Ehefrauen zum Heyratsgut empfangen haben, ob sie gleich oftmals wenig oder gar nichts erhalten". Und er fügt hinzu: „Heut zu Tage ist man *fürsichtiger* geworden, denen Betrügereyen zu begegnen, so unter dem Vorwand, daß die Ehefrau ein großes Heyratsgut dem Manne zugebracht habe, gespielt werden können".

3. Damit ist also dem *Richter* „Fürsichtigkeit" angesonnen. Aber die Sprichwörter appellieren auch an die richterliche Unparteilichkeit und *Strenge.* In dem folgenden Spruch ist mit dem Schulzen der Dorfschulze in seiner Rolle als Richter gemeint: „Wer nicht thun kann, was die Leute verdrießet, giebt keinen Schulzen". Auch das Richterkollegium, also die gemeinsame Betätigung und Beschlußfassung, werden von der Seite her angesprochen durch ein altes Sprichwort, das allerdings wohl nicht direkt an richterliche Kammern und Senate, sondern an Gemeindeverwaltungen, Stadträte oder dergleichen gedacht hat: „*Wer die meisten Stimmen hat, der hat das meiste Recht*". Eine zeitgemäße Erläuterung[16] sagt dazu: „Wenn die mehresten Personen, so ein Collegium ausmachen, ... also die mehresten einerley Meinung hegen, so entstehet daher die Vermuthung, daß dieselben mit mehrerer Überlegung und Einsicht die Sache beurtheilet haben, als die geringere Anzahl derjenigen, die andere Meinung hegen". Doch hat der Interpret hinzugesetzt: „Man kann aber nicht sagen, daß eben diese Vermuthung allemal richtig sei". Und noch viel herber läßt sich Eisenhart zu einem anderen, von ihm verwerteten Sprichwort „*Viele Köpfe viel Sinn*" vernehmen (wiederum nicht an den Ernst eines Richterkollegiums denkend, sondern auf damalige „fürstliche Häuser", auf das Uneinssein der „Gesamtregenten" hinweisend): „Dieses Sprüchwort zeiget an, daß mit der Gemeinschaft, in welcher einige miteinander stehen, gemeiniglich eine grosse Unordnung verbunden sey, denn wo viele miteinander gleiche Rechte haben, verlangt ein jeder, daß man sich nach ihm richten soll, und hält seine Meinung für die gründlichste".

Noch einmal sei der Strenge des Richters gedacht. Wir werden an ein schönes Wort Goethes erinnert, daran denkend, daß Johann Wolfgang Goethe gerade im Zeitalter der wichtigsten jener Sprichwortsammlungen geboren worden ist. Da fällt (Faust II. Teil) im Thronsaal der Kaiserlichen Pfalz das Wort des Kanzlers: „Ein Richter, der nicht strafen kann, gesellt sich selber zum Verbrecher". Doch dann wendet sich der historische Blick von Goethes Zeitalter noch weiter zurück, zu den *Zeiten*

---

[16] Leider ist mir die Quelle in meiner Materialsammlung abhanden gekommen.

verzweifelter Not, etwa zu den Jahrzehnten des dreißigjährigen Krieges. Gilt da überhaupt noch „Recht"? Damals sprach es der große *Hugo Grotius* aus: In äußersten Notfällen verlieren alle menschlichen Gesetze ihre Kraft, der natürliche Zustand des menschlichen Daseins kehrt wieder. Aus diesen Zeiten mag das Sprichwort, das *Rechts*sprichwort stammen: „*In der Not sind alle Güter gemein*". Man lese die Erläuterungen dazu in dem späteren Buch aus dem Jahr 1759: „Stehet in diesem kläglichen Zustande, einem Vater frey, sein eigen Kind so gar zu verkaufen, wie kann es denn einem in Noth steckenden Menschen verdacht werden, wo er kann, und wann es auch aus einer Kirche geschehen sollte, was zu nehmen und sich dafür Brod zu kaufen. Es wird also durch dieses Sprüchwort so viel angezeiget, daß die Nothfälle die Gemeinschaft der Güter wieder herstelle, und derjenige keinen Raub und Diebstahl begehe, welcher um den Hunger, als den ärgsten Feind des Menschen abzuwenden, sich so gut als möglich zu retten suchet". Liegt das alles um zwei oder drei Jahrhunderte hinter uns? Oder müssen wir Gegenwärtigen nicht auch jener furchtbaren Monate nach dem 2. Weltkrieg gedenken? Hat da nicht doch auch mancher ehrliche deutsche Mensch nach fremdem Gut gegriffen, Nahrungsmittel aus leerstehender Bäckerei, Kleidungsstücke aus verlassenen Modegeschäften mitgehen heißen?[17]. Auch die in den Sammlungen des 18. Jahrhunderts vermerkten alten Sprichwörter „*Mit gegangen, mit gehangen*" und „Kleine Diebe hängt man, große läßt man laufen" sind noch in den uns sehr naheliegenden Jahren in ernstesten weltpolitischen Zusammenhängen oft zitiert worden.

Doch möge am Schluß dieser strafrechtlichen Betrachtung noch ein heiterer Spruch aus früheren Jahrhunderten zitiert werden, wenngleich auch er bei Schuld und Haftung mündet. Auch er wirft Lichter bis in unsere neueste, moderne Zeit hinein. Da heißt es, zurückkehrend zu der bürgerliche Sphäre der Schadensersatzpflicht: „Einem vollen Mann (gemeint ist der Mann *in voller Trunkenheit*) soll ein geladener Wagen ausweichen". Heute haben wir die Kette der *Verkehrsunfälle*: Trunkenheit

---

[17] Vor mir liegt *ein Zeitungsblatt*, sogar erst vom 26. 6. 1947, aus einer angesehenen Tageszeitung, Meldung aus Düsseldorf, Überschrift: *Das Naturrecht auf Notwehr.* Ein Landrat auf einer Kreistagssitzung schildert das völlig Unzureichende der zwingend geregelten Nahrungsmittelzuteilung unter ziffernmäßiger Angabe der Quoten. Das töte den Menschen. Dabei sei es gleichgültig, ob eine Landesregierung oder die Besatzungsmächte diesen Zwang ausübten. Dann heißt es wörtlich weiter in dem Bericht über die Rede des Landrats: „Das Naturrecht auf Notwehr berechtige dazu, einer solchen Vorschrift nicht zu gehorchen. Daß die Menschen noch lebten, beweise, daß sie von diesem Naturrecht Gebrauch gemacht hätten. Dr. Dr. (der Redner) fragte, welcher Richter Gesetzesübertretungen aburteilen könne, wenn sein eigenes Lebendigsein bezeuge, daß er selbst Gesetzesübertreter gewesen sei. Wer unzumutbares Recht setze, verliere den moralischen Anspruch auf Strafverfolgung."

nicht nur beim Fußgänger, sondern auch drüben beim Fahrer, Fahrerflucht, Blutprobe usw. Und wenn dann nicht, wie es das erste Sprichwort befiehlt, „ausgewichen" wird, setzt ein zweites Sprichwort alter Zeiten ein: „Was einer trunkener Weise sündigt, daß muß er nüchtern büßen". Erklärungen folgen bei Eisenhart (S. 403), die dartun, daß von Rechts wegen auch auf den *Grund* der Trunkenheit Rücksicht genommen werden müsse: „Man muß einen Unterschied machen, ob jemand freywillig und ohne genöthigt zu werden sich betrunken hat, oder nicht". Und bei der näheren Prüfung der Nöthigung hebt er ausdrücklich hervor, daß das Nöthigen auch „in Ehrenworten" bestanden haben könne, und läßt so den dargebrachten und freudig erwiderten *Ehrentrunk* als mildernden Umstand gelten.

Damit möge mein Festschrift-Beitrag zum 80. Geburtstag *Heinrich Lehmanns* geschlossen sein.

II.

ZIVILRECHT

VERTRAGSFREIHEIT UND GRUNDGESETZ

Von Dr. Franz Laufke
oö. Professor an der Universität Würzburg

I.

Während die Weimarer Verfassung in Art. 152 I und die neuen Verfassungen einiger Länder von der Vertragsfreiheit in besonderen Bestimmungen handeln, findet sie im GG keine Erwähnung. Gleichwohl nehmen zahlreiche Autoren an, sie sei auch durch das GG gewährleistet. Die einen stützen diese Annahme auf Art. 2 I[1], andere auf Art. 14[2]. Der Meinung, aus den Bestimmungen des GG lasse sich die Gewährleistung der Vertragsfreiheit ableiten, tritt eine Reihe von Autoren entgegen[3].

Die Tatsache, daß die Vertragsfreiheit im weitesten Sinne, d. h. im Sinne der Möglichkeit, private Vereinbarungen mit rechtsverbindlicher Wirkung zu schließen, ebenso wie die Vertragsfreiheit als Abschlußfreiheit und Freiheit in der Wahl des Kontrahenten im Gesamtgebiet des Zivilrechts Anerkennung gefunden hat, daß sie als Formfreiheit[4] und Gestaltungsfreiheit tragender Gedanke eines wichtigen Teiles unserer Zivilrechtsordnung, des Schuldrechts, ist, führt an die Frage heran, welche Bedeutung dem GG für das Zivilrecht zukommt.

1. Vor Geltung der Weimarer Verfassung wurde die Bedeutung der Verfassungen für das Zivilrecht radikal verneint[5]. Es war herrschende

---

[1] *Enneccerus-Nipperdey*, Allgemeiner Teil des bürgerl. Rechts, Tübingen 1952ff. I S. 55, 576 N 13, 812; *E. Huber*, Wirtschaftsverwaltungsrecht, Tübingen 1953, 388, 660; *Schnorr v. Carolsfeld*, Arbeitsrecht, Göttingen 1954 S. 179; *Herbert Krüger*, Grundgesetz u. Kartellgesetzgebung, Göttingen 1950 S. 26; *Nipperdey*, Die soziale Marktwirtschaft in der Bundesrepublik, Karlsruhe 1954 S. 11; *Geiger*, Grundgesetzliche Schranken für eine Kartellgesetzgebung, Berlin 1955 S. 6; *Dürig* in Festschrift f. Nawiasky, München 1956 S. 159, 168; *Huber* DÖV 56 S. 136, 138; *Müller*, WuW 53 S. 743; *Nipperdey* WuW 54 S. 214, 217; *Stickroth* NJW 55, 1699; BAG 1, 268, 270; BVG NJW 55, 962, 963; zweifelnd *Galperin* JZ 56, 105.

[2] *Werner Weber* in Neumann-Nipperdey-Scheuner, Die Grundrechte Bd. II, Berlin 1954 S. 358. Sowohl auf Art. 2 wie auf Art. 14 stützt die Vertragsfreiheit *Bettermann* JZ 1952 S. 65.

[3] *v. Mangoldt-Klein*, Das Bonner Grundgesetz, 2. Aufl. Berlin 1955ff. S. 161, 167ff.; *Peters*, Die Verfassungsmäßigkeit des Verbotes der Beförderung von Massengütern im Fernverkehr auf der Straße, Bielefeld 1954 S. 19; *Ballerstedt* DÖV 51, 160; *Haas* DÖV 54, 71.

[4] Im Ausland zählt man die Formfreiheit vielfach nicht zur Vertragsfreiheit. Vgl. *Oftinger* in: Die Freiheit des Bürgers im Schweizer Recht, Festschr. 1948, S. 316.

[5] *Anschütz*, Die Verfassung des Deutschen Reiches 14. Aufl. Berlin 1933 S. 556;

Meinung[6], die Verfassungsbestimmungen brächten lediglich den Grundsatz der Gesetzmäßigkeit von Verwaltung und Rechtsprechung zum Ausdruck. Dasselbe war die herrschende Meinung in den ersten Jahren der Geltung der Weimarer[7] Verfassung. Vor allem unter dem Einfluß *Martin Wolffs*, *Triepels* und des RG-Urteils V 621/24 v. 4. 11. 25[8] trat eine Änderung ein. Für das GG ist es nicht mehr umstritten, daß ihm auch für das Zivilrecht Bedeutung zukommt[9]. Umstritten ist lediglich die Art, in der das GG in das Privatrecht eingreift. Während auf der einen Seite, vor allem unter den Zivilisten, eine Richtung festzustellen ist, welche die Grundrechtsbestimmungen nicht bloß als Schranke des Gesetzgebers und als Mittel der Auslegung ins Zivilrecht wirken läßt, sondern mehr oder weniger zahlreiche Grundrechtsbestimmungen zugleich als Normen des Zivilrechts — und zwar als Normen von besonderer Bedeutung und Geltungskraft — behandelt[10], ist die Mehrzahl der

Thoma in Nipperdey, Die Grundrechte u. Grundpflichten der Reichsverfassung Berlin 1929ff., I S. 26; gelegentlich wurde die WV als Auslegungsbehelf außerverfassungsrechtl. Normen anerkannt; *Thoma*, Grundrechte der Reichsverfassung I S. 28; *Lehmann* ebenda III S. 126.

[6] Vgl. *Anschütz*, Die Verfassungsurkunde für den preuß. Staat, Berlin 1912 I S. 96ff. insbes. S. 97.

[7] *Anschütz*, Die Verfassung des Deutschen Reiches 5. Aufl. Berlin 1926 S. 300; *Thoma*, Grundrechte der Reichsverfassung I S. 16; *Thoma*, Festgabe f. OVG 1925 S. 217.

[8] *Martin Wolff*, Reichsverfassung u. Eigentum in Festgabe d. Berl. Jur. Fak. für Wilh. Kahl, Tübingen 1923; *Triepel*, Goldbilanzenverordnung u. Vorzugsaktien, Berlin 1924; RGZ 111, 322.

[9] So wird dem GG weitreichende Bedeutung für die Auslegung und Lückenausfüllung zugebilligt; *v. Mangoldt*, Das Bonner GG, Berlin 1950ff. S. 47; *v. Mangoldt-Klein* S. 69, 87; *Wernicke* II 1 c zu Art. 6; *Enneccerus-Nipperdey* I 375, 379, 386; *Staudinger-Coing*, 18a vor § 1 BGB vgl. *Dürig* in Festschr. f. Nawiasky 160 N 5, 162 N 6, 163 N 8, 171 N 28 u. insbes. S. 176ff.; *Peters* in Festschr. f. Laun, Hamburg 1953 S. 673; *Nipperdey* in Neumann-Nipperdey-Scheuner, Grundrechte, II S. 23; *Hueck*, Die Bedeutung des Art. 3 des BGG für die Lohn- u. Arbeitsbedingungen der Frauen, Köln 1951 S. 25; *Jellinek* BB 50, 426; *Kiefersauer* JR 52, 83; *Krüger* NJW 49, 166; *Larenz* NJW 55, 524; *v. Mangoldt* DÖV 49, 263; *Scheuner* RStuW 4, 96; *Beitzke* JZ 52, 33; *Galperin* JZ 56, 106; *Herschel* BB 55, 291; *H. Huber* RStW 4, 125; *Schmidt-Rimpler* AöR 76, 173; BVerfGE 2, 236, 282; BAG 1, 132, 185; Bayr. VerfGH NF 5, 53; nF 2 S. 9; VerwRspr. 1, 394. Darüber hinaus werden im GG bedeutsame Schranken für die Zivilgesetzgebung gefunden. *v. Mangoldt-Klein* S. 66, 83, 88; *Nawiasky-Leusser*, Die Verfass. des Freistaates Bayern, München 1948 S. 177; *Zinn-Stein* S. 95; *Scheuner* RStW 4, 93, 96.

[10] *Böhmer*, Einführung in das bürgerl. Recht, Tübingen 1954 S. 48, 206ff., 249ff.; *Sörgel* 6 zu § 12; *Enneccerus-Lehmann*, Recht d. Schuldverhältnisse, Tübingen 1954 § 233; *Enneccerus-Nipperdey* I S. 53ff., 56ff.; *Heinr. Lange* BGB Allgemeiner Teil, München 1955 S. 26, 167ff.; *Huber*, Wirtschaftsrecht II 14, 382; *Hubmann*, Das Persönlichkeitsrecht, Münster 1953 S. 104, 157, 159ff.; *Nipperdey* in Grundrechte II 18, 20ff., 21 N 43, 44; *Oehler* ebenda 600, 610; *Nipperdey*, Soziale Marktwirtschaft S. 10; *Blomeyer* JZ 54, 312; *Böhm* WuW 56, 187; *Böhmer* NJW 55, 575; *Coing* JZ 52, 691 u. JZ 54, 700; *Köbel* NJW 55, 1337; *Krüger* NJW 1949 S. 166; *Mallmann* JZ 51, 27; *Stree* NJW 54, 1026; *Spitzbarth*

Publizisten geneigt, ihnen, von Ausnahmefällen, die sich aus dem Wortlaut des Gesetzes ergeben, abgesehen, unmittelbare zivilrechtliche Bedeutung abzusprechen[11].

a) Zur Stützung dieser Auffassung wird auf die Entstehungsgeschichte der Grundrechte im allgemeinen[12] und die der Grundrechtsbestimmungen im GG im besonderen[13] sowie auf die Tatsache verwiesen, daß diese Bestimmungen seit ihrem Entstehen immer und überall in wesentlich gleichem Sinne verstanden worden seien[14]. Ganz abgesehen von den bekannten grundsätzlichen Bedenken, die sich gegen die historische Auslegungsmethode erheben lassen[15], können gegen diese Argumente auch im einzelnen Einwände erhoben werden. Die französische

---

NJW 54, 1026; *Wieacker* JZ 54, 467 N 6; *Würdinger* WuW 53 S. 733; *Nipperdey* auf d. Tagung der Zivilrechtslehrer in Bad Kreuznach JZ 51, 734; BGH 15, 249; 6, 361; 13, 334, 16, 80; BAG 1 185, 193, 262, 352, 132, 2, 8ff., 221; Bayr. ObLG NJW 56, 391; KG NJW 56, 26; LG Hagen BB 55 S. 489; ArbG Kassel BB 55, 31.

[11] *Wernicke* II 4b zu Art. 1; *v. Mangoldt-Klein* S. 61, 75, 174, 238, 346; *Nawiasky*, Die Grundgedanken des GG, Köln 1950 S. 29; *Nawiasky-Leusser* S. 58; *Zinn-Stein* S. 94; *Bettermann* JZ 54 S. 461, 465; *Dürig* in Grundrechte II S. 525 u. vor allem in Grundrecht u. Zivilrechtssprechung in der Festschr. f. Nawiasky; dort S. 164 N 11 weitere Literatur. Eine gewisse Inkonsequenz bzgl. der privatrechtl. Wirkung bei *Wernicke* 2, 1 zu Art. 1; *Giese*, GG, Frankfurt 1955 Anm. 1 zu Art. 10; 2 zu Art. 5 u. insbes. *v. Mangoldt* 2 zu Art. 1; 3 zu Art. 5; 2 zu Art. 10. Zu den Ausführungen *Dürigs* in der Festschr. für Nawiaky bedarf es der Feststellung, daß *Dürig* die Zivilrechtsordnung fast ausschließlich als Ordnung d. rechtsgeschäftl. Verkehres sieht u. nur verhältnismäßig kurz auf die Abwehrrechte eingeht. Damit wird *D.* der Tatsache nicht gerecht, daß die Zivilrechtsordnung auch die Ordnung der rechtswidrigen, Schaden stiftenden Handlungen u. der Schaden stiftenden u. Vermögensverschiebungen bewirkenden Ereignisse anderer Art ist. Insofern ist sie eine Ordnung, die mit der von *Dürig* berufenen (S. 159) „Verkehrs- u. Tauschgerechtigkeit des Zivilrechts" weithin nicht das mindeste zu tun hat. Darüber hinaus konzentriert *D.* sein Augenmerk sehr stark auf Art. 3 II und III GG — im Ergebnis stimmen wir hier sachlich mit *D.* weithin überein — u. auf § 134 BGB, was zu einer weiteren Verengung des Blickfeldes führt. S. 166 stellt *D.* die Frage, wie sich die Reserviertheit fast aller Verfassungsrechtler gegenüber der These von der Wirksamkeit verfassungsrechtlicher Sätze für den Rechtsverkehr der Bürger untereinander erklärt. Es mag sein, daß, wie *D.* ausführt, das Verfassungsrecht „permanent Situationen" gegenübersteht, „in denen, obwohl an sich der gleiche Lebensvorgang zu subsummieren ist, Rechtsmäßigkeit und Rechtswidrigkeit auseinanderklaffen ... je nach dem, ob der Staat oder ein anderer Privater als Beeinträchtigter der Individualsphäre auftritt" (S. 167). Das ist keine durchschlagende Begründung, sondern eher eine psychologische Erklärung des Standpunktes der Verfassungsrechtler. Vgl. aber auch *Abendroth*, VVDStL 12, S. 196.

[12] *v. Mangoldt* S. 36; *v. Mangoldt-Klein* S. 59, 61, 119, 146; *Hueck*, Bedeutung des Art. 3 S. 11; *Apelt* JZ 51, 355; *Bosch-Habscheid* JZ 54 S. 214.

[13] *v. Mangoldt* S. 34, 35; derselbe DÖV 1949, 261; AöR 75 S. 275; *Larenz;* NJW 55, 524,

[14] Insbes. *Hueck*, Die Bedeutung d. Art. 3 S. 12.

[15] *Zinn-Stein* S. 100; *von Mangoldt-Klein* S. 9. Vgl. auch BVerfGE 1, 312; BGH 13, 277; Stellungnahme d. Präsidenten der oberen Bundesgerichte zur Entsch. d. BVerfG v. 30. 11. 55; JZ 56 S. 91. Vgl. ferner *Martin Wolff* S. 21.

Revolution ging auf die Zertrümmerung aller Verbände aus, die sich zwischen Staat und Individuum eingeschoben hatten oder neben dem Staate bestanden. Sie beseitigte die Stände und Zünfte, erließ Verbote gegen Arbeiter- und Unternehmerverbände, bekämpfte den Großgrundbesitz und Adel, löste die Klöster auf, zertrümmerte die autonome Organisation der Kirche und im weiteren Verlauf der Entwicklung auch die territoriale Selbstverwaltung. Dem Individuum sollte nur der Staat gegenüberstehen. Eine Verfassung, die sich solche Ziele setzte, brauchte an den Schutz des Einzelnen vor den sozialen Mächten, die neben dem Staate bestehen, nicht zu denken. Beschränkung der Staatsmacht deckte sich für sie mit der Garantie der Freiheit des Individuums. Auch soweit dem Radikalismus der französischen Revolution nicht gehuldigt wurde, ist die Feindschaft gegen intermediäre soziale Mächte und das Streben, die überkommenen zu entmachten, nicht zu verkennen. Heute ist die Situation eine grundlegend andere. Niemand denkt daran, die sozialen Mächte zu vernichten oder zu entmachten. Weitgehend wird ihnen die Existenz verfassungsmäßig garantiert. Die Art. 9 I und III, 19 III, 21 I und 140 GG sowie der weitergeltende Art. 137 der WV seien kurz erwähnt. Weiter: Lange gab man sich der Vorstellung hin, daß die Macht, welche die Freiheit des Einzelnen allein oder wenigstens hauptsächlich bedroht, der Staat sei. Die Anschauung lehrte, daß dies keineswegs zutrifft. Immer wieder waren und sind es andere Mächte, welche teils unmittelbar, teils über den Staat als ihr Werkzeug in die Lebens- und Gütersphäre der Individuen eingreifen[16]. Und schließlich hat auch die übrigens in den USA von vornherein nicht vorhandene[17] optimistische Vorstellung, daß die Freiheit des Einzelnen immer und verläßlich gewährleistet sei, wenn die Gesetzgebungsgewalt bei einer aus Wahlen hervorgegangenen Volksvertretung ruhe, den Erfahrungen nicht standhalten können[18]. Diese Verschiedenheit der Situation und Erfahrungen von 1789 und 1949 legt es selbst den Anhängern der subjektiven Auslegungsmethode nahe, den Grundrechtsbestimmungen des GG eine andere Bedeutung beizumessen, als denen von 1789 oder aus der Mitte des ver-

---

[16] *v. Mangoldt-Klein* S. 63; *Köllreutter*, Deutsches Staatsrecht, Stuttgart 1953 S. 70ff., 264ff.; *Dürig*, Festschr. f. Nawiasky S. 166; *Oftinger* S. 327 u. bereits *Stoll* in Nipperdey, Grundrechte der Reichsverfassung III S. 193; *Dürig* JR 52 S. 259; JZ 53 S. 193; *Schneider* NJW 54, 941; *Hildegard Krüger* RdA 54, 369; *Nawiasky-Leusser* S. 178.

[17] *James M. Beck*, Die Verfassung der Vereinigten Staaten v. Nordamerika, Berlin 1926, 255; Die Alliierten sind an der weitreichenden Wirkung der Grundrechte nicht ganz unbeteiligt. Vgl. Frankfurter Dokument 1, Bonner Kommentar S. 41, Das Londoner Deutschlandkommunique v. 7. 6. 1948 u. das Memorandum der Alliierten Militärgouverneure v. 22. 11. 48, Punkt e (Bonner Kommentar S. 100). Vor allem vgl. *Nawiasky-Leusser* S. 59.

[18] *Uber*, Freiheit des Berufs, Hamburg 1952 S. 38; *Nawiasky-Leusser* S. 59; *v. Mangoldt* S. 45.

gangenen Jahrhunderts. Daran kann auch der Verweis auf Äußerungen *von Mangoldts*, eines an der Abfassung der Grundrechtsbestimmungen besonders maßgeblich beteiligten Mitgliedes des Parlamentarischen Rates, nichts ändern. Zwar sah er, der Kenner der jüngeren Verfassungsgeschichte, in der Tat die Grundrechtsbestimmungen primär so, wie sie in früheren Verfassungen gesehen worden waren, nämlich als Schranken der Staatsmacht[19]. Andere Mitglieder des Parlamentarischen Rates betonten, der Situation der Zeit entsprechend, mehr die positive Seite ihrer Funktion, den Schutz der Würde und Freiheit des Menschen[20]. Das müßte auch die Anhänger der subjektiven Auslegungsmethode zur Vorsicht veranlassen.

Es sei schließlich darauf verwiesen, daß die Grundrechtsbestimmungen seit der Zeit ihres Auftretens keineswegs immer und überall im wesentlich gleichen Sinne verstanden wurden. Auf die Verschiedenheit der Auffassungen in den USA und in der kontinentaleuropäischen Welt soll nicht eingegangen werden. Dagegen ist es wohl angebracht, auf den Bedeutungswandel hinzuweisen, den die Grundrechtsbestimmungen in Deutschland seit Erlaß der Verfassungen um die Mitte des vorigen Jahrhunderts durchmachten. Urprünglich ging man davon aus, daß die Grundrechtsbestimmungen den Gesetzgeber nicht binden[21]. Umstritten war es, ob sie subjektive öffentliche Rechte einräumen oder nur als letztlich unverbindliche Gesetzgebungsdirektiven, bestenfalls als objektives Recht, aus dem Berechtigungen nicht hergeleitet werden können, aufzufassen seien[22]. Meist wurde in den Grundrechtsbestimmungen nicht mehr als die objektivrechtliche Fixierung des Prinzips der gesetzmäßigen Verwaltung und Judikatur gesehen[23]. So sah man in Literatur und Praxis die Grundrechtsbestimmungen auch weithin nach Schaffung der WV[24]. Man stellte geradezu den Satz auf, eine unmittelbare Rechtsänderung, insbesondere die Begründung subjektiver Rechte durch eine Grundrechtsnorm, sei nur in den Fällen anzunehmen, in denen der Wortlaut der Verfassung dies unzweifelhaft erfordere[25]. Während der Geltung der WV

---

[19] *v. Mangoldt* DÖV 49 S. 261; AöR 75, S. 275.

[20] Vgl. JöR nF 1, 50, 51, 52, 72; *Krauß* NJW 54, 1477; BVerfGE 1 104.

[21] *Meyer-Anschütz* S. 956, N. 9.

[22] Vgl. bei *Meyer-Anschütz,* Lehrb. d. Deutschen Staatsrechtes 7. Aufl. 1919 S. 954. *Bühler,* Die subjekt. öffentl. Rechte, Berlin 1914 S. 155. *Rönne-Zorn,* Das Staatsrecht der Preuß. Monarchie II, Leipzig 1906 S. 150. *Anschütz,* Preuß. Verfassung S. 91ff.; *Max v. Seydel,* Bayer. Staatsrecht I, Freiburg 1896, S. 301. *Jellinek,* Subjektive Rechte S.101.

[23] *Jellinek,* Subjektive Rechte S. 103; *Anschütz,* Preuß. Verfassung S. 96; *Max v. Seydel,* Bayer. Staatsrecht I S. 301; *Bühler,* Subjektive öffentl. Rechte S. 98, 155.

[24] Vgl. *Thoma-Nipperdey,* Grundrechte d. Reichsverfassung I S. 3; *Nawiasky,* Grundgedanken S. 21; *Apelt,* Geschichte der WV, München 1946 S. 297, 304; *Preuß,* Deutschlands republik. Reichsverfassung S. 95ff.; *Koch* DJZ 1919, 609; *Zweigert,* Die Verfassung d. Deutschen Reiches S. 14.

[25] Urteil d. Bad. VGH v. 25. 10. 1921; Ztschr. f. Bad. Verw. 1921 S. 203.

vollzog sich aber ein grundlegender Wandel. Allmählich setzte sich die Meinung durch, daß man von mehreren möglichen Auslegungen einer Grundrechtsnorm derjenigen den Vorzug zu geben habe, die die juristische Wirkungskraft der betreffenden Norm am stärksten entfalte[26]. Aus zahlreichen Sätzen leitete man subjektive öffentliche Rechte her[27]. In einer Reihe von Grundrechtssätzen sah man nach dem Vorbilde *Martin Wolffs* Institutsgarantien, wieder andere wurden als Sätze des objektiven Rechtes, die „an die Adresse der von der Verfassung instituierten öffentlichen Gewalten" gerichtet seien, betrachtet[28]. Gerade diesen Vorschriften kam, nachdem das zunächst scharf abgelehnte Recht zur Überprüfung der Verfassungsmäßigkeit von Gesetzen[29] anerkannt worden war[30], immer größere Bedeutung zu, da sie für die Beurteilung der Verfassungswidrigkeit eines Rechtssatzes von höchster Bedeutung waren. Weiter wurde den Grundrechtsbestimmungen Auslegungsfunktion für alle Rechtsgebiete zuerkannt[31]. Zahlreiche grundrechtliche Sätze sah man darüber hinaus als verfassungskräftige Rechtssätze außerverfassungsrechtlicher Rechtsgebiete an[32].

So möchten wir an dieser Stelle behaupten, daß es nicht schon deshalb ausgeschlossen ist, in Grundrechtsbestimmungen Normen von unmittelbar zivilrechtlicher Bedeutung zu sehen, weil Grundrechtsbestimmungen früherer Zeiten anders verstanden wurden oder weil an der Abfassung des GG maßgeblich beteiligte Personen anderer Meinung gewesen sind.

b) Hinter der Auffassung, aus Normen des materiellen Verfassungsrechtes könnten sich keine unmittelbaren zivilrechtlichen Konsequenzen ergeben, steht neben den erwähnten historischen Erwägungen vor allem — und dies ist das Entscheidendere — die Meinung, das GG sei als Verfassung nur eine Ordnung des staatlichen Lebens[33]. In dieser hätten zwar

---

[26] *Thoma* in Nipperdey, Die Grundrechte der Reichsverfassung I S. 9, 12.

[27] *Carl Schmitt* HdbDStR II 590ff.; *Thoma* a. a. O. S. 20ff.

[28] *Lehmann* in Nipperdey, Die Grundrechte d. Reichsverfass. III S. 127; *Thoma* ebenda I S. 14, 30; *Thoma*, Festgabe f. d. Preuß. OVG 1925 S. 187; *Anschütz*, Reichsverfassung 13. Aufl. S. 452; vgl. *Klein*, Institutionelle Garantien und Rechtsinstitutsgarantien, Breslau 1934; *C. Schmidt* HdbDStR II 596, 604.

[29] *Wittmayer* WRV S. 472; *Anschütz*, Die V. d. DR 4 zu Art. 70; *Arndt*, Recht 1920 S. 106; *Jellinek* DJZ 21, 753 u. JW 25, 454; derselbe VVDStRL II S. 39; *Schack* AöR 41, 167; im übrigen zu vergleichen *Ernst v. Hippel*, HdbDStR II 554 N 32.

[30] *Ernst v. Hippel* ebenda S. 552ff.; *Staff* in Grundrechte d. Reichsverf. I 105; *Lehmann* ebenda III S. 131. Weitere Literatur vgl. *E. v. Hippel* a. a. O. S. 554 N 32.

[31] *Thoma* in Grundrechte d. Reichsverfassung I 14, 29; *Lehmann* ebenda III 127; *C. Schmitt* a. a. O. II 605; *Erich Kaufmann* VVDStRL III S. 18; *Triepel* ebenda IV S. 90; *Smend* Verfassung u. Verfassungsrecht. S. 163.

[32] *Thoma*, Grundrechte d. Reichsverf. I S. 31.

[33] *Jellinek*, Allgem. Staatslehre, Berlin 1914 S. 505; *Smend*, Verfassung u. Verf.-Recht, Berlin 1928 S. 78; *Dennewitz*. Volk u. Staat, Wien 1943 S. 183.

Institutsgarantien und „Grundsatznormen“[34], welche der Gesetzgebung Schranken ziehen, sowie Auslegungsregeln[35], Platz, nicht dagegen Regeln, welche die privatrechtlichen Beziehungen unmittelbar ordnen[36]. In Verfassungsurkunden seien solche Normen sachlich gesehen errata, die in die Verfassung im formellen Sinn lediglich aufgenommen wurden, um ihnen höhere Bestandfestigkeit zu sichern. Es liegt dann nahe zu sagen, daß die Grundrechtsregeln, die ohne Zweifel die Grenzen der staatlichen Macht abstecken, nicht zugleich als Regeln aufgefaßt werden könnten, welche die Beziehungen zwischen den staatsunterworfenen Individuen und den Machtgruppen untereinander ordnen[37]. Entscheidend ist es indes, ob sich das GG in diesem Sinne selbst versteht. Es wird nämlich übersehen, daß es auch Verfassungen einer ganz anderen Art gibt, Verfassungen, die nicht bloß Verfassung des Staates, sondern auch Verfassung des Lebens im Staate, oft nur eines Ausschnittes des Lebens im Staate, der Wirtschaft, des Soziallebens, des Familienlebens, des Kulturlebens sein wollen. Das Ausgeführte heißt nicht, daß eine solche Verfassung notwendigerweise alles Leben in dem Staate seiner Zugriffsmacht unterstellt; im Gegenteil: es ist möglich, daß für die Ordnung des Lebens im Staatsgebiet das Prinzip aufgestellt wird, ein Teil des Lebens im Staate solle von jeder Beeinträchtigung von außen, also auch von staatlichem Eingriff, frei

---

[34] *Dürig* in Festschr. f. Nawiasky S. 164 N. 11; vgl. *v. Mangoldt-Klein* S. 66ff., 88, 146, 147. Es ist vom Standpunkt *Kleins* aus gesehen verfehlt, wenn hier die „Grundsatznormen“ als oberste Rechtssätze außerverfassungsrechtlicher Rechtsgebiete angesehen werden, da ihre einzige Wirkung für das Rechtsgebiet, dem sie zugezählt werden, nach *Klein* die Nichtigkeit der ihnen widersprechenden Rechtssätze des betreffenden Rechtsgebietes ist. Sie sind also in Wahrheit nichts anderes als Schranken der Gesetzgebungsgewalt. Als solche haben sie zwar für das in Frage kommende Rechtsgebiet Bedeutung, können ihm aber nicht zugezählt werden.

[35] *v. Mangoldt-Klein* S. 69, 87; *Schmidt-Rimpler* usw. AöR 76 S. 173; *Scheuner* RStuW 4 S. 96; vgl. im übrigen bei Note 9.

[36] Vgl. oben N. 11.

[37] So werden die Grundrechtsbestimmungen aufgefaßt von *v. Mangoldt-Klein* S. 61, 75, 319, 328, 330, 238, 346; *v. Mangoldt* 36, 44, 57, 62; *Wernicke* BK II 3b zu Art. 1; II 1d zu Art. 2, II 1b zu Art. 10; *Abraham* BK II 1 zu 12; *Nawiasky-Leusser* S. 58; *Hoegener*, Lehrbuch d. Bayer. Verfassungsrechts, München 1949 S. 138; *Zinn-Stein* S. 94, 105, 110, 115, 119, 123, 131, 194, 250; *Nebinger*, Kommentar zur Verfassung f. Württemberg-Baden S. 9, 10. 24; *Uber* S. 13; *Dürig* in Festschr. f. Nawiasky S. 164; *Dürig* in Neumann-Nipperdey-Scheuner, Die Grundrechte II S. 525; *Hueck*, Die Bedeutung des Art. 3; *Bettermann* JZ 1954 S. 465; *Dürig* JZ 53 S. 195, 199; *Jellinek* BB 50, 425; *Jerusalem* SJZ 50 S. 1; *v. Mangoldt* DÖV 49 S. 262; AöR 75 S. 275; *Schätzel* RdA 50 S. 248; *Schmidt-Rimpler* AöR 76 S. 165; *Schneider* NJW 54, 941; Hess.StGH DÖV 53 S. 252 LAG Hannover BB 52, 197. Stark abgeschwächt *Galperin* JZ 56 S. 106; *Stree* NJW 54, 1026; *Nipperdey* in Grundrechte II S. 19 und *Enneccerus-Nipperdey* § 15, II 3. Gewisse Inkonsequenzen finden sich bei *v. Mangoldt* 47, 62, 86, 87, 91; *Nebinger* 24, 26, 27, 33, 59; *Wernicke*, BK II 1c zu Art. 1; *Süsterhenn-Schäfer*, Komm. d. Verf. f. Rheinland-Pfalz, Koblenz 1950, S. 121; *Giese* 19, 29. An diesen Stellen wird zivilrechtl. Wirkung der Grundrechtsbestimmungen angenommen.

bleiben. Die Verfassungen vom ersten Typus bleiben im Negativen, indem sie dem Staat Bestimmtes verwehren; was weiter geschieht, interessiert nicht. Verfassungen des anderen Typus sind positiv ausgerichtet. Die freie Persönlichkeitssphäre soll vom Staat nicht bloß respektiert werden; sie soll zugleich gegen Angriffe von anderer Seite geschützt werden. Das Recht auf Freiheit der Person ist im ersten Falle ein relatives, gegen den Staat gerichtetes, im zweiten Falle ein absolutes gegen jedermann, also auch gegen den Staat gerichtetes[38]. Verfassungen dieser Art treten aus dem Rahmen des öffentlichen Rechts heraus, da sie nicht nur für die Gesetzgebung, die Verwaltung und die Rechtsprechung Grundnorm sein wollen, sondern auch Grundordnung des wirtschaftlichen, des sozialen, ja des privaten Lebens. Sie beschäftigen sich — und zwar oft in ein und derselben Norm — nicht nur mit Fragen, deren Normierung man dem öffentlichen Rechte zuzählt, sondern auch mit Grundfragen, deren Ordnung man, wenn man bloß aufs Stoffliche sähe, dem Privatrecht oder anderen Rechtsgebieten zurechnen müßte. Eine Verfassung des zweiten Typus stellt die WV dar. Deutlich tritt er auch in manchen der neuen Landesverfassungen in Erscheinung. Es sei hier etwa auf die bayerische und hessische verwiesen. Wo steht das GG, will es eine Ordnung des Staatslebens oder zugleich auch eine Ordnung des Lebens im Staate sein? Jedenfalls läßt sich von vornherein sagen, daß das GG keine erschöpfende Ordnung des Lebens im Staate sein will. Das ergibt ein Vergleich mit der WV. Es kann weiter nicht bestritten werden, daß das GG Bestimmungen enthält, die nur als Beschränkung der Staatsgewalt gedacht sind. Es sei z. B. auf die Art. 102, 103 und 104[39] hingewiesen. Damit ist aber noch nicht gesagt, daß das GG sich nicht die Regelung einzelner Ausschnitte des Lebens im Staate angelegen sein ließe. Daß dies zutrifft, zeigt trotz des Vorspruches schon Art. 1. Er sagt, die Würde des Menschen sei vom Staate zu achten. Das ist Regelung des staatlichen Lebens. Er sagt aber auch, alle staatliche Gewalt habe die menschliche Würde zu schützen; das ist mehr als Ordnung des staatlichen Lebens, das ist Ordnung des Lebens im Staatsgebiet. Auch Art. 1 II deutet darauf hin, wenn er sagt, daß die unveräußerlichen Menschenrechte die Grundlage *jeder* menschlichen Gemeinschaft seien. Anzuführen ist hier Art. 3 II vor allem im

---

[38] Vgl. *Hildegard Krüger* RdA 54 S. 368ff.; LG Hamburg v. 22. 11. 51 ebenda zit. S. 369. Wie *Krüger* mit Recht ausführt, wird das Problem, ob die Grundrechte absolut oder relativ wirken, erst aktuell, wenn ein Rechtsgut, das durch die Grundrechte geschützt wird, bisher zivilrechtlich nicht oder unvollkommen geschützt war. *Zinn-Stein* S. 94 und *Dürig* S. 177 Festschr. Nawiasky meinen allerdings, die Aktualisierung der durch die Grundrechte dem Staat gegenüber gewährten Rechte, sei im bürgerl. Recht bereits in vollkommener Weise erfolgt. Mit Recht weist *Krüger* darauf hin, daß dies zwar weitgehend, aber nicht restlos zutrifft (S. 368). Auch *Dürig* gibt zu, daß das bürg. R. im Hinblick auf den Schutz der menschlichen Würde Lücken aufweist. Derselbe 162 N 6, 163 N 7 und 8 und vor allem S. 179.

[39] BGH 17, 113.

Zusammenhang mit Art. 117. Art. 4 und 140 sowie Art. 7 sind mehr als eine grundsätzliche Regelung der staatlichen Betätigung auf dem Gebiete des Kultur- und Schulwesens, Art. 14 und 15 weit mehr als bloße Begrenzung staatlicher Zuständigkeiten; sie sind zugleich gesetzliche Fixierung einer auf sozialgebundenem Eigentum und auf Erbrecht aufgebauten Sozialordnung. Zu verweisen ist weiter auf den Sozialstaatsgrundsatz der Art. 20 und 28. Nach all dem wird man das GG — wenn auch mit Einschränkungen — zu jenem Verfassungstypus zählen können, der nicht nur das staatliche Leben, sondern auch Teile des Lebens im Staate ordnet[40]. Daraus folgt, daß das System des GG nicht hindert anzunehmen, den Grundrechtsbestimmungen komme unmittelbare zivilrechtliche Geltung zu[41].

c) Schließlich bedarf es noch einer kurzen Auseinandersetzung mit dem Vorwurf, die Positivierung des GG — und die Bejahung der Verwendbarkeit grundrechtlicher Bestimmungen zur Entscheidung zivilrechtlicher Fragen ist ein weiterer und weiter Schritt auf dem Wege zur Positivierung — entkleide das GG und insbes. die Grundrechtsbestimmungen ihrer Würde und des Pathos, beraube sie ihrer integrierenden Funktion. Auch wenn man anerkennt, daß eine Verfassung und insbesondere auch ein etwa vorhandener Grundrechtsabschnitt soziologische und sozialpsychologische Funktionen, wie z. B. die höchst bedeutsame Funktion der Integration des Staates auszuüben habe, so darf doch nicht übersehen

[40] Vgl. *Huber* 1 S. 27ff.; *Oehler*, Grundrechte II S. 609ff.; *Dürig* JR 52, 260; *Huber* AöR 78, 501; *Huber* DÖV 56 S. 98, 99ff. insbes. 100; *Krüger* NJW 53, 1772; *Nipperdey* WuW 54, 211; BVG NJW 54, 524.

[41] *Huber* I 316, 317, 392, II 14; *Oehler*, Grundrechte II S. 609; *Ridder* ebenda 247; *Scupin*, Festschr. Laun S. 189; *Nipperdey*, Gleicher Lohn der Frau für gleiche Leistung S. 16; *Huber* DÖV 56, 201; *Hildeg. Krüger* RdA 54 S. 368ff.; *Naumann* JZ 51, 426; *Nipperdey* RdA 50, 121; *Scholtisek* NJW 52, 562. So auch BAG 1, 185, 193, 263, 352. Demgegenüber *Enneccerus-Nipperdey* § 15 II Z. 3, wenn auch mit starken Einschränkungen a. M. Vgl. *Maunz* S. 82, der sich nicht entscheidet. In der Literatur wird es gelegentlich als Übel angesehen, daß die Verfassungstexte in der Antithese Individuum-Staat verharren und daher auch in den Grundrechtssätzen die Fülle der überindividuellen Gebilde ignorieren (*Dürig* JR 52, 259; JZ 53, 194; *Kägi*, Die Verfassung als rechtl. Grundordnung des Staates, Zürich 1945 S. 47). Dabei wird übersehen, daß der Text des GG in den wenigsten Fällen zwingt anzunehmen, er sei nur an die Staatsgewalt adressiert. Dies macht sich die hier vertretene Deutung der Verfassung, dem Wandel der Verhältnisse Rechnung tragend, zunutze. Wenn schon eine Gesetzesbestimmung, die durch Ablauf der Dinge überholt ist oder grundlegender Wandel der Rechtsanschauung korrigierende Auslegung zuläßt (BVerfGE 2, 401; 3, 422; BGH 3, 89; 17, 275; BAG NJW 55, 807), so besteht gar kein Anlaß, auf Auffassungen, die für längst nicht mehr geltende Gesetze entscheidend waren, bei Auslegung eines neuen Gesetzes zurückzugreifen. Schließlich sei darauf verwiesen, daß für jene Teile der Landesverfassungen, die sich offenkundig mit der Ordnung des Lebens im Staate befassen, die zivilrechtliche Bedeutung unter Hinweis auf diese Tatsache weithin anerkannt wird. Vgl. für Bayern *Nawiasky-Leusser* 178, 201; für Hessen *Zinn-Stein* 175, 188, 189, 191, 192, 193, 195, 196, 199, 201.

werden, daß sie auch Gesetz, d. h. ein System von Rechtsnormen ist. Der Adel und die Bedeutung eines Rechtssatzes wird aber nicht durch den Wohlklang der Sprache und die Aufstellung noch so beachtlicher, aber rechtlich bedeutungsloser Postulate und Prinzipien, sondern einerseits durch seine Bestandsfestigkeit und andererseits vor allem dadurch begründet, daß er in einer großen Zahl von Konfliktfällen eine Entscheidung ermöglicht. Im übrigen bleibe es dahingestellt, ob nicht ein Satz, der lediglich Deklamation ist, im Laufe der Zeit seine integrierende Funktion einbüßt[42].

2. Mit dem bisher Ausgeführten ist allerdings noch nicht dargetan, daß die Grundrechtsbestimmungen in der Tat auch zivilrechtliche Bedeutung hätten. Dies kann nur angenommen werden, wenn die unmittelbare Anwendung der Grundrechtsbestimmungen dem erkennbaren Anliegen der Verfassung, dem objektiven Zweck und dem Wortlaut der einzelnen Grundrechtsbestimmungen in vollkommenerer Weise gerecht wird als die Nichtanwendung und wenn und soweit sich die Grundrechtsbestimmungen als zur zivilrechtlichen Anwendung geeignet erweisen.

a) Zum ersten Punkte wird man generell darauf verweisen dürfen, daß es ein Zentralanliegen des GG ist, dem Einzelnen einen möglichst wirkungsvollen Schutz zu gewähren. Insbes. Art. 1 I und II GG deutet unverkennbar darauf hin. Dazu tritt das Streben des GG nach möglichst weitgehender Effektivität der Grundrechtsbestimmungen (Art. 1 III)[43]. Beide Feststellungen zwingen dazu, den Grundrechtsbestimmungen die denkbar stärkste Wirkungskraft, d. h. aber — soweit dies möglich ist — eine auch über das *Verfassungsrecht* hinausreichende Kraft beizumessen. Die Annahme, der Verfassungsgeber habe mit diesen Vorschriften dem gewöhnlichen Gesetzgeber lediglich den Auftrag zur Erlassung der erforderlichen Gesetze gegeben, käme weitgehend dem Auftrag zur Wiederholung der Bestimmungen gleich. Warum sollte das GG, das, wie Art. 100 und insbesondere Art. 117 zeigen, nicht geneigt ist, sich auf den gewöhnlichen Gesetzgeber unbedingt zu verlassen, diesen Umweg gewählt haben? Weiter sei darauf verwiesen, daß das GG zumindest jene Grundrechte, die es als Menschenrechte betrachtet, als vorstaatliches Recht ansieht[44].

---

[42] *Huber* DÖV 56, 138; *H. Huber* RStW 4, 120; vgl. *Krüger* NJW 55, 202, 204.

[43] Der ernste Wille des Gesetzgebers, seine Zielsetzungen möglichst zu realisieren und seinen Normen ein Höchstmaß von Effektivität zu verleihen, zeigt sich immer wieder. Hier seien die Art. 1 III, 19 II, III, IV, 20 III, 25, 28, 79 III, 97 I, 100 und 117 GG angeführt. Aber auch auf die Art. 2 I, 9 II, 18, 91 u. 98 kann verwiesen werden. Vgl. auch *v. Mangoldt-Klein* S. 118; *Zinn-Stein* S. 102; *Uber* 16; *v. Mangoldt* DÖV 49, 262 AöR 75, 276; BGH 11 Anhang 46.

[44] Vgl. BGH 9, 89: „Jeder Mensch hat ganz unabhängig von einer entsprechenden gesetzlichen Normierung ein Recht auf diese Güter.“ Zu vergl. ist weiter BGH 6, 275; 11 Anh. 40*, 84*; BGH NJW 54, 347; BVerfGE 3, S. 233; OLG Köln NJW 53, 1846; *v. Mangoldt-Klein* S. 94ff.; *Giese* S. 11; *Uber* S. 20; *v. Mangoldt* DÖV 49 S. 261; derselbe AöR 75, 276; vgl. *Zinn-Stein* S. 114. Völlig gleichgültig ist es, ob

Mit vorstaatlicher Existenz der Grundrechte ist die Auffassung, welche sie als nur dem Staate gegenüber wirksames Recht ansieht, unvereinbar[45].

b) Die Frage, ob die Grundrechtsbestimmungen ihrem Wortlaut nach und sachlich die unmittelbare zivilrechtliche Anwendung zulassen, kann generell nicht beantwortet werden; bei jeder einzelnen Bestimmung bedarf es einläßlicher und vorsichtiger Untersuchungen[46], wobei die Stellung der einzelnen Norm im Gesamtsystem des GG ebensowenig übersehen werden darf, wie die Postulate der Rechtssicherheit und der Praktikabilität[47]. Daß man bei diesem Verfahren, zumindestens in einer Anzahl von Fällen, zur Bejahung der Frage kommt, beweist eine größere Anzahl vorliegender höchstrichterlicher Entscheidungen[48].

II.

A. Bereits an anderer Stelle wurde ausgeführt, daß gelegentlich der Grundsatz der Vertragsfreiheit auf Art. 14 gestützt wird. Art. 14 kommt nach herrschender Lehre eine Doppelfunktion zu. Einerseits gewährt er den subjektiven Vermögensrechten privatrechtlichen Charakters vom Eigentum über die beschränkt dinglichen Rechte, die Immaterialgüterrechte, das Recht am eingerichteten und ausgeübten Gewerbebetrieb[49]

---

der Interpret der Verfassung das Bestehen solcher vorstaatlicher Rechte anerkennt oder negiert. Auch jener, der das Letztere tut, muß zugeben, daß gewisse Rechte vom GG als unverletzlich und unveräußerlich und dem Zugriff des Staates entzogen anerkannt sind.

[45] Es sei hier darauf verwiesen, daß nach der Auffassung der Zeit, in der die ersten Freiheitsrechte kodifiziert wurden, die in die Kodifikation aufgenommenen Freiheitsrechte natürliche Rechte waren und als solche unabhängig von jeder Kodifikation gegen jedermann galten. Die Aufnahme in die Verfassung wurde als ein im Rahmen des Staats- bzw. Unterwerfungsvertrags erforderlicher Rechtsvorbehalt angesehen. *John Locke*, Zwei Abhandlungen über die Regierung, Halle 1906, Abh. 2, 131; vgl. *Treuer* Bem. 1 zu Pufendorff de officiis civis II, 6, 11, Bem. 2 zu II, 7, 2 (Pufendorf: De officio cum adnotationibus *G. S. Treuer* Wolfenbüttel 1726); *Hooker*, The law of Ecclesiastical Polity, 1594, II, 8; *Ernst Ferdinand Klein*, Grundsätze der natürl. Rechtswissenschaft, Halle 1795 S. 68f. Auch die Kodifikationsgeschichte zeigt dies. Man vgl. z. B. zum ABGB den Codex Theresianus II § 2 Nr. 5, 6, Entwurf Martini 2. Hauptst. §§ 1, 4, 7; BGB für Galizien 1797 §§ 29, 30, 31; ABGB §§ 16, 17.

[46] *Nipperdey*, Gleicher Lohn S. 10ff.; *Esser* JZ 53, 521; *Stree* NJW 54, 1026; *Galperin* JZ 56, 106; *Nipperdey* in Grundrechte II 18; BAG 1, 193; vgl. BVerfGE 1 S. 239. Eine mustergültige Untersuchung findet sich BGH 11 Anh. S. 68*ff.

[47] BVerfGE 3 S. 239; BGH 11 Anh. 68*. Die Berufung auf Unpraktibilität muß ultima ratio bleiben. Es darf nicht übersehen werden, daß — worauf *Dölle* JZ 53 S. 354 mit Recht hinweist — der Richter keinen Anspruch darauf hat, daß Recht gesetzt werde, das der Anwendung keine Schwierigkeiten bereitet. Bei unbestimmten Sätzen ist ihm aufgetragen, das Recht aus dem Grundgedanken des Satzes zu schöpfen und den Satz zu konkretisieren. So weit wie *Dölle*, der die Berufung auf die Unpraktibilität völlig ausschließt, möchten wir allerdings nicht gehen.

[48] BGH 6 275, 361; 9, 89; 13, 337; 16, 71; BAG 1, 132, 185, 193, 260, 352; 2, 8ff.

[49] BVerfGE 1, 277, 278; RG 129, 148; 139, 186; *Huber* DÖV 56 S. 172.

bis hin zu den Forderungsrechten[50] und den vermögenswerten Rechtsstellungen gegenüber einer Sach- oder Rechtsgesamtheit[51] Schutz vor staatlichem Eingriff, soweit sich dieser nicht als Bestimmung von Inhalt und Schranken des Eigentums im Sinne des Art. 14 I S. 2 darstellt oder sonst durch Art. 14 II oder 15 gedeckt ist[52]. Andererseits garantiert er das Institut Eigentum[53]. Der Inhalt dieser Eigentumsgarantie wäre relativ leicht und sicher feststellbar, wenn unter Eigentum im Art. 14 dasselbe wie im § 903 BGB zu verstehen wäre. Mit Rücksicht auf die Ausweitung des Eigentumsbegriffs auf alle vermögenswerten Privatrechte ergeben sich erhebliche Schwierigkeiten. Immerhin steht fest, daß unter Eigentum im Sinne des Art. 14 jedenfalls auch das Eigentum im Sinne des BGB zu verstehen ist. Man wird daher sagen können, ein Institut, das die Wesenszüge des heutigen Sacheigentums trägt, wird in seinem Bestande garantiert. Darüber hinaus ergibt sich aus dem Gesetze nicht, welche Vermögensrechte im einzelnen gewährleistet werden[54]. Man wird nur sagen können, daß der Gesetzgeber gehalten sei, das geltende System der Vermögensrechte nicht durch ein vom Vermögensrecht des BGB wesensverschiedenes System zu ersetzen und das System des BGB nicht Veränderungen zu unterwerfen, welche das Wesen des heutigen Systems der Vermögensrechte berühren würden. Als wesenhaft für dieses System wird man das Bestehen einer Vielzahl von Vermögensrechten, welche den verschiedenartigsten Bedürfnissen gerecht werden können, ansehen müssen. Weiter kann man für das Eigentum selbst und das heutige System der Vermögensrechte die grundsätzliche Möglichkeit, über diese Rechte im Rahmen bestimmter Geschäftstypen und unter Wahrung von Formen und Realakten, welche die Publizität gewährleisten, durch Vertrag zu disponieren, als wesenhaft ansehen. Deshalb muß man annehmen, daß im Art. 14 II in diesen Schranken (Wahrung von Formen und Realakten) die Vertragsfreiheit im Hinblick auf Verfügungsgeschäfte gewährleistet wird. Dagegen scheint es uns nicht angängig zu sein, aus Art. 14 die Garantie der Vertragsfreiheit, die über die Verfügungsgeschäfte hinaus greift, abzuleiten.

B. 1. Bevor die Behauptung, die Vertragsfreiheit könne auf Art. 2 I GG gestützt werden, überprüft wird, ist es erforderlich, einige Erwägungen allgemeiner Art anzustellen.

---

[50] BGH 6, 270; 13, 318; *Schumacher* NJW 51 S. 56.

[51] BVerfGE 1 S. 277; *v. Mangoldt* S. 100; *Giese* S. 34.

[52] *Werner Weber* in Grundrechte II 361; *Nipperdey* WuW 54, 217; *Nawiasky-Lechner*, Die Verf. d. Freistaates Bayern Ergänzungsband, München 53 S. 112; *Nebinger* S. 26; *Süsterhenn* S. 253; *Zinn-Stein* 229.

[53] *v. Mangoldt* S. 100; *Giese* S. 34; *Werner Weber* in Grundrechte II 355; *Nipperdey* WuW 54 S. 217; *Nawiasky-Lechner* 112; *Nebinger* 26; *Süsterhenn* 253; *Zinn-Stein* 230 mit der Einschränkung, daß sich die Institutsgarantie nur auf Eigentum im Sinne der §§ 903ff. BGB beziehe.

[54] *Wolff*, Reichsverfassung u. Eigentum S. 6; *Werner Weber*, Grundrechte II 357.

a) Die erste Frage, mit deren Beantwortung die Annahme, aus Art. 2 könne der Grundsatz der Vertragsfreiheit abgeleitet werden, steht und fällt, ist die, ob dieser Satz bloß als Programmsatz oder als Satz des geltenden Rechtes anzusprechen ist. Sie taucht auf, weil trotz Art. 1 III ganz allgemein angenommen wird, das GG enthalte in den Grundrechtsbestimmungen einige Sätze, die lediglich programmatische Bedeutung haben[55], und gelegentlich die Ansicht vertreten wird, eben dies treffe auch für Art. 2 I zu[56]. Schon die erste Behauptung löst Bedenken aus[57]. Von der Feststellung, daß das Wort Grundrecht doppeldeutig — einmal gleichbedeutend mit Grundrechtsbestimmung, zum anderen im Sinne eines subjektiven Grundrechts — gebraucht wird, ausgehend, möchten wir annehmen, daß das Wort „Grundrecht" in Art. 1 III im Sinne von Grundrechtsbestimmung verwendet wird. Demgemäß ist Art. 1 III dahingehend zu deuten, daß die Grundrechtsbestimmungen den Charakter objektiven Rechts haben sollen. Damit ist zunächst gar nichts darüber gesagt, aus welcher der Grundrechtsbestimmungen subjektive Rechte erwachsen[58]. Es ist verfehlt, zu meinen, für Sätze des objektiven Rechts sei es wesentlich, daß aus ihnen subjektive Rechte ableitbar sind, und alle übrigen Sätze als Programmsätze, Proklamationen oder Deklamationen abzutun. Echter Satz des objektiven Rechtes ist vielmehr jeder Satz, aus dem sich irgendwelche Rechtsfolgen, seien es auch bloß Nichtigkeitsfolgen, Zuständigkeiten oder dgl. ableiten lassen. Deshalb ist z. B. auch ein Satz wie Art. 6 V nicht nur Programmsatz, sondern echter Rechtssatz[59]. Er enthält zwar auch einen Auftrag an den Staat, hinter dem keine Sanktion steht; insofern ist er tatsächlich bloßer Programmsatz, Direktive für den Gesetzgeber. Implicite aber ist ein verfassungsmäßiges, den Gesetzgeber treffendes Verbot ausgesprochen, Änderungen

---

[55] *Maunz* S. 78; *v. Mangoldt* 38, 73; *Wernicke* BK II 4a zu Art. 1 u. II 1c zu Art. 6; *v. Mangoldt-Klein* 102, 159, 276; *Giese* 22; *Uber* S. 15 N. 30; *Ipsen* in Grundrechte II S. 157; *v. Mangoldt* DÖV 49, 262; BVerfGE 3 S. 228.

[56] DÖV 54, 70. Diesem Standpunkt kommt *v. Mangoldt-Klein* S. 167f. sehr nahe; er läßt Art. 2 I 1. HS nur als Auslegungsregel gelten.

[57] Der BGH 10, 279 führt mit Recht aus, die Negierung der positiven Geltung auch nur eines Grundrechtssatzes wäre mit der „überaus bedenklichen Rechtsunsicherheit hinsichtlich der Geltung der Grundrechte erkauft". Als Musterbeispiel für eine Deklamation wird nicht selten Art. 141 III der bayer. Verfassung angeführt (*Schätzl*, Festschrift f. Giese Franfurt 53 S. 219; *v. Mangoldt-Klein* S. 80). Wie vorsichtig man mit dieser Feststellung sein muß, zeigt sich, sobald es sich ein Landrat einfallen läßt, einen großen Teil eines Landkreises für den Touristenverkehr zu sperren, wie dies in einem Falle im Sommer 1955 geschah. Im übrigen belehrt auch die Judikatur des bayer. VerfGH und *Nawiasky-Lechner* S. 134, daß die Bestimmung Aktualität erlangte.

[58] *Apelt* JZ 51 S. 354; a. M. *Dürig* JZ 53 S. 193.

[59] So auch bzgl. 6 II BVerfGE 4 S. 55, 57 u. *v. Mangoldt-Klein* 271. Vgl. demgegenüber *v. Mangoldt* S. 73; *Wernicke* II 1c und II 4b zu 6; *Giese* S. 22; *Uber* S. 15 N. 30; *v. Mangoldt* DÖV 49, 261 und LG Braunschweig NJW 50 S. 389.

an dem bestehenden Rechtszustand vorzunehmen, welche die Bedingungen für die leibliche und seelische Entwicklung unehelicher Kinder und für deren Stellung in der Gesellschaft gegenüber der Position ehelicher Kinder weiter verschlechtern würde. Außerdem bindet er als Auslegungsregel den Richter und die Verwaltung; zugleich fungiert er als Schranke für die Ausübung des Ermessens. Gleiches gilt für Art. 6 IV; ein Gesetz, das es etwa unternehmen würde, die bestehenden Mutterschutzvorschriften ohne Ersatz abzubauen, würde als verfassungswidrig anzusprechen sein. Weil man von vornherein davon ausgehen kann, daß ein Gesetzgeber rechtsverbindlich reden und nicht deklamieren will, hat auch der Satz des Art. 20 I, die Bundesrepublik sei ein sozialer Bundesstaat, normative Bedeutung[60], trotzdem er nicht durch Art. 1 III gedeckt ist, sofern man aus ihm überhaupt eine Norm entnehmen kann. Und dies kann man. In ihm steckt ein Verbot, unsoziale Gesetze zu erlassen[61]. Damit schützt er die jeweils geltende Sozialgesetzgebung zwar nicht in jedem Punkt, aber in ihrem wesentlichen Inhalt vor Aushöhlung oder Aufhebung ohne Ersetzung durch Einrichtungen, die den aufgehobenen im wesentlichen gleichwertig sind.

b) Eine zweite für das Thema bedeutsame Frage ist die, ob sich aus Art. 2 I ein subjektives Recht ableiten läßt. In der Literatur wurde dies bis vor kurzem fast allgemein angenommen[62]; seit jüngerer Zeit wird dies allerdings bestritten. Zur Stützung der herrschenden Lehre sei darauf verwiesen, daß sich Art. 2 I erster HS in der Formulierung in nichts von Art. 2 II, 5 I, 17 und in nichts für unsere Frage wesentlichem von Art. 8 I, 9 I, 12 I S. 1 unterscheidet. Sämtliche diese Bestimmungen sind aber unbestrittenermaßen Sätze, aus denen sich subjektive Rechte ergeben. Das andere Argument[63], Art. 2 S. 1 führe zu einer Sprengung der ganzen Rechtsordnung, wenn man aus ihm subjektive Rechte ableite, vermöchte

---

[60] *Huber* DÖV 56 S. 201; *Zinn-Stein* S. 171; vgl. BAG 1, 56, 185, 193.

[61] So schon *Lehmann* in Grundrechte der Reichsverfassung III S. 129ff.

[62] *Maunz* S. 91; *Peters*, Laun-Festschr. 672; *Dürig* JZ 53, 193. Abgelehnt wird die Ableitung eines subjektiven Rechtes aus Art. 2 Abs. 1 *v. Haas* DÖV 1954 S. 71 und *v. Mangoldt-Klein* S. 168. Der letztere verneint das Vorliegen eines subjektiven Rechts unter Hinweis auf die Unpraktibilität. Allerdings wird die Anwendbarkeit erschwert, wenn nicht vereitelt, sofern man unter freier Entfaltung der Persönlichkeit nicht mit der herrschenden Lehre Freiheit des Handelns u. Denkens, sondern mit *Peters* die Auswirkung echten Menschentums (Festschr. Laun S. 673, 674) oder „die freie Entfaltung der durch Gemeinschaftswerte gebundenen Persönlichkeit im Sinne echter abendländischer Kulturauffassung" hist. JB d. Görres-Gesellschaft 72, 465 u. unter dem Recht auf freie Entfaltung der Persönlichkeit, nicht das Recht zu handeln und denken nach eigenem Entschluß, sondern „das Recht auf Auswirkung seiner ... vom Schöpfer verliehenen Persönlichkeit" sieht. Aber muß man das? Muß man nicht viel mehr dem Gesetzestext unter mehreren Deutungsmöglichkeiten jene beimessen, die das Gesetz anwendbar erscheinen läßt. Im übrigen sei auf Note 42 verwiesen. Zu *Haas* vgl. unten S. 164.

[63] *Haas* DÖV 54, 70.

nur zu überzeugen, wenn nicht bloß eine Behauptung aufgestellt, sondern ein ins einzelne gehender Beweis angetreten würde.

c) Weiter muß geprüft werden, welche Stellung Art. 2 I 2. HS im Rahmen der Grundrechtsbestimmungen einnimmt, da die bis vor kurzem herrschende Ansicht, bei dieser Bestimmung handle es sich um eine Generalklausel und die übrigen Grundrechtsbestimmungen stellten ihre Konkretisierung dar[64], seit einiger Zeit bestritten wird. Gesetze, in denen Generalklauseln und diese konkretisierende Bestimmungen erscheinen, finden sich nicht selten. Die bekanntesten Beispiele sind das UWG, der § 138 BGB mit seinem Absatz I und II und die §§ 70—72 HGB. Durch Aufnahme der Generalklausel soll der zentralen Schwäche jeder kasuistischen Regelung begegnet werden, die sich daraus ergibt, daß neben den vom Gesetzgeber gesehenen und nach einheitlichem Prinzip geregelten Tatbeständen nicht berücksichtigte Fälle auftauchen können, welche eine rechtliche Beurteilung nach dem gleichen Prinzip erfordern. Durch die Aufstellung von Spezialregeln, die sich als Konkretisierung eines abstrakten Satzes für typisch wiederkehrende Fälle darstellen, hinwider soll die Anwendung der generellen Regel auf die Fälle, die dem Gesetzgeber bei Aufstellung eines allgemeinen Rechtssatzes vorschwebten, gewährleistet und der Ökonomie der Rechtsanwendung dadurch gedient werden, daß in besonders häufig wiederkehrenden Fällen komplizierte Überlegungen zu Auslegungsfragen überflüssig gemacht werden. Zugleich dienen solche Spezialtatbestände der Rechtssicherheit, indem sie das bei Generalklauseln zumindestens anfängliche Schwanken der Rechtsprechung für die

---

[64] *v. Mangoldt* 38; *v. Mangoldt-Klein* 163, 317; *Wernicke* II 1b u. 2d zu Art. 2; *Giese* II, 2 zu Art. 2; *Zinn-Stein* S. 111, 123, 124, 126, 128, 133, 143, 251; *Süsterhenn* S. 77; *Krüger*, Grundgesetz u. Kartellgesetzgebung S. 13; *Huber* I S. 660; *Nipperdey*, Soziale Marktwirtschaft S. 6; *Uber* S. 62, 74, 145; *Peters*, Laun Festschr. 677; *Dürig*, Festschr. f. Nawiasky S. 176; *Dürig* JZ 53, 197; *Dürig* AöR 79 S. 59; *Hamann* DÖV 52 S. 132; *Hausleitner* DÖV 52, 496; *Huber* DÖV 56, 135; *Kipp* DöV 50, 741; *Krüger* DVBl. 50, 626; *v. Mangoldt* AöR 75, 277; *v. Mangoldt* DÖV 49, 262; *Naumann* JZ 51, 426; *Nipperdey* BB 51, 594; derselbe JuW 54, 213ff., 216; *Redeker* DÖV 54 S. 110. 111; *Scholtissek* NJW 52, 563; OVG Hamburg DVBl. 53, S. 536; OVG Münster DVBl. 53, 474, NJW 54, 1622; OVG Rheinl. Pfalz DÖV 54, 280; LVG Oldenburg NJW 51 S. 248; OLG Köln NJW 53, 78, 79 und 1846. Bestritten wird dies von *Hamann* NJW 54, 614; *Hausmann* BB 54, 813; BGHStR 4, 390; BGH BB 55, 1035; BVG NJW 54, 524; 56, 196 OVG Lüneburg DVBl. 55, 187; OVG Münster DVBl. 56 S. 139. Bzgl. 12 I bejaht, bzgl. Art. 5, 8, 9, 11, 12 II, III u. 13 bestritten von *Turegg* NJW 54, 96, 97. Dahingestellt bzgl. 6 II BVerfGE 4 S. 57. Das BVG NJW 54 S. 524 verkennt die Bedeutung des Systems der Kombinierung von Generalklausel mit Spezialtatbeständen, wenn es meint, Art. 12 wäre überflüssig, wenn er bloß der Ausfluß aus Art. 2 I wäre. Ähnliches gilt vom Gutachten des BGH StR 4, 385 und vom Urteil des OVG Lüneburg. Gerade die Unbestimmtheit des Art. 2 I, die dieser mit allen Generalklauseln teilt, zwingt zur Konkretisierung. Gegen das OVG Münster ist noch zu betonen, daß kein Hindernis besteht, in Art. 12 I zugleich eine Konkretisierung und ein Spezialgesetz zu Art. 2 I 1. HS zu sehen.

häufigsten Fälle ausschließen und darüber hinaus eine Richtlinie für die Auslegung der Generalklausel bieten, wie umgekehrt die Generalklausel den Leitgedanken herausstellt, der bei Auslegung der Spezialtatbestände bedeutsam ist[65]. Das System der Kombination einer Generalklausel mit Sondernormen dient also der möglichst vollkommenen Verwirklichung der Zielsetzung des Gesetzgebers und eben dies ist ein Zentralanliegen des GG. Ganz abgesehen von allen übrigen Gründen ist es schon deshalb geboten, Art. 2 I 1. HS als Generalklausel und die übrigen Grundrechtsbestimmungen als konkretisierende Spezialnormen aufzufassen. Auf die Fülle der sich aus dieser Auffassung ergebenden Spezialfragen — jeder, der sich mit Gesetzen dieser Gesetzgebungstechnik zu befassen hatte, kennt sie — kann nicht eingegangen werden. Nur eines sei bemerkt: Es kann geschehen, daß eine konkrete Norm in Einzelheiten mit der abstrakten Grundnorm auseinander fällt. Da die konkretisierende Norm den Charakter einer lex specialis trägt[66], kann auf die allgemeine Norm in Fällen, auf die sich die Spezialnorm bezieht, außer als auf einen Auslegungsbehelf, nicht zurückgegriffen werden, soweit sich aus dem Wortlaut der Spezialnormen und dem Zusammenhang nicht ein anderes ergibt.

d) Umstritten ist schließlich die Frage, was unter Entfaltung der Persönlichkeit zu verstehen ist, nämlich selbständiges Handeln und Denken oder Entwicklung der im einzelnen Menschen schlummernden Anlagen[67]. Der Wortsinn läßt beide Deutungen zu. Aber, ist man tatsächlich zu

---

[65] Geradezu als Belegstück für die gekennzeichneten Zwecke dieser Gesetzgebungstechnik kann das UWG angeführt werden. In seiner Entscheidung RGZ 3, 68 hatte es das RG abgelehnt, die Generalklauseln des bürg. Rechts auf Fälle des unlauteren Wettbewerbs anzuwenden. Der Gesetzgeber antwortete mit dem Gesetz zur Bekämpfung des unlauteren Wettbewerbs v. 27. 5. 1896, das unter Verzicht auf eine Generalklausel Normen aufstellte, die sich gegen häufig wiederkehrende, tatbestandsmäßig eng umrissene Fälle des unlauteren Wettbewerbs richteten. Das Geschäftsgebaren erfand neue Methoden unlauteren Wettbewerbs. Das UWG v. 7. 6. 1909 begegnete solchem Beginnen durch Einfügung einer Generalklausel.

[66] BVerfGE 4 S. 57; BGH BB 56, 154; OVG Berlin JZ 55, 272; OLG Köln NJW 53 S. 1846; *Dürig*, Festschr. f. Nawiasky 159 N. 3; *Hamann* NJW 54, 614; *v. Mangoldt* DÖV 49 S. 262. *Turegg* NJW 54 S. 97 meint, Art. 2 I und 12 I seien nebeneinander anwendbar.

[67] Unter freier Entfaltung der Persönlichkeit versteht man das Recht auf selbständiges Denken und Handeln vgl. *v. Mangoldt* 2 zu Art. 2; *Wernicke* II 1a zu Art. 2 *Köllreutter* S. 53; *Hamann*, Rechtsstaat S. 62 und BB 55, S. 105 ff.; *Deiting*, Steuer u. Wirtschaft 1955 S. 30; *Huber* DÖV 1956, S. 135; *Scholtisek* NJW 52, 563. Demgegenüber wird unter Entfaltung der Persönlichkeit die Entfaltung der Anlagen verstanden. *Huber* I S. 660; *Ballerstedt* DÖV 51, 159; *Peters*, Festschr. f. Laun S. 673, 674; *Bachof* DÖV 54 S. 352 u. *v. Mangoldt-Klein* S. 172. BVerfGE 4 S. 15 läßt es dahingestellt, ob in 2 II nur ein Mindestmaß an Handlungsfreiheit garantiert wird, ohne daß der Mensch seine Wesensanlage als geistig-sittliche Person überhaupt nicht entfalten kann, oder ob 2 II eine umfassende Gewährleistung der Handlungsfreiheit enthält.

einem Entweder-Oder gezwungen? Spricht nicht der Umstand, daß das GG, wie Art. 1 III zeigt, eine möglichst weitreichende Effektivität anstrebt, für die Annahme, das Wort sei bei Auslegung des Art. 2 I sowohl in dem einen wie im anderen Sinne zu verstehen? Art. 2 I würde dann besagen, jeder habe das Recht auf selbständiges Handeln und Denken und auf Entwicklung der in ihm ruhenden Anlagen[67a]. Und darüber hinaus, besteht überhaupt ein scharfes Entweder-Oder? Die Entwicklung der im einzelnen Menschen ruhenden Anlagen vollzieht sich beim zum Bewußtsein gelangten Menschen immer durch selbständiges Handeln oder selbständige psychische Akte. Das Recht zu selbständigem Handeln und Denken und zur Entfaltung der im Menschen schlummernden Anlagen stellt sich so gesehen als dasselbe dar. Wir sehen daher kein Hindernis zu sagen, Art. 2 I besage — zumindestens auch — jeder habe das Recht zu selbständigem Handeln und Denken.

e) Ein weiterer hier bedeutsamer Streitpunkt ist der, ob sich Art. 2 I 1. HS nur auf die dem ideellen und kulturellen Bereich angehörigen Betätigungen bezieht oder ob er auch wirtschaftliche Tätigkeit umfaßt[68]. Sieht man im Art. 2 I 1. HS eine Generalklausel zu den folgenden Grundrechtsbestimmungen, dann ergibt sich ohne weiteres die Lösung im Sinne des ersten Standpunktes. Unter den dem Art. 2 I folgenden Bestimmungen befassen sich zwei Artikel (Art. 14 und 15) ausschließlich mit ökonomischen Erscheinungen und zwei Bestimmungen, nämlich die Art. 9 und 12, reichen weit in die Sphäre des Ökonomischen hinein. Daneben wäre auf Art. 140 GG mit Art. 138 II WV zu verweisen. Aber auch wenn man die Meinung vertritt, Art. 2 I 1. HS sei keine Generalklausel für die folgenden Bestimmungen, dürfte der zweiten Auffassung der Vorzug zu geben sein. Aus dem Vorhandensein der eben erwähnten Normen im Grundrechtsteil ergibt sich, daß das GG die Bedeutung der ökonomischen Lebenserscheinung und der Betätigung im wirtschaftlichen Bereich für die Stellung des Menschen in der sozialen Welt erkennt. Es sieht, daß ohne deren Regelung eine Ordnung der Stellung des Menschen Stückwerk bleibt. Auch von jenen, welche die Richtigkeit des Satzes, das

[67a] Vgl. JöRNF 1 S. 57.

[68] Die Meinung, Art. 2 I beziehe sich ausschließlich auf den ideellen u. kulturellen Bereich, wird vertreten von *Abendroth* VVDStRL 11; S. 141; *Ballerstedt* DÖV 1951 S.160; *Jellinek* VVDStRL 11; S. 124; *Maunz* (3. Aufl.) S. 86, 87; *Peters*, Festschr. f. Laun S. 673; *Schüle* VVDStRL 11; S. 85, 143, 144; *Zinn-Stein* S. 109. Demgegenüber erstrecken die Anwendbarkeit auch auf das Gebiet der Wirtschaft *Dürig* JR 52, 262; *Forsthoff* BB 53, 421ff.; *Hamann*, Rechtsstaat S. 62; BB 51, 342, BB 55, 105ff.; *Hausleiter* DÖV 52, 496; *Huber* I 656; *Huber* DÖV 56, 135; *Ipsen* AöR 78 S. 310; *Krüger* NJW 55, 202, 204; *Nipperdey*, Soziale Marktwirtschaft 7; derselbe BB 51, 593ff.; derselbe WuW 54, S. 213, 214ff., bes. eindrucksvoll S. 216; *Scheuner* RStW 4, S. 95; derselbe VVDStRL 11; S. 59, 61, 72; BGH BB 56, 154; BVG NJW 55 S. 963; 54. 1235 Bad. VGH DVBl. 51, 635. Wohl auch *v. Mangoldt-Klein* S. 172.; *Maunz* (5. Aufl.) S. 91, 92. Zweifelnd *Fischerhof* NJW 52, 920.

Geistige sei bloßer Überbau über die wirtschaftliche Wirklichkeit, bestreiten, wird anerkannt, daß zwischen der Entfaltung der Persönlichkeit im außerwirtschaftlichen Bereich und den wirtschaftlichen Situationen, in die der Mensch gestellt ist, ein enger Zusammenhang besteht; Ordnung der Stellung des Menschen in der menschlichen Gemeinschaft, die auf eine Ordnung der ökonomischen Belange verzichtet, bleibt nach dieser Auffassung Stückwerk. Für jene, welche die Richtigkeit des oben erwähnten Satzes anerkennen, ist Ordnung der außerwirtschaftlichen Belange ohne Ordnung der wirtschaftlichen Grundlagen geradezu ein abwegiges Unterfangen. Es ist nicht einzusehen, warum gerade Art. 2 I GG dem nicht Rechnung tragen sollte.

2. a) Mit der Feststellung, Art. 2 I 1. HS besage, jeder habe ein Recht auf selbständiges Handeln und Denken zur Entfaltung der in ihm ruhenden Anlagen auf außerwirtschaftlichem und wirtschaftlichem Gebiete, ist der Zugang zur entscheidenden Frage, nämlich zur Frage, gewährleistet Art. 2 I 1. HS auch die Vertragsfreiheit, erschlossen. Sie ist vorbehaltlich einer alsbald zu treffenden Einschränkung zu bejahen. Der frei gestaltete Vertrag ist ja das juristische Mittel zur Durchsetzung des persönlichen Willens, das Mittel, sich seine Welt nach seinem Bild zu gestalten, sich das Milieu zu schaffen, das man zur Entfaltung der Persönlichkeit benötigt. Er ist das juristische Mittel zur Befriedigung der Bedürfnisse, zur Nutzbarmachung der eigenen Fähigkeiten und des eigenen Vermögens, der Behelf, sich einen Anteil an den Gütern dieser Welt zu verschaffen, über seinen Anteil an diesen Gütern zu herrschen und zu Lebzeiten und über den Tod hinaus zu verfügen. Ohne Vertrag mag es eine Person im streng juristisch technischen Sinne — Träger von Rechten und Pflichten — geben. Eine Persönlichkeit in jenem Vollsinn, in dem das Wort in Art. 2 GG verwendet wird, gibt es ohne Vertrag, den der Einzelne nach seinem Willen abschließt und nach seinem Willen gestaltet, nicht[69].

b) Da die dem Art. 2 I 1. HS folgenden Grundrechtsbestimmungen Spezialgesetze zu dieser Norm sind, die für ihren Anwendungsbereich deren Anwendung ausschließen, bedarf der Satz, in Art. 2 I 1. HS werde der Grundsatz der Vertragsfreiheit gewährleistet, einer Einschränkung. Soweit für Sondergebiete der Grundsatz der Vertragsfreiheit aus anderen Grundrechtsbestimmungen abgeleitet werden kann, ist die Antwort auf die Frage nach der Geltung der Vertragsfreiheit nicht dem Art. 2 I, sondern den Sonderbestimmungen zu entnehmen. Dies gilt vor allem für die Verfügungsgeschäfte; hier ist auf Art. 14 zurückzugreifen[70]. Das gleiche gilt für die Geschäfte des Erb-, Familien- und Gesellschaftsrechts. Für das Gesellschaftsrecht ergibt sich das aus dem Wortlaute des Art. 9

---

[69] Dies verkennt *v. Mangoldt-Klein* S. 162 u. *Rasch* WuW 1955 S. 668; vgl. demgegenüber *Huber* DÖV 1956, 138.

[70] Vlg. oben S. 156.

ohne weiteres, für Erb- und Familienrecht aus dem Umstand, daß Art. 14 I eine Garantie des Wesenskernes der Einrichtung Erbrecht und Art. 6 I eine solche der Institute Ehe und Familie in ihren wesenhaften Grundlinien enthält[71]. Für das Gebiet des Arbeitsrechts wird die Anwendbarkeit des Art. 2 I 1. HS durch Art. 12 I, aus dem sich jedenfalls der Grundsatz der Abschlußfreiheit und der Freiheit in der Wahl des Vertragspartners ergibt, insoweit eingeschränkt. Demgemäß kann gesagt werden, daß in Art. 2 I 1. HS der Grundsatz der Vertragsfreiheit im wesentlichen für das Gebiet des Schuldrechts unter Ausschluß des Gesellschaftsrechts und unter teilweisem Ausschluß des Arbeitsvertragsrechtes garantiert ist. Die Bedeutung dieser Einschränkung liegt darin, daß ein Teil der erwähnten Spezialnormen, so die Art. 14 und 6, die Vertragsfreiheit von vornherein nur im engeren Rahmen anerkennen als dies Art. 2 I 1. HS tut, oder dieselbe unter den Gesetzesvorbehalt stellen (Art. 12 I).

c) Als letztes bleibt die Frage nach der Bedeutung der Gewährleistung der Vertragsfreiheit in Art. 2 I 1. HS. Unter Auswertung des an anderer Stelle Ausgeführten[72] ergibt sich zunächst, daß Art. 2 I als Satz des objektiven Verfassungsrechts, der dem Gesetzgeber Schranken zieht (Art. 1 III), Gesetzen, welche die Vertragsfreiheit in irgendeiner Form beeinträchtigen, im Grundsatze die Geltung versagt (Art. 1 III, 20 III, 123 I GG). Darüber hinaus schafft er ein subjektiv öffentliches Recht[73] und ein absolut wirkendes Privatrecht auf Freiheit bei Vertragsschluß und Vertragsgestaltung.

III.

A. Die ganze Zivilrechtsordnung ist in reichster Fülle von Vorschriften durchsetzt, welche Kontrahierungs- und Abschlußzwang und -verbote, den numerus clausus der Rechte, Typenzwang, Inhaltszwang und Inhaltsverbote einführen. Jede Norm, auf die eine dieser Erscheinungen zurückgeht, stellt eine Durchbrechung des Grundsatzes der Vertragsfreiheit dar. Sie muß sich Überprüfung daraufhin gefallen lassen, ob sie durch das Grundgesetz gedeckt ist. Wir stoßen damit auf eine Frage von allerhöchster Bedeutung[74]. Es kommt alles darauf an, die Schranken, die

---

[71] Vgl. zum Familienrecht mit seiner allerdings beschränkten Vertragsfreiheit im Eherecht *Dürig*, Festschr. f. Nawiasky S. 170 N. 28, *Nawiasky-Leusser* S. 205 u. *v. Mangoldt-Klein* S. 266; z. Erbrecht: *Böhmer*, Grundrechte II, insbes. 418ff.

[72] Vgl. oben S. 157

[73] Vgl. oben S. 158.

[74] Die Vertragsfreiheit kann in der Wirklichkeit nur beschränkt auftreten. *Oftinger* S. 318. Vgl. auch *Locher*, Die Grundrechte der Reichsverfassung III S. 184. Schrankenlos gewährt hebt sie sich als Institut selbst auf. Damit wird aber auch die Funktion der freiheitl. Ordnung aufgehoben. *Oftinger* S. 318ff. Dieser Tatsache wendet *Dürig* in seinem Beitrag zur Festschr. f. Nawiasky sein Augenmerk nicht im erforderlichen Umfange zu.

dem Recht zur Freiheit der Entfaltung der Persönlichkeit und damit auch dem Grundsatz der Vertragsfreiheit im GG gezogen sind, zu ermitteln. Nähme man an, der Grundsatz der Vertragsfreiheit gelte schranken- und ausnahmslos, so hieße das, daß die zahlreichen Beschränkungen der Vertragsfreiheit, die unsere Rechtsordnung kennt, verfassungswidrig wären; das aber würde den Zusammenbruch weiter Teile unseres Zivilrechtssystems bedeuten. Daß dies nicht dem Willen des GG entspräche, liegt auf der Hand. Man käme dann u. E. zwingend zu dem Ergebnis, Art. 2 garantiere die Vertragsfreiheit nicht. So ist es durchaus folgerichtig, wenn *Haas*[75], der die sich aus dem GG ergebenden Schranken nicht berücksichtigt, annimmt, Art. 2 räume kein Grundrecht auf freie persönliche Betätigung ein.

B. 1. Einen ausdrücklichen Gesetzesvorbehalt, der es dem gewöhnlichen Gesetzgeber ermöglichen würde, Beschränkungen der allgemeinen Vertragsfreiheit vorzunehmen, kennt das GG, von dem Fall des Art. 12 I S. 2 und 14 I abgesehen, im Gegensatz zu Art. 152 WV nicht[76]. Wir sind also im ganzen auf die Schranken angewiesen, die vom GG unmittelbar gezogen werden[77]. Dabei sollen im folgenden lediglich jene ins Auge gefaßt werden, die für die durch Art. 2 I 1. HS garantierte allgemeine Vertragsfreiheit gelten. Dagegen sollen die Sonderschranken, die der aus anderen Vorschriften für Sondergebiete abgeleiteten Vertragsfreiheit in den Sonderbestimmungen gezogen sind, unberücksichtigt bleiben. Der Erwähnung verdient es allerdings, daß die für die allgemeine Vertragsfreiheit bestehenden Schranken auch für die in den Sondergebieten geltende Vertragsfreiheit zur Anwendung gelangen[78]. Die dem Art. 2 I fol-

---

[75] DÖV 1954 S. 70—72.

[76] Es ist verfehlt, wenn das BVG NJW 55, S. 962 aus Art. 2 II GG im Wege eines Schlusses vom Größeren zum Kleineren dazu gelangt, anzunehmen, die Vertragsfreiheit stünde unter dem allgem. Gesetzesvorbehalt (vgl. *Huber* DÖV 1956 S. 138). Noch weniger kann man einen Gesetzesvorbehalt aus Art. 19 I S. 1 ableiten, wie dies *Bettermann* JZ 52, S. 65ff tut.

[77] Vgl. aber unten S. 179. Schranken der im GG gewährten Freiheit, die im GG nicht ihre Grundlage haben, gibt es nicht, *v. Mangoldt-Klein* S. 123.

[78] *v. Mangoldt* S. 47, 67, nicht ganz klar S. 56, 57, 68 (ein offener Widerspruch hierzu S. 38 u. 67); *Wernicke* 2 I b zu 2; *v. Mangoldt-Klein* S. 331; *Giese* 14; *Huber*, I, 661; *Uber* S. 63; *Zinn-Stein* 110, 123, 124, 126, 128, 130, 133, 143, 251; *Peters*, Festschr. f. Laun S. 677ff.; *Dürig* NJW 54, 1394; *Dürig* AöR 79 S. 59, 60; *Hamann* NJW 54, 614; *Hausleiter* DöV 52, 497; *Naumann* JZ 51, 426; *Nipperdey* BB 51, 594; derselbe WuW 54, 214, 215; *Peters* ZGesStW 110, 564; *Reuss* NJW 51, 777; *Ridder* JZ 53, 249; *Scholtissek* OÖV 52, 563; Bayr. VerfGH VII—50; VGH Stuttgart VerfRSpr. 7, 423; OVG Münster DVBl. 53, 474; LVG Rheinl. Pfalz VerwRespr. 4, Nr. 157 u. DÖV 54, 280; Bad. VGH DÖV 52, 638; bejaht für Art. 5 II; BGH 12, 203. Es ist verfehlt anzunehmen, die Geltung des Art. 2 I 2. HS für die Grundrechte aus den Art. 2 IIff. führe dazu, daß die in diesen Gesetzesbestimmungen eingeräumten Gesetzesvorbehalte nur im Rahmen des Art. 2 I 2. HS ausgeübt werden könnten, wie dies *Naumann* (JZ 51 S. 426, 427) u. *Krüger* (Grundgesetz u. Kartellgesetzgebung S. 26; DVBl. 50

genden Grundrechtsbestimmungen stellen sich nämlich, nur insoweit sie Grundrechte oder Institutsgarantien begründen, als Konkretisierung dieser Bestimmung und damit lediglich als Spezialgesetz zu Art. 2 I 1. HS dar[79]. Nur seine Anwendung wird durch sie ausgeschlossen. Eine Verdrängung des Art. 2 I 2. HS durch die folgenden Grundrechtsbestimmungen kommt nur in Frage, soweit diese Spezialbestimmungen zu Art. 2 I 2. HS enthalten, d. h. soweit sie Beschränkungen der in ihnen eingeräumten Grundrechte und Garantien statuieren, und das auch nur, wenn anzunehmen ist, daß sie die Regelung des Art. 2 I 2. HS nicht bloß ergänzen, sondern ersetzen wollen. U. E. trifft dies in keinem Falle, nicht einmal in dem des Art. 12 I oder des Art. 9 GG zu[80]. Man käme sonst zu ungereimten Ergebnissen, z. B. dazu, daß der Betrieb eines sittenwidrigen Berufes, der weder durch das Gesetz noch auf Grund eines Gesetzes verboten wurde, oder der Zusammenschluß zum Abschluß unsittlicher Geschäfte, die nicht mit Strafe bedroht sind, gemäß Art. 12 bzw. Art. 9 zulässig wäre.

2. Wie sich zeigen wird, enthält das GG in der Tat Normen, welche die allgemeine Vertragsfreiheit weitreichend beschränken. Offen bleibt zunächst, ob Verträge, die sich außerhalb der vom GG gezogenen Grenzen der Vertragsfreiheit bewegen, automatisch unwirksam sind oder ob es hierzu noch einer besonderen gesetzlichen Regelung, wie sie etwa in § 134 BGB vorliegt, bedarf. Nähme man das letztere an, so hieße das,

---

S. 626) annehmen. Dann wären Gesetzesvorbehalte, wie sie in Art. 2 II S. 2, 5 II, 8 II, 12 I S. 2 enthalten sind, völlig überflüssig; OVG Hamburg JZ 52 S. 31. Auch wäre zumindestens Art. 19 I sinnlos. Wegen der Bindung aller Gesetze an Art. 2 I S. 2 würden sich auch die auf Grund der Gesetzesvorbehalte erlassenen Gesetze lediglich als deklarative Gesetze darstellen, die zu keiner Einschränkung der Grundrechte führen. Vgl. unten S. 166. Bestritten wird die Anwendbarkeit des Art. 2 I 2. HS für das Anwendungsgebiet des Art. 12 I. BGH BB 55, 1035; BB 56, 154; BGHStr. 4, 390ff.; BVG NJW 54, 524; NJW 56 S. 196; OVG Lüneburg DVBl. 55 S. 187; OVG Münster DVBl. 56 S. 138. *Zeidler* NJW 54, 1068. Wenn dies damit begründet wird, daß sonst Art. 12 I S. 2 überflüssig wäre (BVG NJW 54, 524), so trifft dies nicht zu. Art. 2 I 2. HS enthält im Gegensatz zu 12 I S. 2 keinen Gesetzesvorbehalt. Andererseits sind Gesetze, die auf Grund des Art. 12 I S. 2 ergehen, Art. 19 I unterstellt. Für Gesetze, die in Konkretisierung der Bestimmung des Art. 2 I 2. HS ergehen, gilt dies nicht. Bei den letzteren ist außerdem die Anwendbarkeit von Art. 19 II zumindestens zweifelhaft. Ebenso verfehlt ist es auch, den von der h. L. abweichenden Standpunkt damit zu begründen, daß eine andere Abstimmung zwischen 2 I 2. HS und 12 I S. 2 nicht einsichtig sei (BGHStr. 4, 390). Es ist sehr wohl denkbar anzunehmen, Art. 2 I 2. HS begrenze die Freiheit aus Art. 12 I verfassungsmäßig. Darüber hinaus sei eine weiter reichende Einschränkung durch Gesetz auf Grund des Art. 12 I S. 2 im Rahmen des Art. 19 möglich. Vgl. *Nipperdey*, Die soziale Marktwirtschaft S. 9.

[79] A. M. ausdrücklich *Zeidler* NJW 54, 1068. Dies würde bedeuten, daß GR-Bestimmungen, die ihrerseits weder Einschränkungen vorsehen noch einen Gesetzesvorbehalt enthalten, schrankenlose Freiheit einräumen.

[80] Vgl. VGH Stuttgart VerwRSpr. 7 S. 423.

der Verfassungsgesetzgeber habe dem gewöhnlichen Gesetzgeber eine Aufgabe übertragen, die gelöst werden muß und die er selbst durch ein Wort lösen konnte. Darüber hinaus wäre die Annahme mit dem Streben des GG nach unmittelbarer Anwendbarkeit nicht vereinbar. Deshalb wird man sich für die erste Alternative entschließen müssen. Es tritt Nichtigkeit im herkömmlichen Sinn insoweit ein, als die Schranken der Vertragsfreiheit überschritten wurden, also Vollnichtigkeit, wenn sich das ganze Geschäft, Teilnichtigkeit, wenn es sich in einzelnen Punkten jenseits dieser Grenzen bewegt. Welche Folgen die Teilnichtigkeit für das ganze Geschäft hat, ist dann nach den Vorschriften des geltenden Zivilrechts, also insbes. nach § 139 BGB zu beurteilen.

3. Geht man davon aus, daß das GG den Grundsatz der Vertragsfreiheit statuiert und ihm, ohne einen Gesetzesvorbehalt aufzustellen, zugleich Grenzen setzt, dann ergibt sich, daß der einfachen Gesetzgebung und damit auch der Zivilgesetzgebung die Zuständigkeit fehlt, die Vertragsfreiheit über das im GG vorgesehene Maß hinaus zu erstrecken oder gegenüber dem GG einzuschränken. Damit ist nicht gesagt, daß der gewöhnliche Gesetzgeber nicht Normen erlassen könnte, die sich mit der Beschränkung der Vertragsfreiheit befassen. Sie sind aber nur als Konkretisierung der im GG in abstrakter Form gezogenen Grenzen, also nur soweit zulässig, als sie durch das GG gedeckt sind. Treffend führt *Maunz*[81] aus: „Wenn der Gesetzgeber im Rahmen dieser . . . durch die Verfassung dem Grundrecht vorgegebenen Schranken tätig wird, so schafft er damit nicht in konstitutiver Weise neue Grundrechtseinschränkungen, sondern füllt lediglich . . . in interpretativer Weise den durch das GG vorgesehenen Begriff . . . aus.“[82] Aber wie der Richter nicht daran gehindert ist, die im Gesetze bloß angedeuteten Gedanken zu entfalten, Lücken auszufüllen und das Recht fortzubilden[83], ist dies dem Gesetzgeber nicht versagt. Seine Sache ist es, vielmehr in noch höherem Maße, die Gedanken der Verfassung zu entfalten, Lücken zu schließen, ihre Durchsetzung durch entsprechende technische Regelungen sicherzustellen; im konkreten Fall kann das Postulat der Rechtssicherheit, das auch eines der leitenden

---

[81] *Maunz* S. 87; vgl. auch OVG Rheinl. Pfalz DÖV 54, 280 u. *Krüger*, Grundges. u. Kartellgesetzgebung S. 13, 26. Es handelt sich bei diesen Gesetzen nicht um eine Beschränkung der in der Verfassung zuerkannten Grundrechte durch Gesetze, sondern lediglich um eine Verweisung in die den Grundrechten durch Gesetz gezogenen Schranken. Vgl. hierzu auch *Dürig* NJW 54, 1394; *Krüger* DVBl. 50, 625.

[82] Art. 19 bezieht sich nicht auf die vom GG den Freiheitsrechten gezogenen Schranken und damit auch nicht auf die das GG bloß interpretierenden Gesetze *Maunz* S. 88. A. M. *Nipperdey* WuW 54 S. 215, z. T. auch *Huber* DÖV 56 S. 138 und *Krüger* DÖV 55 S. 599. Diese Auffassung ist allerdings z. T. auf die bei den genannten Autoren auftretende Ausweitung des Begriffes der verfassungsmäßigen Ordnung zurückzuführen.

[83] BVerfGE 3 S. 243ff.; BGH 3, 308ff.; 11 Anh. 53*, 79*; 17, 275; BAG NJW 55 807; *Dölle* JZ 53 S. 354; *Wintrich* JZ 1954 S. 455.

Prinzipien der Verfassung ist, z. B. automatisch eintretende Nichtigkeit unerwünscht erscheinen lassen. Dann mag der Gesetzgeber andere Rechtsfiguren wählen, wobei er allerdings zu beachten hat, daß ein solches Geschäft nicht auf die Dauer und nicht in weiterem Umfang als nötig die von den Parteien gewollten Wirkungen äußern soll. Immer wird man sich schließlich vor Augen zu halten haben, daß im Zweifel die Verfassungsmäßigkeit der Gesetzgebungsakte anzunehmen ist. Der für das Verwaltungsrecht geprägte Satz, im Zweifel sei Gültigkeit der Verwaltungsakte anzunehmen[84], muß bei Gesetzgebungsakten mutatis mutandis in verstärktem Maße gelten. Darüber hinaus ist bei Überprüfung der Gesetze auf ihre Verfassungsmäßigkeit Zurückhaltung erforderlich[85].

4. Weiter ergibt sich aus dem Gesagten, daß die Gesamtheit der in außerverfassungsrechtlichen Gesetzen enthaltenen Normen, welche sich mit der Beschränkung der Vertragsfreiheit befassen, keine erschöpfende Regelung darstellt. Sobald ein Rechtsgeschäft die im GG gezogenen Schranken überschreitet, ist und bleibt es außerhalb der Grenzen der Vertragsfreiheit, auch wenn es gegen kein außerverfassungsmäßiges Gesetz verstößt.

C. 1. Unter den Vorschriften, die in Frage kommen, stoßen wir zunächst auf Art. 1 GG, der unabhängig davon, ob aus ihm subjektive Rechte abgeleitet werden können, nicht als bloße Deklamation, sondern als Rechtssatz zu werten ist[86]. Aus ihm ergibt sich, daß die Grundrechtsbestimmungen als Mittel zu Wahrung und Schutz der Würde des Menschen gedacht sind. Wo sich das Handeln einer Person gegen die Würde eines Menschen — gegen die Würde des Handelnden oder gegen die Würde desjenigen, der durch die Handlung eines anderen betroffen wird — kehrt, dort endet die Freiheit zum Handeln. Natürlich hängt alles davon ab, was man unter Würde des Menschen versteht. U. E. sind die Grenzen der Vertragsfreiheit dort überschritten, wo ein Mensch durch Vertrag zum reinen Mittel degradiert wird, wo dem Menschen durch Vertrag das Recht zu selbstbestimmtem Wollen und Handeln unbeschränkt oder ohne vernünftigen Grund in irgendwie erheblichem Umfang beschnitten wird, wo ihm die Möglichkeit der Gestaltung der Welt und zu sittlichem Handeln genommen wird, wo Sphären menschlichen Seins und Tuns, die Bindungen nicht vertragen, einer Bindung unterworfen oder Bereiche, die ihrem Wesen nach außerhalb des ökonomischen liegen, dem commercium unterstellt werden. Dasselbe gilt von Verträgen, welche der Ermöglichung und Vorbereitung eigener oder fremder An-

---

[84] *Forsthoff*, Lehrb. d. Verwaltungsrechts 6. Aufl. München 1956 S. 199; *Nipperdey* in Grundrechte II S. 16.

[85] Vgl. BVerfGE 3 S. 136; 4 S. 18: BGH 14, 147; BAG 1, 56; *Nipperdey*, Grundrechte II S. 17.

[86] *v. Mangoldt-Klein* S. 146f.; *Giese* S. 13; *Nipperdey* in Grundrechte II S. 16; *Hubmann* S. 104; *Dürig* JR 52, 260.

schläge auf menschliche Würde nach Inhalt und Zweck dienen. Unter diesem Gesichtspunkt müßte man einen Teil der Verträge, auf welche die Rechtsprechung bisher § 138 anwendete, als aus dem Rahmen der Vertragsfreiheit fallend ansehen[87]. Natürlich soll damit nicht gesagt werden, daß dies für alle oder auch nur die Mehrzahl der unter § 138 BGB fallenden Verträge gelte.

Eine zweite Beschränkung der Vertragsfreiheit ist Art. 1 II GG zu entnehmen. Zwar kann daraus, daß in ihm die Menschenrechte und damit auch das in Art. 2 I 1. HS gewährleistete Recht als unveräußerliche Rechte bezeichnet werden, nicht hergeleitet werden, daß Selbstbindungen nicht möglich wären. Das GG selbst geht mehr (Art. 9 u. 12) oder weniger (Art. 6 u. 14) deutlich von der Möglichkeit solcher Selbstbindung aus. Darüber hinaus ist zu bedenken, daß die Verneinung dieser Möglichkeit zur Auflösung des Zivilrechts — jeder Schuldvertrag, jedes Familienrechtsverhältnis begründende Rechtsgeschäft, jede Gründung eines Vereines und jeder Beitritt zu einem solchen stellt eine Selbstbindung dar — und damit in der gegebenen historischen Lage zur Auflösung der gesamten sozialen Ordnung führen würde. Genau dasselbe muß bzgl. der übrigen Freiheitsrechte, die sich ja nur als Erscheinungsfälle des Rechtes aus Art. 2 I 1. HS darstellen, gelten. Deshalb ist z. B. die Beschränkung der Meinungsfreiheit in einem Arbeitsvertrag, der mit einem Tendenzbetrieb geschlossen wird, wirksam[88]. Eine Bindung aber, die soweit geht, daß sie über eine Beschränkung der Freiheit hinaus wächst und im Effekt einer Entäußerung eines Freiheitsrechtes gleichkommt, indem sie es völlig seines Inhaltes beraubt, ist unzulässig. Hierher werden z. B. auch Verträge zu zählen sein, durch die der Zugang zu jenem „Mindestmaß an substantiellen Gütern", das für ein menschenwürdiges Leben Voraussetzung ist, verschlossen wird[89]. Verfehlt wäre es dagegen zu meinen, Geschäfte, durch die jemand sein gegenwärtiges Vermögen aufgibt, bewirkten dies immer[90]. Unter diesem Gesichtspunkt lassen sich viele zwingende Bestimmungen unserer Zivilrechtsordnung, z. B. die §§ 310, 567, 624 oder 723 III BGB, erfassen. Diese Feststellung läßt sich mit dem Hin-

---

[87] Vgl. *Nipperdey*, Grundrechte II S. 36; *Malmann* JZ 51 S. 27. In Einzelheiten geht *Nipperdey* m. E. zu weit. So ist es wohl bedenklich, wenn in Verträgen, wie sie im RG 79, 373; 138, 137 u. JW 1904, 404 erwähnt sind, ein Eingriff in die menschliche Würde gesehen wird. Vgl. zur Frage auch *Dürig*, Festschr. f. Nawiasky S. 163 N. 8.

[88] *Nikisch* I S. 387, *Peters* Festschrift Laun S. 673.

[89] Vgl. *Dürig* in Festschr. f. Nawiasky S. 163; *Nipperdey*, Grundrechte II S. 5ff.

[90] Deshalb träfe auch das Bettelordenbeispiel *Dürigs* nur zu, wenn der Beitritt oder richtiger die ihn allenfalls begleitenden Vermögensübertragungen dem Beitretenden den Zugang zu jenem Mindestmaß an substantiellen Gütern verschließen würde, das für ein menschenwürdiges Dasein erforderlich ist. Daß dies der Fall ist, wird man doch schwerlich behaupten können, denn dem Beitretenden werden im Orden eben diese substantiellen Güter zur Verfügung gestellt.

weis auf den richtigen Satz, die Freiheit umfasse auch die Freiheit, von der Freiheit keinen Gebrauch zu machen, nicht entkäften[91], denn es ist Verschiedenes, von seiner Freiheit keinen Gebrauch zu machen, Eingriffe in seine Freiheit in Freiheit zu dulden, sich zur Duldung zu verpflichten oder sich der Freiheit zu begeben.

2. Praktisch bei weitem wichtigere Beschränkungen der Vertragsfreiheit ergeben sich aus Art. 2 I 2. HS[92]. Diese Bestimmung, die das Recht auf freie Entfaltung der Persönlichkeit nur anerkennt, soweit nicht die Rechte anderer verletzt, gegen die verfassungsmäßige Ordnung oder das Sittengesetz verstoßen wird, stellt zugleich klar, daß Verträge, welche die Rechte anderer verletzen, gegen die verfassungsmäßige Ordnung oder das Sittengesetz verstoßen, außerhalb des Rahmens der Vertragsfreiheit fallen. Eine unerschöpfliche Fülle von Einzelfragen ergibt sich hier. Nur einige sollen angedeutet werden.

a) Unter Rechten anderer sind subjektive Rechte aller Art, nach manchen auch subjektive Rechtsstellungen, die sich als Rechtsreflexe darstellen, ohne sich zu subjektiven Rechten verdichtet zu haben, zu verstehen[93]. Man wird annehmen dürfen, daß ein Recht nur bei jenen Personen eine Beschränkung der Betätigungsfreiheit herbeiführt, gegen die sich das Recht richtet. Soweit private Rechte in Frage stehen, führen daher absolute Rechte zu einer Beschränkung der Betätigungsfreiheit für jederman, relativ wirkende Rechte beschränken demgegenüber nur bestimmte Personen in ihrer Freiheit. Von der Verletzung eines Rechtes wird man in Anlehnung an die von Lehre und Praxis zu § 1004 BGB, § 1 UWG, § 24 WZG und zur quasinegatoria entwickelten Grundsätze schon sprechen können, wenn ein Recht in einer nach Lage der Sache ernst zu nehmenden Weise bedroht wird[94].

---

[91] *Dürig* Festschr. f. Nawiasky 177 N. 21.

[92] *Huber* DÖV 1956 S. 138. Zu weitgehend *Nipperdey* in WuW 54 S. 215 u. *Stickroth* NJW 55, 1699, die meinen, Art. 2 I enthalte die einzigen Schranken der Vertragsfreiheit.

[93] Private u. öffentliche *v. Mangodt-Klein* S. 168; *Peters* in Festschr. f. Laun 675; *Zinn-Stein* S. 11. Nur Privatrechte: *Dürig* in Festschr. f. Nawiasky 173. Nur die Freiheitsrechte werden hierher gezählt, *von Hamann*, BB 55 S. 294. Auch das Recht auf Gesundheit zählt hierher BGH NJW 53, 1804. Da nach richtiger Auffassung auch die Privatrechte hierher zu zählen sind, bildet Art. 2 I 2. HS eine der großen Brücken zwischen dem Verfassungs- u. dem Zivilrecht.

[94] *Westermann*, Sachenrecht, Karlsruhe 1951 S. 167; *Enneccerus-Lehmann* § 252 I 3b; RGR 7, a, bb zu 1004; *Baumbach-Hefermehl* Vorb. VIII 2 C; RG 101, 340; 151, 246; GRUR 40, 585 MuW 40, 125; BGH 2, 394. Aus diesem Grunde verletzen feuer- und gesundheitsgefährliches Verhalten und ein Verhalten, das gegen die öffentl. Ordnung u. Sicherheit verstößt, Rechte Dritter, wenn mit einer nach Erfahrung des tägl. Lebens hochgradigen Wahrscheinlichkeit mit dem Eintritt eines Schadensfalles zu rechnen ist. *Naumann* JZ 51, 428, 429; *Reuss* NJW 51 S. 778 BVG VerwRechtspr. 7, 350.

Eingriffe in fremde Rechte durch Verträge sind in der Weise denkbar, daß durch Vertrag die Haftung eines Dritten begründet wird (Schuldverträge zu Lasten Dritter), daß Rechte eines Dritten aufgehoben oder geschmälert werden sollen (auf fremde Rechte wirkende Verfügungsgeschäfte) oder daß einer der Vertragspartner eine Verpflichtung eingeht, welche Rechte Dritter berührt (fremde Rechte berührende Verpflichtungsgeschäfte).

α) Am einfachsten ist die Sachlage bei Schuldverträgen zu Lasten Dritter. Art. 2 I 2. HS 1. Fall verwehrt es dem Gesetzgeber, Parteivereinbarungen dieser Art die spezifisch rechtsgeschäftlichen Wirkungen — Herbeiführung des als gewollt bekundeten Rechtseffekts — beizulegen, soweit nicht etwa eine Ermächtigung des Dritten zur Vornahme solcher Rechtsgeschäfte vorliegt. In diesem Umfange ist der schon für unser heutiges Zivilrecht geltende Satz, daß Verträge zu Lasten Dritter unzulässig sind[95], verfassungsmäßig garantiert. Dagegen wäre der Gesetzgeber nicht gehindert, die Zulässigkeit eines Verpflichtungsgeschäftes zu Lasten Dritter kraft Ermächtigung — eine Rechtsfigur, die dem geltenden Rechte fremd ist[96] — einzuführen.

β) Verhältnismäßig einfach ist die Lage auch bei Verfügungsgeschäften über fremde Rechte, die nicht von einer Ermächtigung oder Vollmacht des Berechtigten gedeckt sind. Im Grundsatze wird man auch hier annehmen müssen, daß der Gesetzgeber diesen Geschäften Wirkung nicht beilegen kann. Wenn aber die Rechtssicherheit die Geltung solcher Vereinbarungen verlangt, kann sie der Gesetzgeber — wie schon ausgeführt[97] — als wirksame Rechtsgeschäfte anerkennen, wofern er nur Maßnahmen vorsieht, die geeignet sind, dem in seinem Recht Beeinträchtigten einen Ausgleich zu verschaffen. Zu denken wäre hier etwa an die §§ 892, 932, 1207, 1208 BGB mit § 816 BGB, an die §§ 946ff. oder an die Schadensersatzansprüche, die zugunsten des Kindes entstehen, wenn Eltern oder Vormünder unter Verletzung ihrer Pflichten wirksam in Vermögensrechte der ihnen Anvertrauten eingegriffen haben. Weiter kann nicht gezweifelt werden, daß die Rechtsordnung in einer ganzen Reihe von Fällen befugt ist, Eingriffe in fremde Rechte durch Rechtsgeschäft zuzulassen, so etwa als Reaktion auf widerrechtliche oder eine die Rechtslage eines anderen ungünstig beeinflussende Handlung, die zu dem Recht, in das die Rechtsordnung einen Eingriff zuläßt, in Beziehung steht. Zum ersten Falle vgl. etwa die §§ 286 II, 325 und 326 BGB, zum zweiten § 383 BGB oder 373 HGB. Auch wird man gesetzl. Ermächtigungen zu Ein-

---

[95] *Enneccerus-Lehmann* § 34 Abs. V; RG 111, 178; 154, 361.

[96] *Lehmann*, Allgem. Teil d. bürg. Rechts, Berlin 1954 § 37 VI Z. 2; *Enneccerus-Lehmann* § 34 Abs. V. A. M. *Ludewig*, Die Ermächtigung nach bürg. Recht 1922 S. 72ff.; *Bettermann* JZ 51, 321ff.

[97] Vgl. oben S. 167.

griffen überall dort als verfassungsrechtlich zulässig ansehen müssen, wo diese bestimmt sind, dem klaren Interesse dessen zu dienen, in dessen Recht eingegriffen wird, so wenn der Eingriff in fremde Rechte zugelassen wird, um jemanden vor weitergehender Schädigung zu bewahren (vgl. §§ 388, 379 II HGB; § 966 BGB). In den ersten beiden Fällen ergibt sich die verfassungsmäßige Zulässigkeit aus der Notwendigkeit, miteinander kollidierende Rechte sachgemäß abzugrenzen. Nicht nur das Recht des einen steht unter verfassungsmäßigem Schutz. Der Schutz beider Rechte kann in solchen Kollisionsfällen nur durch Beschränkung eines oder beider kollidierenden Rechte erfolgen, wozu der Gesetzgeber ohne Zweifel ermächtigt ist[98]. In allen drei Fällen folgt sie daraus, daß Zuerkennung von Rechten der Interessenwahrung dient und daß die Ermächtigung zum Eingriff ins fremde Recht in diesem Falle der Wahrung der gleichen Interessen besser dient als starrer Schutz des Rechtes.

Komplikationen ergeben sich bei Vereitelung obligatorischer Ansprüche durch Verfügungen über ein obligatorisches Recht, das einem Verpflichteten zusteht. Ein Beispiel bietet der Fall des Verzichts auf einen Anspruch oder die Abtretung eines Anspruchs, dessen Erfüllung an den Verzichtenden oder Abtretenden Voraussetzung der Erfüllung eines obligatorischen Anspruchs ist, der diesen trifft; die Beeinträchtigung des Rechtes eines anderen ist nicht Inhalt, sondern — vielleicht unerwünschte — Folge des Verfügungsgeschäftes. Grundlage der Lösung kann die Erkenntnis bieten, daß das aus dem vereitelten obligatorischen Verhältnis entspringende Recht nur gegenüber dem einen Partner jenes Verfügungsgeschäftes besteht, dessen Vornahme den Anspruch gefährdet oder vereitelt. Für den andern am Verfügungsgeschäft über die Forderung Beteiligten ist es nicht existent; er verstößt daher auch gegen kein Recht. So wird man Nichtigkeit des Verfügungsgeschäftes in solchen Fällen im Gesetze nicht vorsehen dürfen, denn diese träfe als Sanktion auch jenen, gegen den sich das beeinträchtigte Recht nicht richtet. Dies käme einer unzulässigen Beschränkung seiner Vertragsfreiheit gleich. Das Gesetz kann also lediglich solche Sanktionen vorsehen, welche nur gegen jenen wirken, gegen den der vereitelte Anspruch besteht. Die Regelung der §§ 280 und 325 BGB entspricht dem vollauf. Anders gelagert ist die Situation, wenn das Rechtsgeschäft vom Dritten als Anschlag auf den Anspruch aus dem ersten Schuldverhältnis gedacht ist. Hier ist die Nichtigkeit, die sich aus § 138 BGB herleitet, zulässig und geboten.

γ) Verwickelter liegt alles bei Verpflichtungsgeschäften, die fremde Rechte berühren. An sich äußern Verpflichtungsgeschäfte nur zwischen den Beteiligten Wirkungen. Sie vermögen deshalb weder absolute, noch relative Rechte Dritter unmittelbar zu beeinträchtigen. Dagegen kann

[98] *Huber* I S. 666; *Raiser* AöR 79, 382.

die Erfüllung oder die zwangsweise Durchsetzung des aus dem Verpflichtungsgeschäft erwachsenden Anspruchs Rechte, die einem anderen zustehen, und zwar sowohl relative — man denke etwa daran, daß eine Erfüllungshandlung zur Tilgung einer jüngeren Schuld die Erfüllung der älteren unmöglich macht — wie absolute — Pfändung und Versteigerung einer beim Schuldner befindlichen Sache, bzgl. deren einem Dritten ein obligatorischer Herausgabeanspruch zusteht, durch einen Gläubiger — erheblich berühren. Auch hier ist zu beachten, daß das aus dem Schuldvertrag entspringende Recht, das gefährdet ist, nur gegenüber dem einen Partner des die Gefährdung herbeiführenden Schuldvertrages wirkt. So wird das Gesetz im Grundsatz auch hier aus den oben angeführten Gründen Nichtigkeit nicht vorsehen dürfen. Auch im übrigen kann auf das verwiesen werden, was über die Vereitlung obligatorischer Ansprüche durch Verfügung über ein anderes obligatorisches Recht ausgeführt wurde. Eine Sondergruppe unter den als schuldrechtliche Verträge gedachten Vereinbarungen, die fremde Rechte berühren, bilden jene Fälle, in denen eine Leistung zugesagt wird, die wesensmäßig einen Eingriff in fremde Rechte darstellt, d. h. eine Leistung, die gar nicht anders vorstellbar ist, denn als Eingriff in fremde Rechte (die Übernahme der Verpflichtung den eingerichteten und ausgeübten Gewerbebetrieb eines anderen zu stören oder die verfassungsmäßig garantierte Freiheit eines anderen zu beeinträchtigen[99]) und jene, die an sich erlaubt, nach dem Willen der Beteiligten die Beeinträchtigung fremder Rechte bezwecken. Vollzug des Vertrages führt zu einem Eingriff in fremdes Recht. Beide Teile wirken durch Abschluß des Vertrages auf ihn hin. Damit überschreiten beide die Grenzen, die Art. 2 I 2. HS 1. Fall zieht. Anerkennung solcher Verträge durch die Rechtsordnung ist daher verfassungsmäßig unzulässig. Das BGB trägt dem Rechnung, indem es in einem Fall Nichtigkeit nach § 134[100], im andern nach § 138, 826 BGB eintreten läßt.

b) α) Der Begriff „verfassungsmäßige Ordnung", der vom GG an sechs Stellen, nämlich in Art. 2 I, 9 II, 98 II, 20 III, 28 I und 28 III verwendet wird, ist außerordentlich unbestimmt. Schon das Wort Verfassung ist vieldeutig[101], wie könnte da das Kompositum klar sein? Die Verwirrung wird dadurch vergrößert, daß darüber gestritten wird, ob das Wort „verfassungsmäßige Ordnung" an allen Stellen des GG im selben Sinne zu verstehen ist. Eine weitverbreitete Lehre bejaht dies[102]. Mit *Klein* und von *Mangoldt*[103] vermögen wir diese Meinung nicht zu teilen. Die

---

[99] Vgl. *Böhm* WuW 56 S. 176, 177.

[100] Vgl. *Dankelmann-Palandt* 1 zu § 306 u. 1 zu § 309.

[101] *Maunz* S. 35f.

[102] Vgl. Literaturnachweis *v. Mangoldt-Klein* S. 182; außerdem *Maunz* S. 91; *Giese* zu Art. 2, 9 u. 20; *Scholtissek* NJW 52, 561.

[103] *v. Mangoldt-Klein* S. 182; *v. Mangoldt* BB 51, 622 Anm. 14.

Feststellung *Rickerts*, daß wir bei den meisten Worten, die wir verstehen und benutzen, nicht genau anzugeben wissen, was der Inhalt ihrer Bedeutung sei, daß die meisten Worte mehrfache Bedeutung haben und wir uns bei ihrer Verwendung von dieser mehrfachen Bedeutung keine bestimmte Vorstellung machen[104], und daß die mehrfachen Bedeutungen für nicht reflektierende Betrachtungen irgendwie zu einer vagen Einheitsvorstellung mit mehreren ineinander übergehenden Vorstellungskernen verschwimmen, gilt nicht nur von Äußerungen über die Körperwelt, sondern von jeder Äußerung, hinter der nicht exakteste und zeitraubende wissenschaftliche Reflexion steht. So müssen wir von vornherein mit Schillern und Mehrdeutigkeit der Worte „verfassungsmäßige Ordnung" rechnen. Die Aufgabe der Auslegung, „die Manigfaltigkeit, auf der die Unbestimmtheit beruht, aus dem Inhalt der Wortbedeutung zu entfernen und den Teil zu isolieren, auf den es allein ankommt"[105], kann nur für jede Bestimmung getrennt gelöst werden. Unsere Frage konzentriert sich also darauf: was bedeutet die Wendung „verfassungsmäßige Ordnung" in Art. 2 I 2. HS nach dem Sinn dieser Stelle und dem Systemzusammenhang?

β) Die Auffassung, in der verfassungsmäßigen Ordnung seien die staatliche Grundordnung[106], die elementaren Verfassungsgrundsätze und die Grundentscheidungen des Verfassungsgesetzgebers[107] der Inbegriff der für das GG geltenden verfassungsmäßigen Grundlagen[108], die tragenden verfassungselementaren Grundsätze[109], die maßgebenden Grundprinzipien des menschlichen Zusammenlebens, die sich aus dem Bekenntnis der Verfassung zum demokratisch-freiheitlichen und sozialen Rechtsstaat ergeben, die Verfassungsgrundsätze[110], die Grundsätze des GG[111] oder die Grundlagen und Grundgedanken der Verfassung[112] zu sehen, kann

---

[104] *Rickert*, Die Grenzen der naturwissenschaftlichen Begriffsbildung, Tübingen 1921 S. 36ff. [105] Ebenda S. 36.

[106] *v. Mangoldt* S. 83; *Wernicke* II 1b zu 9 (beide im Widerspruch zu sich selbst vgl. N. 113); *Giese* S. 15; *Zinn-Stein* S. 111.

[107] *v. Mangoldt-Klein* S. 182. Ähnlich *Nipperdey* WuW 54, 221.

[108] Bad. VGH JZ 51, 601.

[109] *Huber* I 662; *Naumann* JZ 51, 427; BVerG DVBl. 54, 779; BGHStr. 4, 395; OVG Rheinl. Pfalz DÖV 54, 280. Ebenso unter Hinzuzählung der allgemeinen Grundsätze des Völkerrechts *Naumann* JZ 51, 427. Anderer, aber ähnlicher Meinung *Nipperdey*, Soziale Marktwirtschaft S. 16, 17.

[110] *Füsslein* in Grundrechte II S. 437; *Ballerstedt*, Öffentl. Dienst 52, 163; ebenso *Nipperdey* BB 51 S. 594 unter Hinzuzählung der Grundprinzipien der Wirtschaftsverfassung.

[111] *Ridder*, Grundrechte II S. 286; *Dürig* JZ 52, 513; *Hamann* DÖV 52, 133; *Krüger* DVBl. 50, 625; NJW 55, 203 und Grundgesetz und Kartellgesetzgebung S. 24; *Ridder* JZ 53, 250; 52 Bad. VGH DÖV 52, 638; LVWG Düsseldorf DVBl. 53, 480.

[112] *Krüger*, Grundgesetz u. Kartellgesetzgebung S. 23; vgl. aber *Krüger* NJW 55 S. 204 („jener soziale Seins-, Ordnungs- u. Wirkungszusammenhang, der sich in der Form des modernen Staats ausgestaltet hat").

heute als die überwiegend vertretene bezeichnet werden, während die zunächst weitverbreitete und auf *von Mangoldt* zurückgehende Meinung[113], in Art. 2 I sei unter verfassungsmäßiger Ordnung die Gesamtheit der unter Wahrung der Vorschriften der Verfassung ergangenen Gesetze zu verstehen, heute weithin abgelehnt wird[114]. So allgemein — wie gelegentlich angenommen wird — ist diese Ablehnung aber nicht. Sehe man in Art. 2 I eine Garantie der allgemeinen Handlungsfreiheit, wie dies allgemein geschieht, dann müsse man die Wendung im Sinne *Mangoldts* deuten, wird mehrfach angeführt[115]. Es würde der liberalen Verfassungstradition widersprechen und die Bestimmung völlig unpraktikabel machen, wollte man in ihr einerseits die Garantie der allgemeinen Handlungsfreiheit sehen und andererseits Beschränkungen der allgemeinen Handlungsfreiheit nur durch die Verfassung oder verfassungsänderndes Gesetz zulassen. Wenn es auch die Knappheit des zur Verfügung stehenden Raumes leider verbietet, auf die auftauchenden Fragen des nähern einzugehen, so muß doch gesagt werden, daß einerseits der Standpunkt, Art. 2 I 2. HS 2. Fall dürfe nicht eine Deutung erfahren, die der Anerkennung eines allgemeinen Gesetzesvorbehalts gleichkommt, zutrifft, daß aber andererseits die Gleichsetzung von verfassungsmäßiger Ordnung mit den elementaren Verfassungsgrundsätzen und den Grundentscheidungen des Verfassungsgebers den Bedürfnissen des Staatslebens und der Rechtspraxis nicht voll gerecht wird. Insbesondere die bei Anwendung des Art. 12 und bei der Beurteilung der allgemeinen Polizeiermächtigung auftauchenden Rechtsfragen haben dies erwiesen. Dies

---

[113] *v. Mangoldt* 47; *Wernicke* II 1b zu 2; vgl. *Uber* S. 64 N. 186; *Apelt* JZ 51 S. 353; *v. Mangoldt* DÖV 49, 262; *Würdinger* WuW 53 S. 723; Bayr. VerfGH NF 4, 39; Hess. StGH DÖV 53, 252; OLG Köln NJW 53, 1846. Zwar ausdrücklich dahingestellt, aber im Effekt ebenso BVerfGE 4 S. 16, wo es heißt, der Einzelne müsse sich diejenigen Schranken seiner Handlungsfreiheit gefallen lassen, die der Gesetzgeber zur Pflege und Förderung des sozialen Zusammenlebens in den Grenzen des bei dem gegebenen Sachverhalt allgemein Zumutbaren zieht, vorausgesetzt, daß dabei die Eigenständigkeit der Person gewahrt bleibt. Im Zusammenhalt damit, daß es in derselben Entsch. dahingestellt wird, ob man in Art. 2 I GG nur den Schutz eines Mindestmaßes menschlicher Handlungsfreiheit sehen könne, ohne das der Mensch seine Wesensanlage als geistig-sittliche Person überhaupt nicht entfalten könne, oder eine umfassende Gewährleistung der Handlungsfreiheit, wird hier die Möglichkeit einer fast völligen Aushöhlung der Grundrechte eröffnet.

[114] *v. Mangoldt-Klein* S. 181; *Maunz* 91; *Köllreutter* S. 53; *Peters* in Festschr. f. Laun 676; *Zinn-Stein* S. 111; *Uber* S. 63; *Hamann*, Rechtsstaat S. 64, 65; *Krüger*, Grundgesetz- u. Kartellgesetzgebung S. 23; *Ridder*, Grundrechte II S. 285; *Füsslein* ebenda S. 436; *Dürig* AöR 79, 66; *Forsthoff* BB 53, 421; *Haas* DÖV 54, 70; *Hamann* DÖV 52, 133; *Huber* DÖV 56, 135, 138; *Krüger* NJW 55, 201, 203; *Naumann* JZ 51, 427; *Scholtissek* NJW 52, 563; *Meyer-Cording* JZ 52, 164; OVG Rheinl.Pf. DÖV 54, 280; Bad. VGH DÖV 52, 638. Dahingestellt BVG DVBl. 54, 77.

[115] *v. Mangoldt-Klein* S. 182; *Coing* BB 54, 141; *Deiting*, Steuer u. Wirtschaft 1955 S 26.

spiegelt sich auch darin, daß die herrschende Lehre in Rechtsprechung und bei zahlreichen Autoren eine Modifikation erfahren hat. Man entwickelte die Lehre von den den Freiheitsrechten immanenten Schranken[116], bestimmt ihren Inhalt aus dem ihnen zugrunde liegenden historischen Leitbild, das auch die überkommenen Schranken, z. B. auch die sich aus dem BGB und StGB ergebenden mitumfaßt[117]; man zählt zur verfassungsmäßigen Ordnung außer den elementaren Verfassungsprinzipien noch den Grundsatz, daß der Staat selbst und die für seine Existenz erforderlichen Güter (Volksgesundheit, Funktionieren des öffentlichen Verkehrs usw.) zu erhalten seien[118]; man betrachtet die Wahrung der öffentlichen Ruhe, Ordnung und Sicherheit als Teil der verfassungsmäßigen Ordnung[119]. Ein anderer Ausweg ist der, daß man sagt, zu den Rechten anderer gehörten auch Kollektivrechte, d. h. Rechte der Gemeinschaft, z. B. das Recht auf öffentliche Ordnung und Sicherheit[120], Damit gelangt man allerdings zu einer Aushöhlung der Grundrechte, welche der durch die Annahme eines allgemeinen Gesetzesvorbehaltes herbeigeführten kaum nachsteht. Die Lösung scheint uns die von *Maunz* ver-

---

[116] Der Ausdruck „immanente Schranken" wird oft zur Kennzeichnung der den Grundrechten in der Verfassung selbst gezogenen Schranken verwendet. So etwa *Nipperdey*, Soziale Marktwirtschaft S. 8, 9; vgl. BVG NJW 55, 963. Unter immanenten Grundrechtsschranken — u. darauf kommt es hier an — werden aber auch Grundrechtsschranken verstanden, die von der Verfassung zwar nicht ausgesprochen, aber mitgedacht worden seien. Als solche immanente Schranken sieht *Scholtissek* NJW 52, 562 die Unzulässigkeit der Gefährdung der Gesundheit an, das BVG die Unzulässigkeit der für den Bestand der Gemeinschaften nötigen Rechtsgüter, wie Volksgesundheit (BVG NJW 54, 1054; DVBl. 56, 198; NJW 55, 1203; OVG Berlin JZ 55, 272), die Grundrechte BVG NJW 54, 1054; DVBl. 56 S. 198; NJW 55 1203 und das Sittengesetz BVG NJW 55 S. 1203. Mit Recht sagt *Krüger*, diese Annahme sei höchst bedenklich. Sie dürfte erst erfolgen, wenn der noch nicht erbrachte Beweis geführt worden sei, daß die in Art. 2 I 2. HS formulierten Schranken nicht langen (*Krüger* NJW 55, 201; ebenso *Maunz* S. 89; *Adam* DÖV 54 S. 203; *Huber* DÖV 56 S. 135). Zudem wird vom BVG Art. 2 I S. 2 zunächst ohne zwingenden Grund für nicht anwendbar erklärt; hernach wird ein Teil der dort vorgesehenen Schranken als immanente Schranken wieder eingeführt.

[117] *Nawiasky-Leusser* 181, 192; Bayr. VerfGH n. F. 1, 98; *v. Mangoldt* S. 36, 56, 68; *Scheuner* RStW 4 S. 99.

[118] Die unabdingbar notwendige Rücksichtnahme auf überragende Forderungen des Gemeinwohls (*Huber* DÖV 56 S. 136); Nichtinanspruchnahme der Grundrechte, wenn dadurch die für den Bestand erforderlichen Güter gefährdet werden (*Abraham* JZ 54, 561; *Krüger* NJW 55, 204; *Nipperdey* BB 51, 594; BVG NJW 54, 525, 1054; OVG Münster NJW 54, 1622 u. DVBl. 53, 474; OVG Rheinl.Pfalz DÖV 54, 280). Solche Güter seien die Volksgesundheit (die oben zitierten Entsch. d. OVG München u. *Nipperdey* BB 51, 594; u. Soziale Marktwirtschaft S. 21), die öffentliche Ruhe und Ordnung (*Nipperdey*, Soziale Marktwirtschaft S. 21), geordnete Verhältnisse im öffentlichen Verkehr (BVWGH NJW 54, 1054).

[119] *Dürig* AöR 79 S. 74, derselbe NJW 54 S. 1394; *Nipperdey*, Soziale Marktwirtschaft S. 21. Vgl. hierzu *Krüger* NJW 55 S. 202.

[120] OVWG Rheinl.Pfalz DÖV 54, 280; Bad. VGH DÖV 52 S. 638; LVG Oldenburg NJW 51, 248; abgelehnt v. *Krüger* NJW 55 S. 203.

tretene Auffassung zu bringen, die unter der verfassungsmäßigen Ordnung „die allgemeinsten tragenden Strukturprinzipien unseres Verfassungsrechts“, sowie „die staatliche Grundordnung in ihren wesentlichsten Rechtssätzen, mag sie sich nun aus den Verfassungssätzen des GG selbst oder aus geschriebenen und ungeschriebenen Rechtssätzen außerhalb des GG ergeben[121]“, versteht. Man muß unter Grundordnung in diesem Satze nur das begreifen, was *Klein* als „die Verfassung im materiellen Sinn“ bezeichnet, wenn er ausführt, diese werde von den Normen über die Ausübung der Staatsgewalt und den obersten Sätzen der übrigen Teilrechtsordnungen gebildet, die als solche nicht auf die Ausübung der Staatsgewalt bezogen sind und zu denen unter anderem die bürgerliche, Gewerbe-, Arbeits- und Wirtschaftsordnung gehören[122].

γ) Es ist mit dem Einwand zu rechnen, daß mit dieser Auffassung wieder ein Faktor in Erscheinung trete, der die Rechtssicherheit gefährde; wie soll mit einiger Sicherheit gesagt werden, was leitende Grundsätze der Rechtsordnung sind? M. E. dürfte man in Einzeluntersuchungen, die streng am Gesetze orientiert sind, im wesentlichen zu einer Einigung gelangen können, besonders wenn man aus der Rechtsvergleichung Hilfe, Maßstab und Korrektur bezieht. Wenn man nämlich von den technischen Unterschieden absieht, sind die Leitprinzipien zumindest der kontinentaleuropäischen Rechtsordnungen westeuropäischer Prägung — im Zivilrecht darüber hinaus — weithin die gleichen. Die Differenzen ergeben sich vielfach lediglich aus historischen Zufälligkeiten und orts- und zeitbedingten Auffassungen. Im übrigen sei in diesem Zusammenhang darauf verwiesen, daß die Vermutung für die Vertragsfreiheit spricht, solange der Gesetzgeber nicht in positiven Vorschriften zur Konkretisierung der sich aus der verfassungsmäßigen Ordnung ergebenden Schranken der Vertragsfreiheit schritt. Hier kann nach dem über die Notwendigkeit gründlicher Spezialuntersuchungen Ausgeführten natürlich kein Katalog der Grundprinzipien unserer Zivilrechtsordnung oder auch nur des Vertrags- und Schuldrechts geboten werden. Nur einige Grundsätze, die u. E. dieses Rechtsgebiet beherrschen, möchten wir zur Verdeutlichung der Ausführung mit allen Vorbehalten, die bei einer unbelegten Behauptung nötig sind, erwähnen[123]. Es sind dies die Grundsätze, daß gegenseitige Verträge eine gegenseitige Bindung begründen, daß man für schuldhafte Rechtsverletzung einzustehen hat und daß man eine Schädigung durch fremde widerrechtliche Handlung nicht zur Grundlage

---

[121] *Maunz* S. 91.

[122] *v. Mangoldt-Klein* S. 25. Anklänge an die hier vertretene Auffassung finden sich bei *Böhm* WuW 56 S. 181. Verwiesen sei auch auf die von *Hans J. Wolff* in der Gedächtnisschrift für Jellinek S. 33ff. vorgetragenen Gedanken.

[123] Zu den leitenden Prinzipien der Privatrechtsordnung werden gezählt die Privatautonomie (*Böhm* WuW 56 S. 181) und die Rechtsprinzipien des § 242 BGB (BGH 13, 309, 315; 14, 138; BAG 2 S. 90).

einer Bereicherung machen darf, sowie der Grundsatz unbeschränkter Vermögenshaftung für eigene Schulden. Zu beachten ist allerdings, daß diese Grundsätze nicht ohne weiteres absolut gesetzt und nicht als starre Grundsätze aufgefaßt werden dürfen. Unsere Zivilrechtsordnung, in der eine mehrtausendjährige, im wesentlichen kontinuierliche Erfahrung ihren Niederschlag findet, trägt der Einsicht Rechnung, daß jedes Prinzip ohne Rücksicht auf die Realitäten und auf konkurrierende Prinzipien in letzter Konsequenz durchgeführt, lebensfeindlich ist, zur Selbstaufhebung oder zur gewaltsamen Aufhebung von außen führt. Demgemäß statuiert sie in einzelnen Fällen Ausnahmen von den erwähnten Grundsätzen und läßt darüber hinaus Abweichungen von ihnen zu. Diese Ermächtigung zur Abweichung von leitenden Grundsätzen ist für den Einzelfall und nicht als Ermächtigung zu genereller Beseitigung der Prinzipien, mit denen die Struktur des bürgerlichen Rechts und der wirtschaftlichen Ordnung steht und fällt, gedacht.

δ) Bedenken kann weiter die Tatsache auslösen, daß die hier ins Auge gefaßte Deutung des Begriffs „verfassungsmäßige Ordnung" im Effekt zu einer verfassungsmäßigen Garantie der Grundsätze des bürgerlichen Rechtes führt. Sie sind nach ihr in ihrem Bestand bei Inkrafttreten des GG verfassungsmäßige Schranken der Vertragsfreiheit und müssen es bleiben, solange der Verfassungsgesetzgeber nicht gesprochen hat. Man könnte sagen, hierdurch sei man zu einem Novum, zu einer unerträglichen Bindung des Gesetzgebers und damit zu einem untragbaren Hemmnis für die Entwicklung gelangt. Demgegenüber ist zu bemerken, daß weitreichende verfassungsmäßige Umhegungen von Grundsätzen des bürgerlichen Rechts der Verfassung nicht unbekannt sind. Es sei nur auf die Art. 6, 9 und 14 und die sich aus ihnen unbestrittenermaßen ergebenden Konsequenzen verwiesen[124]. Weiter ist zu beachten, daß dem Gesetzgeber die Abweichung von Prinzipien durch Institutsgarantien nicht verwehrt ist, soweit er nur das Prinzip nicht beseitigt oder so durchlöchert und aushöhlt, daß es zum bloßen Scheine wird. Schließlich darf nicht übersehen werden, daß die Prinzipien des Schuldrechts — nur um diese geht es hier, da die des Familienrechts in Art. 6, die des Sachen- und Erbrechts in Art. 14, und die des Gesellschaftsrechts in Art. 9 ohnedies garantiert sind — in Jahrtausende währender Entwicklung eine kaum überbietbare Bestandfestigkeit an den Tag gelegt haben[125] und für das Sozialleben oft eine größere Bedeutung haben als manche Vorschriften des

[124] Vgl. oben S. 155.

[125] Einen Beweis für die Bestandfestigkeit zivilrechtl. Grundsätze erbringt die Tatsache, daß selbst das russ. Zivilgesetzbuch und die von ihm beeinflußten Gesetze, etwa das tschechoslowakische BGB v. 25. 10. 1950, in ihren schuldrechtlichen Teilen auf diesen Grundsätzen aufbauen.

formellen Verfassungsrechts, so daß eine gewisse Erschwerung von Experimenten nicht fehl am Platz sein dürfte[126].

ε) Die unmittelbar praktischen Folgen aus der hier vorgenommenen Deutung des Begriffes „verfassungsmäßige Ordnung" liegen nicht so sehr in einer Beschränkung der Vertragsfreiheit beim Einzelvertrag. Wie wir sahen, sind die Grundsätze des Privatrechts zumindestens weithin und zwar gerade in dem für uns in Frage stehenden Teil, dem Schuldrecht, nicht als Grundsätze anzusehen, welche starr und unbedingt gelten wollen, sondern als solche, welche einerseits Ausnahmen und andererseits Abweichungen durch Parteivereinbarungen zulassen. Dagegen finden Verträge, die unter Zugrundelegung allgemeiner Geschäftsbedingungen oder an Hand eines zur Verwendung bei Massenverträgen bestimmten Vertragsformulares geschlossen werden, in den Leitprinzipien des Schuldrechts ihre Schranken. Im einzelnen bedeutet dies z. B., daß Klauseln in allgemeinen Geschäftsbedingungen, welche dem Unternehmer, der die Bedingungen verwendet, die willkürliche Lösung von dem Vertrag ermöglichen, den Grundsatz der Haftung für eigene Fahrlässigkeit in einem umfassenden Umfange — etwa auch für grobe Fahrlässigkeit — ausschließen, ebenso nichtig sind wie Bestimmungen, welche den Grundsatz unbeschränkter persönlicher Vermögenshaftung vereiteln. Wir denken hierbei an weitreichende Freizeichenklauseln, an freibleibend-Klauseln unter gleichzeitiger rigoroser Bindung des Gegners sowie an Bestimmungen, die es dem Kunden eines säumigen Unternehmers unmöglich machen, die ursprünglich nicht auf Geld gerichteten Forderungen in eine Geldforderung zu transformieren und damit die persönliche Haftung auszulösen, oder an Klauseln, welche die §§ 281 und 325 BGB illusorisch machen. Allerdings wird zu beachten sein, daß selbst derartige Klauseln nicht unter allen Umständen zur Beseitigung der leitenden Prinzipien der Zivilrechtsordnung führen. Das Zivilrecht stellt auf normale Verhältnisse und den Normalfall ab. Wenn diese nicht vorliegen, mögen sogar solche Klauseln vertretbar sein.

η) Die bisherigen Ausführungen könnten den Anschein erwecken, das Zentralstück der verfassungsmäßigen Ordnung seien die Grundsätze der außerverfassungsmäßigen Rechtsgebiete, insbes. des Privatrechts, oder, nur dieser Ausschnitt der verfassungsmäßigen Ordnung hätte für unsere

---

[126] Dahingestellt bleiben muß allerdings, ob die Problemlage in anderen Rechtsgebieten die gleiche ist. Vor allem denken wir hierbei an das wichtige Gebiet des Verwaltungsrechts. Es handelt sich hier um eine Frage, deren Beantwortung Detailuntersuchungen erfordert. Zugegeben werden muß, daß von hier aus u. U. die hier vertretene Auffassung vom Wesen der verfassungsmäßigen Ordnung erschüttert werden könnte. Allerdings wäre es m. E. möglich, auch dann aus anderen Bestimmungen des GG die Zulässigkeit so zahlreicher Beschränkungen der Vertragsfreiheit herzuleiten, daß eine Gefahr für die Zivilrechtsordnung aus der Annahme, aus Art. 2 I GG ergebe sich der Grundsatz der Vertragsfreiheit, nicht entstünde.

Frage Bedeutung. Eine solche Annahme wäre verfehlt. Hauptelemente der verfassungsmäßigen Ordnung, die auch für unsere Frage bedeutsam sind, sind das Sozialstaats- und das Rechtsstaatsprinzip[127]. Gleichwohl soll von ihnen nicht hier, sondern an anderer Stelle gehandelt werden. Aus den diese Prinzipien verankernden Sätzen folgt nämlich eine Gesetzgebungszuständigkeit, die weit über die interpretative Aufgabe hinausgeht, die Art. 2 I 2. HS dem Gesetzgeber zuweist.

c) Man wird annehmen dürfen, daß sich „das Sittengesetz" des Art. 2 I mit den guten Sitten der §§ 138, 826 und des § 1 UWG deckt. Demgemäß wird man in Anlehnung[128] an alte Erkenntnisse der Lehre und Erfahrungen der Praxis zu § 138 BGB und seinen Vorläufern unter Verstößen gegen das Sittengesetz ein Verhalten zu verstehen haben, das nach seinem durch Inhalt, Beweggrund, Zweck und Begleitumstände bestimmten Gesamtcharakter elementare und allgemein anerkannte Sittengebote erheblich verletzt[129]. Eine andere Auffassung würde in einer Zeit, die von elementaren Punkten abgesehen, weithin einheitliche ethische Maßstäbe verloren hat, die Norm zu einer Quelle der Rechtsunsicherheit machen, wenn nicht gar der praktischen Anwendbarkeit entkleiden. Zudem würde sie zu kleinlicher Splitterrichterei und Überforderung der Rechtsgenossen führen. Bei Anwendung von Rechtssätzen muß man sich immer vergegenwärtigen, daß Recht nur ein ethisches Minimum darstellen kann. So verstanden zieht Art. 2 I S. 2 in seinem dritten Fall der Vertragsfreiheit eine Schranke, die sachlich nicht über § 138 BGB hinausgeht, wohl aber verfassungsmäßigen Rang genießt.

3. a) Zu prüfen ist, ob sich aus den übrigen Grundrechtsbestimmungen unmittelbar wirksame Schranken für die Vertragsfreiheit oder Ermächtigungen an den Gesetzgeber, in die Vertragsfreiheit einzugreifen, ergeben. Von *Dürig* wird dies aufs Nachhaltigste bestritten[130]. In der Grundnorm des Art. 2 I sei dem Einzelnen ein gegen den Staat gerichtetes generelles Freiheitsrecht eingeräumt, aus dem sich auch die gegen den Staat gerichtete Dispositionsfreiheit über die Rechtsbeziehungen zu anderen Individuen ergebe. Die Unterstellung Privater unter die bloße Erscheinungsformen des obersten Prinzipes des Art. 2 I darstellenden Normen mit ihren — den Grundrechten korrespondierenden Bindungen — führe entgegen ihrer Bestimmung, dem Individuum eine staatsfreie Sphäre zu sichern, zu einer Beschränkung der Grundwerte, welche Art. 2 I anerkennt. Dies sei aber nicht angängig. Rein formell gesehen leiden diese Ausführungen unter einer petitio principii.

---

[127] *Huber* DÖV 56 S. 202.

[128] Es ist erstaunlich, daß außer bei *Huber* I 664 in der Literatur zum GG auf die angeführten Bestimmungen nicht Bezug genommen wird.

[129] *Enneccerus-Nipperdey* § 191; *Soergel* 1 zu § 138; RGR 1 zu § 138. RG 56, 231; 63, 346; 75, 74; 78, 263; 79, 371; 80, 221.

[130] *Dürig* in Festschr. f. Nawiasky S. 168.

Dürig unternimmt es zu beweisen, daß die Grundrechte bloß gegen den Staat wirken. Ebendies wird aber in den den Schluß tragenden Praemissen als zutreffend unterstellt. Außerdem scheint hinter der Auffassung die Meinung zu stehen, daß das aus der allgemeinen Norm des Art. 2 I abgeleitete Recht höherrangig sei als die aus den Spezialvorschriften hergeleiteten. Dies trifft keineswegs zu. Das Verhältnis Generalklausel-Spezialvorschrift bringt kein Rangverhältnis zwischen den aus ihnen abgeleiteten Rechten zum Ausdruck. Rang und Gewicht der einzelnen Freiheiten bestimmt sich nach Lebensbedeutung und Bedeutung für die Würde des Menschen. Das sich aus einer Spezialvorschrift ergebende Recht kann, so gesehen, sehr wohl wichtiger sein als ein aus einer Generalklausel abgeleitetes. Die Wichtigkeit des in der besonderen Norm verankerten Rechts wird sogar sehr häufig der Grund für die Aufstellung derselben sein. Zur Erhärtung dessen sei auf die aus Art. 2 II fließenden Freiheitsrechte verwiesen, die bestimmt erheblich größeres Gewicht haben als das aus Art. 2 I ableitbare Recht, jede beliebige Tätigkeit, etwa spazieren zu gehen[131], nach Belieben entfalten zu dürfen. Darüber hinaus wird übersehen, daß die Freiheiten verschiedenen Inhaltes, die verschiedenen Personen zustehen, miteinander in Widerstreit treten können, ein Widerstreit, der nicht dadurch behoben werden kann, daß die Freiheitsrechte isoliert gesehen, sondern nur dadurch, daß sie als sich wechselseitig beschränkend betrachtet werden. Sonst endet man mit Notwendigkeit in einer Sozialverfassung, die nicht als eine freiheitliche angesprochen werden kann, da der Starke und Geschickte die dem Schwächeren und weniger Geschickten zustehenden Freiheitsrechte leicht zu papierenen Rechten entwerten kann.

Schließlich muß man, wenn man die Frage, ob und inwieweit sich aus den Grundrechtsbestimmungen Schranken für die Vertragsfreiheit herleiten lassen, richtig würdigen will, beachten, daß die Rechtsgeschäfte und damit auch die Verträge ihre Existenz als Rechtsgeschäft ebensosehr dem Staat wie den am Rechtsgeschäft Beteiligten verdanken, denn die spezifisch rechtsgeschäftlichen Wirkungen treten nicht schon deshalb ein, weil sie als gewollt bekundet wurden, sondern weil darüber hinaus die RO dem Parteiwillen die Fähigkeit beilegte, als gewollt bekundete Rechtseffekte herbeizuführen[132]. So tritt der Staat schon beim Zustandekom-

---

[131] Schon hier wird vorbeugend bemerkt, daß man auch die Freiheit zu solchen „Bagatellen" nicht unterbewerten darf. Das Leben setzt sich eben zum guten Teil aus Bagatellen zusammen. Einschränkungen der Freiheit in solchen Punkten wird nicht selten viel lästiger empfunden als Einschränkungen objektiv bedeutsameren Inhalts. Dahinter steckt keineswegs immer „kleinbürgerlicher Eigensinn", sondern sehr oft das begründete Interesse daran, daß sich der Staat nicht in jede für ihn unerhebliche Lebensregung einmische. Würden das Staatsmänner immer gesehen haben, wäre das Ansehen des Staates und einiger seiner Einrichtungen vor mancher Beeinträchtigung bewahrt worden.

[132] *Oftinger* S. 322.

men eines jeden Rechtsgeschäftes als Mittäter auf, der die volle Mitverantwortung für den eingetretenen Rechtseffekt trägt. Unter diesem Gesichtspunkt dürfte es nicht angängig sein zu behaupten, die Grundrechtsbestimmungen seien für die Rechtsgeschäfte schlechtweg bedeutungslos.

b) α) Da der Eigentumsbegriff in Art. 14 vermögenswerte Privatrechte aller Art[133] also auch Forderungen[134] umfaßt, liegt es nahe zu sagen, das Gesetz habe in Art. 14 I S. 2 dem Gesetzgeber auch die Befugnis eingeräumt, unter Wahrung des Wesensgehaltes der Eigentumsordnung (14 I S. 1)[135] und der Vertragsfreiheit und unter Beachtung des Grundsatzes der Erforderlichkeit und Angemessenheit[136] (19 II) Inhalt und Schranken der Forderungsrechte zu bestimmen. Dies würde im Effekt auf einen wenn auch eingeschränkten Gesetzesvorbehalt hinauslaufen. Indes trifft dies nicht zu. Niemand wird bestreiten können, daß sich Art 14 I primär auf Zuordnungsverhältnisse und das Zuordnungsverhältnis κατ ἐξοχήν, das Eigentum, bezieht. Daß der Eigentumsbegriff des Art. 14 auf Forderungen erstreckt werden kann, geht u. a. darauf zurück, daß auch bei ihnen ein Zuordnungsverhältnis besteht[137]. Dieses, nicht aber das Rechtsband zwischen Gläubiger und Schuldner, ist Gegenstand des Art. 14. Nur dieses ist dem Zugriff des Gesetzgebers durch Art. 14 I S. 2 unterworfen.

β) Eine Bestimmung, die zu Beschränkungen der Vertragsfreiheit führt, ist Art. 3. Auch wenn man davon ausgeht, daß Art. 3 II und III lediglich authentische Interpretationen des Art. 3 I sind[138], und Normadressat dieser Bestimmung der Staat[139] („vor dem Gesetze") ist, ergeben sich aus Art. 3 Beschränkungen der Vertragsfreiheit in allen jenen Fällen, in denen Einzelpersonen oder Verbände Funktionen des Gesetzgebers übernehmen. Im streng juristischen Sinn trifft dies bei

---

[133] *Abraham* II 2 zu Art. 14; *Giese* S. 34; *Zinn-Stein* S. 230; *Nawiasky-Lechner* S. 113; *Hoegener* S. 147; *Nebinger* S. 26; *Süsterhenn* S. 253; BGH 6, 278; 11 Anh. 33*.

[134] Vgl. oben S. 156.

[135] Vgl. oben S. 156.

[136] BGH 6, 279. Die Grundsätze der Erforderlichkeit, Geeignetheit und Verhältnismäßigkeit sind, ganz abgesehen von Erfüllung der übrigen gesetzl. Voraussetzungen, bei jedem Eingriff in die Vertragsfreiheit zu beachten und zwar von Gesetzgebung, Verwaltung und Rechtssprechung. *Abraham* JZ 54 S. 561; *Huber* DÖV 56 S. 136; *Krüger* DÖV 55, 598, Bayer. VerfGH n. F. 4 S. 46; a. M. *Peters*, Die Verfassungsmäßigkeit des Verbotes der Beförderung von Massengütern ... Bielefeld, 1953 S. 13.

[137] Vgl. Westermann S. 8; Leonhard, Allgemeines Schuldrecht des BGB, 1929 S. 60ff.; Wieacker DRW 41, 69ff. Vgl. auch Larenz, Lehrbuch d. Schuldrechts 1953 S. 256.

[138] BGH 11 Anh. S. 64*; *v. Mangoldt* 52, 53; *v. Mangoldt-Klein* 192, 193, 194, 204, 208; *Wernicke* II 3a zu Art. 3; *Maunz* S. 99; *Ipsen*, Grundrechte II S. 138, 143, 145.

[139] *v. Mangoldt-Klein* 203, 207, 212; *Zinn-Stein* S. 105. Bestritten bzgl. § 3 III von BAG 1, 196; *Giese* II 5 zu Art. 3; *Galperin* JZ 56 S. 106.

Tarifverträgen zu, die als autonome Rechtsquellen kraft staatlicher Delegation[140] objektives Recht setzen[141]. Es dürfte aber gerechtfertigt sein, noch einen Schritt weiter zu gehen und alle Personen und Personengruppen, welche Ordnungen aufstellen, die auch nur soziologisch gesehen die Funktion von Gesetzen übernehmen (Allg. Geschäftsbedingungen), dem Art. 3 zu unterstellen[142]. Etwas Neues ist dies nicht, denn bereits seit längerer Zeit werden Ordnungen dieser Art in mehrfacher Hinsicht, z. B. bzgl. der Auslegung und der Revisibilität gesetzesgleich behandelt[143]. Wer sich in den Aufgabenkreis des Gesetzgebers eindrängt, muß sich wie der Gesetzgeber behandeln lassen. Von hier aus ergibt sich die Unzulässigkeit willkürlicher Differenzierungen in Tarifverträgen[144] und Verträgen, die unter Zugrundelegung allgem. Geschäftsbedingungen in Ausnützung einer Monopolstellung geschlossen werden, insbes. auch die Unzulässigkeit einer Differenzierung unter Zugrundelegung der in Art. 3 II u. III angeführten Umstände. Ebenso wird es notwendig sein, Personen und Personengruppen, die als Monopolisten Träger sozialer Macht sind, bzgl. ihrer sonstigen Geschäftsgebarung dem Art. 3 zu unterstellen, woraus insbes. ein Verbot willkürlicher Verweigerung des Vertragsabschlusses abzuleiten ist. Nichtberücksichtigung des Art. 3 in diesen Fällen würde zu einer Verfälschung der verfassungsmäßigen Ordnung, des ordre publique, dessen Bestandteil Art. 3 ist, führen. Darüber hinaus ist der Gleichheitssatz für jede Rechtsordnung elementar (BGH 11 Anh. 64*). Weiter zu gehen, wäre nur angängig, wenn man Art. 3 II, III nicht als Konkretisierung des Art. 3 I ansehen müßte, oder wenn man in Art. 3 einen Satz sehen könnte, der zugleich ein Grundrecht des status positivus, ein soziales Grundrecht schafft, da Positivität solcher Sätze im

---

[140] *Nikisch*, Arbeitsrecht I S. 304; *Nipperdey*, Gleicher Lohn S. 10, 11; *Beitzke*, RdA 53 S. 284; *Schneider* in *Genzer*, Übertragung rsetzender Gew. 1952 S. 398, 402, 409; BAG 1, 264, 353. Mit Vorbehalten *Herschel* BB 55 S. 290. Bestritten *Hueck*, Die Bedeutung des Art. 3 S. 29. *Klein* meint, in „Übertragung rechtssetzender Gewalt" 1952 S. 112, 114, daß die Wirkung der Tarifverträge zwar auf das staatliche Gesetz zurückgehe; das ändere aber nichts daran, „daß die Normen selbst ganz unabhängig von jedem staatl. Einfluß von privaten Verbänden vereinbart werden" (Ist dies nicht eine besonders weitreichende Delegation ?).

[141] *Zinn-Stein* 194; *Nikisch* I S. 304; *Schnorr v. Carolsfeld* S. 178; *Hueck-Nipperdey* TVG 114 zu § 1; *Beitzke*, Grundrechte II 225; *Hueck*, Die Bedeutung des Art. 3 S. 27; *Nipperdey*, Gleicher Lohn S. 10, 11; *Beitzke* RDA 53 S. 284; *Galperin* JZ 56 S. 105; *Herschel* BB 55 S. 290.

[142] Vgl. *Beitzke* in Grundrechte II S. 211; *Galperin* JZ 56 S. 105; *Krüger* NJW 53, 1772; *Nipperdey* auf der Zivilrechtslehrertagung in Bad Kreuznach JZ 51, 734.

[143] RGR 2 zu § 133; *Soergel* 6b und S. 428 zu § 157; RG 170, 241; OGH NJW 49, 905; BGH 1, 85; 7, 368.

[144] *Maunz* S. 99; *Zinn-Stein* 194; *Nikisch* I S. 304f.; *Schnorr v. Carolsfeld* S. 178; *Nipperdey*, Gleicher Lohn S. 10, 11; BAG 1, 264, 354; LAG Frankfurt AP 53 Nr. 144 und RdA 1953 S. 350. A. M. *v. Mangoldt-Klein* S. 207; *Hueck*, Die Bedeutung des Art. 3 S. 28ff.; LAG Berlin BB 1952 S. 319.

strengen Wortsinn Geltung inter partes voraussetzt[145]. Doch eben diese Deutung des Art. 3 ist nicht möglich, da der Gesetzestext keinerlei Anhaltspunkt für sie bietet[146]. Die Äußerungen der an der Gesetzgebung Beteiligten vermögen ihn nicht zu ersetzen[147]. Daher ist daran festzuhalten, daß außerhalb der gekennzeichneten Fälle der Gleichheitsgrundsatz für den privaten Rechtsverkehr nicht gilt[148], soweit sich dies nicht aus Bestimmungen oder leitenden Grundsätzen besonderer Rechtsgebiete, wie etwa aus § 51 BVG ergibt[149]. Nur nach diesen Bestimmungen ist eine differenzierende Lohngestaltung beim Einzelarbeitsvertrag unzulässig, nicht aber kraft Art. 3 GG[150]. Die getroffene Feststellung schließt freilich nicht aus, Art. 3 zur Auslegung[151], insbes. bei Anwendung ausfüllungsbedürftiger Begriffe[152], zu verwenden. Im praktischen Ergebnis dürfte die Annahme, Art. 3 II u. III käme unmittelbare privatrechtliche Bedeutung zu, nicht häufig zu Unterschieden gegenüber der hier vertretenen Auffas-

---

[145] *Nipperdey*, Gleicher Lohn S. 18f. insbes. S. 20; *H. Huber*, Die Freiheit des Bürgers im Schweizer Recht 1948 S. 158; *Scheuner* RStW IV S. 98; *Schaetzel, Giese*, Festschrift 1953 S. 218 und Friedenswarte Bd. 51 S. 329. A. M. *v. Mangoldt-Klein* S. 75.

[146] A. M. *Nipperdey*, Gleicher Lohn S. 3f. mit m. E. nicht durchschlagender Begründung u. v. *Mangoldt* S. 53.

[147] BVerfGE 1, 312; BGH 13, 277; BFH Bundessteuerbl. III S. 266; OVG Rheinl.-Pfalz DVBl. 55 S. 192; Stellungnahme der Präsidenten der oberen Bundesgerichte zur Entscheidung des BVerfG v. 30. 11. 55 JZ 56, 91; *Nipperdey* WuW 54 S. 213. Anders aber *Nipperdey*, Gleicher Lohn S. 2ff., insbes. S. 4; BAG 1 S. 53.

[148] *Nikisch* I, 304, 428; *Hueck*, Die Bedeutung des Art. 3 S. 24f.; *Dürig*, Festschr. f. Nawiasky 160, 162, 169; *Galperin* JZ 56 S. 107 dort auch weiterer Literaturnachweis. Aus der Bindung der Rechtssprechung an Art. 3 kann die Unterstellung des privaten Rechtsverkehrs unter den Gleichheitssatz noch nicht hergeleitet werden. *Galperin* JZ 56 S. 107; *Zinn-Stein* 105; *v. Mangoldt-Klein* 203, 207, 212; *Zinn-Stein* S. 105. Anders bzgl. Art. 3 III *Galperin* JZ 56, 106; *Boehmer* in Grundrechte II S. 422; BAG 1, 196.

[149] Für das Arbeitsrecht vgl. *Nikisch* 1 S. 425; *Schnorr v. Carolsfeld* S. 172; *Molitor* AR Blattei „Gleichbehandlung“; *Boetticher* RdA 53 S. 166; BGH 13, 310; BAG 2, 23; LAG Stuttgart AP 52 Nr. 227.

Für das Gesellschaftsrecht: *Lehmann*, Handelsrecht 2. Teil Gesellschaftsrecht, Berlin 1949 S. 46, 65, 162, 171, 181, 224, 254; *Haupt-Reinhardt*, Gesellschaftsrecht, Tübingen 1952 S. 31, 33, 94, 113, 150; *Hueck*, Das Recht der oHG, Berlin 1951 S. 67; *Baumbach-Hueck*, Aktiengesetz § 1 zu § 11; *Baumbach-Hueck*, GmbH-Gesetz 2c vor § 13; *Meyer-Meulenbergh*, GenGes. 1 zu § 16; 4 zu § 18; RG 52, 299; 62, 311; 68, 213; 73, 191; 80, 85, 389; 113, 156; 118, 72; 119, 228; 120, 180; 124, 188; 132, 163; 151, 326; 170, 377.

[150] *Nikisch* I 304, 428; *v. Mangoldt-Klein* S. 207; *Maunz* S. 100; *Zinn-Stein* S. 194; *Nebinger* S. 51; *Schnorr v. Carolsfeld* S. 179; *Dürig* in Festschr. f. Nawiasky S. 169; *Beitzke* RdA 1953 S. 284; *Hueck*, Die Bedeutung des Art. 3 S. 24ff.; a. M. *Nipperdey*, Gleicher Lohn S. 2ff.; *Nipperdey* RdA 50 S. 121; *v. Mangoldt* S. 53; vgl. BAG 1, 196, 265, 268.

[151] Vgl. *Herschel* BB 55 S. 290; *Galperin* JZ 56 S. 106; *Beitzke* in Grundrechte II S. 211 und JZ 52 S. 33; *Hueck*, Die Bedeutung d. Art. 3 S. 25; *Dürig*, Festschr. f. Nawiasky S. 177.

[152] *Schnorr v. Carolsfeld* S. 179; *Beitzke*, Grundrechte II S. 211.

sung führen, da Art. 3 II u. III eine Differenzierung nur ausschließt, wenn sich ein sachlicher Grund schlechterdings nicht finden läßt[153]; dann werden aber sehr häufig die Voraussetzungen für die Anwendung der §§ 138 oder 826 BGB gegeben sein.

γ) Andere Fälle der Beschränkung der Vertragsfreiheit durch Grundrechte können, weil nur beschränkter Raum zur Verfügung steht, nur gestreift werden. Bemerkt sei, daß sich u. E. aus Art. 5 ein Kontrahierungszwang für Zeitungen ergibt. Rechte dienen dem Interessenschutz; von dem Gewicht der Interessen, die sie schützen sollen, beziehen sie ihr Gewicht. Hinter dem Recht, über den Abschluß eines Zeitungsbezugsvertrages frei zu entscheiden, wird in der Regel beim Zeitungsverlag, der eine für die Öffentlichkeit bestimmte Zeitung herausbringt, kein Interesse stehen, wenn die Auflage zur Belieferung des Bezugslustigen hinlangt. Auf der anderen Seite wird hinter dem Verlangen, eine Zeitung zu beziehen, in der Regel ein begründetes Interesse zu finden sein. Auch wird man annehmen können, daß Klauseln in Arbeitsverträgen, durch welche der Arbeitnehmer in seinem ihm nach Art. 5 I zustehenden Recht auf freie Meinungsäußerung beschränkt werden soll, in der Regel nichtig sind.[154] Inwieweit aus Art. 12 I in beschränktem Umfange die Nichtigkeit von Wettbewerbsklauseln hergeleitet werden kann[155], wäre zu prüfen.

4. Dem Sozialstaatsgrundsatz wird in der Staatsrechtswissenschaft keineswegs immer die ihm zukommende Bedeutung beigemessen[156]. Man sieht in ihm zu unrecht[157] vielfach nur eine programmatische Erklärung[158]. Richtig ist es, daß das Sozialstaatsprinzip reichlich unbestimmt ist und auch eine Anweisung an den Gesetzgeber enthält. Das kann aber nicht hindern, aus ihm an Rechtsgehalt herauszuholen, was herauszuholen ist. Nur diese Betrachtung wird der Tatsache gerecht, daß jede Aussage eines Verfassungsgesetzes, zumal eines Verfassungsgesetzes, das in besonderer Weise nach Positivität strebt, solange die Vermutung, sie habe Rechtsgehalt und zwar den maximal möglichen Rechtsgehalt, für sich hat, solange das Gegenteil nicht dargetan ist. Nur sie wird weiter der Bedeutung gerecht, welche das Gesetz dem Sozialstaatsprinzip in Art. 28 und 29 beilegt. Warum sollte es den Ländern unter Sanktion auf-

---

[153] *Huber* DÖV 56, 175; BVerfGE 3, 182, 336, 4, 7; BGH 14, 138ff.; BAG 1, 56, 196.

[154] *v. Mangoldt* 3 zu Art. 5; *Giese* 2 zu Art. 5; *Hubmann* S. 157; *Hild. Krueger* RdA 54 S. 369 *Nikisch* I 386; a. M. *v. Mangoldt-Klein* S. 238 (Vgl. N. 88)

[155] Vgl. BGH 16, 72ff.; *Spitzbarth* NJW 54, 1026.

[156] *Dürig* JZ 53 S. 198.

[157] Vgl. oben S. 158.

[158] „Nur rechtsgrundsätzliche Zielbestimmung“. *Ipsen*, Recht, Staat und Wirtschaft II S. 186ff. Ein Programm für die Gesetzgebung *Maunz* S. 59; „Ein substanzloser Blankettbegriff“ *Grewe* DRZ 49 S. 350. Vgl. auch *Giese* S. 46; *v Mangoldt* S. 134; derselbe AöR 75 S. 273; *Wernicke* II 1d zu Art. 20; *Haas* DÖV 54 S. 70; a. M. *Huber* DÖV 56 S. 70.

erlegt werden, das Sozialstaatsprinzip zur Grundlage ihrer verfassungsmäßigen Ordnung zu machen, warum sollte es zu einem auch dem Verfassungsgesetzgeber entzogenen Prinzip erhoben werden, wenn es bloße Deklamation darstellte?

Sehr umstritten ist es, worin das Wesen des Sozialstaates besteht. Man wird mindestens sagen können, daß im Sozialstaat das ganze Recht und die ganze staatliche Tätigkeit eine soziale Tendenz haben, d. h. auf die Daseinsfürsorge für die sozial Schwachen gerichtet sein soll. Dazu gehört einerseits, daß, soweit dies mit rechtlichen und staatlichen Mitteln überhaupt möglich ist, eine Situation geschaffen wird, die jenen, „für die Gewährung von Freiheitsrechten nur eine formale, nicht inhaltserfüllte Bedeutung hat," die Grundrechtsbestimmungen effektiv zugute kommen läßt[159]. Dazu zählt aber auch der Schutz des Schwachen — nicht des Schwachen schlechtweg, sondern desjenigen, der infolge seiner Zugehörigkeit zu einer sozialen Gruppe schwach ist — vor den Übergriffen des Starken — nicht des Starken schlechtweg, sondern auch hier desjenigen, der infolge Zugehörigkeit zu einer sozialen Gruppe stark ist — also, genau gesehen, der Schutz der Angehörigen einer sozialen Gruppe vor denen einer anderen. Dieser Schutz kann nicht anders erfolgen als durch Einschränkung der Freiheit des sozial Stärkeren über das nach 2 I 2. HS zulässige Maß hinaus. Dies ist gewissermaßen ein Ausgleich dafür, daß zugunsten des sozial Starken die Schranken, die sich aus der Unzulässigkeit des Eingriffs in Rechte anderer ergeben, stärker wirken als für den sozial Schwachen, dem, aufs faktische gesehen, weniger Rechte zustehen und für den manches Recht, das ihm zusteht, ein nudum ius ist.

M. E. läßt sich von dem Grundsatz der Sozialstaatlichkeit dreierlei sagen. Er ist, was weithin anerkannt wird[160], Auslegungsregel und Richtlinie für die Ausübung des Ermessens, er beinhaltet — wie anderwärts ausgeführt — ein Verbot, unsoziale Gesetze zu erlassen und sozialpolitische Gesetze aufzuheben[161] sowie Auftrag und Ermächtigung zum Erlaß sozialpolitischer Gesetze[162], was ohne Eingriffe in die Vertragsfreiheit nicht denkbar ist. Unter diesem Gesichtspunkt sind z. B. Eingriffe in die Vertragsfreiheit, wie sie in arbeitsrechtlichen Vorschriften im Gesetz über die Abzahlungsgeschäfte, im Bankdepotgesetz oder im VVG, dem

---

[159] *Nipperdey*, Soziale Marktwirtschaft S. 18.

[160] *Wernicke* II 1 zu 20; *Koellreutter* S. 63; *Huber* I 656, 657; *Nipperdey* in Grundrechte II S. 20; *Scheuner* VVDStRL 11 S. 21, 22, 68; derselbe RStW 4 S. 92, 96; *Ipsen* DÖV 52, S. 218; *Krueger* NJW 53 S. 1772; BVerfGE 1, 105; 4, 102; JZ 52 S. 272; BAG 1, 56, 57, 133. Bezweifelt von *v. Mangoldt-Klein* S. 165. Weitere Literaturnachweise *Nipperdey* in Grundrechte II 20 N. 42.

[161] Vgl. oben S. 158 BVerfGE 3 S. 49. Ob sich ein unmittelbarer Fürsorgeanspruch gegen den Staat aus dem Sozialstaatsprinzip herleiten läßt, wie *Dürig* (JZ 1953, 198) u. BVG (NJW 54) 1541 annehmen, ist unerheblich; vgl. auch BVerfGE 1 S. 105.

[162] *Nipperdey*, Soziale Marktwirtschaft S. 21; *Forsthoff* BB 53 S. 421; *Huber* DÖV 56, S. 201 f.; *Nipperdey* WuW 54 S. 224; BVerfGE 3, S. 49; BAG 1, 57.

Beförderungs- und Energieversorgungsrecht (Kontrahierungszwang) und den Gesetzen zur Behebung sozial untragbarer wirtschaftlicher Notstände in großer Zahl vorkommen, zu sehen[163]. Ob allerdings auch Normen wie § 248 I BGB im vollen Umfange aufrecht erhalten werden können, mag zweifelhaft sein.

Schließlich ergibt sich aus dem Sozialstaatsprinzip, daß jeder Betätigung, die sich als Verletzung dieses Prinzips darstellt, staatlicher Schutz zu versagen ist[164]. Der Staat kann nicht Diener von Maßnahmen sein, die seinen Grundprinzipien zuwider laufen. Auf unsere Frage angewendet bedeutet dies, vertragliche Abmachungen, welche nach Inhalt und Zweck und in Ausnutzung des Machtgefälles zwischen sozialen Gruppen auf eine nicht unerhebliche Beeinträchtigung von Angehörigen einer sozialen Gruppe durch Angehörige einer anderen oder durch eine soziale Gruppe abzielen, bewegen sich außerhalb des Rahmens der Vertragsfreiheit[165]. Hierher zu zählen sind, bei Zutreffen der angeführten Voraussetzungen, Vereinbarungen der Produzenten, die auf Ausbeutung der Verbraucher abzielen, Abreden unter Unternehmern, welche bestimmte Arbeitnehmer vom Abschluß von Dienstverträgen ausschließen wollen, Vereinbarungen, die Hungerlöhne, drückende Arbeitsbedingungen oder besonders ungünstige Endigungsmöglichkeiten des Arbeitsverhältnisses[166] vorsehen, und Lieferungsbedingungen, welche die Abnehmer unter Ausnutzung einer Machtstellung einseitig und ohne Rücksicht auf ihre von der Rechtsordnung anerkannten Interessen belasten[167]. Wie könnte es anders sein? Die Vereinbarung verdankt dem Staat als Schöpfer der Rechtsordnung ihre rechtliche Verbindlichkeit, durch den Staat wird sie durchgesetzt. Könnte man noch sagen, der Staat, der Vereinbarungen der gekennzeichneten Art durchsetzt, stehe unter dem Sozialstaatsprinzip.

5. Gleichfalls als ein Bestandteil der verfassungsmäßigen Ordnung ist das Rechtsstaatsprinzip anzusprechen[168]. In formeller Hinsicht fordert es u. a. Rechtssicherheit[169] und -klarheit[170], Wahrung des Rechtsfriedens[171] und die dem Rechtsgenossen offenstehende Möglichkeit, bei un-

---

163 *Huber* DÖV 1956, 172.

164 *Oehler* in Grundrechte II 609. Eine Begrenzung der Vertragsfreiheit aus dem Sozialstaatsprinzip wird wegen Unklarheit des Sozialstaatsprinzips abgelehnt von *Hamann*, Rechtsstaat S. 27; *Huber* I 663 und *Krüger* BB 53, 565.

165 *Huber* DÖV 56, 101, 200; *Naumann* JZ 51, 429; *Nipperdey* WuW 1954 S. 223; BAG 1 S. 132, 138; VGH Stuttgart VW Rechtspr. 7, S. 423.

166 BAG 2, 8, 9.

167 Vgl. *Krause* BB 1955 S. 265ff. insbes. 268.

168 BVerfGE 3 S. 237; LG Lübeck NJW 53, 906; *Schneider* NJW 53, 891.

169 BVerfGE 2, 11, 403; 3, 237; BGH 11, Anh. 55*; LG Lübeck NJW 53, 906; *Schneider* NJW 53, 890. Zu unrecht wird die zentrale Bedeutung der Rechtssicherheit bestritten von *Hild. Krüger* NJW 53, 964.

170 *Schneider* NJW 53, 890.

171 BVerfGE 2, 403; 3, 239.

parteiischen Gerichten Rechtsschutz zu suchen, in materieller Hinsicht eine den Erfordernissen der Gerechtigkeit — die Maßstäbe sind dem GG und der allgemeinen Rechtsüberzeugung zu entnehmen — entsprechende Rechtsordnung[172]. Gleich den übrigen Verfassungsprinzipien dient es als Auslegungsgrundsatz[173]. Entsprechend dem anderwärts Dargelegten werden die Freiheiten, insbesondere die Vertragsfreiheit, von vornherein nur in dem Umfang gewährt, in dem dies mit dem Rechtsstaatsprinzip vereinbar ist. Deshalb müssen Rechtsgeschäfte, die nach Inhalt oder Zweck Rechtsunsicherheit oder -unklarheit in nennenswertem Umfang herbeiführen, als außerhalb der Grenzen der Vertragsfreiheit stehend und daher nichtig betrachtet werden. Dies trifft für Verträge zu, wie sie vom BGH in BGHZ 10, 228 oder LM Cb 1 zu 138 BGB nach § 138 BGB für nichtig erklärt wurden. Auch der in BGH 7, 365 eingenommene Standpunkt zur Frage der Vorausabtretung von Forderungen kann unter diesem Gesichtspunkt vor der Verfassung bestehen. Dasselbe gilt von Geschäften, welche die in der Rechtsordnung herrschenden Wertvorstellungen ohne Grund auf den Kopf stellen, weil das Postulat der materiellen Gerechtigkeit ebenfalls zum Wesen des Rechtsstaates gehört[174]. Darüber hinaus ist das Rechtsstaatsprinzip für den Gesetzgeber einerseits Schranke[175] und andererseits Anweisung und Ermächtigung zum Erlaß von Gesetzen, die Rechtssicherheit, Klarheit und unparteiische Rechtspflege gewährleisten[176]. Soweit dieses Ziel nur durch Eingriffe in Freiheitsrechte, insbesondere durch solche in die Vertragsfreiheit erreicht werden kann, entsteht eine Antinomie, deren Lösung einseitig weder nach der einen, noch nach der anderen Seite hin gefunden werden kann. Die Behauptung, der Rechtsfriede und die Rechtssicherheit ginge dem Rechtsschutz des einzelnen vor[177], oder, das Prinzip der Rechtssicherheit dürfe zugunsten der materiellen Gerechtigkeit nur aufgegeben werden, wenn sonst schlechthin nicht erträgliche Rechtsnot einträte[178], läßt sich in dieser Allgemeinheit nicht aufrecht erhalten. Bald wird ein Ausweg nach der einen, bald nach der anderen Seite zu suchen sein; wieweit nach der einen oder anderen Richtung zu gehen ist, ist eine Frage gesetzgeberischer Interessenwertung, bei der das Maß der drohenden Rechtsunsicherheit und Art und Maß der zur Abwehr der Rechtsunsicherheit erforderlichen Eingriffe gegeneinander unter Beachtung der Art. 1 I und II und 19 II GG abzuwägen sind[179]. Formvorschriften und Publizi-

[172] *Koellreutter* S. 41; BVerfGE 3, 237.
[173] BAG NJW 55, 807.
[174] Vgl. *Stoll*, Die Grundrechte der Reichsverfassung III S. 181; *Nipperdey* DRZ 1950 S. 198.
[175] BVerfGE 1 S. 16, 45.
[176] BVerfGE 3 S. 237.
[177] BVerfGE 2, 404.
[178] BVerfGE 3, 239.
[179] BVerfGE 3, 237, 238.

tätsvorschriften, wie sie in allen Teilen der Zivilrechtsordnung erscheinen, den zwingenden Vorschriften des Wertpapierrechtes oder Vorschriften, wie wir ihnen in den §§ 1027, 1032, 1034 oder 1041 ZPO begegnen, wird man bescheinigen dürfen, daß sie sich in den Grenzen des Zulässigen und Gebotenen halten.

IV.

Viele Fragen konnten nur gestreift, andere nur angedeutet werden. Viele Probleme, so z. B. die Frage nach der besonderen Vertragsfreiheit, insbes. der Vereinsfreiheit, nach der Wirkung des Eintritts in besondere Gewaltsverhältnisse und den Vertragsfreiheitsbestimmungen der Landesverfassungen, konnten nicht einmal Erwähnung finden. Wenn es gelungen wäre, einerseits darzutun, daß die Frage nach der Bedeutung des GG für das Zivilrecht ins einzelne gehender Untersuchungen bedarf, und andererseits zu zeigen, daß die Behauptung, die Annahme, das GG garantiere in Art. 2 I die Vertragsfreiheit, führe zur Auflösung des Zivilrechts, nicht zutrifft, wäre der Sinn dieser Zeilen trotzdem erfüllt[180].

[180] In einem erst bei Durchsicht des Umbruchs verwertbaren Beitrag von *Biedenkopf* (BB 56 S. 473ff.) wird dahingestellt, ob der Grundsatz der Vertragsfreiheit durch Art. 2 I gedeckt ist, nachdem zahlreiche für und keine gegen die herrschende Lehre sprechenden Gründe vorgetragen wurden. Für den Fall des Zutreffens der herrschenden Lehre wird die Unterstellung des Grundsatzes der Vertragsfreiheit unter den allgemeinen Gesetzesvorbehalten behauptet. Da die Vertragsfreiheit ebenso wie die Freiheit des Eigentums und der Berufsbetätigung nur Mittel zur Verwirklichung der durch Art. 2 I garantierten Freiheit sei, gelte für die Vertragsfreiheit anders als für die freie Entfaltung der Persönlichkeit im Grundsatz der allgemeine Gesetzesvorbehalt, wie sich aus Art. 12 und 14 ergebe. Geht man davon aus, daß Freiheit der Entfaltung der Persönlichkeit Freiheit des Handelns bedeutet, wie dies wohl auch B tut — er sagt S. 474: „Die Persönlichkeit entfaltet sich im Handeln" —, so ist das Verhältnis von Vertragsfreiheit zur Freiheit der Entfaltung der Persönlichkeit nicht das Verhältnis eines Mittels zu einem Zweck; sie stellt sich vielmehr als die auf rechtsgeschäftliches Tun abgestellte Erscheinungsform der allgemeinen Handlungsfreiheit dar. Als lediglich von Praxis und Lehre in Auslegung des Art. 2 I vollzogene Kontretisierung der von dieser Bestimmung betroffenen Handlungsfreiheit untersteht die Vertragsfreiheit grundsätzlich nur den Beschränkungen, die diese Bestimmung der Handlungsfreiheit zieht. Eine andere Auffassung würde Rechtsprechung und Lehre zum Gesetzgeber machen. Auch kann es nicht überzeugen, wenn sich der Verfasser zur Begründung seiner Annahme auf die WV und auf die Gesetzgebungspolitik seit Inkraftreten des GG beruft. Es ist zu bedenken, daß sich das GG von der WV gerade durch das Bestreben, leerlaufende Freiheitsverbürgungen zu beseitigen, unterscheidet, und daß die Bedeutung der Verfassung nicht aus der ihr zeitlich folgenden Staatspraxis ermittelt werden kann, sondern daß diese an der Verfassung zu messen ist. Im übrigen sei vermerkt, daß die von B. angeführten Gesetze auch ohne Anerkennung eines Gesetzesvorbehaltes aus den im vorliegenden Beitrag entwickelten Gründen als verfassungsmäßig anzusehen sind. Der von B. angenommene Widerspruch zwischen unbeschränkter Vertragsfreiheit und nach Art. 14 I S. 2 zulässigen Beschränkung des Eigentums findet für das Gebiet der allgemeinen Vertragsfreiheit durch § 306ff. BGB, allenfalls über § 134 BGB, unschwer seine Lösung.

GEHEIMSPHÄRE UND MODERNE TECHNIK

Von Dr. THEODOR SÜSS
oö. Professor an der Universität Köln

La vie privée doit être murée.
(Französische Rechtsparömie)
von Royer-Collard [1]

Vor einiger Zeit ging durch die Presse folgende sensationelle Mitteilung: In Cagliari auf der Insel Sardinien hatte ein abgewiesener Liebhaber in der Wohnung seiner einstigen Braut, die in der Zwischenzeit einen anderen geheiratet hatte, durch Bestechung des Personals ein Magnetophon eingebaut. Der eifersüchtige Ex-Bräutigam führte dann Freunden diese Aufnahmen vor und bald sprach Cagliari und die ganze Insel von den indiskreten Enthüllungen. Das entrüstete Ehepaar erstattete Anzeige gegen den Übeltäter bei Gericht! Das Urteil ist leider noch nicht bekannt geworden. Gegen diese moderne Form der Blutrache dürfte aber nach positivem Recht kaum viel zu erwarten sein. Hätte sich der Fall in Deutschland ereignet, so wäre auch nach deutschem geltendem Rechte wohl kaum viel Handhabe gewesen, um zivilrechtlich den Geschädigten Genugtuung zu verschaffen. Gewiß hätte man vielleicht mit Hausfriedensbruch und Beleidigung helfen können, aber man fühlt, daß diese Dinge am Rande liegen und den Kern der Sache juristisch nicht treffen. Es wird auch leicht ähnlich gelagerte Fälle geben, die aber weder den Tatbestand der Beleidigung noch des Hausfriedensbruchs erfüllen. Z. B. Ein Chef baute in seinen eigenen Büros Magnetophone ein, um zu erfahren, was seine Angestellten über ihn und ihre Arbeit äußern. Oder ein Fabrikdirektor in Mitteldeutschland ließ ein Abhörgerät in die Uhr des Sitzungszimmers seines Betriebsrates einbauen, so daß er nach jeder Betriebsratssitzung über alle besprochenen Dinge genau im Bilde war, zum größten Erstaunen der Betriebsratsmitglieder, die sich gegenseitig der Indiskretion und des Verrats beschuldigten. Die Fälle lassen sich beliebig vermehren und nehmen täglich zu, seitdem die amerikanische Industrie immer wieder neue Erfindungen herausbringt. Es gibt bereits Lederhandtaschen, Aktentaschen, die Miniaturaufnahmegeräte mit magnetischem Drahte enthalten. Damit kann man jedermann und überall unauffällig „belauschen". — Es gibt auch bereits Operngläser (des

[1] Französischer Staatsmann u. Gelehrter, 1763—1845, Professor der Philosophie, Gründer der Schule der Doktrinäre.

amerikanischen Ingenieurs Walter Huth), mit denen man im Theater, im Konzertsaal jedes Geflüster in 100 m Entfernung abhören kann. Es gibt Mikrophone, die im Knopfloch versteckt werden können. Und niemand weiß, wohin die technische Entwicklung noch führen wird. Nur eines weiß man mit absoluter Sicherheit, daß sie unaufhörlich — wie auf allen anderen Gebieten — vorwärts schreitet, und daß es bald nichts Intimes mehr gibt, was dem Ohr oder dem Auge des Nächsten verborgen bleiben könnte. Jedes vertrauliche Gespräch, jedes intime Geflüster, jede geschäftliche oder politische Verhandlung steht allen offen. Die Publizität ergreift die innerste, seit Menschengedenken verborgenste Sphäre des Menschen, ja, mittels Apparaten wie Lügendetektor wird man bald sogar das geheimste Fühlen und Denken eines Menschen erkennen können. Man kann mit vollstem Recht jeder Phantasie, selbst der verwegensten, freien Spielraum lassen; denn was zu Zeiten des biederen Schneiders von Ulm oder des geistvollen Franzosen Jules Verne noch Phantasterei war, ist heute längst mehr Wirklichkeit geworden, als sich der Schneider von Ulm oder Jules Verne erträumten. Wir müssen uns darüber klar sein, daß wir technisch erst die äußerste Oberfläche geritzt haben, wie der amerikanische Ingenieur Arthur E. Morgan, langjähriger und höchst verdienstvoller Präsident eines der ältesten amerikanischen Colleges (Antioch College, Yellow Springs, Ohio) es einmal ausdrückte. Ungeheure Entwicklungen stehen uns in der allernächsten Zeit ohne Zweifel bevor, gerade auch auf dem Gebiete, das uns hier betrifft — des Eindringens in die menschliche Geheimsphäre. Und damit würde es in kurzem so etwas wie eine Geheimsphäre überhaupt praktisch nicht mehr geben. Jeder Gedanke, jedes Fühlen, jedes Wort und jeder Anblick würde allen offen stehen — sicherlich eine furchtbare Vorstellung! Damit würde jedes Eigenleben, jede Persönlichkeit vernichtet werden. Und höchstes Glück der Erdenkinder ist nun einmal die Persönlichkeit, das Eigenleben, das Innenleben — die Geheimsphäre.

Es ist unbestreitbar, daß diesem, im vollen Gange befindlichen Generalangriff der Technik auf die menschliche Individualität zur rechten Zeit ein juristischer Damm vorgeschoben werden muß, um eine allgemeine Publizierung und damit Profanierung des modernen Kollektivmenschen zu verhindern. Es besteht höchste Gefahr, daß die Techniker rascher sind wie die Juristen, denn das Recht hinkt stets hinter dem Leben, sei es Wirtschaft, Technik oder Ideologie, nach. Dies ergibt sich daraus, daß das Recht akzessorisch zum Leben ist. Erst entstehen materiell oder ideell neue Lebensformen, und dann paßt sich das Recht den neuen Gegebenheiten oft langsam und zaghaft an. Aber stets folgt das Recht dem Leben. Erst kam die Eisenbahn, die Elektrizität, die Photographie, das Auto, das Radio, der Telegraph, das Telephon, das Fernsehen, der Film und dann das entsprechende Recht. Und immer versuchte man, zuerst notgedrungen, die neue Lebensform mit alten Rechtssätzen zu meistern, die auf andere Lebensformen und Lebenserscheinungen zugeschnitten waren, wie den Entzug elektrischer Kraft, den blinden Passagier, den Automatenbetrug oder die Inflation, die wirtschaftliche Unmöglichkeit im Kriege. Tatsache bleibt in allen diesen Fällen, daß der Gesetzgeber an diese Dinge nicht dachte und nicht gedacht haben kann, weil sie zu seiner Zeit noch nicht existierten. Und da das Leben immer und unaufhörlich auf allen Gebieten — materiell, technisch und ideologisch vorwärtsschreitet, so ist jedes Gesetz theoretisch veraltet in dem Augenblick, wo es herauskommt. *Fritz Pringsheim* hat dies einmal so treffend ausgedrückt in dem Satze: Das Gesetz ist ein starrer Staudamm, das Leben aber ist ein stetig fließender Strom, der nach kurzem über den Damm wieder ungebändigt hinwegströmt.

Dies muß man sich immer vor Augen halten, wenn man versucht, neue Lebenserscheinungen mit alten Normen, die nicht hierfür geschaffen waren, zu meistern. Leben, und heute vor allem die Technik, sind stets rascher als das akzessorische Recht, vor allem aber ein formelles Gesetz. Wer also für neue Gegebenheiten — und die gibt es heute durch Umwälzungen aller Art: Krieg, Inflation, Deflation, Okkupation, Technik usw. täglich — das „richtige Recht“ finden will, muß sich stets elastisch zugleich der Entwicklung des Lebens anpassen. Wer sich nicht das Dynamische des Lebens vor Augen hält, läuft Gefahr, mit erstarrten Normen lebensfremde Fehlentscheidungen zu treffen.

Ein solches bedeutungsvolles Problem stellt heute die Gefährdung und der Schutz der Geheimsphäre, des intimen Privatlebens des Individuums dar, wenn es auch noch lange nicht in seiner vollen Tragweite erkannt ist, eben weil man sich des Dynamischen und der Schnelligkeit der derzeitigen technischen Entwicklung noch nicht genügend bewußt wurde[2]. Mühsam versucht man mit alten, längst durch die Technik überholten Normen den krassesten Fällen peripherisch zu Leibe zu gehen, ohne damit das Problem im Kern zu erfassen. Wenn man die oben angeführten Fälle unter dem Blickpunkt des Hausfriedensbruchs und des Diebstahls sehen will, so beweist dies nur, wie hilflos man im Grunde den hier neu auftauchenden Problemen gegenübersteht; denn es wurde gezeigt, daß die Mehrzahl der Fälle mit diesen Delikten und dementsprechend § 823, II BGB nicht das geringste zu tun hat, daß also eine derartige rechtliche Erfassung dieses Problems am Kern der Sache völlig vorbeigeht.

Wie sollten auch die Väter des BGB, die ihre geistige Konzeption doch um die Mitte des vergangenen Jahrhunderts empfangen haben[3], das

---

[2] Vgl. *Rudolf Schulz-Schaeffer*, Das subjektive Recht im Gebiet der unerlaubten Handlung. Er schildert bereits 1915 anschaulich die Gefahren, die der Geheimsphäre drohen. S. 232ff.

[3] Man halte sich einmal ideologisch vor Augen, daß das BGB zwar am 1. 1. 1900 in Kraft getreten ist, daß aber die erste Kommission am 28. 2. 1874 (Vorkommission) aufgestellt wurde. Es handelte sich dabei meist um ältere Juristen, die ihre

Problem des Schutzes der Geheimsphäre erkannt, geschweige denn geregelt haben. Wie konnten sie ahnen, was technisch und damit juristisch auf diesem Gebiete sich 100 Jahre später ereignen würde!

Man könnte genau so gut das Stadtrecht von Gortyn zur Regelung des modernen Kraftfahrzeugrechts heranziehen; denn unbestreitbar besteht zwischen dem Jahrhundert Goethes und unserer Zeit ein größerer Unterschied als zwischen dem klassischen Altertum und Goethe, trotz der verschiedenartigen Zeitspannen!

Die Väter des BGB, voll tiefgründigster rechtshistorischer Kenntnisse, waren in erster Linie daran interessiert, die Einheit der vielen deutschen Partikularrechte, vor allem auch zwischen rezipiertem und einheimischem Rechte herbeizuführen. Darin hat sich im wesentlichen ihr Elan und ihre Kraft erschöpft. Weit weniger, wenn überhaupt, hat damals die Frage interessiert, kommenden Entwicklungen Rechnung zu tragen. Daraus erklären sich so viele unserer heutigen zivilistischen Streitfragen und Probleme.

So verfehlt es daher ist, mit veralteten Vorschriften, die in keiner Weise dem Kernpunkt unseres Problems der Geheimsphäre gerecht werden können, diese in naher Zukunft immer brennender werdenden Fragen lösen zu wollen, ebenso verfehlt ist es aber m. E. auch zum mindesten dogmatisch — nunmehr einen Teil dieser Fragen aus dem systematisch ein Ganzes bildenden Komplex der Geheimsphäre herauszunehmen, um sie als „urheberrechtsähnliche" Rechte dem Urheberrecht annexweise anzugliedern. Man hat bereits durch das Gesetz betr. das Urheberrecht an Werken der bildenden Künste und der Photographie v. 9. 1. 1907 im § 22 ein „Recht am eigenen Bilde" statuiert, obwohl dies nicht das geringste mit Urheberrecht zu tun hat. Wo sollte hier die künstlerische Eigenschöpfung liegen? Man kann mit künstlerischem Geschick eine Landschaft, auch einen Menschen photographieren und der Urheber dieser originellen, künstlerischen, wenn auch teilweise mechanischen Schöp-

---

entscheidende Lebens- und Rechtsauffassung mindestens 20 Jahre früher empfangen hatten. Man kann daher, was man sich nicht immer bewußt ist, wohl mit Recht sagen, daß das BGB einer Konzeption von etwa 1850 entspricht! Im Verhältnis zu anderen Kodifikationen ist dies übrigens ein jüngeres Gesetz; denn der Code Civil geht bis auf Napoleon und die französische Revolution zurück, das österreichische ABGB auf die Zeit Maria Theresias. Entscheidend ist nie, wie alt ein Gesetz ist, sondern wie es von Rechtswissenschaft und Rechtsprechung weitergebildet wurde. Veraltet ist, wie dargelegt, jedes Gesetz, da der Strom des Lebens stets stürmisch weitergeht. Das Problem liegt nicht in der ständigen „Reform" eines Gesetzes, sondern seiner Anpassung durch die Praxis an diese a priori immer vorhandene Entwicklung. Was hat auf diesem Gebiete die englische Rechtsprechung seit dem 13. (!) Jahrhundert, was die französische seit dem Code Civil Vorbildliches geleistet! Unser nie verstummender Schrei nach Reform des Strafrechts, des Prozeßrechts, des Aktienrechts usw. ist — zu einem großen Teil — eine rechtsphilosophische Verkennung des Wesens des Rechtes und seiner Fortbildung.

fung mag als Urheber geschützt werden (§ 1 KSchG). Warum aber der Photographierte urheberrechtlich oder „urheberrechtsähnlich" geschützt werden soll, ist schlechthin unerfindlich. Da aber auch dogmatisch eine Untat „fortzeugend böses muß gebären", so besteht die Gefahr, daß man nun auf diesem Wege fortschreitet und den Mißbrauch des Magnetophons entsprechend dem der Kamera mit einem „Rechte an der eigenen Stimme" begegnen will. Und was geschieht, wenn ein Taubstummer nur Geräusche oder verzerrte Mienen vorbringt! Wird man ein Recht am eigenen Geräusche, an den eigenen Mienen aufstellen wollen — ein urheberrechtsähnliches Recht an sprachähnlichen Gebärden" ?

Soll ferner das Recht an der eigenen Stimme auch dann herangezogen werden, wenn jemand ohne Tonband vertrauliche Gespräche, urheberrechtlich nicht erfaßbare Gedankenäußerungen[4] weitergibt oder auswertet? Recht am gesprochenen Wort ? Denn so weit besteht Einigkeit, daß auch in solchen Fällen, die natürlich durch eine geschickte Rechtsprechung scharf und vernünftig abzugrenzen sind, wenigstens in einem gewissen Umfang ein rechtlicher Schutz *außerhalb des Urheberrechtes* stattfinden muß. Einigkeit besteht auch heute weitgehend darüber, daß ein Schutz für Briefe außerhalb des Urheber- und Eigentumsrechts eingreifen muß. Ein „urheberrechtsähnliches Recht" am eigenen Briefe, an der eigenen Schrift, der eigenen Stimme, dem eigenen Worte, der eigenen Gebärde usw. usw. ? Und wenn Privatdetektive die Lebensgewohnheiten eines Menschen in indiskreter Weise auskundschaften, soll dann auch als Annex zum Urheberrecht ein „urheberrechtsähnliches" Recht an der „eigenen Lebensführung" aufgestellt werden ? Die Beispiele ließen sich beliebig vermehren, um zu zeigen, daß hier versucht wird, heterogenes zu verbinden, anstatt homogenes einheitlich zu gestalten. Alle diese Rechte am eigenen Bilde, an der eigenen Stimme, am gesprochenen Wort, an Briefen, an der eigenen privaten Lebensführung usw. haben mit Urheberrecht, d. h. einem Recht an der eigenen geistigen originellen Schöpfung nicht das geringste zu tun. Mit Begriffen wie „urheberrechtsähnlichen Rechten" verwirrt man mehr, als man nützt.

Man muß m. E. vielmehr dogmatisch klar trennen zwischen dem Urheberrechte an einer geistigen Schöpfung, sei sie literarisch, musikalisch, künstlerisch (einschließlich der künstlerisch eigenartigen Photographie), gewerblich, und den Rechten, die ausschließlich die Persönlichkeit betreffen, den sogenannten Persönlichkeits- oder Individualrechten. Zweifelsohne wird heute ein allgemeines Persönlichkeitsrecht anerkannt, mag man auch im einzelnen über die rechtlichen Auswirkungen noch streiten. Seit dem Bonner Grundgesetz v. 23. 5. 1949, §§ 1, 2 kann es keinen Zweifel mehr geben, daß die Persönlichkeit nicht nur verfassungs- und

[4] Vgl. vor allem *Neumann-Duesberg*, Das gesprochene Wort im Urheber- und Persönlichkeitsrecht 1949.

strafrechtlich, sondern auch zivilrechtlich geschützt ist, und daß das Problem heute sich nur noch sekundär darum dreht, wie dieses Recht und seine Folgewirkungen in concreto abzugrenzen ist. Dies aber ist m. E. Sache der Rechtsprechung und nicht des Gesetzgebers. Daß einer uferlosen Ausdehnung und Überspannung dieses Begriffes ein Damm gesetzt werden muß, ist selbstverständlich und keine Eigenart des Persönlichkeitsrechts. Jede Norm, jeder Rechtsbegriff muß durch die Rechtsprechung umgrenzt und für jede anfallende neue Kasuistik überprüft werden. Das Recht ist unaufhörliche Entwicklung. Wer dies übersieht, hemmt und schädigt das Rechtsleben in unverantwortlicher Weise[5].

Man mag gegen diese strenge dogmatische Trennung vielleicht einwenden, daß auch das Urheberrecht selbst Persönlichkeitsrecht, zum mindesten zu einem Teile ist. Ohne hier auf die umstrittene Theorie des Urheberrechts einzugehen, mag darauf hingewiesen sein, daß das Urheberrecht sicherlich nicht nur Persönlichkeitsrecht ist, wie auf ***Immanuel Kant***[6] fußend *Bluntschli*[7], *Dahn*[8] und vor allem *Otto von Gierke*[9] angenommen haben. Unbestreitbar ist es auch ein Vermögensrecht, propriété incorporelle an der geistigen Schöpfung. Daß es deshalb nicht nötig ist, dieses eigenartige, aber einheitliche Recht dualistisch in zwei Teile zu zerreißen, hat *Eugen Ulmer*[10] überzeugend nachgewiesen, wenn auch die französische Doktrin in einem ihrer bedeutendsten Vertreter noch an dieser Theorie festhält[11]. Das Urheberrecht ist monistisch — un droit unique à faces différentes[12] mit persönlichkeitsrechtlichen wie vermögensrechtlichen Bestandteilen — ein Recht besonderer Art,[12] das sich vom allgemeinen Persönlichkeitsrecht grundlegend nach Inhalt und Wirkung unterscheidet; denn seine Voraussetzung ist und bleibt die eigenschöpferische Leistung. Es sei hier die monistische Definition angeführt, die *Allfeld* in seinem Kommentar zum LUG (2. Auflage S. 21) gibt: „Das Urheberrecht ist also kein reines, es ist ursprünglich überhaupt kein Vermögensrecht. Es ist das in der Person wurzelnde, durch die Tatsache geistigen Schaffens zur Entstehung kommende ausschließliche

---

[5] Mit Recht hat *Riezler*, dessen kluges Urteil stets größter Beachtung wert ist, nachgewiesen, daß § 823, I durchaus die Entwicklung offenlassen wollte (Vorb. vor § 1 bei *Staudinger*, 10. Aufl.).

[6] *Kant*, Metaphysische Anfangsgründe der Rechtslehre (1797!), § 31, II.

[7] *Bluntschli*, DPR, 3. Aufl., S. 46ff. u. Krit. Überschau (1853) I, 1ff.

[8] *Felix Dahn*, Behrends Z. f. Gesetzgebung u. Rechtspflege in Preußen, Bd. 5, 1871, S. 1ff. Grundriß des DPR, S. 44ff.

[9] *Otto von Gierke*, Deutsches Privatrecht, I Allg. Teil, S. 748ff. — ebenso ZHR 29 (1884), 266ff.

[10] *Eugen Ulmer*, Urheber- und Verlagsrecht, 1951, S. 62ff.

[11] *Desbois*, Le droit d'auteúr, droit français et convention de Berne révisée, Paris 1950, S. 276.

[12] *Lepaulle*, S. 93. Für die monistische, unitarische Theorie *Allfeld*, LUG Einl. S. 21. — *Piola Caselli*, Diritto di Autore, 1930, S. 3ff.

Recht darüber zu bestimmen, ob und wie in welcher Form und zu welchem Zweck das Ergebnis dieses Schaffens anderen kundgegeben werden. Ist der Zweck der Kundgabe der, wirtschaftlichen Nutzen daraus zu ziehen, so nimmt das Recht insofern einen vermögensrechtlichen Charakter an, ohne sich aber in diesem zu erschöpfen. Mit Rücksicht auf die doppelte Funktion des Urheberrechtes, rein persönliche Interessen und Vermögensinteressen zu schützen, ist es weder zu den Vermögens-, noch zu den Persönlichkeitsrechten zu stellen. Es ist ein Recht besonderer Art, welches die moderne Rechtsentwicklung erzeugt hat"[13]. Der das Urheberrecht beherrschende Rechtsgedanke ist die Herrschaft des Urhebers über sein Werk als natürliche Folge seines geistigen Eigentums. Deshalb sind auch neue Nutzungsmöglichkeiten, die die Entwicklung der Technik erschließt, in das Ausschließlichkeitsrecht des Urhebers einzubeziehen.

Daraus geht klar hervor, daß Persönlichkeitsrechte und Urheberrecht voneinander zu trennen sind, daß das Urheberrecht ein Recht besonderer Art ist, das mit urheberrechtsähnlichen Rechten nicht vermischt werden darf. Man könnte logischer von einem persönlichkeitsrechtsähnlichen Urheberrecht als von einem urheberrechtsähnlichen Persönlichkeitsrechte sprechen. Aber alle diese Ausdrücke sind nur irreführend und nutzlos. Mit Begriffen wie Quasidelikt und Quasikontrakt ist wohl kaum das geringste gewonnen. —

Das Recht an der Geheimsphäre, das infolge der modernen Technik ein immer dringenderes Postulat werden wird, ist nicht ein Unterfall oder Annex des Urheberrechtes, sondern gehört zu den allgemeinen Persönlichkeitsrechten. Wie dargelegt, ist sowohl *durch das Bonner Grundgesetz als auch durch die moderne Technik* eine völlig neue Lage geschaffen und niemand kann heute mehr bestreiten, daß grundsätzlich der Schutz der Persönlichkeit in ihren verschiedenartigsten Auswirkungen rechtlich geschützt ist. Die Frage kann höchstens die sein, wie weit man diesen Schutz ausdehnen will und welche Rechtsfolgen man im einzelnen an die Verletzung von Persönlichkeitsrechten knüpft.

Zunächst sei kurz versucht, das Recht auf Geheimsphäre systematisch in das allgemeine Persönlichkeitsrecht einzugliedern. *Heinrich Hubmann*[14] hat in seinem trefflichen und umfassenden Buch über das Persönlichkeitsrecht eine dreiteilige Gliederung versucht, der man wohl zustimmen kann. Dabei kann man, wie *Larenz*[15] sagt, heute von der unbestreitbaren Voraussetzung auszugehen, daß das allgemeine Persönlichkeitsrecht im denkbar weitesten Sinne ein verfassungsgemäßes Grundrecht jedes Men-

---

[13] Ebenso *Riezler*, Deutsches Urheber- und Erfinderrecht, 1909, S. 18ff.

[14] *Heinrich Hubmann*, Das Persönlichkeitsrecht 1953, Beiträge zum Handels-, Wirtschafts- und Steuerrecht.

[15] *Karl Larenz*, Das „allgemeine Persönlichkeitsrecht" im Recht der unerlaubten Handlungen, NJW 1955, 521.

schen ist[16]. *Oertmann*[17] sagt mit Recht, „es wäre seltsam, wenn das Recht den einzelnen zwar schützen wollte in dem, was er hat, sein noch unmittelbareres Interesse aber an dem, was er für sich als Person ist und darstellt, ungeschützt lassen wollte".

---

[16] Für die Anerkennung eines allgemeinen Persönlichkeitsrechtes: *Dernburg*, Das bürgerliche Recht II § 383 zu Note 5—9. — *Kohler*, Lehrbuch des bürgerlichen Rechts II, §§ 190—193 u. *Holzendorff-Kohler*, Enzyklopädie II, 33. — Ih. Jb. 18, 129ff. (1880). — *Müller-Erzbach*, Der Kampf um die Persönlichkeit 1949. — *Kunkel*, BayrZ 07, 286, 314ff. — *Rudolf Schmidt*, Lehrbuch I, S. 25. — *Heinrich Lehmann*, Die Unterlassungspflicht 1906, 130. — Allg. Teil 9. Aufl. 70, Unterlassungspflicht, S. 128ff. — *Enneccerus-Lehmann*, Schuldrecht (14. Aufl.) § 233, wo auf Seite 882 noch von „Erschleichung weiteren Normenschutzes" gesprochen wird! — *Heinrich Hubmann*, Das Persönlichkeitsrecht 1953, insbes. S. 105ff., dazu Besprechung von *Rudolf Reinhardt* in ArchZivPrax. 153, 548. — *Puchta* (19. Jahrhundert!). (Dagegen *Savigny* s. u.!) — *Regelsberger*, Pandekten I, § 50, S. 197f. — *Otto v. Gierke*, DPR (1895) I, § 81, S. 702ff. — *Enneccerus-Nipperdey* (14. Aufl.) § 78, I, 2, und *Nipperday* Erl. zu Art. 1 in Neumann-Nipperday-Scheuner, Grundrechte Bd. 2 (1954) dag. früher Beiträge zum Wirtschaftsrecht II, 445f. — RGRK II vor § 1. — *Neumann-Duesberg*, Das gesprochene Wort in Urheber- und Persönlichkeitsrecht 17. 9/80 (1949). — LG Mainz im GRUR 1950, 44. — *von Gamm*, NJW 1955, 1826. — *Coing* in Staudinger-Coing Vorb. 21 vor § 1 BGB (11. Aufl.). „Aus den angeführten Gründen ist nunmehr davon auszugehen, daß das allgemeine Persönlichkeitsrecht auch im deutschen Recht anerkannt ist. Es bildet ein *absolutes* Privatrecht." „Das allgemeine Privatrecht ist das Recht des Einzelnen auf Achtung seiner Menschenwürde und auf Entfaltung seiner individuellen Persönlichkeit." „Das Recht auf Achtung der Menschenwürde umschließt den Anspruch *auf Achtung der Privat- und Geheimsphäre* des Einzelnen." — *Coing*, Der Rechtsbegriff der menschlichen Person und die Theorien der Menschenrechte (Beitrag zur Rechtsforschung der deutschen Landesreferate zum 3. internationalen Kongreß zur Rechtsvergleichung, London 1950) und SJZ 1947, 641. — *Coing*, Grundzüge der Rechtsphilosophie, 1950, S. 167: „Im Ehrenschutz kommt am unmittelbarsten zum Ausdruck, daß die Rechtsordnung die Würde des einzelnen Menschen schützen will. Diesem Rechtsgut eng verwandt ist die Geheimsphäre des Menschen. Der Einzelne darf verlangen, daß man ihm nicht nachspioniert, ihm muß überlassen bleiben, was er von seinem Leben offenbaren, was er in sich verschließen will." — *Specker*, Die Persönlichkeitsrechte mit besonderer Berücksichtigung des Rechts auf Ehre im schweizerischen Privatrecht 1911. — *Riezler*, Deutsches Urheber- und Erfinderrecht, 1909 (S. 226), wenn er auch die privatrechtliche Grundlage, die heute durch das Grundgesetz gegeben ist, vermißt! — *Reinhardt*, Das Persönlichkeitsrecht in der geltenden Rechtsordnung 1931. Das Problem des allgemeinen Persönlichkeitsrechtes, zugleich eine Besprechung von *Heinrich Hubmann*, „Das Persönlichkeitsrecht", ArchZivPrax. 153, 548ff. (mit sehr beachtenswerten, klärenden Gedankengängen!). — *Hirsch*, Die Werkherrschaft, 1948. — *Neumann-Duesberg*, Das gesprochene Wort in Urheber- und Persönlichkeitsrecht 1949, S. 158ff. — Grundsätzlich *Larenz*, Das allgemeine Persönlichkeitsrecht im Rechte der unerlaubten Handlungen, NJW 1955, 522. — *Fuld*, Die Bühnendarstellung lebender Personen, DJZ 1928, 417ff. — BGHZ 13, S. 334ff. (siehe dagegen früher RGZ 113, 414 — die bekannte Rundfunkentscheidung!). — Vgl. auch *Kant*, Über die Unrechtmäßigkeit des Buchnachdruckes, Berliner Monatsschrift 1785. — *Kant*, Über die metaphysischen Anfangsgründe der Rechtslehre 1797 und vor allem *Hugo Donellus*, Commentarii de Jure Civili II, 8 §§ 2 und 3. Quod proprie nostrum est, id consistit aut in persona cuiusque, aut in rebus externis. — Von ausländischen Rechten hat am klarsten das

Hubmann gliedert die Persönlichkeitsrechte auf in:

1. Das Recht auf Entfaltung der Persönlichkeit, kurz der Handlungsfreiheit (allgemeine Handlungsfreiheit, Betätigung der Arbeitskraft, gewerbliche und kulturelle Betätigung, Vereinigungsfreiheit, Recht auf freie Meinungsäußerung, religiöse und sittliche Betätigung, Recht auf Ausbildung und Verwertung der Bildung.

2. Das Recht an der Persönlichkeit (Schutz des Daseins, d. h. des Lebens, der Existenz, des Körpers, der Gesundheit; Schutz der geistigen Schöpfung und Erfindung).

3. Das Recht auf Individualität.

Und diese 3. Gruppe von Persönlichkeitsrechten, die hier vor allem interessiert, teilt er wiederum sinnvoll ein in den Schutz der Individualsphäre (Name, Firma, Ehre), den Schutz der Privatsphäre (Bild, Lebensbild, Charakterbild) und endlich den Schutz der Geheimsphäre. Sie stellt den Sektor aus dem Privatleben dar, den ein Mensch normalerweise der Öffentlichkeit nicht ohne weiteres preisgeben will, selbst nicht an nahestehende Freunde. Es handelt sich dabei um Gedanken, Unterhaltungen, Aufzeichnungen, Briefe, Begebenheiten, die der Betreffende geheim halten will und bei denen er von einem anständigen Menschen mit durch-

---

Schweizer Zivilgesetzbuch in Artikel 28 das allgemeine Persönlichkeitsrecht anerkannt: „Wer in seinen persönlichen Verhältnissen unbefugterweise verletzt wird, kann auf Beseitigung der Störung klagen." — Das Liechtensteiner ZGB bringt eine Aufzählung der Persönlichkeitsgüter. Vgl. auch Art. 1382 Code Civil und Art. 2043 it. Codice Civile! ebenso SchwOR Art. 49 (früher 50 und 51!). Das Allgemeine Persönlichkeitsrecht, das Recht an der eigenen Person wird dagegen *verneint* von: *F. Endemann*, Lehrbuch des Bürgerlichen Rechtes, 8. Aufl. 1903, I, § 200, S. 1261ff. N. 26ff. — *Oertmann*, Kom. 3. Aufl. 8 zu § 1; 9 zu § 12. — *Crome*, System des Deutschen bürgerlichen Rechts II § 325 vor allem S. 1017. — *von Tuhr*, Allg. Teil, 1. Band § 6: „Es scheint mir juristisch weit einfacher zu sein in solchen Handlungen unter Berücksichtigung aller Begleitumstände eine Sittenwidrigkeit zu konstatieren, als die Verletzung eines schwer zu umgrenzenden Rechtes" — I, S. 153. — *Cosack*, Lehrbuch des bürgerlichen Rechtes 7. Aufl. I., S. 71 und S. 670. — RGZ, 51, 369ff. — 113, 414. — RAG JW 32, 1911. — *Windscheid-Kipp*, 6. Aufl. § 40. — *Palandt* 2 vor § 1. — *Erman* 4 vor § 1 und 2 zu § 823. — *Esser*, Schuldrecht, 468. — *Zitelmann*, IntPrivR I, 129. — *Jellinek*, System des öffentlichen Rechtes 83. — *Savigny*, System des heutigen römischen Rechts, I, 337: „Von allen diesen Rechten ist die Unverletzlichkeit der Person allerdings der letzte Grund; dennoch sind sie nicht als reine Entwicklungen dieser Unverletzlichkeit anzusehen, vielmehr bilden sie ganz positive Rechtsinstitute, deren besonderer Inhalt von jener Unverletzlichkeit selbst völlig verschieden ist. Will man sie dennoch als Rechte an der eigenen Person darstellen, so wird durch diese Bezeichnung ihre wahre Natur nur verdunkelt. Nicht einmal die Zusammenstellung derjenigen Rechtsinstitute, die diesen gemeinsamen Ausgangspunkt haben, kann als fruchtbar und belehrend angesehen werden; es ist hinreichend, diese ihre Verwandtschaft anzuerkennen." — *Hegel*, Naturrecht, § 70 und Zusatz zu § 70, da sonst die Annahme eines Rechtes zum Selbstmord unvermeidlich wäre! Siehe dag. *Hegels* Rechtsphilosophie, § 36: „Sei eine Person und respektiere die andere als Person".

[17] *Oertmann*, Komm. 5. Aufl. zu § 823.

schnittlicher Intelligenz und mittlerem Ethos die Geheimhaltung erwarten darf.

Hierher zählt aber gerade das Festhalten der Worte eines Menschen mittels Tonbandes oder die Veröffentlichung von privaten Briefen, Wiedergabe privater Unterhaltungen, photographische, filmische oder fernseherische Aufnahme intimer Szenen, kurz jede Indiskretion, die geeignet ist, die Würde eines Menschen herabzusetzen oder ihn sonst in irgendeiner Weise gesellschaftlich, moralisch, beruflich oder wirtschaftlich zu schädigen.

Mit Recht sagt *Coing*[18] hierzu: Das allgemeine Persönlichkeitsrecht schützt die allgemeine moralische Persönlichkeitswürde. Bei der Geheimsphäre wird die Persönlichkeit in ihrer besonderen Individualität geschützt. Dieses engere Persönlichkeitsrecht ist aus dem allgemeinen abgeleitet. Weil sie moralische Person ist, der Selbstbestimmung zukommt, verdient die Individualität Schutz. Es ist die Achtung des Menschen vor der Individualität des anderen Menschen, dieses alterum non laedere (Inst. 1, 1, 3 — Dig. 1, 1, 10, 1), das die Römer sicherlich nicht nur materiell auffaßten, wie die weitgreifende Anwendung der actio iniuriarum — die δίκη ὕβρεως[19] der Griechen beweist; denn diese actio diente gerade dem Schutz der Persönlichkeit. Es war die Klage wegen Verletzung fremder Persönlichkeit, fremder Individualität.

Es sei auch das Wort eines ausländischen modernen Schriftstellers angeführt, des Berner Rechtsgelehrten *Peter Tuor*[20]: Die Persönlichkeit umfaßt demnach alle jene Eigenschaften und Rechte, die der Person als solcher, d. h. in Rücksicht auf ihr Dasein ihre geistigen und körperlichen Kräfte zukommen. Es sind dies jene Güter des Menschen, die mit ihm unzertrennbar verbunden sind . . . Dahin gehören: Das Recht auf Leben, körperliche und geistige Unversehrtheit, Freiheit, Ehre, Kredit, Namen, Firma, Wappen, Hauszeichen, Adel, Geschäftsmarke, endlich *das Recht an der sogenannten Geheimsphäre*, d. h. das Recht zu verlangen, daß Tatsachen und Erscheinungen, welche eine Person betreffen und geheim sind, nicht der Öffentlichkeit preisgegeben werden. Die Geheimsphäre umfaßt das Berufsgeheimnis der Geistlichen, der Ärzte, Advokaten, Hebammen, das Amtsgeheimnis, Geschäftsgeheimnis, das Recht, daß Privatbriefe, Tagebücher, Rechnungen, verborgene körperliche Mängel nicht nach außen bekanntgegeben werden, endlich das Recht am eigenen Bilde[21].

---

[18] *Coing*, Grundzüge der Rechtsphilosophie, 1950, S. 176.

[19] Oder γραφὴ ὕβρεως. Vgl. die Reden von Lysias und Lykurg sowie Lipsius, Das Attische Recht und Rechtsverfahren, 1908, S. 420ff.

[20] Das Schweizerische Zivilgesetzbuch, eine systematische Darstellung, 5. Aufl. 1948, S. 70.

[21] Zivilrechtliche Ausdehnung des Geheimnisschutzes fordert vor allem *Reimer*, UWG 532, 561. Eine solche Ausdehnung ist nicht nur nach § UWG möglich, sondern sie folgt aus dem Persönlichkeitsrecht an der Geheimsphäre, S. 241.

Hans Giesker, der bereits 1905 eine sehr beachtliche Monographie über das Recht an der Geheimsphäre[22] schrieb, definiert diesen Begriff mit folgenden Worten (l. c. S. 1).

„Die Geheimsphäre einer Person ist der Inbegriff all derjenigen nicht allgemein bekannten oder nicht allgemein wahrnehmbaren Tatsachen, die die Person für sich oder bestimmungsgemäß für diese Person ein Dritter so disponiert hat, daß sie der allgemeinen Wahrnehmung entzogen sind, sowie jede Verkörperung solcher Tatsachen, die ein Dritter der allgemeinen Wahrnehmbarkeit entzieht, solange die Person diesen Zustand der Geheimheit erhalten wissen will und solange er tatsächlich besteht. Die Geheimsphäre ist die Summe all dieser Tatsachen". Prolatio secreti alieni inuria est, sagt *Leyser*[22a].

Ein kurzer Blick in die geschichtliche Entwicklung zeigt, daß diese Probleme früheren Zeiten und anderen Völkern durchaus nicht unbekannt waren, selbst wenn damals keine technischen Mittel wie heute (Photographie, Magnetophon, Rundfunk, Fernsehen usw.) bestanden. Der Schutz vor Indiskretionen und der geheimen Sphäre findet sich bereits im römischen Recht. Schon die XII Tafeln haben die Persönlichkeit und zwar nicht nur bei os fractum geschützt, so bei Spottgedichten.

Vgl. insbes. D. 2, 4, 18 — 6, 1, 6 — 9, 2, 41 pr. — 16, 3, 1, 38. — 47, 10, 5 pr. — 47, 10, 15, 22 und 23. — 47, 10, 23 — 48, 10, 1, 5 und 6 — 48, 10, 2 — 48, 19, 38, 7—9 Cod. 4, 21, 22.

Den Römern ging es dabei vor allem darum, daß nicht in indiskreter Weise Testamente veröffentlicht wurden[23]. Vgl. Ulp. (41. Buch ad Sabinum) Dig. 9, 2, 41 pr. ad legem Aquiliam: si quis tabulas testamenti apud se depositas deleverit vel *pluribus praesentibus legerit* utilius est in factum et iniuriarum agi, si iniuriae faciendae causa secreta iudiciorum publicavit (s. auch D. 16, 3, 1, 38, depositi vel contra, ebenfalls Ulpian unter Berufung auf Labeo!). Dabei ging man sogar so weit, daß man solche indiskrete Missetäter nach der lex Cornelia mit Bergwerksarbeit bzw. (bei höherem Stande!) mit Deportation bestrafte (Dig. 48, 10, 5: Is, qui aperuerit vivi testamentum, legis Corneliae poena tenetur, ebenso Dig. 48, 19, 38, 7: Qui vivi testamentum aperuerit recitaverit resignaverit, poena Corneliae tenetur: et plerumque humiliores aut in metallum damnantur aut honestiores in insulam deportantur). Würden unsere modernen Richter Indiskretionen ebenso ahnden wie der römische Richter, so

---

[22] *Hans Giesker*, Das Recht des Privaten an der eigenen Geheimsphäre. Ein Beitrag zu der Lehre von den Individualrechten, Zürich, 1905.

[22a] *Leyser*, Med. ad Pand. VIII 9, spec. 546, § 8.

[23] Die Römer empfanden die Indiskretion von Testamenten deshalb so peinlich, weil jeder Römer moralisch verpflichtet war, einen guten Freund im Testament zu bedenken.

wären alle Inseln bevölkert und kein Mangel an Arbeitskräften im Bergbau vorhanden[24]!

Wie weit man dabei im alten Rom ging, zeigt die reizvolle Stelle von Paulus (libro sexto ad edictum) Dig. 6, 1, 6. Hier wird bei der Frage, welche Angaben bei der Forderung der Herausgabe von Kleidern der Klagende zu machen hat bestimmt:

Non illud inhumanum (indiskret, unzumutbar!) est cogi nos dicere trita (abgetragen!) sint an nova! Man sieht, die Römer gingen in dem Schutz der Geheimsphäre sehr weit! Wie weit wäre dann erst der Prätor gegangen, wenn in seiner Amtsperiode Radio, Magnetophon oder Fernsehapparate aktuell geworden wären!

Aber auch außerhalb des corpus iuris finden wir die Anerkennung der privaten Sphäre, selbst wenn sie keine rechtliche Gestalt angenommen hat. Bekannt ist die Stelle aus Ciceros Rede, in der er gegen M. Antonius wegen der indiskreten Verlesung eines Briefes leidenschaftlich vom Leder zieht:

M. Tullii Ciceronis in M. Antonium oratio Philippica secunda, cap. 4:

„At etiam litteras, quas me sibi misisse diceret, recitavit homo et humanitatis expers et vitae communis ignarus. Quis enim umquam, qui paulum modo urbanorum consuetudinem nosset, litteras ad se ab amico missas offensione aliqua interposita in medium protulit palamque recitavit? quid est aliud tollere ex vita vitae societatem, tollere amicorum colloquia absentium? quam multa ioca solent esse in epistulis, quae prolata si sint, inepta videantur! quam multa seria neque tamen ullo modo divolganda! sic hoc inhumanitatis[25]!

---

[24] Die Römer hatten auch bereits wenigstens ein gewisses Empfinden für Urheberrecht. Vgl. dazu *Dziatzko,* Autor- u. Verlagsrecht im Altertum, RheinMus. NF 49, 1894, S. 559ff. — *Adam,* Über die Unsicherheit literarischen Eigentums bei Griechen und Römern, Düsseldorf 1906, S. 5. — *Neustetel,* Der Büchernachdruck nach römischem Recht betrachtet, Heidelberg 1824 (!). — Dag. *Kohler,* Urheberrecht 1907, S. 30f. Siehe dazu *Emilio Costa,* Cicerone Giureconsulto S. 119, Anm. 4. — *Kohler* beruft sich auf zwei nicht voll überzeugende Stellen bei Ovid (ex Ponto 4, 16, 37—40) und Sueton, Domitian, 20. Letztere Stelle soll gegen das Bestehen eines Urheberrechtes sprechen, da hier berichtet wird, daß nach dem Brand der Alexandrinischen Bibliothek die betreffenden Bücher neu abgeschrieben wurden.

[25] Aber er hat sogar einen Brief, den ich ihm, wie er sagte, geschickt habe, vorgelesen, der unfeine und mit guter Lebensart unbekannte Mensch. Wann hat jemals ein Mann, der die Gewohnheit ehrenhafter Menschen nur einigermaßen kannte, einen ihm von einem Freunde übersandten Brief nach eingetretenem Zerwürfnis in die Öffentlichkeit gebracht und vor aller Welt vorgelesen? Heißt dies nicht aus dem Leben den geselligen Verkehr, die Unterhaltungen mit abwesenden Freunden beseitigen? Wieviel Scherzworte pflegen sich nicht in Briefen zu finden, die falls sie in die Öffentlichkeit gebracht würden, abgeschmackt erscheinen würden! Wieviele ernste Angelegenheiten, die doch keineswegs bekannt werden dürften? Nun dies mag Mangel an Takt verraten! — Vgl. ferner *Horaz,* Sat. lib. I. IV, 84, 85. — *Cicero,* Acad. I, 1, 2 ad Atticum 13, 21 (Academicorum posteri orum liber 1)

Die moderne rechtswissenschaftliche Literatur hat sich verhältnismäßig viel mit dem Schutz des Briefgeheimnisses beschäftigt, vor allem die französische[26]. Beim Briefe werden drei rechtliche Aspekte klar, die dogmatisch reinlich voneinander zu trennen sind. Das Eigentum am Brief als solchem, dem Papier, der Briefmarke usw., ein Eigentumsrecht wie jedes andere auch, z. B. jemand ist Eigentümer eines Briefes von Napoleon. Dieses sachenrechtliche Eigentum kann beliebig verkauft und übertragen werden. Das Eigentum am Briefe geht über wie bei jeder

— Quinctil I p. 5. — Für das moderne Recht an Briefen siehe: *Kohler*, Recht an Briefen, 1892, ArchBürgR 7, 94ff. — *Steinbach*, Eigentum an Briefen, S. 25, Wien 1879. — *Burckas, Leo*, Eigentumsrecht, Urheberrecht und Persönlichkeitsrecht an Briefen, Leipziger Diss. 1907. — *Giesker*, Der Rechtsschutz des Briefes in der Schweiz 1908. — *Kuvecke*, Die unbefugte Veröffentlichung von Briefen 1912 (Breslauer Diss.). — *Rennefahrt*, Der Rechtsschutz des Briefes in der Schweiz, Basel 1908. — *Wieland*, Das Recht an Briefen, Akademischer Vortrag Basel 1904. — *Wilutzky*, Der Brief als Objekt des Rechtsschutzes, Erl. Diss. 1912. — *Abadie, M. G.*, De la propriété des lettres missives Toulouse 1882. — *Baudouin*, Des lettres missives, Lyon 1883. — *Breton, G. G.*, De l'inviolabilité du secret et de la propriété des lettres missives, Bordeaux 1889. — *Cara-Costea, G.*, La correspondance privée. Propriété, protection, secret, production en justice, Paris 1908. — *Chauvet, J.*, Le secret et la propriété de la correspondance, Grenoble 1801. — *Francois, C.*, De la violation du secret des lettres, Nancy 1891. — *Gény*, Des droits sur les lettres missives, Paris 1911, 2 Bände. — *Hanssens, Eugène*, Du secret des lettres, Brüssel 1890. — *Jardel, Ludovic*, La lettre missive, Essai d'une theorie juridique de la correspondance, épistolaire, Paris 1911. — *Lacombrade, Roger*, Les lettres missives, Paris 1908. — *Legris, Albert*, Du secret des lettres missives, de leur propriété et de leur production en justice, 2. Ausgabe, Paris 1894. — *Magistry, Leopold*, Des lettres missives, Forcalquier 1898. — *Montafgnier, I.*, De la lettre missive en droit privé, 2. Aufl. 1907, Montpellier. — *Paret, Gustave*, Les lettres missives, Lyon 1902. — *Paris, A.*, Le secret de la correspondance privé, Lille 1903. — *Person, H.*, Des lettres missives. Propriété. Inviolabilité. Preuves. Paris 1910. — *Péret, Raoul*, De l'inviolabilité du secret des lettres, Paris 1895. — *Poutas-Larue, Auguste*, De la propriété et de l'usage des lettres missives, Caen 1898. — *Robine, L.*, Respect dû à la correspondance, Caen 1909. — *Rousseau*, Traité théorique et pratique de la correspondance par lettres missives, 2. Aufl., Paris 1877. — *Tissier, Albert*, La propriété et l'inviolabilité du secret des lettres missives, Paris 1885. — *Valéry, I.*, Des lettres missives, Paris 1912. — *Noillaume, M. A.*, Respect dû à la correspondance, Paris 1888. — *Planiol*, Droit civil français, Band 3, Paris 1926. — *Planiol*, Traité élémentaire du droit civil, Band 1 Paris 1928. — *Giannini, T.*, Del diritto epistolare, Archivio giuridico, 47, 584ff. — *Lombardi, F. S.*, Sui delitti contro l'inviolabilità dei segreti, Supl. alla Revista Penale 1895/6 IV. — *Lozzi, C.*, Della proprietà e del segreto epistolare Giurisprudenza Italiana, 42, IV, S. 157ff. — *Lozzi, C.*, Sull'appartenza e sull' uso dei carteggi privati, Salerno 1883. — *Bamella, Agostino*, Dell' abusiva publicazione di correspondenza, Rivista Penale, Torino, 34, 242ff.

[26] Ein Schutz des Briefschreibers gegen unbefugte Veröffentlichung vertraulicher schriftlicher Mitteilungen ist übrigens im 1. Entwurf des jetzt geltenden LUG vorgesehen gewesen, ist aber in das Gesetz nicht übergegangen. Damals haben vereinzelte Schriftsteller einen solchen Rechtsschutz aus allgemeinen Rechtsgrundsätzen herzuleiten versucht. Die überwiegende Mehrheit der Schriftsteller und die Rechtsprechung aber (RGZ 69, 403!) haben einen solchen Rechtsschutz der Persönlichkeit abgelehnt.

anderen körperlichen Sache auch: durch Einigung und Übergabe. Daneben kann ein Urheberrecht treten, was aber bei Briefen der Ausnahmefall sein dürfte, z. B. jemand hat ein Gedicht verfaßt und brieflich mitgeteilt oder ein Exposé über einen Gegenstand geschrieben! Hier gelten ohne Rücksicht auf das jeweilige Eigentum die allgemeinen Regeln des Urheberrechts. Endlich kommt völlig unabhängig vom Eigentum am Briefe hinzu — last not least — das Recht auf Diskretion, d. h. auf vertrauliche Behandlung des Briefes, auch wenn sein Inhalt, wie in der Regel, keine eigenschöpferische Leistung darstellt, also urheberrechtlich nicht geschützt ist! Mit vollstem Recht erregt sich Cicero über die Indiskretion des M. Antonius (s. o.!). Und mit vollstem Rechte hat Wilhelm II. gegen den Verlag Cotta geklagt, weil er im 3. Band von Bismarcks Gedanken und Erinnerungen Briefe von ihm und Kaiser Friedrich III. an Bismarck veröffentlicht hat! Mit Unrecht hat damals das RG ein allgemeines PR verneint und die Klage abgewiesen[26a].

Es bedeutet daher einen erfreulichen Fortschritt, wenn der 1. ZS des BGH (BGHZ 13, 334ff.) in seiner Entscheidung v. 25. 5. 1954 i. S. Dr. M. (Kl.) w. D. W. — unter Berufung auf GG Artt. 1, 2 und § 823, I BGB feststellt, daß Briefe oder sonstige private Aufzeichnungen in der Regel nicht ohne Zustimmung des noch lebenden Verfassers und in der vom Verfasser gebilligten Weise veröffentlicht werden dürfen. Es wird dabei ausdrücklich betont, es könne dahingestellt bleiben, ob das Schreiben des Klägers als Schriftwerk im Sinne von § 1 LUG anzusehen ist und daher unter Urheberschutz falle. Eine ungenehmigte Veröffentlichung privater Aufzeichnungen stelle in der Regel — einen unzulässigen Eingriff *in die jedem Menschen geschützte Geheimsphäre* dar! Damit hat der BGH eindeutig das Recht auf Geheimsphäre anerkannt!

Auf Einzelheiten soll hier nicht eingegangen werden. Mit dieser Entscheidung v. 25. 5. 1954 dürfte das Persönlichkeitsrecht an[27] Briefen außerhalb des Urheber- und Sachenrechts unbestritten sein.

[26a] KG 10 ZS Urt. v. 28. 5. 1921 in Sa. Cotta v. Wilhelm II. — JW 1921, 901ff., ebenso vgl. RGZ 41, 43 betr. Richard-Wagner-Briefe! und 69, 401 (betr. die Nietzsche-Briefe!).

[27] Man wird daher auch einem Intestaterben die Briefe lassen, selbst wenn er auf die Erbschaft verzichtet. Das Ansichnehmen von Briefen ist keine Einmischung, die den nachträglichen Erbverzicht ausschließt und als Erbschaftsannahme zu behandeln wäre. In diesem Falle gilt der Satz mutatis mutandis: Das Recht am Papier folgt dem Rechte am Inhalt des Papiers, das eben auf den Intestaterben, d. h. Angehörigen übergeht, auch wenn der Nachlaß selbst infolge des Verzichts nicht übergeht. Vgl. dazu bereits die interessante französische Entscheidung des Cour d'Appel Angers 4. 2. 1869, Sirey 69 II, p. 291! Ebenso interessant ist die Frage von Briefen im Konkurs. M. E. gehören Briefe, die der Gemeinschuldner empfangen hat, selbst wenn sie als Autogramm Wert haben, nicht zur Konkursmasse, wenn sie der Schreiber reklamiert, um ein allgemeines Bekanntwerden zu verhüten; denn auch hier geht das Recht am Inhalt des Papiers dem Rechte am Papier vor. Das Recht

Jede unerlaubte Publikation von Briefen verstößt gegen das Recht, daß Innenleben Innenleben bleiben muß und nicht in die Sphäre der Öffentlichkeit gezogen werden soll (*Kohler*, ArchBürgR, das Recht an Briefen 7, 105). *Kohler* fährt pathetisch, aber mit Recht, fort, daß jeder Mensch sein Innenleben habe, das oft die Keimstätte erhabenster Gedanken sei. Die Wahrung dieses Seelenlebens, das oftmals die Atmosphäre bildet, aus der sich eine ideale Welt gestaltet, ist *eine heilige Pflicht des Rechtes.* Weit vorausblickend, wie auf so vielen Gebieten des Rechtes, hat *Kohler* auch hier die Gefahren klar erkannt, die dem Individualleben des Menschen drohen. Wahrung der Diskretion ist nicht nur eine Sache des Anstandes, des Taktes, der Moral, sondern bei den heutigen technischen Mitteln weitgehend Aufgabe des Rechtes. An dieser These ist heute nicht mehr zu rütteln. Streiten kann man nur noch über Grenzen und Mittel dieses Rechtsschutzes.

Vgl. auch den Civil Code of California § 985: They (=letters and other communications in writing) cannot be published *against the will of the writer* except by authority of law[28].

Heute besteht weitgehend Einigkeit darüber, daß Briefe und private Äußerungen[29] persönlichkeitsrechtlich geschützt sind, auch wenn sie keinen urheberrechtlichen Schutz genießen. Mit Recht sagt *Neustetel* (Der Büchernachdruck, S. 47): „Würde jeder Dritte fremde Reden nach Gefallen bekannt machen dürfen, so ist nichts gewisser als daß die freie Rede in und außer Hause, in Wort und Schrift, größtenteils verstummen müßte." Die franz. Rechtsprechung hat dieses sehr früh erkannt, wie das Urteil des Cour d'Appel de Paris v. 20. 12. 1850 beweist[30]. Hier handelte es sich um Briefe des bekannten Publizisten und Staatsphilosophen

---

auf Geheimsphäre überwiegt das Sachenrecht am Briefe. Vgl. auch hierzu eine franz. Entsch. des Cour d'Appel Dijon, 8. 2. 1870, Sirey, 70, II, p. 212.

Dieses Recht kann nicht durch Übergabe in dem Rechte am Verkörperungsmittel, in dem Recht am Substrate aufgehen. Briefe sind nicht Vermögensstücke, wie die anderen. Sie tragen den Stempel der Individualität an sich, auch ohne schöpferische Formgestaltung.

[28] Vgl. auch *Story*, Equity Jurisprudence II no 946: in a moral view the publication of such letters ... is perhaps one of the most odious breeches of private confidence, of social duty and of honorable feelings, which can well be imagined. It strikes at the root of all that free and mutual interchange of advice, opinions and sentiments between relatives and friends and correspondence, which is essential to the whole-being of society and to the spirit of a liberal courtesy and refinement.

[29] Vgl. dazu für den Prozeß die beachtliche Bestimmung der Hamburger Statuten I, 28, 6: Wenn ein Mann den anderen vertraulich um einen Rat bittet, so darf dieser hiernach nicht vor Gericht gezogen werden. Es gibt gesellschaftliche Interessen höheren Ranges als die absolute Wahrheit im Prozeß — vor allem im Zivilprozeß. — Dahin gehört die Sicherheit des Vertrauens, das Bewußtsein, sein Herz unbefangen einem anderen eröffnen zu können, oder der Schutz vor Indiskretionen, Entwürdigung der Persönlichkeit — kurz die Wahrung der Geheimsphäre.

[30] *Blanc*, Traité de la Contrefaçon, p. 78f.

Benjamin Constant an Mme. Recamier, welche Mme. Collet veröffentlichen wollte.

Es handelt sich aber nicht nur um die Aufnahme von Worten durch das Tonband, um Briefe oder um mündliche Wiedergabe von Äußerungen, vielmehr fällt jede Art von Indiskretion, die gegen die Würde des Menschen verstößt, hierunter und muß rechtlich erfaßt werden. Wenn sich heute Minister, Filmstars und andere Persönlichkeiten, die sich des öffentlichen Interesses besonders erfreuen, darüber beklagen, daß sie von Journalisten und Photographen zu sehr belästigt und ihr Privatleben namentlich auf Grund von § 23 KSchG[31] zu stark profaniert wird, so kann dieses sehr aktuelle Problem heute auf Grund der Artt. 1 und 2 des GG eigentlich überhaupt keine Rolle mehr spielen. Es wäre Aufgabe höchstrichterlicher Rechtsprechung, auf Grund einiger Stichprozesse die Grenzen festzulegen, wo die Würde und die Persönlichkeit der am öffentlichen Leben hervortretenden Personen als verletzt anzusehen ist. § 23 KSchG gibt durchaus keinen Freibrief dahin, prominente Persönlichkeiten persönlichkeitsrechtlich gleichsam zu entrechten und sie der Lächerlichkeit oder Entwürdigung preiszugeben. Minister sind keine „outlawer" im Persönlichkeitsrecht. Es wäre eine seltsame Rechtsordnung, wenn man entwürdigende Bilder des Staatsoberhauptes — man denke an den Fall des Reichspräsidenten Ebert! — oder eines Kultusministers — zur Freude seiner ihm anvertrauten Jugend! — bringen könnte, wenn aber die Persönlichkeit der Frau Schultze davor geschützt wäre. Das Paradoxe liegt auf der Hand. Um diesem aktuellen Übel abzuhelfen, bedarf es aber weder beratender Kommissionen, noch gar einer positiven Gesetzesänderung. Die Rechtsprechung hat heute Handhabe genug, um allen diesen Mißbräuchen moderner Technik einen Riegel vorzuschieben.

Erwähnt sei hier noch das Recht auf Ehre, wenn es auch mehr in die Privat- als in die Geheimsphäre gehört! Der Jubilar hat bereits 1906 in seiner Schrift über die Unterlassungspflicht ein solches Recht anerkannt. Erwähnt sei auch die Frage der Bühnen- oder Filmdarstellung lebender Personen[32]. In anderen Ländern hat man schon lange hierzu Stellung genommen. Zuerst hat in Deutschland die Darstellung des damals bereits verstorbenen Königs Ludwig II. von Bayern durch den Schauspieler Ferdinand Bonn dazu Anlaß gegeben. Dann handelte es sich um den Rechtsstreit Wilhelm II. gegen Piscator. Mit Recht sagt *Fulda* l. c. S. 421 hierzu: „Weitestgehender Schutz der Persönlichkeit widerspricht nicht nur nicht dem demokratischen Staatsgedanken, sondern er wird von ihm direkt verlangt, noch mehr: Die Demokratie verleugnet ihre Grundlagen, wenn sie nicht die Möglichkeit schärfster Reaktion gegen jede Antastung der Persönlichkeit gibt!"

---

[31] Sicherlich hat der Gesetzgeber mit § 23 KSchG alles andere bezweckt, als eine Profanierung, Entwürdigung oder Lächerlichmachung prominenter Personen!

[32] Vgl. hierzu *Fuld*, DJZ 1928, 417ff.

Hierher gehört auch das Unwesen des systematischen oder beruflichen (Privatdetektive!) Ausforschens und Ausspionierens persönlicher Geheimnisse und Lebensgewohnheiten[33]. Dieses indiskrete Eindringen in die Privatsphäre — meist gegen Bezahlung — muß grundsätzlich als Verletzung des Persönlichkeitsrechts und damit als rechtswidrig angesehen werden. Wir wollen nicht zurückgehen zu den Zuständen der Inkas, bei denen sich Schwärme von Detektiven über das Land ergossen, um die Lebensführung jedes einzelnen auszuspionieren. Ein warnendes Beispiel ist auch das sattsam bekannte Spitzelsystem autoritärer Staaten! — Vestigia terreant! Freiheit und Würde der Persönlichkeit, Wahrung der Geheimsphäre stehen hier auf dem Spiele! Im Strafrecht mag ein Eindringen in die private Sphäre aus staatspolitischen Gründen bis zu einem gewissen Grade unerläßlich sein. Es sollte dies aber auf das notwendigste Minimum beschränkt werden. Das Zivilrecht muß dagegen frei sein von solchen unwürdigen Indiskretionen[34]. Hierunter fällt auch bis zu einem gewissen Grade die praktische und bezahlte Auswertung der Graphologie[35].

Erwähnt sei ferner der Schutz gegen Hausfriedensbruch, der die räumliche Privatsphäre betrifft. Er findet sich schon im römischen[36] und germanischen Rechte[37], sowie vor allem auch im alten englischen Rechte! My house is my castle ist die präziseste Formulierung des Persönlichkeitsrechts, der Privat- und Geheimsphäre in räumlicher Beziehung!

Endlich gehört dahin alles, was einen Eingriff in die Intimität des Privatlebens bedeutet, sei es das Anbringen eines Bildes auf Zündholz- oder Seifenschachteln, das unbefugte Abnehmen einer Totenmaske oder Photographieren einer Leiche[38], die Ausstellung eines Gemäldes, das den Ehemann auf seinem Totenbette darstellt.

Der Letztere hat sich ereignet beim Tode des Schweizer Malers Hodler und löste einen Prozeß Kaspar c. Witwe Hodler aus, den das Schweizer

---

[33] Mit Recht *Hubmann*, Das Persönlichkeitsrecht, S. 242, und *Heinrich Lehmann*, Allg. Teil, 9. Aufl., S. 402: „Dem Unwesen des Auskundschaftens privater Lebensführung durch Detektive muß auch durch die deutsche Gesetzgebung oder Rechtsprechung stärker entgegengetreten werden.“ Dem ist nur entgegenzuhalten, daß hier nicht so sehr die Gesetzgebung, als die Rechtsprechung nunmehr die Aufgabe hätte, das allgemeine Prinzip des GG in allen Einzelheiten herauszuarbeiten und vernünftige Leitsätze aufzustellen. Vgl. auch RGZ 115, 416ff.

[34] Vgl. die interessante Entsch. des Schweizer BG v. 19. 10. 1918, die den Schutz gegen eine private Spionin behandelt (SchwBGE 44, II, 319).

[35] *Mitteis*, Graphologie und Recht, DJZ 1927, 1645.

[36] Siehe oben S. 199f.

[37] Siehe lex Ribuaria, 47, 3 — Pactus Alam. V 3 — Lex Baiwariorum XI.

[38] RGZ 45, 170ff. (Urt. v. 28. 12. 1899). Zwei Hamburger Photographen drangen in der auf den Tod des Fürsten Otto von Bismarck folgenden Nacht in Friedrichsruh widerrechtlich gegen den Willen der Kinder des Verstorbenen in das Zimmer ein, in welchem die Leiche ruhte, und machten bei Magnesiumlicht eine photographische Aufnahme von der Leiche und dem sie umgebenden Teil des Zimmers!

Bundesgericht zugunsten der Witwe Hodler entschied[39]. Es stellte sich auf den richtigen Standpunkt, daß es sich hier um eine Verletzung intimer Gefühle und darum der Geheimsphäre handelte. Alle Fälle aufzuzählen ist unmöglich. Sie sind bunt und mannigfaltig wie das Leben und die kaleidoskopartig ausstrahlende Persönlichkeit. Zweck dieser Betrachtungen ist es auch, nicht all die vielfachen verschiedenen Persönlichkeitsrechte darzulegen, sondern festzustellen, daß heute auf Grund des Bonner GG ein allgemeines Persönlichkeitsrecht kaum mehr bestritten werden kann und von zeitgenössischen Juristen in der Mehrzahl auch kaum mehr bestritten wird. Die Zeit ist vorüber, als *Böcking*[40] spöttisch schreiben konnte: „Recht der Persönlichkeit? — Eigentum seiner selbst?[41], eine anmutige Spekulation, aber wegen Verkennung sowohl des Begriffs der Persönlichkeit als der des Eigentums unrichtig!" — Dieses Stadium einer „anmutigen Spekulation" ist heute überwunden.

Dieses allgemeine Recht der Persönlichkeit ist das einheitliche subjektive Grundrecht, das alle besonderen subjektiven Rechte, so vor allem die einzelnen Persönlichkeitsrechte fundamentiert, um mit *Otto von Gierke*[42] zu reden. Gegen diese Anerkennung eines allgemeinen Rechtes der Persönlichkeit, aus dem sich die einzelnen Persönlichkeitsrechte ableiten, hat sich rechtspolitisch manch gewichtige Stimme erhoben[43] und diese Skepsis hat eine gewisse Berechtigung, als man versucht sein könnte, uferlose Folgerungen aus einem allgemeinen Persönlichkeitsrecht zu ziehen, indem man alles und jedes unter diesen Generabegriff subsumieren würde. Das Leben würde dann ebenso unerträglich werden wie bei schrankenloser Indiskretionsfreiheit. Am glücklichsten wären dann die Taubstummen und man würde an die berühmte japanische Plastik am Tempel von Nikko erinnert werden, die drei Affen darstellt, von denen der eine nicht sehen, der andere nicht hören, der andere nicht sprechen will. Man käme damit von der Scylla der unbeschränkten Freiheit des Indiskreten in die Charybdis der überspannten Vorsicht im Verkehr von Mensch zu Mensch. Eines wäre so verkehrt wie das andere! Wie jedes Extrem! Auch hier ist der klug abgewogene Mittelweg das zweifellos richtige; denn bei der soziologischen Natur und Aufgabe des Rechtes, Interessengegensätze anzugleichen, gilt es die Freiheit und Persönlichkeit jedes Menschen zu wahren. Man halte sich aber stets vor Augen, daß der Schutz der Freiheit des einen nicht eine Beschränkung der Freiheit des Näch-

---

[39] SchBGE 70, II, 127.

[40] Inst. § 34 Anm. 12. Siehe auch *Arndts*, Pandekten, 1865, S. 25, Anm. 2 u d. in KritJahrb. 7, 298, der sich offenbar dieser Auffassung anzuschließen scheint.

[41] Diese Formulierung geht auf *Vangerow*, Pandekten I, § 34, S. 72, Anm. 1a zurück, der Eigentum an der eigenen Person annahm!

[42] *Otto von Gierke*, Deutsches Privatrecht I, Allg. Teil, Personenrecht, S. 703.

[43] Vor allem neuerdings *Larenz*, NJW 1955, 521ff. bezüglich der rechtlichen Folgerungen, s. auch die ablehnenden Schriftsteller, Anm. 16.

sten bedeuten darf. Vielmehr muß ein vorsichtiges und lebensnahes Abwägen des Spielraumes beider Persönlichkeiten stattfinden!

Aber dies ist weder ein Grund, das allgemeine Persönlichkeitsrecht abzulehnen, noch nach einer positiven gesetzlichen Regelung zu verlangen. Der unaufhörliche Schrei nach Gesetzen, nach Reformen beweist uns, daß man vor allem bei uns in Deutschland die große Bedeutung und Aufgabe unserer Rechtsprechung verkennt. Es ist sinnlos, bei unserer immer weiter fortschreitenden Entwicklung auf allen Gebieten, vor allem aber der Technik, stets nach neuen Gesetzen zu verlangen. Es genügt, klare Grundprinzipien wie Artt. 1 und 2 GG oder Generalklauseln zu haben, die der modernen Dynamik des Lebens gewachsen sind. Nirgends wird dies klarer als auf dem Gebiet des Urheberrechts und der Geheimsphäre. Man kann nicht für jede einzelne der vielen technischen Erfindungen stets eine Novelle oder gar ein neues Gesetz machen. Man vergegenwärtige sich nur die Entwicklung von der Zeit der Spieluhren und Grammophone, der Pianolas und Drehorgeln bis in unsere Zeit des Magnetophons, der Mikrophotographie, des Radios und Fernsehens. Sicher ist eines, daß die Technik auf dem heutigen Status nicht verharren wird, daß sie bereits morgen neue Fortschritte machen nud damit neue urheberrechtliche, wie persönlichkeitsrechtliche Probleme aufwerfen wird. Und wie wird bei diesem Tempo technischer Entwicklung die Lage erst in einigen Jahren sein ? Kein Gesetz, das im vorigen Jahrhundert wie BGB, LUG oder KSchG konzipiert wurde, ist an sich in der Lage, mit positiven Normen diese stetig neu auftauschenden Probleme zu lösen, wenn wir nicht Grundprinzipien, die Rechtswissenschaft und Rechtspraxis herausgearbeitet haben, oder Generalklauseln der Rechtsfindung zugrunde legen. Nur so kann man die stetigen a priori vorhandenen Veraltetheiten der Gesetze paralysieren. Das Recht muß so dynamischelastisch sein wie der Strom des Lebens, dem es akzessorisch und untrennbar folgt.

England hat dieses Problem in der den Angelsachsen typischen undoktrinären, praktischen Weise gelöst durch sein Case-law und das law of Equity. Die französische Rechtsprechung, die leider bei uns zu unserem Nachteil viel zu wenig beachtet wird, hat hervorragendes auf dem Gebiete der Rechtsfortbildung geleistet. Man denke nur an das bekannte Beispiel, was die französischen Gerichte aus dem Art. 1382 des Code Civil alles abgeleitet und herausgebildet haben! Man denke auch an das römische Recht, das seine Fortbildung in klassischer Zeit in erster Linie durch das alljährliche Edikt erfuhr. Und dieses ist nichts anderes als die Aufstellung von Rechtsprinzipien, von antizipierten Entscheidungen. Hätte die römische privatrechtliche Entwicklung ihren Schwerpunkt in der Commitialgesetzgebung gehabt und nicht im prätorischen Edikt, das römische Recht hätte niemals die weltbeherrschende, jahrhunderteüberdauernde Bedeutung erlangt.

Man kann daher selbst bei größter rechtspolitischer Vorsicht unbesorgt eine allgemeine Generalklausel des Persönlichkeitsrechts anerkennen, wenn man vertrauensvoll der Rechtsprechung die ihr zufallenden Aufgaben zuteilt, durch Entscheidung von Fall zu Fall wie im anglosächsischen Rechte eine vernünftige, den Bedürfnissen und Auffassungen der Zeit gerechte Entscheidung zu treffen, um allmählich leitende Grundsätze herauszuarbeiten. Dadurch wird die Gefahr einer uferlosen Ausdehnung des Begriffes des allgemeinen Persönlichkeitsrechts von Anfang gebannt! Niemals aber wären positive Gesetzesparagraphen imstande, diese Funktion zu erfüllen. Man müßte einen ganzen Kodex machen für all die bunten Fälle, die hier entstehen können. Man denke nur an die mannigfache Varietät der Einzelprobleme der modernen Photographie, der Mikrophotographie[44], des Films[45], des Fernsehens, der Fragen der verschiedenartigsten Berufsgeheimnisse, der Namens- und Warenzeichenrechte, der Privat- und Geheimsphäre, des Magnetophons[46], der Briefe, Aufzeichnungen, Äußerungen von Gedanken, Darstellung auf der Bühne, im Film als Theaterfigur, Erwähnung mit oder ohne Namen in Romanen und Dramen, Novellen, Skizzen, der Auskunfteien, der Publizierung in Bild und Wort von intimen Details aus dem Leben der Prominenten usw. Unübersehbar ist heute die Zahl der Ausstrahlungen der Persönlichkeit. Was soll man rechtlich schützen? Was gehört lediglich dem Gebiet der Moral, des Anstandes, der gesellschaftlichen Sphäre an. Wie erhält man die Freiheit der Persönlichkeit des Einzelnen ohne die Freiheit des anderen und damit der Allgemeinheit zu gefährden? Alle diese ideologisch und materiell im rapiden Fluß befindlichen Probleme kann kein starrer Gesetzesparagraph lösen, dem eine Flut von Novellen der so beliebten, aber höchst unerfreulichen „Reformen" folgt. Das Recht ist Entwicklung, soll organische Fortbildung, aber nicht ewige Reform sein. Diese organische Fortbildung paßt sich elastisch dem stetigen Fluß des Lebens mit seinem ständig neu auftauchenden Gegebenheiten an. Reform wartet, bis die Dinge unhaltbar sind, um dann mehr oder minder radikal einzugreifen.

Auf unserem, hier speziell interessierenden Gebiete des Persönlichkeitsrechts, sowie in gleicher Weise des Privatrechts kommt eben noch als besonders erschwerend dazu der Einfluß der unübersehbaren, fast hektischen Entwicklung der Technik, die immer neue Angriffe auf die Persönlichkeit, namentlich auf die Geheimsphäre darstellt. Sie ist dem Rechte gegenüber wie eine Hydra, wie eine Lernäische Schlange, der immer neue Köpfe wachsen. Nur eine kluge, die Entwicklung wach be-

---

[44] Siehe *Abel*, Mikrophotographie und Urheberrecht, JBl.

[45] *Ulmer*, Kinematographie u. Urheberrecht, GRUR Ausl. u. Intern. T. 1953, 182.

[46] *Abel*, Magnetophon und Urheberrecht, JBl. 1953, 177 ff. u. 205 f.

obachtende Rechtsprechung, wie sie in Frankreich[47] besteht, kann dieser, gerade durch die moderne Technik hervorgerufenen Lage gerecht werden, nicht aber neue Gesetze, Novellen und Reformen, zumal diese schon äußerlich immer überholt sind; denn sie brauchen, um abgefaßt und in Kraft gesetzt zu werden, Jahre! Die trefflichen Leistungen des 1. ZS des BGH berechtigen zu dem Optimismus, daß unsere Rechtsprechung dieser großen Aufgabe gewachsen ist! Natürlich ist es Aufgabe der Rechtswissenschaft, die Rechtsprechung nach Kräften zu unterstützen.

Daß man dabei nicht pedantisch ängstlich am Wortlaut kleben darf, um modernen Fragen gerecht zu werden, ist selbstverständlich. Der Gesetzgeber der 90er Jahre konnte wirklich nicht ahnen, daß man ein halbes Jahrhundert später Fernsehapparate, Magnetophone, Filme, Radios usw. haben würde! Man muß dabei die in der Theologie bei Interpretationen der Bibeltexte vielleicht berechtigte Auffassung aufgeben, daß der Gesetzgeber vergangener Zeiten an alles gedacht und in allem unfehlbar wäre. Natürlich tut man dies meist unbewußt. Man sollte sich vielmehr an Art. 1 des SchwZGB erinnern:

„Kann dem Gesetz keine Vorschrift entnommen werden, so soll der Richter nach Gewohnheitsrecht und, wo auch ein solches fehlt, nach der Regel entscheiden, die er als Gesetzgeber aufstellen würde. Er folgt dabei bewährter Lehre und Überlieferung." —

Es seien auch hierzu Äußerungen hervorragender Juristen angeführt, so vor allem von *Josef Kohler*, der gerade auf diesem Gebiete des Urheber-, Erfinder- und Persönlichkeitsrechtes bahnbrechendes geleistet hat:

„Seit 30 Jahren habe ich genügend die Erfahrung gemacht, wie jede enge Buchstaben- und Wortauslegung vor dem Lichte der Entwicklung wie Spreu zerstiebt; die freiere, tiefere Erfassung des Rechtes aber trotzt der Flucht der Zeit" (Vorwort zu II, 1 des Lehrbuches des bürgerl. Rechtes 1905, S. VIII). Leidenschaftlich ruft er aus: „Und wer noch nicht beherzigt hat, daß eine geistige Verarbeitung eines Gesetzbuches von selbst schon eine Stufe über das Gesetzbuch hinaus führt, der zeigt damit an, daß er veraltet ist! Das veraltete muß absterben; auf wissenschaftlichem Neuland pflanzen wir unsere Fahne auf!"

Ein Gesetz ist eben a priori veraltet, wenn es herauskommt! Nur Rechtsprechung im Bunde mit der Rechtswissenschaft kann der unaufhörlich fortschreitenden Entwicklung des Lebens und heute vor allem der Technik gerecht werden!

An anderer Stelle sagt *Kohler* treffend: „Wir Rechtsforscher sind doch etwas Höheres als bloße Ausleger des Gesetzes[48]."

[47] Die französische Rechtsentwicklung ist uns gerade auf diesem Gebiete teilweise um Jahrhunderte voraus, z. B. auf dem des Namensrechtes. Vgl. die Ordonnance von Amboise v. 26. 3. 1555 (Recueil des anciens lois français XX, 333). Allerdings handelte es sich hier um königliche Ordonnancen!

[48] Lehrbuch, II, 1, S. 515, Anm. 1. Hier wendet sich *Kohler* mit Recht gegen die

Ein so bedächtiger Gelehrter wie *Erwin Riezler* geht sogar soweit, in Staudingers Kommentar (10. Aufl. Einleitung, Anm. 59) zu schreiben: „Letztere Auslegung" (d. h. die teleologische nach Sinn und Zweck des Gesetzes!) „ist auch gegenüber einem sprachlich unzweideutigen Wortlaute nicht ausgeschlossen, denn die Worte sind nur der möglicherweise unvollkommene Ausdruck der maßgebenden Gedanken ... Die wahre Kunst der Auslegung beruht auf der von juristischem Takt und gesundem Menschenverstand geleiteten richtigen Abwägung aller Auslegungsgründe[49]."

Vor allem aber sei auch der BGH selbst angeführt in einer Entscheidung v. 23. 5. 1951, BGHZ 2, 184 und 3, 315f. sowie RGZ 89, 187, 96, 327 — 117, 429 — 139, 112 — 142, 40f.).

Im Band 3 S. 315 (Ent. v. 30. 10. 1951 — 1. Zivilsenat!) sagt der Bundesgerichtshof in bemerkenswerter Weise: „Die richtige, d. h. dem Rechte gemäße Anwendung des positiven Rechts gestattet dem Richter nicht nur, das Recht im Sinne seiner Weiterentwicklung durch Auslegung des gesetzten Rechts fortzubilden, sondern sie verpflichtet ihn sogar hierzu, wenn die Findung einer gerechten Entscheidung dies erfordert. Im GG selbst, nämlich im Art. 20, III, ist diese Aufgabe der Gerichte mit besonderer Klarheit zum Ausdruck gekommen; denn dort wird hervorgehoben, daß die Rechtsprechung an ‚Gesetz und Recht' gebunden sei." Der Richter hat also das Recht weiterzuentwickeln und dabei nicht nur das gesetzte Recht zu berücksichtigen.

Mit all dem soll die erste These dieser Abhandlung — ohne in Einzelheiten sich zu verlieren — erläutert werden, daß es Aufgabe der Rechtsprechung und natürlich zu ihrer Unterstützung der Rechtswissenschaft ist, von Fall zu Fall die einzelnen Persönlichkeitsrechte herauszuarbeiten, vor allem die Geheimsphäre des Menschen zu schützen und Grundsätze aufzustellen, die den Lebensbereich des Einzelnen vor der unaufhörlich vorstürmenden Technik juristisch schützen[50]. Das gleiche gilt für das Urheberrecht, ohne damit aber einer Neugestaltung des gesamten Urheberrechtes widersprechen zu wollen. Die Praxis kann nicht in alten Bahnen wandeln, bis dieses neue Gesetz wirklich in Geltung sein wird. Umgekehrt tut der Gesetzgeber gut, die Neufassung nicht zu überstürzen, sondern die kasuistische Herauskristallisierung der der modernen Technik angepaßten Rechtsgrundsätze durch die höchstrichterliche Rechtsprechung abzuwarten. —

---

kurzsichtige Entsch. des RG v. 29. 5. 1902, RGZ 51, 369, welche die Persönlichkeitsrechte ablehnt! Siehe auch Lehrbuch III, 1, S. 1ff. und Enzyklopädie II, 33.

[49] Vgl. ferner *Enneccerus-Nipperdey*, § 51, *Heck*, JW 12, 69 und JW 19, 102; *Reichel*, Gesetz und Richterspruch, *Ehrlich*, IhJ. 58, 2; *Fuchs*, JW 22, 8 und LZ 29, 21 und 289; *Binder*, ZHR 100, 40.

[50] Es ist diese Fortentwicklung aber keine „Normenerschleichung", wie *Heinrich Lehmann* annimmt! (*Enneccerus-Lehmann*, Schuldrecht, §§ 233, 234.)

Die zweite These ist die *der strengen Trennung von Urheberrecht und Persönlichkeitsrecht.* Man gebe dem Urheberrechte, was des Urheberrechtes ist, und dem Persönlichkeitsrecht, was in dessen Begriffsbereich fällt. Urheberrecht ist das Recht der eigenschöpferischen Leistung, das Recht des schöpferischen Geistes[51]. Persönlichkeitsrecht ist das Recht in seiner mannigfaltigsten Gestaltung, das die Individualität, die Freiheit des Einzelnen, sein Eigenleben, seine Persönlichkeitssphäre schützt. Wenn banale Gespräche des Alltags auf Tonband aufgenommen werden, wenn jemand photographiert wird, wenn eine Auskunftei das Privatleben auskundschaftet, wenn ein Staatsoberhaupt in verfänglicher Situation gefilmt wird — um nur einiges herauszugreifen —, so hat dies nicht das geringste mit dem Rechte des schöpferischen Geistes zu tun[52]! Es sind dies auch keine ,,urheberrechtsähnlichen" Rechte, ein Quasiurheberrecht! Das Recht am eigenen Bild, an der eigenen Stimme, das Recht auf Geheimsphäre hat nichts mit dem Urheberrechte gemeinsam! Dazu kommt: Wie oben dargelegt, sind die Persönlichkeitsrechte derartig mannigfaltig und werden noch stets mannigfaltiger, daß ihre umfassende Regelung bald den Rahmen des Urheberrechtes sprengen würde. Eine saubere dogmatische Trennung und Begriffsscheidung ist aber auch von großer praktischer Bedeutung; denn nur so kann das Wesen dieser beiden verschiedenen Rechte klar erkannt werden.

Die Persönlichkeitsrechte haben auch nichts mit den droits voisins zu tun, von denen sie daher gleichfalls begrifflich und äußerlich zu scheiden sind. Wenn Furtwängler eine Beethoven-Symphonie dirigiert, mag dies als ein Nachbarrecht des Urheberrechtes angesehen werden, niemals aber wenn Frau X wider ihren Willen photographiert wird oder ihre häusliche Unterhaltung im Magnetophon festgehalten wird.

Man trenne also äußerlich wie begrifflich Urheberrecht und Persönlichkeitsrecht! Nur so kann das Persönlichkeitsrecht als eigene Rechtsmaterie frei entwickelt werden, niemals aber als Annex zum Urheberrecht. Was beide Rechte gemeinsam haben, hebt nicht ihre heterogene Struktur auf: das Urheberrecht hat zweifelsohne persönlichkeitsrechtlichen Einschlag und beide Rechte müssen, wie oben dargelegt, durch Generalklauseln und allgemeine Rechtsgrundsätze von der Rechtsprechung vor der Gefahr einer alles überrennenden Technik geschützt werden. Dies aber ist kein Grund, die beiden heterogenen Rechte deshalb miteinander zu vermischen, ihre Erkenntnis zu trüben und dadurch ihre voneinander unabhängige Weiterentwicklung zu hemmen.

---

[51] Vgl. *Heinrich Hubmann,* Das Recht des schöpferischen Geistes, 1954.

[52] Ein praktisches Beispiel möge dies näher erläutern. Als man Marianne von Willemers Gedichte Goethe zuschrieb, wurde dadurch ihr Urheberrecht und Goethes Persönlichkeitsrecht betroffen! (Siehe *Neumann-Duesberg* l. c. S. 159.)

1880 sagte bereits *Josef Kohler*, der immer neue Quellen der Erkenntnis anschlug, auch wenn er irrte[53]: „Nichts verderblicher als die ständige Vermengung dieser beiden, an völlig verschiedene Voraussetzungen gebundenen und völlig verschiedenen Gebieten angehörigen Berechtigungen.“ Und damit hat *Kohler* den Kern der Sache getroffen!

[53] *Kohler*, IhJ 18, S. 282, Das Autorrecht.

EIGENSCHAFTSIRRTUM UND ERKLÄRUNGSIRRTUM

Von Dr. Dr. h. c. WALTER SCHMIDT-RIMPLER

oö. Professor an der Universität Bonn

I.

Flume hat in seinem bedeutenden Werk über Eigenschaftsirrtum und Kauf[1] den Eigenschaftsirrtum von ganz neuen Gesichtspunkten aus behandelt und damit dem, um *Kegels*[2] Ausdruck zu gebrauchen, „ausgewalzten" Thema wieder originelle und fruchtbare Seiten abgewonnen und es so erneut aktuell werden lassen. Da auch der Forscher, dem diese Zeilen gewidmet sind, wie die immer veränderte Durchgestaltung der Darstellung des Problems in seinem Lehrbuch des Allgemeinen Teils des BGB erweist[2a], deutliches Interesse an ihm gezeigt hat, wird er vielleicht eine nochmalige grundsätzliche Behandlung dieses Fragenkreises nicht als überflüssig ansehen. Das schon durch die Raumbeschränkung begrenzte Ziel dieser Arbeit soll lediglich sein, darzutun, was die von der *Wertung* durch die Parteien, nicht formal vom Willen, ausgehende und so die psychologische und die wertungsmäßige Seite der Willenserklärung verbindende Auffassung des Vertrages, die ich in meiner Abhandlung über Grundfragen der Erneuerung des Vertragsrechts[3] und jüngst in dem Aufsatz über die Geschäftsgrundlage[4] zu entwickeln versucht habe, zur Lösung des Problems grundsätzlich beitragen kann, ohne daß hier eine erschöpfende kasuistische Behandlung, geschweige denn eine vollständige Auseinandersetzung mit der Literatur[5] und Judikatur beabsichtigt und möglich wäre.

---

[1] Künftig nur mit Verfassernamen und Seite angeführt.

[2] Besprechung des Buches von *Flume* AcP 150, 356ff. (ebenfalls nur mit Verfassernamen zitiert).

[2a] Jetzt (1955) 245.

[3] AcP 147, 130ff. (als „Grundlagen" zitiert).

[4] Nipperdey-Festschrift 5ff. (zitiert als „Geschäftsgrundlage").

[5] Doch will ich tunlichst zu der Spezialliteratur, insbes. zu den Arbeiten von *Flume* (A 1) und *Kegel* (A 2), ferner dem Buch von *Brauer*, Der Eigenschaftsirrtum, Hamb. Rechtsstudien Heft 42 und der Abhandlung von *Raape*, Sachmängelhaftung und Irrtum beim Kauf, AcP 150, 481ff. und schließlich zu den von meinem Gesichtspunkt aus wichtigen Ausführungen von *Henle*, zusammenfassend Lehrbuch d. bürg. Rechts 243ff., Stellung nehmen. *J. v. Gierke* ZHR 114/73 ff. behandelt unser Problem nicht speziell.

[6] Den Streitstand behandeln ausführlich *Brauer* und *Flume*. Vgl. im übrigen st. a. *Enneccerus-Nipperdey* § 168 I, § 167 IV 3, 4.

II.

Flume hat die der damals herrschenden Meinung durchaus widersprechende, heute allerdings schon vielfach übernommene Auffassung ausgezeichnet, namentlich in der Widerlegung *Zitelmanns*, begründet, daß der Irrtum über Eigenschaften auch einer Speciessache, die Gegenstand eines Rechtsgeschäfts ist, durchaus nicht notwendig Motivirrtum zu sein braucht, sondern sehr wohl Erklärungsirrtum sein kann, oder daß — von anderem Gesichtspunkt aus — die rechtsgeschäftliche Vereinbarung die Sacheigenschaften als Rechtsfolge in sich aufnehmen, sich, wie *Flume* es oft ausdrückt, „auf sie beziehen" kann[7]. Die Schrift *Brauers* (s. S. 213 A. 5) hatte schon vorher darzutun versucht, daß der Eigenschaftsirrtum häufig Erklärungsirrtum sei, ohne aber m. E. den springenden Punkt zu erfassen (s. dazu u. S. 232). Ich selbst hatte im ersten Teil meiner Abhandlung über die Grundfragen der Erneuerung des Vertragsrechts zwar auch betont, daß der Eigenschaftsirrtum des § 119 Abs. 2 BGB einen Erklärungs- und keinen Motivirrtum darstelle, wennschon einen solchen besonderer Art, war aber die Begründung schuldig geblieben, da ich sie dem zweiten Teil jener Arbeit vorbehalten hatte, dessen in diesem Punkte bereits fertiges Manuskript später den Kriegsereignissen zum Opfer gefallen ist; *Flume* weist so zwar auf meine entsprechende Bemerkung hin, meint aber mit Recht (15 A. 23), daß es auf die Begründung ankomme und zwischen seiner und meiner Ansicht doch gewisse Unterschiede zu bestehen schienen. Vielleicht wird eine Rekonstruktion meiner verlorenen Aufzeichnungen dadurch gerechtfertigt, daß sie ergeben wird, wie weitgehend sie, unbeeinflußt natürlich von dem späteren Schrifttum, von anderen Grundgedanken aus mit anderer Begründung und freilich wesentlichen Abweichungen doch zu ähnlichen dogmatischen Ergebnissen gekommen sind, wie sie von *Brauer* etwa gleichzeitig vertreten wurden und auch *Flumes* Ausführungen entsprechen: Denn die Erzielung eines Ergebnisses durch mehrere von verschiedenen Gesichtspunkten aus unabhängig zu ihm gelangende Autoren erhöht wohl die Vermutung der Richtigkeit.

Von meinem Standpunkt aus war die Begründung etwa in folgender Weise gegeben worden: Ich ging auf der Basis meiner grundsätzlichen Auffassung des Vertrages (s. o. S. 213) von zwei Grundgedanken aus, die ich in dem veröffentlichten Teil der Abhandlung entwickelt hatte:

1. Der Richtigkeitsgedanke des Erklärungsirrtums liegt darin, daß der Erklärende die irrtümlich erklärte Rechtsfolge nicht gewertet hat, weil eine andere Rechtsfolge als die gemeinte und gewertete erklärt worden

---

[7] Der Ausdruck soll bedeuten, daß die Sache nach der Vereinbarung in der betr. Beschaffenheit zu liefern ist. Er ist vielleicht insofern nicht ganz prägnant, weil die Vereinbarung sich in gewisser Weise auch auf die Eigenschaft „bezieht", wenn diese etwa zur Bedingung gemacht oder garantiert ist.

ist und daß deshalb für die Rechtsfolge keine Richtigkeitsgewähr besteht, da diese nur durch eine Wertung *beider* Parteien — in Grenzen — verbürgt ist (Grundlagen 181), daß ferner der Erklärende gegen solche immer möglichen Fehler in der Verständigung geschützt werden muß, zumal sie regelmäßig zu groben Unrichtigkeiten führen und andererseits die in der Anfechtbarkeit liegende Gefährdung der Verkehrssicherheit durch die Verpflichtung zum Ersatz des Vertrauensschadens vermögensmäßig paralysiert werden kann. Als *Unterschied* zwischen Erklärungsirrtum und Motivirrtum ergab sich (188ff., Geschäftsgrundlage 9f.), daß bei jenem die Rechtsfolge von dem Erklärenden nicht gewertet worden ist, während sie beim Motivirrtum zwar gewertet worden ist — es war ja die, die er erklären und herbeiführen wollte — aber auf Grund einer falschen, irrtümlich angenommenen Wertungsgrundlage; der Richtigkeitsgrund dafür, die Anfechtung beim Motivirrtum nicht zuzulassen, obwohl auch hier die Richtigkeit nicht gewährleistet ist (dazu bes. Geschäftsgrundlage 9f.), liegt in der sonst zu stark werdenden Gefährdung der Verkehrssicherheit in Verbindung damit, daß der Erklärende selbst es hier gar nicht unternommen hat, diese Wertungsgrundlage als solche dem Gegner zugänglich zu machen.

2. Als Rechtsfolge, auf die die Willenserklärung gerichtet wird, ist lediglich ein sozialer Sachverhalt als rechtlich zu gewährleistender anzusehen, wobei sich im Schuldverhältnis die rechtliche Gewährleistung als Forderung darstellt, die vom Recht durchgesetzt wird (Grundlagen 143, 145).

Da die Willenserklärung nur auf eine Rechtsfolge *gerichtet* ist, so kann als solche in der Willenserklärung jedweder *denkbare* soziale Sachverhalt als gewollt enthalten und soweit er es ist, auch im Sinne des Schuldverhältnisses „gesollt“, d. h. vom Rechte durch Gewährung einer Forderung gewährleistet sein. Sofern in diesem Verhältnis eine Sache wesentlich ist, mag sie nun erworben werden oder dem Gebrauch oder der Nutzung unterworfen oder hergestellt werden sollen oder sonstwie bedeutsam sein, kann sich also die Willenserklärung auch auf *Eigenschaften* der Sache beziehen, und dies wird typisch der Fall sein, da die Sache als Mittel zu einem Zweck gedacht wird und es gerade bestimmte ihrer Eigenschaften — keineswegs notwendig alle — sind, die sie erst als solches tauglich machen. Die gewollte und als gewollt erklärte Rechtsfolge kann also auch Eigenschaften der Sache umfassen, ohne weiteres beim Gattungsgeschäft — wo es übrigens niemals bezweifelt worden ist —, aber auch wenn sie sich auf eine *bestimmte* Sache bezieht, also beim Speciesgeschäft, wo es, namentlich auf Grund der Argumentationen von *Zitelmann* in seinem Werke über Irrtum und Rechtsgeschäft, fast allgemein abgelehnt wurde. Da es für die Rechtsfolge als einen bloß *gewollten* Sachverhalt nicht darauf ankommt, wie die Dinge in Wirklichkeit liegen, sondern darauf, wie der Erklärende sie sich als in der Rechtsfolge zu verwirklichende vorstellt, kann auch jede Eigenschaft der Speciessache einbezogen werden, die in Wirklichkeit *nicht* besteht. Es ist durchaus sinnvoll, sich *vorzustellen*, daß dieser konkrete Ring, der nur vergoldet ist, echt golden sei, und so als Rechtsfolge zu *wollen*, daß man Verfügungsgewalt über ihn als goldenen habe, womit man freilich Unmögliches begehrt, obschon es selbstverständlich nicht möglich ist, zu wollen, worauf *Zitelmann* fälschlich abstellt, daß dieser vergoldete Ring golden *sei*[8]. So stimmte ich in der *Sache* von meinem Gesichtspunkt aus mit *Flumes* Begründung und seiner Widerlegung *Zitelmanns*, die er dann mit monographischer Gründlichkeit und Vertiefung vorgenommen hat, durchaus überein.

Auf die primär unverständlich erscheinende Tatsache, daß die h. M. den Fall des Genus- und Specieskaufs verschieden behandelt, indem sie dort den Eigenschaftsirrtum als Erklärungsirrtum, hier als Motivirrtum auffaßt, weist auch *Brauer* (25) (vgl. auch *Raape* 494) richtig hin, aber ohne zu erkennen, daß nach der herrschenden Lehre dieser Unterschied seinen einfachen Grund in der Tatsache hat, daß bei der Species die Eigenschaft nicht in die Rechtsfolge aufgenommen werden kann. Er selbst sieht den seiner Meinung nach für die verschiedene Charakterisierung des Irrtums nicht genügenden Unterschied, weil er auf dem Standpunkt der herrschenden Lehre steht, darin (32f.), daß bei dem Speciesgeschäft nur die in der Willenserklärung gesetzte *Norm* auf die Eigenschaft gerichtet sei, nicht das in ihr enthaltene *Programm*, seiner Einteilung der Willenserklärung in Norm und Programm folgend (s. dazu u. S. 232), daß also der Verkäufer durch die Vereinbarung sich nur verpflichte, die konkrete Sache, *wie sie ist*, zu liefern, aber daneben vereinbart sei, daß nur die Lieferung einer mangelfreien Sache der im Vertrage gesetzten Norm entspräche[9]. Es ist sehr interessant, daß *Brauer* so auf der Ebene der *Vereinbarung* einen Gedanken vollzieht, den *Flume* bei der Mängelhaftung auf der Ebene des *Gesetzes* durchführt: *Flume* sieht zwar den Vertrag so, daß der Käufer sich auch *verpflichtet*, die Sache als mängelfreie zu liefern, meint aber, das *Gesetz* wandele den Inhalt dieser Vereinbarung dahin um, daß der Verkäufer nur zur Lieferung

---

[8] Um dieses Beispiel nicht an dem Einwand scheitern zu lassen, daß schon aus dem Preise die Richtung auf die Goldbeschaffenheit für den Gegner erkennbar sei, wollen wir annehmen, daß infolge individueller kunstgewerblicher Gestaltung der vergoldete Ring im Preise einem goldenen entspricht, ohne daß der Käufer diesen hohen Arbeitswert erkennt.

[9] Diese Auffassung erklärt auch, daß *Brauer* 33ff. ein Anfechtungsrecht geben will bei einem „tel-quel"-Kauf, wenn ein Eigenschaftsirrtum vorliegt. *Brauer* denkt hier nicht an eine gewöhnliche tel-quel-Vereinbarung wie S. 22, sondern an den von ihm — fälschlich — bei jedem Handkauf unterstellten tel-quel-Charakter in dem Sinne, daß das Programm auf Leistung der Sache, *wie sie ist*, gerichtet ist, während die Norm eine bestimmte Eigenschaft erfordert. Das berücksichtigt m. E. *Raape* bei seiner Kritik 497f., 498 A. 1 nicht genügend.

dieser Sache, wie sie ist, verpflichtet ist, aber nur die mängelfreie Lieferung vertragsgemäß, die mangelhafte dagegen breach of contract ist. Da dieses Problem unmittelbar nur für die Mängelhaftung praktisch wird, die hier nicht behandelt werden soll, auf die ich aber hoffe, in anderem Zusammenhang später eingehen zu können, genüge hier dieser Hinweis; s. a. u. S. 232.

Wenn nun die in die Willenserklärung aufgenommene Rechtsfolge, daß die Sache mit der Eigenschaft zu liefern sei, keine *Verwirklichung* finden kann, weil die Sache die Eigenschaft nicht hat, so ist das zwar für die *Willenserklärung* gleichgültig, aber es ist Sache des Rechtes, wenn die Parteien für diesen Fall nichts vereinbart haben, sich mit diesem Problem abzufinden, was allgemein durch die Regelung der Unmöglichkeit geschieht, aber natürlich bei besonderer Sachlage auch zu anderen Formen führen kann (vgl. u. S. 229.)

Freilich ist zu bedenken, daß der Erklärende zwar weiß, ihm würden mit einer konkreten Sache *alle* ihre Eigenschaften zur Verfügung stehen, sofern sie ihr immanent sind, daß sie aber deswegen keineswegs alle in die Rechtsfolge aufgenommen zu werden brauchen, da sich der Wille nicht auf die rechtliche Gewährleistung aller Eigenschaften zu beziehen braucht, sondern nur auf die bestimmter, u. U. die der äußerlich ohne weiteres erkennbaren oder die der tatsächlich bei ihr vorhandenen. So will der Erklärende als rechtlich gewährleistete Eigenschaften typischerweise nicht die ihm für seine Zwecke gleichgültigen in die Rechtsfolge aufnehmen (das spezifische Gewicht einer Flüssigkeit, auf das es ihm gar nicht ankommt), auch nicht die, die er nicht kennt. Umfaßt also die Vorstellung der Sache schon rein psychologisch nicht alle ihre Eigenschaften, so werden vor allem durchaus nicht sämtliche als Rechtsfolge gewollt. Insofern ist entgegen *Flume* (23) auch zur Erhebung einer Eigenschaft in den Rechtsfolgeinhalt ein spezifischer selbständiger Wille neben dem Willen, daß eine konkrete Sache geleistet werde, vonnöten. *Flume* (11 ff.) hat zwar darin Recht, daß die Partei nicht getrennte Vorstellungen von dieser Sache an sich und sodann von ihrer Beschaffenheit hat, sondern nur eine ungetrennte Vorstellung des Gegenstandes in seiner Beschaffenheit. Aber die Parteien haben die Vorstellung der Sache z. B. als der vor ihnen liegenden (also nicht der Sache an sich) und müssen sich bei der Willenserklärung entscheiden, welche Eigenschaften, die sie sich bei der vor ihnen liegenden Sache vorstellen, in die Rechtsfolge aufgenommen werden sollen; sicher ist nur, daß die vor ihnen liegende Sache in die Rechtsfolge eingehen soll, da der Verkäufer *jedenfalls* sie liefern soll, aber ob und welche ihrer mit der Sache vorgestellten Eigenschaften in die Rechtsfolge eingehen, ist Sache besonderer Vorstellung und besonderen Wollens. Nur in dieser Richtung liegt m. E. in *Larenz'* Ausführungen (Geschäftsgrundlage 31 A. 1) ein richtiger Kern, während ich sie nicht als grundsätzliche Widerlegung von *Flumes* Auffassung anzuerkennen vermag, weil m. E. das Gesetz beim Vertrag von der psychologischen Basis als *Grundlage* der rechtlichen Wertung auszugehen hat.

Weil so schon bei den Eigenschaften ein spezifischer Wille erforderlich ist, sehe ich bei ihnen keinen Unterschied gegenüber anderen in die Rechtsfolge aufgenommenen Umständen und würde deswegen geneigt sein, mit *Kegel* (360f.) gegen *Flume* (23f.) zwischen Eigenschaften und sonstigen Sachumständen, die Rechtsfolgeinhalt werden sollen, für die Irrtumsfrage keinen Unterschied zu machen. Doch kommt es für unsere Zwecke darauf nicht an.

Ich war allerdings entgegen *Flume* (25) zu dem Ergebnis gelangt, daß Gleiches wie für die Eigenschaften einer *Sache* auch für die Eigenschaften einer an der Rechtsfolge beteiligten *Person* gelten müsse, also auch deren Eigenschaften als vom Erklärenden mit ihr vorgestellte in die Rechtsfolge aufgenommen werden könnten. Es ist m. E. ein Irrtum, wenn man mit *Flume* glaubt, die Willenserklärung umfasse in der Rechtsfolge nicht die Person und ihre Eigenschaften, obgleich sie natürlich, wie *Flume* mit Recht bemerkt, nicht wie die Sache „Objekt des Willens" ist. Aber die Rechtsfolge als sozialer Sachverhalt muß personenbezogen und damit personenbestimmt sein, und es kommt für ihre Richtigkeit zwar nicht so häufig wie bei Sachen, aber doch oft, nicht nur auf die allgemeine Identität der Person an, sondern auch, namentlich bei Schuldverhältnissen, auf ihre Eigenschaften, insbesondere Vertrauenswürdigkeit, Kreditfähigkeit und Eignung zu bestimmter Tätigkeit. Daß die Willenserklärung auch auf die Person gerichtet ist, tritt klar bei der Stellvertretung hervor, bei der in der Willenserklärung als Rechtsfolge festgelegt wird, daß diese zwischen dem Vertretenen — nicht dem Vertreter — und dem Gegner eintreten soll. Es *kann* also, ebenso wie bezüglich einer Sache, eine Eigenschaft der Person in die Rechtsfolge aufgenommen werden. Der Wille, daß das Rechtsverhältnis zwischen einer bestimmten Person und dem Erklärenden bestehen soll, wird allerdings typisch nicht besonders ausgedrückt, sondern ergibt sich daraus, daß man die Willenserklärung an die betreffende Person richtet; dadurch erklärt es sich wohl, daß man sich weniger klar als bei Sachen bewußt wird, daß die Willenserklärung gerade auch auf das Entstehen der Rechtsfolge bezüglich einer bestimmten, u. U. durch ihre Eigenschaften qualifizierten Person, gerichtet ist. (Wie hier im Ergebnis *Enneccerus-Nipperdey* 719, A. 5, *Brauer* 45, wohl auch *Kegel* 361.)

Ich war von dieser Basis aus aber nicht sogleich wie *Flume*, der einer Erklärung der Mängelhaftung zustrebte, zu dem Satz übergegangen, daß also eine *Vereinbarung* sich auf Eigenschaften der Sache — von meinem Gesichtspunkt auch auf Eigenschaften der Person — beziehen könnte (was selbstverständlich eine Konsequenz auch meiner Auffassung ist, s. u. III), sondern zunächst bei der Willenserklärung in ihrer Beziehung zum Irrtum stehen geblieben und hatte die Frage zu beantworten gesucht, ob der Irrtum über Eigenschaften der Sache bei der Willenserklärung Erklärungs- oder Motiv-Irrtum sei (zum Unterscheidungskriterium s. o. S. 215). Das Unterscheidungsmerkmal *Brauers* (16 f.), ob der Irrtum vollkommene Integrität in spekulativer Hinsicht aufweist, wie er es ausdrückt, d. h. seine Berücksichtigung nicht dazu führen kann, daß der Erklärende das Risiko einer fehlgeschlagenen Spekulation durch Anfechtung auf den Gegner abwälzt (dann Erklärungsirrtum) oder ob solche Integrität nicht besteht (dann Motivirrtum), ist weder aus dem Wertungsgedanken des Vertrages noch dem der Willenserklärung abgeleitet und deshalb m. E. petitio principii und systematisch nicht brauchbar. Im übrigen ist es nicht so, daß der Erklärungsirrtum berücksichtigt wird, weil er jene Integrität besitzt, sondern weil er Erklärungsirrtum ist.

Der Fall des Erklärungsirrtums ist nun aber nicht schlechthin gegeben,— wie man oft formuliert — wenn das Gewollte vom Erklärten abweicht. Der Irrtumssachverhalt liegt wertungsmäßig nur dann vor, wenn das Erklärte abweicht von dem, was man erklären *wollte*, also der Erklärungswert ein anderer ist, als man glaubt. Nicht die Differenz zwischen Wille und Erklärung (so besonders *v. Tuhr* II 1, 571 ff. und *Flume* 103, auch von mir wurde teilweise die falsche Formulierung gebraucht, Andeutung des Richtigen aber Grundlagen 178), sondern die zwischen gewolltem und tatsächlichem Erklärungswert ist das primär Wesentliche, das den Schutz des Erklärenden erfordert, da niemand vor solcher Differenz sicher ist und sie typisch zu grober Unrichtigkeit führt. *Regelmäßig* bedingt diese Differenz natürlich auch die Abweichung des Gewollten vom Erklärten. Will man aber erklären, was man als gewollt erklärt, will jedoch die als gewollt erklärte Rechtsfolge in Wirklichkeit nicht, lügt also sozusagen den Gegner an, dann kann von dem Wertungsgedanken aus die erklärte Rechtsfolge durchaus eintreten, da der Erklärende sich nicht geirrt hat und mithin die Möglichkeit der Wertung besaß; es liegt ein ähnliches Problem wie bei der reservatio mentalis und der nicht ernstlichen Erklärung vor (Grundlagen 188). Hierher gehören die Beispiele, die *Brauer* für seinen sog. Inkongruenz-Irrtum über die Isteigenschaften (43, 47) anführt, (vgl. auch *Raape* 504), insbesondere folgendes: ein Kahn, dessen Boden der Verkäufer für vermorscht hält, während er tatsächlich ohne sein Wissen repariert ist, wird als „so gut wie neu und tadellos erhalten" zu einem dementsprechenden Preise verkauft. Nicht eine Anwendung des Satzes: turpitudinem suam allegans non auditur (*Brauer* 43, *Raape* 504) verhindert hier die Anfechtung[10], sondern einfach die Tatsache, daß der Verkäufer sich über eine Eigenschaft geirrt hat, die er dem anderen gerade nicht kundgeben wollte; deshalb besteht zwischen der gewollten und der wirklichen Erklärung hier keine Differenz. Er belügt den anderen über den Inhalt seines Wollens: auf dieses kommt es deshalb ohnehin nicht an, so daß der Irrtum gleichgültig ist; hier bedarf es keines Schutzes des Erklärenden, sondern das Erfordernis der Verkehrssicherheit muß durchdringen (Grundlagen 188). Hierher gehört auch das Beispiel mit dem vom Bauern gekauften, irrtümlich für ein berühmtes Rennpferd gehaltenen Ackergaul (*Brauer* 88). Daß der Erklärende die Rechtsfolge, wie sie tatsächlich eintritt (guter Boden), nicht gewertet hat, liegt nicht daran, daß er etwas anderes gesagt hat, als er meinte, sondern daran, daß er etwas anderes als gewollt erklärt hat, als das, was er wirklich wollte.

Von unserer Grundlage aus ergibt sich nun, daß der Irrtum über Eigenschaften einer Sache, die in die Rechtsfolge aufgenommen werden sollen, die sie aber nicht hat, Erklärungsirrtum ist. Denn um den Partner eine Eigenschaft kundzugeben, wie es nötig ist, wenn sie Rechtsfolge werden soll, bestehen zwei mögliche und verkehrsmäßig übliche Wege. Der eine ist, die Eigenschaft *wortmäßig* zu bezeichnen: Als Beispiel „Ich nehme diesen *goldenen* Ring" — übrigens ist ja schon das Wort „Ring" auch stets wortmäßige Bezeichnung von Eigenschaften. Hierbei kann ein Erklärungsirrtum im Versprechen oder falschen sprachlichen Ausdruck (der Ausländer gebraucht vergoldet im Sinne von golden) oder einer der sonst üblichen Fälle des Erklärungsirrtums vorliegen, ohne daß besondere Probleme auftauchen, was die *Willenserklärung* anbetrifft. Hier findet einfach § 119 Abs. 1 Anwendung, verkehrswesentlich braucht die Eigenschaft nicht zu sein. Aber ein anderer Weg der Bezeichnung von Eigenschaften einer Sache, um sie in die Rechtsfolge aufzunehmen, liegt in der irgendwie erfolgenden Individualisierung der Sache selbst, die natürlich auch nur durch Angabe irgendwelcher anderer Eigenschaften oder Beziehungen vorgenommen werden kann, wenn man davon ausgeht, daß die Sache die in der Rechtsfolge gewollte Eigenschaft hat und der Partner sie kennt: Denn mit der Bezeichnung der Sache begreift man alle ihre Eigenschaften, also auch die für den Erklärenden wesentlichen, ein. Dabei wählt man zur Identifizierung häufig gerade nicht für die Rechtsfolge wesentliche Eigenschaften oder Beziehungen, sondern solche, die die Identifizierung in der einfachsten Weise möglich machen, insbesondere Bezugnahmen auf die räumliche Lage: als Beispiel, „Ich nehme diesen Ring da", auf den man zeigt. Hält man ihn für golden und nimmt man an, daß auch die andere Partei ihn als golden kennt, so würde die *besondere* unmittelbare Bezeichnung als „golden" geradezu pleonastisch erscheinen: mit der Bezeichnung als „dieser Ring" bezeichnet man ihn zugleich als goldenen Ring. Es liegt genau so, wie bei der gewöhnlichen wortmäßigen Verständigung, wo der Erklärende zum Ausdruck der Rechtsfolge Worte gebraucht, die, wie er meint, auch für den Gegner das Gewollte bedeuten, die aber für diesen einen anderen

---

[10] Er rettet allerdings dann, wenn man abweichend von uns (s. u. S. 225) § 119 Abs. 2 auch für Motivirrtum gelten läßt.

Sinn haben. Selbstverständlich gilt dieses verkehrsmäßige Verfahren nur für Eigenschaften, von denen man annimmt, daß sie auch der Gegner der Sache zuschreibt, da man es sonst nicht zur Verständigung benutzen könnte. Wenn aber in unserem Beispiel der Ring *vergoldet* war und der Partner dies wußte, so hat der Erklärende mit den Worten „dieser Ring da" erklärt: „dieser *vergoldete* Ring", sofern nicht irgendwelche besonderen Umstände darauf hinweisen, daß der Erklärende „goldenen Ring" meinte. Bei indifferenter Annahme des Angebots kommt der Vertrag also über den vergoldeten Ring zustande. Es lag ein Erklärungsirrtum und kein Motivirrtum vor. Die Rechtsfolge „vergoldeter Ring" war nicht gewertet, weil sie nicht gemeint war. Übrigens geht in allen Fällen, in denen die betreffende Eigenschaft vorhanden und dem Gegner bekannt ist, in unserem Beispiel also der Ring wirklich golden ist, die Beschaffenheit als golden ohne jeden Zweifel in die Vereinbarung ein: es wäre absurd, hier stets eine falsa demonstratio anzunehmen. Entsprechendes gilt für jeden anderen Gegenstand der Willenserklärung.

Obschon also der Eigenschaftsirrtum hier ein Erklärungsirrtum ist, bedeutet er aber einen Erklärungsirrtum *besonderer Art*, was alle diejenigen übersehen, die auf ihn nun einfach § 119 Abs. 1 anwenden wollen (so insbesondere *Brauer* 108, 110, auch wohl *Flume* 100f., obwohl seine Beispiele fast nur wortmäßige Eigenschaftsbezeichnungen betreffen [s. u. S. 224]). Diese seine Besonderheit läßt es als problematisch erscheinen, ob man ihn nicht anders als den sonstigen Erklärungsirrtum behandeln muß. Denn beim gewöhnlichen Erklärungsirrtum beabsichtigt der Erklärende, dem Erklärungsempfänger die Rechtsfolge in ihrer Eigenart *unmittelbar* als solche kundzugeben, was ihm nur nicht gelingt, weil das Kundgebungsmittel nicht den entsprechenden Erklärungswert hat, und die Anfechtbarkeit beruht, wie gesagt (s. oben S. 214) darauf, daß deshalb das Ergebnis keine Richtigkeitsgewähr in sich trägt und der Erklärende andererseits *das Seine getan hat*, um sich zu verständigen und ihm das Mißlingen der Verständigung mit Rücksicht auf die allgemeinen Schwierigkeiten und Fallstricke bei menschlicher Kommunikation nicht eine unrichtige Rechtsfolge aufzwingen soll. Das, was der Erklärende als das Seine, das ihm Obliegende zur Verständigung beigetragen hat, ist aber etwas anderes, wenn er die Eigenschaft *unmittelbar*, insbesondere wörtlich als solche bezeichnet, als wenn er sie durch Kennzeichnung der Sache nur *mittelbar* bezeichnet[11]. Der Erklärende bemüht sich insofern nur in geringerem Grade um die sichere Kundgebung seines Willens als sonst und muß es deshalb eher im Interesse der Verkehrssicherheit auf sich nehmen, wenn die Erklärung und nicht der Wille maßgebend ist,

---

[11] Auf diesen Gegensatz bezog sich die Wendung, daß der Erklärende bewußt den Inhalt seines Wollens nicht offenlegt, die ich Grundlagen 192 gebrauchte und die insofern irreführend war, als sie nicht das Wort „unmittelbar" vor „offenlegt" einschaltete. Dies zu *Flume* 15 A 23.

er also die von ihm aus unrichtige erklärte Rechtsfolge tragen muß. Er nimmt gewissermaßen das Risiko in Kauf, daß die Sache die betreffende Eigenschaft nicht hat und diese daher durch eine derartige Bezeichnung der Sache als solche dem Gegner nicht kundgegeben wird, zweifellos ein größeres Risiko, als es sich aus der Mißverständlichkeit von unmittelbaren Ausdrucksmitteln ergibt. Da andererseits solche Irrtümer über die Beschaffenheit der Sache verhältnismäßig leicht vorkommen können, werden die Fälle, in denen die Rechtsfolge durch Bezugnahme auf die Sache falsch bezeichnet wird, bedeutend häufiger sein als diejenigen, in denen die Wendung, die man zur Kennzeichnung der Rechtsfolge gebraucht, sie nicht in dem gemeinten Sinne tatsächlich zum Ausdruck bringt. Deswegen ist die Gefährdung der Verkehrssicherheit hier auch quantitativ größer. So erscheint es durchaus gerechtfertigt, im Interesse der Verkehrssicherheit die Anfechtung nicht unbegrenzt wie beim gewöhnlichen Erklärungsirrtum zuzulassen, sondern nur *mit Einschränkungen*, was man allerdings mehr unklar empfunden, als deutlich erkannt hat. So gehen denn auch alle im Verlauf der Geschichte gemachten Versuche, dem Eigenschaftsirrtum gerecht zu werden, auf solche Begrenzungen aus (vgl. a. *Flume* 83 u. dort A. 1 Angef., *Brauer* 16). Ein besonders naheliegender Weg der Einschränkung ergibt sich nun daraus, daß die Kundgebung der gewollten Eigenschaft durch die Identifizierung der Sache als solcher nur dann als typisch geeignetes Mittel, die Eigenschaft dem Gegner als Inhalt der Rechtsfolge zu erklären, anerkannt werden kann, wenn der Erklärungsempfänger bei Kenntnis der Eigenschaft zugleich erkennen kann und erkennen muß, daß sie auch in die Rechtsfolge aufgenommen werden soll, daß sie also nicht dem Erklärenden rechtlich gleichgültig ist oder nur Wertungsgrundlage im Sinne eines Motivs bildet. Das ist aber nur dann der Fall, wenn die betreffende Eigenschaft bei diesem konkreten Geschäft so *typisch* für jedermann wesentlich ist und deshalb in die Rechtsfolge aufgenommen wird, daß der Erklärungsempfänger auch im vorliegenden Falle damit rechnen muß[12]. Der Erklärungsempfänger kann selbstverständlich nicht über *besondere* Interessen des Erklärenden unterrichtet sein, die gerade ihm im Gegensatz zu anderen Menschen eine bestimmte Eigenschaft so wesentlich erscheinen lassen, daß er sie in die Rechtsfolge aufnimmt. Daß die Eigenschaft eines Ringes oder einer Uhr als golden oder vergoldet für jedermann, abgesehen von ganz atypischen Fällen, wesentlich ist, liegt auf der Hand. Daß aber dem Erklärenden etwa gerade der mehr rötliche oder mehr gelbliche Ton des Goldes wesentlich ist, über den vielleicht die Beleuchtung täuscht, damit kann der Erklärungsempfänger nicht rechnen. Will der Käufer gerade diese Uhr als rötlich-goldene, so ist der

---

[12] Selbstverständlich hat dieser Gedanke nichts mit dem der Voraussetzung im Sinne *Henles* zu tun, da er sich nur auf den Erklärungsinhalt bezieht.

bloße Hinweis auf diese Uhr, selbst wenn sie es wäre und der Verkäufer sie als tatsächlich rötlich-goldene kennen würde, ein ungeeignetes Mittel, um die Aufnahme der Eigenschaft in die Rechtsfolge zum Ausdruck zu bringen. So erscheint es durchaus gerechtfertigt, im Interesse der Verkehrssicherheit dem Erklärenden die Anfechtung nur dann zu gewähren, wenn er durch den Hinweis auf die Sache eine Eigenschaft hat bezeichnen wollen, die bei dem konkreten Geschäft *für jedermann* wesentlich sein würde. Dieser Gedanke liegt offenbar, wenn auch nicht gut formuliert, hinter der Bestimmung des BGB § 119 Abs. 2 — die sich natürlich auf die früheren Bemühungen um eine Beschränkung der Anfechtung beim Eigenschaftsirrtum stützt —, daß wegen Eigenschaftsirrtum nur angefochten werden kann, wenn es sich um Eigenschaften handelt, *die im Verkehr als wesentlich angesehen werden*, und sie ist aus der ratio heraus in folgendem Sinne auszulegen: „im Verkehr wesentlich" heißt: bei dem betr. Geschäft allgemein, für jedermann wesentlich, nicht nur für den Erklärenden aus besonderen individuellen Erwägungen. Alsdann aber erscheint die Bestimmung aus den angeführten Gründen im Sinne des beim Erklärungsirrtum obwaltenden Wertungsgedankens durchaus sachgemäß.

Es ist allerdings aus der Entstehungsgeschichte des Gesetzes[13] ersichtlich, daß seine Schöpfer sich über den eigentlichen Sinn dieser Einschränkung nicht klar waren, wie ihnen auch der Wertungsgedanke des § 119 Abs. 2 nicht in Schärfe bewußt geworden ist. Aber das hindert selbstverständlich, da eben ein klarer Wertungsgedanke nicht „gesetzt" ist, nicht, den Wertungsgedanken aus dem Wesen des Eigenschaftsirrtums heraus zu entwickeln und dementsprechend die Auslegung vorzunehmen. Für uns also kommt es nicht darauf an, daß die Eigenschaft, wie *Flume* will, eine *vereinbarte* sein muß — alsdann lehnen wir die Anwendung des § 119 Abs. 2 sogar ab (s. u. S. 227) — sondern nur darauf, daß sie in die Rechtsfolge aufgenommen werden soll, was natürlich, auf die *einzelne* Willenserklärung bezogen, in derselben Linie liegt, obschon *Flume* die Einschränkung ganz anders ableitet. Damit erledigen sich m. E. auch *Raapes* (501) Bedenken, der zwar *Flume* zustimmt, aber mangels Vereinbarung mit der culpa in contrahendo helfen will, um das negative Interesse oder gar Rücktritt oder Anfechtung zu gewähren (s. a. unten S. 225).

Der häufig erhobene Einwand, daß man wegen der Verschiedenheit des Zweckes in den einzelnen konkreten Geschäften nicht von einer Verkehrswesentlichkeit im allgemeinen Sinne sprechen könne (*Brauer* 104 — übrigens ist in *allen* von ihm aufgeführten Bürgschaftsfällen für die Beteiligten die Kreditfähigkeit des Schuldners wesentlich —, *Flume* 83f.) schlägt m. E. nicht durch, wenn man die Wendung so versteht, wie wir

---

[13] S. bes. *Brauer* 56ff.

es tun, also mit Beziehung auf das konkrete Geschäft unter Anwendung der Faustregel, daß die Anfechtung nur möglich ist, wenn der Gegner, falls die Sache die Eigenschaft hatte und er sie kannte, damit rechnen mußte, daß sie in die Rechtsfolge aufgenommen werden sollte. Daß im einzelnen Fall die Entscheidung Schwierigkeiten bereiten kann, ist klar, aber das ist schließlich fast bei jedem Tatbestande der Fall.

Besonders und anders liegen natürlich die Fälle, in denen man durch den Hinweis auf die Sache als solche zugleich eine *wörtliche* Bezeichnung der Eigenschaft vornimmt: so bei den beliebten Buchtitelfällen wie „gewere" als Titel des Albrechtschen Buches[14] oder „Wie fessele ich Männer", was der Tertianer wörtlich versteht (*Brauer* 23). Denn indem man auf das Buch zeigt, bringt man zugleich zum Ausdruck, daß man das Buch mit diesem *Titel* will, was dem gleichsteht, das man *ihn* zur Rechtsfolgebezeichnung verwendet. Das Verhalten ergibt also als Erklärung: Dieses Buch über „gewere" will ich erwerben, und das Wesentliche des Irrtums liegt darin, daß der Erklärungswert von „gewere" (oder „Männerfesselung") ein anderer als der gemeinte ist, nicht darin, daß der Hinweis auf das Buch als solches die Eigenschaft nicht kundgibt, die man kundgeben will. Auch die von *Flume* (104) angeführten Fälle gehören hierher, ebenso der bekannte Walfischfleischfall (*Flume* 105, RG 99, 147). Hier ist überall § 119 *Abs. 1* anzuwenden, und es kommt auf die Verkehrswesentlichkeit der Eigenschaft nicht an. Denn das Spezifische des Eigenschaftsirrtums im Sinne des Abs. 2 liegt nicht darin, daß der Irrtum eine Eigenschaft betrifft (jede wörtliche Erklärung über eine Eigenschaft kann natürlich einen gewöhnlichen Erklärungsirrtum enthalten), sondern daß die Erklärung über die Eigenschaft, ohne ihre wörtliche Bezeichnung, lediglich durch Bezeichnung der irrtümlich beurteilten Sache gegeben wird. Dagegen gehört der von *Brauer* 23 gebildete Fall über den Kauf des Filets in der Roßfleischerei, der vielfach aufgenommen worden ist, in unseren Zusammenhang und unter Absatz 2. Eigentümlicherweise sieht *Flume* 104ff. die Verschiedenheit dieses Falles von den anderen offenbar nicht klar, ebensowenig wie anscheinend *Brauer* und *Raape*.

Es ist also festzuhalten, daß bei dem von uns für § 119 Abs. 2 zugrundegelegten Sachverhalt der Irrtum über die Eigenschaft einen Erklärungsirrtum und nicht einen Motivirrtum darstellt, oder besser gesagt, daß der Eigenschaftsirrtum einen Erklärungsirrtum herbeiführt und nur dadurch rechtliche Bedeutung für die Willenserklärung gewinnt, daß aber weiterhin dieser Erklärungsirrtum besonderer Art ist und infolgedessen nicht wie der gewöhnliche Erklärungsirrtum behandelt werden kann, sondern einer gewissen Einschränkung bedarf. Infolgedessen sind diejenigen Auffassungen abzulehnen, die den Eigenschaftsirrtum, soweit

[14] Bei dem der Käufer allerdings auch als rechtschreibungsunkundig unterstellt werden muß!

er sich als Erklärungsirrtum darstellt, auch dann, wenn die Eigenschaft durch bloßen Hinweis auf die Sache erfolgt, einfach nach § 119 Abs. 1 behandeln wollen (*Brauer* 118, wohl auch *Raape*), ebenso aber auch die Meinung derjenigen, die in § 119 Abs. 2 stets nur einen Motivirrtum sehen.

Von unserer Auffassung aus ist § 119 Abs. 2 durchaus systemgemäß: Er behandelt wie Abs. 1 — und schon deswegen richtigerweise im Anschluß an ihn — ebenfalls einen Erklärungsirrtum, andererseits regelt er zu Recht diesen besonderen Typus nicht schlechthin ebenso wie den gewöhnlichen, sondern schränkt ihn ein.

Es bleibt aber zu erwägen, ob sich § 119 Abs. 2 nicht *auch*, wie es die herrschende Meinung annimmt, auf Fälle bezieht, in denen die Eigenschaft nicht in die Rechtsfolge einbezogen werden soll, sondern nur Wertungsgrundlage, also Motiv des Erklärenden ist. Die Rechtsfolge (die Sache ohne Rücksicht auf die Eigenschaft) hat er gewertet, aber auf der falschen Grundlage, daß sie die betreffende Eigenschaft habe; also handelt es sich um Motivirrtum.

Unser Gesetzbuch hat nun grundsätzlich, namentlich um der Verkehrssicherheit willen, aber auch wegen des Verhaltens des Erklärenden (Grundlagen 188ff.; Geschäftsgrundlagen 2ff.) davon abgesehen, den Motivirrtum zur Grundlage eines Anfechtungsrechts zu machen. Ich darf in dieser Beziehung auf meine früheren Ausführungen verweisen. Nur in besonderen Ausnahmefällen, wenn nämlich die Eigenschaft Geschäftsgrundlage, d. h. Wertungsgrund für beide Parteien gewesen ist, wird sie vom Gesetz berücksichtigt, aber in anderer Weise als durch Anfechtung (Geschäftsgrundlage 10ff.). Übrigens kann eine Eigenschaft wie jedes sonstige Wertungsmoment durchaus auch *einverständlich* als Geschäftsgrundlage bestimmt werden, ohne daß sie deswegen als *vereinbart* im Sinne einer *Bestimmung der Rechtsfolge* angesehen werden müßte. (*Arwed Blomeyer* scheint das AcP 154, 528 ablehnen zu wollen.) Ein typisches Beispiel bilden der bekannte Rubel- (RGZ 105, 406) und der Kurszettelfall (s. *Nipperdey* § 167 IV 4): in die Rechtsfolge war nur die betreffende Mark- bzw. Kaufpreissumme aufgenommen, aber einverständlich festgelegt, daß diese Rechtsfolge nur unter der Voraussetzung als richtig angesehen werde, daß sie dem Rubelkurs bzw. dem Tageskurs entspräche (s. a. unten 232).

Wenn also § 119 Abs. 2 den Eigenschaftsirrtum dem Erklärungsirrtum auch dann gleichstellen würde, wenn er lediglich einen Motivirrtum bedeutet, so würde dies die Durchbrechung eines Grundprinzips darstellen, die um so eigenartiger wäre, wenn sie äußerlich durch die Wendung „gilt als" in der *Gleichstellung* des Motivirrtums mit einem Erklärungsirrtum zum Ausdruck gebracht, also bestimmt wäre, daß etwas grundsätzlich vom Gesetz verschieden Bewertetes gleich zu behandeln wäre. Wenn eine gesetzliche Fiktion durch das Wort „gilt" ausgesprochen wird, handelt es sich gerade darum, daß ein Sachverhalt einem anderen gleichgestellt wird, weil der für diesen geltende Richtigkeitsgedanke auch für den gleichgestellten gilt.

Gehen wir vom Wertungsgedanken aus, so wäre die Gleichstellung des Eigenschaftsirrtums, soweit er Motivirrtum ist, mit dem Erklärungsirrtum nur dann gerechtfertigt, wenn die Grundwertung des Motivirrtums („nicht anfechtungsfähig") deswegen entfiele, weil das Motiv gerade in der Annahme einer *Eigenschaft* besteht, wenn also die Tatsache, daß der Irrtum sich hier auf eine verkehrswesentliche Eigenschaft bezieht, einen Richtigkeitsgrund dafür abgeben könnte, ihn entgegen der Grundwertung doch zur Anfechtung führen zu lassen. Das ist aber tatsächlich nicht der Fall. Die Verkehrssicherheit wird, wenn es sich um einen Eigenschaftsirrtum handelt, genau so gefährdet wie bei jedem anderen Motivirrtum, ja, sogar in besonders starkem Maße, da ein Eigenschaftsirrtum besonders leicht und häufig vorkommt. Es ist auch nicht einzusehen, inwiefern der Erklärende gerade hier einen stärkeren Schutz verdienen sollte, er hat die Eigenschaft nicht in die Rechtsfolge aufgenommen und sie auch nicht in diese aufnehmen wollen, und das Fehlen der Eigenschaft trifft ihn nicht typisch schwerer als das einer sonstigen Wertungsgrundlage. Sachlich ebenso, nur mit Bezug auf die *Vereinbarung*, *Flume* 83ff. So bleibt kein vernünftiger Grund, aus dem man den Eigenschaftsirrtum, wenn er Motivirrtum ist, anders als den sonstigen Motivirrtum behandeln sollte, und deshalb ist die Anwendung des § 119 Abs. 2 auf diese Fälle abzulehnen.

Gerade umgekehrt wie *Brauer* (34) scheint mir also der Unterschied zwischen dem Fall, daß die Eigenschaft in die Rechtsfolge aufgenommen ist und dem, daß sie es nicht ist, von ausschlaggebender Bedeutung, wenn auch *Brauer* durch seine Zwischenstufe der bloß normierten, nicht programmatischen Eigenschaft (s. o. Seite 216) den Unterschied verringert. Aber richtiger Auffassung nach liegt dann, wenn die Eigenschaft lediglich in die Norm aufgenommen ist, einverständliche Geschäftsgrundlage vor, bei der der Irrtum nicht zur Anfechtung, sondern zu den Rechtsfolgen fehlender Geschäftsgrundlage führt: die Parteien nehmen die Eigenschaft nicht in die Rechtsfolge auf, daß die Sache mit ihr geleistet werden sollte, sondern legen nur fest, daß die Rechtsfolge nur richtig sein soll, wenn die geleistete Sache die Eigenschaft hat, ohne dafür Rechtsfolgen zu vereinbaren — der typische Fall der einverständlichen Geschäftsgrundlage; s. a. u. S. 232.

III.

Flume will, sachlich in Übereinstimmung mit der h. M., § 119 Abs. 2 auf den Fall beziehen, daß in einem Vertrage, der eine Sache betrifft, also etwa dem Kauf oder der Miete einer Sache, eine Eigenschaft *vereinbart* ist, die die Sache tatsächlich nicht hat, sofern eine der Parteien oder auch beide darüber im Irrtum sind, will aber § 119 Abs. 2 dann auf den Fall *beschränken*, daß die Eigenschaft in seinem Sinne *vereinbart*, also einverständlich in die Rechtsfolge aufgenommen ist.

Auch von unserem Standpunkt aus ist es klar, daß eine Eigenschaft, wie sie bei der einzelnen Willenserklärung in die Rechtsfolge aufgenommen werden kann, vertraglich durch übereinstimmende Willenserklärungen dieser Art vereinbart werden kann in dem Sinne, daß die Speciessache mit der betreffenden Eigenschaft geliefert, zur Benutzung gewährt werden soll oder worum es sich sonst handeln mag. Da ich die Anwendung des § 119 Abs. 2 bei der einzelnen Willenserklärung auf die Fälle beschränke, in denen die Eigenschaft in die Rechtsfolge bei der Willenserklärung aufgenommen ist, würde auch ich an sich die Beschränkung *Flumes* billigen müssen. Aber von meinem Standpunkt aus fallen diejenigen Sachverhalte, in denen es zur *Vereinbarung* der Eigenschaft gekommen ist, überhaupt nicht unter § 119 Abs. 2. Wenn nämlich die einzelne Willenserklärung die Eigenschaft als Rechtsfolge in sich aufgenommen hat und ein Irrtum über die Eigenschaft besteht, so kommt nach unseren Ausführungen die Vereinbarung gerade nicht in dem Sinne zustande, daß sie die Eigenschaft umfaßt, sondern in dem Sinne, daß die Eigenschaft entfällt. Wenn der Erklärende den Ring durch sein Zeigen als goldenen gemeint hat, er aber, wie der Verkäufer wußte, vergoldet war, und der Erklärungsempfänger deshalb die Erklärung als auf einen vergoldeten Ring gerichtet auffassen mußte, kommt durch indifferente Annahme der Vertrag über den *vergoldeten* Ring zustande, und der Erklärende kann, da es sich hier sicher um eine verkehrswesentliche Eigenschaft handelt, anfechten. Soweit also der Eigenschaftsirrtum Erklärungsirrtum ist, wird die Eigenschaft, über die man sich geirrt hat, gerade nicht vereinbart. Wird die Eigenschaft aber vereinbart, so ist *bezüglich der Willenserklärungen* und des *Vertrages* vom Wertungsgedanken aus alles in Ordnung: beide Parteien haben die Sache mit dieser Eigenschaft gewertet, beide haben erklärt, was sie wollten, und die Richtigkeit des Vertrages ist infolgedessen entsprechend dem Vertragsmechanismus gewährleistet. Dies gilt in vollem Maße auch dann, wenn die vereinbarte Eigenschaft in Wirklichkeit bei der Sache fehlt. Es wäre also ganz sinnlos, wegen Unrichtigkeit der Rechtsfolge ein Anfechtungsrecht zu geben: sie ist ja richtig![15] In diesem Falle taucht ein ganz anderes Problem auf, daß nämlich das Vereinbarte nicht *durchgeführt* werden, die Rechtsfolge nicht verwirklicht werden kann, ein Problem, das auf einer völlig anderen Ebene liegt (s. a. oben S. 217). Das Wertungsproblem ist bei den Anfechtungsfällen: Wie kann die vermutliche Unrichtigkeit der Rechtsfolge beseitigt werden, die sich daraus ergibt, daß sie nicht beide Parteien gewertet haben? Hier aber geht es um das Wertungs-

---

[15] Diesen Unterschied hat bereits *Henle* scharf herausgestellt: s. u. S. 231.

problem: Wie bewältigt man richtig die Sachlage, daß die ordnungsmäßig im Vertragsmechanismus vereinbarte und insofern richtige Rechtsfolge nicht verwirklicht werden kann. Es wäre mehr denn verwunderlich, wenn diese beiden Probleme in derselben Weise gelöst werden könnten und vom Gesetz gelöst worden wären. Tatsächlich behandelt unser Gesetz das zweite Problem in ganz anderem Zusammenhange, nämlich systematisch richtig bei den Schuldverhältnissen unter dem Gesichtspunkt der Unmöglichkeit der Erfüllung, wobei für unseren Fall, in dem es sich um ursprüngliche Unmöglichkeit handelt, § 306 in Frage kommen würde, sachlich betrifft aber auch die Regelung der Sachmängelhaftung diese Frage. In § 306 wird unmittelbare Nichtigkeit angeordnet, keine Anfechtung, das Problem also anders als das erstgenannte Problem gelöst, ebenfalls in §§ 459 ff. Es wäre gesetzessystematisch ganz unverständlich, wenn das Gesetz das zweite Problem im Anschluß an den Erklärungsirrtum regeln würde und noch dazu an einer Stelle, an der der Vertrag noch gar nicht behandelt worden ist, die Unerfüllbarkeit einer *Vereinbarung* also gewissermaßen in der Luft schweben würde. Daß für das Problem der Differenz zwischen Vereinbartem und Wirklichkeit aber die Anfechtungsnormen nicht in Betracht kommen können, ergibt sich auch daraus, daß die Anfechtung ein gänzlich ungeeignetes Mittel ist, um dies Problem zu lösen. Denn sie geht davon aus, daß zwar die erklärte Rechtsfolge, die dann auch in die Vereinbarung aufgenommen wird, unrichtig ist, weil vom Erklärenden nicht gewertet, daß es aber richtigerweise auch bei dem Vereinbarten bleiben kann, wenn der Anfechtungsberechtigte sich entweder damit abfindet oder es nachträglich positiv wertet oder rigoroser, als das Gesetz es verlangt, zu seinem äußeren Worte stehen will und deswegen nicht anficht; die Nichtigkeit ipso iure wird absichtlich vermieden, um das zu ermöglichen; ja, durch das Fristerfordernis führt das Gesetz in vielen Fällen automatisch dazu, daß es beim Vereinbarten bleibt. Das hat deswegen keine Bedenken, weil das Vereinbarte durchführbar ist, da hier die in Wirklichkeit vorhandene Eigenschaft gerade in die Vereinbarung eingeht.

Weicht aber die Wirklichkeit von der Vereinbarung ab und wird, was § 119 Abs. 2 vorsieht, nicht oder verspätet angefochten, so würde nunmehr die Vereinbarung auf etwas Undurchführbares gehen, nämlich darauf, daß die Sache mit einer Eigenschaft, die sie nicht hat, zu liefern ist. Das eigentliche Problem würde also gar nicht gelöst, sondern bliebe bei Anwendung des § 119 bestehen, und wenn mangels Anfechtung nun etwa der Schuldner die mangelhafte Sache leisten würde, entspräche dies nicht dem Vertrage, der ihn zur Lieferung einer mangelfreien verpflichtet.

Auch wäre es bei Diskrepanz zwischen Vereinbartem und Wirklichkeit ganz widersinnig, wenn der Irrende, d. h. derjenige, der mit der Sache nicht die vereinbarte Eigenschaft bekommt oder liefert, dem andern Teil das Vertrauensinteresse ersetzen müßte, falls das Geschäft deswegen hinfällig wird, da ja hier die Verkehrssicherheit gar nicht gefährdet ist, die durch den Anspruch vermögensmäßig gesichert werden soll (darauf weist mit Recht *Henle* 244 hin).

Es kann sich demgegenüber bei Abweichung des Vereinbarten von der Wirklichkeit nur um die Frage handeln, ob man wegen Undurchführbarkeit der Rechtsfolge vor der Wirklichkeit kapituliert und deshalb den Vertrag als mißlungen für nichtig erklärt (so § 306 BGB) oder seine Rückgängigmachung gestattet und mangels solcher die Pflicht auf Leistung ohne die Eigenschaft beschränkt (so § 462) oder ob man ihn der Richtigkeit entsprechend umgestaltet, etwa indem man die mögliche Leistung ohne die Eigenschaft als Inhalt der Pflicht ansieht und demgemäß die Gegenleistung vermindert, (so § 462) oder indem man an Stelle der unmöglichen Leistung einen Wertersatz stellt (so § 463). Aber mit dem Mittel der *Anfechtung* ist hier nicht geholfen: Wendet man auf diese Fälle § 119 Abs. 2 an, so gewinnt er eine völlig andere Bedeutung, ja, er verliert seinen Sinn und wird denaturiert. Die Wertungen aber, die das Gesetz grundsätzlich und allgemein für die Fälle der Diskrepanz zwischen dem Vereinbarten und der Wirklichkeit zugrunde gelegt hat, werden negiert.

Nun wird allerdings die Ansicht vertreten, daß § 306 BGB auf den Fall einer qualitativen Unmöglichkeit keine Anwendung finde: Er beziehe sich nur auf den Fall, daß die zu leistende Sache überhaupt nicht existiere, nicht aber auf den Fall, daß die mit bestimmten Eigenschaften zu leistende Sache zwar existiere, aber diese Eigenschaften nicht besitze (bes. *Flume* 108, *Brauer* 30 u. dort Angeführte). Das ist aber abzulehnen. Denn das zu lösende Problem des § 306 besteht in der Undurchführbarkeit der Verpflichtung. Eine Sache mit einer bestimmten Eigenschaft, die sie nicht hat, zu leisten, ist aber ebenso undurchführbar, wie eine Sache, die nicht existiert, zu leisten. Und wenn die Leistungspflicht, wie etwa beim Kauf, lediglich auf Übereignung und Übergabe gerichtet ist, ist ihre Erfüllung selbst dann unmöglich, wenn der Mangel beseitigt werden kann: Denn auch dann ist eine Übereignung und Übergabe mit der Eigenschaft, auf die sich die Verpflichtung lediglich richtet, unmöglich, wenn der Sache die Eigenschaft fehlt, da man die Erfüllung durch bloße Übereignung und Übergabe niemals herbeiführen kann, sondern dann einen Reparaturakt vornehmen muß, zu dem man gerade nicht verpflichtet ist.

Problematisch kann nur sein, ob man in dem Fehlen einer Eigenschaft eine volle oder eine teilweise Unmöglichkeit sieht, welch letztere § 307 auch für § 306 voraussetzt.

Ob beim Kauf und anderen Geschäften an Stelle des § 306 die Mangelhaftungsregelung tritt, ist für unser Problem nicht wesentlich und soll späterer Behandlung der Sachmangelhaftung vorbehalten bleiben.

Auch diejenigen Autoren, die § 119 Abs. 2 auf unseren Fall anwenden wollen, erkennen ganz richtig, daß diese Bestimmung damit zur Normierung einer Leistungsstörung wird (*Flume* 87, 100, *Kegel* 360, *Nipperdey* 721). Man muß aber hinzufügen, daß sie alsdann an einer ganz falschen Stelle steht und zugleich der Grundwertung, die das Gesetz für solche Leistungsstörung gegeben hat, widerspricht, was beides nicht gerade diese Auffassung unterstützt.

Gewiß war man sich im Schoß der Gesetzgebungsgremien nicht klar über den eigentlichen Sinn und die Wertungsgründe des § 119 Abs. 2, aber daß es sich um eine Regelung handeln sollte, die mit dem Erklärungsirrtum Verwandtschaft hatte und nicht um eine solche, die mit Unmöglichkeitsfragen verwandt war, darüber war man sich klar.

Auch die Tatsache, daß in den römisch-rechtlichen Fällen, aus denen in der Pandekten-Dogmatik die Lehre vom Eigenschaftsirrtum entwickelt worden ist, zweifellos zum Teil ein Irrtum über eine vereinbarte Eigenschaft vorlag, ist kein Grund, den § 119 Abs. 2 in diesem Sinne zu verstehen, da auch dort keine Klarheit über die Wertungsgedanken vorlag.

IV.

Es dürfte sich schließlich empfehlen, die Ergebnisse unserer Ausführungen den in der Spezialliteratur vertretenen wichtigsten Ansichten der neueren Zeit[15a] gegenüberzustellen, soweit das nicht schon in einzelnen Punkten geschehen ist.

Mit *Flume* stimme ich darin überein, daß die Eigenschaften einer Sache in die Rechtsfolge aufgenommen werden können, also auch die Vereinbarung möglich ist, der Schuldner sei verpflichtet, eine Sache mit bestimmten Eigenschaften zu liefern, ich lasse das aber im Gegensatz zu *Flume* auch für Eigenschaften der Person gelten. Aber ich unterstelle das, was er als geschäftlichen Eigenschaftsirrtum behandelt, nicht wie er und die h. M. dem § 119 Abs. 2, sondern, wenn ich das andeutend vorwegnehmen darf, da ich es erst im Rahmen der Erörterung der Mängelhaftung näher ausführen kann, dem Wertungsgedanken der §§ 459ff., unter Umständen auch dem des § 306, selbst dann in entsprechender Anwendung, wenn die eigentlichen Voraussetzungen der §§ 459ff nicht vorliegen, insbesondere also, wenn der Verkäufer dadurch, daß die Sache besser als vereinbart ist, benachteiligt würde: Er kann dann „wandeln", aber der Käufer kann durch Zahlung eines entsprechend der Minderung aus der getroffenen Preisvereinbarung zu berechnenden Mehrpreises die Wandlung zurückweisen[16], wenn der Verkäufer nicht dartun kann, daß

[15a] S. oben S. 213 A. 5.

[16] So auch *Brauer* 119 und im Anschluß an ihn *Raape* 504, aber ohne die im Text folgende Einschränkung, während *Flume* 146ff. über § 812 zu einer Pflicht des Käufers, das zurückzugeben, worin die bessere Eigenschaft besteht — kaum je

er infolge der besseren Qualität der Sache diese behalten hätte oder eine andere Wertung als die der Preisvereinbarung entsprechende vorgenommen hätte: Denn es ist zu berücksichtigen, daß wohl dem Verkäufer zuzumuten ist, die schlechtere Sache statt der besseren dem Käufer zu überlassen, von der er sich leichter als von der besseren trennen wird, aber nicht schlechthin das Bessere statt des Schlechteren wegzugeben, daß andererseits der Verkäufer zwar zufrieden sein muß, für das Schlechtere den seiner Wertung des Besseren entsprechenden geringeren Preis zu erhalten, nicht aber der Verkäufer, für das Bessere nur einen Preis zu erhalten, der sich nach seiner Wertung des Schlechteren richtet.

Henle (243ff.) hat zuerst richtig erkannt — und darin sehe ich ein hochbedeutendes Verdienst —, daß zwischen dem Erklärungs- und auch dem Motivirrtum einerseits und der auf einem Eigenschaftsirrtum beruhenden Abweichung der Wirklichkeit von dem Vereinbarten wertungsmäßig ein grundlegender Unterschied besteht, der ihre gleichmäßige Behandlung ausschließt.

Aber er verquickt diese Erkenntnis mit seiner Voraussetzungslehre, indem er annimmt, daß es sich beim Eigenschaftsirrtum stets um einen Irrtum über die Voraussetzung einer Eigenschaft handele, weil er nicht erkennt, daß auch eine Eigenschaft in die Rechtsfolge aufgenommen werden kann. So nimmt er irrtümlich an, daß der Eigenschaftsirrtum stets ein Motivirrtum sei. Aber auch er gelangt zu dem Ergebnis, in den Fällen, die er als Irrtum darüber bezeichnet, daß „die Eigenschaft vorausgesetzt sei" oder kurz als „Irrtum über die Voraussetzung der Eigenschaft", und denen, die er als Irrtum „über die vorausgesetzte Eigenschaft" bezeichnet, liege etwas Verschiedenes vor und will deshalb § 119 Abs. 2 nur auf den Irrtum über das Vorausgesetztsein, der sachlich nach unserer Auffassung Erklärungsirrtum ist, anwenden, während er in den anderen Fällen, in denen Wirklichkeit und Vereinbartes auseinanderfallen, die Grundgedanken des § 459 anwendet, auch wenn der Verkäufer besser als vereinbart geliefert hat. Durch die Verquickung mit der Voraussetzungslehre fehlt aber seinen Ausführungen die letzte systematische Begründung und Klarheit, und das ist wohl auch der Grund, weshalb sie so wenig Nachfolge gefunden haben.

---

durchführbar — gelangt und über § 242 dem Käufer die Zurückweisung der Anfechtung gestattet, wenn er den dem hypothetischen Willen des Verkäufers entsprechenden Mehrpreis zahlt. *Flume* sieht aber richtig, daß man dem Verkäufer die Anfechtung geben muß, wenn er bei Kenntnis der Sachlage nicht verkauft hätte. Ohne daß auf die Einzelheiten der *Flume*schen Konstruktion eingegangen werden könnte, ist zu sagen, daß sie die Anfechtung in Richtung einer Mängelhaftung mit umgekehrten Vorzeichen denaturiert und im Ergebnis sich so unserer Auffassung nähert.

Was schließlich *Brauer* anbetrifft, dem sich *Raape*[17] in den Grundgedanken anschließt, so treffe ich mich mit ihm in den *Ergebnissen* in weitestem Umfange. Aber zunächst hat er durch seine Terminologie den Blickpunkt verschoben: Bei dem von ihm sog. Irrtum über Solleigenschaften ist der Irrtum über die Eigenschaft, die die zu leistende Sache vereinbarungsgemäß oder nach ihm bei Species auf Grund lediglich normierter Eigenschaft haben soll, gar nicht das Wesentliche. Der Irrtum ist nur die Folge des im Rahmen der Willenserklärung allein wesentlichen Irrtums der in der Verkennung des Erklärungswertes eines Hinweises auf die Sache als solche liegt. S. o. Seite 220. Aber da dieser Irrtum *besonderer* Art ist, darf man nicht, wie *Brauer* es tut, auf ihn § 119 *Abs. 1* anwenden (s. o. S. 221). Auch seine funktionslosen Normen (29) sind m. E. schief. Wenn die Parteien die Eigenschaft nicht, wie er es ausdrückt, in das Programm aufnehmen, sondern nur in die Norm, so bedeutet ihre Vereinbarung gar nichts anderes, als daß sie einverständlich festlegen, die Vereinbarung solle nur richtig sein, wenn die Eigenschaft vorhanden wäre, das ist aber typisch Festlegung der Geschäftsgrundlage. Denn da im Vertrage die Pflicht zur Herbeiführung der Rechtsfolge sich nach der Norm richtet, wäre eine Verpflichtung und damit eine Sanktion zur Leistung der Sache mit der Eigenschaft gegeben, wenn sie tatsächlich in die Norm aufgenommen worden wäre. Da unser Rechtssystem vom Grundsatz der specific performance ausgeht, ist es bei uns nicht möglich, die Eigenschaft in die Rechtsfolge aufzunehmen und doch keine Verpflichtung eintreten zu lassen. Will man die Eigenschaft nicht zum Inhalt der Verpflichtung machen, so bleibt nur der Weg, wenn sie überhaupt rechtliche Bedeutung gewinnen soll, sie entweder als Modalität der Rechtsfolge, nämlich als Bedingung, Zweckcausa oder Garantiegegenstand zu vereinbaren oder sie zur einverständlichen Geschäftsgrundlage zu machen. Der Weg, die Verpflichtung auszuschließen und doch die Lieferung ohne die Eigenschaft für vertragswidrig zu erklären, ist wohl im englischen Recht möglich, worauf ich hier nicht näher eingehen kann[18], aber nicht in unserem Recht. So sieht *Brauer* nicht, daß die Eigenschaft in die Rechtsfolge aufgenommen werden kann.

Weiter entwickelt *Brauer*, wie schon gesagt, seine Gedanken nicht systematisch aus den Wertungsprinzipien des BGB, sondern aus der von ihm aufgestellten Wertungsnorm des Integritätsgedankens (s. o. S. 219). So gewinnen seine sachlich klärenden und überaus scharfsinnigen Distinktionen über die einzelnen Arten des Eigenschaftsirrtums etwas eigentümlich Abstraktes: sie schweben gewissermaßen in luftleerem Raum. Das zeigt sich besonders darin, daß der Irrtum über Ist-Eigenschaften sachlich für das eigentliche Irrtumsproblem gar nicht in Betracht kommt,

---

[17] Jüngst auch *Enneccerus-Nipperdey* 715f., 719ff.

[18] Näheres gehört in den Zusammenhang der Mängelhaftung.

wohin schließlich auch seine Erwägungen führen. Wenn er ihn für bedeutungsvoll hält in den Fällen der isolierten Verfügungen, so beruht das m. E. auf einer Selbsttäuschung. Derelinquiert man im Irrtum über eine Eigenschaft, so liegt sachlich das Problem des Erklärungsirrtums vor, das nur modifiziert wird, weil die Dereliktion ein Willensgeschäft ist und deswegen der Schutz der Verkehrssicherheit ausscheidet. In den anderen Fällen (Verzicht, Kündigung, Erbschaftsausschlagung usw.) ergibt sich die richtige Entscheidung aber stets aus der Frage, ob ein Erklärungs- oder ein Motivirrtum vorliegt, ob die Eigenschaft in die Rechtsfolge aufgenommen sein soll oder nicht. Daß es sich um einen Irrtum über eine Isteigenschaft handelt, ist dagegen ohne Bedeutung.

VERPFLICHTUNGSGESCHÄFTE „UNTER" FREMDEM NAMEN

Von Dr. Karl Larenz

oö. Professor an der Universität Kiel

I

Die Frage, nach welchen Regeln eine rechtsgeschäftliche Willenserklärung zu beurteilen ist, die jemand *unter dem Namen eines bestimmten anderen* abgegeben hat, ist auch nach den letzten Abhandlungen von *Letzgus*[1] und *Ohr*[2] noch nicht ausgetragen. Sie soll hier unter Beschränkung auf Verpflichtungsgeschäfte noch einmal erörtert werden. Hinsichtlich der Verfügungsgeschäfte ist man sich weitgehend darüber einig, daß die Verfügung von dem Namensträger, wenn er der Berechtigte ist, gemäß § 185, Abs. II BGB genehmigt werden kann. Für einseitige, rechtsgestaltende Erklärungen ist das Problem offenbar von geringerer praktischer Bedeutung. Wieweit hier die für Verpflichtungsgeschäfte darzulegenden Grundsätze ebenfalls angewandt werden können, muß einer besonderen Betrachtung vorbehalten bleiben.

Die *Rechtsprechung* gibt für die Lösung des Problems nicht allzuviel her. Eine noch unter dem Gemeinen Recht ergangene Entscheidung des RG hatte eine Verpflichtung des unter fremdem Namen Erklärenden sowohl aus dem Gesichtspunkt eines von ihm abgeschlossenen Eigengeschäfts, wie aus entsprechender Anwendung der Regeln über die Haftung eines Vertreters ohne Vertretungsmacht abgelehnt[3]. Dagegen hat das RG in einer späteren Entscheidung[4], vornehmlich unter Berufung auf § 164 Abs. II BGB, ein Eigengeschäft des Erklärenden angenommen. Für den Fall der Fälschung einer Wechselunterschrift aber hat es die entsprechende Anwendung der Regeln über die Geschäfte eines Vertreters ohne Vertretungsmacht bejaht und den Grundsatz aufgestellt[5]: „Eine gefälschte Wechselunterschrift wird wirksam, wenn der Namensträger den ihr zugrundeliegenden wechselrechtlichen Begebungsvertrag genehmigt". Dem hat der BGH sich angeschlossen[6]. Darüber, ob dies auch für den allgemeinen bürgerlichen Rechtsverkehr zu gelten hat, hat sich die Rechtsprechung bisher nicht geäußert.

---

[1] Die Pseudopartei im rechtsgeschäftlichen Verkehr, ArchZivPr. 126, 27; Zum Handeln unter falschem Namen, ArchZivPr. 137, 327.

[2] Zur Dogmatik des Handelns unter falschem Namen, ArchZivPr. 152, 216.

[3] RGZ 38, 178. [4] RGZ 95, 188. [5] RGZ 145, 87 (92).

[6] *Lindenmaier-Möhring*, 1 zu Art. 7 WG.

Im *Schrifttum* sind die Ansichten nach wie vor geteilt. Zwar hat für das Wechselrecht die neuere Rechtsprechung überwiegend Zustimmung gefunden[7], dagegen werden im Schrifttum des bürgerlichen Rechts immer noch die verschiedensten Auffassungen vertreten. Zurückgetreten ist nur die ältere, zuletzt von *Pagel*[8] eingehend begründete Auffassung, es liege überhaupt keine Willenserklärung vor, weil der Erklärende sich in seinem Tun selbst widerspreche oder weil ihm der „Erklärungswille“ fehle. Vielmehr wird die Erklärung heute entweder, nach dem Vorgang von *Hinke*[9], grundsätzlich als Eigengeschäft des Erklärenden angesehen (mit der Möglichkeit für den Gegner, *seine* Erklärung wegen Irrtums oder Täuschung anzufechten), oder es werden Kriterien aufgestellt, nach denen *im einzelnen Fall* zu entscheiden sei, ob ein Eigengeschäft vorliege oder die Vertretungsregeln entsprechend anzuwenden seien. *v. Tuhr*, der grundsätzlich ein Eigengeschäft des Erklärenden annimmt[10], hält doch dann das Recht der Vertretung für entsprechend anwendbar, wenn „der Dritte ein Geschäft mit A (dem Namensträger) zustandebringen will und bereit ist, es, sei es mit A persönlich, sei es mit einem Vertreter des A zu schließen“. Der verehrte Jubilar, dem diese Zeilen gewidmet sind, vertritt ebenfalls die Auffassung, es handle sich grundsätzlich um ein Eigengeschäft des Erklärenden. Nachdem er den Unterschied des Handelns „unter“ fremdem Namen vom Handeln „im fremden Namen“ — bei dem der Erklärende zu erkennen gibt, daß er selbst nicht die von ihm vertretene Person ist — dargelegt hat, fährt er, in der neuesten Auflage seines „Allgemeinen Teils“[11], fort: „Mithin kann ein solches Geschäft grundsätzlich nur für und wider den Erklärenden selbst wirken, ist als ein wirksames Handeln im eigenen Namen anzusehen — vorbehaltlich der dem Gegner zustehenden Anfechtung wegen Täuschung oder Irrtums in der Person. Der wahre Namensträger hat mit dem Geschäft nichts zu tun.“ Doch könne der Namensträger den Vertrag, entsprechend § 177, genehmigen, wenn der Handelnde sich den fremden Namen beilegte, um den Geschäftsgegner über seine Person zu täuschen, und in ihm falsche Identitätsvorstellungen erweckte. Dagegen sind für die Anwendung der Vertretungsregeln in der Mehrzahl der Fälle schon früher *Oertmann*[12], in neuerer Zeit vor allem *Letzgus* und *Ohr* eingetreten. Ihrer Auffassung hat sich neuerdings auch *Nipperdey* (in dem Lehrbuch von *Enneccerus*) weitgehend angeschlossen[13].

---

[7] *Schumann*, Die Fälschung nach dem neuen Wechsel- und Scheckrecht, 1935, S. 34ff.; *Ulmer*, Das Recht der Wertpapiere, 1938, S. 180; *Jacobi*, Wechsel- und Scheckrecht, 1955, S. 257f. (mit weiteren Angaben in der Anm. 4 auf S. 258).

[8] In Gruch. Beitr. 53, S. 229.

[9] Wirkungen des Handelns unter falschem Namen (Hallenser Diss., o. J.).

[10] Der Allgemeine Teil des Deutschen Bürgerlichen Rechts, II, 2, S. 345f.

[11] Allgemeiner Teil, 9. Aufl. 1955, S. 291.

[12] ZentrBl. f. Handelsrecht 1, 302.

[13] 14. Aufl., S. 791f.

Immer dann, wenn infolge der Vortäuschung des Namens bei dem Erklärungsgegner ein Irrtum über die Identität des Erklärenden mit dem wirklichen Namensträger erregt worden sei, liege kein Eigengeschäft des Handelnden vor, selbst wenn dieser den Willen gehabt habe, das Geschäft für sich abzuschließen. Seine Erklärungen bezögen sich dann, nach ihrem durch Auslegung festzustellenden objektiven Sinn, auf eine andere Person als ihn selbst, nämlich auf den wirklichen Namensträger. Daher seien die Regeln der Stellvertretung entsprechend anzuwenden. Nur dann liegt nach *Nipperdey* ein Eigengeschäft des Erklärenden vor, wenn dieser unter dem Namen des anderen das Geschäft für sich selbst schließen wollte, und beim Erklärungsgegner, etwa weil ihm der Name nichts sagt, „keine falschen Identitätsvorstellungen erweckt worden sind“. Bei einer so erheblichen Abweichung der führenden Lehrbücher untereinander kann es nicht verwundern, daß auch die Kommentarliteratur unsicher und schwankend ist. So heißt es im Kommentar der Reichsgerichtsräte zu § 179, unter Berufung auf RGZ 38, 178 (also auf eine Entscheidung, die noch unter dem Gemeinen Recht ergangen ist!), wenn jemand für einen anderen (also offenbar mit dem Willen, ihn zu vertreten) handle, als den er sich fälschlich selbst ausgebe, könne „Stellvertretung niemals in Frage kommen“. Dagegen heißt es zu § 177, unter Hinweis auf die neuere Rechtsprechung zur Wechselfälschung, der Fälscher handle nicht „im“ sondern „unter“ dem Namen eines anderen; eine entsprechende Anwendung des § 177 sei damit aber nicht ausgeschlossen. Der Kommentar von *Palandt*[14] erklärt sowohl den § 177, wie den § 179 „bei rechtlosem Handeln unter fremdem Namen“ — unter Hinweis auf RGZ 145, 91 — unterschiedslos für anwendbar, während der Kommentar von *Erman*[15] wiederum danach unterscheiden will, ob eine falsche Identitätsvorstellung beim Erklärungsgegner bezweckt und tatsächlich ausgelöst wird, oder nicht. Eine bunte Fülle von Meinungen, aus der sich jeder heraussuchen mag, was ihm paßt!

II

Um Mißverständnisse terminologischer Art auszuschalten und für die Erörterung eine gewisse Grundlage zu gewinnen, empfiehlt es sich, zunächst die in Frage kommenden Fälle näher zu umgrenzen und nach bestimmten Gesichtspunkten zu gruppieren.

Als eine Erklärung „unter“ fremdem Namen soll hier, in Übereinstimmung mit dem Schrifttum, nur eine solche Erklärung verstanden werden, bei der der Erklärende zur Kennzeichnung seiner Person den Namen einer *bestimmten anderen Person* gebraucht, von der der Erklärungs-

---

[14] 15. Aufl. 1956, Bemerkung 1 zu §§ 177, 178, am Ende.
[15] Bemerkung 21 zu § 164.

empfänger entweder bereits irgendeine Vorstellung hat, oder sich doch, auf Grund des angegebenen Namens, eine Vorstellung (z. B. durch Einziehung von Erkundigungen, Einsicht in Nachschlagbücher) verschaffen kann. Es scheiden also die Fälle aus, in denen sich jemand eines frei erfundenen Namens, oder eines Namens bedient, der seinen Träger nicht hinreichend individualisiert (z. B. Kaufmann Müller aus Hamburg). Der Erklärende will in solchen Fällen zwar seinen richtigen Namen verbergen, aber nicht den Anschein erwecken, als sei er eine bestimmte andere, für den Geschäftsgegner durch den Namen individualisierte oder zu individualisierende Person. Daß in solchen Fällen stets ein Eigengeschäft des Erklärenden vorliegt, aus dem allein er selbst berechtigt und verpflichtet wird, kann nicht zweifelhaft sein und wird auch nirgends bezweifelt[16].

Die Fälle, deren Beurteilung problematisch ist, lassen sich *nach der Willensrichtung des Erklärenden* in folgende Gruppen einteilen:

1. Der Erklärende *will das Geschäft für sich selbst abschließen*, d. h. er will selbst daraus berechtigt und verpflichtet sein. Diese Gruppe teilen wir in zwei Untergruppen:

a) Der Erklärende bedient sich des fremden Namens aus Gründen, die mit dem Abschluß gerade dieses Geschäfts nichts zu tun haben;

b) er bedient sich des fremden Namens, weil er weiß oder damit rechnet, daß der Erklärungsempfänger nicht mit ihm, wohl aber mit dem Namensträger abschließen will; er *erschleicht* also den Geschäftsabschluß gerade durch die Identitätstäuschung.

Zur Gruppe 1a gehören folgende Fälle: *Felix Krull* reist unter dem Namen des Marquis de Venosta — „als“ dieser — um die Welt. Er hat für die Dauer eines Jahres nicht nur den Namen des Marquis angenommen, sondern dessen Maske angelegt: er spielt den Marquis auf der Bühne des Lebens. Selbstverständlich schließt er nun auch Rechtsgeschäfte unter diesem, ihn in seiner angenommenen Rolle kennzeichnenden Namen ab: er bestellt beispielsweise Hotelzimmer, gibt vom Hotel aus telefonische Bestellungen auf, macht Zechschulden. Er genießt dabei, möglicherweise, den Kredit des Namens, den er angenommen hat. Dennoch ist es ihm hierum nicht eigentlich zu tun; er bedient sich vielmehr des von ihm angenommenen Namens auch im geschäftlichen Verkehr deshalb, weil es seine Rolle so verlangt. Ein anderer Fall: ein Film- oder Sportstar, der endlich einmal für einige Wochen seine Ruhe haben will, mietet ein Ferienhaus unter dem Namen einer anderen, nachprüfbar existierenden (aber für Reporter uninteressanten) Person und schließt unter diesem Namen weitere Geschäfte ab, die er selbst nur auf sich bezogen haben will. Wiederum mag bei dem Geschäftsgegener ein Iden-

---

[16] Vgl. etwa *Hinke* S. 23ff.; *Letzgus*, ArchZivPr. 126, S. 31; *Reichel*, Höchstpersönliche Rechtsgeschäfte, S. 136ff.

titätsirrtum hervorgerufen werden (wenn ihm der angegebene Name etwas besagt), oder nicht.

Zur Gruppe 1b dagegen gehören die folgenden, im Leben jedenfalls häufiger vorkommenden Fälle: A wünscht von D einen Gegenstand auf Kredit zu kaufen. Er weiß, daß er selbst bei D keinen Kredit genießt, wohl aber der als vermögend bekannte B. Deshalb gibt er sich dem D gegenüber — mündlich oder schriftlich — als der (dem D persönlich unbekannte) B aus, erreicht dadurch den Abschluß und erhält den gewünschten Gegenstand[17]. Oder: Der Kunsthändler H hat erfahren, daß D, der seine wertvollen Handzeichnungen eines bekannten Künstlers zu verkaufen wünscht, nur an einen Liebhaber und nicht an einen Händler verkaufen will. Er gibt sich dem D gegenüber als der bekannte Sammler B aus, mit dem D vielleicht schriftlich schon Verbindung aufgenommen hatte, wird daraufhin mit ihm einig und „prellt" so den B, der sie ebenfalls zu erwerben wünschte, um die Zeichnungen. Zwar könnte hier D, nehmen wir ein Eigengeschäft des H an, sicherlich anfechten, nicht aber könnte in diesem Fall der B das Geschäft, durch Genehmigung, an sich ziehen. Übrigens mag hier durchaus angenommen werden, daß H dem D einen sehr guten Preis zahle, so daß D einen Vermögensschaden nicht erlitten hat.

2. Der Erklärende *will das Geschäft* in der Tat nicht für sich selbst, sondern *mit Wirkung für den Namensträger abschließen*, diesen also berechtigen und verpflichten. Er *will* vertreten, erweckt aber den Anschein eines Eigengeschäfts des Vertretenen. Mit *Reichel*[18] kann man in diesen Fällen von einer „*verkappten Stellvertretung*" sprechen. Auch hier unterscheiden wir wieder zwei Untergruppen:

a) Das Auftreten des A (Erklärenden) unter dem Namen des B (desjenigen, den er zu vertreten wünscht) geschieht nicht zu dem Zwecke, um den Geschäftsgegner durch die Täuschung über die behauptete Personenidentität zum Geschäftsabschluß zu bestimmen, sondern aus irgendwelchen anderen Gründen;

b) es geschieht zu dem genannten Zweck.

Zur Gruppe 2a gehören folgende Fälle: A, der von B Vollmacht zum Abschluß bestimmter Geschäfte erhalten hat, führt sich bei D unter dem Namen des B selbst ein, etwa weil er meint, auf diese Weise leichter Zutritt zu erhalten, oder weil es seiner Eitelkeit schmeichelt, für seinen Chef, den angesehenen B, gehalten zu werden. Oder er unterläßt es lediglich aus Ungeschick, den D aufzuklären, nachdem er bemerkt hat, daß dieser ihn für den B selbst hält. Der, innerlich vorhandene, Vertreterwille des A äußert sich hier nicht offen, sondern nur gleichsam verkappt: durch die Nennung des Namens desjenigen, für den das Geschäft nach seinem Willen gelten soll, als seines eigenen Namens.

---

[17] Ähnlich lag der vom RG — sicherlich unzutreffend, nämlich als Fall eines „Dissenses" — entschiedene Fall Blumenkranz; vgl. Gruch. Beitr. 62. 587.

[18] *Reichel*, Höchstpersönliche Geschäfte, S. 139.

Zur Gruppe 2b gehört dagegen folgender Fall: der etwas schüchterne B, der sich schriftlich um eine Stelle beworben hat, bei der ein gewandtes Auftreten gefordert wird, fühlt sich der gewünschten persönlichen Vorstellung nicht gewachsen und bestimmt deshalb seinen in allen Lagen gewandten Freund A, sich unter dem Namen des B vorzustellen. Auf Grund des persönlichen Eindrucks erhält A sofort die Stellung und schließt den Anstellungsvertrag unter dem Namen des B ab. *Reichel* bringt ferner folgende, hierher gehörende Beispiele[19]: die häßliche B, die von D als Filmschauspielerun engagiert werden möchte, läßt den Vertrag durch ihre hübsche Freundin A schließen, die sich als die B vorgestellt hat. Dem D, welcher spanischen Unterricht wünscht, stellt sich der fließend spanisch sprechende A unter dem Namen seines Vollmachtgebers, des Studienrates B, vor, der nur mangelhaft spanisch kann. A schließt den Vertrag unter dem Namen des B.

3. Möglicherweise will der Erklärende, A, weder sich selbst verpflichten, noch den Namensträger vertreten, sondern eine von diesem herrührende Verpflichtungserklärung nur *vortäuschen*, um dadurch den Gegner zum Abschluß eines anderen, für den Erklärenden vorteilhaften Geschäftes zu veranlassen. A verhandelt schriftlich mit D über einen ihm zu gewährenden Kredit, D verlangt eine Bürgschaft des B. Persönlich sind sowohl A wie B dem D unbekannt. A begibt sich zu D, weist sich diesem gegenüber mit gefälschten Papieren als der B aus, unterschreibt in seiner Gegenwart die Bürgschaftsurkunde und erhält einige Tage darauf schriftlich von D die gewünschte Kreditzusage. Zweifellos will hier A die Bürgschaftsverpflichtung nicht selbst eingehen (kein Fall der Gruppe 1), er will aber auch nicht den B im Sinne einer Interessenwahrnehmung vertreten (daher kein Fall der Gruppe 2), er ist sich wahrscheinlich sogar dessen bewußt, daß eine Verpflichtung des B auf diese Weise nicht zustandekommt. Aber er will dem D eine Verpflichtung des B vortäuschen, um ihn dadurch zum Abschluß eines anderen Geschäfts mit ihm, dem A, nämlich eines Darlehensvertrages, zu veranlassen. Wegen dieses Endzwecks der Täuschungshandlung ähnelt der Fall am meisten den Fällen der Gruppe 1b. Ähnlich liegen diejenigen Fälle einer Wechselfälschung, bei denen überhaupt eine Erklärung „unter fremdem Namen" abgegeben wird. In den meisten Fällen dürfte dies, was bisher seltsamerweise noch nicht bemerkt worden ist, aber überhaupt nicht zutreffen[19].

---

[19] a. a. O., S. 143f.

[19] In dem Leitfall RGZ 145, 87 hatte die Reichsbank von dem Bankhaus H Wechsel erworben, die ein Indossament des Beklagten trugen. Die Indossamente waren von dem Geschäftsführer der H-Bank gefälscht. Die Wechsel enthielten zunächst ein Blankoindossament des Remittenten, dann ein Blankoindossament des Bankhauses H, darauf das (gefälschte) Vollindossament des Bekl. auf das

Mit der vorstehenden Differenzierung der Fallgruppen haben wir nur erst eine vorläufige Übersicht, aber noch keine Lösung gefunden. Nun-

---

Bankhaus H und schließlich dessen Vollindossament auf die Reichsbank. Für diese sah es also so aus, als habe das Bankhaus H die Wechsel zunächst auf Grund des Blankoindossaments des Remittenten erworben, sie dann durch Blankoindossament weiter begeben und später durch das Vollindossament des Bekl. von diesem zurückerworben. In Wahrheit hatte der Geschäftsführer der H-Bank sowohl die Weiterbegebung der Wechsel (durch das Blankoindossament der H-Bank) wie ihren Rückerwerb von dem Bekl. nur vorgetäuscht, um eine wechselmäßige Verpflichtung des Bekl. (als Indossanten) vorzuspiegeln. Den Begebungsvertrag mit der Reichsbank aber hatte er nicht unter dem Namen des Bekl., sondern als offener Stellvertreter der H-Bank abgeschlossen. Um trotzdem einen genehmigungsfähigen Begebungsvertrag zu konstruieren, fingierte das RG, der Geschäftsführer habe die beiden von ihm vorgetäuschten Begebungsverträge — nämlich die Übertragung der Wechselrechte durch das Blankoindossament an den Bekl. und ihren Rückerwerb von diesem — durch zwei Insichgeschäfte mit sich selbst abgeschlossen, und zwar mit sich „unter dem Namen des Beklagten". Der zweite dieser Begebungsverträge, „den die Firma H unter dem Namen des Beklagten und für diesen mit sich selbst abgeschlossen hat", habe durch Genehmigung gemäß § 177 BGB Wirksamkeit erlangt. Es bleibt das Geheimnis des RG, wie es sich ein Handeln „unter" fremdem Namen bei einem Insichgeschäft überhaupt vorstellt. Daß der Handelnde seinem Erklärungsgegner, also sich selbst, vorspiegelt, eine andere Person, nämlich der Namensträger, zu sein, wäre allenfalls dann denkbar, wenn man bei ihm Schizophrenie unterstellt! Wenn man schon die, m. E. fiktive, Annahme billigen will, der Geschäftsführer habe, als er seine Fälschung ausführte, gleichzeitig zwei Insichgeschäfte abgeschlossen, dann könnte er dies doch nur als Vertreter (ohne Vertretungsmacht) getan haben. In diesem Fall wäre § 177 direkt anwendbar. Allerdings müßte die Genehmigung des Bekl. der H-Bank und nicht der Reichsbank gegenüber erfolgt sein, denn nur die H-Bank war sein Vertragsgegner. Der weitere Begebungsvertrag, durch den die H-Bank ihre Rechte auf die Reichsbank übertrug, bedarf keiner Genehmigung, denn dieser Vertrag ist ordnungsgemäß geschlossen worden. Die Verwirrung dürfte dadurch entstanden sein, daß man das Indossament für sich allein als „Willenserklärung" angesehen hat. Es wird aber zu einer solchen, wie das RG auch gar nicht verkennt, nur in Verbindung mit einem Begebungsvertrag. Dieser aber wird nur zwischen dem Indossanten und *seinem* Indossatar, hier also nach der Auffassung des RG, zwischen dem Beklagten (als Geschäftsherrn) und der H-Bank, nicht zwischen ihm und allen späteren Nachmännern geschlossen. Wollte man aber selbst letzteres annehmen, so würde der Geschäftsführer der H-Bank der Reichsbank gegenüber doch nicht als der Beklagte selbst, sondern nur als dessen Bote aufgetreten sein. Der Fall läge dann ähnlich dem, daß ein Bote den von ihm überbrachten Brief selbst fälschlich angefertigt hätte. Dazu bemerkt *Cohn* (Das rechtsgeschäftliche Handeln für den, den es angeht, 1931, S. 80) zutreffend, daß in einem solchen Fall „weder der Tatbestand des § 179, noch etwa der viel erörterte Fall des Handelns unter fremdem Namen" verwirklicht werde. Denn die Mittelsperson gebe hier nicht selbst dem Empfänger gegenüber eine Erklärung ab, sondern erwecke nur den Anschein, als habe ein anderer, der angebliche Absender des Briefes, dies getan. Mag also der Geschäftsführer der H-Bank nicht nur ein Insichgeschäft geschlossen, sondern darüber hinaus auch noch eine scheinbar von dem Bekl. herrührende Offerte der Reichsbank übermittelt haben, so hat er doch weder das eine noch das andere „unter" dem Namen des Beklagten getan. *Ein Fall des Handelns „unter fremdem Namen" liegt gar nicht vor!* Es handelt sich um ein Sonderproblem.

mehr wollen wir die Frage zu klären versuchen, welche Bedeutung die Nennung seines (angeblichen) Namens durch den Erklärenden für den rechtlich relevanten Inhalt der Erklärung überhaupt haben kann.

III.

Wer ein verpflichtendes Rechtsgeschäft, beispielsweise einen Kaufvertrag, abschließt, sagt in der Regel: ich kaufe (oder miete, leihe usw.) diesen Gegenstand unter den und den Bedingungen. Der Sinn dieser Worte ist nicht der, dem Erklärungsempfänger nur *mitzuteilen*, daß der Erklärende bei sich den Wunsch oder die Absicht habe, zu kaufen oder zu mieten usw., sondern daß er den Gegenstand „hiermit“ kaufe, also sich zu der geforderten Preiszahlung verpflichte und dafür den Anspruch auf die Leistung des Verkäufers erwerbe. Die rechtsgeschäftliche Willenserklärung ist nicht nur *Willenskundgabe*, sondern in Einheit damit *Geltungserklärung* oder *Rechtsfolgeanordnung*: was erklärt wird, soll unter den Parteien rechtens sein, soll *gelten*[20]. Dabei hat das „Ich“ in der Erklärung („ich“ kaufe, miete, verpflichte *mich*) logisch nicht nur die Funktion einer Aussage (über den, der erklärt), sondern es bezeichnet zugleich den, *in dessen Person die Rechtsfolge eintreten soll*, das Subjekt der durch die Erklärung in Geltung gesetzten Rechtsfolge. Insofern ist es aus der Erklärung nicht wegzudenken, bildet es einen integrierenden Bestandteil der Rechtsfolgeanordnung.

Will der Erklärende nicht selbst das Subjekt der Rechtsfolge sein, will er also nicht für sich, sondern für einen anderen (mit unmittelbarer Wirkung für und gegen den anderen) kaufen oder mieten usw., so muß er dies in dem Inhalt seiner Erklärung zum Ausdruck bringen. Das geschieht gewöhnlich dadurch, daß er erklärt, „im Namen“ des anderen, als dessen Vertreter, zu handeln (Fall der offenen Stellvertretung). Der Erklärende unterscheidet dann in seiner Erklärung sich selbst, den Erklärenden, von dem, für den die Rechtsfolge gelten soll: „ich“ (der Erklärende) kaufe diese Sache „für“ den X (als das Subjekt der Rechtsfolge). Tut er das nicht, ergeben auch nicht die Umstände, und zwar für den Erklärungsempfänger, daß die Rechtsfolgen für einen anderen als den Erklärenden eintreten sollen, so treffen sie diesen selbst. Das besagt auch der § 164, Abs. II BGB.

Fügt nun der Erklärende seiner Erklärung den ihm (angeblich) zukommenden Namen hinzu, oder bedient er sich seiner bei der Erklärung (z. B. in seiner Unterschrift), so ändert dies zunächst nichts daran, daß

[20] Dies habe ich näher begründet in meiner Schrift „Die Methode der Auslegung des Rechtsgeschäfts“, 1930, S. 34ff. Ebenso jetzt *Nipperdey*, bei *Enneccerus*, Allgemeiner Teil, S. 702; zustimmend auch *Wieacker* JZ 56, S. 294.

er *sich selbst, den Erklärenden,* als denjenigen bezeichnet, für den die Rechtsfolge gelten soll. Daß der Träger des von ihm genannten Namens eine von ihm *verschiedene* Person ist, tritt ja in seiner Erklärung gerade nicht hervor. Die Nennung des Namens ist zunächst nichts weiter als eine nähere Kennzeichnung der Person des Erklärenden, die nur den Charakter einer Aussage oder Mitteilung hat. Als Aussage oder Mitteilung aber enthält sie keine weitere Rechtsfolgeanordnung. Das Subjekt der Rechtsfolge ist als das „Ich" der Erklärung bestimmt. Die Aussage, dieses „Ich" sei namentlich der und der, mag richtig oder unrichtig sein, sie hat aber, wenigstens unmittelbar, nicht den Charakter einer Willenskundgabe und Geltungsanordnung. Sie ist überhaupt nicht Willenserklärung, sondern Tatsachenbehauptung. Auch wenn sie unrichtig ist, wird deshalb die Willenserklärung als Geltungsanordnung nicht etwa in sich widerspruchsvoll und unverständlich. Die Geltungsanordnung lautet lediglich auf „Ich", den Erklärenden. Mit Recht also trennt *Hinke* die Erklärung, die auf den Eintritt der Rechtsfolge (für den Erklärenden) gerichtet ist, von der ihr zeitlich vorausgehenden oder sie begleitenden unrichtigen Namensbehauptung. Die Namensbehauptung gehöre nicht zum Inhalt der Erklärung; diese sei eindeutig in dem Sinne, daß die Rechtsfolge für den Erklärenden eintreten soll[21].

Allerdings zeigen unsere Beispiele, daß die Namensnennung subjektiv, vom Erklärenden aus, gesehen, einen weitergehenden Sinn haben *kann.* Hinter der Nennung des fremden Namens kann sich der Wille des Erklärenden verbergen, den von ihm in Wahrheit verschiedenen Namensträger zur Geschäftspartei, also zum Subjekt der Rechtsfolge, zu machen. Was dem unbefangenen Dritten als bloße Aussage oder Mitteilung (über den dem Erklärenden zukommenden Namen) erscheint, kann von dem Erklärenden in Wahrheit als Rechtsfolgeanordnung gemeint und gewollt sein. So in den Fällen unserer Hauptgruppe 2, für die wir bereits den Ausdruck „verkappte Stellvertretung" gebraucht haben. Der Erklärende *will* hier in der Tat das Geschäft für einen anderen zustande bringen. Er spricht dies aber nicht offen aus, sondern deutet nur auf die von ihm gewollte Geschäftspartei durch die Nennung ihres Namens hin, den er sich aber selbst zulegt. Statt zu sagen: „Ich schließe das Geschäft für B", sagt A: „Ich, der B, schließe das Geschäft für mich selbst, also den B". Die Gleichsetzung seiner Person mit dem Namensträger, B, für den er die Rechtsfolge herbeiführen will, ist gleichsam die Einkleidung für die Bestimmung: B soll das Subjekt der Rechtsfolge sein. Die Namensbehauptung hat, von ihm aus gesehen, somit die Bedeutung einer, allerdings verdeckten, Rechtsfolgeanordnung („Ich" *soll* als B gelten).

Damit aber, daß die Namensnennung für den Erklärenden selbst diese weitergehende Bedeutung hat, daß *er* sie nicht nur und nicht in erster

---

[21] Vgl. *Hinke,* S. 31ff. u. 90.

Linie als eine Aussage über seine Person (oder über den Namen, den er zu führen berechtigt sei), sondern als eine Bestimmung desjenigen *meint*, für den die Rechtsfolge gelten soll, ist noch nicht gesagt, daß sie auch so verstanden werden müsse. Mag der Erklärende immerhin eine verdeckte Rechtsfolgeanordnung haben treffen wollen, so ist das allein doch noch kein hinreichender Grund für die Rechtsordnung, sie in dieser Weise auch gelten zu lassen. Willenserklärungen, die an eine bestimmte Person gerichtet sind, müssen grundsätzlich so ausgelegt werden und in dem Sinne rechtlich gelten, wie sie der Erklärungsempfänger verstehen konnte. Es bedarf daher der weiteren Untersuchung, ob und unter welchen Voraussetzungen eine „verdeckte“ Rechtsfolgeanordnung der beschriebenen Art etwa Erfolg haben kann.

IV.

Bei der Auslegung empfangsbedürftiger Willenserklärungen ist, nach der heute wohl fast allgemein anerkannten Auffassung, von der Gesamtheit der Umstände auszugehen, die dem Erklärungsempfänger erkennbar waren. Es ist zu fragen, welche Bedeutung dieser, bei Berücksichtigung aller dieser Umstände und bei Anwendung der ihm zumutbaren Sorgfalt, als die vom Erklärenden gemeinte Bedeutung erkennen konnte und durfte. Nicht darauf kommt es an, was er tatsächlich verstanden hat, sondern darauf, was er bei sorgfältiger Prüfung verstehen durfte und mußte. Das, was sich danach als die dem Empfänger verständliche Bedeutung seiner Erklärung ergibt, das muß der Erklärende sich in der Regel als den Sinn seiner Erklärung zurechnen lassen, auch wenn er sie tatsächlich anders gemeint hatte (vorbehaltlich der Irrtumsanfechtung). Demgemäß haben wir zu fragen, ob und gegebenenfalls wann der Empfänger der Erklärung in der Namensnennung durch den Erklärenden eine verdeckte Rechtsfolgeanordnung sehen kann und darf.

Im Wege der Auslegung der Erklärung haben auch *Letzgus* und *Ohr* das Problem zu lösen gesucht. Es ist deshalb jetzt angebracht, auf ihre Ausführungen einzugehen. *Letzgus* erklärt, es müsse jeweils durch die Auslegung derjenige festgestellt werden, auf den die Erklärung im konkreten Fall zu beziehen sei. Er fährt fort, es müsse geprüft werden, welches Moment (nämlich: der Name oder die persönliche Erscheinung des Erklärenden) „nach dem Parteiinteresse und der Art des Geschäfts“ im Einzelfall besonders betont sei[22]. *Letzgus* untersucht darauf die Interessen vornehmlich des Geschäftsgegners und kommt zu dem Ergebnis, in den meisten Fällen werde dieser das Geschäft gerade mit dem Namensträger abschließen wollen, dessen Kredit, geschäftlicher Ruf usw. für ihn ausschlaggebend sei. Daher sei in der Mehrzahl der Fälle der „objektive Sinn“ der Erklärung *für ihn*: „Wirkung

[22] ArchZivPr. 126, 32.

gegenüber der Namenspartei"[23]. Das überzeugt in keiner Weise. Gewiß, der Empfänger legte in diesen Fällen der Namensnennung das entscheidende Gewicht bei. Aber *durfte* er das auch? Das Resultat befriedigt, wenn der Erklärende den Namensträger vertreten *wollte*. Es befremdet vornehmlich in den Fällen unserer Gruppe 1a, in denen der Erklärende ein Eigengeschäft will und den Geschäftsabschluß auch nicht durch die Identitätstäuschung erschlichen hat. In seiner zweiten Abhandlung hat *Letzgus* seine These dahin eingeschränkt, es käme darauf an, ob der Erklärende den Identitätsirrtum des Empfängers gekannt habe[24]. Das ist in der Tat ein wichtiger Gesichtspunkt, nur sieht man nicht recht, wie er in den Zusammenhang der Argumentation von *Letzgus* hineinpaßt. Diese leidet grundsätzlich daran, daß *Letzgus* das als „objektiven Sinn" der Erklärung ansehen will, was dem Interesse, der Absicht und den Motiven des Erklärungsempfängers am besten entspricht, worauf daher *für ihn* das Schwergewicht, die „Betonung", lag. Allein, es entspricht keineswegs den anerkannten Grundsätzen der Auslegung, daß der Empfänger die Erklärung so verstehen dürfe, wie er sie verstehen möchte, weil das seinem Interesse entspricht. Vielmehr hat er sie so zu verstehen, wie sie sich ihm bei unbefangener und verständiger Würdigung darstellt.

Ohr stellt die Frage so, wie sie im Sinne der heute herrschenden Auslegungslehre in der Tat gestellt werden muß, wie nämlich „der Gegner des Fälschers dessen Erklärung nach Treu und Glauben auffassen durfte[25]". Hierbei sucht *Ohr* zwischen verschiedenen Fallgruppen zu unterscheiden. *Ohr* legt ein entscheidendes Gewicht dem Umstand bei, ob die Erklärung mündlich und persönlich, oder ob sie schriftlich oder fernmündlich, jedenfalls unpersönlich abgegeben wird. Im Falle persönlicher Abgabe, so führt er aus, sei für den Erklärungsgegner der persönliche Eindruck regelmäßig der entscheidende; deshalb erscheine ihm die Erklärung „in der Regel als auf Eigenwirkung gerichtete Erklärung des Erschienenen, auch wenn er die Fälschung nicht durchschaut"[26]. Die etwaige Kenntnis des Empfängers von der Person des Namensträgers trete hier hinter den persönlichen Eindruck zurück; sie bewirke lediglich, daß der Empfänger die ihm bekannten Eigenschaften des Namensträgers nunmehr dem Erklärenden zuschreibe, also nicht einen Identitäts-, sondern lediglich einen Eigenschaftsirrtum. Daher komme ein Eigengeschäft für den Erklärenden zustande; der Gegner könne seine Erklärung nur nach § 119, Abs. II anfechten. Eine Ausnahme will *Ohr* dann anerkennen, wenn „die scheinbare Eigenschaft des Fälschers" — etwa

[23] a. a. O. S. 39.
[24] ArchZivPr. 137, 330.
[25] ArchZivPr. 152, S. 223.
[26] S. 227.

die nur dem Namensträger zukommende Kreditwürdigkeit — „für die wirtschaftliche Betrachtung des Gegners die Bedeutung eines selbständigen Rechtsträgers erlangt“[27]. Was das heißen soll, vermag ich allerdings nur zu ahnen; mir scheint, daß das mehr nur eine Umschreibung, als eine Lösung des Problems sei. Gerade umgekehrt sei es, so meint *Ohr*, dann, wenn der Fälscher dem Erklärungsempfänger nicht persönlich gegenübertrete, bei Erklärungen unter Abwesenden. Dann erscheine die Erklärung dem Empfänger in der Regel „als auf Eigenwirkung gerichtete Erklärung des Namensträgers“; daher werde er hier über die Personidentität des Erklärenden getäuscht[28]. Die Auslegung ergebe dann für ihn in aller Regel den Anschein eines Eigengeschäftes des Namensträgers; dann aber sei die entsprechende Anwendung der Vertretungsregeln „nicht nur berechtigt, sondern auch dringend geboten“[29]. Sie sei aber auch in den Fällen, in denen die Auslegung ein Eigengeschäft des Erklärenden ergebe, dann berechtigt, wenn beide Teile das Geschäft für die Namenspartei hätten abschließen *wollen*, oder wenn der Erklärende dies wollte und der Erklärungsgegner es gewollt hätte, falls er die Fälschung erkannt hätte. Zur Begründung beruft sich *Ohr* auf den Grundsatz „falsa demonstratio non nocet“ und auf die Zulässigkeit einer „Willenskorrektur“, d. h. einer „Berichtigung“ des empirischen Willens gemäß dem hypothetischen Willen, der sich aus den Motiven des Handelnden ergebe[30]. Im praktischen Ergebnis bedeutet das „Wirkung für die Namenspartei“ in der Mehrzahl der Fälle unserer Gruppe 2a, außerdem aber, für alle Fallgruppen, dann, wenn der Erklärende seinem Gegner nicht persönlich gegenübergetreten ist.

Die Differenzierung zwischen den Erklärungen, die von einem Anwesenden und von einem Abwesenden abgegeben werden, scheint mir jedoch nicht berechtigt zu sein. Denken wir zunächst an die Fallgruppe 1a, also z. B. an *Felix Krull*. Soll es wirklich darauf entscheidend ankommen, ob er, unter Nennung des Namens des Marquis de Venosta, persönlich im Hotel ein Zimmer verlangt, oder ob er das Zimmer schriftlich oder telegraphisch vorbestellt hat? Ebenso scheint es mir in der Fallgruppe 1b doch nicht darauf anzukommen, ob z. B. der Kunsthändler H persönlich bei D erscheint und sich für den B ausgibt, oder ob er die Kaufverhandlungen lediglich schriftlich, unter dem Namen des B, führt und zum Abschluß bringt. Gewiß: nur wenn der Erklärende dem Geschäftsgegner persönlich gegenübertritt, kann der persönliche Eindruck für dessen Entschließung Bedeutung erlangen. Der Name wird trotzdem häufig für ihn das entscheidende sein. Anderseits kann auch bei schriftlichen Bestellungen und Verhandlungen dem Geschäftsgegner der angegebene Name

[27] S. 218.
[28] S. 229.
[29] S. 232.
[30] S. 234.

nichtssagend und gleichgültig sein. Der Hotelwirt reserviert das bestellte Zimmer meistens für den, der es bestellt hat, gleich, wie er sich nennt. Das Versandgeschäft sendet die bestellte Ware unter Nachnahme an die vom Besteller angegebene Adresse und nimmt damit die Vertragsofferte des Bestellers gemäß § 151 BGB an, ohne daß der Name dabei irgendeine Rolle spielte. Es will mit dem kontrahieren, der bestellt hat. Der Name ist hauptsächlich dann von wesentlicher Bedeutung, wenn der andere ein finanzielles Risiko übernehmen, wenn er Kredit geben soll. Dann ist der Name auch bei mündlicher Verhandlung meist wichtiger als der persönliche Eindruck. Richtig ist, daß der Erklärungsempfänger dem Namen bald größere, bald geringere oder gar keine Bedeutung beilegen wird. Das hängt aber nicht, oder doch nicht in dem Maße, wie *Ohr* annimmt, von der persönlichen Gegenwart des Erklärenden ab, und ist vor allem nicht das entscheidende Kriterium dafür, welches der *objektive Sinn der Erklärung* ist.

V.

Wir gehen noch einmal auf den Ausgangspunkt von *Ohr* zurück: es komme darauf an, wie der Erklärungsgegner die Erklärung verstehen *darf*. Was folgt daraus? Der Empfänger „darf" die Erklärung nicht so verstehen, wie er sie, gemäß den *für ihn* maßgeblichen Erwägungen, verstehen *möchte*, sondern nur so, wie sie von jedem anderen an seiner Stelle *zu verstehen ist*, wie sie von einem „verständigen Menschen" — dem dieselben Umstände bekannt sind, wie ihm — verstanden werden muß. Dann aber kann es nicht darauf ankommen, ob er sich mehr von dem persönlichen Eindruck, oder von seiner Vorstellung des Namensträgers hat leiten lassen. Es kann nur darauf ankommen, was die Erklärung *ihrem verstehbaren Sinne nach besagt*. Hierfür wieder kommt es auf die Bedeutung der Namensnennung an. Besagt diese — für einen „verständigen Menschen" —, daß der Erklärende damit nur eine Aussage (über seine Person) machen will, oder besagt sie, daß er damit eine verdeckte Rechtsfolgeanordnung trifft? Ist die Nennung des Namens nur als *Aussage* über den Namen zu verstehen, der dem Erklärenden zukomme, so ist sie für die erklärte Rechtsfolge bedeutungslos. Diese gilt dann für den, der erklärt hat. Nur wenn die Nennung des Namens objektiv als eine Bestimmung der gewollten Geschäftspartei, damit als verdeckte *Rechtsfolgeanordnung* zu verstehen ist — und wenn sie der Erklärende selbst in diesem Sinne sich zurechnen, gegen sich gelten lassen muß[31] —, kann die Auslegung etwas anderes ergeben als ein Eigengeschäft des Erklärenden.

---

[31] Über das Erfordernis, daß die dem Gegner verständliche Bedeutung dem Erklärenden selbst zurechenbar sein muß, vgl. meine „Methode der Auslegung des Rechtsgeschäfts", S. 72ff.

Nun wird in der Regel niemand in der Nennung des Namens seines Kontrahenten schon eine (verdeckte) Rechtsfolgeanordnung sehen. Denn normalerweise bringt derjenige, der Rechtsfolgen für eine von ihm verschiedene Person begründen will, dies offen zum Ausdruck. Damit, daß sich hinter der Namensnennung eine verdeckte Rechtsfolgeanordnung verbirgt, darf niemand rechnen und braucht anderseits niemand zu rechnen. Der Erklärungsempfänger kann und darf in der Regel in der Namensnennung nur eine Aussage, nicht eine Bestimmung des Rechtsfolgesubjekts, sehen. Grundsätzlich ergibt also die Auslegung, daß jede nicht *im* fremden Namen abgegebene Erklärung in dem Sinne zu verstehen ist, daß der Erklärende, nicht der etwa von ihm verschiedene Namensträger, Subjekt der Rechtsfolge wird[32]. Mit anderen Worten, die Auslegung führt *grundsätzlich auf ein Eigengeschäft des Erklärenden.* Mag dieser selbst immerhin den Willen gehabt haben, die Namenspartei zu vertreten: eine „verkappte" Stellvertretung ist keine „offene". Nur die „offene" Vertretung wird aber vom Gesetz mit der Wirkung anerkannt, daß der Vertretene das Subjekt der Rechtsfolge wird. Von der Auslegung der Erklärung her ergibt sich somit — darin hat *Hinke* durchaus richtig gesehen — kein Weg, um zur Anwendung der Vertretungsregeln zu gelangen.

Dennoch ist die entsprechende Anwendung der Vertretungsregeln in zwei Gruppen von Fällen sachgerecht. Die Begründung dafür kann sich aber nicht aus der Auslegung der Erklärungen, sondern nur aus anderen Erwägungen ergeben.

Die erste Gruppe sind die Fälle unserer Gruppe 1b. Der Erklärende wußte hier oder rechnete doch damit, daß der Gegner das Geschäft nicht mit ihm, wohl aber mit dem Namensträger abschließen würde. Er gab sich gerade zu dem Zwecke für den Namensträger aus, um den Geschäftsabschluß zu erschleichen. Gelingt ihm das, schließt also der andere gerade deshalb mit ihm ab, weil er ihn für den Namensträger hält, so handelt der Erklärende arglistig, wenn er entgegen den von ihm erregten Schein: der Namensträger sei die Geschäftspartei, hinterher das Geschäft für sich in Anspruch nimmt. Gewiß könnte der Geschäftsgegner in diesem Falle anfechten. Aber damit würde er nicht einmal das Erfüllungsinteresse erlangen. Sein von dem Erklärenden in arglistiger Weise erwecktes Vertrauen wird weit besser geschützt, wenn er die Chance hat, daß der Vertrag durch Genehmigung seitens des Namensträgers doch noch mit diesem zustande kommt, und wenn ihm andernfalls der Erklärende nach § 179, also nach seiner Wahl auf Erfüllung oder auf den Nichterfüllungsschaden, haftet. Damit wird auch das Interesse der Namenspartei befriedigt, das Geschäft, das der Geschäftsgegner ja

[32] Erkennt ausnahmsweise der Empfänger, daß der Erklärende die Namenspartei vertreten will, so liegt offene Stellvertretung vor.

mit ihr abschließen wollte, nunmehr an sich zu ziehen. Die Erklärung des Täuschenden ist daher, nach dem Grundsatz von „Treu und Glauben", so zu deuten, wie er wollte, daß sie der Empfänger irrtümlich[33] verstehen sollte: als eine Erklärung „für" den Namensträger. Das ist zwar keine Auslegung mehr, sondern eine Umdeutung; eine Umdeutung aber, die der Erklärende sich gefallen lassen muß, weil ihm damit nichts anderes zugemutet wird, als den von ihm absichtlich erregten Schein gelten zu lassen. Die Erklärung des Geschäftsgegners aber, er schließe das Geschäft mit dem Erklärenden ab, hatte für diesen verständlich den Sinn, er wolle mit dem Namensträger abschließen. Daher ist sie auch in diesem Sinne auszulegen. Beider Erklärungen sind also als auf ein Geschäft mit dem Namensträger gerichtet zu werten. Dasselbe muß m. E. auch in den Fällen unserer Gruppe 3 gelten. Auch hier verließ sich der Gegner, auf Grund der von dem Erklärenden begangenen Täuschung, darauf, daß es der Namensträger sei, der sich ihm gegenüber (z. B. als Bürge) verpflichtet habe. Sein Vertrauen verdient auch hier wenigstens insoweit geschützt zu werden, als dies durch die entsprechende Anwendung der Vertretungsregeln möglich wird. Auf die innere Verwandtschaft der Fallgruppen 1b und 3 wurde bereits hingewiesen.

Aus dem Offenheitsgrundsatz bei der Stellvertretung können Bedenken nicht hergeleitet werden. Denn dieser soll ja gerade das Vertrauen des Erklärungsempfängers schützen, das regelmäßig dahin geht, der im eigenen Namen Handelnde verpflichtete sich selbst. Er soll sich also an den halten können, den er für seinen Geschäftspartner halten mußte. Hier aber vertraut er umgekehrt darauf, daß der Namensträger, den er irrig mit dem Verhandlungspartner für identisch hielt, sein Geschäftsgegner geworden sei, und dieses Vertrauen beruht auf dem arglistigen Verhalten seines Verhandlungspartners. In seinem Vertrauen geschützt wird er hier gerade dann, wenn die Vertretungsregeln zur Anwendung kommen.

Eine weitere Einschränkung des Grundsatzes, daß ein Eigengeschäft des Erklärenden vorliegt, ergibt sich in den Fällen unserer Gruppe 2a, in denen der Erklärende den Namensträger vertreten und der andere ebenfalls gerade mit dem Namensträger abschließen *wollte*, die Person des Verhandelnden ihm dagegen gleichgültig war. In diesen Fällen greift, wie schon *Ohr* erkannt hat, der Grundsatz „falsa demonstratio non nocet" ein. Dieser Grundsatz besagt, daß wenn der Empfänger die Erklärung, sei es auch infolge eines Mißverständnisses, in dem Sinne verstanden hat, in dem sie vom Erklärenden selbst gemeint war, das übereinstimmend Gemeinte ohne Rücksicht darauf gilt, ob es in der Er-

---

[33] Der *objektive*, vom Empfänger zu verstehende Sinn der Erklärung ist ja auch hier, daß der Erklärende das Subjekt der Rechtsfolge sei.

klärung objektiv verständlich zum Ausdruck gelangt ist[34]. Ich stimme dem Jubilar darin zu, wenn er betont[35], daß es sich hierbei nicht mehr um Auslegung der Erklärungen — d. h. um die Ermittlung ihres vom Empfänger zu verstehenden, dem Erklärenden zurechenbaren Sinnes —, sondern um ein Zurücktreten der Auslegung hinter den tatsächlich zustandegekommenen consensus handelt. Ist dem aber so, dann sind wir berechtigt, in den angegebenen Fällen ein Geschäft „für“ den Namensträger anzunehmen, obgleich die Auslegung auf ein Eigengeschäft des Erklärenden weist. § 164, Abs. II gilt in diesen Fällen nicht[36].

In allen anderen Fällen bleibt es bei dem Ergebnis der Auslegung, also bei einem *Eigengeschäft des Erklärenden*. Das gilt zunächst für unsere Gruppe 1a. Der Erklärende will hier für sich selbst abschließen, und etwas anderes ist seiner Erklärung auch nicht zu entnehmen. Allerdings hat er auch hier bei dem Gegner möglicherweise, nämlich dann, wenn dieser mit dem Namen eine Vorstellung verband, einen Irrtum über seine Person erregt. Aber das geschah nicht in der Absicht, den anderen dadurch zum Geschäftsabschluß mit ihm zu veranlassen. Eine Umdeutung seiner Erklärung auf den Namensträger als Geschäftspartei wäre hier deshalb nicht gerechtfertigt, weil er nicht damit rechnete, der andere werde zum Abschluß nur mit dem Namensträger bereit sein, und daher auch nicht gegen „Treu und Glauben“ verstößt, wenn er das Geschäft als sein eigenes behandelt. Es kommt also nicht darauf an, ob der Hotelwirt, der seine besten Zimmer für den ihm dem Namen nach bekannten Marquis de Venosta reserviert, dies auch dann getan hätte, wenn er gewußt hätte, daß sich hinter diesem Namen ein gewisser Felix Krull verbirgt. Das ist nur für die Frage von Bedeutung, ob der Wirt *seine* Erklärung anfechten kann. Aber zustande gekommen ist der Vertrag, vorbehaltlich der Anfechtungsmöglichkeit, für Felix Krull. Um Eigengeschäfte des Erklärenden handelt es sich auch in denjenigen Fällen der Gruppe 2a, in denen der Wille des Vertragsgegners nicht eindeutig auf den Abschluß mit dem Namensträger gerichtet ist, in denen also der Grundsatz „falsa demonstratio non nocet“ keine Anwendung finden kann. Zwar will hier der Erklärende das Geschäft für den Namensträger zustande bringen, aber erklärt hat er dies nicht, und der Gegner hat vielleicht keine Vorstellung von dem Namensträger gehabt. Eine An-

---

[34] In meiner Methode der Auslegung habe ich diesen Grundsatz (S. 79) folgendermaßen formuliert: „Bei Erklärungen, die an einen bestimmten Gegner gerichtet sind, geht die von beiden Beteiligten übereinstimmend gemeinte der von ihnen objektiv zu verstehenden und dem Erklärenden zurechenbaren Bedeutung vor.“

[35] Allgemeiner Teil, S. 196f.

[36] Es ist anerkannt, daß dann, wenn der Ladenkunde den im Laden tätigen Verkäufer für den Inhaber hält (und halten kann), während es sich in Wahrheit um einen bevollmächtigten Angestellten handelt, das Geschäft mit dem Inhaber zustande kommt; vgl. *v. Tuhr* II, 2, S. 346, *Enneccerus-Nipperdey* S. 762.

fechtung seitens des Erklärenden ist hier durch § 164, Abs. II ausgeschlossen. Er muß also das Geschäft als sein eigenes gelten lassen. Dasselbe gilt in allen Fällen der Gruppe 2b. Hier hat ja der andere, dem Erklärenden erkennbar, gerade auf den persönlichen Eindruck vertraut, den er von dem unter falschem Namen Auftretenden erhielt. Der Erklärende beabsichtigte, durch sein Auftreten „als" die Namenspartei den Gegner zum Abschluß zu bewegen, und erreichte dies auch. Sein Verhalten zielte darauf ab, den Gegner in den Glauben zu versetzen, er, der Erklärende, sei die Geschäftspartei; sein gegenteiliger Wille muß, als „geheimer Vorbehalt", unbeachtet bleiben.

Die Erkenntnis, daß die *Auslegung* der unter falschem Namen abgegebenen Erklärung immer nur ein Eigengeschäft des Erklärenden ergeben kann, muß auch für die *Eheschließung* gelten. Darüber hinaus ist hier eine andere Beurteilung überhaupt nicht zuzulassen. Die Frage, die im Schrifttum sehr streitig ist[37], wird dadurch kompliziert, daß jeder der Eheschließenden nicht nur seinen eigenen Namen, sondern auch den des anderen zu nennen pflegt: „Ich, der (anwesende) B, heirate die (anwesende) D". Zu beachten ist, daß die Erklärungen nicht nur für den anderen Verlobten, sondern auch zur Kenntnisnahme durch den, zur Entgegennahme bereiten, Standesbeamten bestimmt sind; ferner, daß das Gesetz die persönliche und gleichzeitige Anwesenheit beider Teile verlangt und damit jede Art von Stellvertretung ausschließt; endlich, daß es die Nichtigkeits- und Aufhebungsgründe erschöpfend geregelt hat. Betrachten wir zunächst den Fall, daß A im Auftrage des schwer erkrankten B als dessen „verkappter Stellvertreter "auftritt, also sich vor dem Standesbeamten als B ausgibt, um im Einvernehmen mit der D die Ehe für den B zustande zu bringen. Da mit einer „verknappten" Stellvertretung hier, wo sogar die offene nicht zugelassen ist, noch weniger als sonst gerechnet werden kann, so muß der Standesbeamte die Einverständniserklärung des A auf diesen selbst beziehen, gleichgültig, wie er sich nennt. Der objektive Sinn der Erklärung des A ist der, daß er selbst, für *seine Person*, die Ehe eingehe. Wie aber steht es mit der Er-

[37] Die Mehrzahl der Schriftsteller kommt zu dem gleichen Ergebnis wie der Text; vgl. *v. Tuhr*, Allgemeiner Teil II, 1, S. 600, Anm. 192; *Reichel* a. a. O., S. 151ff., *Hinke* a. a. O., S. 148ff., *Letzgus* ArchZivPr. 126, S. 76ff. Ganz anders jedoch *M. Wolff*, Familienrecht, 7. Aufl., S. 67, 68, Anm. 5, 78. Nach seiner Meinung werden die Eheschließenden durch zwei Merkmale individualisiert, denen grundsätzlich das gleiche Gewicht zukomme: durch ihre körperliche Erscheinung und durch den Namen. Stimmten beide Merkmale nicht überein, so sei die Erklärung zweideutig; eine zweideutige Erklärung aber sei so auszulegen, wie der Erklärende sie (innerlich) gewollt habe (?). Im Falle einer dem anderen bekannten „verhüllten Stellvertretung" wären also die Erklärungen beider Eheschließenden dahin auszulegen, daß die Ehe von beziehungsweise mit dem Vertretenen (dem Namensträger) geschlossen werde. Die Ehe sei daher weder zwischen den Anwesenden, noch mit dem, ja abwesenden, Namensträger zustandegekommen.

klärung der D, sie wolle die Ehe mit dem, hier anwesenden, B eingehen? Tatsächlich meint sie keineswegs den Anwesenden, der ja A ist, sondern den abwesenden B, und in diesem Sinne versteht sie auch A. Der Standesbeamte aber, für den die Erklärung doch auch bestimmt ist, kann sie wiederum nur in dem Sinne verstehen, die D schließe die Ehe mit dem hier Anwesenden, an den ihre Worte gerichtet sind, mag er nun A oder B heißen. Die Nennung des Namens kann auch hier nur als zusätzliche Kennzeichnung des anwesenden Erklärungsempfängers aufgefaßt werden. Sie hat lediglich deklaratorische Bedeutung, nicht aber ist sie als Rechtsfolgeanordnung zu verstehen. Das wird auch dadurch bestätigt, daß die Namensnennung vom Gesetz überhaupt nicht als zwingendes Erfordernis vorgeschrieben ist. Wenn der Standesbeamte inkorrekterweise die beiden Anwesenden lediglich gefragt hätte: „Wollen Sie die Ehe miteinander eingehen?“, und beide diese Frage bejaht hätten, so wäre die Ehe geschlossen[38]. Konstitutiv für die Eheschließung ist also nur die persönliche Erklärung an den persönlich Anwesenden, mit ihm die Ehe eingehen zu wollen; die Namensnennung ist in der Tat nur Beiwerk, nicht Inhalt der Erklärung im Sinne der Rechtsfolgeanordnung. Die Auslegung ergibt also als eindeutigen Sinn beider Erklärungen, daß die hier Anwesenden, der A und die D, jeder für sich erklären, mit dem anderen die Ehe eingehen zu wollen. Das, gewiß nicht erfreuliche, Resultat, daß A und D miteinander verheiratet sind, obgleich beide doch eine Eheschließung zwischen B und D zustande bringen wollten, ließe sich nur vermeiden, wenn man auch hier den Grundsatz „falsa demonstratio non nocet“ anwenden könnte. Hiergegen spricht aber, daß die Erklärungen der Eheschließenden nicht nur füreinander, sondern auch für den Standesbeamten bestimmt sind, dessen Mitwirkung — doch wohl nicht nur im Sinne körperlicher Anwesenheit, sondern auch im Sinne geistiger Teilnahme, also des Mitverstehens der Erklärungen — das Gesetz für unerläßlich erklärt. Der Standesbeamte aber durchschaut die falsche Bezeichnung nicht. Mit Recht sagt *Letzgus*[39]: „Im Verhältnis zum Standesbeamten haben stets die Anwesenden die Ehe abgeschlossen, gleichviel, ob ihm versehentlich oder bewußt (um ihn oder die andere Partei zu täuschen) ein falscher Name angegeben wurde“. Infolgedessen bleibt hier nur die Aufhebungsklage. Sie muß hier, von jedem, darauf gestützt werden können, daß er eine Erklärung, die Ehe (für sich, beziehungsweise mit diesem anderen) eingehen zu wollen, nicht habe abgeben wollen[40].

In dem Falle, daß die A sich dem kurzsichtigen D gegenüber als ihre Schwester, die B, ausgibt, die D heiraten will, ist demnach die Ehe eben-

---

[38] Darauf weist auch *Hinke* S. 151 hin.
[39] S. 78.
[40] Ebenso *Reichel* 153.

falls zwischen A und D zustande gekommen; D hat sich hier über die Person seines nunmehrigen Ehegatten geirrt[41] und kann deshalb die Aufhebung der Ehe begehren. Eine Umdeutung der Erklärung der A in dem Sinne, daß sie diese als für die B abgegeben gelten lassen müsse, wie wir sie sonst für die Fälle einer Erschleichung des Geschäftsabschlusses durch die Täuschung über die Personidentität für richtig halten, ist hier wiederum mit Rücksicht auf den Formalcharakter der Eheschließung, insbesondere die Mitwirkung des Standesbeamten, abzulehnen; sie könnte auch nicht zum Abschluß einer Ehe zwischen D und B führen, da diese nicht persönlich anwesend war. Somit bleibt es für die Eheschließung bei dem Grundsatz, daß die unter dem Namen eines anderen abgegebene Erklärung für und gegen den Erklärenden selbst wirkt, ohne daß hier die von uns sonst anerkannten Einschränkungen gemacht werden dürften.

Der Grundsatz: wer unter fremdem Namen abschließt, schließt das Geschäft für sich selbst, Handeln unter fremdem Namen ist also regelmäßig gleich Handeln im eigenen Namen, stimmt mit der Auffassung überein, die der Jubilar in seinem Allgemeinen Teil vertritt. Wir haben diesen Grundsatz hier nun noch einmal von der Theorie der Willenserklärung her zu begründen versucht. Allerdings sind wir der Ansicht, daß er, abgesehen von der Eheschließung, zwei Einschränkungen erfahren muß. Die erste Einschränkung ergibt sich aus der Regel „falsa demonstratio non nocet", und zwar gerade dann, wenn man der Ansicht ist, diese besage, daß das Ergebnis der Auslegung hinter dem übereinstimmend Gemeinten zurücktreten muß. Die zweite Einschränkung, die gewiß problematischer ist, ergibt sich unseres Erachtens aus dem Prinzip von „Treu und Glauben" und aus dem Grundsatz, daß niemand die Vorteile seines arglistigen Verhaltens für sich beanspruchen bedarf. Sie besagt, daß der Erklärende dann, wenn er mit der Täuschung des Gegners über seine Personidentität gerade bezweckte, das Geschäft für sich zustande zu bringen, in den Fällen also der „Erschleichung des Geschäftsabschlusses", seine Erklärung so gelten lassen muß, wie er wollte, daß der Gegner sie irrtümlich verstand: als Erklärung der Namenspartei. Die Erklärung ist dann als *für den Namensträger abgegeben* anzusehen, obwohl dies nicht dem Ergebnis der Auslegung entspricht. Die Folge ist beide Male, daß die Regeln über die Stellvertretung entsprechend anzuwenden sind.

---

[41] Anders wieder *M. Wolff* a. a. O. Er verneint in diesem Fall einen Identitätsirrtum, weil die Erklärung des D dahin auszulegen sei, er heirate die (abwesende) B, ein Zwiespalt zwischen seinem (inneren) Willen und seiner Erklärung also nicht vorhanden sei. Da anderseits die Erklärung der A, die den D selbst heiraten wollte, in dem von ihr gemeinten Sinne auszulegen sei, so stimmten beider Erklärungen nicht überein; *Wolff* muß also zu einem Dissens kommen. Gegen die Verneinung eines Identitätsirrtums *v. Tuhr* a. a. O.

ÜBER SOGENANNTE FAKTISCHE VERTRAGSVERHÄLTNISSE

Von Dr. Emilio Betti

Professor in Rom

I

Das Thema gehört in die Lehre der Entstehungsquellen der Schuldverhältnisse und setzt deren Dogmengeschichte voraus. Ursprünglicher Sinn des „contractus“ und „contrahere obligationem“ war „Zusammenziehen einer ‘Verbundenheit’“. Die Wirkung der Verbundenheit war, ihrem Begriff nach, zweiseitig, denn sie bestand in einem Haftungsverhältnis (obligatio); doch konnte der Tatbestand dieser Wirkung ein einseitiger sein. Einseitige Rechtsgeschäfte waren z.B. die Geschäftsführung ohne Auftrag, die noch von Paulus (D. 3. 5. 15) als „contractus“ bezeichnet wird, und die Zahlung einer Nichtschuld, deren Charakter als eines „negotium gerere“ von Julian (D. 12. 6. 33) behauptet, von Gaius (III, 91) bestritten wurde. Allmählich ging eine Heterogonie der Bedeutung vor sich, indem sich aus dem Sinn eines Zusammenziehens der obligatio der Sinn einer Übereinkunft über eine vereinbarte Interessenregelung entwickelte, also der Sinn des heutigen Wortes „Vertrag“, allerdings zuerst in bezug auf eine rein verpflichtende (also obligatorische) Wirkung; denn für lange Zeit war für die dinglichen Rechtsgeschäfte (Übereignung und Dienstbarkeitsbestellung) die Bezeichnung als „Verträge“ noch ganz fremd. Nun, der neuere Sinn von „contractus“ als schuldrechtlicher Vertrag machte eine Lücke fühlbar, die bald bei der Übersicht der Entstehungsquellen der Schuldverhältnisse den Juristen auffiel. Neben den Verträgen und den Haftung begründenden unerlaubten Handlungen (die „Delikte“ hießen) gab es nunmehr eine ganze Reihe von schuldbegründenden Tatbeständen, und zwar von erlaubten, typisch ausgestalteten Handlungen, die nunmehr nicht füglich als „contractus“ zu bezeichnen waren. Also entstand das Bedürfnis nach einer neuen Bezeichnung. Gaius (D. 44, 7, 1 pr.) bezeichnete diese Tatbestände anomalistisch als „variae causarum figurae“. Nachher bürgerte sich dafür die analogistische Bezeichnung als „obligationes quasi ex contractu“ ein. Wir können hier nicht die Dogmengeschichte dieser Bezeichnung auf dem Boden des römisch-gemeinen Rechts verfolgen. Es sei hier nur darauf hingewiesen, daß auch der Adverbialausdruck „quasi“ eine Heterogonie der Bedeutungen erfuhr, und zwar im Übergang von dem Sinn einer vollkommenen Identitätsgleichung der Wirkungen zu dem Sinn einer bloßen Angleichung der Tatbestände, an denen die Verpflichtungswirkung angeknüpft war. So wurde das Dogma des sog. „Quasikontrakts" herausgearbeitet, der im französischen code civil, art. 1371, mit folgender Formel begrifflich bestimmt wurde:

„Les quasi-contracts sont les faits purement volontaires de l'homme, dont il résulte un engagement quelconque envers un tiers, et quelquefois un engagement réciproque des deux parties."

Unter diesen Begriff wurden vornehmlich solche schulderzeugenden Handlungen subsumiert, die gleichsam vertragsähnlich wirkten, wie die auftragslose Geschäftsführung und die Zahlung einer Nichtschuld (wegen der Analogie mit dem Auftragsverhältnis bzw. mit dem Darlehnsverhältnis), aber darüber hinaus auch solche rein objektiven Rechtslagen, die überhaupt keine Ähnlichkeit mit Vertragstatbeständen aufwiesen und eine bloße Zustandsobligation (obligatio propter rem usw.) ins Leben riefen.Und in der englischen Rechtssprache hat sich die Bezeichnung als „quasicontract" fast ausschließlich für solche schuldbegründenden Rechtslagen erhalten, um so mehr als nach englischem Recht eine auftragslose Geschäftsführung keine Forderung auf Ersatz derAuslagen begründet (ein typischer Zug des britischen Individualismus).

Heute wird auf dem Boden sowohl des romanischen[1] als auch des deutschen[2] bürgerlichen Rechts das Dogma eines „Quasikontrakts" als überflüssig und begriffsverwirrend verworfen. Abgesehen von schuldbegründenden objektiven Tatbeständen, erzeugen nach geltendem Recht sozial-erhebliche Handlungen ein Schuldverhältnis unter Rechtsgenossen entweder unter dem Gesichtspunkt des Rechtsgeschäfts oder unter dem Gesichtspunkt der unerlaubten Handlung. Entweder wird durch die vertragliche oder einseitige Handlung eine vom Recht genehmigte Interessenregelung getroffen (dann ist sie als Rechtsgeschäft zu qualifizieren), oder aber es wird durch ein sozial-erhebliches Verhalten anderen Rechtsgenossen widerrechtlich ein Schaden zugefügt (dann ist das Verhalten, soweit es einem Rechtsgenossen zurechenbar ist, als unerlaubte Handlung zu bezeichnen). Nach der heutigen Auffassung der rechtsgeschäftlichen Privatautonomie können wohl die auftragslose Geschäftsführung und die Zahlung einer Nichtschuld als Rechtsgeschäft konstruiert werden. Daß dabei keine auf Begründung eines Schuldverhält-

[1] Vgl. *H. Vizioz*, La notion du quasi-contrat, 1912; *Pacchioni*, Dir. civile it., II. T.; 3. Bd.

[2] Vgl. *Ramm*, Der Quasikontrakt nach den Quellen u. s. Werth f. Wiss. u. Gesetzg., 1882; *Hildebrandt*, Erklärungshaftung: e. Beitr. z. Syst. d. bürg. R., 1931, 83-86.

[3] Zur Kritik der Auffassung des Versprechens als „Willenserklärung", in der „Absicht etwas zu tun", *H. Lippe*, Bemerkungen über das Versprechen, in „Blätter f. dtsch. Philos." XI 1937/38, 1—7. „Ich brauche bei meiner Absicht keineswegs zu bleiben." Semainein' bedeutet: jemandem etwas zu erkennen geben: woraufhin es ja auch heißen kann, daß Worte 'etwas meinen'.

nisses zielende Erklärung abgegeben wird[3], verschlägt nach heutiger Auffassung gar nichts. Nur darauf kommt es an, ob durch die fragliche Handlung eine entgeltliche Interessenregelung verfolgt wird, die wegen ihrer sozialen Funktion im Verkehrsleben — sei es auch auf dem Weg einer gesetzlichen Umdeutung — sich als typisch rechtsschutzwürdig erweist. Gerade der moderne Massenverkehr bringt es mit sich, daß in manchen Lagen nach der Auffassung des Verkehrs Schuldverhältnisse begründet werden, ohne daß von den Beteiligten dahin zielende Erklärungen abgegeben werden. Ja, dieser soziologischen Sachlage muß die heutige Rechtswissenschaft Rechnung tragen, da sie eine Erscheinung des modernen Massenverkehrs ist. Es werden in einer Reihe von Fällen Verpflichtungen eingegangen, ohne daß dahin zielende Erklärungen von den Beteiligten abgegeben werden. Die Auffassung des Verkehrs ist für sich allein entscheidend. Es kommen Sonderverbindungen zustande, die das Gesetz oder die Rechtsprechung so behandelt, als wenn sie durch einen Vertrag bzw. durch einen fehlerhaften Vertragsschluß begründet worden wären; d. h. es werden Vertragsverhältnisse ohne Vertragsschluß oder doch ohne einen gültigen Vertragsschluß anerkannt. Wie *G. Haupt*[4] treffend ausführt, entsteht hier zwischen den Beteiligten eine typisch soziale Beziehung, die sie aus dem neutralen Nebeneinander von bloßen „Dritten“ heraushebt und zwischen ihnen das Zueinander von „Partnern“ schafft, also ein Verhältnis des Aufeinander- angewiesenseins, dem sowohl zum Ausgleich einer Schadenszufügung als auch wegen sonstiger Pflichten die Vertragsregeln überhaupt besser gerecht werden als die der unerlaubten Handlungen.

II

Nun ist aber der Tatbestand, der diese Beziehung zu einer vertraglichen erhebt, keineswegs eine rechtsgültige Einigung, sondern die objektiv verwirklichte Tatsache eines besonderen sozialen Kontakts, dessen rechtsgeschäftlicher Charakter fraglich bleibt. Wir können dreierlei Sonderbeziehungen unterscheiden:

a) Es können solche sein, die kraft sozialer Leistungsverpflichtung eingegangen werden (wie z. B. Straßenbahnfahrt, Inanspruchnehmen eines Versorgungsbetriebes u. dgl.).

b) Es können solche sein, die sich aus sozialem Kontakt ergeben unter dem Gesichtspunkt der beiderseits eröffneten Einwirkungsmöglichkeit auf die fremde Interessensphäre.

c) Es können solche sein, deren konstituierendes Tatbestandsmoment die Einordnung in ein Vertrauensverhältnis bildet, wodurch der

[4] Über faktische Vertragsverhältnisse: Leipz. Studien, 124; 1941, vgl. auch *Lehmann*: „Das faktische Vertragsverhältnis“, IhJ 90, 131 ff. *Lehmann*, R. d. Schuldverhältnisse, 14. A., 674, behandelt die Geschäftsführung ohne Auftrag (XI. Titel) im Anschluß an den Auftrag: eine Stellung, die dem System sinnvoll entspricht.

eine Partner auf die tätige Mitwirkung des anderen angewiesen ist (faktische Gesellschaft bzw. faktische Ausführung des Arbeitsverhältnisses).

Unsere Betrachtung wird von den erstgenannten (a) Sonderbeziehungen ausgehen. Im heutigen Massenverkehr tritt an die Stelle vertraglicher Erklärungen das tatsächliche Angebot einer Leistung durch öffentliche Kundgabe und die tatsächliche Inanspruchnahme der angebotenen Leistung durch einen Verkehrsteilnehmer. Beides, das öffentliche Angebot und die tatsächliche Inanspruchnahme der Leistung, sind zwar keine auf Übernahme einer Verpflichtung gerichtete Erklärungen (schon darum nicht, weil beiderseitig ein dahin zielendes Erklärungsbewußtsein fehlt); aber sie stellen wohl ein konkludentes Verhalten dar, das nach seiner sozial-typischen Bedeutung als eine Betätigung der Privatautonomie hervortritt, mithin als ein rechtsgeschäfliches Handeln, das die gleichen Rechtsfolgen eines Vertrages haben soll. Dies ist z. B. der Fall bei der Benutzung einer Straßenbahn oder eines ähnlichen öffentlichen Verkehrsmittels. Es ist reine Fiktion, hierin die „Annahme eines Angebots" zu erblicken. Wer die Bahn benutzt, ist nach der Verkehrsanschauung zur Zahlung der tarifmäßigen Vergütung verpflichtet und hat das Recht, zu den Tarifbedingungen befördert zu werden, ganz ohne Rücksicht darauf, ob er den Tarif kennt oder nicht, ob er eine Erklärung dieses Inhalts abgeben wollte oder nicht. Die Rechtslage des Verkehrsteilnehmers ist wesentlich verschieden von der Situation des Adressaten eines Vertragsangebots, der es sich überlegen kann, ob er es annehmen, ablehnen oder mit einem Gegenangebot antworten soll. Macht er von der Beförderungsmöglichkeit Gebrauch, dann liegt in der rechtlichen Konsequenz seines konkludenten Verhaltens, daß dadurch ein Beförderungsverhältnis entstanden ist, weil diese rechtliche Konsequenz nach allgemeiner Verkehrsanschauung unzweifelhaft damit verbunden ist, ganz abgesehen davon, ob er sie beabsichtigt hat. Eine Anfechtung wegen Irrtums oder Handlungsunfähigkeit ist nicht zugelassen[5].

Der heutige Staat hat sich überhaupt die Aufgabe gesetzt, die Bedingungen zu schaffen, die in einem technischen Zeitalter gegeben sein müssen, damit ein Zusammenleben auf engem Raum möglich ist. So werden zahlreiche Versorgungsbetriebe von öffentlich-rechtlichen Anstalten, insbes. von Kommunalverbänden betrieben; die zu zahlenden Gebühren können dann im Verwaltungszwangsverfahren beigetrieben werden. Aber in vielen Fällen werden auch heute Versorgungsbetriebe sowie Verkehrsunternehmen von privatrechtlich organisierten Gesellschaften betrieben, und die entstehenden Benutzungsverhältnisse sind nach den Privatrechtsnormen über vertragliche Schuldverhältnisse (Lieferungsvertrag, Beförderungsvertrag) zu beurteilen, obgleich ihre Entstehung keinen Ver-

[5] *Larenz,* Schuldrecht, I, 27.

trag erfordert, sondern an einem sozialtypischen Verhalten angeknüpft ist. Dieses ist kein außerrechtlicher Vorgang. Die Anerkennung solcher „faktischen Vertragsverhältnisse" liegt auf der gleichen Linie mit der von 'typischen Erklärungstatbeständen mit normierter Wirkung'[6], bei denen es ebenfalls nicht mehr darauf ankommt, ob im Einzelfall eine Annahmeerklärung, sondern ob eine Aneignungshandlung entsprechend dem Angebot, stattfand.

Die sich aus sozialem Kontakt ergebenden Sonderverbindungen, die wir unter (b) erwähnt haben, sind, wie gesagt, unter dem Gesichtspunkt der beiderseits eröffneten Möglichkeit zu betrachten, die darin besteht, auf die fremde Interessensphäre einzuwirken. Hierher gehören sowohl der Fall der Vertragsverhandlungen wie auch der Gefälligkeitsfahrt und vielleicht auch des nach seiner Beendigung faktisch fortgesetzten Schuld- (z.B. Miets-)verhältnisses. So wird mit der Aufnahme von Vertragsverhandlungen noch keine Leistungspflicht, aber doch eine sozial und rechtlich erhebliche Sonderverbindung unter den Partnern begründet, der gemäß sich jeder so zu verhalten hat wie das von einem redlichen Verkehrsteilnehmer erwartet werden kann. Zur Erklärung der Haftung (aus BGB §§ 307 u. 309; it. BGB 1338; 1398 usw.) für Verschulden vor und bei dem Vertragsschluß hat man verschiedene Gesichtspunkte herangezogen[7]. Es geht aber nicht, als Grund der Haftung den späteren Vertragsschluß anzusehen (es ist ja möglich, daß man zu einem solchen nicht gekommen ist), oder mit *Siber*[8] einen selbständigen „vorbereitenden Vertrag", der auf eine Fiktion hinausgeht, oder mit RGZ (78, 239; 82, 339; 114, 289) einen stillschweigend abgeschlossenen Haftungsvertrag (ebenfalls Fiktion), oder mit *Hildebrandt*[9] einen sog. „Gestattungsvertrag" über das Betreten der Geschäftsräume, der dann im Wege einer ergänzenden Auslegung zum „Erhaltungsvertrag" auszudeuten wäre (gleichfalls Fiktion). Dem Problem nähertretend, erblickt *Ballerstedt*[10] den haftungsbegründenden Tatbestand in der Inanspruchnahme des Vertrauens des anderen Teils. Schon *Stoll*[11] hatte von einem Vertrauensverhältnis gesprochen; ist das aber mehr als eine Beschreibung? Tiefer dringt der von *Stoll*[12] selbst herausgearbeitete Begriff der Schutzpflichten, die von der Leistungspflicht und den Nebenpflichten zu trennen sind[13]. Seinerseits nimmt *Hildebrandt* eine Auf-

[6] *Krause*, Schweigen im Rechtsverkehr.

[7] *Larenz*, Schuldrecht, I, § 7, II: 57—60, bes. 59 Anm. 2; dazu *Heldrich*, Verschulden b. Vertragsschluß, 1924: Leipzig St. 7. Vor allem *Hildebrandt*, Erklärungshaftung 83ff.; bes. 119ff.

[8] Dogm. J. 70 (1921), 258.

[9] Erklärungshaftung, 1931, 225ff.

[10] AcP 151, 506.

[11] Leipz. Zeitschr. 23, 532.

[12] Leistungsstörungen, 28—30.

[13] Dazu *Stolls* Eintrittstheorie (LitZtg. 1923, 532ff.; Vertrag und Unrecht, 1936, 176); einseitiges Rechtsgeschäft des Eintritts in Vertragsverhandlungen.

klärungspflicht an, auf deren Verletzung er die Haftung beschränken möchte unter Ausschluß der sog. Erhaltungspflichten; diese Beschränkung aber hat keinen hinreichenden Grund. In der Tat findet hier ein sozialer Kontakt statt, vermöge dessen ein Rechtsgenosse zur Erreichung eines bestimmten Zwecks seine Lebensgüter dem Einfluß und der Einwirkung (damit auch der Sorgfalt) eines anderen anvertrauen muß. Nun wären angesichts dieser Lage in abstrakter Betrachtung zwei verschiedene Verhaltensmaßstäbe möglich:

1. Entweder ein Gebot des Anstands, das den einzelnen Rechtsgenossen Achtung und Erhaltung der fremden Interessensphäre gebietet und das mit dem Eintritt einer Sonderverbindung sich eben konkretisiert und verschärft, doch immer nur negativ ausgerichtet bleibt, indem es eine Schutz- und Schonungpflicht begründet; oder aber
2. eine Anforderung einsatzbereiten Zusammenwirkens, die den Partnern jener Sonderverbindung eine positive Hilfeleistung in Erfüllung einer Anwartschaft des Partners zur Pflicht auferlegt.

Wenn man den zuerst genannten Verhaltensmaßstab zugrunde legt, ist die Haftung als eine solche aus unerlaubter Handlung zu qualifizieren; wenn man dagegen den zweitgenannten Verhaltensmaßstab wählt, wird sie zu einer vertraglichen Haftung, auf die die Grundsätze des Vertragsrechts unmittelbar (nicht nur analog) Anwendung finden[14].

Die Möglichkeit dieser alternativen Fragestellung kann besonders deutlich an der Erscheinung der *Gefälligkeitsfahrt* aufgezeigt werden. Aus dem Tatbestand, daß jemand einen Bekannten oder einen Wanderer auf der Landstraße im Kraftwagen mitnimmt und dann mit ihm verunglückt, hat sich die Frage ergeben, nach welchen Haftungsregeln der Kraftfahrer hierfür einzustehen habe, insbes. ob ein Haftungsverzicht als vereinbart anzunehmen sei. Auch hier begegnet man wieder in der Literatur dem Spiel mit Willensfiktionen (RGZ 67, 231; 68, 422; 128, 231; 145, 394): Entweder macht man aus der Tatsache des Einsteigens den „stillschweigenden" Abschluß eines unentgeltlichen Beförderungsvertrages oder man nimmt eine Einigung über die Beschränkung der Haftung an[15]. Dagegen ist die Rechtsprechung manchmal in Deutschland und Italien bestrebt, aus irgendwelchen besonderen Umständen des Falles ein konkludentes Verhalten des Beförderten zu entnehmen, das darauf schließen läßt, daß er tatsächlich mit gefährlichen und fahrlässigen Handlungen des Fahrers einverstanden war; und in diesem Bestreben, eine Zustimmung (Einverständnis) des Verletzten, folglich die

---

[14] Festgabe *Müller-Erzbach*, 8ff. M. Teor. gener. d. obbligazioni, I, 83—84.

[15] *G. Haupt*, Über faktische Vertragsverhältnisse: 12ff. Dagegen *J. Esser*, Fiktionen, 138 Anm. 142.

Haftungsbeschränkung, aus objektiven Merkmalen herzuleiten, steckt unzweifelhaft ein gesunder Kern[16]. Denn die Haftung aus unerlaubter Handlung ist auf den Regelfall zugeschnitten, daß die Beteiligten erst durch den schadenstiftenden Vorgang in Beziehung zueinander treten[17]. Dem widerspricht die Unterstellung, daß sie vorher bereits über die Haftung Vereinbarungen treffen. Andererseits aber wird man dem Sachverhalt kaum gerecht, wenn man die Haftung als eine rein 'deliktische' auffaßt, um dann im Wege der Subtraktion des Gesichtspunkts eines „Handelns auf eigene Gefahr" zu einer Beschränkung zu gelangen. Vielleicht ließe sich das Einverständnis des Beförderten als ein konkludentes rechtsgeschäftliches Verhalten ansehen, das ein vertragliches Verhältnis begründet.

Wir kommen zuletzt auf solche Sonderbeziehungen zurück, die an letzter Stelle (c) erwähnt wurden: d. h. solche, deren konstituierendes Tatbestandsmoment die Einordnung in ein eigentliches Vertrauensverhältnis bildet, in dem der eine Partner auf das tätige Zusammenwirken mit dem anderen angewiesen ist.

aa) Hier kommt zuerst die faktische Gesellschaft in Betracht, die von *Wolfg. Siebert*[18] einer gründlichen Betrachtung unterzogen wurde[19]. Der Tatbestand ist hier der eines Rechtsverhältnisses zwischen Gesellschaftern, deren Gesellschaftsvertrag sich später als von Anfang an fehlerhaft enthüllt. Der Versuch einer orthodoxen Lehrmeinung, den Eintritt rückwirkender Nichtigkeitsfolgen im Innenverhältnis zu bejahen, erwies sich bei etwas verwickelten Sachverhalten als praktisch undurchführbar[20]. Außerdem wurde sie durch die schon frühzeitig in der deutschen Rechtsprechung vertretene Ansicht abgelehnt, daß die geschäftsfähigen Teilhaber einer Personengesellschaft trotz Nichtigkeit ihres Gesellschaftsvertrages Dritten gegenüber zu haften hätten, als ob die Gesellschaft voll wirksam wäre (RGZ 89, 97; 93, 227; 142, 98; 145, 155, 165, 198ff.; 166, 59; BGHZ 3, 285; 8, 166; 13, 322). Auch das deutsche Genossenschaftsgesetz (§ 97) wie das Gesetz über Gesellschaften mit beschränkter Haftung (§ 77) und das Aktiengesetz (§ 218) entsprachen der Lage der Dinge weit besser als die erwähnte orthodoxe Lehrmeinung, indem sie für Gesellschaften mit eigener Rechtspersönlichkeit bestimmten, daß nach Aufdeckung der Nichtigkeit eine Abwicklung der Vermögensbeziehungen nach den Vorschriften über die Liquidation bei der Auflösung stattzufinden habe. In Italien bestimmt der Art. 2297 des heutigen BGB:

---

16 *Haupt* a. a. O. 13.

17 Dazu meine Bemerkungen „Giur. compl. cass" 30, 1951, 783ff.

18 In der „Festschrift für Hedemann" 1938, 266—289.

19 Dazu noch *G. Haupt* aaO. und neuerdings *Müller-Erzbach*, AcP 154, 338—42.

20 Und der Interessenlage widersprechend: *Esser*, Fiktionen, 173; vgl. gegen diesbezügliche Behelfsfiktionen, *Esser* 138ff.

„Bis zur Erfüllung der vorgeschriebenen Aufnahme in das Register der zugelassenen Unternehmen haften sämtliche Gesellschafter unbeschränkt und solidarisch für alle eingegangenen Verbindlichkeiten, und im Verhältnis der Gesellschaft zu Dritten kommen die auf die einfache Gesellschaft des Zivilrechts bezüglichen Rechtsnormen zur Geltung. Dessen ungeachtet gilt die Vermutung, daß jeder Gesellschafter, der im Namen der Gesellschaft tätig wird, die Vertretungsmacht für die Gesellschaft auch bei gerichtlichen Streitsachen besitzt. Vereinbarungen, die eine solche Vertretung einem einzigen Gesellschafter verleihen bzw. die Vertretungsmacht beschränken, können Dritten nicht entgegengesetzt werden, es sei denn, daß ihnen ihre diesbezügliche Kenntnis bewiesen wird.“

Bei der Auslegung dieser Rechtsnorm betont die Rechtsprechung als entscheidendes Moment den Rechtsschein eines verbandsrechtlichen Zusammenschlusses gegenüber Dritten, denen die Fehlerhaftigkeit des zugrunde liegenden Vertrages nicht entgegengesetzt werden kann[21]; und Juristen wie *L. Mossa*[22] bemerken, unter Hinweis auf die große Bedeutung der Handelsgesellschaften für das gesamte Wirtschaftsleben:

„Die Rechtspersönlichkeit entsteht in der Tat nicht durch die bloße Beobachtung von Formvorschriften, wie durch die vorgeschriebenen Veröffentlichungen, sondern durch die soziale Anforderung, das gesellschaftliche Unternehmen zur Person zu erheben und die Gläubiger durch ein Haftungsvermögen sicherzustellen.“

Sehr richtig fordert *Siebert*[23] bei der Bewertung der sog. faktischen Gesellschaft eine eigentümlich unternehmens- und verbandsrechtliche Betrachtungsweise, die das Unternehmen als Einheit entfalten und wirken läßt. Ganz verkehrt erscheint dabei die versuchte Heranziehung der Normen über die sog. „Gemeinschaft“ des BGB, die ihrem Wesen nach keine richtige Gemeinschaft ist, weil ihr gerade die Gemeinsamkeit in Zweck und Aufgabe fehlt. Eine schärfere Erfassung der Interessenlage bei allen Fällen der Fehlerhaftigkeit des Gesellschaftsvertrages führt zu der Einsicht, daß die rechtliche Gestaltung des Außenverhältnisses und diejenige des Innenverhältnisses in einem engeren Zusammenhang gesehen werden müssen, als die orthodoxe Lehrmeinung zugeben möchte. In der Tat liegt die fehlerhafte Gesellschaft nicht auf einer anderen Ebene als die fehlerfreie. Sie bedeutet also keine Durchbrechung des Systems des Gesellschaftsrechts. Vielmehr ist die fehlerhafte Gesellschaft (società irregolare) eine durch die Art ihres mangelhaften Zustandekommens im Einzelfall näher gekennzeichnete Erscheinungsform des jeweiligen Gesellschaftsverhältnisses, die einer positiven rechtlichen Bewertung fähig ist[24]. Bis zur Aufdeckung des Mangels erweist sich die tatsächliche Verwirklichung der verbandsrechtlichen Zweckgemeinschaft als erheblich

---

[21] Cass. 29. 4. 1952, Nr. 1185, in „Mass. Foro“ 52, 293; vgl. Cass. 29. 1. 1948, Nr. 138, in „Mass. Foro“ 48, 30.

[22] Riv. dir. comm. 1937, 239.

[23] A. a. O. 287.

[24] *Siebert*, a. a. O. 287.

genug, um die Geltung der Gesellschaftsrechtsnormen sowohl im Innen- wie im Außenverhältnis zu rechtfertigen[25]. Dem mißverständlichen Schein eines bloß faktischen Gebildes sollte auch in diesem Falle vorgebeugt werden[26]. Das mangelhafte Gesellschaftsverhältnis, das aus einem fehlerhaften Gesellschaftsvertrag entsteht, findet, auch ohne Rücksicht auf das Gesetz, eine zweckmäßigere Regelung in den besonderen Normen des Gesellschaftsrechts als in den allgemeinen Schuldrechtsnormen. Eine solche Regelung setzt aber eine Beschränkung der Ungültigkeitsfolgen voraus. Sie schafft die Grundlagen für ein einheitliches Gesamtvermögen an Stelle des zufälligen Durcheinanders von Einzel- und Bruchteilsrechten und ermöglicht eine angemessene Bestimmung des Beteiligungs- sowie des Gewinn- und Verlustverhältnisses; der fehlerhafte Vertrag fällt im ganzen nicht rückwirkend fort. Was die Zukunft anbetrifft, sollen dagegen die Ungültigkeitsfolgen zur Auswirkung kommen; nur insoweit, als die Entkräftung der Ungültigkeit durch Arglisteinrede in Betracht zu ziehen wäre, sollte das Gesellschaftsverhältnis auch gegen den Willen eines Gesellschafters für die Zukunft aufrechterhalten werden. Doch darf die Liquidation des etwa durch Kündigung oder Auflösungsurteil beendeten Verhältnisses nicht unter Annahme der Nichtigkeit erfolgen. Sonst wäre zwar ein Gesamthandsvermögen nach Gesellschaftsrecht entstanden, aber seine Aufteilung würde in unangemessener Weise durchgeführt werden[27]. Dabei wird eine vollzogene Gesellschaft vorausgesetzt. Vollzug der Gesellschaft liegt vor, wenn bereits soviel geschehen ist, daß die konsequente Durchführung der Ungültigkeitsfolgen gegen eine reibungslose Abwicklung und die Sicherheit des Rechtsverkehrs verstoßen würde.

bb) Zweitens kommt das mangelhafte Arbeitsverhältnis in Betracht, das aus einem nichtigen Arbeitsvertrag entstanden ist. Hier haben wir ein weiteres Beispiel für die rechtsbegründende Kraft der faktischen Eingliederung in eine Gemeinschaft[28]. Hier hatte schon die öffentlichrechtliche Betrachtung das tatsächliche Beschäftigungsverhältnis als maßgeblich angesehen, z. B. für die Sozialversicherung. Dann kam in

---

[25] *Haupt*, Faktische Vertragsverhältnisse, S. 18.

[26] *Gerhard Wesenberg*, Zum Stand der Diskussion um die faktischen Verhältnisse, in DRZ 31. Jg. 1953, 19—20: „Ob die Behandlung der faktischen Vertragsverhältnisse noch dem Dogmatiker gebührt, oder nicht vielmehr schon Sache des Rechtshistorikers geworden ist, mag zweifelhaft sein; auf jeden Fall ist der Zusammenhang mit der Dogmengeschichte der Willenslehre lehrreich."

[27] *Walter Erman*, Personalgesellschaften aus mangelhafter Vertragsgrundlage, 1947, 56—57.

[28] *Haupt*, Über faktische Vertragsverhältnisse, 19; *Potthoff*, Arbeitsverhältnisse ohne Arbeitsvertrag, in „Arbeitsrecht" 1922, 28ff.; Arbeitsrecht: Das Ringen um werdendes Recht, 1928. 47ff.; *Hueck-Nipperdey*, Lehrbuch des Arbeitsrechts, 3./5. Aufl., 1931, 112ff.; *Siebert*, Arbeitsverhältnisse, 32f.; *Nikisch*, Lehrbuch des Arbeitsrechts, 2. Aufl., 1. Bd. S. 150, 185.

Deutschland das Gesetz zur Ordnung der nationalen Arbeit mit dem maßgeblichen Gesichtspunkt der tatsächlichen Eingliederung in die Betriebsgemeinschaft. Hierbei konnte die vertragliche Einigung um so weniger als entscheidendes Moment gelten, als sich die vielfachen Ausgestaltungen des Arbeitsverhältnisses vornehmlich aus der konkreten Ordnung des Betriebes ergaben[29]. In Italien enthält der Art. 2126 des neuen BGB folgende Bestimmung:

„Die Nichtigkeit bzw. die Kraftloserklärung eines Arbeitsvertrages hat keine rückwirkende Kraft in bezug auf den Zeitraum des vollzogenen Arbeitsverhältnisses, es sei denn, daß der Grund der Nichtigkeit ein unerlaubter Geschäftsgegenstand oder ein unerlaubter Geschäftsgrund war. Falls die Arbeit unter Verletzung solcher den Arbeitnehmer schützenden Rechtsnormen geleistet wurde, behält jedenfalls der Arbeitnehmer sein Recht auf das entsprechende Entgelt."

Die Auslegung dieser Rechtsnorm läßt keinen Zweifel daran auftauchen, daß die überlieferte Rechtsregel, nach der ein nichtiges Rechtsgeschäft überhaupt keine seinem Typus gemäße Wirkung auslöst, hier umgeworfen wird, indem das einmal durchgeführte Arbeitsverhältnis nach Maßgabe des doch verbindlichen Vertragsinhalts aufrechterhalten wird. Der nichtige Vertrag bildet hier zusammen mit seinem Vollzug einen zusammengesetzten Geschäftstatbestand, an den vertragliche schuldrechtliche Wirkungen angeknüpft werden. Der rechtspolitische Grund der Norm ist leicht einzusehen: eine Rückabwicklung wäre insoweit unmöglich, als die geleistete Arbeit, die entstandenen persönlichen Beziehungen der Fürsorge und Treue nicht rückgängig gemacht werden können; andererseits besteht auf seiten des Arbeitnehmers ein offenbares Bestandsschutzinteresse an dem Arbeitsverhältnis, und zwar auch nach außen hin; denn für Sozialversicherung, Betriebsvertretung und Kündigungsschutz ist das Arbeitsverhältnis von erheblicher Bedeutung[30]. Die moderne Entwicklung, die den personenrechtlichen Inhalt in steigendem Maße hervorkehrte, hat schließlich zur Verselbständigung des Arbeitsverhältnisses geführt, in der Weise, daß sämtliche Forderungen nicht mehr aus dem Vertrag, sondern aus dem Verhältnis abgeleitet werden[31]. Damit soll aber nicht gesagt werden, daß ein rechtlich mißbilligtes Verhältnis ebenso zu behandeln wäre wie ein anerkanntes; noch weniger, daß der nichtige Arbeitsvertrag die Qualifikation eines

---

[29] *Haupt*, a. a. O. 20.

[30] *Beitzke*, Nichtigkeit, Auflösung und Umgestaltung von Dauerverhältnissen, in „Recht und Zeit", Nr. 9, 1948, 28.

[31] *Siebert*, Arbeitsverhältnisse, 30 ff. Es wird ein 'Beschäftigungsverhältnis' (faktisches Arbeitsverhältnis) angenommen, in dem Arbeit geleistet wird, gleichgültig, ob eine Verpflichtung zur Arbeit besteht oder nicht. Damit kommt man zur Aufspaltung des Arbeitsverhältnisses und zu dessen Trennung vom Arbeitsvertrag. Z. B. wird für die Versicherung derjenige als Arbeitgeber angesehen, dem die Tätigkeit des Beschäftigten wirtschaftlich zugute kommt. Vgl. eingehend *Nikisch* a. a. O. S. 133ff.

Rechtsgeschäfts verliert und zur bloßen „erlaubten Handlung" herabsinkt[32]. Diese Konstruktion steht im Widerspruch mit der Tatsache, daß der verbindliche Vertragsinhalt doch prinzipiell für das entstandene Arbeitsverhältnis maßgeblich bleibt. Eher liegt in dem beabsichtigten Schutz der Person des Arbeitnehmers die Konsequenz, daß die Nichtigkeitsfolge auf eine Lösbarkeit des Arbeitsverhältnisses zu beschränken ist (und zwar jederzeit). So soll dem Nichtgeschäftsfähigen nach geleisteter Arbeit der volle Lohnanspruch nicht versagt werden[33].

III

Ich stelle vorläufig zurück den Fall der „faktischen Erfüllung" gegenüber einem Handlungsunfähigen (Art. 2039 it. BGB) sowie den Fall der faktischen Fortsetzung eines Benutzungsverhältnisses (§ 568 BGB) und frage nochmals nach der juristischen Konstruktion des Phänomens. Negativ ist nur festzustellen, daß eine vertragliche Einigung, die durch Angebot und Annahme zustande käme, überhaupt nicht vorliegt bzw. nicht rechtsgültig zustande kommt. Trotzdem läßt die Rechtsordnung diesen Mangel hinter die tatsächliche Verwirklichung einer typischen Lebensbeziehung durch ein sozialtypisches Verhalten zurücktreten. Besonders wo im modernen Rechtsverkehr eine massenhafte Bewältigung gleichartiger Leistungen notwendig wird, führt diese Notwendigkeit zu einer typisierten Mechanisierung der Geschäftsabwicklung, in der die doktrinären Schulbegriffe einer „Willens"-Erklärung und einer „Willens"-Einigung offenbar nicht mehr passen und zu baren Fiktionen werden, die völlig ungeeignet sind, dem Phänomen gerecht zu werden[34]. Das Phänomen geht weit über die bekannte Erscheinung einer gesetzlichen Ergänzung der Geschäftsvereinbarung hinaus (z. B. in der Regelung der Gewährleistung beim Kauf oder Verweisung auf einen unbekannten Handelsbrauch) sowie die einer gesetzlichen Berichtigung durch Konversion, automatische Ersetzung der vereinbarten Bedingungen, richterliche Vertragshilfe, wodurch ein der Einigung widersprechender Vertragsinhalt geschaffen wird. Treffend wird das Phänomen von *Haupt*[35] erfaßt, als er bemerkt: „Die Wirklichkeit ordnet vielfach die Partner durch den Sachverhalt, durch das Leben, ihren Beruf, ihre Tätigkeit einander zu, mögen sie 'wollen' oder nicht"; und dementsprechend fordert er zur Stabilisierung der rechtsdogmatischen Be-

---

[32] So *Funaioli*, in „Annali univ. Ferrara" X, 1952, 197—198.

[33] *Beitzke* a. a. O. 32.

[34] Eine prinzipielle Kritik des Behelfs der 'stillschweigenden Willenserklärung' bringt *J. Esser*, Fiktionen, 52—54 (es handelt sich um Auslegung eines schlüssigen Parteiverhaltens). Ebenso eine Kritik der Fiktion in Präsumptionsform: 74—79. Ebenfalls eine Kritik des fingierten oder wegfingierten ‚Geschäftswillens': 136—140. Vgl. schon *Hellwig*, System II, 147 (§ 89).

[35] Faktische Vertragsverhältnisse, 28—29.

griffe, „daß der Vertragsschluß auf die ihm zukommenden Funktionen beschränkt und der Vorgang des faktischen Zustandekommens von Vertragsverhältnissen *daneben* als ein selbständiger Tatbestand anerkannt wird". Seines Erachtens[36] dürfte das „Schwergewicht in der Tatsache liegen, daß eine Rechtsbeziehung Wirklichkeit geworden ist, die sich ihrem sozialen Sinngehalt nach als Lieferungs-, Miet- oder Beförderungsverhältnis, oder als ein sonstiges seiner Typik nach den Regeln des Vertragsrechts zu unterstellendes Lebensverhältnis darstellt". Hier aber taucht die Konstruktionsfrage auf: Ist ein „selbständiger Tatbestand"[37] als ein rechtsgeschäftlicher anzusprechen? Haupt neigt dazu, die Frage in verneinendem Sinne zu beantworten. Dagegen scheint mir die bejahende Antwort geboten. Für diese Lösung möchte ich mich auf *Lehmann*[38] berufen und zu einem mißglückten, doch immerhin lehrreichen Konstruktionsversuch von *Joh. Bärmann*[39] Stellung nehmen.

Mit Recht erblickt *Lehmann* den Rechtsgrund für die Wirksamkeit des fehlerfreien Vertrages in der Gewähr, daß eine auf Grund fehlerfreier Wertung der Beteiligten erfolgte Ordnung ihrer Beziehungen auch eine „sinnvolle Maßnahme" darstellt, „also eine, vom Standpunkt der Gemeinschaft aus gesehen, zweckmäßige Maßnahme der Güterverteilung oder Gütererzeugung". Zwar fügt er hinzu, daß der maßgebende Rechtfertigungsgrund für die Wirksamkeit der aufgezählten nichtvertraglichen Tatbestände ein sehr verschiedener zu sein scheint und vorerst noch klarzustellen ist (er zählt 9 Tatbestände auf)[40]. Jedoch muß er anerkennen[41], daß der Rechtsgrund für die Wirksamkeit regelmäßig im Schutz der Verkehrs- und Rechtssicherheit liegt, also in einer typischen sozialen Funktion, die für ein reibungsloses Zusammenleben erheblich ist — „soweit nicht durch gesetzliche oder obrigkeitliche Regelung die Rich-

[36] A. a. O., 30.

[37] Wie ihn *Haupt* ermittelt (29).

[38] *Jherings* Jahrb. 90, 1943, 142f.

[39] Typisierte Zivilrechtsordnung der Daseinsvorsorge, 1948, 90—93.

[40] *Jherings* Jahrb. 90, 1943, 142: a) Führung fremder Geschäfte, b) Eintritt in die Vertragsverhandlungen, c) Nichtablehnung eines Angebots oder einer Erklärung unter gewissen Voraussetzungen (vgl. § 362 HGB; ferner die Lehre vom Bestätigungsschreiben), d) tatsächliche Fortsetzung einer rechtlich gelösten schuldrechtlichen Dauerbeziehung (vgl. § 568 BGB; dazu gegen den Behelf der „stillschweigenden Willenserklärung", *J. Esser*, Wert und Bedeutung der Rechtsfiktionen, Frankfurter Forschungen, IV, 1940, 52ff., 74ff.), e) einverständliche Anvertrauung oder Übernahme der Fürsorge für einen Mitmenschen, f) einverständliche Eingliederung des Arbeitnehmers in die Betriebsgemeinschaft oder Aufnahme der Arbeit im Einverständnis mit dem, für den sie verrichtet wird, g) durchgeführter gesellschaftlicher Zusammenschluß, h) tatsächliche Inanspruchnahme einer Leistung, zu der eine rechtliche oder soziale Leistungspflicht besteht, i) Erfüllung einer rechtlichen Lieferungs- oder Leistungspflicht zu obrigkeitlich festgesetzten oder allgemein maßgebenden Bedingungen.

[41] Unter Hinweis auf *Schmidt-Rimpler*, in AcP 147, 191ff., 197.

tigkeit der Vertragsbedingungen gewährleistet wird". Demgemäß „kommt nur eine abgestufte Behandlung entsprechend der Eigenart des jeweiligen Tatbestandes in Frage".

Was *Bärmanns* Versuch anbelangt, geht er von der „Enge der zivilistischen Grundbegriffe" und von der paradoxen Behauptung aus, die Willenseinigung solle nicht ausschließlich als „Grund und Gesetz des Vertrages" angesehen werden (eine Behauptung, die einen offenbaren Selbstwiderspruch darstellt). Er meint, man könne, ohne das Zivilrecht zu verlassen, eine gattungsweise Gliederung vornehmen und drei Grundarten von Verträgen unterscheiden; nämlich, 1. den individuellen, weil individualisierbar vom Recht vorgesehenen Vertrag, 2. den typisierten Vertrag des täglichen Lebens, für den die Gewohnheiten neben dem gemeinen Recht ausschlaggebend wären, 3. den massenförmigen und dadurch typengeformten Vertrag, der durch Lebensnotwendigkeit, Anonymität, Nicht-Individualisierbarkeit, massenförmige Identität bestimmt wird und sogenannten massenförmigen Rechtsregelungen untersteht. Der Bereich der letztgenannten Verträge wäre bestimmt durch: a) Natur der Sachordnung; b) Lebensnotwendigkeit für den Nutzungsteilnehmer; c) die massenhafte Wiederkehr der Betriebsvorgänge und deren typisierte Anonymität, die „die herkömmliche Form (!) der Willenseinigung" ausschließt; d) Identität der Nutzungsvorgänge; e) besondere Gefahrzurechnung. Trotz dieser Charakterzüge wäre auch das „massenförmige" Rechtsverhältnis ein 'ziviles, privates' Schuldverhältnis[42], in dem kein bloßer Anspruch auf Gestattung und Erlaubnis besteht, sondern „ein unmittelbarer Anspruch auf eine bestimmte sachliche Leistung und zwar an den kraft verbindlicher Nutzungsordnung unmittelbar Nutzungsberechtigten"[43]. Es taucht aber sofort ein Einwand auf, der m. E. geeignet ist, diese ganze Konstruktion eines „massenförmigen Vertrags" zu Fall zu bringen. Der Autor ist die Antwort schuldig geblieben auf die Frage, wie ein solcher Tatbestand noch als „Vertrag" angesprochen werden kann, da — wie zugegeben — eine Übereinkunft, eine Geschäftsvereinbarung nicht da ist. Er hat die schuldrechtliche Wirkung, die an ein Vertragsverhältnis gemahnt, mit dem Tatbestand verwechselt, der doch überhaupt kein Vertrag ist; denn ein Vertrag im heutigen Sinne, ohne Übereinkunft, wäre ein Unsinn, ein Widerspruch in sich selbst. Trotzdem ist anzuerkennen, daß *Bärmann* mit der irrigen Ansicht über den „Vertrag" doch eine Vorstellung davon gehabt hat, daß hier in dem Verhalten der Verkehrsteilnehmer, wenn man es auf seine sozial-typische Schlüssigkeit (Konkludenz) hin ansieht, doch eine Betätigung der Privatautonomie steckt, die von der Rechtsordnung genehmigt und geschützt wird, also ein rechtsgeschäftliches Handeln.

---

[42] *Bärmann* a. a. O., 93.
[43] *Bärmann* a. a. O., 94.

Aber um das zu erkennen, sollen wir uns von der doktrinären Denkform einer auf die rechtlichen Wirkungen abzielenden „Willens"-Erklärung befreien (eine Denkform, die als dogmatische Konstruktion zum unverbindlichen Gesetzesinhalt des deutschen BGB gehört) und mit größerer Lebensnähe die soziale Erheblichkeit des rechtsgeschäftlichen Handelns bestimmen. Was gehört zum Wesen eines solchen? Ich möchte es auf folgende Formulierung bringen: a) Ein bewußter Kontakt zwischen den Interessensphären zweier Rechtsgenossen (dabei ist dem Kennen unter Umständen das Kennenmüssen gleichzusetzen, und zwar nicht als Fiktion, sondern als eine Last der Selbstverantwortung unter Mitmenschen); b) Eine Maßnahme der Interessenregelung, die entweder von beiden (Vertrag) oder von einem Interessenträger (einseitiges Rechtsgeschäft) getroffen wird, und die vom Standpunkt der Gemeinschaft aus gesehen als eine zweckmäßige typische Maßnahme der Güterverteilung bzw. Gütererzeugung im Rahmen des Zusammenlebens bewertet wird. Wenn wir versuchen, an diesem objektiven Maßstab die von *Lehmann*[44] aufgezählten Tatbestände, insbesondere die Entstehungsquellen von sogenannten faktischen Vertragsverhältnissen, zu messen, werden wir gewahr, daß sie sämtlich als eine rechtsgeschäftliche Betätigung der Privatautonomie anzusprechen sind[45].

IV

Um die Richtung anzuzeigen, in der auf dieser begrifflichen, rechtsdogmatischen Grundlage die hier auftauchenden praktischen Fragen zu lösen wären, seien von diesen zahlreichen Fragen, die späterer Klärung bedürfen, nur einige angeschnitten. Hier können wir an Haupts Gedankengänge[46] wieder anknüpfen. Da taucht zunächst das Problem auf, welche Rolle bei diesen Tatbeständen die Geschäftsfähigkeit spielt. Die Frage muß naturgemäß unterschiedlich beantwortet werden. Für die Geschäftsführung ohne Auftrag wird sie vom italienischen BGB (Art. 2029) in bejahendem Sinne gelöst: Es wird die Geschäftsfähigkeit erfordert. Jedenfalls aber wäre die Folgerung verfrüht, es käme mangels des Vorliegens einer „Willens"-Erklärung, bei den sog. faktischen Vertragsverhältnissen nicht auf die Geschäftsfähigkeit an[47]. Eine solche Ansicht wäre ebenso schematisch und verfehlt wie etwa die Ansicht, daß es bei den sogenannten Realakten nicht der Geschäftsfähigkeit, sondern nur des „natürlichen" Willens bedürfe[48]. Die Entscheidung hängt viel-

[44] *Jherings* Jahrb. 90, 142.

[45] Das bedeutet gewissermaßen eine Rückkehr zum ursprünglichen Sinn des 'contrahere obligationem', wie näher auszuführen.

[46] Faktische Vertragsverhältnisse, 31.

[47] Umgekehrt: *Esser*, Wert und Bedeutung der Rechtsfiktionen, 1940, 79.

[48] So *Tuhr*, Allgemeiner Teil, II, 1, 361; im Gegenteil wird sie für geschäftsähnliche Handlungen von *Enneccerus-Nipperdey*, § 128, IV, 2, erfordert.

mehr von der typischen Macht- und Interessenlage ab. Es ist zu fragen, ob und in welchem Umfang bei dem fraglichen Lebensvorgang nach der typischen Lage der Dinge die persönlichen Eigenschaften der Beteiligten als typisch erheblich von dem Gesetz angesehen und bewertet werden; insbesondere welche Bedeutung der ihnen von der Rechtsordnung beigelegten Fähigkeit zur verbindlichen Selbstgestaltung ihrer Rechtsbeziehungen mit fremden Interessensphären zugemessen werden kann[49]. Die so gestellte Frage ist bei der Straßenbahnbeförderung im verneinenden Sinne zu beantworten, weil es mit der glatten reibungslosen Abwicklung des Massenverkehrs unvereinbar wäre, jeweils die Geschäftsfähigkeit eines jeden Verkehrsteilnehmers festzustellen. Anders geartet ist hingegen die Sachlage bei der individuellen Gefälligkeitsfahrt. Für das Arbeitsverhältnis wiederum sind andere Maßstäbe anzuwenden[50] und nach nochmals anderen Richtlinien ist bei dem faktischen Gesellschaftsverhältnis zu entscheiden (RGZ 89, 97; 93, 227; 145, 155: Nach diesen Entscheidungen soll die gesellschaftsrechtliche Beteiligung eines Geschäftsunfähigen für ihn völlig unverbindlich sein, während die Mitgesellschafter trotz Nichtigkeit des Gesellschaftsvertrages voll zu haften haben). Im übrigen wird gerade auf diesem Gebiet deutlich, wie wenig eigentlich die Rechtsfolgen fehlender Geschäftsfähigkeit in der Praxis des Lebens beachtet werden[51].

Unter ähnlichen unterschiedlichen Gesichtspunkten ist die Frage zu beantworten, ob und in welchem Umfang eine Berufung auf einen Irrtum beim Eintritt in eine faktische Vertragsbeziehung beachtlich sein soll (bei typischen Erklärungstatbeständen mit gesetzlich normierter Wirkung ist die Frage sehr bestritten)[52]. In der Regel wird die Beachtlichkeit zu verneinen sein, es sei denn, daß ein Identitätsirrtum gleich beim Eintritt bemerkt und angezeigt wird. Hierfür (ich

---

[49] *v. Hippel*, Das Problem der rechtgeschäftlichen Privatautonomie, 38ff.; *Brandt*, in „Deutsche Rechtswissenschaft“ VI, 1941, 73, der zwischen der Rolle der Geschäftsfähigkeit bei der Begründung eines Rechtsverhältnisses und der Fähigkeit, später dem objektiven Sinngehalt des Rechtsverhältnisses gemäß zu handeln, unterscheidet; *Haupt*, Faktische Vertragsverhältnisse, 31 Anm. 80.

[50] Weitgehend behandelt von *Siebert*, Arbeitsverhältnisse, 89ff. Für die Begründung eines Betriebsgemeinschaftsverhältnisses kommt es darauf an, daß der Beschäftigte ein Mindestmaß von Urteils- und Einsichtsfähigkeit besitzt, so daß er ein vollwertiges Glied der betrieblichen Arbeitsgemeinschaft werden kann. Man sollte (90), statt auf einen „natürlichen“ Willen, auf die ‘Urteilsfähigkeit’, auf ‘die erforderliche Einsicht’ abstellen. Es käme weiter in Frage, dem anderen Teil und dem gesetzlichen Vertreter des nicht voll ‘Geschäftsfähigen’ ein Kündigungsrecht zu geben. Jedenfalls sind diese Fragen aus dem Wesen des Arbeitsverhältnisses zu lösen.

[51] *Haupt*, Faktische Vertragsverhältnisse, 32 Anm. 82: Kein Schaffner denkt daran, einen Minderjährigen zurückzuweisen, kein Vater daran, das Porto für einen vom Sohn unbefugt aufgegebenen Brief von der Post zurückzufordern.

[52] *Krause*, Schweigen im Rechtsverkehr, 134ff.; *Esser*, Wert und Bedeutung der Rechtsfiktionen, 77ff.

meine für prinzipielle Unbeachtlichkeit) sprechen auch die Benutzungsordnungen der öffentlichen Verkehrsanstalten, in denen mindestens der Fall einer irrtümlichen Inanspruchnahme der Leistungen derart geregelt ist, daß eine Anfechtung ausgeschlossen erscheint (Ziff. 7 der Ausführungsbestimmung zu § 15 der EVO).

Ich komme jetzt auf den Fall der faktischen Erfüllung gegenüber einem Geschäftsunfähigen zurück. Beachtlich ist hier die Regelung der Zahlung einer Nichtschuld an einen solchen, die im Art. 2039 des italienischen BGB getroffen wird. Dieser Art. lautet:

> „Der Geschäftsunfähige, der die Zahlung einer Nichtschuld, sei es auch gegen besseres Wissen, angenommen hat, haftet nur im Umfang der dadurch erlangten Bereicherung."

Der rechtspolitische Grund dieser Herabminderung der Empfangshaftung, die sonst auf Rückerstattung des empfangenen Betrages nach Art. 2037/38 geht, ist leicht einzusehen[53]. Es soll eben verhütet werden, daß auf dem Umwege einer Rückgabepflicht (vgl. auch Art. 1769 u. 1780) das gesetzliche Hindernis der Geschäftsunfähigkeit umgangen wird. Wie ist aber die Entstehungsquelle dieses Schuldverhältnisses juristisch zu konstruieren? Nun liegt die Versuchung nahe, von dem Umfang auf die Grundlage der Haftung einen Rückschluß zu ziehen. M. E. ist aber dieser Schluß keineswegs zwingend geboten. Vorausgesetzt, daß bei der Zahlung einer Nichtschuld der Grund der daraus entstehenden Empfangshaftung und der Rückgabeschuld in der Zahlung als solcher zu erblicken ist, d. h. in einem entgeltlichen Übereignungsgeschäft, das auf Befriedigung einer vermeintlichen Schuld abzielt (und bei Entdeckung der Nichtschuld eine gesetzliche Umdeutung erfährt, d. h. als selbst schuldbegründend behandelt wird), so brauchen wir im Falle eines geschäftsunfähigen Empfängers gar keine 'metabasis eis allo genos' anzunehmen, sondern nur eine gesetzliche Herabminderung der rechtsgeschäftlichen Empfangshaftung hinsichtlich des Haftungsumfanges, die in der fehlenden Geschäftsfähigkeit bei Vorliegen des natürlichen Willens begründet ist. Juristisch können wir diese Herabminderung als eine gesetzliche *Reduktion* der Gültigkeitserfordernisse des Rechtsgeschäfts ansehen, das sich beim Zahlungsempfang abspielt. Eine derartige „Reduktion" ist keine vereinzelte Erscheinung. Sie findet auch bei wissentlicher Durchführung (Erfüllung) einer an sich ungültigen unentgeltlichen Zuwendung von Todes wegen (Art. 590) bzw. unter Lebenden (Art. 799) nach dem italienischen BGB statt; wobei auch der Gesichtspunkt einer Selbstverantwortung des Gegeninteressenten mitspielt. Das ist ein Gesichtspunkt, der m. E. auch bei der faktischen Fortsetzung eines Dauerschuldverhältnisses (Art. 1597) zutrifft[54].

---

[53] *Vizioz*, Notion du quasicontract, 298. Zur rechtsdogmatischen Konstruktionsfrage meine Teor. gener. d. obbligazioni, III, 123—128.

[54] Vgl. *Haupt*, Faktische Vertragsverhältnisse, 15f.

V

Zum Schluß dieser Betrachtung über die Anerkennung von vertragsähnlichen Schuldverhältnissen, die ohne Vertrag zustande kommen, sei hier unter Hinweis auf den letzten Satz des ersten Teils des Art. 2126 des italienischen cod. civ. (Vorbehalt eines unerlaubten Vorgehens) hervorgehoben, daß die Anerkennung dieser außerhalb des Vertragsbereichs liegenden Tatbestände immerhin ihre Übereinstimmung mit den leitenden Wertschätzungen der Rechtsordnung voraussetzt. Verstößt das Vorgehen der Beteiligten gegen zwingende Gesetzesverbote oder gegen die guten Sitten (Art. 1343), dann rechtfertigen die entstandenen Beziehungen nicht den Rechtsschutz (Art. 1322 Abs. 2), der in ihrer Unterstellung unter das Vertragsrecht liegt. Sie sind vielmehr nach Delikts- oder Bereicherungsrecht zu entscheiden. Dieser Gesichtspunkt trifft insbes. die Erschleichung von Leistungen, wie sie sich beim sogenannten „blinden Passagier" oder bei der widerrechtlichen Stromentnahme findet[55]. In derartigen Fällen wird nicht eine typische Lebensbeziehung durch ein sozial-typisches Verhalten in rechtmäßiger Weise zustande gebracht, sondern einseitig in die rechtlich geschützte Interessensphäre eines anderen Rechtsgenossen eingegriffen. Ebenso liegt der Sachverhalt beim Eingriffserwerb, der, wenn nicht auf Kosten, so doch mit parasitärer Benutzung einer durch die fremde Interessensphäre ermöglichten Lage erzielt wird[56].

Demnach kommen wir also zu dem Schluß, daß die sogenannten faktischen Vertragsverhältnisse insofern durchaus dem Sinngehalt der Privatautonomie entsprechen, als sie ihre Grundlage in dem eigenen sozial-typischen Verhalten der Beteiligten finden und dadurch entstehen, daß ein die Beteiligten in typischer Weise verbindender sozialer Sachverhalt lebensmäßig verwirklicht wird. Insofern ist hier die Entstehungsquelle des Schuldverhältnisses als ein rechtsgeschäftliches Verhalten anzusprechen, das keinen Vertragscharakter im heutigen Sinne einer Vereinbarung trägt und, in seiner einseitigen Ausrichtung, gewissermaßen eine Rückkehr zum ursprünglichen Sinn des „contrahere obligationem" (= Zusammenziehen einer Gebundenheit) bedeutet.

Daneben gibt es aber einige Tatbestände, in denen die Beteiligten, ganz unabhängig von einem eigenen Verhalten, durch Hoheitsakt einander zugeordnet werden. Dieser Vorgang hoheitlicher Zuordnung

---

[55] So *Haupt*, Faktische Vertragsverhältnisse, 32f.

[56] Fall bei *Kipp-Wolff*, Zivilrechtsfälle, 1924, 78: Ein Gastwirt projiziert eigenmächtig auf die Brandmauer des seinem Lokal gegenüberliegenden Hauses eine Lichtreklame; oder umgekehrt: Ein Hauseigentümer zieht einen Vorteil aus der unter seinem Verbot erfolgten Reparatur einer an dem Nachbarhause anschließenden Mauer seines Hauses. Vgl. nochmals: zur Frage des Interessenausgleichs *Wolff*, Die fakt. Gesellschaft, in MDR, VI, 1952, 535—537, jüngst *Esser*, Grundsatz und Norm in der richterlichen Fortbildung des Privatrechts (1956), 327—335.

ist unter der Bezeichnung als „diktierter Vertrag" seit langem bekannt; nur ist diese Bezeichnung mißverständlich, da sie, unter dem Einfluß des Willensdogmas, nach dem vertragsähnliche Schuldverhältnisse eine Willenseinigung voraussetzen sollten, mit der Fiktion operiert, die fehlende Einigungserklärung des einen oder beider Beteiligten werde durch die privatrechtsgestaltende Verfügung der Obrigkeit „ersetzt"[57]. Ebenso auf dem Gebiete des Völkerrechts, wo die berüchtigte Erscheinung des Diktats aufkam[58]. Daß solche Fiktionen dem zu erklärenden Phänomen nicht gerecht werden, leuchtet ein. Die Rechtswissenschaft soll m. E. von dem Bemühen geleitet werden, die Norm bzw. die juristische Konstruktion möglichst konkret auf den zu regelnden Lebensvorgang bzw. auf die Macht- und Interessenlage abzustimmen[59]. Fiktionen sowie Lückenausfüllung aus angeblich stillschweigender Vereinbarung sind abzulehnen.

---

[57] So *Nipperdey*, Kontrahierungszwang und diktierter Vertrag, 1920, 123, 125, 129, der die Ansicht, es käme, statt bloßen Kontrahierungszwanges ex lege, ein fertiges Schuldverhältnis zwischen den Beteiligten kraft Befehls zustande, als Vergewaltigung des Vertragsbegriffs zurückweist, und an diesem durch die Fiktion der Einigung glaubt festhalten zu können; dagegen kritisch, *Haupt*, Faktische Vertragsverhältnisse, 33—37.

[58] Zu dessen Begründungserfordernis meine „Interpretaz. d. legge" 334ff., 359f.

[59] Von diesem Bemühen ist die ganze Untersuchung *Haupts* a. a. O., 37 geleitet und beseelt.

ZUR LEBZEITIGEN ZUWENDUNG AUF DEN TODESFALL

Von Dr. FRANZ WIEACKER
oö. Professor an der Universität Göttingen

I. Grundfragen — II. Die gesetzgeberischen Wertungen — III. Die offenen Streitfragen

I. 1. Die letztwillige Vergabung des Nachlasses ist aus Zuwendungen unter Lebenden entstanden. Die Anfänge des römischen wie des älteren deutschen Testamentes sind vorzugsweise aus solchen Formen (*emptio familiae*, Salmannbestellung) hervorgegangen. Aber noch heute hat sich neben dem voll entwickelten Testament die Vergabung auf den Todesfall durch lebzeitige Rechtsgeschäfte lebendig erhalten.

2. Die Rechtsprechung bietet Einblicke in einen reichen Formenschatz. Dabei kann man mit *Coing*[1] zwei Grundformen unterscheiden:

a) Der Vergabende wendet einen Gegenstand dem Bedachten unmittelbar, ohne Einschaltung eines anderen, zu. So,

aa) wenn er dem Begünstigten Sachen übereignet oder Forderungen (bedingt oder unbedingt) abtritt: §§ 929, 398; 516 BGB; besonders häufig unter Übergabe eines Sparbuchs[2];

bb) wenn der Gläubiger dem Schuldner eine Forderung sofort oder betagt durch den Todesfall erläßt: §§ 397, 516[3];

cc) die Zuwendung kann in eine postmortale Vollmacht eingekleidet werden, wenn nämlich der Bevollmächtigte (wie in RG LZ 1919, 137) nach dem Tode selbst „beliebig verfügen" dürfen, also Destinatär der Zuwendung sein soll.

b) Der Zuwendende bedient sich einer Mittelsperson, die alsbald oder nach dem Tode des Auftraggebers die Zuwendung (Übereignung, Abtretung, Erlaß) an den Begünstigten vollziehen soll. Dabei kann der Mittelmann

aa) entweder schlichter Bote (RG 83, 223: „Bonifaziusfall") oder Bevollmächtigter oder Treuhänder für fremdes Interesse sein (wie der geschichtliche *familiae emptor*, der fideikommissarisch belastete Erbe, Salmann oder *executor*);

---

[1] (Kipp-)*Coing*, Erberecht[10] (1955) § 61 I.

[2] In RG Warn. 1916 Nr. 74 sagte der Erblasser vor Zeugen zu seiner Schwester. „Wenn mir mal was passiert, ist für Dich gesorgt; sieh zu, daß Du das Buch bekommst"; in RG JW 1907 Nr. 73 zu seiner Tochter: „Dieses Konto ist ein Notgroschen für Dich; Du kannst jederzeit davon holen."

[3] Instruktive Zusammenfassung solcher Fälle bei *Boehmer*, Grundlagen d. bürg. Rechtsordnung II 2 (1952) 87: In RG 42, 142 beauftragte der Erblasser seine Haushälterin mündlich, nach seinem Tode einem Schuldner den Schuldschein zurückzugeben (ließ also eine Erlaßofferte überbringen); in RG „Recht" 1908 Nr. 1165 setzte er auf den Schuldschein den Vermerk „Dieser Schein wird mit meinem Tode ungültig". In RG 53, 294; RG Warn. 1908 Nr. 302; 1909 Nr. 33 und 1921 Nr. 95 erklärten dagegen die Erblasser den Erlaß mündlich gegenüber dem Schuldner selbst.

bb) oder jemand, den der Zuwendende anweist, nach dem Tode zu verfügen oder über dessen Schuld oder Depot er den Bedachten zu verfügen ermächtigt oder bevollmächtigt (vgl. RG 98, 279: X sollte nach dem Tode über das Depot verfügen dürfen);

cc) oder ein Vertragspartner, besonders eine Bank, die sich zugunsten eines Dritten, des Bedachten, verpflichtet. So schrieb in RG 88, 137 jemand, der eine seiner Nichten im Testament vergessen hatte, an seine Bank, sie solle unter Belastung seines Hauptkontos ein neues Konto für seine Nichte anlegen. Der typische Fall ist jedoch die Lebensversicherung.

3. Gemeinsam ist diesen Geschäften, daß sie der Funktion nach letztwillige Vergabungen sind und somit in den Bereich der erbrechtlichen Planung des Gesetzgebers fallen; gleichwohl sind sie als Zuwendungen durch lebzeitige Rechtsgeschäfte, aber mit Ausnahme des Schenkungsversprechens auf den Todesfall (§ 2301 I BGB), vom Gesetzgeber nicht unter Erbrecht gestellt. Diese Antinomie ist die Quelle aller dogmatischen und rechtspolitischen Diskussionen, die sich an die lebzeitige Zuwendung auf den Todesfall geknüpft haben[4] und an denen der Jubilar tätigen Anteil genommen hat. Wir verfolgen sie hier in seinem Sinne weiter.

Bei der ihnen nicht günstigen gesetzlichen Lage führen die Gegner der lebzeitigen Zuwendung auf den Todesfall gern Klage über „Umgehung der erbrechtlichen Vorschriften“[5]. Indessen ist hier Vorsicht vonnöten.

---

[4] Aus dem reichen Schrifttum neben den überlegen klaren und fördernden Bemerkungen *Heinrich Lehmanns*, Staud. Erbrecht[12] (1954) § 1922 Anm. 216 bis 220 u. a.: *Bartholomeyczik*, Zuwendungen auf den Todesfall durch Rechtsgeschäfte unter Lebenden (Arbeitsberichte d. Ak. f. dtsch. R., Nr. 21 1942); *Boehmer*, RG-Festschrift III (1929) 289ff. (im folgenden: Boehmer F); (Staudinger-)*Boehmer*, Erbrecht[10] §§ 26ff. (i. f.: St[10]) ZAkDR 1939, 610f.: Grundlagen d. b. R. II 2 (1952) 82—93 (i. f.: G). (Staudinger-)*Boehmer*, Erbrecht[11] (1954) §§ 24—27, S. 151—177 (i. f.: St[11]); *Coing* a. O. § 61; *Ebbecke*, „Recht“ 1916, 233ff.; 333ff.; *Eckstein*, Gruchot 55, 751ff.; *Endemann*, Erbrecht 1 § 30; *Heldrich*, JherJb. 79, 315ff.; *Josef*, ArchBürgR 42, 319; *Jul. Lehmann*, ArchBürgR 36, 81ff.; *Oertmann*, BankArch. 13, 5ff.; *Spielmann*, „Recht“ 1924, 401ff.; *Wesenberg*, Schleswig-Holsteinische Anzeigen 1947, 121ff. Weiteres Schrifttum, vor allem die einschlägigen, z. T. wichtigen Dissertationen bei *Boehmer*, G 79f. und *Coing* § 61 Anm. 1 u. öfter. Aus Raumgründen wird die Auseinandersetzung mit dem Schrifttum hier im ganzen auf die grundlegenden Darstellungen von *Boehmer* (besonders G und St[11]) und *Coing* beschränkt.

[5] So vor allem *Boehmer*, etwa G 85, 88. Vor allem aber ist seine Darstellung in St[10] und St[11] fast ausschließlich auf die Stimmung des Kampfes gegen „Umgehungstendenzen“, „Tarngeschäfte“, „Gefährdung der Erbfolgerechte“ und auf „Schutz der Nachlaßberechtigten“ gestellt. Die großartige Einseitigkeit dieser Einordnung der interessanten und zeitlosen Erscheinungen tritt besonders bei der Polemik gegen die Anwendung des § 331 (St §§ 25 u. 27) hervor; diese Polemik gipfelt in dem weder genauen noch ungefährlichen Satz; was *in fraudem legis* sei, sei auch *contra legem* (§ 27 Anm. 18; vgl. auch ZAk. 39, 611). Nachsichtiger urteilt B. dort, wo er an Bagatellschenkungen oder doch an „harmlose“ Zuwendungen ohne „Umgehungstendenz“ denkt (vgl. den bemerkenswerten Hinweis auf das kleine Oralfideikommiß des ALR: ZAk. 611 u. ö.). Aber der Jurist kann hier *lege non distinguente* auch keine Unterschiede machen.

Angesichts der grundsätzlichen Entscheidung unserer Privatrechtsordnung für die Privatautonomie kann es einen selbständigen Begriff des „Umgehungsgeschäftes" nicht geben. Privatautonomie gibt die rechtsgeschäftlichen Gestaltungswege zu einem zulässigen Geschäftserfolg grundsätzlich frei; sie erlaubt nicht, daß ein Geschäft schon deshalb unwirksam ist, weil es den typischen, aber zu zwingendem Recht nicht erhobenen Planungsvorstellungen des Gesetzgebers nicht entspricht. „Umgehungsgeschäfte" sind also nur unwirksam, wenn sie einer gesetzlich vorgeschriebenen Form nicht genügen (§ 125 BGB) oder gegen Gesetz (und Recht: § 134; Art. 20 GG) oder gegen die guten Sitten (§ 138) verstoßen; spezieller also hier: nur insoweit sich zwingende erbrechtliche Vorschriften gegen die Wahl lebzeitiger Gestaltungsformen zur Vergabung auf den Todesfall entschieden haben[6]. Explizit tut dies nur § 2301 I für das bedingte Schenkungsversprechen auf den Todesfall; doch kann die Möglichkeit zunächst nicht ausgeschlossen werden, daß sich aus dem Zusammenhang der erbrechtlichen Ordnung *implicite* auch darüber hinaus das Verbot lebzeitiger Vergabungsformen ergibt.

Während auch verdienstliche Gegner der lebzeitigen Zuwendung auf den Todesfall sich leider selten diesem Problem ausdrücklich gestellt haben, scheint jetzt *Coing*[7] der Gesamtheit der erbrechtlichen Vorschriften einen institutionellen Ordnungsplan zu entnehmen, der als zwingendes Recht die Privatautonomie der lebzeitigen Zuwendung zurückdränge. Denn nicht anders ist es zu verstehen, wenn er durch eine sorgfältige Analyse des „Form"- und des „Einordnungsproblems" zu einer Beschränkung der lebzeitigen Zuwendung weit über die Einzelnorm des § 2301 Abs. 1 hinausgelangt[8]. Mit anderen Worten: er sieht offenbar in den erbrechtlichen Formvorschriften sowie in der Summe der Vorschriften, die den Erben gegenüber dem Pflichtteilsberechtigten wie gegenüber den Gläubigern zurücksetzen, *Verbots*normen, die (im Sinne des § 134) die Gestaltungswahl der lebzeitigen Zuwendung selbst zum Gegenstande haben[9]. Eine so weitgehende Folgerung bedarf sehr genauer Überprüfung.

a) Verbieten die erbrechtlichen Formvorschriften *implicite* lebzeitige Zuwendungen auf den Todesfall? Die meisten vollziehen sich ja entweder gänzlich formlos (Abtretungserklärungen, Aushändigung an den

[6] So richtig bereits *Endemann* 1, 218 und zuletzt (inzidenter) BGH 8, 26 (31); insoweit nicht unbedingt ablehnend *Boehmer* G 83.

[7] In seiner methodischen Analyse der Interessenlage, § 61 II; vielleicht noch eingehender und umfassender *Boehmers* Analyse St^{11} § 24 Anm. 8–21.

[8] Ähnlich wie Coing unterscheidet bereits *Boehmer* G 85 „formelle Kontrollnormen" und „materielle Schutzvorschriften".

[9] Darüber hinaus sieht offenbar *Boehmer* (zuletzt G 84f.; St^{11} passim) in *allen* Normen, die den *nicht* pflichtteilsberechtigten Erben und Erbanwärtern zugute kommen *würden*, schon implizite Verbote, welche die lebzeitige Zuwendung entweder als „Schleichwege" ausschließen oder aber unter Erbrecht stellen.

Boten) oder durch privatschriftliche Erklärungen (schriftliche Vollmachten, Bankaufträge). Solange die einzige Testamentsform die öffentliche war, vereitelten formfreie Vergabungen zu Lebzeiten in der Tat den nachhaltigen Fälschungs- und Beeinflussungsschutz des öffentlichen (selbst des verschlossen übergebenen) Testaments[10]. In dieser Lage hat sich im Gemeinen Recht das Problem der lebzeitigen Zuwendung auf den Todesfall gebildet.

Es wird allzu oft übersehen[11], daß diese traditionelle Argumentation durch die Entscheidung des Gesetzgebers für das eigenhändige Testament auf ein Minimum zurückgedrängt ist, nämlich auf die Bedeutung des geringen Authentizitätsschutzes, den die eigenhändige Niederschrift überhaupt noch verbürgen kann[12]. Dem steht aber gegenüber die Empfangs- und Annahmebedürftigkeit und daher größere Offenheit aller (nicht nur der *schriftlichen*) lebzeitigen Zuwendungen; bei den regelmäßig schenkweise bewirkten Zuwendungen darüber hinaus ihre qualifizierte Form — oder ihre Vollzugsbedürftigkeit (§§ 516, 518 Abs. 2). Gegenüber der durch aktuelles Vermögensopfer vollzogenen Handschenkung ist die Errichtung eines holographen Testaments nach Formaufwand, Endgültigkeit und Unwiderruflichkeit in der Regel das Minus.

b) Widersprechen lebzeitige Zuwendungen einer zwingenden *inhaltlichen* Ordnungswahl des Erbrechtsgesetzgebers, wie sie *Coing*[13] in seiner Erörterung des „Einordnungsproblems" voraussetzt? Sehen wir zunächst davon ab, daß auch die erkennbare institutionelle Ordnung eines gegebenen Erbrechts diese Wahl nicht ohne weiteres *zwingend* macht (so wenig wie etwa die des Pfandrechts die Sicherungsübereignung aus-

---

[10] Dies träfe auch *heute*, unter der Herrschaft des privatschriftlichen Testaments, noch zu, wenn § 2301 IBGB etwa anordnen wollte, ein Schenkungsversprechen auf den Todesfall sei nur in der sehr erschwerten Form des *Erbvertrages* (§ 2274) zulässig; so in der Tat *Coing* a. O. 224. Doch gibt C. selbst zu, daß „unter Umständen" Konversion in ein privatschriftliches Testament möglich — man wird richtig sagen müssen: fast ausnahmslos *geboten* ist. Das einzige Indiz für dieses überraschende Formerfordernis ist die (verfehlte) Einordnung des § 2301 in dem Abschnitt „Erbvertrag". Im übrigen wird sich kein Bewertungsinteresse des Gesetzgebers finden lassen, wonach für die *letztwillige* Verfügung im allgemeinen die bloße Testamentsform, für die (noch nicht vollzogene) *lebzeitige* aber nur die überaus strenge Form des Erbvertrages gelten soll, die doch sichtlich auf die allerdings schwerwiegende bindende Regelung der *gesamten* Erbfolge zugeschnitten ist.

[11] So vor allem bei den Klagen über die „Heimlichkeit" der lebzeitigen Zuwendung (etwa *Boehmer* G 83: „ ‚heimliche' und schwer kontrollierbare Wege"), die doch nur gegenüber dem öffentlich zu Protokoll erklärten Testament, kaum mehr gegenüber dem übergebenen und gar nicht gegenüber dem eigenhändigen Testament irgendeinen Sinn haben können.

[12] Übrigens erkennt *Boehmer* ZAk. 611 den Zusammenhang mit der Testamentsform durch die Mitteilung an, er habe sich (in St[10]) so scharf gegen „Umgehungen" gewandt, weil er mit der Aufhebung des eigenhändigen Testaments durch das TG von 1938 gerechnet habe.

[13] a. O. 225; eingehende Analyse auch bei *Boehmer* G 83—85 und öfter.

schließt), so geht es um zwei Grundentscheidungen gesetzgeberischer Wertung: einmal der Nachlaß steht primär den Nachlaßgläubigern bereit, und ferner: Pflichtteilsberechtigten steht am ungeschmälerten Nachlaß eine grundsätzlich unentziehbare Quote zu.

Eine genauere Analyse zeigt jedoch, daß diese Interessen durch Zulassung lebzeitiger Zuwendungen auf den Todesfall *nicht* gefährdet werden.

aa) Im Verhältnis zu den Nachlaßgläubigern bietet der Nachlaßkonkurs und, außerhalb des Konkurses, die Gläubigeranfechtung Schutz gegen alle unentgeltlichen Verfügungen des letzten Jahres, bei Ehegatten der letzten zwei Jahre (§ 3 Ziff. 3 u. 4 AufGes.)[14]; damit werden aber praktisch *alle* lebzeitigen unentgeltlichen Zuwendungen in Todesnähe sicher erfaßt. Darüber hinaus können sich die Gläubiger des Erblassers nach dem bekannten Prinzip, daß ihre Lage durch den Erbfall möglichst weder verschlechtert noch *verbessert* werden soll, nicht beklagen, daß sie gegenüber der lebzeitigen Zuwendung „nur so" gestellt sind, wie sie es beim Fortleben des Erblassers sein würden.

bb) Ähnliches gilt auch für den Pflichtteilsberechtigten. Ihn schützt bei Schenkungen an den *Erben* die Ausgleichungspflicht (§§ 2316 I u. II; 2050ff.), bei Schenkungen an Dritte der Ergänzungsanspruch gegen den Erben (§ 2325f.) und hilfsweise der Bereicherungsanspruch gegen den Beschenkten selbst (§ 2329 BGB)[15]. Nicht besser stünde er gegenüber formgerecht angeordneten letztwilligen Zuwendungen an andere.

c) Daß die Schenkung auf den Todesfall Sondernachfolge ist, kann sie nicht als Verstoß gegen ein Prinzip der Gesamtnachfolge unwirksam machen[16]; dieses Organisationsprinzip ist sicherlich keine zwingende, ausschließende Gestaltungsvorschrift, wie bereits Vorausvermächtnisse, Teilungsanordnungen und Übernahmerechte kraft letztwilliger Verfügung zeigen.

d) Außerhalb des Gläubigerschutzes und der Berücksichtigung des Pflichtteils gibt es im System der Testierfreiheit kein gesetzlich bewertetes Gegeninteresse gegen lebzeitige Vergabungen *cogitatione mortis*. Insbesondere nicht zugunsten der *nicht* pflichtteilsberechtigten Erben, für die *Boehmer* mit Wärme, aber ohne überzeugenden gesetzlichen Anhalt plädiert. Wenn ihnen (im Gegensatz zum französischen und Schweizer Recht) eine Kürzungsbefugnis gegenüber Beschenkten im Hinblick auf ihre Pflichtteilslasten nicht zusteht[17], so ist diese (dispositive!) Anordnung eine — vielleicht unrichtige — Entscheidung des Gesetzgebers, die aber das spezifische Problem der Schenkung *von Todes wegen* als solches nicht berührt; sie beträfe ja *jede* Schenkung aus dem künftigen Nachlaß. Und darüber hinaus: grundsätzlich ist es ja gar nicht

---

[14] Zutreffend *Boehmer* G 85; die *differentia specifica* könnte nur in der Unanfechtbarkeit weiter zurückliegender Schenkungen *von Todes wegen* liegen, die kaum vorstellbar sind.

[15] Richtig *Bartholomeyczik* a. O. 195ff.

[16] *Coing* 222.

[17] *Boehmer*, etwa G 84f.

richtig, daß die lebzeitige Zuwendung durch Verweisung aus dem Erbrecht etwa *privilegiert* würde. Vielmehr wird sie unter Schenkungsrecht in mancher Hinsicht weit schärfer disqualifiziert als unter Erbrecht: geminderte Haftung des Schenkgebers; Rückforderung wegen Verarmung oder groben Undanks; §§ 816 II, 822, sind freilich auch soweit auf Vermächtnisse anwendbar[18].

4. Danach ergeben sich keine zureichenden Gerechtigkeitsgründe, lebzeitige Zuwendungen auf den Todesfall als „Umgehungen" oder „Manipulationen" unter Erbrecht zu stellen, d. h. sie regelmäßig mangels testamentarischer oder gar erbvertraglicher Form als hinfällig zu behandeln[19]. Nichtig sind sie nur, wenn sie *in concreto* einem gesetzlichen Verbot oder den guten Sitten widersprechen: Neidschenkungen zum Nachteil der gesetzlichen Erben, auch entgeltliche Zuwendungen zum Nachteil der Gläubiger u. ä.

II. Aber hat nicht der Gesetzgeber selbst Entscheidungen getroffen, aus denen sich allgemeinere abweichende Bewertungen ergeben? Aus dogmengeschichtlichen Gründen ist dies nur in zwei Zufallsausschnitten der lebzeitigen Zuwendung geschehen: beim Schenkungsversprechen von Todes wegen (§ 2301 Abs. 1) und bei der Zuwendung durch Versprechen der Leistung an einen Dritten „nach dem Tode desjenigen, dem sie versprochen wird" (§ 331 BGB). Da sich aus den beiden Bestimmungen zum Unglück gegenläufige Bewertungsprinzipien ergeben, kann der gesetzlichen Regelung jedenfalls eine *einfache* Maxime für andere, vom Gesetzgeber nicht bedachte lebzeitige Zuwendungen auf den Todesfall *nicht* entnommen werden. Aber beide Vorschriften geben immerhin Hinweise auf einen verwickelten und undeutlichen Ordnungsplan des Gesetzgebers.

1. a) Schenkung von Todes wegen ist nur ein Schenkungsversprechen „unter der Bedingung, daß der Beschenkte den Schenker überlebt", wie es § 2301 Abs. 1 S. 1 mit größerer Schärfe, aber geringerer Anschaulichkeit als das Gemeine Recht faßt[20]. In Wahrheit ist die *donatio mortis causa* ja eben nicht eine Art Wette auf das Überleben des Schenkers oder des Beschenkten, sondern Vergabung im Hinblick auf den nahen eigenen Tod, *cogitatione mortis ex humana sorte* (Dig. 39, 6, 35 § 4); nämlich im Blick auf das Grundbedürfnis, dem Vermögen des Sterbenden einen neuen Träger zu suchen. Die Bedingung ist hier nur dogmatische Figur für die Vermögensvorsorge nach dem Tode.

---

18 Dies wird in *Boehmers* genauer Interessenanalyse (St[11] § 24 Anm. 8—21) nicht verkannt, ohne daß B., im Hinblick auf die vermeintlich noch größeren Schutzansprüche der „Nachlaßberechtigten", sich am Schenkungsrecht genügen ließe.

19 Gerade entgegengesetzt *Boehmer* (bes. St[11] durchgängig) und *Coing* 224: „Der Grundgedanke des § 2301 ist auf alle Zuwendungen zur Anwendung zu bringen, die unentgeltlich (donationis causa) erfolgen."

20 Unter dem Einfluß der bekannten Formel: *magis habere se vult quam eum cui donat, magisque eum cui donat quam heredem suum* (D 39, 6, 1 pr.).

Gegenüber den mannigfachen Versuchen extensiver Anwendung ist zunächst klarzustellen, daß sich die Zuwendung nach § 2301 von anderen lebzeitigen Zuwendungen auf den Todesfall durch zwei Merkmale unterscheidet: sie ist Schenkungs*versprechen*, und zwar formloses und heilungsbedürftiges (nämlich nach § 2301 Abs. 2 noch nicht „vollzogenes"), und sie steht unter der (aufschiebenden) Bedingung des Überlebens, die mit dem nahen Tode des Schenkers entschieden sein wird. Wenn § 2301 I S. 1 dieses Schenkungsversprechen (und zunächst *nur* dieses) hinsichtlich der Form wie der Einordnung unter Erbrecht stellt, so ist der einzige erkennbare Grund dafür, daß der Gesetzgeber Akte, durch die sich der Schenker nicht schlechthin und unwiderruflich eines Gegenstandes begibt, sondern einen solchen nur unter der Bedingung des eigenen Ablebens in Aussicht stellt, bei denen er also nicht das Opfer der endgültigen Entäußerung bringt, nicht unter Schenkungsrecht stellen will[21]. Dies tut er nicht, um sie zu disqualifizieren — das Schenkungsrecht würde sie ja in der Regel weit schärfer diskriminieren —, sondern weil viele Schenkungsvorschriften, z. B. der Widerruf wegen groben Undanks oder eigener Verarmung, auf ein aktuelles, an und für sich nicht mehr widerrufliches Vermögensopfer zugeschnitten sind.

Es wird oft übersehen, daß die typischen lebzeitigen Zuwendungen auf den Todesfall meist gerade *nicht* in dieser Weise bedingt sind. Denn die Todesnähe ist entweder so gewiß, daß der Schenker sie nicht mehr zur Bedingung erhebt; oder aber der Schenker gibt eben für seine Lebenszeit den Gegenstand noch nicht einmal bedingt aus der Hand. In beiden Fällen ist § 2301 I S. 1 dann jedenfalls unmittelbar *nicht* anwendbar; ob seine entsprechende Anwendung angezeigt ist, kann nicht aus der vorgeblichen Abneigung des Gesetzgebers gegen „Umgehungen", sondern nur aus einem genaueren Verständnis des gesetzgeberischen Grundgedankens gefolgert werden (unten III).

b) Aber auch die „echte" Schenkung auf den Todesfall stellt der Gesetzgeber nicht schlechthin unter Erbrecht. Vielmehr findet nach § 2301 II Lebendenrecht Anwendung, „wenn der Schenker die Schenkung durch Leistung des zugewendeten Gegenstandes vollzieht", d. h. die (hier meist erforderlichen) Verfügungen (§§ 929ff.; 398ff.; 397 BGB) bewirkt. Auch hier ist der Grund des Gesetzgebers einzig der, daß die „Vollziehung" gerade jenes Opfer der endgültigen Entäußerung bedeutet, das beim *bedingten* Schenkungsversprechen noch ausstand und das jetzt die Unterstellung unter Schenkungsrecht rechtfertigt.

Zugleich aber *privilegiert* Abs. 2, wie *Boehmer*[22] richtig gesehen hat, die eingeleitete Schenkung auf den Todesfall, indem er klarstellt, daß der postmortale Rechtserwerb durch die aufschiebende Bedingung nicht gehindert wird. Absatz 2 bezieht sich also auf das Problem der Simultaneität der Wirkungs-

---

[21] Richtig betont bei *Coing* 221; 223. Der gleiche Gesichtspunkt führt *Boehmer* G 88f. zu nachsichtigerer Behandlung solcher Vergabungen durch Mittelspersonen, bei denen der Schenker schon vor dem Tode ein Objekt aus der Hand gegeben hatte.

[22] Etwa ZAk. 39, 610f.

erfordernisse eines Rechtsgeschäfts; es wird auf das Vorliegen dieser Erfordernisse (§ 929: „nocheinigsein"; §§ 398, 397: „sich geeinigt haben") noch bei Bedingungseintritt (d. h. beim Todesfall) verzichtet. Damit privilegiert aber § 2301 II entgegen der ihm meist zugeschriebenen Tendenz die heimliche, jedenfalls die dem Erben nachteilige Weggabe unter Lebenden.

Durch den Hinweis auf die Schenkung unter Lebenden wird in der Tat die Entscheidung über die Wirksamkeit postmortaler Zuwendungen durch lebzeitige Rechtsgeschäfte den Zufällen der Konstruktion preisgegeben; so der Anwendung der §§ 130 II, 153 BGB (bei Erlaß und Zession nach den §§ 397f.) und vor allem dem Erfordernis der andauernden Einigung nach § 929, das wegen der hier immer zu vermutenden Ablehnung durch die Erben den postmortalen Eigentumserwerb immer vereiteln würde, wenn man nicht zu den bekannten Behelfen der mittelbaren Stellvertretung und des Insichgeschäfts greift. Der Wortlaut des § 2301 gibt für die Handhabung dieser Konstruktionsmittel nicht die geringste Hilfe; „vollzieht" läßt ganz im unklaren, ob dieser Vollzug die Unwiderruflichkeit der Verfügung[23] oder den Rechtserwerb des Beschenkten meint und ob — im zweiten Falle — sich dieser Erwerb zu Lebzeiten des Schenkers schon vollzogen haben müsse.

In diesen Ungewißheiten hat unsere Interessenanalyse jedenfalls das klargestellt, daß diese offenen Konstruktionen nicht dazu mißbraucht werden dürfen, die Zuwendung unter dem Gesichtspunkt der „Umgehung erbrechtlicher Vorschriften" tendenziös scheitern zu lassen, wie es mitunter unverhüllt nahegelegt wird[24]. Dies gilt nicht nur für die Tendenz einer Auslegung im Sinne der (inzwischen in aller Stille aufgehobenen) Amortisationsgesetzgebung, sondern auch bereits für die Schikane postmortaler Zuwendungen, indem man etwa (entgegen § 130 II und 153) auf den Zugang der Post *vor* dem Tode des Schenkers abstellt[25] oder Abtretungen (§ 398) leichter gelten läßt als Übereignungen (§ 929), obwohl gerade bei diesen der Schenker sich bereits des Gegenstandes körperlich entäußert hatte. Wer so entschieden gegen „Umgehungen" des Erbrechts kämpft, sollte sich fragen, ob er sich nicht ungewollt zum Anwalt offenbarer Pietätslosigkeit der Erben macht.

---

[23] So mit Strenge *Coing* 225.

[24] *Boehmer*, vor allem St[10] und auch St[11] zu den Zuwendungen mit vermeintlicher „Umgehungstendenz"; neutraler jedoch zur Frage des Vollzugs (durch Übergabe an vollmachtlosen Vertreter) und gegen Mißbrauch des Erfordernisses fortdauernder Einigung in § 929 sowohl G 88ff. wie St[11] § 26 Anm. 12ff.

[25] So entgegen §§ 130 II, 153 BGB (die er offenbar als *leges generales* ausschließt) *Coing* 225; in gleichem Sinne hält RG 42, 133 einen Erlaß durch Rückgabe des Schuldscheins *nach* dem Tode des Gläubigers für unwirksam. Mit größerer Pietät gegen die Absichten des Erblassers (von der bei den Gegnern der lebzeitigen Zuwendungen allzuwenig die Rede ist) gab einst Julian (D 39, 6, 8 § 2) *exceptio doli* gegen die Klage des Erben, wenn der Schuldschein nach dem Tode des Gläubigers durch Boten zurückgegeben worden war; vgl. heute §§ 397, 130 II, 153 sowie 952 BGB).

Berechtigt ist vielmehr nur eine Interpretation des „Vollzugs durch Leistung des zugewendeten Gegenstandes" nach dem offenbaren Bewertungsprinzip des § 2301 II selbst: hat der Schenker bereits das Opfer definitiver Entäußerung gebracht? Nur dann also, aber auch immer dann, wenn der Schenker nicht mehr damit rechnet, daß er eine von ihm eingeleitete Zuwendung noch aufhalten (nicht darüber hinaus: im Rechtssinne widerrufen) könne oder sogar, daß sie ohne sein weiteres Zutun ihren Lauf nehmen werde, wird die Zuwendung als *inter vivos* bewirkt gelten müssen: so wenn er sich eines Gegenstandes an den Boten entäußert, die Vollmacht (auch als widerrufliche!) erteilt, das Bankkonto für den Bedachten errichtet hatte. Nicht hierher gehören die Fälle mündlicher Abtretung an den anwesenden Begünstigten oder des Erlaßvertrages mit einem solchen: sie stellen sich ohnedies als abgeschlossener Rechtserwerb vor dem Tode dar.

2. Daß dem Gesetzgeber weitere Tendenzen zur Einschränkung formloser lebzeitiger Zuwendungen fern lagen, zeigt der von den Gegnern dieser „Manipulationen" oft beklagte § 331 BGB. Wenn § 331 gestattet, durch (formlosen) Vertrag unter Lebenden ein Recht des Dritten auf den Augenblick seines Ablebens (ja ausnahmsweise sogar sofort) zu begründen, so legitimiert er damit unwiderleglich den zweiten der oben (I 2 b) geschilderten Zuwendungstypen durch Vermittelung eines Dritten; er gibt damit also auch ein Modell für die Zuwendung aus einem Depot bei einem Dritten oder durch Errichtung eines Kontos bei einer Bank. *Coings* Annahme[26], daß eine solche Zuwendung gleichwohl unter § 2301 I (und also unter Erbrecht) falle, wenn im Valutaverhältnis Schenkung vorliege, findet im Gesetz keinen Anhalt, obwohl sie methodisch zulässig ist; sie wird jedoch dadurch widerlegt, daß der vom Gesetzgeber in § 331 offenbar vorgestellte Fall der Lebensversicherung zugunsten Angehöriger eine solche unentgeltliche Zuwendung im Valutaverhältnis gerade voraussetzt.

Im Gegenteil ist § 331 so wichtig, weil er das in § 2301 hineingelegte Motiv der Diskriminierung vermeintlicher Umgehungen des „gesetzlichen" Weges über die erbrechtliche Zuwendung schlechthin widerlegt. Der Systematiker des Erbrechts und der Anwalt des Erbeninteresses wird diese ihm verdrießliche Entwertung des Erbrechtsmonopols für Vergabungen auf den Todesfall ebenso geduldig hinnehmen müssen, wie es im allgemeinen die Rechtsprechung mit Recht getan hat. Wo die Befürchtung besteht, daß sich ein Außenseiter auf ungesetzliche Weise Nachlaßgegenstände verschafft habe und eine Schenkung nur vorschützt, muß der Richter mit den einschlägigen Mitteln der Beweiswürdigung eingreifen.

---

[26] a. O. 226.

III. Nach der Klärung der gesetzgeberischen Interessenbewertung lassen sich die offenen Streitfragen sicherer entscheiden. War dem Zusammenhang des Gesetzes eine allgemeine Richtlinie gegen die Zulässigkeit lebzeitiger Zuwendungen auf den Todesfall nicht zu entnehmen, so können nur noch die greifbaren Motive einerseits von § 2301, andererseits von § 331 einzelne Abgrenzungshinweise geben.

1. § 2301 spricht nur von Schenkungs*versprechen*, nicht von eingeleiteten Handschenkungen. Wo bei zwangloser Auslegung (§§ 133, 157) ein (vorerst formloses) *Versprechen künftiger* Zuwendung nicht vorlag, ist § 2301 unmittelbar jedenfalls nicht anzuwenden. Bedenkt man jedoch, daß § 2301 Zuwendungen ohne sofortige Entäußerung von vollzogenen Vermögensopfern unterscheiden will, so muß es zulässig sein, § 2301 entsprechend auch auf eingeleitete *Handschenkungen* anzuwenden. Dagegen ist er, wie sich aus § 331 ergibt, auf andere, d. h. auf mittelbare, unentgeltliche Zuwendungen *nicht* anzuwenden[27].

2. Die Überlebensbedingung, welche die Schenkung nach § 2301 von der schlichten Schenkung unter Lebenden unterscheidet, liegt in vielen, vielleicht in den meisten Fällen der Schenkung in Todesnähe gerade nicht vor (oben II 1 a). Es ist nicht zulässig, die gewisse Todeserwartung, die den Schenker hier meist bestimmt hat — so etwa besonders ausgeprägt im „Bonifaziusfall" — aus einer Voraussetzung oder „unentwickelten" Bedingung (*implied condition*) einfach in eine echte Bedingung umzudeuten. Dagegen wird allerdings eine *entsprechende* Anwendung des § 2301 auf Schenkungen in Todesnähe angezeigt sein: auch hier rechnet der Schenker nicht mehr mit einem eigenen Vermögensopfer, sondern einem solchen des Erben. Eine solche entsprechende Anwendung führt die unsachgemäße Fassung des § 2301 richtiger auf die gemeinrechtliche Tradition mit ihrer genaueren Erfassung der Interessenlage und der Stimmung der *cogitatio mortis* zurück.

Wo freilich der Schenker die Zuwendung offenbar als *unbedingte*, ja als voraussetzungslose gewollt hat — wie bei der unbedingten und unbetagten Errichtung eines Fremdkontos oder bei unbedingter Aushändigung des Sparbuchs, d. h. unbedingter Zession — kann sie niemals unter Erbrecht treten.

3. Ob die Zuwendung im Sinne des § 2301 II „vollzogen" ist, kann nur unter dem Gesichtspunkt der endgültigen Entäußerung bei Lebzeiten entschieden werden. Nicht unter dem Gedanken der Widerrufs-

---

[27] Gerade entgegengesetzt auch hier *Coing* 224f. Richtig ist daran, daß allerdings § 331 ein Spezialgebot des § 2301 nicht auszuschließen brauchte, auch *solche* Schenkung(sversprech)en auf den Todesfall, die sich durch Versprechendempfang nach § 331 begründen, *vor dem Vollzug* unter Erbrecht zu stellen. Doch steht dieser Auslegung entgegen, daß § 331 gerade auf Verträge zugunsten Dritter *donationis causa* wie Lebensversicherungen usf. gemünzt ist (vgl. unten S. 99 und Anm. 37ff.).

möglichkeit: widerruflich wäre auch die letztwillige Verfügung, wenn man den sachfremden Gesichtspunkt des Erbvertrages (oben Anm. 10) fernhält. Da ferner § 2301 II die *vollzogene* Schenkung (die ja immer zum Nachteil des Erben geschieht) unzweifelhaft unter Lebendenrecht stellt, kann auf keinen Fall die Benachteiligung der Erben für eine Auslegung herangezogen werden, die den postmortalen Vollzug hindert.

Unzulässig ist ferner im Hinblick auf § 331 eine Auslegung, die zur Vollziehung einen Rechtserwerb des Bedachten noch vor dem Tode fordert: § 2301 II fordert eine Vollzugshandlung des Schenkers („durch Leistung"); aber, schon im Hinblick auf die vom Gesetzgeber vorausgesetzte Situation auf dem Sterbelager, sicherlich nicht Rechtserwerb des Bedachten vor dem Tode, der praktisch nur bei Anwesenheit des Bedachten am Totenbett denkbar ist. Insofern enthält der — auch als Sprachanleihe beim Strafrecht wenig glückliche — Begriff der „Vorbereitungshandlung des Schenkers" (RG LZ 1919, 642 u. ö.) eine unzulässige Tendenz.

4. Unzulässig ist insbesondere, wie gerade der Jubilar gezeigt hat, jede tendenziös diskriminierende Anwendung der Vorschriften der ersten drei Bücher des BGB, die sich auf postmortale Zuwendungen beziehen: §§ 397; 398; 929 in Vbdg. mit §§ 130 II, 153 BGB)[28]. Denn wenn § 2301 II auf Vollzug „durch Leistung des zugewendeten Gegenstandes" abstellt, so verweist er damit auf die Verfügungsgeschäfte des Lebendenrechts (Erlaß, Zession, Übereignung), die sich nach diesen Vorschriften vollziehen.

Der Gesetzgeber von § 2301 II ist dabei in einen gewissen Zirkelschluß geraten, weil er — vielleicht unter dem Einfluß des Vorstellungsbildes, daß der Schenknehmer am Sterbebett gegenwärtig wäre — die enge Verknüpfung der „Vollziehung durch Leistung" mit den einschlägigen Normen des Allgemeinen Teils, §§ 130 II und 153, nicht genügend bedacht hat. So sagt Abs. 2 in Wahrheit: wenn der Schenker vollzieht, finden die Vorschriften über die Schenkung unter Lebenden, also auch die §§ 397, 398, 929 in Vbdg. mit §§ 130 II, 153 Anwendung; *ob* aber der Schenker durch Leistung vollzogen hat, ergibt sich eben aus den §§ 518 II, 397, 398 in Vbdg. mit §§ 130 II, 153. Hätte der Gesetzgeber diesen Zirkelschluß erkannt, so hätte er einfach auf die §§ 130 II und 153 verweisen müssen. Mit andern Worten: § 2301 II hat keinen selbständigen Normgehalt, der über §§ 130 II, 153 hinausginge — wenn man nicht das Motiv „endgültige Entäußerung" hinzunimmt.

a) Diskriminierend ist einmal die Nichtanwendung von § 130 II auf postmortale *Verfügungen*, weil im Augenblick des Todes bereits die Verfügungsbefugnis gefehlt habe[29]; demgegenüber hat *H. Lehmann* (§ 1922,

[28] So fordert *Boehmer* St[10] § 26 vielfach restriktive Anwendung der §§ 130 II, 153 gegenüber der *lex specialis* des § 2301 II; merklich entgegenkommender aber in G 88f.; St[11] § 26 Anm. 14ff. Ähnlich stellt *Coing* 224 ohne weitere Begründung „strengere Anforderungen".

[29] *Coing* 223. Demgegenüber ist hervorzuheben, daß die Bindung an den Antrag (§ 145) als *lex specialis* des Vertragsschließungsrechts der Widerruflichkeit der (noch nicht zugegangenen) Willenserklärung nach § 130 I S. 2 vorgeht — welche Wirkung man im übrigen auch der „Bindung" an den Antrag beimessen mag.

Anm. 218) gezeigt, daß der Erbe als *dominus negotii ipso iure* in die Bindungslage einrückt. Da § 130 II sinngemäß überhaupt *nur* auf postmortale (zweiseitige) Rechtsgeschäfte gemünzt sein kann, liegt in *Coings* Entscheidung die Unterstellung, der Gesetzgeber habe trotz der Stellung des § 130 II im Allgemeinen Teil *hier* nur Verpflichtungserklärungen im Auge gehabt. Dabei liegt auf der Hand, daß § 130 II sicherlich auf entgeltliche Verfügungen, z. B. Zessionen nach § 398, anwendbar ist. Dann besteht kein zureichender Grund, ihn auf unentgeltliche Verfügungen, z. B. auf den Erlaß (im Regelfalle), nicht auszudehnen[30].

Hierhin gehört auch der Hinweis *Coings*[31], daß ein nach § 130 II zugegangener *Antrag* wegen § 145 Hs. 2 noch widerruflich sein könne. Aber abgesehen davon, daß § 2301 einen unwiderruflichen Vollzug eben nicht fordert — *Boehmer*[32] verlangt richtig nur eine (dringende) „gesicherte Erwerbsanwartschaft" — ist in der Situation der Zuwendung auf den Todesfall ein Ausschluß der Gebundenheit durch den Schenker schlechthin nicht vorzustellen. Auch gibt *Coing*[33] für § 873 II zu, daß die Widerrufbarkeit den Vollzug der Verfügung nicht hindert.

b) Eine diskriminierende Anwendung des § 153 durch den Hinweis auf einen anderen Willen der *Erben* verbietet sich schon durch den Wortlaut dieser Bestimmung.

c) Das bekannte Argument, daß mangels „Einigseins" der Erben bei der Übergabe der Eigentumserwerb nach dem Tode des Schenkers nicht mehr gelingen oder mindestens durch Widerruf der Erben aufgehalten werden könne (so leider auch RG 83, 223), richtet sich selbst durch willkürliche Zufallsunterscheidungen zwischen publizitätslosen Verfügungen über Forderung wie Erlaß und Zession einerseits und Zuwendung körperlicher Gegenstände andererseits, obwohl in der Interessenlage nicht die geringste Rechtfertigung für diese Unterschiede liegt[34]. Wäre diese Aus-

---

[30] Richtig *Boehmer* St[11] § 26 Anm. 19. Die Bedingtheit der Verfügung soll dagegen auch bei den Verfechtern strenger Anforderungen den Vollzug nicht mehr hindern: *Coing* 224; *Boehmer* ZAk. 611; St[11] § 26 Anm. 16, unter Aufgabe des für aufschiebende Bedingungen ablehnender Standpunkte der 10. Auflage.

[31] a. O. 223 (weil solange die von C. geforderte Vermögensminderung noch nicht vorliege). Dagegen *Boehmer* St[11] § 26 Anm. 6.

[32] So schon F 297ff. und wieder G 86 und St[11] § 26, Anm. 12f.; während St[10] § 27 noch „durchgeführte Übertragung" verlangt hatte.

[33] a. O. 223.

[34] Hierzu treffend *H. Lehmann*, § 1922 Anm. 220, nach dem der Erbe den mit Übergabe verbundenen Einigungsantrag schon wegen §§ 130 II, 153 *nicht* widerrufen oder gar ohne Widerruf sich auf das Fehlen *seines* Einigungswillens berufen darf. Im Gegenteil spricht ja die Interessenlage im Hinblick auf das aktuelle Opfer des Schenkers bei Aushändigung an den Boten (im Gegensatz zur publizitätsfreien und ein „fühlbares" Opfer nicht fordernden Verfügung über Forderungen durch Zession oder Erlaß) für eine Begünstigung der durch Entäußerung eingeleiteten Übereignung nach § 929; in der Sache zustimmend *Boehmer* G 89 und St[11] § 26. Freilich macht die Rechtsprechung auch beim Erlaß Unterschiede, indem sie bei

legung des § 929 S. 1 („daß der Eigentümer die Sache dem Erwerber übergibt *und* beide darüber *einig sind*") richtig, so hätte der Gesetzgeber sich damit — im Gegensatz zu §§ 130 II, 153 — für den Fall der Mobiliarübereignung ausnahmsweise gegen jeden postmortalen Rechtserwerb entschieden. In Wahrheit enthält das Erfordernis der Simultaneität von Einigung und Übergabe jedoch Entscheidungen und Bewertungen für den Zuordnungswechsel *inter vivos*, denen vor allem das Publizitätsinteresse zugrunde liegt. Der Mißbrauch dieser Vorschrift zu einer Sperre für den postmortalen Eigentumserwerb kann nicht im Sinne des Gesetzgebers liegen. Soll der Eigentumsübergang an gekaufter und versandter Ware nach dem plötzlichen Tode des Absenders entgegen § 153 daran scheitern, daß zwar der Antrag nach dem Willen des Absenders auch nach seinem Tode annahmefähig sein sollte, die Erben aber nicht mehr „einig sind"[34a]?

Mit einer solchen Anwendung des § 929 würden auch die gezwungenen Konstruktionen des Eigentumserwerbs durch mittelbare Stellvertretung (§§ 868, 181) entfallen, die zur Rettung des postmortalen Eigentumserwerbs mit gleich unzulässiger Tendenz ersonnen worden sind[35].

5. Für die lebzeitige Zuwendung auf den Todesfall durch eine Mittelsperson (oben I 2 b), besonders durch Vertrag zugunsten Dritter, gibt § 2301 weder einschränkende noch zulassende Kriterien, schon weil der Vertrag zugunsten Dritter, auch wenn er zum Zwecke der Schenkung an den Dritten eingegangen worden ist, niemals Schenkungsversprechen an diesen Dritten (§§ 518 I, 2301) ist. Vielmehr ist die Begründung eines Forderungsrechtes für den Dritten vollzogene Zuwendung durch den Versprechensempfänger und daher gegebenenfalls (§ 516 I) Handschenkung des Versprechensempfängers an den Dritten[36].

Für die unbeschränkte Zulässigkeit solcher Zuwendungen nach Lebendenrecht gibt § 331 die eindeutige Entscheidung des Gesetzgebers, die auf die Sonderfälle der Lebensversicherung und des Übergabevertrages sicherlich nicht beschränkt ist[37] und eine Diskriminierung solcher

mündlicher Erklärung an den Schuldner vollzogene Schenkung annimmt, sie aber bei Überbringung des Erlasses durch Boten nach dem Tode oder bei bloßem Vermerk auf dem Schuldschein ausschließt (vgl. die Entscheidungen der Anm. 3). Sie übersieht dabei aber, mindestens bei Überbringung der Erlaßofferte durch den Boten, die §§ 130 II, 153 BGB.

[34a] Dagegen treffend *Lehmann* a. O. Anm. 220(b).

[35] Dazu (und dagegen) *Boehmer*, etwa F 304, G 88. Die Sinnleere dieser Konstruktionen zeigt sich schon darin, daß sie einfach durch die (zwanglose) Auslegung ersetzt werden können, der Schenker habe die Gegenstände der Mittelsperson selbst als Treuhänder übereignen wollen.

[36] Insoweit richtig *Coing* 226 für Schenkungen im Valutaverhältnis beim Vertrag zugunsten Dritter.

[37] *Boehmer*, der die Anwendung des § 331 auf lebzeitige Vergabungen im allgemeinen mit nicht zu überbietender Schärfe verurteilt (schon F 311ff.; aber mit u nverminderter Heftigkeit auch St[11] §§ 25 und 27) sieht in der Lebensversicherung

Verträge zugunsten eines Dritten, die im Valutaverhältnis Schenkung sind, um so weniger zuläßt, als hier das Recht unter besonderen Umständen sogar schon bei Lebzeiten des Zuwendenden (§ 331 „*im Zweifel* mit dem Tode") entstehen kann. Es ist daher richtig, wenn die Rechtsprechung (unter gelegentlichen unmotivierten Schwanken, wie in RG 98, 281) lebzeitige Zuwendungen dieser Art grundsätzlich zuläßt (vgl. RG 80, 175; 88, 17; 106, 2 u. ö.). Die Bedenken *Boehmers*[38] wären unter der unzutreffenden Prämisse, daß diese Zuwendungen im Valutaverhältnis keine Schenkungen seien und also nicht einmal unter die Kautelen der lebzeitigen Schenkung (Gläubigeranfechtung, Ergänzung des Pflichtteils) fielen, berechtigt; da dem nicht so ist, haben die Gerichte mit Recht § 331 nicht den Gehorsam aufgekündigt[39].

(und im Gutsübergabevertrag) folgerichtig „Sonderinstitute", die sich im Dienst gewisser Bedürfnisse durchgesetzt hätten und jedenfalls nicht ausdehnend zu interpretieren seien: G 93 u. ö.

[38] Etwa G 90f. und St[11] § 27 passim.

[39] Dieser Gehorsam ist sicher kein Ausfluß „begriffsscholastischer Konstruktionsmethoden" oder „formalistischer Begriffskonstruktionen". Diese Urteile *Boehmers* (G 90f.) und die noch härteren St[11] § 27 Anm. 1ff. sind natürlich durch die Erwägung veranlaßt, daß diese Zuwendungen von der herrschenden Meinung als *entgeltliche* aufgefaßt würden und deshalb nicht einmal den Kautelen des lebzeitigen Schenkungsrechtes (Gläubigeranfechtung, Pflichtteilsergänzung) unterlägen. Allein diese Prämisse ist eben unrichtig: die mittelbare Zuwendung durch Empfang eines Versprechens der Leistung an einen Dritten ist im Verhältnis zwischen Empfänger und Drittem Schenkung; allerdings nicht Schenkungs*versprechen*, wie *Boehmer* immer annimmt, sondern *Vollzug* der Zuwendung durch Bereicherung mit der entstandenen oder spätestens im Todeszeitpunkt entstehenden Forderung des Dritten.

DIE HAFTUNG FÜR POLITISCHE DENUNZIATION IN DER NAZIZEIT

Von Dr. Hans Carl Nipperdey

oö. Professor an der Universität Köln
Präsident des Bundesarbeitsgerichts

I. Der Bundesgerichtshof hat in dem Urteil seines VI. Senates vom 25. 5. 1955 (VI ZR 6/54)[1] erstmals ausführlich zu der Frage Stellung genommen, ob und inwieweit eine im Kriege vorgenommene Anzeige wegen angeblicher Wehrkraftzersetzung nach § 5 der KriegssonderstrafrechtsVO (KSStVO) vom 17. 8. 1938 (RGBl. I 1939 S. 1455) den Tatbestand der sittenwidrigen unerlaubten Handlung nach § 826 BGB erfüllt. Zum besseren Verständnis der Problematik seien der Tatbestand und die Grundzüge der Urteilsgründe kurz wiedergegeben:

Die Klägerin hatte gegenüber Bekannten, unter denen sich die Beklagten befanden, ihr Mißfallen über den Krieg und das Hitlersystem bekundet und Zweifel an einem erfolgreichen Kriegsausgang geäußert. Die Beklagten, die sich als damalige Soldaten angeblich in ihrer Soldatenehre gekränkt fühlten, meldeten die Äußerungen der Klägerin dem Ortsgruppenleiter der NSDAP, worauf dieser die Festnahme und ein Verfahren veranlaßte, das zur Verurteilung der Klägerin zu einer Zuchthausstrafe von drei Jahren durch den Volksgerichtshof wegen Wehrkraftzersetzung führte. Landgericht und Oberlandesgericht haben der nunmehrigen Klage der Klägerin auf Schadenersatz und Schmerzensgeld wegen der damaligen Denunziation teilweise stattgegeben, der BGH hat die Sache auf die Revision der Beklagten hin unter Aufhebung des zweitinstanzlichen Urteils zwecks Sachaufklärung zurückverwiesen. Der BGH führt in den Urteilsgründen aus, daß auch eine wahre Anzeige sittenwidrig sein kann, „wenn sie den Angezeigten dem Mechanismus eines Staates ausliefert, dessen Führung jede ihr abträgliche Äußerung und Gesinnung unter Mißachtung der Würde des Menschen gewaltsam unterdrückt". Daran ändere auch nichts, daß der Anzeigende die Anzeige zwecks Wahrung seiner Ehre, also in berechtigtem Interesse, vorgenommen habe, sofern er wußte oder hätte wissen müssen, daß das angewandte Mittel und der erstrebte Zweck den Angezeigten den Willkürmaßnahmen der Gestapo ausliefert und eine unverhältnismäßig hohe, dem Unrechtsgehalt der Tat nicht entsprechende Strafe erwarten läßt. In diesem Falle diene das dem Staatsbürger zustehende Recht zur Anzeige einer strafbaren Handlung nicht mehr der Rechtsverwirklichung, sondern werde mißbraucht, um Unrecht herbeizuführen.

Nach diesen durchaus zutreffenden und billigenswerten Erörterungen, denen ich in einer Besprechung des genannten Urteils voll zugestimmt habe[2], macht der BGH dann aber plötzlich eine Wendung. Er sieht den

---

[1] BGHZ 17, 327ff. = MDR 1955 S. 664ff.

[2] MDR 1955 S. 666f.

Kausalzusammenhang zwischen der Anzeige und der Verurteilung des Geschädigten dann als nicht gegeben oder *unterbrochen* an, wenn die Verurteilung nach rechtsstaatlichen Grundsätzen in einwandfreier Weise erfolgte, d. h. wenn das Strafgesetz auf den erwiesenen Sachverhalt richtig angewandt wurde und das Strafmaß gerecht erscheint.

Es könnte sonach eine Schadenersatzklage gegen den Denunzianten nur dann zum Erfolg führen, wenn eine der folgenden Voraussetzungen erfüllt ist:

Das angewandte Strafgesetz selbst muß wegen Verstoßes gegen rechtsstaatliche Grundsätze oder höherwertige Gerechtigkeitsforderungen als rechtsunwirksam anzusehen sein, oder

das an sich gültige Strafgesetz muß auf den gegebenen und erwiesenen Sachverhalt mißbräuchlich, d. h. „in einer mit rechtsstaatlichen Grundsätzen nicht mehr zu vereinbarenden Weise" angewandt worden sein, oder

die erkannte Strafe muß im Verhältnis zu der begangenen Tat unverhältnismäßig hoch sein.

Dazu führt der BGH aus, daß die Bestrafung wegen Wehrkraftzersetzung in jedem Staat, also auch in der Diktatur, ihre ethische Rechtfertigung im Selbstbehauptungswillen des Volkes finde. Infolgedessen könne die KSStVO nicht deswegen als mit rechtsstaatlichen Grundsätzen unvereinbar und daher als ungültig angesehen werden, weil sie von den *nationalsozialistischen* Machthabern erlassen sei. In dem Urteil heißt es:

> „Aber auch wenn ein Staat, wie es in § 5 I Nr. 1 KSStVO geschehen ist, im Kriege eine Bestrafung wegen Zersetzung der Wehrkraft schon für den Fall anordnet, daß jemand öffentlich den Willen des Volkes zur Selbstbehauptung zu lähmen oder zu zersetzen sucht, hält er sich im Rahmen des Bereichs, in dem er darüber befinden darf, was Recht und Unrecht sein soll".

Nach dieser die Gültigkeit der KSStVO bejahenden Feststellung prüft der BGH, ob das Strafgesetz richtig ausgelegt und das Strafmaß angemessen war, kommt aber im Endergebnis zu einer Zurückverweisung zwecks weiterer Sachaufklärung zu diesen Punkten.

II. Diese letztere These hält einer kritischen Prüfung nicht stand. Wäre die Ansicht des BGH, daß bei richtiger Auslegung des betr. Strafgesetzes eine nicht gerade unverhältnismäßig hohe Bestrafung wegen Wehrkraftzersetzung die Schadenersatzpflicht des Denunzianten schlechthin ausschlösse, richtig, so würde dies zu dem befremdenden Ergebnis führen, daß alle diejenigen aufrechten und rechtsstaatlich denkenden Menschen, die sich aus innerster Überzeugung gegen das nationalsozialistische Terrorsystem gewandt haben und aus diesem Grunde bestraft worden sind, den Schaden selbst tragen müßten, während der fanatische Förderer dieser Terrormaßnahmen und Feind der abendländischen Kultur für sein schändliches Verhalten durch die Befreiung von der Schadenersatzpflicht belohnt würde.

Der darin liegende Widerspruch wird besonders deutlich, wenn man einen Vergleich der Rechtsprechung des BGH mit dem *Bundesentschädigungsgesetz für Opfer der nationalsozialistischen Verfolgung* (BEG) vom 18. 9. 1953 (BGBl. I S. 1387) zieht.

1. In der Präambel zu diesem Gesetz heißt es:

> „In Anerkennung der Tatsache, daß Personen, die wegen ihrer politischen Überzeugung, aus Gründen der Rasse, des Glaubens oder der Weltanschauung unter der nationalsozialistischen Gewaltherrschaft verfolgt worden sind, Unrecht geschehen ist, und daß der aus Überzeugung oder um des Glaubens oder Gewissens willen gegen die nationalsozialistische Gewaltherrschaft geleistete Widerstand ein Verdienst um das Wohl des deutschen Volkes und Staates war, hat der Bundestag mit Zustimmung des Bundesrates das nachstehende Gesetz beschlossen."

Hier wird also die Verfolgung aus Gründen der politischen Überzeugung oder der Weltanschauung ausdrücklich als *Unrecht* und der gegen die nationalsozialistische Gewaltherrschaft geleistete Widerstand als ein *Verdienst* um Volk und Staat bezeichnet.

Zu den entschädigungspflichtigen Tatbeständen gehört nach § 1 Abs. 2 BEG auch eine

> „Verfolgung, die darauf beruhte, daß der Verfolgte auf Grund eigener Gewissensentscheidung sich unter Gefährdung seiner Person aktiv gegen die Mißachtung der Menschenwürde oder *gegen die sittlich, auch durch den Krieg nicht gerechtfertigte Vernichtung von Menschenleben eingesetzt hat.*"

Dieser Wortlaut wird auch nicht durch das vom Bundestag inzwischen verabschiedete 3. Änderungsgesetz zum BEG (BR-Drucks. Nr. 336/55, 211/56 und BT-Drucks. Nr. 1949/55) geändert werden (vgl. § 1 Abs. 2 Nr. 1 der Neufassung). Nach dem Entwurf ist die Präambel sogar noch klarer gefaßt:

> „... Personen, die aus Gründen politischer Gegnerschaft gegen den Nationalsozialismus oder aus Gründen der Rasse ..."

Auf Einzelheiten dieses Tatbestandes, insbesondere auf die umstrittene Frage, wann ein *aktiver* Einsatz des Verfolgten anzunehmen ist, kommt es hier nicht an. Wichtig ist aber, daß das BEG den Entschädigungsanspruch wegen Widerstandes gegen eine sittlich nicht gerechtfertigte, auch kriegerische, Vernichtung von Menschenleben an die *Gewissensentscheidung des Verfolgten*, also an ein subjektives Element, anknüpft, ohne Rücksicht darauf, ob eine Bestrafung nach der damaligen Wehr- und Kriegsgesetzgebung formal begründet erscheint[3].

---

[3] Vgl. *Blessin-Wilden*, Komm. z. BEG (1954), § 1 Anm. 23f.; *Becker-Huber-Küster*, Komm. z. BEG (1955), § 1 Anm. 18. Daß der Entschädigungsanspruch im Falle der Freiheitsentziehung durch strafgerichtliche Verurteilung von der vorherigen Aufhebung oder Änderung des Urteils im Wiederaufnahmeverfahren abhängig gemacht wird (§ 16 Abs. 5 BEG), ist nur eine im Interesse der Rechtssicherheit getroffene formelle Voraussetzung, die den materiellen Anspruch als solchen nicht berührt. Nach der geplanten Neufassung des BEG durch den Entwurf des

2. Eine Abgrenzung des Widerstandes aus Gewissensgründen und aus politischer Gegnerschaft gegen den Nazismus von sonstigen, aus egoistischen Gründen erfolgten Auflehnungsfällen wird nicht immer leicht sein und muß der Würdigung des Einzelfalles überlassen bleiben. Oftmals spielt dabei auch der Zeitpunkt des Widerstandes eine Rolle. Der Soldat, der zu Beginn des Krieges aus Feigheit desertierte oder der zum Ungehorsam gegen militärische Befehle nur deswegen aufforderte, weil er eine andere militärische Entscheidung für taktisch zweckmäßiger hielt, und der aus diesen Gründen nach Militärstrafrecht bestraft wurde, kann keinen Entschädigungsanspruch geltend machen. Wer dagegen gegen Ende des Krieges, als jeder vernünftige Mensch die Sinnlosigkeit und Unmenschlichkeit des Massenmordens einsehen mußte, zur Niederlegung der Waffen aufforderte und deswegen verfolgt wurde, hat durchaus aus eigener billigenswerter Gewissensentscheidung gehandelt und ist im Falle seiner Bestrafung, auch wenn sie formell als zulässig anzusehen ist, entschädigungsberechtigt[4]. Das wird in § 2 Abs. 2 der durch das 3. Änderungsgesetz zum BEG geplanten Neufassung ausdrücklich noch einmal klargestellt. Dort heißt es:

> „Der Annahme nationalsozialistischer Gewaltmaßnahmen steht nicht entgegen, daß sie auf gesetzlichen Vorschriften beruht haben oder in mißbräuchlicher Anwendung gegen den Verfolgten gerichtet worden sind."

3. Weiter ist zu berücksichtigen, daß der erwähnte § 1 Abs. 2 BEG (§ 1 Abs. 2 Nr. 1 der geplanten Neufassung) deshalb in das Gesetz aufgenommen wurde, um insbesondere die *Widerstandskämpfer des 20. Juli 1944* nicht von einem Entschädigungsanspruch auszuschließen[5]. Wollte man mit dem BGH von dem formalen Standpunkt ausgehen, daß eine formal zulässige strafgerichtliche Verurteilung wegen Widerstandes gegen die nationalsozialistische Wehrmacht keine Schadenersatzansprüche gegen die Denunzianten nach sich ziehe, so müßte diese Schlußfolgerung, auf das BEG angewandt, besagen, daß die Widerstandskämpfer des 20. Juli 1944 oder ihre Hinterbliebenen keinen Anspruch auf Entschädigung hätten, weil ihre Verurteilung nach formalen Gesichtspunkten wegen Hoch- und Landesverrates „gerechtfertigt" war. Die

---

3. Änderungsgesetzes (BR-Drucks.211/56) soll übrigens der Entschädigungsanspruch nur noch in *Zweifelsfällen* von der vorherigen Aufhebung der strafgerichtlichen Verurteilung im Wiederaufnahmeverfahren abhängig gemacht werden (§ 44 Abs. 1 der geplanten Neufassung). In der Begründung (BR-Drucks. 336/55 S. 117) hierzu wird ausgeführt, daß die unbedingte Notwendigkeit, die Verurteilung wieder aufheben zu lassen, in den Fällen zu einer unnötigen Erschwerung des Entschädigungsanspruches für Freiheitsentziehung führte, in denen es von vornherein außer Zweifel stand, daß die Verurteilung auf einer nationalsozialistischen Gewaltmaßnahme beruhte. Aus diesem Grunde werde das Erfordernis der vorherigen Aufhebung der Verurteilung auf Zweifelsfälle beschränkt.

[4] Vgl. *Blessin-Wilden* a. a. O., § 1 Anm. 24.

[5] Vgl. *Blessin-Wilden* a. a. O., § 1 Anm. 23; BR-Drucks. 336/55 S. 86f.

politische Lage war aber damals so außergewöhnlich, daß die Schöpfer des BEG mit Recht erkannt haben, daß man mit formalistischen Erwägungen nicht weiterkommt und nur die innere sittliche Einstellung der Widerstandskämpfer für die Frage, wann eine Wiedergutmachung des erlittenen Unrechts gerechtfertigt ist, entscheidend sein kann.

4. Endlich ist zu beachten, daß sowohl nach § 9 Abs. 2 BEG als auch nach § 5 Abs. 8 der geplanten Neufassung bürgerlich-rechtliche Ansprüche gegen Privatpersonen wegen Verfolgungsmaßnahmen durch das BEG — vorbehaltlich der in Satz 2 dieser Vorschriften bestimmten cessio legis — nicht berührt werden. Das gilt sonach auch für Schadenersatzansprüche nach § 826 BGB. Der Bundesrat hat zwar in seiner 149. Sitzung vom 11. 11. 1955 empfohlen, die Ansprüche aus Verfolgungsmaßnahmen gegen jedermann auf die Ansprüche nach dem BEG zu beschränken (Sitzungsberichte S. 316 D), jedoch wäre ein solcher gesetzlicher Ausschluß weitergehender privatrechtlicher Ansprüche wegen Verstoßes gegen die Eigentumsgarantie des Art. 14 GG verfassungswidrig, wie auch in der Regierungsbegründung zu § 5 BEG (BR-Drucks. 336/55 S. 97) mit Recht festgestellt wird. Die Bundesregierung und ein großer Teil der Bundestagsabgeordneten haben sich daher gegen den Änderungsvorschlag des Bundesrates ausgesprochen und die genannte Vorschrift bei der endgültigen Verabschiedung aufrechterhalten. (Vgl. BR-Drucks. 211/56; Sitzungsber. BT, 2. WP. S. 6333).

5. Das Urteil des BGH vom 25. 5. 1955 führt sonach zu dem nicht zu billigenden Ergebnis, daß ein Widerstandskämpfer bei einer zur Zeit der Ausübung des Widerstandes formal zulässigen Bestrafung zwar eine Entschädigung nach dem BEG verlangen, dagegen seinen Denunzianten nicht wegen Schadenersatzes in Anspruch nehmen könnte. Schon das Rechtsgefühl sagt uns, daß hier etwas nicht stimmt, und daß der umgekehrte Weg der richtigere wäre: In erster Linie müßte derjenige, der eine entscheidende Bedingung für das schädigende Ereignis gesetzt hat, der Denunziant, haften.

III. Die vorstehenden Erörterungen leiten zu der Frage nach der *juristischen Konstruktion des Schadenersatzanspruches gegen den Denunzianten* über.

1. Wer das Urteil vom 25. 5. 1955 aufmerksam durchliest, wird sich kaum des Eindruckes erwehren können, daß für die Frage der Rechtswidrigkeit nach § 826 BGB die *strafrechtliche Lehre von der mittelbaren Täterschaft* bei der Denunziation Pate gestanden hat. Der BGH hat in mehreren strafrechtlichen Entscheidungen die Ansicht vertreten, daß der Denunziant als mittelbarer Täter oder auch als Gehilfe dann nicht rechtswidrig handelt, wenn seine Anzeige zu einer Verurteilung führt, die auch unter „rechtsstaatlichen Grundsätzen“ nicht als widerrechtlich anzu-

sehen ist[6]. Ein rechtmäßiges Urteil (von der heutigen und bis 1933 geltenden Rechtsmoral aus betrachtet) bildet nach dieser Ansicht einen *Rechtfertigungsgrund für den Denunzianten als mittelbaren Täter.* Umgekehrt kommt also eine Bestrafung des Denunzianten wegen Freiheitsberaubung oder Tötung in mittelbarer Täterschaft nur dann in Betracht, wenn das Urteil, das die Freiheits- oder Todesstrafe ausspricht, selbst widerrechtlich ist, sei es, daß es ein Gesetz anwendet, das gegen rechtsstaatliche Grundsätze oder höherwertige Gerechtigkeitsforderungen verstößt, sei es, daß die im konkreten Falle erfolgte Auslegung des Strafgesetzes rechtswidrig, oder sei es, daß die verhängte Strafe unverhältnismäßig hoch und daher mißbräuchlich ist[7].

Dieser Grundsatz erleidet jedoch eine wesentliche Einschränkung. Die Rechtmäßigkeit des Strafurteils soll dann als Rechtfertigungsgrund für den Denunzianten entfallen, wenn bei diesem *besondere* Merkmale der Widerrechtlichkeit seines Verhaltens hinzutreten, die der Urteilsfällung als solcher nicht anhaften. Denn „was der mittelbare Täter tut, kann auch dann rechtswidrig sein, wenn der unmittelbar Handelnde (der Tatmittler, das sog. Werkzeug)[8] rechtmäßig handelt“[9]. Man hat dabei einen Vergleich zur sog. Notwehrprovokation und zum Prozeßbetrug gezogen und gesagt, daß die *unwahre Anzeige* oder die *vorherige Provokation* staatsfeindlicher Äußerungen seitens des Denunzianten mit dem Ziele, sein Opfer daraufhin anzuzeigen, solche *besonderen* Elemente der Widerrechtlichkeit sind, die trotz formal rechtmäßiger Verurteilung des Denunzierten den Denunzianten nicht von Strafe befreien. Insofern stellt auch das oben in Anm. 9 erwähnte Urteil des BGH keinen Widerspruch zur sonstigen Rechtsprechung des BGH in der Frage der Strafbarkeit von Denunziationen dar. Wenn in dieser Entscheidung die Angeklagte wegen Freiheitsberaubung in mittelbarer Täterschaft verurteilt worden ist, obwohl die Verhaftung des Denunzierten auf Grund der Anzeige zu Recht erfolgt war, so deswegen, weil die Denunziantin die Festnahme durch eine *Täuschung der Polizeibehörden* mittels unwahrer Angaben veranlaßt und damit ein selbständiges Element des widerrechtlichen Handelns in ihrer Person gesetzt hat[10].

2. Das Urteil des BGH vom 25. 5. 1955 zeigt nun, daß der BGH offenbar die gleichen Grundsätze auf dem Gebiet des Zivilrechts für die Rechtswidrigkeitsprüfung nach § 826 BGB anwenden will. Das ergibt

---

[6] Vgl. BGHSt. 2, 234ff.; 3, 110ff. (= NJW 1952, S. 1024ff.) und 357ff.; 4, 66ff.; BGH in LM Nr. 6 zu § 239 StGB; vgl. auch *Schweiger*, NJW 1952 S. 1200ff.

[7] Vgl. die Verweisungen in Anm. 6.

[8] Bei der Denunziation also das Gericht.

[9] So BGH v. 10. 6. 1952, NJW 1952 S. 984. Vgl. aber auch *Welzel*, Das deutsche Strafrecht (4. Aufl.) S. 75ff.

[10] Vgl. auch *Schweiger* a. a. O. und die ständige Rechtsprechung des RG in RGSt. 13, 426; Recht 1909 S. 1636; JW 1927 S. 899; HRR 1939 S. 464.

sich offenbar schon aus einem früher ergangenen Urteil des gleichen VI. Zivilsenates vom 24. 6. 1953 (VI ZR 7/52)[11]. Dort hat der BGH einen Denunzianten zum Schadenersatz nach § 823 BGB verurteilt, weil er durch eine Anzeige veranlaßt hatte, daß der Denunzierte in ein Konzentrationslager eingeliefert wurde. Darin liegt kein Widerspruch zu dem jetzigen Urteil, wie man bei der Lektüre des irreführenden Leitsatzes[12] annehmen könnte. Die Verurteilung zum Schadenersatz erfolgte in Wahrheit nicht wegen der bloßen Tatsache der politischen Denunziation, sondern, weil die Einweisung in ein Konzentrationslager als solche mit den Folgen unmenschlicher Behandlung nach rechtsstaatlichen Grundsätzen rechtswidrig war. Hier liegt also einer der unter Ziff. I genannten Fälle vor, in denen das widerrechtliche Verhalten des Tatmittlers (Gestapo) die Rechtswidrigkeit der Anzeige nach sich zieht.

IV. Der Kernpunkt der Rechtsprechung des BGH zur Frage der Sittenwidrigkeit der Denunziation besteht sonach darin, daß die *Rechtswidrigkeit der Schadensfolge* (des strafgerichtlichen Urteils) zur Voraussetzung der Sittenwidrigkeit der schädigenden Handlung (der Denunziation) gemacht wird, das *Motiv* des Denunzianten dagegen unberücksichtigt bleibt. Im praktischen Ergebnis läuft dies darauf hinaus, daß der BGH für den Begriff der ursächlichen sittenwidrigen Denunziation ein *besonderes zusätzliches Merkmal der Rechtswidrigkeit* fordert. Ob diese Konstruktion für die Frage der mittelbaren Täterschaft im *Strafrecht* richtig ist, kann hier dahingestellt bleiben, ist aber wohl zu bejahen, da das Strafrecht die Rechtswidrigkeit des Verhaltens auch des mittelbaren Täters an den objektiven Tatbestand, nicht aber an die Gesinnung des Täters knüpft[13]. Diese Beurteilungsweise kann jedoch für die Frage der *Rechtswidrigkeit nach § 826 BGB* aus folgenden Gründen *keine Geltung* haben:

1. § 826 BGB ist eine der wenigen Vorschriften, die die *Moral* des Handelnden, d. h. die nach außen hin erkennbare gesinnungsmäßige Motivation der Tat, zum gesetzlichen *Tatbestand* erhebt. Aus Wortlaut und Sinn des § 826 BGB ergibt sich klar, daß die gegen die guten Sitten verstoßende Schadenszufügung *stets rechtswidrig* ist, ohne daß es noch eines besonderen Merkmals der Widerrechtlichkeit bedürfte. Recht und Rechtsmoral sind in diesem Falle vom Gesetz als identisch gewollt und können nicht voneinander getrennt werden[14]. Das Gesetz will auf diese

---

[11] LM Nr. 2 zu § 823 (Da) BGB.

[12] „Der erkennende Senat tritt der Auffassung des 2. StrSen. (Urt. 2 StR 38/50 v. 10. 6. 1952) bei, daß normalerweise widerrechtlich handelte, wer 1944 einen anderen wegen einer staatsfeindlichen Äußerung bei der Gestapo anzeigte".

[13] H. M. Vgl. insbesondere zur Frage der Denunziation *Schweiger* a. a. O. S. 1201.

[14] So die durchaus h. M. Vgl. *RGR-Komm.* zum BGB (10. Aufl.) § 826 Anm. 1; *Soergel-Lindenmaier*, BGB (8. Aufl.) § 826 Anm. A 1; *Palandt*, BGB (14. Aufl.) § 826 Anm. 1; *Enneccerus-Nipperdey*, Allgem. Teil d. Bürg. Rechts (14. Aufl.) § 31

Weise die Spannungen, die sich erfahrungsgemäß aus einer Berufung auf das formale positive Recht — summum ius summa iniuria — und dem Streben nach wahrer innerer Gerechtigkeit ergeben können, mildern. Daraus folgt zunächst ganz allgemein, daß der Tatbestand des § 826 BGB nicht nur dann erfüllt ist, wenn der Schädiger gegen eine Verbotsnorm in sittenwidriger Weise verstößt, sondern auch dann, wenn er von seiner allgemeinen Handlungsfreiheit oder einem ihm zustehenden formalen Recht einen sittenwidrigen Gebrauch macht[15]. Die sittenwidrige Schädigung nach § 826 BGB ist sonach *selbständiger Unrechtstatbestand, dessen Widerrechtlichkeit in dem Verstoß gegen die guten Sitten als solchem* liegt.

Infolgedessen ist es schon aus logischen Gründen nicht richtig zu behaupten, der Kausalzusammenhang werde dadurch unterbrochen, daß die sittenwidrige Handlung mehr oder weniger zufällig zu einem Erfolg führe, der vom formalen Recht gebilligt wird[16]. Denn damit würde gerade der Zweck des § 826 BGB, Moral und Anstand zu den tragenden Rechtsgrundsätzen im Rechtsverkehr zu erheben, wieder aufgehoben.

2. Wendet man das Gesagte auf den Tatbestand der Denunziation sog. politischer Straftaten während des nationalsozialistischen Regimes an, so ergeben sich folgende Thesen:

a) Die Frage, ob der Denunziant politischer Straftaten zum Schadenersatz nach § 826 BGB verpflichtet ist, richtet sich — den subjektiven

---

I 3b; *Enneccerus-Lehmann*, Schuldrecht (14. Aufl.) § 236 I; RG, Warneyer, Rechtspr. 1911 Nr. 79 und RGZ 58, 214; für den Fall der Denunziation ausdrücklich OLG Kiel v. 30. 10. 1947, JR 1948 S. 227ff. (228 rechts f.) und OLG Celle v. 5. 12. 1947, MDR 1948 S. 174ff. (176).

[15] Jetzt h. M. Vgl. *RGR-Komm.* (10. Aufl.) § 826 Anm. 1; *Staudinger-Engelmann*, BGB (9. Aufl.) § 826 Anm. 3c δ; *Soergel-Lindenmaier*, BGB (8. Aufl.) § 826 Anm. A 1 c; *Enneccerus-Lehmann*, Schuldrecht (14. Aufl.) § 236 I; insbes. auch ständige Rechtspr. des RG in RGZ 48, 124; 51, 383; 55, 372; 56, 277; 58, 214; 166, 177 und öfters. Die früher namentlich von *Planck*, BGB § 826 Anm. 2c, vertretene Ansicht, nach der die Ausübung eines *Rechtes* nur dann als sittenwidrig angesehen werden sollte, wenn sie in der *Absicht der Schädigung*, also schikanös, erfolgte, hat sich mit Recht nicht durchgesetzt. Sie widerspricht auch der Entstehungsgeschichte des § 826 BGB. Denn die im I. Entwurf enthaltene Vorschrift: „Als widerrechtlich gilt auch die kraft der allgemeinen Freiheit an sich erlaubte Handlung, wenn sie einem anderen zum Schaden gereicht, und ihre Vornahme gegen die guten Sitten verstößt", wurde von der 2. Reichstagskommission einstimmig mit der Begründung gestrichen, „daß es nicht gebilligt werden kann, wenn jemand selbst *in der Ausübung eines formalen Rechts* einem anderen vorsätzlich in einer gegen die guten Sitten verstoßenden Weise Schaden zufügt". Vgl. dazu auch RGZ 58, 214ff. (215).

[16] Vgl. z. B. die Rechtsprechung zum sog. Abkehrboykott. Obwohl die Weigerung, vertragliche Beziehungen, die abgelaufen sind, fortzusetzen oder neue Beziehungen anzuknüpfen, keinen vom Recht an sich mißbilligten Erfolg hat, der eintretende vertragslose Zustand also legal ist, wird diese Weigerung trotzdem als zum Schadenersatz verpflichtend angesehen, wenn sie unter sittenwidriger Ausnutzung einer Monopolstellung erfolgt oder zur wirtschaftlichen Vernichtung des Boykottierten führt. Vgl. RGZ 155, 257ff. (283ff.).

Tatbestand vorausgesetzt — *allein* danach, *ob die Anzeige ihrem Zweck oder Mittel nach sittenwidrig* war. Der Umstand, daß die Bestrafung des Denunzierten formal nicht rechtswidrig ist, befreit nicht vom Schadenersatz, sofern nur die Bestrafung durch die sittenwidrige Anzeige adaequat verursacht wurde, d. h. sofern sie ohne die Anzeige normalerweise nicht erfolgt wäre.

b) Wann eine Sittenwidrigkeit der Anzeige anzunehmen ist, richtet sich nach einer *objektiven Beurteilung aller Umstände des Einzelfalles*. Darauf, ob der Täter den Begriff der guten Sitten etwa verkannt hat, kommt es nach herrschender Ansicht nicht an[17]. Hierbei ist auch heute noch die seit der Entscheidung RGZ 48, 114 vom Reichsgericht in ständiger Rechtsprechung aufgestellte Formel vom „Anstandsgefühl aller billig und gerecht Denkenden" Richtschnur für die Bewertung der Denunziation als sittenwidrig, wobei selbstverständlich die nationalsozialistische Ideologie, die man häufig mit der Phrase vom „gesunden Volksempfinden" tarnte[18], außer Betracht bleibt. Es ist sattsam bekannt, daß autoritäre Staaten, zu deren Vertretern der nationalsozialistische Staat gehörte, immer wieder versuchen, dem Begriff der guten Sitten eine den Machthabern genehme politische Zielrichtung zu geben und diese der Bevölkerung einzuimpfen. Ein solcher politisierter Sittlichkeitsbegriff entbehrt jeder Stütze durch die wahre von den Guten und Anständigen repräsentierte Volksmeinung und kann daher nicht als objektiver Bewertungsmaßstab verwendet werden. Alle aufrechten und wertvollen Menschen standen während der Nazizeit der politischen Denunziation völlig ablehnend gegenüber.

Anderseits ist es nicht unbedingt gesagt, daß alle *heute maßgebenden Sittlichkeitsanschauungen* auf damalige Anzeigen politischer Straftaten übertragen werden können; denn die Ansichten eines Volkes von dem, was billig und gerecht ist, sind je nach den Zeitläufen gewissen Schwankungen — zum Guten oder Schlechten — unterworfen. So wird man z. B. nicht ernsthaft behaupten können, daß der Zwang zum Kriegsdienst mit der Waffe als solcher schlechthin sittenwidrig war, weil unsere gegenwärtigen geläuterten Anschauungen über die Gewissensfreiheit einen solchen Zwang ablehnen (vgl. Art. 4 Abs. 3 GG). Die Bestrafung einer Person, die aus purem Sektierertum den Kriegsdienst verweigerte, kann nicht schlechthin als sittenwidrig angesehen werden. Es gibt aber gewisse

---

[17] Ständige Rechtspr. Vgl. statt anderer RGZ 72, 6; 79, 23; 123, 278; OLG Frankfurt/M. v. 21. 4. 1947, NJW 1947/48 S. 23f.; OLG Kiel v. 30. 10. 1947, JR 1948 S. 227ff. (229); siehe aber meine abweichende Ansicht in *Enneccerus-Nipperdey*, Allgem. Teil des Bürg. Rechts (14. Aufl.), § 211 und über die daraus zu ziehenden Folgerungen für die Frage der Denunziation unten V 3f.

[18] So z. B. die propagandistischen Ideen der „Herrenrasse der Deutschen", der der nationalsozialistischen Staatsraison dienende Grundsatz „Gemeinnutz geht vor Eigennutz", die Parole „Blut und Ehre", der übertriebene Nationalismus usw.

Grenzen des Sittlichkeitsbegriffs, die auch bei gesunkener Moral während Zeiten des kulturellen Niederganges nicht überschritten werden dürfen[19].

c) Es kann dabei dahingestellt bleiben, ob es ein *Recht zur Anzeige* von — insbesondere politischen — Straftaten gibt, oder ob die Befugnis zur Anzeige nur auf der allgemeinen natürlichen Handlungsfreiheit beruht. Wie oben IV 1 dargelegt wurde, wird weder durch ein Recht zur Anzeige noch durch die bloße natürliche Befugnis hierzu die Schadenersatzpflicht des Denunzianten ausgeschlossen, wenn die Anzeige dem Ziel oder der Art und Weise nach sittenwidrig ist[20]. Die rechtlich anders zu beurteilenden Fälle, in denen gemäß § 139 StGB eine *Pflicht* zur Anzeige besteht, können außer Betracht bleiben, da sie bei den politischen Straftaten während des nationalsozialistischen Regimes in der Regel nicht vorlagen[21].

V. Nach dem zu IV Gesagten erscheint es notwendig zu prüfen, unter welchen näheren Umständen Sittenwidrigkeit einer Anzeige politischer Straftaten während des Nationalsozialismus anzunehmen ist, auch wenn die Verurteilung des Angezeigten bezüglich des angewandten Gesetzes, seiner Auslegung und der Höhe des Strafmaßes als formal nicht rechtswidrig angesehen werden kann. Stets kommt es auf die Umstände des Einzelfalles entscheidend an. Immerhin lassen sich aber folgende allgemeine Grundsätze aufstellen:

1. Eine Anzeige ist dann sittenwidrig und verpflichtet den Anzeigenden zum Schadenersatz nach § 826 BGB, wenn ihre *Form, ihre Art und Weise* unsittlich ist. Dieser Fall liegt namentlich dann vor, wenn der Anzeigende verhältnismäßig geringfügige und harmlose politische Äußerungen Stellen zur Kenntnis brachte, von denen er wußte, daß sie diese zu einem Kapitalverbrechen gegen den nationalsozialistischen Staat aufbauschen und eine entsprechend hohe, wenn auch formal zulässige Bestrafung veranlassen würden, während ein weniger diskriminierender Weg der Anzeige genügt hätte. So war es zumindest während der letzten Jahre des nationalsozialistischen Regimes weitesten Bevölkerungskreisen bekannt, daß die Meldung politischer Äußerungen an Parteidienststellen oder an die Gestapo in der Regel Verfahren nach sich zog, die in keinem Verhältnis zu dem tatsächlichen Gewicht der Äußerung standen. Hatte z. B. jemand im Verlaufe eines persönlichen Streites aus Zorn oder Erregung einen anderen in seiner „nationalen Ehre" oder in seiner „Soldatenehre" wirklich angegriffen, so wäre zur Sühne der Beleidigung ein Privatklageverfahren nach den §§ 185 ff. StGB völlig ausreichend gewesen. Statt-

[19] Vgl. OLG Frankfurt/M. v. 21. 4. 1947, NJW 1947/48 S. 23f., v. 31. 7. 1947, NJW 1947/48 S. 24 und v. 1. 9. 1947, NJW 1947/48 S. 64; *Boesebeck*, NJW 1947/48 S. 13ff. (16f.); ferner auch RGZ 104, 330; 120, 148; 129, 381; OLG Kiel v. 30. 10. 1947, JR 1948 S. 227ff. (229).

[20] Vgl. auch BGH v. 25. 5. 1955, MDR 1955 S. 665 rechts (BGHZ 17 S. 327ff.).

[21] Vgl. BGH oben Anm. 20.

dessen kam es häufig aus rein persönlichen Motiven zu einer Anzeige bei der Gestapo oder einer Parteidienststelle, die erfahrungsgemäß aus solchen Beleidigungen eine „staatsfeindliche Gesinnung" machten und den Beleidiger einer Bestrafung zuführten, die dem Sinn der politischen Äußerung in keiner Weise entsprach.

Sittenwidrigkeit einer derartigen Anzeige liegt aber nicht nur vor, wenn der Denunziant die schärfere Bestrafung gewollt, sondern schon dann, wenn er den für den Denunzierten gefährlicheren Weg der Anzeige bei der Gestapo oder bei Parteidienststellen aus *Gewissenlosigkeit* gewählt hat. Es ist in Rechtsprechung und Rechtslehre anerkannt, daß auch ein „an Gewissenlosigkeit grenzendes fahrlässiges Handeln im Sinne von Leichtfertigkeit einen Verstoß gegen die guten Sitten darstellen" kann[22]. Wer einen anderen den Schergen eines autoritären Regimes ausliefert, hat eine besondere Rechtspflicht zu prüfen, ob die möglichen Folgen der geplanten Anzeige in einem angemessenen Verhältnis zur Straftat stehen. Unterläßt der Anzeigende diese Prüfung, obwohl er die Methoden des autoritären Staates hätte kennen müssen, so handelt er gewissenlos und macht sich damit einer sittenwidrigen und zum Schadenersatz verpflichtenden unerlaubten Handlung schuldig[23].

Schon unter diesen Gesichtspunkten erweckt das Urteil des BGH vom 25. 5. 1955 Bedenken. Es hätte auf Grund des von der Tatsacheninstanz festgestellten Sachverhaltes prüfen müssen, ob die gegen die jetzige Klägerin beim Ortsgruppenleiter der NSDAP erstattete Anzeige wegen Wehrkraftzersetzung nicht schon ihrer Art und Weise nach sittenwidrig war. Nach ihren eigenen Einlassungen im jetzigen Rechtsstreit fühlten sich die Beklagten in ihrer Soldatenehre gekränkt. Es lag nahe, daß die Beklagten versuchten, Genugtuung für die angeblich erlittenen Beleidigungen im Privatklageverfahren zu erlangen. Statt dessen haben die Beklagten die Äußerungen der Klägerin einer Parteidienststelle gegenüber als Wehrkraftzersetzung hingestellt, obwohl sie selbst offenbar davon überzeugt waren, daß es sich um rein persönliche Auseinandersetzungen handelte. Diese wichtigen Fragen hat der BGH leider völlig übergangen. Auch in den Richtlinien, die der BGH bei der Zurückverweisung dem Berufungsgericht an die Hand gibt, ist davon keine Rede. Er beschränkt sich darauf, durch die Tatsacheninstanz prüfen zu lassen, ob die *Klägerin* seinerzeit den objektiven und subjektiven Tatbestand des § 5 Abs. 1 KSStVO verwirklicht hatte und ob das Strafmaß angemessen war. Aber selbst wenn alle diese Voraussetzungen zu bejahen wären, schließt das nach dem hier Gesagten die Schadenersatzpflicht nicht aus, da mit der

---

[22] Vgl. RGR-Komm. (10. Aufl.) § 826 Anm. 2; RGZ 123, 278; 140, 396; 143, 51; RG, HRR 1936 Nr. 191.

[23] Vgl. OLG Kiel v. 30. 10. 1947, JR 1948 S. 227ff.; OLG Celle v. 5. 12. 1947, MDR 1948 S. 174ff.; OLG Frankfurt/M. v. 31. 7. 1947, NJW 1947/48 S. 24f.

Anzeige bei der Parteidienststelle ein Mittel gewählt wurde, das als sittenwidrig anzusehen ist.

2. Eine weitere Gruppe sittenwidriger Denunziationen umfaßt die Fälle, in denen eine an sich objektiv wahre Anzeige lediglich aus *Rachsucht* erstattet wurde, ohne daß der Anzeigende damit die Wahrung der Gerechtigkeit erstreben wollte. Dabei begeben wir uns allerdings auf ein problematisches Gebiet. Es entsteht die Frage, ob das rachsüchtige Motiv des Anzeigenden allein für die Sittenwidrigkeit maßgebend sein kann, wenn der Staat anderseits ein berechtigtes Interesse daran haben kann, zur Aufrechterhaltung der Ordnung möglichst umfassend von der Begehung strafbarer Handlungen Kenntnis zu bekommen, und zwar ohne Rücksicht darauf, welche weiteren Zwecke der Anzeigende verfolgt. Man wird sich auf den ersten Blick fragen, ob nicht das im deutschen Strafverfahrensrecht herrschende Legalitätsprinzip eine mögliche Sittenwidrigkeit der Anzeige schlechthin ausschließt. Man denke z. B. an den Fall, daß jemand seine Geliebte, die ihn böswillig verlassen hat, wahrheitsgemäß der schweren Abtreibung bezichtigt, um an ihr Rache zu üben. Vom Standpunkt höherwertiger Interessen der Allgemeinheit aus könnte eine solche Anzeige gerechtfertigt sein. Soll dem Staat die Möglichkeit der Aufdeckung derartiger Straftaten deshalb vorenthalten werden, weil der Anzeigende später mit Schadenersatzansprüchen wegen sittenwidriger Schädigung des an sich zu Recht Bestraften rechnen muß und daher von einer Anzeige absieht? Hier entsteht ein Konflikt zwischen dem rechtlichen Interesse der Allgemeinheit und individueller ethischer Pflicht, der zu einem Widerspruch zu führen scheint.

Indessen ist dieser Widerspruch jedenfalls für die *hier* zur Erörterung stehenden Fälle nicht vorhanden. Die Erfahrungen, die mit dem Nationalsozialismus gemacht worden sind, haben gelehrt, daß *nicht jeder formale Strafanspruch des Staates auch ethisch gerechtfertigt ist.* In einem demokratischen Rechtsstaat wird dieses Problem naturgemäß kaum auftauchen. Die nationalsozialistische Diktatur dagegen hatte den Satz „Recht ist, was dem Volke nützt“ zu ihrem Wahlspruch erhoben und nicht nur Handlungen unter Strafe gestellt, die nach der allgemeinen Überzeugung der Besten des Volkes, die sich ihre ethischen Werte bewahrt hatten und ihrer bewußt geblieben waren, nicht strafwürdig waren (z. B. Heimtückegesetz, Hören ausländischer Sender); sie hatte auch bewußt auf die niedrigen Instinkte der Menschen gebaut, um die Feinde des Terrorregimes umso leichter erkennen und unschädlich machen zu können. Zahlreiche Strafgesetze wie z. B. die KSStVO, ja selbst die Hoch- und Landesverratsvorschriften des StGB, an deren ethischer Berechtigung unter rechtsstaatlichen Verhältnissen nicht zu zweifeln gewesen wäre, wurden in den Händen der nationalsozialistischen Machthaber zu Instrumenten rücksichtslosester Machtpolitik und zu Bollwerken einer kleinen Schicht von Funktionären, denen jedes Bewußtsein für

Menschenwürde und Rechtsstaatlichkeit verloren gegangen war. Unter diesem Gesichtspunkt erscheint daher auch die Begründung, die der BGH in seinem Urteil vom 25. 5. 1955 für die Gültigkeit der KSStVO und damit für die eventuelle Verneinung eines Schadenersatzanspruchs der Klägerin nach § 826 BGB anführt[24], als nicht stichhaltig. Es kommt vielmehr im Einzelfall darauf an, *unter welchen staatlichen Machtverhältnissen*, ob im Rechtsstaat oder in einer verbrecherischen Diktatur, das formal gültige Strafgesetz angewandt wird.

Aus diesen Gründen ist das eigennützige Motiv einer Anzeige politischer Straftaten für die Beurteilung der Sittenwidrigkeit von großer Bedeutung. Wer die Anfälligkeit des Nazistaates für politische Diffamierung, wer die Sensibilität seiner Machthaber gegenüber rechtschaffener Kritik, ja sogar gegenüber dem harmlosen politischen Witz, absichtlich oder gewissenlos ausnützt, um einem anderen aus persönlicher Rache oder Selbstsucht Schaden zuzufügen, verstößt gegen das „Anstandsgefühl aller billig und gerecht Denkenden". Derartige vom Eigennutz diktierte Anzeigen politischer Straftaten sind sittenwidrig und verpflichten den Anzeigenden zum Schadenersatz, auch wenn die Bestrafung selbst von formalen Gesichtspunkten aus nicht zu beanstanden sein sollte.

In diesem Zusammenhange ist das in letzter Zeit viel zitierte Denunziationsurteil des Reichsgerichts vom 14. 2. 1921[25] von Bedeutung: Der Beklagte wollte die Klägerin, eine mehrfach wegen Wuchers, Betrugs, Erpressung und Beleidigung vorbestrafte Prostituierte, die seine Geliebte war, loswerden. Zu diesem Zwecke erstattete er dem Generalkommando wahrheitsgemäße Anzeige des Inhalts, daß die Klägerin unsittlichen Verkehr mit Offizieren pflege und mit einer Spionin in Verbindung stehe. Die Klägerin wurde daraufhin am 2. 11. 1915 in damals rechtlich zulässiger Weise ein Jahr in militärische Schutzhaft genommen. Ihre Klage gegen den Beklagten auf Schadenersatz wegen sittenwidriger Anzeige wies das Reichsgericht mit der Begründung ab, daß bei ihrer Verhaftung höherwertige Belange der Staatssicherheit auf dem Spiele gestanden hätten und deshalb der unlautere Beweggrund des Anzeigenden nicht als unsittlich anzusehen sei.

In diesem Urteil des Reichsgerichts kann ein Widerspruch zu der hier vertretenen Ansicht nicht gesehen werden, da die tatsächlichen Umstände ganz andere waren als bei den politischen Denunziationen während der Nazizeit. Einmal war damals die Gewähr dafür gegeben, daß die Verhaftung (Schutzhaft) und eine eventuelle Bestrafung nach rechtsstaat-

---

[24] „Aber auch wenn ein Staat, wie es in § 5 I Nr. 1 KSStVO geschehen ist, im Kriege eine Bestrafung wegen Zersetzung der Wehrkraft schon für den Fall anordnet, daß jemand öffentlich den Willen des Volkes zur Selbstbehauptung zu lähmen oder zu zersetzen sucht, hält er sich im Rahmen des Bereichs, in dem er darüber befinden darf, was Recht und Unrecht sein soll."

[25] RGZ 101, 322ff.

lichen Grundsätzen und nur wegen wirklicher Belange der Staatssicherheit erfolgten, während im nationalsozialistischen Staat die Möglichkeiten der Verhaftung und Bestrafung wegen politischer Straftaten in schändlicher Weise mißbraucht wurden. Zum anderen hatte die Angezeigte in dem Urteil RGZ 101, 322 selbst unsittlich gehandelt, so daß die unlauteren Beweggründe des Anzeigenden daneben nicht so stark ins Gewicht fielen. Die politischen Straftaten, die während der Nazizeit aus eigennützigen Motiven angezeigt wurden, waren dagegen keineswegs zu mißbilligen. Sie waren entweder — wie der politische Witz oder das unbedachte Wort — den Machthabern nur unbequem und wurden schon deshalb strafrechtlich verfolgt, oder sie entsprangen einer lauteren, rechtsstaatlichen, sich gegen alles Unmenschliche auflehnenden Gesinnung des Täters und trugen deshalb die sittliche Rechtfertigung in sich. Man kann daher nicht sagen, das Motiv des Anzeigenden sei überhaupt nicht beachtlich. Auch das RG (Bd. 101, S. 325) räumt ein, daß der Beweggrund der Anzeige als solcher die Handlung *unter besonderen Umständen* zu einer unsittlichen machen kann. Solche besondere Umstände waren, wie oben aufgezeigt, während des nationalsozialistischen Regimes gegeben.

Zu Recht haben daher die zu RGZ 101, 322 vorliegenden Äußerungen in Literatur und Rechtsprechung die Anwendung der dort aufgestellten Rechtsgrundsätze auf die während der Nazizeit erfolgte politische Denunziation in der Regel abgelehnt[26].

3. Am häufigsten sind die Fälle von Anzeigen politischer Straftaten, die nicht aus eigennützigen Motiven, sondern aus der *inneren positiven Einstellung des Anzeigenden zum Nationalsozialismus* erfolgten. Häufig fühlte sich der Denunziant aus Verblendung, Fanatismus oder irregeleiteter Erziehung verpflichtet, Äußerungen und Strömungen, die dem Nationalsozialismus abträglich sein konnten, anzuzeigen. Es fragt sich, inwieweit derartige Anzeigen ihrem Motiv oder Ziel nach als sittenwidrig anzusehen sind, und zwar ebenfalls unter der Voraussetzung, daß das durch die Anzeige kausal verursachte Urteil *formal* nicht unzulässig ist

a) Man wird diese Frage nicht beantworten können, ohne sich vorher über die besondere politische Situation, in der diese Anzeigen erfolgten, über ihren ethischen Wert oder Unwert klar geworden zu sein. Der nationalsozialistische Staat wurde immer mehr ein Unrechtsstaat schlechthin. Je deutlicher das materielle Unrecht des Naziregimes zu Tage trat, je mehr dieses Regime aufgehört hatte, die elementarsten Grundsätze der Menschenwürde zu achten[27], desto größer wurde auf der

---

[26] Vgl. *Boesebeck*, NJW 1947/48 S. 15f.; OLG Frankfurt/M. v. 21. 4. 1947, NJW 1947/48 S. 23f., v. 31. 7. 1947, NJW 1947/48 S. 24 und v. 1. 9. 1947, NJW 1947/48 S. 64; OLG Kiel v. 30. 10. 1947, JR 1948 S. 227ff. (229); OLG Celle v. 5. 12. 1947, MDR 1948 S. 174ff. (176).

[27] Es bedarf der Aufzählung der zahllosen Schandtaten und der Massenmorde nicht mehr.

anderen Seite der Widerstand rechtschaffener Menschen, die das zu retten versuchten, was den Menschen erst zu einem solchen macht: ihre Menschenwürde. Es handelte sich um einen politischen Kampf, um ein Naturgesetz, dessen Grundlage der Selbsterhaltungstrieb, dessen Inhalt die Verteidigung des Menschseins gegen alle Entmenschlichung war[28]. Unter derartigen Umständen mündet aber die Frage nach der formalrechtlichen Berechtigung dieses Kampfes im Sinne der „*Legalität*" in der übergeordneten Frage nach seiner „*Legitimität*", nach seiner *materiellen Berechtigung*. Die Auseinandersetzung ist nicht mehr ein normaler Vorgang der sich immer erneuernden geistig-sozialen Integration auf dem Boden des geltenden Rechts[29], er ist vielmehr zu einem Kampf *um* das Recht geworden. Denn es gibt elementare Rechtsgrundsätze, die — wie die Gleichheit und die Personenwürde — als wesentliche Gerechtigkeitswerte *die Staatsgewalt binden*. Setzt ein Staat an die Stelle dieser überpositiven Normen die reine Macht, so hat er damit aufgehört ein „Rechts"-Staat zu sein[30].

b) Damit ist unmittelbar die Frage nach dem *Widerstandsrecht* gegen ungerechte Akte der Obrigkeit angesprochen. Es mag sein, daß in der Demokratie das Recht zum Widerstand fragwürdig ist und nur mit äußerster Vorsicht und in sehr engen Grenzen bejaht werden kann, wenn es nicht auf Kosten der Rechtssicherheit ausgeübt und insbesondere nicht dem Mißbrauch reaktionärer Kräfte preisgegeben werden soll[31]. Ganz anders verhält es sich jedoch, wenn nicht nur einzelne Akte der Obrigkeit als widerrechtlich (im Sinne überpositiven Rechts) angegriffen werden sollen, sondern wenn — wie im Nationalsozialismus — die Ausübung der Staatsgewalt als solche, als Summe von Einzelmaßnahmen, jeder ethischen Rechtfertigung entbehrt. Häufen sich Übergriffe und Mißachtung gegen die elementarsten Grundsätze der Gerechtigkeit derart, daß sie das Gesamtbild obrigkeitlichen Handelns wesentlich bestimmen, so hat die Staatsführung ihren legitimen Herrschaftsanspruch preisgegeben. Ein Widerstand gegen sie kann dann nicht mehr als Unrecht angesehen werden. Es besteht in solchen Ausnahmefällen ein

---

[28] Vgl. hierzu vor allem *Günther Weisenborn*, Der lautlose Aufstand, Bericht über die Widerstandsbewegung des deutschen Volkes 1933—1945 (1953).

[29] *Smend*, Verfassung und Verfassungsrecht (1928), insbes. S. 20.

[30] Vgl. hierzu die ausführlichen und ausgezeichneten Darlegungen *Hermann Weinkauffs* in seinem Frankfurter Vortrag am 28.10.55 und dazu den Bericht von *Enke*, Frankfurter Rundschau v. 31. 10. 1955, S. 3; ferner *Fritz v. Hippel*, Die Perversion von Rechtsordnungen (1955); *Max Güde*, Widerstandsrecht und Widerstandspflicht, Stuttgarter Ztg. v. 20. 7. 55; *Walter Schönfeld*, Zur Frage des Widerstandsrechts (1955); Die Vollmacht des Gewissens. Herausgegeben von der Europäischen Publikation e. V., 1956, 572 S.

[31] Vgl. hierzu *Herbert von Borch*, Obrigkeit und Widerstand (1954); *Carl Heyland*, Das Widerstandsrecht des Volkes (1950) S. 69ff.; BGH v. 9. 7. 1953, NJW 1953 S. 1639 (zu dem Widerstandsartikel 147 der hess. Verf.).

Recht, ja eine zumindest moralische *Pflicht zum Widerstand*[32]. Diese Situation war spätestens von dem Zeitpunkt an gegeben, als Hitler nach den ersten Mißerfolgen im Rußlandfeldzug den totalen Krieg erklärte und im zivilen wie militärischen Bereich verschärfte Terrormaßnahmen einsetzten. „Wo Gerechtigkeit nicht einmal erstrebt wird, . . . da ist das Gesetz nicht etwa nur unrichtiges Recht, vielmehr entbehrt es überhaupt der Rechtsnatur“[33].

Auch die *christlichen Kirchen*, die das Widerstandsrecht auf Grund der These, daß die Obrigkeit von Gott eingesetzt sei[34], am stärksten beschränken, erkennen es doch für den Fall an, daß die Obrigkeit „ihren gottgegebenen Auftrag überschreitet“[35]. Die Grundlage hierfür bildet die sog. Petrinische Klausel: „Man muß Gott mehr gehorchen als den Menschen“[36].

c) Können wir sonach ein Widerstandsrecht gegen den nationalsozialistischen Terror bejahen, weil es sittlich wie religiös gerechtfertigt war, so wäre es unlogisch, auf der anderen Seite zu sagen, die Widerstandskämpfer hätten gegen das — formale — Recht verstoßen und seien daher mit Recht verurteilt worden. Ein berechtigter Widerstand ist gar nicht anders denkbar, als daß er zugleich auch gegen das formale positive „Recht“ des bekämpften Regimes verstößt. Was auf der einen Seite materielles Widerstandsrecht ist, kann auf der anderen Seite nicht Unrecht gegen den Staat sein. Konkret gesprochen: Wer gegen Ende des Krieges die Sinnlosigkeit und Unmenschlichkeit des Massenmordens einsah und deshalb *aus sittlich gerechtfertigten Gewissensgründen* zur Niederlegung der Waffen aufforderte, hat in Ausübung eines Widerstands*rechts* gehandelt. Seine Bestrafung wegen Wehrkraftzersetzung muß dann logischerweise als *materielles Unrecht* angesehen werden, mag sie formal nach dem positiven Gesetz auch noch so begründet erscheinen. Man kann den für normale Zeiten selbstverständlichen Grundsatz der Beachtlichkeit und Gültigkeit des positiven Gesetzes nicht blindlings auf eine Situation übertragen, in der es rechtsstaatliches Denken auf Seiten

---

[32] So auch *H. von Borch* a. a. O. S. 177ff. und 217ff., *Weinkauff*, a. a. O. und *Schönfeld* a. a. O. S. 35.

[33] *Gustav Radbruch*, SJZ 1946 S. 107 rechts. Vgl. ferner *Coing*, Grundzüge der Rechtsphilosophie S. 167ff.; *Weinkauff* a. a. O.; *H. v. Borch* a. a. O. S. 217ff., der das Recht zum Widerstand gegen die nationalsozialistische Diktatur sogar auf den Zeitpunkt der „Machtergreifung“ vorverlegt. Vgl. auch das sog. Hedler-Urteil des BGH v. 8. 5. 1952, NJW 1952 S. 1183.

[34] Röm. 13, 1: „Jedermann sei untertan der Obrigkeit, die Gewalt über ihn hat. Denn es ist keine Obrigkeit ohne von Gott; wo aber Obrigkeit ist, die ist von Gott verordnet.“

[35] Vgl. dazu W. A. Schulze, Reformation und Widerstandsrecht, in: Evangelische Theologie, 1948/49 S. 372; ferner *H. v. Borch* a. a. O. S. 170ff.

[36] Apostelgeschichte 5, 29.

der Machthaber nicht gab, ohne dadurch formelles Recht in materielles Unrecht zu kehren[37].

d) Damit ist die Grundlage gefunden, von der aus die Frage der Sittenwidrigkeit der genannten politischen Denunziationen zu beurteilen ist.

aa) Schon vom Standpunkt des BGH aus, der den Kausalzusammenhang nach § 826 BGB an der Rechtmäßigkeit oder Rechtswidrigkeit des durch die Anzeige verursachten Strafurteils orientiert, darf man sich nicht damit begnügen, die *formelle* Rechtmäßigkeit der Bestrafung zu prüfen. Es muß vielmehr stets weiter untersucht werden, ob das Strafurteil nicht *materiell* aus den unter Ziff. I am Ende genannten Gründen unrichtig ist. In diesem Falle wäre, auch wenn man der grundsätzlichen Meinung des BGH einmal folgte, der Kausalzusammenhang zwischen Anzeige und dem durch die Verurteilung verursachten Schaden nicht unterbrochen.

bb) Ferner muß aber auch generell gesagt werden, daß *eine Anzeige, die den Zweck hat, einen sittlich gerechtfertigten Widerstand gegen die Unmenschlichkeit der nationalsozialistischen Tyrannei zu brechen oder zu lähmen, sittenwidrig ist.* Denn der Widerstandskämpfer hat dann in Ausübung eines ihm zustehenden übergesetzlichen Rechts gehandelt, während sich andererseits der Denunziant durch seine Anzeige mit den Verächtern der Menschenwürde und Rechtsstaatlichkeit identifizierte und daher auch deren Schicksal teilen muß, für die Rechtsbrüche zur Verantwortung gezogen zu werden.

cc) Sittenwidrigkeit der Anzeige politischer Straftaten liegt — von dem Fall des eigennützigen Motivs des Denunzianten (oben 2) oder des Mißverhältnisses von Mittel und Zweck (oben 1) abgesehen — aber nur dann vor, wenn der *Denunzierte* selbst *sittlich einwandfrei*, wenn auch unter Verstoß gegen das „positive Recht“, gehandelt hat. Der aus Gewissensgründen sittlich bedingte Widerstandswille gegen das nationalsozialistische Regime muß also für den Durchschnittsmenschen erkennbar gewesen sein. Hat dagegen der Angezeigte aus ethisch nicht billigenswerten Gründen, aus *Feigheit* vor dem Feind, aus *Klatschsucht*, aus *persönlichen Rachemotiven*, in *verleumderischer Absicht*, gehandelt, so kann er dem Anzeigenden sittenwidriges Verhalten nicht vorwerfen; denn das Handeln aus niedrigen Motiven wird von dem Widerstandsrecht, das an die Widerstandskämpfer ein besonders hohes Maß sittlicher Verantwortung stellt, nicht umfaßt[38].

---

[37] In diesem Sinne wohl auch die Worte *Coings*, Grundzüge der Rechtsphilosophie S. 169: „Der Kampf gegen die Tyrannei ist etwas, das sich rechtlicher Regelung seinem Wesen nach entzieht.“

[38] So auch *Weinkauff* a. a. O.: „Ich muß, um von Rechts wegen Widerstand leisten zu dürfen, ein klares und sicheres Urteil darüber haben und mir ein solches Urteil darüber zutrauen dürfen, daß und warum die Staatsführung, gegen die ich

Ebensowenig kann von einem sittlich einwandfreien Verhalten des Angezeigten gesprochen werden, wenn dieser das Widerstandsrecht dazu benutzte, *strafbare Handlungen gegen Einzelpersonen* zu begehen. Denn das Widerstandsrecht gibt ihm nicht das Recht, auch Richter über seine Mitmenschen zu sein. Die Würde des Einzelmenschen ist ein unveräußerliches, überpositives Rechtsgut, das auch in Zeiten politischer Auseinandersetzungen und gesunkener Moralbegriffe nicht verletzt werden darf[39].

e) *Subjektiv* kommt es für die Schadenersatzpflicht gemäß § 826 BGB nach herrschender Lehre und Rechtsprechung nicht darauf an, ob der Denunziant die Sittenwidrigkeit der Anzeige gekannt oder ob er das Recht zum Widerstand verkannt hat. Denn die Sittenwidrigkeit ist nach *objektiven Gesichtspunkten* zu bestimmen, sie ist kein Element des Vorsatzes (vgl. oben IV 2b). Dadurch wird ausgeschlossen, daß sich der Denunziant auf seinen Fanatismus oder sein irregeleitetes politisches Gewissen berufen kann, um von der Schadenersatzpflicht frei zu kommen.

Allerdings ist die innere Gesinnung des Schädigers nicht schlechthin unbeachtlich. Sie kommt insoweit in Betracht, als der Täter nach der *gegenständlichen* Seite des Tatbestandes hin der *redlichen* Überzeugung ist, in Verfolgung eines erlaubten Zieles so handeln zu dürfen[40]. Während also ein Irrtum über die rechtliche Bedeutung der Sittenwidrigkeit eines Handelns schlechthin rechtlich bedeutungslos ist, kann er über das Vorliegen von *Tatumständen*, die die Sittenwidrigkeit ausschließen, beachtlich sein. Aber auch das gilt nur für den *entschuldbaren Irrtum*. Ein grob leichtfertiger oder gar gewissenloser Irrtum über Tatumstände ist nicht imstande, die Sittenwidrigkeit auszuschließen[41]. Glaubte sonach der Anzeigende, ohne grobe Leichtfertigkeit in den politischen Äußerungen oder Handlungen eines anderen eine strafbare Handlung zu erkennen, die nicht vom Widerstandswillen gegen die nationalsozialistische Diktatur, sondern von echten kriminellen Motiven getragen war, so entschuldigt ihn das von dem Vorwurf der Sittenwidrigkeit der Anzeige.

f) Ich selbst vertrete allerdings im Gegensatz zur herrschenden Lehre und im Anschluß an die finale Handlungslehre im Strafrecht die Ansicht,

---

angehe, so sehr gegen Recht und Pflicht verstößt, daß der gewaltsame Widerstand dagegen erforderlich und unerläßlich ist ... Ich muß auf das ernsteste mit meinem Gewissen um den schweren Entschluß zum Widerstand gerungen haben." Vgl. auch BGH v. 22. 12. 1954, NJW RzW 1955 S. 85. Danach ist Voraussetzung für eine Entschädigung nach § 1 BEG, daß der Verfolgte eine gegen den Nationalsozialismus gerichtete politische Überzeugung gehabt hat und daß dem Verfolger diese Überzeugung bekannt geworden ist. Als politische Überzeugung bezeichnet der BGH die „feste innere Einstellung zu den Fragen der Politik".

[39] Vgl. *Nipperdey* bei Neumann-Nipperdey-Scheuner, Die Grundrechte Bd. 2 (1954) S. 1ff.

[40] Vgl. RG JW 1915 S. 913 Nr. 3; JW 1925 S. 2245 Nr. 16 (2246); RGZ 79, 23; 123, 271 (278f.); 136, 293 (298); RG HRR 1936 Nr. 191; RGR-Komm. (10. Aufl.) § 826 Anm. 2.

[41] So RGZ 136, 293 (298); OLG Celle v. 5. 12. 1947, MDR 1948 S. 174ff. (176).

daß zur Begründung des Schadenersatzanspruchs neben die konstituierenden Elemente der Handlung als solcher, d. h. neben Vorsatz oder Fahrlässigkeit, ein *besonderes Schuldelement* hinzutreten muß, das als die *subjektiv vorwerfbare Fehlsteuerung* des Täterwillens zu bezeichnen ist. Mangelndes Bewußtsein der Rechtswidrigkeit und folglich auch der Sittenwidrigkeit schließt die Schuld des Täters und damit seine Schadenersatzpflicht aus[42].

Jedoch würde sich auch nach dieser Ansicht an dem grundsätzlichen Ergebnis nichts ändern. Wie ich im einzelnen a. a. O. dargelegt habe, ist das — individuell zu bestimmende — Bewußtsein des Unrechts nicht mit dem Bewußtsein der Verbotsnorm als solcher zu verwechseln. Es bezieht sich auf den *Charakter der Tat*, nicht auf die Rechtsfolgen, d. h. es genügt zur Begründung der Schuld das Bewußtsein des Täters, irgendwie *Unrecht* zu tun. Denn wer am Rechtsverkehr teilnimmt, hat nicht nur die Pflicht, das zu unterlassen, was ihm als Unrecht klar vor Augen steht, er hat sich vielmehr bei allen seinen Handlungen stets bewußt zu machen, ob sein Tun mit den Regeln von Treu und Glauben und den guten Sitten vereinbar ist. Jeden Zweifel hat er durch Nachdenken oder Einziehen von Erkundigungen zu beseitigen. Erst wenn er trotz der ihm hiernach zuzumutenden Anspannung aller Kräfte die Einsicht in das Unrechtmäßige seines Verhaltens nicht zu gewinnen vermochte, war der Irrtum unvermeidbar und kann ein Schuldvorwurf gegen ihn nicht begründet werden. Hätte er dagegen bei gehöriger Anspannung seines Gewissens die Rechtswidrigkeit (Sittenwidrigkeit) seines Tuns erkennen können, so schließt der Verbotsirrtum seine Schuld *nicht* aus.

Eine solche Anspannung der sittlichen Erkenntnismöglichkeiten wird man beim Denunzianten politischer Straftaten, die in Ausübung eines Widerstandes gegen den Nationalsozialismus begangen wurden, umso mehr fordern können und müssen, je stärker der Unrechtsgehalt des ganzen Herrschaftssystems allen vor Augen trat. Sicher ist auch beim Denunzianten die Individualität der Täterpersönlichkeit und ihr Einsichtsvermögen bei der Feststellung der Schuld zu berücksichtigen. Aber man darf die Dinge nicht auf den Kopf stellen und im Wege über eine generelle Verneinung des Einsichtsvermögens in die politischen Zusammenhänge des nationalsozialistischen Gewaltsystems mit seiner Wechselwirkung von positivem Unrecht und Widerstandsrecht zu einer Rechtfertigung dieses Unrechtssystems gelangen. Wer einen anderen einer politischen Straftat bezichtigte, ohne sich über solche Zweifel Rechenschaft abgelegt zu haben, kann nach dem Gesagten von dem Schuldvorwurf nicht befreit werden.

---

[42] Vgl. *Enneccerus-Nipperdey*, Allgem. Teil des Bürg. Rechts (14. Aufl.) §§ 211 und 213.

4. Hinsichtlich der *Beweislast* wird man eine widerlegbare *Vermutung* dafür aufstellen können, daß Anzeigen politischer Straftaten während des Nationalsozialismus *sittenwidrig* waren, so daß der *schadenersatzpflichtige Anzeigende* den *Gegenbeweis* zu führen hat, und zwar sowohl für den Ausschluß der Sittenwidrigkeit als solcher als auch für einen etwaigen entschuldbaren Irrtum, denn erfahrungsgemäß erfolgte die Mehrzahl der Anzeigen politischer Straftaten aus einer fanatischen nationalsozialistischen Gesinnung oder aus eigennützigen Motiven heraus, während anderseits die Mehrzahl der politischen Äußerungen und Handlungen aus einem Widerstandswillen heraus ohne echte kriminelle Beweggründe entstand. Zu dieser Auffassung nötigt schon die auffallende Häufigkeit politischer Anzeigen unter dem nationalsozialistischen Regime. In dieser Zeit hatte sich ein besonderer „Typ" des Denunzianten[43] herausgebildet, dessen skrupellose Handlungsweise vom Staat auch noch gefördert wurde. Es wäre daher unbillig, dem infolge seiner aufrechten Gesinnung ohnehin Geschädigten auch noch den schwer zu führenden Beweis für seine eigenen lauteren Absichten und die unlauteren Absichten des Denunzianten aufzuerlegen.

VI. Die hier vertretene Auffassung stimmt mit den wenigen vor dem eingangs erwähnten Urteil des BGH ergangenen zivilrechtlichen Entscheidungen anderer Gerichte zur Frage der Sittenwidrigkeit der Denunziation in den wesentlichen Punkten überein. Sie sind in den bisherigen Ausführungen bereits berücksichtigt, sollen aber hier nochmals zusammenhängend kurz gewürdigt werden. Das ist umso notwendiger, als sich der BGH in seinem Urteil vom 25. 5. 1955 nicht mit ihnen auseinandersetzt.

1. In dem vom OLG Celle[44] entschiedenen Falle hatte sich die Klägerin im Oktober 1944 über die bekannten Auflösungszustände in Ostpreußen geäußert und u. a. die Wendung gebraucht: „An Adolf Hitler glaubt in Ostpreußen kein Mensch mehr." Die daraufhin erfolgte Anzeige durch den Beklagten führte zu ihrer Verhaftung auf Grund eines ordnungsgemäßen richterlichen Haftbefehls. Zu einer Verurteilung kam es wegen des Einrückens der Amerikaner nicht mehr. Das OLG stellt die Entscheidung über den von ihm bejahten Schadenersatzanspruch nach § 826 BGB mit Recht allein darauf ab, ob die Anzeige als solche sittenwidrig war. Es bejaht diese Frage mit der Begründung, gegen Ende des Jahres 1944 hätte es jedem einsichtigen Menschen klar sein müssen, daß sog. staatsfeindliche Äußerungen den Ausgang des Krieges ohnehin nicht mehr beeinflussen konnten. Wer einen Gegner des Nationalsozialismus trotzdem aus seiner fanatischen Einstellung heraus den Willkürmethoden der nationalsozialistischen Strafverfolgungsbehörden auslieferte, „um

[43] Vgl. hierzu *Boesebeck*, NJW 1947/48 S. 13ff.
[44] Urt. v. 5. 12. 1947 — 2 U 207/47 — MDR 1948 S. 174ff.

ihn unschädlich zu machen", handele bewußt als Werkzeug der Gestapo und zugleich sittenwidrig. Dabei ist bemerkenswert, daß das OLG Celle ausdrücklich feststellt, ein formal rechtmäßiger richterlicher Haftbefehl unterbreche nicht den Ursachenzusammenhang zwischen Anzeige und Schaden.

2. In dem vom OLG Frankfurt/Main am 21. 4. 1947[45] entschiedenen Rechtsstreit hatte der Kläger im Februar 1943 nach einem Luftangriff öffentlich geäußert: „Das danken wir dem Führer". Der Kläger wurde in dem damals gegen ihn eingeleiteten Strafverfahren freigesprochen. Das OLG Frankfurt gab der auf Ersatz des durch die Untersuchungshaft erlittenen Schadens gerichteten Klage mit der Begründung statt, die Tatsache, daß die Äußerung des Klägers damals den Tatbestand einer strafbaren Handlung verwirklichte, stehe der Anwendung des § 826 BGB nicht entgegen. Es führt unter Ablehnung der auch in diesem Aufsatz gewürdigten Entscheidung RGZ 101, 322ff. weiter aus: „Wer in der Zeit der nationalsozialistischen Gewaltherrschaft einen anderen wegen einer politischen Straftat denunzierte, mußte damit rechnen, daß der Angezeigte nicht einem ordentlichen Gerichtsverfahren sondern der Willkür, insbesondere der Gestapo überantwortet werden würde". Diese jedem Einsichtigen erkennbare *Möglichkeit* eines willkürlichen Verfahrens läßt das OLG für die Sittenwidrigkeit der Anzeige und für den daraus hergeleiteten Schadenersatzanspruch genügen.

3. Zwei Fälle der Sittenwidrigkeit *rachsüchtiger Anzeigen* politischer Straftaten werden in den Urteilen des OLG Frankfurt/Main vom 31. 7. 1947[46] und des OLG Kiel vom 30.10.1947[47] behandelt. In beiden Fällen stellen die Gerichte unter Ablehnung der Entscheidung RGZ 101, 322ff. auf das *Motiv* des Handelnden ab und erklären das staatliche Interesse an der Bestrafung der politischen Täter für unbeachtlich.

4. Besonderer Erwähnung bedarf endlich noch das Urteil des Obersten Gerichtshofes für die britische Zone vom 17. 5. 1949[48]. Nach dieser Entscheidung hatte ein im Jahre 1939 wegen Äußerungen über Hitler, den Krieg und den Kommunismus zu einer langjährigen Freiheitsstrafe Verurteilter nunmehr im Anschlußverfahren nach §§ 403ff. StPO Schadenersatzansprüche gegen die Denunzianten gemäß § 826 BGB geltend gemacht. Die dem Anschlußverfahren zugrunde liegende strafrechtliche Rechtslage war allerdings etwas anders als in den vom BGH entschiedenen Fällen. Der OGH hatte den Denunzianten nicht wegen Freiheitsentziehung in mittelbarer Täterschaft, sondern wegen eines unmittelbar begangenen Verbrechens gegen die Menschlichkeit gemäß KRG Nr. 10

[45] 2 U 9/47, NJW 1947/48 S. 23f.
[46] 1 U 53/47, NJW 1947/48 S. 24f.
[47] 1 U 268/47, JR 1948 S. 227ff.
[48] StS 158/48, OGHSt. 2, 46ff.

bestraft[49]. Danach war die politische Denunziation als solche schon rechtswidrig, so daß die Frage nach einem durch sie verursachten eventuell zu rechtfertigenden Strafurteil in den Hintergrund gedrängt wurde. Die zitierte Entscheidung des OGH kann daher nur mit Vorsicht herangezogen werden. Immerhin lassen aber die Ausführungen in den Urteilsgründen erkennen, daß der OGH den Schadenersatzanspruch wegen politischer Denunziationen möglichst weit ausdehnen wollte. Das Gericht bezeichnet die Wiedergutmachung dieser Schäden als „eine wichtige Forderung der Gerechtigkeit" und fährt in den Urteilsgründen fort[50]:

> „Zu Unrecht rügen die Revisionen, daß eine adäquate Verursachung des Schadens, wie sie im Gegensatz zum Strafrecht im Zivilrecht verlangt wird, nicht festgestellt sei ... Die bei der Gestapo angezeigten Äußerungen über Hitler, den Krieg und den Kommunismus, so wie sie K. kurz vor Kriegsausbruch 1939 getan hat, waren damals nach der Lebenserfahrung im allgemeinen geeignet, ein Strafverfahren, schwere Strafen und Konzentrationslager sowie schwere körperliche und seelische Leiden, auch schwere Mißhandlungen und die Zufügung nachhaltiger Körper- und Gesundheitsschäden nach sich zu ziehen. Daß hierbei auch andere Faktoren und Menschen ursächlich mitwirkten, ist deswegen belanglos, weil diese später eingreifenden Mitursachen erst durch die Anzeige ausgelöst worden sind."

5. Wenn auch die Tatbestände der angeführten Entscheidungen von verschiedenen Einzelumständen mit beeinflußt waren und deshalb die in ihnen enthaltenen Rechtsausführungen nicht schlechthin verallgemeinert werden können, so ist doch bemerkenswert und für die Kritik an der Rechtsprechung des BGH zur zivilrechtlichen Beurteilung der Denunziation wichtig, daß keines der Gerichte die Frage nach der eventuellen Rechtmäßigkeit der auf die Anzeige hin ergangenen Strafurteile oder Verhaftungen aufgeworfen und ihre Bedeutung für eine eventuelle Unterbrechung des Kausalzusammenhangs der Anzeige geprüft hat[51]. Alle Gerichte stellen vielmehr auf das *Motiv* der Anzeige und die näheren Umstände, unter denen sie erfolgt ist, ab.

Ergebnisse

1. Durch die formale Gesetzmäßigkeit eines im nationalsozialistischen Staat ergangenen politischen Strafurteils wird der Kausalzusammenhang zwischen sittenwidriger Anzeige und dem durch das Urteil verursachten Schaden nicht unterbrochen.

2. Die Schadenersatzpflicht des Denunzianten politischer Straftaten richtet sich allein danach, ob die Anzeige als solche sittenwidrig war.

---

[49] Vgl. OGH v. 20. 5. 1948, ZJBl. br. Z. 1948 S. 162ff. und die Übersicht und Würdigung von *Kleefisch*, MDR 1949 S. 324ff.

[50] StS 158/48, OGHSt. 2, 46ff.

[51] Vgl. aber das Urteil des OLG Celle oben VI, 1, das die formale Rechtmäßigkeit einer Verhaftung ausdrücklich nicht als Unterbrechung des Kausalzusammenhangs ansieht.

3. Die Sittenwidrigkeit von Anzeigen politischer Straftaten während des Nationalsozialismus ist nach objektiven Gesichtspunkten unter Beachtung der traditionellen Grundsätze abendländisch-christlicher Moral zu bestimmen. Politische Moralbegriffe des Nationalsozialismus haben auszuscheiden.

4. Auch wahre und zu einem formal zulässigen Urteil führende Anzeigen politischer Straftaten im nationalsozialistischen Staat sind sittenwidrig und verpflichten den Anzeigenden zum Schadenersatz, wenn

a) im Verhältnis zur Straftat die *Form*, die *Art und Weise* der Anzeige sittenwidrig war, insbesondere wenn sie bei Parteidienststellen oder bei der Gestapo erstattet wurde, während eine mildere Form, z. B. ein Privatklageverfahren bei Ehrverletzungen aus politischen Gründen, genügt hätte oder

b) die Anzeige aus *eigennützigen Motiven*, insbesondere aus Rache, erfolgte oder

c) der *Zweck* verfolgt wurde, den gerechtfertigten Widerstand gegen Unmenschlichkeit und Terror des Nationalsozialismus zu brechen oder zu lähmen, wobei ein Widerstandsrecht gegen derartige Maßnahmen zu bejahen ist.

5. Die Sittenwidrigkeit der Anzeige und damit die Schadenersatzpflicht des Anzeigenden sind dagegen zu verneinen, wenn im Falle 4c der politische Täter selbst nicht in Ausübung des sittlich gerechtfertigten Widerstandes gegen das Regime, sondern aus niedrigen Beweggründen (Feigheit, Klatschsucht, Verleumdung) gehandelt oder wenn er das Widerstandsrecht zu nicht gerechtfertigten Angriffen gegen einzelne Mitmenschen mißbraucht hat.

6. Die innere fanatische Einstellung des Denunzianten zum Nationalsozialismus schließt die Schadenersatzpflicht nicht aus, sofern der Denunziant die Sittenwidrigkeit seines Handelns bei gehöriger ihm zuzumutender Anspannung seines Gewissens hätte erkennen können.

7. Es besteht eine tatsächliche Vermutung für die Sittenwidrigkeit der Anzeige politischer Straftaten während der Herrschaft des Nationalsozialismus und für die Schuld der Denunzianten. Der Anzeigende hat den Ausschluß der Sittenwidrigkeit oder die von ihm behaupteten Entschuldigungsgründe zu beweisen.

SOZIALBINDUNGEN DES EIGENTUMS IM WASSERRECHT

Von Dr. Paul Gieseke

oö. Professor in Bad Godesberg

Den meisterlichen Darsteller der Grundgedanken des bürgerlichen Rechts nur mit einer Spezialerörterung von Problemen eines Einzelgebietes zu ehren, scheint mir nicht am Platze. Die nachstehenden Ausführungen sollen daher nicht Fragen des Wasserrechts als solche de lege lata und de lege ferenda behandeln. Es liegt mir vielmehr daran, zur Lösung eines besonders wichtigen allgemeinen Problems der heutigen Gesetzgebung von der Seite des Wasserrechts her beizutragen. Dieses ist bekanntlich nicht nur eine eigenartige Mischung von öffentlichem und privatem Recht; auch die privaten Interessen als solche stoßen mehr aufeinander als es auf andern Rechtsgebieten der Fall ist. Bindungen und Beschränkungen des „Eigentums" spielen daher hier eine besonders große Rolle. Es ist das Anliegen dieses Aufsatzes, auf der einen Seite zu prüfen, wie sich die bisher vom Bundesgerichtshof entwickelten Grundsätze auf die Zulässigkeit von Bindungen und Beschränkungen des Eigentums durch das Wasserrecht auswirken, auf der andern Seite zu untersuchen, ob sich vom Wasserrecht her für die Behandlung des trotz der Rechtsprechung des Bundesgerichtshofes immer noch nicht genügend geklärten Verhältnisses zwischen Enteignung und Eigentumsbindung Gesichtspunkte bringen lassen, die Beachtung verdienen.

Um einen festen Ausgangspunkt zu gewinnen, bedarf es zunächst einer *Gegenüberstellung der Begriffe Enteignung und Eigentumsbindung*, die Art. 14 GG zugrunde liegt. Um den Rahmen der Abhandlung nicht zu weit zu spannen, werden sich meine Ausführungen auf das Eigentum im eigentlichen Sinne beschränken. Für Art. 14 gehören zwar auch andere vermögenswerte Rechte und Rechtsstellungen zum „Eigentum", aber es würde zu weit führen, hier z. B. auch die besonderen wasserrechtlichen Benutzungsrechte einzubeziehen. Für die Unterscheidung von „Enteignung" und „Eigentumsbindung" soll hier zunächst die Auffassung des Bundesgerichtshofs wiedergegeben werden, die im Beschluß des Großen Senats für Zivilsachen v. 10. 6. 1952 (BGHZ 6, 270ff.) und dem ihm folgenden Urteil des 5. Zivilsenats v. 2. 12. 1955 (BGHZ 19, 209ff.) ausgesprochen ist. Daran wird sich eine kurze Kritik dieser Auffassung anschließen.

I.

Enteignung im Sinne des Art. 14 Abs. 3 GG ist nach der Auffassung des Bundesgerichtshofs nur eine Entziehung oder Belastung des Eigentums (im weiteren Sinne) durch einen *Einzelakt*, der durch den Verstoß gegen den Gleichheitssatz gekennzeichnet ist (BGHZ 6, 280). Eine Enteignung, die nicht zum Wohle der Allgemeinheit erfolgt, ist nach Art. 14 Abs. 3 Satz 1 unzulässig; nur durch Gesetz oder auf Grund eines Gesetzes, das Art und Ausmaß der Entschädigung regelt, darf sie erfolgen (Art. 14 Abs. 3 Satz 2, 3). Daraus ist zu folgern, daß auch ein Gesetz grundgesetzwidrig und daher nichtig ist, das eine Enteignung ohne die Voraussetzung des Wohles der Allgemeinheit anordnet oder vorsieht, oder das die Entschädigung nicht in der vorgeschriebenen Weise regelt. Andere Gründe für die Nichtigkeit des Gesetzes (z. B. Verstoß gegen Art. 19 Abs. 2) werden dadurch nicht ausgeschlossen. (Die Frage, ob die Nichtigkeit nur durch das Bundesverfassungsgericht festgestellt werden kann, interessiert hier nicht.)

Die *Anordnung einer Eigentumsbindung*, das heißt einer *generellen Inhaltsbeschränkung* des Eigentums, kann — das ist Art. 14 Abs. 1 Satz 2 zu entnehmen — künftig gleichfalls nur durch Gesetz oder auf Grund eines Gesetzes erfolgen. Die in Art. 14 Abs. 3 für die Enteignung festgesetzten Beschränkungen gelten für sie nicht. Sie braucht also nicht „zum Wohle der Allgemeinheit" zu erfolgen. Allerdings bestimmt Art. 14 Abs. 2 Satz 2, daß der Gebrauch des Eigentums zugleich dem Wohle der Allgemeinheit dienen soll. Darin liegt die *Sozialbindung des Eigentums im engeren Sinne*. Eine Bindung kann aber auch aus andern, z. B. nachbarrechtlichen Gründen bestehen oder eingeführt werden. § 14 Abs. 1 Satz 2 läßt auch solche Schranken des Eigentums zu. Da es sich hierbei um Bindungen auf Grund des sozialen Kontakts handelt, wird man von einer *Sozialbindung im weiteren Sinne* sprechen können. Für die Anordnung einer Sozialbindung (im engeren oder weiteren Sinne) schreibt Art. 14 Abs. 3 eine *Entschädigung* nicht vor. Das darf nicht dahin verstanden werden, daß sie ohne Entschädigung erfolgen soll. Der Gesetzgeber muß für jeden Fall der Anordnung einer solchen Bindung prüfen, ob es allgemeinen Rechtsgrundsätzen entspricht, eine Entschädigung anzuordnen oder nicht. Aber, wenn er sie anordnet, gilt nicht, daß er „Art und Ausmaß" festsetzen muß. Allerdings dürfte es rechtsstaatlichem Denken entsprechen, daß er für das Ausmaß einer von ihm vorgeschriebenen Entschädigung gewisse Regeln aufstellt. Während bei der Enteignung die Entschädigung von der Allgemeinheit zu leisten ist, „soweit sie nicht billigerweise dem Enteignungsbegünstigten auferlegt werden kann" (BGHZ 6, 277), wird bei Sozialbindungen im weiteren Sinne der Ausgleich der wirtschaftlichen Nachteile, die sich daraus ergeben, grundsätzlich denjenigen obliegen, die davon Vorteile erlangen. (Diese Ausgleichszahlung sollte von der Entschädigung bei der Enteignung begrifflich unterschieden werden.) — Gesetze über eine Sozialbindung des Eigentums im engeren oder weiteren Sinne sind nicht schrankenlos zulässig. „Ein Überschreiten der verfassungsmäßigen oder übergesetzlichen Grenze bei Anordnung einer Sozialbindung (führt) ... zur Nichtigkeit des gesetzgeberischen Akts“ (BGHZ 19, 212). Diese Begrenzung besteht nach der abgekürzten Formulierung von *Lindenmaier* (Anm. bei *Lindenmaier-Möhring* zum Beschluß v. 10. 6. 1952, Nr. 7 Blatt 7 zu Art. 14 GG) darin, daß die in Art. 14 zum Ausdruck gelangte Eigentumsgarantie „nicht in ihrem substantiellen Wesensgehalt, nicht in einem über das sachlich Erforderliche hinausgehenden, insoweit allerdings zeitbedingten Maße angetastet werden darf (Art. 19 Abs. 2 GG)“ (Wiedergabe des vom Großen Senat im Beschluß BGHZ 6, 279 ausführlicher Gesagten).

Diese Unterscheidung, so klar sie zu sein scheint, stößt vor allem auf Schwierigkeiten, soweit es sich um die Beschränkung des Eigentums handelt. Sie ergeben sich schon beim Abstellen darauf, daß bei der Enteignung ein *gegen den Gleichheitsgrundsatz verstoßender „Einzelakt“* vorliegen muß. Auch eine Eigentumsbindung kann möglicherweise jeweils des gegen eine bestimmte Person gerichteten Einzelvollzugs bedürfen (z. B. Einweisung von Wohnungssuchenden). Dieser müßte nach der Ansicht des Bundesgerichtshofs entschädigungslos geduldet werden, obwohl er den Betroffenen im Vergleich zu nicht von einem solchen Vollzug Betroffenen „ungleich, besonders“ trifft. Das Unterscheidungsmerkmal zum „Einzelakt“ der Enteignung muß daher anderswo, *im Wesen der Eigentumsbindung im Gegensatz zu dem eine Enteignung vorsehenden Gesetz* gesucht werden. Daß der Einzelvollzug eines Eigentumsbindungs-Gesetzes, das wegen Überschreitung der oben angegebenen Begrenzung nichtig ist, vom Bundesgerichtshof den Vorschriften über die Enteignungsentschädigung unterworfen wird, ist zwar in der Sache angemessen, aber keine Lösung des Problems. Die Bezeichnung eines solchen Vollzugsaktes als „enteignungsgleich“ (BGHZ 6, 279; 19, 212) verwirrt mehr, als daß sie klärt.

Auch der Bundesgerichtshof erkennt ferner an, daß es schwierig ist, zu unterscheiden, wann beim *Eigentum mehrerer Rechtsträger, die eine Gruppe bilden*, ein diese Gruppe „ungleich“ treffender Eingriff vorliegt und wann eine allgemeine und deshalb nicht unter den Enteignungsbegriff fallende Begrenzung (BGHZ 6, 280; 15, 272). Eine logisch zwingende, alle Abgrenzungsfragen von vornherein klar entscheidende Formel lasse sich nicht angeben. Die Schwierigkeit könne jeweils nur durch eine eingehende Untersuchung des Einzelfalles überwunden werden. Ihr hat sich der Bundesgerichtshof im Bausperrenurteil (BGHZ 15, 268ff.) unterzogen, soweit es sich um *städtebauliche Planungsmaßnahmen* handelt. Allerdings betrifft das Urteil unmittelbar nur die Frage, unter welchen Voraussetzungen eine befristete Bausperre Enteignungscharakter hat. Hierbei ist aber für den Bundesgerichtshof ein wesentlicher Gesichtspunkt, daß die Bausperre Hilfsmittel und vorbereitende Maßnahme der Bauplanung ist. „Wenn diese mit ihren Auswirkungen im Bereich der inhaltlichen Eigentumsbegrenzung bzw. sozialen Pflichtbindung des Grundeigentums liegt, so kann auch ihrem vorübergehenden Hilfsmittel, der Bausperre, die gleiche Einordnung . . . nicht versagt werden" (S. 279). Ein großer Teil der Urteilsgründe befaßt sich daher damit, ob und wann die Bauplanung Enteignung oder Pflichtbindung ist. Diese Ausführungen interessieren hier in erster Linie.

Der grundlegende Gedanke des Urteils ist, daß „*die Inhaltsbegrenzung und soziale Pflichtbindung des Grundeigentums auf dem Gebiet des Bauwesens durch die Herstellung bzw. Sicherstellung der Bebaubarkeit bestimmt*" wird (S. 282 mit S. 275ff.). Aus ihm folgert der Bundesgerichtshof, daß die engere städtebauliche Teilplanung (lokale Teilplanung) grundsätzlich im Rahmen der Inhaltsbeschränkung und sozialen Bindung des Eigentums liegt (S. 282). Dagegen werden Planungen gesamtstädtischer und überörtlicher Art dadurch grundsätzlich nicht gedeckt (S. 284). Insoweit sie allerdings Gesichtspunkte umfassen[1], die sich auf die Erschließung und Sicherstellung der Bebaubarkeit beziehen, und Grundeigentum dadurch betroffen wird, ist das ebenso zu beurteilen wie eine Beschränkung durch die engere Teilplanung selbst, also als Inhaltsbeschränkung bzw. soziale Bindung des Eigentums (S. 286f.). Daß gesamtstädtische und überörtliche Planungen von diesem Falle abgesehen nicht unter die Inhaltsbeschränkungen des Eigentums fallen, soll auch für die Dauer von Bausperren von Bedeutung sein. Werden diese wegen solcher Planungen verlängert, so können sie insoweit nicht mehr als bloße Inhaltsbeschränkungen angesehen werden (S. 287).

In dem Urteil wird, soviel ich sehe, nie von der *Enteignung* durch eine Planung oder eine Bausperre gesprochen. „Enteignungsgleicher Eingriff", „enteignungsgleiche Wirkung", „der Enteignung gleichkommende Belastung eines Grundstücks" sind die Ausdrücke, deren sich das Urteil bedient. Das hängt schwerlich nur damit zusammen, daß die Bausperre sich als eine nur zeitliche Beschränkung von der Entziehung oder (Dauer-)Belastung des Grundeigentums abhebt. Denn für Teilplanungen wird die Möglichkeit allgemein angedeutet, daß ein Grundstückseigentümer von der Beschränkung „so empfindlich getroffen werden kann, daß ihm ein den Gleichheitsgrundsatz verletzendes Opfer im Interesse der Allgemeinheit auferlegt wird" und daß „solchenfalls die inhaltliche Abgrenzung des Eigentums die Schranke gegenüber einem enteignungsgleichen Eingriff überschreitet" (S. 278). Der *Gedanke des den Gleichheitsgrundsatz verletzenden Opfers im Interesse der Allgemeinheit* wird auch bei der Würdigung der gesamtstädtischen und überörtlichen Planung betont

[1] Im Urteil steht „erfassen" — offenbar ein Druckfehler.

(S. 285, 287). Offenbar liegt in ihm nach Ansicht des Bundesgerichtshofs die Vergleichbarkeit mit der Enteignung, während die Planungen sich dadurch von ihr unterscheiden, daß sie nicht „Einzelakte" sind, — daher sind sie nicht Enteignung, sondern enteignungsgleich. (Für diese Terminologie gilt das schon zu den Entscheidungen BGHZ 6, 279 und 19, 212 Gesagte).

Dem Urteil ist zuzustimmen, wenn es Beschränkungen einzelner Grundstücke durch *Planungen überörtlicher Art* als den Gleichheitsgrundsatz verletzende und deshalb zur Entschädigung verpflichtende Opfer ansieht. Bei den *gesamtstädtischen Planungen* hat der Bundesgerichtshof offenbar die Verhältnisse in *Großstädten* im Auge gehabt (in dem Urteil handelt es sich um Stuttgart). In solchen Städten unterscheiden sie sich auch äußerlich von den „engeren Teilplanungen". Es liegt schon deshalb nahe, die durch sie in ihrem Eigentum nachteilig Betroffenen als eine Gruppe anzusehen, die ein besonderes Opfer zu bringen hat. Im übrigen sind sie überörtlichen Planungen nahe verwandt. Daß aber auch gesamtstädtische Planungen unter Umständen unter die entschädigungslos zu duldenden Eigentumsbeschränkungen fallen können, erkennt der Bundesgerichtshof selbst an. Die „Herstellung bzw. Sicherstellung der Bebaubarkeit", auf die er abstellt, ist freilich gerade hier ein ziemlich unsicheres Unterscheidungsmerkmal, und ob die von ihm als Gegenstände engerer Teilplanung aufgeführten Ziele (S. 276) immer damit gedeckt werden, ist zweifelhaft. Besondere Schwierigkeiten bestehen bei Verkehrsproblemen, bei denen der Bundesgerichtshof anscheinend Gewicht darauf legt, ob sie solche des lokalen Planungsgebietes und zwar des „gegebenen" Verkehrs sind (S. 276). — In *Kleinstädten* sind gesamtstädtische und Teilplanung begrifflich und häufig auch äußerlich nicht voneinander zu unterscheiden. Zumal bei völligem Wiederaufbau einer Stadt, die zu einem Trümmerfeld gemacht worden war, fallen sie vielfach zusammen. Daß die Aufgabe der Verwaltung „die Behebung der Kriegsschäden zu fördern und zu lenken, auch die Grenzen der Beschränkung des Eigentums weiter zieht" (S. 284), ist sicher richtig. Diese Grenzen müßte man freilich noch festzustellen suchen. Auch bei *engeren Teilplanungen* kann (theoretisch) der Standpunkt eingenommen werden, daß z. B. bei der Unterscheidung von Gebieten mit verschieden zulässiger Bebauung die Eigentümer des einen Gebiets ungleich gegenüber denen eines andern behandelt werden und im Interesse der Allgemeinheit ein Opfer bringen müssen. Wenn der Bundesgerichtshof ihnen trotzdem keine Entschädigung zubilligt, so zeigt das, daß *der Grundsatz der Gleichbehandlung hier nicht als das Entscheidende anzusehen ist.*

Mit Recht hat der Bundesgerichtshof sehr eingehende Erörterungen darüber angestellt, daß alle Grundstücke im städtischen Bereich von jeher „der einheitlichen Ordnung durch eine sinnvolle Ordnung des Bauwesens bedürfen" (S. 276). Diese aus der Natur der Sache folgenden, gewohnheitsrechtlich in ihren Grundzügen fixierten Bindungen des Grundeigentums gehören zu seinem Inhalt. Es scheint mir zu sehr begrifflich zugespitzt, sie als „Herstellung bzw. Sicherstellung der Bebaubarkeit" zu charakterisieren. (Der Streit über „Baufreiheit" und „Schaffung von Bebaubarkeit" ist im Sinne von *Heck* wohl nur ein „Formulierungsstreit".) Denn damit ist noch nicht erschöpft, was *das Wesen des städtebaulich beschränkten Grundeigentums* ausmacht. Daß der Bundesgerichtshof dieses für die Abgrenzung von Enteignung und Eigentumsbindung als entscheidend ansehen wollte, scheinen mir seine Ausführungen über die geschichtliche Entwicklung der Baubeschränkungen zu ergeben.

Als Ergebnis kann wohl festgestellt werden: 1. Für die Enteignung ist die *Einzelakttheorie* vom Bundesgerichtshof nicht aufgegeben worden. Den Einzelakten werden aber so mannigfaltige Maßnahmen als „enteignungsgleich" an die Seite gestellt, daß auf das Vorliegen eines Einzelaktes praktisch kein besonderes Gewicht mehr gelegt zu werden braucht. 2. Auch am *Verstoß gegen den Gleichheitsgrundsatz* hat der Bundesgerichtshof für die Enteignung grundsätzlich festgehalten. Wenn er aber für städtebauliche Eigentumsbindungen das Merkmal der „Herstellung bzw. Sicherstellung der Bebaubarkeit" aufstellt, so liegt das trotz der Versuche, es mit dem Gleichheitsgrundsatz in Einklang zu bringen, der Sache nach in einer andern Richtung. Es wird insofern aus dem allgemeinen Charakter des städtischen Grundeigentums zu erschließen gesucht, welche baulichen Beschränkungen mit ihm vereinbar sind, ohne daß dem Eigentümer die Sachherrschaft im Sinne einer Enteignung ganz oder teilweise entzogen wird. Zweifellos eine schwierige Unterscheidung, aber eine solche, die geeignet ist, den Gleichheitsgrundsatz dort zu ergänzen, wo er als zu formal nicht ausreicht.

Diese Feststellungen wurden getroffen, um einen Ausgangspunkt für die weiteren Ausführungen zu gewinnen. In diesen wird die Frage Einzelakt oder generelle Regelung gemäß dem oben Gesagten nicht im Vordergrund stehen. Das Hauptgewicht liegt auf dem Versuch, für verschiedene Arten von Grundstücken, mit denen sich die Wassergesetze befassen, festzustellen, ob und in welchem Umfang Eigentumsbindungen infolge der natürlichen Eigenschaften von Gewässern, dem Ziel, sie in möglichst großem Umfang der Benutzung zu erschließen, der gegenseitigen Bedingtheit aller Wasserbenutzungen, der Lage von Grundstücken an Gewässern usw., gesetzlich anerkannt sind. Trotz aller Verschiedenheit der gesetzlichen Regelungen dürften sich daraus allgemeine Schlüsse ziehen lassen.

II.

Die wasserrechtlichen Eigentumsbindungen kann man je nach der Art der Grundstücke, die sie betreffen, in *vier Gruppen* einteilen: an *Oberflächengewässern* (vor allem an *Wasserläufen*), an *Grundstücken mit*

Grundwasser, an *Ufergrundstücken* und den dahinter liegenden Grundstücken, schließlich an *sonstigen Grundstücken.* Ohne weitere Erörterung kann hier vom Grundstückscharakter der (in Betten fließenden oder stehenden) Oberflächengewässer ausgegangen werden. Daß bei ihnen Bett und Wasser sachenrechtlich eine Einheit bilden, ist die Auffassung fast aller in der Bundesrepublik geltenden Wassergesetze. Sie wird auch kaum bestritten; daß gelegentlich mit Hilfe der verstiegenen Konstruktion eines Eigentums an der fließenden Wasserwelle Ansprüche zu erheben versucht wird, braucht jedenfalls hier nicht beachtet zu werden. Ebensowenig ist das Grundwasser selbständiger Eigentumsgegenstand. Das Eigentum am Grundstück, in dem es sich befindet, umfaßt das Grundwasser als dessen Bestandteil. Beschränkungen seiner Benutzung betreffen also unmittelbar das Grundstückseigentum.

1. Ob ein *Eigentum an Wasserläufen* in die Systematik unseres Rechts, insbesondere des Bürgerlichen Gesetzbuches, hineinpaßt, ist eine Streitfrage, die besonders früher lebhaft erörtert worden ist. Sein schärfster Gegner in neuerer Zeit ist *Hofacker* gewesen (besonders in: Das „Eigentum" an Wasserläufen, VerwArch. 30, S. 161—178): „Überall ein verdrehter Standpunkt, Mangel an richtigen Leitgedanken, kein Gedanke von Einfachheit und folgerichtigem Aufbau, wir müssen ein mit der Eigentumskonstruktion belastetes Wasserrecht jenen verunglückten Regelungen zuzählen, die unser öffentliches Recht in das Achsensystem des bürgerlichen Rechts einzwängen wollen, und die zur Verwicklung der Staatsverwaltung so viel beigetragen haben" (a. a. O. S. 172). *Hofacker* hat recht, wenn er sich gegen gewisse privatrechtliche Konstruktionen wendet, die dem öffentlichen Charakter der Wasserläufe nicht gerecht werden (z. B. die privatrechtliche Haftung der Wasserstraßenverwaltung auf Grund einer Verkehrssicherungspflicht). Mit der völligen Verwerfung des Eigentums an Wasserläufen schießt er über das Ziel hinaus; sie erklärt sich aus der Auffassung, die er vom Eigentum hat. *Hofacker* trifft sich in ihr mit dem württembergischen Wassergesetz, das, dem Corpus iuris folgend, weder an der fließenden Welle noch am Gewässerbett (Art. 7 I württ. WG) Privateigentum kennt. „Eigentum" hat für *Hofacker* einen absolut feststehenden Inhalt, ist ein abstrakter, überall gleicher Begriff. Damit ist es natürlich nicht vereinbar, daß die Sachherrschaft über einen Wasserlauf Bindungen und Beschränkungen unterliegt, die beim Eigentum an einem Landgrundstück unbekannt sind. Sieht man das Eigentum dagegen als durch die Beschaffenheit und soziale Funktion der beherrschten Sache bedingt an, so ergibt sich, daß sein Inhalt an den verschiedenen Arten von Sachen nicht nur verschieden sein kann, sondern verschieden sein muß[2]. Das steht zur Begriffsbildung

---

[2] Aus räumlichen Gründen ist es leider nicht möglich, auf das Schrifttum einzugehen, doch soll wenigstens auf die Abhandlungen von *Reinhardt* und *Scheuner*: Verfassungsschutz des Eigentums, Tübingen 1954, hingewiesen werden.

des Bürgerlichen Gesetzbuchs nicht im Widerspruch. Von diesem Standpunkt aus kann man ein Eigentum an Wasserläufen bejahen. Es entspricht der rechtsgeschichtlichen Entwicklung, mit der man nicht ohne Not brechen sollte, mögen auch andere Konstruktionen möglich sein.

Ehe Eigentumsbindungen und -beschränkungen an Wasserläufen im einzelnen behandelt werden, ist es nötig, auf zwei allgemeine Probleme einzugehen: die Einteilung der Gewässer und die Eigentumsverhältnisse an ihnen.

Die Wassergesetze der Länder[3] teilen die oberirdischen Gewässer, insbesondere die Wasserläufe in verschiedene *Arten und Ordnungen* ein. Daß diese Einteilung in ganz verschiedener Weise geschieht, läßt sie leicht als eine bloß positivistische Eigentümlichkeit des einzelnen Gesetzes erscheinen, die mehr oder weniger geschichtlich bedingt ist. Sie hat aber tiefere Bedeutung. Es handelt sich dabei auch um den Versuch, für die Verschiedenheit der Herrschaft über die Gewässer (einschließlich der Zweckbestimmung für die Allgemeinheit und der beschränkten Benutzungsrechte), der Erhaltung der Gewässer und des Schutzes gegen sie Ausgangspunkte zu gewinnen, die sich aus Beschaffenheit und sozialer Funktion der Gewässer ergeben.

In manchen Gesetzen, insbesondere dem preußischen, ist dieser Versuch sehr bewußt unternommen worden (drei Ordnungen der Wasserläufe, damit sich kreuzend Einteilung in natürliche und künstliche). Andere Gesetze haben geschichtliche Einteilungen übernommen (z. B. die deutschrechtliche Unterscheidung von öffentlichen und privaten Wasserläufen); auch diese beruhten aber schon ursprünglich auf der Verschiedenheit der Beschaffenheit und der Funktion der Gewässer. Von besonderer Bedeutung ist die Gewässereinteilung für das Eigentum, insbesondere an den Wasserläufen. Das oben Gesagte, daß der Inhalt des Eigentums durch seinen Gegenstand bedingt ist, gilt auch hier. Das ist bezüglich der Wasserläufe ein alter Gedanke. „Von der geringen Wassermenge, die auf dem einen Grundstück angesammelt erscheint, bis zu dem Meere entwickelt sich die rechtliche Natur des Wassers in immer weiteren Grenzen, die dort mit dem vollen Inhalt des Eigentums beginnen und hier denselben gänzlich vernichten" (*Nieberding*, Wasserrecht und Wasserpolizei im Preußischen Staate, 1866, S. 26). Der Inhalt des Eigentums an öffentlichen und privaten Gewässern (Baden, Bayern), an Wasserläufen I., II. und III. Ordnung (Preußen) ist also verschieden. Die Versetzung in eine andere Ordnung kann daher zu einer Beschränkung des Eigentums führen; § 3 Abs. 2 pr. WG sieht in einem solchen Fall eine

[3] In diesem Abschnitt werden nur die wichtigsten in der Bundesrepublik geltenden Gesetze behandelt (badisches, bayerisches, preußisches Wassergesetz, hessisches Dammbau- und Bachgesetz; das württembergische Wassergesetz kommt hier nicht in Betracht, da es kein Eigentum an Wasserläufen kennt).

Entschädigung vor. (In Baden und Bayern hat die Erklärung zum öffentlichen Gewässer den Eigentumsübergang an den Staat zur Folge, für den gleichfalls Entschädigung zu leisten ist.)

Für die Frage des Inhalts des Eigentums an Wasserläufen kann die *Person seines Trägers* nicht bedeutungslos sein. Ein Überblick über die wichtigsten Wassergesetze ergibt das folgende Bild: Die meisten Gesetze bestimmen, daß die großen Flüsse im Eigentum des Staates stehen. (Die dem allgemeinen Verkehr dienenden Wasserstraßen sind bekanntlich nach der Weimarer Reichsverfassung auf das Reich übergegangen und jetzt Eigentum des Bundes.) In Bayern sind ihnen andere Wasserläufe im Eigentum des Staates (Staats-Privatflüsse und -bäche) fast durchweg gleichgestellt. Die übrigen natürlichen Wasserläufe stehen nach manchen Gesetzen (§ 2 bad. WG, Art. 2 hess. BachG, § 9 Abs. 3 pr. WG für Hessen-Nassau) im Eigentum der Gemeinden, nach andern (Art. 21 bayer. WG, § 8 pr. WG für die meisten preußischen Gebiete) dagegen in dem der Anlieger. Nach der Person des Eigentümers gibt es also (in der Hauptsache) drei Gruppen von Wasserläufen: solche im Eigentum des Bundes oder des Landes, in dem der Gemeinden, in dem der Anlieger. Es kann wohl keinem Zweifel unterliegen, daß die in den Wassergesetzen enthaltene Bestimmung des Staates zum Eigentümer von Wasserläufen, mag sie meist auch nicht konstitutive, sondern deklaratorische Bedeutung gehabt haben, in Anbetracht der daran zu erfüllenden Aufgaben und der Nutzbarmachung für die Allgemeinheit erfolgt ist. Damit steht es im Widerspruch, wenn heute das Eigentum des Bundes oder des Landes an Wasserläufen manchmal fiskalisch zu deuten versucht wird. Aufgabenerfüllung für die Allgemeinheit ist — mit engerer Aufgabensetzung — auch Sinn des Eigentums der Gemeinden.

Angesichts dieser Sachlage konnte es nicht ausbleiben, daß versucht worden ist, das Eigentum des Staates und — seltener — das der Gemeinden als *öffentliches Eigentum* im Sinne *Otto Mayers* zu konstruieren (vor allem in Baden und Bayern). Diese Ansicht hat sich nicht durchgesetzt. Es bedarf einer solchen Konstruktion nicht, wenn man anerkennt, daß das Eigentum des Bürgerlichen Gesetzbuchs einen relativen Inhalt hat. Allerdings ist dieser hier weniger durch den Gegenstand des Eigentums als dadurch bestimmt, daß Staat oder Gebietskörperschaft seine Träger sind. Daß es hierauf und nicht auf die Art des Gewässers wesentlich ankommt, drückt sich in der Gleichstellung der öffentlichen und der Staatsprivatflüsse in Bayern aus. Eine Verallgemeinerung dieser Gleichstellung ist allerdings bedenklich; die übrigen Gesetze haben darüber keine Bestimmungen. — Geht man davon aus, daß die Aufgabenerfüllung für die Allgemeinheit zum Inhalt des Eigentums des Staates und der Gemeinden gehört, so ist selbstverständlich, daß eine Bindung, Beschränkung oder Belastung des Eigentums, die sich aus einer Vermehrung dieser Aufgaben ergibt, nicht unter den Begriff der

Enteignung fällt. Ob dafür z. B. an Gemeinden eine Entschädigung zu gewähren ist, ist nicht eine Frage des Art. 14 GG, sondern eine solche des Finanzausgleichs.

Verglichen mit dem Eigentum von Staat und Gemeinden erscheint das *Anliegereigentum* als privatnützig: (Ebenso das Eigentum „dritter Personen", das nicht nur in Art. 24 bayer. WG, sondern auch in anderen Gesetzen aufrechterhalten ist.) In welchem Maß das zutrifft, wird sich erst bei Betrachtung der einzelnen Bindungen und Beschränkungen zeigen. Sie spielen bei ihm naturgemäß eine besonders wichtige Rolle. Allerdings gelten sie für das Eigentum des Staates und der Gemeinden ebenfalls; nur haben sie hier mindestens teilweise eine andere tatsächliche und rechtliche Bedeutung.

Es handelt sich bei diesen einzelnen Bindungen und Beschränkungen um folgende Hauptgruppen:

1. Privatrechtliche Beschränkungen der im Eigentum enthaltenen Benutzungsbefugnisse. (Sie gelten auch für den den Eigentümergebrauch der Ufereigentümer vertretenden Anliegergebrauch des badischen Rechts, § 17 bad. WG.) In einer eindrucksvollen Generalklausel sind sie in § 14 Abs. 1 bad. WG zusammengefaßt: „Die Benutzung eines Wasserlaufs hat derart zu erfolgen, daß in die am gleichen Wasserlaufe bestehenden Benutzungsrechte und in die Eigentumsrechte anderer nicht eingegriffen wird, und daß es sämtlichen Benutzungsberechtigten möglich ist, für ihre Grundstücke den tunlichsten Vorteil aus dem Wasser zu ziehen". Kürzer drückt sich Art. 44 bayer. WG aus: „Der Ufereigentümer darf das Wasser nur mit Rücksicht auf die Rechte der übrigen Ufereigentümer und der sonstigen Wasserberechtigten und unter den nachfolgenden Bestimmungen benützen". Beide Generalklauseln werden durch die Aufzählung von Handlungen, die nicht zulässig sind, ergänzt. Anders die Regelung des preußischen Wassergesetzes. In ihm werden diejenigen Benachteiligungen anderer aufgeführt, die der Wasserlaufeigentümer bei seiner Benutzung nicht herbeiführen darf (§§ 41—44). Es handelt sich also um einen abschließenden Katalog von Beschränkungen (ähnlich, aber etwas weitergehend Art. 3 Abs. 1, 3 hess. BachG).

2. Beschränkungen der Benutzungsbefugnisse im öffentlichen Interesse. Sie finden darin ihren Ausdruck, daß gewisse Handlungen der polizeilichen Erlaubnis oder Unschädlichkeitsbescheinigung bedürfen (Art. 37 bayer. WG, §§ 19—23 pr. WG). Ihre Erteilung setzt voraus, daß der beabsichtigten Handlung (z. B. der Abwassereinleitung oder der Errichtung von Anlagen im Wasserlauf) keine polizeilichen Gesichtspunkte entgegenstehen. Die Genehmigungsbedürftigkeit für Wassertriebwerke nach § 16 GewO gehört ebenfalls in diesen Zusammenhang.

3. Duldungspflichten. Der Eigentümer des Wasserlaufs hat — mit gewissen Ausnahmen — überall an den natürlichen Wasserläufen den

Gemeingebrauch zu dulden. Er muß sich die Einwirkungen gefallen lassen, die sich aus der zulässigen Benutzung anderer Wasserlauf-Eigentümer ergeben. Besonders wichtig ist, daß — in den einzelnen Wassergesetzen verschieden — zur *Begründung besonderer Wasserbenutzungsrechte* in sein Eigentum eingegriffen werden kann. Nach § 50 Abs. 2 pr. WG kann der Eigentümer eines Wasserlaufs der Verleihung eines Benutzungsrechts wegen nachteiliger Wirkungen der beabsichtigten Benutzung nicht widersprechen, wenn das Unternehmen anders nicht zweckmäßig oder doch nur mit erheblichen Mehrkosten durchgeführt werden kann, und der daraus zu erwartende Nutzen seinen Schaden erheblich übersteigt; nur einen Entschädigungsanspruch hat er (§ 51), dieser ist aber, soweit es sich um die Entziehung oder Beeinträchtigung bloßer Benutzungsmöglichkeiten handelt, beschränkt (Billigkeitsentschädigung, § 45). Gründe des öffentlichen Wohls brauchen also für eine sich aus der Verleihung ergebende Beschränkung des Wasserlaufeigentums nicht vorzuliegen. Dieselbe Abwägungsformel (aber auch die Entschädigungspflicht) findet sich für die Duldung der Änderung eines Wasserlaufs, die dem Eigentümer zugunsten gewisser Zwecke auferlegt ist (§ 331). Das preußische Wassergesetz steht damit nicht allein. Nach Art. 45 Abs. 2 bayer. WG kann die Verwaltungsbehörde zur Abweichung von Bestimmungen, die die Eigentümerbenutzung an Privatflüssen einschränken, eine „Ermächtigung" erteilen, „wenn der Nutzen der Anlage den zu befürchtenden Schaden erheblich überwiegt und Entschädigung gewährt wird." Im badischen Recht findet sich eine ähnliche Abwägung zwar nicht speziell für das Wasserlaufeigentum, aber in allgemeiner Fassung bei den Verleihungen an öffentlichen Gewässern: „überwiegt der von dem Unternehmen zu erwartende Nutzen die nachteiligen Wirkungen erheblich", so kann die Verleihung erteilt werden, „mit der Bestimmung, daß der Unternehmer dem Geschädigten Schadensersatz leistet" (§ 41 Nr. 2 Abs. 2).

4. Mit dem Eigentum am Wasserlauf pflegt die *Unterhaltungspflicht* verbunden zu sein. (Eine Ausnahme bildet vor allem die Unterhaltung durch Wasserverbände.) Sie ist heutzutage überall öffentlichrechtlich. Das preußische Wassergesetz bezeichnet sie ohne Rücksicht auf ihren Träger als „öffentlichrechtliche Verbindlichkeit" (§ 113). Es bestimmt aber, daß beim Staat die mit der Verwaltung der Wasserläufe betraute Behörde über die vorzunehmenden Unterhaltungsarbeiten entscheidet (§ 133 Abs. 1), während in allen andern Fällen die Wasserpolizeibehörde polizeiliche Verfügungen über die Unterhaltung erlassen kann (§ 131 Abs. 2). Damit bringt auch das preußische Wassergesetz zum Ausdruck, daß der Charakter der Unterhaltung je nach dem Träger verschieden ist. Auch die Beschränkung durch die Unterhaltungslast oder -pflicht gehört grundsätzlich zum Inhalt des Wasserlaufeigentums. Im Folgenden braucht aber darauf nicht näher eingegangen zu werden.

Diese Zusammenstellung von Bindungen und Beschränkungen ist keineswegs vollständig; auch sind darin zahlreiche Einzelheiten und Verschiedenheiten weggelassen worden. Trotzdem läßt sie erkennen, daß das Eigentum an einem Wasserlauf eine sehr viel schwächere Sachherrschaft ist als dasjenige an einem Landgrundstück. Worin das begründet liegt, hat *Nieberding* (a. a. O. S. 25f.) in den einleitenden Ausführungen zu dem systematischen Teil seines Buches zu sagen gesucht. Ich zitiere ihn auch hier wieder, weil er Rechtsauffassungen vom Anfang der modernen Wasserwirtschaftsentwicklung vertritt, daher nicht im Verdacht steht, das Eigentum mit Rücksicht auf die inzwischen immer stärker gewordene Inanspruchnahme des Wassers zu sehr zu beschränken: „Durch seine eigentümliche elementare Natur ist dem Wasser auf dem Gebiete des Rechtes eine ganz besondere Stellung zu Theil geworden. Ein Zug der Gemeinschaft ist für diese Natur bezeichnend, und mehr oder weniger suchen deshalb auch alle Gewässer sich der Herrschaft des einzelnen Besitzers und den rechtlichen Gesetzen, welche diese regeln, zu entziehen. Dies um so mehr, als der Einfluß der Gewässer im Guten wie im Bösen weit über die Örtlichkeit hinausgeht, in welcher sie sich bewegen. So entstehen über den unmittelbaren Bereich des Wassers hinaus auch in weiteren Kreisen mit Rücksicht auf dasselbe gemeinsame Interessen und gemeinsame Beschränkungen.“ Und weiter: „Zwar ist die Herrschaft des Einzelnen, wie sie das Eigenthum voraussetzt, auch über die Gewässer nicht unbedingt ausgeschlossen, aber sie ist von vornherein sehr beschränkt durch deren unlöslichen natürlichen Zusammenhang und ihre Bedeutung für allgemeinere Interessen. Wird daher das Recht des einzelnen Besitzers über die Gewässer Eigenthum genannt, so ist dies doch in der Regel von mehr beschränkter Bedeutung als bei den übrigen Sachen des Verkehrs; es erinnert an Eigenschaften, denen sich die Natur des Wassers nicht immer fügt, und löst sich in Wirklichkeit meistentheils in ein gewisses Maß von Rechten zur Benutzung des Wassers und zur Verfügung über dasselbe auf, das mehr oder minder beschränkt erscheint, je nachdem ein Gewässer seiner Natur nach zu größerer oder geringerer Gemeinschaft bestimmt ist“.

Nieberding betont für das Wasser also sehr stark den *Gemeinschaftsgedanken*. Mit Recht! Aus ihm ergeben sich zwanglos viele Bindungen und Beschränkungen des Wasserlaufeigentums, insbesondere die privatrechtlichen Beschränkungen der Benutzungsbefugnisse. Aber es fragt sich, ob dieser Gedanke ausreicht, um sie insgesamt befriedigend zu erklären. Umfaßt diese Gemeinschaft nicht nur die sämtlichen Wasserlaufeigentümer eines Wasserlaufs oder eines Wasserlaufsystems, sondern darüber hinaus, wie *Nieberding* wohl will, die Eigentümer der in seinem Bereich befindlichen Landgrundstücke, ja sogar alle anderen am Wasser Interessierten, so wird der „Gemeinschafts“gedanke reichlich farblos. Um die Berücksichtigung der allgemeinen Interessen an den Wasserläufen zu begründen, braucht man ihn nicht, sie ergibt sich aus der (übrigens auch von *Nieberding* herangezogenen) Natur des Wassers, seiner Unentbehrlichkeit und Unersetzbarkeit und der Notwendigkeit der Benutzung der Wasserläufe für die verschiedensten Zwecke.

Zu dem Gemeinschaftsgedanken muß vor allem hinzugefügt werden, daß die *allgemeinen Interessen am Wasser* traditionell als *erheblich stärker* als diejenigen angesehen werden, die die Allgemeinheit in bezug auf Landgrundstücke jeder Art hat. Zu einer Zeit, in der es selbstverständlich war, daß die Enteignung Gründe des Gemeinwohls voraussetzte, sind die Wassergesetze, also schon die Vorläufer der jetzigen, für Beschränkungen des Eigentums an Wasserläufen davon ausgegangen, was für die Förderung von Wasserwirtschaft und Landeskultur zweckmäßig war. Es genügte dafür, daß ein erheblicher privatwirtschaftlicher Nutzen erzielt werden konnte. So ist die Möglichkeit von Eingriffen nach der Abwägungsformel entstanden. Allerdings sind diese im allgemeinen nur gegen Entschädigung zulässig; aber diese ist vielfach beschränkt, z. B. eine „Billigkeitsentschädigung". Eingriffe nach der Abwägungsformel sind also nicht nur hinsichtlich ihrer Zulässigkeit, sondern vielfach auch hinsichtlich ihrer Wirkungen von der Enteignung verschieden.

Der Begriff der Enteignung verliert neben der Möglichkeit der im Wasserrecht begründeten Eingriffe in das Wasserlaufeigentum nicht völlig seine Bedeutung. Eine Enteignung würde auch bei diesem vorliegen, wenn eine Gruppe oder ein Einzelner „ungleich" getroffen wird. Ersteres ist aber nicht der Fall, wenn für *sämtliche Wasserlaufeigentümer eines Rechtsgebietes* Benutzungsbeschränkungen oder Duldungspflichten der schon bezeichneten Art neu geschaffen werden. Wenn also Gesetze bestimmen würden, daß die Wasserlaufeigentümer des preußischen Rechtsgebiets nicht mehr wie bisher nur gemäß dem Katalog der §§ 41 ff. in der Wasserlaufbenutzung beschränkt sein sollen, sondern durch eine Generalklausel nach dem Muster des badischen Rechts, so läge darin keine Enteignung, selbst dann nicht, wenn einzelne Eigentümer dadurch stärker betroffen würden. Das hätte besondere Bedeutung, wenn etwa Bestimmungen zum Schutze von Triebwerken getroffen würden, die über die heute in weiten Kreisen als unzulänglich empfundene Regelung (§ 41 Abs. 1 Nr. 2 und § 42) hinausgehen. Oder es wäre außerhalb des preußischen Rechtsgebietes möglich, zu bestimmen, daß eine neue „nützlichere" Wasserbenutzung gemäß der Abwägungsformel auch ohne Erfordernisse des Gemeinwohls gegen den Willen eines Wasserlaufeigentümers zugelassen werden kann, allerdings gemäß dem schon Gesagten gegen Entschädigung.

Solche Neuregelungen kommen nicht nur für ganze Rechtsgebiete, sondern auch *für einzelne Wasserläufe oder Wasserlaufsysteme* in Betracht. Beschränkungen für die Benutzungsbefugnisse der Wasserlaufeigentümer würden sich vor allem aus den geplanten *Reinhalteordnungen* und *wasserwirtschaftlichen Rahmenplänen* ergeben. Die Befugnisse des Wasserlaufeigentümers zur Abwassereinleitung sind von allen, die ihm zustehen, am stärksten beschränkt (Erfordernis polizeilicher Erlaubnis oder Unschädlichkeitsbescheinigung, Möglichkeit polizeilicher Untersagung). Werden sie durch die erwähnten Maßnahmen beschränkt, so kommt eine Enteignung oder ein enteignungsgleicher Eingriff schon aus diesem Grunde nicht in Frage. Freier steht der Eigentümer hinsichtlich der Ableitung von Wasser und anderer Benutzungen. Aber auch hier ergibt das über das Wesen des Wasserlaufeigentums Gesagte, daß Einschränkungen für Zwecke der Reinhaltung nicht unter den Enteignungsbegriff fallen und ihm auch nicht gleichzustellen sein würden.

Es mag hier noch erwähnt werden, daß im Entwurf des Wasserhaushaltsgesetzes vorgesehen ist, zwecks Ermöglichung einer besseren Ausnutzung des Wasserschatzes eine „*Ausgleichung*" zwischen mehreren Wasserbenutzungen von Amts wegen durchführen zu lassen (bisher, soweit überhaupt vorgesehen, nur auf Antrag). Das war schon früher ein geradezu typischer Fall eines Eingriffs zur *Benutzungsverbesserung*, teilweise sogar ohne Entschädigung des nachteilig Betroffenen (§ 57 bad. WG, Art. 65ff. bayer. WG, Art. 22 hess. BachG, § 87 pr. WG).

Auch hier ergibt sich gegenüber Wasserlaufeigentümern die Möglichkeit eines solchen Eingriffs aus dem Wesen ihres Eigentums.

Es sei nochmals ausdrücklich betont, daß sich diese Ausführungen nur auf das *Eigentum* an Wasserläufen beziehen. Sie gelten also nicht oder nicht mit Sicherheit für die durch Verleihung, Genehmigung, Erlaubnis, Privileg, Ersitzung usw. erworbenen *besonderen Benutzungsrechte*. Die Herrschaftsmacht über das Wasser, die durch sie begründet ist, ist im Regelfall ausgeprägter und stärker als die des Eigentümers. Wegen ihrer großen Verschiedenheit in den einzelnen Ländern und nach ihren Erwerbstiteln kann aber hier nicht darauf eingegangen werden.

Was für Wasserläufe gilt, ist für das Eigentum an *Seen, Teichen* usw. nicht ohne Einschränkungen anwendbar. Sie werden in den Wassergesetzen ziemlich unterschiedlich behandelt, teilweise mit weitgehender Angleichung an die Wasserläufe (zu denen sie im preußischen Wassergesetz in der Regel gehören, § 1 Abs. 1 pr. WG), teilweise als besondere Gruppe von Gewässern. Bei den verschiedenen Arten ist das öffentliche Interesse verschieden groß, ebenso die Möglichkeit privater Interessenkonflikte. Je nachdem ist daher die Privatnützigkeit des an ihnen bestehenden Eigentums verschieden stark entwickelt, teils ist sie ebenso gering wie bei den Wasserläufen, teils erheblich stärker. Das kann hier nicht weiter verfolgt werden.

Das *Grundwasserrecht* ist in manchen Ländern in seiner Entwicklung hinter dem Recht der Wasserläufe erheblich zurückgeblieben. Das hat daran gelegen, daß die privaten und öffentlichen Interessen am Grundwasser erst verhältnismäßig spät ihre heutige Bedeutung erlangt haben und daß die hydrologischen Zusammenhänge beim Grundwasser nicht so einfach erkennbar sind wie bei den Oberflächengewässern. Der Gedanke des Eigentums ist beim Grundwasser, weil es einfach als Bestandteil eines Grundstücks erscheint, auch von vornherein stärker ausgeprägt als bei Wasserläufen, bei denen das Fließen der Wasserwelle schon bei einfachstem Nachdenken Zweifel an der Berechtigung des Eigentumsbegriffs erweckt hat, und an denen das heutige Eigentum des Staates, der Gemeinden und der Uferanlieger sich erst allmählich entwickelt hat.

Die vorgenommene Einteilung der Bindungen und Beschränkungen des Eigentums an Wasserläufen läßt sich an sich, abgesehen von denjenigen durch die Unterhaltung, auch auf das Grundwasser übertragen. Sie setzt aber einen einigermaßen gleichen Rechtszustand voraus, und das Grundwasserrecht der Wassergesetze ist sehr viel verschiedener als ihr Recht der Wasserläufe. Die Frage ist daher berechtigt, ob man, soweit das Grundeigentum das Grundwasser erfaßt, überhaupt noch von einem gleichen Inhalt sprechen kann. Drei Systeme sind zu unterscheiden.

Für das *extrem-privatrechtliche System* des Gemeinen Rechts, das außer in Hamburg, Bremen, Oldenburg, Braunschweig auch im ehemaligen Volksstaat Hessen (mit einer nicht unwichtigen Modifikation) gilt, bestehen Benutzungsbeschränkungen und Duldungspflichten nur nach Maßgabe des Bürgerlichen Rechts, d. h. der Vorschriften des Bürgerlichen Gesetzbuchs über das Eigentum oder unerlaubte Handlungen. Das Recht des Eigentümers, mit seinem Grundstück nach Belieben zu verfahren (§§ 903, 905 BGB), bezieht sich daher auch auf Einwirkungen auf das Grundwasser. Ein anderer Grundstückseigentümer, der dadurch nachteilig betroffen wird, hat gegen ihn keinen Unterlassungs- oder Schadensersatzanspruch, soweit ein solcher sich nicht aus besonderen Vorschriften ergibt. Er würde auf § 826 gestützt werden können, nicht aber auf § 823 I, da der einwirkende Eigentümer nicht widerrechtlich handelt. In einer Reihe von Entscheidungen (zuletzt RGZ 155, S. 389) hat das Reichsgericht § 909 angewandt, wenn eine Grundwasserentnahme zur Absenkung des Grundwasserstandes auf andern Grundstücken geführt und dadurch deren Boden die Stütze entzogen hat. § 1004 ist auf die Zuführung schädlicher Substanzen durch das Grundwasser anzuwenden, wenn nicht § 906 Platz greift. Die erwähnte hessische Sonderregelung hat für Wasserentziehungen durch Grundwasserförderung unter bestimmten Voraussetzungen eine Schadensersatzpflicht geschaffen (Art. 6a—6d hess. BachG); bemerkenswert ist, daß nur entschädigungsberechtigt ist, wer selbst oder durch Rechtsvorgänger die Wassernutzung seit 30 Jahren ausgeübt hat.

Das System des preußischen Wassergesetzes kann man als *gemäßigt-privatrechtliches System* bezeichnen, einmal, weil der Eigentumsgedanke hier eingeschränkt ist, dann aber auch, weil durch eine behördliche Verleihung, die aber nur fakultativ ist, Benutzungsrechte erworben werden können. Auch hier kann der Grundstückseigentümer über das Grundwasser verfügen. Gewisse Einwirkungen darauf sind aber teils schlechthin, teils wegen der sich daraus für andere ergebenden Nachteile unzulässig (§§ 200, Abs. 1, 201, 202). Daneben ist auch hier § 909 BGB anzuwenden. Ein Unterlassungsanspruch ist im wichtigsten Fall der Zutageförderung von Grundwasser unter zwei Voraussetzungen ausgeschlossen: wenn der aus ihr zu erwartende Nutzen den daraus erwachsenden Schaden erheblich übersteigt oder wenn das Unternehmen, für das sie erfolgt, dem öffentlichen Wohle dient — in diesen Fällen bestehen nur Ansprüche auf schadenverhütende Einrichtungen oder auf Billigkeitsentschädigung (§ 200 Abs. 2)[4]. Die Wasserpolizeibehörde kann gegen Einwirkungen auf das Grundwasser, die hiernach unzulässig sind, nicht einschreiten. Rechte, die dem Grundstückseigentümer nach §§ 200—202 nicht zustehen, kann er durch Verleihung erwerben (§ 203). Anders als bei Wasserläufen können aber einem andern nur mit seiner Zustimmung solche Rechte verliehen werden.

Gemischt privatrechtlich-öffentlichrechtlich sind die Systeme der drei süddeutschen Wassergesetze. Das württembergische einerseits, das badische und bayerische andererseits bilden dabei aber zwei Gruppen, die nicht unwesentlich verschieden sind. Art. 3 des *württembergischen* Wassergesetzes erinnert an die Rechte mit extrem privatrechtlichem System, wenn er den Grundstückseigentümer für befugt erklärt, unterirdisches Wasser zutage zu fördern, „sofern nicht die Vorschrift des § 226 BGB (!) Anwendung findet". Aber die Verwaltungsbehörde kann die Förderung untersagen, wenn ein „erhebliches öffentliches Interesse" verletzt wird. Ein solches kann nicht nur dann angenommen werden, wenn die Wasserversorgung einer Gemeinde beeinträchtigt wird, sondern auch, wenn bestimmte Schäden durch Beeinträchtigung des Wasserstandes eines öffentlichen (d. h. ständig fließenden) Gewässers verursacht werden. Im letzteren Falle kann die Verwaltungsbehörde von der Untersagung absehen, wenn eine nach ihrem billigen Ermessen angemessene Entschädigung gewährt wird (Art. 3 Abs. 2). — Zum Unterschied von dieser etwas komplizierten württembergischen Regelung, der man anmerkt, daß der Gesetzgeber gezaudert hat, in das Eigentum einzugreifen, nehmen das *badische* und das *bayerische* Gesetz die Grundwasserbenutzung unter eine Vorkontrolle. Zu vorübergehenden Zwecken oder zur Befriedigung bestimmten Kleinbedarfs kann der Grundstückseigentümer über das Grund-

[4] Die scheinbar in das Wassergesetz nicht hineingehörende Bestimmung des § 204 verlangt für die Fortleitung von Grundwasser die polizeiliche (nicht wasserpolizeiliche) Genehmigung. Ihr Zweck ist, auf diesem Wege die großen Grundwasserförderungen für die öffentliche Wasserversorgung unter Kontrolle zu bekommen. Daher entfällt das Erfordernis der Genehmigung, wenn das Recht zur Zutageförderung durch Verleihung erworben ist.

stück allerdings frei verfügen (§ 22 bad. WG, Art. 19 Abs. 1 Satz 2 bayer. WG). Zu einer darüber hinausgehenden Zutageförderung bedarf er vorgängiger Genehmigung oder Erlaubnis der Verwaltungsbehörde (§ 53 bad. WG, Art. 19 Abs. 1 Satz 1 bayer. WG). Sie ist aus Gründen des Gemeinwohls zu versagen, kann aber auch die Auferlegung schadenverhütender Einrichtungen oder einer Entschädigung enthalten (§ 52 Abs. 3 bad. WG, Art. 19 Abs. 2 bis 4 bayer. WG). Nach dem badischen Wassergesetz kann die Genehmigung sogar wegen der Schädigungen anderer versagt werden, außer wenn die schon bei der Verleihung von Rechten an Wasserläufen erwähnte Abwägungsklausel Anwendung findet. Auf die Verschiedenheiten zwischen beiden Gesetzen kann hier nicht eingegangen werden.

In den Rechten der ersten Gruppe scheint das Eigentum also, soweit es das Grundwasser betrifft, keinen besonderen Bindungen und Beschränkungen zu unterliegen (Ausnahme nur im hessischen Recht). Dagegen ist das in denen der beiden andern Gruppen insofern der Fall, als hier Beschränkungen von Benutzungsbefugnissen sowohl zugunsten anderer wie im öffentlichen Interesse bestehen. Auf den ersten Blick scheinen auch in diesen Rechten Duldungspflichten, die vom Bürgerlichen Recht abweichen, nicht vorhanden zu sein. Kein Grundstückseigentümer braucht einem andern zu gestatten, auf seinem Grundstück Grundwasser zutage zu fördern oder eine andere Einwirkung vorzunehmen. Das Recht dazu kann auch durch Verleihung, Genehmigung oder Erlaubnis nicht ohne Zustimmung des Grundstückseigentümers erworben werden. Anders ist es aber hinsichtlich der Folgen von Einwirkungen auf das Grundwasser, die auf *fremden* Grundstücken vorgenommen werden. Statt eines Unterlassungsanspruchs besteht auch hier vielfach nur ein (im Einzelfall verschieden konstruierter und verschiedenen Inhalt besitzender) Entschädigungsanspruch. Nicht nur nach badischem Recht, sondern auch nach preußischem können Benutzungen des Grundwassers, die sich auf das Eigentum eines andern schädlich auswirken, gemäß der Abwägungsformel gegen Entschädigung zugelassen werden (§ 203 Abs. 2 pr. WG verweist auf § 50).

Das Grundwasserrecht der Wassergesetze wird also nicht von gleichen Gedanken beherrscht. Der *Gemeinschaftsgedanke*, der bei den Wasserläufen zu Beschränkungen der Benutzung zugunsten anderer Privatinteressen führt, wird in den extrem-privatrechtlichen Gesetzen, die einer früheren Epoche der Wasserrechtsentwicklung entstammen, noch nicht vertreten (eine Ausnahme bildet nur die später eingefügte Sonderregelung des hessischen Bachgesetzes). Aber auch das württembergische Wassergesetz gelangt zu solchen Beschränkungen nur auf dem Umweg über das „erhebliche öffentliche Interesse“ (Art. 3 Abs. 2), und das bayerische Recht billigt eine Entschädigung nur einem Betroffenen zu, dessen Wasserbenutzung mindestens 30 Jahre gedauert hat (Art. 19

Abs. 3). Nur im bayerischen und badischen Recht (und im preußischen bei der Fortleitung des Wassers) wird das öffentliche Interesse am Grundwasser durch *präventive Kontrolle* geschützt (im württembergischen Recht scheint sich allerdings eine vorherige behördliche Prüfung von Plänen größerer Grundwasserbenutzungen tatsächlich herausgebildet zu haben). Da eine *Ordnung der Duldungspflichten* wohl nur im Zusammenhang mit der Festsetzung von Beschränkungen der Benutzung zum Schutz privater Interessen erfolgen kann, besteht sie (mehr oder weniger befriedigend) nur im badischen und preußischen Recht; in den Rechten der ersten Gruppe ist der Zustand insofern anarchisch.

Eine *Umgestaltung des Grundwasserrechts*, die den Erfordernissen der heutigen Wasserwirtschaft entspricht, wird seit langer Zeit verlangt. Bei ihr würden in mehreren Rechtsgebieten die bisherigen Rechte des Grundeigentümers eingeschränkt werden müssen. Wären darin enteignungsgleiche Maßnahmen zu erblicken? Wie eben gesagt, kann man für das Grundwasser anders als für die Wasserläufe nicht behaupten, daß die drei aus der Natur des Wassers sich ergebenden Gedanken: Gemeinschaftsgedanke, Betonung der öffentlichen Interessen, Möglichkeit der Zulassung neuer Benutzungen gemäß der Abwägungsformel unter Entschädigung bereits Gemeingut der Wassergesetze sind. Daß aber eine *Tendenz zu ihrer Anerkennung* in den moderneren Wassergesetzen (dem preußischen und den drei süddeutschen) zu erkennen ist, läßt sich nicht bestreiten. Es wäre zwar Enteignung oder enteignungsgleiche Maßnahme oder Überführung in eine Form der Gemeinwirtschaft (Art. 15 GG), wollte man dem Grundeigentümer die Verfügung über das Grundwasser absprechen. Darum handelt es sich hier aber nicht, sondern um die Verwirklichung von Gedanken, gegen deren Vereinbarkeit mit dem Grundeigentum, soweit es das Grundwasser betrifft, noch niemals Bedenken erhoben sind und die für die Oberflächengewässer heute fast durchweg, wenn auch in verschiedener Form, gelten. Das hat um so mehr Bedeutung, als heute anerkannt ist, daß eine isolierte rechtliche Behandlung der Oberflächengewässer einerseits, des Grundwassers andererseits, nicht möglich ist. Zweckmäßigkeitserwägungen mögen getrennte Regelungen in verschiedenen Abschnitten eines Gesetzes rechtfertigen. Die Folgen von Einwirkungen auf beide Arten von Gewässern lassen sich aber nicht trennen, müssen daher auch gleichem Recht unterworfen werden. Werden die oben aufgezählten drei Gedanken daher für das Grundwasser angewendet, ausgebaut oder in ihrer Anwendung zweckmäßiger gestaltet, so liegt darin kein Eingriff in das Grundeigentum, sondern eine sinngemäße Fortbildung seines Inhalts in Beziehung auf das Grundwasser.

Der Entwurf des *Wasserhaushaltsgesetzes* hat sich darauf beschränkt, für die „Benutzungen" des Grundwassers (§ 3) mit Ausnahme bestimmter Gruppen, die im Einzelfall verhältnismäßig geringe Bedeutung haben (§ 37), eine behördliche Erlaubnis oder Bewilligung vorzuschreiben (§ 2

Abs. 1). In dieser Einführung des Erfordernisses einer Erlaubnis oder Bewilligung liegt keine enteignungsgleiche Maßnahme. Sie ist nur eine Anwendung schon geltender Vorschriften des badischen und des bayerischen Wassergesetzes und (wie nicht übersehen werden sollte) des preußischen Wassergesetzes über die Grundwasserfortleitung. — Die eigentliche Fortentwicklung des Eigentumsrechtes ist Sache der Länder. Meine grundsätzliche Stellungnahme zu den dafür bestehenden Möglichkeiten ergibt sich aus dem eben Gesagten; auf Einzelheiten kann ich nicht eingehen.

Das Eigentum an *Grundstücken im örtlichen Bereich eines Wasserlaufs* ist in den Wassergesetzen vielfach beschränkt, um die Gewässerbenutzung oder -unterhaltung oder den Schutz gegen Wassergefahr zu erleichtern. In fast allen Wassergesetzen gibt es Bestimmungen zur Erleichterung der Schiffahrt (Leinpfadpflicht, Pflicht zur Duldung des Anlegens von Schiffen und Aussetzens der Ladung in Notfällen), über Duldungspflichten im Interesse der Wasserlauf-Unterhaltung (Duldung von Anlagen auf den Ufergrundstücken, der Ablagerung des Aushubs, der Entnahme von Baumaterialien, Pflicht zur Uferbepflanzung), über Beschränkungen der Benutzung in Hochwassergebieten. Diese Pflichten sind nur teilweise mit Entschädigungsansprüchen verbunden.

Eine zweite Gruppe bilden die Eigentumsbeschränkungen auf Grund *wasserrechtlicher Zwangsrechte.* Der Begriff schwankt; nach manchen Wassergesetzen gehört z. B. auch die Leinpfadpflicht dazu. Als dazu gehörig mögen der Anschluß von Stauanlagen an ein Ufergrundstück, die Duldung der Durchleitung von Wasser oder Abwasser, die Mitbenutzung von Anlagen erwähnt werden. Hervorhebung verdient, daß auch hier die Abwägung von Vorteilen und Nachteilen nach der schon erwähnten Abwägungsformel mit Entschädigungspflicht eine Rolle spielt.

Zu den wasserrechtlichen Bindungen und Beschränkungen gehört schließlich, daß außerhalb eines Bettes abfließendes Wasser aufgenommen werden muß, die Änderung seines Abflusses geduldet werden muß usw. Auch darauf kann hier nicht eingegangen werden.

III.

Die Entscheidung des Bundesgerichtshofs über die Bausperren, von der hier ausgegangen wurde, hatte zu dem Ergebnis geführt, daß neben den Eingriffen in das Eigentum, die sich als Enteignung darstellen oder „enteignungsgleich" behandelt werden müssen, bei den städtischen Grundstücken im Interesse der Bebauung Bindungen und Beschränkungen bestehen, die entschädigungslos zu dulden sind. Der Bundesgerichtshof hat sich dafür auf das gestützt, was traditionell für die Ordnung der Bebaubarkeit erforderlich ist. Er hat also eine empirische Methode angewendet. In ähnlicher Weise ist hier vorgegangen worden, nur daß es möglich war, die Bestimmungen der Wassergesetze heranzuziehen. Auch diese verkörpern eine Tradition, und stärker noch als bei der Beeinflussung des Eigentums durch die Bebauung innerhalb der Gemeinde drücken sich in ihnen bestimmte Rechtsanschauungen aus. Natürlich kann das Ausgehen von den Grundgedanken des traditionell Geltenden nicht zu logisch zwingenden Ergebnissen für den Inhalt des Eigentums führen, und auch die Schärfe der Abgrenzung mag manchmal zu wünschen übrig lassen. Aber es ist wohl der einzige Weg, auf dem man in dieser Beziehung überhaupt weiter kommt.

Als allgemeines Ergebnis kann festgestellt werden, daß auch auf dem Gebiet des Wasserrechts keineswegs in allen Fällen, in denen das Eigentum beschränkt wird, eine Enteignung oder eine enteignungsgleiche Maßnahme vorliegt. Insbesondere sind es nicht nur Gründe des Gemeinwohls, die solche Beschränkungen zulässig machen. Die behördliche Zulassung von Benutzungen fremder Grundstücke oder von mittelbaren Einwirkungen auf sie gegen Entschädigung gemäß der Abwägungsformel ist ein Rechtsinstitut, das neben der Enteignung steht und volle Berechtigung hat. Freilich wird es auf andere Verhältnisse wohl nicht zu übertragen sein. Eine gewisse Verwandtschaft damit hat die gleichfalls gegen Entschädigung zu duldende, durch den Betriebsplan gestattete Einwirkung auf Grundstücke durch den Bergbau.

DIE STRUKTUR DER PFANDRECHTE UND REALLASTEN

Zugleich ein Beitrag zum Problem der subjektlosen Rechte

Von Dr. ULRICH VON LÜBTOW

oö. Professor an der Freien Universität Berlin

I. Die Pfandrechte

Philipp Heck[1] hat zutreffend betont, daß die Konstruktionsfrage für Reallasten und Pfandrechte, die in besonders hohem Maße methodisches Interesse bietet, gemeinsam erörtert werden muß, weil die Problemlage bei beiden Rechtstypen die gleiche ist. Da das Pfandrecht seiner praktischen Bedeutung nach im Vordergrund steht, beschäftigt sich die Literatur vorwiegend mit ihm.

Die Schwierigkeiten, die bei den vielfältigen Versuchen einer konstruktiven Erfassung des Pfandrechts, insbesondere des Grundpfandrechts, aufgetaucht sind[2], beruhen vor allem auf dem begriffsjuristischen Glauben an das Dogma von der „akzessorischen Natur" des Pfandrechts (Anlehnungsdogma). Es ist vom BGB und der Rechtslehre aus dem gemeinen Recht übernommen worden[3]. Indessen stehen die Strukturvor-

---

[1] Sachenrecht, 439.

[2] Überblick bei *Wolff*, Sachenrecht, 1932, 467ff.; *Planck-Strecker*, Vorbem. 3 vor § 1113; *Westermann*, Sachenrecht², 1953, 437, 439ff. Auf die Terminologie des Gesetzes darf nicht allzu viel Gewicht gelegt werden. Es gibt kaum eine Vorschrift, auf die sich nicht die eine oder andere Theorie mit einem Schein des Rechts berufen könnte. Daher muß jede Theorie ihre Begründung nicht in den Gesetzesworten, sondern in erster Linie im Gesamtinhalt des Gesetzes finden. Seitdem man sich mit der Struktur der fraglichen Rechte zu beschäftigen begann, entstand ein wahrer Rattenschwanz von Fragen und Rätseln, den man bisher nicht zu entwirren vermochte. Denn jede aufgestellte These fand prompt ihre Gegner, und auch die bisher am besten begründeten Theorien des Bekommensollens und des dinglichen Verwertungsrechts wiesen schwache Stellen auf, wo sich einhaken ließ. Die erstgenannte ist mit der zweitgenannten übrigens durchaus vereinbar. Sie weist die meiste Ähnlichkeit mit der hier vertretenen auf.

[3] Im klassischen römischen Recht galt es nicht: *Heck* a. a. O. 503ff.; *Küchler*, Sicherungsgrundschuld, 11ff.; *von Lübtow*, Schenkungen der Eltern an ihre minderjährigen Kinder, 82. Weitere Lit. bei *Kaser*, RPR I, 392 A. 39. Der Prätor macht in der *formula hypothecaria* das Erlöschen des Pfandrechts nicht vom Erlöschen der persönlichen Forderung abhängig, sondern von der Zahlung der Geldsumme, der Gewährung einer anderweitigen Sicherheit oder dem Annahmeverzug des Gläubigers: '.... *eamque pecuniam neque solutam neque eo nomine satisfactam esse neque per Aᵐ Aᵐ stare quo minus solvatur* .... ' (vgl. *Heck* a. a. O. 505; *Wesenberg*, Der Zusammenfall in einer Person von Hauptschuld und Bürgschaftsschuld im klas-

stellungen des BGB zu dem Inhalt seiner Rechtssätze in unvereinbarem Widerspruch, wie *Stampe*[4] und *Heck*[5] gezeigt haben. Es gibt nämlich drei typische Fälle, wo die Forderung irgendwie gehemmt wird, und trotzdem eine andere Behandlung des Pfandrechts erfolgt. 1. Der Pfandeigentümer kann sich nicht darauf berufen, daß die Forderung verjährt ist (§ 223 I). 2. Im Konkurse des Schuldners darf der Gläubiger wegen seiner persönlichen Forderung nicht vollstrecken (§ 14 KO), dagegen steht ihm im Hinblick auf sein Pfandrecht die Befugnis zur abgesonderten Befriedigung zu (§§ 47, 48 KO). 3. Wenn in einem Zwangsvergleich die Forderung herabgesetzt wird, geht zwar der erlassene Teil nach herrschender Ansicht nicht schlechthin unter, sondern bleibt als unerzwingbar, aber erfüllbar übrig[6]. Aber ein Grund- oder Mobiliarpfand-

---

sischen röm. Recht, 1935, 31f.). Die Ulpianstelle D. 46, 3, 43: *In omnibus speciebus liberationum etiam accessiones liberantur, puta adpromissores hypothecae pignora* ist aller Wahrscheinlichkeit nach interpoliert (vgl. *Wesenberg* 32 mit Lit. A. 93; weitere Nachw. im Ind. Itpl.; siehe zum Akzessorietätsprinzip auch *Flume*, Studien zur Akzessorietät der röm. Bürgschaftsstipulationen, 1932, 5ff.; *Kaser*, RPR I, 554f. mit weit. Lit.). Marcianus D. 20, 1, 5 pr. läßt eine Pfandbestellung auch dann zu, wenn eine *obligatio futura* vorliegt. Die Echtheit der Marcianstelle ist stark umstritten (siehe die Angaben im Ind. Itpl.), aber wohl im Kern nicht zu beanstanden. Der Jurist schrieb wahrscheinlich: *sed et dari possunt (sc. hypothecae), si obligatio futura est.* Die wirksame Begründung des Pfandrechts widerspricht dem Akzessorietätsdogma; denn die künftige Forderung ist eben für die Zwischenzeit eine nicht bestehende (vgl. für das moderne Recht unten S. 348ff.). Auch die Bürgschaft (*fideiussio*) kann im Fall einer bedingten oder zukünftigen Forderung bestellt werden (Ulpianus D. 46, 1, 6, 2), jedoch ist eine Klage gegen ihn natürlich noch nicht zulässig (Iavolenus D. 5, 1, 35). Der Rang wurde anscheinend dem Pfandrecht grundsätzlich aber nur dann gewährt, wenn es nicht mehr vom Belieben des Pfandbestellers abhing, ob die künftige Forderung wirklich zustande kam (*Oertmann*, Rechtsbedingung, 188f. mit Quellenstellen).

Bei Gaius D. 20, 1, 4 (= D. 22, 4, 4) heißt es, daß die Hypothek zur Sicherung einer Obligation (*propter aliquam obligationem*) bestellt wird. Indessen dürfte das ganze Fragment eine vorjustinianische Glosse sein (vgl. Ind. Itpl.).

Nach der Rekonstruktion der *formula hypothecaria*, die *Lenel* für richtig hält, hat die *actio* einen Hinweis auf die akzessorische Natur des Pfandrechts enthalten (vgl. *Heck* 504 mit A. 1; *Küchler* a. a. O.): '*convenisse, ut ea res pignori hypothecaeve esset propter pecuniam debitam ....*'. Jedoch läßt der bereits zitierte zweite Bestandteil der Formel klar erkennen, daß es nicht auf das Erlöschen der Obligation, sondern auf die Zahlung des Geldes oder ihr gleichgestellte Vorgänge ankommt. Die innere Harmonie zwischen den beiden Klauseln wird hergestellt, wenn man die Worte '*propter pecuniam debitam*' streicht. Sie sind überflüssig und geben nur Anlaß zu Mißverständnissen. Der zweite Bestandteil der Formel müßte dann beginnen: '*et pecuniam acceptam ....*'.

[4] Das Aufwertungsurteil des Reichsgerichts, 1924, 37ff., 59.

[5] a. a. O. 329. Gegen das Dogma wendet sich ausführlich auch *Vinding Kruse*, Eigentumsrecht III, 1936, 1837ff., während *Gadow*, JahrbAkDR 1938, 111ff., den Anlehnungsgrundsatz für das Fahrnispfandrecht verteidigt. Vgl. auch *K. Blomeyer*, DRW 1941, 244f.

[6] Näheres unten S. 333ff.

recht kann trotzdem zwangsweise realisiert werden (§ 193 S. 2 KO). Dagegen gehören die Bestimmungen, wonach der Eigentümer der mit einem solchen Pfandrecht belasteten Sache sich nicht darauf berufen kann, daß der Erbe des Schuldners nur beschränkt haftet (§§ 1137 I 2, 1211 I 2), nicht hierher; denn die Schuld bleibt in vollem Umfang bestehen; nur die Haftung ist beschränkbar[7].

Die drei typischen Fälle, in denen die Forderung versagt, zeigen, daß das Akzessorietätsdogma falsch sein muß. *Stampe*[8] hat in diesem Zusammenhang auf die Notwendigkeit hingewiesen, die Begriffssprache des BGB durch neue Rechtsbegriffe zu ergänzen oder zu ersetzen, die seinem Gesamtinhalt besser entsprechen. Der von ihm geprägte Begriff des „Anrechts" ist geeignet, die entscheidende Rolle, die bisher die „Forderung" spielte, zu übernehmen[9]. Es ist ein subjektives Recht, das als solches allerdings keine Zwangsbefugnis enthält, und besteht in dem von der Rechtsordnung anerkannten Interesse des Berechtigten, einen Gegenstand empfangen und behalten zu dürfen. Das Anrecht ist entpersönlicht, der Empfangnahmeeffekt objektiviert. Sein Träger ist ein bloßer Empfänger. Es wird nicht das Tun einer bestimmten Person erstrebt, sondern eine bestimmte Empfangnahme bezweckt. Auf welche Weise gegeben wird, und wer gibt, ist nicht von entscheidender Bedeutung. Diese Objektivierung geht sogar soweit, daß das Anrecht auch dann besteht, wenn keine Person als Anrechtsgegner vorhanden ist[10].

Ist eine Wertbewegung dazu bestimmt, das Eigentumsrecht an einem Gegenstand zu verschaffen, so erzeugt sie ein Anrecht auf das Eigentum. Dieses Anrecht gehört weder zu den obligatorischen noch zu den dinglichen Rechten, sondern steht über diesen beiden Gruppen. Es kann

---

[7] *von Tuhr*, Allgem. Teil I, 112f.; *Endemann*, Erbrecht, 836; *von Schwerin*, Schuld und Haftung, 32 mit A. 27; *Schreiber*, Schuld und Haftung I, 119ff.; *Buch*, Schuld und Haftung, 51ff; *Strohal*, Leipziger Festgabe für Binding, 43 A. 83; *Kreß*. Allgem. Schuldrecht, 549 A. 37. Abweichend *Stampe* und *Heck* a. a. O.

[8] a. a. O.

[9] Darauf wurde schon JR 1950, 493 hingewiesen (*Palandt-Hoche*, Überblick vor § 1113 Ziffer 1 S. 1122). Von einem „Anrecht" hat bereits *Schreiber*, Schuld und Haftung I, 1914, 21ff., 45ff. (dazu *Buch*, Schuld und Haftung, 67ff.; *Hellmann*, KritVjschr. 53, 43ff.; *Siber*, Gruch.Beitr. 62, 267ff.) gesprochen, aber nicht mit derselben Prägnanz wie *Stampe*. Das „reine" Anrecht betrachtet *Schreiber* nicht als subjektives Recht, da es als solches nicht durchsetzbar sei. Die Aktivseite der Haftung nennt er „Deckung", die Aktivseite der Schuld jedoch „Anrecht". Es könne ein relatives Recht sein, wenn das Gesetz ein anderes Rechtssubjekt bezeichne, dem gegenüber es bestehe, aber auch ein absolutes Recht, wenn eine solche Bezeichnung fehle. Es stelle sich dar als der Zweck, den das Recht mit seinem Befehl an den Schuldner verfolge. Aber ist denn der bloße Zweck selbst ein Recht? Nach *Schreiber* gibt es auch Anrechte ohne Schuld. Als Beispiel wird das Anrecht auf Zahlung aus einem herrenlosen Grundstück genannt. Das Anrecht richte sich deshalb lediglich auf einen Erfolg, der dem Berechtigten nach dem Willen des Gesetzes werden solle, gleichviel ob dieser Erfolg durch Leistung oder sonstwie bewirkt werde.

[10] Vgl. unten S. 383.

freiwillig befriedigt werden. In der Regel ist jedoch der Inhaber des Anrechts nicht lediglich auf den guten Willen des Schuldners angewiesen, sondern darf es zwangsweise durchsetzen. Trotzdem muß aber das Anrecht begrifflich vom Zwang getrennt werden. Seiner zwangsweisen Verwirklichung dienen vor allem schuldrechtliche und sachenrechtliche Mittel. Sie greifen des öfteren nebeneinander Platz und dienen dann demselben Zweck. Aber notwendig ist dies nicht. Es kann nämlich auch das eine oder das andere gegeben sein. Das schuldrechtliche Mittel ist die Forderung (Leistungsanspruch). Sie ist, wenn es sich um ein Anrecht auf Geld-Eigentum handelt, mit einem Zugriffs- oder Deckungsrecht[11] verbunden, welches das Vermögen des Schuldners als Einheit erfaßt, soweit es der Zwangsvollstreckung offensteht. Insofern hat es eine ähnliche Funktion wie das dingliche Zugriffsrecht (Pfandrecht). So erklärt es sich, wenn der Code civil von einem pfandartigen Charakter der allgemeinen Vermögenshaftung spricht, von einer Art *hypotheca omnium bonorum*: „*Les bien du débiteur sont le gage commun de ses créanciers*“[12]. Das mit einer Forderung verknüpfte Zugriffsrecht hat an sich nur relative Wirkung[13]. Es steht dem Austausch und Wechsel der Vermögensgegenstände nicht entgegen. Durch wirksame Veräußerung scheiden sie aus dem Zugriffsbereich aus, es sei denn, daß der Gläubiger gerade jene Gegenstände zuvor mit Beschlag belegt hat. Wenn mehrere selbständige Zugriffsrechte verschiedener Gläubiger miteinander kollidieren, gilt der Grundsatz der Prävention. Der Konkurs regelt die Kollision dagegen anders. Er bezweckt die gemeinsame, gleichmäßige, anteilmäßige und ausschließliche Befriedigung aller gegenwärtigen Gläubiger. Es herrscht also der Grundsatz der Verlustgemeinschaft[14]. Zu einer größeren Sicherheit des Gläubigers führt es, wenn ihm neben der Forderung als dingliches Mittel ein Pfandrecht zusteht. Es erfaßt ein einzelnes Sachgut als individuell bestimmtes Befriedigungsobjekt. Der Pfandgegenstand bleibt ihm unterworfen, einerlei in wessen Hände er gelangt. Bei einer Konkurrenz mit persönlichen Gläubigern führt das dingliche Zugriffsrecht zur vorzugsweisen Befriedigung des Pfandgläubigers. Kollidieren die Zugriffsrechte verschiedener Pfandgläubiger, so entscheidet über die Reihenfolge ihrer Befriedigung der Rang, in dem sie zueinander stehen[15].

---

[11] Vgl. *Otto von Gierke*, DPR III, 32f.; *Planck-Siber*, Recht der Schuldverhältnisse (Allgem. Teil), 19; *Hellwig-Oertmann*, System des Deutschen Zivilprozeßrechts II, 223; *Baumgarten*, Die Wissenschaft vom Recht II/III, 143; *Stampe* a.a.O. 33, 39ff.; *Enneccerus-Lehmann*, Schuldrecht[14], 10. Das Zugriffsrecht ist materiellrechtlicher Natur. Das Prozeßrecht gewährt nur die Mittel, um es zu realisieren (vgl. *Buch*, Schuld und Haftung, 18; *Kreß*, Allgem. Schuldrecht, 550 A. 40).

[12] Vgl. *Kohler*, ArchzivPrax. 91, 174; *Heck* a. a. O. 315.

[13] *Hellwig-Oertmann* a. a. O. 222.

[14] *Pagenstecher*, Der Konkurs[3], 1f.

[15] *Endemann*, Sachenrecht, 701f.; *Heck*, Sachenrecht, 318; *Larenz*, Schuldrecht I, 14f.

Nun begegnen auch Anrechte, denen jedes Durchsetzungsmittel fehlt, die aber freiwillig befriedigt werden können. Das BGB bestimmt, daß durch Spiel, Wette und Heiratsvermittlung keine Verbindlichkeit begründet wird, aber das Geleistete nicht zurückgefordert werden kann (§§ 762, 656). Aus dem Ausschluß der *condictio indebiti* wird von der vorherrschenden Meinung gefolgert, daß wenigstens eine Naturobligation oder natürliche Verbindlichkeit vorliegen müsse, da nur Schulden erfüllt werden könnten[16]. Aber Forderung des Einen und Schuld des Anderen sind Korrelate, von denen im Sinn unseres Gesetzes (§ 241) keines ohne das andere bestehen kann[17]. Wenn daher das Gesetz ausdrücklich bestimmt, eine Verbindlichkeit werde nicht begründet, so liegt kein Grund vor, diese Versicherung als etwas scharf pointiert unberücksichtigt zu lassen[18]. Es ist also ein Irrtum anzunehmen, daß der Kausaltatbestand einer Wertbewegung, die Eigentum verschaffen soll, stets eine entsprechende Forderung erzeugt[19]. Es gibt eben Rechtsgrundgeschäfte, denen keine Verpflichtung entspringt[20]. Nach der Lehre *Krückmanns*[21] und *Sibers*[22] bilden sie Erwerbsgründe oder Erwerbstitel *(causae, tituli*

[16] Vgl. z. B. *Staudinger-Weber*, Recht der Schuldverhältnisse, Einleitung Ziffer 138, 160, 161; *Palandt-Danckelmann*, Einl. zu Buch II A. 4, *Palandt-Gramm*, A. 2b zu § 762; RGRK A. 3 zu § 762; *Esser*, Schuldrecht, 383; vgl. aber auch S. 37; *Erman-Böhle-Stamschräder*, Einl. zu Buch II, A. 6; *Molitor*, Schuldrecht I, 10f.; II, 128. Zweifelnd *Oertmann*, HdR V, 363. Weitere Literatur bei *Kaestner*, Die rechtl. Natur der unvollkommenen Verbindlichkeiten, 1933, 48 A. 2 und 3, sowie bei *Staudinger-Weber* a. a. O. S. 43f. *Henle*, Allgem. Teil, 336; Schuldrecht, 11 (ihm zustimmend *Staudinger-Weber* a. a. O. Ziffer 169), schließt aus der Tatsache, daß die freiwillige Leistung nicht zurückgefordert werden kann, es sei eine unklagbare Rechtspflicht vorhanden. Aber weil hier „keine Verbindlichkeit" existiert, so folgt daraus, daß auch keinerlei prozessualer Rechtsschutz erteilt werden kann. Die Klaglosigkeit ist hier nur die Folge der zivilrechtlichen Rechtsgestaltung: *Hellwig*, Lehrbuch I, 197 mit A. 31; ihm ebenfalls zustimmend *von Tuhr*, Allgem. Teil I, 95 A. 7. Die Stellungnahme *von Tuhrs* a. a. O. 95f. ist im übrigen widerspruchsvoll. Er gibt zunächst zu, daß die materiellrechtliche Befugnis, die Leistung zu verlangen, fehlt, und deshalb eine Verbindlichkeit im Sinne des § 241 nicht existiert. Er kann sich dann jedoch den Ausschluß der Rückforderung nicht anders erklären als durch die Annahme, daß eine Verpflichtung zur Leistung ohne gegenüberstehendes Recht besteht.

[17] *Von Tuhr* a. a. O. 95.

[18] *Planck-Siber*, Recht der Schuldverhältnisse (Allgem. Teil), Vorbem. S. 29; *Siber*, Schuldrecht, 10; *Dümchen*, Iher. Jahrb. 54, 392; *Strohal*, Iher. Jahrb. 57, 291; *Reichel*, ebendort 59, 425; *Enneccerus-Lehmann*, Schuldrecht, 15, 754 mit A. 9; *Lehmann*, HdR IV, 194; *Leonhard*, Allgemeines Schuldrecht, 19; Besonderes Schuldrecht, 307; *Stampe* 38; *Kaestner* 48ff.; *Nikisch*, Bürgerl. Recht, Recht der Schuldverhältnisse I, 14; *Larenz*, Schuldrecht I, 11; *A. Blomeyer*, Allgem. Schuldrecht, 20.

[19] *Stampe* a. a. O. 36, 39.

[20] *Siber*, Iher. Jahrb. 70, 230 bis 244; Schuldrecht, 171ff., besonders 174; *Kaestner* 46.

[21] Iher. Jahrb. 57, 16ff.; Einführung in das Recht, 120ff.; Institutionen[5], 397ff.

[22] *Planck-Siber* a. a. O. 28; Iher. Jahrb. 70, 244; Gedenkschrift Mitteis, 85; Schuldrecht, 19, 116, 130, 250, 263f., 358, 428. Ihnen zustimmend u. a. *Lehmann*, HdR IV, 194f.; *Heck*, Schuldrecht, 70; *Kaestner*, 45f.; *Nikisch* a. a. O.

acquirendi), die den Erwerb des nicht geschuldeten Leistungsgegenstandes rechtfertigen und die Befugnis zum Behalten der Leistung verleihen *(„soluti retentio")*. Diese Konzeption weist nun allerdings eine Lücke auf. Bis zur Leistung würde nämlich ein rechtliches Nichts vorliegen. Das Behaltungsrecht, dem eine Belassungspflicht entspricht, setzt den vollzogenen Erwerb voraus: Wenn man die Leistung empfangen hat, darf man sie behalten. Logischerweise ist aber ein Recht notwendig, das einen Erwerb gestattet. Dieses Erwerbsrecht ist das Anrecht, aus dem sich die Befugnis ergibt, das Empfangene dauernd zu behalten. Es handelt sich also nicht um einen bloßen rechtlichen Erwerbstitel. Nur fehlt dem Berechtigten die Befugnis, sein Anrecht zwangsweise durchzusetzen. Das Gesetz selbst spricht von „Schulden" und ihrer „Erfüllung" (§§ 762 II, 656 II). Deshalb soll es sich nach *Kaestner*[23] nicht um Rechtsschulden handeln, weil andernfalls ein Widerspruch zu den Absätzen I der genannten Paragraphen vorliegen würde, sondern um Schulden kraft Sitte. Dieser Schluß überzeugt jedoch nicht. *Kaestner*[24] hält die Wortwahl des Gesetzgebers für unglücklich, aber nicht vermeidbar, weil es an einem geeigneten Ausdruck fehle. Er übersieht, daß auch Rechtsbegriffe vorhanden sein können, die in der Gesetzessprache keinen klaren Ausdruck gefunden haben[25]. Dazu gehört der Begriff des Anrechts. Die Begleichung des Ehemäklerlohnes, die auf Grund von Spiel und Wette geleisteten Zahlungen bezwecken die Befriedigung dieses Rechts.

Der Begriff des Anrechts ist auch geeignet, den schon erwähnten Tatbestand des § 193 S. 2 KO zu klären. Diese Vorschrift sowie § 82 II VerglO bestimmen fast gleichlautend, daß die Rechte der Gläubiger gegen Mitschuldner, Bürgen und aus dinglichen Sicherungen nicht berührt werden. Die in Theorie und Praxis herrschende Lehre[26] zieht hieraus den Schluß, daß die Konkursforderung in Höhe des erlassenen Betrages als natürliche Verbindlichkeit oder haftungslose Schuld fortbesteht. Sie glaubt, den § 193 S. 2 nicht anders erklären zu können, weil Bürgschaft und Pfandrecht streng akzessorische Rechte seien, die beim Erlöschen der Hauptschuld untergehen müßten. Es ist dieselbe *petitio principii*, deren sich schon die byzantinische Jurisprudenz schuldig macht:

---

[23] a. a. O. 50.

[24] a. a. O.

[25] *von Schwerin*, Schuld und Haftung, 6; *Buch*, Schuld und Haftung, 15.

[26] *Jaeger* A. 5 zu § 193 KO mit Lit. und Rechtspr. Weitere Angaben bei *Kaestner* 65 A. 1 und 2. Siehe ferner *Jaeger*, Lehrbuch des Deutschen Konkursrechts[8], 195f.; *Boehmer*, Reichsgerichts-Festschr. III, 244; *Pagenstecher*, Konkurs[3], 124 A. 2; RG 160, 138f.; *Enneccerus-Lehmann*, Schuldrecht, 15; *Küchler* a. a. O. 63, 72; *Lent*, Zwangsvollstreckungs- und Konkursrecht[4], 159. Besonders bezeichnend *Oertmann*, HdR V, 363. Er sagt, ohne Zuhilfenahme des Begriffs der natürlichen Verbindlichkeit müßte die Forthaftung des Bürgen als eine seltsame Folgewidrigkeit erscheinen.

remanet ergo propter pignus naturalis obligatio[27]. Um den offenbaren Verstoß gegen das Anlehnungsdogma zu maskieren, wird einfach eine Naturalobligation fingiert. „Es ist nicht mehr die Forderung, welche die Grundlage für das Pfandrecht bildet, sondern das Pfandrecht bildet die Grundlage für die Forderung"[28]. Diese Umkehrung stellt das sonst angenommene logische Verhältnis von Forderung und Pfandrecht geradezu auf den Kopf. Der Zwangsvergleich setzt die Forderung des Konkursgläubigers auf die Vergleichsquote herab. Soweit die Schuld erlassen wird, geht sie unter. Die §§ 196, 197 KO sprechen ausdrücklich von vergleichsweisem Erlaß der Forderung. Dieser direkten Versicherung des Gesetzes ist unbedingt Glauben zu schenken. Es bleibt vielleicht eine sittliche Pflicht zurück, den Gläubiger auch insoweit zu befriedigen (§ 814). Von einer wenngleich abgeschwächten Rechtspflicht kann jedenfalls keine Rede sein[29]. *Kaestner*[30] glaubt sich daher resigniert damit abfinden zu müssen, die Fortdauer von Bürgschaft und Pfandrecht als Ausnahme von der Regel des Akzessorietätsgrundsatzes anzusehen[31]. Diesen methodisch unzulänglichen Weg, den begrifflichen Widerspruch zu überbrücken, hat gelegentlich auch das Reichsgericht (136, 129f.; 148, 66f.) beschritten und erklärt, der Sicherungszweck, die Gläubiger vor der Zahlungsunfähigkeit des Schuldners zu schützen, führe hier dazu, das Prinzip der Akzessorietät preiszugeben. In der Tat sind Bürgschaft und Pfandrecht gerade dazu geschaffen worden, dem Gläubiger Schutz gegen einen etwaigen Vermögensverfall des Schuldners zu gewähren. Wäre der Teilerlaß auch den persönlichen oder dinglichen Sicherheiten gegenüber wirksam, so würde dieser Zweck in

---

[27] D. 36, 1, 61 pr. Dazu *Beseler*, Beitr. IV, 183; *Siber*, Festschr. Mitteis, 70; *von Lübtow*, Schenkungen, 80ff.; *Vinding Kruse*, Eigentumsrecht III, 1838.

[28] *Windscheid-Kipp*, Pandektenrecht I[9], 1132. Ebenso heißt es bei *Weiß*, Inst.[2], 251: „Das Pfandrecht bleibt bestehen und als begriffliche Folge davon auch die Forderung, soweit sie im Pfandrechte Deckung findet." Dieselbe Umkehrung des Akzessorietätsverhältnisses nehmen *Staudinger-Kober*, A. 7 zu § 1113 (S. 1040), für die Verkehrshypothek an.

[29] *Reichel*, Iher. Jahrb. 59, 429; *Stampe* a. a. O. 38; *Kaestner* a. a. O. 67.

[30] a. a. O. 66.

[31] Ebenso bereits *Planck-Siber* a. a. O. 23; *Gadow* a. a. O. 116 meint, in allen „typischen Versagensfällen" siege der Sicherungszweck der Pfandbestellung oder, wie sich auch sagen ließe, das Interesse des Gläubigers über die folgerichtige Durchführung des Anlehnungsgrundsatzes. Aber der Sicherungszweck ist die einzige Aufgabe des Pfandrechts. Wenn er hier mit elementarer Gewalt das Dogma durchbricht *(naturam expelles furca, tamen usque recurret)*, so sollte man darin nicht ein reines Gebot der Zweckmäßigkeit erblicken, wie *Gadow* a. a. O. 115 es tut, — das würde den Verzicht auf jede Dogmatik bedeuten — vielmehr sollte man lieber daraus die Folgerung ziehen, daß das Dogma unrichtig sein muß. Bei einem Widerstreit der einzelnen Normen sind diejenigen für die Begriffsbestimmung entscheidend, die mit begrifflicher Notwendigkeit aus dem richtig verstandenen Zweck des Rechtsinstituts folgen (vgl. *Eugen Fuchs*, Grundbegriffe des Sachenrechts, 71).

einem der praktisch wichtigsten Fälle nicht erreicht werden[32]. Trägt das Gesetz dem in den Vorschriften der §§ 193 S. 2 KO, 82 II VerglO Rechnung, so sollte man sie nicht mit der Krücke einer Fiktion stützen oder in ihnen begriffswidriges exzeptionelles Recht erblicken, sondern einen begriffsmäßigen Rechtsgrundsatz sehen. Dies bedeutet aber, daß Bürgschaft und Pfandrecht in Wahrheit ein Anrecht sichern. Fällt die Forderung ganz oder teilweise durch den Zwangsvergleich weg, so verbleiben die gestellten Sicherheiten dem Berechtigten trotzdem uneingeschränkt als Befriedigungsmittel des Anrechts.

Deshalb kann neben der Grundschuld, auch wenn sie mit keiner persönlichen Forderung verbunden ist, eine Bürgschaft bestellt werden. Die Anhänger des herrschenden Akzessorietätsdogmas müssen natürlich zu einer ablehnenden Auffassung kommen, weil die Bürgschaft nach dem Gesetzeswortlaut (§ 765) die schuldrechtliche Verbindlichkeit eines Dritten voraussetzt[33]. Nach *Planck-Oegg*[34], denen der RGRK[35], *Kreß*[36] und *Enneccerus-Lehmann*[37] folgen, handelt es sich um einen Garantievertrag. Es wird also nicht die Gültigkeit des Rechtsgeschäfts, sondern nur seine Einordnung unter den Bürgschaftsbegriff vom Bestehen einer Schuld abhängig gemacht. Die dadurch eintretende Ausschaltung der Formvorschrift des § 766 ist rechtspolitisch außerordentlich bedenklich[38]. *Wolff*[39] vertritt im Gegensatz zu den genannten Autoren die Ansicht, daß ein dingliches Verwertungsrecht, „gleich als wäre es ein Anspruch", durch Bürgen oder Pfänder gesichert werden könne.

Der Glaube, das Pfandrecht diene seinem Wesen nach stets zur Sicherung einer Forderung, steht auch einer einheitlichen Erfassung des Pfandrechtsbegriffes entgegen. Die Verfasser des BGB haben die juristische Konstruktion der Grundschuld der Wissenschaft überlassen[40]. Die Hypothek war noch im I. Entwurf ein „Pfandrecht an Grundstücken". Dann wurde ihr die Bezeichnung genommen. Das BGB spricht von „Pfandrecht" nur, wenn es sich um eine bewegliche Sache oder ein Recht handelt, und vermeidet es sogar, Hypothek und Grundschuld (Rentenschuld) unter einem gemeinsamen Begriff zusammenzufassen. Die Wissenschaft hat diese Lücke ausgefüllt und gebraucht als Gesamt-

---

[32] *Jaeger*, Lehrbuch, 195; *Pagenstecher*, Der Konkurs, 135.

[33] So *Planck-Siber*, Recht der Schuldverhältnisse (Allgem. Teil), Vorbem. S. 36; RG 93, 236; OLG 43, 85; *Staudinger-Kober*, A. 9 zu § 1191; *Palandt-Gramm*, A. 1 zu § 765.

[34] A. 7 zu § 765.

[35] A. 3 zu § 765 a. E.

[36] Besonderes Schuldrecht, 276.

[37] Schuldrecht, 760 (A. 2 Rechtspr.). Ebenso *Kowalski*, Die Grundschuld im modernen Rechtsverkehr², 52ff.

[38] Vgl. *Heck*, Schuldrecht, 383.

[39] Sachenrecht, 972.

[40] Motive III, 610.

bezeichnung den Ausdruck „Grundpfandrechte“[41]. Darüber hinaus rubriziert sie des öfteren[42] diese Grundpfandrechte mit den Fahrnispfandrechten unter einen gemeinsamen Oberbegriff, eben den des Pfandrechts[43]. Die zusammenfassende Bezeichnung ist nicht nur im Interesse einer klaren begrifflichen Darstellung[44] notwendig, sondern auch deswegen geboten, weil die erwähnten Rechte in ihren Grundelementen übereinstimmen[45].

Das Dogma von der akzessorischen Natur des Pfandrechts bereitet einer systematisch richtigen Eingliederung der Grundschuld unüberwindliche Schwierigkeiten. Denn wenn das Pfandrecht seinem Begriff nach eine Forderung sichert, kann die Grundschuld kein solches sein, weil sie von einer Forderung ihrem Rechtsinhalt nach unabhängig ist (§§ 1191, 1192, 1199). Daraus folgerichtig bestreitet daher *Hedemann*[46]

[41] Vgl. z. B. *Otto von Gierke*, DPR II, 838; *Wolff*, Sachenrecht, 462ff.; *Strecker*, HdR III, 208; *Julius von Gierke*, Sachenrecht³, 154ff.; *K. Blomeyer*, DRW 1941, 113.

[42] Anders z. B. *Cosack-Mitteis*, Sachenrecht, 1924, 267, mit Rücksicht auf den vom Fahrnispfandrecht abweichenden wirtschaftlichen Charakter der Grundkreditrechte.

[43] Siehe vor allem *Wolff* a. a. O. 457ff., 467ff.; *Heck* a. a. O. 313ff.; *Jung*, Bürgerl. Recht, 989f.; *Westermann*, Sachenrecht², 546.

[44] *Jung* a. a. O.

[45] *Hirsch*, Übertragung der Rechtsausübung I, 230ff.; *Rabe*, Die rechtliche Natur der Grundschuld im Lichte der Schuld- und Haftungstheorie, Diss. Halle 1912, 42ff.; *Wolff* 465f.; *von Tuhr* I, 135; *Heck*, a. a. O. 314. *Eugen Fuchs*, Grundbegriffe des Sachenrechts, 1917, 100ff., 141ff., bestreitet die Existenz eines einheitlichen Pfandrechtsbegriffs. Er behauptet, die Hypothek sei im BGB eine „modifizierte Grundschuld“ geworden, und charakterisiert Hypothek, Grundschuld und Reallast als „Realobligationen“, worunter er „absolute Leistungspflichten“ versteht (118ff.).

[46] Sachenrecht², 342, 360. Ebenso *Wieacker*, Bodenrecht, 186, 190, 231, der die Grundschuld als „abstraktes Verwertungsrecht“ charakterisiert, *Gadow* 117, 126; *Lent*, Sachenrecht⁴, 140 und schon *Eugen Fuchs* a. a. O. 124f. Nach *H. Mitteis*, DPR, 1950, 94, ist zwar die Sicherungshypothek noch ein Grundpfandrecht, dagegen hält er die Verkehrshypothek und die Grundschuld für keine echten Pfandrechte, sondern für „Grundkreditrechte“. Damit wird einmal die innere Gleichartigkeit aller Pfandrechte verkannt, zum andern ist der Begriff des „Grundkreditrechts“ nur eine wirtschaftliche, nicht eine juristische Kategorie. Außerdem dient die Grundschuld keineswegs immer nur kreditrechtlichen Dispositionen des Eigentümers. Vgl. auch *Westermann* a. a. O. 546 und *Erman-Westermann*, Vorbem. 3 vor § 1113; er bezeichnet das Grundpfandrecht seinem rechtlichen Wesen nach mit der herrschenden Meinung als Verwertungsrecht, nimmt aber gleichwohl einen „dinglichen Anspruch“ des Gläubigers gegen den Eigentümer an, auf den schuldrechtliche Vorschriften (Sachenrecht, 441f.; vgl. auch 9ff.; Vorbem. a. a. O.) anwendbar seien. Das auf Grund einer Pfandrechtsklage ergehende Urteil enthält kein Leistungsgebot für den Eigentümer, sondern beschränkt sich auf die Erklärung, daß der Kläger die Zwangsvollstreckung in der Sache betreiben darf (*Wolff*, Sachenrecht, 511. Vgl. auch *Hirsch* a. a. O. 453ff.). Es ist ein prozessuales Gestaltungsurteil (so *Cosack-Mitteis* 310), wenn man annehmen darf, daß jeder Ausspruch über die Vollstreckbarkeit das Vollstreckungsrecht erst erzeugt. In der Tat erschöpft sich das Urteil in der Zubilligung des Vollstreckungsrechts für das

der Grundschuld den Charakter eines Pfandrechts. Seine Bezeichnung als „Wertanteilsrecht" hilft jedoch nicht weiter, da auch der Hypothekengläubiger das Recht hat, sich einen seiner Hypothek entsprechen-

---

zuvor festzustellende Pfandrecht. Die Klage richtet sich gegen den jeweiligen Eigentümer, nicht weil von ihm ein Tun oder Unterlassen verlangt wird, sondern weil er berechtigt sein muß, sein Eigentumsrecht im Prozeß zu verteidigen; denn es besteht ja die Gefahr, daß er es durch die Zwangsvollstreckung verliert (*Hirsch* 434). *Westermann* meint, die Beziehungen, die aus der gleichzeitigen Zuordnung des Grundstücks an Gläubiger und Eigentümer folgten, seien dingliche Ansprüche. Er nimmt insbesondere eine Pflicht des Eigentümers an, den Zugriff des Gläubigers zu dulden, hält also die Grundpfandklage für eine Leistungsklage (übereinstimmend *Enneccerus-Nipperdey*, Allgem. Teil II[14], 973. — Reiche Lit. dazu bei *Hirsch* 459f.). Aber diese Pflicht ist keine privatrechtliche, sondern eine öffentlichrechtliche (*Endemann* 835 A. 16 (836); *H. Lehmann*, Die Unterlassungspflicht, 35ff.; *Cosack-Mitteis* 271; *Wolff* 511 A. 4; *Hirsch* a. a. O. 432f.; *Hellwig*, Lehrbuch I, 229 A. 39; *Langheineken*, Anspruch und Einrede, 263; *von Tuhr* I, 107f.; *Leonhard*, Allgem. Schuldrecht, 37, 82; *Eugen Fuchs*, Grundbegriffe, 22, 115), und beim Fahrnis- und Rechtspfandrecht hat noch niemand daran gedacht, einen „Anspruch auf Duldung der Veräußerung" zu konstruieren, vielleicht weil hier die Verwertung des Pfandes ohne Klage und Urteil geschieht. Und doch kann es für die rechtliche Konstruktion des Pfandrechts keinen Unterschied machen, ob der Gläubiger die Sache selbst verwerten darf oder dazu die Hilfe des Staates in Anspruch nehmen muß. Der Vollstreckungstitel schafft übrigens nicht das Verwertungsrecht, sondern gibt ihm nur die Möglichkeit, es zwangsweise im Wege der Staatshilfe durchzusetzen (*Hellwig-Oertmann* a. a. O. 222). Die Befugnis zur Zwangsvollstreckung wohnt auch den persönlichen Rechten inne, und gewiß können deshalb die Grundpfandrechte nicht als bloße Rechte auf Zwangsvollstreckung definiert werden (*Eugen Fuchs* a. a. O.). Wie schon die Eigentümergrundschuld beweist (§ 1197 I), gehört das Recht, die Zwangsvollstreckung zu betreiben, nicht zum Begriff des Pfandrechts, mag es auch in der Regel damit verbunden sein (*Jung* a. a. O. 990). Vielmehr bildet seinen Wesenskern das Recht, bei einer privaten oder staatlichen Veräußerung der Pfandsache aus dem Erlös an einer bestimmten Rangstelle und vor dem Eigentümer als solchem (als Inhaber eines rangbesseren Eigenpfandrechts geht er natürlich vor) befriedigt zu werden (*Hirsch* 157, 420, 438, 442; *Jung* 989). Gerade das Eigenpfandrecht spricht gegen einen Anspruch auf Duldung. *Westermann* könnte einwenden, daß er in diesem Falle ruhe (vgl. dazu *Hirsch* 438). Jedenfalls zeigt sich aber, daß die Hauptbefugnis des Pfandrechts, die Empfangnahme des ihm gebührenden Betrages aus dem Erlös, keineswegs ruht. Man sieht auch nicht ein, weshalb ein Duldungsanspruch überhaupt konstruktiv nötig ist. Der Eigentümer braucht gar nicht durch „Duldung", d. h. „durch gewolltes Unterlassen jedes Widerstandes", bei der Vollstreckung mitzuwirken (*Hirsch* 433). Ein etwaiger Widerstand würde durch die Staatsgewalt gebrochen werden.

Das Urteil ist konstitutiv, insofern es dem Gläubiger für sein materiellrechtliches dingliches Zugriffsrecht die Vollstreckungsbefugnis verschafft (vgl. *von Tuhr* I, 176 A. 20; *Wolff* 471 A. 16); denn es kann nur in den Formen des Prozesses ausgeübt werden (vgl. *von Tuhr* I, 176). Von den Leistungsurteilen unterscheidet sich dieses Urteil dadurch, daß es keinen Leistungsbefehl an den Beklagten richtet. Vor der Zubilligung des Vollstreckungsrechts wird vom Gericht das Bestehen des materiellrechtlichen Zugriffsrechts festgestellt. Die Konstruktion einer privatrechtlichen Pflicht, die Ausübung des Zugriffsrechts zu dulden, wie sie auf der Grundlage der Haftung im Gegensatz zur Schuld angenommen werden könnte, erscheint nicht angängig, da die Haftung nur die Kehrseite des Zugriffsrechts bildet (*von Tuhr* I,

den Teil des Wertes des belasteten Grundstücks aus dem Erlös zu verschaffen. Außerdem wird das innere Wesen des Grundpfandrechts durch die Verkoppelung oder Nichtverkoppelung mit einer Obligation nicht berührt; denn die verschiedenen Arten des Grundpfandrechts sind durch Rechtsgeschäft beliebig miteinander auswechselbar, und zwar ohne Zustimmung der im Range gleich- oder nachstehenden Berechtigten (§§ 1186, 1198, 1203)[47]. Es muß also eine unverrückbare gemeinsame Grundlage aller dieser Typen geben. Sie wird durch das Anrecht gebildet. Es stellt die innere Verbindung zwischen Hypothek und Grundschuld her. Es zeigt sich, daß die Grundschuld in Wirklichkeit kein „isoliertes" Gebilde ist[48]. Wenn A dem B eine Grundschuld schenkt,

---

111). Allerdings sagt *Otto von Gierke*, DPR III, 31 A. 96 a. E., ebenso *Larenz*, Schuldrecht I, 15, die Haftung des Vermögens- oder Sachherrn begründe eine Verpflichtung, den Zugriff zu dulden. Aber bei einer Klage aus einer persönlichen Verpflichtung ergeht das Urteil nicht auf Duldung der Zwangsvollstreckung in das gesamte Vermögen (*Hellwig*, Lehrbuch I, 229). Nicht anders kann es bei einer Klage aus einem dinglichen Verwertungsrecht sein. Die Unrichtigkeit der *Gierke*schen Ansicht zeigt sich auch darin, daß die Vollstreckung keineswegs nach den Vorschriften über „Duldung einer Handlung" (§ 890 ZPO) erfolgt (*Hellwig* a. a. O.; *Langheineken* a. a. O. 263; *Hirsch* 432f.; *Wolff* 511 A. 4), sondern wie bei der Verurteilung zur Leistung (*Rosenberg*, Lehrbuch des Deutschen Zivilprozeßrechts[6], 375). Im übrigen hält *Gierke*, DPR II, 855 A. 16, die Klage auf prozessuale Duldung der Zwangsvollstreckung für wenig angemessen, da sie nicht den privatrechtlichen Anspruch auf Zahlung aus dem Grundstück, sondern nur die öffentlichrechtliche Folge seiner Feststellung zum Ausdruck bringe.

Man könnte daran denken, eine privatrechltiche Pflicht des Eigentümers zu konstruieren, die Ausübung des Verwertungsrechts zu dulden wie ein solches *pati* bei den affirmativen Grunddienstbarkeiten angenommen wird (*Wolff* 376f.). Das *pati* hat aber keinen Anspruch darauf, systematisch zu einem selbständigen Begriff erhoben zu werden. Es ist nur eine Übersetzung aus dem Positiven ins Negative. Wenn das Urteil dem Grundpfandgläubiger das Vollstreckungsrecht zuspricht, stellt es damit gleichzeitig fest, daß der Eigentümer kein Recht hat, der Geltendmachung des Grundpfandrechts zu widersprechen (vgl. auch *Leonhard* a. a. O. 82).

[47] *Crome*, System III, 657; *Endemann*, Sachenrecht, 714; *Wolff*, Sachenrecht, 465; *Schreiber* 314; *Dümchen*, Iher. Jahrb. 54, 356f.; *Planck-Strecker*, Vorbem. 3 vor § 1113 (S. 955); *Westermann* a. a. O. 546.

[48] Auch *Schreiber* 311, 313, spricht bei der Grundschuld von einem durch Sachhaftung gesicherten Anrecht des Gläubigers darauf, den Geldbetrag der Grundschuld zu bekommen. *Siber*, Schuldrecht, 10, bezeichnet die Grundschuld ebenfalls als „das Anrecht des Gläubigers auf eine bestimmte Geldsumme, die der Grundeigner wie auch jeder Dritte aus beliebigen Mitteln leisten, aber der Gläubiger nur durch Zwangsvollstreckung in das Grundstück beitreiben kann (1191 verb. 1147), also eine Schuld mit bloßer Sachhaftung". *Sibers* Anschauung liegt offenbar die Lehre von der reinen „Gläubigerschuld" zugrunde (vgl. *Siber*, Erbrecht, 130), einem bloßen Bekommensollen des Gläubigers ohne entsprechendes Leistensollen einer Person (siehe dazu *Schreiber* a. a. O. 20ff., *Otto von Gierke*, Festschr. für von Martitz, 42 A. 2; DPR III, 11 A. 9 mit Lit., sowie *Wolff* 467 A. 4). Denn er identifiziert Erfolgsanrecht und Schuld ohne Schuldner. Die Theorie der Gläubigerschuld wird auch sonst zur Erklärung der Grundschuld und der Reallast herangezogen: es handele sich dabei um die Verbindung reiner Sachhaftung eines Grundstücks mit

einer reinen Gläubigerschuld (siehe z. B. *von Schwerin*, Schuld und Haftung, 16ff., 30; DPR², 169, 239ff., 242; vgl. dazu *von Schwind*, Iher. Jahrb. 68, 85ff.). Ihre Vertreter konstruieren die Grundpfandrechte und Reallasten mit Hilfe des Schuld- und Haftungsgedankens. Sie unterscheiden im Anschluß an die altgermanische Terminologie (*von Schwind* a. a. O. 68f.) Schuld im aktiven und Schuld im passiven Sinn. Die Grundschuld gilt ihnen als typischer Fall eines Bekommensollens, das Leistensollen eines Schuldners fehlt, für das Bekommensollen des Gläubigers haftet das Grundstück. *Wolff* 467 A. 4 wendet sich aus mehreren Gründen gegen die Zerlegung des Grundpfandrechts in ein „Bekommensollen des Gläubigers" und in eine „Sachhaftung". Seine Einwendungen werden von *Strohal*, Leipziger Festgabe für Binding, 1914, 8 A. 20, und *Schreiber* 315 A. 2 zutreffend widerlegt. Nach der in Rede stehenden Theorie ist die Grundschuld eine Gläubigerschuld, die auf dem Grundstück lastet, und für die es als Pfand haftet (*Strohal* a. a. O. 13 mit A. 32, 14; *von Schwerin* a. a. O.). In dieser Haftung liegt die Sicherung des Bekommensollens, das etwas anderes ist als Forderndürfen und Leistenmüssen. Das Bedenkliche an dieser Auffassung ist, daß sie das Bekommensollen nicht neben das dingliche Recht stellt, sondern es zu seinem integrierenden Bestandteil macht. Darin liegt eine unzulässige Verquickung von Schuld- und Sachenrecht (vgl. *Leonhard*, Allgem. Schuldrecht, 41). Diesen Fehler vermeidet *Rabe* a. a. O. 29ff., 42, nach dem die Grundschuld eine „Gläubigerschuld" sichert, aber trotz der Verbindung mit ihr begrifflich selbständig bleibt. *Wolff* a. a. O. und *Julius von Gierke*, Sachenrecht³, 162, machen geltend, jedes Bekommensollen setze notwendig einen Befehl an einen anderen voraus, also ein Leistenmüssen. Aber ein solcher Befehl wird mit dem Wort „Bekommensollen" gar nicht erteilt (*Strohal* a. a. O.; *von Schwerin* 8). Es handelt sich um die Bestimmung eines Vorgangs als solchen, der dem Recht entspricht, und, wenn er eintritt, das Behalten des Empfangenen rechtfertigt. Da das abschreckende, fast paradoxe Wort „Gläubigerschuld" gegen unser modernes Sprachgefühl verstößt, — heute heißt die Schuldnerschuld allein „Schuld" (*Otto von Gierke*, Festschr. für von Martitz, 40) — hat *Schreiber* a. a. O. 20f., 45ff., dafür das Wort „Anrecht" vorgeschlagen und in seinem Buch überall gebraucht. Er hat jedoch dem neuen Begriff eine wenig präzise Fassung gegeben (vgl. oben S. 330 A. 9).

In anderer Weise als die Theorie des Bekommensollens haben *Otto von Gierke* und seine Anhänger (Lit. bei *Julius von Gierke* a. a. O. 162) den Schuld- und Haftungsgedanken für die Konstruktion des Grundpfandrechts verwertet. Auch nach ihrer Auffassung ist es ein aus der Sachhaftung erwachsenes Recht. Eine abstrakte Haftung gibt es nicht. Wenn eine Person oder eine Sache haften, müssen sie begrifflich notwendig „für" etwas haften. Dieses Etwas ist nach *Gierke* nicht eine persönliche, sondern eine „dingliche Schuld" des jeweiligen Eigentümers. Er kann zur Leistung aber nicht unmittelbar gezwungen werden. Als Ersatz für die nicht freiwillige Erfüllung haftet nur das Grundstück. Gegen diese Theorie spricht, daß der Schuldbegriff dem Obligationenrecht angehört. Die Hinzufügung des Wortes „dinglich" und die Unerzwingbarkeit genügen nicht, um ihn in das Sachenrecht zu versetzen. Wie das Reallastrecht zeigt (vgl. unten S. 352ff.), gibt es Schulden, die den jeweiligen Eigentümer treffen, ohne daß sie deswegen ihren obligatorischen Charakter einbüßen. Anders als bei den Reallasten besteht jedoch bei den Pfandrechten nicht das geringste rechtspolitische Bedürfnis dafür, eine Schuld des jeweiligen Eigentümers zu konstruieren, welcher Art sie auch sei. Wenn *Gierke* meint, die dingliche Schuld sei für die Haftung „begrifflich notwendig", so sei hier auf das „Anrecht" verwiesen, das durch das Pfandrecht gesichert wird. Für das Mobiliarpfandrecht lehnt er a. a. O. 967 die Annahme einer dinglichen Schuld mit unzulänglicher Begründung ab, während *Cosack*, Sachenrecht⁶, 297 (vgl. auch *Crome*, System III, 643ff.) dem Fahrnispfandgläubiger folgerichtig außer seinem dinglichen Recht noch eine Realobligation von derselben Art konzedierte wie dem Grundpfandgläubiger (dazu *von Tuhr* I, 117 A. 80a; *von Schwerin,* Schuld und Haftung, 19 A. 19). In der Tat müssen alle Pfandrechte wegen ihrer inneren Gleichartigkeit auf gleicher Grundlage konstruiert werden. Entweder ist in dem Pfandrecht seinem Begriff nach immer zugleich eine Schuld des jeweiligen Eigentümers der Sache enthalten oder niemals. *Julius von Gierke* a. a. O. 162 meint sehr vorsichtig, eine dingliche Schuld „könnte" auch beim Fahrnispfandrecht begrifflich vorhanden sein, nur habe sie sich hier wegen der steten Notwendigkeit einer persönlichen Schuld nicht durchgesetzt. Aber die Rechtskonsequenz erfordert doch ein solches Resultat, und es kommt nicht darauf an, was tatsächlich gedacht wird, sondern was logischerweise gedacht werden müßte. Außerdem ist die Sicherungshypothek genau so „streng akzessorisch" wie das Fahrnispfandrecht, und trotzdem soll bei ihr die Theorie der dinglichen Schuld durchgedrungen sein! *Otto von Gierke* 967 A. 60 behauptet, die Vorstellung einer Zahlungspflicht des Eigentümers sei beim Mobiliarpfandrecht dem Leben ebenso fremd wie beim Grundpfandrecht geläufig. Die entgegengesetzte Auffassung vertritt *Crome* a. a. O. 644 A. 41: Das praktische Leben operiere mit der Pfandschuld als einem natürlichen Begriffe. Vgl. auch *Dümchen* a. a. O. 363.

Schreiber a. a. O. 312f., 318ff. nimmt im Gegensatz zum Fahrnispfandrecht (S. 278) bei der Hypothek nicht nur zwei Deckungen (persönliche und Sachhaftung), sondern auch zwei Anrechte an, nämlich neben dem schuldrechtlichen aus der persönlichen Forderung noch ein Anrecht kraft Sachhaftung. Für die Annahme eines doppelten Anrechts des Hypothekengläubigers waren vor allem die Vorschriften über die Eigentümerhypothek und Eigentümergrundschuld maßgebend: Wenn die Forderung, für welche die Hypothek bestand oder bestehen sollte, erlischt, so erlischt auch das Anrecht, das auf die Forderung Bezug hat. Würde die Sachhaftung für dasselbe Anrecht bestehen, so müßte mit diesem Anrecht auch die Sachhaftung entfallen Da aber statt dieses Rechtssatzes die Bestimmungen über Eigentümerhypotheken eingreifen, ist die Annahme eines zweiten Anrechts geboten, das dem Gläubiger kraft Haftung zusteht und mit dem Grundpfandrecht auf den Eigentümer übergeht.

Diese Konstruktion ist indessen nicht zu billigen. Die Hypothek und die Forderung sichern dasselbe Anrecht. Zahlt der Eigentümer und persönliche Schuldner, so geht das Anrecht mit dem Grundpfandrecht auf ihn über. Es kann nun sein, daß beim gutgläubigen Erwerb einer Verkehrshypothek X das dingliche Recht behält, während die persönliche Forderung in den Händen eines früheren Gläubigers Y bleibt (vgl. *Heck,* Sachenrecht, 401). Dann ergibt sich die Notwendigkeit, die Entstehung zweier verschiedener Anrechte anzunehmen, die verschiedenen Trägern zustehen. Bisher sicherten Forderung und Grundpfandrecht ein und dasselbe Anrecht. Jetzt hat es sich verdoppelt.

Planck-Strecker, Vorbem. 3 zu § 1113 (S. 956) konstruieren einen Pfandrechtsbegriff im weiteren Sinn und sehen das Wesen dieses Pfandrechts darin, daß es das Recht gewährt, nicht nur zur Befriedigung einer Forderung, sondern ohne Rücksicht auf eine solche sich durch Verwertung eines Gegenstandes einen Geldbetrag zu verschaffen (so auch *Westermann,* Sachenrecht, 546). Wäre dies richtig, dann gäbe es begrifflich akzessorische und begrifflich nicht akzessorische Pfandrechte. Es wird mit einem Begriff operiert, der Ausnahmen hat, also ein Unding ist. Er führt zu völliger Systemlosigkeit. Ein Recht kann nicht, ohne ein Widerspruch in sich zu sein, zugleich akzessorischen und abstrakten Charakter tragen. Beim Pfandrecht ist die Sicherung nicht nur Motiv, sondern integrierender Bestandteil des Rechtsinhalts (vgl. *Rabe* a. a. O. 43f.). Es ist nicht zulässig, die Pfandrechte einmal mit Hilfe der Akzessorietät, zum andern als isolierte Verwertungsrechte zu konstruieren, bei denen der Sicherungszweck nur das Motiv bildet. Wenn die „streng akzessorische" Sicherungshypothek in eine Grundschuld umgewandelt werden kann und umgekehrt (§ 1198), so müssen die Grundpfandrechte auf gleicher Basis konstruiert werden.

so wendet er ihm ein Anrecht auf eine bestimmte Geldsumme zu[49]. Als Mittel der Durchsetzung dient nur das dingliche Zugriffsrecht, mit dem hier keine Forderung verbunden ist. Vom Standpunkt wissenschaft-

---

Die Lösung der Rechte vom Sicherungszweck führt notwendig zur Aufgabe des Pfandrechtsbegriffs. Der Gedanke des reinen Verwertungsrechts erklärt allenfalls die Grundschuld, nicht die echten, nach der Konstruktion des Gesetzes begriffsnotwendig mit einer Forderung verbundenen Pfandrechte. Es läßt sich logisch gegen die Möglichkeit der Isolierung des Verwertungsrechts freilich nichts einwenden. Trotzdem bleibt die Tatsache bestehen, daß es sich nicht von seinem Zweck zu lösen vermag. Es kommt in der Reinheit, wie die Abstraktionstheorie es betrachtet, im praktischen Leben nie vor. Die Bestellung einer Grundschuld für einen andern erfolgt stets in Verbindung mit einer rechtsgeschäftlichen Wertbewegung (*Hedemann*, Sachenrecht[2], 361). Nur die Bestellung einer Eigentümergrundschuld hat insofern zunächst einen voraussetzungslosen Selbstzweck. Der Erwerber des abstrakten Verwertungsrechts wird nach herrschender Lehre ohne Rücksicht auf die *causa* sein Inhaber. Im Konkurs des Erwerbers fällt es in die Masse und kommt den anderen Konkursgläubigern zugute, obwohl dafür kein materieller Rechtfertigungsgrund gegeben ist. Dem Besteller steht nur ein Kondiktionsanspruch zu, er muß sich als gewöhnlicher Konkursgläubiger mit der Wertquote begnügen. Wenn das Verwertungsrecht beim Erwerber gepfändet wird, greift § 771 ZPO nicht Platz. Diese praktischen Konsequenzen müssen als ungerecht, als Härten empfunden werden. Folglich ist auch aus diesem Grunde dem Gedanken der Vorzug zu geben, daß jedes Verwertungsrecht ein Anrecht sichert, mit dem es steht und fällt.

Wer bei der Grundschuld jede „Schuld"verneint und in ihr ein reines Wertrecht erblickt, muß bei ihr natürlich den Begriff der „Haftung" preisgeben, wenn er das Vorhandensein einer Schuldpflicht für begriffsnotwendig hält. Deshalb bezeichnet z. B. *Wolff* a. a. O. 6 nur die Hypothek und das Mobiliarpfandrecht als „dingliche Haftungsrechte". Er setzt sich damit in Widerspruch zur geschichtlichen Entwicklung und zur einheitlichen Struktur aller Pfandrechte. Auch das Dogma, von dem *Gierke*, DPR II, 852 mit A. 6, ausgeht, daß nämlich jede Haftung begrifflich eine Schuldpflicht voraussetze, ist unrichtig. Es genügt, wie schon bemerkt, wenn sich mit der Sachhaftung ein Anrecht verbindet (*Schreiber* 313).

Den Verfassern des BGB fehlte, wie sie selber zugeben, eine sichere theoretische Grundlage für die Konstruktion der Grundschuld (*Schreiber* 314). Die gesetzliche Grundschulddefinition (§ 1191 I), die ausschließlich auf die von einem Zweck unabhängige Beitreibung einer Geldsumme aus dem Grundstück abstellt, ist zu eng geraten (*Rabe* 3ff., 37f.). Das Normale ist doch die freiwillige Befriedigung, in der Vollstreckung sieht der Verkehr einen regelwidrigen krankhaften Zustand (*Dümchen*, Iher. Jahrb. 54, 359). Zur Vollstreckung soll es nur im äußersten Notfall kommen. Auch aus diesem Grunde erscheint eine Konstruktion geboten, welche die freiwilligen Leistungen des Eigentümers berücksichtigt und die Durchführung des dinglichen Verwertungsrechts nur als subsidiäres Sanktionsmittel der ausbleibenden Leistung betrachtet.

[49] Um die Unbrauchbarkeit des Anlehnungsdogmas zu beweisen, bespricht *Heck* a. a. O. 335ff. eine Reihe „atypischer Versagensfälle", die er nach Analogie der „typischen Versagensfälle" lösen will. Im Vordergrund steht der „Schenkungsfall", der sich in der Praxis wirklich ereignet hat (RG 88, 366ff.). A wollte dem B schenkweise ein verzinsliches Kapital von 20000 DM zuwenden. In einer notariell beglaubigten Urkunde bekannte A, von B ein Darlehn von 20000 DM erhalten zu haben, rückzahlbar sechs Monate nach Kündigung und mit fünf vom Hundert verzinslich. Zur Sicherung des Darlehns wurde eine Darlehnshypothek für B ein-

getragen. Wäre das Schriftstück gerichtlich oder notariell beurkundet worden, so würde die Hypothek gültig entstanden sein (§ 518). Die Angabe der Darlehnsforderung ist allerdings nur zum Schein geschehen (§ 117 I; vgl. *Cosack-Mitteis*, 286; zweifelnd RG 98, 127). Es greift jedoch § 117 II in Verbindung mit § 518 Platz, wonach das verdeckte Schenkungsversprechen gültig ist (RG a. a. O.). Aus der beurkundeten Erklärung braucht nicht hervorzugehen, daß das Versprechen schenkweise abgegeben ist (RG a. a. O. 127ff.; 101, 101; *Enneccerus-Lehmann*, Schuldrecht, 477; *von Tuhr* II 2, 116 A. 83), und ob das Grundbuch die Forderung unrichtig bezeichnet, spielt insoweit keine Rolle (*Wolff* 482). Da im vorliegenden Fall die Formvorschrift des § 518 nicht gewahrt wurde, ist das Schenkungsversprechen ungültig. Ein Anspruch auf Rückzahlung eines Darlehns besteht ebenfalls nicht. Die Bestellung der Hypothek hat den Formmangel nicht geheilt (§ 518 II). Mit Recht weist das Reichsgericht (88, 369) darauf hin, daß die versprochene Leistung die Zahlung des Kapitals und der Zinsen ist, und die Hypothek nur der Sicherung dieser Forderungen dient (ebenso *Esser*, Schuldrecht, 244). Es kommt daher zu dem Ergebnis, daß die Hypothek dem Besteller gemäß den §§ 1163 I S. 1, 1177 I als Eigentümergrundschuld zusteht (zustimmend u. a. *Cosack-Mitteis* a. a. O.; *Wolff* 538 A. 1; *Rheinstein*, JW 1931, 2899; RGRK, A. 2 zu § 1163; *Staudinger-Kober*, A. 11 zu § 1163; *Gadow* a. a. O. 119; *Palandt-Hoche*, A. 4 a zu § 1163; *Erman-Westermann*, A. II zu § 1163). Dagegen soll eine rechtsgültige Schenkung vorliegen, wenn A dem B eine Grundschuld bestellt hätte (so *Heck* 356; *Cosack-Mitteis* a. a. O.; *Küchler* a. a. O. 75 A. 36; *Gadow* a. a. O.; *Erman-Westermann* A. I zu § 1191), weil hier die Schenkung durch Zuwendung eines selbständigen Rechts auf Zahlung vollzogen sei. Diese Ansicht beruht auf einem Trugschluß. Die Bestellung der Grundschuld ist nicht wie bei einer offenen Eigentümergrundschuld als Selbstzweck erfolgt, sondern dient der Sicherung des Anspruchs auf die künftigen Leistungen, ist aber nicht selbst Erfüllung des Leistungsversprechens. A könnte also nach § 812 die Rückübertragung der Grundschuld verlangen. Deshalb ist es auch unzutreffend, wenn *Küchler* a. a. O. 75 mit Hilfe des § 140 die Hypothek in eine Fremdgrundschuld umdeuten will. Zu demselben Ergebnis wie *Küchler* gelangt *Heck*: Die Parteien hätten eine Schenkung erstrebt, einmal durch Hypothekenbestellung, zum andern durch das Schenkungsversprechen. Das Versagen der Obligation sei kein Anlaß, auf Grund des Anlehnungsdogmas auch die Wirksamkeit des dinglichen Mittels zu verneinen.

Aber die Konvaleszenz des Schenkungsversprechens ist nicht nach dem herrschenden Anlehnungsdogma, sondern aus einem anderen Grunde abzulehnen. Die formlose Schenkabrede ist ein Rechtsgrundgeschäft, das ein bloßes Anrecht auf Empfangnahme der in Aussicht gestellten Leistung, aber im Hinblick auf § 518 keine Verpflichtung erzeugt (vgl. *Siber*, Iher. Jahrb. 70, 230 ff.; Schuldrecht, 112, 122; *Kaestner* 59). § 518 will der Gefahr einer Übereilung entgegentreten. Infolgedessen soll eine zwangsweise Durchsetzung des Anrechts ausgeschlossen sein, es kann nur freiwillig befriedigt werden (§ 518 II). Mit Rücksicht auf den rechtspolitischen Zweck der Vorschrift erscheint es nicht angängig, wenn der Gläubiger durch ein dingliches Sicherungsmittel erlangen könnte, was das Gesetz ihm durch Absprechung des obligatorischen versagt hat. Deshalb ist die Bestellung einer Hypothek oder einer Grundschuld zur Sicherung des Anrechts unzulässig. Beide werden Eigentümergrundschulden. Übrigens ist nicht schon das formgerechte Versprechen (§ 518) selbst eine Schenkung im Sinne des § 516 (so z. B. *Otto von Gierke*, DPR III, 417; *Heck*, Schuldrecht, 291; *Liebisch*, Das Wesen der unentgeltlichen Zuwendungen, 61; dagegen mit Recht *Henle*, Schuldrecht, 50 f.), sondern es dient der Durchführung des Rechtsgrundgeschäfts.

Es kann nun sein, daß die Parteien das schenkweise vereinbarte Anrecht auf künftige Empfangnahme eines Kapitals gar nicht durch eine Forderung, sondern nur durch eine Grundschuld als Haftungsmittel sichern wollen. Aber auch hier bildet erst die Befriedigung des Anrechts die „Vollziehung der Schenkung". Deshalb muß die Formvorschrift des § 518 auf die Bestellung der Grundschuld entsprechend angewandt werden. Das fordert die *ratio legis.* Dafür spricht auch § 518 I S. 2. Danach bedarf ein schenkweise erteiltes abstraktes Schuldversprechen oder Schuldanerkenntnis der gerichtlichen oder notariellen Beurkundung, während sonst das abstrakte Versprechen und damit auch die Grundschuld als Leistung gelten (§ 812 II; vgl. *Staudinger-Kober,* A. 5 zu § 1191), obwohl sie es nicht sind (*Henle,* Allgem. Teil, 149ff.). Nun begründet zwar die Grundschuld keine Zahlungspflicht des Eigentümers. Aber sie sichert ein Anrecht auf eine Geldsumme, und zwar, wie die abstrakte Forderung, ohne Rücksicht auf die *causa,* die der Bestellung der Grundschuld zugrunde liegt (vgl. *von Tuhr* II 2, 103 A. 6, 130 A. 171, 176; *Wolff* 475). Keinesfalls kann dem § 518 I S. 2 ein *argumentum e contrario* für den Fall der Hingabe eines Wechsels oder einer Grundschuld entnommen werden; denn nach der Entstehungsgeschichte des Gesetzes sollten diese und andere Fälle der Entscheidung durch Wissenschaft und Praxis überlassen bleiben (Motive II, 294. Vgl. dazu u. a. RG 71, 291f.; *O. von Gierke* III, 423 mit A. 34; *Leonhard,* Besonderes Schuldrecht, 127; *Enneccerus-Lehmann,* Schuldrecht, 477; *von Tuhr* II 2, 116 A. 84; *Heck,* Schuldrecht, 291; *Staudinger-Kober,* A. 3 zu § 518; *Palandt-Gramm,* A. 4 zu § 518). Die schenkweise erfolgende Bestellung einer Grundschuld ist nicht mit ihrer eine Vollziehung der Schenkung enthaltenden Abtretung gleichzustellen (vgl. RG HansGZ 33, B. 102). Die Grundschuld erscheint als dingliche Parallelform zu dem abstrakten Schuldversprechen (*Endemann,* Sachenrecht, 885; *Staudinger-Kober,* A. 2 zu § 1191). Eine Analogie zum abstrakten Versprechen liegt deshalb auch dann vor, wenn man auf die Grundschuld die Vorschriften über die ungerechtfertigte Bereicherung (§ 812 II) anwendet (*Staudinger-Kober,* A. 5 zu § 1191).

Otto von Gierke (DPR II, 910; ebenso *Wolff* 473, 591 A. 12 a. E.; *Kowalski,* Die Grundschuld im modernen Grundbuchverkehr², 13) geht von einer falschen strukturellen Betrachtung aus, wenn er behauptet, daß ein Schenkungsversprechen durch Bestellung einer Grundschuld erfüllt werden könne. Beide Rechtsbehelfe stehen koordiniert nebeneinander insofern, als sie demselben Anrecht dienen. Deshalb kann die Grundschuld nicht zur Tilgung der Obligation benutzt werden. Wohl aber ist es möglich, daß der Gläubiger in einem Erlaßvertrag auf die Forderung verzichtet und sich mit der dinglichen Haftung begnügt. Die Grundschuld gewährt dem Gläubiger nicht unmittelbar Befriedigung seines Anrechts, sondern sie verschafft ihm ein Mittel, zur Befriedigung seines Anrechts zu gelangen. Sie ist nicht Erledigung, sondern Sicherung des aus dem Kausalverhältnis entspringenden Anrechts. Die reale Leistung ist erst die Zahlung der Geldsumme. Die Grundschuld kann mit einem anderen Sanktionsmittel, der Forderung, konkurrieren, braucht es aber nicht. Eine Grundschuld kann „an Erfüllungsstatt" gegeben werden, z. B. bei einer Kaufpreisschuld (vgl. *Otto von Gierke,* DPR II, 910; *Schreiber* 341f.). Dann handelt es sich aber in Wahrheit um einen Erlaßvertrag. Als Durchsetzungsmittel des Anrechts auf die Geldsumme fungiert nur noch die Grundschuld.

Ein weiterer „atypischer Versagensfall" liegt nach *Heck* 357 dann vor, wenn der Darlehnsvertrag nach Auszahlung der Valuta sich als nichtig erweist, so daß nun ein Bereicherungsanspruch gegeben ist. *Heck* neigt, wenngleich nicht ohne Zweifel, dazu, eine Gläubigerhypothek anzunehmen. *Küchler* 74 spricht von einer sich kraft Gesetzes vollziehenden Forderungsauswechselung, die auch dann vorliege, wenn eine nichtige Forderung durch eine gültige ersetzt werde. Das Reichsgericht (JW 1911, 653) hat die Frage, ob die Hypothek für den Bereicherungsanspruch hafte, verneint und damit sonst allgemeine Zustimmung gefunden (RGRK, A. 2 zu § 1163; *Planck-Strecker,* A. 4 zu § 1113 unter 1 (S. 981); A. 3 zu § 1163 unter b). *Gadow*

licher Begriffsbildung aus betrachtet, beruht es folglich auf einem Irrtum zu glauben, daß das Pfandrecht notwendig eine Forderung sichert. Die Forderung selbst ist nur ein Sicherungsmittel des Anrechts. An falsche theoretische Lehrmeinungen des Gesetzgebers — und dazu gehört auch das Dogma der Akzessorietät — ist man nicht gebunden[50]. Jedes Anrecht beruht auf einem Kausalvorgang (Kauf, Darlehn, Schenkung usw.). Wenn das Anrecht nicht entstanden ist oder nicht mehr besteht, so ist auch das Grundpfandrecht als Durchsetzungsmittel ebenso hinfällig geworden wie eine etwa begründete Forderung[51]. Die Vorschrift

---

a. a. O. 120 verweist zur Rechtfertigung des reichsgerichtlichen Urteils auf das im Liegenschaftsrecht herrschende Spezialitätsprinzip. Für das Gebiet des Fahrnispfandrechts sieht er jedoch kein Hindernis, den Parteiwillen gegebenenfalls dahin auszulegen, daß das Pfand auch für den Bereicherungsanspruch haften solle. Diese Ansicht wurde bereits im gemeinen Recht vertreten (*Dernburg*, Pfandrecht I, 549f.; *Windscheid-Kipp* I^9, 1138 mit A. 6). Nach *Westermann* (Sachenrecht, 450, 619; *Erman-Westermann* A. II zu § 1163) kommt es darauf an, ob Einigung und Eintragung die Verbindung der Hypothek mit dem Bereicherungsanspruch erkennen lassen, in der Regel werde dies der Fall sein. Er vertritt also die Ansicht, daß das Anlehnungsdogma der Auslegung des Parteiwillens keine Schwierigkeiten bereite. Was das Fahrnispfandrecht anbetrifft, so will *Westermann* in seinem Lehrbuch (619) den Parteiwillen in der Regel ebenfalls dahin ausgelegt wissen, daß der Anspruch aus § 812 Pfandforderung ist. Im *Erman*schen Kommentar (A. 3 zu § 1204) dagegen hält er eine solche Annahme nicht für richtig, da das Pfandrecht sich an eine bestimmte oder doch wenigstens im vorhinein bestimmbare Forderung anlehne. Die Stellungnahme *Westermanns* ist also widerspruchsvoll. Denn der Bestimmtheitsgrundsatz gilt erst recht bei der Hypothek.

An den Voraussetzungen einer gesetzlichen, sich automatisch vollziehenden Forderungsauswechselung (dazu *Planck-Strecker*, A. 8 zu § 1180) fehlt es. Eine analoge Anwendung der einschlägigen Vorschriften ohne Rücksicht auf den Parteiwillen wäre unbillig. Der Bereicherungsanspruch, der das Fehlen eines Rechtsgrundes voraussetzt, darf auch nicht, wie *Küchler* es tut, mit den auf Grund des Vertrages an die Stelle des primären Leistungsanspruchs tretenden sekundären Ersatzansprüchen bei Leistungsstörungen auf eine Stufe gestellt werden. Im vorliegenden Fall sollte die Hypothek ein aus dem Darlehnsvertrag erwachsendes Anrecht sichern. Wenn infolge der Nichtigkeit dieses Vertrages der Tatbestand der ungerechtfertigten Bereicherung gegeben ist, besteht ein nicht aus dem Vertrage erwachsendes Anrecht. Angenommen das Anrecht und die seiner Durchsetzung dienende Forderung sind im Vertrage als auf Darlehn oder Kauf beruhend bezeichnet. Dann darf eine Erstreckung auf außervertragliche Ansprüche nicht erfolgen. Allerdings soll die Auslegung einer Willenserklärung nicht am Wortlaut haften, sondern gemäß § 133 den wirklichen Willen erforschen. Aber diese Willenserforschung findet ihre Schranke in der Erklärung, wie sie nun einmal vorliegt (RG 95, 126). Andernfalls hätte für die Erklärung ein umfassenderer Ausdruck gewählt werden müssen.

Als letzten der „atypischen Versagensfälle" erörtert *Heck* 357 den Fall, daß die Parteien den Erlaß der persönlichen Forderung vereinbaren, der Gläubiger die Hypothek jedoch behalten will. Auf dieses Problem soll an anderer Stelle eingegangen werden (vgl. vorerst *Gadow* 120ff.).

[50] Dazu *von Tuhr* I, 138; *Heck* 333ff.; *Jung*, Reichsgerichts-Festschr. III, 145; *Küchler* a. a. O. 79.

[51] Vgl. *Stampe* a. a. O. 40.

des § 1163 I ist also dahin zu verstehen: „Ist das Anrecht auf Empfangnahme der Geldsumme und damit auch die Forderung endgültig nicht zur Entstehung gelangt, so steht die Hypothek dem Eigentümer zu. Erlischt das Anrecht und damit auch die Forderung, so erwirbt der Eigentümer die Hypothek". Daher muß § 1163 auch auf die Grundschuld entsprechende Anwendung finden[52], was rechtspolitisch durchaus wünschenswert erscheint; denn es ist keineswegs einzusehen, weshalb die Lage des Eigentümers hier so erheblich ungünstiger sein soll als bei der Hypothek — nur einer falschen, wenn auch vom Gesetzgeber akzeptierten falschen Konstruktion zuliebe.

Zutreffend hat *K. Blomeyer*[53] darauf aufmerksam gemacht, daß manche Autoren den Pfandrechtsbegriff der früheren Rechtslehre[54] sehr verwässern. *Wolff*[55] betrachtet das Pfandrecht als dingliches Herrschaftsrecht, das die Befugnis zur Sachverwertung in den Formen der Zwangsvollstreckung gibt. Das Verwertungsrecht („Recht, sich einen Vermögenswert aus fremder Sache durch eigene Handlung zu verschaffen") bestehe um einer Forderung willen, und zwar zu ihrer Sicherung (Hypothek oder Fahrnispfandrecht) oder unabhängig von einer Forderung (Grundschuld) — eine widerspruchsvolle Formulierung; denn später heißt es, die Grundschuld diene zwar regelmäßig, aber nicht notwendig der Sicherung einer Forderung[56]. Bei Hypothek und Pfandrecht wird also ein rechtliches Junktim zwischen dem Pfandrecht und der Forderung angenommen, bei der Grundschuld nur ein faktisches. Einmal gehört die Forderung zum rechtlichen Inhalt des Pfandrechts, zu seinen Begriffselementen, zum andern setzt die Grundschuld, obwohl sie ein Pfandrecht sein soll, eine Forderung nicht voraus. *Wolff* arbeitet, wie man sieht, mit zwei wesensverschiedenen Pfandrechtsbegriffen[57], die übrigens von *Nikisch*[58] sehr übersichtlich dar-

[52] Siehe zu dem Problem *Heck* a. a. O. 412f.; *Planck-Strecker*, A. 6a zu § 1192; *Küchler* 38f., 70ff.; *Westermann*, Sachenrecht, 548, 550ff., 556f., der die Zahlung der Grundschuldsumme durch den Eigentümer dem Tatbestand des § 1163 I S. 2 unterstellt, indem er Grundschuldbetrag und Forderung gleichsetzt.

[53] a. a. O. 114.

[54] *Dernburg-Sokolowski*, System des röm. Rechts I, 1911, 477f.; *Windscheid-Kipp*, Pandektenrecht I^9, 1125ff., 1129ff., die sich allerdings zu dem Zugeständnis gezwungen sehen, daß „das römische Recht die Auffassung des Pfandrechts als eines akzessorischen Rechts nicht unversehrt durchgeführt" habe. Ebenso *Weiß*, Inst.^{2}, 251f. Für die Akzessorietät u. a.: *Siber*, RR II, 124, 127; *Kunkel*, RPR, 153, 161 mit A. 2; *Kreller*, RR II, 231; *Enneccerus-Nipperdey* I, 297; *Kaser*, RPR I, 384f., 390 mit A. 13 und 39.

[55] Sachenrecht, 467. Zustimmend u. a. *Wecker*, Die Grundpfandrechte und die Surrogation in der Zwangversteigerung, 23f. mit Lit. A. 50 und 51; *A. Blomeyer*, Studien zur Bedingungslehre, 173ff., 186; Allgem. Schuldrecht, 19.

[56] a. a. O. 589.

[57] Die Entstehungsgeschichte dieser Begriffe schildert *Heck* 332. In der germanistischen Lehre hat es nicht an Versuchen gefehlt, die Grundschuld historisch zu rechtfertigen. Dem deutschen Pfandrecht sei der Charakter der „reinen Sach-

gestellt werden. Dadurch ergibt sich eine das wissenschaftliche Empfinden gröblich störende Dissonanz, ein innerer dogmatischer Bruch, der nur durch den Begriff des Anrechts geheilt werden kann. Im übrigen aber ermangelt die absolute Befugnis, eine Sache selbst zu veräußern oder staatlich veräußern zu lassen, jedes selbständigen wirtschaftlichen Inhalts. Das Recht, eine fremde Sache zu veräußern, hat ohne das Recht der Befriedigung aus dem Erlös, das seinerseits wieder als begriffliches Korrelat zwar nicht eine Forderung, wohl aber ein Anrecht voraussetzt, für welches die Befriedigung eintritt[59], keinen selbständigen rechtlichen Inhalt. *Heck*[60] sieht in seiner Definition des Pfandrechts bewußt von der Forderung ab, weil er das „Anlehnungsdogma" für falsch hält. Der Pfandgläubiger habe das absolut geschützte Recht, sich „im Falle der Nichtleistung einer Geldsumme" aus einer Sache (Grundstück oder Fahrnis) zu befriedigen. Die Grundschuld nennt *Heck*[61] ein „alleinstehendes Pfandrecht" oder eine „isolierte Realobligation". Damit ist jedoch nichts gewonnen. *Heck*[62] selbst spricht von einer Sicherungsfunktion des Pfandrechts. Jede Sicherung setzt nun ein „Etwas" voraus, das sich gesichert, oder mit anderen Worten: Der Begriff des Pfandrechts verlangt ein „Wofür" der Haftung[63]. Dieses „Wofür" besteht nach *Heck*[64] in dem „Interesse des Gläubigers an der Geldleistung". Ein solches Interesse ist jedoch nichts anderes als das Anrecht auf Empfang der Leistung, das keinesfalls mit der Forderung identifiziert werden darf. Weil *Heck* diesen Begriff nicht kennt, läßt er das Pfandrecht unter den Interessenbegriff der Obligation, deren Zweck ebenfalls die Gläubigerbefriedigung sei, fallen und bezeichnet es als eine unvollkommene Obligation", da es alleinstehend nur eine Sachhaftung bewirke[65]. Jedoch ist beim Pfandrecht die Haftung immer auf die

---

haftung" stets wesentlich gewesen; in der Grundschuld sei „das alte deutsche Grundpfandrecht zum erstenmal wieder in voller Reinheit in die Erscheinung getreten" (*Hübner* 411, 420). Eine solche Betrachtungsweise beruht auf falschem Historismus; sie ist eine archaistische Velleität. Denn die reine Sachhaftung beim Pfandrecht, von der übrigens auch das älteste römische Recht ausging (vgl. statt aller *Manigk*, RE Art pignus, 1248ff.; *Kaser*, RPR I, 126), ist ein längst überholtes Entwicklungsstadium, das in die Zeit der Naturalwirtschaft fällt.

[58] Bodenrecht, 97f. Vgl. auch *von Tuhr* I, 135f.; *Enneccerus-Nipperdey* a. a. O. 297; *Eichler*, Institutionen I, 51.

[59] Dieses rechtliche Erfordernis übersieht *Westermann* 546, wenn er alle Arten des Pfandrechts als „Recht, eine bestimmte Geldsumme aus dem belasteten Gegenstand zu heben", zusammenfaßt. Vgl. dazu auch oben S. 338 A. 48 (S. 341).

[60] Sachenrecht, 314.

[61] a. a. O. 316f., 442f.

[62] a. a. O. 316.

[63] *Puntschart*, Grundschuldbegriff, 72; *Eugen Fuchs* a. a. O. 124. Vgl. oben S. 338 A. 48 (S. 339, 341).

[64] a. a. O. 316.

[65] a. a. O. 315.

Sache beschränkt, ob es nun isoliert vorkommt oder nicht. Außerdem darf man das Pfandrecht niemals als Obligation bezeichnen; denn es begründet keine Leistungspflicht. Nach herrschender Meinung setzt das „unselbständige" Pfandrecht die Existenz des obligatorischen Elements voraus. Es soll nur dann geltend gemacht werden können, wenn der Schuldner seine Zahlungspflicht nicht erfüllt. Das dingliche Element steht also zu dem obligatorischen in einem akzessorischen Verhältnis. In Wirklichkeit sind beide aber koordiniert. Auch nach der Lehre *Hecks*[66], der sich *Küchler*[67] anschließt, stehen Forderung und Pfandrecht nicht hintereinander, sondern gehen nebeneinander, weil sie denselben Zweck verfolgen, nämlich die Befriedigung des gleichen Gläubigerinteresses (Theorie der Zweckgemeinschaft)[68]. Das Pfandrecht sichert nicht die persönliche Forderung, sondern dasselbe Anrecht, das auch durch die Forderung gesichert wird. Es mag paradox klingen, ist aber nicht zu bezweifeln: keines der beiden Sicherungsmittel ist dem andern akzessorisch, aber beide sind akzessorisch insofern, als sie wegfallen, wenn das Anrecht durch freiwillige Zahlung befriedigt ist. Die Fremdgrundpfandrechte verwandeln sich dann allerdings in Eigentümer-

---

[66] a. a. O. 316, 323ff.

[67] Die Sicherungsgrundschuld, 31ff.

[68] Gegen diese Theorie wendet sich *Westermann* 437, 548, 551, aus zwei Gründen: Einmal seien Forderung und Pfandrecht inhaltsverschieden. — Dazu sei bemerkt, daß aus der Verschiedenheit des Inhalts unter keinen Umständen auf die Ungleichheit des verfolgten Zweckes geschlossen werden darf. Geldansprüche haben mit den Pfandrechten das Ziel, Verschaffung einer Geldsumme, gemein (*Hirsch* a. a. O. 456). — Zum andern hätten Wortlaut und System des Gesetzes Forderung und Pfandrecht „eindeutig in das Verhältnis von zuständigkeitsbestimmendem und -bestimmtem Recht gesetzt". Daran sei die Rechtsanwendung gebunden. Zu diesem Einwand hat bereits *Heck* 333f. im voraus das Nötige bemerkt (vgl. auch oben S. 344 mit A 50). Jedenfalls kann das erkenntnistheoretische Problem nicht durch einen Machtspruch des Gesetzgebers, der auf einem falschen Dogma fußt, erledigt werden.

Von einer „Zweckgemeinschaft" zwischen Forderung und Hypothek spricht auch *Nikisch*, Bodenrecht, 98: Die Verkehrshypothek könne zwar nicht ohne die Forderung entstehen, wenn sie aber einmal entstanden sei, ihren Zweck auch ohne die Forderung erfüllen. Diesen Zweck erblickt *Nikisch* darin, daß die Hypothek dem Gläubiger in gleicher Weise wie die Forderung die ihm gebührende Geldsumme verschaffen soll. Eine wechselseitige Zweckgemeinschaft zwischen Verkehrshypothek und Forderung nimmt ferner *Wieacker*, Bodenrecht, 189f., an. Die Akzessorietät der gewöhnlichen Hypothek stellen auch *Staudinger-Kober* A 7 zu §1113 in Abrede: Sie habe nur in der Regel die Zweckbestimmung, von Anfang an der Befriedigung einer Forderung zu dienen. Der Wegfall der Forderung hebe die Hypothek selbst regelmäßig nicht auf, sondern nur das Recht des bisherigen Gläubigers, wegen der Forderung die Befriedigung aus dem Grundstück zu verlangen.

Die genannten Autoren bleiben jedoch auf halbem Wege stehen, wenn sie daran festhalten, daß Fremdhypothek nicht ohne Forderung existent werden kann. Übrigens hat bereits *von Tuhr* I, 136 die Zweckverwandtschaft von Obligation und Pfandrecht erkannt und hervorgehoben, daß beiden der in der Zukunft liegende Zweck innewohne, dem Berechtigten eine Geldsumme zu verschaffen.

grundpfandrechte, um den Eigentümer vor einem ungerechtfertigten Aufrücken nachstehender Gläubiger zu schützen, ihm die Möglichkeit zu geben, das Eigenpfandrecht durch Abtretung für seinen Realkredit auszunutzen, und den auf es entfallenden Teil des Versteigerungserlöses für sich zu beanspruchen. Bei der Eigentümergrundschuld besteht kein Recht des Eigentümers gegen sich selbst. Man könnte daher denken, das Anrecht ruhe als zur Zeit subjektloses Recht. Indessen setzt der Begriff des Anrechts keinen bestimmten Gegner voraus[69]. Ein Anrecht liegt vor, wenn das Interesse des Berechtigten auf Empfang eines Gegenstandes von der Rechtsordnung anerkannt wird. Dieses Recht steht auch dem Träger eines Eigenpfandrechts zu. Es wird durch die Grundschuld gesichert. Allerdings ist die Ausübung der Veräußerungsbefugnis in den Formen der Zwangsvollstreckung rechtlich unzulässig (§ 1197 I). Aber die Hauptbefugnis des Pfandrechts, das Recht auf Entnahme eines Teiles des Grundstückserlöses, bleibt weiterhin ausübbar[70].

Die Rechtsfigur des Anrechts erklärt auch befriedigend das Fahrnis- und Grundpfandrecht für eine zukünftige oder bedingte Forderung[71]. Denn das Anrecht darauf, daß künftig oder unter der und der Bedingung gegeben wird, ist um nichts weniger ein gegenwärtiges Anrecht auf Empfangnahme, als das, jetzt gleich zu empfangen. Die herrschende Meinung ist hier sehr inkonsequent. Im Fahrnisrecht erkennt sie das für eine künftige Forderung bestellte Pfandrecht als ein bereits existierendes an und setzt sich damit bedenkenlos über das Akzessorietätsprinzip hinweg, im Bodenrecht dagegen erblickt sie in der entsprechenden Hypothek keine Gläubigerhypothek, sondern eine vorläufige Eigentümergrundschuld. Das Fahrnispfandrecht (§ 1204 II) soll sofort als gegenwärtiges Recht entstehen, und zwar ohne als Durchgangsform Pfandrecht des Eigentümers zu sein[72]. Der RGRK[73] hält

---

[69] Vgl. oben S. 330.

[70] Vgl. oben S. 336 A. 46 (S. 337).

[71] Zutreffend bereits *Schreiber* a. a. O. 282, 318 A. 2.

[72] *Windscheid-Kipp*, Pandektenrecht I[9], 1134; *Cosack-Mitteis* 344; *Planck-Flad*, A. 2b zu § 1204 (S. 1413); *Wolff* a. a. O. 613f.; *Hedemann* a. a. O. 376; *Julius von Gierke* a. a. O. 191; *Lange*, Boden, Ware und Geld III[2], 165; *Bourier*, ZAkDR 1937, 524; *Westermann* 619; *Lent*, Sachenrecht[4], 191; *Palandt-Hoche*, A. 3 zu § 1204. Nach *Otto von Gierke*, DPR II, 792 A. 11 ist auch das Pfandrecht bedingt oder befristet, wenn die Forderung es ist. Aber man darf nicht die Bedingung der Forderung ohne weiteres auf das Pfandrecht übertragen, sondern muß das Pfandrecht für eine bedingte Forderung von einem bedingten Pfandrecht scheiden. Handelt es sich um eine künftige Forderung, so besteht nach *Gierke* bereits ein durch die Entstehung der Forderung bedingtes Pfandrecht, während eine Forderung überhaupt noch nicht existiert. *Gierke* gibt zu, daß hier der Anlehnungsgrundsatz durchbrochen ist. Es handelt sich bei ihm offenbar um eine Rechtsbedingung (*condicio iuris*). Das Pfandrecht ist schon vorhanden, aber noch unvollkommen; denn mit der Forderung fehlt noch eine Wirksamkeitsvoraussetzung. *von Tuhr*,

ein solches Pfandrecht mit Rücksicht auf das Akzessorietätsprinzip für kein wirkliches, sondern für ein Rechtsgebilde, das sich zu einem wirklichen Pfandrecht entwickeln könne. Nur aus Gründen des Verkehrsbedürfnisses werde es vom Gesetz auch während des Schwebezustandes als Pfandrecht bezeichnet und behandelt. Das ist aber kein die Rechtslage klärender konstruktiver Gedanke. Wir erfahren nicht, was dieses „Rechtsgebilde" nun eigentlich ist. Außerdem sieht sich der RGRK genötigt, den Bruch mit dem Akzessorietätsdogma durch eine Fiktion zu verdecken: Das in Wirklichkeit noch nicht existierende Pfandrecht werde aus Zweckmäßigkeitsgründen als bereits bestehendes behandelt. Der herrschenden Meinung bleibt nur übrig, die Zulässigkeit des Pfandrechts für eine künftige Forderung als Ausnahme von der Regel des Akzessorietätsgrundsatzes zu deuten. Mit dem Anlehnungsdogma steht es in klarem Widerspruch, zumal es seinen Rang durch die Bestellung und nicht erst durch die Entstehung der Forderung erhält (§ 1209)[74]. Die praktischen Bedürfnisse des Lebens erwiesen sich auch hier stärker als das Dogma, und „Begriffe mit Ausnahmen sind Undinge"[75].

Dagegen entsteht nach vorwiegender Ansicht eine auflösend bedingte (vorläufige) Eigentümergrundschuld, wenn eine Hypothek für eine aufschiebend bedingte oder künftige Forderung bestellt wird; der Gläubiger hat in der Zwischenzeit eine dingliche Anwartschaft auf den

---

Allgem. Teil II 2, 283 A. 87, leugnet dagegen das Dasein eines Pfandrechts; es liege nur eine Anwartschaft auf ein Pfandrecht vor, die von einer Rechtsbedingung abhänge. Auch *Enneccerus-Nipperdey*, Allgem. Teil[14], 310, 853, 856, nehmen ein schwebendes Anwartschaftsrecht auf Pfanderwerb an. *Oertmann*, Rechtsbedingung, 190; Interesse und Begriff in der Rechtswissenschaft, 74f., hält es weder für erwiesen noch überhaupt für erweislich, daß die §§ 1204 und 1209 bereits ein vollendetes Pfandrecht vor der Forderung entstehen ließen. In § 1204 sei das Schwergewicht auf die Worte: „kann *bestellt* werden" zu legen; hätte die vorzunehmende Pfandbestellung bereits ein gegenwärtiges Pfandrecht hervorgerufen, so wäre die Anerkennung des Ranges in § 1209 höchst überflüssig. Aber dieses Argument verdient keinen Beifall. Im gemeinen Recht herrschte Streit darüber, ob das Pfandrecht für eine künftige Forderung erst mit der Forderung oder sofort entstehe (*Otto von Gierke* 972 A. 11 mit Lit.). Das Gesetz wollte diese Streitfrage ausdrücklich entscheiden und außerdem verhindern, daß die Regel des Altersvorzugs beim Pfandrecht deshalb geleugnet werde, weil ein Altersvorzug unter Forderungen nicht entstehe (Motive III, 805; Protokolle III, 452). Gewiß ist die Bestimmung des § 1209 eine selbstverständliche Folge des nach § 1204 II bereits vorhandenen Pfandrechts. Aber man glaubte, seinen Rang mit der ganzen Kraft der Wiederholung festlegen zu müssen, um jedem Mißverständnis vorzubeugen (*Schreiber* a. a. O. 282 A. 2). *Oertmann* sagt nichts darüber, wie er sich die Rechtslage der Zwischenzeit denkt. Aus dem Zusammenhang seiner Ausführungen (186ff.) ergibt sich jedoch, daß er grundsätzlich eine dinglich gesicherte Anwartschaft des Pfandgläubigers anerkennt.

[73] A. 10 zu § 1204.

[74] *Heck* a. a. O. 418; *Lange* a. a. O. 165.

[75] *Fuchs* a. a. O. 27.

Erwerb der Hypothek[76]. So wird das einheitliche Recht der Fremdhypothek in gekünstelter Weise in zwei „Splitterrechte" zerlegt, die sich gegenseitig bedingen und ergänzen und erst zusammen das „Vollrecht" bilden[77]. Ganz schlimm wird es mit dieser Begriffsakrobatik bei der Höchstbetragshypothek. Dort findet unaufhörlich ein Wechsel von Teilen der Hypothek statt. Bald stehen sie dem Eigentümer als Grundschuld zu, bald dem Gläubiger als Fremdrecht: Ein ewiges Hin und Her, das in der Tat wie „eine Spielerei ohne jeden vernünftigen Sinn" anmutet[78]. Das Gesetz bestimmt ausdrücklich, daß auch für eine künftige oder eine bedingte Forderung eine Hypothek bestellt werden kann (§ 1113 II). Die Formulierung stimmt genau mit der des § 1204 II überein. Trotzdem will man hierauf kein Gewicht legen, weil es für das Fahrnispfandrecht an einer dem § 1163 entsprechenden Vorschrift fehle. Dieses Argument kann indessen schwerlich überzeugen. Denn es steht konstruktiv nichts im Wege, auch im Fall des § 1204 II als Durchgangsform ein Pfandrecht des Eigentümers anzunehmen[79]. Das Gesetz

[76] *Planck-Strecker*, A. 5g zu § 1113 (S. 978), A. 3a zu § 1163 mit reicher Literatur zum Für und Wider; *Heck* 358f., der hier seltsamerweise die Durchbrechung des Akzessorietätsdogmas ignoriert; *Oertmann* a. a. O. 169; 189 f.; *Julius von Gierke* a. a. O. 166; *Lange*, Boden, Ware und Geld II², 128; *Lent*, ZAkDR 1937, 37ff.; Sachenrecht⁴, 149; *Boehmer*, ebendort 1940, 242; *Wieacker*, Bodenrecht, 200f.; *Nikisch*, Bodenrecht, 103; *Palandt-Hoche*, Überblick vor § 1113 3 Eb; A. 4d zu § 1113; *Westermann* a. a. O. 451, 619; *Erman-Westermann*, A. 5 zu § 1113.

[77] Dagegen auch *Bourier* a. a. O. 526f. Ihm zustimmend *H. Brandt*, DRW 1938, 63.

[78] *Bourier* a. a. O. Zutreffend *G. Süß*, Abtretung künftiger Ansprüche, 1910, 53. *Küchler*, Sicherungsgrundschuld, 60 A. 8, beruft sich der These von der „Fremdhypothek" gegenüber auf den Widerspruch des § 1139. Aber das Grundbuch ist nicht deshalb unrichtig, weil ein Eigentümerpfandrecht besteht, sondern weil es eine künftige Darlehnsforderung als eine gegenwärtige ausweist. Der Hypothekengläubiger könnte die Hypothek an einen Dritten zedieren, der dann auch die sonst erst später eintretenden Befugnisse eines Hypothekars erwirbt, obwohl, solange das Anrecht auf künftige Empfangnahme geht, nur das „Vorstadium" der hypothekarischen Haftung besteht. *Küchler* wirft ferner die Frage der Behandlung der „Fremdhypothek" in der Zwangsversteigerung auf. Soll der Gläubiger oder der Eigentümer den Erlös bekommen? Die Rechtslage ist insoweit keine andere als bei der Höchstbetragshypothek. Spätestens im Verteilungstermin muß festgestellt werden, ob und in welcher Höhe der Gläubiger Befriedigung verlangen kann (vgl. RGRK, A. 1 zu § 1190 S. 715f.). Ein Befriedigungsrecht steht dem Gläubiger nur insoweit zu, als das durch die Hypothek gesicherte Anrecht auf alsbaldige Empfangnahme des Geldes geht. Mit der Feststellung entscheidet sich die Frage, wem der Erlös gebührt.

[79] Vgl. *von Lübtow*, Schenkungen, 62, 88f. Dazu *Raape*, JR 1951, 159; *Abraham*, ArchzivPrax. 151, 374ff. Er meint, beschränkte dingliche Rechte an eigener Sache könnten nur dort zugelassen werden, wo sie mit dem Grundsatz der Erkennbarkeit, der bei Mobilien im Besitz seinen Ausdruck finde, vereinbar seien. Aber der Besitz als Erkennbarkeitsmittel dinglicher Rechte ist ein Phantom (*von Lübtow*, Festschr. der Jur. Fak. der FU Berlin, 1955, 208ff.). Außerdem wird man den besitzenden Nießbraucher oder Pfandgläubiger eher für den Eigentümer halten. Der Zweck des

ist offenbar der Meinung, die Hypothek sei sofort eine Gläubigerhypothek[80]. Seine Verfasser richteten ihren Blick nur auf das Wort „Forderung“ und vergaßen dabei ganz das Adjektiv „künftig“. Infolgedessen ließen sie außer acht, daß die künftige Forderung für die Zwischenzeit eine nicht existierende Forderung ist, und es entging ihnen der Widerspruch zwischen § 1113 I und § 1113 II. Jedenfalls haben hier ebenfalls die Lebensbedürfnisse den Sieg über das Anlehnungsdogma errungen, und der Widerspruch löst sich auf, wenn man der Konstruktion eines Anrechts folgt. Eine Eigentümergrundschuld entsteht erst, und zwar ohne rückwirkende Kraft, wenn sich ergeben hat, daß das Anrecht nicht mehr existiert[81]. Es kann sich ja beispielsweise die in Aussicht genommene Hingabe eines Darlehns zerschlagen haben[82].

Die Pfandverwertung kann erst erfolgen, wenn das Anrecht auf künftige Empfangnahme sich in ein Anrecht auf alsbaldige verwandelt hat. Solange dies unterbleibt, kann sich der Gläubiger nicht an das Pfand halten. In dieser Zwischenzeit greifen nur die Funktionen des Pfandrechts Platz, die *Schreiber*[83] als „Vorstadien der Haftung“ bezeichnet hat. Dahin gehören:

Besitzes liegt beim Pfandrecht vielmehr darin, den Gläubiger zu sichern, indem man dem Verpfänder die Zugriffs- und Verfügungsmöglichkeit über die Sache entzieht (*Vinding Kruse*, Eigentumsrecht III, 2208ff.; *Lange* a. a. O. 161), und beim Nießbrauch soll der Besitz dem Nießbraucher die Ausübung seines Rechts ermöglichen. Übrigens hat bereits *Endemann*, Sachenrecht, 898 A. 19, als (angeblich) entscheidendes Bedenken gegen das Eigenpfandrecht an Fahrnis die mangelnde Kundbarkeit hervorgehoben und darauf die ängstliche Ausdrucksweise des § 1256 II zurückgeführt. Zur Frage des Eigenpfandrechts siehe auch *Vindung Kruse* a. a. O. 1977; *Esser*, Wert und Bedeutung der Rechtsfiktionen, 152 ff.

[80] Motive III, 637f.

[81] Vgl. *Schreiber* 318 A. 2.

[82] Eine Durchbrechung des Akzessorietätsprinzips liegt auch darin, daß der gutgläubige Erwerber bei der Verkehrshypothek geschützt wird (§ 1138). Wenn der Zessionar die Forderung nicht erwirbt, so könnte er strenggenommen auch kein dingliches Recht erwerben, gleichgültig, ob man die bestehenbleibende Fremdpost Hypothek oder Grundschuld nennt (*Cosack-Mitteis* 275; *Heck* 345; *Nikisch* 98). Auch das Institut der „verkappten“ Eigentümergrundschuld widerspricht dem akzessorischen Charakter der Hypothek (*Manigk*, HdR IV, 466). Die begriffliche Konsequenz des Anlehnungsdogmas würde verlangen, daß das dingliche Recht untergeht. Diesen Vorwurf mangelnder Folgerichtigkeit braucht sich die Anrechtstheorie nicht machen zu lassen. Um das Aufrücken nachstehender Grundpfandrechte zu verhüten und dem Eigentümer die Verfügung über die Rangstelle zu erhalten, räumt das Gesetz ihm ein neues Anrecht ein, das durch das bisherige Grundpfandrecht gesichert wird. Es liegt eine gesetzliche Anrechtsauswechselung vor. An die Stelle des erloschenen Gläubigeranrechts tritt das Eigentümeranrecht. Eine andere Frage ist es, ob es sich nicht *de lege ferenda* empfiehlt, die nachträgliche und die ursprüngliche verdeckte Eigentümergrundschuld durch ein „Rangerhaltungs“- oder „Grundpfandbestellungsrecht“ zu ersetzen (dazu *Felgentraeger*, Gierke-Festschr., 159ff.; vgl. ferner *Vinding Kruse* a. a. O. 1856ff., 2113ff.).

[83] a. a. O. 180ff., 282.

a) beim Mobiliarpfandrecht: die Besitzrechte des Pfandgläubigers (§ 1205f.), der Rang (§ 1209 II), die Erstreckung der Haftung auf Erzeugnisse der Pfandsache (§ 1212), die Verwahrungspflicht des Pfandgläubigers (§ 1216f.), die anderweite Sicherheitsleistung nach § 1218, die Versteigerung wegen Gefährdung der Sicherheit nach §§ 1219ff., die sachenrechtliche Klage des Pfandgläubigers aus § 1227[84];
b) bei der Hypothek: ihr Rang (§ 1113 II), die Haftung der Erzeugnisse, des Zubehörs, der Miet- und Pachtzinsforderungen, der Versicherungsforderungen (§§ 1120—1130), Schutz des Hypothekenrechts wegen bereits eingetretener oder zu besorgender Beeinträchtigung der Pfandsicherheit (§§ 1133—1135), im Falle des Verschuldens des Eigentümers oder eines Dritten Schadensersatz nach § 823 I.

II. Die Reallasten

Das Problem der rechtlichen Natur der Reallasten war schon zur Zeit des gemeinen Rechts sehr streitig. Den Hauptstreitpunkt bildete die Frage, ob und inwieweit die Reallast ein Forderungsrecht oder ein dingliches Recht begründe. Zahlreiche in sich wieder verschiedenartige Konstruktionen sind versucht worden. Sie übten einen maßgebenden Einfluß auf Rechtsprechung und Gesetzgebung aus.

Es gab folgende Haupttheorien[85]:
1. die obligationenrechtlichen,
2. die sachenrechtlichen,
3. die Mischtheorien.

Die obligationenrechtlichen Theorien hielten die Reallast als Ganzes für ein obligationenrechtliches Gebilde, bei dem der Schuldner durch das Eigentum am Grundstück bestimmt werde. Sie wurden vorwiegend von den Romanisten vertreten, da sich im römischen Recht sonst kein passendes Schema fand. Ulpian (D. 44, 7, 25 pr.) definiert nun allerdings die der Durchsetzung einer Obligation dienende persönliche Aktio folgendermaßen: *In personam actio est, qua cum eo agimus, qui obligatus est nobis ad faciendum vel dandum: et semper adversus eundem locum habet.* Er hat aber nur den gewöhnlichen Fall im Auge. Es war mit dem Begriff des Forderungsrechts sehr wohl vereinbar, daß die *actio in personam* nicht stets gegen eine von vornherein individuell bestimmte Person gerichtet war, sondern gegebenenfalls gegen jeden, der in ein Verhältnis zu einer Sache trat. Es gab also persönliche Klagen mit wandelbarem Schuldner. Dahin gehörten die *actiones noxales (noxa caput sequitur), ad exhibendum und aquae pluviae arcendae.* Die gemein-

[84] *Wolff* 614; *Schreiber* 282.

[85] Überblick bei *Otto von Gierke*, a. a. O. 703ff.; *Hübner*, Grundzüge des Deutschen Privatrechts[5], 387ff.

rechtliche Theorie nannte solche persönlichen Klagen im Anschluß an D. 4, 2, 9, 8 *actiones in rem scriptae*[86]. Der Ausdruck *actio in rem scripta* ist in den Quellen kein *terminus technicus*. Er stammt aus dem nachklassisch-byzantinischen Recht. Es gibt nur eine einzige Klage, die in den Digesten als *actio in rem scripta* bezeichnet wird, die *actio quod metus causa*. Sie richtet sich gegen den Dritten, der durch die Handlung des Zwangsausübers einen Vorteil erlangt hat, ist in dieser Gestalt jedoch unklassisch[87]. Der Begriff der *actio in rem scripta* wurde nun im 19. Jahrhundert zur Klärung des Wesens der Reallasten herangezogen. Sie wurden vor allem von *Kohler*[88] als *obligationes in rem scriptae* verbunden mit pfandartiger Haftung des Grundstückes aufgefaßt.

Die ältere sachenrechtliche Theorie existierte in verschiedenen Spielarten. Entweder erblickte man in der der Reallast zugrunde liegenden Leistungspflicht ein gewöhnliches Forderungsrecht, das mit einer Hypothek verbunden sei, oder aber man rechnete die Leistungspflicht zum Inhalt des sachenrechtlichen Verhältnisses und konstruierte, um mit dem System der römischen *iura in re aliena* in Einklang zu bleiben, die Reallasten als *servitutes in faciendo* oder *servitutes iuris Germanici*.

Die neueren sachenrechtlichen Theorien betrachteten die Reallast als Gesamtheit wie auch im Hinblick auf die einzelnen Leistungen als dingliches Recht. Soweit eine persönliche Leistungspflicht des Eigentümers hinzutrat, sah man in ihr nur ein „akzessorisches Element" der dinglichen Last.

---

[86] *Windscheid-Kipp* I⁹, 195 A. 6. Die moderne Dogmatik verwendet diesen Begriff ebenfalls in den Fällen der „mittelbar zuständigen Pflichten" (*von Tuhr* I, 213; vgl. unten S. 365 A. 133). Neuere Bezeichnungen sind: Zustands- oder Realobligationen (*Crome*, System II 7f.; vgl. unten S. 365 A. 133). Die byzantinische Jurisprudenz hat die Klagen, denen man im gemeinen Recht die Eigenschaft einer *actio in rem scripta* beilegte, noch nicht unter diesem Begriff systematisiert, und noch viel weniger haben die der Abstraktion abholden Klassiker daran gedacht, sie als einheitliche Kategorie zusammenzufassen. War doch die Grundhaltung der klassischen Jurisprudenz einem systematischen Aufbau der Rechtsinstitute eben nicht günstig (*F. Schulz*, Prinzipien, 36ff.). Eine auf Vertrag beruhende Verknüpfung einer Obligation mit einer Sache, insbesondere einem Grundstück, hat das römische Privatrecht nicht zugelassen (*Windscheid-Kipp* I⁹, 194 A. 1; *Eugen Fuchs* a. a. O. 24 A. 14, 66 A. 64). Obligationen, die über die Person des ursprünglich Verpflichteten hinausreichen, kennt es wie auch das moderne Privatrecht (vgl. unten S. 364f.) nur auf Grund besonderer nichtrechtsgeschäftlicher Tatbestände. Dem Eigentümer ist es gestattet, sich und seine Erben mit Pflichten zum *facere* zu belasten. Aber er soll auf diese Weise nicht für alle Ewigkeit zukünftige Eigentümer der Sache in Fesseln legen und so die Eigentumsfreiheit verkümmern dürfen (vgl. *Jhering*, Geist II 1, 226ff.). Daher wird die privatrechtliche Reallast abgelehnt. Auf dem Gebiet des öffentlichen Rechts ist sie allerdings anerkannt (*Pernice*, ZSSt. 5, 57ff., 72ff.; 19, 85; *F. Schulz* a. a. O. 20; Class. Rom. Law, 384: *Kaser*, RPR I, 372 mit A. 24).

[87] *von Lübtow*, Der Ediktstitel „*Quod metus causa gestum erit*", 183ff.; *F. Schulz*, Prinzipien, 50 A. 26, 52 mit A. 41; für Echtheit neuerdings wieder *Kaser*, RPR I, 213.

[88] Pfandr. Forsch., 1882, 58ff.

Weit verbreitet waren die Mischtheorien, die in verschiedener Art das Wesen der Reallast in einer Verbindung von obligationen- und sachenrechtlichem Inhalt erblickten. So sprach man zum Beispiel von „dinglichen Forderungsrechten". Herrschend war wohl die Theorie, welche die Reallast im ganzen als dingliches Recht, die Verpflichtung zur einzelnen Leistung dagegen als persönliche Schuld des Eigentümers konstruierte.

Alle diese Theorien sind auf die zur Zeit geltenden Auffassungen vom Wesen der Reallast, das aber nach wie vor kontrovers ist, von Einfluß gewesen.

Die herrschende Meinung erblickt in der Reallast als Ganzem ein Sachenrecht, eine Belastung des Grundstücks. Dabei gehen die Meinungen über die Natur dieses Sachenrechts auseinander.

Wolff[89] hält die Reallast sowohl im ganzen wie hinsichtlich des Rechts auf die Einzelleistung für ein Verwertungsrecht, zu dem im Zweifel ein Forderungsrecht gegen den Eigentümer nach Maßgabe des § 1108 I hinzutrete[90]. *Kohler*[91] konstruiert jetzt die Reallast als Ganzes nicht anders als die Berechtigung auf die einzelnen Leistungen ebenfalls als Wertrecht. *Otto von Gierke*[92] sieht in der Reallast ein dingliches „Nutzungsrecht" am Gebrauchswert des Grundstücks, gerichtet auf wiederkehrende Leistungen, die mit den Mitteln und Kräften des Grundstücks bewirkt werden können. Zu diesen Leistungen sei der Eigentümer als solcher verpflichtet, und es bestehe gegen ihn ein dinglicher Anspruch, dem als Passivum eine „dingliche", rein sachenrechtliche „Schuld" entspreche. Diese Schuld dürfe nicht mit einer persönlichen Verpflichtung verwechselt werden. Der Durchsetzung der dinglichen Schuld diene ein dingliches Haftungsrecht, ähnlich wie bei den Grundpfandrechten. Die Reallast sei also ein „durch Sachhaftung gesichertes Nutzungsrecht". *Heck*[93] vertritt die Theorie von der „Doppelnatur" der Reallasten und Pfandrechte: Er konstruiert sie sowohl als „obligatorische Sachenrechte" wie als „dinglich geschützte Obligationen".

Auszugehen ist auch hier von dem zentralen Oberbegriff des Anrechts auf Empfangnahme eines Gegenstandes, zu dessen Durchsetzung obligatorische und dingliche Mittel gegeben sein können. Man unterscheidet nun zwischen der Reallast als Ganzem und den einzelnen Leistungen[94]. Die Reallast als Ganzes hat gegenüber dem Recht auf die

---

[89] a. a. O. 466.

[90] a. a. O. 453.

[91] Sachenrecht, 479 ff.

[92] a. a. O. 711 ff. Zustimmend *Hübner* 390; *Planitz*, DPR³, 90. Vgl. dazu unten S. 360 f.

[93] a. a. O. 439 ff. Dazu unten S. 385.

[94] *Otto von Gierke*, 723 ff.; *Wolff*, 452 f.; *Julius von Gierke*, Sachenrecht³, 152 f.; *Planck-Strecker*, Vorbem. 2 vor § 1105 (S. 924); RGRK, A. 1 zu § 1107; *Westermann*, Sachenrecht², 600; *Eichler*, Institutionen des Sachenrechts I, 19; *Palandt-Hoche*, A. 1 a und b zu § 1107.

Einzelleistungen, die aus ihr hervorgehen, selbständige rechtliche Bedeutung. Sie ist ein sonstiges Recht im Sinne des § 823 I. Es kann, wenn sie bestritten wird, auf Anerkennung ihres Bestehens geklagt werden (§ 25 ZPO) oder auf Wiedereintragung, falls sie irrtümlich gelöscht ist (§ 894). Wenn sie nach Landesrecht ablösbar ist, gewährt sie ein Recht auf die Ablösungssumme, ferner bei der Zwangsversteigerung ein Recht auf die Ersatzsumme (§ 92 ZVG).

Nach Ansicht des RGRK[95] finden auf die Reallast die Vorschriften über die Hypothek keine Anwendung. Daher gebe es keine Eigentümerreallast entsprechend dem § 1163 I 2 oder entsprechend dem § 1168. Die herrschende Meinung geht in der Tat dahin, daß die Reallast durch freiwillige Zahlung der Ablösungssumme erlischt und nicht etwa gemäß §§ 1163 I 2, 1177 auf den Eigentümer übergeht[96]. Die im Range nachfolgenden Gläubiger würden also aufrücken. Durch die Zahlung wird das Anrecht befriedigt. Die Reallast hat dann als dingliches Sicherungsrecht des bisherigen Gläubigers keine Daseinsberechtigung mehr. Wenn nun die Reallast die einzige Belastung des Grundstücks ist, oder wenn sie an letzter Stelle steht, kann es dem Eigentümer gleichgültig sein, ob sie erlischt oder sich in eine Eigentümerreallast verwandelt. Anders jedoch, wenn nachstehende Rechte vorhanden sind. Der Hauptzweck des Eigentümerpfandes ist der Schutz des Eigentümers vor einem Aufrücken der nachstehenden Gläubiger, das ihnen einen unverdienten Gewinn bringt[97]. Dieser Zweckgedanke gilt auch für die Reallast. Es dürfte daher verkehrt sein, sie auch dann erlöschen zu lassen, wenn nachstehende Lasten vorhanden sind[98]. Die herrschende Meinung läßt ferner nur eine Kondiktion der Reallast zu, wenn der Schuldvertrag aus irgenwelchen Gründen nichtig ist, lehnt also die entsprechende Anwendung des § 1163 II ab[99]. Auch diese Ansicht verdient keinen Beifall. Ist das Rechtsgrundgeschäft nichtig, so entsteht auch das Anrecht auf Empfang der Reallastleistungen nicht. Das dingliche Recht sichert aber das

[95] A. 1 zu § 1107.

[96] *Otto von Gierke*, DPR II, 734; *Crome*, System III, 629; *Cosack-Mitteis* 339, 342; *Wolff* 466; *Hedemann* 295; *Westermann* 602; *Staudinger-Kober*, A. 2f. zu § 1107; *Planck-Strecker*, A. 3d zu § 1107; *Palandt-Hoche*, Überblick vor § 1105, 1a; *Erman-Ronke*, Vorbem. 2 vor § 1105, A. 6 zu § 1105.

[97] Vgl. statt aller *Heck* 348.

[98] Eine Eigentümerreallast kann übrigens nicht nur durch Konsolidation nach Maßgabe des § 889 entstehen, sondern auch von vornherein wie die Grunddienstbarkeit (dazu *von Lübtow*, Schenkungen, 64ff.) als Eigentümerrecht begründet werden (für die Zulässigkeit *Staudinger-Kober*, A. 3 zu § 1105; *Palandt-Hoche*, A. 3 c zu § 1105; *Westermann* 601; ablehnend *Crome* a. a. O. 626 A. 77; *Planck-Strecker*, A. 4 zu § 1105; RGRK, A. 5 zu § 1105).

[99] *Wolff* 454; *Staudinger-Kober*, A. 20 zu § 1105; *Cosack-Mitteis* 339; *Planck-Strecker*, Vorbem. 2 vor § 1105; *Palandt-Hoche*, Überblick 1 b vor § 1105; *Westermann* 601; *Ermann-Ronke*, Vorbem. 2 vor § 1105 (S. 1395).

Anrecht. Dieser Zweck ist von vornherein unerreichbar. Deshalb muß der Mangel des Rechtsgrundgeschäfts genau so automatisch wirken wie in dem Fall, wo der Zweck durch Entrichtung der Ablösungssumme wegfällt.

Das Anrecht als Ganzes geht auf die wiederkehrenden Leistungen insgesamt. Es wird gesichert:

a) durch ein Schuldverhältnis, das eine generelle Pflicht des jeweiligen Eigentümers erzeugt, sämtliche Leistungen in ihrer Wiederkehr zu erbringen (Realobligation);
b) durch ein dingliches Wertentnahmerecht, falls die Zwangsversteigerung des Grundstücks von einem anderen Berechtigten durchgeführt wird[100]. Der Reallastberechtigte kann dann für das Anrecht als Ganzes Wertersatz aus dem Erlös verlangen, wenn es durch Zuschlag in der Zwangsversteigerung erlischt (§§ 92, 121 ZVG[101]. Ein selbständiges Vollstreckungsrecht wegen der

[100] *Staudinger-Kober*, A. 22 zu § 1105.

[101] Die Reallast als Ganzes ist ein Recht, das nicht auf Zahlung eines Kapitals gerichtet ist. Erlischt sie, so tritt an ihre Stelle der Anspruch auf Ersatz des Wertes aus dem Versteigerungserlös (§ 92 I ZVG). a) Bei Reallasten von bestimmter Dauer ist der Wert spätestens im Verteilungstermin anzumelden (§ 114 ZVG). Bei Widerspruch setzt das Prozeßgericht den endgültigen Wert fest (*Steiner*, A. 5 zu § 92 ZVG mit Lit.). b) Bei Reallasten von unbestimmter Dauer erfolgt der Wertersatz durch Gewährung einer Geldrente. Sie kommt dem Jahreswert des Rechts gleich und ist vierteljährlich vorauszahlbar (§ 92 II). In dem Verteilungsplan (§ 114 ZVG) ist im Range des Rechts ein Deckungskapital einzustellen, das nach § 121 ZVG zu berechnen ist. Beispiel: Geldrente von monatlich 30 DM, vermutliche Lebensdauer 15 Jahre. Deckungskapital nach § 121: $30 \times 12 \times 15 = 5400$ DM. c) Falls die Reallast nach Vertrag oder Gesetz ablösbar ist, bestimmt sich der Betrag der Ersatzleistung durch die Ablösungssumme (§ 92 III ZVG).

Für die Ansprüche auf die Einzelleistungen gelten die Vorschriften über die Hypothekenzinsen (§ 1107). Soweit es sich um Naturalleistungen handelt, ist der Wert in Geld zu ersetzen (*Reinhard-Müller*, A. V zu § 92 ZVG; *Steiner*, A. 3 zu § 92 ZVG).

Die Geldabfindung der außerhalb des geringsten Gebotes, aber innerhalb des Meistgebotes stehenden Reallast darf nicht verwechselt werden mit der Festsetzung eines Ersatzbetrages, falls die in das geringste Gebot aufgenommene Reallast nicht besteht (§§ 51, 50 ZVG).

Die Rechtsnatur des Befriedigungsrechts am Erlös ist außerordentlich umstritten (vgl. dazu u. a. *Steiner* a. a. O. 331 A. 2 und vor allem *Wecker*, Die Grundpfandrechte und die Surrogation in der Zwangsversteigerung, 1937, 12ff. mit Lit.). *Wecker* unterscheidet hier zwischen den „Substanzrechten" (Nutzungsrechten oder Gebrauchsrechten), zu denen er mit *Otto von Gierke* auch die Reallast zählt, und den „Verwertungsrechten" (Grundpfandrechten): Die Substanzrechte verwandelten sich in einen Anspruch auf Ersatz ihres Wertes aus dem Versteigerungserlös, die Verwertungsrechte dagegen setzten sich unverändert als Hypotheken, Grund- oder Rentenschulden am Versteigerungserlös fort. In der Denkweise der Lehre vom Anrecht stellt sich der Vorgang so dar:

Da das Reallastanrecht als Ganzes nicht auf Zahlung eines Kapitals gerichtet ist, muß entweder seine Umwandlung in ein Kapitalanrecht oder in ein Geldrenten-

Reallast im ganzen besteht nicht. Es erübrigt sich, weil insoweit das Zugriffsrecht wegen der einzelnen Leistungen (§§ 1107, 1147)

---

anrecht in bestimmter Höhe erfolgen. Denn die Befriedigung des Anrechts im Zwangsversteigerungsverfahren ist nur durch Zahlung aus dem Gelderlös möglich. Also muß es der Geldvollstreckung angepaßt werden. Durch den Zuschlag wird das dingliche Recht auf den Erlös, das das Anrecht bisher sicherte, vom Grundstück getrennt. An die Stelle des bisher haftenden Grundstücks tritt nun der Versteigerungserlös (§§ 10, 37 Z. 5, 92, 109, 110, 128 ZVG). Solange er nicht bar gezahlt ist, besteht eine Forderung des Eigentümers gegen den Ersteher. An der Forderung hat der Reallastberechtigte ein Pfandrecht, das sich nach Zahlung des Bargebots durch den Ersteher in ein Pfandrecht an dem gezahlten Gelde umwandelt (*Hirsch* 378ff., 413f.; *Rabe* a. a. O. 51f., 98ff.; *Hellwig-Oertmann*, System II, 430; *Cosack-Mitteis* 414f.; *K. Blomeyer*, Zwangsvollstreckung², 145). Diese doppelte Umwandlung des dinglichen Verwertungsrechts in ein Forderungs- und dann in ein Sachpfandrecht zeigt die schon oben (S. 336) konstatierte Verwandtschaft aller Pfandrechte (vgl. auch § 1287 S. 2). Das Reichsgericht (125, 366, 367) läßt es zunächst dahingestellt, ob das Recht auf den Versteigerungserlös das alte Grundpfandrecht oder ein Mobiliarpfandrecht ist. Es bleibt aber nicht ganz konsequent, wenn es schon auf der nächsten Seite von einem ohne Grundstückshaftung sich fortsetzenden Grundstückspfandrecht spricht. Die Wissenschaft jedenfalls darf sich nicht mit einem *non liquet* begnügen. Auf das „Versteigerungspfandrecht", das jetzt das Anrecht sichert, müssen nach Möglichkeit die Vorschriften angewandt werden, die für das umgewandelte ehemalige Recht am Grundstück galten, insbesondere über den Rang und über den Anfall an den früheren Eigentümer (RG 88, 303ff.; *Hellwig-Oertmann* a. a. O.; *Cosack-Mitteis* 415; *Steiner* a. a. O.; *Wecker* a. a. O. 41ff.; vgl. auch *Nußbaum*, Zwangsversteigerung und Zwangsverwaltung, 154ff.). Denn die gebotene Loslösung des Rechts vom Grundstück ist kein Anlaß, die bisherigen Rechtsbeziehungen mehr als notwendig zu ändern. Der RGRK, A. 1 b S. 681 zu § 1168, widerspricht mit der voreiligen und recht summarischen Begründung, wenn man mit der entsprechenden Anwendung der Vorschriften über die Hypothek beginne, sei eine Grenze nicht zu finden. Es kommt vielmehr darauf an zu prüfen, ob und inwieweit die Anwendung der einzelnen grundpfand- oder reallastrechtlichen Vorschriften sachgemäß ist oder nicht.

Bei der Erlösverteilung stellt sich des öfteren heraus, daß eine Fremdgrundschuld nicht oder nicht voll valutiert ist (vgl. dazu u. a. *Cosack-Mitteis* 336, 415; *Wolff* 595f.; *Nußbaum* a. a. O. 184f.; RGRK, A. 1 zu § 1192 (S. 745), A. 1 b zu § 1168; *Wecker* 46f.). Erklärt dann der Gläubiger, er liquidiere die Grundschuld nicht oder nur in der und der Höhe, so liegt darin nicht ein Verzicht auf das Recht, sondern die Feststellung, daß das Anrecht nicht oder nicht in der im Grundbuch vermerkten Höhe existiert. Das Versteigerungspfandrecht sichert das Anrecht. Es besteht also ebenfalls nicht mehr als Fremdpfandrecht, sondern fällt an den früheren Eigentümer, nicht etwa an die nachstehenden Gläubiger. Hauptzweck des Eigentümerpfandes ist der Schutz der Eigentümerinteressen gegen ein Aufrücken nachstehender Gläubiger, die dadurch einen unverdienten Gewinn machen würden (*Heck*, Sachenrecht, 348). Dieser rechtspolitische Grund fällt mit dem Zuschlag keineswegs fort (RG a. a. O. 305; *Wecker* 42f.). Wenn ein Vormann die Grundschuld bestellt hatte, muß der Subhastat das Pfandrecht ihm nach § 812 übertragen.

Verzichtet der Gläubiger im Verteilungstermin auf das Recht auf Befriedigung aus dem Versteigerungserlös, in das sich die Hypothek oder die valutierte Grundschuld umgewandelt hat, so geht das Versteigerungspfand in entsprechender Anwendung der §§ 1168, 1192 auf den Eigentümer über (vgl. RG a. a. O. 305f.).

genügt[102]. Anders ist es nur im Fall einer vertragsmäßig vereinbarten Ablösungssumme[103].

Aus diesem Gesamtanrecht als dem Mutterrecht entspringen als Tochterrechte die Anrechte auf die einzelnen Leistungen. Sie gehen durch Befriedigung unter, während das Stammrecht davon in Bestand und Wirkungskraft unberührt bleibt, wie es bei einem Wiederkehrschuldverhältnis auch sonst der Fall ist[104]. Die Anrechte auf die einzelnen Leistungen werden gesichert:

a) durch Forderungsrechte gegen den jeweiligen Eigentümer (vgl. auch § 1111 II: „Anspruch auf die einzelne Leistung“). Es handelt sich um Realobligationen, die mit einem dinglichen Zugriffsrecht (c) koordiniert sind und nicht wegbedungen werden können. Sie sind nicht auf das Leistensollen einer individuell bestimmten Person als solcher gerichtet. Ihr Träger wird vielmehr ausschließlich durch das Grundeigentum bestimmt. Der Eigentümer wird von ihnen frei, wenn er das Eigentum verliert. Die Befreiung erstreckt sich auch auf die von ihm nicht abgeführten Leistungen. Der neue Eigentümer übernimmt die Realobligationen kraft Gesetzes, und zwar schuldet er auch die aus der Zeit seines Rechtsvorgängers etwa rückständigen Leistungen, ohne dafür mit seinem Gesamtvermögen einstehen zu müssen.

   Soweit die Forderungen Erzeugnisse des belasteten Grundstücks zum Gegenstand haben, steht dem Gläubiger eine entsprechende Zugriffsbefugnis gemäß den §§ 884, 883 I ZPO zu. Im übrigen werden diese Obligationen ausschließlich sachenrechtlich (c) gedeckt[105];

b) durch persönliche Forderungsrechte gegen den Eigentümer auf die Leistungen, die während der Dauer seiner Eigentumsherrschaft fällig werden. Sie bleiben gegen ihn auch nach Wegfall seines Eigentumsrechts bestehen.

   Sie sind kraft Gesetzes verbunden mit Zugriffsrechten auf sein gesamtes Vermögen (§ 1108 I). Sie können durch Vertrag eingeschränkt oder wegbedungen werden (§ 1108 I);

c) durch dingliche Zugriffsrechte. Der Berechtigte hat dasselbe Zugriffsrecht wie ein Hypothekengläubiger wegen der Hypothekenzinsen. Er kann also im Wege der Zwangsvollstreckung Befriedi-

---

[102] *Endemann* 680 A. 23; vgl. auch RGRK, A. 8 zu § 1105; *Otto von Gierke* a. a. O. 712 erblickt in der Reallast ein Nutzungsrecht (vgl. dazu unten S. 360f.) und behauptet, aus diesem Grunde bestehe für das Recht als Ganzes keine selbständige Sachhaftung.

[103] *Crome* a. a. O. 625, 632 A. 20; *Staudinger-Kober* a. a. O. Abweichend *Dümchen*, Iher. Jahrb. 54, 428.

[104] *Otto von Gierke*, DPR III, 88 mit A. 99.

[105] *Schreiber* a. a. O. 339.

gung aus dem Grundstück suchen (§§ 1107, 1147). Hier tritt die Verwandtschaft zwischen den Reallasten und den Grundpfandrechten deutlich zutage. Sie geht allerdings nicht so weit, daß es möglich wäre, die Reallast in eines der Grundpfandrechte zu verwandeln[106].

Wenn § 1105 bestimmt, daß die „wiederkehrenden Leistungen aus dem Grundstück zu entrichten sind", so darf dies nicht wortwörtlich verstanden werden. Es kommt nicht darauf an, ob das Grundstück nach seiner Beschaffenheit imstande ist, die zu liefernden wirtschaftlichen Güter zu erzeugen. Vielmehr bedeutet die Vorschrift nur, daß das Grundstück im Falle der Nichtleistung verwertet werden darf. Das Grundstück kann nicht leisten; wohl aber kann aus ihm ein Wert entnommen werden. Die richtige Interpretation des § 1105 ergibt sich aus § 1107 in Verbindung mit § 1147: Danach kann der Reallastgläubiger wegen der ihm gebührenden einzelnen Leistungen die Zwangsvollstreckung in das Grundstück betreiben. Soweit die Leistungen nicht in Geld bestehen, muß also erst ihr Geldwert festgestellt werden. Deshalb verlangt man mindestens eine solche Bestimmtheit der Leistungen, daß im Falle einer Zwangsversteigerung die Abschätzung in Geld möglich ist (§§ 45, 46, 92, 121 ZVG[107]).

Das BGB spricht auch bei der Hypothek und der Grundschuld davon, daß „aus dem Grundstück" eine bestimmte Geldsumme zu leisten ist (§§ 1 113, 1191[108]). Diese Ausdrucksweise hat ihren Ursprung wohl im

---

[106] *Cosack-Mitteis* 339; *Wolff* 466.

[107] Vgl. *Planck-Strecker*, A. 3 zu § 1105; *Staudinger-Kober*, A. 5 zu § 1105; RGRK, A. 4 zu § 1105; *Kohler*, Sachenrecht, 480.

[108] Die herrschende Meinung versteht unter Zahlung „aus dem Grundstück" Zahlung in den Formen der Zwangsvollstreckung und verneint jede Zahlungspflicht des Eigentümers als solchen (vgl. statt aller *Wolff* 469). Die Ausdrucksweise des Gesetzes (§§ 1113, 1191, 1105) hatte *Siber* seiner Zeit den Gedanken einer „Realobligation" nahe gelegt, die den jeweiligen Eigentümer nur zur Leistung aus den Erträgnissen und dem Verkaufserlöse des Grundstücks verpflichte. Später hat er sich dann der herrschenden Meinung angeschlossen (*Planck-Siber*, Schuldrecht, Allgem. Teil, Vorbem. S. 31, 35f.). Aus welchen Mitteln der zur Leistung berechtigte, aber nicht verpflichtete Eigentümer die Leistung bewirkt, ist gleichgültig. Er kann sie nicht etwa aus dem Grunde zurückfordern, weil die Hypothek durch den Wert des Grundstücks nicht gedeckt war. Es liegt nur ein Irrtum im Beweggrund vor (*Eugen Fuchs* a. a. O. 109).

Wolff 470 u. *von Tuhr* I, 116 A. 78a, ziehen aus d. Theorie des dinglichen Verwertungsrechts eine eigenartige Folgerung: Zahlt der Eigentümer, weil er sich irrig für persönlich verpflichtet hielt, so kann er gemäß §§ 812, 814 kondizieren, wenn sich später bei der Zwangsversteigerung herausstellt, daß die Hypothek ausgefallen wäre (zustimmend *Dümchen* 382; *Planck-Strecker* A. 7 zu § 1142; *Eugen Fuchs* a. a. O.; *Cosack-Mitteis* 311; *Westermann*, Sachenrecht, 440). Die Kondiktion steht ihm dagegen nicht zu, wenn er die Hypothek nur ausbezahlt, um die Zwangsvollstreckung abzuwenden, weil er den bezweckten Erfolg ja erreicht hat. Eine solche verschiedenartige Behandlung der Fälle der Auszahlung einer Hypothek erscheint *Julius von*

Reallastrecht. Daß die wiederkehrenden Leistungen „aus dem Grundstück" zu entrichten sind, war bei den Reallasten in den Zeiten der Naturalwirtschaft wortwörtlich zu verstehen: Die Früchte dieses Grundstücks wurden geschuldet; die Frondienste, die ein Bauer dem Gutsherrn zu liefern hatte, erschienen als aus dem Grundstück gewonnen, weil der Besitzer und damit auch seine Arbeitskraft zum Grundstück gehörte[109]. Auch eine Geldrente wurde dem Grundstück entnommen, soweit das Geld aus der Verwertung der wirtschaftlichen Erzeugnisse stammte. Diese Gedanken lagen wohl der mittelalterlichen Terminologie zugrunde, wenn es hieß: die Hufe zinse, das Gut sei zinsfällig, habe Frondienste zu leisten usw.[110]. Die ältere Vorstellungsweise wirkt bis in die moderne Gesetzgebung und Dogmatik nach. So bestimmt das SchweizZGB Art. 782 III: der Inhalt einer Reallast (die nicht Realrecht ist) kann nur eine Leistung sein, die sich aus der wirtschaftlichen Natur des belasteten Grundstücks ergibt. *Otto von Gierke*[111] erblickt, wie schon bemerkt, das Wesen der Reallast in der Sachnutzung, die den Gebrauchswert des Grundstücks ergreift: es müsse sich also um Leistungen handeln, die mit den Mitteln und Kräften des Gutes bewirkt werden könnten[112]. Diese Beschränkung ist unbegründet, wie die Geldreallast

---

Gierke, Sachenrecht, 164, mit Recht als gekünstelt. Es liegt aber deshalb noch kein Grund vor, der Theorie von der dinglichen Schuld den Vorzug zu geben. Sichert die Hypothek ebenso wie die persönliche Forderung das Anrecht des Gläubigers, so kommt eine Kondiktion des Eigentümers niemals in Betracht. Denn das Anrecht begründet stets eine Behaltungsbefugnis (*causa* oder *titulus acquirendi*) des Gläubigers (vgl. oben S. 332f.).

[109] *Wolff* 448f.

[110] Vgl. *Otto von Gierke* 703; *Hübner* 390.

[111] a. a. O. 711.

[112] Ähnlich *Stampe*, JW 1921, 894. Dagegen *Crome*, System III, 610; *Wolff* 449 A. 10. *Cosack-Mitteis* 338; *Dümchen*, Iher. Jahrb. 54, 425; *Männer*, Sachenrecht, 1906, 351; *Enneccerus-Nipperdey* a. a. O. 298 A. 7; *Jung*, Bürgerl. Recht, 988; *H. Mitteis*, DPR, 90. *Staudinger-Kober* A. 6 zu § 1105. *Kohler*, ArchzivPrax. 91, 161f.; Sachenrecht, 479, konstruiert die Reallast als Wertrecht (dazu *von Tuhr* I, 135 A. 7). Der aus dem Grundstück herauszuholende Wert sei keine „einmalige fest bestimmte Summe, sondern ein periodisches Ergebnis, das immer wieder aus der Sache entnommen werden müsse und auch entnommen werden könne, weil die Sache immer wieder neue Fruchtperioden darbiete". Dieser Reallastbegriff ist indessen zu eng. Er berücksichtigt nur den Ertragswert des Grundstücks. Bei der Geldreallast ist es ganz gleichgültig, ob das gezahlte Geld aus dem wirtschaftlichen Ertrag des Grundstücks genommen wird oder anderswoher, etwa aus einem Darlehn, einer Schenkung oder aus einer angefallenen Erbschaft. *Wieacker*, Bodenrecht, 234, bezeichnet die Reallast als Ertragsnutzungsrecht oder als Geldwertrecht, je nachdem die Leistung Naturalleistung oder Geldleistung sei. Nach *Westermann*, Sachenrecht, 600, läßt sich die Reallast mit Sicherheit weder den Nutzungs- noch den Verwertungsrechten zuordnen, sondern kann Merkmale beider Rechtsarten zeigen. *Palandt-Hoche*, A. 4 zu § 1105 hält es für notwendig, daß die Leistungen irgendwie in Beziehung zum Grundstück stehen. Ebenso RGRK, A. 6 zu § 1105; *Planck-Strecker*, A. 2 d zu § 1105; *Erman-Ronke*, A. 4 zu § 1105.

zeigt. Der Eigentümer kann nicht geltend machen, er sei außerstande, sich die Gelder „aus dem Grundstück" (Verwertung von Früchten, Neuaufnahme von Hypotheken, Veräußerung von Trennstücken) zu beschaffen[113]. Und wie soll man sich Hand- und Spanndienste als „Mittel" denken, „um dem Berechtigten die ihm gebührende Grundstücksnutzung zuzuführen"? Man muß im übrigen auch in diesem Zusammenhang unterscheiden zwischen der Realobligation und dem dinglichen Recht. Der jeweilige Eigentümer kann zur Erfüllung der Obligation verurteilt werden. Ist er z. B. verpflichtet, jährlich soundsoviel aus seinem Grundstück zu entnehmende Tonerde zu liefern, so ergeht ein entsprechendes Leistungsurteil, das nach §§ 884, 883 I ZPO vollstreckt wird[114]. Eine gewisse Schwierigkeit besteht allerdings dann, wenn nicht erkennbar ist, ob die vorgefundenen Gegenstände wirklich Erträgnisse des Grundstücks sind. Werden die geschuldeten Früchte beim Eigentümer nicht vorgefunden, so hat der Gläubiger den „Anspruch auf Leistung des Interesses" (§ 893 ZPO; §§ 280, 286 BGB)[115]. Dafür haftet er aber nur mit dem Grundstück, nicht mit seinem sonstigen Vermögen. Eine „persönliche Haftung" greift nur insoweit ein, als es sich um die während der Dauer seines Eigentums fällig werdenden Leistungen des Eigentümers handelt, und die Parteien nichts Gegenteiliges vereinbart haben. Für Arbeitsleistungen gilt § 887 ZPO.

Soweit das dingliche Recht in Betracht kommt, geschieht die zwangsweise Verwirklichung gemäß den §§ 1107, 1147 durch Zwangsversteigerung oder Zwangsverwaltung des Grundstücks. Die Zwangsvollstreckung

---

[113] *Dümchen*, Iher. Jahrb. 54, 380. Soweit Sachleistungen in Betracht kommen, wird es sich regelmäßig um beschränkte Gattungsschulden handeln, die sich auf die Erträgnisse des belasteten Grundstücks beziehen (*Dümchen* 431).

[114] Auch *Westermann* 600 hält die Wegnahme im Wege der Zwangsvollstreckung für möglich. Dagegen *Männer*, Sachenrecht, 335; *Siber*, Iher. Jahrb. 50, 157; *Dümchen* a. a. O. 381; *Boehmer*, Einführung in das bürgerliche Recht, 1954, 169. *Crome* a. a. O. 612 A. 24 wendet sich mit Recht gegen die Ansicht, daß die einzelnen Leistungen nur *in condicione*, nicht *in obligatione* seien, und betont, daß der Berechtigte auf die einzelnen Leistungen klagen könne, aber eine Naturalexekution hält er gleichwohl für unzulässig (614 A. 37), weil die Haftung aus dem Realschuldverhältnis sich auf das Grundstück beschränke (612). *Staudinger-Kober*, A. 3 zu § 1108, glauben, daß nur die persönliche Haftung gestatte, an Stelle einer Zwangsvollstreckung in das Grundstück die Naturalerfüllung im Wege der Mobiliarvollstreckung zu erzwingen.

[115] Das Grundstück haftet aber nur für den gemeinen Wert der Leistung, nicht für einen darüber hinausgehenden Schadensersatz wegen Verzuges, weil seine Höhe zu unbestimmt ist. Der Gläubiger kann sich durch Eintragung von Vertragsstrafen als Nebenleistungen sichern (*Dümchen* 436). Der Bestimmtheitsgrundsatz, der für das Grundpfandrecht gilt (vgl. *Staudinger-Kober* A. 1 unter a) zu § 1118; *Planck-Strecker*, A. 1 b) zu § 1118; RGRK, A. 2 zu § 1118; *Palandt-Hoche*, A. 2 zu §1118), muß auch für das dingliche Recht bei den Reallasten Anwendung finden; denn es gehört zu den Grundpfandrechten im weiteren Sinn (vgl. unten S. 386f.). Dies gegen *Schreiber* a. a. O. 338 A. 3.

in das Grundstück im Range der Reallast setzt aber einen auf eine Geldsumme lautenden dinglichen Titel voraus[116]. Deshalb muß der Gläubiger berechtigt sein, bei Realobligationen, die auf Sach- oder Dienstleistungen gerichtet sind, von vornherein den gemeinen Wert einzusetzen[117]. Aus den angeführten Gründen ist die Reallast stets ein Verwertungsrecht[118]. Ein Nutzungsrecht ist sie schon deshalb nicht, weil dieses stets ein Recht zu eigenem Tun sein muß, nicht aber der Anspruch sein kann, den Vermögenswert durch fremde Handlung zu empfangen[119]. Auch in den Fällen, in denen die Reallast Früchte des Grundstücks zum Gegenstand hat, erwirbt der Reallastberechtigte das Eigentum an ihnen erst, wenn sie der Grundeigentümer übereignet. Der Berechtigte ist zur selbsttätigen Aneignung nicht berechtigt. § 954 findet daher keine Anwendung. Hat A das Recht, die Tonerde für seine Ziegelei auf dem belasteten Grundstück selbst zu gewinnen, so handelt es sich um eine Dienstbarkeit, dem Eigentümer B obliegt nur ein Dulden *(pati)*. Muß dagegen B die Tonerde graben und zur Ziegelei des A befördern, so trifft ihn eine Leistungspflicht *(facere)*. Das Recht des A wird als Reallast eingetragen.

Bei den Reallasten besteht im Gegensatz zu den Grundpfandrechten ein Leistungsanspruch gegen den jeweiligen Eigentümer, der nicht etwa mit dem dinglichen Recht identisch ist; denn „das Grundstück" selbst kann keine Leistung erbringen; es kann vielmehr nur verwertet werden für den Fall, daß die Leistung unterbleibt. Der Unterschied zwischen den Grunddienstbarkeiten und den Reallasten liegt ja gerade darin, daß bei ihnen eine positive Leistung das entscheidende Merkmal ist, während die Dienstbarkeiten keine Leistungspflicht statuieren können *(servitus in*

---

[116] *Dümchen* a. a. O. 381, 421, 449; *Jaeckel-Güthe*[6], A. 10 zu §§ 15, 16 ZVG; *Steiner*, Zwangsversteigerung und Zwangsverwaltung[5], S. 3 und A. 3 zu § 16 (S. 85).

[117] *Dümchen* a. a. O. 449 verweist ihn dagegen auf den umständlichen Weg des § 283; ebenso bereits *Siber* a. a. O. 157.

[118] Übereinstimmend u. a. *Enneccerus-Nipperdey* a. a. O.; *Wolff* 6, 446; *Kohler*, Sachenrecht, 479 f.; *Planck*, Vorbem. zum Sachenrecht, 12; *Eichler*, Institutionen des Sachenrechts I, 19; *Hedemann*, Sachenrecht[2], 265.

[119] *Schreiber* a. a. O. 339 A. 3. *Planck-Strecker*, Vorbem. 2 vor § 1105, sprechen deshalb vorsichtig nur von einem Recht auf mittelbare Nutzung, weil die einzelnen Realleistungen Früchte des Grundstücks gemäß § 99 III seien. Von Rechtsfrüchten der Reallast sprechen auch *Enneccerus-Nipperdey* a. a. O. 540 mit A. 14. Gleichwohl betrachten sie die Reallasten nicht als Nutzungsrechte (298 A. 7). *Wolff* 5 bezeichnet als Nutzungsrechte ebenfalls nur die Rechte zu unmittelbarem Sachgenuß. *Boehmer* a. a. O. 169 charakterisiert die Reallast als eine Übergangserscheinung zwischen Nutzungs- und Verwertungsrechten. Ihrem wirtschaftlichen Zwecke nach sei sie meist ein mittelbares Nutzungsrecht. Aber der rechtlichen Form nach sei sie zu einem Haftungs- und Verwertungsrecht geworden. *Boehmers* Unterscheidung ist die Folge einer Verquickung zweier verschiedener Betrachtungsweisen, der wirtschaftlichen und der juristischen. Der Begriff der Reallast ist jedoch ein materiellrechtlicher, der nur auf Grund der Vorschriften des bürgerlichen Rechts gefunden werden kann.

faciendo consistere nequit)[120]; sie kommt hier allenfalls als Nebenpflicht in Betracht. Deshalb ist es merkwürdig, wenn eine Pflicht des jeweiligen Eigentümers, die Einzelleistungen zu entrichten, verneint wird, vorbehaltlich der Bestimmung des § 1108 I[121]. Der Entwurf I § 1051 bezeichnete die Reallast als eine Belastung des Inhalts, daß „der jeweilige Eigentümer des belasteten Grundstücks" dem Berechtigten zu wiederkehrenden Leistungen verpflichtet ist. Die zweite Kommission hat dies absichtlich geändert und der Begriffsbestimmung eine unpersönliche Fassung gegeben, weil der Entwurf im Widerspruch zur geschichtlichen Entwicklung die persönliche Haftung des Eigentümers für die während der Dauer seines Eigentums fällig werdenden Leistungen zum wesentlichen Bestandteil des Reallastbegriffs mache[122]. Dem liegt ein dogmatischer Irrtum zugrunde. Die Kommission verwechselt die Realobligation, die nur mit einem Zugriffsrecht auf das Grundstück oder seine Erträgnisse verbunden ist[123], mit der persönlichen Obligation, die einen Zugriff auf das gesamte Vermögen gestattet. Jedenfalls aber wollte sie durch die unpersönliche Fassung Theorie und Praxis nur davor bewahren, in das Reallastrecht eine generelle persönliche Haftung des Eigentümers hineinzutragen. Die im § 1108 I statuierte persönliche Schuld wird gewöhnlich als bloßes Anhängsel des dinglichen Rechts betrachtet, dem sie entspringe[124]. Diese Auffassung ist jedoch unzutreffend. Vielmehr handelt es sich um ein zur weiteren Sicherung des Anrechts dienendes gesetzliches Schuldverhältnis, das jeden neuen Erwerber des Grundstücks verpflichtet, wenn es nicht vereinbarungsgemäß ausgeschlossen ist. Der aus ihm hervorgehende Anspruch ist dem dinglichen Recht gleichgeordnet[125].

Bei jedem obligatorischen und dinglichen Recht ist die Aktiv- und die Passivseite zu unterscheiden. Im Schuldrecht spricht man bei der Betonung der Aktivseite von Forderung oder Anspruch, bei der Passivseite dagegen von Verpflichtung oder Schuld. Diese Terminologie wird

[120] *Cosack-Mitteis* 338; *Erman-Ronke*, A. 4 zu § 1105.

[121] So *Wolff* 453. Auch *von Schwerin*, Schuld und Haftung, 20, 25, versteht die Reallast als reines Bekommensollen des Gläubigers, dem ein Leistensollen des Eigentümers nicht gegenübersteht. *Buch*, Schuld und Haftung, 76, nimmt für den Fall, wo die persönliche Haftung des Eigentümers fortbedungen ist, ebenfalls reine Sachhaftung ohne jede Schuld des Eigentümers an. Dagegen mit Recht *Puntschart*, ZHR 71, 316; *Schreiber* 338f.

[122] Protokolle III, 730f., 736.

[123] *Crome*, System II 1, 8 A. 30.

[124] *Otto von Gierke* 711; *Crome*, System III, 614 mit A. 40 und 43; *Endemann* 674; *Wolff* 454; *Eugen Fuchs* 105; *Planck-Siber*, Recht der Schuldverhältnisse (Allgem. Teil), Vorbem. S. 15; *Staudinger-Kober*, A. 1 zu § 1108; *Planck-Strecker*, A. 2g zu § 1107, A. 2 zu § 1108; *Hedemann* 296; *Westermann*, Die Bestimmung des Rechtssubjekts durch Grundeigentum, 28; Sachenrecht, 601; *Erman-Ronke*, Vorbem. 2 vor § 1105.

[125] *Cosack*, Sachenrecht[6], 7; *Schreiber* 339.

des öfteren auch auf das Sachenrecht übertragen. Man arbeitet z. B. mit Ausdrücken wie „Hypothekengläubiger" und „Hypothekenschuldner", weil bessere Ausdrucksformen fehlen. Was die Befriedigung des Gläubigers anbelangt, so bietet sich für die Aktivseite der Begriff „Zugriffsrecht" an, dem auf der Passivseite als notwendiger Korrelatbegriff die „Haftung" entspricht. Der Zugriff des Gläubigers wird realisiert durch Prozeß und Vollstreckung, die beide zusammengehören. Es kommt allerdings vor, daß das Gesetz aus rechtspolitischen Gründen nur die Klage gestattet, die Vollstreckung jedoch versagt.

Die beschränkten dinglichen Rechte an einer Sache richten sich auf der Passivseite unbeschadet ihrer absoluten Natur zunächst und in besonderer Weise gegen den Eigentümer dieser Sache. Die Grunddienstbarkeit ist auf der Aktivseite stets ein subjektiv-dingliches, d. h. dem jeweiligen Eigentümer des herrschenden Grundstücks zustehendes Recht (Realrecht). Als Realrecht können begründet werden die Reallasten (§ 1105 II) und das dingliche Vorkaufsrecht (§ 1094 II). Erbbaurecht, Nießbrauch und Grundpfandrechte können dagegen niemals Realrechte sein. Denn der Kreis der subjektiv-dinglichen Rechte ist geschlossen und nicht erweiterungsfähig. Es besteht im Sachenrecht grundsätzlich keine Vertragsfreiheit.

Es fragt sich, ob die Schaffung eines persönlichen Anspruchs in der Weise zulässig ist, daß die Person des Gläubigers oder des Schuldners jeweils durch ein sachliches Merkmal bestimmt wird. Das Recht der Schuldverhältnisse kennt nicht den Rechtssatz, daß ihnen eine Rechtsbeziehung zwischen zwei bestimmten Personen wesentlich sei. Das Prinzip der Vertragsfreiheit gestattet vielmehr auf der Aktivseite die Begründung von Ansprüchen zugunsten eines Gläubigers, der nicht von vornherein individuell endgültig bestimmt ist, dessen Bestimmung aber durch ein sachliches Merkmal gesichert wird, nämlich durch die Eigenschaft als Eigentümer eines andern Grundstücks (RG 128, 249f.). In dieser Weise kann aber nur die aktive Anknüpfung eines Forderungsrechts an das Subjekt kraft der Vertragsfreiheit mittelbar normiert werden. Dagegen ist die Macht der Ausdehnung der Passivseite einer rechtsgeschäftlichen Obligation auf dritte Personen, die in einem bestimmten Verhältnis zu einer Sache stehen, allein dem Gesetzgeber vorbehalten. Die uneingeschränkte Freigabe solcher Dispositionen an die Privatautonomie würde für die Freiheit des Eigentumsrechts die größten Gefahren heraufbeschwören.

Bei Bestellung einer Reallast werden nun in dem obligatorischen Grundgeschäft die Leistungspflichten dem jeweiligen Eigentümer auferlegt, und wenn dies nicht expressis verbis geschieht, so ist dies doch der Sinn des Vertrages[126]. Indessen sind die Parteien außerstande, ihre

[126] Vgl. auch *Endemann* 675.

Vereinbarung ohne weiteres mit Wirkungskraft gegen den jeweiligen Eigentümer des Grundstückes auszustatten, weil sie damit in seine natürliche Freiheit eingreifen würden. Vor allem können sie nicht eine Haftung des jeweiligen Eigentümers mit seinem Vermögen festlegen[127]. Aus diesem Grunde bestimmt § 1108, daß der jeweilige Eigentümer für die während der Dauer seiner Eigentumsherrschaft fällig werdenden Leistungen kraft Gesetzes auch persönlich, d. h. mit seinem Gesamtvermögen haftet. Es stehen jetzt also dingliche und persönliche Haftung nebeneinander[128]. Zwischen beiden besteht ein elektives Verhältnis. Der Gläubiger kann die eine oder die andere geltend machen. Durch die persönliche Haftung soll ein verstärkter Druck auf den Eigentümer ausgeübt werden, sich durch sachgemäße Bewirtschaftung des Grundstücks die Mittel zur Erfüllung zu verschaffen[129]. Die im § 1108 vorausgesetzte Schuld[130], der ein persönlicher Anspruch des Gläubigers korrespondiert, ist nur eine unvollkommene Realobligation insofern, als sie zwar in der Person des jeweiligen Eigentümers entsteht, aber vom Wegfall des Eigentums unberührt bleibt. Auf sie finden die allgemeinen schuldrechtlichen Vorschriften Anwendung[131].

Es steht nichts im Wege, das gegen den jeweiligen Eigentümer sich richtende Forderungsrecht als „Realobligation" zu bezeichnen, d. h. als ein schuldrechtliches Gebilde, bei dem der Schuldner durch das Eigentum am Grundstück bestimmt wird[132]. Die Realobligation bindet auch Personen, die weder das Vertragsverhältnis begründet noch es freiwillig übernommen haben. Man kann nicht sagen, daß es dem Begriff der modernen Obligation widerstrebt, wenn die Person des Schuldners sich nach dem Eigentum einer Sache richtet[133]. Es genügt, wenn sie

---

[127] *Westermann*, Die Bestimmung des Rechtssubjekts, 28, 36f.

[128] *Crome*, System III, 625 A. 68; *Staudinger-Kober*, A. 4 zu § 1108.

[129] *Westermann* a. a. O. 51 und schon *Crome*, System III, 613f.

[130] Für eine persönliche Schuld auch *Otto von Gierke*, Schuld und Haftung, 109, DPR II, 726f.; *Crome* a. a. O. 614, 625; *Rabe* a. a. O. 95; *Dümchen* a. a. O. 456; *Wolff* 453; *Schreiber* a. a. O. 338f.; *Westermann*, Sachenrecht², 600; *Julius von Gierke*, Sachenrecht, 153. *von Schwerin*, Schuld und Haftung, 20, 25 nimmt auch hier eine persönliche Haftung für ein bloßes Bekommensollen an, der eine Schuld, ein Leistensollen des Grundeigentümers nicht gegenüberstehe.

[131] *Staudinger-Kober*, A. 4 zu § 1108; *Westermann*, Die Bestimmung des Rechtssubjekts, 28.

[132] Vgl. *Crome* a. a. O. 612 mit A. 25, 613 mit A. 27. Andere Ausdrücke sind: subjektiv dingliche oder dinglich radizierte Verpflichtungen (*Hellwig*, Lehrbuch des Zivilprozeßrechts I, 205 A. 36; 288 A. 14). Wenn das Reichsgericht (40, 337) davon spricht, daß das „Grundstück als das verpflichtete Subjekt und der jeweilige Eigentümer nur als dessen Vertreter erscheint", so ist dies kein besonders glückliches Bild (vgl. dazu *Hellwig* a. a. O. 288 A. 15).

[133] Vgl. *von Tuhr* I, 102, 213. Man spricht in diesem Zusammenhang von Rechten und Pflichten, deren Subjekt nur mittelbar bestimmt ist. Darüber, wer berechtigt oder verpflichtet ist, entscheidet ein unpersönlicher Tatbestand. Als Mittel der Bestimmung dient vor allem das Verhältnis zu einer Sache, insbe-

juristisch bestimmt ist. Der „jeweilige Eigentümer" ist eine bestimmte Person[134]. Indessen geht die Ansicht fehl, die Reallast selbst sei es, welche „die Züge einer Realobligation an sich trage"[135], sondern die Reallast dient wie die Realobligation der Sicherung des Anrechts auf wiederkehrende Leistungen. Die Realobligation ist wie die persönliche Verpflichtung und Haftung des jeweiligen Eigentümers eine kraft Gesetzes eintretende Folgeerscheinung des Schuldverhältnisses[136], das zwischen dem ursprünglich Berechtigten und dem ursprünglichen Verpflichteten begründet wird, und das neben dem ding-

---

sondere das Eigentum an ihr (dazu *Windscheid-Kipp* I⁹, 227f., II⁹, 194f.; *Windscheid* brachte diese Fälle allerdings unter die Kategorie der Rechte und Pflichten mit unbestimmtem Subjekt (dagegen mit Recht *Kipp* I, 229 A. 3); *Otto von Gierke*, DPR I, 264; II, 86 mit A. 9; *von Tuhr* I, 66ff., 102ff., 213 mit A. 27; II 1, 58f.; *Enneccerus-Nipperdey*, Allgem. Teil I, 285f. mit weit. Lit. S. 283 A. 1, in erster Linie *Westermann*, Die Bestimmung des Rechtssubjekts durch Grundeigentum, 1942. Hierher gehören die „subjektiv dinglichen Rechte" oder „Realrechte". Sie sind mit dem Eigentumsrecht am herrschenden Grundstück verbunden und gelten nach § 96 als dessen Bestandteile. Hierher rechnen ferner bei der Reallast die Realobligationen, die den jeweiligen Eigentümer verpflichten. Das Korrelat bildet das Forderungsrecht, das entweder direkt mit einer Person verknüpft ist — dann besteht eine solche Verknüpfung auch auf der Aktivseite des dinglichen Rechts — oder das dem jeweiligen Eigentümer eines Grundstücks zusteht. In diesem Fall bleibt das Forderungsrecht ein relatives, es wird nicht etwa in ein absolutes Recht verwandelt (*von Tuhr* a.a.O. 213). *Crome*, System II 1, 7 f. nennt die Verpflichtungen, bei denen das Subjekt durch einen unpersönlichen Tatbestand verknüpft wird, „Zustandsobligationen". Den Ausdruck „Realobligationen" beschränkt er auf die Fälle, wo sich die an den Erwerb einer Sache knüpfende Verpflichtung auf die Haftung des Schuldners mit jener Sache beschränkt (S. 8 A. 30). Unrichtig ist es aber, wenn er die Realobligation als „Annex des dinglichen Rechts" (III, 644) betrachtet.

[134] *Schreiber* a. a. O. 31.

[135] *Cosack-Mitteis* a. a. O. 337.

[136] Abweichend *Wolff* 454. *Crome* a. a. O. 613, 624 A. 65 vertritt die Ansicht, die Realobligation stehe und falle mit dem dinglichen Recht, aus dem sie entspringe. Damit wird aber das Verhältnis beider verkannt. Keines von ihnen ist dem andern akzessorisch, sondern beide stehen in einer koordinierten Zweckgemeinschaft (vgl. *Schreiber* 339). Das dingliche Verwertungsrecht berechtigt den Gläubiger, im Wege der Zwangsvollstreckung vorzugehen und sich aus dem Erlös zu befriedigen, aber es erzeugt keine Leistungspflicht. Deshalb ist es unrichtig, wenn *Staudinger-Kober*, A. 1 zu § 1105 (ebenso *Fuchs* 28, 103, 105), den Begriff der Reallast dahin bestimmen, daß in ihr ein positives dingliches Leistungsrecht auf *facere* (Gegensatz *pati*) enthalten sei. Mit dieser Konstruktion steht es im Widerspruch, wenn sie die Lebensfunktion der Reallast im Anschluß an *Heck*, Sachenrecht, 437, in der dinglichen Sicherung der Leistung wie beim Pfandrecht erblicken.

Auch die Vorstellung ist unzutreffend, im dinglichen Recht sei zugleich eine Realobligation gegen den jeweiligen Eigentümer enthalten (so für das Grundstückspfandrecht *Cosack*, Sachenrecht⁶, 220). Es hat nur eine dingliche, keine obligatorische Seite. Das Hineintragen eines obligatorischen Elements in den Begriff des Verwertungsrechts verwischt die Grenzlinien zwischen obligatorischem und dinglichem Recht (*von Tuhr* I, 116). Die im Text vertretene Auffassung der Realobligation wird jedoch von diesem Einwand nicht getroffen.

lichen Reallastrecht die Sicherung des Anrechts bezweckt. Das Eingreifen des Gesetzes ist, wie gesagt, aus dem Grunde notwendig, weil nach dem Willen des Gesetzgebers die Vertragsfreiheit nicht so weit geht, daß beliebig subjektiv dingliche Pflichten geschaffen werden können, die sich gegen den jeweiligen Rechtsnachfolger im Grundstückseigentum richten[137]. Waren der Eigentümer und der Vertragspartner nicht identisch, so besteht außer der Realobligation eine gewöhnliche Schuldverbindlichkeit. Es liegt dann eine Gesamtschuld vor. Der Rechtsnachfolger tritt in die Realobligation ein, auch insoweit Rückstände aus der Zeit des Voreigentümers vorhanden sind. Nur ist das Zugriffsrecht auf das Grundstück beschränkt[138]. Es handelt sich nicht um eine fremde Schuld, für die er einzustehen hat, sondern um eine kraft Gesetzes eintretende befreiende Schuldnachfolge[139]). Der Rechtsnachfolger kann allerdings die Rückstände der persönlichen Schuld eines Rechtsvorgängers vertragsmäßig übernehmen[140]. Dann erstreckt sich das Zugriffsrecht auf sein gesamtes Vermögen. Im übrigen sind auf die Realobligation die Regeln der Schuldverhältnisse (Verzug, Erfüllung, Erlaß usw.) zu übertragen, soweit nicht besondere Gründe ihre Anwendung ausschließen[141]: Wer nämlich sein Eigentum am Grundstück aufgibt oder verliert, wird von ihr frei. Für die Erfüllung haftet der Eigentümer nur mit dem Grundstück, also nicht, wie gewöhnlich bei schuldrechtlichen Verpflichtungen, mit seinem ganzen Vermögen[142]. Es liegt also ein Fall vor, wo eine Schuld nur mit reiner Sachhaftung verbunden ist[143].

Ist die Realobligation eine Leistungspflicht des jeweiligen Grundstückseigentümers, so erhebt sich die Frage, welche Rechtslage eintritt, wenn das Grundstück herrenlos wird oder in das Eigentum des Gläubigers gelangt. Sie bildet den Prüfstein jeder Reallast- und Pfandrechtstheorie. Hier hat also unser Lösungsversuch eine heilsame Probe auf seine Haltbarkeit zu bestehen. Man könnte daran denken, dieselbe Konstruktion zu verwenden, wie sie *Otto von Gierke*[144] bei der sogenannten „dinglichen Schuld" für richtig erachtet. Dementsprechend würde die Obligation nicht etwa erlöschen, sondern ihrem objektiven Bestande nach erhalten bleiben. Bei der Reallast an einem herrenlosen Grundstück würde die Bestellung eines Vertreters (§§ 58, 787 ZPO) ausreichen, um sowohl die Realobligation wie auch das dingliche Verwertungsrecht wieder in Wirksamkeit zu setzen. Diese Konstruktion bedarf jedoch

---

[137] *von Tuhr* a. a. O. 102; *Westermann*, Die Bestimmung des Rechtssubjekts, 37.

[138] *Crome* a. a. O. 613; 614 A. 42; *Endemann* 680; RGRK, A. 2 zu § 1108; *Staudinger-Kober* A. 1a zu § 1105, A. 4 zu § 1108.

[139] *Endemann* 675.

[140] *O. von Gierke* 727; *Planck-Strecker*, A. 1 unter b zu § 1108; RGRK, A. 2 zu § 1108.

[141] *Crome* III, 612f.

[142] *Crome* 613.

[143] *Schreiber* 270, 339.

[144] a. a. O. 857 mit A. 24. Gegen ihn *Hirsch* a. a. O. 436ff., 440 ff.

näherer Prüfung. Denn § 58 betrifft nicht eine Klage aus der Realobligation, sondern spricht lediglich von der dinglichen Klage. Auch ist die Realobligation nicht ein Ausfluß der Reallast als dinglicher Last. Die Leistungspflichten des jeweiligen Eigentümers entspringen nicht aus dem dinglichen Recht[145] und dürfen auch nicht in seinen Inhalt aufgenommen werden. Es mag sein, daß sie im älteren Recht Auswirkungen eines dinglichen Rechts waren[146]. Nur ist damit nichts für die Ergründung des Wesens der modernen Reallast gewonnen. Denn „das BGB führt die Trennung zwischen dinglichem und obligatorischem Recht allenthalben streng durch, so daß es inkonsequent wäre", beim Grundpfand- und Reallastrecht „das System zu wechseln"[147]. Es handelt sich bei der Reallast um ein auf die Haftung mit dem Grundstück beschränktes Realschuldverhältnis, das in Zweckgemeinschaft mit dem dinglichen Recht das Anrecht des Gläubigers sichert. Trotzdem ist es

---

[145] Vgl. A. 136.

[146] *Planitz*, DPR³, 89.

[147] *Cosack-Mitteis* 271, die ihre Bemerkung allerdings nur auf das Grundpfandrecht beschränken; aber sie paßt genau so gut auf die Reallast. Daran ändert nichts die Tatsache, daß es zum Schutz dinglicher Rechte bei vorliegendem Eingriff Ansprüche auf Wiederherstellung des rechtmäßigen Zustandes oder auf ein Unterlassen weiterer Störung (dingliche Ansprüche) gibt (vgl. *von Tuhr*, I, 242f.; *Heck* 124ff.; *Cosack-Mitteis* 2; *Westermann*, Sachenrecht, 9ff.). Bei der Realobligation dagegen ist ein Anspruch auf Leistung gegen den jeweiligen Eigentümer von vornherein gegeben, eine Verletzung des Rechts braucht nicht vorgekommen zu sein (dies gegen *Eugen Fuchs*, Grundbegriffe, 26ff.). Bei absoluten Rechten entstehen Anspruch und Klagbefugnis erst bei Verletzung (*Henle*, Allgem. Teil, 335). Der relative Anspruch existiert schon vor seiner Fälligkeit als Recht auf künftige Leistung (*Langheineken*, Anspruch und Einrede, 21f.; *Enneccerus-Nipperdey* II, 964f.; *Lehmann*, Allgem. Teil⁷, 81; vgl. auch — abweichend — *von Tuhr* I, 262ff.), eine Klagbefugnis ergibt er indessen erst, wenn er verletzt ist (*Henle* a. a. O.). Zu den Voraussetzungen jeder Leistungsklage gehört deshalb die Rechtsverweigerung oder Rechtsverletzung (*Henle* 337). Wird die Fälligkeit des Anspruchs dargelegt, dann ist damit implizite die Rechtsverletzung behauptet. Bei den Feststellungsklagen dagegen genügt die Gefährdung des Anspruchs. Nach *Enneccerus-Nipperdey* II, 962 A. 12, erwachsen aus absoluten Rechten Ansprüche nicht immer erst mit der Beeinträchtigung: Dem Eigentümer stehe während der Mietzeit der Eigentumsanspruch zu, dieser sei aber einstweilen durch Einrede entkräftbar. In Wahrheit ist jedoch der Anspruch *ipso iure* ausgeschlossen (dazu die Lit. bei *Enneccerus-Nipperdey* 979 A. 6). Das allgemeine Verbot an alle, das Eigentumsrecht nicht zu verletzen, gibt dem Eigentümer noch keinen Anspruch gegen eine bestimmte Person. Ein solcher Anspruch entsteht erst, wenn eine totale Verletzung des Eigentumsrechts durch Entziehung oder Vorenthaltung des Besitzes eingetreten oder eine teilweise Verletzung durch Beeinträchtigung anderer Art erfolgt sind. Diese Verletzungen müssen aber rechtswidrig sein. Eine rechtswidrige Verletzung liegt jedoch nicht vor, und ein Anspruch entsteht demzufolge nicht, solange jemand ein *ius possidendi* hat oder zu sonstigen Eingriffen in die Herrschaft des Eigentümers berechtigt ist. Daraus ergibt sich: Die Berufung auf ein *ius possidendi* stellt eine Einwendung und nicht eine Einrede dar.

ein Postulat der praktischen Rechtsauffassung, den § 58 ZPO auf die Geltendmachung der Realobligation entsprechend anzuwenden, vor allem soweit sie auf Erzeugnisse in Natur gerichtet ist. Denn der Gläubiger hat ein berechtigtes Interesse an einer Wegnahme im Wege der Zwangsvollstreckung (§§ 884, 883 I ZPO). Wenn aber die Realobligation auf Bodenerzeugnisse gegen den Vertreter geltend gemacht werden kann, so besteht kein triftiger Grund, die Realobligation auf Geldleistung anders zu behandeln, also einmal eine Schuld zu bejahen, dann wieder zu verneinen. Die Reallasten müssen auf gleicher Grundlage konstruiert werden, und es kann nicht zutreffend sein, daß die Stellung des Reallastberechtigten nach der Eigentumsaufgabe eine andere ist als zuvor. Hinzukommt, daß die Realobligation eine „Verpflichtung ist, die sich aus dem Eigentum ergibt[148]". Man wird also die Worte des § 58 „Recht an einem Grundstück" nicht urgieren dürfen[149].

Es ist wissenschaftlich unzulässig, einseitig bloß die prozessuale Stellung des Vertreters ins Auge zu fassen. Die Eigenart der Situation läßt sich nur dann richtig erkennen, wenn man auch die materiellrechtliche Seite betrachtet[150]. Die vom Gesetz gewählte Bezeichnung „Vertreter" kann Anlaß zu Mißverständnissen geben. Er ist in Wirklichkeit kein „Vertreter", weil es an einem Vertretenen fehlt[151]. Die Verfasser des Gesetzes haben sich zur Konstruktion der im § 58 angeordneten Vertreterschaft offenbar deshalb nicht geäußert, weil sie diese Frage, wie es auch die Motive zum BGB[152] tun, als eine rein theoretische ansahen. Das ist sie indessen nicht[153]. Es kann praktisch unmöglich bedeutungslos sein, eine gesetzliche Bestimmung so zu fassen, daß sich dadurch der Begriff der Vertretung zum wesenlosen Schema verflüchtigt[154]. Für die Theorie, die das Wort „Vertreter" ernst nimmt, gilt es, das unlösbare Rätsel zu lösen, wer eigentlich „vertreten" wird. Der frühere Eigentümer kommt nicht in Betracht, da er ja aufgehört hat,

---

148 *Hellwig*, Lehrbuch des Zivilprozeßrechts I, 205. § 266 ZPO spricht von Verpflichtungen, die auf einem Grundstück ruhen.

149 Auch *Hellwig*, Lehrbuch II, 378 A. 12, will den § 58 auf die Fälle ausdehnen, in denen ein Anspruch geltend gemacht wird, der den Eigentümer als solchen trifft. Zustimmend *F. Schulze*, Die Aufgabe des Grundeigentums, Berl. Diss. 1909, 101f.; *Catuneanu*, Die Rechtslage des aufgegebenen Grundstücks, Berl. Diss. 1912, 91ff. Weitere Angaben bei *Planck-Strecker*, A. 6 zu § 928.

150 *Hellwig*, System I, 157.

151 *O. Fischer* in „Beiträge zum Entwurf eines bürgerlichen Gesetzbuches" I, Heft 6, 45; *Winter*, Die Eigentumsaufgabe an Grundstücken und deren Folgen, Münchener Diss. 1952, 48f.

152 III, 327.

153 *Hellwig*, Anspruch und Klagrecht, 232 A. 4; *O. Fischer* a. a. O. 44f.; *Baumgarten*, Die Wissenschaft vom Recht II/III, 42 A. 2.

154 *O. Fischer* a. a. O.

Eigentümer zu sein. *Otto von Gierke*[155], *von Tuhr*[156], *Baumbach-Lauterbach*[157], *Rosenberg*[158] u. a. sehen als vertretenes Rechtssubjekt den möglichen künftigen Eigentümer an[159]. Aber vertreten werden und Prozeßpartei sein kann nur ein gegenwärtiger, nicht ein zukünftiger Eigentümer, der ja noch gar nicht existiert. Die Klage, die ihn als Partei benennt, ist daher als unzulässig abzuweisen[160]. Außerdem ist es unbekannt, ja ungewiß, wer der künftige Eigentümer sein wird. Es können eine ganze Reihe von Personen künftig Eigentümer des Grundstücks werden. Es besteht z. B. die Möglichkeit, daß das Grundstück vor der Aneignung durch den Fiskus durch einen Hypothekar zur Zwangsversteigerung gebracht wird, dann ist der Ersteher künftiger Eigentümer[161]. Die Prozeßpartei ist also nicht, wie notwendig, individuell bestimmt[162]. *Baumgarten*[163] denkt an die Möglichkeit, den zukünftigen Eigentümer als gegenwärtigen zu fingieren. Diese Fiktion ist indessen ein

---

[155] Festschr. für von Martitz, 41 A. 2; DPR II, 464 mit A. 90; abweichend 727 A. 44: „Vertreter der Eigentumsinteressen".

[156] I, 77 A. 32.

[157] A. 3 zu § 58.

[158] Zivilprozeßrecht[6], 155.

[159] Dagegen u. a. *Wolff* 193 (aber ohne Begründung); *F. Schulze* a. a. O. 124f.; *Wübken*, Die „Vertretung" eines herrenlosen Grundstücks, Marburger Diss. 1930, 46f.; *Wieck* Die Prozeßpflegschaft für herrenlos gewordene Grundstücke, Gött. Diss. 1932, 2ff.; *Winter* a. a. O. 45 ff.

[160] Vgl. *de Boor*, Zur Lehre vom Parteiwechsel, 79.

[161] *F. Schulze* a. a. O. 133 mit A. 111. Trotz des Aneignungsrechts des Fiskus bleibt die Kontratabularersitzung des Eigenbesitzers nach § 927 möglich; denn wenn dem 30jährigen Eigenbesitz die Wirkung eingeräumt wird, das Eigentumsrecht zu beseitigen, darf diese Wirkung dem schwächeren Eigentumsrecht gegenüber nicht versagt werden (*Catuneanu* 56ff.; *Wieck* a. a. O. 3; *Strecker*, HdR III,42; *Planck-Strecker*, A. 5a zu § 928; *Dehnick*, Die rechtl. Behandlung herrenloser Grundstücke, Gött. Diss. 1937, 78f.; *Winter* a. a. O. 70; *Grups*, Der Eigentumsverzicht an Grundstücken, Kölner Diss. 1952, 37, 43f.; *Süß*, ArchzivPrax. 151, 25f.; *Palandt-Hoche*, A. 2 b cc zu § 927; A. 5c zu § 928). Der Fiskus kann sein Aneignungsrecht an den Eigenbesitzer oder eine andere Person zedieren (*Catuneanu* 55f.; *Wieck* 3; *Planck-Strecker* a. a. O.; *Wolff* 193; *Lent*, Sachenrecht 4, 97; RGRK, A. 6 zu § 928; *Dehnick* a. a. O.; *Winter* 70; *Palandt-Hoche*, A. 5c zu § 928). Dagegen ist ein Verzicht des Fiskus auf sein Aneignungsrecht unzulässig; denn die Aneignung würde dann der freien Okkupation unterliegen; dem widerspricht aber § 928 II (*Catuneanu* 54f.; *Grups* 40f.; *Winter* a. a. O.; *Palandt* a. a. O.; abweichend *Süß* a. a. O. 26 mit A. 25. Im Wege der Enteignung kann vor Eintragung des Fiskus ein Dritter das Eigentum am Grundstück erwerben (*Catuneanu* 51ff.; *Grups* 37). *Catuneanu* a. a. O. 85f. nimmt an, daß alle diese Personen vom Vertreter vertreten werden. Ein guter kritischer Überblick über die ein sehr buntes Bild aufweisende Literatur zur Frage, wen der „Vertreter" vertritt, bei *Wieck* a. a. O. 2ff. Vgl. ferner *Winter* 39ff. Übrigens wird auch der Fiskus nicht etwa als Aneignungsberechtigter vertreten. Denn er ist niemals ohne Vertreter; deshalb würde kein Anlaß vorliegen, ihm einen Vertreter *ad hoc* zu bestellen (*Hellwig*, Lehrbuch II, 379; *Wieck* 4ff.).

[162] *Stein-Jonas-Schönke*, Vorbem. vor § 50 V.

[163] a. a. O. 42 A. 1.

eingebildetes Nichts. Demgegenüber verdient die Ansicht, daß der Vertreter die Stellung eines Grundstückspflegers *(curator rei)* hat[164], allein Beifall. Er vertritt niemanden, sondern handelt in eigenem Namen[165].

Nach herrschender Lehre hat die Aufgabe des Eigentums das Erlöschen des Eigentums an dem Grundstück zur Folge[166]. *Hellwig*[167] hat demgegenüber dargelegt, daß durch den Verzicht des Eigentümers das Eigentum nicht erlischt, sondern als subjektloses Recht fortbesteht. Er verweist in diesem Zusammenhang auf den § 58: Wenn das Eigentum untergegangen wäre, könnten sich aus ihm logischerweise keine Rechte und Pflichten ergeben[168]. Der Verzicht des bisherigen Eigentümers hat also nicht objektive, sondern nur subjektive Aufhebungswirkung. Das Eigentumsrecht erlischt nicht total, sondern steht nur nicht mehr dem bisherigen Eigentümer zu. Es wird subjektlos und ruht einstweilen. Das als unantastbares Gebot der Logik geltende Dogma, ohne Subjekt sei kein subjektives Recht denkbar, gehört zu den Erzeugnissen der Begriffsjurisprudenz[169]. Gewiß wird beim Begriff des sub-

---

[164] So *Planck-Strecker* A. 6 zu § 928 mit Lit. Nach Analogie der §§ 1912, 1913, 1914 kann auch ein Grundstücksverwalter bestellt werden, der dann den Prozeßvertreter ersetzt (vgl. dazu *Staudinger-Kober,* A. 4 (S. 459) zu § 928 und *Planck-Strecker,* A. 6 (S. 437) zu § 928 mit Lit.). Beide unterscheiden sich durch den Umfang ihrer Befugnisse.

[165] *Wolff* 193. Vgl. unten S. 382f.

[166] So *Planck-Strecker,* A. 4 zu § 928 mit Lit., dazu *Otto von Gierke* II, 464; *Julius von Gierke,* Sachenrecht, 79; *Catuneanu* a. a. O. 37ff.; *Wieck* 13ff.; *Dehnick* 14ff.; *Hutzler,* Die Aufgabe des Grundeigentums, Erlanger Diss. 1949, 21ff.; *Grups* 44ff.; *Winter* 17ff.; *Staudinger-Kober,* A. 4 zu § 928; *Westermann,* Sachenrecht, 418; *Lent,* Sachenrecht, 96; *Palandt-Hoche,* A. 4 zu § 928.

[167] Anspruch und Klagrecht, 231ff.; Rechtskraft, 274ff.; Lehrbuch I, 293f., II, 378ff.; System I, 151. Ihm zustimmend *Langheineken* a. a. O. 122 A. 2; *A. Schultze,* Iher. Jahrb. 43, 36f.; *Seckel,* Festg. für Koch, 206 A. 2; *F. Schulze* a. a. O. 97ff.; *Hirsch* a. a. O. 154, 207; *Krückmann,* Einführung in das Recht, 162f.; *H. A. Fischer,* Subjekt und Vermögen, 57; *Süß,* ArchzivPrax. 151, 9 f. Auch *Wolff* 193 mit A. 4, 251 A. 1 ist wohl der *Hellwig*schen Meinung. So versteht ihn auch *H. A. Fischer* 57 A. 75. „Jede Herrenlosigkeit kann", sagt *Wolff* im vorliegenden Zusammenhang, „als Eigentümerlosigkeit gedacht werden". Man muß wie schon die römische Jurisprudenz (vgl. *von Lübtow,* Studi De Francisci I, 484f.; über die Okkupation und ihre Rechtswirkungen *Kaser,* RPR I, 359 mit Quellen und Lit. A. 9) in der Tat unterscheiden zwischen *res sine domino* und *res extra dominium.* Es ist denkbar, daß die Rechtsordnung das Eigentumsrecht an derelinquierten Sachen untergehen läßt, weil alle Gegeninteressen fehlen. Diese Voraussetzung liegt aber beim aufgegebenen Grundstück nicht vor (vgl. *Hirsch* 154f.).

[168] Zustimmend *F. Schulze* a. a. O. 100; *Bendix,* ArchBürgR 32, 214. Dagegen mit unzulänglicher Begründung *Lenhard,* ebendort, 379, 383. Er meint, die ZPO habe mit ihrer Ausdrucksweise nicht stillschweigend ein subjektloses Eigentum in das Rechtssystem einführen wollen (ihm folgend *Winter* 27). Dem ist entgegenzuhalten, daß der Gesetzgeber instinktiv das Richtige getroffen hat.

[169] Gegen den Begriff des subjektlosen Rechts u. a. *Otto von Gierke,* DPR I, 257; *Crome,* System I, 163ff.; *Binder,* Das Problem der jur. Persönlichkeit, 127, 138; *Stammler,* Rechtsphil. Abhandlungen I, 311ff.; *von Tuhr* I, 76f.; *Oertmann,* Rechts-

jektiven Rechts der Berechtigte gewohnheitsmäßig mitgedacht, und in der Regel sind das Recht und sein Träger ja auch wirklich miteinander verbunden. Aber eine begrifflich zwingende Verbindung, die als solche keine Ausnahme duldet, liegt nicht vor. Ist das subjektive Recht eine von der Rechtsordnung anerkannte Befugnis zum Einwirken auf soziale Werte (Rechtsgüter), so braucht diese nicht notwendig einem gegenwärtigen Träger zuzustehen, sondern kann auch einem Sach- oder Vermögensverwalter eingeräumt werden, zumal wenn das Interesse an dem betreffenden sozialen Wert nicht an einen individuell bestimmten einzelnen Menschen gebunden ist.

Die mit allem Eifer betriebene Suche nach der blauen Blume eines Rechtssubjekts läßt die Autoren manchmal die seltsamsten Fiktionsblüten finden. Um die Durchbrechung des Axioms, daß subjektlose Rechte ein Widerspruch in sich seien, und damit seine Unhaltbarkeit zu verschleiern, benutzt man den Schleichweg der Fiktion[170]. *Baumgarten*[171] hält es allerdings nicht für unrichtig, mit der Konstruktion subjektloser Rechte zu operieren. Aber er hebt noch eine andere Möglichkeit hervor. Er geht von der Erwägung aus, wo von einem Vertreter die Rede sei, müsse doch auch eine Person vorhanden sein, die vertreten werde. Um sie zu schaffen, fingiert er kurzerhand für die Zwecke des Prozesses einen Eigentümer. Man sieht, auf dem Gebiet der Fiktion ist kein Ding unmöglich[172]. Es kann dann auch ein Toter als lebend fingiert werden, und das Problem der Unsterblichkeit ist vom juristischen Standpunkt gelöst! Wenn das herrenlose Grundstück im Wege der Fiktion einem Eigentümer zugeschrieben wird, der überhaupt nicht existiert, so hilft das eben darüber nicht hinweg, daß es in Wahrheit keinen Herrn hat. Eine fingierte, d. h. nicht existente Person, kann nicht Prozeßpartei sein[173].

Um das vermißte Rechtssubjekt zu finden, beschwört *Kohler*[174] den *deus ex machina* einer „stillschweigenden juristischen Person", deren Organ der nach den §§ 58, 787 ZPO ernannte Pfleger sei. Aber einmal

---

bedingung, 126, 163; *Wieck* 13ff.; *Henle*, Allgem. Teil, 408; *Enneccerus-Nipperdey*, Allgem. Teil I, 285 mit A. 9; *Lehmann*, Allgem. Teil⁷, 70f. Besonders ausführlich auf Grund eingehender an *Stammler* orientierter rechtsphilosophischer Erwägungen jetzt *Winter* 72ff. Dafür u. a. *Langheineken* 123; *Endemann*, Allgem. Teil I, 62f.; Erbrecht I, 23, 81, 85; *Hachenburg*, Das BGB (Vorträge)², 332ff.; *Hirsch* a. a. O. 154 A. 3, der die abweichende Ansicht *Stammlers* a. a. O. zutreffend widerlegt; *Krückmann*, Institutionen⁵, 40ff.; Einführung, 162f., 209f.; *Cosack*, Lehrbuch I⁸, 50; *H. A. Fischer*, Subjekt und Vermögen, 51ff.; *Wolff* a. a. O.; *Süß* a. a. O.; *Dölle*, Festschr. M. Wolff, 1952, 27; *Lange*, Allgem. Teil², 82f. Ältere Lit. zu der Streitfrage bei *Windscheid-Kipp* I⁹, 22 A. 3.

170 Vgl. *Esser*, Rechtsfiktionen, 204.

171 a. a. O. 40ff.

172 Vgl. *K. Wolff*, „Juristische Person" und aufgegebenes Grundstück, 23.

173 *Stein-Jonas-Schönke*, A. VII, 2 zu § 50 ZPO.

174 Sachenrecht, 249; vgl. auch Allgem. Teil, 354ff.

ist die Wissenschaft nicht befugt, aus eigener Machtvollkommenheit die Welt des Rechts um Rechtssubjekte zu bereichern, die außerhalb des Gesetzes frei von der Phantasie geschaffen sind[175]. Zum andern ist eine „stillschweigende juristische Person" ein bis zur Inhaltsleere abstrahiertes Gebilde ohne jede Realität. Aber lieber löst *Kohler* den an sich schon sehr fragwürdigen Begriff der juristischen Person bis zu einem absoluten Nichts auf, als daß er von dem Dogma der Undenkbarkeit subjektloser Rechte abginge. Denkt man sich die Fiktion fort, so kommt man doch wieder auf den Begriff der subjektlosen Rechte zurück[176]. *Kohler*[177] konstruiert u. a. auch im Fall des *nasciturus* eine juristische Person. Für das gemeine Recht erhob *Rudorff* den Ungeborenen zum Range einer juristischen Person[178]. Das BGB fingiert die Koexistenz zwischen *nasciturus* und Erblasser (§ 1923 II) und glaubt, durch diesen Kunstgriff über das Stadium der Herrenlosigkeit des Nachlasses hinwegzutäuschen. Löst man die Fiktion auf, so stellt sich heraus, daß der Nachlaß in der Zwischenzeit in Wahrheit kein Subjekt hatte, und eine *hereditas iacens* vorliegt[179]. Die im Nachlaß vereinigten Rechte sind einstweilen subjektlos[180]. Damit bricht die ganze Konstruktion des Vonselbsterwerbs der Erbschaft (§§ 1922 I, 1942 1) zusammen. *Oertmann*[181] nimmt eine solche Anwartschaft des *nasciturus* an, die noch kein durchgebildetes subjektives Recht sei. Aber damit löst er das Dilemma nicht, sondern umgeht es. Man fragt nämlich sofort, worauf sich die Anwartschaft richtet. Die Antwort kann nur lauten: auf die im Nachlaß zusammengefaßten, zur Zeit subjektlosen Rechte. Sie sind keine künftigen, sondern gegenwärtige Rechte, die auf ihren Herrn warten[182]. *Oertmann* bemüht sich aus Furcht vor den „Greueln der gemeinrechtlichen *hereditas iacens*"[183], aus dem *horror vacui* vor einem rechtlosen Zwischenstadium geradezu krampfhaft nachzuweisen, daß die dem Anwartschaftsträger zustehenden Rechtsgüter nicht „herrenlos" seien. Deshalb läßt er die „auf den erstberufenen Embryo übergangenen Rechte und Pflichten des Erblassers" zu bloßen Rechtsanwartschaften zusammenschrumpfen[184]. Stand dem Erblasser zum Beispiel eine Hypothek zu,

---

[175] Vgl. *Oertmann*, Rechtsbedingung, 163.

[176] *Krückmann*, Institutionen, 43f.

[177] Allgem. Teil, 354f.

[178] *Windscheid-Kipp* I⁹, 232 A. 5.

[179] *Hellwig*, Grenzen der Rückwirkung, 10f.; System I, 151; *Langheineken* 122 A. 1; *Windscheid-Kipp* III⁹, 200; *G. Schwarz*, ArchBürgR. 35, 64; *Koeßler*, Iher. Jahrb. 64, 419; *Esser*, Rechtsfiktionen, 170; vgl. auch *Endemann*, Erbrecht I, 80ff.

[180] *Krückmann*, Institutionen, 40ff.; *Endemann* 81.

[181] Rechtsbedingung, 126f., 161ff.; ebenso *Planck-Knoke* A.3 zu § 1; *von Tuhr*, Allgem. Teil I, 77, 191; *Lehmann*, Allgem. Teil, 371.

[182] *Hellwig*, System I, 150.

[183] *Cosack-Mitteis*, Sachenrecht, 271.

[184] *Enneccerus-Nipperdey*, Allgem. Teil I, 316 mit A. 8 sprechen von einer beschränkten Rechtsfähigkeit des ungeborenen Kindes. Aber die Vorstellung eines

so gelangt man, nur um den Glaubenssatz von der Undenkbarkeit subjektloser Rechte zu retten, zu der unmöglichen Denkform, daß dieses Recht, das sich sonst in nichts von anderen Hypotheken unterscheidet, auf den Status einer bloßen Anwartschaft herabsinkt[185]. Außerdem ist doch auch die Rechtsanwartschaft „etwas Gegenwärtiges, zu dem ein Subjekt des Habens gedacht werden muß"[186]. Der zukünftige Mensch existiert noch nicht. Deshalb kann er auch nicht Inhaber der Anwartschaft sein[187]. Unter dem Einfluß der Vorstellung, daß, wo das Gesetz

beschränkten Rechtssubjekts, das halb Rechtsfähigkeit besitzt, halb nicht, ist ein Widerspruch in sich selbst.

[185] *Krückmann*, Institutionen, 40.

[186] *Krückmann* a. a. O.

[187] Im Falle der römischen *hereditas iacens* rechnete nicht, wie bisweilen angenommen wird (so z. B. von *Endemann*, Erbrecht I, 23 auf Grund von D. 46, 1, 22; anders Erbrecht II, 770 mit A. 15; *Enneccerus-Nipperdey* 285; dazu siehe *F. Schulz*, Class. Rom. Law, 292ff.; *von Lübtow*, Studi Koschaker II, 500ff.; Studi De Francisci 465, 484; *Kaser*, RPR I, 598ff. mit weit. Lit. A. 2) die römische oder die nachklassische und justinianische Jurisprudenz den Nachlaß zu den juristischen Personen, sondern erst die gemeinrechtliche Wissenschaft griff nach der Krücke dieser Verlegenheitskonstruktion (*Windscheid-Kipp* III[9], 196 mit A. 10). Nach Ansicht der römischen Klassiker blieben die im Nachlaß vereinigten Rechte als zur Zeit subjektlose erhalten. Dies galt auch von den Obligationen des Erblassers, die also ohne Schuldner fortbestanden. Deshalb ist die Alternative, vor die sich *Oertmann* a. a. O. 126 gestellt sieht: entweder liegt eine ruhende Erbschaft vor oder es bestehen subjektlose Rechte, falsch.

Die Verfasser des BGB sahen sich unter dem Bann des Dogmas, daß die Rechte nicht herrenlos sein dürften, und jeder Erblasser im Zeitpunkt seines Todes einen Erben haben müsse (*Esser*, Rechtsfiktionen, 170), veranlaßt, die Rechtsfigur einer ruhenden Erbschaft auszumerzen. In Wirklichkeit ist dieser Versuch aber gescheitert. Auch bei Geltung des Anfallsprinzips (§ 1942 I) kommt man um einen bis zur Annahme der Erbschaft bestehenden Schwebezustand keineswegs herum, — das BGB verdeckt ihn durch verschlungene Zickzackfiktionen: §§ 1953 I, 1953 II (*Endemann*, Erbrecht II, 765f., 786) — und *Siber*, Erbrecht, 112 A. 6, hält es mit Recht für einen Irrglauben anzunehmen, daß mit der Einführung des Vonselbsterwerbs (Anfallprinzip), dessen Gegenstück das Antretungssystem (Delationsprinzip) bildet, praktisch oder auch nur konstruktiv etwas gewonnen sei (vgl. dazu *von Lübtow*, JR 1951, 95). Die herrschende Lehre spricht von einem „vorläufigen" und einem „endgültigen" Erben und glaubt deshalb, daß ein Stadium der *hereditas iacens* nicht eintrete (vgl. statt aller *Windscheid-Kipp* a. a. O.; *Siber* a. a. O. 107ff.; *Staudinger-Lehmann*, A. 5 und 8 zu § 1942; *Kipp-Coing*, Erbrecht, 268ff.). Aber die Rechtsfigur des Interims-Erben, der in Wahrheit nur Vermögensverwalter ist, enthält eine *contradictio in adiecto*, wie *Endemann*, Erbrecht II, 766, hervorhebt. Er erklärt die Rechtslage so, daß der Anfall allein noch keinen Erben schaffe, sondern ein Warterecht zum Erbschaftserwerb (a. a. O. 764ff.; Grundriß, 86). Solange das Recht zur Ausschlagung besteht, existiert „ein warterechtlicher Schwebezustand, während dessen die Nachlaßrechte ihres Herrn harren". Mit anderen Worten: Es liegt eine *hereditas iacens* vor (so auch *G. Schwarz* a. a. O. 68ff.). Es ist ein eklatanter Widerspruch, wenn *Philipsborn*, GruchBeitr. 64, 26ff., 31ff., sagt, daß jemand erst mit Beendigung des Schwebezustandes (definitiver) Erbe wird, und, wenn er es geworden ist, er es schon früher gewesen ist (*Windscheid-Kipp* III, 199 A. 14 a. E.).

(§§ 58, 787 ZPO) von einem „Vertreter" spricht, auch ein „Vertretener" vorhanden sein müsse, glaubt *Hellwig*[188], ein Rechtssubjekt dadurch herbeizaubern zu können, daß er als solches die „Vermögensmasse" denkt, womit nicht das Grundstück, sondern das Eigentum an ihm und die sich aus dem Eigentum ergebenden Rechte gemeint sind. Diese Masse sei zu personifizieren *(vice personae fungitur)* und werde im Prozeß von dem zu diesem Zweck bestellten Vertreter vertreten. Eine Vermögensmasse wird also zum Subjekt ihrer selbst gemacht — es ist der zivilistische Münchhausen, der sich an seinem eigenen Schopf aus dem Sumpf zieht. Das subjektive Recht steht als Objekt dem Rechtssubjekt gegenüber[189]. Die aus Rechten und Pflichten bestehende Vermögensmasse bildet also lediglich ein Objekt, das nicht gleichzeitig sein eigenes Subjekt sein kann[190]. Derselbe Konstruktionstrick begegnet auch bei der Stiftung[191]. Die erläuternde Redewendung '*personae vice fungitur*' stammt aus Florentinus D. 46, 1, 22:

> *Mortuo reo promittendi et ante aditam hereditatem fideiussor accipi potest, quia hereditas personae vice fungitur, sicuti municipium et decuria et societas.*

Es handelt sich um die Frage, ob die Neubestellung einer Bürgschaft für Nachlaßschulden vor Antritt der Erbschaft zulässig ist. Die Echtheit des Fragments wird in der Literatur bestritten[192]. Es ist jedoch

---

Nach *Binder*, Problem der jur. Persönlichkeit, 72, handelt es sich nicht um bestehende, sondern um künftig entstehende, möglicherweise sich aus amtlichen in private umwandelnde Rechte und Verbindlichkeiten. Diese Konstruktion kommt auf ein Wiederaufleben mit Rückwirkung heraus. Das ist keine befriedigende theoretische Vorstellung. Unsere Auffassung liefert das einfache und angemessene Ergebnis, daß eine wirkliche, ununterbrochene Rechtsnachfolge vorliegt, und der Erbe bestehende Rechte und Pflichten erwirbt, ohne daß mit einem Wiederaufleben und ähnlichen Fiktionen operiert werden muß (vgl. auch *Oertmann*, Rechtsbedindung, 113 mit A. 2).

[188] Anspruch auf Klagrecht, 231ff.; Rechtskraft, 274ff.; Lehrbuch I, 293f.; II, 378ff.; System I, 156ff. Zustimmend *F. Schulze* 128ff., 141; *Wübken* 43f. *Hellwigs* These ist in sich widerspruchsvoll. Er hält einmal das Eigentumsrecht für subjektlos, zum andern personifiziert er die Vermögensmasse, zu der das Eigentumsrecht gehört. Folglich ist es doch nicht subjektlos. Auch *Graßhoff*, Heinitz-Festschrift, 1926, 124ff. vertritt die Theorie verselbständigter Vermögensmassen mit eigener Rechtspersönlichkeit. Zu ihnen rechnet er den Nachlaß, die Konkurs- und Zwangsverwaltungsmasse, das aufgegebene Grundstück u. a. Diese Rechtspersönlichkeiten bilden nach seiner Auffassung außer den natürlichen und juristischen Personen die dritte Art von Rechtswesen („selbständigen Wesenheiten"), die Gesetzgebung und Rechtsprechung anerkennen, ohne sie als Personen zu bezeichnen. Auf die Wirkungen der Eigentumsaufgabe nach § 928, insbesondere die Meinung *Hellwigs* von der Subjektlosigkeit des Eigentums, geht *Graßhoff* nicht ein.

[189] *H. A. Fischer*, ArchzivPrax. 117, 168—183; Subjekt und Vermögen, 11, 53.

[190] So auch *Stein-Jonas-Schönke*, Vorbem. I, 2 vor § 50 ZPO.

[191] *von Lübtow*, Studi Koschaker II, 508; vgl. auch *Ihering*, Scherz und Ernst, 13. *H. A. Fischer* a. a. O. 66ff. hält die Subjekt- und Objektvorstellung bei der Stiftung für zulässig.

[192] Vgl. die Angaben im Ind. Itpl.

durchaus möglich, daß Florentinus gesagt hat: *municipium personae vice fungitur. Municipium* ist gleich *municipes*, gleich „Gesamtheit der Bürger“. Sie nimmt die Stelle eines Einzelmenschen ein, d. h. sie spielt im Rechtsleben dieselbe Rolle wie er. Florentinus ist nun noch einen Schritt weiter gegangen: Auch die Erbschaft vertritt die Stelle eines Menschen. Damit wird aber die *hereditas* nicht zu einer *persona ficta* erklärt, also zum Subjekt ihrer Rechte und Pflichten gemacht, das hieße Ungleiches mit Ungleichem gleich zu setzen, was systematisch unzulässig ist[193], und noch weniger erhebt Florentinus die Erbschaft zur juristischen Person[194]. Vielmehr bedeutet *personae vice fungitur*, daß von der Erbschaft rechtliche Wirkungen ausgehen wie von einer Person, d. h. von einem Menschen und seinem Vermögen. Florentinus entfernt sich nicht von der Wirklichkeit des realen Rechtslebens, er huldigt nicht einem bildhaften Mystizismus, der mehr verdunkelt als erhellt, sondern er vertritt eine dynamische, den Nachlaß als eine Summe wirkender Funktionen betrachtende Rechtsauffassung. Der *hereditas* wird Eigenwert zugebilligt. Florentinus geht nicht von einem tätigen Rechtssubjekt aus, sondern von den Wirkungen des Nachlasses auf das Rechtsleben. Das Interesse des künftigen Erben erhält alle Rechte, das Interesse der Gläubiger alle Obligationen in ihrem objektiven Bestande. Die Erbschaft kann sich durch Fruchtgewinn, Sklavenerwerb, Vollendung einer bereits im Lauf befindlichen Ersitzung vermehren und durch Rechtsgeschäfte sowie durch Delikte der Erbschaftssklaven mit neuen Verbindlichkeiten belastet werden. Nach alledem ist es nicht zulässig, wenn *Hellwig* sich auf das *personae vice fungitur* beruft, um seine Personifikation der Vermögensmasse zu rechtfertigen. Um dem Einwurf, mit Fiktionen zu operieren, zu entgehen, bezeichnet er diese nicht als juristische Person, sondern schreibt ihr nur die Stellung einer solchen zu[195], ohne zu erkennen, daß der Personifizierung ebenfalls eine Fiktion zugrunde liegt, die wissenschaftlich unzulässig ist, weil sie nichts erklärt. *Vaihinger*[196] hat die Gruppe der Personifikationen als eigene Gruppe der Fiktionsbildung herausgearbeitet. Die von *Hellwig* vorn

---

[193] Vgl. *von Lübtow* a. a. O. 502.

[194] wie z. B. *Windscheid-Kipp* III[9], 196 mit A. 9 und 10, *Semeka*, Hereditas jacens und Wartrecht, Heidelb. Diss. 1909, 21, *Endemann*, Erbrecht I, 23 und *Kunkel*, RPR, 334f. behaupten. Es wird überhaupt nichts fingiert, weder daß die Erbschaft ein Mensch noch daß sie eine juristische Person sei: *Bruns* in *Holtzendorff*, Enzyklopädie[5], 450, 453, 555; *Kreller*, RR II, 106f.; abweichend *Siber*, RR II, 388.

[195] System I, 158. Im Gegensatz dazu spricht er auf S. 151 von der Vermögensmasse als einer „unvollkommenen juristischen Person“. *H. A. Fischer* a. a. O. 64 mit A. 85 stimmt ihm zu und charakterisiert das Grundstück als ein „halbes, unentwickeltes Rechtssubjekt“. Aber dieser Begriff ist ein Unding, ein Widerspruch in sich.

[196] Die Philosophie des Als Ob[3], 391, 507.

hinausgewiesene Fiktion wird also durch eine Hintertür wieder hereingelassen. Entfernt man den Fiktionsschleier, so treten wiederum subjektlose Rechte hervor. Im Zwischenstadium zwischen der Aufgabe des Eigentums und dem Erwerb durch den Aneignungsberechtigten existiert weder das bisherige Subjekt des Eigentumsrechts mehr noch ist es bereits von dem Subjekt erworben, für das es bestimmt ist. Die Rechtslage ist insofern dieselbe wie bei der „ruhenden“ Erbschaft. Es gibt hier in der Tat nur die Alternative, entweder die Vermögensmasse zu personifizieren oder subjektlose subjektive Rechte anzuerkennen[197]. Will man nicht in antiquierte animistische Fehlvorstellungen zurückfallen, so muß man die These anerkennen, daß nur Menschen Rechtssubjekte sind, und die Begriffe „Person“ und „Mensch“ als Synonyma gebrauchen[198]. Nur Menschen können wir als Träger eines freien Willens anerkennen, den Recht wie Pflicht in gleicher Weise voraussetzen. Denn alles Recht besteht um des Menschen willen[199]. Wenn man Grundstücke, Gerechtsame, Vermögensmassen, ja sogar Papiere zu Personen stempelt, so bildet man damit einen gänzlich inhalts- und farblosen Oberbegriff der Person, der außer dem Menschen die verschiedenartigsten leblosen Gegenstände umfaßt. Man verstößt außerdem gegen ein selbstverständliches Postulat jeder Systembildung, daß nur Gleichartiges mit Gleichartigem in eine Kategorie gebracht werden darf; es muß wenigstens irgendwie ein identisches Element vorliegen[200]. *Hellwigs* Personifikation einer Vermögensmasse scheitert auch aus prozessualen Gründen. Denn erstens kann ein Prozeß nur zwischen Personen, aber nicht zwischen Vermögen oder zwischen einer Person und einem Vermögen geführt werden[201]. Zum anderen versagt hier der Vertreterbegriff, der stets „Willensvertretung“ meint[202].

---

[197] Auf einem anderen Wege sucht *Binder*, Problem der jur. Persönlichkeit, 139f. (ähnlich *Hölder*, Natürliche und juristische Personen, 126, 137ff.), zu helfen: Hat die Vermögensmasse einen Pfleger bekommen, so entstehen die in ihr potentiell vereinigten Rechte als amtliche des Pflegers. Erwirbt sie der Erbe — dasselbe müßte im Fall des § 928 für den Fiskus gelten —, so entstehen sie in ihm als private Rechte. Diese Theorie scheitert schon daran, daß unerklärt bleibt, wie sich amtliche Rechte in private verwandeln können (*Rhode*, Jur. Person und Treuhand, 50). Außerdem verwaltet doch der Pfleger private Rechte (vgl. auch *Enneccerus-Nipperdey*, Allgem. Teil I, 312 A. 6; 399 A. 2 Ziffer 4), und diese Rechte sind keine „potentiellen, d. h. künftig wieder entstehende“, sondern gegenwärtige.

[198] *Otto von Gierke*, DPR I, 265ff.; *von Schwerin*, DPR², 13f.; *Rhode* a. a. O., 43, 163, 178; *von Lübtow* a. a. O. 509f.

[199] Hermogenianus D. 1, 5, 2: *omne ius hominum causa constitutum est*; *Hölder* Natürliche und juristische Personen; 309f.; *Schönfeld*, Iher. Jahrb. 75, 372f.; *Rhode* a. a. O. 178; *von Lübtow* a. a. O. 510.

[200] *Rhode* a. a. O. 43, 45; *von Lübtow* a. a. O. 502.

[201] *de Boor*, Zur Lehre vom Parteiwechsel, 53.

[202] *O. Fischer*, Iher. Jahrb. 38, 362; *Lenhard*, ArchBürgR 35, 386; *de Boor* a. a. O. 59.

Die herrschende Meinung, die das Eigentum mit dem Verzicht des Eigentümers untergehen läßt, nimmt gleichwohl ein Fortbestehen der dinglichen Rechte Dritter an, zumeist ohne weitere Begründung oder mit dem Argument, daß diese Rechte die Sache selbst ergreifen, und die §§ 58, 787 ZPO ihre weitere Existenz voraussetzen[203]. Die beschränkten dinglichen Rechte nennt man gewöhnlich „Belastungen" oder „Lasten" der Sache[204]. Dies beruht auf einem uralten weitverbreiteten Sprachgebrauch, an dem auch das BGB und die ZPO festhalten. Er setzt die Sache mit dem relativ unbegrenzten Recht an ihr, dem Eigentumsrecht, gleich[205]. Er spiegelt die ursprüngliche Gegenständlichkeit menschlichen Denkens wider. Er stammt aus dem menschlichen Anschauungsbedürfnis, das sich die Rechtsbegriffe substantiell vorstellt. So kam man dazu, die sinnlich wahrnehmbare Sache mit dem unsichtbaren, abstrakten Eigentumsrecht zu identifizieren. Hier liegt ein schwerer Denkfehler vor; denn das subjektive Recht kann nicht mit seinem Gegenstande identisch sein. Aus der substantiellen Auffassung erklärt es sich auch, daß man im deutschen wie im römischen Recht für die Sache und das an ihr bestehende Recht denselben Namen gebrauchte, zum Beispiel Eigen, Erbe, Lehn, Leibzucht; *pignus* (Pfand und Pfandrecht), *superficies* (das Gebäude und das Benutzungsrecht daran), *iter, via* (der Weg und die Wegegerechtigkeit)[205a]. Mit der auf das Sinnfällige

[203] Vgl. u. a. *Crome*, System III, 395; RG 82, 74; *Catuneanu* a. a. O. 49 A. 13, 78; RGRK, A. 2 zu § 928; *Kohler*, Sachenrecht, 248; *Otto von Gierke*, DPR II, 464, 598; *Julius von Gierke*, Sachenrecht, 1, 79; *Planck-Strecker*, A. 6 zu § 928; *Staudinger-Kober*, A. 4 zu § 928; *Palandt-Hoche*, A. 4b zu § 928; *Cosack-Mitteis*, Sachenrecht², 1; RGRK, A. 6 zu § 1113 (S. 530); *Dehnick* 36f.; *Hutzler* 36ff.; *Westermann*, Sachenrecht, 5f., 7, 418. Siehe auch *Enneccerus-Nipperdey* I, 289.

[204] „Ein Grundstück (Sache) kann in der Weise belastet werden, daß" usw., (§§ 1012, 1018, 1030, 1090, 1094, 1105, 1113, 1191, 1199, 1204). § 928 Abs. I spricht ausdrücklich von Aufgabe des „Eigentums", Abs. II wiederum nur vom aufgegebenen „Grundstück". Vgl. auch *Hirsch* 318. Man redet von Veräußerung einer Sache. Die Veräußerung gehört ebenso wie die Belastung zu den Verfügungen. Eine Verfügung über Sachen ist in Wahrheit eine Verfügung über das Recht an den Sachen (*Krückmann*, Institutionen⁵, 919; *von Tuhr* I, 319; II 1, 62; 242; *Lent*, Sachenrecht⁴, 3). Die Belastung ist jedoch nicht, wie *Lent* meint, aus dem Grunde eine Verfügung, weil es sich um die Übertragung eines Teiles der aus dem Eigentum fließenden Befugnisse, eine Teilveräußerung handelt (siehe dazu *von Lübtow*, Schenkungen, § 5); schwankender Sprachgebrauch bei *Ennerccerus-Nipperdey* II, 592, 593. Vgl. auch *Heck*, Sachenrecht, 82, 472. Im Anschluß an ihn kann man nicht nur bei den sogenannten „Rechten an Rechten", sondern auch bei den beschränkten dinglichen Rechten ein doppeltes Objekt unterscheiden. Beim Pfandrecht „an der Sache" z. B. ist das Eigentumsrecht „Eingriffsobjekt", die Sache selbst „Nutzobjekt" (vgl. *Reinicke*, Gesetzliche Pfandrechte und Hypotheken am Anwartschaftsrecht aus bedingter Übereignung, 1941, 14). Die Gegenüberstellung von Recht „am Recht" und „Recht an fremder Sache" beruht also auf einer schiefen Konstruktion.

[205] Dazu *Windscheid-Kipp* I⁹, 181 mit A. 4; *von Tuhr* I, 318, II 1, 242; *Reinicke* a.a.O. 15.

[205a] *Otto von Gierke* DPR I, 271 mit A. 5; *Jhering*, Geist II 2, 439 A. 602.

bedachten Vorstellungsweise hängt weiter die römische Einteilung der Dinge in *res corporales* und *res incorporales* bei *Gaius* II, 12—14 zusammen, die oft als Denkfehler kritisiert worden ist [205b]. Unter körperlichen Sachen verstehen die Römer gleichzeitig das Eigentumsobjekt und das Eigentumsrecht *(fundus, homo, vestis, aurum, argentum)* bei den *res incorporales* denken sie an die sonstigen Rechte *(ususfructus, hereditas, obligationes)*, ohne daß hier die Frage nach dem Objekt dieser Rechte aufgeworfen wird. Die begrenzten dinglichen Rechte *(iura in re)* sind nicht mit ihrem Objekt, sondern nur mit sich selbst identisch, während das Eigentumsrecht zugleich mit seinem Gegenstand *(res)* zusammenfällt. Das BGB nimmt dieselbe Gleichstellung so ungleichartiger Dinge wie Sachen und Rechte vor, wenn es beide unter dem Gattungsnamen „Gegenstand" zusammenfaßt (z. B. §§ 135, 161, 185, 716, 2040 usw.). Es handelt sich um und „Sachen"„Rechte" als „körperliche" und „unkörperliche" Gegenstände. Richtig hätte das Gesetz von Eigentumsrechten an Sachen und sonstigen Rechten sprechen müssen[205c], ebenso vom Pfandrecht am Eigentumsrecht (§ 1204ff.) und anderen Rechten (§ 1273ff.). Und die ZPO hätte korrekt unterscheiden sollen zwischen der Zwangsvollstreckung in das Eigentumsrecht an Sachen (§ 808ff.) und der Zwangsvollstreckung in andere Vermögensrechte (§ 828ff.). Schalten wir die Breviloquenz aus, so ergibt sich, daß die beschränkten dinglichen Rechte unmittelbar das Eigentumsrecht belasten, die von ihm beherrschte Sache aber mittelbar mitergreifen. Sie müßten logischerweise mit dem Eigentum am Grundstück ebenfalls untergehen. Das ist jedoch aus rechtspolitischen Gründen ausgeschlossen. Das Interesse der dinglich Berechtigten erhält deshalb auch das Eigentumsrecht[206]. Die Bedeutung des Eigentums geht eben nicht lediglich darin auf, das Wohl dieses bestimmten Menschen zu fördern, es dient auch den Belangen anderer Interessenten. Diese Lösung stimmt mit der herrschenden Lehre überein, hat aber den Vorteil, systematisch begründet zu sein.

Etliche der Schriftsteller, nach deren Auffassung das Eigentumsrecht am aufgegebenen Grundstück erlischt, nehmen im Widerspruch dazu das Fortbestehen der für das Grundstück eingetragenen Realrechte, insbesondere der Reallasten und Grunddienstbarkeiten, an[207]. Nach ihrer Meinung erwirbt der Fiskus mit der Aneignung des Grundstücks auch die fraglichen Rechte, da sie als Bestandteile des Grundstücks gelten, d. h. dem jeweiligen Eigentümer zuständen. Damit berufen sich diese

---

[205b]) Vgl. *von Lübtow*, Schenkungen, 28ff. mit Lit. A. 55, dazu ferner *Arnold* Kultur und Recht der Römer, 144ff., 196f., 240; *Otto von Gierke*, Entwurf, 44ff; *von Tuhr* I, 318, 319 A. 26.; *Pugliese*, Riv. It. Sc. Giur. 1951, 237ff.; *Wengler*, Festschr. d. Jur. Fak. d. FU Berlin, 1955, 285 mit A. 2, 286 mit A. 5.

[205]) *Kreller*, RRg.², 104. [206] Vgl. *Hirsch* 154f.

[207] Zu ihnen gehören *Catuneanu* a. a. O. 65, 73, *von Tuhr*, Allgem. Teil II 1, 42 A. 39a, *Planck-Strecker* A. 4 zu § 928, *Dehnick* 28ff., *Hutzler* 29ff. und *Grups* 53ff.

Autoren auf § 96. Jedoch ist die Ausdrucksweise des Gesetzes schon deshalb terminologisch fehlerhaft, weil Grundstück und Recht wesensungleich sind [208]. Das BGB setzt kurzweg das Eigentumsrecht am herrschenden Grundstück in eins mit dem Grundstück selbst. Die subjektiv dinglichen Rechte (Realrechte) „gelten als Bestandteil des Grundstücks" heißt also nichts anderes als: „Die Rechte gelten als Bestandteile des Eigentumsrechts an diesem Grundstück"[209]. Durchaus folgerichtig nimmt daher *Stammler*[210] an, daß die Aufgabe des Eigentums auch das Erlöschen der mit ihm verbundenen Rechte zur Folge hat. Für das gemeine Recht vertrat *Windscheid*[211] die Ansicht, die Grunddienstbarkeiten beständen einstweilen als subjektlose fort, weil der Wille des Derelinquierenden sich auf das Aufgeben seines Eigentums richte, nicht aber auf das Aufgeben der Dienstbarkeit. Das als wünschenswert angestrebte Ergebnis wird entsprechend der begriffsjuristischen Argumentationsweise in einen willkürlich unterstellten Parteiwillen zurückverlegt. In Wirklichkeit liegt die Sache anders. Der Eigentümer des herrschenden Grundstücks verzichtet auf sein Eigentum und damit auf die Ausübung der für ihn zwecklos gewordenen Realrechte. Nach dem Recht des BGB (§ 96) sind sie Bestandteile des Eigentumsrechts[212]. Übt der Eigentümer seine Verfügungsbefugnis über das Grundstück durch Verzicht aus, so erstreckt sich diese Verfügung folglich auch auf die Realrechte. Die Aufgabe der Realrechte wird also zwangsläufig vom Willen des Berechtigten mitumfaßt. *Ihering*[213] hat bekanntlich die Theorie der Fortdauer der passiven Wirkungen des subjektiven Rechts aufgestellt. Er versteht darunter die Gebundenheit des Schuldners im Interesse des zukünftigen Gläubigers und die Gebundenheit der Sache in dem des zukünftigen Eigentümers. Gerade bei der Frage, ob eine Prädialservitut durch Dereliktion des *praedium dominans* untergeht, läßt er jedoch seine Theorie ganz aus den Augen. Er behauptet, die Servitut gehe nicht unter, weil ihr Zweck ein dauernder sei und mit dem vorübergehenden Interesse des jeweiligen Eigentümers des *praedium serviens* keineswegs zusammenfalle (444 ff.)[214]. Damit ist in Wahrheit die Subjektlosigkeit des subjek-

---

[208] *Flad*, HdR VII, 117.

[209] *Kreller* RRg², 104.

[210] a. a. O. 313. Ebenso *Lenhard*, ArchBürgR. 35, 384.

[211] *Windscheid-Kipp*, Pandektenrecht I⁹, 1093 A. 3.

[212] *Hirsch* a. a. O. 54 mit A. 3.

[213] Iher. Jahrb. 10, 387ff.

[214] *Catuneanu* a. a. O. 66f., *Dehnick* 29ff., 44f., *Grups* 53ff. und *Winter* 55ff. folgen der Theorie *Iherings*, zu der das Dogma von der Undenkbarkeit subjektloser Rechte den Anstoß gegeben hat. — Die Aufspaltung der Einheit des subjektiven Rechts in eine aktive und eine passive Seite erscheint schon an sich bedenklich. Aber ganz ungelöst bleibt die Frage, inwiefern die passive Seite dieses Rechts seine Existenz überdauern und für sich allein fortbestehen kann (vgl.

tiven Rechts Prädialservitut anerkannt und nicht bloß eine objektive Gebundenheit des dienenden Grundstücks zugunsten des künftigen Eigentümers. *Kipp*[215] begründet das subjektlose Fortbestehen der Dienstbarkeiten mit der Erwägung, wenn ein Recht zugunsten des jeweiligen Eigentümers eines Grundstücks bestehe (§ 1108), so sei es durchaus nicht notwendig, daß die Reihe der Eigentümer eine kontinuierliche sei. Diese Begründung überzeugt jedoch keineswegs. Die Realrechte sind mit dem Eigentumsrecht am Grundstück verbunden, sie teilen sein rechtliches Schicksal, stehen also zu ihm in einem akzessorischen Verhältnis[216]. Mit dem Untergang des Eigentumsrechts müssen logischerweise auch sie erlöschen. Nach *von Tuhr*[217] verlieren die Realrechte mit der Aufgabe des Eigentums ihr Subjekt und können, als Rechte, nicht fortbestehen. Trotzdem soll der von seinem Aneignungsrecht Gebrauch machende Fiskus mit dem Eigentum diese Rechte so erwerben, wie sie dem letzten Eigentümer zustanden! *von Tuhr* fühlt selbst den inneren dogmatischen Bruch seiner Ansicht vom Erwerb erloschener Rechte. Er sucht ihn dadurch zu heilen, daß er für die Dauer des Zwischenzustandes eine Gebundenheit „des Eigentümers des belasteten Grundstücks" dahin konstruiert, der Neuentstehung des belastenden Rechts ausgesetzt zu sein. Damit wird der Rechtsgrund für eine solche Gebundenheit vorausgesetzt, aber nicht bewiesen. Wenn die Rechte als subjektlose erlöschen, kann auch kein Rechtsrest in Gestalt objektiver Gebundenheit des dienenden Grundstücks oder seines Eigentümers übrig bleiben, der die Restitution der Realrechte für die Zukunft offenhält. Höchstens läßt sich sagen, die subjektlos gewordenen Realrechte werden bis zur Aneignung des Grundstücks in objektiver Gebundenheit gehalten. Voraussetzung dieses im Interesse des Aneignungsberechtigten durchaus wünschenswerten Ergebnisses ist jedoch der Fortbestand des Eigentumsrechts[218]. Es bleibt also auch hier einfach kein anderer Weg als der, subjektlose Rechte anzuerkennen.

Persönliche Ansprüche des Reallastberechtigten auf Leistungen des gewesenen Eigentümers, die während der Dauer seiner Herrschaft fällig geworden sind, werden durch den Verzicht auf das Eigentum nicht berührt. Sie können nach wie vor gegen ihn als persönlich Verpflichteten

---

dazu *P. Kretschmar*, Theorie der Konfusion, 45). Das Fortbestehen der passiven Seite bedeutet eine Beziehung zur Vergangenheit, eine Kausalbeziehung. Sie kann aber rechtlich nicht existieren, wenn die *causa* untergegangen ist. Ungelöst bleibt ferner das Problem, auf welchem Rechtsgrunde es beruht, daß die nicht mehr vorhandene Aktivseite eines nicht mehr existenten Rechts später möglicherweise wieder auflebt.

[215] *Windscheid-Kipp* a. a. O. 1097f.

[216] *von Tuhr*, Allgem. Teil I, 230.

[217] a. a. O. I, 77.

[218] So auch *Hirsch* a. a. O. 154f.

geltend gemacht werden[219]. Wohl aber ist er durch die Aufgabe von der Haftung für die künftig fällig werdenden Leistungen befreit[220].

Die Realobligationen auf die einzelnen Leistungen, auch soweit sie rückständig sind, ruhen[221], weil die Ausübung der ihnen entsprechenden Rechte tatsächlich unmöglich ist. Sie gehen nicht etwa aus dem Grunde unter, weil es zur Zeit an einem Verpflichteten fehlt[222]. Ihre Kehrseite sind die Forderungsrechte des Reallastberechtigten. Sie haben zur Zeit auf der Passivseite kein Subjekt[223]. Aber das Interesse des Gläubigers erhält seine Rechte. Dem ruhenden Recht korrespondiert der Begriff der ruhenden Schuld. Ruhen bedeutet: Die Rechte sind einstweilen nicht ausübbar, obwohl sie existieren. Der Ruhezustand hört auf, wenn der Fiskus von seinem Aneignungsrecht Gebrauch macht oder wenn ein allgemeiner Grundstücksverwalter oder ein Verwalter nach § 58 ZPO eingesetzt wird. Die materiellrechtliche Grundlage der Verwalterstellung bildet die Realobligation. Er hat die Leistung der Sachnutzungen zu erbringen oder die Geldrente zu zahlen. Woher er die Mittel nimmt, ist seine Sache. Darin liegt kein unbilliges Verlangen, da ja nur das Grundstück haftet[224]. Er wird aber nicht etwa an Stelle des fehlenden Eigentümers Träger der Schuld[225]. Der auf Grund des § 58 eingesetzte „Vertreter" ist in Wahrheit ein Grundstückspfleger *(curator rei)*[226]. Ihm obliegt es, das nach wie vor subjektlose Eigentumsrecht und die mit ihm verbundene Realobligation „wahrzunehmen" und darüber in eigenem

---

[219] *Otto von Gierke*, DPR II, 727; *Crome*, System III, 614, 625; *Planck-Strecker*, A. 7 zu § 928; A. 1 zu § 1108; *Wolff* 453; RGRK, A. 2 zu § 1108; *Staudinger-Kober*, A. 4 zu § 928 (S. 460); A. 4 zu § 1108; *Palandt-Hoche*, A. 1b zu § 1108.

[220] *Otto von Gierke* a. a. O. 710; RG 70, 172; *Planck-Strecker* a. a. O.; RGRK A. 3 zu § 1108.

[221] Siehe zu diesem Begriff *Hirsch* 32, 36, 148f., 205, 254, 345; *H. A. Fischer*, Subjekt und Vermögen, 48.

[222] Vgl. auch *Hirsch* 440f. Abweichend *Schreiber* 340.

[223] Vgl. *F. Schulze* a. a. O. 139; *Cosack*, Sachenrecht[6], 220. *Otto von Gierke* a. a. O. 727 A. 14 erkennt hier eine dingliche Schuld ohne Schuldner an und gibt damit im Widerspruch zu seiner sonstigen Auffassung das Bestehen einer subjektlosen Schuld zu. In der Festschrift für von Martitz, 41 A. 2, bezeichnet er allerdings den gemäß §§ 58, 787 bestellten Prozeßvertreter als Träger des Leistensollens. Damit wird aber für den Zeitraum bis zur Bestellung kein Passivsubjekt geschaffen, und es bleibt bei der Idee einer schuldnerlosen Schuld (vgl. *Winter* a. a. O. 30f.). Ein anderes Beispiel: Im Grundbuch ist die Hypothek des A zu Unrecht gelöscht. A kann dann von dem jeweiligen Eigentümer des Grundstücks verlangen, daß er die Wiedereintragung der Hypothek bewilligt (§ 894). Dieser Anspruch kommt nicht in Fortfall, wenn das Grundstück herrenlos wird. Er besteht ohne Schuldner weiter und kann gegen einen gemäß § 58 ZPO bestellten Vertreter geltend gemacht werden (*Cosack*, Schuldrecht[8], 334).

[224] Dies gegen *Hirsch* 441.

[225] So irrig *Eugen Fuchs* 107. Auch *Otto von Gierke*, Festschrift für von Martitz, 41 A. 2 faßt den Vertreter als „Träger des Leistensollens" auf.

[226] Lit. bei *Planck-Strecker*, A. 6 zu § 928. Vgl. oben S. 371.

Namen zu prozessieren. Da er niemanden vertritt, kann er prozeßrechtlich nur Partei kraft Amtes sein[227], materiellrechtlich übt er die Funktion eines Schuldträgers und eines Verteidigers des subjektlosen Eigentumsrechts aus. Wenn man seine Stellung in lateinischer Sprache ausdrücken will, darf man sich fast derselben Worte bedienen, mit denen Florentinus die Rechtslage der ruhenden Erbschaft beschreibt: *curatur fundi, cum quo agitur, personae domini et debitoris vice fungitur*[228].

Erwirbt der Reallastgläubiger das Eigentumsrecht am Grundstück, so besteht die Reallast im ganzen als Eigenrecht weiter (§ 899)[229]. Sie sichert nach wie vor das Anrecht auf Empfangnahme der Leistungen[230]. Die Realobligation, die das Anrecht als Ganzes sichert, ruht, weil ihr das Subjekt fehlt. Denn der Eigentümer kann nicht sein eigener Schuldner sein. Die Realobligation ruht nur, sie erlischt nicht[231], weil ja immerhin die Möglichkeit vorhanden ist, daß die Vereinigung von Eigentumsrecht und Obligation wieder fortfällt, beispielsweise dann, wenn der Eigentümer die Reallast abtritt oder das Grundstück veräußert. In diesen Fällen wird die Realobligation wieder voll ausübbar. Das dingliche Wertentnahmerecht, das besteht, wenn die Zwangsversteigerung des Grundstücks von einem anderen Berechtigten durchgeführt wird[232], dauert fort. Dagegen erlöschen die Anrechte auf die bereits fälligen einzelnen Leistungen, ebenso die zu ihrer Sicherung dienenden Realobligationen und Zugriffsrechte[233], da der Berechtigte sich diese Leistungen ja als Eigentümer selbst verschaffen kann. Neue Anrechte entstehen künftig wieder, wenn die Vereinigung aufhört. Aber auch während der Dauer der Vereinigung tritt kein Erlöschen ein, soweit dem Eigentümer die Einkünfte des Grundstücks oder der Reallast entzogen sind. Das ist der Fall, wenn die Ansprüche auf die einzelnen Leistungen einem Dritten abgetreten waren (*arg.* §§ 1107, 1178), oder wenn die Zwangsverwaltung des Grundstücks angeordnet ist. Hier gebühren dem Reallastberechtigten die während der Dauer der Zwangsverwaltung fällig werdenden Einzelleistungen,

---

[227] *Hellwig-Oertmann* II, 217 (zu § 787); *Wieck* a. a. O. 23ff.; *Stein-Jonas-Schönke*, A. II zu § 58; *Sydow-Busch*, A. 2 zu § 58; *Palandt-Hoche*, A. 4b zu § 928.

[228] Es kann nach dem im Text Ausgeführten gar keine Rede davon sein, daß „die Rechtsgestaltung einer Realobligation vollständig versagt, wenn das Grundstück ... herrenlos geworden ist", wie *Planck-Strecker*, Vorbem. 3 vor § 1113 (S. 957) behaupten.

[229] Vgl. oben S. 355 A. 98.

[230] Vgl. oben S. 330 und 348.

[231] Ein Erlöschen durch *confusio* nehmen an: *Cosack*, Sachenrecht[6], 220, *Crome*, System III, 613 A. 30; 626, 655 mit A. 45 und *Schreiber* 340.

[232] Vgl. oben S. 356.

[233] Vgl. oben S. 358.

weil ihm für diese Zeit die Einkünfte des Grundstücks entzogen sind (§§ 1107, 1197 II)[234].

Gegen die These einer Realobligation wendet sich *Otto von Gierke*[235] deshalb, weil sie in die Konstruktion der Reallast obligationenrechtliche Elemente hineintrage. Seine Polemik verdient insofern Beifall, als vielfach angenommen wird, das dingliche Recht selbst bestehe in einer Leistungspflicht. *Gierke*[236] vertritt die Theorie von der „dinglichen Schuld" des jeweiligen Eigentümers, die keinerlei Verpflichtung der Person als solcher begründe, sondern auf dem Grundstück laste und nur eben als Passivbestandteil des Grundvermögens notwendig im jeweiligen Grundeigentümer ihr „Subjekt" finde[237]. Er behauptet, weil und soweit das dingliche Nutzungsrecht einen dinglichen Anspruch auf die einzelne fällige Leistung enthalte, bedürfe es notwendig der Ergänzung durch ein dingliches Haftungsrecht, durch das allein die Erfüllung der dinglichen Schuld gewährleistet werde. Wenn man mit dem Begriff der dinglichen auf Lieferung von Sachnutzungen gehenden Schuld Ernst machte, müßte die Klage auf „Leistung aus dem Grundstück" gerichtet sein, wie *Gierke*[238] folgerichtig annimmt. Sie ließe sich durchführen, soweit es sich um Lieferung von Erzeugnissen des Grundstücks handelt, einerlei ob sie natürliche oder rechtliche Erträge sind. Undurchführbar ist aber die Klage schon dann, wenn Geldrenten oder Arbeitsleistungen in Frage stehen. Hier hilft auch der von *Gierke*[239] zur Überwindung des Dilemmas aufgestellte Begriff des „Grundvermögens" nicht. Es fehlt der Beweis, weshalb die Geldrente oder Dienstleistung gerade das Grundvermögen für den Eigentümer schmälern sollen[240]. *Gierke*[241] selbst gibt den Gedanken einer dinglichen Klage auf Leistung aus dem Grundstück auf, kaum daß er ihn ausgesprochen hat. Er sagt nämlich im nächsten Satz, die Klage sei „als korrekt im Sinne des BGB überhaupt nur auf Feststellung der Zulässigkeit der Zwangsvollstreckung wegen Nichtleistung zu stellen". Darin komme aber „nur die rein sachenrechtliche Natur der dinglichen Schuld zum Ausdruck", nicht aber ihre „Nichtexistenz". Das ist jedoch ein unbewiesenes Dogma. Eine Schuld, d. h. das Leistensollen eines Menschen[242], ist stets etwas Obligationenrechtliches. Wenn der Eigentümer dem Berechtigten die ihm gebührende Grundstücks-

---

[234] *Crome*, System III, 626; *Dümchen*, Iher. Jahrb. 54, 463; *Schreiber* 340; *Staudinger-Kober*, A. 3 zu § 1105. Vgl. auch Motive III, 734.

[235] a. a. O. 712 A. 40.

[236] a. a. O. 711 ff. Ihm zustimmend z. B. *Hübner* a. a. O. 390ff.; *Haff*, DPR I, 204.

[237] Den Begriff der „dinglichen Schuld" sucht *Gierke* bei der Erörterung des Grundpfandrechts näher zu rechtfertigen (S. 852ff.). Vgl. oben S. 338 Anm. 48 (S. 339f.).

[238] a. a. O. 712 A. 41.

[239] a. a. O. 711. Zustimmend *Hübner* a. a. O. 389.

[240] So *Hübner* a. a. O. 390.

[241] a. a. O. 712 A. 41.

[242] *Hübner* 390.

nutzung in Gestalt von Naturalfrüchten zuzuführen hat[243], so ist kein Grund ersichtlich, weshalb hier nicht eine Wegnahme im Wege der Zwangsvollstreckung möglich sein soll, sondern nur eine subsidiär eintretende Sachhaftung denkbar ist, die den Gebrauchswert durch den Tauschwert des Grundstücks ersetzt[244].

Die Theorie *Hecks*[245], wonach die Reallasten ebenso wie die Pfandrechte gleichmäßig sowohl als „obligatorische Sachenrechte", wie als „dinglich geschützte Obligationen" zu bezeichnen seien (Theorie der Doppelnatur), kommt auf eine widerspruchsvolle Vermengung von Schuldverhältnis und Sachenrecht hinaus, die nur geeignet ist, von neuem Verwirrung zu stiften. Es handelt sich nicht nur, wie er meint, um ein Problem der Darstellung, sondern um ein Problem objektiver Erkenntnis. Seine Theorie erklärt sich daraus, daß ihm der Unterschied zwischen dem Anrecht auf Empfangnahme eines Gegenstandes und den Mitteln zur Durchsetzung dieses Anrechts noch unbekannt ist. Er konnte daher nicht zu der Einsicht vordringen, daß ein solches Anrecht entweder mit den Mitteln des Obligationenrechts oder denen des Sachenrechts oder aber durch eine Kumulation beider geschützt werden kann.

Die vorstehenden Untersuchungen dürften die theoretische und praktische Verwertbarkeit des Begriffs „Anrecht" ergeben haben. Er ermöglicht eine befriedigende Erklärung der inneren Gleichartigkeit der verschiedenen Pfandrechte einschließlich der Grundschuld. Mit seiner Hilfe gelangt man zu einer einheitlichen, alle Fälle gleichmäßig umfassenden Pfandrechtstheorie. Auch begegnet die Konstruktion der Reallasten keinen Schwierigkeiten mehr. Sie fügen sich unserer Anschauung reibungslos ein.

„Die" Reallast ist, wie wir sahen, ein sehr kompliziertes Rechtsgebilde, bei dem die verschiedenen Obligationen und das dingliche

---

[243] *Gierke* 711. [244] wie *Gierke* 712 A. 43 behauptet.

[245] a. a. O. 439. Übrigens definiert auch *Vinding Kruse*, Eigentumsrecht III, 1848f., das Pfandrecht als eine Forderung auf bestimmte Leistungen ohne persönliche Haftung des Pfandschuldners. Er bestimmt es weiter als ein Recht, aus einer beweglichen oder unbeweglichen Sache oder einem sonstigen Eigentumsobjekt Befriedigung zu suchen, „ein Recht, welches voraus vor den gewöhnlichen Forderungsrechten geschützt und gegen spätere Umsatzerwerber desselben Eigentumsobjekts gesichert ist". Damit definiert *Kruse* das Pfandrecht als dingliche Schuld und erblickt auch im Mobiliarpfandrecht eine von einer persönlichen Forderung unabhängige dingliche „Fahrnisschuld" nach Art einer Grundschuld. Gegen *Kruse* polemisiert *Gadow* a. a. O. 127ff. Er hält eine völlige Beseitigung des akzessorischen Fahrnispfandrechts für gefährlich. Er verkennt, daß jedes Pfandrecht ein Anrecht sichert und insofern stets akzessorisch ist. Ganz unabhängig davon ist die Frage, ob das Anrecht neben dem Pfandrecht auch durch eine persönliche Forderung gesichert werden soll. Vorsichtige Gläubiger werden in der Regel auch zu diesem Durchsetzungsmittel greifen, das zur Haftung des gesamten Vermögens des Schuldners führt, während ja beim Pfandrecht der belastete Gegenstand das einzige Befriedigungsmittel bildet.

Recht begrifflich scharf auseinandergehalten werden müssen. Es ist zunächst eine Frage der Terminologie, ob man den Gesamtkomplex obligatorischer und dinglicher Befugnisse, die zur Sicherung des Anrechts bestimmt sind, mit ihm unter dem Namen „Reallast" zusammenfaßt und zusammen denkt oder aber den Ausdruck auf das eine oder andere Recht beschränken will. *Krückmann*[246] charakterisiert die Reallast zutreffend als eine in das Obligationenrecht gehörende Schuld des jeweiligen Grundstückseigentümers, mit der ein dingliches Recht verbunden sei, kraft dessen das Grundstück „wie ein Pfand" hafte. *Kohler*[247] hat genau so das Richtige gesehen, als er seiner Zeit die Reallasten als *obligationes in rem scriptae* verbunden mit pfandhafter Belastung des Grundstücks konstruierte. *Rabe*[248] faßt das Zugriffsrecht bei der Reallast ebenfalls als Pfandrecht auf. *Dümchen*[249] sieht in den Reallasten und Grundpfandrechten ungeachtet der Verschiedenheit der Leistung „ganz gleichgestaltete Gebilde". Auch nach *von Tuhr*[250] stimmt die Reallast in allen für die juristische Struktur entscheidenden Punkten mit der Rentenschuld überein. In der Tat spricht gerade die geschichtliche Fortentwicklung im Verein mit der systematisch gebotenen Trennung zwischen dinglichen Rechten *(iura in re)* und Schuldrechten *(obligationes)* für die Pfandrechtsnatur des *onus reale*. Denn die anfänglich wörtlich zu verstehende Pflicht, „aus dem Grundstück" zu leisten, ist dinglich zu einem Verwertungsrecht des Gläubigers geworden. Aus diesem Grunde meint *Wolff*[251], die Reallast habe „Gedanken des Pfandrechts" aufgenommen. Kraft ihrer Pfandrechtsnatur ist ihr vom Gesetz eine Begriffsbestimmung gegeben (§ 1105 I), die — insoweit in wörtlicher Übereinstimmung mit der Hypothek und der Grundschuld (Rentenschuld) — das Wesen der Belastung dahin angibt, daß wiederkehrende Leistungen aus dem Grundstück zu entrichten sind. Mit Recht sieht *Heck*[252] die Lebensfunktion der Reallast in der dinglichen Sicherung der Leistung, wie sie auch das Pfandrecht bezweckt — nach der hier vertretenen Lehre muß es genauer heißen: in der Sicherung des Anrechts. Die Sicherung ist nun nicht ein bloßes Motiv des dinglichen Rechts, sondern gehört zu seinem Inhalt und wirkt unmittelbar auf den Bestand der Belastung ein. Die Rechtsform der Sicherung ist wie beim Pfandrecht das Recht, Befriedigung aus der Sache zu suchen. Der Unterschied zwischen den beiden Typen besteht darin, daß das Grund-

---

[246] Institutionen[5], 606.

[248] Pfandrechtliche Forschungen, 1882, 58.

[247] a. a. O. 97. Er konstruiert die Reallast in derselben Weise wie die Grundschuld (93ff.).

[249] a. a. O. 357f.

[250] I, 136.

[251] a. a. O. 462 A. 20.

[252] a. a. O. 437. Übrigens hat bereits *Endemann*, Sachenrecht, 674f., 703 A. 12, die Sicherungsfunktion hervorgehoben.

pfandrecht in erster Linie das Anrecht auf ein Kapital und daneben auch die Anrechte auf Zahlung von Geldzinsen sichert, während es sich bei der Reallast um die Sicherung des Anrechts auf wiederkehrende Leistungen handelt, die nicht auf Geld beschränkt sind. Für die wissenschaftliche Einordnung (systematische Konstruktion)[253] ist dieser Unterschied nicht ausschlaggebend. Das dingliche Recht bei der Reallast muß aus den angegebenen Gründen in die Kategorie der Pfandrechte eingegliedert werden, obgleich das Gesetz es nicht als solches bezeichnet, und deshalb die Vorschriften über Grundpfandrechte auf die Reallast als Ganzes nicht ohne weiteres anwendbar sind. Sie müssen sich vielmehr nach ihrem Inhalt oder ihrem Zweck zur entsprechenden Anwendung eignen, und es dürfen ihr keine Sondervorschriften entgegenstehen. Das Gesetz hat allerdings nur für das Recht auf die einzelnen Leistungen auf die für die Zinsen einer Hypothekenforderung geltenden Vorschriften verwiesen (§ 1107)[254]. Dadurch ist eine Lücke entstanden, die, wie soeben gesagt, durch behutsame Analogie zum Grundpfandrecht ausgefüllt werden muß. In diesem Zusammenhang ist es bemerkenswert, daß das Roggenschuldengesetz vom 16. 5. 1934 im § 1 auch die Reallast zu den Grundpfandrechten zählt.

---

[253] Dazu *Heck* a. a. O. 64ff.
[254] Vgl. *Dümchen* a. a. O. 418ff.

ZUR HEUTIGEN „SCHLÜSSELGEWALT“

Von Dr. Dr. Wolfram Müller-Freienfels

oö. Professor an der Universität Frankfurt a. M.

„Auf keinem Gebiete des Privatrechts sieht sich der Gesetzgeber vor schwierigere Aufgaben gestellt als auf dem des Familienrechts. Nirgendwo sonst sind die Gegensätze größer, nirgendwo sonst außerrechtliche Mächte stärker als hier“[1]. Wie richtig diese Feststellung *Lehmanns* war, zeigt sich heute an dem vom Gesetzgeber zur Verwirklichung der Gleichberechtigung von Mann und Frau beschrittenen „Ausweg“, lediglich negativ in Art. 3 Abs. II i. Verb. m. Art. 117 Abs. I GG zu bestimmen, daß mit dem 1. 4. 1953 alles der Gleichberechtigung widersprechende Recht außer Kraft getreten ist. Praxis und Wissenschaft müssen jetzt an Hand von Art. 3 und 6 GG die Einzellösungen auffinden, die positiv an Stelle des außer Kraft Getretenen gelten.

Dieses Vorgehen, das Tradition und Geist des kodifizierten deutschen Familienrechts widerspricht[2], zwingt, das ganze Gebiet neu zu durch-

---

[1] *H. Lehmann*, Deutsches Familienrecht (2. Aufl., 1948) S. 7.

[2] *Zweigert*, JZ 1953, 248, meint freilich, daß eine solche „Gleichberechtigung — judge made“ den Wandlungen der deutschen Richterstellung seit 1900 entspreche, denn: „der normanwendende kontinentale Richter unterscheidet sich von dem anglo-amerikanischen Richter des case law nur noch in Nuancen“. Aber wenn auch auf manche Unterschiede zwischen beiden Systemen heute nicht mehr soviel Gewicht zu legen ist wie früher, so handelt es sich doch nicht bloß um einen Gegensatz „nur noch in Nuancen“. Heute erscheinen uns wichtiger als das stare decisis des common law oder die Kodifikation des civil law die Kräfte, Vorstellungen und Bewertungen, die hinter diesen Erscheinungen stehen. So hat der englische Richter die Tendenz, Gesetzesrecht einschränkend, allein aus sich heraus, auszulegen. Er geht grundsätzlich davon aus, daß das Recht nicht den Tatsachen vorauszueilen, sondern Bewährtes zu erhalten habe, vertrauend darauf, dann schon von Fall zu Fall die richtige Entscheidung zu finden. Dagegen wird das kontinentale Recht von dem Bestreben geleitet, daß das Recht keinesfalls hinter künftigen Entwicklungen nachhinken dürfe. Der Richter ist bestrebt, ohne enge Wortinterpretation den Sinn des Gesetzes durchzusetzen. Gerade dies ist aber nicht der Zug des englischen Gesetzesdenkens und entspricht auch nicht dem von politischen Eingriffen freien englischen Gemeinrechtsdenken. So will der Richter des common law nicht schöpferisch aus der Rechtsidee tätig sein. Er hält sich, bauend auf Tradition und Erfahrung, an eine empirisch induktive Rechtsfindung aus der „Natur der Sache“. Sein kasuistisches Präjudizienrecht erwächst aus der mittelalterlichen Vorstellung, daß das Recht im Herkommen wurzelt und der Richter nur den bestehenden richtigen Rechtssatz im Einzelfalle aufzufinden hat. Demgegenüber geht die kontinentale Rechtsprechung auf Ideen und Prinzipien zurück, hinter denen zwar auch vielfach praktische Entscheidungen stehen, die aber systematisch das Recht als ein Postulat

denken. Die Verwirklichung dieses Grundsatzes, in der Regel verbunden mit der Außerkraftsetzung widersprechender Postulate, läßt sich gar nicht isoliert von allen sonstigen Zwecken und Zielen der familienrechtlichen Vorschriften vollziehen. Kann doch dadurch die einzelne Bestimmung sehr leicht einen ganz veränderten Sinn auch in ihren übrigen Bestandteilen erhalten. Ein Musterbeispiel dafür bildet die Frage der heutigen „Schlüsselgewalt". Wie schon *Knur*[3] bemerkte, „zeigte gerade der § 1357 BGB, in welch nahezu unlösbare Schwierigkeiten das Schweigen des Gesetzgebers den Richter gebracht hat".

I.

Die Regelung der Schlüsselgewalt in § 1357 BGB: „Die Frau ist berechtigt, innerhalb ihres häuslichen Wirkungskreises die Geschäfte des Mannes für ihn zu besorgen und ihn zu vertreten. Rechtsgeschäfte, die sie innerhalb dieses Wirkungskreises vornimmt, gelten als im Namen des Mannes vorgenommen, wenn nicht aus den Umständen sich ein anderes ergibt", verstößt nach der herrschenden Meinung in Rechtsprechung[4] und Schrifttum[5] gegen den Grundsatz der Gleichberechtigung von Mann und Frau. Der Frau werde dadurch ein „Vorrecht" gegenüber dem Manne eingeräumt, so daß das Prinzip sachgerechter Parität der Geschlechter zu einer Änderung des § 1357 BGB zwinge.

Diese Auffassung der herrschenden Meinung kann freilich nicht unbedingte Überzeugungskraft für sich beanspruchen. Gegen sie könnte

---

der Vernunft betrachten und das Recht als Ganzes nehmen. In England und Amerika hingegen gibt es nicht einmal Vorlesungen über das Privatrecht als Ganzes, und eine wissenschaftliche Darstellung des Familienrechts als Einheit in Büchern oder Vorlesungen fehlt überhaupt. Der kontinentale Richter aber fußt auf der klaren, begrifflichen und systematischen Durchdringung des Rechts. Ihm ist die „Ökonomie der Rechtsbegriffe" im Sinne Jherings ein entscheidendes Anliegen, während „the common lawyer is much more inclined to use a concept of half-known outline as soon as he knows it is capable of performing the actual limited task he wants it to perform" (*F. H. Lawson*, A Common Lawyer Looks at the Civil Law — 1953 — S. 66 und *T. M. Cooper*, L. J., in 63 Harv. L. Rev. 1949—1950, 471).

[3] DNotZ 1953, 235.

[4] LG Lüneburg NJW 1953, 1351; OLG Schleswig NJW 1954, 155; OLG Celle NJW 1954, 156; AG und LG Hamburg MDR 1955, 230 = FamRZ 1955, 137; LG Kiel SchlHA 1956, 18; Stadtgericht Berlin NJ 1953, 567 (DDR).

[5] *Dölle* JZ 1953, 357 und Revue international de droit comparé 1950 Nr. 2 S. 16; *Esser* JZ 1953, 524; *Schnorr v. Carolsfeld* JR 1950, 419; *Gerken* DRiZ 1953, 331; *Maßfeller* Betrieb 1953, 369; *Hoffmann* JR 1953, 202; *Hagemeyer* NJW 1953, 603 (aber 604); *Beitzke*, Familienrecht (4. Aufl.) § 11 VI; *Siebert-Vogel* § 1357 Vorbem.; *Arnold*, Angewandte Gleichberechtigung im Familienrecht (1954) § 1357, 2; *Palandt* (15. Aufl.) § 1357 Vorbem.; *Schäfer* StAZ 1953, 267; *Creifelds* JR 1950, 451; *Keidel* FamRZ 1955, 124; *Conrad*, Grundprobleme einer Reform des Familienrechts (1953) S. 29; a. A. freilich *Bosch*, Rpfleger-FamR-SH S. 25ff.; *Finke* BB 1953, 271/2; *Lange* in Festgabe für Kraft (1955) S. 101: „Ein Musterfall für eine mechanische Angleichung ist die Behandlung der Schlüsselgewalt nach dem Inkrafttreten des Gleichheitssatzes".

geltend gemacht werden, daß die Vertretungsmacht der Frau für den Mann, in der „praktisch der Schwerpunkt des Rechts der Schlüsselgewalt liegt“[6], hauptsächlich Dritte und nicht speziell die Frau schützen soll[7]. Ähnlich wie sich auf Grund von § 56 HGB der Käufer in einem Laden auf die Bevollmächtigung des Verkäufers durch den Geschäftsinhaber verlassen kann, soll der Kontrahent einer Ehefrau bei Geschäften über Haushaltsgegenstände usw. grundsätzlich die Gewißheit haben, daß seine Gegenpartei der mit der Frau in häuslicher Gemeinschaft lebende Ehemann ist; dies namentlich bei Kreditgeschäften.

Aber wer in § 1357 BGB gleichermaßen einen speziellen Interessenschutz der Ehefrau sieht, weil allein der Mann aus Geschäften der Frau verpflichtet werde, muß damit noch nicht ohne weiteres diese Vorschrift als einen Verstoß gegen das Gleichberechtigungsprinzip bewerten. Dies gilt zunächst für diejenigen, die unter dem Postulat der Gleichberechtigung nur die Forderung auf Besserstellung der Frau verstehen[8], da das Grundgesetz mit seinem Verlangen nach Parität der Geschlechter nicht beabsichtigt habe, die Frau gegenüber dem bisherigen Zustand schlechter zu stellen. Doch selbst wer den Gleichberechtigungsgrundsatz sowohl zugunsten wie zu ungunsten der Ehefrau anwendet, muß nicht notwendig in einer Bestimmung wie § 1357 BGB, die — nach den Worten *Lehmanns*[9] — „dem Streben der Ehefrau nach erweiterter Anerkennung ihrer Persönlichkeit“ entgegenkommt, gleich eine Überschreitung der Grenzen der Gleichberechtigung sehen. Ganz abtun läßt

---

[6] *Wieruszowski*, Handbuch des Eherechts (1900) Bd. I S. 38.

[7] Diese Ausrichtung des § 1357 auf den Schutz Dritter zeigt sich auch darin, daß sein Abs. 2 S. 3 eine Ausschließung der Schlüsselgewalt mit Wirkung nach außen davon abhängig macht, ob der Dritte die Einschränkung positiv kennt (bzw. die Ausschließung im Güterrechtsregister eingetragen ist), wogegen ein Wissenmüssen des Dritten unbeachtlich ist. Auch ist nach außen für die Entscheidung, ob ein Geschäft innerhalb des häuslichen Wirkungskreises liegt, der für Dritte erkennbare allgemeine Lebenszuschnitt der Eheleute maßgebend und nicht etwa die im Innenverhältnis erhebliche, nach der Einkommenslage berechtigte Lebensführung (RG 61, 80. Ebenso jetzt für die entsprechende Vorschrift des Art. 220 Code Civil, Paris 15. 2. 1950 in D. 1950, 245 in Abweichung von Paris 15. 6. 1936 in Rec. Gaz. Pal. 1936, 2, 437). Überhaupt sind auf die in der Schlüsselgewalt liegende Vertretungsmacht nicht die Regeln der stillen, internen, sondern allenfalls der offenen, externen Vollmacht entsprechend anwendbar (vgl. *meine* „Vertretung beim Rechtsgeschäft“ S. 394f.). Mit dem Hinweis, „daß die Schlüsselgewalt (pouvoir ménager) der Frau vor allem im Interesse Dritter zuerkannt wird“, rechtfertigt die französische Doktrin den Vorrang des heimischen Rechts bei international-privatrechtlichen Konflikten über Geschäfte im Rahmen der Schlüsselgewalt. (*Ponsard* in „Das internationale Familienrecht Deutschlands und Frankreichs“ — 1955 — S. 61. Vgl. auch Art. 16 II EGBGB.)

[8] So LG Paderborn in MDR 1953, 428 und *Bosch*, Familienrechtsreform (1952) S. 109; Rpfleger-FamR-SH S. 25ff., 45ff.

[9] Familienrecht (2. Aufl.) S. 55; ähnlich *Boehmer*, Einführung in das Bürgerliche Recht (1932) S. 40.

sich jedenfalls die Auffassung nicht, § 1357 sei kein Verstoß gegen Art. 3 Abs. 2 GG, da er nur einer Arbeitsteilung der Geschlechter Rechnung trage, bei der die Ehefrau keiner besonderen Erwerbstätigkeit nachgeht, sondern selbstverantwortlich den Haushalt leitet und so nichts selbst verdient[10]. Diese Auffassung kann auch noch für sich geltend machen, daß aus einer gleichzeitigen Haftung von Mann und Frau bei der Schlüsselgewalt den Gläubigern der nach der Interessenlage ungerechtfertigte Vorteil zufällt, unerwarteterweise jetzt zwei Schuldner statt einen zu haben, der doch gewiß nicht Sinn und Zweck der Gleichberechtigung ist.

Aber die heute herrschende Meinung teilt diese Erwägungen nicht. Sie sieht nur das alleinige Vertretungsrecht der Frau für den Mann in § 1357 BGB und vermißt eine entsprechende gesetzliche Kompetenz des Mannes für die Frau. In der Verleihung eines solchen für den Vertretenen u. U. „gefährlichen Instruments" nur an die Frau findet sie eine Bevorzugung der Frau, die mit dem Grundsatz sachgerechter Gleichberechtigung der Geschlechter unvereinbar sei. Deshalb läßt sie die Frau durch Haushaltsgeschäfte nicht ohne weiteres nur den Mann verpflichten[11]. Die Frau soll nicht mehr „nur" eine „Vertreterin ohne vermögensrechtlichen Eigenwert"[12] sein. Damit wird zugleich einer von wissenschaftlicher Seite seit langem erhobenen Forderung auf Änderung des § 1357 BGB entsprochen. Freilich wurde bisher der Vorwurf, daß § 1357 „unserem Rechtsbewußtsein widerspricht"[13], nicht in erster Linie mit der Verletzung der Gleichberechtigung der Geschlechter begründet, sondern mit dem deutschrechtlichen Gedanken der ehelichen Gemeinschaft[14] und den Mißständen im Rechtsverkehr als Folge der Haftungsbefreiung der Ehefrau. Kann die Freistellung der Ehefrau doch zu großen Nachteilen für den Dritten führen, wenn der Ehemann vermögenslos, die abschließende Ehefrau dagegen vermögend ist[15].

---

[10] *v. Caemmerer*, AöR 76, 153: „Das Gleichheitsprinzip läßt Abweichungen *zugunsten* des gesellschaftlich Schwächeren nicht nur zu, sondern fordert sie geradezu."

[11] *Kohler*, Lehrbuch des Bürgerlichen Rechts Bd. III 1 S. 73, kam mit Hilfe des § 157 BGB auch für den bisherigen § 1357 BGB dazu, daß die Ehefrau subsidiär für die Wirtschaftsschulden aufkommen müsse, entsprechend ihrer eventuellen Beitragspflicht zu den Haushaltslasten.

[12] *Ulmer*, 38. Dtsch. Juristentag (1951) B 36.

[13] *Martin Wolff* in *Enneccerus-Kipp-Wolff*, Lehrbuch des bürgerlichen Rechts, Bd. IV § 43 III 2c.

[14] *Otto v. Gierke*, Der Entwurf eines BGB und das deutsche Recht (2. Aufl., 1889) S. 402ff.; *Th. Kipp*, 33. Dtsch Juristentag S. 351; *Rebstein-Mezger*, 36. Dtsch. Juristentag S. 553; *H. Lehmann*, Familienrecht (2. Aufl.) § 11 III; *Boehmer*, JahrbAkDR 1939/40 S. 62ff.; *Dölle*, Festgabe für Kaufmann S. 35; *Conrad*, Grundprobleme einer Reform des Familienrechts (1953) S. 29.

[15] Rechtsprechung und Schrifttum suchten auf den verschiedensten Wegen zu helfen, ohne aber zu einer allseitig befriedigenden Lösung gelangen zu können, z. B. über § 826 (LG Berlin, Bl. f. Rechtspflege 1909, 88), über § 679, § 686 BGB (Wasser DJZ 1910, 409), § 812 (Asch DJZ 1910, 760).

Hier soll dieser Streit, ob § 1357 BGB gegen den Grundsatz der Gleichberechtigung verstoße, nicht von Grund auf erneut wieder aufgerollt werden. Denn es läßt sich nun einmal heute keine alle überzeugende Antwort darauf geben, da mit Art. 3 Abs. 2 GG noch keine bestimmte Ordnungswahl vollzogen worden ist. Das Grundgesetz hat den Begriff „gleichberechtigt" nicht ‚justiziabel' festgelegt, konnte es auch gar nicht, da er ein soziales Werturteil einschließt, das erst aus der Rechtsidee unter Berücksichtigung des systematischen Zusammenhangs der Verfassung und der jeweiligen historisch-politischen Anschauungen entnommen werden muß. Wenn es somit auch bis heute an einer seine Rechtsbedeutung bestimmenden allgemeinen Auffassung fehlt,[16] so soll doch hier, um weiterzukommen, die von der Mehrheit bejahte Unvereinbarkeit des § 1357 BGB mit Art. 3 Abs. II GG hingenommen und von da aus die Rechtslage betrachtet werden.

Dann ist die erste Frage, was jetzt an Stelle des alten § 1357 gilt. Von dem Standpunkt aus, daß § 1357 BGB bisher der Frau ein Vorrecht gegenüber dem Manne verschaffte, liegt es am nächsten, heute diesen Vorteil zu beseitigen, also einfach § 1357 BGB wegfallen zu lassen. Denn grundsätzlich ist die Parität der Ehegatten in solchen Fällen am ersten durch die Ausschaltung der gleichheitswidrigen Sätze herzustellen[17]. Damit würde aber auch der in § 1357 BGB enthaltene Schutz Dritter entfallen, den die Sicherheit im Rechtsverkehr fordert. Das Wirtschaftsleben würde z. B. erheblich leiden, wenn bei Kreditierungen von Geschäften der Frau für den Haushalt nur die Frau und nicht mehr der verdienende Ehemann in Anspruch genommen werden könnte. Außerdem entspräche der völlige Wegfall der Schlüsselgewalt gerade nicht Sinn und Zweck der Gleichberechtigung, da er die Frau in ihre alte, vor Zubilligung der Schlüsselgewalt bestehende Lage zurückversetzte[18]. Um nicht nur selbst aus den von ihr abgeschlossenen Geschäften zu haften, wäre die Frau damit wieder auf eine fingierte Vollmacht ihres

---

[16] Anders aber *Vogel-Siebert*, Familienrecht (1955) § 1357 Vorbem.: „Es besteht Übereinstimmung, daß beide Absätze des § 1357 gegen Art. 3 Abs. II GG verstoßen."

[17] *Dölle* JZ 1953, 618.

[18] Die erste Grundlage der Zuständigkeit der Frau für den Mann, die zunächst der Geschäftsbeschränkung und später der Verfügungsbeschränkung der Frau teilweise abhalf, war der Gedanke des vermuteten Mandats von seiten des Mannes. So z. B. noch *Lange* „Rechtslehre von der Gemeinschaft der Güter" (1766) 167: „Es ist jederzeit zu vermuten, daß ihr der Mann die Besorgung des Hauswesens überlassen habe" und § 11 der Lippe-Detmoldischen VO v. 23. 7. 1786 sowie namentlich das französische Recht. (*K. Th. Kipp*, Rechtsvergleichende Studien zur Lehre von der Schlüsselgewalt, 1928, S. 3ff.). Bis heute vertreten die Mandatstheorie das österreichische Recht, das nur durch analoge Anwendung der §§ 91, 92 i. Verb. m. § 1029 zu einer Schlüsselgewalt gelangt, sowie das italienische Recht (auch nach Erlaß des neuen Codice Civile: *Riezler*, RabelsZ Jahrg. 7 S. 214).

Gatten angewiesen. Statt aus der wesensbedingten Ordnung der Familie heraus ein „pouvoir propre“ zu haben, wäre sie also erneut von einer „concession du mari“ abhängig. Das aber hieße das Rad der Entwicklung zurückzudrehen. Diese Lösung scheidet somit aus, weil bei ihr eine echte Parität nicht erreichbar ist und der Drittschutz entfällt[19].

Läßt sich die Gleichberechtigung nicht durch Ausschaltung der gleichheitswidrigen Bestimmung erzielen, dann bleibt die Möglichkeit, das bisher in § 1357 BGB nur für die Frau vorgesehene „Vorrecht“ jetzt auch dem Manne zuzuteilen. Für das *Innen*verhältnis, also das „Recht zur Führung der Haushaltsgeschäfte“, entstehen daraus keine Schwierigkeiten. Während früher durch die Schlüsselgewalt der Frau ein eigenes Tätigkeitsgebiet gesichert werden sollte, ist jetzt dieses „Recht“ nur das Korrelat der in § 1356 BGB vorgesehenen „Pflicht zur Haushaltsführung“. Heute enthält § 1356 BGB keine Tendenz zur „Hausfrauenehe“ mehr. Beide Ehegatten haben die häuslichen Pflichten jetzt grundsätzlich in gleicher Weise zu erfüllen. Dann müssen sie sich aber auch gegenseitig beim Abschluß dieser Geschäfte helfen können. Doch kann auch ein Ehepartner *in erster Linie* dazu verpflichtet und berechtigt sein. Dies mag sogar den Mann treffen, wenn auch der Abschluß der Haushaltsgeschäfte durch die Frau, trotz des Wandels der soziologischen Bedingungen, bis heute der Aufgabenteilung zwischen Mann und Frau in Deutschland regelmäßig am besten entspricht[20].

Für das im *Außen*verhältnis in Betracht kommende Recht zur Vertretung des anderen Ehegatten bedeutete dies, daß je nach der Aufgabenverteilung im Innenverhältnis die Vertretungsmacht der Schlüsselgewalt dem einen oder anderen Ehegatten zustände. Weil § 1357 BGB „nicht auf personeller, sondern funktioneller Differenzierung beruht“, will in diesem Sinne *Scheffler*[21] § 1357 BGB grundsätzlich weiter anwenden, „doch gebietet Art. 3 GG die gleiche Stellung für den Mann bei ausnahmsweisem Austausch der Funktionen“. Das Ergebnis wäre danach: Der Abschließende haftet stets, der Ehepartner wird nur dann verpflichtet, wenn er in der konkreten Ehe nicht den Haushalt zu besorgen hat. Aber das Innenverhältnis ist aus systematischen und aus rechtspolitischen Gründen nicht mit dem Außenverhältnis zu koppeln,

---

[19] *Mitteis* (SJZ 1950, 243) meinte freilich: „Wenn es nicht beabsichtigt ist, die Schlüsselgewalt zu einer organschaftlichen Geschäftsführungs- und Vertretungsmacht für die Ehegemeinschaft umzugestalten oder wenigsten eine hilfsweise Haftung der Frau einzuführen, wäre es besser, sie ganz fallen zu lassen ...“.

[20] Mit besonderem Nachdruck führt die Eherechtskommission der Evangelischen Kirche in Deutschland dazu aus, daß es „keineswegs erstrebenswert ist, die Sorge für Haus und Familie als beliebig auswechselbar anzusehen“ (in „Familienrechtsreform“, hrsg. von *H. Dombois*, S. 25).

[21] DRiZ 1953, 86. Ähnlich *Bettermann*, Gutachten für die Evang. Forschungsakademie Hemer, II. Teil, II 6f.

ganz abgesehen davon, daß der Aufgabenbereich nicht scharf typisiert und einem Ehegatten zugewiesen werden kann. Dritte können im Regelfalle nichts von der Funktionsverteilung innerhalb dieser oder jener Ehe wissen[22]. Infolgedessen liefe eine Abhängigkeit der Zuständigkeit (nach außen) von der Aufgabenverteilung (nach innen) dem anderen Zweck des § 1357 BGB zuwider, den Geschäftspartner zu schützen. Auch *Bettermanns*[23] Hinweis, daß dem Geschäftsgegner nach heutigem Recht anders als bisher doch zumindest der handelnde Ehegatte hafte, hilft dagegen nicht. Der mit der Ehefrau abschließende Dritte soll sich doch nach dem Zweck der Schlüsselgewalt gerade auf die Haftung des Mannes verlassen können, ohne daß er sich darum zu kümmern braucht, ob eine „Hausfrauenehe" vorliegt oder nicht.

So kommt nur eine grundsätzlich festliegende Vertretungsmacht als Schlüsselgewalt in Betracht, die den Dritten von dem für ihn undurchsichtigen Innenverhältnis unabhängig stellt.

Der Verteilung des bisherigen Vorrechts der Frau auf beide Ehegatten entspräche es, heute die Schlüsselgewalt beiden Ehegatten in gleichem Maße wechselseitig zuzusprechen. Die Frau würde dann aus den von ihr abgeschlossenen Geschäften danach nur den Mann und umgekehrt der Mann nur die Frau aus den von ihm getätigten Geschäften berechtigen und verpflichten. Eine solche Gestaltung wäre zwar rein formal paritätisch. Aber sie bedeutete eine große Härte für den Verkehr. Geht doch zumindest bei den vom Manne abgeschlossenen Geschäften für den laufenden Unterhalt der Familie jeder davon aus, daß der Mann jedenfalls auch selbst daraus haftet. Überdies ist es oft reiner Zufall, welcher Ehegatte das Haushaltsgeschäft abschließt. Vor allem aber widerspräche ein derartiges Vertretungsprinzip als Normalfall der Grundidee des Privatrechts, Herrschaftsbereich der *Selbst*bestimmung zu sein. Die Regeln des Privatrechts wollen jeden „zu seines eigenen Glückes Schmied" machen, jedem *selbst* die Entscheidung über die Gestaltung seines Lebens in die Hand geben. Würde bei einem Haushaltsgeschäft der Mann nur die Frau und die Frau nur den Mann verpflichten und berechtigen, so wäre aber gerade das Gegenteil erreicht. Nicht nur für die Eheleute, auch für die Dritten läge alles umgekehrt wie sonst, weil ja ihnen nicht abschließende, sondern nur der andere Ehegatte haftete. Der vermögende Mann könnte also das Geschäft vornehmen und seine vermögenslose Frau wäre dann zur Überraschung der Gegenkontrahenten dessen alleinige Schuldnerin!

---

[22] Anders läge es nur dann, wenn eine Beschränkung oder Entziehung der Schlüsselgewalt nach § 1357 Abs. 2 i. Verb. m. § 1435 BGB durch Registereintragung vorläge. Diese Möglichkeit kann ja aber immer nur für Ausnahmefälle in Betracht kommen.

[23] Siehe Anm. 21.

Diese unhaltbaren Folgen haben nach ausländischem Vorbild[24] Rechtsprechung[25] und Schrifttum[26] zu dem Grundsatz geführt: Aus einem Geschäft im Rahmen der Schlüsselgewalt werden heute beide Ehepartner gleichermaßen verpflichtet und berechtigt[27]. Auf dem Wege

[24] Die skandinavischen Ehegesetze (Kap. 5 § 12 des schwed. EG v. 11. 6. 1920; Kap. 1 § 11 des dän. EG v. 18. 3. 1925; Kap. 1 § 7 des norw. EG i. d. F. vom 19. 6. 1931; §§ 47, 52ff. des finn. EG v. 19. 6. 1929) sehen, in den Hauptfragen übereinstimmend, eine beiderseitige „Hausvertretung" vor, mit solidarischer Haftung beider Ehegatten. Doch lassen sie mit Ausnahme von Finnland die Forderungen gegen die Frau schneller verjähren und beschränken, abgesehen von geringen Unterschieden, bei Auflösung der Ehe die Haftung der Frau auf das ihr zufallende Vermögen. — Das schweiz. Recht läßt den Mann primär für alle Schulden aus der „Vertretung der Gemeinschaft" haften (Art. 162 ZGB i. Verb. m. Art. 206, 219, 243 ZGB). Die Frau haftet für eine bestimmte Art der Gemeinschaftsschulden, die Haushaltsschulden, subsidiär (Art. 207, 220, 243). Ihre Zuständigkeit für die Gemeinschaft bezieht sich nur auf die „Fürsorge für die laufenden Bedürfnisse des Haushalts" (Art. 163). Die Geschäfte, für die die Frau subsidiär, d. h. bei Zahlungsunfähigkeit des Mannes voll haften muß (z. B. auch Mietzinsschuld), sind sehr weit umgrenzt. — Das japanische BGB bestimmt seit dem Änderungsgesetz v. 1. 1. 1948 in § 761, daß für Schulden, die aus einem Rechtsgeschäft entstehen, das ein Ehegatte in Angelegenheiten des täglichen Lebens abgeschlossen hat, beide Ehegatten gemeinsam haften (*Rokuya Suzuki*, RabelsZ 19. Jahrg. S. 111) — Nach § 21 des jugosl. Gesetzes v. 7. 12. 1949 über das Familienrecht, § 34 des bulgar. Familiengesetzes v. 5. 8. 1949, Art. 20 des poln. Familiengesetzes v. 27. 6. 1950, § 21 des tschechosl. Gesetzes über Familienrecht v. 17. 12. 1949 verpflichtet bei der Besorgung der gewöhnlichen Familienangelegenheiten das Handeln nur eines der Ehegatten beide Ehegatten „zur ungeteilten Hand". — Der Vorschlag der Kommission zur Reform des Code civil sieht vor, daß jeder Ehegatte unabhängig vom Güterstand die zum Unterhalt der Familie erforderlichen Geschäfte abschließen kann und beide Ehegatten daraus gesamtschuldnerisch haften (Travaux de la Commission 1949/50 S. 22, 29, 98).

[25] Für Gesamtschuld LG Lüneburg NJW 1953, 1352; OLG Schleswig NJW 1954, 155; AG und LG Hamburg MDR 1955, 230 = FamRZ 1955, 137; LG Kiel SchlHA 1953, 17 ff.

[26] Für Gesamtschuld *Dölle* JZ 1953, 357 und Festgabe für Erich Kaufmann (1950) S. 35; *Esser* JZ 1953, 521; *Beitzke*, Familienrecht § 11 VI; offenlassend, ob nur sekundäre Haftung der Frau bei *Neumann-Nipperdey-Scheuner*, Grundrechte II S. 233; *Knur* DNotZ 1953; *Gerken* JR 1953, 331; *Krüger*, DRiZ 1953, 84; *Arnold* MDR 1953, 164 und Angewandte Gleichberechtigung § 1357, 2; *Schäfer* StAZ 1953, 267; *Maßfeller*, Betrieb 1953, 570; *Palandt* § 1357 Vorbem.; *Siebert-Vogel* § 1357 Vorbem.; *Rosenthal* § 1357 Anhang und der Regierungs-Entwurf I. Für primäre Haftung des Mannes und subsidiäre Haftung der Frau *Boehmer* MDR 1950, 389; und bereits JahrbAkDR 1939/40 S. 81; vgl. auch *Felgentraeger* ZAkfDR 1937, 74; *Lehmann* § 11 III 2b; *Peterseim*, Die Schlüsselgewalt (Diss. Bonn 1956) S. 152ff. und der Regierungs-Entwurf II.

[27] Allerdings wird vielfach nur die beiderseitige Verpflichtung festgestellt, während die beiderseitige Berechtigung unerwähnt bleibt. Dies ist in erster Linie dort der Fall, wo eine Besserstellung des Dritten Anlaß zur Einbeziehung des anderen Ehegatten ist. So spricht das eine „Vertretung der Gemeinschaft" anerkennende Schweizer Recht nur von einer Mitverpflichtung der Ehegatten (Art. 207 ZGB), und *Gmür* (Berner Komm. zum ZGB — 2. Aufl. — Bd. II, 1. Abt. Art. 163 Anm. 11a) stellt fest: „Kauft die Frau Gegenstände als Vertreterin der Gemeinschaft und

der Gleichberechtigung tritt damit über Art. 3 GG eine Gesamtverpflichtung und Gesamtberechtigung beider Ehegatten aus Schlüsselgewaltsgeschäften beider Ehegatten ein. Zur Begründung dieses Ergebnisses wird vor allem die heutige Ausgestaltung der Unterhaltsverpflichtung herangezogen, deren Entwicklung den gleichen Weg genommen hat. In diesem Sinne gelangt die herrschende Meinung zu der Gegenüberstellung: Die jetzige Verpflichtung beider Ehegatten aus Geschäften im Rahmen der Schlüsselgewalt entspreche ihrer heute anerkannten gleichen gegenseitigen Unterhaltspflicht (§ 1360 BGB i. Verb. m. Art. 3 GG), während die frühere alleinige Haftung des Mannes aus Schlüsselgewaltsgeschäften aus seiner grundsätzlich alleinigen Pflicht, den Unterhalt der Frau zu bestreiten, erwachsen sei.

II.

Danach scheint die heutige Gestaltung der Schlüsselgewalt nur eine in der bisherigen Linie liegende Anpassung des Gesetzes an die Forderung auf Gleichberechtigung der Geschlechter darzustellen. *Arnold*[28] meinte in diesem Sinne zum Regierungs-Entwurf über die Schlüsselgewalt, daß er „sich rein denkgesetzlich aus der ratio legis des § 1357 ergibt". Denn „die frühere Schlüsselgewalt der Frau beruhte auf der bisherigen weitgehend einseitigen Verpflichtung des Mannes, für den Unterhalt der Familie aufzukommen. Wenn nunmehr in Anwendung des Art. 3 Abs. 2 GG beide gleichrangig zur Aufbringung des Familienunterhalts verpflichtet sind, so ergibt sich rein denkgesetzlich die Ausstattung beider Ehegatten mit gleichen Rechten und Pflichten nur in der Weise, daß jeder Ehegatte . . . zugleich auch den anderen Ehegatten berechtigt und verpflichtet"[29]. Diese Verbindung zwischen den Regelungen von Schlüsselgewalt und ehelicher Unterhaltspflicht[30]

aus dem Haushaltungsgeld, so gehören dieselben dem Manne, da dieser auch die Lasten der Ehe primär zu tragen hat." Auch die skandinavischen Rechte sprechen nur von einer Mithaftung (z. B. § 12 Kap. 5 des schwed. EG), doch ist eine Mitberechtigung (wie Eigentumserwerb) beider Ehegatten anerkannt. — Der Grundsatz der Gleichberechtigung fordert nicht nur die gleiche Verpflichtung, sondern auch die gleiche reale Berechtigung beider Ehegatten. Mit ihm wäre es unvereinbar, wenn der Rechtserwerb aus einem Geschäft kraft Schlüsselgewalt nur einem Ehegatten zugute kommen sollte, obwohl der andere mitschuldet. Die bloße Zuerkennung schuldrechtlicher Ausgleichsansprüche wäre auch eine Schlechterstellung. Ausdrücklich erkennen denn auch in Deutschland die gleiche Berechtigung beider Ehegatten an z. B. *Dölle* JZ 1953, 357; *Maßfeller*, Das neue Familienrecht S. 15; Vorschläge des Deutschen Akademikerinnenbundes v. 31. 3. 1952 (Informationen für die Frau, Sonderausgabe April 1953 S. 15); *Palandt* (15. Aufl.) § 1357 Vorbem.; *Arnold*, Angewandte Gleichberechtigung § 1357, 2 und MDR 1953, 264.

[28] DRiZ 1953, 82.

[29] MDR 1953, 264.

[30] Nur aus der Verbindung von ehelicher Unterhaltspflicht und Schlüsselgewalt läßt sich die heutige Rechtslage in Frankreich verstehen. Wer wie *Hagemeyer*

wurde auch schon bislang als Grundlage der gesetzlichen Regelung betrachtet[31]. So beruhte auf ihr insbesondere auch die von *Martin Wolff* zum seitherigen § 1357 BGB begründete Auffassung, nach der in dem bisherigen Ausnahmefall, daß der Mann unterhaltsunfähig und die Frau somit ihm unterhaltspflichtig war, die Frau aus Geschäften innerhalb ihres häuslichen Wirkungskreises nicht den Mann, sondern nur sich selbst verpflichtet. Sie habe dabei lediglich „eigene" Geschäfte vorgenommen, sich mithin selbst bei Handeln im Namen des Mannes (§ 179 BGB) allein haftbar gemacht. Nach dieser Lösung *Wolffs* konnten freilich Dritte nie sofort sicher wissen, ob ihnen nun aus Haushaltsgeschäften der Mann oder die Frau haftete, wodurch der Schutz der Rechtssicherheit in § 1357 erheblich herabgemindert war. Die Genehmigungsmöglichkeit nach § 177 BGB gab fernerhin bei dieser Lösung dem vermögenslosen Ehemann die Möglichkeit, das Geschäft noch an sich zu ziehen, so daß die Frau dann doch keine Haftung als Vertreterin ohne Vertretungsmacht traf. Genehmigte der Ehemann jedoch nicht, dann blieb nur die Frau dem Dritten haftbar, auch wenn sich die Unterhaltspflicht ihres Mannes dadurch wieder aktualisierte, daß er später etwas erwarb oder sie selbst ihren Erwerb verlor, während sich die Einkünfte des Mannes aus ihrem eingebrachten Gut hoben. War es deshalb nach bisherigem Recht wirklich richtig, die Vertretungsmacht der Ehefrau für den Mann in dieser Weise mit der Unterhaltspflicht des

(Denkschrift S. 16) beim Wortlaut des am 22. 9. 1942 neugefaßten Art. 220 Code civil stehen bleibt, kommt nur auf eine Haftung des Mannes und übersieht die von Praxis und Schrifttum daneben entwickelte subsidiäre Haftung der Frau. *K. Th. Kipp* (Rechtsvergleichende Studien zur Lehre von der Schlüsselgewalt in den romanischen Rechten, 1928, S. 54) wies bereits darauf hin, daß sich nach französischem Recht die Haushaltsgläubiger auch an die Frau persönlich aus von ihrem Mann oder ihr selbst abgeschlossenen Haushaltsgeschäften auf Grund besonderer güterrechtlicher Nachschußpflichten halten können. So wird in den Fällen der Gütertrennung und wenn ihr gesamtes Vermögen Paraphernalgut bildet, den Zuschußverpflichtungen der Frau bei Zahlungsunfähigkeit des Mannes nach Art. 1448, 1357 bzw. 1557 Cc) eine „Außenwirkung" beigelegt (vgl. die Nachweise bei *Kipp*, a. a. O. und Cass. req. 31. 10. 1934, S. 1935. 1. 116). Eine subsidiäre Haftung der Frau ermöglicht fernerhin unabhängig vom jeweiligen Güterstand das Sondergut der Frau aus ihrem durch berufliche Tätigkeit erworbenen Arbeitseinkommen, den sog. biens reservés (Art. 225 Cc; vgl. *Kipp* a. a. O. S. 70f.). Schließlich wird heute (Paris, 11. 12. 1943, S. 1945. 2. 57 mit Note v. *M. P. Raynaud* und *Nast* in der Anm. zu Cass. Req. 31. 10. 1934, D. 1935. 1. 73; *Colin-Capitant*, Cours élémentaire Bd. I Nr. 309) Dritten das Recht zugesprochen, auf Grund der wechselseitigen Hilfe- und Beistandspflichten der Eheleute (Art. 203, 212 Cc) sich wegen Unterhaltsschulden auch an die Frau zu halten, wenn diese zur Zahlung von Unterhalt verpflichtet und der Mann zahlungsunfähig ist (Art. 214 II Cc).

[31] So rechtfertigte *Lehmann*, Familienrecht § 11 III b α, die bisherige Alleinvertretung des Mannes bei der nur der Frau zustehenden Schlüsselgewalt „aus der grundsätzlichen Unterhaltspflicht des Mannes; die Besorgung des Unterhalts ist sein Geschäft". In diesem Sinne auch *Dietz*, Deutsches Personen-, Familien- und Erbrecht, I (1943) S. 134.

Mannes zu koppeln[32]? Wurde damit nicht vielmehr eine Erwägung mit dem § 1357 verbunden, die sich mit der sonstigen ratio dieser Bestimmung, das häusliche Leitungsrecht der Frau und den Schutz Dritter zu wahren, nicht deckt?

In diesem Sinne ist nun heute zu fragen, wie die bisherige ratio des § 1357 mit der jetzigen beiderseitigen „Schlüsselgewalt" in Einklang zu bringen ist, deren Geschäfte grundsätzlich beide Ehegatten verpflichten und berechtigen. Diese Frage ist nicht näher erörtert worden, als man sich für die Neufassung entschied, da man auf anderem Wege zu einer neuen Lösung kam. Nach wie vor aber ist die Klärung dieses Problems eine unaufschiebbare Notwendigkeit. Denn man kann nicht eine Bestimmung richtig anwenden, wie gerade *Lehmann* immer wieder gezeigt hat, wenn man sich nicht zuvor über ihren Zweck klar geworden ist, die in ihr enthaltenen Werturteile erkannt und aufeinander abgestimmt hat.

Die Aufgabe läßt sich auch nicht einfach mit dem Hinweis auf die Forderung nach Gleichberechtigung der Geschlechter erledigen. Wenn diese auch jetzt der Hauptanlaß für die Reform war, so erschöpfen sich doch in ihr keineswegs die heutigen Fragen des Familienrechts. Eine Vielzahl weiterer Forderungen, Ideen und Wertvorstellungen verlangt nach Verwirklichung. Anderenfalls kann man nicht den Problemen der spezifischen Zuordnung der Geschlechter in der modernen soziologischen Wirklichkeit Herr werden. Freilich ist der Umbruch des Normengefüges auf Grund der Aktualisierung des Art. 3 Abs. 2 GG nach dem Gesetz auf die Durchsetzung der Gleichberechtigung beschränkt; Art. 3 GG kann nicht Deckmantel sein, um u. U. längst fällige anderweitige Reformen zu verwirklichen. Die Durchsetzung der Gleichberechtigung im einzelnen darf aber auch nicht zu Unklarheiten in der spezifischen Fragestellung, auf die der jeweilige Rechtssatz eine Antwort geben soll, oder gar zu Planlosigkeiten, Widersprüchen und Fehlbewertungen führen.

Der bisherige § 1357 BGB verfolgte in der Hauptsache zwei Ziele: Er war zum einen, nach den Worten *Plancks*[33], das „einfachste und sicherste Mittel, um der Ehefrau ihr Recht zu gewährleisten, ... über die zur Bestreitung der Kosten des gemeinschaftlichen Haushalts bestimmten Mittel selbständig zu verfügen und die innerhalb ihres häuslichen Wirkungskreises liegenden Geschäfte in solcher Art abzuschließen, daß die Ehefrau dadurch nicht persönlich verpflichtet wird, die begründeten Verpflichtungen vielmehr als Lasten der Ehe von dem zur Tragung derselben Verpflichteten bestritten werden müssen". Zum anderen diente

[32] Ablehnend im Ergebnis Celle in OLG 18, 254; Josef AcP 118, 387ff.

[33] AcP 75, 353ff.

er der Rechtssicherheit, indem er Dritten das Recht gab, sich aus den von der Frau abgeschlossenen Haushaltsgeschäften an den Mann zu halten. Dieser zweite Zweck wird durch die neue Lösung der Schlüsselgewalt nicht beeinträchtigt. Eher ist zu fragen, ob dem Dritten nicht durch die Haftung beider Ehegatten heute vom Gesetz zuviel gegeben wird. Namentlich gilt dies für den Dritten, der nur mit dem Manne abgeschlossen und gar nicht an eine Mithaftung der Frau gedacht hat[34].

Dagegen wird der erste Zweck des bisherigen § 1357 BGB, für den der Ausdruck „Schlüsselgewalt" bezeichnend ist — indem die Schlüssel Symbol der speziell hausfraulichen Machtbefugnis sind[35], — mit einer Regelung aufgegeben, die die Stellung, wie sie die Frau bisher nach § 1357 innehatte, jetzt auch dem Manne zubilligt und beide aus Schlüsselgewaltsgeschäften verpflichtet und berechtigt. Freilich meint die herrschende Meinung, daß bis auf die Beteiligung des Mannes heute bei der „Schlüsselgewalt" im Vergleich zu früher alles beim Alten geblieben sei. So habe sich z. B. im Kreis der unter die Schlüsselgewalt fallenden Geschäfte durch die Gleichberechtigung nichts verändert[36], obwohl damit jedenfalls die bisherige vom Reichsgericht vorgenommene Umgrenzung des „häuslichen Wirkungskreises" unvereinbar ist: „alle den ehelichen Aufwand betreffenden Besorgungen, deren besondere Beschaffenheit auf die Erledigung durch die Frau hinweist"[37]. Aber auch die noch ungelösten Diskrepanzen bei der gesetzlichen Bestimmung der Schlüsselgewalt zeigen, daß durch bloße Ausdehnung der bisher nur der Ehefrau zustehenden Schlüsselgewalt „auf beide Ehegatten"[38] keineswegs alle Fragen erledigt sind. Konnte doch bei den Beratungen des Bundestages noch keine Einigung darüber erzielt werden, ob an die Stelle der bisherigen Fassung: Geschäfte „innerhalb ihres häuslichen Wirkungskreises" nunmehr die Formulierung: Geschäfte „für den laufenden Un-

---

[34] Vgl. auch *Tobler* in Schweiz. JZ 19 (1922) S. 166, zu den Art. 163, 207 Schweiz. ZGB: „Wenn es im bisherigen Recht als anstößig empfunden worden ist, daß die vermögende Ehefrau den Metzger, Bäcker, Schneider und ähnliche Lieferanten ihres Haushalts an den vermögenslosen Mann verweisen und sich selbst jeder Haftung entziehen konnte, so stehen wir nun in Gefahr, ins andere, ebenso anstößige Extrem zu verfallen, daß namentlich ein vermögensloser Ehemann als Vertreter der ehelichen Gemeinschaft in weitestem Umfange Schulden macht und für alle Schulden, die auch nur in den lockersten Zusammenhang mit seinem Haushalt gebracht werden können, die Gläubiger gemütsruhig an seine vermögende Frau verweist."

[35] Dazu *Jacob Grimm*, Deutsche Rechtsaltertümer (3. Ausg., 1881) S. 176; *Weinhold*, Die deutsche Frau in dem Mittelalter (2. Aufl., Bd. II, 1882) S. 30.

[36] AG Berlin-Wedding FamRZ 1955, 261; *Maßfeller*, Das neue Familienrecht S. 77: „Der Umfang der Vertretungsmacht bleibt der gleiche".

[37] RG 61, 80. Nach *Franz Leonhard*, Bürgerliches Recht (1948) S. 183, bestimmt sich der häusliche Wirkungskreis „durch die weiblichen Fachkenntnisse und die richtige Arbeitsteilung".

[38] *Palandt* (15. Aufl., 1956) Vorbem. zu § 1357.

terhalt"[39] oder „im Rahmen der täglichen Bedürfnisse"[40] oder „im Rahmen der täglichen Bedürfnisse oder des angemessenen Unterhalts"[41] oder „im Rahmen der Lebensverhältnisse der Ehegatten zur Bestreitung der täglichen Bedürfnisse und des notwendig laufenden Unterhalts"[42] treten solle.

Aber auch davon abgesehen, kann die neue Bestimmung der Schlüsselgewalt jedenfalls nicht mehr mit dem vom bisherigen § 1357 verfolgten Zweck einer „erweiterten Anerkennung der Persönlichkeit der Frau"[43] im Sinne der Hausfrauenehe gerechtfertigt werden. Diese ratio läßt sich nicht mehr einer „Schlüsselgewalt" zugrunde legen, die Mann und Frau gleichermaßen zusteht. Dieser Tatbestand schließt vielmehr notwendig einen grundsätzlichen Funktionswandel der Schlüsselgewalt ein.

Eine Betrachtung der heutigen „Schlüsselgewalt" darf außerdem nicht an den gegenüber früher ganz *veränderten Rechtsfolgen* des Verhaltens im Rahmen der Schlüsselgewalt vorübergehen. Wie die nähere Bestimmung eines noch nicht bis ins einzelne genau abgegrenzten Tatbestandes nach der ratio legis die Berücksichtigung seiner Rechtsfolgen[44], so verlangt auch die Feststellung des Zweckes einer Vorschrift, ihren Tatbestand und ihre Rechtsfolgen zusammenzusehen. Damit tritt in den Vordergrund die heute mit dem einseitigen Handeln eines der Ehegatten verbundene *Gesamtberechtigung und Gesamtverpflichtung beider Ehegatten aus Schlüsselgewaltsgeschäften*. Bildet sich doch auf diesem Wege als Folge der heute bejahten beiderseitigen „Schlüsselgewalt" von Mann und Frau über die Gleichberechtigung von Mann und Frau eine *Vermögensgemeinschaft der Ehegatten*[45]. Sie bedeutet eine ganz entscheidende Än-

[39] Reg.-Entwurf I; der Reg. Entwurf II spricht von „laufenden Bedürfnissen der Familie".

[40] DGB-SPD-Vorschlag.

[41] Vorschlag *Ewers* (Sitz.Prot. 5 S. 12).

[42] Vorschlag *Mücke*.

[43] *H. Lehmann*, Familienrecht (2. Aufl.) S. 55.

[44] *Heck* AcP 112, 11: ohne daß man sich dadurch eines Zirkelschlusses schuldig macht, weil die Logik des Richters nicht die des „erkennenden", sondern des „emotionalen Denkens" ist.

[45] Auch im Vollstreckungsrecht kommen *Beitzke*, ZZP 68, 241ff., und *Pohle*, ebenda S. 260ff., in Verfolg der Durchsetzung des Gleichberechtigungsprinzips von Mann und Frau, „auf niederer Ebene zu einer Gewahrsamsgemeinschaft der Ehegatten" (*H.J. Bruns* JZ 1955, 398). Sie fordern zur Zwangsvollstreckung gegen einen Ehegatten grundsätzlich heute weder die Pfändung eines Herausgabeanspruchs gegen den anderen auf Grund ehelicher Lebensgemeinschaft mitbesitzenden, aber nicht schuldenden Ehegatten, noch eine besondere Duldungsklage gegen letzteren. Damit setzten sie sich über den Mitgewahrsam des mit dem Schuldner zusammenlebenden Ehegatten hinweg, um die Befriedigung des pfändenden Gläubigers nicht zu erschweren. Statt dem bisherigen, bei der Gütertrennung üblichen Zwangsvollstreckungsverfahren zu folgen, haben sie somit für die neue Lage eine eigene Lösung entwickelt. Freilich haben sie dabei gerade nicht an die als Folge der heutigen Schlüsselgewalt regelmäßig eintretende Gesamtberechtigung beider Ehegatten gedacht, da sie immer nur die Lage bei Alleineigentum eines Ehegatten betrachten.

derung gegenüber dem BGB, die mit besonderem Nachdruck bereits seit langem auch gerade *Lehmann* gefordert hat: denn „es handelt sich (bei den Geschäften im Rahmen der Schlüsselgewalt) um Angelegenheiten der ehelichen *Gemeinschaft*, die deshalb auch für Rechnung dieser Gemeinschaft besorgt werden sollten"[46]. So ist die Schlüsselgewalt heute von der ehelichen Gemeinschaft aus zu entwickeln. Allerdings ist es nicht genau, mit Art. 162/3 Schweiz. ZGB dabei von einer „Vertretung der Gemeinschaft" zu sprechen, weil nicht die beiden Eheleute in ihrer Zusammenfassung etwa als eine juristische Person vertreten werden, sondern die Geschäfte beide Eheleute als Einzelne treffen. Die Eheleute sind als Individuen Subjekte der Rechte und Pflichten aus den Geschäften im Rahmen der Schlüsselgewalt. In jedem Geschäft kraft Schlüsselgewalt liegt gleichzeitig ein Vertretergeschäft des einen Ehegatten für den anderen und ein Geschäft des handelnden Ehegatten für sich selbst. Aber damit wird doch zugleich auch dem Zusammenschluß der Eheleute, ihrer *Partnerschaft*, Rechnung getragen. Indem die Schlüsselgewalt im Regelfalle dazu führt, daß aus den in ihrem Rahmen getätigten Geschäften *gleichzeitig* Ehemann und Ehefrau berechtigt und verpflichtet werden, bedeutet sie mittelbar die Anerkennung der durch die eheliche Hausgemeinschaft begründeten Einheit im sozialen Sinne. Dieser neue Schritt in der Entwicklung der Schlüsselgewalt verläuft parallel zu der modernen Betonung eines Gemeinschaftsprinzips bei Haushaltsgütern — im Gegensatz zum Trennungsprinzip bei Investitionsgütern[47].

Die Bedeutung der von der herrschenden Auffassung heute als geltendes Recht betrachteten Gestaltung der Schlüsselgewalt liegt somit nicht nur auf dem Gebiet der Gleichberechtigung und eines erhöhten Drittschutzes bei vermögenslosem Mann und vermögender Frau, sondern zugleich auch bei einer stärkeren Betonung der Familieneinheit unter voller Wahrung der Gleichberechtigung und der Verkehrssicherheit. Dies entspricht der heutigen sozialen Lage. Fordert doch einerseits die heutige Stellung der Frau ihre individuelle Befreiung von allen Beschränkungen ihrer Geschäftsfähigkeit und Verfügungsmacht; andererseits aber lebt praktisch die heutige Durchschnittsfamilie „under a system of community of administration and, to a larger extent, of property"[48]. Wenn auch der Haushalt in unserer modernen Gesellschaft weitgehend den Charakter einer Produktionseinheit verloren hat

---

[46] Familienrecht § 11 III 2b ɒ. Auch *Isele*, Familie und Famlienerbe (1938) S. 30.

[47] *O. Kahn-Freund* „Inconsistences and injustices in the law of husband and wife", 15 Mod. L. Rev. 133; 16 Mod. L. Rev. 34ff., 148ff.

[48] *W. Friedmann*, Matrimonial Property Law (1955) S. 433; auch *O. Kahn-Freund* daselbst S. 267: „The family in the sense of household community is an economic entity with funds of money, with movable and often with immovable property dedicated to common use".

— Ausnahmen finden sich noch in der Landwirtschaft, bei geistig Schaffenden und Heimarbeitern —, so bildet er doch nach wie vor eine *Konsumtionseinheit*[49]. Er stellt eine Einheit für den Verbrauch und den Gebrauch von Gütern und Diensten dar. Dies muß auch die Regelung der Schlüsselgewalt berücksichtigen. Schon deshalb gehören daher nicht unter die Zuständigkeit der Schlüsselgewalt für die Vornahme gemeinsamer Abgelegenheiten „Berufsgeschäfte". Selbst wenn ein Ehegatte im Geschäft des anderen tätig ist, hat er kraft der Schlüsselgewalt darin keine Kompetenz.

Damit ist jedoch nur eine Gruppe schlüsselgewaltsfremder Geschäfte bezeichnet. Eine weitere Gruppe wird durch die Eigenart der heutigen „Schlüsselgewalt" bestimmt, eine Einzelzuständigkeit zugleich für den abschließenden und den anderen Ehegatten „kraft Gesetzes" zu sein. Der im Rahmen seiner „Schlüsselgewalt" tätige Ehegatte handelt nicht zugleich für den Partner als dessen Bevollmächtigter. Er schließt nicht im Zuge eines von dem anderen Ehegatten mit einer Vollmachtserteilung begonnenen Rechtsgeschäfts ab. Vielmehr wird er auf der Basis einer ihm „kraft Gesetzes" verliehenen Zuständigkeit gleichzeitig für sich und den anderen tätig. Dadurch wird das Selbstbestimmungsrecht des anderen Ehegatten eingeschränkt. Aber er muß dies heute in Kauf nehmen. Zwar ist nach dem Sinn der Ehe auch das geschäftliche Leben grundsätzlich von beiden Partnern gemeinsam in eigener, freier Entschließung durchzuführen. Aber jede Notwendigkeit gemeinschaftlichen Abschlusses beider Eheleute behindert den Rechtsverkehr, bringt Unbequemlichkeiten, Verzögerungen und sonstige Hemmnisse mit sich. In Alltagsangelegenheiten muß deshalb heute nicht nur der Mann, sondern auch die Frau als „geschäftsführende Gemeinderin"[50] tätig werden.

Damit sind aber auch bereits die Grenzen vorgezeichnet. Die gesetzliche Einzelzuständigkeit jedes Ehegatten für sich und den anderen muß alle wichtigen außergewöhnlichen, persönlichen oder den Zuschnitt des ehelichen Lebens bestimmenden Geschäfte ausnehmen[51]. Da es gerade nicht der Sinn einer allgemeinen gesetzlichen Arbeitsteilung sein kann, die bedeutenderen oder ein stärkeres Risiko enthaltenden Ge-

[49] Näheres bei *Jean Stoetzel*, Les changements dans les fonctions familiales, in: Renouveau des idées sur la famille (1954) S. 343ff.

[50] *Gmür*, Berner Kommentar zum ZGB II 1 (2. Aufl.) Art. 163 II 4.

[51] Die sowjetische Auffassung der Familie als „Arbeitsgemeinschaft" kennt zwar keine Vertretung der Ehegemeinschaft, doch betrachtet sie das während der Ehe erarbeitete Vermögen als gemeinschaftliches Vermögen beider Ehegatten. Nach *Genkin-Bratus* (Sowjetisches Zivilrecht Bd. II — 1953 — S. 465) kann jeder Ehegatte im Interesse der Familie über das gemeinschaftliche Vermögen der Ehegatten verfügen. „Der andere Ehegatte kann die Wirksamkeit dieses Rechtsgeschäfts nicht mit der Begründung bestreiten, daß es ohne seine Zustimmung vorgenommen wurde." Nach *Artzt* NJ 1954, 364 wäre die Übernahme dieser Lösung in das Recht der DDR „ein zu großer Schritt in der neuen Richtung".

schäfte zu erfassen und von vornherein einem Ehegatten zur Erledigung für beide zu überantworten, gehören diese nicht in den Sachbereich der Schlüsselgewalt.

Diese Unterscheidung zieht allerdings keine festen Grenzen. Aber es lassen sich die Gebiete der beiderseitigen „Schlüsselgewalt" auch nicht wie einzelne güterrechtliche Zuständigkeiten des Mannes für die Frau (vgl. z. B. den bisherigen § 1376 BGB) nach Art oder Umfang der Geschäfte genau festlegen. Kein modernes Gesetz folgt mehr den Wegen früherer Kodifikationen, kasuistisch die einzelnen Geschäfte für die Schlüsselgewalt aufzuzählen oder einen Höchstbetrag für die Geschäfte der Frau festzusetzen[52]. Vielmehr kommt es immer entscheidend auf die jeweiligen Verhältnisse der einzelnen Familie an. Dabei sind Umstände zu berücksichtigen wie: ob der andere Ehegatte ständig mit der Familie zusammen ist, die berufliche Tätigkeit, ob die Familie auf dem Lande oder in der Stadt lebt, ihr Bildungsniveau usw. Fernerhin spielen die Änderungen der Lebens- und Zeitbedingungen, die wechselnden wirtschaftlichen und sozialen Bedürfnisse in der Gestaltung des ehelichen Lebens usw. eine Rolle. Auch kann es in Eil- oder Notfällen geboten sein, die Mitzuständigkeit des einen Ehegatten für den anderen kraft Gesetzes weiterzuziehen[53]. Doch muß es sich bei der „Schlüsselgewalt" stets um vermögensrechtliche Angelegenheiten handeln[54].

Wenn auch das moderne Wirtschaftsleben die Arbeitsteilung fördert, so ist doch gerade bei der Umgrenzung des Gebiets der „Schlüsselgewalt" Zurückhaltung geboten. Nach jeder Erweiterung kann der eine Ehegatte den anderen mehr als vorher vor vollendete Tatsachen stellen. Wenn Eheleute auch persönlich enger verbunden sind wie Gesellschafter, so schließen ihre Beziehungen doch nicht ein besonderes Vertrauen auf die Geschäftsgewandheit des Partners ein. Ohne dieses Vertrauen aber ist auch keine gesetzliche Zuständigkeit eines Ehegatten für den anderen haltbar. Durch eine zu weit ausgedehnte Einzelzuständigkeit für die „Gemeinschaft" kann leicht gerade den gemeinschaftsbildenden Interessen mehr geschadet als genützt werden. Deshalb sollten sogar im Interesse des Schutzes der Familieneinheit bestimmte Geschäfte wie Bürgschaften[55], Abzahlungsgeschäfte[56] im kommenden Recht der gemeinsamen Zuständigkeit der Eheleute vorbehalten bleiben. In diese Richtung weist auch die neue Gestaltung der Schlüsselgewalt, wenn ihre Wirkung auf den Erwerb von Rechten betrachtet wird. Denn da ja die auf Grund der Schlüsselgewalt erworbenen Rechte nicht anders als

---

[52] Nachweise bei *Stobbe-Lehmann*, Deutsches Privatrecht, IV (3. Aufl.) § 280, II.

[53] Vgl. *Beitzke* DRZ 1949, 104ff.; BGH NJW 1951, 309; LG Frankfurt in FamRZ 1955, 210; KG in NJW 1956, 264.

[54] KG in NJW 1956, 265 gegen *Soergel-Siebert*, BGB (8. Aufl.) § 8 Anm. 1.

[55] Art. 494 Schweiz. O. R. i. d. F. v. 11. 12. 1941.

[56] *G. Boehmer*, Jahrb. AkDR 1939/40 S. 78.

die eingegangenen Verpflichtungen jetzt beiden Ehegatten zustehen, müssen ungeachtet der Entscheidung, ob Gesamthands- oder Bruchteilseigentum zwischen den Eheleuten besteht, heute beide Partner gemeinsam die erhaltenen Rechte verwalten und über sie verfügen.

Es bleibt die Frage, ob sich die unter die heutige „Schlüsselgewalt" fallenden Geschäfte noch näher positiv umschreiben lassen. Die bisher vorgeschlagenen Bestimmungen wie: Geschäfte „für den laufenden Unterhalt"[57], „die laufenden Bedürfnisse der Familie"[58], „im Rahmen der täglichen Bedürfnisse"[59], „für den täglichen Bedarf der Familie", „für den laufenden Familienbedarf"[60], „in Haushaltsangelegenheiten"[61], „die zur Erhaltung der Ehewohnung, des Hausrats oder der Ernährung der Familie nützlich sind und der wirtschaftlichen Lage der Eheleute entsprechen"[62] leiden alle darunter, daß sie — nicht anders als die bisherige Beschränkung der fraulichen Vertretungsmacht auf den „häuslichen Wirkungskreis" — immer nur einen Sachbereich aus der Fülle der gemeinschaftlichen Angelegenheiten herausgreifen. Allerdings hat die Praxis in Deutschland bisher diese Eingrenzung durchaus nicht eng ausgelegt. Aber es entspricht doch jedenfalls nicht dem üblichen Sprachgebrauch unter „Geschäften für den laufenden Unterhalt" oder „zur Befriedigung der täglichen Bedürfnisse", die Annahme oder Entlassung von Hausgehilfinnen und Klavierlehrern, das Streichen der Speisekammer oder das Anschaffen einer Ziehharmonika für das Kind, eines Konversationslexikons oder eines Staubsaugers zu verstehen. Ebenso läßt sich nur bei ungewöhnlicher Erweiterung des Begriffs der „laufenden Bedürfnisse" etwa der einmalige Besuch bei einem Facharzt darunter fassen[63]. Diese Geschäfte müssen jedoch u. U. in den Rahmen der Zuständigkeit kraft Schlüsselgewalt fallen. Vor allem aber macht es Schwierigkeiten, unter diese Klassifizierung die Vertretung des anderen Ehegatten in seiner Funktion als gesetzlicher Gesamtvertreter der gemeinsamen Kinder zu bringen[64]. Das aber ist notwendig, angesichts der h. M., daß der Grundsatz der Gleichberechtigung von Mann

---

[57] Reg.Entwurf I.

[58] Reg.Entwurf II.

[59] DGB-SPD-Vorschlag.

[60] *Ulmer*, 38. Dtsch. Juristentag (1951) S. 336.

[61] *Beitzke* bei *Neumann, Nipperdey, Scheuner*, Die Grundrechte (1954) Bd. II S. 233.

[62] *Hübner* bei *Beitzke, Hübner*, Die Gleichberechtigung von Mann und Frau (1950) S. 60.

[63] Unrichtig *Schmitz*, Die Schlüsselgewalt der Ehefrau nach § 1357 BGB (Diss. Erlangen 1930) S. 38: „Alle nicht regelmäßig wiederkehrenden Geschäfte sind grundsätzlich aus dem häuslichen Wirkungskreis der Ehefrau auszuscheiden".

[64] Nach den nordischen Eherechten kann „ein jeder der Ehegatten zur Bestreitung des täglichen Haushalts *oder zur Erziehung der Kinder* ... auch für den

und Frau heute eine Gesamtvertretung des Kindes durch Vater und Mutter bedingt. Da praktisch unmöglich beide Elternteile alle Geschäfte des Kindes gemeinsam erledigen können, sucht die h. M. hier einen Ausweg über eine wechselseitige Ermächtigung jedes Elternteils zu selbständiger Einzelvertretung. Damit macht sie sich im Grunde auch wieder den bereits in der wechselseitigen „Schlüsselgewalt" heute verwirklichten Gedanken zunutze. Grundsätzlich kann daher ebenfalls in den Bereich der jetzigen „Schlüsselgewalt" die Erledigung dieser Geschäfte als gesetzlicher Vertreter fallen. Dann vertritt in ihrem Rahmen ein Ehegatte den anderen in seiner Funktion als gesetzlicher Gesamtvertreter des Kindes.

Unter diesen Umständen erscheint es am richtigsten, gar keine Sachbereiche aus dem Kreis der gemeinsamen ehelichen Angelegenheiten speziell für das Gebiet der heutigen „Schlüsselgewalt" vorzusehen, sondern nur allgemein von der Besorgung „der gewöhnlichen Familienangelegenheiten"[65] hierbei zu sprechen. Gefahren einer zu weitgehenden Einbeziehung des anderen Ehegatten kann man — wenn es wirklich erforderlich erscheint — mit einer Schutzklausel begegnen: es müsse sich um Geschäfte handeln, die nach der bestehenden örtlichen Sitte bei dem tatsächlichen Lebenszuschnitt der einzelnen Ehe üblicherweise von einem der Eheleute vorgenommen werden. Dabei käme es, wie schon im bisherigen Recht[66], nach außen auf die für den Dritten erkennbaren Gegebenheiten des Familienlebens an, die allerdings nicht nur, wie bisher, vom Manne, sondern gleichermaßen von beiden Ehepartnern aus zu bestimmen sind.

III.

a) Nicht zu vereinbaren mit dieser beiden Ehegatten zustehenden „Schlüsselgewalt", die zur gemeinsamen Berechtigung und Verpflichtung beider führt, ist die Konstruktion ihres Innenverhältnisses als

---

anderen Ehegatten Rechtsgeschäfte abschließen, die üblicherweise zu diesen Zwecken vorgenommen werden". (So z. B. § 12 Kap. 5 des schwed. EG.)

Übrigens unterscheiden sich, was *Hagemeyer* (Denkschrift S. 16) nicht beachtet, die nordischen Eherechte in bezug auf die Geschäfte zur Erledigung der besonderen Bedürfnisse eines der Ehegatten. Schweden und Finnland stehen auch hierbei, allerdings in gegensätzlicher Weise, auf dem Boden der Gleichberechtigung, indem Schweden den persönlichen Bedarf beider Ehegatten von der beiderseitigen Schlüsselgewalt ausnimmt, während Finnland ihn einschließt. Dänemark (§ 11) und Norwegen (§ 7) zählen zur Schlüsselgewalt nur die Zuständigkeit zum Abschluß der für die persönlichen Bedürfnisse der Ehefrau notwendigen Geschäfte.

[65] So § 21 des jugoslawischen Gesetzes über Familienrecht vom 7. 12. 1949; § 21 des tschechoslowakischen Gesetzes über Familienrecht vom 17. 12. 1949; ähnlich Art. 20 § 1 des polnischen Gesetzes über Familienrecht.

[66] *H. Lehmann*, Familienrecht (2. Aufl.) § 11 III 2b.

„Auftrag“. Dahin geht indessen die h. M., die diese Ansicht als Überbleibsel der alten Mandatstheorie ungeachtet aller seitherigen Wandlungen bis heute vertritt[67].

Darin liegt aber gerade ein Mißachten der Grundlage für die Zuständigkeit der Eheleute: die gemeinsame Interessenverfolgung innerhalb der ehelichen Lebensgemeinschaft. Ist doch für den Auftrag kennzeichnend, daß der Beauftragte für fremdes Interesse, fremden Nutzen, fremden Zweck, nämlich die Zwecke des Auftraggebers, arbeitet, während der anderen Seite, dem Auftraggeber, gewisse Direktionsbefugnisse zustehen[68]. Der Auftrag verpflichtet nur einen Partner zum Handeln, den Beauftragten, und zwar für einseitige Zwecke des Auftraggebers (oder eines begünstigten Dritten). Besteht dagegen eine gemeinsame Handlungspflicht in gemeinsamem Interesse zu einem gemeinsamen Nutzen und für einen gemeinsamen Zweck, so liegt eine Gesellschaft vor. Die Gesellschaft charakterisiert sich nach *Lehmann* „durch genossenschaftliches Zusammenwirken im Hinblick auf ein gemeinsames Ziel“[69].

Betrachtet man die Ehe als Gemeinschaft zweier gleichberechtigter Personen, so liegt es nahe, die Beziehungen der Eheleute im Innenverhältnis bei einer beiderseitigen Schlüsselgewalt nach Analogie zu den Gesellschaftsregeln zu bewerten. Ähnlich wie bei der Zweimanngesellschaft mit Einzelgeschäftsführungsbefugnis und Einzelvertretungsmacht der handelnde Gesellschafter ein Geschäft „der Gesellschaft“ führt und dabei gleichzeitig den anderen Gesellschafter und sich selbst verpflichtet, begründet auch der ein Geschäft im Rahmen der Schlüsselgewalt abschließende Ehegatte gleichzeitig eine Verpflichtung für den anderen Ehepartner und sich selbst[70].

Freilich gehen bei der Schlüsselgewalt stets familienrechtliche Bewertungsgrundsätze vor[71]. Schließlich ist die Ehegemeinschaft auch

---

[67] So hat auch bei der heutigen Schlüsselgewalt nach *Siebert-Vogel*, Familienrecht § 1357 Anm. 2a „die Frau dem Mann gegenüber die Stellung eines kraft Gesetzes Beauftragten“, nach *Erman-Gerstberger*, Handkommentar zum BGB § 1357 Anm. 4a, ist „im Innenverhältnis die Frau Beauftragte des Mannes“ und *Palandt-Lauterbach*, Kurzkommentar zum BGB (15. Aufl.) § 1357 Anm. 3a, meinen, „im Verhältnis zueinander haben die Ehegatten die Stellung von Beauftragten“.

[68] *Isele*, Geschäftsbesorgung (1935) S. 150ff.; *Fritz v. Hippel*, Deutsches Recht 1939, 1530; *G. Gautschi*, Auftrag und Geschäftsführung in der Schweiz (1953) S. 8, 76, 165; *meine* Vertretung beim Rechtsgeschäft (1955) S. 333.

[69] *Enneccerus-Lehmann*, Lehrbuch des Bürgerlichen Rechts Bd. II (14. Aufl.) § 175 I 1.

[70] Im Schweizer Ständerat lehnte *Hoffmann* die Gleichberechtigung von Mann und Frau mit den Worten ab (Sten. Bull. 1905 S. 1085): „Es wird noch lange gehen, bis in unserem Schweizervolke die feministische Auffassung Platz greift, wonach die Ehe so eine Art Kollektivgemeinschaft mit zwei gleichberechtigten Associés wäre.“

[71] Unanwendbar sind z. B. die Beitragsbestimmungen des Gesellschaftsrechts (§§ 706, 707). Die Aufbringung der Mittel für den gemeinsamen Haushalt regelt

von der beiderseitigen Schlüsselgewalt aus gesehen etwas ganz anderes als eine Zweimanngesellschaft. Deshalb kann nur eine entsprechende Anwendung von Gesellschaftsregeln auf die Schlüsselgewalt in Betracht kommen, die im Einzelfalle stets voraussetzt, daß familienrechtliche Sonderregeln nicht entgegenstehen[72]. Vielfach decken sich

das Unterhaltsrecht zwingend. Entgegenstehende Unterhaltsvereinbarungen sind wirkungslos (RG 158, 299). Demgemäß kann eine Ehegatte sich nicht auf eine Vereinbarung über den Haushaltsaufwand berufen, um die Erhöhung des vereinbarten Beitrags mit dem Hinweis auf § 707 BGB abzulehnen, wenn sein gestiegenes Einkommen den alten Lebenszuschnitt nicht mehr „standesgemäß“ erscheinen läßt.

[72] Ohnedies muß man die besonderen Problemlagen berücksichtigen, die sich bei Ehe und Gesellschaft ergeben und die klar die grundlegenden Unterschiede hervortreten lassen. Das zeigt sich bei der Minderjährigkeit eines Ehepartners. Wenn ein Minderjähriger sich mit Einwilligung seines gesetzlichen Vertreters an einer Gesellschaft beteiligt, erlangt er nach § 112 BGB eine „Teilgeschäftsfähigkeit“. Er kann nicht nur die übrigen Gesellschafter vertreten (§ 165 BGB), sondern auch sich selbst verpflichten, wenn nicht der gesetzliche Vertreter zum Abschluß des Geschäfts der Zustimmung des Vormundschaftsgerichts bedurft hätte. (Bei der OHG versagt aber § 126 HGB eine Einschränkung der Vertretungsmacht — über den Stand der Meinungen *Hueck* OHG § 20 Anm. 74 mit Nachweisen —, der Minderjährige wird jedoch aus den Geschäften der übrigen Gesellschafter verpflichtet.)

Heirat macht den Minderjährigen bei uns nicht mündig. Auch ist der minderjährige Mann erst dann ehemündig, wenn er für volljährig erklärt worden ist (§ 1 EheG). Geschäftsfähigkeitsprobleme tauchen beim Mann infolgedessen nur auf, wenn ein Minderjähriger ohne Volljährigkeitserklärung die Ehe geschlossen hat (z. B. der Standesbeamte hat, ohne die Rechtskraft des Volljährigkeitsbeschlusses abzuwarten, den Minderjährigen getraut). Auch dann ist die Ehe gültig, weil Ehemündigkeit nur eine Soll-Voraussetzung der Ehe ist (§ 1 EheG). Danach erlangt die minderjährige Frau durch die Ehe bei uns keine „Teilgeschäftsfähigkeit“ für Schlüsselgewaltsgeschäfte wie in Dänemark (§ 11 Abs. 1 Satz 2 des Ges. v. 18. 3. 1925). Eine „Generaleinwilligung“ des gesetzlichen Vertreters liegt auch keinesfalls im Heiratskonsens (§ 107). Infolgedessen verpflichtet sich die minderjährige Frau durch ihre Geschäfte im Rahmen der Schlüsselgewalt nie selbst (vgl. § 107), sondern nur den Mann (§ 165). Auch den nicht 21 Jahre alten Mann verpflichtet sie nicht, wenn dessen Volljährigkeitserklärung fehlt. Aus den nur vorteilhaften Erwerbsgeschäften wird sie gleichermaßen wie der Mann berechtigt (§ 107 BGB). — Der volljährige Mann verpflichtet und berechtigt sich aus seinen Schlüsselgewaltsgeschäften selbst. Bei nur vorteilhaften Erwerbsgeschäften hat er auch die Vertretungsmacht für die minderjährige Frau (§ 107 BGB). Die minderjährige Frau verpflichtet er aber nicht. Er ist nicht ihr „gesetzlicher Vertreter“ im Sinne der §§ 1630 ff., weil ihm die Sorge für die Person und das Vermögen der Frau nicht zusteht. (Im früheren Recht nahmen dagegen wohl *Staudinger-Engelmann* § 1357 Anm. 5b an, die Ehefrau verpflichte im Rahmen der Schlüsselgewalt auch den geschäftsbeschränkten Mann. Aber die gesetzliche Vertretung der Schlüsselgewalt setzt die Grundregeln des Geschäftsfähigkeitsrechts nicht außer Kraft.) Der nicht für volljährig erklärte Ehemann unter 21 Jahren verpflichtet dagegen die volljährige Ehefrau, nicht aber sich selbst. Aus vorteilhaften Erwerbsgeschäften werden beide Partner berechtigt. Ist auch die Ehefrau minderjährig, haftet kein Ehegatte für die vom nicht volljährigen Mann begründeten Verbindlichkeiten. — Auch angesichts dieser Divergenzen dürfte sich für das kommende Recht eine § 11 des dänischen Gesetzes v. 18. 3. 1925 entsprechende Regel empfehlen, die vor allem dem richtigen Gedanken im Grundsatz „Heirat macht mündig“ angemessen Rechnung trägt.

überdies beide Regelungen. So haften Eheleute (§ 1359 BGB) nicht anders wie Gesellschafter (§ 708 BGB) nur für die eigenübliche Sorgfalt, da beide sich so nehmen sollen, wie sie sind[73]. Ähnlich liegt es bei der Entziehung der Geschäftsführungsbefugnis. Jeder Ehegatte kann heute dem Ehepartner die Geschäftsführungsbefugnis entziehen (vgl. § 1357 II BGB)[74], wie ja auch jeder Gesellschafter grundsätzlich die Möglichkeit hat, dem anderen Gesellschafter die (Einzel-)Geschäftsführungsbefugnis zu nehmen. Dieses Entziehungsrecht ist bei der Schlüsselgewalt nicht anders wie bei der Gesellschaft (§§ 715, 712 BGB) auf wichtige Gründe in der Person des anderen Ehegatten zu beschränken. Gesellschaftsregeln sind fernerhin auf die Einzelgeschäftsführungsbefugnis der Schlüsselgewalt anzuwenden, wenn die Eheleute sich gegenseitig die Grenzen ihrer Handlungsmacht dadurch erweitern, daß sie sich gewisse Überschreitungen des durch ihr Vermögen bestimmten Wertrahmens ausdrücklich oder stillschweigend erlaubten[75] und nun der eine Ehegatte dem anderen diese erweiterte Geschäftsführungsbefugnis entzieht. In diesem Falle muß für den entziehenden Teil selbst diese Einschränkung mit gelten, so daß er sich damit auch selbst seine Zuständigkeit nimmt. Dies entspricht der Lage, wenn ein Gesellschafter in einer Zweimanngesellschaft dem anderen Gesellschafter die diesem durch den Gesellschaftsvertrag eingeräumte erweiterte Geschäftsführungsbefugnis nimmt. Dann gilt auch die gesetzliche Regelung des § 709 BGB ebenfalls für den entziehenden Teil. Das erweiterte Geschäftsführungsrecht beider Gesellschafter ist erloschen[76].

Die analoge Heranziehung von Gesellschaftsrecht auf das Innenverhältnis der Schlüsselgewalt bedeutet indessen nicht, daß nun Auftragsrecht schlechthin ausgeschlossen wäre. Vielmehr kommen über § 713 BGB, der für die Rechte und Pflichten von Gesellschaftern die §§ 664 bis 670 grundsätzlich maßgebend sein läßt, doch nach wie vor auch Auftragsregeln in Betracht. Praktisch ändert sich infolgedessen an der schon bisher üblichen Anwendbarkeit der Vorschriften über Vorschuß (§ 669), Aufwendungsersatz (§ 670) usw. in der Hauptsache nur, daß sie jetzt wechselseitig, bzw. nur zur Hälfte, für beide Eheleute gelten[77].

---

[73] Vgl. RG 143, 215.

[74] *Bosch,* Rpfleger FamR-SH S. 27, will das Entziehungsrecht nur noch als Antragsrecht beim Vormundschaftsgericht bestehen lassen. Dagegen die h. M. vgl. AG Bonn (FamRZ 1955, 260).

[75] *Enneccerus-Wolff* § 43 III 1.

[76] OLG München, DRZ 1950, 280.

[77] Freilich ist ein Ehegatte, der durch Barleistungen für den gemeinsamen Unterhalt zu sorgen hat, nicht berechtigt, vom anderen Ehegatten für gewöhnliche Haushaltsgeschäfte Vorschüsse oder Aufwendungsersatz zu fordern. Dies kann nur der andere Ehegatte verlangen, der für den gemeinsamen Haushalt keine Barleistungen zu erbringen hat. § 707 BGB, nach dem während der Laufzeit der Gesellschaft nur Leistung aus dem Gesellschaftsvermögen gefordert werden kann, weil

b) Ein besonderes Problem bietet bei der heutigen Schlüsselgewalt in diesem Zusammenhange noch die Frage, wie denn die als Folge ihrer Zuordnung von beiden Eheleuten gemeinsam erworbenen Rechte beiden zustehen. Zu welchen dinglichen Folgen führt die heutige beiderseitige Schlüsselgewalt? Diese Frage hat insbesondere auch für die Gläubiger durchaus praktische Bedeutung, da ja kraft Schlüsselgewalt nicht nur Butter, Küchenmesser oder Kinderschuhe angeschafft werden, sondern möglicherweise auch Kleider, Bücher, Bilder, Schmuckstücke, wertvolle Teppiche, ein Klavier oder ein Kühlschrank usw.

Da jeder Ehegatte den anderen auch beim Abschluß des Erwerbsgeschäfts mit vertritt, erlangen die Eheleute grundsätzlich gemeinschaftliches Eigentum. Ausnahmen gelten, wenn der Handelnde erkennbar ein Eigengeschäft abgeschlossen oder der Geschäftsgegner erkennbar nur an die Frau oder den Mann veräußert hat. Der Erwerb von persönlichem Gut (Kleider, Schmuck) ist regelmäßig als Geschäft desjenigen anzusehen, „den es angeht“, wenn nicht etwas anderes beim Geschäftsabschluß zum Ausdruck gebracht ist (ein Ehegatte will dem anderen einen Schmuckgegenstand schenken). An diesen Gegenständen wird dann Alleineigentum eines Ehegatten begründet, mögen auch beide Ehegatten aus dem Grundgeschäft haften.

Wie aber sind die Ehegatten an den gemeinschaftlich erworbenen Gegenständen berechtigt, die zum Hausrat gehören oder sonst dem gemeinsamen Nutzen der Ehegatten dienen? Hier wird die Ehegemeinschaft heute auch im Vermögensrecht durch die Gesamtberechtigung beider Ehegatten aus den im Rahmen der Schlüsselgewalt geschlossenen Erwerbsgeschäften anerkannt[78]. Die Gesamtberechtigung enthält den Zwang zu gemeinschaftlicher Verwaltung, zumal ja eine grundsätzliche Alleinverwaltung eines der Ehegatten schon aus Gründen der Gleichberechtigung ausscheidet. Die Frage ist nur, ob *Gesamthandseigentum* oder *Bruchteilseigentum* der Ehegatten als Folge der im Rahmen der Schlüsselgewalt abgeschlossenen Erwerbsgeschäfte eintritt.

Die analoge Anwendung von Gesellschaftsregeln auf das Innenverhältnis der Ehegatten bei der Schlüsselgewalt spricht für Gesamtshandseigentum. Dieses Ergebnis liegt, soweit der Erwerb von Hausrat kraft Schlüsselgewalt in Frage steht, auch in der Linie einer kürzlich er-

kein Gesellschafter den vereinbarten Beitrag zu erhöhen braucht, ist hier nicht entsprechend anwendbar. Denn das gemeinschaftliche Vermögen der Ehegatten ist nicht primär zur Befriedigung derartiger Ansprüche da. Vielmehr fallen diese zunächst jedenfalls mit unter die Leistungen für den ehelichen Aufwand, so daß der Ehegatte, der mit Barmitteln den gemeinschaftlichen Haushalt zu versorgen hat, auch diese Schulden mit erledigen muß.

[78] Vgl. — wenn auch in anderem Zusammenhange — *Bosch* FamRZ 1954, 154: „Gesamtgut ist eine Realität ...“.

gangenen Entscheidung des Landgerichts Göttingen[79], nach der während der Ehe erworbener Hausrat grundsätzlich jetzt beiden Ehegatten zur gesamten Hand gehöre, selbst wenn ihn der Ehemann allein bezahlt hat; denn „zwischen den Parteien hat allein auf Grund ihrer Ehe ein gesellschaftliches Verhältnis hinsichtlich des Erwerbs (von Hausrat) bestanden". Dieses nach *Alebrand* „aus dem sittlichen Wesen der Ehe" zu entnehmende[80], gesellschaftsähnliche Verhältnis entspreche, so meint die zitierte Entscheidung, „allein der heutigen Anschauung der familienrechtlichen Gemeinschaft und engen Lebensgemeinschaft einer Ehe".

Gegen eine derart allgemeine Annahme von Gesamthandeigentum analog § 718 BGB „schon auf Grund der Ehe selbst, die das gesellschaftsähnliche Verhältnis schafft"[81], bestehen jedoch nach geltendem Recht erhebliche Bedenken[82]. Zwar wird durch die Bindung des Gesamthandeigentums die Idee der ehelichen Vermögensgemeinschaft, die funktionelle Einheit, stärker verwirklicht. Für diese Lösung sprechen namentlich beim Hausrat viele Gründe[83]. Freilich wird über die Schlüsselgewalt nicht nur Hausrat erworben. Wenn man nicht die Ehegemeinschaft überhaupt zur juristischen Person machen will[84], zwingt ihre Organisation als eheliche Gesamthandsgemeinschaft am weitesten zu gemeinschaftlichem Handeln, da Verfügungen des einzelnen Ehegatten über den gesamtgutgebundenen Einzelgegenstand oder über den Anteil am Gesamtgut ausgeschlossen sind (§ 719 BGB). Haben doch die Gesamthänder keine bruchteilsmäßigen dinglichen Rechte an den gemeinschaftlichen Gegenständen im Gegensatz zu den Mitgliedern einer Bruchteilsgemeinschaft, da die einzelnen Gegenstände der ungeteilten Gesamtzuständigkeit aller Berechtigten unterliegen. Freilich ist ebenfalls die Bruchteilsgemeinschaft eine Interessengemeinschaft, wenn auch von geringerer Intensität der Interessenverbindung[85]. Bei ihr kann jeder

---

[79] NdsRpfl. 1955, 77; NJW 1955, 1359 mit ablehnender Bespr. *Reinicke*; FamRZ 1955, 174 und 362.

[80] FamRZ 1955, 348.

[81] *Alebrand*, FamRZ 1955, 349.

[82] Ablehnend für ein während der Ehe erworbenes Grundstück OGHBrZ NJW 1949, 108: „Mangels übereinstimmender Willen gibt es zu dem Grundstück keine Rechtsbeziehungen, die von der ehelichen Gemeinschaft beherrscht werden können."

[83] Vgl. z. B. § 1396 des Reg.-Entwurfs II, § 11 Abs. 1, § 14 Abs. 1 des SPD-Entwurfs; *Bosch*, Deutscher Notartag 1952, 96; außerdem die Ausführungen zugunsten einer Errungenschaftsgemeinschaft von *Bosch*, Deutscher Notartag 1952, 98ff.; JZ 1953, 448; *Haff* JZ 1955, 43; *Alebrand* JZ 1955, 573ff. Nach *Ulmer*, 38. DJT B 53, bleibt dagegen das Hausgut, „soweit nicht Miteigentum besteht, eigentumsmäßig getrennt. Es bildet aber eine funktionelle Einheit."

[84] Positiv dazu *Bosch*, FamRZ 1954, 153. Vgl. auch *J. Dabin*, „Le problème de la personnalité morale de la famille", Bulletin de la Classe des Lettres de l'Académie royale de Belgique 35 (1949) 329ff.

[85] *Würdinger*, Theorie der schlichten Interessengemeinschaften (1934) S. 15.

Gemeinschafter über seinen Bruchteil des gemeinschaftlichen Rechts frei verfügen, wenn auch sein Recht, Aufhebung zu verlangen, vertraglich ausschließbar ist (§ 749 Abs. 2).

Schon nach diesen Merkmalen erscheint die Annahme von Gesamthandseigentum aus Schlüsselgewaltsgeschäften nicht empfehlenswert. Sie führt zu einer Festlegung und Unbeweglichkeit der darunter fallenden Gegenstände, die weder im Interesse noch in der regelmäßigen Absicht der Eheleute liegt, zumal es sich nicht nur um Hausrat handelt. Noch bedenklicher erscheint die Annahme von Gesamthandseigentum von der Schuldenhaftung aus. Entweder läßt man, wie beim gesellschaftlichen Gesamteigentum, nur auf Grund eines Titels gegen beide Eheleute einen Zugriff auf einen Einzelgegenstand zu. Dann werden die Gläubiger nur eines Ehegatten ungerechtfertigt zurückgesetzt. Scheidet doch die Möglichkeit, wenigstens über eine Auflösung der Gesamthandsgemeinschaft auf Grund einer Pfändung des Anteils am Gesellschaftsvermögen Befriedigung zu erlangen (vgl. § 859 ZPO), bei einer Ehegemeinschaft von vornherein aus. Es darf nicht im Belieben der Gläubiger stehen, wann die Vermögensgemeinschaft der Eheleute endet. Die Folge wäre mithin eine Sondermasse für Gesamtschulden, vornehmlich für Schulden aus Geschäften im Rahmen der Schlüsselgewalt. Oder man läßt — ähnlich wie bei den bisherigen Gütergemeinschaften (§ 740 ZPO) — den Titel gegen einen der Ehegatten zur Vollstreckung in diese Masse genügen, wobei dies auch ein Titel gegen die Frau sein kann. Damit würde der nicht schuldende Teil gefährdet, die Gläubiger erhielten mehr, als sie materiell beanspruchen könnten, und der Familie wäre bei Vermögensverfall eines Gatten die Möglichkeit genommen, daß der andere mit seinem Gut aushilft.

Es bliebe noch die Möglichkeit, eine spezielle Lösung für diese Masse als Gesamthandsvermögen zu entwickeln. Besteht doch nach geltendem Recht überhaupt keine für alle Gesamthandsgemeinschaften gemeinsame Regelung dieser Fragen; die Ergebnisse sind vielmehr ganz verschieden, je nachdem, ob es sich um eine Gesellschaft, Gütergemeinschaft oder Erbengemeinschaft handelt, weshalb ja auch Gesamthandseigentum nur in den drei genannten Fällen eintreten soll. Aber eine neue Lösung würde ein neues Gesamthandseigentum schaffen und damit den numerus clausus der Gesamthandsgemeinschaften durchbrechen. Zudem wäre ihre Herausarbeitung jedenfalls nicht mehr eine Anwendung oder Fortbildung jetzt *geltenden* Rechts, ganz abgesehen von der Frage, ob sich diese Aufgabe überhaupt befriedigend lösen läßt.

Dagegen ist die Annahme von Bruchteilseigentum die heute jedenfalls passende Lösung. Sie ist zunächst nicht unvereinbar mit einer entsprechenden Anwendung von Gesellschaftsrecht auf das Innenverhältnis der Ehegatten bei der Schlüsselgewalt im übrigen. Der § 718 BGB, der das Gesamthandseigentum bei der Gesellschaft postuliert, enthält nachgiebiges Recht[86]. Wie das Gesamthandeigentum, so ist das Bruchteilseigentum ebenfalls Ausdruck einer Interessenverbindung. Diese wirkt sich namentlich auch in der Regelung der Verwaltung und Nutzung der gemeinschaftlichen Sache aus. Dabei wird der Grundsatz der gleichmäßigen Behandlung der Gemeinschafter streng gewahrt, was den Forderungen der Gleichberechtigung von Mann und Frau voll entspricht. So ist der Gebrauch der gemeinschaftlichen Sache (§ 743 II), die Verteilung etwaiger Nutzungen und Früchte (§ 743 I), die Teilung und Auseinandersetzung rein paritätisch geregelt. Da der Anteil jedes Gemeinschafters am einzelnen Gegenstand der Zwangsvollstreckung wegen der gegen ihn begründeten Verpflichtungen unterliegt, können die Gläubiger daraus stets Befriedigung suchen, ohne die Eigentumsgemeinschaft im übrigen zu gefährden. Daran hindert sie auch kein Aufhebungsverbot der Gemeinschaft (751 Abs. II BGB), das nach § 749 II BGB zulässig ist und für das beim gemeinsamen Erwerb eines Gegenstandes durch Eheleute in der Regel während des Bestehens der Ehe eine tatsächliche Vermutung sprechen dürfte[87].

IV.

Die Entwicklung der „Schlüsselgewalt" zu einer Einzelzuständigkeit beider Ehegatten zum gleichzeitigen Abschluß für sich selbst und den anderen Ehepartner muß sich auch auf die Rechtslage der Schlüsselgewalt auswirken, wenn die tatbestandsmäßigen Voraussetzungen fehlen.

a) Sind die zusammenlebenden Partner keine Eheleute, weil kein Standesbeamter bei ihrer „Eheschließung" mitgewirkt hat (§ 11 EheG, sog. Nichtehe), so besteht auch keine beiderseitige „Zuständigkeit kraft Gesetzes" als Schlüsselgewalt. Die Zuordnung regelt sich vielmehr nach den allgemeinen Vorschriften[88]. Bisher wurde daraus entnommen, daß sich im Konkubinat lebende Personen „einander durch stillschweigende öffentliche Kundmachung rechtsgeschäftlich diejenigen Vertretungs- und Verfügungsmacht erteilen, die kraft Gesetzes bestände, wenn die Ehe gültig wäre"[89]. Diese Regel paßt jedoch heute nicht mehr ganz angesichts der beiderseitigen Zurechnung der Geschäfte im Rahmen der

[86] *Staudinger-Geiler*, Komm. zum BGB (10. Aufl.) Vorbem. 40 vor § 705; *Palandt* § 705 Anm. 8. Auch Außengesellschaften können als Vermögensgemeinschaften nach Bruchteilen organisiert sein (*Hueck*, Gesellschaftsrecht 3. Aufl., S. 16).

[87] Dazu RG 67, 398. Vgl. auch RG in Gruch. Beitr. 63, 616.

[88] Das französische Recht fordert für eine faktische Gesellschaft auf der Grundlage eines Konkubinats 1. dauerndes Zusammenleben, 2. gemeinsames Vermögen, 3. gemeinsame Übernahme des Risikos und der gesellschaftlichen Arbeit (affectio societatis).

[89] *Enneccerus-Wolff*, Familienrecht § 28 III.

Schlüsselgewalt. Zwar wird sich nach wie vor der nichtsahnende Kontrahent der Schein-Ehefrau an den Mann auf Grund einer sog. „Duldungsvollmacht" halten können. Er wird außerdem heute im Regelfall auch noch die Frau in Anspruch nehmen dürfen, da es ja an der Frau gelegen hätte, den heute ebenfalls für ihre Verpflichtung bestehenden Schein zu entkräften. Insoweit sprechen die „Umstände" heute mehr als früher dafür, daß der Schein-Ehegatte zugleich im Namen des Partners und im eigenen Namen handelte[90]). War dem Drittkontrahenten aber das Bestehen einer „wilden Ehe" bekannt, dann kommt es ganz darauf an, ob er an die Bereitschaft der Frau glauben durfte, auch selbst die gemeinsamen Geschäfte mitzufinanzieren. Bei Rentenkonkubinaten mag dies vielfach der Fall sein, da für sie das gemeinsame Bestreiten der Lebenshaltung geradezu charakteristisch ist. Hier kann der Dritte von einem gleichzeitigen Selbstabschluß der handelnden Frau, oder vom Bestehen einer Duldungsvollmacht der Frau beim Handeln des Mannes, „normalerweise" ausgehen, so daß dann sogar der die Nichtehe kennende Geschäftsmann zwei Schuldner hat. Weiß der Dritte dagegen, daß sich die Frau nur von dem wohlbegüterten Scheinehemann aushalten läßt, ohne selbst etwas finanziell beizutragen, dann weist nichts beim Abschluß der Frau auf ein Handeln auch im eigenen Namen hin. Entsprechend entfällt bei Handeln des Mannes dann die Grundlage für die Annahme einer „Duldungsvollmacht" seitens der Frau, da diese doch nur in Betracht kommt, wenn der Abschließende in fremdem Namen gehandelt hat und „wenn der Vertretene das ihm bekannte Verhalten des Vertreters duldet und diese Duldung vom Geschäftsgegner nach Treu und Glauben mit Rücksicht auf die Verkehrssitte dahin gedeutet werden darf, daß der Vertreter vom Vertretenen Vollmacht, für ihn zu handeln, erhalten hat"[91].

Bei einer nichtigen Ehe, die ja auch keine Schlüsselgewalt zur Folge hat, ist neben diesen Grundsätzen noch zugunsten des gutgläubigen Dritten § 27 EheG mit zu berücksichtigen. Kannte der Dritte jedoch die Nichtigkeit der Ehe und schloß er mit einem „Ehemann" ab, der ebenfalls davon wußte, dessen „Ehefrau" hingegen gutgläubig war, dann kommt wiederum für den Dritten gegenüber der Gutgläubigen keine Berufung auf eine „Duldungsvollmacht" in Betracht.

b) Besteht keine „häusliche Gemeinschaft" zwischen den Eheleuten, dann soll nach einhelliger Auffassung auch heute keine Schlüsselgewalt entstehen können oder eine bereits entstandene „ruhen"[92]. Aber die

[90] Vgl. auch bereits RG JW 1911, 766.

[91] BGH MDR 1953, 345.

[92] *Beitzke*, Familienrecht (4. Aufl.) § 11 VI 4; *Dölle* JZ 1953, 357; *Siebert-Vogel* § 1357, 1; *Palandt* § 1357, 2; *Arnold* MDR 1953, 264 und Angewandte Gleichberechtigung § 1357, 4; *Maßfeller*, Das neue Familienrecht, S. 77. Vgl. auch Reg.-Entwurf zu § 1357 I 3.

bisher übliche Begründung dafür: aus dem Tatbestandsmerkmal des § 1357 „häuslicher Wirkungskreis“ ergebe sich „denkgesetzlich das Erfordernis gemeinsamer Häuslichkeit beider Ehegatten“[93], kann jedenfalls heute nicht mehr diese Voraussetzung rechtfertigen. Einen „häuslichen Wirkungskreis“ des Mannes gibt es bei der „Hausfrauenehe“ nicht. Deshalb läßt sich auch eine Mann und Frau gleichermaßen zustehende Kompetenz nicht in dieser Weise bestimmen. Außerdem begründet diese Argumentation in Wahrheit nichts. Dies zeigt sich sogleich bei der Frage, was denn unter dem Bestehen einer häuslichen Gemeinschaft bisher verstanden wurde.

Zwei Meinungen standen sich hierbei gegenüber. Die Minderheit[94] nahm in jedem Falle bei einer nicht nur vorübergehenden Trennung der Ehegatten ein „Ruhen“ oder ein „Erlöschen“ der Schlüsselgewalt an. Ob diese Trennung von dem Manne oder der Frau verschuldet war, ob Kinder beim einen oder anderen Ehepartner verblieben, spiele keine Rolle — die Schlüsselgewalt hatte nach ihr mit diesem tatsächlichen Ereignis aufgehört. Dagegen unterschied die Mehrheit, ob der Mann die Frau oder die Frau den Mann verlassen hatte. Hatte sich die Frau vom Mann nicht nur vorübergehend getrennt, dann sollte die Schlüsselgewalt erlöschen[95]; hatte sich dagegen der Mann grundlos von der Frau abgekehrt, sollte die Schlüsselgewalt der Frau fortbestehen[96]. Das sollte namentlich dann der Fall sein, wenn sich der Mann von der Frau, unter Hinterlassung von Kindern in der Wohnung, trennte[97]. Anderenfalls käme man zu dem unbefriedigenden Ergebnis, daß der Mann einfach durch willkürliche Aufhebung der häuslichen Gemeinschaft der Frau ihr eigenständiges, kraft Gesetzes zustehende Schlüsselgewaltsrecht nehmen könnte, das Hauswesen zu leiten und die Haushaltsgeschäfte ausschließlich zu seinen Lasten abzuschließen.

Diese Meinungsverschiedenheit verdeckte zwei gegensätzliche Anschauungen über die ratio des § 1357. Die Auffassung der Mehrheit gab im Grunde das Erfordernis der häuslichen Gemeinschaft preis und sah die Schlüsselgewalt von der Unterhaltspflicht aus. Die Schlüsselgewalt

---

[93] So *Arnold* MDR 1953, 264; *Palandt* § 1357, 2; *Lehmann*, Familienrecht § 11 III 2b (a. E. S. 58). *Maßfeller* S. 77.

[94] OLG 2, 368; OLG 6, 155; RGRKomm. § 1356, 3; *Palandt* § 1357, 2.

[95] *Erman* § 1357, 3.

[96] So bereits die Motive Bd. IV S. 118: „Ihr unter dieser Voraussetzung (d. h. wenn die häusliche Gemeinschaft aufgehoben ist) das Recht allgemein zu versagen, würde namentlich im Hinblick auf solche Fälle bedenklich sein, in welchen der Ehemann sich entfernt hat.“ RGRKomm. § 1357, 8 (in Widerspruch zu § 1356, 3); *Goldmann-Lilienthal* § 1357 Anm. 24; *Enneccerus-Wolff*, Familienrecht § 43 V 2; LG Elberfeld DJZ 1905, 1071. Für das Schweizer Recht *Egger*, Zürcher Kommentar zum ZGB II 1 (2. Aufl.) Art. 163, 3; zweifelnd dagegen *Gmür*, Berner Kommentar zum ZGB II 1 (2. Aufl.) Art. 163, 12.

[97] *Enneccerus-Wolff*, Familienrecht (7. Aufl.) § 43 V 2; *Wieruszowski* S. 41.

wurde von ihr als ein Mittel betrachtet, mit dem die verlassene Frau Unterhaltsansprüche durchsetzen konnte. Denn die Frau verpflichtete bei Haushaltsgeschäften ja nur den Mann. In diesem Sinne läßt namentlich auch das heutige französische Recht bei dauernder tatsächlicher Trennung der Ehegatten, der „séparation de fait“, das Vertretungsrecht der Frau bis zur Scheidung weiter bestehen, es sei denn, daß die Frau grundlos den Mann im Stich gelassen hat oder eine die Frau genügend sichernde Unterhaltsverpflichtung des Mannes vorhanden ist[98].

Demgegenüber beschränkte sich die Minderheit auf das Erfordernis der häuslichen Gemeinschaft, indem sie die Entscheidung nur auf die nicht bloß vorübergehende tatsächliche Trennung abstellte. Denn ob eine eheliche Hausgemeinschaft fortbesteht, ist für sie eine rein tatsächliche Frage, die nichts mit den Gründen für eine Trennung zu tun habe. Die Minderheit hielt dementsprechend an der bestehenden ehelichen Hausgemeinschaft als Rechtfertigungsgrund für die Schlüsselgewalt fest. Diesen Gedanken läßt das englische Recht bis heute in der Lehre von der Duldungsvollmacht aufgehen. Es kommt auf diesem Wege sogar dazu, ganz allgemein begründe das Bestehen einer Hausgemeinschaft, die keine „eheliche“ Hausgemeinschaft[99] zu sein braucht, eine Vertretungsmacht der Frau für den Hausherrn zur Beschaffung von „necessaries“ „by implication of the law“[100]. Es stellt mithin für diese „prima facie presumption“ nur auf die Tatsache der „cohabitation in a domestic establishment“ ab. Infolgedessen steht die gleiche „implied authority“ wie einer Ehefrau auch der Tante, Schwester, Geliebten oder Haushälterin zu, wenn sie mit dem Hausherrn einen gemeinsamen Haushalt führt[101].

Neben dieser „agency implied in fact“ kennt das engliche Recht aber auch noch speziell für Ehefrauen zur Vertretung ihres Mannes eine „agency by operation of law“. Diese „presumption of law, which cannot

---

[98] *Planiol-Ripert* (Rouast), Traité pratique Bd. II (2. Aufl. 1952) Nr. 393; *Colin-Capitant* (Julliot de la Morandière) Cours élémentaire Bd. III (9. Aufl.) Nr. 70, 2; Cass. 1. 6. 1929, D. 1931, 1, 79. Dritten gegenüber gelten diese Ausnahmen aber nur dann, wenn ihnen ihr Vorliegen bei Abschluß des Geschäfts bekannt war (*Aubry-Rau* § 509 Anm. 53).

[99] *J. Hamawi*, Family Law (1953) S. 276: „It is submitted that by virtue, not of the marriage, but of the fact that the sponses share the matrimonial home, there arises a presumption that the wife is the agent for the husband . . .“ und *Hanbury*, Principles of Agency (1952) S. 23: „The implied authority is conferred by the fact of cohabitation, not by the legal relation of marriage in itself.“

[100] *Debenham v. Mellon* (1860) 6 App. Cas. 24. Ob eine Ehefrau, wenn sie als ein derartiger „agent“ ihres Mannes handelt, auch selbst mit hafte, ist in *Paquin, Ltd. v. Beauclerk* (1906) A. C. 148 vom House of Lords mit Stimmengleichheit verneint worden.

[101] So ausdrücklich Richter *Pollock* in *Goodyear v. Part* (1897) 13 T.L.R. 395 (Q. B.); *Eversley*, Domestic Relations (6. Aufl.) S. 209.

be rebutted by evidence“[102] gibt einer Ehefrau, die ihren Unterhalt von ihrem Mann nicht ordnungsmäßig erhält, die Macht, ihren Mann als „agent of necessity“ unmittelbar gegenüber Dritten aus Geschäften über „necessaries“ zu verpflichten[103]. Nur wenn der Mann, der mit seiner Ehefrau zusammenwohnt oder sie verlassen hat oder von ihr wegen seines ehewidrigen Verhaltens verlassen worden ist, keinen Unterhalt zahlt, „does marriage as such confer an inherent authority on a wife to act as her husband's agent“[104].

Das engliche Recht[105] scheidet nun diese beide Formen der agency ganz scharf. Aus dem Gegensatz der hinter beiden stehenden Rechtfertigungsgründe kommt es zu einer unterschiedlichen Bewertung der einzelnen Tatbestandsmerkmale[106]. So versteht es unter Geschäften für „necessities“ bei der „agency of necessity“ nur die für den Unterhalt von Frau und Kindern objektiv angemessenen und erforderlichen Geschäfte[107], während es bei der „agency implied in fact“ darunter die Haushaltsgeschäfte begreift, die dem nach außen zur Schau getragenen Lebensstil der Familie entsprechen[108].

---

[102] *Erle*, C. J., in *Harrison v. Grady* (1865) 13 L. T. 369.

[103] Dazu *Manby v. Scott* (1663) 83 E. R. 1065 = 2 Sm. L. C. (11th ed., 450ff.): „If husband's shall not be bound by the contracts of their wives for necessaries, without their real assent, husband's may without cause dismiss their wives, when they desire to have others and then cause them to perish ... If such cruelty be permitted and wives shall not be allowed necessaries, England will lose her happy reputation in all foreign kingdoms, which her inhabitants have gained by the respect for this sex, which our climate has rendered as far excelling in beauty beyond women of other countries as our country has shown them countenance beyond any other country ...“.

[104] *Anson*, Law of Contracts (19. Aufl.) S. 388.

[105] In verschiedenen Staaten der USA (Illinois, Iowa, Washington usw.) ist an Stelle der beiden zu einer Haftung des Mannes für Geschäfte der Frau führenden Wege jetzt die gesetzliche Haftung beider Ehegatten für von einem der beiden eingegangene Geschäfte nach „Family Expense Statutes“ getreten. Diese Verträge über "family expenses" müssen aber zuvor von der Gegenseite erfüllt sein, um Ansprüche gegen beide Ehegatten zu ermöglichen. Näheres American Jurisprudence Bd. 26 sub Husband and Wife, § 384ff.

[106] *Eversly*, Domestic relations (6. Aufl.) S. 219; *Hamawi*, a. a. O. S. 267.

[107] *J. Hamawi*, Family Law (1953) S. 171ff. und 263f. Sobald der Mann der Frau eine ausreichende Unterhaltszahlung geleistet hat, sind die Einkäufe nicht mehr „necessary“ ihm gegenüber (*Pollock, J.*, in *Goodyear v. Part* (1897) 13 T.L.R. 395).

[108] Wenn auch das französische Recht die Verpflichtungen aus Geschäften im Rahmen der Schlüsselgewalt einheitlich auf eheliche Unterhaltspflichten zurückführt, macht es doch implicite einen Unterschied zwischen der Lage bei Bestehen einer häuslichen Gemeinschaft und der „séparation de fait“. So wird nur im Falle der Trennung das Mieten einer Wohnung in den Bereich der Schlüsselgewalt einbezogen (Trib. Rennes, 12. 6. 1911, Gaz. Pal., 1911, 2, 457; *Planiol-Ripert* [Rouast] Traité pratique Bd. II [2. Aufl.] Nr. 394).

Für uns zeigt diese Trennung, daß Schlüsselgewalt und Durchsetzung von Unterhaltsverpflichtung scharf zu scheiden sind. Man darf nicht die Schlüsselgewalt mit Fragen belasten, die nach deutschem Recht in der Regel über § 679 BGB zu lösen sind, indem sich der Vertragspartner der Ehefrau als auftragsloser Geschäftsführer an den Ehemann hält. Die Gegenmeinung müßte dazu führen, heute jedem verlassenen Ehegatten, der unterhaltsberechtigt ist, die Zuständigkeit zuzusprechen, den anderen im Rahmen der Schlüsselgewalt zu vertreten. Aber es wird nicht jedem mäßig verdienenden Ehemanne liegen, die Frau, die von ihm gegangen ist, für Geschäfte des Resthaushalts mit aufkommen zu lassen. Überdies würde die Möglichkeit Verwicklungen schaffen, sich den Unterhalt zweimal zu besorgen: zum einen durch eine Unterhaltsrente, zum anderen durch Abschluß von Geschäften auf der Grundlage der Schlüsselgewalt.

Aber die deutsche Lösung kann auch nicht mit der englichen „authority implied in fact“ gleichgesetzt werden. Die Grundlage für den Weg des englischen Rechts bildet, daß es weder eine Pflicht noch ein Recht der Frau kennt mitzuarbeiten. Es läßt die Mitarbeit der Frau vielmehr ganz vom Willen des Mannes abhängen. Damit besteht für es kein Anlaß, der Ehefrau eine vom Willen des Mannes unabhängige Vertretungsmacht „kraft Gesetzes“ zu verleihen. Demgegenüber entstehen nach deutschem Recht aus der Ehe unmittelbar Rechte und Pflichten auf gemeinsame Tätigkeit. Dazu rechnet auch das heute Frau und Mann zustehende Recht auf „Schlüsselgewalt“, welches eine „eigenständige Zuständigkeit“ und nicht nur eine aus der Rechtsmacht des anderen abgeleitete Vollmacht bildet. Für das deutsche Recht muß es deshalb dabei bleiben, daß zwischen der nichtehelichen und der ehelichen Verbindung ein entscheidender Unterschied in der Begründung der beiderseitigen Vertretungsmacht besteht und die Tatsache einer dauernden Trennung der häuslichen Gemeinschaft die Schlüsselgewalt eines jeden Partners ruhen läßt[109].

Wie aber bereits *Lehmann*[110] erkannte, bedarf es dann eines Schutzes Dritter, die vom Ende der Hausgemeinschaft nichts wissen. Die herrschende Meinung[111] in Deutschland mutet dem Dritten zuviel zu. Will sie doch den Dritten — abgesehen von dem Fall, daß ein Ehegatte stirbt, für den sie auf die §§ 674, 171 BGB verweist — grundsätzlich nicht schützen, da er sich durch Erkundigungen sichern könne. Ein Geschäftsmann kann aber nicht ständig die Eheverhältnisse seiner Kunden überwachen! *Lehmann* schlug deshalb vor, den redlichen Dritten, wenn ihm die Trennung der Gatten nicht bekannt war, entsprechend § 1357

---

[109] So auch ausdrücklich § 12 Abs. 3 des schwedischen, § 11 des dänischen Ehegesetzes.

[110] Familienrecht § 11 III a. E.

[111] RGRKomm. (9. Aufl.) § 1357, 8; *Erman* § 1357, 3; *Palandt* § 1357, 2.

II 2 BGB zu schützen[112]. Da aber das Güterrechtsregister nicht dazu da ist, Auskunft über das Bestehen der ehelichen Gemeinschaft zu geben, ist auch hier wieder nach den Grundsätzen über das Handeln im eigenen und fremden Namen zusammen mit den Regeln über die sog. „Anscheinsvollmacht" vorzugehen. Danach wird bei Nichtbestehen der häuslichen Gemeinschaft grundsätzlich heute stets der Handelnde selbst verpflichtet und berechtigt, wenn er nicht klar nur in fremdem Namen gehandelt hat. Der andere Ehegatte kann außerdem verpflichtet und berechtigt werden. Auch hierfür muß die für die Vollmacht entwickelte Regel gelten, daß ein „Vertretener" sich „auf den Mangel der Vertretungsmacht seines angeblichen Vertreters dann nicht berufen kann, wenn er dessen Verhalten zwar nicht kannte, es aber bei pflichtgemäßer Sorgfalt hätte kennen und verhindern können und der Geschäftsgegner das Verhalten des Vertreters nach Treu und Glauben dahin auffassen durfte, daß es dem Vertretenen bei verkehrsmäßiger Sorgfalt nicht habe verborgen bleiben können und daß dieser es also dulde"[113]. Dies spielt insbesondere dann eine Rolle, wenn Eheleute nach ihrer Trennung die bisherige gemeinsame Wohnung bei der heutigen Wohnungsnot weiter geteilt inne haben.

[112] Familienrecht § 11 III a. E.

[113] BGH 5, 116; BGH MDR 1953, 345.

DIE ERHÖHUNG DES EHEGATTEN-ERBRECHTS UM EIN VIERTEL ALS ZUGEWINNAUSGLEICH BEI AUFLÖSUNG DER EHE DURCH DEN TOD UND DIE ERBRECHTLICHE STELLUNG ERSTEHELICHER KINDER

Von Dr. Eduard Wahl

oö. Professor an der Universität Heidelberg

Heinrich Lehmann ist nicht nur ein Meister der Darstellung des geltenden Rechts, das er dank einer großen Leichtigkeit des Ausdrucks, gepaart mit einer auf Anschauung beruhenden Treffsicherheit des Urteils, um die endgültige Fassung wichtiger Lehren bereichert hat — ich erinnere an seine Inhaltsbestimmung der Geschäftsgrundlage —, sondern er hat sich auch immer für Reformfragen interessiert und insbesondere in seiner Arbeit über die Sicherungsübereignung selbst um die Gestaltung neuer Rechtsformen gerungen. Deshalb sei es mir gestattet, an Stelle einer rechtstheoretischen Abhandlung zu der Festschrift einen Beitrag über die zur Zeit wichtigste Zivilrechtsreform, nämlich die Anpassung des ehelichen Güterrechts an die Gleichberechtigung von Mann und Frau sowie an die modernen Bedürfnisse unserer veränderten Sozialstruktur beizusteuern.

Als Mitglied des deutschen Bundestages, seines Rechtsausschusses und dessen Unterausschusses Familienrecht habe ich an den letzten Beschlüssen des Unterausschusses mitgewirkt und in der Spezialzeitschrift „Ehe und Familie" des Bonner Kollegen *F. W. Bosch* darüber eine erste kurze Mitteilung veröffentlicht (Maiheft 1956, S. 133ff.). Die nachstehenden Ausführungen bewegen sich um denselben Problemkreis und bemühen sich um eine Vertiefung, besonders im zweiten Abschnitt, der die Auswirkungen dieser Reform auf die erbrechtliche Lage der Kinder aus einer früheren Ehe behandelt. Der erste Abschnitt, der die grundlegenden Beschlüsse mitteilt und erläutert, mußte sich naturgemäß eng an die vorerwähnte Veröffentlichung anschließen.

A. Die sogenannte erbrechtliche Lösung

In den letzten Sitzungen im März und April dieses Jahres hat sich der Familienrechtsausschuß entgegen der Regierungsvorlage für die sogenannte erbrechtliche Lösung entschieden, die in den Grundzügen auf *Wieruszowski* und die Arbeiten der deutschen Notargemeinschaft —

besonders des rheinischen Notars Prof. *Knur* — zurückgeht, nämlich für die Erhöhung des Ehegattenerbrechts um ein Viertel als Zugewinnausgleich im Falle der Auflösung der Ehe durch den Tod: danach würde der überlebende Ehegatte in Abweichung von § 1931 BGB neben Abkömmlingen die Hälfte, neben Eltern und Kindern, u. U. Großeltern drei Viertel des Nachlasses erhalten. Ich will versuchen, die Gründe für diese Entscheidung auseinanderzusetzen, ihre Vorteile, aber auch ihre Nachteile kurz darzustellen und zu werten.

I.

Der Zugewinnausgleich ist die einzige Besserstellung der Ehefrau, die, ohne den Rechtsverkehr zu belasten, mit ihrer Gleichberechtigung ohne jeden Zweifel vereinbar ist. Als güterrechtliche Lösung verallgemeinert und vertieft er im Grundsätzlichen die Ansätze der Rechtsprechung des Bundesgerichtshofs (BGHZ 8, 249), in geeigneten Fällen mit Hilfe der faktischen Innengesellschaft beiden Ehegatten den Vermögenszuwachs während der Ehe zukommen zu lassen, der nach außen allein bei dem einen oder anderen von ihnen eingetreten ist.

Wenn man die Ehefrau, mag sie ihre Kräfte im Haushalt ihrer Familie widmen oder daneben auch dem Manne in seinem Beruf behilflich sein oder einem eigenen Berufe nachgehen, an dem materiellen Ertrag der Ehejahre beteiligen will, so bietet die Rechtsgeschichte als Modell die Errungenschaftsgemeinschaft an. Aber diese hat zwei Schwächen. Zunächst führt sie zur Bildung eines Gesamtgutes, das in dem geschichtlichen Vorbilde vom Mann allein verwaltet wurde. Er trat im eigenen Namen auf (§§ 1519 II, 1443ff.), und was er zu tun oder zu unterlassen allein entschied, beeinflußte den Bestand des Gesamtgutes. Wenn auf dem Gebiet des Privatrechts die Gleichberechtigung der Frau verwirklicht werden soll, erscheint es kaum möglich, von Gesetzes wegen dem Mann diese weitgehenden Vollmachten für die Vermögensinteressen der Frau zu belassen, wenn sie ihm durch Ehevertrag nicht ausdrücklich von ihr eingeräumt worden sind. Will man die Verwaltung des Gesamtgutes dem Gleichberechtigungsgrundsatz anpassen, dann bleibt nichts anderes übrig, als daß beide Ehegatten nur gemeinsam ihr gemeinsames Gut verwalten können. Das hätte aber, ganz abgesehen von der Gefahr fortgesetzter Reibereien zwischen den Ehegatten, die das Mitbestimmungsrecht der Ehefrau auslösen könnte, eine starke Belastung des Rechtsverkehrs zur Folge: Man denke an das Bankkonto, über das nur gemeinsam verfügt werden könnte, an die immer wieder notwendig werdenden Zustimmungserklärungen und Vollmachten — eine Erschwerung des gesamten Verkehrs, die kaum erträglich erscheint, besonders wenn die Möglichkeit des Widerrufs dieser einseitigen Erklärungen nach allgemeinem Recht nicht angetastet werden sollte. Und hätte man nicht von dem gemeinsamen Eigentum und der gemeinsamen Verwaltung des Errungenen, die die Elemente nicht der stillen Innen-, sondern der offenen Außengesellschaft ausmachen, zur Solidarhaftung der Eheleute für alle oder einen Teil der mit der Erwerbstätigkeit zusammenhängenden Schulden wenigstens mit einem Teil ihres Vermögens kommen müssen? Gerade diese Folgerung, die das Vermögen des einzelnen Ehegatten mehr gefährdet als begünstigt, erschien aus naheliegenden Gründen unannehmbar.

Es kommt hinzu, daß die Errungenschaftsgemeinschaft mit den verschiedenen Vermögensmassen, die entstehen: eingebrachtes Gut der Frau, eingebrachtes Gut des Mannes, Vorbehaltsgut der Frau und Gesamtgut, bei der Schlußauseinandersetzung schon immer große Beweisschwierigkeiten verursacht hat. Wie wir seit *Nußbaums* verdienstlicher „Rechtstatsachenforschung" wissen, hat darunter die Beliebtheit dieses (im BGB nur noch bei entsprechendem Ehevertrag geltenden) Güterstandes selbst in den angestammten Gebieten sehr gelitten, in denen die Errungenschaftsgemeinschaft entwickelt wurde und bis 1900 kraft Gesetzes gegolten hat.

Beide Schwierigkeiten vermeidet die Zugewinngemeinschaft. Bei ihr bleibt jeder Ehegatte Eigentümer und selbständiger Herr des von ihm eingebrachten oder später errungenen Vermögens, und erst bei Auflösung der Ehe findet eine rechnerische Auseinandersetzung zwischen den Ehegatten statt, die darauf hinausläuft, daß bei jedem von ihnen sein Anfangs- und Endvermögen festgestellt wird und dann eine Ausgleichszahlung von demjenigen Ehegatten, der einen höheren Zugewinn gemacht hat als der andere, an diesen zu leisten ist.

II.

Indessen scheute sich der Familienrechtsausschuß, den Gedanken des bloß obligatorischen Geldausgleichs für den Regelfall, nämlich die Auflösung der Ehe durch den Tod, zu übernehmen. Der an sich so klare Weg des Geldanspruchs des überlebenden Ehegatten an den Nachlaß zwingt zu schwierigsten Beweisführungen und Bewertungen, ohne die der Zugewinn des Einzelnen nicht berechnet werden kann. Er führt zu einem Vermögensvergleich nach Art einer kaufmännischen Bilanz und zwar über viele Jahre hinweg und damit zur Heranziehung des Geldes als des Berechnungsmaßstabs für alle Vermögensstücke.

Das BGB hat das Pflichtteilsrecht (§ 2303) auch nur als Geldanspruch gestaltet, weil die Verfasser des BGB von der Stabilität des Geldwertes ausgingen und den Gegensatz zwischen Sachwerten und Geldforderungen ignorieren zu können glaubten. Die früheren Rechte gaben ein Noterbrecht, das dem Pflichtteilsberechtigten ein dingliches Miteigentum am Nachlaß sicherte und ihn damit, anstatt ihn auf einen Geldanspruch zu verweisen, an den vorhandenen Sachwerten mitbeteiligte. Es ist gewiß richtig, daß bei der Anerkennung eines Noterbrechts für die gemeinsame Verwaltung des Nachlasses durch die Miterben das Spannungsverhältnis, das normalerweise zwischen den Testamentserben und den Pflichtteilsberechtigten besteht, zu Unträglichkeiten führen kann, die die Lösung des BGB vermeidet. Aber die Reformarbeiten über das Erbrecht im Schoß der Akademie für deutsches Recht haben die Überbewertung des Geldanspruchs, die in der Ausgestaltung des Pflichtteilrechts durch das BGB lag, nicht mehr mitmachen, sondern die angestammte Noterbrechtslösung oder wenigstens einen „wirksamer ausgestaltenden Geldanspruch" (verbunden mit einem unter gewissen Voraussetzungen entstehenden „Recht auf Abfindung in Gegenständen", vgl. *Lange*, Die Ordnung der gesetzlichen Erfolge 1938, S. 211 ff.) bevorzugen wollen. Diesem Gedanken glaubte der Familienrechtsausschuß sich anschließen zu sollen, als er vor der Frage stand, ob er dem überlebenden Ehegatten nur einen Geldanspruch gegen den Nachlaß oder als Ablösung des Geldanspruchs eine irgendwie geartete dingliche Beteiligung an dem Vermögen des ausgleichspflichtigen Ehegatten einräumen sollte.

Dies ist in der Tat auch die Problematik, mit der die auslandsrechtliche Entwicklung der letzten Jahre ringt. Nicht umsonst hat *Karl H. Neumayer* seinen außerordentlich aufschlußreichen „rechtsvergleichenden Beitrag zu den Problemen familienrechtlicher Gleichstellung von Mann und Frau" unter dem Titel „Die Kombination von Vermögenstrennung und Vermögensteilhabe im ehelichen Güterrecht" veröffentlicht (Rabels Zeitschrift Band 18 [1953] S. 377 ff.). Damit wird offenbar, daß in gewissem Sinne eine compositio oppositorum angestrebt wird, indem während der Dauer der Ehe zwar die Trennung von Eigentum und Verwaltung das Ziel bleibt — ohne daß deswegen der gesamte Güterstand, der ja die genossenschaftlichen Elemente der Ehe auch in güterrechtlicher Hinsicht zum Tragen bringen will, seinem Sinne nach als „Gütertrennung" aufzufassen wäre —, aber nach Auflösung der Ehe eine bloß rechnerisch oder real zu vollziehende Vergemeinschaftung aller oder wenigstens bestimmter Vermögensstücke der Ehegatten vorgenommen wird. Ohne daß es die Aufgabe dieses Beitrages sein kann, hier auf die Einzelheiten einzugehen, scheint doch die Bildung der besonderen Teilungsmasse nach Auflösung der Ehe insbesondere in den nordischen Rechten und bei der österreichischen Todfallsgemeinschaft nicht ohne dingliche Einschläge vor sich zu gehen.

Daß auch hier in Deutschland auf eine möglichst weitgehende Verdinglichung der Rechte des Ausgleichsberechtigten hingesteuert werden mußte, liegt auf der Hand.

In der Tat wäre es unverständlich, wenn die Geldrechtsentwicklung der letzten 40 Jahre von dem Ausschuß einfach in den Wind geschlagen und noch einmal eine gesetzgeberische Lösung angenommen würde, wie sie die Ausgestaltung des Pflichtteilsrechts durch die Verfasser des

BGB darstellt. Man muß sich darüber klar sein, wie fern den Verfassern des BGB die Geldwertschwankungen gelegen haben, die die Rechtsgeschichte der letzten 40 Jahre geprägt haben. Nur einige Beispiele: Die Obligationen des Staates und die Hypotheken sind nach dem BGB (§ 1807) mündelsichere Vermögensanlagen, aber nicht ohne weiteres die Aktien, weil den Vätern des BGB die Kursschwankungen der Aktien im Vergleich mit der Stabilität einer dinglich gesicherten Darlehensforderung das Mündelvermögen allzusehr zu gefährden schienen. Weiter haben wir noch die Erfahrung der zwanziger Jahre vor Augen, in denen die Verkäufer von Grundstücken gezwungen wurden, als Wertzuwachs eine sehr erhebliche Quote der Grundstückserlöse abzugeben, die ihnen durch die nominal zwar gestiegenen, aber nach dem internationalen Geldwert der deutschen Währung weit hinter deren Verfall zurückgebliebenen Grundstückspreise zugeflossen waren. Das war Geist vom Geist des BGB, das Geldwertschwankungen nicht einmal als Problem erkannt hatte und dem Nominalismus restlos verhaftet war. Gewiß sind wir alle davon überzeugt, daß Geldkatastrophen, wie wir sie zweimal in einer Generation kennengelernt haben, durch eine verantwortungsvolle Politik vermieden werden können. Aber seit 1929 hat der *Keynes*sche Gedanke der Geldmanipulation als Mittel der Krisenbekämpfung an Boden gewonnen, und die ganze westliche Welt erlebt auch in der Gegenwart eine dauernde Kaufkraftverringerung des Geldes.

Wenn man sich diese geschichtlichen Fakten klar macht, ist es einleuchtend, daß der Familienrechtsausschuß bestrebt sein mußte, von der bloß rechnerischen, also nur auf das Geld abgestellten Lösung des Zugewinnausgleichs loszukommen, um ihn in wirkungsvollerer Weise als durch die Zuerkennung eines Geldanspruches sicherzustellen.

Soeben erscheint über eine verwandte Fragestellung die bedeutende französische Doktorthese von *Pierre Catala* (Recueil Sirey) mit einem Vorwort des Dekans von Montpellier *Emile Becqué* über les règlements successoraux depuis les réformes de 1938 et l'instabilité économique. Seit 1938 ist in Frankreich das Prinzip der Realteilung durch ein Anerbenrecht des Abkömmlings, der zu Lebzeiten mit den Eltern das Landgut in der Größe einer Ackernahrung bearbeitet hat, geschaffen worden mit der Verpflichtung des Anerben, seine Geschwister in Geld abzufinden, wobei für die Bewertung des übernommenen Gutes der Stichtag der Erbauseinandersetzung maßgebend ist (s. Art. 832, 824 c. civ.). Der in Frankreich ausnahmslos durchgeführte Nominalismus führt bei der Durchführung dieser Reform zu großen Ungerechtigkeiten, da die Abfindung der Geschwister naturgemäß in den meisten Fällen gestundet werden muß. Der Autor empfiehlt entweder die Einführung anderer Stichtage für die Bewertung (besonders den der Auszahlung der Abfindung) in den Auseinandersetzungsverträgen und die Aufnahme der in der französichen Praxis höchst umstrittenen Wertsicherungsklauseln auf der Grundlage von Index-Zahlen, die die Erblasser in den Testamenten oder die Miterben in den Auseinandersetzungsverträgen in Übung bringen könnten. Seine letzte Forderung ist natürlich auf die Wiederherstellung der „monetären Sekurität" gerichtet. Die gleiche Problematik taucht bei der Berechnung der Erbreserve auf, indem nach dem geltenden code civil (Art. 922 in der Fassung des Gesetzes v. 7. 2. 1938) die unter die disponible Quote fallenden Schenkungen nach dem Datum der Zuwendungen zu bewerten sind. Hierzu wird als weiterer Ausweg vorgeschlagen, daß der verschenkte Gegenstand wieder zur Erbmasse zugeschlagen und mit dieser zum gleichen Stichtag wie die übrige Erbschaft bewertet wird.

So ist auch in Frankreich die optimistische Vorhersage des berühmten französischen Rechtslehrers *Josserand*, daß durch die Reform des Jahres 1938 das Erbrecht nunmehr à l'abri des surprises et perturbations économiques gestellt sei, durch die seither erlebte neue Geldentwertung widerlegt worden, und so begegnet jede erbrechtliche Lösung, die auf das Geld und seine Stabilität angewiesen ist, der Skepsis der Juristen.

III.

Man hätte daran denken können, mit Wirkung vom Tage der Eheauflösung an in Anlehnung an skandinavische Rechtsgedanken und entsprechend der österreichischen Todfallsgemeinschaft ein Gemeinvermögen der Eheleute entstehen zu lassen (vgl. auch *Dölle* in FamRZ 1954, 205). Aber abgesehen davon, daß diese Vergemeinschaftung, die während Bestehens der Ehe ängstlich vermieden wird, erst dann geschaffen würde, wenn die Eheleute nach der Scheidung ihre Lebenswege voneinander trennen und auf ihr disponibles Vermögen angewiesen sind oder wenn der Tod des Partners den Überlebenden zwingt, allein die Fährnisse des Lebens zu bestehen, ist die rechtstechnische Bewältigung einer solchen nachträglichen Entstehung eines Gesamtguts eine höchst schwierige Aufgabe, deren Lösung nur mit schweren Nachteilen erkauft werden könnte.

Zunächst müßten die zu dieser Teilungsmasse gehörigen Aktiven ermittelt werden. Diese hätten dann vom Stichtag an als in einer Art Universalsukzession (also ohne Publizitätsakte) auf beide Eheleute gemeinsam übergegangen zu gelten. Ferner müßte die Schuldenhaftung eine besondere Regelung erfahren, da der Teilvermögensübergang notwendig in gewissen Grenzen auch zu einem Schuldenübergang führen würde, und endlich müßte die reale Teilung geordnet werden, an die sich bei Auflösung der Ehe durch den Tod erst die Erbauseinandersetzung hinter dem Erstverstorbenen anschließen könnte.

Gewiß haben wir bei der allgemeinen Gütergemeinschaft Vorbilder für dingliche Lösungen solcher Art, aber hier entsteht das Gesamtgut zu

Beginn der Ehe und nicht erst zu Liquidationszwecken, wenn die Schulden aus einem langen Leben zur Debatte stehen.

Auch der Gedanke, dem ausgleichsberechtigten Ehegatten wenigstens einen obligatorischen Anspruch auf Übertragung bestimmter Vermögensstücke oder eines Anteils an diesen zu geben, um ihn von dem leidigen Geldanspruch zu befreien, hätte zwar manche dieser Schwierigkeiten vermieden, wäre aber praktisch ohne große Umstände nur für den Hausrat realisierbar gewesen, für den der Ausschuß in Anlehnung an den „Voraus“ (§ 1932 BGB) und die Hausratsverordnung ohnehin eine Sondernorm erwägt.

Angesichts dieser Problematik hat sich der Ausschuß entschlossen, den gordischen Knoten im Falle der Auflösung der Ehe durch den Tod durchzuhauen, indem er durch Erhöhung des Ehegattenerbrechts um ein Viertel den Zugewinnausgleich abzulösen vorschlägt.

Rechtstechnisch stehen wir damit auf bekanntem Boden, besonders auch, was die Schuldenregelung angeht, und geben dem überlebenden Ehegatten wirklich einen dinglichen Anteil am Vermögen seines Ehepartners.

IV.

Im Falle der Scheidung soll es dagegen bei dem Geldanspruch bleiben. Das Problem der Geldwertschwankungen ist wegen der kürzeren Ehedauer (die Ehescheidungen liegen meist in den ersten fünf Ehejahren) hier weniger gefährlich. Die schwierigen Abschichtungen des Eingebrachten vom Errungenen sind leichter vollziehbar, weil die einzelnen Vorgänge zu Lebzeiten beider Eheleute noch beweisbar sind, und der Streit um die einzelnen Rechnungsposten und Bewertungsfragen, der bei der Zugewinnermittlung unausbleiblich ist, gefährdet nicht den Familienfrieden, der nach dem Tode eines Ehegatten besonders notwendig ist. Da der Geldanspruch an Verjährungsvorschriften gebunden werden muß, würde er bei Eheauflösung durch den Tod leicht innerhalb kurzer Frist zu einer streitigen Auseinandersetzung zwischen dem Ausgleichsberechtigten und den Erben des Ausgleichsverpflichteten führen. Vielfach werden dies die minderjährigen Kinder der Eheleute sein. Es erschien dem Ausschuß vernünftiger zu sein, den überlebenden Ehegatten an dem Nachlaß des Erstverstorbenen höher zu beteiligen, als ihn nach dem Tod des anderen Teiles zu einem Prozeß gegen die Kinder zu zwingen. Da die Geldwertschwankungen bei der erbrechtlichen Lösung ausgeschaltet sind, hat der überlebende Ehegatte auch kein Interesse daran, auf der alsbaldigen Erbauseinandersetzung zu bestehen. Die Miterbengemeinschaft wird in aller Regel fortbestehen, bis die Kinder volljährig geworden sind. Auch im Verhältnis zu den übrigen Nachlaßgläubigern ist die Erhöhung des Ehegattenerbrechts die gesündere Lösung. Wenn der überlebende Ehegatte im Sinne der Regierungsvorlage auf der Auszahlung seines Zugewinnanteils bestünde, würde unter Umständen der Nachlaß auf Jahre hinaus seiner Barmittel beraubt, die er benötigt, um seine Gläubiger zu bezahlen. Umgekehrt können die Gläubiger länger zuwarten, wenn die Rechte des überlebenden Ehegatten in der Form einer höheren Erbquote sie nicht eine Entblößung des Nachlasses von allen liquiden Mitteln befürchten lassen.

V.

Es ist freilich nicht zu verkennen, daß auch die erbrechtliche Lösung Schwächen hat.

Aber so, wie sie dem Familienrechtsausschuß vorschwebt, wäre es ungerecht, sie mit der Erwägung zu bekämpfen, daß die schematische Erhöhung des Ehegattenerbrechts den Grundgedanken der Zugewinngemeinschaft preisgibt: einmal soll die Erhöhung der Erbquote nur eintreten, wenn die Ehegatten im Güterstand der Zugewinngemeinschaft gelebt haben, sodann sollen die zur Sicherung des Zugewinnausgleichs während bestehender Ehe vorzusehenden Schutzbehelfe immer gelten, und ferner soll die Testierfreiheit des Erstversterbenden eingeschränkt werden:

Er kann den Erbteil seines Ehepartners nur soweit beschränken, daß diesem — neben dem sonstigen Pflichtteil (das ist regelmäßig $^1/_8$) — mindestens der Zugewinnanteil verbleibt. Ist der Testator in der Beschneidung des gesetzlichen Erbrechts seines Ehegatten darüber hinausgegangen, kann dieser nach Art des Pflichtteilergänzungsanspruchs (§§ 2325ff. BGB) eine Nachzahlung verlangen, durch die der volle Zugewinnausgleich sichergestellt wird, also die Erhöhung des Pflichtteils bis zu der Summe fordern, die ihm als Zugewinn zustände.

Andererseits muß als Folge der Zugewinngemeinschaft das Ehegattenerbrecht auch dann die Hälfte neben Kindern betragen, wenn derjenige Ehegatte zuerst stirbt, der nicht ausgleichspflichtig, sondern ausgleichsberechtigt wäre. Nur so läßt sich vermeiden, daß im Falle des Todes eines Ehegatten der Vermögensvergleich bei beiden Ehegatten durchgeführt werden muß. Denn gerade darin, daß diese mit dem Gewinnausgleich verbundenen Wertermittlungen überhaupt überflüssig werden, besteht der große Vorteil der vorgeschlagenen Lösung.

Ernster zu nehmen ist der Einwand, daß die Pauschalierung des Zugewinns durch die Erhöhung der Erbquote eine zu grobe und schematische Lösung des Zugewinnproblems darstellt. Aber die Praktikabilität der Rechtsformen zwingt oft zur Annahme „durchschnittlicher Lösungen", wobei hier noch zur Unterstützung angeführt werden kann, daß weitaus die meisten Testamente seit Inkrafttreten des BGB keinen anderen Zweck hatten, als den überlebenden Ehegatten gegenüber dem gesetzlichen Erbrecht besser zustellen.

Die Steigerung des Ehegattenerbrechts von $^1/_4$ auf $½$ bringt eine bedeutende Beeinträchtigung der Kinder. Eine solche tritt aber bei jeder Anerkennung des Zugewinnausgleichs auch in der Form der Auszahlung einer Geldsumme ein. Wenn man sich vorstellt, daß, wie in vielen Ehen, das gesamte Vermögen des erstversterbenden Mannes nur im Zugewinn besteht, kann der Zugewinnausgleich im Sinne der Regierungsvorlage sogar dazu führen, daß der überlebende Ehegatte neben den Kindern $^5/_8$ des Nachlasses bekommt. Hat ein Ehegatte ein großes eingebrachtes Vermögen, was heute selten ist, oder Kinder aus erster Ehe (für die der Ausschuß aber auch an eine Sonderregelung denkt, vgl. darüber unten unter B), muß er entweder durch einen Ehevertrag oder durch letztwillige Verfügung das Erbrecht seiner Ehefrau beschränken. Es läßt sich keine Güterrechts- oder Erbordnung ersinnen, die für alle Ehen paßt, und die der rechtsgeschäftlichen Korrektur zur Berücksichtigung von Sondertatbeständen entraten könnte.

VI.

Systematisch mögen gegen die Lösung des Familienrechtsausschusses Bedenken bestehen, weil die güterrechtliche Frage mit dem Erbrecht verquickt wird. Aber die Trennung der beiden Gebiete ist erst ein spätes Produkt der geschichtlichen Entwicklung, und insbesondere war in der deutschrechtlichen Überlieferung bei allen Gemeinschaftsgüterständen eine erbrechtliche Auswirkung des Güterstands gegeben *(Otto von Girke)*. Ich erinnere an die fortgesetzte Gütergemeinschaft des BGB; aber auch bei der Errungenschaftsgemeinschaft und Fahrnisgemeinschaft ist der Schnitt, den das BGB entgegen der Tradition zwischen Ehegüterrecht und Erbrecht vollzogen hat, nicht überzeugend gewesen. Auch bei diesen beschränkten Gütergemeinschaften erhält die Frau nach BGB außer ihrer Hälfte am Gesamtgut neben Kindern auch noch einmal $^1/_4$ der Gesamtgutshälfte des Mannes. Die überkommenen Lösungen bestanden auch bei diesen Güterständen vielfach darin, daß sie mit den Kindern fortgesetzt wurden oder daß die Frau die „Leibzucht" oder ein Statutarerbrecht, das sie einer Nießbraucherin ähnlich stellte, bekam. Die römische Quart, ursprünglich als Versorgung der armen Witwe gedacht, paßt nicht zu den deutschrechtlichen Gemeinschaftsgüterständen, die sich die Sicherstellung der Frau mit anderen Mitteln angelegen sein ließen.

Aber wie dem auch sei, Güterstand und Erbrecht der Ehegatten haben seit je im engsten Zusammenhang gestanden, und man sollte aus rechtssystematischen Gründen die vorgeschlagene erbrechtliche Lösung des Zugewinnausgleichs nicht verwerfen, wenn sie unter Berücksichtigung aller Umstände einen vernünftigen und gangbaren Ausweg aus den gesetzgeberischen Schwierigkeiten eröffnet.

Freilich bedürfen die Einzelheiten noch gründlicher Überlegung. Auch soweit sie hier schon mitgeteilt und erörtert worden sind, kann die endgültige Fassung, das liegt im Wesen der gesetzgeberischen Arbeit, noch inhaltliche Änderungen bringen.

B. Sondernorm für erst- oder voreheliche Kinder?

I.

Sind nur gemeinsame Kinder der Eheleute neben dem verwitweten Gatten zu Miterben berufen, hat die Erhöhung des Ehegattenerbrechts des Überlebenden in aller Regel zur Folge, daß die Kinder nach dem Tode des Überlebenden ja wieder in den Besitz dessen gelangen, was von dem Vermögen des Erstverstorbenen zunächst dem überlebenden Ehegatten zugeflossen ist. Deshalb kann die Beeinträchtigung der gemeinsamen Kinder durch die Erhöhung des Ehegattenerbrechts in Kauf genommen werden, zumal die Berliner Testamente, aber auch die meisten Rechte vor 1900 den Kindern das Vatererbe erst nach dem Tode der Mutter zukommen lassen. Sind dagegen voreheliche oder ersteheliche Kinder des vorverstorbenen Ehegatten vorhanden, wirkt sich die Besserstellung des Ehegatten in einer starken Bevorzugung der gemeinsamen Kinder vor den erst- oder vorehelichen aus. Die sogenannten Nachkinder werden allein einmal das bekommen, was der Ehegatte auch über seinen bisherigen gesetzlichen Erbteil aus dem Nachlaß des erstverstorbenen Ehegatten bekommen hat.

Ein Beispiel möge die Lage verdeutlichen:

Wenn ein Mann M aus erster Ehe drei Kinder A, B, C, aus zweiter Ehe ein Kind D hat, so bekommt seine Frau F $1/2$ und die vier Kinder je $1/8$. Wird dann F beerbt, erbt D zu seinem $1/8$ noch einmal die Hälfte, die F von M geerbt hatte. Im ganzen beträgt seine Beteiligung am Vermögen des M dann $5/8$, also fünfmal soviel wie die seiner Halbgeschwister erster Ehe.

Das BGB hat bekanntlich die Rechtssätze des alten deutschen, römischen und des daran anknüpfenden französischen Rechts nicht übernommen, die einen Versuch bedeuten, die Kinder erster Ehe im Falle der Wiederverheiratung eines Ehegatten vor einer allzugroßen Einbuße ihrer Erbchancen zu schützen. Aber noch heute ist im Volksbewußtsein die Stellung der Stiefkinder zur „bösen Stiefmutter" ein menschliches Problem, für dessen rechtliche Ausprägung in einer Sondernorm zum Schutze der Kinder in den breitesten Kreisen Verständnis erwartet werden könnte. Man braucht nur an die Kinder- und Hausmärchen der Gebrüder Grimm zu denken, in denen dieses menschliche Motiv im Schicksal gerade der beliebtesten Kindergestalten immer wiederkehrt, oder auch auf anderer Ebene an die in den Königshäusern spielenden Dramen Shakespeares. Es kann ja auch nicht von der Hand gewiesen werden, daß die zweite Ehe, wenn Kinder aus erster Ehe vorhanden sind, auch im Bewußtsein der Nupturienten von Anfang an unter anderen Bedingungen steht, als wenn keine Kinder eingebracht werden. Wer hat in den Heiratsanzeigen noch nicht die Klausel gelesen, „auch Witwe (oder Frau) mit Kind angenehm", womit von den Heiratswilligen zum Ausdruck gebracht wird, daß sie bereit sind, sich den besonderen sittlichen Verpflichtungen zu unterwerfen, die in solchem Falle von Anfang an übernommen werden müssen.

Deshalb zwingt die jetzige Erhöhung des Ehegattenerbrechts dazu, die alten güter- und erbrechtlichen Sonderlösungen zum Schutze der Kinder des ersten Bettes noch einmal zu überdenken.

II.

Im alten deutschen Recht gab es die Möglichkeit der Einkindung, d. h. in der zweiten Ehe wurde durch Vertrag zwischen den Ehegatten mit Zustimmung der Vorkinder, bzw. ihrer Pfleger abgesprochen, daß die Kinder aus beiden Ehen als Kinder einer Ehe, nämlich der zweiten Ehe betrachtet werden sollten. Die Stiefkinder werden also zu eigenen Kindern des zweiten Gatten gemacht. In *Weiskes* Rechtslexikon, Bd. III Seite 670 wird das Institut folgendermaßen erläutert: „Ihr Zweck ist, den Vorkindern dafür, daß sie den Besitz, die Verwaltung und Nutznießung des ihnen von ihrem verstorbenen parens erblich zugefallenen Vermögens ihrem lebenden parens und dessen neuen Ehegatten gänzlich überlassen, gegen diese beiden die nämlichen Rechte auf Alimentation, Ausstattung und Beerbung zu erteilen, welche den in dieser Ehe zu erzeugenden Kindern (Nachkindern) zustehen, gleich als wären sie ebenfalls aus dieser Ehe entsprungen". Dies zeigt, daß die Einkindschaft mit den Gütergemeinschaften und ihrer Fortsetzung nach dem Tode des Erstverstorbenen, bzw. mit dem Nießbrauchsrecht des Überlebenden am Kindeserbteil in engem Zusammenhang steht. Die Einkindung sollte die Verwicklungen vermeiden, welche die Eingehung einer neuen Ehe für die Kinder einer früheren Ehe heraufführen konnte. Aus diesem Anlaß mußte entweder eine Übereinkunft getroffen werden, durch welche die bestehende Vermögensgemeinschaft aufgehoben und jeder Beteiligte den ihm gebührenden Teil ausgeliefert bekam, oder die Einkindung stattfinden, die in gewissem Sinne auf eine Übertragung der bestehenden Gemeinschaft auf die neue Ehe hinauslief.

Unter diesen Umständen wird es begreiflich, daß das BGB auf die Einkindung als Rechtsinstitut glaubte verzichten zu können. Die fortgesetzte Gütergemeinschaft des BGB hat die Beendigung dieser Gemeinschaft für den Fall der Wiederverheiratung des überlebenden Ehegatten vorgeschrieben (§ 1493) und in den andern Gütergemeinschaftsständen die Fortsetzung der Gemeinschaft über den Tod des Erstverstorbenen hinaus überhaupt nicht vorgesehen. Auch ein Nutznießungsrecht des überlebenden Gatten an dem Erbteil der Kinder wurde nicht anerkannt, sondern dem Überlebenden ein Eigentumsanteil in engen Grenzen an dem Nachlaß des Erstverstorbenen eingeräumt. So ist es zu verstehen, daß die Einkindung überflüssig erschien und die Vorschrift, daß die Neuverheiratung ein Auseinandersetzungszeugnis seitens des Vormundschaftsgerichts (§§ 1493, 1669 BGB, § 9 EheGes.) erfordert, als genügender Ersatz für die Einkindung angesehen wurde. Dies wird ganz klar, wenn man die Motive zur Regelung der Gütergemeinschaft (Seite 481 ff.) besonders auch den „Anhang über die Einkindschaft zu §§ 1341—1409" gelesen hat. Nach den Protokollen, Seite 5567, gab dann die zweite Kommission aus den in den Motiven erörterten Gründen zu der Nichtaufnahme der Einkindschaft als Rechtsinstitut ihre Zustimmung. Dabei wurde bemerkt, daß die bayrische Regierung, obwohl in ihrem Rechtsgebiet die Einkindschaft sehr verbreitet sei, sich für die Beseitigung des Instituts ausgesprochen habe. Dies zeige, daß nach den praktischen Erfahrungen die mit diesem Institut verbundenen Nachteile größer seien als die Vorteile. Als Nachteil kam hauptsächlich in Betracht, daß die Einkindung, auch wenn sie auf der einen Seite den Kindern erster Ehe wichtige zusätzliche Rechte gegen den Stiefelternteil verschaffte, auf der andern Seite aber auch das Vermögen der Vorkinder gefährdet, indem die Gleichstellung mit den zu erwartenden Nachkindern ihren Erbteil hinter ihrem eigenen Elternteil schmälern mußte, ganz abgesehen von einer etwaigen Mißwirtschaft in der zweiten Ehe. So findet sich denn in den außergewöhnlich eingehenden Regelungen des Instituts im Preuß. allgem. Landrecht (II. Teil 2. Titel §§ 717—752) der Satz, daß der die Kinder einbringende Gatte die Hälfte des eigenen Vermögens beim Abschluß der Einkindung als Voraus für die Vorkinder sicherstellen mußte, während zahlreiche andere Landrechte vorschrieben, daß ein angemessener Teil des Vermögens der Kinder von der Einkindschaft ausgeschlossen und als ein Voraus und Sondergut für sie zurückbehalten werden mußte.

Man sieht daraus, daß die Einkindung im Rahmen der Zugewinngemeinschaft heute andere Funktionen hätte, als in der Rechtsgeschichte bisher mit dem Institut verbunden waren. Es würde sich nicht mehr darum handeln, für die Gefährdung und Schmälerung eines schon angefallenen Erbteils, der durch die neue Ehe ungewissen Entwicklungen ausgesetzt ist, einen Ausgleich durch die Zuerkennung von Kindesrechten gegenüber dem Stiefelternteil zu gewähren. Heute könnte die Einkindung höchstens bewirken, daß die Kinder erster Ehe die Chance erhielten, einen Anteil auch aus dem Nachlaß des Stiefelternteils zu bekommen, ohne daß diese Leistung in einem Vermögensopfer der erstehelichen Kinder zugunsten der Stiefmutter oder des Stiefvaters und der Halbgeschwister ein Äquivalent fände.

An dieser Stelle sei nur soviel gesagt: Der legislatorische Aufwand der Wiederbelebung der etwas archaisch anmutenden Einkindschaft scheint mir im Rahmen der Zugewinngemeinschaft zu groß zu sein. Abgesehen davon, daß sie ein Rechtsgeschäft erfordert, um das Erwünschte zu erreichen, zeigen die Einzelheiten, daß die Einkindung nicht auf die Begründung eines vollen Eltern- und Kindesverhältnisses zwischen Stiefkindern und Stiefelternteil, erst recht nicht auf die wirkliche Eingliederung der ersteren in die leibliche Familie des Stiefelternteils gerichtet war. Etwa die Frage, wieweit sie beim alsbaldigen Tode des Stiefelternteils das Erbrecht seiner Aszendenten ausschlossen, war sehr verschieden geregelt, meistens in dem Sinne, daß erst Kinder der zweiten Ehe wirklich geboren sein mußten, damit die Aszendenten des Stiefelternteils als Erben ausschieden. Auch sonst tauchten bei der praktischen Durchführung der Einkindung zahlreiche Fragen auf: ich nenne die Fragen der Zustimmung der Aszendenten zum Einkindungsvertrag, der nötigen Vermögensverzeichnisse, der Rückgängigmachung und Beendigung der Einkindschaft durch contrarius actus oder Gerichtsurteil, die Rechtsgestaltung im Falle einer dritten oder weiteren Ehe.

Dazu kommt, daß die zweite Ehe in vielen Fällen sich an eine Scheidung anschließen wird, und es ist nicht möglich, sich vorzustellen, daß der neue Ehegatte des Geschiedenen eine Elternstellung gegenüber den Kindern erster Ehe erwirbt, weil ja der andere geschiedene Elternteil sein Recht behält. Allenfalls käme eine Adoption der erst- und vorehelichen Kinder für den neuen Ehegatten in Frage, wobei das neue Adoptionsrecht eine Hilfe bedeutet, soweit von dem Erfordernis der Kinderlosigkeit der Adoptiveltern noch Befreiung erteilt werden kann.

III.

Sachlicher gefaßt und nicht aus einem Leitbild abgeleitet, das mehr an Folgerungen hergibt, als wirklich erwünscht ist, sind die Kaiserkonstitutionen aus dem 4. und 5. Jahrhundert über die Wiederverheiratung bei Vorhandensein erstehelicher Kinder (Codex 5,9 de secundis nuptiis und 5, 10: si secundo nupserit mulier cui maritus usum fructum reliquerit). Die Kaiser Gratianus, Valentianus und Theodosius bestimmten, zunächst für die Witwen (C. 5, 9, 3), daß sie alle Vermögensstücke, die sie unter irgendeinem Rechtstitel von ihrem ersten Manne erhalten hatten, den Kindern der ersten Ehe ungeschmälert zu hinterlassen hätten. Solche Frauen sollten kein von dem Manne herrührendes Vermögensstück auf eine außenstehende Person übertragen können; wenn sie es doch täten, müßte ein Ersatz aus dem angestammten mütterlichen Vermögen geleistet werden, damit die Kinder ungeschmälert in den Besitz des von ihrem Vater herrührenden Vermögens gelangten. Die Bestimmung wurde später auch auf die Witwer ausgedehnt und durch die weitere Vorschrift ergänzt, daß das Nießbrauchsrecht an dem Nachlaß des vorverstorbenen Ehegatten am Tage der Wiederverheiratung an die ersteehelichen Kinder herauszugeben sei (C 5, 10, 1). Ferner bestimmten die Kaiser Leo und Anthemius (C 5, 9, 6), daß Zuwendungen an den zweiten Ehegatten nur in Höhe der geringsten Erbportion eines Kindes gestattet sein sollten.

Beide Bestimmungen sind von dem französischen König Franz II. in einem Edikt vom Juli 1560 auf Veranlassung seines Kanzlers neu bestätigt und in ganz Frankreich eingeführt worden. Im Jahre 1580 wurde die Bestimmung dieses sogenannten Edit des secondes noces in die Neufassung der Coutume von Paris aufgenommen. Anlaß für diese gesetzgeberischen Akte war der Skandalfall einer alten Witwe, die, trotzdem sie sieben Kinder erster Ehe hatte, eine zweite Ehe mit einem jungen Manne einging, der sich von ihr eine große Schenkung machen ließ.

Der Code civil übernahm in dem Art. 1098 die Beschränkung der Schenkungen an den zweiten Gatten auf einen Kindesteil, höchstens ein Viertel des Vermögens des Schenkenden, nicht dagegen die Verpflichtung, den Kindern erster Ehe das vom Manne Hinterlassene ungeschmälert zukommen zu lassen, weil darin eine Art Vor- und Nacherbschaft liegt, die mit dem im Code civil streng durchgeführten Verbot der erbrechtlichen Substitution, auf der die Familienfideikommisse beruhen, unvereinbar erschien. Wichtig erscheint es ferner, daß auch ehevertragliche Vereinbarungen, die nicht eigentlich eine Schenkung oder eine testamentarische Zuwendung darstellen, den gleichen Beschränkungen unterworfen sind (Art. 1496, 1527). In diesen Gedankengängen haben die Gesetze seit 1891 bei der Einführung des *gesetzlichen* Ehegattenerbrechts neben Kindern (bis dahin war der überlebende Ehegatte nur dann erbberechtigt, wenn überhaupt keine Verwandten im sukzessiblen Grade vorhanden waren) auch die kraft Gesetzes dem zweiten Ehegatten zukommende Erbportion geringer bemessen, wenn Kinder erster Ehe vorhanden sind; während neben gemeinsamen Kindern auf Grund des Gesetzes v. 29. 4. 1925 dem überlebenden Ehegatten der Nießbrauch an einem Viertel des Nachlasses gewährt wird, ist er beim Vorhandensein vorehelicher Kinder nur an einem Kindesanteil und zwar in Höhe der Portion des am geringsten bedachten Kindes nießbrauchsberechtigt.

Um obiges Beispiel wieder aufzunehmen: Die Mutter hätte den Nießbrauch an einem Fünftel, während A, B, C, D je ein Fünftel des Nachlasses erbten. Nach dem Tode der Mutter würde der Nießbrauch der Mutter erlöschen und der belastete Nachlaßteil an sämtliche Kinder in gleichem Verhältnis fallen.

Die über die Arbeiten der großen Zivilrechtsreformkommission bisher veröffentlichten Bände (Travaux de réforme du code civil) enthalten noch keine Vorschläge für das Erbrecht. Um den jetzigen Stand der Frage in Frankreich zu erkennen, muß man sich deshalb an die letzten Gesetzesvorschläge der französischen Parlamentarier auf diesem Gebiete halten. Mir liegt eine proposition de loi des Abgeordneten *Tony Révillon*, tendant à accroitre les droits de l'époux survivant sur la succession du prédécédé v. 1. 3. 1956 (Parlamentsdrucksache Nr. 923) vor. An Stelle des Nießbrauchs soll der überlebende Ehegatte volles Eigentum an der bisher bloß mit einem Nießbrauch zu seinen Gunsten belasteten Quote des Nachlasses bekommen. Dieses Erbrecht soll neben den ehelichen Kindern einen Kindesanteil betragen und, wenn Kinder aus einer früheren Ehe vorhanden sind, den Anteil desjenigen Kindes, das am wenigsten bekommt, in allen Fällen mindestens aber ein Viertel der Erbschaft. Der Ehegatte hat ein Recht auf eine Erbreserve, die die Hälfte seines Erbanteils beträgt.

In unserm Beispiel würde nach dem Antrag Révillon die Ehefrau ein Viertel des Nachlasses erhalten, A, B, C, D je drei Sechzehntel. Nach dem Tode der Mutter ginge das Viertel allein auf D über, der im ganzen also sieben Sechszehntel aus dem Nachlaß seines Vaters erhalten könnte.

Der Antrag, der offensichtlich ganz in den Rahmen der erbrechtlichen Besserstellung der Ehefrau paßt und die Reformgeschichte des code civil über die Gesetze von 1873, 1891 und 1925 sinngemäß fortsetzt, ist deshalb interessant, weil er eine Sonderregelung für den Fall des Vorhandenseins von Kindern aus einer früheren Ehe auch in der Darlegung seiner Motive nicht in Frage stellt, sondern beibehalten will.

IV.

Es sei endlich darauf hingewiesen, daß auch das deutsche Beamtenrecht bei den Pensionsansprüchen der Beamtenwitwe den Fall kennt, daß das Vorhandensein ersteehelicher Kinder des verstorbenen Beamten zu einer Reduzierung ihrer Bezüge führt (vgl. Bundesbeamtengesetz v. 14. 7. 1953 § 128). Sind nämlich neben Kindern zweiter Ehe auch Kinder erster Ehe vorhanden, bekommen die Vollwaisen normalerweise 20% des Ruhegehaltes, während den Halbwaisen nur 12% zustehen. Zusammen mit dem auf 60% bemessenen Witwengeld dürfen aber diese Waisengelder nicht mehr als 100% des Ruhegehalts des verstorbenen Beamten betragen. Würden durch die Addition der Bezüge höhere Versorgungsansprüche als 100% entstehen, tritt für alle Ansprüche eine verhältnismäßige Kürzung ein. Die Tatsache, daß zwei versorgungsberechtigte Vollwaisen vorhanden sind, führt also immer zu einer Verringerung der Bezüge der Beamtenwitwe, wenn auch aus der zweiten Ehe des Beamten mindestens eine Halbwaise zu versorgen ist. Man sieht daraus, daß im Beamtenrecht die Notwendigkeit der Versorgung aller Abkömmlinge sich in einer Kürzung der Witwengelder auswirken kann.

V.

Angesichts der berichteten Lösungen ist nun die gesetzgeberische Frage aufzugreifen, ob die Erhöhung des Ehegattenerbrechts beim Vorhandensein vorehelicher oder erstehelicher Kinder mit einer Sondernorm zu deren Gunsten zu verbinden ist. Oben ist der an sich zutreffende Gedanke ausgesprochen worden, daß sich kein Güter- und Erbrecht ersinnen lasse, das für alle Sonderfälle passe, und zu deren Bewältigung der rechtsgeschäftlichen Korrektur entraten könne. Indessen bleibt es immer mißlich, wenn kraft Gesetzes Wirkungen eintreten, die bestimmten typischen Situationen nicht gerecht werden, und dann die Parteien bloß auf die Versäumnis einer rechtzeitigen rechtsgeschäftlichen Abhilfe verwiesen werden können.

M. E. ist eine erbrechtliche Schlechterstellung des überlebenden Ehegatten mit Rücksicht auf erst- oder voreheliche Kinder des andern Teils grundsätzlich nicht gerechtfertigt. Die Zugewinngemeinschaft ist in ihren Leitgedanken eine Errungenschaftsgemeinschaft, die nach Art der Innengesellschaft organisiert ist. Wenn man mit dieser Vorstellung Ernst macht, hat die Frau oder der Mann einen verdienten Anteil an dem Vermögenszuwachs des anderen Ehepartners erworben. Gerade wenn die Frau ersteheliche Kinder des Mannes übernommen hat, ist ihre in der Familie vollbrachte Mitarbeit besonders hoch zu veranschlagen und der Vermögenszuwachs entsprechend der Grundauffassung der Errungenschaftsgemeinschaft auch ihr Verdienst. Schon oben ist darauf hingewiesen, daß bei der Errungenschaftsgemeinschaft nach dem bisher geltenden Recht dieselbe Beeinträchtigung der Erbchancen der Kinder eintritt, wie jetzt bei der Zugewinngemeinschaft, und so konnte sich auch in der Tat bei der Errungenschaftsgemeinschaft die gleiche Verschiedenheit in der nach dem Tode beider Gatten sich ergebenden Beteiligung zwischen gemeinsamen und vorehelichen Kindern ergeben. M. E. kann man das Schicksal der erstehelichen Kinder, die zu früh ihren einen Elternteil verloren haben, nicht mit einem schweren Opfer des Stiefelternteils zu korrigieren suchen. Ich habe oben bereits darauf hingewiesen, daß bei der Einkindschaft des alten deutschen Rechts die erstehelichen Kinder selbst einen Beitrag aus ihrem Vermögen zum wirtschaftlichen Gedeihen der neuen Ehe geleistet hatten, so daß dem Opfer des zweiten Gatten eine Leistung der erstehelichen Kinder gegenüber stand.

Die römischen und französischen Lösungen sind ebenfalls nicht nachahmenswert. Sie gehen offenbar von der Vorstellung aus, daß schon beim Eingehen der Ehe Vermögenswerte da sind, und fassen die Ehe nicht so sehr als eine Erwerbsgemeinschaft auf, wie es die Verfechter des Zugewinnausgleichs tun. Deshalb wird der Abschluß der zweiten Ehe im Rahmen des Erbverteilungsproblems gewertet und nicht als der Beginn einer neuen wirtschaftlichen Zusammenarbeit zum Zwecke neuer Vermögensbildung angesehen. Das aber ist die Betrachtungsweise, die in den deutschen Verhältnissen nach dem zweiten Weltkrieg mit seiner Zerstörung der bürgerlichen Vermögen mehr entspricht als die Sorge der römischen

Kaiserkonstitutionen um die Begrenzung der Freiheit der Witwe, mittelbar durch eine Neuverheiratung ihr von ihrem Mann ererbtes Vermögen ihren ersteheliehen Kindern zu entziehen. Gerade die Freiheit, über einen Kindesteil zu verfügen, hat ja in der Rechtsgeschichte in verwandten Zusammenhängen eine bekannte Rolle gespielt. Dabei muß übrigens darauf hingewiesen werden, daß die in der französischen Reformliteratur vorgeschlagene „stille" Errungenschaftsgemeinschaft nach meinen Feststellungen das Problem der ersteheliehen Kinder nicht besonders berücksichtigt. Anders ausgedrückt: das Problem der ersteheliehen Kinder taucht nur auf, wenn das eingebrachte Vermögen des sich wiederverheiratenden Ehegatten mehr ins Gewicht fällt als der zu erwartende Zugewinn, und dann muß es eben dabei bleiben, was schon oben betont wurde, daß der Ehegatte durch Testament die Erbquote des zweiten Ehegatten beschränken mag. Das gilt dann aber genau so, wenn keine ersteheliehen Kinder vorhanden sind, oder wenn mangels jeder Deszendenz der Ehegatte das eingebrachte Vermögen für seine Familie sicherstellen will.

Aber dabei sollte man nicht stehenbleiben. Die beamtenrechtlichen Lösungen über eine etwaige Beschneidung der Witwenbezüge zum Zwecke der angemessenen Versorgung der ersteheliehen Kinder zeigen, daß das geltende Recht schon heute auf diesem Spezialgebiet bereit ist, der Witwe im Interesse ihrer Stiefkinder ein Opfer zuzumuten. Ohne daß diese Analogie zur Unterstützung herangezogen wurde, ist im Familienrechtsausschuß die Frage gestellt worden, ob die Witwe oder der Witwer nicht für verpflichtet gehalten werden sollte, aus dem Zugewinnanteil bzw. der zusätzlichen Erbquote im Bedarfsfall einen Unterhalts- und besonders Ausbildungsbeitrag an unversorgte ersteheliche Kinder zu zahlen. Hier geht es um typische Unterhaltsfragen, nicht um die Verteilung eines Vermögens als solchen, und ich glaube, daß die vorgeschlagene Lösung dem mutmaßlichen Willen des erstversterbenden Ehegatten entsprechen würde. Auch diese Anregung kommt einer sehr weit verbreiteten Anschauung entgegen, die das gleiche Arbeitsethos widerspiegelt wie die in der Zugewinngemeinschaft liegende Vorstellung vom Wesen der Ehe: nachdem zweimal die Ersparnisse in einer Generation verloren gegangen sind, meinen viele Eltern, das Wichtigste und Bleibende, was sie ihren Kindern geben könnten, sei eine Ausbildung, um ihnen günstige Startbedingungen für die Aufnahme des Lebenskampfes zu geben, dessen Wechselfälle sie dann selbst zu bestehen hätten. Darum wäre es für die meisten Menschen ein kaum erträglicher Gedanke, wenn durch die sich aus der Zugewinngemeinschaft beim Tode eines Elternteiles ergebenden Erbquoten die Ausbildung der vor- oder ersteheliehen Kinder unterbrochen oder verhindert würde, da die Ersparnisse des Vorverstorbenen gerade im Hinblick auf die Ausbildungskosten seiner Kinder gemacht worden sind.

Dabei mag angemerkt werden, daß das Beamtenrecht die sogenannten Kinderzulagen (anders das Waisengeld) auch den vorehelichen Kindern des Ehegatten eines Beamten zu geben bereit ist. Man kann eben nicht die tatsächliche Lage außer acht lassen, die durch das Zusammenleben des Beamten mit seinen Angehörigen in Familien- und Hausgemeinschaft begründet wird. So wird auch die überlebende Stiefmutter, auf die die elterliche Wohnung aller von den Ehegatten abstammenden Kinder übergeht, der Mittelpunkt der Familie bleiben, und es erscheint berechtigt, ihr wenigstens die Verpflichtung aufzuerlegen, auch wenn Blutsbande nicht bestehen, im Bedarfsfalle zum Unterhalt und zur Ausbildung ihrer Stiefkinder beizutragen. Auch das BGB hat ja für die rechtliche Anerkennung der Hausgemeinschaft über die Blutsverwandtschaft hinaus im Dreißigsten (§ 1969) einen ersten, wenn auch auf einen engen Sondertatbestand beschränkten, Ansatz entwickelt, da zu den Familienangehörigen im Sinne dieses Instituts auch die Stiefkinder gehören.

DER SCHULDAUSSPRUCH BEI DER HEIMTRENNUNGSKLAGE

Von Dr. HERMANN NOLTE
oö. Professor an der Universität Marburg

I.

Nach dem geltenden Ehescheidungsrecht wird zwar deutlich zwischen der Scheidung wegen Verschuldens und der Scheidung aus anderen (als verschuldeten) Gründen unterschieden[1]. Schuldhaftes Verhalten ist aber deswegen bei der Scheidung aus anderen Gründen nicht ohne jede Bedeutung. Die Schuld kann z. B. im Scheidungsverfahren wegen dreijähriger Heimtrennung (Aufhebung der häuslichen Gemeinschaft, § 48)[2], die mit unheilbarer Zerrüttung verbunden ist, in dreifacher Weise zur Geltung gelangen. Einmal ist der wegen Heimtrennung verklagte Eheteil berechtigt, der Klage zu widersprechen, wenn der Ehegatte, der die Scheidung begehrt, die Zerrüttung der Ehe ganz oder überwiegend verschuldet hat. Die Erhebung des Widerspruchs ist regelmäßig im Abweisungsantrag des Beklagten enthalten[3]. Während der Beklagte, welcher mit Rücksicht auf das Verschulden des Klägers der Klage widerspricht, deren Abweisung erstrebt, begehrt er in den weiteren Fällen, in denen das Verschulden gegenüber einer Klage aus anderen Gründen Bedeutung gewinnt, selbst Scheidung. Das kann auf Grund einer Widerklage wegen Verschuldens des Klägers geschehen. Ihre Zulässigkeit auch gegenüber der Heimtrennungsklage ergibt sich aus dem Gesetz (§ 53 I u. II). Die anfänglich gegen die Zulässigkeit erhobenen Bedenken[4] haben daher mit Recht keinen Widerhall gefunden. Voraussetzung einer Klagerhebung ist, daß der Beklagte im Zeitpunkt der Erhebung der Klage oder später wegen Verschuldens des Klägers klageberechtigt war. Wird die Ehe auf Grund der Widerklage geschieden, so ist die Schuld des Klägers nach § 53 II im Urteil auszusprechen[5]. Der wegen Heimtrennung verklagte Eheteil, der z. Z. der Erhebung der Klage oder später ein Scheidungsrecht wegen Verschuldens gegen den Kläger hat, ist nicht auf die Erhebung der Widerklage angewiesen; er kann vielmehr, statt Widerklage zu erheben, einen selbständigen Schuld-

---

[1] *Lehmann*, Deutsches Familienrecht, 2. Aufl. 1948, S. 134.

[2] Die ohne Kennzeichnung verwendeten Gesetzesbestimmungen sind dem Ehegesetz von 1946 entnommen.

[3] *Palandt-Lauterbach*, 16. Aufl., Anm. 7 zu § 48 EheG.

[4] *v. Thomsen*, JW 1939, S. 132ff.; richtig RGZ 160, 34; *Schönke*, Zivilprozeßrecht (Lehrbuch) 4. Aufl., I, S. 343; *Hoffmann-Stephan*, Kom. (1950) Anm. 3 zu § 53.

[5] *Lehmann* a. a. O., S. 114; *Mitteis*, Familienrecht, S. 73.

antrag[6] gegen den Kläger stellen. Das ist der dritte Fall, wo die Schuld im Scheidungsverfahren wegen unverschuldeter Gründe zur Geltung kommt. Der begründete Schuldantrag hat nach § 53 II im Gegensatz zur Widerklage nur zur Folge, daß die Schuld des Klägers im Scheidungsurteil ausgesprochen wird. Der selbständige Schuldantrag ist daher für den Beklagten das geeignete Verteidigungsmittel, wenn er selbst kein Interesse an der Scheidung hat, sondern nur höheren Unterhalt für den Fall der Scheidung erstrebt. Schuldantrag und Widerklage unterscheiden sich gemäß § 53 II auch in den Voraussetzungen insofern, als der Beklagte den Schuldantrag auch dann noch stellen kann, wenn er das Scheidungsrecht wegen Verschuldens gegen den Kläger zur Zeit der Klagerhebung bereits verloren hatte. Die Rechtswirkung des Schuldantrages ist in diesem Falle allerdings schwächer als sonst. Es darf ihm nämlich gemäß § 53 II 2, nur stattgegeben werden, wenn es die Billigkeit fordert.

Der selbständige Schuldantrag als Grundlage des Schuldausspruches gemäß § 53 II und die damit zusammenhängenden hauptsächlichen Streitfragen bilden den Gegenstand dieses Beitrages. Zwar hat der Beklagte in allen Fällen der Scheidung aus anderen Gründen als Verschulden die Befugnis zum Schuldantrag gemäß § 53 II gegen den Kläger. Das Antragsrecht besteht also nicht bloß gegenüber der Heimtrennungsklage, sondern auch gegenüber der Klage wegen geistiger Störung, Geisteskrankheit und ansteckender Krankheit (§§ 44—46). Die Erörterungen sind daher zugleich für das Scheidungsverfahren wegen sonstiger unverschuldeter Gründe von Bedeutung. Wenn diese Betrachtungen sich auf den Schuldantrag gegenüber der Heimtrennungsklage beschränken, so geschieht das aus dem praktischen Grunde, daß die Rechtsfragen, um die es geht, vor allem im Zusammenhang mit der Heimtrennungsklage aufgetaucht sind[7].

II.

Zwecks Aufzeigung der Rechtsfragen, die mit dem Schuldantrag nach § 53 II zusammenhängen, geht man am besten von der besonderen Lage aus, die entsteht, wenn nicht bloß den Kläger, gegen den sich der Schuldantrag richtet, sondern auch den Beklagten und Antragsteller selbst ein Verschulden trifft. Der Kläger hat z. B. zwar schwere Eheverfehlungen begangen, welche die Rechtsgrundlage des Schuldantrages des Beklagten bilden, aber auch der Beklagte selbst ist z. B. durch die Begehung von Ehebrüchen — um einen scheidungsrechtlich eindeutigen Fall herauszugreifen — schuldig geworden. Der Kläger hat aber nun nicht deswegen sein Scheidungsrecht geltend gemacht und übt es auch

---

[6] *Mitteis* a. a. O., S. 77.

[7] Wegen der genaueren Umschreibung der behandelten Problematik vgl. noch S 439 u. 445.

jetzt nicht auf Grund dessen aus; er betreibt die Scheidung vielmehr aus dem unverschuldeten Grunde der Heimtrennung. Es fragt sich, ob die Befugnis des Beklagten zum Schuldantrag nach § 53 II in einem solchen Falle, dann also, wenn den Beklagten selbst ein Verschulden trifft, nicht eine Einschränkung erfahren soll, ob nicht auch das Verschulden des Beklagten zu prüfen und zu berücksichtigen ist. Das ist die Kernfrage, um die es in diesen Überlegungen geht. Wenn man sie bejaht und die Berücksichtigung der Mitschuld des Beklagten für nötig hält, entsteht die weitere Frage, auf welche Weise, in welchem Umfange und mit welchen Wirkungen das geschehen soll[8]. Das RG[9] hat die erste dieser beiden umstrittenen Fragen bejaht und bei der zweiten Frage, der Geltendmachung einer Mitschuld des Beklagten, dem Kläger, der aus unverschuldeten Gründen klagt, die Befugnis zuerkannt, zwecks Verteidigung gegenüber dem Schuldantrag des Beklagten dessen Eheverfehlungen heranzuziehen und ihreswegen dessen Schuldigerklärung zu verlangen[10]. Diese Rechtsprechung billigte danach dem Kläger, der Scheidung wegen Heimtrennung verlangt, die Befugnis zu einem Mitschuldantrag oder Schuldgegenantrag zwecks Abwehr des Schuldantrages des Beklagten gemäß § 53 II zu. Dieser Mitschuldantrag gegen den Beklagten entspricht dem Mitschuldantrag, wie er sonst nach § 52 III dem Eheteil zusteht, der wegen Verschuldens verklagt worden ist. Was die Wirkung des von der Rechtsprechung des RG anerkannten und begründeten Mitschuldantrages angeht, so ist wesentlich, daß er sich nicht auf die bloße Abwehr des Schuldantrages des Beklagten nach § 53 II beschränkt. Vielmehr hat der Schuldausspruch auf Grund der gegenseitigen begründeten Anträge nicht bloß die Schuld des Klägers, sondern auch die Mitschuld des Beklagten festzustellen und dabei anzugeben, ob dieser gleich oder überwiegend mitschuldig ist. Diese Feststellung ist von weittragenden Folgen für die Unterhaltsleistung begleitet. Denn der Beklagte verliert beim Obsiegen des Mitschuldantrages nicht bloß den Unterhaltsanspruch nach Billigkeit gemäß § 61 II, sondern wird selbst unterhaltspflichtig; und zwar bei gleichmäßiger Mitschuld in Höhe der Beitragspflicht gemäß § 60 und bei überwiegender Mitschuld sogar in Höhe der vollen Unterhaltspflicht gemäß § 58 EheG.

Der OHGBrZ[11] und ebenso der BGH[12] haben die erste Frage verneint. Für die Prüfung der zweiten Frage besteht daher für sie kein Anlaß.

---

[8] Zur Fragestellung vor allem *Frantz*, Anm. zu OGHBrZ 3/151 in NJW 50/383. Ferner BGHZ 9/227. *Hoffmann-Stephan* Anm. 5 zu § 53; *Habscheid* MDR 53/477; FamRZ 55/292.

[9] RGZ 160/394; 163/246; 164/94.

[10] RGZ 164/95.

[11] OGHBrZ a. a. O. mit Anm. von *Frantz*.

[12] BGHZ 9/227 = NJW 53/989 = MDR 53/477 mit Anm. von *Habscheid*.

Von den OLGen hat OLG Freiburg[13] die erste Frage bejaht und, was die Art und Weise der Berücksichtigung der Mitschuld des Beklagten angeht, in Abweichung sowohl von der Rechtsprechung des RG als auch des OGHBrZ und des BGH entschieden, „daß der Schuldantrag des Beklagten nach § 53 II nur dann zulässig ist, wenn den Kläger das alleinige oder überwiegende Verschulden trifft". Die Meinungen in der Literatur sind geteilt[14]. Es mag in diesem Zusammenhange erwähnt werden, daß dem Urteil des BGH, das den Anlaß zu diesen Überlegungen gegeben hat, folgender Sachverhalt zugrunde lag: Die Beklagte hatte in dem Scheidungsverfahren schließlich gegenüber der Heimtrennungsklage beantragt, die Klage abzuweisen und den Kläger für überwiegend schuldig zu erklären. Der Kläger hatte demgegenüber für den Fall des Ausspruches seiner Schuld beantragt, die Beklagte für mitschuldig zu erklären. Das Oberlandesgericht hatte von einem Schuldausspruch abgesehen, weil es den Kläger nicht für überwiegend schuldig hielt. Der BGH hat entsprechend seiner ablehnenden Stellungnahme zur Rechtsprechung des Reichsgerichtes das Urteil durch den Zusatz geändert, daß den Kläger ein Verschulden treffe.

Bei der Stellungnahme in diesem Streit muß man von dem Inhalt der einschlägigen Vorschriften ausgehen. Aufschlußreich ist zunächst ein Vergleich zwischen der Regelung über den Schuldantrag des Beklagten gegenüber der Klage aus anderen Gründen gemäß § 53 Abs. 2 auf der einen Seite und der Regelung über den Mitschuldantrag des Beklagten gegenüber der Schuldklage gemäß § 52 Abs. 3 auf der anderen Seite. Dieser Vergleich ist um so mehr begründet, als „der Antrag auf Schuldigerklärung des Klägers gegenüber dessen Klage aus einem Tatbestand der §§ 44—46 und 48 EheG, d. h. aus einem Tatbestand, der kein Ver-

---

[13] DRZ 50/111 mit Anm. von *Beitzke.*

[14] Gegen die Berücksichtigung der Mitschuld des Beklagten und den Mitschuldantrag des Klägers „aus anderen Gründen" zuerst entschieden von *Thomsen* für die § 53 II entsprechende Regelung des § 61 II EheG 38. Es folgert aus den Scheidungsvorschriften, „daß im Falle der Scheidung aus einem der Fälle der §§ 50—53, 55, die ein Verschulden des Beklagten nicht voraussetzen, ein Schuldausspruch nur gegen den Kläger, nicht aber ein Ausspruch der Schuld oder Mitschuld gegen den Beklagten in Frage kommt". Ebenso von *Scanzoni* (39) Anm. 17 zu §§ 60, 61 EheG 38; RGR-Komm. Anm. 5 zu § 61 EheG 38; *Dietz,* Grundriß S. 152 (wenn auch nicht ausdrücklich); von *Godin,* Anm. 1e zu § 53; *Lersch,* LM, § 53 EheG, Nr. 1 (in enger Anlehnung an BGH); *Schwind* Komm. zum Österr. Eherecht (1951) Anm. II, 2, A zu § 61 ö. EheG, S. 212 und Anm. V D zu § 1 IMV, S. 303. Für die Zulässigkeit *Frantz* NJW 50/383; *Hoffmann-Stephan,* Anm. 4 C zu § 54. In der Richtung einer Mittelmeinung zunächst *Beitzke* in der Anm. zu OLG Freiburg DRZ 50/112; *Habscheid* a. a. O. Für die Zulässigkeit des Mitschuldantrages noch: *Gerold,* Kom. (1950) Anm. 11 zu § 53; *Mitteis* FamR (49) S. 73; *Palandt-Lauterbach,* Anm. 3 zu § 53 EheG, 15. Aufl. (wie in den bisherigen Auflagen); *Ermann-Ronke,* Kom. Anm. 4 zu § 53; *Soergel* (*Vogel*), 8. Aufl. § 53, Anm. 4.

schulden als wesentliches Tatbestandsglied enthält, in seinen Voraussetzungen dem Antrag des wegen Verschuldens auf Scheidung verklagten Ehegatten auf Schuldigerklärung des Gegners nachgebildet" ist[15]. § 52 enthält die Vorschriften über den Schuldausspruch bei der Scheidung wegen Verschuldens. Sie weichen bei der Scheidung auf Grund der Klage und Widerklage wegen Verschuldens, die zur Feststellung der Mitschuld beider Gatten führt, von der einschlägigen Regelung des BGB ab. Während nach § 1574 BGB beide Parteien für schuldig zu erklären waren, ohne daß ein Unterschied im Maß des Verschuldens, der wirklich bestand, im Schuldausspruch zu berücksichtigen war, ist in den Ehegesetzen von 1938 und 1946 nach dem Vorbilde im § 746 II, 1 des PrALR in solchem Falle vorgesehen, daß eine Schuldabwägung stattzufinden und danach der Schuldausspruch zu gestalten ist. Wenn sich nämlich bei der Schuldabwägung das Verschulden des einen Teiles als erheblich schwerer als das des anderen erweist, so ist gemäß § 52 II, 2 im Urteil auszusprechen, daß seine Schuld überwiegt. Nach § 52 III gilt diese Regelung entsprechend, wenn zwar ein Teil wegen Verschuldens auf Scheidung geklagt hat und die Ehe deswegen geschieden wird, der andere Teil aber, statt Widerklage wegen Verschuldens zu erheben, mit Erfolg den Mitschuldantrag nach § 52 Abs. 3 gestellt hat. Auf Grund dessen ist die Mitschuld des Klägers auszusprechen (§ 52 II, 1). Nach § 52 III, 3 gilt auch für den Schuldausspruch gemäß dem Mitschuldantrag, der gegenüber der Schuldklage wirksam gestellt worden ist, die Vorschrift über die Schuldabwägung gemäß § 52 II, 2 entsprechend. Das bedeutet, daß auch auf Grund des siegreichen Mitschuldantrages des Beklagten die Schuldabwägung nach § 52 II, 2 ebenso wie auf Grund einer erfolgreichen Widerklage vorzunehmen und auszusprechen ist, daß die Schuld eines Teiles überwiegt, wenn dessen Verschulden nach den Feststellungen, die das Gericht zu treffen hatte, erheblich schwerer als das des anderen ist. Wesentlich ist nun, daß die Verweisung auf § 52 II, 2 (also die Vorschrift, welche bei der Mitschuld beider Teile auf Grund Klage und Widerklage aus Schuld Schuldabwägung und einen darauf gegründeten Schuldausspruch vorschreibt, deren entsprechende Anwendung beim Mitschuldantrag vorgeschrieben ist) in der Regelung über den Schuldantrag nach §53 Abs. 2 fehlt. Das ist um so auffälliger, als eine andere Verweisung in der Regelung über den Mitschuldantrag gemäß § 52 III, nämlich die Verweisung auf § 50 III, eine Vorschrift, die sich auf die Ausschlußfrist für das Scheidungsrecht wegen Verschuldens bezieht, auch in der Regelung über den Schuldantrag nach § 53 II, 3 enthalten ist.

Danach ist gemäß § 53 II nicht angeordnet, daß auf Grund eines erfolgreichen Schuldantrages des Beklagten gegenüber der Heim-

[15] BGH a. a. O., S. 228.

trennungsklage eine Schuldabwägung stattzufinden hat und im Schuldausspruch die Mitschuld oder das überwiegende Verschulden eines Teiles auszusprechen ist. Daraus folgt, daß auch ein Mitschuldantrag im Gesetz nicht vorgesehen ist. Diese Folgerung wird deutlich aus der Betrachtung des Zusammenhanges der Vorschrift des § 53 II mit § 52. Nach § 52 II, 2 hat der Schuldausspruch über die Mitschuld des Klägers zwei Schuldanträge, die sich einander gegenübertreten, zur Voraussetzung, sei es, daß sie auf Klage und Widerklage wegen Verschuldens beruhen, sei es, daß der Schuldklage ein Mitschuldantrag gegenübersteht. Wenn nun in § 53 II die Verweisung auf die Schuldabwägung gemäß § 52 II fehlt, die Schuldabwägung daher nicht angeordnet ist, also die Folge fehlt, so muß angenommen werden, daß auch die Voraussetzung, der Mitschuldantrag, fehlt. Das bedeutet, daß der Mitschuldantrag dem Wortsinne des Gesetzes nicht entspricht. Es ist offenbar der Sinn des Gesetzes, daß der Schuldantrag nach beiden Vorschriften jeweils die Bedeutung eines Behelfes gegenüber einer Klage haben soll; nämlich einmal als Mitschuldantrag gegenüber einer Schuldklage und andererseits als Schuldantrag gegenüber einer Klage aus unverschuldeten Gründen. Ihm gegenüber kommen andere Anträge, als sie schon in der Klage jeweils enthalten sind, offenbar nicht in Betracht. Im Urteil des OGHBrZ wird daher bei dem Vergleich zwischen §§ 53 und 52 mit Recht ausgeführt, „daß das Gesetz im Rahmen des § 53 Absatz 2 keine Möglichkeit für einen Mitschuldantrag der Art sieht, daß das überwiegende Verschulden des anderen Teiles festgestellt wird."

Zur Klärung der schwierigen Auslegungsfrage ist auch noch die Vorschrift des § 61 Abs. 1 heranzuziehen. Darauf haben mit Recht *Frantz* und OLG Freiburg hingewiesen. Diese Vorschrift enthält die Unterhaltsregelung, welche die Folge der Scheidung aus unverschuldeten Gründen ist, die zum Ausspruch der Schuld des Klägers auf Grund eines Schuldantrages des Beklagten geführt hat. Danach ist für die Bestimmung der Unterhaltspflicht allein die entsprechende Anwendung der §§ 58, 59 maßgebend, welche für den Fall alleiniger oder überwiegender Schuld gelten. Es fällt auf, daß eine Verweisung auf die Unterhaltsregelung des § 60, die im Falle gleicher Mitschuld gilt, fehlt. Es mangelt danach an einer Unterhaltsregelung für diesen Fall. Wer die Zulässigkeit des Mitschuldantrages annimmt, kommt daher für den Fall, daß der Schuldausspruch nach § 55 die Schuldgleichheit beider Teile enthält, in einige Verlegenheit. Es ist verschiedentlich versucht worden, die Lücke durch entsprechende Anwendung des § 60 auszufüllen[16]; eine Rechtsfortbildung, zu der die Lehre von der Zulässigkeit des Mitschuldantrages kommen muß.

Der Mangel einer Unterhaltsregelung für den Fall gleicher Schuld führt nun noch nicht zwingend zu dem Ergebnis, daß nach § 61 Abs. 1

[16] Vgl. etwa *Ermann-Ronke*, Anm. 2 zu § 61; *Soergel* (*Vogel*) § 61, Anm. 3.

die Berücksichtigung der Mitschuld des Beklagten überhaupt ausgeschlossen wäre. Man könnte daran denken, daß nach dem Sinn der Vorschrift die Schuld nur nach § 53 II ausgesprochen werden solle, wenn entweder der Kläger allein oder überwiegend, oder der Beklagte überwiegend schuldig ist. Diese Annahme ist aber fernliegend, denn man darf davon ausgehen, daß sich § 61 I hinsichtlich des Unterhaltes folgerichtig an § 53 II anschließen soll. Es ist danach offenbar nur ein Schuldausspruch gegen den Kläger und nicht auch gegen den Beklagten vorgesehen worden.

Es bleibt aber schließlich zu erwägen, ob die Heranziehung des § 61 I zwecks Klärung der schwierigen Auslegungsfragen nicht doch zu dem Ergebnis führt, daß der Schuldausspruch gegen den Kläger nur zu erlassen ist, oder Folgerungen für die Unterhaltspflicht nur gezogen werden dürfen, wenn wirklich den Kläger die alleinige oder wenigstens die überwiegende Schuld trifft. Es käme damit nach § 61 I doch noch zu einer Berücksichtigung der Schuld des Beklagten insofern, als die gleiche oder überwiegende Mitschuld des Beklagten den Schuldausspruch ausschließen würde.

Bei der Beantwortung dieser Frage ist davon auszugehen, daß nach § 53 II, wenn man den Wortlaut dieser Bestimmung zunächst gesondert von § 61 betrachtet, ein rein einseitiger Schuldausspruch gegen den Kläger vorgesehen ist. Die Bestimmung enthält keine verbindlichen Angaben über das Maß seiner Schuld, welches die Voraussetzung des Schuldausspruches bilden soll. Es mag sein, daß das Scheidungsurteil über diesen Punkt in den Gründen Auskunft gibt. Sie genießen nach dem Wortsinn des Gesetzes aber keine Beachtung. Es besteht danach gemäß § 53 II keinerlei Garantie, daß die einseitige Schuldfeststellung gegen den Kläger, die nach § 53 als Feststellung der Alleinschuld zu verstehen ist, der wirklichen Sachlage entspricht. Offenbar wird diese Vorschrift auch allgemein so verstanden. Das ergibt sich aus den gegen sie vorgetragenen Bedenken.

Es fragt sich nun, ob dieser Mangel auf Grund der Heranziehung des § 61 I und damit schon nach dem Wortsinne der einschlägigen Vorschriften ausgeglichen wird. Die Beantwortung dieser Frage hängt entscheidend davon ab, wie die Anordnung der entsprechenden Anwendung des § 58 zu verstehen ist. Dabei ist zu bedenken, daß die Anordnung entsprechender Anwendung zunächst dadurch als gerechtfertigt erscheint, daß § 58 unmittelbar nur für die Scheidung wegen Verschuldens gilt. Daneben kommen aber auch sachliche Gründe in Frage. Sie könnten doppelter Art sein. Entweder sollte der Schuldausspruch gegen den Kläger auf Grund des Schuldantrages des Beklagten gemäß § 53 II nur erlassen werden, wenn die alleinige oder überwiegende Schuld des Klägers wirklich feststeht. Nach der zweiten denkbaren Deutung hieße „entsprechend", daß die einseitige Schuldfeststellung hinsichtlich der Unterhaltsfolgen als Feststellung der alleinigen oder überwiegenden Schuld ohne Rücksicht auf den wirklichen Sachverhalt behandelt werden soll, mag man auch daran zweifeln können, daß es sich bei dieser Deutung in Wahrheit noch um eine entsprechende Anwendung in echtem Sinne handelt. Welche Deutung nach dem Wortsinn in Betracht kommt, läßt sich angesichts der Knappheit des Gesetzeswortlautes kaum mit Sicherheit entscheiden. Wenn man aber bedenkt, daß § 61 offenbar nur die folgerichtige Auswirkung des im § 53 enthaltenen gesetzgeberischen Gedankens bilden soll, spricht am meisten für die *zweite* Bedeutung der entsprechenden Anwendung. Danach spricht auch § 61 für diejenige Auslegung des § 53 II, nach der ein einseitiger Schuldausspruch gegen den Kläger vorgesehen ist, der als Ausspruch der alleinigen oder überwiegenden Schuld zu bewerten ist, und zwar ohne Rücksicht auf die wirliche Schuldlage[17].

Danach ist das Ergebnis der Ermittelung des Wortsinnes, daß im Gesetz ein Mitschuldantrag des Klägers zwecks Abwehr des Schuldantrages des Beklagten gemäß § 53 II nicht vorgesehen ist. Daraus ergibt sich aber andererseits nicht, daß er schlechthin ausgeschlossen sein soll[18]. Dem Gesetz ist also kein argumentum e contrario zu entnehmen. Danach ist die Prüfung der Frage berechtigt, ob eine Lücke vorliegt und wie sie auszufüllen ist. Sie ist um so mehr berechtigt, als das Ehegesetz auch sonst angesichts der Knappheit und Unbestimmtheit seines Wortlautes zu vielen Zweifeln Anlaß gibt. Man braucht nur an den Streit um den Inhalt der §§ 43 und 48 II zu denken. Darin liegt kein Vorwurf für die Verfasser des Gesetzes. Denn es fehlte ihnen bei einer Reihe von Regelungen von Interessenkonflikten an einer ausgereiften Lehre und Praxis. Das EheG konnte in der Tat, jedenfalls was die Neuerungen angeht, nur ein Versuch zum Richtigen sein. Es gibt daher allgemein einer schöpferischen Praxis einen großen Spielraum. Maßgebend muß für sie allerdings, ebenso wie für die Rechtsdogmatik, sein, Gesetzestreue mit dem Bestreben nach gerechter Ordnung zu vereinigen. Das fordert die Rechtssicherheit. Diese Grundsätze müssen auch für die Fragen gelten, die mit dem Schuldausspruch der Heimtrennungsklage zusammenhängen. Eine Lücke ist dann anzuerkennen, wenn die Billigkeit auch die Berücksichtigung der Schuld des Beklagten und ferner eine bestimmte Art der Geltendmachung, etwa in der Form eines Mitschuldantrages fordert, darüber sind die Meinungen geteilt. Nach dem Urteil des OGHBrZ kann nicht anerkannt werden, „daß entgegen dem klaren Wortlaut des Gesetzes Billigkeitserwägungen eine andere Entscheidung der erörterten Frage unabweisbar verlangen". Und was den Gegen- oder Mitschuldantrag angeht, so wird nach der Meinung des BGH seine

---

[17] Vgl. besonders OLG Freiburg a. a. O.

[18] RGZ 160/396.

Zulassung nicht in jedem Falle durch Billigkeitsrücksichten gefordert. Diese Auffassungen sind insoweit berechtigt, als der Kläger neben dem Scheidungsrecht aus unverschuldeten Gründen sich zugleich noch auf nicht erloschene Schuldgründe stützen kann. Da nämlich das Verbot der Klageänderung gemäß § 614 ZPO für Ehesachen nicht gilt, vermag der Kläger jederzeit neue Klagegründe heranzuziehen. Das gilt für die unverschuldeten Gründe ebenso wie für die Schuldgründe. Man kann dieser Auffassung nicht damit begegnen, daß es Fälle geben könne, in denen ein Ehegatte aus billigenswerten Gründen, z. B. im Interesse des Ansehens seiner Familie, oder um den anderen Ehegatten zu schonen, sich praktisch gezwungen sehen könne, seine Scheidungsklage statt auf Verschulden auf andere Gründe zu stützen. *Habscheid* unterstreicht diese Gründe, indem er fragt, ob es nicht unsinnig sei, den Kläger, der vielleicht aus Standesrücksichten oder aus anderen billigenswerten Erwägungen, nun für seine Rücksichtnahme damit zu strafen, daß er seiner (überwiegend oder zum mindesten in gleichem Maße) schuldigen Frau obendrein noch Unterhalt gemäß § 58 schuldet. Seine Frage ist berechtigt, soweit es sich um erloschene Gründe handelt, wie noch dargetan wird. In diesem Falle muß der Ehegatte eine weitere Möglichkeit haben, um die Belastung mit der vollen Unterhaltspflicht abzuwehren. Soweit aber die Schuldgründe noch bestehen, bildet das geeignete Mittel der Abwehr die Klageänderung. Wenn man, so fährt dieser Autor fort, diese Frage damit abtue, der Kläger müsse dann eben zwangsläufig jede Rücksichtnahme fallen lassen, so würde solche Judikatur zur Skandalisierung des Eheprozesses führen[19]. Auch dieser Gesichtspunkt vermag nicht die Zulassung des Mitschuldantrages zu rechtfertigen; denn sie vermeidet die Skandalisierung nicht; der Kläger müßte in den genannten Fällen auch bei der Abwehr des gegen ihn gerichteten Schuldantrages zwangsläufig, wie der BGH mit Recht hervorhebt, diese Rücksichtnahme fallen lassen, wenn ihm ein Gegenantrag auf Feststellung einer Schuld des Beklagten zugebilligt würde und er ihn verfolgen wollte[20].

Wesentlich anders und günstiger steht es mit der Billigkeitsfrage, wenn der Beklagte zwar noch im Besitz des Klagerechtes wegen Verschuldens ist, der Kläger es aber bereits verloren hat und daher nicht mehr mittels der Klageänderung auf Schuldgründe übergehen kann. Um diesen Fall geht es auch darum allein noch[20a]. Auf ihn hat sich die Untersuchung daher zu beschränken. Wenn nämlich der Kläger sich noch auf gültige Schuldgründe zu berufen vermag, kann, wie hervorgehoben worden ist, er zur Klageänderung schreiten. Soweit Schuldgründe auf beiden Seiten nicht mehr bestehen, gelten ohne weiteres ledig-

[19] *Habscheid* a. a. O., S. 477

[20] BGHZ 9/230

[20a] Vgl. den Hinweis auf die wesentliche Thematik in Anm. 7.

lich Billigkeitsgrundsätze. Die Unbilligkeit der dem dargelegten Wortlaut entsprechenden Regelung leuchtet bei dem noch problematisch gebliebenen Falle ein, wenn man bedenkt, daß sie, wie das RG mit Recht hervorgehoben hat, dazu führen kann, „daß der Kläger für alleinschuldig erklärt wird, obwohl vielleicht die Schuld des Beklagten größer gewesen ist und den Keim für die Zerrüttung gebildet hat"[21]. Es erscheint in der Tat unbillig, wenn der Kläger „auch in denjenigen Fällen allein mit dem Makel des Schuldigen aus dem Rechtsstreit hervorgehen müßte, in denen dem Ehepartner ebenfalls — vielleicht sogar noch größeres Verschulden — zur Last fällt"[21]. Die Unbilligkeit des Ergebnisses wird vor allem in den Unterhaltsfolgen deutlich. Sachlich betrachtet, müßte der Beklagte u. U. die Unterhaltspflicht tragen, stattdessen erhöht sich sein Unterhaltsanspruch über die nach Billigkeitsrücksichten bestimmte Leistung, welche der Kläger auf Grund der Scheidung aus anderen Gründen zu erbringen hat, auf den angemessenen Unterhalt, welchen der allein für schuldig erklärte Teil zu zahlen hat. Der Einwand des OGHBrZ vermag die Kritik an der Unbilligkeit dieses Ergebnisses nicht zu entkräften. Es dürfe nicht außer Acht gelassen werden, so wird in der schon wiederholt herangezogenen Entscheidung ausgeführt, daß die beklagte Partei, die gegen ihren Willen und ohne ein die Scheidung rechtfertigendes Verschulden in Anspruch genommen würde, sich in einer ungleich ungünstigeren Lage befinde, als die klagende Partei, die die Scheidung wünsche. Von einer ungleichmäßigen Behandlung der Parteien durch die Vorschriften des § 53 II, die einen Ausgleich durch die Rechtsprechung als notwendig erheische, könne somit nicht gesprochen werden. Dieser Hinweis überzeugt nicht. Die ungünstige Lage, in der sich der Beklagte, der nicht scheidungswillig ist, befindet, mag zwar nicht bestritten werden. Dafür erhält er aber auf Grund der Scheidung die nach Billigkeit bemessene Entschädigung gemäß § 61 II, in deren Genuß er selbst dann kommt, wenn er überwiegend schuldig ist. Nach der Rechtsprechung des RG darf er sich in diesem Fall nur nicht mit einem Schuldantrag vorwagen. Selbst wenn man die Art und Weise, wie das RG der Unbilligkeit Rechnung trägt, für zu weitgehend hält, kann das grundsätzlich die Forderung nach billiger Berücksichtigung der Mitschuld des Beklagten nicht abschwächen.

Die Regelung, daß der Schuldantrag des Beklagten gegenüber der Heimtrennungsklage nicht zu einer Überprüfung und Berücksichtigung der Mitschuld des Beklagten führt, widerspricht nicht bloß den Forderungen der Billigkeit, sondern steht auch in auffälligem Gegensatz zu den Grundgedanken des Gesetzes über die Feststellung und den Aus-

---

[21] RGZ 160/395; vgl. auch 164/95.

spruch der Schuld bei der Scheidung wegen Verschuldens[22]. Darin kommt der Wille zum Ausdruck, daß im Interesse gerechter Ordnung der Scheidungsfolgen, des Unterhalts usw. die Schuld im Urteil entsprechend der wirklichen Lage, des wirklichen Zustandes festgestellt und ausgesprochen wird. Für diese Erkenntnis bedarf es keines Zurückgehens auf die Begründung zum Gesetz, mag sie auch eine Anleitung zur Erkenntnis der Ziele sein, die im Gesetz Ausdruck erhalten haben. Die einschlägigen Bestimmungen allein sprechen eine genügend eindeutige Sprache. Auf den Schuldauspruch bei der Mitschuld auf Grund der Klage und Widerklage wegen Verschuldens, der im Gegensatz zur entsprechenden Regelung des BGB, wonach ein Unterschied des Maßes der gegenseitigen Schuld unberücksichtigt blieb, nach § 52 II, 2 u. U. zum Ausdruck zu bringen hat, daß die Schuld des einen Teiles erheblich schwerer ist, wurde schon hingewiesen. Dabei darf ferner nicht unerwähnt bleiben, daß im Interesse möglichst genauer und gerechter Abwägung und Feststellung der Schuld über die Regelung des BGB hinaus die Berücksichtigung von Verfehlungen ermöglicht worden ist, die als Grundlagen eines wirksamen Scheidungsrechtes nicht mehr ausreichen. Das gilt vom Mitschuldantrag gegenüber der Schuldklage (§ 52 III). Während der Beklagte sich nach BGB zur Begründung des Mitschuldantrages nur in begrenztem Umfange auf Scheidungsgründe berufen durfte, die schon erloschen waren, kann er sie heute sämtlich heranziehen, mag die Berücksichtigung bei den erloschenen Gründen — anders als nach BGB — auch nur gemäß der Billigkeit erfolgen. Wenn man noch hinzunimmt (was allerdings im wesentlichen schon nach BGB galt), daß Eheverfehlungen, die wegen Zeitablaufs oder wegen anderer Umstände zur Begründung einer Scheidungsklage nicht mehr genügen, nach § 51 noch zur Unterstützung einer auf Eheverfehlungen gegründeten Scheidungsklage geltend gemacht werden können, so hat *Frantz* recht, wenn er es als einen der großen Fortschritte gegenüber dem Eherecht des BGB bezeichnet, „daß beim Schuldausspruch nach dem EheG alle Verschuldensmomente auf der einen wie auf der anderen Seite zu berücksichtigen sind, also Gesamtverschulden gegen Gesamtverschulden abzuwägen ist, ohne Rücksicht darauf, wann die einzelnen Verfehlungen begangen worden sind, wie ja auch Schuld bei Eingehung der Ehe, Mitschuld während der Ehe gemeinsam zu berücksichtigen ist“[23]. Danach fordert unleugbar die Billigkeit, daß auf Grund des Schuldantrages des Beklagten auch seine Schuld geprüft und berücksichtigt wird. Es fragt sich nur noch, auf welche Weise sie zur Geltung gebracht und in welchem Umfange und wie sie im Schuldausspruch festgestellt werden soll. Die Beantwortung der Frage knüpft zweckmäßig kritisch an die bisher von der Rechtsprechung

---

[22] RGZ 160, 396.
[23] *Frantz* a. a. O.

entwickelten Grundsätze an. Auszugehen ist dabei von der Rechtsprechung des RG, seiner Lehre von der Zulässigkeit des Mitschuldantrages und der Wirkung, daß der Schuldausspruch u. U. auch zur Feststellung des Mitverschuldens des Beklagten, ja sogar seines überwiegenden Verschuldens führen kann, wodurch es zu einer völligen Verschiebung der Unterhaltspflichten in der geschilderten Weise kommen kann.

III.

Zur Rechtfertigung der Zulässigkeit des Mitschuldantrages beruft sich das RG auf die Grundgedanken der Gesamtregelung über den Schuldausspruch und über die Schuld als Voraussetzung für die Regelung der Scheidungsfolgen[24]. Im Grunde handelt es sich um eine Analogie zu den Vorschriften der §§ 52, 58 und 60. In ihnen kommt, wie das RG zutreffend hervorhebt, der Gedanke zum Ausdruck, „daß überall da, wo ein Verschulden festgestellt wird, sich Eintritt und Umfang der Unterhaltspflicht, wie er am gerechtesten erscheint, nach diesem Verschulden bestimmen sollen, . . .". Trotz der guten Gründe, die für diese Analogie sprechen, fragt es sich doch, ob sie mit den Grundgedanken des Scheidungsrechtes, seinem doppelten Aufbau in Einklang steht und sich halten läßt.

Für die Rechtfertigung des Mittelschuldantrages mit den weittragenden Wirkungen für die Schuldigerklärung des Beklagten und seinen Unterhalt ließe sich auch an eine Analogie zur Regelung der Widerklage, genauer an eine Analogie zur Regelung über die Zulassung des Mitschuldantrages des Klägers gegenüber der Widerklage und seine Wirkung denken.

Diese Analogie setzt ein Dreifaches voraus. Es muß einmal überhaupt eine Widerklage wegen Verschuldens gegenüber einer Klage aus anderen Gründen zulässig sein; und zwar kommt es in diesem Zusammenhange auf eine Widerklage aus Schuldgründen an. Ferner muß der Mitschuldantrag gegenüber der Widerklage überhaupt zulässig sein, und schließlich muß es dem Kläger, der aus unverschuldeten Gründen klagt, erlaubt sein, einen Mitschuldantrag gegenüber der Widerklage aus Schuldgründen zu stellen.

Die erste Frage ist zu bejahen. Es ist über diesen Punkt bereits das Nötige ausgeführt worden[25]. Was die Zulässigkeit des Mitschuldantrages gegenüber der Widerklage überhaupt angeht, so ist zwar nach § 52 II, 1 ein Mitschuldantrag nur gegenüber der Klage vorgesehen. Da aber die Widerklage auch als Klage zu betrachten ist, so bestehen in dieser Hinsicht keinerlei Bedenken. Ob schließlich ein Mitschuldantrag von dem

---

[24] Vgl. RGZ 160/395 und 396; ferner besonders RGZ 164/95 u. 96.

[25] *Frantz* a. a. O.; RGZ 164/96; BGH 9/227; LG Koblenz, FamRZ 55/291 mit zust. Anm. von *Habscheid.*

Kläger gestellt werden kann, der sein Scheidungsbegehren auf unverschuldete Gründe stützt, über diesen Punkt wird das Wesentliche bei der Kritik der Rechtsprechung des RG gesagt werden.

Die Analogie auf Grund der Widerklage liegt um so näher, als zwischen beiden Rechtseinrichtungen wesentliche Ähnlichkeiten bestehen. Denn beide sollen zur Schuldfeststellung führen, mag auch die Widerklage auf den weitergehenden Erfolg der Scheidung gerichtet sein. In den Voraussetzungen unterscheiden sich beide allerdings insoweit, als der Schuldantrag im Gegensatz zur Widerklage auch noch auf bereits erloschene Scheidungsgründe gestützt werden kann. Der Schuldantrag ist deshalb mit Recht als eine abgeschwächte Widerklage bezeichnet worden, als abgeschwächte deswegen, weil der Schuldantrag nur auf die Feststellung der Schuld im Urteil gerichtet ist. *Habscheid* hat ihn im Anschluß an *von Godin* der Rechtsnatur nach als eine nur auf den Schuldausspruch beschränkte, bedingte Widerklage bezeichnet, als bedingte deswegen, weil sie im Gegensatz zur echten Widerklage nur für den Fall erhoben wird, daß die Klage nicht der Abweisung verfällt[26].

Es fragt sich aber, ob alle diese Überlegungen über die Rechtfertigung der Zulässigkeit des hier behandelten Mitschuldantrages auf Grund der Analogie zur Regelung über die Widerklage nicht an dem Sinngehalt des § 53 I scheitern; insofern nämlich, als bei der Interpretation dieser schwer verständlichen Vorschrift der Gedanke auftaucht, ob sie nicht die Unzulässigkeit des Mitschuldantrags zur Voraussetzung hat.

Der Vorschrift liegt der Sachverhalt zugrunde, daß die Ehe auf Klage und Widerklage geschieden wird. Die eine von beiden ist eine Klage aus anderen Gründen. Es mag unterstellt werden, daß sie die Hauptklage ist. Die andere ist eine Schuldklage. Wenn beide Klagen begründet sind und die Ehe deswegen geschieden wird, so erfolgt die Scheidung zwar auch wegen des Verschuldens des einen Teiles, aber nicht *nur* deswegen. Es heißt daher zu Recht in § 53 I, daß die Ehe auf Klage *und* Widerklage hin geschieden wird. Auf diese Scheidung passen hinsichtlich des Schuldausspruches die Vorschriften des § 52 I und II nicht, denn die Ehe wird nicht wegen des Verschuldens, sondern auf Grund der Klage und Widerklage geschieden. Daher fehlte es für diesen Fall in § 52 an einer Regelung über den Ausspruch des Verschuldens. Diese Lücke schließt § 53 I[26a]. Beachtenswert ist, daß der Schuldausspruch nur erfolgt, wenn nur eine Partei schuldig ist. Das kann offenbar nach dem Sachverhalt, welcher hier zugrundegelegt wird, nur der Kläger sein. Die Regelung ist wohl auch nur so zu verstehen, daß der Kläger allein schuldig sein muß, damit der Schuldausspruch gegen ihn erfolgt. Das

---

[26] *Von Godin* a. a. O. 1 d 8 zu § 53; *Habscheid* MDR 53, 478; anders *Schwind*, Anm. II zu 61 EheG. *Weber* (NJW 49, 374) spricht von „gekappter", der BGH (FamRZ 55, 209) von „abgeschwächter" Widerklage.

[26a] *Volkmar*, Großdeutsches Ehegesetz, Anm. 1b zu § 61.

verlangt offenbar der Wortsinn. Es besteht also ein wesentlicher Unterschied zu dem Schuldausspruch auf Grund des § 52 III. Der Schuldausspruch der überwiegenden Schuld kommt danach offensichtlich nicht in Betracht[26b]. Mag auch die Feststellung der überwiegenden Schuld nicht zulässig sein, so setzt die Regelung doch voraus, daß auch die Schuld des Beklagten berücksichtigt und geprüft wird. Wie sollte sonst die Alleinschuld des Klägers festgestellt werden können? Anlaß zu der Schuldabwägung und Feststellung werden zwar in aller Regel die gegenüber stehenden Behauptungen der Parteien, insbesondere auch die vom Kläger zu seiner Verteidigung vorgebrachten Tatsachen sein. Ein Mitschuldantrag ist aber in dieser Bestimmung nicht vorgesehen, denn er würde zu einem Schuldausspruch über die Mitschuld beider Teile nach § 52 III 2 und II führen, der aber nach dem Wortsinn des § 53 Abs. I unzulässig ist.

Was die Klärung des Verschuldens angeht, so ist das Gericht nicht auf das Vorbringen der Parteien angewiesen, es kann vielmehr auf Grund seines Inquisitionsrechtes von Amts wegen tätig werden[26c]; das wird man zumindest aus einer Analogie zu § 622 II ZPO rechtfertigen können[26d]. Es muß danach schon zur Prüfung des gesamten schuldhaften Verhaltens auf beiden Seiten kommen, weil sonst der vorgeschriebene Schuldausspruch über die Alleinschuld nicht möglich wäre. Haben die Verhandlungen dieses Ergebnis nicht, so darf folgerichtig das Urteil keinen Schuldausspruch enthalten. Was die Unterhaltsfrage angeht, so wird auf Grund des Schuldausspruches der Kläger zur Leistung des vollen Unterhaltes verpflichtet. Enthält das Urteil keinen Schuldausspruch, so bedeutet das, daß die Ehe aus unverschuldetem Grunde geschieden worden ist; es ist daher unmittelbar § 61 II anzuwenden, d. h.: die Unterhaltspflicht des Klägers bestimmt sich nach Billigkeitsrücksichten.

Die in § 53 enthaltene Regelung des Schuldausspruches wird nur unter der Voraussetzung verständlich, daß der Kläger keinen Mitschuldantrag gestellt hat, und ein solcher auf Grund dessen auch nicht Gegenstand des Rechtsstreites wird. Infolgedessen kann es, wie schon hervorgehoben worden ist, auch nicht zur Feststellung der Mitschuld des Beklagten nach § 52 III und weiter gemäß § 52 III, 2 und § 52 II, 2 zur Feststellung eines überwiegenden Verschuldens des Klägers oder des Beklagten kommen. Eine wesentlich andere Frage ist, ob der Kläger nach § 53 überhaupt nicht zum Mitschuldantrag berechtigt sein soll. Der dürftige Gesetzeswortlaut kann zu dieser Annahme führen. Ob sie zutreffend ist, soll erst nach der Kritik an der Rechtsprechung des RG

[26b] *Hoffmann-Stephan*, Anm. 3 A Abs. 2 zu § 53; *Ermann-Ronke*, Anm. 2 zu § 53.

[26c] So auch *Tölke* in Godin, Kom., § 622 Anm. 2 ZPO zur Feststellung des überwiegenden Verschuldens und WarnRspr. (RG) 1942, S. 51.

[26d] vgl. auch unten S. 460.

entschieden werden. Es wird sich hier zeigen, daß dieselben durchschlagenden Einwände, die sich gegen die Zulässigkeit des Mitschuldantrages gegenüber dem bloßen Schuldantrag nach § 53 II ergeben, auch gegenüber der Widerklage zutreffen. Das muß man berücksichtigen, um endgültig zu der herrschenden Lehre Stellung nehmen zu können, welche die Zulässigkeit des Mitschuldantrages gegenüber der Widerklage auch für denjenigen Kläger zuläßt, der aus anderen als Schuldgründen klagt. Auf Grund dessen läßt sich dann auch abschließend die Frage beantworten, ob sich die Zulässigkeit des Mitschuldantrages, um die es in diesem Zusammenhange geht, durch analoge Anwendung der Grundsätze über die Widerklage rechtfertigen läßt.

Gegen die Rechtsprechung des RG über die Zulässigkeit des Mitschuldantrages ist vor allem der Vorwurf erhoben worden, daß sie gegen die Grundgedanken verstoße, welche die Ordnung der Scheidungsgründe innerhalb des geltenden Scheidungsrechtes beherrschen. Auf Grund dieser Rechtsprechung, so ist geltend gemacht worden, würde der aus objektiven Gründen klagenden Partei weitgehend die gleiche Rechtsstellung eingeräumt wie der aus Verschulden klagenden. Der im Gesetz deutlich zum Ausdruck gebrachte Unterschied der beiden Arten von Scheidungsgründen werde damit verwischt[27]. Das Gesetz kenne als Angriffsmittel nur Klagen aus Verschulden und Klagen aus anderen Gründen. Das Mittelding der Klage aus anderen Gründen verbunden mit einem Verschuldensantrag sei dem Gesetz fremd. Die Verbindung einer Klage ohne Verschulden mit einem Verschuldens- oder Mitschuldantrag sei als systemwidrig abzulehnen[28]. Diese Vorwürfe beruhen auf der richtigen Einsicht, daß die Verschuldensfrage — von der Bestimmung des § 48 II abgesehen — in die rein objektiven Scheidungstatbestände nicht hineingehört, denn mit der Bestimmung des § 48 EheG ist „ein Scheidungsgrund geschaffen worden, der ein Verschulden des Beklagten nicht zur Voraussetzung hat"[29]. „Es ist begrifflich mit dem Verschulden nicht voraussetzenden Scheidungsgrund des § 48 unvereinbar"[30]. Auch das RG hat diesen Grundsatz keineswegs übersehen. In der Rechtsprechung des RG wird nämlich ausdrücklich hervorgehoben, daß nach der gesetzlichen Regelung „dem Ehegatten der aus anderen Gründen als einem Verschulden seines Partners die Scheidung erstrebt, nicht die Möglichkeit eröffnet" ist, „um die Rechtsfolgen der Lösung der Ehe an diejenigen einer Scheidung aus Verschulden anzugleichen, zur Unterstützung verschuldeter Verfehlungen des anderen Teiles, auf die ein Scheidungsanspruch nicht mehr gestützt werden kann, heranzuziehen und ihretwegen dessen Schuldigerklärung zu fordern". Nach der

---

[27] OGHBrZ a. a. O.
[28] *Schwind* a. a. O. S. 203 u. 212.
[29] *Frantz* a. a. O.
[30] OLG Freiburg a. a. O.

Rechtsprechung des RG wird dem Kläger das Recht zum Mitschuldantrag aber nicht als Angriffsmittel, sondern lediglich zu seiner Verteidigung gegenüber dem Schuldantrage des anderen Teiles zuerkannt[31]. Der Mitschuldantrag setzt also den Schuldantrag voraus. Dazu kommt, daß der Mitschuldantrag nach dieser Rechtsprechung nur Erfolg haben kann, wenn die beklagte Partei mit ihrem Antrag zum Ziele kommt. Der Erfolg des Mitschuldantrages ist vom Erfolg des Schuldantrages abhängig.

In der Rechtsprechung ist allerdings in einem Falle von diesen Grundsätzen abgewichen worden. Die Abweichung betrifft den objektiven Scheidungsgrund des auf geistiger Störung beruhenden Verhaltens. Es ist bei der Scheidungsklage auf Grund dieses Tatbestandes dem Kläger ohne Rücksicht auf einen Schuldantrag des Beklagten, der nach § 53 II gegenüber einer Klage aus § 44 ebenso in Betracht kommt wie gegenüber der Klage aus § 48, die Berechtigung zum Schuldantrag und die Zulässigkeit eines Schuldausspruches zum Nachteil des Beklagten aus einem doppelten Grunde zuerkannt worden. Es handelt sich einmal darum, daß der Beklagte, der durch sein auf Geistesstörung beruhendes Verhalten die Ehe unheilbar zerrüttet hat, vorher in schuldhafter Weise schwere Eheverfehlungen begangen hatte, auf die aber wegen Verzeihung oder Zeitablauf eine Schuldklage nicht mehr gestützt werden kann[32]. Im anderen Falle geht es darum, daß der Beklagte den Zustand geistiger Störung, welcher die Grundlage der Klage bildet, selbst, z. B. durch Trunksucht, verschuldet hat[32a]. Im ersten Falle geht es im wesentlichen um eine analoge Anwendung des § 50 II, die unter dem Gesichtspunkt erwogen werden kann, daß § 43 und 46 in einem engen Zusammenhange stehen; im zweiten im wesentlichen um eine Analogie zu § 43. Die Folge eines solchen Schuldspruches ist nicht bloß der Verlust des Unterhaltsanspruches gemäß § 61 II für den Beklagten, sondern umgekehrt seine Belastung mit einer Unterhaltspflicht auf den angemessenen Unterhalt nach § 58. Wenn das RG bei dieser Rechtsprechung einer Forderung der Billigkeit folgen zu müssen glaubte, so bedarf es keines Eingehens auf diese Frage, da es sich um eine singuläre Erscheinung in der Rechtsprechung handelt. Wenn man das berücksichtigt, so ergibt sich, daß die Zulassung des Mitschuldantrages nach der Rechtsprechung des RG grundsätzlich insofern nicht im Widerspruch zu dem systematischen Grundgedanken der Regelung über die Scheidungsgründe steht, als es sich nicht darum handelt, daß der Kläger einen solchen Antrag zwecks Unterstützung seines wegen unverschuldeter Gründe erhobenen Scheidungsbegehrens stellt, sondern lediglich, um sich gegen den Schuldantrag des Beklagten zu verteidigen. Das schließt allerdings auf der anderen

---

[31] RGZ 164/95; *Hoffmann-Stephan*, Anm. 5 A c zu § 53.

[32] RG JR 48/253f.

[32a] RG DR 44/341.

Seite nicht aus, daß nach dem Sinn des Gesetzes auch ein Mitschuldantrag, der der bloßen Abwehr des Schuldantrages dient, nicht als zulässig vorgesehen ist, wenn er vom Kläger, der Scheidung wegen Heimtrennung begehrt, gestellt wird. Das würde bedeuten, daß nach dem Grundgedanken des Gesetzes schlechthin ein Schuldantrag neben der Klage aus anderen Gründen nicht in Betracht kommt; und zwar auch dann nicht, wenn er nur der Verteidigung gegen den Schuldantrag des Beklagten dienen soll. Ob dieser Gedanke dem Gesetz zugrunde liegt, soll erst im Zusammenhang mit der endgültigen Erörterung der Rechtsfolgen geklärt werden, die sich aus der Rechtslage auf Grund der Widerklage gegenüber der Klage aus anderen Gründen ergeben[33].

Der Lehre vom Mitschuldantrag wird ferner entgegengehalten, es dürfe nicht übersehen werden, daß der Beklagte, wenn der Kläger sein auf Verschulden gestütztes Scheidungsrecht verloren habe — nur um diesen Fall geht es, wie bereits mehrfach hervorgehoben wurde —, eine günstige Prozeßlage erlangt habe. Der Gesetzgeber habe ihr durch die besondere Unterhaltsregelung in § 61 II Rechnung getragen. Sie dürfe dem Beklagten nicht wieder entzogen werden[34]. Dieser Einwand hätte auch nur Berechtigung, wenn der Kläger sich auf die nicht mehr gültigen Scheidungsgründe wegen Verschuldens zur Unterstützung seiner aus anderen Gründen erhobenen Klage beziehen würde. Es darf allerdings nicht verkannt werden, daß es für den Beklagten eine Härte ist, daß die Berücksichtigung seiner Schuld auf Grund nicht mehr gültiger verschuldeter Scheidungsgründe wegen des Unterhaltes auf Grund des bloßen Schuldantrags nach der Rechtsprechung des RG zu den gleichen nachteiligen Ergebnissen führt, wie die Erhebung einer Scheidungsklage aus noch gültigen Schuldgründen.

Am schwersten wiegt der Einwand, daß die Zulassung des Mitschuldantrages gegen den mitschuldigen Beklagten grundsätzlich zu einer ungleichen Behandlung des schuldigen Klägers im Verhältnis zum nichtschuldigen führe, wenn beide ihr Klagerecht wegen Verschuldens eingebüßt haben. Zwar dient die Zulassung des Mitschuldantrages gegenüber dem Schuldantrag des schuldigen Beklagten auf der einen Seite unzweifelhaft dazu, das Unrecht auszugleichen, das durch die einseitige Schuldfeststellung gegen den Kläger auf Grund des Schuldantrages gemäß § 53 II bei wörtlicher Auslegung wegen der Folgen für die Unterhaltspflicht und aus sonstigen Gründen entsteht. Sie führt aber auf der anderen Seite zu dem überraschenden und ungerechten Ergebnis, daß der schuldige Kläger auf Grund des Mitschuldantrages und des darauf gegründeten Schuldanspruches u. U. Vorteile erlangt, die dem nichtschuldigen Kläger schlechthin vorenthalten sind. Die Befugnis des

[33] Unten S. 456.
[34] OLG Freiburg a. a. O., S. 110.

Klägers zum Mitschuldantrag ist nämlich, wie dargelegt wurde, davon abhängig, daß der Beklagte zunächst ihm gegenüber mit dem Schuldantrag Erfolg hat, er also nicht schuldig ist. Erst auf Grund dessen kann der Kläger u. U. erreichen, daß der Beklagte für mitschuldig oder sogar für überwiegend schuldig erklärt wird, mit der Wirkung, daß der schuldige Kläger von der Unterhaltspflicht gemäß § 61 II befreit wird und u. U. sogar selbst einen Unterhaltsanspruch gegen den Beklagten erhält. Der nichtschuldige Kläger vermag dagegen dem schuldigen Beklagten gegenüber seine Lage hinsichtlich der Unterhaltspflicht nicht zu verbessern. Da gegen ihn ein Schuldantrag des Beklagten nicht möglich ist, kommt schon begrifflich für ihn ein Mitschuldantrag gegen den schuldigen Beklagten nicht in Betracht. Da er, wie ebenfalls schon dargetan wurde, einen Schuldantrag nur zur Unterstützung seiner Klage aus anderen Gründen nicht stellen kann, vermag er auf keinerlei Weise einen Schuldausspruch gegen den Beklagten mit der Wirkung zu erreichen, daß er von der Unterhaltspflicht gemäß § 61 II befreit wird. Auch bei noch so schwerem Verschulden des Beklagten bliebe der nichtschuldige Kläger an diese Unterhaltspflicht gebunden. Dagegen kann der schuldige Kläger mit einem gegen ihn gerichteten erfolgreichen Schuldantrage rechnen, womit er die Möglichkeit erlangt, die Feststellung der Mitschuld oder überwiegenden Schuld des Beklagten und die damit verbundene günstige Veränderung der Unterhaltspflicht zu erreichen[35]. Es muß in der Tat „auffallen, daß hiernach ein selbst schuldiger Ehegatte, wenn er die Scheidung seiner Ehe aus einem anderen Grunde erreicht, u. U. — dem gesunden Rechtsempfinden zuwider — mit seinem Unterhalte beser abschneidet als ein nicht schuldiger, weil diesem das Recht versagt ist, die Schuldigerklärung des Klägers auf Grund solcher Verfehlungen zu verlangen, aus denen er auf Scheidung nicht mehr klagen kann, während jener einen begründeten Mitschuldantrag stellen kann“[36].

Neben materiell rechtsethischen Bedenken ist auch mit Recht auf die Mißstände hingewiesen worden, welche die Zulassung des Mitschuldantrages nach der Lehre des RG für die Gestaltung des Prozesses hat. Es ist richtig, daß der aus anderem Grunde als einem verschuldeten auf Scheidung verklagte Eheteil, wenn er nicht Gefahr laufen will, sogar den Unterhaltsanspruch nach Billigkeit aus § 61 II zu verlieren, nach der Rechtsprechung des RG wegen einer verschuldeten Eheverfehlung des Klägers einen Schuldantrag nach § 53 II nur stellen darf, wenn es sich um ein klares Alleinverschulden oder doch um ein klares überwiegendes Verschulden des anderen Eheteiles handelt[37]. Sicher wird diese Erwägung auch an seinen Rechtsberater herantreten. Der Beklagte muß es

---

[35] OLG Freiburg a. a. O.

[36] RGZ 164/96.

[37] RG a. a. O.

sich in der Tat überlegen, „ob er von den zu seinen Gunsten geschaffenen Angriffsmitteln Gebrauch machen soll, weil zu befürchten ist, daß dadurch dem Kläger die Grundlage für einen erfolgreichen Gegenangriff gegeben ist"[38]. Auch diesem Einwand läßt sich die Berechtigung nicht absprechen. Wie unbillig es auch ist, daß der selbst mitschuldige Beklagte — mitschuldig allerdings nur infolge von Schuldgründen, auf die sich der Kläger zwecks Scheidungsklage nicht mehr stützen kann — durch seinen Schuldantrag die Alleinschuldigerklärung erreichen kann, so geht es doch auf der anderen Seite zu weit, ihm ein solches Risiko aufzubürden, wie es auf Grund der Rechtsprechung des RG geschieht, wenn er von einer ihm gesetzlich gewährten Befugnis Gebrauch macht. Es wird damit zugleich eine unerfreuliche Unsicherheit der Rechtslage geschaffen.

Nicht zu leugnen ist auch, daß die Befolgung der Auffassung des RG zu unaufrichtigem Verhalten im Prozeß führen kann, wenn man die Dinge von den Interessen des mitschuldigen Klägers aus betrachtet. Es wirkt in der Tat befremdend und auch geradezu widersinnig, daß der mitschuldige Kläger sich darüber freuen muß, daß der Beklagte von einem Rechtsbehelf Gebrauch macht, der gegen ihn gerichtet ist, geradezu darauf warten muß und nach Möglichkeit versuchen wird, den Beklagten zur Stellung des Antrages zu verleiten, damit er sich von der Unterhaltspflicht befreien kann, mit der an sich zu rechnen ist.

IV.

Wenn man sich nunmehr nach der Kritik an der Rechtsprechung des RG über die Zulässigkeit des Mitschuldantrages (die im wesentlichen durchaus begründete rechtsethische Gesichtspunkte enthält) zunächst der Analogie auf Grund der Widerklage erneut zuwendet, so läßt sich nicht verkennen, daß die Einwände, die gegen den Mitschuldantrag gegenüber dem Schuldantrag erhoben worden sind, sich auch gegen den Mitschuldantrag richten, der gegenüber der Widerklage erhoben wird. Das ist angesichts der Ähnlichkeit der beiden Einrichtungen auch kein Wunder. Die Erkenntnis über diesen Punkt kommt auch bereits in der Rechtsprechung des RG deutlich zum Ausdruck[39]. Das Unrecht gegenüber dem nichtschuldigen Kläger, die Gefahr der Verleitung zur unaufrichtigen Prozeßführung und schließlich auch das Risiko des Beklagten sind Umstände, die bei der Widerklage genau so bedeutsam wie beim Schuldantrag sind. Wenn die Anhänger der Lehre, nach der der Mitschuldantrag gegenüber dem Schuldantrag unzulässig ist, daraus keine Folgerungen für den Mitschuldantrag gegenüber der Widerklage gezogen und sich nicht auch für die Unzulässigkeit des Mitschuldantrages

[38] OLG Freiburg a. a. O.
[39] RGZ 164/96.

entschieden haben, so entspricht das der richtigen Erkenntnis, daß auch die Widerklage eine echte Klage ist. Es wird durch sie ein Rechtsstreit, sei es aus verschuldeten, sei es aus unverschuldeten Gründen, ebenso eingeleitet wie durch die Hauptklage. Es müssen daher auch bei der Widerklage alle Behelfe in Betracht kommen, die den Parteien auf Grund der Klage zustehen. Das gilt auch für die Befugnis zur Stellung des Mitschuldantrages. Auch der Kläger, der aus unverschuldeten Gründen klagt, wird zur Stellung des Mitschuldantrags gegenüber der Widerklage durchaus als befugt anzusehen sein. Denn der Gesichtspunkt, daß ein Kläger, der Scheidung aus unverschuldeten Gründen begehrt, sich wegen der Gefahr der Verwischung des Unterschiedes zwischen den beiden Scheidungsarten nicht zur Unterstützung dieser Klage zugleich auf Verschulden des Beklagten stützen kann, trifft bei der Widerklage ebensowenig zu wie beim Schuldantrage. Der Mitschuldantrag enthält vielmehr lediglich die Verteidigung gegenüber dem in der Widerklage enthaltenen neuen Angriff des Beklagten gegen den Kläger. Aus diesen Überlegungen ergibt sich, daß auch aus § 53 I keine Bedenken gegen die Zulässigkeit des Mitschuldantrages seitens des Klägers, der „aus anderen Gründen" Scheidung begehrt, hergeleitet werden können. In § 53 I ist in der Tat zwar vorausgesetzt, daß der Kläger nach dem Sachverhalt keinen Mitschuldantrag gestellt hat. Es soll aber damit offensichtlich nicht gesagt sein, daß er nicht gestellt werden darf. Das widerspräche dem Gedanken, daß nach dem Gesetz die Widerklage als eine wirkliche Klage aufgefaßt wird. Wenn also der Kläger auf die Widerklage hin einen begründeten Mitschuldantrag stellt, so entstehen im Prinzip gänzlich andere Wirkungen, als sie im § 53 I vorgesehen sind.

Diese Ergebnisse bieten zugleich die Grundlage für die Beantwortung der zunächst offen gebliebenen Frage[40], ob nach den Grundgedanken des Gesetzes schlechthin ein Schuldantrag neben der Klage aus anderen Gründen nicht in Betracht kommt, und zwar auch nicht in der Form eines Mitschuldantrages. Die Frage ist angesichts der Zulässigkeit des Antrags gegenüber der Widerklage zu verneinen.

Die Überlegungen über die Widerklage haben gezeigt, daß auf der einen Seite die Gründe, die gegen die Zulässigkeit des Mitschuldantrages sprechen, gegenüber dem Schuldantrag bei der Widerklage aus Schuldgründen nicht durchschlagen. Das bedeutet aber andererseits nicht, daß nun doch noch eine analoge Anwendung der Regeln über den Mitschuldantrag gegenüber der Widerklage auf den Mitschuldantrag gegenüber dem Schuldantrag zuzulassen ist. Die Unzulässigkeit dieser Analogie folgt zutiefst aus dem schon erwähnten Umstande, daß Schuldwiderklage und Schuldantrag bei aller Ähnlichkeit doch verschiedene Dinge sind. Die Widerklage leitet einen besonderen Rechtsstreit ein,

---

[40] Oben S. 453.

der auch bei vorzeitiger Erledigung des Hauptprozesses weiter besteht. Es wirkt allerdings mißverständlich, wenn in der Entscheidung des Bundesgerichtshofes, an welche diese Überlegungen anknüpfen, die Rechtslage so dargestellt wird, als ob auf Grund der Widerklage gegenüber einer Klage aus unverschuldeten Gründen ein Rechtsstreit über eine Scheidung aus Verschulden und nicht mehr ein solcher auf Scheidung auf Grund eines unverschuldeten Umstandes gegeben sei. Das ist insofern nicht zutreffend, als die Scheidungswiderklage die Hauptklage nicht hinfällig macht.

Die rechtsethischen Erwägungen haben somit ergeben, daß der Schuldantrag des Beklagten nach § 53 II nicht zu einer Prüfung der Mitschuld des Beklagten auf die Art und Weise, in dem Umfange und mit den Wirkungen für den Unterhalt des Beklagten, wie das nach der reichsgerichtlichen Judikatur geschah, Anlaß geben darf. Insofern haben die Überlegungen ergeben, daß der Wortlaut des Gesetzes, in dem kein Mitschuldantrag vorgesehen ist, auch praktische Geltung haben muß. Das ist um so befriedigender, als es, wie bereits ausgeführt[41], im Interesse der Rechtssicherheit geboten ist, den Wortsinn einer gesetzlichen Bestimmung nach Möglichkeit zu beachten, Gesetzestreue mit der gerechten Entscheidung der Lebenstatbestände in denkbar weitem Maße zu verbinden. Aus diesen Überlegungen folgt nun aber keineswegs, daß die Berücksichtigung der Mitschuld des Beklagten überhaupt nicht in Betracht kommt. Sie dürfen nur nicht dazu führen, daß der Beklagte für gleich oder überwiegend schuldig erklärt wird und auf Grund dessen die geschilderte Veränderung in den Unterhaltsfolgen eintritt; denn diese Wirkungen haben die berechtigte Kritik an der Zulassung des Mitschuldantrages ausgelöst. Die gegen den Mitschuldantrag sprechenden Gründe verbieten aber deswegen nicht die Berücksichtigung der Mitschuld des Beklagten beim Schuldausspruch gegen den Kläger auf Grund des Schuldantrages des Beklagten überhaupt. Die schwere Unbilligkeit der Tatsache, daß der selbst gleich oder überwiegend mitschuldige Beklagte mit seinem Schuldantrag einen einseitigen Schuldausspruch erreichen kann, der als Ausspruch der Alleinschuld des Klägers zu werten ist, konnte von der Kritik nicht ausgeräumt werden. Das Gesetz ist daher in diesem Punkte durch analoge Anwendung aller Grundsätze zu ergänzen, die in den Vorschriften des Ehegesetzes außer § 53 II über Schuldfeststellung und Schuldabwägung enthalten sind. Besonders beachtenswert erscheint dabei der Hinweis von *Habscheid*[42]: Er will den Interessenkonflikt vor allem im Anschluß an die Regelung über die Widerklage nach § 53 I lösen. Das bedeutet kein Zurückgreifen auf die Analogie auf Grund der Regelung über den Mitschuldantrag bei der

---

[41] S. 444.

[42] A. a. O., S. 478.

Widerklage. Der Autor übersieht auch nicht, daß erhebliche Unterschiede zwischen der Rechtslage des Antragstellers nach § 53 II und der Widerklage — bei aller sonstigen Ähnlichkeit — bestehen: der Antrag geht auf bloße Schuldfeststellung, die Widerklage auf Auflösung der Ehe. Es kommt nach der Auffassung von *Habscheid* insbesondere auf die Ähnlichkeit der Interessenlage an, die dadurch entsteht, daß der Kläger nach dem Tatbestande dieser Vorschrift tatsächlich keinen Mitschuldantrag gestellt hat. Der Beklagte sieht sich also wie beim Schuldantrag nach § 53 keinem Mitschuldantrag gegenüber. Dazu kommt, daß die Regelung über den Schuldausspruch sowohl die berechtigten Forderungen der Billigkeit über die Mitberücksichtigung der Schuld des Beklagten erfüllt, als auch die Gefahren vermeidet, die sich für den Beklagten aus dem Mitschuldantrag nach der reichsgerichtlichen Rechtsprechung für seinen Unterhalt ergeben würden. Damit ist allerdings erst das Erfordernis der Berücksichtigung der Mitschuld des Beklagten bei der Entscheidung über seinen Schuldantrag nach § 53 als Inhalt eines gültigen, auf Grund der Analogie gefundenen Rechtssatzes unseres Ehegesetzes dargetan. Es fehlt aber noch an einer Regelung darüber, auf welche Weise, in welchem Umfang und mit welchen Wirkungen die Mitschuld des Beklagten bei dieser Entscheidung zu berücksichtigen ist. Nur um diese beiden Fragen geht es noch.

Verhältnismäßig leicht dürfte sich die zweite Frage beantworten lassen. Wenn der Schuldausspruch, der nach § 53 II auf den Antrag des Beklagten ergeht, zur Folge hat, daß sich daran die Pflicht des Klägers zur Leistung des angemessenen Unterhaltes nach § 58 knüpft, so darf auf den Schuldantrag des Beklagten hin die Schuld des Klägers nur ausgesprochen werden, wenn sie wirklich die Voraussetzungen erfüllt, welche die Rechtsordnung für die Leistung des angemessenen Unterhaltes nach § 58 fordert. Das verlangt die Billigkeit im Gegensatz zu dem festgestellten Gesetzeswortlaut. Der Schuldausspruch gegen den Kläger darf daher nur ergehen, wenn er allein oder wenigstens überwiegend schuldig ist. Bei gleicher oder überwiegender Mitschuld des Beklagten kann also keine Schuldfeststellung zu Lasten des Klägers vorgenommen werden. Es ergeht vielmehr in diesem Falle überhaupt kein Schuldausspruch. Das folgt auch mittelbar aus einem Umkehrschluß aus § 48, wie in den Gründen des OLG Freiburg mit Recht dargetan worden ist. Es ist nämlich in der Tat widerspruchsvoll, nicht anzunehmen, ,,daß", wie dieser Gerichtshof ausgeführt hat ,,derselbe Gesetzgeber, der den Richter auf der einen Seite durch die Vorschrift des § 48 II, 1 EheG zwingt, in den *Urteilsgründen* u. U. *das überwiegende Verschulden des Beklagten* (und damit die Unzulässigkeit des Widerspruchs) festzustellen, auf der anderen Seite wünscht, daß *in der Urteilsformel* gleichwohl das Verschulden des (weniger schuldigen) Klägers festgestellt wird". Aus dieser zutreffenden Überlegung ergibt sich, daß umgekehrt der Schuldausspruch bei der Heimtrennungsklage vernünftigerweise nur ergehen kann, wenn der Kläger wirklich allein oder überwiegend schuldig ist.

Diese Lösung erhält auch dadurch ihre Bestätigung, daß sie der Interessenlage entspricht, die erfahrungsgemäß bei der Heimtrennungsklage in der Regel besteht. Denn in der Mehrzahl aller Fälle ist der *Kläger* der überwiegend schuldige Teil. Sie wird außerdem zugleich den Ausnahmefällen gerecht, in denen der Beklagte mitschuldig ist, aber der Kläger sein Scheidungsrecht aus Schuldgründen schon verloren hat. Es wird in diesen Fällen einerseits verhütet, daß der nicht alleinschuldige Kläger in unbilliger Weise mit der erhöhten Unterhaltspflicht nach § 58 belastet wird, ohne daß andererseits der mitschuldige Beklagte den Unterhalt, den er nach Billigkeitsgrundsätzen gemäß § 61 II erhält, verliert. Die Lösung entspricht schließlich der auf der Lebenswirklichkeit beruhenden Idee, welche der Regelung über den Schuldantrag zugrunde liegt: dieser Behelf sollte dem Beklagten dazu dienen, seinen Unterhalt über den Billigkeitsanspruch nach § 61 II hinaus zu verbessern. Darauf hat aber nur *der* Beklagte moralisch Anspruch, dessen Schuld geringer als die des Klägers ist. Die Regelung entspricht auch insofern der Sachlage, als es richtig erscheint, daß der Beklagte, der an der Ehe festhalten möchte, den Unterhaltsanspruch nach § 61 II nicht verliert.

Was die Frage nach der Art der Berücksichtigung angeht, so gibt es auf diese Frage in der Literatur und Rechtsprechung, wenn man von der Lösung des RG absieht, im wesentlichen drei Antworten. Sie knüpfen, wie das selbstverständlich ist, an den Schuldantrag nach § 53 II an. Zum besseren Verständnis ist zu beachten, daß bei diesen Antworten z. T. zwischen Zulässigkeit und Rechtfertigung des Schuldantrages unterschieden wird.

Nach der Entscheidung des OLG Freiburg ist, wie schon erwähnt, der Schuldantrag des Beklagten nach § 53 II nur zulässig, wenn dem Kläger das alleinige oder überwiegende Verschulden trifft.

Nach der zweiten, von *Frantz* vertretenen Meinung, kann die Lösung des Interessenkonfliktes — er selbst hält an den Grundsätzen des RG fest — auch auf Grund einer Regelung geschehen, nach welcher der Schuldantrag zulässig ist, wenn er sich auf Verfehlungen des Klägers stützen kann. Der Kläger hätte demgegenüber zwar das Recht zum Mitschuldantrag, er würde aber lediglich der Abwehr des Schuldantrags für den Fall dienen, daß der Beklagte gleich oder überwiegend schuldig ist.

Ähnlich entscheidet wegen der Zulässigkeit *Habscheid*[43]. Der Schuldantrag sei dann gerechtfertigt, wenn der Kläger allein oder zum mindesten überwiegend schuldig sei.

---

[43] A. a. O., S. 478.

Wenn man bedenkt, daß der letztgenannte Autor sich bei seiner Lösung des Interessenkonflikts an § 53 I anlehnt, so taucht die Frage auf, ob das Gericht zwecks Klärung der Schuldfrage von seinem Inquisitionsrecht hier ebenso Gebrauch machen kann, wie das auf Grund der Rechtslage nach § 53 I möglich ist. Die Bejahung dieser Frage ließe sich auf Grund analoger Anwendung der Grundsätze über das Inquisitionsrecht des Gerichts in Ehesachen rechtfertigen. Sie ließe sich damit begründen, daß der Beklagte, der anstatt Widerklage zu erheben, einen Schuldantrag stellt, seinen Willen bekundet, an der Ehe festzuhalten. Wenn man dies gut heißt, dann erscheint es am besten, dem Schuldantrag entsprechend der Meinung von *Frantz* und *Habscheid* bereits zuzulassen, wenn der Beklagte ihn auf Eheverfehlungen des Klägers schützen kann. Ob er gerechtfertigt ist, wäre dann unter Berücksichtigung auch seines Verschuldens zu prüfen.

ENTGELTLICHE ERBVERTRÄGE

Ein Rechtsgutachten

Von Dr. Gustav Boehmer

oö. Professor an der Universität Freiburg i. Br.

Die Huldigung, die die juristische Hochschullehrerschaft dem Nestor des deutschen Zivilrechts zu seinem 80. Geburtstage darbringt, richtet sich zwar in erster Linie an den großen Dogmatiker, dessen Standardwerke des bürgerlichen Rechts aere perennia sind. Aber sie vergißt darüber nicht die vielfältigen und reichhaltigen Leistungen, mit denen er als Responsionsjurist in Urteilsbesprechungen und Gutachten bewiesen hat, daß sich in ihm mit theoretischer Tiefgründigkeit praktisches Judiz und lebenserfahrener bon sens glückhaft paaren. Darum mag es einem um einige Jahre jüngeren Kollegen, zu dessen sachlich wie menschlich wertvollsten Erinnerungen die Zusammenarbeit mit dem Jubilar in wissenschaftlichen Ausschüssen und auf akademischen Tagungen gehört, verstattet sein, seinen Beitrag zu der Jubiläumsfestschrift in die Form eines von ihm vor kurzem erstatteten Gutachtens zu kleiden.

Tatbestand

Durch notariellen Kaufvertrag v. 30. 1. 1919 veräußerte der Eigentümer einen unbelasteten Waldbesitz zum Preise von 400000 RM an vier Käuferinnen, die Schwestern waren. Diese wurden als Miteigentümerinnen zu gleichen Bruchteilen im Grundbuch eingetragen. Sie räumten sich in dem Vertrage „für alle Zeiten das gegenseitige dingliche, auf die Erben der Berechtigten und Verpflichteten übergehende Vorkaufsrecht an den ihnen zustehenden Miteigentumsanteilen für alle Veräußerungsfälle ein, u. zw. auch für den Fall, daß die Veräußerung mit Rücksicht auf ein künftiges Erbrecht an einen gesetzlichen Erben erfolgen sollte“. 1921 starb eine Miteigentümerin und wurde von ihrem Ehemann beerbt, der im Grundbuch als Eigentümer des $^1/_4$-Anteils des Waldbesitzes eingetragen wurde.

1932 nahm dieser durch privatschriftlichen Vertrag von fünf mit ihm verschwägerten Personen, von denen eine einen $^1/_4$-Anteil Miteigentumsanteil an dem Waldbesitze hatte, ein „zinsloses Darlehen“ von 100000 RM auf Lebenszeit auf, mit der Vereinbarung, daß es als getilgt gelten solle, sobald mit seinem Ableben der am gleichen Tage zwischen ihm und den Darlehnsgebern abgeschlossene notarielle Erbvertrag, durch den er diese zu „Miterben“ (zwei zu je $^1/_4$, drei zu je $^1/_6$) seines Anteils an dem Waldbesitze einsetzte, wirksam werde. Gleichzeitig räumte er in dem schriftlichen Darlehnsvertrage den Darlehnsgebern die sofortige anteilmäßige Nutzung an diesem Waldanteil ein.

Im Januar 1952 adoptierte der kinderlose Ehemann (künftig Erblasser genannt) seinen Stiefsohn in gehöriger Rechtsform. Kurz darauf kündigte er das Darlehn den fünf Darlehnsgebern durch eingeschriebene Briefe und hinterlegte die „nach § 16 UmstG auf 10000 DM umgestellte Darlehnssumme" bei der zuständigen Hinterlegungsstelle. Die Gläubiger verweigerten die Annahme. Etwa drei Monate später focht er durch notarielle Erklärung, die den fünf Gläubigern zugestellt wurde, den Erbvertrag von 1932 ohne Angabe von Gründen an. Zehn Tage später schloß er mit seinem Adoptivsohn einen notariellen „Übergabe- und Leibrentenvertrag", in dem er diesem seinen $^{1}/_{4}$-Waldanteil gegen „Übernahme einer jährlichen Leibrente von 25000 DM" übertrug. Eine Anzeige an die vorkaufsberechtigten drei Miteigentümer erfolgte nicht. Die Eintragung des Adoptivsohnes als Eigentümer und einer Reallast zur Sicherung der Leibrentenverpflichtung erfolgte einige Zeit darauf. 1954 starb der Erblasser.

Die fünf in dem Erbvertrage von 1932 eingesetzten „Miterben" machen ihr „Erbrecht", die drei Vorkaufsberechtigten ihr Vorkaufsrecht auf den $^{1}/_{4}$-Miteigentumsanteil an dem Walde gegen den zum Alleinerben eingesetzten Adoptivsohn geltend.

Begutachtung

A. Der rechtliche Charakter des Darlehnsvertrages und des Erbvertrages von 1932

I. Kein verschleierter Kaufvertrag

1. Nach dem Sachverhalt besteht kein Zweifel, daß die beiden Verträge in engem, nicht nur wirtschaftlichem, sondern auch rechtlichem Zusammenhange stehen. Der $^{1}/_{4}$-Miteigentumsanteil an dem Waldbesitze, den der Erblasser 1921 von seiner Frau geerbt hatte, sollte nach dem Willen beider Parteien dazu dienen, das 1932 vorhandene dringende finanzielle Bedürfnis des Erblassers zu befriedigen. Dazu waren verschiedene rechtliche Wege möglich. Der einfachste und normalste wäre ein *Kaufvertrag* mit sofortiger beiderseitiger Erfüllung gewesen. Aber das wollte der Erblasser nicht. Eine solche Transaktion hätte ihm den wertvollen Miteigentumsanteil, über dessen gegenwärtigen Wert er nach seiner eigenen Äußerung keine exakte Vorstellung hatte, und dessen künftiger Wert mit immerhin gewisser Wahrscheinlichkeit steigen würde, sofort entzogen. Offenbar lag es in seiner Planung, die Entwicklung der Verhältnisse abzuwarten und sich bis zu seinem Tode das Eigentum an der Substanz des Rechtes zu erhalten. Daß nach dem Darlehnsvertrage die Nutzungen des Miteigentumsanteils schon mit der Auszahlung des Darlehns

den Darlehnsgebern zufallen sollten, ist kein Indiz dafür, daß diese sofort die Stellung von Eigentümern erhalten sollten, und daß daher in Wirklichkeit ein Kaufvertrag gemeint war. Vielmehr erklärt es sich daraus, daß das Darlehn auf Lebenszeit des Erblassers unverzinslich war, und daß die Nutzungen, die die Lasten weit überstiegen, an die Stelle der Geldzinsen treten sollten. Gewiß mögen bei der Wahl des Erbvertrages auch noch die Zwecke mitgesprochen haben, die Grunderwerbsteuer zu sparen und das Vorkaufsrecht der anderen drei Miteigentümer auszuschalten. Aber gerade auch diese beiden Nebenzwecke sind ein deutlicher Beweis dafür, daß die gewählte Rechtsform eines mit einem *Darlehnsvertrage verbundenen Erbvertrages von den Parteien ernstlich gewollt* war. Wenn das Gesetz für die Erreichung eines wirtschaftlichen Zweckes, wie hier der Befriedigung eines Geldbedürfnisses durch Ausnutzung eines Sacheigentums des Bedürftigen, nicht nur die Rechtsform eines Kaufvertrages, sondern auch andere Rechtsfiguren zur Verfügung stellt, bei denen unerwünschte Nebenfolgen des Kaufvertragsweges vermieden werden können, so besteht kein Grund, die gewählte Rechtsform als Umgehung eines Kaufvertrages und daher als ein simuliertes Geschäft zu betrachten, durch das ein wirklich gewollter Kaufvertrag als dissimuliertes Geschäft verdeckt werden sollte.

2. Allerdings hätte das Bestreben des Erblassers, sich die Substanz seines Waldanteils bis zu seinem Tode zu erhalten, auch durch einen *Kaufvertrag* verwirklicht werden können, dessen *Erfüllung* bis zum Tode des Verkäufers *hinausgeschoben* und durch das *Überleben* der Käufer *bedingt* worden wäre. In der Tat kommen solche Verträge im praktischen Leben vor. Einen sehr interessanten und auch für die Beurteilung unserer Frage instruktiven Fall enthält die RG-Entscheidung v. 6. 12. 1924 in SeuffA 79, 24ff. Hier lag umgekehrt dem Wortlaut der Urkunde nach ein Kaufvertrag vor, dessen Erfüllung bis zum Tode des Verkäufers hinausgeschoben, und dessen Bestand durch das Überleben des Käufers bedingt sein sollte. Daher entstand die Frage, ob der Vertrag nicht als Erbvertrag oder als verschleierte Schenkung von Todes wegen aufzufassen und daher wegen Mangels der für diese Verträge vorgeschriebenen Form nichtig sei. Das RG verneint das mit Ausführungen, die auch für unseren Fall richtunggebend sind. Es sei zwar nicht unbedingt maßgebend, daß die Parteien den Vertrag als Kaufvertrag bezeichnet hätten. Nach § 133 BGB seien nicht der Wortlaut, sondern der sachliche Inhalt des Vertrages und die Begleitumstände des konkreten Falles für die Auslegung entscheidend. Aber das Hinausschieben der Erfüllung und die Abhängigkeit des Vertragsbestandes vom Überleben des Käufers seien, wenn auch ungewöhnlich, so doch mit dem Wesen eines Kaufvertrages nicht unverträglich und genügten nicht, um die Annahme, der Vertrag sei entgegen der ihm von den Parteien gegebenen ausdrücklichen Bezeichnung ein Erbvertrag, zu rechtfertigen. *Es würde auch dem Sinne des § 140 BGB*

widersprechen, den Vertrag ohne zwingenden Grund seinem unzweideutigen Wortlaut zuwider in einem Sinne auszulegen, der zu seiner Vernichtung wegen Verstoßes gegen eine Formvorschrift führen müßte.

Genau dasselbe gilt hier in umgekehrter Richtung. Wollte man die ausdrücklich als Darlehns- und Erbvertrag bezeichneten und in diesen Formen abgeschlossenen Verträge als Kaufvertrag mit hinausgeschobener Verkäuferleistung betrachten und, da die Kaufpreisvereinbarung in dem nur privatschriftlichen Darlehnsvertrage festgelegt war, nach § 313 BGB für nichtig erklären, so würde man der Tendenz des § 140 BGB zuwider nicht einen formnichtigen Vertrag durch Umdeutung in einen anderen am Leben erhalten, sondern umgekehrt einen formgültigen durch Umdeutung in einen anderen vernichten. *Es besteht aber kein Grund, ernstlich gemeinte und rechtlich und sittlich einwandfreie rechtsgeschäftliche Akte durch eine nicht zwingende Auslegung zur Nichtigkeit zu verdammen.* Hätten die Parteien wirklich einen Kaufvertrag mit hinausgeschobener Erfüllung gewollt, so hätten sie als rechtskundige und durch einen erfahrenen Notar beratene Personen sowohl nach Wortlaut wie nach Form einen rechtsgültigen Kaufvertrag geschlossen. Daß sie es nicht taten, mußte seine Gründe haben. Sie liegen darin, daß die *Wirkungen* eines Kaufvertrages, selbst wenn die Erfüllung bis zum Tode des Verkäufers hinausgeschoben und der Vertrag durch das Überleben des Käufers bedingt ist, in einem oder gegebenenfalls sogar in zwei entscheidenden Punkten von denen eines Erbvertrages verschieden sind.

3. Der eine Punkt, der stets besteht, gleichgültig ob der Erbvertrag eine Erbeinsetzung oder eine Vermächtniszuwendung enthält, ist die verschiedene Stärke der rechtlichen *Bindung* eines Verkäufers von der eines Erblassers. Es ist dies das Kriterium, das allgemein Rechtsgeschäfte unter Lebenden von Verfügungen von Todes wegen unterscheidet. „Das Rechtsgeschäft unter Lebenden“, sagt *Endemann*, Lehrbuch III 1 § 29 I a und b S. 204f., „bewirkt entweder eine unmittelbare dingliche Rechtsänderung in dem gegenwärtigen Bestande der Vermögensrechte oder es erzeugt eine das gegenwärtige Vermögen verstrickende Verbindlichkeit. Daß der Vollzug der Rechtsänderung oder die Bewirkung der Leistung durch Bedingung oder Befristung auf spätere Zeit, etwa auf die Zeit nach dem Tode der Beteiligten, hinausgeschoben worden ist“ oder sogar, wie wir hinzufügen, das Rechtsgeschäft durch das Überleben des Leistungsempfängers bedingt ist, „ändert an der Natur dieser Rechtsgeschäfte nichts. Entscheidend bleibt lediglich, daß der Berechtigte während der Dauer seiner Rechtsherrschaft den sein Vermögen verhaftenden rechtsgeschäftlichen Tatbestand hergestellt hat“ ... Dagegen „erzeugt das erbrechtliche Rechtsgeschäft keine rechtliche Gebundenheit für das gegenwärtige Vermögen, auch nicht im Falle eines Erbvertrages“. Das Reichsgericht hat in einer Entscheidung SeuffA 77 Nr. 60 S. 103 diese Sätze sich wörtlich zu eigen gemacht. Auch der Beschluß des BayrObLG

v. 30. 6. 1953 (DNotZ 1953 S. 599) hebt unter Bezugnahme auf das RG-Urteil SeuffA 79, 25 auf diesen Punkt entscheidend ab. Obwohl hier die Parteien die Form eines Erbvertrages gewählt hatten, ergab sich doch aus dem Inhalt des Vertrages wie aus den Worten „Kaufpreis" und „Übernahmepreis", daß eine sofortige schuldrechtliche Bindung zu Leistungen gewollt war, die sich als Leistung und Gegenleistung gegenüberstanden, und bei denen nur die Erfüllung bis zum Tode des Verkäufers befristet war.

Wenden wir diese Regeln auf unseren Fall an, so ergibt sich folgendes: Wäre der Vertrag ein Kaufvertrag, so wäre der Erblasser bis zu seinem Tode an ihn gebunden gewesen und hätte sich dieser Bindung auch nicht durch Veräußerung an einen Dritten, gleichgültig ob sie entgeltlich oder unentgeltlich erfolgte, entziehen können. Pacta sunt servanda. Er hätte sich durch solche Verfügungen schadensersatzpflichtig gemacht, und auch der Drittempfänger hätte bei Kenntnis der schuldrechtlichen Verpflichtung eventuell nach §§ 826 und 249 auf Herausgabe des Empfangenen gehaftet[1]. War dagegen der Vertrag ein aus Darlehen und Erbvertrag kombiniertes Geschäft, so war der Erblasser nach § 2286 in seiner Verfügungsbefugnis unter Lebenden überhaupt nicht beschränkt, und nur im Falle einer böswilligen Schenkung i. S. des § 2287 oder, falls der Erbvertrag eine Vermächtniszuwendung enthielt, einer böswilligen Beeinträchtigung i. S. des § 2288 I oder II wären nach seinem Tode zugunsten der im Erbvertrage Bedachten die dort gegebenen Ansprüche entstanden (s. dazu näh. unter B).

Auch das Reichsgericht hat in der oben genannten Entscheidung SeuffA 79, 25 auf diesen überaus wichtigen Unterschied abgehoben. Und ebenso wie es in dem dortigen Falle mit Recht meint, daß ein so beschränkter Rechtsschutz des Käufers nicht im Einklang mit dem Inhalt des Vertrages und den Absichten der Parteien stehen würde, so wird man in unserem Falle sagen müssen, daß gerade diese weit geringere Beschränkung des Erblassers in seiner Verfügungsfreiheit unter Lebenden ein Motiv für die Wahl des Erbvertrages gewesen ist. Er wollte als rechtskundiger Jurist sich offenbar die Hände zu seinen Lebzeiten freihalten und sich die Befugnis zu normalen, nicht böswilligen Verfügungen wahren. Damit trug er insbesondere der Möglichkeit einer im Jahre 1932 noch unerwarteten Wertsteigerung des Waldbesitzes Rechnung, wie sie

[1] Eine *dingliche* Gebundenheit wäre freilich auch durch einen erfüllungsbefristeten Kaufvertrag nicht für ihn begründet worden (wie eine andere gutachtliche Äußerung zu unserem Falle behauptet hat). Eine solche tritt nach § 161 BGB nur dann ein, wenn unter der Bedingung seines Todes und des Überlebens der Vertragsgegner bereits über seinen Miteigentumsanteil *dinglich verfügt* worden wäre. Die zur Erfüllung eines Kaufvertrages erforderliche Verfügung geschieht aber bei Grundstücken, auch bei Miteigentumsanteilen, durch Auflassung und Eintragung. Eine solche ist hier weder erfolgt noch hätte sie erfolgen können, da nach § 925 II BGB die Auflassung bedingungsfeindlich ist.

dann in der Tat später in ungeahntem Umfange eingetreten ist (s. dazu unten C I). In solchem Falle wollte er dann lieber zu einer Realrückzahlung des Darlehns zurückkehren. Der Erbvertrag war also für ihn und seine Interessen erheblich günstiger als ein erfüllungsbetagter Kaufvertrag.

4. Der zweite Punkt, durch den sich ein solcher von einem Erbvertrage unterscheidet, ist allerdings nur dann gegeben, wenn der Erbvertrag eine *Erb*einsetzung enthält. Ist dies der Fall, so geht mit dem Tode des Erblassers das Zugewandte ipso jure auf die Erben über, ohne daß es einer rechtsgeschäftlichen Übertragung, d. h. bei Grundstücken einer Auflassung und Eintragung bedarf. Letztere würde nur eine deklaratorische Grundbuchberichtigung bedeuten. Lag dagegen nur ein Kaufvertrag vor, so hätte die auf den Erben übergegangene Verkäuferverpflichtung erst durch Auflassung und Eintragung der Käufer erfüllt werden müssen. Aus den Worten des Erbvertrages von 1932 „Die vorgenannten Miterben treten somit kraft dieses Erbvertrages unmittelbar mit meinem Ableben in den Besitz und Genuß meines vorstehend bezeichneten Miteigentümeranteils" ist unzweideutig zu ersehen, daß die Parteien nicht Kaufvertrag, sondern Erbvertrag wollten. Zwar war dieser auf unmittelbaren Rechtsübergang gerichtete Wille rechtlich nicht realisierbar, da, wie unter B dargelegt werden wird, die erbvertragliche Verfügung nicht eine Erbeinsetzung, sondern eine Vermächtnisanordnung enthielt. Aber dieser Rechtsirrtum des Erblassers (und des instrumentierenden Notars!) hindert nicht, daß aus dieser Fassung des Vertrages der Wille einer erbvertraglichen Zuwendung klar hervorgeht.

II. Entgeltlicher Erbvertrag

1. Die Verbindung des Erbvertrages mit dem Darlehnsvertrage war nicht nur eine wirtschaftliche, sondern auch eine rechtliche. Da der Erblasser offenbar i. J. 1932 den Darlehnsgebern keine andere Sicherheit für die Rückzahlung des ihm gewährten Kredits von 100000 RM geben konnte oder wollte, kamen die Parteien überein, daß an die Stelle einer baren Rückzahlung des Geldes die erbrechtliche Erwerbsanwartschaft der Darlehnsgeber auf den Miteigentumsanteil, an die Stelle der Zinszahlung die sofortige Nutzung des Waldanteils treten sollte. Es liegt hier also einer der im Leben häufigen Fälle vor, daß der Erbvertrag keine abstrakte unentgeltliche Verfügung von Todes wegen, sondern mit einem Rechtsgeschäfte unter Lebenden in der Weise verkoppelt ist, daß die erbrechtliche Zuwendung ein *Entgelt* für Leistungen darstellt, die den Erblasser von den im Erbvertrage Bedachten zu Lebzeiten gewährt worden sind. Der Hauptfall, der auch im Gesetze eine ausdrückliche Regelung gefunden hat, ist der sog. Erbverpfründungsvertrag des § 2295. Aber auch außerhalb dieses Sonderfalles kann, wie allgemein anerkannt wird, der Erbvertrag mit anderen Verträgen unter Lebenden verbunden

sein, durch die dem Erblasser wirtschaftliche Vorteile einmaliger oder laufender oder wiederkehrender Art, sei es in Geld- oder Sachleistungen, sei es durch Gewährung von Sachgebrauch oder Sachnutzung, sei es durch Dienst- oder Werkleistungen, gewährt werden, zu denen die erbrechtliche Erwerbsaussicht im Verhältnis einer *Gegenleistung* steht.

2. Der rechtliche Charakter dieser Verbindung des Erbvertrages mit einem lebzeitigen Vertrage ist Gegenstand eines langjährigen wissenschaftlichen Streites gewesen, über den sogleich berichtet werden wird. Aber über einen Punkt herrscht Einigkeit, daß nämlich die Verkoppelung keineswegs so eng zu sein braucht und in der Regel auch nicht ist, daß beide Verträge eine *rechtliche Einheit* bilden. Wäre das der Fall, so ergäbe sich daraus die zwingende Folgerung, daß auch der auf die lebzeitigen Leistungen gerichtete Vertrag der Form des § 2276 bedürfte. Das wird allgemein abgelehnt, selbst von den Vertretern der sicherlich zutreffenden Ansicht, daß die wirtschaftliche Verbindung der beiden Verträge den Erbvertrag auch rechtlich zu einem *entgeltlichen* Rechtsgeschäfte macht. An der *formellen* Selbständigkeit der beiden Rechtsakte wird durch diese Verbindung nichts geändert. Die Unterwerfung des lebzeitigen Vertrages unter die Formvorschrift des § 2276 würde in den meisten Fällen des praktischen Lebens zu einer Nichtigkeit nicht nur dieses, sondern nach § 139 BGB beider Verträge führen.

3. Aber die früher herrschende und jetzt immer noch z. T. vertretene Ansicht ging in der Betonung der abstrakten Selbständigkeit des Erbvertrages noch weiter. Nachdem *Schiffner* in seiner grundlegenden Monographie „Der Erbvertrag nach BGB" (1899) die bis dahin vielfach beliebte Theorie, daß der Erbvertrag ein aus Testament und Widerrufsverzicht zusammengesetztes Doppelgeschäft sei, widerlegt und für den Erbvertrag den Charakter eines erbrechtlichen Rechtsaktes sui generis erfolgreich vindiziert hatte, wollte man diese Selbständigkeit auch auf den *sachlichen* Vertragsinhalt ausdehnen und soweit utrieren, daß man die Möglichkeit eines entgeltlichen Erbvertrages rigoros ablehnen zu müssen glaubte. Vorangegangen war damit vor allem schon *Hellwig* in seinem bekannten Werke „Verträge auf Leistung an Dritte" (1899), in dem er S. 605 den lapidaren Satz prägte: „Es gibt keine entgeltlichen Erbverträge". Zuwendungen, die der Erblasser unter Lebenden erhalten habe oder erhalten solle, könnten nur den soziologisch-psychologischen Bestimmungsgrund zur Errichtung eines Erbvertrages bilden, aber niemals in juristischem Sinne im Verhältnis der Gegenleistung zu der erbvertraglichen Verfügung stehen. Diese Auffassung hat lange Zeit die juristische Doktrin beherrscht und bei *Strohal* Erbrecht I § 47 A 1, *Frommhold* Erbrecht § 2295 A 1, *Planck* Vorbem. zu §§ 2274ff. S. 812 u. a. Niederschlag gefunden. Es ist das Verdienst von *Oertmann*, daß er dieser doktrinären, die wirkliche Situation vergewaltigenden Auffassung in seiner Schrift „Entgeltliche Geschäfte" S. 199ff. entschieden entgegen-

getreten ist. Schon *Eccius* hatte für das preußische Recht in seinem Preußischen Privatrecht IV § 247 bei Anm. 13 und *Dernburg* für das BGB in seinem Bürgerlichen Recht V § 95 III die Ansicht von dem notwendig abstrakten und unentgeltlichen Wesen des Erbvertrages abgelehnt. *Dernburg* bezeichnete dabei den Hang zur Konstruktion abstrakter Geschäfte temperamentvoll als ein „Kind der Mode, vielleicht nur eine Modekrankheit: das Leben wisse nichts davon; es gehe davon aus, daß Verträge, durch welche gegenseitig Zugeständnisse gemacht werden, regelrecht zusammengehören und in einem Bedingungsverhältnis zueinander stehen". *Oertmann* gesteht zwar durchaus zu, daß von einer synallagmatischen Verknüpfung im Sinne der gegenseitigen Schuldverträge nach §§ 320ff. schon deshalb nicht die Rede sein könne, weil nach § 2302 eine vertragliche Verpflichtung zur Errichtung einer Verfügung von Todes wegen nicht möglich sei. Aber synallagmatische Verknüpfung im technischen Sinne und Entgeltlichkeit seien nicht identisch. Auch eine konditionelle oder kausale Verbindung zweier Verträge könne eine „Entgeltlichkeit" begründen, und das sei bei einem Erbvertrage, der den Bedachten für eine von ihm schon erbrachte oder zu erbringende Leistung an den Erblasser zum Erben berufe oder mit einem Vermächtnis bedenke, der Fall. Diese Auffassung hat denn auch bei *Enneccerus-Kipp* 8. Bearb. § 30 A 12 und bei *Kipp-Coing* 9. Bearb. § 30 A 14 volle Billigung gefunden. Sie allein ist geeignet, das rechtliche Konstruktionsbild der soziologischen Wirklichkeit entsprechend zu formen.

4. In unserem Falle kommt noch eine besondere Note hinzu, die an der Entgeltlichkeit des Erbvertrages keinen Zweifel läßt: die erbvertragliche Zuwendung hatte den evidenten rechtlichen Zweck, an die Stelle der Rückzahlung des Darlehnskapitals zu treten. Die ausdrückliche Bestimmung des Darlehnsvertrages, daß das Darlehn als getilgt gelten solle, sobald mit dem Ableben des Darlehnsnehmers der zwischen ihm und den Darlehnsgebern am gleichen Tage geschlossene Erbvertrag in Wirksamkeit trete, war die schuldrechtliche Vereinbarung einer *Ersatzleistung (datio in solutum)*, die durch den erbrechtlichen Anfall „dinglich" effektuiert werden sollte. Die Parteien gingen, wie sich aus dem Sachverhalt zweifelsfrei ergibt, von der Annahme aus, daß der Waldanteil des Darlehnsnehmers einen ungefähren Wert von 100000 RM habe, so daß durch seinen Erwerb der Kapitalbetrag des Darlehns gedeckt sei. An die Stelle der Geldzinsen sollten die Nutzungen des Waldgrundstücks treten, die sofort den Darlehnsgebern zufielen.

Nach herrschender Meinung, die hier nicht weiter belegt zu werden braucht (s. dazu statt aller *Enneccerus-Lehmann*, 1954, § 65 und meine kritische Wertung in „Grundlagen der bürgerlichen Rechtsordnung" II 1 S. 81f.), ist aber die Vereinbarung einer Ersatzleistung ein *entgeltlicher* Vertrag. Die Leistung des Empfängers der Ersatzleistung besteht darin, daß er den Schuldner aus seiner ursprünglichen Leistung entläßt, die

Gegenleistung des Schuldners in der versprochenen Ersatzleistung. Wendet doch sogar § 365, falls diese in der Hingabe einer Sache oder eines Rechts besteht, für die Rechts- und Sachmängelhaftung ausdrücklich Kaufvertragsregeln an. So kritisch man auch rechtsdogmatisch und rechtspolitisch zu dieser gesetzlichen Entscheidung stehen mag, so ist man, jedenfalls bei entgeltlicher causa, doch daran gebunden. So liegt es auch hier: die Darlehnsgeber befreiten den Darlehnsnehmer von der Geldzahlungspflicht, dafür gewährte dieser ihnen als Ersatzleistung die erbrechtliche Erwerbsanwartschaft auf seinen Miteigentumsanteil an dem Walde; mit dem endgültigen Erberwerbe sollte die Darlehnsforderung erlöschen. Diese Funktion des Erbvertrages als Vereinbarung einer Ersatzleistung für die an sich geschuldete Geldleistung stempelt ihn zweifelsfrei zu einem *entgeltlichen* Geschäfte. Die Konsequenzen, die sich daraus für die Fallbeurteilung ergeben, werden unter C gezogen werden.

B. Der Erbvertrag enthielt keine Erbeinsetzung, sondern eine Vermächtniszuwendung

I. Wie oben unter A I 4 schon erwähnt wurde, ging die Absicht der Parteien des Erbvertrages offenbar dahin, die fünf Darlehnsgeber als *Miterben* des Miteigentumsanteils des Erblassers einzusetzen. Dafür spricht nicht nur das Wort „Miterben", sondern insbesondere die Bestimmung des Erbvertrages, daß die Bedachten unmittelbar mit dem Ableben des Erblassers in den Besitz und Genuß des Miteigentümeranteils treten sollten. Aber eine solche Wortfassung ist, wie § 2087 II ausdrücklich betont, unmaßgeblich. Es kommt vielmehr lediglich darauf an, ob der Bedachte auf das ganze Vermögen oder einen Bruchteil des Vermögens eingesetzt ist, oder ob ihm nur einzelne Gegenstände zugewendet sind. Im vorliegenden Falle bezog sich der Erbvertrag auf den Miteigentumsanteil des Erblassers an dem Waldgrundstück. Ein solcher Bruchteilsanteil an einem Grundstückseigentum ist ein einzelnes Recht, das nur einen individuellen Bestandteil des Vermögens bildet. Hier von einem Bruchteil an dem Gesamtvermögen des Erblassers sprechen zu wollen, der im Wege der Universalsuccession unmittelbar mit dem Erbfalle auf den oder die Bedachten übergehe, wäre eine juristisch geradezu absurde Idee.

II. Eine *Erb*einsetzung auf einen bestimmten Gegenstand ist, im Gegensatz zum römischen Recht, das eine heredis institutio ex re certa kannte, nur unter zwei Voraussetzungen möglich. Einmal dann, wenn dieser Gegenstand *de facto* das *ganze* Vermögen oder doch dessen *wesentlichen Teil* ausmacht, oder wenn der Erblasser, obwohl irrig, dies annahm: dann sind etwaige andere Vermögensgegenstände als Vermächtnisobjekte, sei es zugunsten der gesetzlichen Erben, sei es der übrigen benannten „Miterben" zu behandeln (s. dazu *Strohal* I § 26 I; *Planck* 2a, *Staudinger* 2 und 4, *Palandt* 1 zu § 2087; BayrObLG 11, 176; DNotZ 35, 399; OLG 8, 290; 21, 322; 26, 337; 34, 282; 37, 257; SeuffBl. 73, 416; JW 1929, 69).

Der zweite Fall, in dem trotz Zuweisung bestimmter Gegenstände an *mehrere* Bedachte diese alle Miterben sind, liegt bei der in praxi häufigen Testamentsbestimmung vor, daß der Erblasser sein Vermögen sei es unter die gesetzlichen, sei es unter gewillkürte Erben in der Weise verteilt, daß er ihnen bestimmte, im wesentlichen ihrer Erbberechtigung wertmäßig entsprechende Gegenstände zuweist: so z. B. dem einen sein unbewegliches, dem anderen sein bewegliches Vermögen, dem einen sein Landhaus oder -gut, dem anderen sein Stadthaus oder -gut, dem einen Wertpapiere, dem anderen Kunstschätze oder Sammlungen, dem dritten seinen Hausrat usw. In solchen Fällen ist Erbeinsetzung nach Bruchteilen entsprechend dem Sachwert der zugewiesenen Gegenstände, verbunden mit einer *Teilungsanordnung* nach § 2048 anzunehmen. Dann werden die Bedachten zunächst Mitberechtigte zur gesamten Hand aller Nachlaßgegenstände, sind aber verpflichtet, sich die einzelnen zugewiesenen Gegenstände durch Rechtsakte unter Lebenden zu übertragen (s. dazu *Planck*, *Staudinger*, *Palandt* a. a. O.; Recht 1910 Nr. 1396; 1911 Br. 2921; OLG 3, 380; 7, 767; 8, 380; 9, 398; 30, 192; 40, 128; 44, 103; BayrObLG 19 A 146; DNotV 1911, 35; Warn. 1908 Nr. 387; 1913 Nr. 240).

III. Aber abgesehen von diesen beiden Sonderfällen ist es nach heutigem Rechte unmöglich, die Zuwendung eines oder mehrerer einzelner Gegenstände als Erbeinsetzung zu betrachten. Selbst in dem Falle, in dem ein Erblasser eine ihm vor kurzem angefallene Erbschaft eines Dritten in toto einem „Erben" zugewendet hatte, hat das Reichsgericht Vermächtnis der zu der Erbschaft gehörenden einzelnen Gegenstände angenommen (s. Warn. 1917 Nr. 122). Das mag eine übertriebene Rigorosität sein. Aber in unserem Falle handelt es sich, obwohl der Erblasser den Miteigentumsanteil vor 8 Jahren von seiner Frau geerbt hatte, nicht um deren ganze Erbschaft, sondern nur um einen einzelnen zu dieser gehörigen Gegenstand. Es kann daher weder von dem einen noch von dem anderen Sonderfalle die Rede sein. Der Miteigentumsanteil erschöpfte durchaus nicht das ganze Vermögen des Erblassers, sondern bildete nur einen, wenn auch wertvollen, so doch im Verhältnis zu seinem Gesamtnachlaß nicht gerade erheblichen Teil. Die Vertragsgegner waren auch nicht etwa seine gesetzlichen Erben, sondern standen zu ihm nur im Verhältnis mittelbarer Schwägerschaft. Es kann daher keinem Zweifel unterliegen, daß trotz des rechtlich fehlgehenden Wortlauts die Bedenkung der fünf Darlehnsgeber Vermächtnischarakter hatte. Ein Testament mit wirklicher Erbeinsetzung (seiner gesetzlichen Erben) hat der Erblasser erst am 21. 3. 1951 errichtet (s. unter D I 1).

C. Die Anfechtung des Erbvertrages

I. Die Gründe, aus denen der Erblasser durch notarielle Erklärung vom 6. 5. 1952 den Erbvertrag angefochten hat, sind zwar in der Anfechtungserklärung nicht angegeben. Das berührt aber deren Gültigkeit nicht. De facto liegen sie klar zutage. Der Wert des Waldes und damit seines Eigentumsanteils war, insbes. seit 1945, beständig gestiegen. Während er 1932 mit 400000 RM, der Anteil des Erblassers also mit 100000 RM veranschlagt wurde, beträgt der Gesamtwert heute etwa 4800000 DM, der des Miteigentumsanteils also etwa 1200000 DM, d. h. das zwölffache des bei Abschluß des Darlehns- und Erbvertrages angenommenen Wertes. Damit hatte sich das Äquivalenzverhältnis zwischen der Darlehnssumme von 100000 RM und der der Rückzahlung des Darlehns dienenden erbvertraglichen Zuwendung völlig verschoben. Der Erblasser sah daher ein, daß er bei dem Geschäft ungewöhnlich schlecht abgeschnitten hatte. Er erkannte, daß er einen wertvollen Teil seines Vermögens für eine Kredithilfe, die nur den zwölften Teil des jetzigen Wertes der Gegenleistung ausmachte, preisgegeben hatte, u. zw. zugunsten von Personen, denen gegenüber er keine erbrechtlichen Verpflichtungen hatte. Da er inzwischen, selbst kinderlos, seinen ihm sehr nahestehenden Stiefsohn adoptiert hatte, war er bestrebt, den wertvollen Waldbesitz für diesen zu erhalten. Das konnte aber nur dadurch geschehen, daß er den Darlehnsgebern die erbrechtliche Erwerbsanwartschaft entzog und sie durch reale Rückzahlung befriedigte. Das war die Situation, die ihn zu der Kündigung des Darlehns und der Anfechtung des Erbvertrages veranlaßte. Diese ist formgerecht nach § 2282 erfolgt, auch die Frist des § 2283 I, II ist gewahrt, da, wie darzulegen sein wird, der Erblasser am 6. 5. 1952 noch nicht länger als ein Jahr Kenntnis von dem Anfechtungsgrunde hatte (s. unter III.).

II. Wäre in dem Adoptionsvertrage v. 10./23. 1. 1952 nicht in § 4 das Pflichtteilsrecht des Adoptivsohnes und dessen mitadoptierter Kinder ausgeschlossen worden, was nach § 1767 zulässig ist, so wäre die Anfechtung des Erbvertrages aus § 2281 i. V. m. § 2079 ohne weiteres begründet gewesen. Es hätte sich dann höchstens noch um die Frage gehandelt, ob die Ausübung des Anfechtungsrechts gegenüber den erbvertraglich Bedachten ein gegen die guten Sitten verstoßender Rechtsmißbrauch und daher nach § 138 nichtig gewesen wäre. Das wäre zweifellos zu verneinen gewesen, da die Ausübung eines gesetzlich gewährleisteten Rechts nicht schon deswegen unsittlich ist, weil sie einem anderen zum Schaden gereicht. Erst besondere Umstände des Einzelfalls, die eine verwerfliche Absicht des Erblassers dokumentieren, können ihr den Makel der Sittenwidrigkeit aufdrücken. Ich verweise dafür besonders auf das RG-Urteil vom 1. 12. 1932 RGZ 138, 373ff., dessen die Unsittlichkeit verneinenden Argumente auch für die Beurteilung unseres Falles interessant sind, obwohl der Anfechtungsgrund ein anderer ist.

III. Scheidet somit § 2079 aus, so war m. E. die Anfechtung nach § 2078 II i. V. m. § 2281 berechtigt.

1. Dafür greife ich auf das zurück, was ich oben unter A II 4 über das rechtliche Verhältnis zwischen dem Darlehns- und Erbvertrage ausgeführt

habe. Der Erblasser hatte den Erbvertrag 1932 zweifellos in der Erwartung abgeschlossen, daß der bei seinem Tode eintretende erbrechtliche Erwerb der Vertragspartner wertmäßig der Kapitalsumme des gewährten Darlehns entsprechen werde, zumal der formelle Ausschluß der Verzinsung durch den weit höheren Nutzungsgenuß der Darlehnsgeber an dem Waldanteil mehr als ausgeglichen war. Daß er für ein Darlehn von 100000 RM, das natürlich längst verbraucht war, bei seinem Tode einen Grundeigentumsanteil hingeben würde, dessen Wert inzwischen auf das zwölffache gestiegen war, konnte er bei Abschluß der Verträge unmöglich voraussehen. Er konnte nicht ahnen, daß als Nachwirkung eines i. J. 1932 unvorhersehbaren zweiten Weltkrieges und der unheilvollen Teilung Deutschlands, die dieser heraufbeschworen hat, die Holzpreise in Westdeutschland derart steigen würden, daß der Wert der Waldnutzung verzwölffacht wurde. Damit hatte sich aber auch objektiv das i. J. 1932 von beiden Parteien angenommene und zur Geschäftsgrundlage des Darlehnsvertrages gemachte Äquivalenzverhältnis zwischen der Darlehnssumme und der ihrer Rückzahlung dienenden erbrechtlichen Anwartschaft so grundlegend verschoben, daß es ihm unzumutbar war, bei der in dem Darlehnsvertrage vereinbarten datio in solutum stehen zu bleiben. Sowohl vom Standpunkte der subjektiven wie von dem der objektiven Geschäftsgrundlage im Sinne der bekannten *Larenz* schen Unterscheidung muß man ihm daher das Recht zubilligen, sich von dieser Vereinbarung loszusagen. Das würde selbst gelten, wenn es sich um einen Kaufvertrag mit hinausgeschobener Erfüllung der Verkäuferpflichten oder um einen Darlehnsvertrag gehandelt hätte, bei dem die Rückzahlung durch eine solche Ersatzleistung nicht in der Form einer Zuwendung von Todes wegen, sondern einer solchen unter Lebenden vereinbart worden wäre. Selbst dann müßte man ihm ein Rücktrittsrecht von dieser Abrede zusprechen.

2. Das gilt um so mehr, wenn es sich wie hier bei der Ersatzleistung um eine Zuwendung von Todes wegen handelt. Auch wenn man von der Verknüpfung des Erbvertrages mit dem Darlehnsvertrag absehen wollte, ist hier eine Anfechtung aus dem selbständigen Grunde des § 2078 II begründet. § 2078 II ist, soweit er auch den für die Verfügung subjektiv kausalen Motivirrtum über den künftigen Eintritt oder Nichteintritt eines Umstandes für einen Anfechtungsgrund erklärt, einer der Fälle, in denen bereits das Gesetz die Beachtlichkeit der subjektiven Geschäftsgrundlage sanktioniert hat, selbstverständlich mit der bei Verfügungen von Todes wegen gegebenen Modifizierung, daß hier der *einseitige* Irrtum des Erblassers genügt, auch wenn die Verfügung in der Form eines Erbvertrages erfolgt ist. Die Judikatur und Literatur zu dieser berühmten Frage sind fast unübersehbar. Vorweg möchte ich bemerken, daß die in der reichsgerichtlichen Rechtsprechung aufgetretene und nicht widerspruchslos entschiedene Frage, ob der Motivirrtum über die künftige Ent-

wicklung erheblicher Umstände ein positiver im Sinne einer falschen Vorstellung sein müsse oder auch ein negativer im Sinne des Fehlens einer Vorstellung über diese Entwicklung sein könne (s. dazu jetzt besonders *Kipp-Coing* S. 100f., der die m. E. zutreffende weitere Auffassung vertritt), hier keine Rolle spielt. Man kann ebenso gut sagen: der Erblasser hat die ungeheure Wertsteigerung seines Miteigentumsanteils überhaupt nicht ins Auge gefaßt, wie umgekehrt, er hat die Wertstabilität dieses Vermögensgegenstandes zugrunde gelegt und sich durch diese positive Annahme zu der Vereinbarung der datio in solutum bestimmen lassen.

3. Die für unsere Frage in Betracht kommenden Fälle, in denen § 2078 II praktisch wird, betreffen die durch politische, wirtschaftliche, soziale oder militärische Ereignisse herbeigeführten grundlegenden Änderungen der tatsächlichen Lebenssituation, in der die Verfügung von Todes wegen errichtet wurde. Hauptrolle spielen dabei die durch solche Umwälzungen herbeigeführten Wertschwankungen und Geldentwertungen. Daß ein Erblasser, der bei der Errichtung einer Verfügung von Todes wegen solche Umstände nicht vorausgesehen und mit der Stabilität sei es der Währung, sei es des Preisgefüges gerechnet hat, zur Anfechtung einer Verfügung berechtigt ist, zu der er durch diese Annahme bestimmt oder mitbestimmt worden ist, dürfte seit dem ersten Weltkriege gesicherter Besitz der Rechtsprechung sein (s. dazu *Kipp-Coing* S. 102, *Planck* 2a, *Staudinger* III 2 a. E. zu § 2078, RG v. 12. 7. 1923 in LZ 1923 S. 603 Nr. 6; SchlHA 1949, 121). Eine Anwendung dieser Grundsätze auf unseren Fall führt m. E. zu der zwingenden Folgerung, daß der Erblasser zur Anfechtung des Erbvertrages berechtigt war. Ob die unvorhersehbare Änderung der wirtschaftlichen Verhältnisse eine umwälzende Geldentwertung oder eine ebenso ungeheure Preissteigerung betrifft, macht keinen Unterschied.

4. Die Anfechtung richtet sich ihrem Inhalte nach nur gegen den Erbvertrag, nicht auch gegen den Darlehnsvertrag. Aber mit dem Erbvertrage war auch die Klausel des Darlehnsvertrages, daß das Darlehn mit dem endgültigen Erberwerbe der Darlehnsgeber als getilgt gelten solle, hinfällig geworden. Doch zieht das m. E. nicht die Nichtigkeit des ganzen Darlehnsvertrages nach sich. Angefochten ist nur die Vereinbarung der datio in solutum, nicht der sonstige Vertragsinhalt. Dieser behält auch nach Beseitigung der Ersatzleistungsklausel seinen Sinn und Zweck und damit seine Existenzberechtigung und bleibt daher nach § 139 wirksam. Der Vertrag hat nunmehr den normalen Inhalt des § 607, so daß der Darlehnsnehmer die Geldsumme zurückzahlen muß. Aber auch wenn man Totalnichtigkeit des Darlehnsvertrages annehmen wollte, ergibt sich das gleiche Resultat aus § 812. Freilich war der Erblasser zur Rückzahlung des Darlehns erst *nach* der Anfechtung des Erbvertrages berech-

tigt. Doch hat durch die bald darauf erfolgte Anfechtung die Rückzahlung nachträglich ihren Rechtsgrund erhalten. Die Umstellung auf 10000 DM ist nach § 16 UmstG begründet. Ein Sonderfall des § 18 Ziff. 3 liegt nicht vor, da es sich nicht um eine Auseinandersetzung zwischen Miterben oder sonstige unter Ziff. 3 aufgeführte Fälle handelt.

D. Ansprüche der im Erbvertrage Bedachten aus § 2288 II BGB?

Sollte man den Ausführungen zu C nicht folgen und das Anfechtungsrecht des Erblassers verneinen, so wäre der Erbvertrag bei seinem Tode wirksam geblieben. Es entsteht dann die Frage, ob den in ihm Bedachten Ansprüche aus § 2288 II gegen den Adoptivsohn des Erblassers als alleinigen sowohl gesetzlichen wie testamentarischen Erben zustehen.

I. Da es sich, wie unter B dargelegt ist, nicht um eine Erbeinsetzung, sondern um ein Vermächtnis handelt, kommt nicht § 2287, sondern § 2288 II in Frage.

1. Der Erblasser hat den vermachten Gegenstand, seinen Miteigentumsanteil an dem Waldbesitz, am 16. 5. 1952 durch notariellen Übergabe- und Leibrentenvertrag auf seinen Adoptivsohn übertragen. Dieser ist als Eigentümer des Anteils am 20. 2. 1953 im Grundbuch eingetragen worden. Ebenso ist die von ihm übernommene Leibrentenverpflichtung von 25000 DM jährlich als Reallast eingetragen worden. Diese ist aber mit dem Tode des Erblassers erloschen. Der Adoptivsohn wäre als einziges Kind (i. S. des § 1757 I) gesetzlicher Universalerbe des Erblassers geworden, da der Adoptionsvertrag nur sein Pflichtteilsrecht, nicht auch sein gesetzliches Erbrecht ausgeschlossen hat und die Ehefrau des Erblassers schon tot war. In dem eigenhändigen Testament des Erblassers v. 21. 3. 1951 ist aber bestimmt worden, daß Erben die „gesetzlichen Erben" sein sollen. Das waren zwar zur Zeit der Testamentserrichtung die drei noch lebenden Geschwister des Erblassers. Daraus erklärt es sich, daß Ziff. 4 des Testaments noch eine Vermächtnisanordnung zugunsten des damaligen „Stiefsohns" enthält. Der Erblasser hat aber, obwohl er noch nach dessen Adoption zwei Nachträge zu seinem Haupttestament errichtet hat, dieses bzgl. der Erbeinsetzung nicht geändert. Maßgebend für die Frage, wer gesetzlicher Erbe ist, ist der Zeitpunkt des Todes des Erblassers. Hätte der rechtskundige Erblasser nicht seinen Adoptivsohn, sondern die zur Zeit der Testamentserrichtung nächsten gesetzlichen Erben berufen wollen, hätte er dies durch Nachtragstestament bestimmen müssen. Die Alleinerbfolge des Adoptivsohns entsprach also seinem Willen. Ein Anfechtungsrecht der Geschwister aus § 2078 I ist somit nicht gegeben. Dem Adoptivsohn ist denn auch ein Erbschein als Alleinerben erteilt worden.

2. Zu der Übertragung seines Miteigentumsanteils an seinen Adoptivsohn war der Erblasser auch bei Wirksamkeit des Erbvertrages nach § 2286 befugt. Dieser ist also mit der Eintragung Eigentümer geworden.

Daher wäre das Vermächtnis zugunsten der fünf Vertragspartner nach § 2169 I an sich unwirksam, da der individuelle Vermögensgegenstand zur Zeit des Todes des Erblassers nicht mehr zur Erbschaft gehörte. Aber § 2288 II eröffnet den erbvertraglich bedachten Vermächtnisnehmern den Weg, trotzdem von dem Erben Erfüllung des Vermächtnisses bzw. Wertersatz zu verlangen, aber nur dann, wenn die Veräußerung durch den Erblasser in der *Absicht* erfolgt war, *die Bedachten zu beeinträchtigen.*

Der Anspruch richtet sich auch in dem Falle, daß die Veräußerung *schenkweise* erfolgt ist, primär gegen den Erben und nur subsidiär gegen den Beschenkten selbst, soweit der Bedachte von ersterem nicht Ersatz erlangen kann. Der Anspruch gegen den Erben hat den rechtlichen Charakter einer Vermächtnisforderung und verjährt daher wie diese (§ 2174) erst in 30 Jahren (*Planck* Bem. 1 a. E. zu § 2288). Der Anspruch gegen den Beschenkten hat den Charakter eines Bereicherungsanspruchs nach dem Muster des § 2287 und verjährt daher wie dieser in 3 Jahren nach dem Anfall des Vermächtnisses.

3. In casu besteht die eigenartige Lage, daß die Veräußerung des vermachten Gegenstandes durch den Erblasser an den späteren einzigen Erben erfolgt ist. Daher gehört der veräußerte Gegenstand zum Nachlaß und könnte, wenn der Anspruch aus § 2288 II begründet wäre, unmittelbar von dem Erben aus dem Nachlaß an die Vermächtnisnehmer geleistet werden. Die subsidiäre Haftung des Beschenkten kommt somit, selbst wenn eine Schenkung vorläge, hier gar nicht zum Zuge. Da die Leibrentenreallast mit dem Tode des Erblassers erloschen ist, müßte somit der Erbe den Miteigentumsanteil an die Vermächtnisnehmer herausgeben, d. h. ihnen auflassen und ihre Eintragung bewilligen, ohne wegen der von ihm bis zum Tode des Erblassers getragenen Leibrentenlast von ihnen Ersatz verlangen zu können. Auch die Vorschrift des § 2185 würde ihm nicht helfen, da er die Aufwendungen zur Bestreitung der Leibrentenlast vor dem Erbfall, nicht mehr nach ihm gemacht hat.

4. Das wäre unerträglich. Der Erbe kann nicht zu mehr verpflichtet sein, als er es wäre, wenn die Veräußerung des Vermächtnisgegenstandes an einen Dritten erfolgt wäre. In diesem Falle könnte er aber, um die Vermächtnisnehmer zu befriedigen, Herausgabe von dem Drittempfänger nur gegen Ersatz dessen zu erlangen versuchen, was dieser zur Bestreitung von Lasten der Sache aufgewendet hat. Damit nimmt aber seine Haftung denselben Umfang an, den die des Drittempfängers im Falle einer *gemischten Schenkung* nach § 2288 II 2 haben würde.

5. Eine solche lag nämlich hier vor. Wie sie im Falle des § 2287, auf den § 2288 II 2 verweist, zu behandeln ist, hat zu seiner Streitfrage zwischen früheren Entscheidungen des Reichsgerichts und des OGHbritZ und der Rechtsprechung des BGH geführt (s. RGZ 29, 267; 54, 110; 68, 326; 148, 236; Warn. 1933 Nr. 180; JW 1935, 275; OGHZ 1, 261; 2, 165; BGH v. 27. 11. 1952 NJW 1953, 501 f.). Auf sie näher einzugehen,

erübrigt sich hier. Denn im vorliegenden Falle besteht kein Zweifel, daß der Schenkungscharakter so stark überwiegt, daß der Anspruch der Vermächtnisnehmer nicht nur auf eine Wertdifferenz, sondern auf Herausgabe des Vermächtnisgegenstandes selbst gerichtet sein muß, und daß die Leibrentenlast entweder nur in Höhe der von den Erben tatsächlich gemachten Leistungen oder in Höhe des Kapitalwertes der übernommenen Rentenverpflichtung zur Zeit des Vertragsschlusses in der Weise in Anrechnung zu bringen ist, daß die Vermächtnisnehmer zu einer Ersatzleistung in dieser Höhe verpflichtet sind. Auch dann, wenn man sich der letzteren Lösung, die vom BGH a. a. O. S. 502 vertreten wird, anschließt, würde die Kapitalisierung der Rentenlast bei dem Alter und der Kränklichkeit des Erblassers zur Zeit des Übergabevertrages keinen erheblichen Betrag ausmachen.

II. Aber diese Erwägungen setzen voraus, daß ein Anspruch der Vermächtnisnehmer aus § 2288 II sachlich besteht. Das ist aber m. E. zu *verneinen.*

1. Der Anspruch aus § 2288 II verlangt wie der aus § 2287 nicht nur eine objektive Beeinträchtigung der im Erbvertrage Bedachten, sondern auch eine subjektive *Absicht* des Erblassers, sie zu beeinträchtigen. Objektiv liegt stets eine Beeinträchtigung vor, wenn der Erblasser Gegenstände, die er durch Erbvertrag zugewendet hat, an Dritte veräußert oder zugunsten Dritter belastet. Von subjektiver Absicht aber kann nach allgemeiner Meinung nur dann die Rede sein, wenn die Beeinträchtigung der Bedachten der „wesentliche Zweck“, das „Hauptmotiv“, der „treibende, wenn auch nicht ausschließliche Beweggrund“ der Veräußerung gewesen ist. Das bloße Bewußtsein des Erblassers, daß die Bedachten durch seine Maßnahmen geschädigt werden, genügt nicht. Absicht ist mehr als Vorsatz (s. dazu RGZ 77, 113; 78, 268; JW 1912, 142 und 467; 1935, 275; Recht 1918 Nr. 1396 und 2014; 1921 Nr. 1397 und 1398; HansGZ 20, 31; DJ 1938, 1368 m. Anm. *Vogels*; OLG 24, 81 und 105; 40, 151; OGHZ 1, 161; 2, 167; OGH in MDR 1949, 287 m. Anm. *Boehmer*). Insbesondere wird betont, daß Schenkungen, die der Erblasser aus sittlicher Pflicht oder persönlichen Rücksichten gemacht hat, oder die Ausstattungscharakter i. S. des § 1624 haben, nie unter §§ 2287, 2288 II fallen können (BayrObLG 7, 515; *Planck* 2, *Staudinger* 2b, *Palandt* 2b zu § 2287; *Ebbecke* im „Recht“ 1916, 336).

2. Prüft man auf dieser Grundlage den vorliegenden Fall, so kann m. E. keinesfalls davon gesprochen werden, daß das treibende Hauptmotiv des Erblassers die Beeinträchtigung der im Erbvertrage Bedachten war. Die Gründe, die ihn zur Übertragung des Miteigentumsanteils auf seinen Adoptivsohn veranlaßt haben, sind im wesentlichen dieselben wie die, die ihn zur Anfechtung des Erbvertrages bestimmten. Er hatte erkannt, daß, wenn die von ihm erklärte Anfechtung nicht durchdringen sollte, ein wertvoller Teil seines Vermögens Personen zufallen werde, die

zwar zu dem weiteren Familienverbande gehörten, denen gegenüber er aber erbrechtlich zu keinen Zuwendungen verpflichtet war. Ihre Bedenkung mit dem Vermächtnis hatte vielmehr den ausschließlichen wirtschaftlichen und rechtlichen Zweck, Entgelt für den ihm gewährten Kredit von 100000 RM zu sein. Und dieses Entgelt, das ihnen bei seinem Tode endgültig zufließen würde, hatte inzwischen den zwölffachen Wert der Darlehnssumme erlangt. Es war ihm daher nicht zuzumuten, unter diesen Umständen den wertvollen Miteigentumsanteil seinem einzigen gesetzlichen und testamentarischen Erben, der ihm sehr nahe stand, entgehen und entfernten mittelbaren Verschwägerten zufallen zu lassen, für die dieser Erwerb nach der Entwicklung der wirtschaftlichen Verhältnisse einen nahezu „arbeitslosen Gewinn" bedeutete. Das *Hauptmotiv* der Veräußerung des Miteigentumsanteils an seinen Adoptivsohn war somit *väterliche Fürsorge* für den einzigen Familienerben, der seinen Namen und sein Lebenswerk fortzusetzen berufen war, und von dem er für die Dauer seines Lebens für diese Zuwendung eine ausreichende Leibrente erhalten sollte: also sozusagen ein *Austausch zwischen Vater- und Kindespflicht.* Es liegt daher sogar nahe, von Erfüllung einer sittlichen Pflicht gegenüber dem einzigen Stammhalter seines Geschlechtes oder doch von einer Ausstattungsleistung i. S. des § 1624 zu sprechen.

Wenn man geltend machen wollte, daß die nahe zeitliche Aufeinanderfolge von Adoption, Anfechtung und Anteilsübertragung an den Adoptivsohn auf eine Absicht der Beeinträchtigung der erbvertraglich Bedachten schließen lasse, so ist das schon aus dem Grunde abwegig, weil durch den Ausschluß des Pflichtteilsrechts in dem Adoptionsvertrage der Erblasser sich selbst die Möglichkeit genommen hatte, sich den bequemen und einwandfreien Anfechtungsgrund des § 2079 zunutze zu machen. Im Gegenteil: wenn er alsbald nach der Adoption seinem Wahlkinde den Waldanteil zuwendete, so zeigt das nur, daß er sich der infolge des Ausschlusses des Pflichtteilsrechts erhöhten Fürsorgepflicht gegenüber diesem bewußt war.

E. Das Vorkaufsrecht der Miteigentümer

I. Nach dem Vertrage v. 30. 1. 1919 steht den Miteigentümern der Waldgemeinschaft ein dingliches, aktiv und passiv vererbliches gegenseitiges Vorkaufsrecht an den Miteigentumsanteilen zu, u. zw. auch dann, wenn eine Veräußerung mit Rücksicht auf ein künftiges Erbrecht an einen gesetzlichen Erben erfolgen sollte. Diese Klausel, die dem § 511 widerspricht, ist zulässig, da diese Vorschrift nur eine Auslegungsregel enthält, die durch Parteivereinbarung außer Kraft gesetzt werden kann. Hiernach könnte man meinen, daß die Übertragung des Miteigentumsanteils durch den Erblasser an seinen Adoptivsohn ein Vorkaufsfall gewesen sei. Und da die nach §§ 510 I, 1099 erforderliche Mitteilung an die Vorkaufsberechtigten weder durch den Erblasser noch durch den Adoptivsohn bisher erfolgt ist, würde die Frist des § 510 II, die nach § 1098 I auch für das dingliche Vorkaufsrecht gilt, immer noch nicht in Lauf gesetzt worden sein. Daraus würde sich ergeben, daß das Vorkaufsrecht der drei Miteigentümer immer noch besteht.

II. Aber das setzt voraus, daß es sich bei der Übertragung des Miteigentumsanteils an den Adoptivsohn wirklich um einen *Vorkaufsfall* gehandelt hat. Das ist aber m. E. *abzulehnen.* Es ist schon oben ausgeführt worden, daß dieser Übertragung eine *gemischte Schenkung* zugrunde lag, u. zw. eine solche, bei der der Schenkungscharakter erheblich überwog. Die „Gegenleistung" für den Miteigentumsanteil, der z. Z. der Übertragung einen Wert von etwa 1,2 Millionen hatte, bestand in der Übernahme einer Leibrentenverpflichtung von jährlich 25000 DM, die mit dem Tode des Erblassers erlöschen sollte. Bei Abschluß des Übergabe- und Leibrentenvertrages war dieser bereits 72 Jahre alt und sehr kränklich, so daß mit einem längeren Leben kaum gerechnet werden konnte. Tatsächlich ist er denn auch nach noch nicht zwei Jahren gestorben. Unter diesen Umständen kann der Vertrag, objektiv betrachtet, keinesfalls als ein „*Kaufvertrag*" i. S. des § 504, der die Voraussetzung für die Ausübung des Vorkaufsrechts bildet, betrachtet werden. Die „Gegenleistung", die der Adoptivsohn erbrachte, bestand nach der für den Leibrentenvertrag herrschenden sog. Einheitstheorie (s. dazu *Enneccerus-Lehmann* Schuldrecht 1954 §§ 187, 188 S. 746ff.; RGZ 67, 212; 106, 95; 137, 259; 150, 131) in der Übernahme einer Leibrentenverpflichtung von 25000 DM jährlich, die voraussichtlich nach kurzer Zeit erlöschen würde. Das ist *keine kaufmäßige Gegenleistung.* Auch subjektiv waren sich die Parteien über den wesentlich unentgeltlichen Charakter der Transaktion klar und beabsichtigten eine Schenkung. In der Literatur und Judikatur ist es aber unbestritten, daß ein Vorkaufsrecht i. S. der §§ 504ff., 1094ff. nicht auch den Fall umfaßt, daß der Vorkaufsverpflichtete einem Dritten eine *Schenkung* macht, auch wenn diese eine „*gemischte*" ist (s. *Planck* b zu § 504; *Staudinger* Vorbem. 9 zu §§ 504ff., 4 zu § 504; RGRKomm. 1, *Oertmann* 2, *Palandt* 2 zu § 504; *Enneccerus-Lehmann* § 117 II 1a, § 124 II 5; RGZ 88, 364; 101, 99; 125, 125; OLG 33, 288; JW 1919, 257; HRR 1929 Nr. 1906; 1939 Nr. 303). Der Grund dafür ist einleuchtend: es entspricht nicht dem Sinn und Zweck des Vorkaufsrechts und dem Willen der Parteien, daß dem Vorkaufsberechtigten die Vorteile zufallen sollen, die der Vorkaufsverpflichtete einem Dritten, den er ganz oder z. T. beschenkt, zugebilligt hat. Soll etwa der Vorkaufsberechtigte bei einer reinen Schenkung seinerseits berechtigt sein, in den Schenkungsvertrag einzutreten, und bei einer gemischten Schenkung nur die mehr oder weniger geringe Gegenleistung, die der Beschenkte übernommen hatte, bewirken? Nur im Falle eines wirklichen Kaufvertrages mit einem Dritten ist der Zweck des Vorkaufsrechts, dem Vorkaufsverpflichteten die Sicherheit zu verschaffen, daß er das Kaufobjekt nicht zu ungünstigeren Bedingungen abzugeben braucht als zu den mit dem Dritten vereinbarten, realisierbar. So würde auch hier, wenn ein Vorkaufsfall vorläge, die von dem Erblasser seinem Adoptivsohne als einzigem gesetzlichem und testamentarischem Erben zugebilligte Vergünstigung, den Miteigentumsanteil schon zu Lebzeiten des Erblassers nahezu unentgeltlich zu erwerben, den mit diesem nur verschwägerten drei Vorkaufsberechtigten zufallen, denen gegenüber er eine Verpflichtung zu unentgeltlicher Zuwendung keinesfalls hatte.

II. Es fragt sich nur, ob die Klausel des Vertrages v. 30. 1. 1919, daß das Vorkaufsrecht auch bei Veräußerungen mit Rücksicht auf ein künftiges gesetzliches Erbrecht ausgeübt werden könne, eine andere Auslegung gebietet. Gewiß ist es nach dem Grundsatze der schuldrechtlichen Vertragsfreiheit, wie das Reichsgericht in RGZ 110, 189 richtig betont, durchaus möglich, daß ein als „Vorkaufsrecht" bezeichnetes Einlösungsrecht auch die Fälle einer gemischten Schenkung umfassen soll. Aber das ist nur unter einer doppelten Voraussetzung zulässig.

1. Einmal muß der eindeutige Wille der Parteien dahin gehen, daß der Erwerb des betr. Gegenstandes unbedingt den Personen vorbehalten bleiben soll, denen das Einlösungsrecht gewährt ist. So war es im Falle RGZ 110, 184ff., wo es sich um einen Familienhof handelte, der der Stammfamilie erhalten bleiben und vor der Veräußerung an einen Familienfremden bewahrt werden sollte. Von einem solchen Familienbesitze kann aber hier keine Rede sein. Es handelte sich bei dem Waldkauf i. J. 1919 um ein reines Kapitalanlagegeschäft ohne jeden „familiären" Beigeschmack. So war denn ja auch der eine Miteigentumsanteil an dem den vier Schwestern zu je $^1/_4$ gehörenden Walde schon nach dem Tode der einen Miteigentümerin i. J. 1921 auf deren Ehemann, also einen Schwager der drei anderen Miteigentümerinnen, durch Erbfolge übergegangen. Und ebenso wäre es, wenn dieser ihn nicht unter Lebenden auf seinen Adoptivsohn übertragen hätte, nach erfolgreicher Anfechtung des Erbvertrages diesem als einzigem Erben mit dem Tode des Erblassers ohnehin zugefallen, ohne daß das Vorkaufsrecht der anderen drei Miteigentümerinnen hätte ausgeübt werden können.

2. Ferner aber ist eine Erstreckung des Einlösungsrechts auf den Fall einer gemischten Schenkung nur dann zulässig, wenn, wie das Reichsgericht in RGZ 110, 189 mit Recht sagt, „*dieser Veräußerungsvertrag auch für das zwischen dem Einlösungsberechtigten und dem Verpflichteten entstehende Vertragsverhältnis zum Inhalt erhoben werden kann*". Das traf in dem zur Entscheidung stehenden Falle zu. Aber wie soll sich hier ein Eintritt der Vorkaufsberechtigten in den Leibrentenvertrag vollziehen, nachdem der Erblasser seit 1954 verstorben und damit die Leibrentenverpflichtung erloschen ist? Man könnte höchstens daran denken, daß sie den Wert der kapitalisierten Leibrente zu zahlen verpflichtet wären. Aber dieser wäre im Verhältnis zu dem Wert des Miteigentumsanteils so

verschwindend gering, daß das unmöglich der Sinn der Vorkaufsvereinbarung gewesen sein kann. Daß bei einer Schenkung oder bei einer gemischten Schenkung an einen Dritten den Vorkaufsberechtigten der Vorteil eines unentgeltlichen oder fast unentgeltlichen Erwerbs zufallen sollte, lag sicherlich nicht in der Absicht der Parteien. Die in der Literatur ganz vereinzelt vorgeschlagene Lösung, daß in solchen Fällen der Einlösungsberechtigte den wahren Wert des Gegenstandes zu entrichten habe, würde zwar in casu zu einem gerechteren Ergebnis führen; aber dieser Notweg ist allgemein als aus dem Gesetze nicht begründbar abgelehnt worden (s. dazu bes. RGZ 101, 101 unten letzter Satz).

F. Gesamtergebnis

Ich komme somit zu dem Ergebnis, daß weder den in dem Erbvertrage v. 20. 7. 1932 Bedachten noch den nach dem Vertrage v. 30. 1. 1919 vorkaufsberechtigten Miteigentümern des Waldbesitzes Ansprüche gegen den Adoptivsohn des Erblassers zustehen.